가스기사 필기
과년도 출제문제 해설

서상희 편저

일진사

책머리에

우리나라는 21세기에 들어서면서 반도체 및 IT산업과 함께 중화학공업이 급속도로 발전함과 동시에 생활방식이 변화됨에 따라 에너지를 대량으로 소비하는 시대에 살아가고 있습니다. 특히 각 산업현장 및 우리의 일상생활에서 가스는 수도, 전기, 통신과 함께 필수 불가결한 분야가 되었고 산업체에서 가스 분야의 기술인력 또한 많이 필요하게 되어 가스기사 자격증을 취득하려는 공학도와 수험생들이 증가하는 추세에 있습니다.

이에 저자는 바쁜 현대 생활에서 짧은 기간에 수험생들의 실력 배양 및 필기시험 합격에 도움이 되고자 과년도 문제풀이를 중심으로 다음과 같은 부분에 중점을 두어 출간하게 되었습니다.

- **첫째,** 새로 개정된 한국산업인력공단 가스기사 필기시험 출제기준에 맞추어 가스유체역학, 연소공학, 가스설비, 가스안전관리, 가스계측기기 5과목으로 분류하여 핵심내용을 수록하였습니다.

- **둘째,** 2014년부터 시행된 과년도 출제문제를 수록하고 문제마다 상세한 해설 및 계산공식과 함께 풀이과정을 수록하여 핵심내용 정리와 과년도 문제를 공부하는 것으로 필기시험을 준비할 수 있도록 하였습니다.

- **셋째,** CBT 방식에 적응하기 위하여 CBT 모의고사를 수록하였으며 문제를 과년도 출제문제와 연관성 있도록 구성하여 실전에 대비할 수 있도록 하였습니다.

- **넷째,** 각 과목의 핵심내용 정리 및 출제문제 풀이에서 공학단위와 SI단위를 혼합하여 설명함으로써 이해를 쉽게 할 수 있도록 하였습니다.

- **다섯째,** 저자가 직접 카페(cafe.naver.com/gas21)를 개설, 관리하여 온라인상으로 질의 및 답변과 함께 수험정보를 공유할 수 있는 공간을 마련하였습니다.

끝으로 이 책으로 가스기사 필기시험을 준비하는 수험생 여러분께 합격의 영광이 함께 하길 바라며 책이 출판될 때까지 많은 지도와 격려를 보내 주신 분들과 **일진사** 직원 여러분께 깊은 감사를 드립니다.

저자 씀

■ 가스기사 출제기준 ■

필기검정방법	객관식	문제 수	100문항	시험시간	2시간30분

필기 과목명	주요항목	세부항목	세세항목		
가스 유체 역학	유체의 기초적 성질	1. 용어의 정의 및 개념의 이해	(1) 단위와 차원해석 (2) 물리량의 정의 (3) 유체의 흐름 현상		
	유체 정역학	1. 비압축성 유체	(1) 유체의 정역학 (2) 유체의 기본방정식 (3) 유체의 유동 (4) 유체의 물질수지 및 에너지수지		
	유체 동역학	1. 압축성 유체	(1) 압축성 유체의 흐름 공정 (2) 기체상태 방정식의 응용 (3) 유체의 운동량 이론 (4) 경계층 이론 (5) 충격파의 전달속도		
		2. 유체의 수송	(1) 유체의 수송 장치 (2) 액체의 수송 (3) 기체의 수송 (4) 유체의 수송 동력 (5) 유체의 수송에 있어서의 두 손실		
연소 공학	연소이론	1. 연소기초	(1) 이상기체의 성질 (2) 열역학 제 법칙 (3) 열역학의 일반기초 관계식 (4) 반응속도 및 연쇄반응 (5) 열전달 기본식 (6) 연소의 종류		
		2. 연소계산	(1) 연소 현상 (2) 연소의 종류 (3) 이론공기량 계산 (4) 공기비 및 완전연소 조건 (5) 발열량 및 열효율 (6) 화염온도 (7) 화염전파이론		
	연소설비	1. 연소장치의 개요	(1) 연료별 연소 장치 (2) 연소 방법 (3) 연소 현상		
		2. 연소장치 설계	(1) 고부하 연소기술 (2) 연소 부하 산출		
	가스폭발, 방지대책	1. 가스폭발이론	(1) 폭발범위 (2) 확산이론 (3) 열 이론 (4) 기체의 폭굉 현상 (5) 폭발의 종류(BLEVE, 증기운폭발) (6) 가스폭발의 피해(영향) 계산		
		2. 가스폭발 위험성 평가	(1) 정성적 위험성 평가 (2) 정량적 위험성 평가		
		3. 가스화재 및 폭발 방지대책	(1) 가스폭발의 예방 및 방호 (2) 가스화재 소화이론 (3) 방폭구조의 종류		
가스 설비	가스설비의 종류 및 특성	1. 일반가스 설비	(1) 일반가스 제조설비 (2) 일반가스 저장설비 (3) 일반가스 사용설비		
		2. LP가스 설비	(1) LP가스 충전설비 (2) LP가스 저장설비 (3) LP가스 집합공급설비 (4) LP가스 사용설비		
		3. 도시가스 설비	(1) 도시가스 제조설비 (2) 도시가스 공급설비 (3) 도시가스 사용설비		
		4. 수소설비	(1) 수소제조설비 (2) 수소공급·충전설비 (3) 수소사용설비 (4) 수소배관설비		
		5. 펌프 및 압축기	(1) 펌프의 기초 및 원리 (2) 압축기의 구조 및 원리		

		6. 저온장치	(1) 가스의 액화사이클 (2) 가스의 액화분리장치 (3) 가스의 액화분리장치의 계통과 구조
		7. 고압장치	(1) 고압장치의 요소 (2) 고압장치의 계통과 구조 (3) 고압가스 반응장치 (4) 고압저장 탱크설비 (5) 기화장치 및 정압기 (6) 고압 측정장치 (7) 고압설비의 재료
		8. 재료와 방식, 내진	(1) 가스설비 재료, 용접 및 비파괴검사 (2) 부식의 종류 및 원리 (3) 방식의 원리 (4) 방식 설비의 설계 및 유지관리 (5) 내진 설비 및 기술사항
	가스용 기기	1. 가스용 기기	(1) 가스배관 (2) 용기 및 용기밸브 (3) 조정기 (4) 가스미터 (5) 연소기 (6) 콕 및 호스 (7) 차단용 밸브 (8) 가스누설 경보, 차단기
가스 안전 관리	가스제조에 대한 안전	1. 가스 제조 및 충전에 관한 안전	(1) 고압가스 제조 및 충전 (2) 액화석유가스 제조 및 충전 (3) 도시가스 제조 및 공급 (4) 수소 제조 및 공급·충전
		2. 가스저장 및 사용에 관한 안전	(1) 저장탱크 (2) 운반용 탱크 (3) 일반용기 및 공업용 용기 (4) 공업용 시설에 관한 안전
		3. 용기, 냉동기 가스용품, 특정설비 등의 제조 및 수리에 관한 안전	(1) 고압가스 용기제조 수리 및 검사시의 안전 (2) 냉동기기 제조, 특정설비 제조 및 수리시의 안전 (3) 가스용품 제조 및 작업과정의 안전
	가스취급에 대한 안전	1. 가스운반 취급에 관한 안전	(1) 고압가스의 양도, 양수 운반 또는 휴대 (2) 고압가스 충전용기의 운반기준에 대한 안전 (3) 차량에 고정된 탱크의 운반기준에 대한 안전
		2. 가스의 일반적인 성질에 관한 안전	(1) 액화가스 (2) 압축가스 (3) 독성가스 (4) 도시가스
		3. 가스안전사고의 원인 조사 분석 및 대책	(1) 누출사고 (2) 가스폭발 (3) 질식사고 (4) 안전교육 및 자체검사
가스 계측 기기	가스분석	1. 계측기기의 개요	(1) 계측기 원리 및 특성 (2) 제어의 종류 (3) 측정과 오차
		2. 가스분석 방법	(1) 가스 검지법 (2) 가스분석 (3) 연료가스 분석
	계측기기	1. 가스계측기기	(1) 압력계측 (2) 유량계측 (3) 온도 (4) 액면 및 습도계측 (5) 밀도 및 비중의 계측 (6) 열량계측
	가스미터	1. 가스미터의 기능 및 설치 기준	(1) 가스미터의 종류 및 계량 원리 (2) 가스미터의 크기 선정 (3) 가스미터의 고장처리
	가스시설의 원격감시	1. 원격감시 장치	(1) 원격감시 장치의 원리 (2) 원격감시 장치의 이용

■ 문제 풀이를 위한 핵심이론

제1과목　가스유체역학 ·· 9
제2과목　연소공학 ·· 18
제3과목　가스설비 ·· 31
제4과목　가스안전관리 ··· 44
제5과목　가스계측기기 ··· 61

■ 과년도 출제문제

- 2014년도 ··· 73
- 2015년도 ··· 130
- 2016년도 ··· 183
- 2017년도 ··· 241
- 2018년도 ··· 299
- 2019년도 ··· 359
- 2020년도 ··· 420
- 2021년도 ··· 484
- 2022년도 ··· 548

■ CBT 모의고사

- CBT 모의고사 1 ·· 592
- CBT 모의고사 2 ·· 604
- CBT 모의고사 3 ·· 616
- CBT 모의고사 4 ·· 628
- CBT 모의고사 5 ·· 640
- CBT 모의고사 6 ·· 652
- CBT 모의고사 7 ·· 665
- CBT 모의고사 정답 및 해설 ··· 676

가스기사 필기

문제 풀이를 위한 핵심이론

- 가스유체역학
- 연소공학
- 가스설비
- 가스안전관리
- 가스계측기기

Part 01 가스유체역학

1 유체의 기초 성질

(1) 유체의 성질

① 밀도(ρ) : 단위체적당 질량
  (개) 절대단위 : $\rho = \dfrac{m}{V}$ [kg/m³]
  (내) 공학단위 : $\rho = \dfrac{\gamma}{g}$ [kgf·s²/m⁴]

② 비중량(γ) : 단위체적당 유체의 무게(중량)
  (개) 절대단위 : $\gamma = \rho \cdot g$ [kg/m²·s²]
  (내) 공학단위 : $\gamma = \dfrac{W}{V}$ [kgf/m³]

③ 비체적(V_S) : 단위질량당 유체의 체적
  $V_S = \dfrac{V}{m} = \dfrac{1}{\rho}$ (절대단위 : m³/kg, 공학단위 : m³/kgf)

④ 비중 : 같은 체적의 기준 물질과 목적 물질의 무게비 또는 질량비로 무차원 수이다.

(2) 유체의 점성(黏性)

① 유체의 점성(viscosity) : 유체의 흐름에 대하여 마찰 전단응력(저항력)을 유발시켜 주는 성질
  (개) 액체의 점성 : 온도가 상승하면 점성은 감소
  (내) 기체의 점성 : 온도가 상승하면 분자운동이 활발해져서 점성은 상승

② 뉴턴의 점성 법칙
  $\tau = \mu \dfrac{du}{dy}$

  여기서, τ : 전단응력(kgf/m²), $\dfrac{du}{dy}$: 속도구배

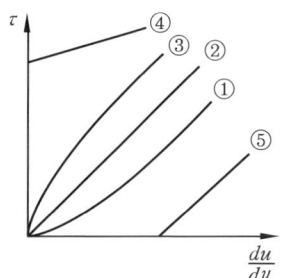

① 다일런트 유체(팽창 유체) : 아스팔트
② 뉴턴 유체 : 물
③ 실제 플라스틱 유체(전단박하 유체) : 펄프류
④ 빙햄 플라스틱 유체 : 기름, 페인트, 치약, 진흙
⑤ 이상소성체

㈎ 점성계수(μ) : 유체를 움직이지 않는 상태에서 측정한 값으로 절대점도라 한다.
  ㉮ 1푸아즈 (poise) = 1 g/cm・s → 절대단위
                    = 0.0102 kgf・s/m² → 공학단위
  ㉯ 1센티 푸아즈 (centi poise) = $\frac{1}{100}$ (poise)

㈏ 동점성계수(ν) : 점성계수(μ)를 밀도(ρ)로 나눈 값으로 동점도라 한다.

$$\nu = \frac{\mu}{\rho} [cm^2/s,\ m^2/s]$$

참고 1 St(stokes) = 1 cm²/s = 10^{-4} m²/s

(3) 표면장력과 모세관현상

① 표면장력(表面張力) : 응집력 때문에 항상 표면적이 작아지려는 장력이 작용하는 것

$$\sigma = \frac{Pd}{4}$$

여기서, σ : 표면장력 (kgf/m, N/m), P : 내부초과압력 (kgf/m²)
       d : 만곡면의 지름 (m)

② 모세관현상(毛細管現象) : 모세관 속의 액체가 부착력에 의하여 올라가거나 내려가는 현상
  ㈎ 부착력 > 응집력 : 모세관 속의 액체는 올라간다.
  ㈏ 부착력 < 응집력 : 모세관 속의 액체는 내려간다.

$$h = \frac{4\sigma \cos \beta}{\gamma d}$$

여기서, h : 모세관현상에 의한 높이(m), σ : 표면장력(kgf/m)
       β : 접촉각, γ : 액체의 비중량(kgf/m³)
       d : 모세관의 지름(m)

참고 모세관 지름이 커지면 높이는 감소한다(지름과 높이는 반비례한다).

2 유체 정역학

(1) 압력

① 표준대기압(1 atm) : 760 mmHg = 76 cmHg = 29.9 inHg = 760 torr
              = 10332 kgf/m² = 1.0332 kgf/cm²
              = 10.332 mH₂O(mAq) = 10332 mmH₂O(mmAq)
              = 101325 N/m² = 101325 Pa = 101.325 kPa
              = 0.101325 MPa = 1.01325 bar = 1013.25 mbar
              = 14.7 lb/in² = 14.7 psi

② 절대압력 = 대기압 + 게이지압력 = 대기압 − 진공압력

(2) 압력의 측정

① 액주계 (manometer)
  (가) 피에조 미터 : $P_B = P_0 + \gamma \cdot h'$
  (나) U자관 액주계 : $P_A = \gamma_2 \cdot h_2 - \gamma_1 \cdot h_1$
  (다) 시차 액주계
    ㉮ U자관 액주계 : $P_A - P_B = \gamma_3 h_3 + \gamma_2 h_2 - \gamma_1 h_1$
    ㉯ 축소관 액주계 : $P_A - P_B = (\gamma_0 - \gamma) h$
  (라) 경사 압력계 : $P_A - P_B = \gamma \cdot l \sin \alpha$

(3) 힘(power)

① 수평면에 작용하는 힘
  (가) 힘의 크기 : $F = \gamma \cdot h \cdot A$
  (나) 힘의 방향 : 면에 수직한 방향
  (다) 힘의 작용점 : 면의 중심

② 수직면에 작용하는 힘
  (가) 힘의 크기 : $F = \gamma \cdot h_c \cdot A = \dfrac{1}{2} \gamma \cdot h \cdot A$
  (나) 힘의 방향 : 면에 수직한 방향
  (다) 힘의 작용점 : $y_p = y_c + \dfrac{I_G}{A \cdot y_c}$

  여기서, I_G : 사각형 = $\dfrac{bh^3}{12}$, 원형 = $\dfrac{\pi d^4}{64}$, 타원형 = $\dfrac{bh^3}{36}$

③ 경사면에 작용하는 힘
  (가) 힘의 크기 : $F = \gamma \cdot h_c \cdot A = \gamma \cdot y_c \cdot \sin \alpha \cdot A$
  (나) 힘의 방향 : 면에 수직한 방향
  (다) 힘의 작용점 : $y_p = y_c + \dfrac{I_G}{A \cdot y_c}$

  여기서, I_G : 사각형 = $\dfrac{bh^3}{12}$, 원형 = $\dfrac{\pi d^4}{64}$, 타원형 = $\dfrac{bh^3}{36}$

④ 곡면에 작용하는 힘
  (가) 수평분력(F_x) : 곡면의 수직투영면에 작용하는 힘과 같다.
  (나) 수직분력(F_y) : 곡면의 수직방향에 실려 있는 액체의 무게와 같다.

3 유체 운동학

(1) 유체 흐름의 형태

① 정상류와 비정상류
  (가) 정상류 : 유체의 흐름과정에서 임의의 한 점에서 밀도, 압력, 속도, 온도 등의 변수들이 시간이 경과하여도 변하지 않는 흐름

㈏ 비정상류 : 유체의 흐름과정에서 임의의 한 점에서 밀도, 압력, 속도, 온도 등의 변수들이 시간과 함께 변하는 흐름
② 등속류와 비등속류
㈎ 등속류 : 유체의 흐름(유동장)에서의 임의 순간에 모든 점에서 속도벡터가 위치와 관계없이 동일한 흐름
㈏ 비등속류 : 유체의 흐름(유동장)에서의 임의 순간에 모든 점에서 속도벡터가 변하는 흐름
③ 1차원 유동, 2차원 유동, 3차원 유동

(2) 유선(流線)과 유관(流管)
① 유선 : 유체의 한 입자가 지나간 궤적을 표시하는 선으로 임의 순간에 모든 점의 속도와 방향이 일치하는 유동선
② 유관 : 여러 개의 유선으로 둘러싸인 한 개의 관
③ 유적선 : 유체 입자가 일정한 기간 동안 움직인 경로
④ 유맥선 : 모든 유체 입자가 공간 내의 한 점을 지나는 순간 궤적

(3) 연속의 방정식
질량 보존의 법칙을 유체의 흐름에 적용한 것으로 유입된 질량과 유출된 질량은 같다.
① 체적유량 $Q = A_1 \cdot V_1 = A_2 \cdot V_2$
② 질량유량 $M = \rho \cdot A_1 \cdot V_1 = \rho \cdot A_2 \cdot V_2$
③ 중량유량 $G = \gamma \cdot A_1 \cdot V_1 = \gamma \cdot A_2 \cdot V_2$

(4) 베르누이(Bernoulli) 방정식
"모든 단면에서 작용하는 위치수두, 압력수두, 속도수두의 합은 항상 일정하다"로 정의되며 베르누이 방정식이 적용되는 조건은 다음과 같다.
① 베르누이 방정식이 적용되는 임의 두 점은 같은 유선상에 있다.
② 정상 상태의 흐름이다.
③ 마찰이 없는 이상유체의 흐름이다.
④ 비압축성 유체의 흐름이다.
⑤ 외력은 중력만 작용한다.

$$H = Z_1 + \frac{P_1}{\gamma} + \frac{V_1^2}{2g} = Z_2 + \frac{P_2}{\gamma} + \frac{V_2^2}{2g}$$

여기서, H : 전수두, Z_1, Z_2 : 위치수두
$\frac{P_1}{\gamma}$, $\frac{P_2}{\gamma}$: 압력수두, $\frac{V_1^2}{2g}$, $\frac{V_2^2}{2g}$: 속도수두

4 유체 운동량 방정식

(1) 운동량 방정식

① 운동량 : 물질의 질량(m)과 속도(V)의 곱으로 표시되는 것을 의미한다.

$$F = m \cdot a = m \cdot \frac{dV}{dt}, \quad F \cdot dt = m \cdot dV$$

여기서, $F \cdot dt$를 역적 또는 충격력(kgf·s)이라 한다.

② 유체의 운동량 방정식

 (가) x 방향 운동량 : $F_x = \rho \cdot Q(V_{x2} - V_{x1})$

 (나) y 방향 운동량 : $F_y = \rho \cdot Q(V_{y2} - V_{y1})$

(2) 운동량 방정식의 응용

① 직선 관에 작용하는 힘 : $F = (P_1 - P_2)A$

② 점차 축소관에 작용하는 힘 : $F = F_x \cos\dfrac{\theta}{2}$

③ 곡관에 작용하는 힘 : $F = \sqrt{F_x^2 + F_y^2}$

④ 고정 및 가동 날개

 (가) 고정 날개

  ㉮ x 방향의 분력 : $F_x = \rho \cdot Q \cdot V_0(1 - \cos\theta)$

  ㉯ y 방향의 분력 : $F_y = \rho \cdot Q \cdot V_0 \sin\theta$

 (나) 고정 평판 : $F = \rho \cdot Q \cdot V = \rho \cdot A \cdot V^2$

 (다) 경사 평판 : $F = \rho \cdot Q \cdot V \sin\theta$

 (라) 움직이는 평판 : $F = \rho \cdot Q(V - u) = \rho \cdot A(V - u)^2$

 (마) 분류가 가동 날개에 작용하는 힘 : $F_y = -\rho \cdot Q(V - u)\sin\theta$
                 $= -\rho \cdot A(V - u)^2 \sin\theta$

5 실제 유체의 흐름

(1) 유체의 흐름 상태

① 층류와 난류

 (가) 층류(laminar flow) : 유체 입자가 각 층 내에서 질서정연하게 흐르는 상태

 (나) 난류(turbulent flow) : 유체 입자가 각 층 내에서 불규칙적으로 흐르는 상태

② 레이놀즈 수(Reynolds number)

$$Re = \frac{\rho \cdot D \cdot V}{\mu} = \frac{D \cdot V}{\nu} = \frac{4Q}{\pi \cdot D \cdot \nu} = \frac{4\rho \cdot Q}{\pi \cdot D \cdot \mu}$$

여기서, ρ : 밀도(kg/m³), D : 관지름(m)
   V : 유속(m/s), μ : 점성계수(kg/m·s)
   ν : 동점성계수(m²/s), Q : 유량(m³/s)

14 문제 풀이를 위한 핵심이론

(개) 레이놀즈 수(Re)로 유체의 유동상태 구분
  ㉮ 층류 : $Re < 2100$ (또는 2300, 2320) → 2320은 임계 레이놀즈 수로 사용
  ㉯ 난류 : $Re > 4000$
  ㉰ 천이구역 : $2100 < Re < 4000$
(나) 레이놀즈 수(Re) 종류
  ㉮ 상임계 레이놀즈 수 : 층류에서 난류로 천이하는 레이놀즈 수로 약 4000 정도이다.
    ∴ $Re = 4000$: 층류에서 난류로 변하기 시작하는 점
  ㉯ 하임계 레이놀즈 수 : 난류에서 층류로 천이하는 레이놀즈 수로 약 2100 정도이다.
    ∴ $Re = 2100$: 난류에서 층류로 변하기 시작하는 점

(2) **층류 흐름**
  ① 평판에서의 층류 흐름
    (가) 두 평판이 고정된 경우
      ㉮ 유량 계산 : $Q = \dfrac{\Delta P b h^3}{12 \mu L}$
      ㉯ 전단응력 계산 : $\tau = \mu \dfrac{du}{dy} = -\dfrac{1}{2}\dfrac{dP}{dx}(h - 2y)$
      ㉰ 평균속도 계산 : $\overline{V} = \dfrac{Q}{bh} = \dfrac{2}{3}V_{\max}$
        ∴ 평균속도는 최대속도의 2/3에 해당된다.
    (나) 위 평판이 이동하는 경우
      유량 계산 : $Q = \dfrac{1}{2}bVh$
  ② 원형관 속에서의 층류 흐름 (점성유체)
    (가) 유량 계산 : 하겐-푸아죄유(Hagen-Poiseuille) 방정식
      $$Q = \dfrac{\pi D^4 \Delta P}{128 \mu L}$$
      여기서, Q : 유량 (m³/s), D : 관지름 (m)
      ΔP : 압력 강하 (kgf/m²), μ : 점성계수 (kgf·s/m²)
      L : 배관 길이 (m)
    (나) 압력강하 계산
      $$\Delta P = \dfrac{128 \mu L Q}{\pi D^4}$$
      ∴ 압력강하(손실)는 유체의 점성(μ), 배관 길이(L), 유량(Q)에 비례하고 관지름의 4제곱에 반비례한다.
    (다) 손실수두 계산
      $\Delta P = \gamma \cdot h$에서 ΔP 대신 $\gamma \cdot h$를 대입하면
      $$h_L = \dfrac{128 \mu L Q}{\pi D^4 \gamma}$$
      ∴ 손실수두는 유체의 점성(μ), 배관 길이(L), 유량(Q)에 비례하고 관지름의 4제곱에 반비례한다.

(라) 평균 속도 계산

$$\overline{V} = \frac{Q_2}{Q_1} = \frac{1}{2} V_{\max}$$

∴ 평균속도는 최대속도의 1/2에 해당된다.

(3) 관 마찰손실(압력손실)

① 수평 원형관에서의 마찰손실(압력손실) : 달시-바이스 바하(Darcy-Weisbach) 방정식

$$hf = f \times \frac{L}{D} \times \frac{V^2}{2g}$$

여기서, hf : 손실수두(mH₂O), f : 관 마찰계수, L : 관길이 (m)
D : 관지름 (m), V : 유체의 속도(m/s), g : 중력가속도 (9.8 m/s²)

(가) 달시-바이스 바하 방정식에서 압력손실은
  ㉮ 관의 길이에 비례한다.
  ㉯ 유속의 제곱에 비례한다.
  ㉰ 관지름에 반비례한다.
  ㉱ 관 내부 표면조도에 영향을 받는다.
  ㉲ 유체의 밀도, 점도의 영향을 받는다.
  ㉳ 압력과는 무관하다.

(나) 관 마찰계수
  ㉮ 층류구역 ($Re < 2100$) : $f = \dfrac{64}{Re}$
  ∴ 층류구역에서 관 마찰계수(f)는 레이놀즈 수(Re)만의 함수이다.
  ㉯ 천이구역(2100 < Re < 4000) : 관 마찰계수(f)는 상대조도와 레이놀즈 수(Re)만의 함수이다.
  ㉰ 난류구역 ($Re > 4000$)
    ⓐ 매끈한 관 : 블라시우스(Blasius)의 실험식

    $$f = 0.316 Re^{-\frac{1}{4}}$$

    ∴ 관 마찰계수(f)는 레이놀즈 수(Re)의 1/4제곱에 반비례한다.
    ⓑ 거친 관 : 닉크라드세(Nikuradse)의 실험식

    $$\frac{1}{\sqrt{f}} = 1.14 - 0.86 \ln\left(\frac{e}{d}\right)$$

    ∴ 관 마찰계수(f)는 상대조도(e)만의 함수이다.

② 패닝(fanning)의 식
(가) 비원형관의 경우

$$hf = f \cdot \frac{L}{4Rh} \cdot \frac{V^2}{2g}$$

여기서, hf : 손실수두 (mH₂O), f : 관 마찰계수
L : 관 길이 (m), V : 유체의 속도 (m/s)
g : 중력가속도 (9.8 m/s²), Rh : 수력반지름 ($Rh = \dfrac{A}{S}$)
A : 유동단면적 (m²), S : 단면둘레의 길이(접수길이) (m)

(나) 원형관의 경우

$$hf = 4f \times \frac{L}{D} \times \frac{V^2}{2g}$$

여기서, hf : 손실수두 (mH₂O), f : 관 마찰계수 ($f = \frac{16}{Re}$)
  L : 관 길이 (m), D : 관 지름 (m)
  V : 유체의 속도(m/s), g : 중력가속도 (9.8 m/s²)

(4) 부차적 손실

① 돌연 확대관에서의 손실

$$h_L = \frac{(V_1 - V_2)^2}{2g} = \left\{1 - \left(\frac{D_1}{D_2}\right)^2\right\}^2 \cdot \frac{V_1^2}{2g} = K\frac{V_1^2}{2g}$$

여기서, V_1 : 작은관에서의 유체의 유속, V_2 : 확대관에서의 유체의 유속
  D_1 : 작은관의 지름, D_2 : 확대관의 지름
  K : 돌연확대관의 손실계수 ($A_1 \ll A_2$인 경우 $K=1$)

② 돌연 축소관에서의 손실

$$h_L = \frac{(V_0 - V_2)^2}{2g} = K\frac{V_2^2}{2g}$$

여기서, V_0 : 축소관에서 가장 빠른 유속, V_1 : 큰 관에서의 유체의 유속
  V_2 : 축소관에서의 유체의 유속, K : 돌연축소관의 손실계수
  D_1 : 큰 관의 지름, D_2 : 축소관의 지름

③ 점차 확대관에서의 손실
  (가) 최대 손실 : 확대각(θ) 62° 근방에서
  (나) 최소 손실 : 확대각(θ) 6~7° 근처

(5) 유체 경계층

① 경계층 안쪽은 물체의 표면에 가까운 영역으로 점성의 영향이 현저하게 나타나고, 속도구배가 크며 마찰응력이 작용한다.
② 경계층 밖은 점성에 대한 영향이 거의 없고 이상유체와 같은 형태의 흐름을 나타낸다.
③ 평판의 임계레이놀즈 수(Re_c)는 5×10^5이다.
④ 경계층 두께 계산식
  (가) 층류 경계층 : $\delta = \dfrac{5x}{(Re_x)^{\frac{1}{2}}}$ (나) 난류 경계층 : $\delta = \dfrac{0.376x}{(Re_x)^{\frac{1}{5}}}$
⑤ 층류 경계층 두께
  (가) 경계층 내의 속도가 자유 흐름 속도의 99%가 되는 점까지의 거리
  (나) 층류 경계층 두께는 $Re^{\frac{1}{2}}$에 반비례하고, $x^{\frac{1}{2}}$에 비례하여 증가한다.
  (다) 난류 경계층 두께는 $Re^{\frac{1}{5}}$에 반비례하고, $x^{\frac{4}{5}}$에 비례하여 증가한다.

6 압축성 이상유체

(1) 음속 및 마하수, 마하각

① 음속
$$C = \sqrt{k \cdot g \cdot R \cdot T}$$
여기서, C : 음속(m/s), k : 비열비, g : 중력가속도(9.8 m/s^2)
R : 기체상수($\frac{848}{M}$ kgf·m/kg·K), T : 절대온도(K)

② 마하 수(mach number)
$$M = \frac{V}{C} = \frac{V}{\sqrt{k \cdot g \cdot R \cdot T}}$$
여기서, V : 물체의 속도(m/s), C : 음속

(가) $M < 1$: 아음속 흐름
(나) $M = 1$: 음속 흐름
(다) $M > 1$: 초음속 흐름
(라) $M > 5$: 극초음속 흐름

③ 마하 각(mach angle)
$$\sin \alpha = \frac{C}{V} = \frac{1}{M},\ \alpha = \sin^{-1}\frac{C}{V},\ V = \frac{C}{\sin \alpha}$$

(2) 축소-확대 노즐에서의 흐름

① 아음속 흐름($M < 1$) : 속도가 증가하기 위해서는 단면적은 감소되어야 한다(축소 노즐).
② 음속 흐름($M = 1$) : 속도는 단면적의 변화가 없는 목까지 증가되고, 목에서 음속을 얻을 수 있다.
③ 초음속 흐름($M > 1$) : 속도가 증가하기 위해서는 단면적도 증가되어야 한다(확대 노즐).

(3) 충격파(衝擊波)

① 충격파(shock wave) : 초음속 흐름이 갑자기 아음속 흐름으로 변하게 되는 경우 불연속 면이 생기며 이를 충격파(衝擊波)라 한다.
② 수직 충격파가 발생하면 마하수가 감소하고, 압력과 엔트로피는 증가하는 현상이 나타난다.
③ 충격파 뒤의 속도 계산
$$V_2 = C_2 \cdot M_2,\ M_2{}^2 = \frac{2 + (k-1)M_1{}^2}{2kM_1{}^2 - (k-1)}$$
여기서, C_2 : 충격파 뒤의 음속(m/s), k : 비열비
M_1 : 충격파 전의 마하 수, M_2 : 충격파 뒤의 마하 수

Part 02 연소공학

1 열역학 기초

(1) 압력

① 표준대기압(1atm) : 760 mmHg = 76 cmHg = 29.9 inHg = 760 torr
= 10332 kgf/m² = 1.0332 kgf/cm² = 10.332 mH₂O(mAq) = 10332 mmH₂O(mmAq)
= 101325 N/m² = 101325 Pa = 101.325 kPa = 0.101325 MPa
= 1.01325 bar = 1013.25 mbar = 14.7 lb/in² = 14.7 psi

② 절대압력 : 대기압 + 게이지압력 = 대기압 − 진공압력

③ 압력환산 방법

$$환산압력 = \frac{주어진\ 압력}{주어진\ 압력의\ 표준대기압} \times 구하려고\ 하는\ 표준대기압$$

> **참고** SI단위와 공학단위의 관계
> ① $1\ MPa = 10.1968\ kgf/cm^2 ≒ 10\ kgf/cm^2$, $1\ kgf/cm^2 = \frac{1}{10.1968}\ MPa ≒ \frac{1}{10}\ MPa$
> ② $1\ kPa = 101.968\ mmH_2O ≒ 100\ mmH_2O$, $1\ mmH_2O = \frac{1}{101.968}\ kPa = \frac{1}{100}\ kPa$

(2) 비열

① 비열비 $k = \dfrac{C_P}{C_V}$ ($C_P > C_V$ 이므로 $k > 1$ 이다.)

  (개) 1원자 분자 : 1.66
  (내) 2원자 분자 : 1.4
  (대) 3원자 분자 : 1.33

② 정적비열과 정압비열의 관계

  (개) 공학단위

  $$C_P - C_V = AR \qquad C_P = \frac{k}{k-1}AR \qquad C_V = \frac{1}{k-1}AR$$

  (내) SI 단위

  $$C_P - C_V = R \qquad C_P = \frac{k}{k-1}R \qquad C_V = \frac{1}{k-1}R$$

  여기서, R : 기체상수 $\left(\dfrac{8.314}{M}\ kJ/kg \cdot K\right)$

(3) 이상기체

① 이상기체의 성질
  ㈎ 보일-샤를의 법칙과 아보가드로의 법칙을 만족한다.
  ㈏ 내부에너지는 체적에 무관하며 온도에 의해 결정된다(내부에너지는 온도만의 함수이다).
  ㈐ 비열비는 온도에 관계없이 일정하다.
  ㈑ 기체의 분자력과 크기도 무시되며 분자간의 충돌은 완전 탄성체이다.
  ㈒ 원자수가 1 또는 2인 기체이다.

② 실제기체가 이상기체에 가까워질 수 있는 조건 : 저압, 고온

③ 이상기체의 상태 방정식
  ㈎ 보일-샤를의 법칙
    ㉮ 보일의 법칙 : $P_1 \cdot V_1 = P_2 \cdot V_2$
    ㉯ 샤를의 법칙 : $\dfrac{V_1}{T_1} = \dfrac{V_2}{T_2}$
    ㉰ 보일-샤를의 법칙 : $\dfrac{P_1 \cdot V_1}{T_1} = \dfrac{P_2 \cdot V_2}{T_2}$

    여기서, P_1 : 변하기 전의 절대압력, P_2 : 변한 후의 절대압력
          V_1 : 변하기 전의 부피, V_2 : 변한 후의 부피
          T_1 : 변하기 전의 절대온도(K), T_2 : 변한 후의 절대온도(K)

  ㈏ 이상기체 상태 방정식
    ㉮ $PV = nRT \qquad PV = \dfrac{W}{M}RT \qquad PV = Z\dfrac{W}{M}RT$

    여기서, P : 압력(atm), V : 체적(L)
          n : 몰(mol)수, M : 분자량(g)
          W : 질량(g), T : 절대온도(K)
          Z : 압축계수, R : 기체상수(0.082 L·atm/mol·K)

    ㉯ $PV = GRT$

    여기서, P : 압력(kgf/m²·a), V : 체적(m³)
          G : 중량(kgf), T : 절대온도(K)
          R : 기체상수$\left(\dfrac{848}{M}\text{kgf·m/kg·K}\right)$

    ㉰ SI 단위 : $PV = GRT$

    여기서, P : 압력(kPa·a), V : 체적(m³)
          G : 질량(kg), T : 절대온도(K)
          R : 기체상수$\left(\dfrac{8.314}{M}\text{kJ/kg·K}\right)$

  ㈐ 실제기체 상태 방정식(Van der Waals 식)

    $\left(P + \dfrac{n^2 \cdot a}{V^2}\right)(V - n \cdot b) = nRT$

    여기서, a : 기체분자간의 인력(atm·L²/mol²)
          b : 기체분자 자신이 차지하는 부피(L/mol)

(4) 이상기체의 상태변화

① 상태변화의 종류

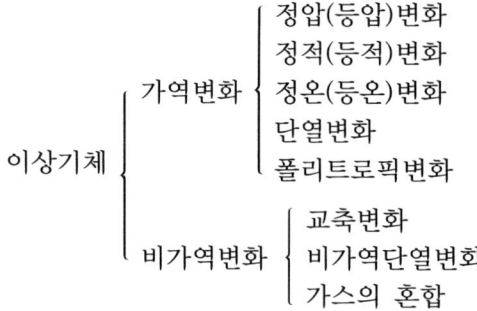

② 이상기체의 상태변화

간추린 상태 변화 관계식

변화	등적 변화	등압 변화	등온 변화	단열 변화	폴리트로픽 변화
P, v, T 관계	$v = C$ $\dfrac{P_1}{T_1} = \dfrac{P_2}{T_2}$	$P = C$ $\dfrac{v_1}{T_1} = \dfrac{v_2}{T_2}$	$T = C$ $Pv = P_1 v_1$ $= P_2 v_2$	$Pv^k = C$ $\dfrac{T_2}{T_1} = \left(\dfrac{v_1}{v_2}\right)^{k-1}$ $= \left(\dfrac{P_2}{P_1}\right)^{\frac{k-1}{k}}$	$Pv^n = C$ $\dfrac{T_2}{T_1} = \left(\dfrac{v_1}{v_2}\right)^{n-1}$ $= \left(\dfrac{P_2}{P_1}\right)^{\frac{n-1}{n}}$
외부에 하는 일 (팽창) ${}_1W_2 = \int P dv$	0	$P(v_2 - v_1)$ $= R(T_2 - T_1)$	$P_1 v_1 \ln \dfrac{v_2}{v_1}$ $= P_1 v_1 \ln \dfrac{P_1}{P_2}$ $= RT \ln \dfrac{v_2}{v_1}$ $= RT \ln \dfrac{P_1}{P_2}$	$\dfrac{1}{k-1}(P_1 v_1 - P_2 v_2)$ $= \dfrac{P_1 v_1}{k-1}\left[1 - \dfrac{T_2}{T_1}\right]$ $= \dfrac{P_1 v_1}{k-1}\left[1 - \left(\dfrac{v_1}{v_2}\right)^{k-1}\right]$ $= \dfrac{P_1 v_1}{k-1}\left[1 - \left(\dfrac{P_2}{P_1}\right)^{\frac{k-1}{k}}\right]$ $= \dfrac{R}{k-1}(T_1 - T_2) = \dfrac{C_v}{A}(T_1 - T_2)$	$\dfrac{1}{n-1}(P_1 v_1 - P_2 v_2)$ $= \dfrac{P_1 v_1}{n-1}\left[1 - \dfrac{T_2}{T_1}\right]$ $= \dfrac{R}{n-1}(T_1 - T_2)$
공업일 (압축일) $W_t = -\int v dP$	$v(P_1 - P_2)$ $= R(T_1 - T_2)$	0	$P_1 v_1 \ln \dfrac{P_1}{P_2}$ $= P_1 v_1 \dfrac{v_2}{v_1}$ $= RT \ln \dfrac{P_1}{P_2}$ $= RT \ln \dfrac{v_2}{v_1}$	$k W_a$	$n W_a$
내부에너지의 변화 $U_2 - U_1$	$C_v(T_2 - T_1)$ $= \dfrac{AR}{k-1}(T_2 - T_1)$ $= \dfrac{A}{k-1} v(P_2 - P_1)$	$C_v(T_2 - T_1)$ $= \dfrac{A}{k-1} P(v_2 - v_1)$	0	$C_v(T_2 - T_1) = -A W_a$	$-\dfrac{A(n-1)}{k-1} W_a$
엔탈피의 변화 $H_2 - H_1$	$C_p(T_2 - T_1)$ $= \dfrac{k}{k-1} AR(T_2 - T_1)$ $= \dfrac{k}{k-1} Av(P_2 - P_1)$ $= k(u_2 - u_1)$	$C_p(T_2 - T_1)$ $= \dfrac{k}{k-1} AP(v_2 - v_1)$ $= k(u_2 - u_1)$	0	$C_p(T_2 - T_1) = -A W_t$ $= -kA W_a$	$-A \dfrac{k}{k-1}(n-1) W_a$

외부에서 얻은 열 $_1Q_2$	$U_2 - U_1$	$H_2 - H_1$	$A_1 W_2 = A W_t$	0	$C_n(T_2 - T_1)$
n	∞	0	1	k	$-\infty \sim +\infty$
비열 C	C_v	C_p	∞	0	$C_n = C_v \dfrac{n-k}{n-1}$
엔트로피의 변화 $S_2 - S_1$	$C_v \ln \dfrac{T_2}{T_1}$ $= C_v \ln \dfrac{P_2}{P_1}$	$C_p \ln \dfrac{T_2}{T_1}$ $= C_p \ln \dfrac{v_2}{v_1}$	$AR \ln \dfrac{v_2}{v_1}$	0	$C_n \ln \dfrac{T_2}{T_1}$ $= C_v(n-k)\ln \dfrac{v_1}{v_2}$ $= C_v \dfrac{n-k}{k} \ln \dfrac{P_2}{P_1}$

② 이상기체의 상태변화 선도

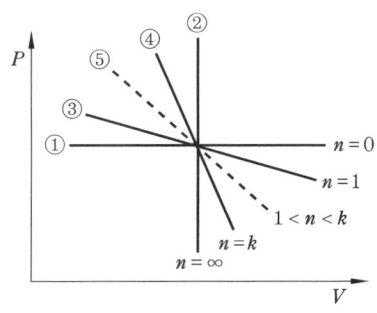

① 정압(등압) 변화
② 정적(등적) 변화
③ 정온(등온) 변화
④ 단열변화
⑤ 폴리트로픽 변화

(5) **열역학 법칙**

① 열역학 제0법칙 : 열평형의 법칙
② 열역학 제1법칙 : 에너지보존의 법칙
③ 열역학 제2법칙 : 방향성의 법칙

  (가) 열효율 및 성적계수

   ㉮ 열기관 효율
   $$\eta = \frac{AW}{Q_1} \times 100 = \frac{Q_1 - Q_2}{Q_1} \times 100 = \left(1 - \frac{Q_2}{Q_1}\right) \times 100$$
   $$= \frac{T_1 - T_2}{T_1} \times 100 = \left(1 - \frac{T_2}{T_1}\right) \times 100$$

   ㉯ 냉동기 성적계수
   $$COP_R = \frac{Q_2}{AW} = \frac{Q_2}{Q_1 - Q_2} = \frac{T_2}{T_1 - T_2}$$

   ㉰ 히트펌프 성적계수
   $$COP_H = \frac{Q_1}{AW} = \frac{Q_1}{Q_1 - Q_2} = \frac{T_1}{T_1 - T_2} = 1 + COP_R$$

   여기서, η : 열기관 효율(%), AW : 유효일의 열당량(kcal), Q_1 : 공급열량(kcal)
   Q_2 : 방출열량(kcal), T_1 : 작동 최고온도(K), T_2 : 작동 최저온도(K)

  (나) 카르노 사이클(carnot cycle) : 2개의 정온과정과 2개의 단열과정으로 구성되는 가장 이상적인 사이클이며 열기관의 기준이 되는 사이클이다.

참고 작동순서 : 정온팽창 → 단열팽창 → 정온압축 → 단열압축

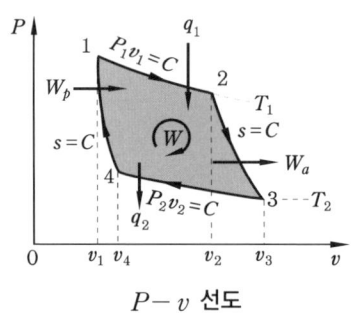

$P-v$ 선도

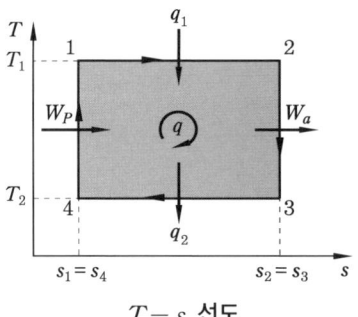

$T-s$ 선도

④ 열역학 제3법칙 : 절대온도 0도를 이룰 수 있는 기관은 없다.
  (가) 엔트로피 상태 변화

구분	SI 단위	공학 단위
정압변화	$\Delta S = C_P \ln \dfrac{T_2}{T_1} = C_P \ln \dfrac{V_2}{V_1}$ (kJ/kg·K)	$\Delta S = C_P \ln \dfrac{T_2}{T_1} = C_P \ln \dfrac{V_2}{V_1}$ (kcal/kgf·K)
정적변화	$\Delta S = C_V \ln \dfrac{T_2}{T_1} = C_V \ln \dfrac{P_2}{P_1}$ (kJ/kg·K)	$\Delta S = C_V \ln \dfrac{T_2}{T_1} = C_V \ln \dfrac{P_2}{P_1}$ (kcal/kgf·K)
정온변화	$\Delta S = R \ln \dfrac{T_2}{T_1} = R \ln \dfrac{P_2}{P_1}$ (kJ/kg·K)	$\Delta S = AR \ln \dfrac{T_2}{T_1} = AR \ln \dfrac{P_2}{P_1}$ (kcal/kgf·K)
단열변화	가역변화 : 엔트로피 불변 (비가역 단열변화 : 엔트로피 증가)	가역변화 : 엔트로피 불변 (비가역 단열변화 : 엔트로피 증가)
폴리트로픽 변화	$\Delta S = Cn \ln \dfrac{T_2}{T_1}$ $= C_V(n-k) \ln \dfrac{V_1}{V_2}$ $= C_V \dfrac{n-k}{n} \ln \dfrac{P_2}{P_1}$ $= C_V \dfrac{n-k}{n-1} \ln \dfrac{T_2}{T_1}$ (kJ/kg·K)	$\Delta S = Cn \ln \dfrac{T_2}{T_1}$ $= C_V(n-k) \ln \dfrac{V_1}{V_2}$ $= C_V \dfrac{n-k}{n} \ln \dfrac{P_2}{P_1}$ $= C_V \dfrac{n-k}{n-1} \ln \dfrac{T_2}{T_1}$ (kcal/kgf·K)

2 연소기초

(1) **연소(燃燒)**

① 연소의 정의 : 가연성 물질이 산소와 반응하여 빛과 열을 수반하는 화학반응
② 연소의 3요소 : 가연성 물질, 산소 공급원, 점화원
  (가) 가연성 물질 : 산화되기 쉬운 물질(연료)
  (나) 산소 공급원 : 공기, 자기연소성 물질, 산화제

(다) 점화원 : 전기불꽃, 정전기, 단열압축, 마찰 및 충격불꽃
③ 연소의 종류
   (가) 표면연소 : 목탄, 코크스와 같이 표면에서 산소와 반응하여 연소
   (나) 분해연소 : 고체연료 등과 같이 가열 분해에 의해 연소
   (다) 증발연소 : 가연성 액체의 연소
   (라) 확산연소 : 가연성 기체가 공기 중에 확산에 의하여 연소
   (마) 자기연소 : 산소를 함유하고 있는 물질(제5류 위험물)의 연소
④ 연소속도 : 가연물과 산소와의 반응속도
⑤ 인화점(인화온도) : 점화원에 의해 연소할 수 있는 최저온도
⑥ 발화점(발화온도, 착화점, 착화온도) : 점화원 없이 스스로 연소를 개시하는 최저온도
   (가) 발화점이 낮아지는 조건
      ㉮ 압력이 클 때
      ㉯ 발열량이 클 때
      ㉰ 열전도율이 작을 때
      ㉱ 산소와 친화력이 클 때
      ㉲ 산소농도가 클수록
      ㉳ 분자구조가 복잡할수록
      ㉴ 반응활성도가 클수록
   (나) 자연발화의 형태
      ㉮ 분해열에 의한 발열
      ㉯ 산화열에 의한 발열
      ㉰ 중합열에 의한 발열
      ㉱ 흡착열에 의한 발열
      ㉲ 미생물에 의한 발열

(2) 연료의 종류
① 고체연료 : 목재, 석탄, 코크스 등
   (가) 탄화도 증가에 따른 특성 : 수분, 휘발분이 감소하고 고정탄소의 성분이 증가
      ㉮ 발열량 증가
      ㉯ 연료비 증가
      ㉰ 열전도율 증가
      ㉱ 비열 감소
      ㉲ 연소속도가 늦어진다.
      ㉳ 인화점, 착화온도가 높아진다.
      ㉴ 수분, 휘발분이 감소
   (나) 연료비 : 고정탄소(%)와 휘발분(%)의 비
② 액체연료 : 가솔린, 등유, 경유, 중유 등 석유류
③ 기체연료 : LNG, LPG 등 기체상태의 연료

(3) 연소방법
① 고체연료의 연소 방법
   (가) 미분탄 연소 : 석탄을 200메시 이하로 분쇄하여 연소
   (나) 화격자 연소 : 자동연소 장치로 스토커(stoker) 연소라 한다.
   (다) 유동층 연소 : 미분탄 연소와 화격자 연소의 중간 형태로 700~900℃ 정도의 저온에서 탄층을 유동층에 가까운 상태로 형성하여 연소

② 액체연료
  (가) 연소형태에 의한 구분
    ㉮ 액면연소(pool combustion) : 액체연료 표면에서 발생된 증기가 연소
    ㉯ 등심연소(wick combustion) : 심지를 이용하여 연소하는 것으로 공기의 유속이 낮을수록, 온도가 높을수록 화염의 높이는 높아진다.
    ㉰ 분무연소(spray combustion) : 액체연료를 무화(霧化)시켜 연소
    ㉱ 증발연소(evaporating combustion) : 액체연료를 증발시켜 기체연료와 같은 형태로 연소
③ 기체연료
  (가) 혼합 상태에 의한 구분
    ㉮ 예혼합 연소(premixed combustion) : 연소에 필요한 공기를 미리 혼합하여 연소
    ㉯ 확산연소(diffusion combustion) : 공기와 연료를 각각 공급하여 연소
  (나) 유동상태에 의한 구분
    ㉮ 층류연소 : 화염부근의 가스 흐름이 층류
    ㉯ 난류연소 : 화염부근의 가스 흐름이 난류

(4) 기체연료의 연소
  ① 예혼합 연소 : 내부혼합형
    (가) 가스와 공기의 사전혼합형이다.
    (나) 화염이 짧으며 고온의 화염을 얻을 수 있다.
    (다) 연소부하가 크고, 역화의 위험성이 크다.
    (라) 조작범위가 좁다.
    (마) 탄화수소가 큰 가스에 적합하다.
  ② 확산연소 : 외부혼합형
    (가) 조작범위가 넓으며 역화의 위험성이 없다.
    (나) 가스와 공기를 예열할 수 있고 화염이 안정적이다.
    (다) 탄화수소가 적은 연료에 적당하다.
    (라) 조작이 용이하며, 화염이 장염이다.
  ③ 층류 예혼합 연소
    (가) 결정요소 : 연료와 산화제의 혼합비, 압력 및 온도, 혼합기의 물리적 화학적 성질
    (나) 층류 연소속도 측정법
      ㉮ 비눗방울(soap bubble)법   ㉯ 슬롯 버너(slot burner)법
      ㉰ 평면화염 버너(flat flame burner)법   ㉱ 분젠버너(bunsen burner)법
    (다) 층류 연소속도가 빨라지는 경우
      ㉮ 압력이 높을수록   ㉯ 온도가 높을수록
      ㉰ 열전도율이 클수록   ㉱ 분자량이 적을수록

④ 난류 예혼합 연소
  (가) 화염의 휘도가 높다.
  (나) 화염면의 두께가 두꺼워진다.
  (다) 연소속도가 층류화염의 수십 배이다.
  (라) 미연소분이 발생한다.

3 연소계산

(1) 이론산소량(O_0) 및 이론공기량(A_0) 계산

① 고체 및 액체연료
  (가) 연료 1 kg당 이론산소량(kg) 및 이론공기량(kg) 계산
    ㉮ O_0 [kg/kg] $= 2.67C + 8\left(H - \dfrac{O}{8}\right) + S$
    ㉯ A_0 [kg/kg] $= \dfrac{O_0}{0.232}$
  (나) 연료 1 kg당 이론산소량(Nm^3) 및 이론공기량(Nm^3) 계산
    ㉮ O_0 [Nm^3/kg] $= 1.867C + 5.6\left(H - \dfrac{O}{8}\right) + 0.7S$
    ㉯ A_0 [Nm^3/kg] $= \dfrac{O_0}{0.21}$

② 기체연료
  (가) 탄화수소(C_mH_n)의 완전연소 반응식
    $C_mH_n + \left(m + \dfrac{n}{4}\right)O_2 \rightarrow mCO_2 + \dfrac{n}{2}H_2O$
  (나) 프로판의 이론산소량(O_0) 및 이론공기량(A_0) 계산
    ㉮ 프로판 1 kg당 이론산소량(kg) 및 이론공기량(kg) 계산(단위 : kg/kg)
      $C_3H_8 + 5O_2 \rightarrow 3CO_2 + 4H_2O$
      44 kg : 5 × 32 kg = 1 kg : X[kg]
      ∴ 이론산소량(O_0) $= X$ [kg/kg] $= \dfrac{1 \times 5 \times 32}{44} = 3.636$ kg/kg
      ∴ 이론공기량(A_0) $= \dfrac{O_0}{0.232} = \dfrac{3.636}{0.232} = 15.672$ kg/kg
    ㉯ 프로판 1 kg당 이론산소량(Nm^3) 및 이론공기량(Nm^3) 계산(단위 : Nm^3/kg)
      $C_3H_8 + 5O_2 \rightarrow 3CO_2 + 4H_2O$
      44 kg : 5 × 22.4 Nm^3 = 1 kg : X[Nm^3]
      ∴ 이론산소량(O_0) $= X$ [Nm^3/kg] $= \dfrac{1 \times 5 \times 22.4}{44} = 2.545$ Nm^3/kg
      ∴ 이론공기량(A_0) $= \dfrac{O_0}{0.21} = \dfrac{2.545}{0.21} = 12.12$ Nm^3/kg
    ㉰ 프로판 1 Nm^3당 이론산소량(kg) 및 이론공기량(kg) 계산(단위 : kg/Nm^3)
      $C_3H_8 + 5O_2 \rightarrow 3CO_2 + 4H_2O$
      22.4 Nm^3 : 5 × 32 kg = 1 Nm^3 : X[kg]
      ∴ 이론산소량(O_0) $= X$ [kg/Nm^3] $= \dfrac{1 \times 5 \times 32}{22.4} = 7.143$ kg/Nm^3

$$\therefore \text{이론공기량}(A_0) = \frac{O_0}{0.232} = \frac{7.143}{0.232} = 30.79 \text{ kg/Nm}^3$$

㈑ 프로판 1Nm^3당 이론산소량(Nm^3) 및 이론공기량(Nm^3) 계산(단위 : Nm^3/Nm^3)

$$C_3H_8 \;+\; 5O_2 \;\rightarrow\; 3CO_2 \;+\; 4H_2O$$
$$22.4 \text{ Nm}^3 : 5 \times 22.4 \text{ Nm}^3 = 1 \text{ Nm}^3 : X[k\text{Nm}^3]$$
$$\therefore \text{이론산소량}(O_0) = X[\text{Nm}^3/\text{Nm}^3] = \frac{1 \times 5 \times 22.4}{22.4} = 5 \text{ Nm}^3/\text{Nm}^3$$
$$\therefore \text{이론공기량}(A_0) = \frac{O_0}{0.21} = \frac{5}{0.21} = 23.81 \text{ Nm}^3/\text{Nm}^3$$

참고 기체연료에서 체적당 체적으로 이론산소량을 계산할 때는 몰(mol) 수가 필요로 하는 양이다.

(2) 연소가스량 계산

① 이론 연소가스량 계산

㈎ 이론 습연소 가스량 : 완전 연소 시 생성되는 연소가스량 중 수증기를 포함한 연소가스량

㈏ 이론 건연소 가스량 : 습연소 가스량에서 수증기를 제외한 연소가스량

② 탄화수소(C_mH_n)의 이론 연소가스량 계산

㈎ 프로판 1Nm^3당 이론 습연소 가스량(Nm^3) 및 이론 건연소 가스량(Nm^3) 계산

$$C_3H_8 + 5O_2 + (N_2) \rightarrow 3CO_2 + 4H_2O + (N_2)$$
$$\therefore \text{이론 습연소 가스량}(\text{Nm}^3/\text{Nm}^3) = 3 + 4 + (5 \times 3.76) = 25.81 \text{ Nm}^3/\text{Nm}^3$$
$$\therefore \text{이론 건연소 가스량}(\text{Nm}^3/\text{Nm}^3) = 3 + (5 \times 3.76) = 21.81 \text{ Nm}^3/\text{Nm}^3$$

㈏ 부탄 1Nm^3당 이론 습연소 가스량(Nm^3) 및 이론 건연소 가스량(Nm^3) 계산

$$C_4H_{10} + 6.5O_2 + (N_2) \rightarrow 4CO_2 + 5H_2O + (N_2)$$
$$\therefore \text{이론 습연소 가스량}(\text{Nm}^3/\text{Nm}^3) = 4 + 5 + (6.5 \times 3.76) = 33.44 \text{ Nm}^3/\text{Nm}^3$$
$$\therefore \text{이론 건연소 가스량}(\text{Nm}^3/\text{Nm}^3) = 4 + (6.5 \times 3.76) = 28.44 \text{ Nm}^3/\text{Nm}^3$$

③ 실제 연소가스량 계산

㈎ 실제 습연소 가스량 = 이론 습연소 가스량 + 과잉공기량
= 이론 습연소 가스량 + $\{(m-1) \cdot A_0\}$

㈏ 실제 건연소 가스량 = 이론 건연소 가스량 + 과잉공기량
= 이론 건연소 가스량 + $\{(m-1) \cdot A_0\}$

(3) 공기비

① 공기비와 관계된 사항

㈎ 공기비(과잉공기계수) : 실제공기량(A)과 이론공기량(A_0)의 비

$$m = \frac{A}{A_0} = \frac{A_0 + B}{A_0} = 1 + \frac{B}{A_0}$$

㈏ 과잉공기량(B) : 실제공기량과 이론공기량의 차

$$B = A - A_0 = (m-1)A_0$$

㈐ 과잉공기율(%) : 과잉공기량과 이론공기량의 비율(%)

과잉공기율(%) = $\dfrac{B}{A_0} \times 100 = \dfrac{A-A_0}{A_0} \times 100 = (m-1) \times 100$

㈑ 과잉공기비 : 과잉공기량에 대한 이론공기량의 비

과잉공기비 = $\dfrac{B}{A_0} = \dfrac{A-A_0}{A_0} = m-1$

② 배기가스 분석에 의한 공기비 계산

㈎ 완전연소 $m = \dfrac{N_2}{N_2 - 3.76\,O_2}$

㈏ 불완전연소 $m = \dfrac{N_2}{N_2 - 3.76(O_2 - 0.5\,CO)}$

여기서, N_2 : 질소 함유율(%), O_2 : 산소 함유율(%), CO : 일산화탄소 함유율(%)

③ 연료에 따른 공기비
 ㈎ 기체연료 : 1.1~1.3
 ㈏ 액체연료 : 1.2~1.4
 ㈐ 고체연료 : 1.5~2.0(수분식), 1.4~1.7(기계식)

④ 공기비의 특성
 ㈎ 공기비가 클 경우
  ㉮ 연소실내의 온도가 낮아진다.
  ㉯ 배기가스로 인한 손실열이 증가한다.
  ㉰ 배기가스 중 질소산화물(NOx)이 많아져 대기오염을 초래한다.
  ㉱ 연료소비량이 증가한다.
 ㈏ 공기비가 작을 경우
  ㉮ 불완전연소가 발생하기 쉽다.
  ㉯ 미연소 가스로 인한 역화의 위험이 있다.
  ㉰ 열손실이 증가한다.
  ㉱ 연소효율이 감소한다.

(4) 발열량 및 열효율

① 발열량
 ㈎ 고위 발열량(총발열량) : 수증기의 응축잠열을 포함한 열량
 ㈏ 저위 발열량(참발열량, 진발열량) : 수증기의 응축잠열을 포함하지 않은 열량
 ㈐ 고위 발열량과 저위 발열량의 관계
  ㉮ 고위발열량 : $Hh = Hl + 600(9H+W)$
  ㉯ 저위발열량 : $Hl = Hh - 600(9H+W)$
  여기서, H : 수소 함유량, W : 수분 함유량

② 열효율
 ㈎ 열효율 : 공급된 열량과 유효하게 이용된 열량과의 비율

$\eta(\%) = \dfrac{유효열량}{공급열량} \times 100 = \left(1 - \dfrac{손실열}{입열}\right) \times 100$

(나) 연소효율 : 연료 1 kg이 완전연소할 때 발생되는 열량과 실제로 발생한 열량과의 비율

$$\eta_c(\%) = \frac{실제\ 발생한\ 연소열}{완전연소\ 시\ 발생한\ 연소열(저위발열량)} \times 100$$

(5) 화염온도

① 이론 연소온도 : 이론공기량으로 완전연소할 때의 최고온도

$$t = \frac{Hl}{G \times Cp}$$

② 실제 연소온도 : 실제공기량으로 연소할 때의 최고온도

$$t_1 = \frac{Hl + 공기현열 - 손실열량}{G_S \times Cp} + t_2$$

여기서, t : 이론 연소온도(℃), t_1 : 실제 연소온도(℃), t_2 : 기준온도(℃)
Hl : 연료의 저위발열량(kcal), G : 이론 연소가스량(Nm³/kgf)
C_P : 연소가스의 정압비열(kcal/Nm³·℃), G_S : 실제 연소가스량(Nm³/kgf)

4 가스폭발

(1) 안전간격과 폭발등급

① 안전간격 : 8 L 정도의 구형 용기 안에 폭발성 혼합기체를 채우고 착화시켜 가스가 발화될 때 화염이 용기외부의 폭발성 혼합가스에 전달되는가의 여부를 보아 화염을 전달시킬 수 없는 한계의 틈을 말한다.

② 폭발등급

구분	안전간격	가스의 종류
폭발 1등급	0.6 mm 이상	일산화탄소, 에탄, 프로판, 암모니아, 아세톤, 에틸에테르, 가솔린, 벤젠 등
폭발 2등급	0.4~0.6 mm	석탄가스, 에틸렌 등
폭발 3등급	0.4 mm 미만	아세틸렌, 이황화탄소, 수소, 수성가스 등

③ 화염일주(火炎逸走) : 화염이 전파되지 않고 도중에 꺼져버리는 현상
  (가) 소염거리 : 두 면의 평행판 틈 사이로 화염이 전달되지 않게 될 때의 거리
  (나) 한계직경(소염지름) : 파이프 속을 화염이 전달되지 않는 한계의 파이프 지름

(2) 위험도

폭발범위 상한과 하한의 차를 폭발범위 하한값으로 나눈 것

$$H = \frac{U - L}{L}$$

여기서, H : 위험도, U : 폭발범위 상한 값, L : 폭발범위 하한 값

① 위험도는 폭발범위에 비례하고 하한값에는 반비례한다.
② 위험도 값이 클수록 위험성이 크다.

(3) 가스폭발의 종류

① 폭발 원인에 의한 구분
  (가) 물리적 폭발 : 증기폭발, 금속선폭발, 고체상 전이 폭발, 압력폭발
  (나) 화학적 폭발 : 산화(酸化)폭발, 분해(分解)폭발, 중합(重合)폭발, 촉매폭발
② 폭발 물질에 의한 구분
  (가) 기체상태의 폭발 : 혼합가스 폭발, 가스의 분해폭발, 분무폭발, 분진폭발
  (나) 액체 및 고체 상태 폭발 : 혼합 위험성 물질의 폭발, 폭발성 화합물 폭발, 증기폭발, 금속선 폭발, 고체상 전이 폭발

(4) 폭굉(detonation)

① 폭굉의 정의 : 가스 중의 음속보다도 화염 전파속도가 큰 경우로서 파면선단에 충격파라고 하는 압력파가 생겨 격렬한 파괴작용을 일으키는 현상(폭속 : 1000~3500 m/s)
② 폭굉유도거리(DID) : 최초의 완만한 연소가 격렬한 폭굉으로 발전할 때까지의 거리로 다음과 같을 때 짧아진다.
  (가) 정상 연소속도가 큰 혼합가스일수록
  (나) 관속에 방해물이 있거나 관지름이 가늘수록
  (다) 압력이 높을수록
  (라) 점화원의 에너지가 클수록

(5) 기타 폭발

① BLEVE(Boiling Liquid Expanding Vapor Explosion) : 비등 액체 팽창 증기 폭발
② 증기운 폭발(UVCE : Unconfined Vapor Cloud Explosion)

5 가스화재 및 폭발방지 대책

(1) 가스화재

① 가스화재의 종류
  (가) 플래시화재(flash fire) : 누설된 LPG가 증발되어 증기운이 형성될 때 점화원에 의해 발생되는 화재
  (나) 풀화재(pool fire) : 화염으로부터 열이 액면에 전파되어 액온이 상승됨과 동시에 증기가 발생하고 공기와 혼합하여 확산연소를 하는 것
  (다) 제트화재(jet fire) : 고압의 LPG가 누설시 점화원에 의해 점화되어 불기둥을 이루는 경우
② 위험장소의 구분
  (가) 1종 장소 : 상용상태에서 가연성 가스가 체류 또는 정비보수, 누출 등으로 위험하게 될 수 있는 장소
  (나) 2종 장소

㉮ 밀폐된 용기 또는 설비의 파손, 오조작의 경우에 누출할 위험이 있는 장소
㉯ 환기장치에 이상, 사고가 발생한 경우에 위험하게 될 우려가 있는 장소
㉰ 1종 장소의 주변, 인접한 실내에서 가연성 가스가 종종 침입할 우려가 있는 장소
(다) 0종 장소 : 상용의 상태에서 가연성 가스 농도가 폭발한계 이상으로 되는 장소

③ 정전기 발생 방지 대책
㉮ 대상물을 접지한다.　　㉯ 공기 중 상대습도를 70 % 이상 유지한다.
㉰ 주변 공기를 이온화한다.　㉱ 유속을 1 m/s 이하로 유지한다.

(2) 폭발방지 대책

① 예방대책 : 가연성과 조연성 가스가 혼합되지 않는 상태 유지 및 점화원 제거
㉮ 혼합가스의 폭발범위 외의 농도 유지, 점화원 관리, 정전기 제거
㉯ 비활성화(inerting : 퍼지작업) : 최소산소농도(MOC) 이하로 낮추는 작업
　㉮ 진공 퍼지 : 용기를 진공시킨 후 불활성가스를 주입
　㉯ 압력 퍼지 : 불활성가스로 용기를 가압한 후 대기 중으로 방출
　㉰ 스위프 퍼지 : 한쪽으로는 불활성가스를 주입하고 반대쪽에서는 가스를 방출
　㉱ 사이펀 퍼지 : 용기에 물을 충만시킨 다음 물을 배출시킴과 동시에 불활성가스를 주입

② 방호대책 : 폭발의 발생을 예방할 수 없었을 때 폭발의 피해를 최소화하는 것
㉮ 봉쇄(containment) : 방폭벽(blast walls), 차단물 설치
㉯ 차단(isolation) : 초고속 검지설비, 차단밸브 설치
㉰ 폭발억제(explosion suppression) : 인화성 분위기 내로 소화약제를 고속 분사하는 것
㉱ 폭발배출(explosion venting) : 폭발 시 발생하는 압력 및 열을 외부로 방출

(3) 방폭구조의 종류

① 내압(耐壓) 방폭구조(d)　　　② 유입(油入) 방폭구조(o)
③ 압력 방폭구조(p)　　　　　　④ 안전증 방폭구조(e)
⑤ 본질안전 방폭구조(ia, ib)　　⑥ 특수 방폭구조(s)

(4) 위험성 평가기법

① 정성적 평가기법
㉮ 체크리스트 기법　　　　　　㉯ 사고예상질문 분석기법(WHAT-IF)
㉰ 위험과 운전 분석기법(HAZOP)

② 정량적 평가기법
㉮ 작업자 실수 분석기법(HEA)　㉯ 결함수 분석기법(FTA)
㉰ 사건수 분석기법(ETA)　　　㉱ 원인결과 분석기법(CCA)

③ 기타 : 상대위험순위 결정기법, 이상위험도 분석기법

핵심체크

Part 03 가스설비

1 고압가스의 종류 및 특징

(1) 고압가스의 분류

① 상태에 의한 분류 : 압축가스, 액화가스, 용해가스
② 연소성에 의한 분류 : 가연성가스, 조연성가스, 불연성가스
③ 독성에 의한 분류 : 독성가스, 비독성가스

(2) 수소(H_2)

① 무색, 무취, 무미의 가연성가스이다.
② 고온에서 강재, 금속재료를 쉽게 투과한다.
③ 열전도율이 대단히 크고, 열에 대해 안정하다.
④ 수소폭명기 : 공기 중 산소와 체적비 2 : 1로 반응하여 물을 생성한다.
$$2H_2 + O_2 \rightarrow 2H_2O + 136.6\,kcal$$
⑤ 염소폭명기 : 수소와 염소의 혼합가스는 빛(직사광선)과 접촉하면 심하게 반응한다.
$$H_2 + Cl_2 \rightarrow 2HCl + 44\,kcal$$
⑥ 수소취성 : 고온, 고압 하에서 강제중의 탄소와 반응하여 탈탄작용을 일으킨다.
$$Fe_3C + 2H_2 \rightarrow 3Fe + CH_4$$

> **참고** 수소취성 방지원소 : 텅스텐(W), 바나듐(V), 몰리브덴(Mo), 티타늄(Ti), 크롬(Cr)

(3) 산소(O_2)

① 상온, 상압에서 무색, 무취이며 물에는 약간 녹는다.
② 공기 중에 약 21 v% 함유하고 있다.
③ 강력한 조연성 가스이나 그 자신은 연소하지 않는다.
④ 액화산소(액 비중 1.14)는 담청색을 나타낸다.
⑤ 모든 원소와 직접 화합하여(할로겐 원소, 백금, 금 등 제외) 산화물을 만든다.
⑥ 공기액화 분리장치의 폭발원인
  (가) 공기 취입구로부터 아세틸렌의 혼입
  (나) 압축기용 윤활유 분해에 따른 탄화수소의 생성
  (다) 공기 중 질소화합물(NO, NO_2)의 혼입
  (라) 액체공기 중에 오존(O_3)의 혼입

(4) 일산화탄소 (CO)

① 무색, 무취의 가연성 가스이다.
② 독성이 강하고(허용농도 : TLV-TWA 50 ppm), 불완전연소 시에 발생한다.
③ 철족의 금속(Fe, Co, Ni)과 반응하여 금속카르보닐을 생성한다.
④ 상온에서 염소와 반응하여 포스겐($COCl_2$)을 생성한다(촉매 : 활성탄).
⑤ 연소성에 대한 특징
　(가) 압력 증가 시 폭발범위가 좁아진다.
　(나) 공기와의 혼합가스 중 수증기가 존재하면 폭발범위는 압력과 더불어 증대된다.

(5) 염소 (Cl_2)

① 상온에서 황록색의 심한 자극성(허용농도 : TLV-TWA 1 ppm)이 있다.
② 조연성의 액화가스이다(충전용기 도색 : 갈색).
③ 건조한 경우 부식성이 없으나, 수분이 존재하면 염산(HCl)이 생성되어 강을 부식시킴
④ 메탄과 작용하면 염소 치환제를 만든다.
⑤ 수돗물의 살균 및 섬유, 종이의 표백에 사용

(6) 암모니아 (NH_3)

① 가연성가스(폭발범위 : 15~28 v%)이며, 독성가스(허용농도 : TLV-TWA 25 ppm)이다.
② 물에 잘 녹는다(상온, 상압에서 물 1 cc에 대하여 800 cc가 용해).
③ 액화가 쉽고(비점 : -33.3℃), 증발잠열(301.8 kcal/kg)이 커서 냉동기 냉매로 사용된다.
④ 동과 접촉 시 부식의 우려가 있다(동 함유량 62 % 미만 사용가능).
⑤ 액체암모니아는 할로겐, 강산과 접촉하면 심하게 반응하여 폭발, 비산하는 경우가 있다.
⑥ 염소(Cl_2), 염화수소(HCl), 황화수소(H_2S)와 반응하면 백색연기가 발생한다.
⑦ 고온, 고압 하에서 탄소강에 대하여 질화 및 탈탄(수소취성) 작용이 있다.

(7) 아세틸렌 (C_2H_2)

① 무색의 기체이고 불순물로 인한 특유의 냄새가 있다.
② 공기 중에서의 폭발범위가 가연성 가스 중 가장 넓다.

> **참고** 공기 중 : 2.5~81 v%, 산소 중 : 2.5~93 v%

③ 액체 아세틸렌은 불안정하나, 고체 아세틸렌은 비교적 안정하다.
④ 15℃에서 물 1 L에 1.1 L, 아세톤 1 L에 25 L 녹는다.
⑤ 아세틸렌의 폭발성
　(가) 산화폭발 : 공기 중 산소와 반응하여 폭발을 일으킨다.
$$C_2H_2 + 2.5O_2 \rightarrow 2CO_2 + H_2O$$
　(나) 분해폭발 : 가압, 충격에 의하여 탄소와 수소로 분해되면서 폭발을 일으킨다.
$$C_2H_2 \rightarrow 2C + H_2 + 54.2 \text{ kcal}$$ (흡열화합물이기 때문에 위험성이 크다.)

(다) 화합폭발 : 동(Cu), 은(Ag), 수은(Hg) 등의 금속과 접촉 반응하여 폭발성의 아세틸 드가 생성된다(동 및 동 함유량 62 % 미만의 것 사용).
⑥ 아세틸렌 충전작업
  (가) 용제 : 아세톤[$(CH_3)_2CO$], DMF(디메틸 포름아미드)
  (나) 다공물질의 종류 : 규조토, 석면, 목탄, 석회, 산화철, 탄산마그네슘, 다공성 플라스틱 등
  > 참고 다공도 기준 : 75~92 % 미만
  (다) 충전 중 압력은 2.5 MPa 이하, 충전 후 압력은 15℃에서 1.5 MPa 이하로 할 것
  (라) 충전용 지관은 탄소함유량 0.1 % 이하의 강을 사용할 것

(8) 메탄 (CH_4)
  ① 파라핀계 탄화수소의 안정된 가스이며, 천연가스(NG)의 주성분이다.
  ② 무색, 무취, 무미의 가연성 기체이다(폭발범위 : 5~15 v%).
  ③ 염소와 반응하면 염소화합물이 생성된다.
  ④ 메탄의 분자는 무극성이고, 수(水)분자와 결합하는 성질이 없어 용해도는 적다.

2 LPG (액화석유가스) 설비

(1) LPG (액화석유가스)의 일반사항
  ① LP가스 조성 : 탄소 수가 3개에서 5개 이하인 C_3H_8, C_4H_{10}, C_3H_6, C_4H_8, C_4H_6 등
  ② 제조법
    (가) 습성천연가스 및 원유에서 회수 : 압축냉각법, 흡수유에 의한 흡수법, 활성탄에 의한 흡착법
    (나) 제유소 가스(원유 정제공정)에서 회수
    (다) 나프타 분해 생성물에서 회수
    (라) 나프타의 수소화 분해
  ③ LP가스의 특징
    (가) LP가스는 공기보다 무겁다.   (나) 액상의 LP가스는 물보다 가볍다.
    (다) 액화, 기화가 쉽다.   (라) 기화하면 체적이 커진다.
    (마) 기화열(증발잠열)이 크다.   (바) 무색, 무미, 무취하다.
    (사) 용해성이 있다.
  ④ LP가스의 연소특징
    (가) 타 연료와 비교하여 발열량이 크다.
    (나) 연소시 공기량이 많이 필요하다.
    (다) 폭발범위(연소범위)가 좁다.
    (라) 연소속도가 느리다.
    (마) 발화온도가 높다.

⑥ 탄소(C)수가 증가할 때 나타나는 현상
  ㈎ 증가하는 것 : 비등점, 융점, 비중, 발열량
  ㈏ 감소하는 것 : 증기압, 발화점, 폭발하한값, 폭발범위값, 증발잠열, 연소속도

(2) LP가스 충전설비(처리설비)
① 차압에 의한 방법 : 탱크로리와 저장탱크의 압력차를 이용
② 액펌프에 의한 방법
  ㈎ 재액화 현상이 없다.　　　　　㈏ 드레인 현상이 없다.
  ㈐ 충전시간이 길다.　　　　　　㈑ 잔가스 회수가 불가능하다.
  ㈒ 베이퍼 로크 현상이 일어나 누설의 원인이 된다.
③ 압축기에 의한 방법
  ㈎ 이송시간이 짧다.　　　　　　㈏ 잔가스 회수가 가능하다.
  ㈐ 베이퍼 로크 현상이 없다.　　　㈑ 재액화 현상이 일어난다.
  ㈒ 압축기 오일로 인한 드레인의 원인이 된다.
④ 충전(이송) 작업 중 작업을 중단해야 하는 경우
  ㈎ 과 충전이 되는 경우
  ㈏ 충전작업 중 주변에서 화재 발생시
  ㈐ 탱크로리와 저장탱크를 연결한 호스 등에서 누설이 되는 경우
  ㈑ 압축기 사용 시 워터해머(액 압축)가 발생하는 경우
  ㈒ 펌프 사용 시 액배관 내에서 베이퍼 로크가 심한 경우

(3) LP가스 사용설비
① 충전용기
  ㈎ 재질 : 탄소강　　　　　　　　㈏ 제조방법 : 용접용기
  ㈐ 안전밸브 : 스프링식
② 조정기(調整器 : regulator) : 유출압력 조절로 안정된 연소와 소비가 중단되면 가스를 차단
  ㈎ 단단 감압식 조정기 : 저압 조정기, 준저압 조정기
  ㈏ 2단 감압식 조정기 : 1차, 2차 조정기 사용
  ㈐ 자동교체식 조정기 : 분리형, 일체형이 있으며 장점은 다음과 같다.
    ㉮ 전체용기 수량이 수동교체식의 경우보다 적어도 된다.
    ㉯ 잔액이 거의 없어질 때까지 소비된다.
    ㉰ 용기 교환주기의 폭을 넓힐 수 있다.
    ㉱ 분리형을 사용하면 배관의 압력손실을 크게 해도 된다.
③ 기화기(vaporizer) 사용 시 장점
  ㈎ 한랭시에도 가스공급이 가능하다.　㈏ 공급가스의 조성이 일정하다.
  ㈐ 설치면적이 적어진다.　　　　　　㈑ 기화량을 가감할 수 있다.
  ㈒ 설비비 및 인건비가 절약된다.

(4) 배관 설비

① 배관 내의 압력손실

(가) 마찰저항에 의한 압력손실
- ㉮ 유속의 2승에 비례한다.
- ㉯ 관의 길이에 비례한다.
- ㉰ 관 안지름의 5승에 반비례한다.
- ㉱ 관 내벽의 상태와 관계있다.
- ㉲ 유체의 점도와 관계있다.
- ㉳ 압력과는 관계없다.

(나) 입상배관에 의한 압력손실

$$H = 1.293(S-1)h$$

여기서, H : 가스의 압력손실(mmH$_2$O), S : 가스의 비중
h : 입상높이(m)

② 유량계산

(가) 저압배관

$$Q = K\sqrt{\frac{D^5 \cdot H}{S \cdot L}}$$

여기서, Q : 가스의 유량(m^3/hr), D : 관 안지름(cm)
H : 압력손실(mmH$_2$O), S : 가스의 비중
L : 관의 길이(m), K : 유량계수(폴의 상수 : 0.707)

(나) 중·고압배관

$$Q = K\sqrt{\frac{D^5 \cdot (P_1^2 - P_2^2)}{S \cdot L}}$$

여기서, Q : 가스의 유량(m^3/hr), D : 관 안지름(cm)
P_1 : 초압(kgf/cm^2 · a), P_2 : 종압(kgf/cm^2 · a)
S : 가스의 비중, L : 관의 길이(m)
K : 유량계수(코크스의 상수 : 52.31)

(5) 연소기구의 이상 현상

① 역화(back fire) : 연소속도가 가스 유출속도보다 클 때 노즐 부분에서 연소하는 현상
- (가) 염공이 크게 되었을 때
- (나) 노즐의 구멍이 너무 크게 된 경우
- (다) 콕이 충분히 개방되지 않은 경우
- (라) 가스의 공급압력이 저하되었을 때
- (마) 버너가 과열된 경우

② 선화(lifting) : 가스의 유출속도가 연소속도보다 커서 염공을 떠나 연소하는 현상
- (가) 염공이 작아졌을 때
- (나) 공급압력이 높을 경우
- (다) 배기 또는 환기가 불충분할 때 (2차 공기량 부족)
- (라) 공기 조절장치를 지나치게 개방하였을 때 (1차 공기량 과다)

③ 블로 오프(blow off) : 불꽃 주변 기류에 의하여 염공에서 떨어져 연소하는 현상

④ 옐로 팁(yellow tip) : 불완전연소 시에 적황색 불꽃으로 되는 현상

⑤ 불완전연소의 원인
   (개) 공기 공급량 부족   (내) 배기 불충분   (대) 환기 불충분
   (래) 가스 조성의 불량   (매) 연소기구의 부적합   (배) 프레임의 냉각

3 도시가스 설비

(1) 도시가스

① 도시가스의 원료
   (개) 천연가스 (NG : Natural Gas) : 지하에서 생산된 가스로 전처리 공정을 거쳐 불순물을 제거한 것이다.
   (내) 액화천연가스 (LNG : Liquefied Natural Gas) : 천연가스 불순물을 제거한 후 −161.5℃까지 냉각, 액화한 것으로 액화하면 체적이 1/600로 감소한다.
   (대) 정유가스 (Off gas) : 석유정제 또는 석유화학 계열공장에서 부산물로 생산되는 가스
   (래) 나프타 (Naphtha) 분해가스 : 원유를 상압에서 증류할 때 얻어지는 비점이 200℃ 이하인 유분
   (매) LPG : 액화석유가스

② 도시가스의 제조
   (개) 가스화 방식에 의한 분류
      ㉮ 열분해 공정 (thermal cracking process)
      ㉯ 접촉분해 공정 (steam reforming process)
      ㉰ 부분연소 공정 (partial combustion process)
      ㉱ 수첨분해 공정 (hydrogenation cracking process)
      ㉲ 대체천연가스 공정 (substitute natural process)
   (내) 원료의 송입법에 의한 분류
      ㉮ 연속식 : 원료가 연속적으로 송입되고 가스도 연속으로 발생
      ㉯ 배치(batch)식 : 일정량의 원료를 가스화하는 방법
      ㉰ 사이클릭(cyclic)식 : 연속식과 배치식의 중간적인 방법
   (대) 가열방식에 의한 분류
      ㉮ 외열식 : 원료가 들어있는 용기를 외부에서 가열하는 방법
      ㉯ 축열식 : 반응기를 충분히 가열한 후 원료를 송입하여 가스화하는 방법
      ㉰ 부분 연소식 : 원료의 일부를 연소시켜 그 열을 가스화 열원하는 방법
      ㉱ 자열식 : 발열반응에 의해 가스를 발생시키는 방식

(2) 부취제(付臭製)

① 부취제의 종류
   (개) TBM(tertiary buthyl mercaptan)   (내) THT(tetra hydro thiophen)
   (대) DMS(dimethyl sulfide)

② 부취제의 구비조건
  ㈎ 화학적으로 안정하고 독성이 없을 것
  ㈏ 보통 존재하는 냄새(생활취)와 명확하게 식별될 것
  ㈐ 극히 낮은 농도에서도 냄새가 확인될 수 있을 것
  ㈑ 가스관이나 가스미터 등에 흡착되지 않을 것
  ㈒ 배관을 부식시키지 않을 것
  ㈓ 물에 잘 녹지 않고 토양에 대하여 투과성이 클 것
  ㈔ 완전연소가 가능하고 연소 후 냄새나 유해한 성질이 남지 않을 것
③ 부취제의 주입방법
  ㈎ 액체 주입식 : 액체상태로 주입하는 방법 – 펌프 주입방식, 적하 주입방식, 미터 연결 바이패스 방식
  ㈏ 증발식 : 기체상태로 혼입하는 방법 – 바이패스 증발식, 위크 증발식
  ㈐ 착취농도 : 1/1000의 농도 (0.1 %)

(3) 도시가스 공급설비
  ① 공급방식의 분류
    ㈎ 저압 공급 방식 : 0.1 MPa 미만
    ㈏ 중압 공급 방식 : 0.1~1 MPa 미만
    ㈐ 고압 공급 방식 : 1 MPa 이상
  ② LNG 기화장치
    ㈎ 오픈랙 (open rack) 기화법 : 베이스로드용으로 바닷물을 열원으로 사용
    ㈏ 중간매체법 : 베이스로드용으로 프로판(C_3H_8), 펜탄(C_5H_{12}) 등을 사용
    ㈐ 서브머지드(submerged)법 : 피크로드용으로 액중 버너를 사용
  ③ 가스홀더(gas holder)의 기능
    ㈎ 가스수요의 시간적 변동에 대하여 공급가스량을 확보한다.
    ㈏ 공급설비의 일시적 중단에 대하여 어느 정도 공급량을 확보한다.
    ㈐ 공급가스의 성분, 열량, 연소성 등의 성질을 균일화 한다.
    ㈑ 소비지역 근처에 설치하여 피크시의 공급, 수송효과를 얻는다.
  ④ 정압기(governer)
    ㈎ 기능(역할) : 1차 압력 및 부하 변동에 관계없이 2차 압력을 일정하게 유지한다.
    ㈏ 정압기의 특성
      ㉮ 정특성(靜特性) : 유량과 2차 압력의 관계
        • 로크업(lock up) : 유량이 0으로 되었을 때 2차 압력과 Ps와의 관계
        • 오프셋(off set) : 유량이 변화했을 때 2차 압력과 Ps와의 차이
        • 시프트(shift) : 1차 압력의 변화에 의하여 정압곡선이 전체적으로 어긋나는 것
      ㉯ 동특성(動特性) : 부하변동에 대한 응답의 신속성과 안전성이 요구됨
      ㉰ 유량특성(流量特性) : 메인밸브의 열림과 유량의 관계

㉣ 사용 최대차압 : 메인밸브에 1차와 2차 압력이 작용하여 최대로 되었을 때의 차압
㉤ 작동 최소차압 : 정압기가 작동할 수 있는 최소 차압

⑤ 웨버지수 : 가스의 발열량을 가스비중의 제곱근으로 나눈 값

$$WI = \frac{H_g}{\sqrt{d}}$$

여기서, H_g : 도시가스의 발열량(kcal/m³), d : 도시가스의 비중

> **참고** 허용범위 : 표준웨버지수의 ±4.5% 이내

4 압축기 및 펌프

(1) 압축기(compressor)

① 압축기의 분류
  ㈎ 용적형 : 왕복동식, 회전식   ㈏ 터보형 : 원심식, 축류식

② 왕복동식 압축기 특징
  ㈎ 고압이 쉽게 형성된다.   ㈏ 급유식, 무급유식이다.
  ㈐ 용량조정범위가 넓다.   ㈑ 압축효율이 높다.
  ㈒ 형태가 크고 설치면적이 크다.   ㈓ 배출가스 중 오일이 혼입될 우려가 크다.
  ㈔ 압축이 단속적이고, 맥동현상이 발생된다.
  ㈕ 고장 발생이 쉽고 수리가 어렵다.
  ㈖ 반드시 흡입 토출밸브가 필요하다.

③ 피스톤 압출량 계산
  ㈎ 이론적 피스톤 압출량 : $V = \frac{\pi}{4}D^2 \times L \times n \times N \times 60$
  ㈏ 실제적 피스톤 압출량 : $V' = \frac{\pi}{4}D^2 \times L \times n \times N \times \eta_v \times 60$

   여기서, V : 이론적인 피스톤 압출량(m³/hr), V' : 실제적인 피스톤 압출량(m³/hr)
   D : 피스톤의 지름(m), L : 행정거리(m), n : 기통수
   N : 분당 회전수(rpm), η_v : 체적효율

④ 다단 압축의 목적
  ㈎ 1단 단열압축과 비교한 일량의 절약
  ㈏ 이용효율의 증가
  ㈐ 힘의 평형이 양호해진다.
  ㈑ 온도상승을 방지할 수 있다.

⑤ 압축비(a)
  ㈎ 1단 압축비 : $a = \dfrac{P_2}{P_1}$
  ㈏ 다단 압축비 : $a = \sqrt[n]{\dfrac{P_2}{P_1}}$

   여기서, a : 압축비, n : 단수, P_1 : 흡입압력(kgf/cm²·a), P_2 : 최종압력(kgf/cm²·a)

⑥ 각종 가스 압축기의 윤활유
  ㈎ 산소압축기 : 물 또는 묽은 글리세린수 (10 % 정도)
  ㈏ 공기압축기, 수소압축기, 아세틸렌 압축기 : 양질의 광유 (디젤 엔진유)
  ㈐ 염소압축기 : 진한 황산
  ㈑ LP가스 압축기 : 식물성유
  ㈒ 이산화황(아황산가스) 압축기 : 화이트유, 정제된 용제 터빈유
  ㈓ 염화메탄(메틸 클로라이드) 압축기 : 화이트유

(2) **펌프**(pump)
  ① 펌프의 분류
    ㈎ 터보식 펌프 : 원심펌프, 사류펌프, 축류펌프
    ㈏ 용적식 펌프 : 왕복펌프(피스톤 펌프, 플런저펌프, 다이어프램펌프), 회전펌프(기어펌프, 나사펌프, 베인펌프)
    ㈐ 특수 펌프 : 제트펌프, 기포펌프, 수격펌프
  ② 원심펌프 특징
    ㈎ 원심력에 의하여 유체를 압송한다.
    ㈏ 용량에 비하여 소형이고 설치면적이 작다.
    ㈐ 흡입, 토출밸브가 없고 액의 맥동이 없다.
    ㈑ 기동 시 펌프내부에 유체를 충분히 채워야 한다.
    ㈒ 고양정에 적합하다.
    ㈓ 서징현상, 캐비테이션 현상이 발생하기 쉽다.
  ③ 펌프의 축동력
    ㈎ $PS = \dfrac{\gamma \cdot Q \cdot H}{75 \cdot \eta}$ ㈏ $kW = \dfrac{\gamma \cdot Q \cdot H}{102 \cdot \eta}$

    여기서, γ : 액체의 비중량(kgf/m³), Q : 유량(m³/s), H : 전양정(m), η : 효율

> **참고** 압축기의 축동력
> ① $PS = \dfrac{P \cdot Q}{75 \cdot \eta}$ ② $kW = \dfrac{P \cdot Q}{102 \cdot \eta}$
> 여기서, P : 압축기의 토출압력(kgf/m²), Q : 유량(m³/s)
> η : 효율

  ④ 원심펌프의 상사법칙
    ㈎ 유량 : $Q_2 = Q_1 \times \left(\dfrac{N_2}{N_1}\right) \times \left(\dfrac{D_2}{D_1}\right)^3$
    ㈏ 양정 : $H_2 = H_1 \times \left(\dfrac{N_2}{N_1}\right)^2 \times \left(\dfrac{D_2}{D_1}\right)^2$
    ㈐ 동력 : $L_2 = L_1 \times \left(\dfrac{N_2}{N_1}\right)^3 \times \left(\dfrac{D_2}{D_1}\right)^5$

    여기서, Q_1, Q_2 : 변경 전,후 유량
      H_1, H_2 : 변경 전,후 양정
      L_1, L_2 : 변경 전,후 동력
      N_1, N_2 : 변경 전,후 임펠러 회전수
      D_1, D_2 : 변경 전,후 임펠러 지름

⑤ 펌프에서 발생되는 현상
   ㈎ 캐비테이션(cavitation) 현상 : 유수 중에 그 수온의 증기압력보다 낮은 부분이 생기면 물이 증발을 일으키고 기포를 다수 발생하는 현상
   ㈏ 수격작용(water hammering) : 관내의 유속이 급변하면 물에 심한 압력변화가 생기는 현상
   ㈐ 서징(surging) 현상 : 맥동현상이라 하며 펌프를 운전 중 주기적으로 운동, 양정, 토출량이 규칙 바르게 변동하는 현상
   ㈑ 베이퍼 로크(vapor lock) 현상 : 저비점 액체 등을 이송 시 펌프의 입구에서 발생하는 현상으로 액의 끓음에 의한 동요를 말한다.

5 저온장치

(1) 가스 액화의 원리
   ① 단열 팽창 방법 : 줄-톰슨 효과 이용
   ② 팽창기에 의한 방법
      ㈎ 린데(Linde) 액화 사이클 : 단열팽창(줄-톰슨효과)을 이용
      ㈏ 클라우드(Claude) 액화 사이클 : 팽창기에 의한 단열교축 팽창 이용
      ㈐ 캐피자(Kapitza) 액화 사이클 : 열교환기에 축랭기 사용, 공기압축 압력 7 atm
      ㈑ 필립스(Philps) 액화 사이클 : 1개의 실린더에 2개의 피스톤이 있고, 수소, 헬륨을 냉매로 사용
      ㈒ 캐스케이드 액화 사이클 : 다원 액화 사이클이라 하며 암모니아, 에틸렌, 메탄을 냉매로 사용

(2) 저온 단열법
   ① 상압 단열법 : 단열공간에 분말, 섬유 등의 단열재 충전
   ② 진공 단열법 : 고진공 단열법, 분말진공 단열법, 다층 진공 단열법

6 고압가스 장치 재료

(1) 금속재료 원소의 영향
   ① 탄소(C) : 인장강도 항복점 증가, 연신율 충격치 감소
   ② 망간(Mn) : 강의 경도, 강도, 점성강도 증대
   ③ 인(P) : 상온취성 원인
   ④ 황(S) : 적열취성 원인
   ⑤ 규소(Si) : 단접성, 냉간 가공성 저하

(2) 열처리의 종류
   ① 담금질(quenching) : 강도, 경도 증가
   ② 불림(normalizing) : 결정조직의 미세화
   ③ 풀림(annealing) : 내부응력 제거, 조직의 연화
   ④ 뜨임(tempering) : 연성, 인장강도 부여, 내부응력 제거

(3) 비파괴 검사
   ① 육안검사 (VT : visual test)
   ② 음향검사 : 간단한 공구를 이용하여 음향에 의해 결함 유무를 판단하는 방법
   ③ 침투검사(PT : penetrant test) : 표면의 미세한 균열, 작은 구멍, 슬러그 등을 검출하는 방법
   ④ 자기검사(MT : magnetic test) : 피검사물의 자화한 상태에서 표면 또는 표면에 가까운 손상에 의해 생기는 누설 자속을 사용하여 검출하는 방법
   ⑤ 방사선 투과 검사(RT : rediographic test) : X선이나 γ선으로 투과한 후 필름에 의해 내부 결함의 모양, 크기 등을 관찰할 수 있고 검사 결과의 기록이 가능
   ⑥ 초음파 검사(UT : ultrasonic test) : 초음파를 피검사물의 내부에 침입시켜 반사파를 이용하여 내부의 결함과 불균일층의 존재 여부를 검사하는 방법
   ⑦ 와류검사 : 동 합금, 18-8 STS의 부식 검사에 사용
   ⑧ 전위차법 : 결함이 있는 부분에 전위차를 측정하여 균열의 깊이를 조사하는 방법

(4) 충전 용기
   ① 종류
      ㈎ 이음매 없는 용기(무계목 용기, 심리스 용기) : 주로 압축가스에 사용
         ㉮ 제조방법 : 만네스만식, 에르하트식, 디프드로잉식
         ㉯ 특징
            • 고압에 견디기 쉬운 구조이다.
            • 내압에 대한 응력 분포가 균일하다.
            • 제작비가 비싸다.
            • 두께가 균일하지 못할 수 있다.
      ㈏ 용접용기(계목용기, 웰딩용기, 심용기) : 주로 액화가스에 사용
         ㉮ 제조방법 : 심교용기, 종계용기
         ㉯ 특징
            • 제작비가 저렴하다.
            • 두께가 균일하다.
            • 용기의 형태, 치수 선택이 자유롭다.
            • 고압에 견디기 어려운 구조이다.
      ㈐ 초저온 용기 : 18-8 스테인리스강, Al합금을 사용

(라) 화학성분비 기준

구분	C(탄소)	P(인)	S(황)
이음매 없는 용기	0.55 % 이하	0.04 % 이하	0.05 % 이하
용접용기	0.33 % 이하	0.04 % 이하	0.05 % 이하

② 용기 밸브
  (가) 충전구 형식에 의한 분류
    ㉮ A형 : 충전구가 숫나사
    ㉯ B형 : 충전구가 암나사
    ㉰ C형 : 충전구에 나사가 없는 것
  (나) 충전구 나사형식에 의한 분류
    ㉮ 왼나사 : 가연성가스 용기(단, 액화암모니아, 액화브롬화메탄은 오른나사)
    ㉯ 오른나사 : 가연성가스 외의 용기

③ 충전용기 안전장치
  (가) LPG 용기 : 스프링식 안전밸브
  (나) 염소, 아세틸렌, 산화에틸렌 용기 : 가용전식 안전밸브
  (다) 산소, 수소, 질소, 액화이산화탄소 용기 : 파열판식 안전밸브
  (라) 초저온 용기 : 스프링식과 파열판식의 2중 안전밸브

7 배관의 부식과 방식

(1) 금속재료의 부식(腐蝕)
  ① 부식의 정의 : 금속이 전해질과 접할 때 금속표면에서 전류가 유출하는 양극반응
  ② 부식의 형태
    (가) 전면부식 : 전면이 부식되므로 발견이 쉬워 대처하므로 피해는 적다.
    (나) 국부부식 : 특정부분에 부식이 집중되는 현상으로 위험성이 높다.
    (다) 선택부식 : 합금의 특정부분만 선택적으로 부식되는 현상
    (라) 입계부식 : 결정입자가 선택적으로 부식되는 현상
  ③ 가스에 의한 고온부식의 종류
    (가) 산화 : 산소 및 탄산가스
    (나) 황화 : 황화수소(H_2S)
    (다) 질화 : 암모니아(NH_3)
    (라) 침탄 및 카르보닐화 : 일산화탄소(CO)
    (마) 바나듐 어택 : 오산화바나듐(V_2O_5)
    (바) 탈탄작용 : 수소(H_2)

(2) 방식(防蝕) 방법

① 부식을 억제하는 방법
  ㈎ 부식환경의 처리에 의한 방식법
  ㈏ 부식억제제(인히비터)에 의한 방식법
  ㈐ 피복에 의한 방식법
  ㈑ 전기 방식법

② 전기 방식법 : 매설배관에 직류전기를 공급해 주거나 배관보다 저전위 금속을 배관에 연결하여 양극반응을 억제시켜주는 방법이다.
  ㈎ 종류
    ㉮ 유전 양극법(희생 양극법) : 마그네슘(Mg) 이용
    ㉯ 외부 전원법 : 한전 전원을 직류로 전환하여 가스관에 전기를 공급
    ㉰ 배류법 : 직류전기철도 이용
    ㉱ 강제 배류법 : 외부전원법과 배류법의 병용
  ㈏ 유지관리 기준
    ㉮ 전기방식 전류가 흐르는 상태에서 토양 중에 있는 배관 등의 방식전위는 포화황산동 기준전극으로 −0.85 V 이하(황산염환원 박테리아가 번식하는 토양에서는 −0.95 V 이하)이어야 하고, 방식전위 하한값은 전기철도 등의 간섭영향을 받는 곳을 제외하고는 포화황산동 기준전극으로 −2.5 V 이상이 되도록 노력한다.
    ㉯ 전기방식 전류가 흐르는 상태에서 자연전위와의 전위변화가 최소한 −300 mV 이하일 것
    ㉰ 배관에 대한 전위측정은 가능한 가까운 위치에서 기준전극으로 실시한다.
    ㉱ 전위 측정용 터미널(TB) 설치 기준
      • 희생양극법, 배류법 : 300 m
      • 외부전원법 : 500 m
    ㉲ 전기방식 시설의 유지관리
      • 관대지전위(管對地電位) 점검 : 1년에 1회 이상
      • 외부 전원법 전기방식시설 점검 : 3개월에 1회 이상
      • 배류법 전기방식시설 점검 : 3개월에 1회 이상
      • 절연부속품, 역 전류방지장치, 결선(bond), 보호절연체 점검 : 6개월에 1회 이상

Part 04 가스안전관리

1 고압가스 안전관리

(1) 저장능력 산정기준

① 저장능력 산정 기준식

  ㈎ 압축가스의 저장탱크 및 용기 : $Q = (10P+1) \cdot V_1$

  ㈏ 액화가스 저장탱크 : $W = 0.9d \cdot V_2$

  ㈐ 액화가스 용기(충전용기, 탱크로리)

   $W = \dfrac{V_2}{C}$

   여기서, Q : 저장능력(m^3), P : 35℃에서 최고충전압력(MPa)

   V_1 : 내용적(m^3), W : 저장능력(kg)

   V_2 : 내용적(L), d : 액화가스의 비중

   C : 액화가스 충전상수

② 저장능력 합산기준

  ㈎ 저장탱크 및 용기가 배관으로 연결된 경우

  ㈏ 저장탱크 및 용기 사이의 중심거리가 30 m 이하인 경우 및 같은 구축물에 설치되어 있는 경우

  ㈐ 액화가스와 압축가스가 섞여 있는 경우에는 액화가스 10 kg을 압축가스 1 m^3로 본다.

(2) 보호시설 및 안전거리유지 기준

① 보호시설

  ㈎ 제1종 보호시설 (암기법 : 1320 문화재)

   ㉮ 학교, 유치원, 어린이집, 놀이방, 어린이 놀이터, 학원, 병원(의원 포함), 도서관, 청소년수련시설, 경로당, 시장, 공중목욕탕, 호텔, 여관, 극장, 교회 및 공회당(公會堂)

   ㉯ 사람을 수용하는 연면적 1000 m^2 이상인 건축물

   ㉰ 예식장, 장례식장 및 전시장 및 유사한 시설로 300명 이상 수용할 수 있는 건축물

   ㉱ 아동복지시설, 장애인복지시설로서 20명 이상 수용할 수 있는 건축물

   ㉲ 문화재 보호법에 따라 지정문화재로 지정된 건축물

  ㈏ 제2종 보호시설

   ㉮ 주택

   ㉯ 사람을 수용하는 연면적 100 m^2 이상 1000 m^2 미만인 것

② 보호시설과 안전거리 유지 기준

(개) 처리설비, 저장설비는 보호시설과 안전거리 유지

구분	독성, 가연성		산소		그 밖의 가스	
	제1종	제2종	제1종	제2종	제1종	제2종
1만 이하	17	12	8		5	
1만 초과 2만 이하	21	14	9		7	
2만 초과 3만 이하	24	16	11		8	
3만 초과 4만 이하	27	18	13		9	
4만 초과 5만 이하	30	20	14		10	
5만 초과 99만 이하	30	20	–	–	–	–
99만 초과	30	20	–	–	–	–

1. 단위 : 압축가스(m^3), 액화가스(kg)
2. 동일사업소 안에 2개 이상의 처리설비 또는 저장설비가 있는 경우 그 처리능력, 저장능력별로 각각 안전거리 유지
3. 가연성가스 저온저장탱크의 경우
   ① 5만 초과 99만 이하 : 제1종 $\frac{3}{25}\sqrt{X+10000}\,m$, 제2종 $\frac{2}{25}\sqrt{X+10000}\,m$
   ② 99만 초과 : 제1종 120 m, 제2종 80 m
4. 산소 및 그 밖의 가스는 4만 초과까지임

(내) 저장설비를 지하에 설치하는 경우에는 유지거리의 1/2을 곱한 거리를 유지

(3) 고압가스 제조의 기준(특정제조, 일반제조, 용기 및 차량에 고정된 탱크 충전)

① 배치기준
   (개) 화기와의 우회거리
      ㉮ 가스설비 또는 저장설비 : 2 m 이상
      ㉯ 가연성가스, 산소의 가스설비 또는 저장설비 : 8 m 이상
   (내) 설비 사이의 거리
      ㉮ 가연성과 가연성 제조시설 : 5 m 이상
      ㉯ 가연성과 산소 제조시설 : 10 m 이상
   (대) 가연성 가스설비, 독성 가스설비 : 안전구역에 설치 (특정제조만 해당)
      ㉮ 안전구역 면적 : 20000 m^2 이하
      ㉯ 고압가스 설비와의 거리 : 30 m 이상
      ㉰ 제조설비는 제조소 경계까지 : 20 m 이상
      ㉱ 가연성가스 저장탱크와 처리능력 20만 m^3 이상인 압축기 : 30 m 이상

② 저장설비 기준
　㈎ 내진성능(耐震性能)확보
　　㉮ 저장탱크(가스홀더 포함)

구분	비가연성, 비독성 가스	가연성, 독성 가스	탑류
압축가스	1000 m³ 이상	500 m³ 이상	동체부 높이가 5 m 이상인 것
액화가스	10000 kg 이상	5000 kg 이상	

　　㉯ 세로방향으로 설치한 동체의 길이가 5 m 이상인 원통형 응축기 및 내용적 5000 L 이상인 수액기, 지지구조물 및 기초
　　㉰ ㉮항 중 저장탱크를 지하에 매설한 경우에 대하여는 내진설계를 한 것으로 본다.
　㈏ 가스방출장치 설치 : 5 m³ 이상
　㈐ 저장탱크 사이 거리 : 저장탱크 최대지름을 더한 길이의 4분의 1 이상의 거리 유지 (1 m 미만인 경우 1 m 유지)
　㈑ 저장탱크 설치 기준
　　㉮ 지하 설치 기준
　　　• 천장, 벽, 바닥의 두께 : 30 cm 이상의 철근 콘크리트
　　　• 저장탱크의 주위 : 마른 모래를 채울 것
　　　• 매설깊이 : 60 cm 이상
　　　• 2개 이상 설치 시 : 상호간 1 m 이상 유지
　　　• 지상에 경계표지 설치
　　　• 안전밸브 방출관 설치(방출구 높이 : 지면에서 5 m 이상)
　　㉯ 실내 설치 기준
　　　• 저장탱크실과 처리설비실은 각각 구분하여 설치하고 강제통풍시설을 갖출 것
　　　• 천장, 벽, 바닥의 두께 : 30 cm 이상의 철근 콘크리트
　　　• 가연성가스 또는 독성가스의 경우 : 가스누출검지 경보장치 설치
　　　• 저장탱크 정상부와 천장과의 거리 : 60 cm 이상
　　　• 2개 이상 설치 시 : 저장탱크실을 각각 구분하여 설치
　　　• 저장탱크실 및 처리설비실의 출입문 : 각각 따로 설치(자물쇠 채움 등의 조치)
　　　• 주위에 경계표지 설치
　　　• 안전밸브 방출관 설치(방출구 높이 : 지상에서 5 m 이상)
　㈒ 저장탱크의 부압파괴 방지 조치
　　㉮ 압력계
　　㉯ 압력경보설비
　　㉰ 진공안전밸브
　　㉱ 다른 저장탱크 또는 시설로부터의 가스도입배관(균압관)
　　㉲ 압력과 연동하는 긴급차단장치를 설치한 냉동 제어설비
　　㉳ 압력과 연동하는 긴급차단장치를 설치한 송액설비

㉃ 과충전 방지 조치 : 내용적의 90 % 초과 금지
③ 배관 설치 기준
 ㈎ 배관장치에는 적절한 장소에 압력계, 유량계, 온도계 등의 계기류를 설치
 ㈏ 경보장치 설치 : 경보장치가 울리는 경우
  ㉮ 상용압력의 1.05배를 초과한 때 (상용압력이 4 MPa 이상인 경우 0.2 MPa를 더한 압력)
  ㉯ 정상운전시의 압력보다 15 % 이상 강하한 경우
  ㉰ 정상운전시의 유량보다 7 % 이상 변동할 경우
  ㉱ 긴급차단밸브가 고장 또는 폐쇄된 때
 ㈐ 안전제어장치 : 이상상태가 발생한 경우 압축기, 펌프, 긴급차단장치 등을 정지 또는 폐쇄
  ㉮ 압력계로 측정한 압력이 상용압력의 1.1배를 초과했을 때
  ㉯ 정상운전시의 압력보다 30 % 이상 강하했을 때
  ㉰ 정상운전시의 유량보다 15 % 이상 증가했을 때
  ㉱ 가스누출경보기가 작동했을 때
④ 사고예방 설비 기준
 ㈎ 가스누출 검지 경보장치 설치 : 독성가스 및 공기보다 무거운 가연성가스
  ㉮ 종류 : 접촉연소 방식(가연성 가스), 격막 갈바니 전지방식(산소), 반도체 방식(가연성, 독성)
  ㉯ 경보농도(검지농도)
   • 가연성 가스 : 폭발하한계의 1/4 이하
   • 독성가스 : TLV-TWA 기준농도 이하
   • 암모니아(NH_3)를 실내에서 사용하는 경우 : 50 ppm
  ㉰ 경보기의 정밀도 : 가연성(±25 % 이하), 독성가스(±30 % 이하)
  ㉱ 검지에서 발신까지 걸리는 시간
   • 경보농도의 1.6배 농도에서 30초 이내
   • 암모니아, 일산화탄소 : 1분 이내
 ㈏ 긴급차단장치 설치
  ㉮ 부착위치 : 가연성 또는 독성가스의 고압가스 설비
  ㉯ 저장탱크의 긴급차단장치 또는 역류방지밸브 부착위치
   • 저장탱크 주 밸브(main valve) 외측 및 탱크내부에 설치하되 주 밸브와 겸용금지
   • 저장탱크의 침해 또는 부상, 배관의 열팽창, 지진 그 밖의 외력의 영향을 고려
  ㉰ 차단조작 기구
   • 동력원 : 액압, 기압, 전기, 스프링
   • 조작위치 : 당해 저장탱크로부터 5 m 이상 떨어진 곳
 ㈐ 역류방지밸브 설치
  ㉮ 가연성가스를 압축하는 압축기와 충전용 주관과의 사이 배관

㈏ 아세틸렌을 압축하는 압축기의 유분리기와 고압건조기와의 사이 배관
　　　㈐ 암모니아 또는 메탄올의 합성탑 및 정제탑과 압축기와의 사이 배관
　㈑ 역화방지장치 설치
　　　㉮ 가연성가스를 압축하는 압축기와 오토클레이브와의 사이 배관
　　　㈏ 아세틸렌의 고압건조기와 충전용 교체밸브 사이 배관
　　　㈐ 아세틸렌 충전용 지관
㈕ 정전기 제거조치 : 가연성가스 제조설비
　　㉮ 탑류, 저장탱크, 열교환기, 회전기계, 벤트스택 등은 단독으로 설치
　　㈏ 접지 접속선 단면적 : 5.5 mm² 이상
　　㈐ 접지 저항값 총합 : 100Ω 이하(피뢰설비 설치 시 : 10Ω 이하)
㈖ 방류둑 설치 : 액상의 가스가 누출된 경우 그 유출을 방지하기 위한 것
　　㉮ 저장능력별 방류둑 설치 대상
　　　• 고압가스 특정제조
　　　　－ 가연성 가스 : 500톤 이상　　　　－ 독성가스 : 5톤 이상
　　　　－ 액화 산소 : 1000톤 이상
　　　• 고압가스 특정제조 외
　　　　－ 가연성, 액화산소 : 1000톤 이상　　－ 독성가스 : 5톤 이상
　　　• 냉동제조 시설(독성가스 냉매 사용) : 수액기 내용적 10000 L 이상
　　　• 액화석유가스 : 1000톤 이상
　　　• 도시가스
　　　　－ 도시가스 도매사업 : 500톤 이상
　　　　－ 일반도시가스 사업 : 1000톤 이상
　　㈏ 구조
　　　• 방류둑의 재료 : 철근 콘크리트, 철골·철근 콘크리트, 금속, 흙 또는 이들을 혼합
　　　• 성토 기울기 : 45° 이하, 성토 윗부분 폭 : 30 cm 이상
　　　• 출입구 : 둘레 50 m 마다 1개 이상 분산 설치(둘레가 50 m 미만 : 2개 이상 설치)
　　　• 집합 방류둑 내 가연성 가스와 조연성 가스, 독성가스를 혼합 배치 금지
　　　• 방류둑은 액밀한 구조로 하고 액두압에 견디게 설치하고 액의 표면적은 적게 한다.
　　　• 방류둑에 고인 물을 외부로 배출할 수 있는 조치를 할 것(배수조치는 방류둑 밖에서 하고 배수할 때 이외에는 반드시 닫혀 있도록 조치)
　　㈐ 방류둑 용량 : 저장능력 상당용적
　　　• 액화산소 저장탱크 : 저장능력 상당용적의 60 %
　　　• 집합 방류둑 내 : 최대저장탱크의 상당용적+잔여 저장탱크 총 용적의 10 %
　　　• 냉동설비 방류둑 : 수액기 내용적의 90 % 이상
㈗ 방호벽 설치 : 가스폭발에 따른 충격에 견디고, 위해요소가 다른 쪽으로 전이되는 것을 방지
　　㉮ 압축기와 충전장소 사이

④ 압축기와 가스충전용기 보관 장소 사이
④ 충전장소와 가스충전용기 보관 장소 사이
④ 충전장소와 충전용 주관밸브 조작 장소 사이
(아) 독성가스 누출로 인한 확산방지 : 포스겐, 황화수소, 시안화수소, 아황산가스, 산화에틸렌, 암모니아, 염소, 염화메탄
(자) 이상사태가 발생하는 경우 확대 방지 설비 설치
㉮ 긴급이송설비 : 특수반응설비, 연소열량 수치가 1.2×10^7을 초과하는 고압가스설비, 긴급차단장치를 설치한 설비에 설치
㉯ 벤트스택(vent stack) : 가연성가스 또는 독성가스설비에서 이상상태가 발생한 경우 설비내의 내용물을 설비 밖으로 긴급하고 안전하게 이송하는 시설
㉰ 플레어스택(flare stack) : 가연성가스를 연소에 의하여 처리하는 시설

⑤ 제조 및 충전기준
(가) 압축금지
㉮ 가연성가스(C_2H_2, C_2H_4, H_2 제외) 중 산소용량이 전용량의 4 % 이상의 것
㉯ 산소 중 가연성가스(C_2H_2, C_2H_4, H_2 제외) 용량이 전용량의 4 % 이상의 것
㉰ C_2H_2, C_2H_4, H_2 중의 산소용량이 전용량의 2 % 이상의 것
㉱ 산소 중 C_2H_2, C_2H_4, H_2의 용량 합계가 전용량의 2 % 이상의 것
(나) 공기액화 분리기에 설치된 액화산소 5 L 중 아세틸렌 질량이 5 mg, 탄화수소의 탄소의 질량이 500 mg을 넘을 때에는 운전을 중지하고 액화산소를 방출시킬 것
(다) 품질검사

가스 종류	순도	시험 방법	충전 압력
산소	99.5 % 이상	동-암모니아시약 → 오르사트법	35℃, 11.8 MPa 이상
수소	98.5 % 이상	피로갈롤, 하이드로 설파이드시약 → 오르사트법	35℃, 11.8 MPa 이상
아세틸렌	98 % 이상	발연황산 시약 → 오르사트법, 브롬시약 → 뷰렛법, 질산은 시약 → 정성시험	-

(4) 특정고압가스 사용시설
① 종류
(가) 법에서 정한 것(법 20조) : 수소, 산소, 액화암모니아, 아세틸렌, 액화염소, 천연가스, 압축모노실란, 압축디보란, 액화알진, 그 밖에 대통령령이 정하는 고압가스
(나) 대통령령이 정한 것(시행령 16조) : 포스핀, 셀렌화수소, 게르만, 디실란, 오불화비소, 오불화인, 삼불화인, 삼불화질소, 삼불화붕소, 사불화유황, 사불화규소
(다) 특수고압가스 : 압축모노실란, 압축디보란, 액화알진, 포스핀, 셀렌화수소, 게르만, 디실란 그 밖에 반도체의 세정 등 산업통상자원부 장관이 인정하는 특수한 용도에 사용하는 고압가스

② 시설기준
  ㈎ 안전거리 유지 : 저장능력 500 kg 이상인 액화염소 사용시설의 저장설비
      ㉮ 제1종 보호시설 : 17 m 이상   ㉯ 제2종 보호시설 : 12 m 이상
  ㈏ 방호벽 설치 : 저장능력 300 kg 이상인 용기보관실
  ㈐ 안전밸브 설치 : 저장능력 300 kg 이상인 용기 접합장치가 설치된 곳
  ㈑ 화기와의 거리
      ㉮ 가연성가스 저장설비, 기화장치 : 8 m 이상
      ㉯ 산소 저장설비 : 5 m 이상
  ㈒ 역화방지장치 설치 : 수소화염, 산소 – 아세틸렌 화염을 사용하는 시설

(5) 용기의 검사

① 신규검사 항목
  ㈎ 강으로 제조한 이음매 없는 용기 : 외관검사, 인장시험, 충격시험(Al용기 제외), 파열시험(Al용기 제외), 내압시험, 기밀시험, 압궤시험
  ㈏ 강으로 제조한 용접용기 : 외관검사, 인장시험, 충격시험(Al용기 제외), 용접부 검사, 내압시험, 기밀시험, 압궤시험
  ㈐ 초저온 용기 : 외관검사, 인장시험, 용접부 검사, 내압시험, 기밀시험, 압궤시험, 단열성능시험
  ㈑ 납붙임 접합용기 : 외관검사, 기밀시험, 고압가압시험

> **참고** 파열시험을 한 용기는 인장시험, 압궤시험을 생략할 수 있다.

② 재검사
  ㈎ 재검사를 받아야 할 용기
      ㉮ 일정한 기간이 경과된 용기
      ㉯ 합격표시가 훼손된 용기
      ㉰ 손상이 발생된 용기
      ㉱ 충전가스 명칭을 변경할 용기
      ㉲ 열영향을 받은 용기

③ 내압시험 : 수조식 내압시험, 비수조식 내압시험
  ㈎ 항구(영구) 증가율(%) 계산

  $$항구(영구)\ 증가율(\%) = \frac{항구\ 증가량}{전\ 증가량} \times 100$$

  ㈏ 합격기준
      ㉮ 신규검사 : 항구 증가율 10 % 이하
      ㉯ 재검사
        • 질량검사 95 % 이상 : 항구 증가율 10 % 이하
        • 질량검사 90 % 이상 95 % 미만 : 항구 증가율 6 % 이하

④ 초저온 용기의 단열성능시험
   (개) 침입열량 계산식

   $$Q = \frac{W \cdot q}{H \cdot \Delta t \cdot V}$$

   여기서, Q : 침입열량(kcal/hr·℃·L), W : 측정 중의 기화가스량(kg)
   q : 시험용 액화가스의 기화잠열(kcal/kg), H : 측정시간(hr)
   Δt : 시험용 액화가스의 비점과 외기와의 온도차(℃)
   V : 용기 내용적(L)

   (나) 합격기준

내용적	침입열량(kcal/hr·℃·L)
1000 L 미만	0.0005 이하(2.09 J/h·℃·L 이하)
1000 L 이상	0.002 이하(8.37 J/h·℃·L 이하)

   (다) 시험용 액화가스의 종류 : 액화질소, 액화산소, 액화아르곤

(6) 용기의 표시
  ① 용기의 각인
    (개) V : 내용적(L)
    (나) W : 용기 질량(kg)
    (다) TW : 아세틸렌 용기질량에 다공물질, 용제, 용기부속품의 질량을 합한 질량(kg)
    (라) TP : 내압시험압력(MPa)
    (마) FP : 압축가스의 최고충전압력(MPa)
  ② 용기의 도색 및 표시

가스 종류	용기 도색		글자 색깔		띠의 색상 (의료용)
	공업용	의료용	공업용	의료용	
산소(O_2)	녹색	백색	백색	녹색	녹색
수소(H_2)	주황색	–	백색	–	–
액화탄산가스(CO_2)	청색	회색	백색	백색	백색
액화석유가스	밝은 회색	–	적색	–	–
아세틸렌(C_2H_2)	황색	–	흑색	–	–
암모니아(NH_3)	백색	–	흑색	–	–
액화염소(Cl_2)	갈색	–	백색	–	–
질소(N_2)	회색	흑색	백색	백색	백색
아산화질소(N_2O)	회색	청색	백색	백색	백색
헬륨(He)	회색	갈색	백색	백색	백색
에틸렌(C_2H_4)	회색	자색	백색	백색	백색
사이클로프로판	회색	주황색	백색	백색	백색
기타의 가스	회색	–	백색	백색	백색

(개) 스테인리스강 등 내식성 재료를 사용한 용기 : 용기 동체의 외면 상단에 10 cm 이상의 폭으로 충전가스에 해당하는 색으로 도색
(내) 가연성가스(LPG 제외) : '연'자, 독성가스 : '독'자 표시
(대) 선박용 액화석유가스 용기 : 용기 상단부에 2 cm의 백색 띠 두 줄, 백색 글씨로 '선박용'표시

③ 용기부속품 기호
(개) AG : 아세틸렌용기 부속품
(내) PG : 압축가스용기 부속품
(대) LG : 액화석유가스 외 액화가스용기 부속품
(라) LPG : 액화석유가스용기 부속품
(마) LT : 초저온 및 저온용기 부속품

(7) 고압가스의 운반 기준
① 차량의 경계표지
(개) 경계표시 : '위험고압가스' 차량 앞뒤에 부착, 전화번호 표시, 운전석 외부에 적색 삼각기 게시 (독성가스 : '위험고압가스', '독성가스'와 위험을 알리는 도형 및 전화번호 표시)
(내) 가로치수 : 차체 폭의 30 % 이상
(대) 세로치수 : 가로치수의 20 % 이상
(라) 정사각형 : 600 cm² 이상

② 혼합적재 금지
(개) 염소와 아세틸렌, 암모니아, 수소
(내) 가연성 가스와 산소는 충전용기 밸브가 마주보지 않도록 적재
(대) 충전용기와 소방기본법이 정하는 위험물
(라) 독성가스 중 가연성 가스와 조연성 가스

③ 운반책임자 동승
(개) 운반책임자 : 운반에 관한 교육이수자, 안전관리 책임자, 안전관리원
(내) 운반책임자 동승기준

가스의 종류		기준
압축가스	독성	100 m³ 이상
	가연성	300 m³ 이상
	조연성	600 m³ 이상
액화가스	독성	1000 kg 이상
	가연성	3000 kg 이상 (납붙임용기 및 접합용기 : 2000 kg 이상)
	조연성	6000 kg 이상

참고 독성가스 (LC50 200 ppm 이하) : 압축가스 10 m³ 이상, 액화가스 100 kg 이상

④ 적재 및 하역 작업
  ㈎ 충전용기를 차량에 적재하여 운반할 때에는 적재함에 세워서 운반할 것
  ㈏ 충전용기와 차량과의 사이에 헝겊, 고무링을 사용하여 마찰, 홈, 찌그러짐 방지
  ㈐ 고정된 프로텍터가 없는 용기는 보호캡을 부착
  ㈑ 전용로프를 사용하여 충전용기 고정
  ㈒ 충전용기를 차에 싣거나 내릴 때에는 충격을 최소한으로 방지하기 위하여 완충판을 차량 등에 갖추고 사용할 것
  ㈓ 운반 중의 충전용기는 항상 40℃ 이하를 유지할 것
  ㈔ 충전용기는 이륜차에 적재하여 운반하지 않을 것 (단, 다음의 경우 모두에 액화석유가스 충전용기를 적재하여 운반할 수 있다.)
    ㉮ 차량이 통행하기 곤란한 지역의 경우 또는 시·도지사가 지정하는 경우
    ㉯ 넘어질 경우 용기에 손상이 가지 않도록 제작된 용기운반 전용적재함을 장착한 경우
    ㉰ 적재하는 충전용기의 충전량이 20 kg 이하이고, 적재하는 충전용기수가 2개 이하인 경우
  ㈕ 납붙임, 접합용기는 포장상자 외면에 가스의 종류, 용도, 취급시 주의사항 기재
  ㈖ 운반하는 액화독성가스 누출시 응급조치 약제(소석회[생석회]) 휴대
    ㉮ 대상가스 : 염소, 염화수소, 포스겐, 아황산가스
    ㉯ 휴대량 : 1000 kg 미만 → 20 kg 이상, 1000 kg 이상 → 40 kg 이상

⑤ 차량에 고정된 탱크
  ㈎ 내용적 제한
    ㉮ 가연성가스(LPG 제외), 산소 : 18000 L 초과 금지
    ㉯ 독성가스(액화암모니아 제외) : 12000 L 초과 금지
  ㈏ 액면요동 방지조치 등
    ㉮ 액화가스를 충전하는 탱크 : 내부에 방파판 설치
      • 방파판 면적 : 탱크 횡단면적의 40 % 이상
      • 위치 : 상부 원호부 면적이 탱크 횡단면의 20 % 이하가 되는 위치
      • 두께 : 3.2 mm 이상
      • 설치 수 : 탱크 내용적 5 m^3 이하 마다 1개씩
    ㉯ 탱크 정상부가 차량보다 높을 때 : 높이측정기구 설치
  ㈐ 탱크 및 부속품 보호 : 뒷범퍼와 수평거리
    ㉮ 후부 취출식 탱크 : 40 cm 이상
    ㉯ 후부 취출식 탱크 외 : 30 cm 이상
    ㉰ 조작상자 : 20 cm 이상

2 액화석유가스 안전관리

(1) 액화석유가스 충전사업 시설 및 기술기준

① 용기충전 시설기준

㈎ 안전거리

㉮ 저장설비 : 사업소경계까지 다음 거리 이상을 유지

저장 능력	사업소 경계와의 거리
10톤 이하	24 m
10톤 초과 20톤 이하	27 m
20톤 초과 30톤 이하	30 m
30톤 초과 40톤 이하	33 m
40톤 초과 200톤 이하	36 m
200톤 초과	39 m

> **참고** 저장설비를 지하설치, 지하에 설치된 저장설비 내 액중펌프 설치 : 사업소 경계와의 거리의 70% 유지

㉯ 충전설비 : 사업소 경계까지 24 m 이상 유지
㉰ 탱크로리 이입·충전장소 : 정차위치 표시, 사업소경계까지 24 m 이상 유지
㉱ 저장설비, 충전설비 및 탱크로리 이입·충전장소 : 보호시설과 거리 유지
㉲ 사업소 부지는 그 한 면이 폭 8 m 이상의 도로에 접할 것

㈏ 저장탱크

㉮ 냉각살수 장치 설치
- 방사량 : 저장탱크 표면적 $1\,m^2$ 당 5 L/min 이상의 비율
- 준내화구조 저장탱크 : $2.5\,L/min\cdot m^2$ 이상
- 조작위치 : 5 m 이상 떨어진 위치

㉯ 폭발방지장치 설치 : 주거지역, 상업지역에 설치하는 10톤 이상의 저장탱크(단, 다음 중 어느 하나를 설치한 경우는 폭발방지장치를 설치한 것으로 본다.)
- 물분무장치(살수장치 포함)나 소화전을 설치하는 저장탱크
- 2중각 단열구조의 저온저장탱크로서 단열재의 두께가 화재를 고려하여 설계 시 공된 경우
- 지하에 매몰하여 설치하는 저장탱크

㈐ 통풍구 및 강제 통풍시설 설치

㉮ 통풍구조 : 바닥면적 $1\,m^2$ 마다 $300\,cm^2$의 비율로 계산(1개소 면적 : $2400\,cm^2$ 이하)
㉯ 환기구는 2방향 이상으로 분산 설치
㉰ 강제 통풍장치
- 통풍능력 : 바닥면적 $1\,m^2$ 마다 $0.5\,m^3$/분 이상
- 흡입구 : 바닥면 가까이 설치

• 배기가스 방출구 : 지면에서 5 m 이상의 높이에 설치
② LPG 자동차 용기 충전시설
　㈎ 안전거리 : 사업소 경계 및 보호시설과 안전거리 유지(용기 충전시설의 기준 준용)
　㈏ 고정충전설비(dispenser : 충전기) 설치
　　㉮ 충전기 상부에는 달집모양의 차양을 설치, 면적은 공지면적의 1/2 이하
　　㉯ 충전기 주위에 가스누출검지 경보장치 설치
　　㉰ 충전호스 길이 : 5 m 이내, 정전기 제거장치 설치
　　㉱ 세이프티 커플링 설치 : 충전기와 가스주입기가 분리될 수 있는 안전장치(인장력 : 490.4~588.4 N)
　　㉲ 가스주입기 : 원터치형
　　㉳ 충전기 보호대 설치 : 철근 콘크리트(두께 12 cm 이상) 또는 강관제(100 A 이상)로 80 cm 이상
　㈐ 충전소에 설치할 수 있는 건축물, 시설
　　㉮ 충전을 하기 위한 작업장
　　㉯ 충전소의 업무를 행하기 위한 사무실 및 회의실
　　㉰ 충전소의 관계자가 근무하는 대기실 및 종사자 숙소
　　㉱ 자동차의 세정을 위한 세차시설
　　㉲ 자동판매기 및 현금자동지급기
　　㉳ 액화석유가스 충전사업자가 운영하고 있는 용기를 재검사하기 위한 시설
　　㉴ 충전소의 종사자가 이용하기 위한 연면적 100 m² 이하의 식당
　　㉵ 비상발전기, 공구 등을 보관하기 위한 연면적 100 m² 이하의 창고
　　㉶ 자동차 점검 및 간이정비 (화기를 사용하는 작업 및 도장 작업 제외)를 하기 위한 작업장
　　㉷ 충전소에 출입하는 사람을 대상으로 한 소매점 및 자동차 전시장, 영업소
③ 부취제 첨가장치 설치
　㈎ 냄새측정방법 : 오더(order) 미터법(냄새측정기법), 주사기법, 냄새주머니법, 무취실법
　㈏ 용어의 정의
　　㉮ 패널(panel) : 미리 선정한 정상적인 후각을 가진 사람으로서 냄새를 판정하는 자
　　㉯ 시험자 : 냄새 농도 측정에 있어서 희석조작을 하여 냄새농도를 측정하는 자
　　㉰ 시험가스 : 냄새를 측정할 수 있도록 액화석유가스를 기화시킨 가스
　　㉱ 시료기체 : 시험가스를 청정한 공기로 희석한 판정용 기체
　　㉲ 희석배수 : 시료기체의 양을 시험가스의 양으로 나눈 값
④ 탱크로리(벌크로리)에서 소형저장탱크에 액화석유가스 충전 기준
　㈎ 자동차에 고정된 탱크(벌크로리 포함)와 소형저장탱크의 액체라인 및 기체라인 커플링을 접속한 후 충전할 것
　㈏ 소형저장탱크의 잔량을 확인 후 충전
　㈐ 수요자가 채용한 안전관리자 입회 하에 충전
　㈑ 충전 중에는 과충전 방지 등 위해방지를 위한 조치를 할 것

㈑ 충전 완료시 세이프티 커플링으로부터의 가스누출 여부 확인
⑤ 소형저장탱크 설치 기준
  ㈎ 소형 저장탱크 수 : 6기 이하, 충전질량 합계 5000 kg 미만
  ㈏ 지면보다 5 cm 이상 높게 콘크리트 바닥 등에 설치
  ㈐ 경계책 설치 : 높이 1 m 이상 (충전질량 1000 kg 이상만 해당)
  ㈑ 안전밸브 방출관(방출구) 높이 : 지면으로부터 2.5 m, 탱크 정상부에서 1 m 높이 중 높은 위치 이상
  ㈒ 방호벽 높이 : 소형저장탱크 정상부보다 50 cm 이상 높게 설치
  ㈓ 소형저장탱크와 기화장치와의 거리 : 3 m 이상

(2) 액화석유가스 사용시설 기준
 ① 저장설비의 설치 방법(저장능력별)
  ㈎ 100 kg 이하 : 용기, 용기밸브 및 압력조정기가 직사광선, 눈, 빗물에 노출되지 않도록 조치
  ㈏ 100 kg 초과 : 용기보관실 설치
  ㈐ 250 kg 이상 : 고압부에 안전장치 설치
  ㈑ 500 kg 초과 : 저장탱크, 소형저장탱크 설치
 ② 배관 설치방법
  ㈎ 저장설비로부터 중간밸브까지 : 강관, 동관, 금속플렉시블 호스
  ㈏ 중간밸브에서 연소기 입구까지 : 강관, 동관, 호스, 금속플렉시블 호스
  ㈐ 호스 길이 : 3 m 이내
 ③ 저압부의 기밀시험 : 8.4 kPa 이상
 ④ 연소기의 설치 방법
  ㈎ 개방형 연소기 : 환풍기 환기구 설치
  ㈏ 반밀폐형 연소기 : 급기구, 배기통 설치
  ㈐ 배기통 재료 : 스테인리스강판, 내열 및 내식성 재료

3 도시가스 안전관리

(1) 가스도매사업의 가스공급시설의 기준
 ① 제조소의 위치
  ㈎ 안전거리
   ㉮ 액화천연가스의 저장설비 및 처리설비 유지거리(단, 거리가 50 m 미만의 경우에는 50 m)
   $$L = C \times \sqrt[3]{143000\,W}$$
   여기서, L : 유지하여야 하는 거리(m), W : 저장능력(톤)
     C : 상수(저압 지하식 탱크 : 0.240, 그 밖의 가스저장설비 및 처리설비 : 0.576)

⑭ 액화석유가스의 저장설비 및 처리설비와 보호시설까지 거리 : 30 m 이상
(나) 설비 사이의 거리
  ㉮ 고압인 가스공급시설의 안전구역 면적 : 20000 m² 미만
  ㉯ 안전구역 안의 고압인 가스공급시설과의 거리 : 30 m 이상
  ㉰ 2개 이상의 제조소가 인접하여 있는 경우 가스공급시설과 제조소 경계까지 거리 : 20 m 이상
  ㉱ 액화천연가스의 저장탱크와 처리능력이 20만m³ 이상인 압축기와의 거리 : 30 m 이상
  ㉲ 저장탱크와의 거리 : 두 저장탱크의 최대지름을 합산한 길이의 1/4 이상에 해당하는 거리 유지(1 m 미만인 경우 1 m 이상의 거리 유지) → 물분무장치 설치 시 제외
② 제조시설의 구조 및 설비
 (가) 안전시설
  ㉮ 인터로크기구 : 안전확보를 위한 주요 부분에 설비가 잘못 조작되거나 이상이 발생하는 경우에 자동으로 원재료의 공급을 차단하는 장치 설치
  ㉯ 가스누출검지 통보설비 : 가스가 누출되어 체류할 우려가 있는 장소에 설치
  ㉰ 긴급차단장치 : 고압인 가스공급시설에 설치
  ㉱ 긴급이송설비 : 가스량, 온도, 압력 등에 따라 이상사태가 발생하는 경우 설비 안의 내용물을 설비 밖으로 이송하는 설비 설치
   • 벤트스택 : 긴급이송설비에 의하여 이송되는 가스를 대기 중으로 방출시키는 시설
   • 플레어스택 : 긴급이송설비에 의하여 이송되는 가스를 안전하게 연소시키는 시설
 (나) 저장탱크
  ㉮ 방류둑 설치 : 저장능력 500톤 이상
  ㉯ 긴급차단장치 조작위치 : 10 m 이상
  ㉰ 액화석유가스 저장탱크 : 폭발방지장치 설치
 (다) 배관
  ㉮ 지하에 매설하는 경우 : 보호포 및 매설위치 확인 표시 설치
   • 보호포 설치 : 저압관(황색), 중압 이상의 관(적색)
   • 라인마크 설치 : 50 m
   • 표지판 설치 간격 : 500 m (일반도시가스사업 : 200 m)
   • 보호판 설치 : 4 mm 이상 (고압이상 배관 : 6 mm 이상)
  ㉯ 지하매설 기준
   • 건축물 : 수평거리 1.5 m 이상
   • 지하의 다른 시설물 : 0.3 m 이상
   • 매설깊이
    − 기준 : 1.2 m 이상
    − 산이나 들 : 1 m 이상
    − 시가지의 도로 : 1.5 m 이상

㉰ 굴착으로 노출된 배관의 안전조치
- 고압배관의 길이가 100 m 이상인 것 : 배관 양 끝에 차단장치 설치
- 중압 이하의 배관 길이가 100m 이상인 것 : 300 m 이내에 차단장치 설치하거나 500 m 이내에 원격조작이 가능한 차단장치 설치
- 굴착으로 20 m 이상 노출된 배관 : 20 m 마다 가스누출경보기 설치
- 노출된 배관의 길이가 15 m 이상일 때
  - 점검통로 설치 : 폭 80 cm 이상, 가드레일 높이 90 cm 이상
  - 조명도 : 70 lux 이상

(2) 일반도시가스사업의 가스공급시설의 기준
① 제조소 및 공급소의 안전설비
  ㈎ 안전거리 : 외면으로부터 사업장의 경계까지 거리
    ㉮ 가스발생기 및 가스홀더
      - 최고사용압력이 고압 : 20 m 이상
      - 최고사용압력이 중압 : 10 m 이상
      - 최고사용압력이 저압 : 5 m 이상
    ㉯ 가스혼합기, 가스정제설비, 배송기, 압송기, 가스공급시설의 부대설비(배관제외) : 3 m 이상 (단, 최고사용압력이 고압인 경우 20 m 이상)
    ㉰ 화기와의 거리 : 8 m 이상의 우회거리
  ㈏ 통풍구조 및 기계환기설비(제조소 및 정압기실)
    ㉮ 통풍구조
      - 공기보다 무거운 가스 : 바닥면에 접하도록 설치
      - 공기보다 가벼운 가스 : 천장 또는 벽면상부에서 30 cm 이내에 설치
      - 환기구 통풍가능 면적 : 바닥면적 $1 m^2$ 당 $300 cm^2$ 비율(1개 환기구의 면적은 $2400 cm^2$ 이하)
      - 사방을 방호벽 등으로 설치할 경우 : 환기구를 2방향 이상으로 분산 설치
    ㉯ 기계환기설비의 설치기준
      - 통풍능력 : 바닥면적 $1 m^2$ 마다 $0.5 m^2$/분 이상
      - 배기구는 바닥면(공기보다 가벼운 경우에는 천장면) 가까이 설치
      - 방출구 높이 : 지면에서 5 m 이상 (단, 공기보다 가벼운 경우 : 3 m 이상)
    ㉰ 공기보다 가벼운 공급시설이 지하에 설치된 경우의 통풍구조
      - 환기구 : 2방향 이상 분산 설치
      - 배기구 : 천장면으로부터 30 cm 이내 설치
      - 흡입구 및 배기구 지름 : 100 mm 이상
      - 배기가스 방출구 : 지면에서 3 m 이상의 높이에 설치
  ㈐ 고압가스설비의 시험
    ㉮ 내압시험
      - 시험압력 : 최고사용압력의 1.5배 이상의 압력(5~20분 표준)

- 내압시험을 공기 등의 기체에 의하여 하는 경우 : 상용압력의 50 %까지 승압하고 그 후에는 상용압력의 10 %씩 단계적으로 승압
    - ㉯ 기밀시험 : 최고사용압력의 1.1배 또는 8.4 kPa 중 높은 압력 이상으로 실시
② 가스발생설비
  ㈎ 가스발생설비(기화장치 제외)
    - ㉮ 압력상승 방지장치 : 폭발구, 파열판, 안전밸브, 제어장치 등 설치
    - ㉯ 긴급정지 장치 : 긴급시에 가스발생을 정지시키는 장치 설치
    - ㉰ 역류방지장치
       - 가스가 통하는 부분에 직접 액체를 이입하는 장치가 있는 가스발생설비에 설치
       - 최고사용압력이 저압인 가스발생설비에 설치
    - ㉱ 자동조정장치 : 사이클릭식 가스발생설비에 설치
  ㈏ 기화장치
    - ㉮ 직화식 가열구조가 아니며, 온수로 가열하는 경우에는 동결방지 조치(부동액 첨가, 불연성 단열재로 피복)를 할 것
    - ㉯ 액유출 방지장치 설치
    - ㉰ 역류방지 장치 설치 : 공기를 흡입하는 구조의 기화장치에 설치
    - ㉱ 조작용 전원 정지시의 조치 : 자가 발전기 설치하여 가스 공급을 계속 유지
  ㈐ 가스정제설비
    - ㉮ 수봉기 : 최고사용압력이 저압인 가스정제설비에 압력의 이상상승을 방지하기 위한 장치
    - ㉯ 역류방지장치 : 가스가 통하는 부분에 직접 액체를 이입하는 장치에 설치
③ 정압기실
  ㈎ 구조 및 재료 등
    - ㉮ 통풍시설 설치 : 공기보다 무거운 가스의 경우 강제통풍시설 설치
    - ㉯ 정압기실 조명도 : 150 lx
    - ㉰ 경계책 설치(단독사용자의 정압기 제외) : 높이 1.5 m 이상
  ㈏ 정압기실의 시설 및 설비
    - ㉮ 가스차단장치 설치 : 입구 및 출구
    - ㉯ 감시장치 설치 : RTU 장치
       - 경보장치(이상 압력 통보장치)
       - 가스누출검지 통보설비 : 바닥면 둘레 20 m에 대하여 1개 이상의 비율
       - 출입문 개폐통보장치
       - 긴급차단밸브 개폐여부 경보설비 설치
    - ㉰ 압력기록장치 : 출구 가스압력을 측정, 기록할 수 있는 자기압력 기록장치 설치
    - ㉱ 불순물 제거장치 : 입구에 수분 및 불순물 제거장치(필터) 설치
    - ㉲ 예비정압기 설치
       - 정압기의 분해점검 및 고장에 대비

- 이상압력 발생시에 자동으로 기능이 전환되는 구조
- 바이패스관 : 밸브를 설치하고 그 밸브에 시건 조치를 할 것
㉯ 안전밸브 방출관 : 지면에서 5 m 이상 높이(전기시설물과 접촉 우려 : 3 m 이상)
㉰ 분해점검 방법
- 정압기 : 2년에 1회 이상
- 필터 : 가스공급 개시 후 1개월 이내 및 매년 1회 이상
- 가스 사용 시설 정압기 및 필터 : 설치 후 3년까지는 1회 이상, 그 이후에는 4년에 1회 이상
- 작동상황 점검 : 1주일에 1회 이상

④ 배관
㉮ 지하매설관 재료 : 폴리에틸렌 피복강관, 가스용 폴리에틸렌관(0.4 MPa 이하에 사용)
㉯ 배관의 설치(매설깊이)
  ㉮ 공동주택 등의 부지 내 : 0.6 m 이상
  ㉯ 폭 8 m 이상의 도로 : 1.2 m 이상
  ㉰ 폭 4 m 이상 8 m 미만인 도로 : 1 m 이상
  ㉱ ㉮ 내지 ㉰에 해당하지 않는 곳 : 0.8 m 이상
㉰ 입상관의 밸브 : 1.6 m 이상 2 m 이내에 설치
㉱ 공동주택 압력조정기 설치 기준
  ㉮ 중압 이상 : 150세대 미만   ㉯ 저압 : 250세대 미만

(3) 도시가스 사용시설
① 가스계량기
㉮ 화기와 2 m 이상 우회거리 유지
㉯ 설치 높이 : 1.6~2 m 이내 (보호상자 내 설치하는 경우 바닥으로부터 2 m 이내 설치)
㉰ 유지거리
  ㉮ 전기계량기, 전기개폐기 : 60 cm 이상
  ㉯ 단열조치를 하지 않은 굴뚝, 전기점멸기, 전기접속기 : 30 cm 이상
  ㉰ 절연조치를 하지 않은 전선 : 15 cm 이상
② 호스 길이 : 3 m 이내, 'T'형으로 연결 금지
③ 사용시설 압력조정기 점검주기 : 1년에 1회 이상(필터 : 3년에 1회 이상)

(4) 도시가스의 측정 등
① 항목 : 열량 측정, 압력 측정, 연소성 측정, 유해성분 측정
② 유해성분 측정 : 0℃, 101325 Pa의 압력에서 건조한 도시가스 1 m³ 당
㉮ 황전량 : 0.5 g 이하   ㉯ 황화수소 : 0.02 g 이하
㉰ 암모니아 : 0.2 g 이하
③ 웨버지수 : 표준 웨버지수의 ±4.5 % 이내 유지

$$WI = \frac{H_g}{\sqrt{d}}$$

여기서, H_g : 도시가스의 발열량(kcal/m³), d : 도시가스의 비중

Part 05 가스계측기기

1 제어 및 계측기기

(1) 단위 및 측정

① 기본단위의 종류

기본량	길이	질량	시간	전류	물질량	온도	광도
기본단위	m	kg	s	A	mol	K	cd

② 계측기의 구비조건
  ㈎ 경년변화가 적고, 내구성이 있을 것
  ㈏ 견고하고 신뢰성이 있을 것
  ㈐ 정도가 높고 경제적일 것
  ㈑ 구조가 간단하고 취급, 보수가 쉬울 것
  ㈒ 원격 지시 및 기록이 가능할 것
  ㈓ 연속측정이 가능할 것

③ 계측기기의 보전
  ㈎ 정기점검 및 일상점검
  ㈏ 검사 및 수리
  ㈐ 시험 및 교정
  ㈑ 예비부품, 예비 계측기기의 상비
  ㈒ 보전요원의 교육
  ㈓ 관련 자료의 기록, 유지

④ 측정
  ㈎ 측정방법의 구분
    ㉠ 직접 측정법 : 길이, 시간, 무게 등
    ㉡ 간접 측정법 : 길이와 시간을 측정하여 속도를 계산, 구의 지름을 측정하여 부피 계산 등
  ㈏ 측정방법의 종류
    ㉠ 편위법 : 측정량과 관계있는 다른 양으로 변환시켜 측정(부르동관 압력계, 스프링 저울, 전류계 등)
    ㉡ 치환법 : 지시량과 미리 알고 있는 양으로부터 측정(다이얼 게이지를 이용하여 두께 측정)

㈐ 영위법 : 기준량과 측정량을 비교 평형시켜 측정(천칭을 이용하여 질량 측정)
㈑ 보상법 : 측정량과 차이로서 양을 알아내는 방법

⑤ 오차 및 기차, 공차
㈎ 오차 : 측정값과 참값과의 차이

$$오차율(\%) = \frac{측정값 - 참값}{측정값(또는 참값)} \times 100$$

㉮ 과오에 의한 오차 : 측정자의 부주의, 과실에 의한 오차
㉯ 우연 오차 : 오차의 원인을 알 수 없으므로 보정이 불가능하다. (여러 번 측정하여 통계적 처리)
㉰ 계통적 오차 : 원인을 알 수 있어 제거할 수 있으며, 계기오차, 환경오차, 개인오차, 이론오차 등이 있다.

㈏ 기차(器差) : 계측기가 제작 당시부터 가지고 있는 고유의 오차

$$E = \frac{I - Q}{I} \times 100$$

여기서, E : 기차(%), I : 시험용 미터의 지시량
Q : 기준미터의 지시량

㈐ 공차(公差) : 계측기 고유오차의 최대 허용한도를 사회규범, 규정에 정한 것
㉮ 검정공차 : 검정을 받을 때의 허용기차
㉯ 사용공차 : 계량기 사용 시 계량법에서 허용하는 오차의 최대한도

⑥ 정도와 감도
㈎ 정도(精度) : 측정결과에 대한 신뢰도를 수량적으로 표시한 척도
㈏ 감도 : 계측기가 측정량의 변화에 민감한 정도를 나타내는 값

참고 감도가 좋으면 측정시간이 길어지고, 측정범위는 좁아진다.

(2) 자동제어

① 자동제어의 블록선도
㈎ 시퀀스 제어(sequence control) : 미리 순서에 입각해서 다음 동작이 연속 이루어지는 제어로 자동판매기, 보일러의 점화 등으로 일반적으로 공장 자동화에 가장 많이 응용되고 있다.
㈏ 피드백 제어(feed back control) : 제어량의 크기와 목표값을 비교하여 그 값이 일치하도록 되돌림 신호(피드백 신호)를 보내어 수정동작을 하는 제어방식이다.

참고 블록선도 : 제어신호의 전달경로를 블록과 화살표를 이용하여 표시한 것

② 제어방법에 의한 분류
㈎ 정치제어 : 목표값이 일정한 제어
㈏ 추치제어 : 목표값을 측정하면서 제어량을 맞추는 방식(변화모양을 예측할 수 없다.)

㉮ 추종제어 : 목표값이 시간적으로 변화되는 제어
㉯ 비율제어 : 목표값이 다른 양과 일정한 비율관계에 변화되는 제어
㉰ 프로그램 제어 : 목표값이 미리 정한 시간적 변화에 따라 변화하는 제어
⒟ 캐스케이드 제어 : 두 개의 제어계를 조합하는 방법
③ 조정부 동작에 의한 분류
㈎ 연속동작
㉮ 비례동작(P 동작) : 동작신호에 대하여 조작량의 출력변화가 일정한 비례관계에 있는 제어로 잔류편차가 생긴다.
㉯ 적분동작(I 동작) : 편차의 적분차를 가감하여 조작단의 이동 속도가 비례하는 동작으로 잔류편차가 남지 않는다.
㉰ 미분동작(D 동작) : 조작량이 동작신호의 미분치에 비례하는 동작으로 비례동작과 함께 쓰이며 일반적으로 진동이 제어되어 빨리 안정된다.
㉱ 비례 적분 동작(PI 동작) : 비례동작의 결점을 줄이기 위하여 비례동작과 적분동작을 합한 것으로 부하변화가 커도 잔류편차(off set)가 남지 않는다.
㉲ 비례 미분 동작(PD 동작) : 비례동작과 미분동작을 합한 것이다.
㉳ 비례 적분 미분 동작(PID 동작) : 조절효과가 좋고 조절속도가 빨라 널리 이용된다.
㈏ 불연속 동작
㉮ 2위치 동작(ON-OFF 동작) : 조작부를 ON, OFF의 동작 중 하나로 동작시키는 것으로 전자밸브 등이 있다.
㉯ 다위치 동작 : 조작위치가 3위치 이상이 있는 제어동작

2 가스검지 및 분석기기

(1) 가스 검지법
① 시험지법

검지가스	시험지	반응	비고
암모니아(NH_3)	적색리트머스지	청색	산성, 염기성가스도 검지가능
염소(Cl_2)	KI-전분지	청갈색	할로겐가스도 검지가능
포스겐($COCl_2$)	해리슨 시약지	유자색	-
시안화수소(HCN)	초산벤젠지	청색	-
일산화탄소(CO)	염화팔라듐지	흑색	-
황화수소(H_2S)	연당지	회흑색	초산납시험지라 불린다.
아세틸렌(C_2H_2)	염화제1동착염지	적갈색	-

② 검지관법 : 발색시약을 충전한 검지관에 시료가스를 넣은 후 착색층의 길이, 착색의 정도에서 성분의 농도를 측정하여 표준표와 비색 측정을 하는 것이다.

③ 가연성가스 검출기
  ㈎ 안전등형 : 석유램프의 일종으로 불꽃 길이로 메탄의 농도를 측정
  ㈏ 간섭계형 : 가스의 굴절률 차이를 이용하여 농도를 측정
  ㈐ 열선형 : 전기회로의 전류 차이로 가스농도를 측정하는 것으로 열전도식과 연소식이 있다.
  ㈑ 반도체식 : 반도체 소자에 가스를 접촉시키면 전압의 변화를 이용한 것으로 반도체 소자로 산화주석(SnO_2)을 사용한다.

(2) 가스 분석의 종류
  ① 가스 분석기의 구분
    ㈎ 화학적 가스 분석계 : 가스의 연소열을 이용한 것, 용액 흡수제를 이용한 것, 고체 흡수제를 이용한 것
    ㈏ 물리적 가스 분석계 : 가스의 열전도율을 이용한 것, 가스의 밀도, 점도차를 이용한 것, 빛의 간섭을 이용한 것, 전기전도도를 이용한 것, 가스의 자기적 성질을 이용한 것, 가스의 반응성을 이용한 것, 적외선 흡수를 이용한 것
  ② 흡수 분석법 : 시료기체를 성분 흡수제에 흡수시켜 체적변화를 측정하는 방식
    ㈎ 특징
      ㉮ 구조가 간단하며 취급이 쉽다.
      ㉯ 선택성이 좋고 정도가 높다.
      ㉰ 수분은 분석할 수 없다.
      ㉱ 분석순서가 바뀌면 오차가 발생한다.
    ㈏ 종류 : 오르사트(Orsat)법, 헴펠(Hempel)법, 게겔(Gockel)법
    ㈐ 오르사트(Orsat)법 분석순서 및 흡수제

순서	분석가스	흡 수 제
1	CO_2	KOH 30 % 수용액
2	O_2	알칼리성 피로갈롤 용액
3	CO	암모니아성 염화 제1구리용액
4	N_2	나머지 양으로 계산

  ③ 연소 분석법
    ㈎ 폭발법 : 전기스파크에 의해 폭발시켜 분석
    ㈏ 완만 연소법 : H_2와 CH_4을 산출
    ㈐ 분별 연소법 : 탄화수소는 연소시키지 않고 H_2 및 CO만을 완전 산화시키는 방법
      ㉮ 팔라듐관 연소법 : H_2 분석, 촉매는 팔라듐 석면, 팔라듐 흑연, 백금, 실리카 겔 등
      ㉯ 산화구리법 : H_2 및 CO는 연소되고 CH_4만 남고 정량분석에 적합

④ 화학 분석법
  (가) 적정법 : 요오드(I_2) 적정법, 중화 적정법
  (나) 중량법 : 침전법, 황산바륨 침전법
  (다) 흡광광도법 : 램버트-비어 법칙을 이용

⑤ 가스 크로마토그래피
  (가) 특징
    ㉮ 여러 종류의 가스분석이 가능하다.
    ㉯ 선택성이 좋고 고감도로 측정한다.
    ㉰ 미량성분의 분석이 가능하다.
    ㉱ 응답속도가 늦으나 분리 능력이 좋다.
    ㉲ 동일가스의 연속측정이 불가능하다.
  (나) 구성 : 분리관(칼럼), 검출기, 기록계 외 캐리어가스, 압력조정기, 유량조절밸브, 압력계 등
  (다) 캐리어 가스 : 수소(H_2), 헬륨(He), 아르곤(Ar), 질소(N_2)
  (라) 검출기의 종류 및 특징
    ㉮ 열전도형 검출기(TCD) : 일반적으로 가장 널리 사용
    ㉯ 수소염 이온화 검출기(FID) : 탄화수소에서 감도가 최고
    ㉰ 전자포획 이온화 검출기(ECD) : 유기 할로겐 화합물, 니트로 화합물 및 유기금속 화합물을 검출
    ㉱ 염광 광도형 검출기(FPD) : 인 또는 유황화합물을 검출
    ㉲ 알칼리성 이온화 검출기(FTD) : 유기질소 화합물 및 유기인 화합물을 검출

⑥ 적외선광 분석법 : 단원자 분자(He, Ne, Ar 등) 및 2원자 분자(H_2, O_2, N_2, Cl_2 등)는 적외선을 흡수하지 않아 분석할 수 없음

3 가스 계측기기

(1) 압력계

① 1차 압력계의 종류
  (가) 액주식 압력계(manometer) : 단관식 압력계, U자관식 압력계, 경사관식 압력계 등
  (나) 침종식 압력계 : 아르키메데스의 원리 이용한 것, 단종식과 복종식으로 구분
  (다) 자유 피스톤형 압력계 : 부르동관 압력계의 교정용으로 사용
  (라) 액주식 액체의 구비조건
    ㉮ 점성이 적을 것
    ㉯ 열팽창계수가 적을 것
    ㉰ 항상 액면은 수평을 만들 것
    ㉱ 온도에 따라서 밀도변화가 적을 것
    ㉲ 증기에 대한 밀도변화가 적을 것

⑭ 모세관 현상 및 표면장력이 적을 것
⑮ 화학적으로 안정할 것
⑯ 휘발성 및 흡수성이 적을 것
⑰ 액주의 높이를 정확히 읽을 수 있을 것

② 2차 압력계의 종류
  (가) 탄성식 압력계
    ㉮ 부르동관(bourdon tube) 압력계 : 2차 압력계 중 대표적인 것으로 고압측정이 가능하다.
      • 항상 검사를 받고, 지시의 정확성을 확인할 것
      • 진동, 충격, 온도 변화가 적은 장소에 설치할 것
      • 안전장치(사이펀관, 스톱밸브)를 사용할 것
      • 압력계에 가스를 넣거나 빼낼 때는 조작을 서서히 할 것
      • 측정범위 : 0~3000 kgf/cm^2
    ㉯ 다이어프램식 압력계
      • 응답속도가 빠르나 온도의 영향을 받는다.
      • 극히 미세한 압력 측정에 적당하다.
      • 부식성 유체의 측정이 가능하다.
      • 압력계가 파손되어도 위험이 적다.
      • 측정범위 : 20~5000 mmH$_2$O
    ㉰ 벨로스식 압력계
      • 벨로스 재질 : 인청동, 스테인리스강
      • 압력변동에 적응성이 떨어진다.
      • 유체 내의 먼지 등의 영향을 적게 받는다.
  (나) 전기식 압력계
    ㉮ 전기저항 압력계 : 압력변화에 따른 저항변화를 이용, 초고압 측정 사용
    ㉯ 피에조 전기 압력계 : 가스폭발이나 급격한 압력변화 측정에 사용
    ㉰ 스트레인 게이지 : 급격한 압력변화 측정에 사용

(2) 유량계
  ① 직접식 유량계 : 오벌 기어식, 루츠식, 로터리 피스톤식, 로터리 베인식, 습식 가스미터, 왕복피스톤식
    (가) 정도가 높아 상거래용으로 사용하고, 맥동의 영향이 적다.
    (나) 고점도 유체나 점도 변화가 있는 유체 측정에 적합
    (다) 회전자 재질로 포금, 주철, 스테인리스강이 사용되고 입구에 여과기가 필요
  ② 간접식 유량계
    (가) 차압식 유량계(조리개 기구식)
      ㉮ 측정원리 : 베르누이 방정식

㉯ 종류 : 오리피스미터, 플로어노즐, 벤투리미터
㉰ 유량계산

$$Q = CA\sqrt{\frac{2g}{1-m^4} \times \frac{P_1 - P_2}{\gamma}} = CA\sqrt{\frac{2gh}{1-m^4} \times \frac{\gamma_m - \gamma}{\gamma}}$$

여기서, Q : 유량(m³/s), C : 유량계수, A : 단면적(m²), g : 중력가속도(9.8 m/s²)
m : 교축비$\left(\dfrac{D_2^{\ 2}}{D_1^{\ 2}}\right)$, h : 마노미터(액주계) 높이차(m)
P_1 : 교축기구 입구측 압력(kgf/m²), P_2 : 교축기구 출구측 압력(kgf/m²)
γ_m : 마노미터 액체 비중량(kgf/m³), γ : 유체의 비중량(kgf/m³)

> **참고** 유량은 차압(ΔP)의 평방근에 비례한다.

(나) 면적식 유량계 : 부자식(플로트식), 로터미터
(다) 유속식 유량계
  ㉮ 임펠러식 유량계 : 임펠러의 회전수를 이용한 것 (터빈식 가스미터)
  ㉯ 피토관 유량계 : 전압과 정압의 차(동압)를 이용
  ㉰ 열선식 유량계 : 유속변화에 따른 온도변화로 순간유량을 측정
(라) 기타 유량계
  ㉮ 전자식 유량계 : 패러데이의 전자유도법칙 이용(도전성 액체에 사용)
  ㉯ 와류(vortex)식 유량계 : 와류(소용돌이)를 이용한 것
  ㉰ 초음파 유량계 : 도플러 효과 이용

(3) 온도계

① 접촉식 온도계
  (가) 유리제 봉입식 온도계 : 알코올 유리온도계, 베크만 온도계, 유점 온도계
  (나) 바이메탈 온도계 : 열팽창률이 서로 다른 2종의 얇은 금속판을 밀착시킨 것이다.
  (다) 압력식 온도계 : 액체나 기체의 체적 팽창을 이용
  (라) 전기식 온도계
    ㉮ 저항 온도계 : 백금 측온 저항체, 니켈 측온 저항체, 동 측온 저항체
    ㉯ 서미스터(thermister) : 반도체를 이용하여 온도 측정
  (마) 열전대 온도계
    ㉮ 원리 : 제베크(Seebeck) 효과
    ㉯ 종류 : 백금-백금로듐(P-R), 크로멜-알루멜(C-A), 철-콘스탄트(I-C), 동-콘스탄트(C-C)
  (바) 제게르 콘(Seger kone) : 벽돌의 내화도 측정에 사용
  (사) 서모컬러(thermo color) : 온도 변화에 따른 색이 변하는 성질 이용
② 비접촉식 온도계
  (가) 광고온도계 : 측정대상물체의 빛과 전구 빛을 같게 하여 저항을 측정

(나) 광전관식 온도계 : 광전지 또는 광전관을 사용하여 자동으로 측정
(다) 방사 온도계 : 스테판 – 볼츠만 법칙 이용
(라) 색 온도계 : 물체에서 발생하는 빛의 밝고 어두움을 이용

③ 비접촉식 온도계의 특징 : 접촉식 온도계와 비교하여
(가) 접촉에 의한 열손실이 없고 측정물체의 열적 조건을 건드리지 않는다.
(나) 내구성에서 유리하고, 이동물체와 고온 측정이 가능하다.
(다) 표면온도 측정에 사용하며, 700℃ 이하는 측정이 곤란하다.
(라) 방사율 보정이 필요하며, 측정온도의 오차가 크다.

(4) 액면계

① 직접식 액면계의 종류 : 유리관식, 부자식(플로트식), 검척식
② 간접식 액면계의 종류
(가) 압력식 액면계
(나) 저항 전극식 액면계
(다) 초음파 액면계
(라) 정전 용량식 액면계
(마) 방사선 액면계
(바) 차압식 액면계(햄프슨식 액면계)
(사) 다이어프램식 액면계
(아) 편위식 액면계
(자) 기포식 액면계
(차) 슬립 튜브식 액면계

4 가스 미터

(1) 가스미터(gas meter)의 종류 및 특징

① 가스미터의 구분
(가) 실측식(직접식) : 건식, 습식
(나) 추량식(간접식) : 유량과 일정한 관계에 있는 다른 양을 측정하여 가스량을 구하는 방식

② 가스미터의 필요 조건
(가) 구조가 간단하고, 수리가 용이할 것
(나) 감도가 예민하고 압력손실이 적을 것
(다) 소형이며 계량용량이 클 것
(라) 기차의 조정이 용이할 것
(마) 내구성이 클 것

③ 가스미터의 종류 및 특징

구분	막식 가스미터	습식 가스미터	Roots형 가스미터
장점	① 가격이 저렴하다. ② 유지관리에 시간을 요하지 않는다.	① 계량이 정확하다. ② 사용 중에 오차의 변동이 적다.	① 대유량의 가스 측정에 적합하다. ② 중압가스의 계량이 가능하다. ③ 설치면적이 적다.
단점	① 대용량의 것은 설치면적이 크다.	① 사용 중에 수위조정 등의 관리가 필요하다. ② 설치면적이 크다.	① 여과기의 설치 및 설치 후의 유지관리가 필요하다. ② 적은 유량($0.5\ m^3/hr$)의 것은 부동(不動)의 우려가 있다.
용도	일반 수용가	기준용, 실험실용	대량 수용가
용량범위	$1.5 \sim 200\ m^3/hr$	$0.2 \sim 3000\ m^3/hr$	$100 \sim 5000\ m^3/hr$

④ 가스미터의 성능

　(가) 기밀시험 : 10 kPa

　(나) 가스미터 및 배관에서의 압력손실 : 0.3 kPa

　(다) 검정공차 : ±1.5 %

　(라) 사용공차 : 검정기준에서 정하는 최대허용오차의 2배 값

　(마) 감도 유량 : 가스미터가 작동하는 최소유량

　　㉮ 가정용 막식 : 3 L/hr

　　㉯ LPG용 : 15 L/hr

　(바) 검정 유효기간 : 5년 (단, LPG 가스미터 : 3년, 기준 가스미터 : 2년)

　(사) 계량기 호칭 : '호'로 표시 (1호의 의미 : $1\ m^3/hr$)

　(아) 계량실의 체적

　　㉮ 0.5 L/rev : 계량실의 1주기 체적이 0.5 L

　　㉯ MAX $1.5\ m^3/hr$: 사용 최대유량은 시간당 $1.5\ m^3$

(2) **가스미터의 고장**

① 막식 가스미터

　(가) 부동(不動) : 가스는 계량기를 통과하나 지침이 작동하지 않는 고장

　　㉮ 계량막의 파손

　　㉯ 밸브의 탈락

　　㉰ 밸브와 밸브시트 사이에서의 누설

　　㉱ 지시장치 기어 불량

　(나) 불통(不通) : 가스가 계량기를 통과하지 못하는 고장

　　㉮ 크랭크축이 녹슬었을 때

㉯ 밸브와 밸브시트가 타르 수분 등에 의해 붙거나 동결된 경우
㉰ 날개 조절기 등 회전장치 부분에 이상이 있을 때
(다) 누설
㉮ 내부 누설 : 패킹재료의 열화
㉯ 외부 누설 : 납땜 접합부의 파손, 케이스의 부식 등
(라) 기차(오차) 불량 : 사용공차를 초과하는 고장
㉮ 계량막에서의 누설
㉯ 밸브와 밸브시트 사이에서의 누설
㉰ 패킹부에서의 누설
(마) 감도 불량 : 감도 유량을 통과시켰을 때 지침의 시도(示度) 변화가 나타나지 않는 고장
㉮ 계량막밸브와 밸브시트 사이의 누설
㉯ 패킹부에서의 누설
(바) 이물질로 인한 불량 : 출구측 압력이 현저하게 낮아지는 고장
㉮ 크랭축에 이물질의 혼입으로 회전이 원활하지 않을 때
㉯ 밸브와 밸브시트 사이에 점성물질이 부착
㉰ 연동기구가 변형
(사) 기타 고장 : 계량유리의 파손, 외관의 손상, 이상음 발생, 가스 중 수증기의 응축으로 인한 고장 등
② roots 가스미터
(가) 부동(不動) : 회전자는 회전하나 지침이 작동하지 않는 고장
㉮ 마그네틱 연결 장치의 미끄럼
㉯ 감속 또는 지시장치의 기어물림 불량
(나) 불통(不通) : 회전자의 회전이 정지하여 가스가 통과하지 못하는 고장으로 회전자 베어링의 마모, 먼지, 실(seal) 등에 이물질이 부착된 경우가 원인
(다) 기차(오차) 불량 : 사용공차를 초과하는 경우로 회전자 베어링의 마모에 의한 간격의 증대, 회전부분의 마찰저항 증가가 원인이다.
(라) 기타 고장 : 계량유리의 파손, 외관의 손상, 압력 보정장치의 고장, 이상음 발생, 감도 불량 등

(3) 가스미터의 설치 기준
① 환기가 양호한 장소일 것
② 설치 높이 : 바닥으로부터 1.6~2 m 이내
③ 화기와의 우회거리 : 2 m 이상
④ 전기계량기 및 전기개폐기 : 60 cm 이상
⑤ 단열조치를 하지 않은 굴뚝, 전기점멸기, 전기접속기 : 30 cm 이상
⑥ 절연조치를 하지 않은 전선 : 15 cm 이상

가스기사 필기

과년도 출제 문제

2014년도 시행 문제

▶ 2014년 3월 2일 시행

자격종목	코드	시험시간	형별
가스 기사	1471	2시간 30분	B

제1과목 가스유체역학

1. 980 cSt의 동점도(kinematic viscosity)는 몇 m²/s인가?

① 10^{-4} ② 9.8×10^{-4}
③ 1   ④ 9.8

해설 $\nu = 980$ centi stokes
$= 980 \times 10^{-2}$ st [cm²/s]
$= 980 \times 10^{-2} \times 10^{-4}$ m²/s
$= 9.8 \times 10^{-4}$ m²/s

2. 부력에 대한 설명 중 틀린 것은?
① 부력은 유체에 잠겨있을 때 물체에 대하여 수직 위로 작용한다.
② 부력의 중심을 부심이라 하고 유체의 잠긴 체적의 중심이다.
③ 부력의 크기는 물체가 유체 속에 잠긴 체적에 해당하는 유체의 무게와 같다.
④ 물체가 액체 위에 떠 있을 때는 부력이 수직 아래로 작용한다.

해설 부력은 정지유체 속에 물체가 일부 또는 완전히 잠겨 있을 때 유체에 접촉하는 모든 부분에 수직 상 방향으로 받는 힘이므로 물체가 액체 위에 떠 있을 때는 부력이 수직 위로 작용한다.

3. 압력 P_1에서 체적 V_1을 갖는 어떤 액체가 있다. 압력을 P_2로 변화시키고 체적이 V_2가 될 때, 압력 차이 $(P_2 - P_1)$를 구하면? (단, 액체의 체적탄성계수는 K이다.)

① $-K\left(1 - \dfrac{V_2}{V_1 - V_2}\right)$

② $K\left(1 - \dfrac{V_2}{V_1 - V_2}\right)$

③ $-K\left(1 - \dfrac{V_2}{V_1}\right)$

④ $K\left(1 - \dfrac{V_2}{V_1}\right)$

해설 $K = -\dfrac{dP}{\dfrac{dV}{V}}$

$= -\dfrac{P_1 - P_2}{\dfrac{V_1 - V_2}{V_1}} = \dfrac{P_2 - P_1}{\dfrac{V_1 - V_2}{V_1}}$ 이다.

$\therefore (P_2 - P_1) = K \times \left(\dfrac{V_1 - V_2}{V_1}\right)$
$= K \times \left(1 - \dfrac{V_2}{V_1}\right)$

4. 지름 50 mm, 길이 800 m인 매끈한 수평 파이프를 통하여 매분 135 L의 기름이 흐르고 있을 때, 파이프 양 끝단의 압력 차이는 몇 kgf/cm²인가? (단, 기름의 비중은 0.92이고 점성계수는 0.56 poise이다.)

① 0.19   ② 0.94
③ 6.7   ④ 58.49

해설 ㉮ 레이놀즈수 계산 : 층류, 난류 판단

정답 1. ② 2. ④ 3. ④ 4. ③

$$\therefore Re = \frac{4\rho Q}{\pi D \mu}$$
$$= \frac{4 \times 0.92 \times 135 \times 10^3}{\pi \times 5 \times 0.56 \times 60} = 941.287$$
∴ $Re < 2100$이므로 층류이다.
㉯ 점성계수(μ) 0.56 P를 공학단위(MKS)로 환산
$$\therefore \mu = \frac{0.56 \times 10^{-1}}{9.8}$$
$$= 5.71 \times 10^{-3} \text{ kgf} \cdot \text{s/m}^2$$
㉰ 압력차 계산 : 하겐-푸아죄유 방정식 적용
$Q = \frac{\pi D^4 \Delta P}{128 \mu L}$ 에서
$$\therefore \Delta P = \frac{128 \mu L Q}{\pi D^4}$$
$$= \frac{128 \times 5.71 \times 10^{-3} \times 800 \times 0.135}{\pi \times 0.05^4 \times 60} \times 10^{-4}$$
$$= 6.7 \text{ kgf/cm}^2$$

5. LPG 이송 시 탱크로리 상부를 가압하여 액을 저장탱크로 이송시킬 때 사용되는 동력장치는 무엇인가?
① 원심펌프　　② 압축기
③ 기어펌프　　④ 송풍기

해설 압축기를 이용한 LPG 이송방법은 저장탱크의 LPG 기체를 흡입하여 탱크로리 상부를 가압하면 탱크로리의 액체가 저장탱크로 이송되며, 사방밸브를 조작하여 탱크로리의 잔가스도 회수할 수 있는 방법이다.

6. 유체를 연속체로 취급할 수 있는 조건은?
① 유체가 순전히 외력에 의하여 연속적으로 운동을 한다.
② 항상 일정한 전단력을 가진다.
③ 비압축성이며 탄성계수가 적다.
④ 물체의 특성길이가 분자간의 평균자유행로보다 훨씬 크다.

해설 물체의 유동을 특징지어 주는 대표길이(물체의 특성길이)가 분자의 크기나 분자간의 평균 자유행로보다 매우 크고, 분자 상호간의 충돌시간이 짧아 분자 운동의 특성이 보존되는 경우에 유체를 연속체로 취급할 수 있다.

7. 유체역학에서 〈보기〉와 같은 베르누이 방정식이 적용되는 조건이 아닌 것은?

〈보 기〉
$$\frac{P}{\gamma} + \frac{V^2}{2g} + Z = \text{일정}$$

① 적용되는 임의의 두 점은 같은 유선상에 있다.
② 정상 상태의 흐름이다.
③ 마찰이 없는 흐름이다.
④ 유체 흐름 중 내부에너지 손실이 있는 흐름이다.

해설 베르누이 방정식 : 모든 단면에서 작용하는 위치수두, 압력수두, 속도수두의 합은 항상 일정하다로 정의되며 베르누이 방정식이 적용되는 조건은 다음과 같다.
㉮ 베르누이 방정식이 적용되는 임의의 두 점은 같은 유선상에 있다.
㉯ 정상 상태의 흐름이다.
㉰ 마찰이 없는 이상 유체의 흐름이다.
㉱ 비압축성 유체의 흐름이다.
㉲ 외력은 중력만 작용한다.

8. 절대압력 2 kgf/cm², 온도 25℃인 산소의 비중량은 몇 N/m³인가? (단, 산소의 기체상수는 260 J/kg · K이다.)
① 12.8　　② 16.4
③ 24.8　　④ 42.5

해설 ㉮ 밀도(kg/m³) 계산
$PV = GRT$ 에서
$$\therefore \rho = \frac{G}{V} = \frac{P}{RT}$$
$$= \frac{\frac{2}{1.0332} \times 101.325}{260 \times 10^{-3} \times (273 + 25)}$$
$$= 2.531 \text{ kg/m}^3$$
㉯ 절대단위 비중량 (N/m³, kgf/m² · s²) 계산

정답 5. ②　6. ④　7. ④　8. ③

$$\therefore \gamma = \rho \cdot g = 2.531 \times 9.8$$
$$= 24.808 \text{ kg} \cdot \text{m/m}^3 \cdot \text{s}^2$$
$$= 24.808 \text{ N/m}^3$$

9. 다음 중 원심 송풍기가 아닌 것은?
① 프로펠러 송풍기
② 다익 송풍기
③ 레이디얼 송풍기
④ 익형(airfoil) 송풍기

[해설] 원심식 송풍기의 종류
㉮ 터보형 : 후향 날개를 16~24개 정도 설치한 형식으로 익형(airfoil), 터보형 블로어(turbo blower) 등이 있다.
㉯ 다익형 : 전향날개를 많이 설치한 형식으로 실로코(sirocco)형이 있다.
㉰ 레이디얼형 : 방사형 날개를 6~12개 정도 설치한 형식으로 플레이트 팬(plate fan)이 있다.
※ 프로펠러 송풍기는 축류식에 해당된다.

10. 안지름이 D인 실린더 속에 물이 가득 채워져 있고, 바깥지름이 $0.8D$인 피스톤이 0.1 m/s의 속도로 주입되고 있다. 이때 실린더와 피스톤 사이의 틈으로 역류하는 물의 평균속도는 약 몇 m/s인가?
① 0.178   ② 0.213
③ 0.313   ④ 0.413

[해설] $A_1 V_1 = A_2 V_2$에서
$$\therefore V_2 = \frac{A_1}{A_2} \times V_1$$
$$= \frac{\frac{\pi}{4} \times (0.8D)^2}{\frac{\pi}{4} \times \{(1D)^2 - (0.8D)^2\}} \times 0.1$$
$$= 0.1777 \text{ m/s}$$

11. 다음 중 증기의 분류로 액체를 수송하는 펌프는?
① 피스톤 펌프   ② 제트 펌프
③ 기어 펌프   ④ 수격 펌프

[해설] 제트 펌프 : 노즐에서 고속으로 분출되는 유체에 의하여 흡입구에 연결된 유체를 흡입하여 토출하는 펌프로 2 종류의 유체를 혼합하여 토출하므로 에너지 손실이 크고 효율이 30 % 정도로 낮지만 구조가 간단하고 고장이 적은 장점이 있다.

12. 한 변의 길이가 a인 정삼각형 모양의 단면을 갖는 파이프 내로 유체가 흐른다. 이 파이프의 수력반경(hydraulic radius)은?
① $\frac{\sqrt{3}}{4}a$ ② $\frac{\sqrt{3}}{8}a$
③ $\frac{\sqrt{3}}{12}a$ ④ $\frac{\sqrt{3}}{16}a$

[해설] ㉮ 접수길이(S) 계산 : 한 변의 길이가 a인 정삼각형이므로 $3a$이다.
㉯ 유효단면적(A) 계산 : 한 변의 길이가 a인 정삼각형이므로 $\frac{1}{2}$에 해당하는 직각삼각형의 밑변과 빗변은 $\frac{1}{2}a : a = 1a : 2a$이다.
$\therefore$ 밑변^2 + 높이^2 = 빗변^{2}에서
$\therefore$ 높이 = $\sqrt{\text{빗변}^2 - \text{밑변}^2}$
$= \sqrt{(2a)^2 - (1a)^2} = \sqrt{3}\,a$
㉰ 수력반경(hydraulic radius) 계산
$$\therefore R_h = \frac{A}{S} = \frac{\frac{1}{2}a \times \sqrt{3}\,a \times \frac{1}{2}}{3a}$$
$$= \frac{\frac{1}{4}a^2 \times \sqrt{3}}{3a} = \frac{\sqrt{3}}{12}a$$

13. 압력의 차원을 절대단위계로 옳게 나타낸 것은?
① MLT^{-2} ② $ML^{-1}T^2$
③ $ML^{-2}T^{-2}$ ④ $ML^{-1}T^{-2}$

[해설] 압력의 절대단위는 N/m^{2}이고, N = kg · m/s^{2}이다.
$\therefore$ N/m^2 = (kg · m/s^2)/m^2 = kg/m · s^2
$= ML^{-1}T^{-2}$

14. 유선(stream line)에 대한 설명 중 가장 거리가 먼 내용은?

① 유체 흐름 내 모든 점에서 유체 흐름의 속도 벡터의 방향을 갖는 연속적인 가상 곡선이다.
② 유체 흐름 중의 한 입자가 지나간 궤적을 말한다. 즉, 유선을 가로 지르는 흐름에 관한 것이다.
③ x, y, z 방향에 대한 속도 성분을 각각 u, v, w라고 할 때 유선의 미분방정식은 $\dfrac{dx}{u} = \dfrac{dy}{v} = \dfrac{dz}{w}$이다.
④ 정상 유동에서 유선과 유적선은 일치한다.

[해설] 유선(stream line): 유체의 한 입자가 지나간 궤적을 표시하는 선으로 임의 순간에 한 가상 곡선을 그을 때 그 곡선상의 임의 점에서의 접선이 그 점에서의 유속의 방향과 일치하는 곡선이다.

15. 다음 중 측정기기에 대한 설명으로 옳지 않은 것은?

① piezometer: 탱크나 관 속의 작은 유압을 측정하는 액주계
② micromanometer: 작은 압력차를 측정할 수 있는 압력계
③ mercury barometer: 물을 이용하여 대기 절대압력을 측정하는 장치
④ inclined-tube manometer: 액주를 경사시켜 계측의 감도를 높인 압력계

[해설] mercury barometer: 수은 기압계 또는 토리첼리 압력계라 하며 대기압 측정용으로 사용되는 액주계이다.

16. 원관 중의 흐름이 층류일 경우 유량이 반지름의 4제곱과 압력기울기 $\dfrac{(P_1 - P_2)}{L}$에 비례하고 점도에 반비례한다는 법칙은?

① Hagen-Poiseuille 법칙
② Reynolds 법칙
③ Newton 법칙
④ Fourier 법칙

[해설] 하겐-푸와죄유(Hagen-Poiseuille) 법칙
$$Q = \dfrac{\pi D^4 \Delta P}{128 \mu L}$$
㉮ 배관 지름의 4승에 비례한다.
㉯ 압력강하에 비례한다.
㉰ 점성계수에 반비례한다.
㉱ 배관 길이에 반비례한다.

17. 정압비열 $C_p = 0.2$ kcal/kg·K, 비열비 $k = 1.33$인 기체의 기체상수 R은 몇 kcal/kg·K인가?

① 0.04 ② 0.05
③ 0.06 ④ 0.07

[해설] $C_p = \dfrac{k}{k-1} R$에서
$$\therefore R = \dfrac{k-1}{k} \times C_p$$
$$= \dfrac{1.33 - 1}{1.33} \times 0.2$$
$$= 0.0496 \text{ kcal/kg·K}$$

18. 10℃의 산소가 속도 50 m/s로 분출되고 있다. 이때의 마하(Mach)수는? (단, 산소의 기체상수 R은 260 m²/s²·K이고 비열비 k는 1.4이다.)

① 0.16 ② 0.50
③ 0.83 ④ 1.00

[해설] $M = \dfrac{V}{C} = \dfrac{V}{\sqrt{kRT}}$
$$= \dfrac{50}{\sqrt{1.4 \times 260 \times (273 + 10)}} = 0.1557$$

19. 안지름 250 mm인 관이 안지름 400 mm인 관으로 급 확대되어 있을 때 유량 230 L/s가 흐르면 손실수두는?

① 0.117 m ② 0.217 m

정답 14. ② 15. ③ 16. ① 17. ② 18. ① 19. ④

③ 0.317 m   ④ 0.416 m

[해설] ㉮ 안지름 250 mm 관에서 속도 계산

$$\therefore V_1 = \frac{Q}{A_1} = \frac{0.23}{\frac{\pi}{4} \times 0.25^2} = 4.685 \text{ m/s}$$

㉯ 손실수두 계산

$$\therefore h_L = \left\{1 - \left(\frac{D_1}{D_2}\right)^2\right\}^2 \times \frac{V_1^2}{2g}$$

$$= \left\{1 - \left(\frac{0.25}{0.4}\right)^2\right\}^2 \times \frac{4.685^2}{2 \times 9.8}$$

$$= 0.4158 \text{ m}$$

20. 성능이 동일한 n대의 펌프를 서로 병렬로 연결하고 원래와 같은 양정에서 작동시킬 때 유체의 토출량은?

① $\frac{1}{n}$로 감소한다.   ② n배로 증가한다.

③ 원래와 동일하다.   ④ $\frac{1}{2n}$로 감소한다.

[해설] 원심펌프의 운전 특성
  ㉮ 병렬 운전 : 양정 일정, 유량 증가
  ㉯ 직렬 운전 : 양정 증가, 유량 일정
  ∴ n대의 펌프를 서로 병렬로 연결하면 유체의 토출량은 n배로 증가한다.

제 2 과목   연소공학

---

21. 충격파가 반응매질 속으로 음속보다 느린 속도로 이동할 때를 무엇이라 하는가?

① 폭굉   ② 폭연
③ 폭음   ④ 정상연소

[해설] 폭연(deflagration) : 음속 미만으로 진행되는 열분해 또는 음속 미만의 화염속도로 연소하는 화재로 압력이 위험수준까지 상승할 수도 있고, 상승하지 않을 수도 있으며 충격파를 방출하지 않으면서 급격하게 진행되는 연소이다.

22. 방폭 성능을 가진 전기기기 중 정상 및 사고 (단선, 단락, 지락 등) 시에 발생하는 전기불꽃, 아크 또는 고온부에 의하여 가연성가스가 점화되지 않는 것이 점화시험, 기타 방법에 의하여 확인된 구조를 무엇이라고 하는가?

① 안전증 방폭구조   ② 본질안전 방폭구조
③ 내압 방폭구조   ④ 압력 방폭구조

[해설] 본질안전 방폭구조(ia, ib) : 정상 및 사고 (단선, 단락, 지락 등) 시에 발생하는 전기불꽃, 아크 또는 고온부에 의하여 가연성가스가 점화되지 아니하는 것이 점화시험, 기타 방법에 의하여 확인된 구조이다.

23. 프로판가스의 연소과정에서 발생한 열량은 50232 MJ/kg이었다. 연소 시 발생한 수증기의 잠열이 8372 MJ/kg이면 프로판가스의 저발열량 기준 연소 효율은 약 몇 %인가?(단, 연소에 사용된 프로판가스의 저발열량은 46046 MJ/kg이다.)

① 97   ② 91
③ 93   ④ 96

[해설] 연소 효율 = $\frac{\text{실제 발생열량}}{\text{진발열량}} \times 100$

$$= \frac{50232 - 8372}{46046} \times 100$$

$$= 90.909 \text{ \%}$$

24. 기체동력 사이클 중 2개의 단열과정과 2개의 등압과정으로 이루어진 가스터빈의 이상적인 사이클은?

① 카르노 사이클 (Carnot cycle)
② 사바테 사이클 (Sabathe cycle)
③ 오토 사이클 (Otto cycle)
④ 브레이턴 사이클 (Brayton cycle)

[해설] 브레이턴(Brayton) 사이클 : 2개의 단열과정과 2개의 정압(등압)과정으로 이루어진 가스터빈의 이상 사이클이다.

25. 가스버너의 연소 중 화염이 꺼지는 현상과 거리가 먼 것은?

① 공기량의 변동이 크다.
② 공기연료비가 정상범위를 벗어났다.
③ 연료 공급라인이 불안정하다.
④ 점화에너지가 부족하다.

[해설] 점화에너지가 부족하면 점화가 되지 않는 현상이 발생한다.

26. 프로판을 연소할 때 이론단열 불꽃온도가 가장 높을 때는?
① 20 % 과잉공기로 연소하였을 때
② 50 % 과잉공기로 연소하였을 때
③ 이론량의 공기로 연소하였을 때
④ 이론량의 순수산소로 연소하였을 때

[해설] 이론단열 불꽃온도가 높아지는 경우는 배기가스량이 적을 경우이고 이론산소량으로 연소할 때 배기가스량이 가장 적게 발생한다.

27. 분진이 폭발하기 위하여 가져야 하는 특성으로 틀린 것은?
① 입자들은 일정 크기 이하이어야 한다.
② 부유된 입자의 농도가 어떤 한계 사이에 있어야 한다.
③ 부유된 분진은 반드시 금속이어야 한다.
④ 부유된 분진은 거의 균일하여야 한다.

[해설] 분진 폭발 : 가연성 고체의 미분(微分) 등이 어떤 농도 이상으로 공기 등 조연성 가스 중에 분산된 상태에 놓여 있을 때 폭발성 혼합기체와 같은 폭발을 일으키는 것으로 폭연성 분진(금속분 : Mg, Al, Fe 분 등)과 가연성 분진(소맥분, 전분, 합성수지류, 황, 코코아, 리그린, 석탄분, 고무분말 등)이 있다.

28. 이상 기체와 실제 기체에 대한 설명으로 틀린 것은?
① 이상 기체는 기체 분자간 인력이나 반발력이 작용하지 않는다고 가정한 가상적인 기체이다.
② 실제 기체는 실제로 존재하는 모든 기체로 이상 기체 상태방정식이 그대로 적용되지 않는다.
③ 이상 기체는 저장용기의 벽에 충돌하여도 탄성을 잃지 않는다.
④ 이상 기체 상태방정식은 실제 기체에서는 높은 온도, 높은 압력에서 잘 적용된다.

[해설] 실제 기체에 이상 기체 상태방정식이 적용되는 조건은 높은 온도(고온), 낮은 압력(저압)이다.

29. 메탄을 이론공기로 연소시켰을 때 생성물 중 질소의 분압은 약 몇 MPa인가? (단, 메탄과 공기는 0.1 MPa, 25℃에서 공급되고 생성물의 압력은 0.1 MPa이고, H_2O는 기체 상태로 존재한다.)
① 0.0315
② 0.0493
③ 0.0603
④ 0.0715

[해설] ㉮ 이론공기량에 의한 메탄의 완전 연소 반응식
$CH_4 + 2O_2 + (N_2) \rightarrow CO_2 + 2H_2O + (N_2)$
㉯ 질소의 분압 계산 : 배기가스 중 질소의 몰(mol)수는 산소 몰(mol)수의 3.76배이다.

$$\therefore 분압 = 전압 \times \frac{성분\ 몰수}{전\ 몰수}$$
$$= 0.1 \times \frac{2 \times 3.76}{1 + 2 + 2 \times 3.76}$$
$$= 0.07148\ MPa$$

30. 이상기체의 엔탈피 불변과정은?
① 가역 단열과정   ② 비가역 단열과정
③ 교축과정   ④ 등압과정

[해설] 엔탈피 불변과정은 교축과정이고, 엔트로피 불변과정은 가역 단열과정이다.

31. 다음 중 비등액체팽창증기폭발(BLEVE : boiling liquid expansion vapor explosion)의 발생조건과 무관한 것은?
① 가연성 액체가 개방계 내에 존재하여야 한다.

정답 26. ④ 27. ③ 28. ④ 29. ④ 30. ③ 31. ①

② 주위에 화재 등이 발생하여 내용물이 비점 이상으로 가열되어야 한다.
③ 입열에 의해 탱크 내압이 설계압력 이상으로 상승하여야 한다.
④ 탱크의 파열이나 균열에 의해 내용물이 대기 중으로 급격히 방출하여야 한다.

[해설] 비등액체팽창증기폭발(BLEVE) : 가연성 액체 저장탱크 주변에서 화재가 발생하여 기상부의 탱크가 국부적으로 가열되면 그 부분이 강도가 약해져 탱크가 파열된다. 이때 내부의 액화가스가 급격히 유출 팽창되어 화구(fire ball)를 형성하여 폭발하는 형태를 말한다.

32. 과잉공기계수가 1.3일 때 230 Nm³의 공기로 탄소(C) 약 몇 kg을 완전 연소시킬 수 있는가?
① 4.8 kg   ② 10.5 kg
③ 19.9 kg ④ 25.6 kg

[해설] ㉮ 과잉공기계수(m)와 실제공기량(A)에서 이론산소량(O_0) 계산

$$\therefore O_0 = 0.21 \times A_0 = 0.21 \times \frac{A}{m}$$
$$= 0.21 \times \frac{230}{1.3} = 37.153 \text{ Nm}^3$$

㉯ 탄소(C)의 완전 연소 반응식에서 연소시킬 수 있는 탄소량(kg) 계산
$$C + O_2 \rightarrow CO_2$$
$$12 \text{ kg} : 22.4 \text{ Nm}^3 = x \text{ kg} : 37.153 \text{ Nm}^3$$
$$\therefore x = \frac{12 \times 37.153}{22.4} = 19.903 \text{ kg}$$

33. 1 kg의 기체가 압력 50 kPa, 체적 2.5 m³의 상태에서 압력 1.2 MPa, 체적 0.2 m³의 상태로 변화하였다. 이 과정에서 내부에너지가 일정하다고 할 때 엔탈피의 변화량은 약 몇 kJ인가?
① 100   ② 105
③ 110   ④ 115

[해설] $h = U + PV$에서
$h_2 - h_1 = (U_2 - U_1) + (P_2 V_2 - P_1 V_1)$이고, $U_2 = U_1$이다.
$$\therefore h_2 - h_1 = P_2 V_2 - P_1 V_1$$
$$= (1.2 \times 10^3 \times 0.2) - (50 \times 2.5)$$
$$= 115 \text{ kJ/kg}$$

34. 다음 〈보기〉에서 설명하는 연소 형태로서 가장 적절한 것은?

〈보 기〉
- 연소실 부하율을 높게 얻을 수 있다.
- 연소실의 체적이나 길이가 짧아도 된다.
- 화염면이 자력으로 전파되어 간다.
- 버너에서 상류의 혼합기로 역화를 일으킬 염려가 있다.

① 증발연소   ② 등심연소
③ 확산연소   ④ 예혼합연소

[해설] 예혼합연소 : 가스와 공기(산소)를 버너에서 혼합시킨 후 연소실에 분사하는 방식으로 화염이 자력으로 전파해 나가는 내부 혼합방식이며 화염이 짧고 높은 화염온도를 얻을 수 있다.

35. 다음 〈보기〉에서 열역학에 대한 설명으로 옳은 것을 모두 나열한 것은?

〈보 기〉
㉠ 기체에 기계적 일을 가하여 단열 압축시키면 일은 내부에너지로 기체 내에 축적되어 온도가 상승한다.
㉡ 엔트로피는 가역이면 항상 증가하고, 비가역이면 항상 감소한다.
㉢ 가스를 등온팽창시키면 내부에너지의 변화는 없다.

① ㉠   ② ㉡
③ ㉠, ㉢   ④ ㉡, ㉢

[해설] 가역 단열변화 시에는 엔트로피 변화는 없고, 비가역 단열변화 시에는 엔트로피가 증가한다.

정답 32. ③ 33. ④ 34. ④ 35. ③

36. 다음 중 단위 질량당 방출되는 화학적 에너지인 연소열(kJ/g)이 가장 낮은 것은?
① 메탄 　② 프로판
③ 일산화탄소 　④ 에탄올

해설 각 물질의 연소열(kJ/g)

연료 성분	발열량(kJ/g)
메탄 (CH_4)	50.2
프로판 (C_3H_8)	46.5
일산화탄소 (CO)	10.1
에탄올 (C_2H_5O)	29.8

37. 202.65 kPa, 25℃의 공기를 10.1325 kPa으로 단열팽창시키면 온도는 약 몇 K인가? (단, 공기의 비열비는 1.4로 한다.)
① 126 　② 154
③ 168 　④ 176

해설 $\dfrac{T_2}{T_1} = \left(\dfrac{P_2}{P_1}\right)^{\frac{k-1}{k}}$

∴ $T_2 = T_1 \times \left(\dfrac{P_2}{P_1}\right)^{\frac{k-1}{k}}$

$= (273+25) \times \left(\dfrac{10.1325}{202.65}\right)^{\frac{1.4-1}{1.4}}$

$= 126.617$ K

38. 다음 확산화염의 여러 가지 형태 중 대향분류(對向噴流) 확산화염에 해당하는 것은?

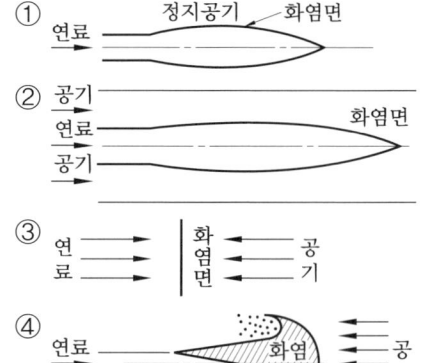

해설 ① : 자유분류 확산화염
② : 동축류 확산화염
③ : 대향류 확산화염

39. 다음 중 이론공기량(Nm^3/kg)이 가장 적게 필요한 연료는?
① 역청탄 　② 코크스
③ 고로가스 　④ LPG

해설 고로가스 : 용광로에서 얻어지는 부산물 가스로 다량의 질소와 일산화탄소(CO)로 구성되며, 발열량이 900 $kcal/m^3$로 낮다. 이론공기량은 고체 연료(역청탄, 코크스) 및 LPG(프로판)에 비해 적게 필요하다.

40. 몰리에르(Mollier) 선도에 대한 설명으로 옳은 것은?
① 압력과 엔탈피와의 관계선도이다.
② 온도와 엔탈피와의 관계선도이다.
③ 온도와 엔트로피와의 관계선도이다.
④ 엔탈피와 엔트로피와의 관계선도이다.

해설 몰리에르(Mollier) 선도는 종축에 엔탈피(h), 횡축에 엔트로피(s)의 양을 표시한다.

제 3 과목　가스설비

41. 중압식 공기분리장치에서 겔 또는 몰레큘러-시브(moleculer sieve)에 의하여 제거할 수 있는 가스는?
① 아세틸렌 　② 염소
③ 이산화탄소 　④ 이산화황

해설 중압식 공기분리장치에서 원료 공기 중의 수분, 이산화탄소는 겔 또는 몰레큘러-시브에 의해 흡착법으로 제거된다.

42. 용기용 밸브는 가스 충전구의 형식에 따라 A형, B형, C형의 3종류가 있다. 가스 충전구

가 암나사로 되어 있는 것은?
① A형   ② B형
③ A, B형   ④ C형

[해설] 충전구 형식에 의한 분류
㉮ A형 : 가스 충전구가 수나사
㉯ B형 : 가스 충전구가 암나사
㉰ C형 : 가스 충전구에 나사가 없는 것

43. 가스조정기 중 2단 감압식 조정기의 장점이 아닌 것은?
① 조정기의 개수가 적어도 된다.
② 연소기구에 적합한 압력으로 공급할 수 있다.
③ 배관의 관지름을 비교적 작게 할 수 있다.
④ 입상배관에 의한 압력강하를 보정할 수 있다.

[해설] 2단 감압식 조정기의 특징
(1) 장점
  ㉮ 입상배관에 의한 압력손실을 보정할 수 있다.
  ㉯ 가스 배관이 길어도 공급압력이 안정된다.
  ㉰ 각 연소기구에 알맞은 압력으로 공급이 가능하다.
  ㉱ 중간 배관의 지름이 작아도 된다.
(2) 단점
  ㉮ 설비가 복잡하고, 검사방법이 복잡하다.
  ㉯ 조정기 수가 많아서 점검 부분이 많다.
  ㉰ 부탄의 경우 재액화의 우려가 있다.
  ㉱ 시설의 압력이 높아서 이음방식에 주의하여야 한다.

44. 왕복식 압축기에서 체적 효율에 영향을 주는 요소로서 가장 거리가 먼 것은?
① 압축비   ② 냉각
③ 토출밸브   ④ 가스 누설

[해설] 체적 효율에 영향을 주는 요소
  ㉮ 클리어런스
  ㉯ 밸브하중과 가스의 마찰
  ㉰ 불완전 냉각

㉱ 가스 누설
㉲ 압축비

45. 내용적 120 L의 LP가스 용기에 50 kg의 프로판을 충전하였다. 이 용기 내부가 액으로 충만될 때의 온도를 그림에서 구한 것은?

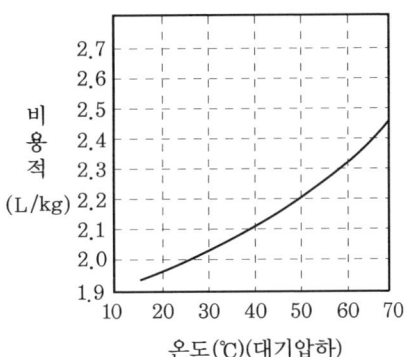

① 37℃   ② 47℃
③ 57℃   ④ 67℃

[해설] ㉮ 현재 조건에서의 프로판의 비용적(비체적) 계산
$$\therefore v \text{ [L/kg]} = \frac{120}{50} = 2.4 \text{ L/kg}$$
㉯ 주어진 선도의 종축에서 프로판의 비용적 2.4를 선택한 후 수평으로 이동하여 그래프와 교차되는 점에서 온도를 찾으면 약 67℃ 정도가 된다.

46. 합성천연가스(SNG) 제조 시 납사를 원료로 하는 메탄 합성 공정과 관련이 적은 설비는?
① 탈황장치   ② 반응기
③ 수첨 분해탑   ④ CO 변성로

[해설] 합성천연가스 공정(substitute natural process) : 수분, 산소, 수소를 원료 탄화수소와 반응시켜, 수증기 개질, 부분 연소, 수첨 분해 등에 의해 가스화하고 메탄 합성, 탈탄산 등의 공정과 병용해서 천연가스의 성상과 거의 일치하도록 가스를 제조하는 공정으로 제조된 가스를 합성천연가스 또는 대체천연가스(SNG)라 한다.

47. 액화가스의 기화기 중 액화가스와 해수 및

정답 43. ① 44. ③ 45. ④ 46. ④ 47. ①

하천수 등을 열교환시켜 기화하는 형식은?
① open rack식
② 직화가열식
③ air fin식
④ submerged combustion식

[해설] LNG 기화장치의 종류
㉮ 오픈 랙(open rack) 기화법 : 베이스로드용으로 바닷물을 열원으로 사용하므로 초기시설비가 많으나 운전비용이 저렴하다.
㉯ 중간매체법 : 베이스로드용으로 프로판(C_3H_8), 펜탄(C_5H_{12}) 등을 사용한다.
㉰ 서브머지드(submerged)법 : 피크로드용으로 액중 버너를 사용한다. 초기 시설비가 적으나 운전비용이 많이 소요된다.

48. 도시가스 지하매설에 사용되는 배관으로 가장 적합한 것은?
① 폴리에틸렌 피복강관
② 압력배관용 탄소강관
③ 연료가스 배관용 탄소강관
④ 배관용 아크용접 탄소강관

[해설] 지하매설 배관의 종류
㉮ 폴리에틸렌 피복강관(PLP관)
㉯ 가스용 폴리에틸렌관(PE관)
㉰ 분말용착식 폴리에틸렌 피복강관

49. LP가스 고압장치가 상용압력이 25 MPa일 경우 안전밸브의 최고작동압력은?
① 25 MPa   ② 30 MPa
③ 37.5 MPa ④ 50 MPa

[해설] 안전밸브 작동압력
$$= 내압시험압력 \times \frac{8}{10}$$
$$= (상용압력 \times 1.5) \times \frac{8}{10}$$
$$= (25 \times 1.5) \times \frac{8}{10} = 30 \text{ MPa}$$

50. 신규 용기에 대하여 팽창측정시험을 하였더니 전증가량이 100 mL이었다. 이 용기가 검사에 합격하려면 항구증가량은 몇 mL 이하이여야 하는가?
① 5   ② 10
③ 15   ④ 20

[해설] 신규 용기에 대한 내압시험 시 항구증가율 10 % 이하가 합격기준이다.
$$\therefore 항구증가율 = \frac{항구증가량}{전증가량} \times 100 \text{에서}$$
$$\therefore 항구증가량 = 전증가량 \times 항구증가율$$
$$= 100 \times 0.1 = 10 \text{ mL 이하}$$

51. 고압가스 제조 장치의 재료에 대한 설명으로 틀린 것은?
① 상온 건조 상태의 염소가스에 대하여는 보통강을 사용해도 된다.
② 암모니아, 아세틸렌의 배관 재료에는 구리재를 사용해도 된다.
③ 저온에서는 고탄소강보다 저탄소강이 사용된다.
④ 암모니아 합성탑 내부의 재료에는 18-8 스테인리스강을 사용한다.

[해설] 암모니아, 아세틸렌 배관 재료에 동(구리) 및 동합금을 사용하면 암모니아는 부식, 아세틸렌은 아세틸드가 생성되어 화합폭발의 위험이 있으므로 사용이 금지된다. 동 함유량 62 % 미만의 동합금은 사용할 수 있다.

52. 액화프로판 500 kg을 내용적 60 L의 용기에 충전하려면 몇 개의 용기가 필요한가?
① 5개   ② 10개
③ 15개   ④ 20개

[해설] ㉮ 용기 1개당 충전량 계산
$$\therefore G = \frac{V}{C} = \frac{60}{2.35} = 25.53 \text{ kg}$$
㉯ 용기 수 계산
$$\therefore 용기 수 = \frac{전체 \ 가스량(kg)}{용기 \ 1개당 \ 충전량(kg)}$$
$$= \frac{500}{25.53} = 19.58 = 20 \text{개}$$

정답 48. ① 49. ② 50. ② 51. ② 52. ④

53. 공기 중 폭발하한계의 값이 가장 작은 것은 어느 것인가?
① 수소 ② 암모니아
③ 에틸렌 ④ 프로판

[해설] 각 가스의 공기 중에서의 폭발범위값

가스 명칭	폭발범위값
수소 (H_2)	4~75 %
암모니아 (NH_3)	15~28 %
에틸렌 (C_2H_4)	3.1~32 %
프로판 (C_3H_8)	2.2~9.5 %

54. LPG 사용시설의 설계 시 유의사항으로 가장 적절하지 않는 것은?
① 사용 목적에 합당한 기능을 가지고 사용상 안전할 것
② 취급이 용이하고 사용에 편리할 것
③ 모양에 관계없이 관련 시설과의 조화가 되어 있을 것
④ 구조가 간단하고 시공이 용이할 것

[해설] LPG 사용시설의 설계 시 관련 규정에 맞도록 설계 및 시공이 되어야 한다.

55. 액화천연가스(메탄 기준)를 도시가스 원료로 사용할 때 액화천연가스의 특징을 옳게 설명한 것은?
① 천연가스의 C/H 질량비가 3이고 기화설비가 필요하다.
② 천연가스의 C/H 질량비가 4이고 기화설비가 필요없다.
③ 천연가스의 C/H 질량비가 3이고 가스제조 및 정제설비가 필요하다.
④ 천연가스의 C/H 질량비가 4이고 개질설비가 필요하다.

[해설] 도시가스 원료로서 LNG의 특징
㉮ 천연가스의 C/H 질량비가 3이므로 그대로 도시가스로 공급할 수 있으므로 가스제조설비가 필요 없다.
㉯ 불순물이 제거된 청정연료로 환경문제가 없다.
㉰ LNG 수입기지에 저온 저장설비 및 기화장치가 필요하다.
㉱ 불순물을 제거하기 위한 정제설비는 필요하지 않다.
㉲ 초저온 액체로 설비재료의 선택과 취급에 주의를 요한다.
㉳ 냉열 이용이 가능하다.

56. 다음 중 저온장치용 재료로서 가장 부적당한 것은?
① 구리 ② 니켈강
③ 알루미늄합금 ④ 탄소강

[해설] 탄소강은 -70℃ 이하에서 저온취성이 발생하므로 저온장치 재료로는 부적합하다.

57. LP가스 소비설비에서 용기 개수 결정 시 고려할 사항으로 가장 거리가 먼 것은?
① 피크(peck) 시의 기온
② 소비자 가구 수
③ 1가구당 1일의 평균 가스 소비량
④ 감압 방식의 결정

[해설] 용기 개수 결정 시 고려할 사항
㉮ 피크(peck) 시의 기온
㉯ 소비자 가구 수
㉰ 1가구당 1일의 평균 가스 소비량
㉱ 피크 시 평균 가스 소비율
㉲ 피크 시 용기에서의 가스 발생 능력
㉳ 용기의 크기(질량)

58. 공기액화 분리장치에서 복정류탑에 대한 설명으로 옳지 않은 것은?
① 정류판에서 정류되어 산소는 위로 올라가고 질소가 많은 액은 하부 증류 드럼에 고인다.
② 상부에 상부 정류탑, 중앙부에 산소 응축기, 하부에 하부 정류탑과 증류 드럼으로

정답 53. ④ 54. ③ 55. ① 56. ④ 57. ④ 58. ①

구성된다.
③ 산소가 많은 액이나 질소가 많은 액 모두 팽창밸브를 통하여 상압으로 감압된 다음 상부 정류탑으로 이송된다.
④ 하부탑은 약 5기압, 상부탑은 약 0.5기압의 압력에서 정류된다.

[해설] 정류판에서 정류되어 산소는 위로 올라가고 질소가 많은 액은 상부 정류탑으로 이송되어 정류되어 하부탑 상부에 고인다.

59. LNG 탱크 중 저온 수축을 흡수하는 구조를 가진 금속박판을 사용한 탱크는?
① 금속제 멤브레인 탱크
② 프레스트레스트 콘크리트제 탱크
③ 동결식 반지하 탱크
④ 금속제 2중 구조 탱크

[해설] 금속제 멤브레인 탱크 : 내측의 저장조에 오스테나이트계 스테인리스 박판에 주름 가공을 한 멤브레인을 용접하여 제작한 것으로 저온 수축을 흡수할 수 있도록 한 구조의 LNG 저장탱크이다.

60. 수소가스를 용기에 의한 공급 방법으로 가장 적절한 것은?
① 수소용기 → 압력계 → 압력조정기 → 압력계 → 안전밸브 → 차단밸브
② 수소용기 → 체크밸브 → 차단밸브 → 압력계 → 압력조정기 → 압력계
③ 수소용기 → 압력조정기 → 압력계 → 차단밸브 → 압력계 → 안전밸브
④ 수소용기 → 안전밸브 → 압력계 → 압력조정기 → 체크밸브 → 압력계

[해설] 수소가스를 용기에 의하여 사용할 경우 충전용기에 압력조정기를 설치하여 사용압력으로 낮춰 가스를 공급하여야 하고 압력조정기에는 고압 압력계(충전용기의 충전압력 지시)와 저압 압력계(공급압력 지시)가 부착되어 있다.

제 4 과목 가스안전관리

61. 염소, 포스겐 등 액화독성가스의 누출에 대비하여 응급조치로 휴대하여야 하는 제독제는?
① 소석회   ② 물
③ 암모니아수 ④ 아세톤

[해설] 독성가스 운반 시 휴대하여야 할 약제
㉮ 1000 kg 미만 : 소석회 20 kg 이상
㉯ 1000 kg 이상 : 소석회 40 kg 이상
㉰ 적용가스 : 염소, 염화수소, 포스겐, 아황산가스

62. 반밀폐 연소형 기구의 급배기 시 배기통 톱과 가연물과는 얼마 이상의 거리를 유지하여야 하는가? (단, 방열판이 설치되지 않았다.)
① 15 cm   ② 30 cm
③ 50 cm   ④ 60 cm

[해설] 배기통 톱의 전방, 측변, 상하 주위 60 cm (방열판이 설치된 것은 30 cm) 이내에는 가연물이 없어야 한다.

63. 2단 감압식 1차용 조정기의 최대폐쇄압력은 얼마인가?
① 3.5 kPa 이하
② 50 kPa 이하
③ 95 kPa 이하
④ 조정압력의 1.25배 이하

[해설] 조정기의 최대폐쇄압력 기준
㉮ 1단 감압식 저압조정기, 2단 감압식 2차용 저압조정기 및 자동절체식 일체형 저압조정기 : 3.50 kPa 이하
㉯ 2단 감압식 1차용 조정기 : 95.0 kPa 이하
㉰ 1단 감압식 준저압조정기, 자동절체식 일체형 준저압조정기 및 그 밖의 압력조정기 : 조정압력의 1.25배 이하

64. 액화석유가스 저장탱크라 함은 액화석유가스를 저장하기 위하여 지상 및 지하에 고정 설

정답 59. ① 60. ① 61. ① 62. ④ 63. ③ 64. ③

치된 탱크를 말한다. 탱크의 저장능력이 얼마 이상인 탱크를 말하는가?

① 1톤　　② 2톤
③ 3톤　　④ 5톤

[해설] 액화석유가스 저장탱크 구분
㉮ 저장탱크 : 저장능력 3톤 이상
㉯ 소형 저장탱크 : 저장능력 3톤 미만

65. 용기검사에 합격한 가연성가스 및 독성가스의 도색 표시가 잘못 짝지어진 것은?

① 수소 : 주황색
② 액화염소 : 갈색
③ 아세틸렌 : 회색
④ 액화암모니아 : 백색

[해설] 가스 종류별 용기 도색

가스 종류	용기 도색	
	공업용	의료용
산소 (O_2)	녹색	백색
수소 (H_2)	주황색	-
액화탄산가스 (CO_2)	청색	회색
액화석유가스	밝은 회색	-
아세틸렌 (C_2H_2)	황색	-
암모니아 (NH_3)	백색	-
액화염소 (Cl_2)	갈색	-
질소 (N_2)	회색	흑색
아산화질소 (N_2O)	회색	청색
헬륨 (He)	회색	갈색
에틸렌 (C_2H_4)	회색	자색
사이클로프로판	회색	주황색
기타의 가스	회색	-

66. 액화석유가스용 강제용기 스커트의 재료를 KS D 3553 SG 295 이상의 재료로 제조하는 경우에는 내용적이 25 L 이상, 50 L 미만인 용기는 스커트의 두께를 얼마 이상으로 할 수 있는가?

① 2 mm　　② 3 mm
③ 3.6 mm　　④ 5 mm

[해설] 액화석유가스용 강제용기 스커트 두께

용기 내용적	두께
20 L 이상 25 L 미만	3 mm 이상
25 L 이상 50 L 미만	3.6 mm 이상
50 L 이상 125 L 미만	5 mm 이상

※ 단, 스커트를 KS D 3553 (고압가스 용기용 강판 및 강대) SG 295 이상의 강도 및 성질을 갖는 재료로 제조하는 경우에는 내용적이 25 L 이상 50 L 미만인 용기는 두께 3.0 mm 이상으로, 내용적이 50 L 이상 125 L 미만인 용기는 두께 4.0 mm 이상으로 할 수 있다.

67. 고압가스 제조설비의 기밀시험이나 시운전 시 가압용 고압가스로 사용할 수 없는 것은?

① 질소　　② 아르곤
③ 공기　　④ 수소

[해설] 기밀시험 방법
㉮ 기밀시험은 원칙적으로 공기 또는 위험성이 없는 기체의 압력으로 실시한다.
㉯ 기밀시험은 그 설비가 취성 파괴를 일으킬 우려가 없는 온도에서 실시한다.
㉰ 기밀시험 압력은 사용 압력 이상으로 실시한다.
※ 수소 (H_2)는 가연성가스이므로 가압용 가스로 사용하기 부적합하다.

68. 도시가스 사용시설에 대한 가스시설 설치방법으로 가장 적당한 것은?

① 개방형 연소기를 설치한 실에는 배기통을 설치한다.
② 반밀폐형 연소기는 환풍기 또는 환기구를 설치한다.
③ 가스보일러 전용보일러실에는 석유통을 보관할 수 있다.
④ 밀폐식 가스보일러는 전용보일러실에 설치하지 아니 할 수 있다.

정답　65. ③　66. ②　67. ④　68. ④

[해설] 가스시설 설치방법
  ㉮ 개방형 연소기를 설치한 실에는 환풍기 또는 환기구를 설치한다.
  ㉯ 반밀폐형 연소기는 급기구 및 배기통을 설치한다.
  ㉰ 배기통의 재료는 스테인리스강판이나 배기가스 및 응축수에 내열, 내식성이 있는 재료를 사용한다.
  ㉱ 가스보일러를 설치하는 주위에는 가연성 물질 또는 인화성 물질을 저장, 취급하는 장소가 아니어야 하며 조작, 연소, 확인 및 점검수리에 필요한 간격을 두어 설치한다.

69. 가연성가스 설비 내의 수리 시 설비 내의 산소 농도는 몇 %를 유지하여야 하는가?
① 15~18 %   ② 13~21 %
③ 18~22 %   ④ 23 % 이상

[해설] 가스설비 치환농도
  ㉮ 가연성가스 : 폭발하한계의 1/4 이하 (25 % 이하)
  ㉯ 독성가스 : TLV-TWA 기준농도 이하
  ㉰ 산소 : 22 % 이하
  ㉱ 위 시설(㉮~㉰)에 작업원이 들어가는 경우 산소 농도 : 18~22 %

70. 다음 중 용기 부속품의 표시로 틀린 것은?
① 질량 : W
② 내압시험압력 : TP
③ 최고충전압력 : DP
④ 내용적 : V

[해설] 용기 부속품에 대한 표시 항목
  ㉮ 제조자의 명칭 또는 약호
  ㉯ 용기 종류별 용기 부속품의 기호 및 번호
  ㉰ 질량 (기호 : W, 단위 : kg)
  ㉱ 검사에 합격한 연월
  ㉲ 내압시험압력(기호 : TP, 단위 : MPa)
  ㉳ 용기밸브 개폐를 표시하는 문자와 개폐방향

71. 액화석유가스의 충전용기 보관실에 설치하는 자연환기설비 중 외기에 면하여 설치하는 환기구 1개의 면적은 얼마 이하로 하여야 하는가?
① 1800 cm²   ② 2000 cm²
③ 2400 cm²   ④ 3000 cm²

[해설] 환기구(통풍구) 크기는 바닥면적 1 m² 마다 300 cm²의 비율로 계산된 면적 이상을 확보하며, 1개소 면적은 2400 cm² 이하로 한다.

72. 특정고압가스 사용시설에서 사용되는 경보기의 정밀도는 설정치에 대하여 독성가스용은 얼마 이하이어야 하는가?
① ±1 %   ② ±5 %
③ ±25 %   ④ ±30 %

[해설] 경보기의 정밀도
  ㉮ 가연성가스 : ±25 %
  ㉯ 독성가스 : ±30 %

73. 가스 누출 경보차단장치의 성능시험 방법으로 틀린 것은?
① 경보차단장치는 가스를 검지한 상태에서 연속경보를 울린 후 30초 이내에 가스를 차단하는 것으로 한다.
② 교류전원을 사용하는 경보차단장치는 전압이 정격전압의 90 % 이상 110 % 이하일 때 사용에 지장이 없는 것으로 한다.
③ 내한시험에서 제어부는 −25℃ 이하에서 1시간 이상 유지한 후 5분 이내에 작동시험을 실시하여 이상이 없어야 한다.
④ 전자밸브식 차단부는 35 kPa 이상의 압력으로 기밀시험을 실시하여 외부 누출이 없어야 한다.

[해설] 제어부에 대한 내한성능(시험)은 −10℃ 이하(상대습도 90 % 이상)에서 1시간 이상 유지한 후 10분 이내에 작동시험을 실시하여 이상이 없는 것으로 한다.

74. 하천 또는 수로를 횡단하여 배관을 매설할 경우 2중관으로 하여야 하는 가스는?

정답 69. ③ 70. ③ 71. ③ 72. ④ 73. ③ 74. ①

① 염소　　　　② 수소
③ 아세틸렌　　④ 산소

[해설] 2중관으로 하여야 하는 독성가스
㉮ 고압가스 특정 제조 : 포스겐, 황화수소, 시안화수소, 아황산가스, 아세트알데히드, 염소, 불소
㉯ 고압가스 일반 제조 : 포스겐, 황화수소, 시안화수소, 아황산가스, 산화에틸렌, 암모니아, 염소, 염화메탄
※ 고압가스 특정 제조가 하천 또는 수로를 횡단하여 배관을 매설할 경우 2중관으로 하여야 하는 가스임

75. 액화석유가스 용기 저장소의 바닥면적이 25 m² 라 할 때 적당한 강제환기설비의 통풍능력은?
① 2.5 m³/min 이상
② 12.5 m³/min 이상
③ 25.0 m³/min 이상
④ 50.0 m³/min 이상

[해설] 강제환기설비의 통풍능력은 바닥면적 1 m² 당 0.5 m³/min 이상이어야 한다.
∴ 통풍능력 = 25 × 0.5 = 12.5 m³/min 이상

76. 가스용 폴리에틸렌 배관의 열융착이음에 대한 설명으로 옳지 않은 것은?
① 비드(bead)는 좌·우 대칭형으로 둥글고 균일하게 형성되어 있을 것
② 비드의 표면은 매끄럽고 청결하여야 한다.
③ 접합면의 비드와 비드 사이의 경계부위는 배관의 외면보다 낮게 형성되어야 한다.
④ 이음부의 연결오차는 배관 두께의 10 % 이하이어야 한다.

[해설] 접합면의 비드와 비드 사이의 경계부위는 배관의 외면보다 높게 형성되어야 한다.

77. 고압가스 충전용기의 운반에 관한 기준으로 틀린 것은?
① 경계표지는 붉은 글씨로 "위험고압가스" 라 표시한다.
② 밸브가 돌출한 충전용기는 프로텍터 또는 캡을 부착하여 운반한다.
③ 염소와 아세틸렌, 암모니아 또는 수소를 동일차량에 적재 운반한다.
④ 충전용기는 항상 40℃ 이하를 유지하여 운반한다.

[해설] 혼합적재 금지 기준
㉮ 염소와 아세틸렌, 암모니아, 수소
㉯ 가연성가스와 산소는 충전용기 밸브가 마주보지 않도록 적재하면 혼합적재 가능
㉰ 충전용기와 소방기본법이 정하는 위험물
㉱ 독성가스 중 가연성가스와 조연성가스

78. 아세틸렌 용기의 내용적이 10 L 이하이고, 다공성물질의 다공도가 75 % 이상, 80 % 미만일 때 디메틸포름아미드의 최대 충전량은?
① 36.3 % 이하　② 38.7 % 이하
③ 41.1 % 이하　④ 43.5 % 이하

[해설] 디메틸포름아미드 충전량 기준

다공도 (%)	내용적 10 L 이하	내용적 10 L 초과
90~92 이하	43.5 % 이하	43.7 % 이하
85~90 미만	41.1 % 이하	42.8 % 이하
80~85 미만	38.7 % 이하	40.3 % 이하
75~80 미만	36.3 % 이하	37.8 % 이하

79. 차량에 고정된 탱크에서 저장탱크로 가스 이송작업 시의 기준에 대한 설명이 아닌 것은?
① 탱크의 설계압력 이상으로 가스를 충전하지 아니한다.
② 플로트식 액면계로 가스의 양을 측정 시에는 액면계 바로 위에 얼굴을 내밀고 조작하지 아니한다.
③ LPG 충전소 내에서는 동시에 2대 이상의 차량에 고정된 탱크에서 저장설비로 이송작업을 하지 아니한다.

정답 75. ②　76. ③　77. ③　78. ①　79. ②

④ 이송 전후 밸브의 누출 여부를 확인하고 개폐는 서서히 행한다.

해설 이송작업 기준 : ①, ③, ④ 외
㉮ 저울, 액면계 또는 유량계를 사용하여 과충전에 주의한다.
㉯ 가스 속에 수분이 혼입되지 아니하도록 하고 슬립튜브식 액면계의 계량 시에는 액면계의 바로 위에 얼굴이나 몸을 내밀고 조작하지 아니한다.
㉰ 충전장 내에는 동시에 2대 이상의 차량에 고정된 탱크를 주정차 시키지 아니한다.

80. 고압가스의 일반적인 성질에 대한 설명으로 틀린 것은?
① 산소는 가연물과 접촉하지 않으면 폭발하지 않는다.
② 철은 염소와 연속적으로 화합할 수 있다.
③ 아세틸렌은 공기 또는 산소가 혼합하지 않으면 폭발하지 않는다.
④ 수소는 고온 고압하에서 강재의 탄소와 반응하여 수소취성을 일으킨다.

해설 아세틸렌은 공기 또는 산소가 혼합하지 않으면 산화폭발은 발생하지 않지만, 공기나 산소가 없는 상태에서 화합폭발이나 분해폭발이 발생할 수 있다.

제 5 과목 가스계측기기

81. 전자유량계의 특징에 대한 설명 중 가장 거리가 먼 내용은?
① 액체의 온도, 압력, 밀도, 점도의 영향을 거의 받지 않으며 체적유량의 측정이 가능하다.
② 측정관 내에 장애물이 없으며, 압력손실이 거의 없다.
③ 유량계 출력이 유량에 비례한다.

④ 기체의 유량 측정이 가능하다.

해설 전자식 유량계 : 패러데이의 전자유도법칙을 이용한 것으로 도전성 액체의 유량을 측정한다.

82. 가스검지기의 경보방식이 아닌 것은?
① 즉시 경보형   ② 경보 지연형
③ 중계 경보형   ④ 반시한 경보형

해설 가스검지기의 경보방식
㉮ 즉시 경보형 : 가스 농도가 설정치에 도달하면 즉시 경보를 울리는 형식
㉯ 경보 지연형 : 가스 농도가 설정치에 도달한 후 그 농도 이상으로 계속해서 20~60초 정도 지속되는 경우에 경보를 울리는 형식
㉰ 반시한 경보형 : 가스 농도가 설정치에 도달한 후 그 농도 이상으로 계속해서 지속되는 경우에 가스 농도가 높을수록 경보 지연시간을 짧게 한 형식

83. 가스 정량 분석을 통해 표준상태의 체적을 구하는 식은? (단, V_0 : 표준상태의 체적, V : 측정 시의 가스의 체적, P_0 : 대기압, P_1 : t [℃]의 증기압이다.)

① $V_0 = \dfrac{760 \times (273+t)}{V(P_1-P_0) \times 273}$

② $V_0 = \dfrac{V(273+t) \times 273}{760 \times (P_1-P_0)}$

③ $V_0 = \dfrac{V(P_1-P_0) \times 273}{760 \times (273+t)}$

④ $V_0 = \dfrac{V(P_1-P_0) \times 760}{273 \times (273+t)}$

해설 정량 분석 시 표준상태(0℃, 1기압) 체적 계산식
$$\therefore V_0 = \dfrac{V(P_1-P_0) \times 273}{760 \times (273+t)}$$

84. 계량관련법에서 정한 최대유량 10 m³/h 이하인 가스미터의 검정 유효기간은?
① 1년   ② 2년   ③ 3년   ④ 5년

정답 80. ③ 81. ④ 82. ③ 83. ③ 84. ④

[해설] 가스미터(계량기) 검정 유효기간
㉮ 최대유량 10 m³/h 이하 : 5년
㉯ ㉮ 외 : 8년
㉰ LPG용 가스미터 : 3년

85. 다음 가스 분석 방법 중 흡수분석법이 아닌 것은?
① 헴펠법 ② 적정법
③ 오르사트법 ④ 게겔법

[해설] 흡수분석법 : 채취된 가스를 분석기 내부의 성분 흡수제에 흡수시켜 체적 변화를 측정하는 방식으로 오르사트(Orsat)법, 헴펠(Hempel)법, 게겔(Gockel)법 등이 있다.

86. 피토관(pitot tube)의 주된 용도는?
① 압력을 측정하는 데 사용된다.
② 유속을 측정하는 데 사용된다.
③ 액체의 점도를 측정하는 데 사용된다.
④ 온도를 측정하는 데 사용된다.

[해설] 피토관(pitot tube)은 전압과 정압의 차이를 측정하여 동압을 계산하고, 이를 이용하여 유속과 유량을 계산하는 유속식 유량계이다.

87. parr bomb을 이용하여 열량을 측정할 때는 parr bomb의 어떤 특성을 이용하는가?
① 일정 압력 ② 일정 온도
③ 일정 부피 ④ 일정 질량

[해설] parr bomb 열량계 : 고체 및 고점도 액체 연료의 발열량을 측정하며 단열식과 비단열식으로 구분된다.

88. 습한 공기 205 kg 중 수증기가 35 kg 포함되어 있다고 할 때 절대습도는 약 얼마인가? (단, 공기와 수증기의 분자량은 각각 29, 18이다.)
① 0.106 ② 0.128
③ 0.171 ④ 0.206

[해설] $X = \dfrac{G_w}{G_a} = \dfrac{G_w}{G - G_w}$

$= \dfrac{35}{205 - 35} = 0.206$ kg/kg · DA

89. 열전대의 종류 중 K형은 어느 것인가?
① C-C (구리-콘스탄탄)
② I-C (철-콘스탄탄)
③ C-A (크로멜-알루멜)
④ P-R (백금-백금 로듐)

[해설] 열전대의 종류 및 사용 금속

종류 및 약호	사용금속	
	+극	-극
R형[백금-백금로듐](P-R)	백금로듐	백금(Pt)
K형[크로멜-알루멜](C-A)	크로멜	알루멜
J형[철-콘스탄탄](I-C)	순철(Fe)	콘스탄탄
T형[동-콘스탄탄](C-C)	순구리	콘스탄탄

90. 수분 흡수법에 의한 습도 측정에 사용되는 흡수제가 아닌 것은?
① 염화칼슘 ② 황산
③ 오산화인 ④ 과망간산칼륨

[해설] 흡수제의 종류 : 황산, 염화칼슘, 실리카겔, 오산화인

91. 다음 중 측정 전 상태의 영향으로 발생하는 히스테리시스(hysteresis) 오차의 원인이 아닌 것은?
① 기어 사이의 틈 ② 주위 온도의 변화
③ 운동 부위의 마찰 ④ 탄성변형

[해설] 히스테리시스(hysteresis) 오차 : 계측기를 구성하고 있는 톱니바퀴의 틈이나 운동부의 마찰 또는 탄성변형 등에 의하여 생기는 오차로 바이메탈 온도계, 벨로스 압력계 등에서 발생한다.

92. 다음 중 가스분석법에 대한 설명으로 옳지 않은 것은?
① 비분산형 적외선 분석계는 고순도 헬륨

[정답] 85. ② 86. ② 87. ③ 88. ④ 89. ③ 90. ④ 91. ② 92. ①

등 불활성가스의 분석에 적합하다.
② 불꽃광도검출기(FPD)는 열전도검출기(TCD)보다 미량 분석에 적합하다.
③ 반도체용 특수 재료 가스의 검지 방법에는 정전위 전해법이 널리 사용된다.
④ 메탄(CH_4)과 같은 탄화수소 계통의 가스는 열전도검출기보다 불꽃이온화검출기(FID)가 적합하다.

[해설] 비분산형 적외선 분석계 : 다원자 분자는 어떤 특정 파장의 적외선을 흡수하는 성질을 갖고 있으며, 일산화탄소(CO), 이산화탄소(CO_2), 탄화수소 등의 2원자 분자에서는 원자간의 진동, 회전에 따라 적외선 에너지가 흡수되는 원리를 응용한 것으로 배기가스 분석 장치에 이용된다.

93. 폐루프를 형성하여 출력측의 신호를 입력측에 되돌리는 것은?
① 조절부　　　② 리셋
③ 온·오프동작　④ 피드백

[해설] 피드백(feed back) : 폐[閉]회로를 형성하여 제어량의 크기와 목표값을 비교하여 그 값이 일치하도록 출력측의 신호를 입력측으로 되돌림 신호(피드백 신호)를 보내어 수정동작을 하는 방법으로 이것을 이용한 자동제어 방식이 피드백 제어이다.

94. 4개의 실로 나누어진 습식 가스미터의 드럼이 10회전 했을 때 통과유량이 100 L이었다면 각 실의 용량은 얼마인가?
① 1 L　　　② 2.5 L
③ 10 L　　　④ 25 L

[해설] 통과유량 = 각 실의 용량×4×회전수
∴ 각 실의 용량 (L)
$= \dfrac{통과유량}{4 \times 회전수} = \dfrac{100}{4 \times 10} = 2.5 \text{ L}$

95. 다음 그림이 나타내는 제어 동작은?

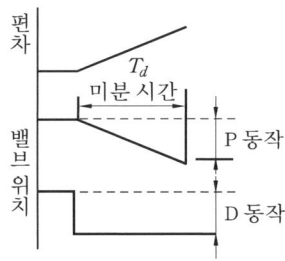

① 비례 미분 동작
② 비례 적분 미분 동작
③ 미분 동작
④ 비례 적분 동작

96. 다음 중 복사열을 이용하여 온도를 측정하는 것은?
① 열전대 온도계　② 저항 온도계
③ 광고 온도계　　④ 바이메탈 온도계

[해설] 광고온계 : 측정대상 물체에서 방사되는 빛과 표준전구에서 나오는 필라멘트의 휘도를 같게 하여 표준전구의 전류 또는 저항을 측정하여 온도를 측정하는 것으로 비접촉식 온도계이다.
※ 복사열(에너지)을 이용하여 온도를 측정하는 것은 방사 온도계이다.

97. 계량기의 검정기준에서 정하는 가스미터의 사용공차의 범위는? (단, 최대 유량이 1000 m^3/h 이하이다.)
① 최대허용오차의 1배의 값으로 한다.
② 최대허용오차의 1.2배의 값으로 한다.
③ 최대허용오차의 1.5배의 값으로 한다.
④ 최대허용오차의 2배의 값으로 한다.

[해설] 가스미터(최대유량 1000 m^3/h 이하인 것에 한함)의 사용공차 : 검정기준에서 정하는 최대허용오차의 2배 값

98. 다음 중 최대 용량 범위가 가장 큰 가스미터는?
① 습식 가스미터　② 막식 가스미터

정답　93. ④　94. ②　95. ①　96. ③　97. ④　98. ③

③ 루트미터   ④ 오리피스미터

[해설] 루트(roots)형 가스미터의 특징
- ㉮ 대유량 가스 측정에 적합하다.
- ㉯ 중압가스의 계량이 가능하다.
- ㉰ 설치면적이 적다.
- ㉱ 여과기의 설치 및 설치 후의 유지관리가 필요하다.
- ㉲ 0.5 m^3/h 이하의 적은 유량에는 부동의 우려가 있다.
- ㉳ 용량 범위가 100~5000 m^3/h로 대량 수용가에 사용된다.

99. 일산화탄소가스를 검지하기 위한 염화팔라듐지는 $PdCl_2$ 0.2 % 액에 다음 중 어떤 물질을 침투시켜 제조하는가?
① 전분   ② 초산
③ 암모니아   ④ 벤젠

[해설] 염화팔라듐지 제조법 : $PdCl_2$ 0.2 % 액에 침수, 건조 후 5 % 초산을 침투시켜 제조한다.

100. 다음 분석법 중 LPG의 성분 분석에 이용될 수 있는 것을 나열한 것은?

---〈보 기〉---
㉠ 가스크로마토그래피법
㉡ 저온정밀증류법
㉢ 적외선분광분석법

① ㉠   ② ㉠, ㉡
③ ㉡, ㉢   ④ ㉠, ㉡, ㉢

[해설] LPG의 성분 분석
- ㉮ 가스크로마토그래피법 : 수소 불꽃이온화 검출기(FID)를 이용하여 성분을 분석할 수 있다.
- ㉯ 저온정밀증류법 : 시료 가스를 상압에서 냉각하거나 가압하여 액화시키고 정류탑에서 정류하여 그 증류 온도 및 유출가스의 분압에서 증류 곡선을 얻어 분석하는 방법으로 탄화수소의 혼합가스 분석에 많이 사용된다.
- ㉰ 적외선분광분석법 : 적외선 흡수를 이용하여 성분을 분석하는 것으로 적외선을 흡수하지 않는 대칭 2원자 분자 (H_2, O_2, N_2, Cl_2 등)를 제외한 가스의 분석에 이용할 수 있다.

정답   99. ②   100. ④

▶ 2014년 5월 25일 시행

자격종목	종목코드	시험시간	형 별	수험번호	성 명
가스 기사	1471	2시간 30분	A		

제1과목 가스유체역학

1. 이상기체 속에서의 음속을 옳게 나타낸 식은?
(단, ρ = 밀도, P = 압력, k = 비열비, $\overline{R}$ = 일반기체상수, M = 분자량이다.)

① $\sqrt{\dfrac{k}{\rho}}$ ② $\sqrt{\dfrac{d\rho}{dP}}$

③ $\sqrt{\dfrac{\rho}{kP}}$ ④ $\sqrt{\dfrac{k\overline{R}T}{M}}$

[해설] 음속 계산식
$C = \sqrt{\dfrac{dP}{d\rho}} = \sqrt{\dfrac{kP}{\rho}} = \sqrt{kRT}$ 에서 일반기체상수 $\overline{R}$ = 8314 J/kmol·K이므로
$R = \dfrac{\overline{R}}{M} = \dfrac{8314}{M}$ J/kg·K이 된다.
$\therefore C = \sqrt{kRT} = \sqrt{\dfrac{k\overline{R}T}{M}}$

2. 다음 중 용적형 펌프가 아닌 것은?
① 기어펌프 ② 베인펌프
③ 플런저펌프 ④ 벌류트펌프

[해설] 펌프의 분류
(1) 터보식 펌프
  ㉮ 원심펌프 : 벌류트펌프, 터빈펌프
  ㉯ 사류펌프
  ㉰ 축류펌프
(2) 용적식 펌프
  ㉮ 왕복펌프 : 피스톤펌프, 플런저펌프, 다이어프램펌프
  ㉯ 회전펌프 : 기어펌프, 나사펌프, 베인펌프
(3) 특수펌프 : 재생펌프, 제트펌프, 기포펌프, 수격펌프

3. 물이 23 m/s의 속도로 노즐에서 수직 상방향으로 분사될 때 손실을 무시하면 약 몇 m까지 물이 상승하는가?
① 13 ② 20
③ 27 ④ 54

[해설] $h = \dfrac{V^2}{2g} = \dfrac{23^2}{2 \times 9.8} = 26.989$ m

4. 다음 중 대기압을 측정하는 계기는?
① 수은 기압계 ② 오리피스미터
③ 로터미터 ④ 둑(weir)

[해설] 수은 기압계 : 토리첼리(Torricelli) 압력계라 하며 대기압 측정용에 사용되며, 수은의 비중량과 수은주 높이의 곱으로 계산한다.

5. 6×12 cm인 직사각형 단면의 관에 물이 가득 차 흐를 때 수력 반지름은 몇 cm인가?
① 3/2 ② 2
③ 3 ④ 6

[해설] $Rh = \dfrac{A}{S} = \dfrac{6 \times 12}{(6+12) \times 2} = 2$ cm

6. 절대압력이 4×10⁴ kgf/m²이고, 온도가 15℃인 공기의 밀도는 약 몇 kg/m³인가? (단, 공기의 기체상수는 29.27 kgf·m/kg·K이다.)
① 2.75 ② 3.75
③ 4.75 ④ 5.75

[해설] $PV = GRT$ 에서
$\rho = \dfrac{G}{V} = \dfrac{P}{RT}$
$= \dfrac{4 \times 10^4}{29.27 \times (273+15)} = 4.745$ kg/m³

정답 1. ④ 2. ④ 3. ③ 4. ① 5. ② 6. ③

7. 표면이 매끈한 원관인 경우 일반적으로 레이놀즈수가 어떤 값일 때 층류가 되는가?

① 4000보다 클 때
② 4000^2일 때
③ 2100보다 작을 때
④ 2100^2일 때

해설 레이놀즈수(Re)에 의한 유체의 유동상태 구분
㉮ 층류: $Re < 2100$ (또는 2300, 2320)
㉯ 난류: $Re > 4000$
㉰ 천이구역: $2100 < Re < 4000$

8. 아음속에서 초음속으로 속도를 변화시킬 수 있는 노즐은?

① 축소·확대노즐   ② 확대·축소노즐
③ 확대노즐   ④ 축소노즐

해설 축소노즐에서는 아음속 흐름을 음속 이상의 속도로 가속시킬 수 없으므로 아음속에서 초음속으로 변화시키려면 축소-확대노즐을 통과하여야 한다.

9. 다음 중 노점(dew point)에 대한 설명으로 틀린 것은?

① 액체와 기체의 비체적이 같아지는 온도이다.
② 등압과정에서 응축이 시작되는 온도이다.
③ 대기 중의 수증기의 분압이 그 온도에서 포화수증기압과 같아지는 온도이다.
④ 상대습도가 100%가 되는 온도이다.

해설 노점(露店: 이슬점): 상대습도가 100%일 때 대기 중의 수증기가 응축하기 시작하는 온도이다.

10. 안지름 100mm인 관속을 압력 5 kgf/cm², 온도 15℃인 공기가 20 kg/s의 비율로 흐를 때 평균 유속은? (단, 공기의 기체상수는 29.27 kgf·m/kg·K이다.)

① 42.8 m/s   ② 58.1 m/s
③ 429 m/s   ④ 558 m/s

해설 ㉮ 현재 조건의 공기 비중량 계산
$PV = GRT$ 에서
$$\gamma = \frac{G}{V} = \frac{P}{RT}$$
$$= \frac{5 \times 10^4}{29.27 \times (273+15)} = 5.931 \text{ kg/m}^3$$
㉯ 평균유속 계산
$G = \gamma A V$ 에서
$$V = \frac{G}{\gamma A} = \frac{20}{5.931 \times \left(\frac{\pi}{4} \times 0.1^2\right)}$$
$$= 429.35 \text{ m/s}$$

11. 그림과 같이 물을 사용하여 기체압력을 측정하는 경사마노미터에서 압력차($P_1 - P_2$)는 몇 cmH₂O인가? (단, $\theta = 30°$, $R = 30$ cm 이고 면적 $A_1 >$ 면적 A_2이다.)

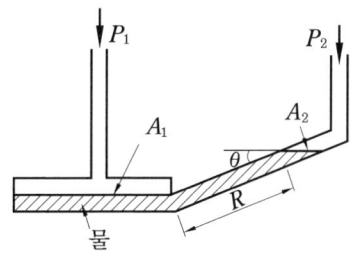

① 15   ② 30
③ 45   ④ 90

해설 $P_1 - P_2 = \gamma R \sin\theta$
$= 1000 \times 0.3 \times \sin 30$
$= 150 \text{ mmH}_2\text{O} = 15 \text{ cmH}_2\text{O}$

12. 베르누이의 방정식에 쓰이지 않는 head(수두)는?

① 압력수두   ② 밀도수두
③ 위치수두   ④ 속도수두

해설 베르누이 방정식
$$H = \frac{P}{\gamma} + \frac{V^2}{2g} + Z$$ 에서
H: 전수두, $\frac{P}{\gamma}$: 압력수두
$\frac{V^2}{2g}$: 속도수두, Z: 위치수두

정답 7. ③   8. ①   9. ①   10. ③   11. ①   12. ②

13. 왕복펌프에서 맥동을 방지하기 위해 설치하는 것은?
① 펌프 구동용 원동기
② 공기실(에어체임버)
③ 펌프 케이싱
④ 펌프 회전차

[해설] 왕복펌프는 송출이 단속적이라 맥동이 일어나기 쉽고, 진동이 발생하므로 이를 완화하기 위하여 공기실(에어체임버)을 설치한다.

14. 수평 원관 내에서의 유체흐름을 설명하는 Hagen-Poiseuille 식을 얻기 위해 필요한 가정이 아닌 것은?
① 완전히 발달된 흐름
② 정상상태의 흐름
③ 층류
④ 포텐셜 흐름

[해설] 하겐-푸아죄유(Hagen-Poiseuille) 방정식의 적용 조건: 원형관 내에서의 점성유체가 층류로 정상상태의 흐름이다.
※ 완전히 발달된 흐름: 원형관 내를 유체가 흐르고 있을 때 경계층이 완전히 성장하여 일정한 속도분포를 유지하면서 흐르는 흐름
※ 포텐셜(potential) 흐름: 점성의 영향이 없는 완전유체의 흐름

15. 점도 6cP를 Pa·s로 환산하면 얼마인가?
① 0.0006 ② 0.006
③ 0.06   ④ 0.6

[해설] ㉮ $N = kg \cdot m/s^2$이고, $Pa = N/m^2$이다.
∴ $Pa \cdot s = (N/m^2) \cdot s = [(kg \cdot m/s^2)/m^2] \cdot s$
$= kg/m \cdot s$
㉯ cP (centi poise) $= \dfrac{1}{100} P = 0.01 P$
㉰ P (poise) $= g/cm \cdot s = 0.1 kg/m \cdot s$
$= 0.1 Pa \cdot s$
∴ $6 cP \rightarrow 6 cP \times \dfrac{1}{100} P/cP \times \dfrac{1}{10} Pa \cdot s/P$
$= \dfrac{6}{1000} Pa \cdot s = 0.006 Pa \cdot s$

16. 압력 750mmHg는 물의 수두로는 약 몇 mmH₂O인가?
① 1.033   ② 102
③ 1033   ④ 10200

[해설] 압력환산은 $\dfrac{주어진 압력}{주어진 압력 표준대기압} \times$ 구하는 압력 표준대기압으로 계산한다.
∴ $P = \dfrac{750}{760} \times 10332 = 10196.05$ mmH₂O

17. 공기가 79 vol% N₂와 21 vol% O₂로 이루어진 이상기체 혼합물이라 할 때 25℃, 750 mmHg에서 밀도는 약 몇 kg/m³인가?
① 1.16   ② 1.42
③ 1.56   ④ 2.26

[해설] ㉮ 공기의 평균분자량 계산
$M = (28 \times 0.79) + (32 \times 0.21) = 28.84$
㉯ 밀도(ρ) 계산
$PV = GRT$ 에서
$\rho = \dfrac{G}{V} = \dfrac{P}{RT}$
$= \dfrac{\dfrac{750}{760} \times 10332}{\dfrac{848}{28.84} \times (273+25)} = 1.163$ kg/m³

18. 유량 1 m³/min, 전양정 15 m이며 효율이 0.78인 물을 사용하는 원심펌프를 설계하고자 한다. 펌프의 축동력은 몇 kW인가?
① 2.54   ② 3.14
③ 4.24   ④ 5.24

[해설] $kW = \dfrac{\gamma QH}{102 \eta} = \dfrac{1000 \times 1 \times 15}{102 \times 0.78 \times 60}$
$= 3.142$ kW

19. 다음 중 공동현상(cavitation) 방지책으로 옳은 것은?
① 펌프의 설치위치를 될 수 있는대로 낮춘다.
② 펌프 회전수를 높게 한다.

③ 양흡입을 단흡입으로 바꾼다.
④ 손실수두를 크게 한다.

[해설] 공동현상(cavitation) 방지법
㉮ 펌프의 위치를 낮춘다(흡입양정을 짧게 한다).
㉯ 수직축 펌프를 사용하여 회전차를 수중에 완전히 잠기게 한다.
㉰ 양흡입 펌프를 사용한다.
㉱ 펌프의 회전수를 낮춘다.
㉲ 두 대 이상의 펌프를 사용한다.

20. 힘의 차원을 질량 M, 길이 L, 시간 T로 나타낼 때 옳은 것은?
① MLT^{-2}
② $ML^{-3}T^{-2}$
③ $ML^{-2}T^{-3}$
④ MLT^{-1}

[해설] 힘의 단위 및 차원

구분	단위	차원
절대단위	N	MLT^{-2}
공학단위	kgf	F

제 2 과목 연소공학

21. 다음 그림은 프로판-산소, 수소-공기, 에틸렌-공기, 일산화탄소-공기의 층류연소 속도를 나타낸 것이다. 이 중 프로판-산소 혼합기의 층류 연소속도를 나타낸 것은?

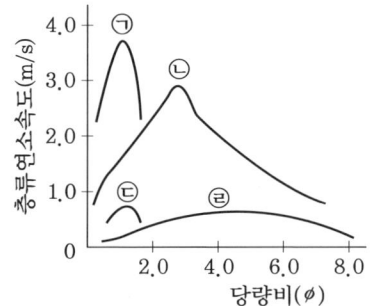

① ㉠ ② ㉡ ③ ㉢ ④ ㉣

[해설] ㉠ 프로판-산소
㉡ 수소-공기
㉢ 에틸렌-공기
㉣ 일산화탄소-공기

22. 체적 3 m³의 탱크 안에 20℃, 100 kPa의 공기가 들어 있다. 40 kJ의 열량을 공급하면 공기의 온도는 약 몇 ℃가 되는가? (단, 공기의 정적비열(C_v)는 0.717 kJ/kg·K이다.)
① 22
② 36
③ 44
④ 53

[해설] ㉮ 현재 공기의 질량 계산
$PV = GRT$에서
$G = \dfrac{PV}{RT} = \dfrac{100 \times 3}{\dfrac{8.314}{29} \times (273+20)} = 3.57\,\text{kg}$

㉯ 공기의 온도 계산
$Q = GC_v(T_2 - T_1)$에서
$T_2 = \dfrac{Q}{GC_v} + T_1$
$= \dfrac{40}{3.57 \times 0.717} + (273+20)$
$= 308.626\,\text{K} - 273 = 35.626\,℃$

23. flash fire에 대한 설명으로 옳은 것은?
① 느린 폭연으로 중대한 과압이 발생하지 않는 가스운에서 발생한다.
② 고압의 증기압 물질을 가진 용기가 고장으로 인해 액체의 flashing에 의해 발생된다.
③ 누출된 물질이 연료라면 BLEVE는 매우 큰 화구가 뒤따른다.
④ flash fire는 공정지역 또는 offshore 모듈에서는 발생할 수 없다.

[해설] 플래시 화재(flash fire) : 누설된 LPG가 기화되어 증기운이 형성되어 있을 때 점화원에 의해 화재가 발생된 경우이다. 점화 시 폭발음이 있으나 강도가 약하다.

24. 공기와 연료의 혼합기체의 표시에 대한 설

명 중 옳은 것은?
① 공기비(excess air ratio)는 연공비의 역수와 같다.
② 연공비(fuel air ratio)라 함은 가연 혼합기 중의 공기와 연료의 질량비로 정의된다.
③ 공연비(air fuel ratio)라 함은 가연 혼합기 중의 연료와 공기의 질량비로 정의된다.
④ 당량비(equivalence ratio)는 실제의 연공비와 이론 연공비의 비로 정의된다.

[해설] 공기와 연료의 혼합기체의 표시
㉮ 공기비(excess air ratio) : 과잉공기계수라 하며 실제공기량(A)과 이론공기량(A_0)의 비
㉯ 연공비(F/A : fuel air ratio) : 가연혼합기 중 연료와 공기의 질량비
㉰ 공연비(A/F : air duel ratio) : 가연혼합기 중 공기와 연료의 질량비
㉱ 당량비(equivalence ratio) : 실제의 연공비와 이론연공비의 비

25. 다음〈보기〉에서 비등액체팽창증기폭발 (BLEVE) 발생의 단계를 순서에 맞게 나열한 것은?

―――〈보 기〉―――
㉠ 탱크가 파열되고 그 내용물이 폭발적으로 증발한다.
㉡ 액체가 들어있는 탱크의 주위에서 화재가 발생한다.
㉢ 화재에 의한 열에 의하여 탱크의 벽이 가열된다.
㉣ 화염이 열을 제거시킬 액이 없고 증기만 존재하는 탱크의 벽이나 천장(roof)에 도달하면, 화염과 접촉하는 부위의 금속의 온도는 상승하여 탱크의 구조적 강도를 잃게 된다.
㉤ 액위 이하의 탱크 벽은 액에 의하여 냉각되나, 액의 온도는 올라가고, 탱크 내의 압력이 증가한다.

① ㉤-㉣-㉢-㉠-㉡
② ㉤-㉣-㉢-㉡-㉠
③ ㉡-㉢-㉤-㉣-㉠
④ ㉡-㉢-㉣-㉤-㉠

[해설] 블레이브(BLEVE : 비등액체팽창증기폭발) : 가연성 액체 저장탱크 주변에서 화재가 발생하여 기상부의 탱크가 국부적으로 가열되면 그 부분이 강도가 약해져 탱크가 파열된다. 이 때 내부의 액화가스가 급격히 유출 팽창되어 화구(fire ball)를 형성하여 폭발하는 형태를 말한다.

26. 랭킨 사이클(Rankine cycle)에 대한 설명으로 옳지 않은 것은?
① 증기기관의 기본 사이클로 상의 변화를 가진다.
② 두 개의 단열변화와 두 개의 등압변화로 이루어져 있다.
③ 열효율을 높이려면 배압을 높게 하되 초온 및 초압은 낮춘다.
④ 단열압축→정압가열→단열팽창→정압 냉각의 과정으로 되어 있다.

[해설] 랭킨 사이클 : 2개의 정압변화와 2개의 단열변화로 구성된 증기원소의 이상 사이클로 보일러에서 발생된 증기를 증기터빈에서 단열팽창하면서 외부에 일을 한 후 복수기(condenser)에서 냉각되어 포화액이 된다. 단열팽창 → 정압냉각(방열) → 단열압축 → 정압가열과정으로 작동되며, 이론 열효율은 초압 및 초온이 높을수록, 배압(터빈 배출압력)이 낮을수록 증가한다.

27. 폭굉(detonation)에 대한 설명으로 옳지 않은 것은?
① 폭굉파는 음속 이하에서 발생한다.
② 압력 및 화염속도가 최고치를 나타낸 곳에서 일어난다.
③ 폭굉유도거리는 혼합기의 종류, 상태, 관의 길이 등에 따라 변화한다.

정답 25. ③ 26. ③ 27. ①

④ 폭굉은 폭약 및 화약류의 폭발, 배관 내에서의 폭발 사고 등에서 관찰된다.

[해설] 폭굉(detonation)의 정의 : 가스 중의 음속보다도 화염 전파속도가 큰 경우로서 파면선단에 충격파라고 하는 압력파가 생겨 격렬한 파괴작용을 일으키는 현상으로 가스의 경우 폭굉의 속도는 1000~3500 m/s 정도이다.

28. 층류의 연소화염 측정법 중 혼합기에 유속을 일정하게 하여 유속으로 연소속도를 측정하는 방법은?
① 평면화염버너법   ② 분젠버너법
③ 비누방울법   ④ 슬롯노즐연소법

[해설] 층류연소속도 측정법
㉮ 비누방울 (soap bubble)법 : 미연소 혼합기로 비누방울을 만들어 그 중심에서 전기점화를 시키면 화염은 구상화염으로 바깥으로 전파되고 비누방울은 연소의 진행과 함께 팽창된다. 이때 점화 전후의 비누방울 체적, 반지름을 이용하여 연소속도를 측정한다.
㉯ 슬롯 버너(slot burner)법 : 균일한 속도분포를 갖는 노즐을 이용하여 V자형의 화염을 만들고, 미연소 혼합기 흐름을 화염이 둘러 싸여 있어 혼합기가 화염대에 들어갈 때까지 혼합기의 유선은 직선을 유지한다.
㉰ 평면화염 버너(flat flame burner)법 : 미연소 혼합기의 속도분포를 일정하게 하여 유속과 연소속도를 균형화시켜 유속으로 연소속도를 측정한다.
㉱ 분젠 버너(bunsen burner)법 : 단위화염 면적당 단위시간에 소비되는 미연소 혼합기의 체적을 연소속도로 정의하여 결정하며, 오차가 크지만 연소속도가 큰 혼합기체에 편리하게 이용된다.

29. 불활성화에 대한 설명으로 틀린 것은?
① 가연성 혼합가스 중의 산소농도를 최소산소농도(MOC) 이하로 낮게 하여 폭발을 방지하는 것이다.
② 일반적으로 실시되는 산소농도의 제어점은 최소산소농도 (MOC)보다 약 4 % 정도 낮은 농도이다.
③ 이너트 가스로는 질소, 이산화탄소, 수증기가 사용된다.
④ 일반적으로 가스의 MOC는 보통 10 % 정도이고 분진인 경우에는 1 % 정도로 낮다.

30. 298.15 K, 0.1 MPa에서 메탄(CH_4)의 연소엔탈피는 약 몇 MJ/kg인가? (단, CH_4, CO_2, H_2O의 생성엔탈피는 각각 −74873, −393522, −241827 kJ/kmol이다.)
① −40   ② −50
③ −60   ④ −70

[해설] ㉮ 메탄의 완전연소 반응식
$CH_4 + 2O_2 \rightarrow CO_2 + 2H_2O + Q$
㉯ 연소엔탈피 계산 : 메탄 1 kmol은 16 kg이다.
$-74873 = -393522 - 241827 \times 2 + Q$
$\therefore Q = \dfrac{393522 + 241827 \times 2 - 74873}{16 \times 1000}$
$= 50.14 \text{ MJ/kg}$
※ 메탄의 연소엔탈피는 50.14 MJ/kg
※ 메탄의 생성엔탈피는 −50.14 MJ/kg

31. 위험도는 폭발가능성을 표시한 수치로서 수치가 클수록 위험하며 폭발상한과 하한의 차이가 클수록 위험하다. 공기 중 수소(H_2)의 위험도는 얼마인가?
① 0.94   ② 1.05
③ 17.75   ④ 71

[해설] ㉮ 수소의 폭발범위 : 4~75 %
㉯ 위험도 계산
$H = \dfrac{U - L}{L} = \dfrac{75 - 4}{4} = 17.75$

32. 다음 중 임계압력을 가장 잘 표현한 것은 어느 것인가?
① 액체가 증발하기 시작할 때의 압력을 말한다.
② 액체가 비등점에 도달했을 때의 압력을 말

정답   28. ①   29. ④   30. ②   31. ③   32. ④

한다.
③ 액체, 기체, 고체가 공존할 수 있는 최소 압력을 말한다.
④ 임계온도에서 기체를 액화시키는데 필요한 최저의 압력을 말한다.

[해설] ㉮ 임계점(critical point) : 액상과 기상이 평형 상태로 존재할 수 있는 최고온도(임계온도) 및 최저압력(임계압력)으로 액상과 기상을 구분할 수 없다.
㉯ 액화의 조건이 임계온도 이하, 임계압력 이상이므로 기체를 액화할 때 임계온도는 액화시키는데 필요한 최고온도, 임계압력은 액화시키는 필요한 최저의 압력이 된다.

33. 기체연료를 미리 공기와 혼합시켜 놓고, 점화해서 연소하는 것으로 연소실 부하율을 높게 얻을 수 있는 연소방식은?
① 확산연소 ② 예혼합연소
③ 증발연소 ④ 분해연소

[해설] 예혼합 연소 : 가스와 공기(산소)를 버너에서 혼합시킨 후 연소실에 분사하는 방식으로 화염이 자력으로 전파해 나가는 내부 혼합방식이며, 화염이 짧고 높은 화염온도를 얻을 수 있지만 역화의 위험성이 있다.

34. 정상 및 사고(단선, 단락, 지락 등) 시에 발생하는 전기불꽃, 아크 또는 고온부에 의하여 가연성가스가 점화되지 않는 것이 점화 시험, 기타 방법에 의하여 확인된 방폭구조의 종류는?
① 내압 방폭구조 ② 본질안전 방폭구조
③ 안전증 방폭구조 ④ 압력 방폭구조

[해설] 본질안전 방폭구조(ia, ib) : 정상 및 사고(단선, 단락, 지락 등) 시에 발생하는 전기불꽃, 아크 또는 고온부에 의하여 가연성가스가 점화되지 아니하는 것이 점화시험, 기타 방법에 의하여 확인된 구조이다.

35. B급 화재가 발생하였을 때 가장 적당한 소화약제는?

① 건조사, CO가스
② 불연성기체, 유기소화액
③ CO_2, 포·분말약제
④ 붕상주수, 산·알칼리액

[해설] B급 화재 : 인화성 물질의 화재로 석유류와 가스 화재가 해당되며 소화약제는 분말, 포말, CO_2 등이 사용된다.

36. 공기나 증기 등의 기체를 분무매체로 하여 연료를 무화시키는 방식은?
① 유압 분무식 ② 이류체 무화식
③ 충돌 무화식 ④ 정전 무화식

[해설] 액체연료의 무화 방법
㉮ 유압 무화식 : 연료 자체에 압력을 주어 무화하는 방식
㉯ 이류체 무화식 : 증기, 공기를 이용하여 무화하는 방식
㉰ 회전 무화식 : 원심력을 이용하여 무화하는 방식
㉱ 충돌 무화식 : 연료끼리 또는 금속판에 충돌시켜 무화하는 방식
㉲ 진동 무화식 : 음파에 의하여 무화하는 방식
㉳ 정전기 무화식 : 고압 정전기를 이용하여 무화하는 방식

37. 다음 그림은 적화식 연소에 의한 가연성가스의 불꽃 형태이다. 다음 중 불꽃 온도가 가장 낮은 곳은?

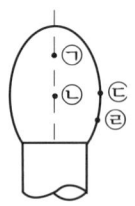

① ㉠ ② ㉡
③ ㉢ ④ ㉣

[해설] 적화식 연소 : 연소에 필요한 공기를 2차 공기로 모두 취하는 방법으로 역화와 소화음이 없고 불꽃이 조용하고 공기조절이 불필요하다. 각 부분의 불꽃 온도는 다음과 같다.

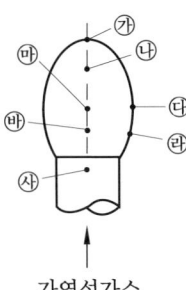

가연성가스

㉮ 900℃ : 일반 도시가스의 경우 최고 온도
㉯ 850℃ : 고온 외염막
㉰ 800℃ : 중온 외부염
㉱ 500℃ : 저온 외부염
㉲ 200℃ : 외염(산화염)
㉳ 300℃ : 내염(환원염)
㉴ 200℃ : 염심(미연가스)

38. 디젤 사이클에서 압축비 10, 등압팽창비 (체절비) 1.8일 때 열효율은 약 얼마인가? (단, 비열비는 $k = \dfrac{C_p}{C_v} = 1.3$ 이다.)

① 30.3 % ② 38.2 %
③ 42.5 % ④ 44.7 %

해설 $\eta_d = \left\{1 - \left(\dfrac{1}{\epsilon}\right)^{k-1} \times \left(\dfrac{\sigma^k - 1}{k(\sigma - 1)}\right)\right\} \times 100$

$= \left\{1 - \left(\dfrac{1}{10}\right)^{1.3-1} \times \left(\dfrac{1.8^{1.3} - 1}{1.3 \times (1.8 - 1)}\right)\right\} \times 100$

$= 44.719\%$

39. −190℃, 0.5 MPa의 질소기체를 20 MPa으로 단열압축했을 때의 온도는 약 몇 ℃인가? (단, 비열비(k)는 1.41이고, 이상기체로 간주한다.)

① −15℃ ② −25℃
③ −30℃ ④ −35℃

해설 $\dfrac{T_2}{T_1} = \left(\dfrac{P_2}{P_1}\right)^{\frac{k-1}{k}}$ 에서

$T_2 = T_1 \times \left(\dfrac{P_2}{P_1}\right)^{\frac{k-1}{k}}$

$= (273 - 190) \times \left(\dfrac{20}{0.5}\right)^{\frac{1.41-1}{1.41}}$

$= 242.619\,K - 273 = -30.807\,℃$

40. 1 kWh의 열당량은?

① 376 kcal ② 427 kcal
③ 632 kcal ④ 860 kcal

해설 1 kW = 102 kgf · m/s
$= 102\,kgf \cdot m/s \times \dfrac{1}{427}\,kcal/kgf \cdot m \times 3600\,s/h$
$= 860\,kcal/h = 1.36\,PS = 3600\,kJ/h$

제 3 과목 가스설비

41. 아세틸렌(C_2H_2) 가스의 분해폭발을 방지하기 위한 희석제의 종류가 아닌 것은?

① CO ② C_2H_4 ③ H_2S ④ N_2

해설 희석제의 종류
㉮ 안전관리 규정에 정한 것 : 질소(N_2), 메탄(CH_4), 일산화탄소(CO), 에틸렌(C_2H_4)
㉯ 희석제로 가능한 것 : 수소(H_2), 프로판(C_3H_8), 이산화탄소(CO_2)

42. 나프타의 접촉개질 장치의 주요 구성이 아닌 것은?

① 증류탑 ② 예열로
③ 기액분리기 ④ 반응기

해설 나프타의 접촉개질 장치 구성 기기 : 예열로, 수소화 정제반응기, 기액분리기, 반응기

43. 가스보일러의 물탱크의 수위를 다이어프램에 의해 압력변화로 검출하여 전기접점에 의해 가스회로를 차단하는 안전장치는?

① 헛불방지장치 ② 동결방지장치
③ 소화안전장치 ④ 과열방지장치

정답 38. ④ 39. ③ 40. ④ 41. ③ 42. ① 43. ①

해설 헛불방지장치 : 온수기나 보일러 등의 연소 기구 내에 물이 없으면 가스밸브가 개방되지 않고 물이 있을 경우에만 가스밸브가 개방되도록 하는 공연소 방지장치이다.

44. 저온장치용 금속재료에 있어서 일반적으로 온도가 낮을수록 감소하는 기계적 성질은?
① 항복점 ② 경도
③ 인장강도 ④ 충격값

해설 온도가 낮아지면 나타나는 기계적 성질
㉮ 증가하는 성질 : 인장강도, 항복점, 경도
㉯ 감소하는 성질 : 연신율, 충격치(충격값)

45. 역카르노 사이클의 경로로서 옳은 것은?
① 등온팽창 → 단열압축 → 등온압축 → 단열팽창
② 등온팽창 → 단열압축 → 단열팽창 → 등온압축
③ 단열압축 → 등온팽창 → 등온압축 → 단열팽창
④ 단열압축 → 단열팽창 → 등온팽창 → 등온압축

해설 ㉮ 카르노 사이클 : 2개의 단열과정과 2개의 등온과정으로 구성된 열기관의 이론적인 사이클이다.
 ※ 카르노 사이클의 순환과정 : 등온팽창 → 단열팽창 → 등온압축 → 단열압축
㉯ 역카르노 사이클 : 카르노 사이클과 반대 방향으로 작용하는 것으로 저열원으로부터 Q_2의 열을 흡수하여 고열원에 Q_1의 열을 공급하는 것으로 냉동기의 이상적 사이클이다.
 ※ 역카르노 사이클 순환(작동) 과정 : 등온팽창 → 단열압축 → 등온압축 → 단열팽창

46. 펌프를 운전할 때 펌프 내에 액이 충만하지 않으면 공회전하여 펌핑이 이루어지지 않는다. 이러한 현상을 방지하기 위하여 펌프 내에 액을 충만시키는 것을 무엇이라 하는가?

① 맥동 ② 프라이밍
③ 캐비테이션 ④ 서징

해설 프라이밍 : 펌프를 운전할 때 펌프 내에 액이 없을 경우 임펠러의 공회전으로 펌핑이 이루어지지 않는 것을 방지하기 위하여 가동 전에 펌프 내에 액을 충만시키는 것으로, 원심펌프에 해당된다.

47. LPG에 대한 설명으로 틀린 것은?
① 액화석유가스를 뜻한다.
② 프로판, 부탄 등을 주성분으로 한다.
③ 상온, 상압 하에서 기체이나 가압, 냉각에 의해 쉽게 액체로 변한다.
④ 석유의 증류, 정제 과정에서는 생성되지 않는다.

해설 LPG 제조법
㉮ 습성천연가스 및 원유에서 회수 : 압축냉각법, 흡수유에 의한 흡수법, 활성탄에 의한 흡착법
㉯ 제유소 가스에서 회수 : 원유 정제공정에서 발생하는 가스에서 회수
㉰ 나프타 분해 생성물에서 회수 : 나프타를 이용하여 에틸렌 제조 시 회수
㉱ 나프타의 수소화 분해 : 나프타를 이용하여 LPG 생산이 주목적

48. 에틸렌, 프로필렌, 부틸렌과 같은 탄화수소의 분류로 올바른 것은?
① 파라핀계 ② 방향족계
③ 나프텐계 ④ 올레핀계

해설 탄화수소의 분류
㉮ 파라핀계(포화) 탄화수소 : 일반식 C_nH_{2n+2}이고, 주성분은 메탄(CH_4), 에탄(C_2H_6), 프로판(C_3H_8), 부탄(C_4H_{10})이다. 화학적으로 안정되어 연료에 주로 사용된다.
㉯ 올레핀계(불포화) 탄화수소 : 일반식 C_nH_{2n}이고, 주성분은 에틸렌(C_2H_4), 프로필렌(C_3H_6), 부틸렌(C_4H_8)이다. 화학적으로 불안정한 결합상태로 주로 석유화학 제품의 원료로 사용한다.

정답 44. ④ 45. ① 46. ② 47. ④ 48. ④

㉰ 나프텐계 탄화수소 : 시크로 헥산 (C_6H_{12})
㉱ 방향족 탄화수소 : 벤젠 (C_6H_6)

49. 가스 제조공정인 수증기 개질공정에서 주로 사용되는 촉매는 어느 계통인가?
① 철 ② 니켈
③ 구리 ④ 비금속

[해설] 수증기 개질공정에 사용되는 촉매는 니켈계 촉매가 주로 사용된다.

50. 다음 가스장치의 사용재료 중 구리 및 구리합금이 사용 가능한 가스는?
① 산소 ② 황화수소
③ 암모니아 ④ 아세틸렌

[해설] 구리 및 구리합금 사용 시 문제점
㉮ 아세틸렌 : 아세틸드가 생성되어 화합폭발의 원인
㉯ 암모니아 : 부식 발생
㉰ 황화수소 : 수분 존재 시 부식 발생

51. 수소가스 집합장치의 설계 매니폴드 지관에서 감압밸브는 상용압력이 14 MPa인 경우 내압시험 압력은 얼마인가?
① 14 MPa ② 21 MPa
③ 25 MPa ④ 28 MPa

[해설] 내압시험 압력 = 상용압력×1.5배
= 14×1.5 = 21 MPa

52. 가스레인지에 연결된 호스에 지름 1.0 mm의 구멍이 뚫려 250 mmH₂O 압력으로 LP가스가 3시간 동안 누출되었다면 LP가스의 분출량은 약 몇 L인가? (단, LP가스의 비중은 1.2이다.)
① 360 ② 390 ③ 420 ④ 450

[해설] $Q = 0.009 D^2 \sqrt{\dfrac{P}{d}}$
$= 0.009 \times 1.0^2 \times \sqrt{\dfrac{250}{1.2}} \times 3 \times 1000$
$= 389.711$ L

53. 액화석유가스는 상온(15℃)에서 압력을 올렸을 때 쉽게 액화시킬 수 있으나 메탄은 상온(15℃)에서 액화할 수 없는 이유는?
① 비중 때문에
② 임계압력 때문에
③ 비점 때문에
④ 임계온도 때문에

[해설] ㉮ 프로판과 메탄의 비교

구분	임계온도	임계압력
프로판	96.8℃	42 atm
메탄	-82.1℃	45.8 atm

㉯ 액화의 조건 : 임계온도 이하, 임계압력 이상

54. LPG 용기 밸브 충전구의 일반적 나사 형식과 암모니아의 나사 형식이 바르게 연결된 것은?
① 숫나사 – 암나사
② 암나사 – 숫나사
③ 왼나사 – 오른나사 ④ 오른나사 – 왼나사

[해설] 충전구의 나사형식
㉮ 가연성가스 : 왼나사 (단, 암모니아, 브롬화메탄은 오른나사)
㉯ 가연성 이외의 가스 : 오른나사
∴ LPG는 왼나사, 암모니아는 오른나사이다.

55. 바깥지름과 안지름의 비가 1.2 이상인 산소가스 배관 두께를 구하는 식은
$t = \dfrac{D}{2}\left(\sqrt{\dfrac{\dfrac{f}{s}+P}{\dfrac{f}{s}-P}} - 1\right) + C$ 이다. D는 무엇을 의미하는가?
① 배관의 안지름
② 안지름에서 부식여유에 상당하는 부분을 뺀 부분의 수치
③ 배관의 상용압력
④ 배관의 지름

정답 49. ② 50. ① 51. ② 52. ② 53. ④ 54. ③ 55. ②

[해설] 두께 계산식 각 기호의 의미
㉮ t : 배관의 두께(mm)
㉯ D : 안지름에서 부식여유에 상당하는 부분을 뺀 부분의 수치(mm)
㉰ f : 재료의 인장강도(N/mm^2) 또는 항복점(N/mm^2)의 1.6배
㉱ S : 안전율
㉲ P : 상용압력(MPa)
㉳ C : 부식여유치(mm)

56. LPG를 지상의 탱크로리에서 지상의 저장탱크로 이송하는 방법으로 가장 부적절한 것은 어느 것인가?
① 위치에너지를 이용한 자연충전방법
② 차압에 의한 충전방법
③ 액펌프를 이용한 충전방법
④ 압축기를 이용한 충전방법

[해설] LPG 이입, 충전방법
㉮ 차압에 의한 방법
㉯ 액펌프에 의한 방법
㉰ 압축기에 의한 방법

57. 가스액화 원리인 줄-톰슨 효과에 대한 설명으로 옳은 것은?
① 압축가스를 등온팽창시키면 온도나 압력이 증대
② 압축가스를 단열팽창시키면 온도나 압력이 강하
③ 압축가스를 단열압축시키면 온도나 압력이 증대
④ 압축가스를 등온압축시키면 온도나 압력이 강하

[해설] 줄-톰슨 효과 : 압축가스를 단열팽창시키면 온도와 압력이 일반적으로 강하한다. 이를 최초로 실험한 사람의 이름을 따서 줄-톰슨 효과라 하며 저온을 얻는 기본 원리이다.

58. -160℃의 LNG(액비중 : 0.46, CH$_4$: 90 %, C$_2$H$_6$: 10 %)를 기화시켜 10℃의 가스로 만들면 체적은 몇 배가 되는가?
① 635 ② 614 ③ 592 ④ 552

[해설] ㉮ LNG의 평균분자량 계산
$M = (16 \times 0.9) + (30 \times 0.1) = 17.4$
㉯ 기화된 부피 계산 : LNG 액비중이 0.46 이므로 LNG 액체 1 m^{3}의 질량은 460 kg에 해당된다.
$PV = GRT$에서
$V = \dfrac{GRT}{P}$
$= \dfrac{460 \times \dfrac{8.314}{17.4} \times (273 + 10)}{101.325}$
$= 613.886 \text{ m}^3$
∴ LNG 액체 1 m^{3}가 10℃에서 기화되면 기체 613.886 m3로 되므로 체적은 약 614배로 된다.

59. 가스보일러에 설치되어 있지 않은 안전장치는?
① 과열방지장치   ② 헛불방지장치
③ 전도안전장치   ④ 과압방지장치

[해설] 전도안전장치 : 바닥 설치형 가스난방기와 같이 사용 중(불이 붙은 상태)에 넘어질 경우 화재가 발생할 위험이 있어 연소기가 전도될 경우 가스밸브를 차단하여 연소를 정지시키는 안전장치이다. 가스보일러와 같이 벽 부착형에는 설치가 제외된다.

60. 콕 및 호스에 대한 설명으로 옳은 것은?
① 고압 고무호스 중 투윈호스는 차압 0.1 MPa 이하에서 정상적으로 작동하는 체크밸브를 부착하여 제작한다.
② 용기밸브 및 조정기에 연결하는 이음쇠의 나사는 오른나사로서 W22.5×14T, 나사부의 길이는 12 mm 이상으로 한다.
③ 상자콕은 커플러 안전기구 및 과류차단안전기구가 부착된 것으로서 배관과 커플러를 연결하는 구조이고, 주물황동을 사용할 수 있다.

④ 커플러 안전기구부 및 과류차단안전기구부는 4.2 kPa 이상의 압력에서 1시간당 누출량이 커플러 안전기구부는 1.0 L/h 이하, 과류차단안전기구부는 0.55 L/h 이하가 되도록 제작한다.

해설 ① 투원호스는 차압 0.07 MPa 이하에서 정상적으로 작동하는 체크밸브를 부착한 것일 것
② 용기밸브 및 조정기에 연결하는 이음쇠의 나사는 왼나사로서 W22.5×14T, 나사부 길이는 12 mm 이상으로 하고 용기 밸브에 연결하는 핸들의 지름은 50 mm 이상일 것
④ 커플러 안전기구부 및 과류차단안전기구부는 4.2 kPa 이상의 압력에서 1시간당 누출량이 커플러 안전기구부는 0.55 L/h 이하, 과류차단안전기구부는 1.0 L/h 이하인 것으로 한다.

제 4 과목 가스안전관리

61. LPG를 사용할 때 안전관리상 용기는 옥외에 두는 것이 좋다. 그 이유로 가장 옳은 것은?
① 옥외 쪽이 가스가 누출되어도 확산이 빨라 사고가 발생하기 어렵기 때문에
② 옥내는 수분이 있어 용기의 부식이 빠르기 때문에
③ 옥외 쪽이 햇빛이 많아 가스방출이 쉽기 때문에
④ 관련법 상 용기는 옥외에 저장토록 되어있기 때문에

62. 대기차단식 가스보일러에 의무적으로 장착하여야 하는 부품이 아닌 것은?
① 저수위 안전장치
② 압력계
③ 압력 팽창탱크
④ 과압방지용 안전장치

해설 대기차단식에 갖추어야 할 장치 : 압력계, 압력팽창탱크, 헛불방지장치, 과압방지용 안전장치, 공기 자동빼기 장치
※ 저수위 안전장치는 대기 개방식에 갖추어야 할 장치이다.

63. 최고충전압력 2.0 MPa, 동체의 안지름 65 cm인 산소용 강재 용접용기의 동판 두께는 약 몇 mm인가? (단, 재료의 인장강도 500 N/mm², 용접효율 100 %, 부식여유 1 mm 이다.)
① 2.30 ② 6.25 ③ 8.30 ④ 10.25

해설 $t = \dfrac{PD}{2S\eta - 1.2P} + C$
$= \dfrac{2.0 \times 650}{2 \times \left(500 \times \dfrac{1}{4}\right) \times 1 - 1.2 \times 2.0} + 1$
$= 6.25 \text{ mm}$

64. 운반하는 액화염소의 질량이 500 kg인 경우 갖추지 않아도 되는 보호구는?
① 방독마스크 ② 공기호흡기
③ 보호의 ④ 보호장화

해설 독성가스를 운반하는 때에 휴대하는 보호구

품명	운반하는 독성가스의 양	
	압축가스 100 m³, 액화가스 1000 kg	
	미만인 경우	이상인 경우
방독마스크	○	○
공기호흡기	−	○
보호의	○	○
보호장갑	○	○
보호장화	○	○

65. 지상에 설치하는 저장탱크 주위에 방류둑을 설치하지 않아도 되는 경우는?
① 저장능력 5톤의 염소탱크

정답 61. ① 62. ① 63. ② 64. ② 65. ④

② 저장능력 2000톤의 액화산소탱크
③ 저장능력 1000톤의 부탄탱크
④ 저장능력 5000톤의 액화질소탱크

[해설] 저장능력별 방류둑 설치 대상
(1) 고압가스 특정제조
  ㉮ 가연성가스 : 500톤 이상
  ㉯ 독성가스 : 5톤 이상
  ㉰ 액화 산소 : 1000톤 이상
(2) 고압가스 일반제조
  ㉮ 가연성, 액화산소 : 1000톤 이상
  ㉯ 독성가스 : 5톤 이상
(3) 냉동제조 시설(독성가스 냉매 사용) : 수액기 내용적 10000 L 이상
(4) 액화석유가스 충전사업 : 1000톤 이상
(5) 도시가스
  ㉮ 도시가스 도매사업 : 500톤 이상
  ㉯ 일반도시가스 사업 : 1000톤 이상
  ※ 질소와 같이 비가연성, 비독성 액화가스는 방류둑 설치대상에서 제외됨

66. 가연성가스와 산소의 혼합가스에 불활성가스를 혼합하여 산소농도를 감소해가면 어떤 산소농도 이하에서는 점화하여도 발화되지 않는다. 이때의 산소농도를 한계산소농도라 한다. 아세틸렌과 같이 폭발범위가 넓은 가스의 경우 한계산소농도는 약 몇 % 인가?
① 2.5 % ② 4 % ③ 32.4 % ④ 81 %

[해설] ㉮ 아세틸렌의 공기 중 폭발범위 : 2.5~81 %
㉯ 아세틸렌의 폭발범위 상한 값에서 공기농도는 19 %이고 공기 중 산소는 21 %이다.
∴ 한계산소농도 = 공기농도 × 산소비율
  = 19 × 0.21 = 3.99 %

67. 가스누출경보 및 자동차단장치의 기능에 대한 설명으로 틀린 것은?
① 독성가스의 경보농도는 TLV-TWA 기준농도 이하로 한다.
② 경보농도 설정치는 독성가스용에서는 ±30 % 이하로 한다.
③ 가연성가스 경보기는 모든 가스에 감응하는 구조로 한다.
④ 검지에서 발신까지 걸리는 시간은 경보농도의 1.6배 농도에서 보통 30초 이내로 한다.

[해설] 가연성가스 경보기는 가연성가스에 감응하는 구조로 한다.

68. 가스제조시설 등에 설치하는 플레어스택에 대한 설명으로 옳지 않은 것은?
① 긴급이송설비에 의하여 이송되는 가스를 안전하게 연소시킬 수 있는 것으로 한다.
② 설치 위치 및 높이는 플레어스택 바로 밑의 지표면에 미치는 복사열이 4000 kcal/m^2·h 이하가 되도록 한다.
③ 방출된 가스가 지상에서 폭발한계에 도달하지 아니하도록 한다.
④ 파일럿 버너는 항상 점화하여 두어야 한다.

[해설] 플레어스택은 긴급이송설비로부터 이송되는 가스를 연소시켜 대기로 안전하게 방출시키는 장치. 착지농도와는 관련이 없다.

69. 밀폐된 목욕탕에서 도시가스 순간온수기를 사용하던 중 쓰러져서 의식을 잃었다. 사고 원인으로 추정할 수 있는 것은?
① 가스누출에 의한 중독
② 부취제에 의한 중독
③ 산소결핍에 의한 질식
④ 질소과잉으로 인한 질식

70. 액화석유가스 용기의 안전점검기준 중 내용적 얼마 이하의 용기의 경우에 "실내보관 금지" 표시 여부를 확인하는가?
① 1 L ② 10 L ③ 15 L ④ 20 L

[해설] 액화석유가스 용기의 안전점검기준 (액법 시행규칙 별표17) : 내용적 15 L 이하의 용기(용기 내장형 가스난방기용 용기와 내용적 1 L 이하의 이동식 부탄 연소기용 용기는 제외)의 경우에는 "실내보관 금지" 표시 여부를 확인할 것

정답 66. ② 67. ③ 68. ③ 69. ③ 70. ③

71. 염소와 동일 차량에 혼합 적재하여 운반이 가능한 가스는?
① 암모니아 ② 산화에틸렌
③ 시안화수소 ④ 포스겐

[해설] 혼합적재 금지 기준
㉮ 염소와 아세틸렌, 암모니아, 수소
㉯ 가연성가스와 산소는 충전용기 밸브가 마주보지 않도록 적재하면 혼합적재 가능
㉰ 충전용기와 소방기본법이 정하는 위험물
㉱ 독성가스 중 가연성가스와 조연성가스

72. 방폭전기기기의 구조별 표시방법이 아닌 것은?
① 내압(內壓) 방폭구조
② 내열(內熱) 방폭구조
③ 유입(油入) 방폭구조
④ 안전증(安全增) 방폭구조

[해설] 방폭전기기기의 구조별 표시방법

명칭	기호	명칭	기호
내압 방폭구조	d	안전증 방폭구조	e
유입 방폭구조	o	본질안전 방폭구조	ia, ib
압력 방폭구조	p	특수 방폭구조	s

73. 액화가스의 저장탱크 압력이 이상 상승하였을 때 조치사항으로 옳지 않은 것은?
① 가스방출밸브를 열어 가스를 방출시킨다.
② 살수장치를 작동시켜 저장탱크를 냉각시킨다.
③ 액이입 펌프를 긴급히 정지시킨다.
④ 출구 측의 긴급차단밸브를 작동시킨다.

[해설] 저장탱크 입구 측의 긴급차단밸브를 작동시킨다.

74. 자동차용기 충전시설에서 충전기의 시설기준에 대한 설명으로 옳은 것은?

① 충전기 상부에는 캐노피를 설치하고 그 면적은 공지면적의 2분의 1 이하로 한다.
② 배관이 캐노피 내부를 통과하는 경우에는 2개 이상의 점검구를 설치한다.
③ 캐노피 내부의 배관으로서 점검이 곤란한 장소에 설치하는 배관은 안전상 필요한 강도를 가지는 플랜지접합으로 한다.
④ 충전기 주위에는 가스누출 자동차단장치를 설치한다.

[해설] 자동차용기 충전시설 충전기 시설기준
㉮ 충전소에는 자동차에 직접 충전할 수 있는 고정충전설비(충전기)를 설치하고 공지를 확보한다.
㉯ 공지의 바닥은 주위의 지면보다 높게 하고, 충전기는 자동차 진입으로부터 보호할 수 있도록 보호대를 갖춘다.
㉰ 충전기 상부에는 캐노피를 설치하고 그 면적은 공지면적의 2분의 1 이하로 한다.
㉱ 배관이 캐노피 내부를 통과하는 경우에는 1개 이상의 점검구를 설치한다.
㉲ 캐노피 내부의 배관으로서 점검이 곤란한 장소에 설치하는 배관은 용접이음으로 한다.
㉳ 충전기 주위에는 정전기 방지를 위하여 충전 이외의 필요 없는 장비는 시설을 금지한다.
※ 충전기(충전설비) 주위에는 가스누출 경보기의 검지부를 설치한다.

75. 공기액화 분리기에 설치된 액화 산소통 내의 액화산소 5 L 중 아세틸렌의 질량이 몇 mg을 넘을 때에는 그 공기액화 분리기의 운전을 중지하고 액화산소를 방출하여야 하는가?
① 5 ② 50 ③ 100 ④ 500

[해설] 불순물 유입금지 기준 : 액화산소 5 L 중 아세틸렌 질량이 5 mg 또는 탄화수소의 탄소 질량이 500 mg을 넘을 때는 운전을 중지하고 액화산소를 방출한다.

76. 다음 〈보기〉의 가스 중 비중이 큰 것으로부터 옳게 나열한 것은?

정답 71. ④ 72. ② 73. ④ 74. ① 75. ① 76. ①

─── 〈보 기〉 ───
㉠ 염소   ㉡ 공기
㉢ 일산화탄소   ㉣ 아세틸렌
㉤ 이산화질소   ㉥ 아황산가스

① ㉠, ㉥, ㉤, ㉡, ㉢, ㉣
② ㉥, ㉠, ㉤, ㉡, ㉣, ㉢
③ ㉠, ㉤, ㉥, ㉢, ㉡, ㉣
④ ㉥, ㉠, ㉡, ㉣, ㉤, ㉢

해설 ㉮ 각 가스의 분자기호 및 분자량

번호	명칭	분자량
1	염소 (Cl_2)	71
2	공기	29
3	일산화탄소 (CO)	28
4	아세틸렌 (C_2H_2)	26
5	이산화질소 (NO_2)	46
6	아황산가스 (SO_2)	64

㉯ 가스의 비중 계산식

$$\frac{분자량}{공기의 평균분자량(29)}$$

∴ 분자량이 큰 가스가 가스 비중이 큰 것이다.

77. 다음 중 재검사를 받아야 하는 용기가 아닌 것은?

① 법이 정하는 기간이 경과한 용기
② 최고 충전압력으로 사용했던 용기
③ 손상이 발생한 용기
④ 충전 가스의 종류를 변경한 용기

해설 재검사를 받아야 할 용기
 ㉮ 일정한 기간이 경과된 용기
 ㉯ 합격표시가 훼손된 용기
 ㉰ 손상이 발생된 용기
 ㉱ 충전가스 명칭을 변경한 용기
 ㉲ 열영향을 받은 용기

78. 고압가스 제조시설 사업소에서 안전관리자가 상주하는 사업소와 현장사무소와의 사이 또는 현장사무소 상호간에 설치하는 통신설비가 아닌 것은?

① 휴대용 확성기   ② 구내전화
③ 구내방송설비   ④ 인터폰

해설 통신시설

구분	통신시설
사무실과 사무실	구내전화, 구내방송설비, 인터폰, 페이징설비
사업소 전체	구내방송설비, 사이렌, 휴대용 확성기, 페이징설비, 메가폰
종업원 상호간	페이징설비, 휴대용 확성기, 트랜시버, 메가폰

79. 최고충전압력의 정의로서 틀린 것은?

① 압축가스 충전용기(아세틸렌가스 제외)의 경우 35℃에서 용기에 충전할 수 있는 가스의 압력 중 최고압력
② 초저온용기의 경우 상용압력 중 최고압력
③ 아세틸렌가스 충전용기의 경우 25℃에서 용기에 충전할 수 있는 가스의 압력 중 최고압력
④ 저온용기 외의 용기로서 액화가스를 충전하는 용기의 경우 내압시험 압력의 3/5배의 압력

해설 아세틸렌가스 충전용기의 경우 15℃에서 용기에 충전할 수 있는 가스의 압력 중 최고압력

80. 차량에 고정된 탱크의 설계기준으로 틀린 것은?

① 탱크의 길이이음 및 원주이음은 맞대기 양면 용접으로 한다.
② 용접하는 부분의 탄소강은 탄소함유량이 1.0 % 미만이어야 한다.
③ 탱크에는 지름 375 mm 이상의 원형 맨홀 또는 긴 지름 375 mm 이상, 짧은 지름 275 mm 이상의 타원형 맨홀 1개 이상 설치한다.

정답 77. ② 78. ① 79. ③ 80. ②

④ 초저온탱크의 원주이음에 있어서 맞대기 양면 용접이 곤란한 경우에는 맞대기 한면 용접을 할 수 있다.

[해설] 탱크의 재료에는 KS D 3521 (압력용기용 강판), KS D 3541 (저온 압력용기용 탄소강판), 스테인리스강 또는 이와 동등 이상의 화학적 성분, 기계적성질 및 가공성을 갖는 재료를 사용한다. 다만, 용접을 하는 부분의 탄소강은 탄소함유량이 0.35% 미만인 것으로 한다.

제 5 과목　가스계측기기

81. 누출된 가스의 검지법으로서 연결이 잘못된 것은?
① 시안화수소 – 질산구리벤젠지
② 포스겐 – 하리슨 시험지
③ 암모니아 – 요오드화칼륨전분지
④ 아세틸렌 – 염화제1구리착염지

[해설] 가스검지 시험지법

검지가스	시험지	반응(변색)
암모니아 (NH$_3$)	적색리트머스지	청색
염소 (Cl$_2$)	KI–전분지	청갈색
포스겐 (COCl$_2$)	하리슨시험지	유자색
시안화수소 (HCN)	초산벤젠지	청색
일산화탄소 (CO)	염화팔라듐지	흑색
황화수소 (H$_2$S)	연당지	회흑색
아세틸렌 (C$_2$H$_2$)	염화제1동착염지	적갈색

※ 시안화수소 시험지 초산벤젠지를 질산구리벤젠지로 불려짐

82. LPG 저장탱크 내 액화가스의 높이가 2.0m 일 때, 바닥에서 받는 압력은 약 몇 kPa인가? (단, 액화석유가스의 밀도는 0.5 g/cm³ 이다.)

① 1.96　　② 3.92
③ 4.90　　④ 9.80

[해설] $P = \gamma h = (\rho g)h$
$= (0.5 \times 10^3 \times 9.8) \times 2.0$
$= 9800\ Pa = 9.80\ kPa$

83. 와류유량계(vortex flow meter)의 특성에 해당하지 않는 것은?
① 계량기 내에서 와류를 발생시켜 초음파로 측정하여 계량하는 방식
② 구조가 간단하여 설치, 관리가 쉬움
③ 유체의 압력이나 밀도에 관계없이 사용이 가능
④ 가격이 경제적이나, 압력손실이 큰 단점이 있음

[해설] 와류(vortex)식 유량계 : 와류(소용돌이)를 발생시켜 그 주파수의 특성이 유속과 비례관계를 유지하는 것을 이용한 것으로 가격이 비싸고 압력의 손실이 작다.

84. 부유 피스톤 압력계로 측정한 압력이 20 kgf/cm²이었다. 이 압력계의 피스톤 지름이 2 cm, 실린더 지름이 4 cm일 때 추와 피스톤의 무게는 약 몇 kg인가?

① 52.6　　② 62.8
③ 72.6　　④ 82.8

[해설] $P = \dfrac{W + W'}{A}$ 에서
$W + W' = AP = \left(\dfrac{\pi}{4} \times 2^2\right) \times 20$
$= 62.831\ kg$

85. 액주식 압력계의 구비조건과 취급 시 주의사항으로 가장 옳은 것은?
① 온도에 따른 액체의 밀도변화를 크게 해야 한다.
② 모세관현상에 의한 액주의 변화가 없도록 해야 한다.

정답　81. ③　82. ④　83. ④　84. ②　85. ②

③ 순수한 액체를 사용하지 않아도 된다.
④ 점도를 크게 하여 사용하는 것이 안전하다.

[해설] 액주식 액체의 구비조건
㉮ 점성이 적을 것
㉯ 열팽창계수가 적을 것
㉰ 항상 액면은 수평을 만들 것
㉱ 온도에 따라서 밀도변화가 적을 것
㉲ 증기에 대한 밀도변화가 적을 것
㉳ 모세관현상 및 표면장력이 적을 것
㉴ 화학적으로 안정할 것
㉵ 휘발성 및 흡수성이 적을 것
㉶ 액주의 높이를 정확히 읽을 수 있을 것

86. 구리-콘스탄탄 열전대의 (−)극에 주로 사용되는 금속은?
① Ni-Al   ② Cu-Ni
③ Mn-Si   ④ Ni-Pt

[해설] 열전대의 종류 및 사용금속 조성 비율

종류 및 약호	사용 금속	
	+극	−극
R형[백금-백금로듐] (P-R)	Pt : 87 % Rh : 13 %	Pt (백금)
K형[크로멜-알루멜] (C-A)	크로멜 Ni : 90 % Cr : 10 %	알루멜 Ni : 94 % Al : 3 % Mn : 2 % Si : 1 %
J형[철-콘스탄탄] (I-C)	순철(Fe)	콘스탄탄 Cu : 55 % Ni : 45 %
T형[동-콘스탄탄] (C-C)	순구리(Cu)	콘스탄탄

87. 습식 가스미터의 기본형은?
① 임펠러형   ② 오벌기어형
③ 드럼형   ④ 루트형

[해설] 습식 가스미터 : 고정된 원통 안에 4개로 구성된 내부 드럼이 있고, 입구에서 반은 물에 잠겨 있는 내부 드럼으로 가스가 들어가 압력으로 내부 드럼을 밀어올려 1회전하는 동안 통과한 가스체적을 환산한다.

88. 온도 측정범위가 가장 넓은 온도계는?
① 알루멜-크로멜   ② 구리-콘스탄탄
③ 수은   ④ 철-콘스탄탄

[해설] 각 온도계의 측정범위

온도계 종류		측정범위
열전대	R형(백금-백금로듐)	0~1600℃
	K형(크로멜-알루멜)	−20~1200℃
	J형(철-콘스탄탄)	−20~800℃
	T형(동-콘스탄탄)	−200~350℃
수은 온도계		−35~350℃

89. 22℃의 1기압 공기(밀도 1.21 kg/m³)가 덕트를 흐르고 있다. 피토관을 덕트 중심부에 설치하고 물을 봉액으로 한 U자관 마노미터의 눈금이 4.0 cm이었다. 이 덕트 중심부의 풍속은 약 몇 m/s인가?
① 25.5   ② 30.8   ③ 56.9   ④ 97.4

[해설] $V = \sqrt{2gh \times \dfrac{\gamma_m - \gamma}{\gamma}}$
$= \sqrt{2 \times 9.8 \times 0.04 \times \dfrac{1000 - 1.21}{1.21}}$
$= 25.439 \text{ m/s}$

90. 헴펠식 가스분석법에서 흡수·분리되지 않는 성분은?
① 이산화탄소   ② 수소
③ 중탄화수소   ④ 산소

[해설] 헴펠(Hempel)법 분석 순서 및 흡수제

순서	분석가스	흡수제
1	CO_2	KOH 30 % 수용액
2	C_mH_n	발연황산
3	O_2	피로갈롤용액
4	CO	암모니아성 염화 제1구리 용액

91. 흡착형 가스크로마토그래피에 사용하는 충전물이 아닌 것은?

정답 86. ② 87. ③ 88. ① 89. ① 90. ② 91. ①

① 실리콘 (SE-30) ② 활성알루미나
③ 활성탄 ④ 몰러큘러시브

[해설] 흡착형 분리관 충전물과 적용가스

충전물 명칭	적용가스
활성탄	H_2, CO, CO_2, CH_4
활성알루미나	CO, C_1~C_3 탄화수소
실리카겔	CO_2, C_1~C_4 탄화수소
몰러큘러시브 13X	CO, CO_2, N_2, O_2
porapack Q	N_2O, NO, H_2O

92. 연소로의 드래프트용으로 주로 사용되며 공기식 자동제어의 압력 검출용으로도 이용 가능한 압력계는?
① 벨로스 압력계
② 자기변형 압력계
③ 공강식 압력계
④ 다이어프램형 압력계

[해설] 다이어프램식 압력계의 특징
㉮ 응답속도가 빠르나 온도의 영향을 받는다.
㉯ 극히 미세한 압력 측정에 적당하다.
㉰ 부식성 유체의 측정이 가능하다.
㉱ 압력계가 파손되어도 위험이 적다.
㉲ 연소로의 통풍계(draft gauge)로 사용한다.
㉳ 측정범위는 20~5000mmH$_2$O이다.

93. 가스를 일정 용적의 통 속에 넣어 충만시킨 후 배출하여 그 횟수를 용적단위로 환산하는 방법의 가스미터는?
① 막식 ② 루트식
③ 로터리식 ④ 와류식

[해설] 막식 가스미터: 가스를 일정 용적의 통 속에 넣어 충만시킨 후 배출하여 그 횟수를 용적단위로 환산하여 적산(積算)한다.

94. 50℃에서의 저항이 100 Ω인 저항온도계를 어떤 노안에 삽입하였을 때 온도계의 저항이 200 Ω을 가리키고 있었다. 노안의 온도는 약 몇 ℃인가? (단, 저항온도계의 저항온도계수는 0.0025이다.)
① 100℃ ② 250℃
③ 425℃ ④ 500℃

[해설] ㉮ 0℃ 저항값 계산
$R = R_0(1 + \alpha t)$ 에서
$R_0 = \dfrac{R}{1+\alpha t} = \dfrac{100}{1+0.0025 \times 50}$
$= 88.89\ \Omega$
㉯ 노안의 온도 계산
$t = \dfrac{R - R_0}{R_0 \alpha} = \dfrac{200 - 88.89}{88.89 \times 0.0025}$
$= 499.988$ ℃

95. 온도계에 이용되는 것으로 가장 거리가 먼 것은?
① 열기전력 ② 탄성체의 탄력
③ 복사에너지 ④ 유체의 팽창

[해설] 측정원리에 의한 온도계의 분류
㉮ 열팽창: 유리제 봉입식 온도계, 바이메탈 온도계, 압력식 온도계
㉯ 열기전력: 열전대 온도계
㉰ 저항변화: 저항온도계, 서미스터
㉱ 상태변화: 제게르콘, 서모컬러
㉲ 방사(복사)에너지: 방사온도계
㉳ 단파장: 광고온도계, 광전관온도계, 색온도계

96. 강(steel)으로 만들어진 자(rule)로 길이를 잴 때 자가 온도의 영향을 받아 팽창, 수축함으로써 발생하는 오차로 측정 중 온도가 높으면 길이가 짧게 측정되며, 온도가 낮으면 길이가 길게 측정되는 오차를 무슨 오차라 하는가?
① 과오에 의한 오차
② 측정자의 부주의로 생기는 오차
③ 우연오차
④ 계통적 오차

[해설] 계통적 오차(systematic error): 평균값과 진실값과의 차는 편위로서 원인을 알 수 있고 제거할 수 있다.

정답 92. ④ 93. ① 94. ④ 95. ② 96. ④

㉮ 계기오차 : 계량기 자체 및 외부 요인에 의한 오차
㉯ 환경오차 : 온도, 압력, 습도 등에 의한 오차
㉰ 개인오차 : 개인의 버릇에 의한 오차
㉱ 이론오차 : 공식, 계산 등으로 생기는 오차

97. 다음 가스분석 방법 중 성질이 다른 하나는 어느 것인가?
① 자동화학식
② 열전도율법
③ 밀도법
④ 가스크로마토그래피법

[해설] (1) 자동화학식 CO_2 분석계 : 오르사트 가스 분석계의 조작을 자동화한 것으로 CO_2를 흡수액에 흡수시켜 이것에 시료가스의 용적감소를 측정하여 CO_2 농도를 지시하는 것으로 화학적 가스분석계이다.
(2) 특징
㉮ 조작은 모두 자동화되어 있다.
㉯ 선택성이 좋고 정도가 높다.
㉰ 구조가 유리부품이어서 파손이 많다.
㉱ 흡수액 선정에 따라 O_2 및 CO의 분석계로도 사용할 수 있다.
㉲ 점검과 소모품 보수를 요한다.

98. 가정용 가스계량기에 10 kPa로 표시되어 있다면 이것은 무엇을 의미하는가?
① 최대순간유량
② 기밀시험압력
③ 압력손실
④ 계량실 체적

[해설] 가스미터의 성능
㉮ 기밀시험 : 10 kPa
㉯ 검정공차 : ±1.5 %
㉰ 사용공차 : 검정기준에서 정하는 최대허용오차의 2배 값

99. 습도에 대한 설명으로 틀린 것은?
① 절대습도는 비습도라고도 하며 %로 나타낸다.
② 상대습도는 현재의 온도 상태에서 포함할 수 있는 포화수증기량에 대한 현재 공기가 포함하고 있는 수증기의 양을 %로 표시한 것이다.
③ 이슬점은 상대습도가 100 %일 때의 온도이며 노점온도라고도 한다.
④ 포화공기는 더 이상 수분을 포함할 수 없는 상태의 공기이다.

[해설] 습도의 구분
㉮ 절대습도 : 습공기 중에서 건조공기 1 kg에 대한 수증기의 양과의 비율로서 절대습도는 온도에 관계없이 일정하게 나타난다.
㉯ 상대습도 : 현재의 온도상태에서 현재 포함하고 있는 수증기의 양과의 비를 백분율(%)로 표시한 것으로 온도에 따라 변화한다.
㉰ 비교습도 : 습공기의 절대습도와 그 온도와 동일한 포화공기의 절대습도와의 비

100. 가스보일러의 배기가스를 오르사트 분석기를 이용하여 시료 50 mL를 채취하였더니 흡수 피펫을 통과한 후 남은 시료 부피는 각각 CO_2 40 mL, O_2 20 mL, CO 17 mL이었다. 이 가스 중 N_2의 조성은?
① 30 %
② 34 %
③ 64 %
④ 70 %

[해설] 조성(%) = $\dfrac{전체시료량 - 체적감량}{시료 채취량} \times 100$
= $\dfrac{50 - (10 + 20 + 3)}{50} \times 100$
= 34 %

▶ 2014년 8월 17일 시행

자격종목	종목코드	시험시간	형별	수험번호	성명
가스 기사	1471	2시간 30분	A		

제1과목 가스유체역학

1. 1차원 유동에서 수직 충격파가 발생하게 되면 어떻게 되는가?
① 속도, 압력, 밀도가 증가한다.
② 압력, 밀도, 온도가 증가한다.
③ 속도, 온도, 밀도가 증가한다.
④ 압력은 감소하고 엔트로피가 일정하게 된다.

[해설] 수직 충격파가 발생하면 압력, 온도, 밀도, 엔트로피가 증가하며 속도는 감소한다.

2. 그림과 같이 유체의 흐름 방향을 따라서 단면적이 감소하는 영역 (Ⅰ)과 증가하는 영역 (Ⅱ)이 있다. 단면적의 변화에 따른 유속의 변화에 대한 설명으로 옳은 것을 모두 나타낸 것은? (단, 유동은 마찰이 없는 1차원 유동이라고 가정한다.)

㉠ 비압축성 유체인 경우 영역 (Ⅰ)에서는 유속이 증가하고, (Ⅱ)에서는 감소한다.
㉡ 압축성 유체의 아음속 유동(subsonic flow)에서는 영역 (Ⅰ)에서 유속이 증가한다.
㉢ 압축성 유체의 초음속 유동(supersonic flow)에서는 영역 (Ⅱ)에서 유속이 증가한다.

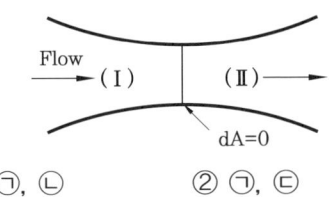

① ㉠, ㉡　　② ㉠, ㉢
③ ㉡, ㉢　　④ ㉠, ㉡, ㉢

[해설] 단면적이 감소, 증가하는 영역의 유속 변화
(1) 비압축성 유체 : 영역 (Ⅰ)에서는 유속이 증가하고, (Ⅱ)에서는 유속이 감소한다.
(2) 압축성 유체
㉮ 아음속 유동 : 영역 (Ⅰ)에서는 유속이 증가하고, 영역 (Ⅱ)에서는 유속이 감소한다.
㉯ 초음속 유동 : 영역 (Ⅰ)에서는 유속이 감소하고, 영역 (Ⅱ)에서는 유속이 증가한다.

3. 정압비열(C_p)을 옳게 나타낸 것은?

① $\dfrac{k}{C_v}$　　② $\left(\dfrac{\partial h}{\partial T}\right)_P$

③ $\dfrac{h_2 - h_1}{T_2 - T_1}$　　④ $\left(\dfrac{\partial T}{\partial h}\right)_V$

[해설] ㉮ 정압비열(C_p) : 압력이 일정한 상태에서의 비열
$$C_p = \left(\dfrac{\partial h}{\partial T}\right)_P = \left(\dfrac{\partial q}{\partial T}\right)_P = \left(\dfrac{\partial s}{\partial T}\right)_P \cdot T$$
㉯ 정적비열(C_v) : 체적이 일정한 상태에서의 비열
$$C_v = \left(\dfrac{\partial u}{\partial T}\right)_v = \left(\dfrac{\partial q}{\partial T}\right)_v = \left(\dfrac{\partial s}{\partial T}\right)_v \cdot T$$

4. 유체의 흐름에서 유선이란 무엇인가?
① 유체흐름의 모든 점에서 접선 방향이 그 점의 속도 방향과 일치하는 연속적인 선
② 유체흐름의 모든 점에서 속도벡터에 평행하지 않는 선
③ 유체흐름의 모든 점에서 속도벡터에 수직한 선
④ 유체흐름의 모든 점에서 유동단면의 중심을 연결한 선

[정답] 1. ②　2. ④　3. ②　4. ①

[해설] ㉮ 유선 : 유체의 한 입자가 지나간 궤적을 표시하는 선으로 임의 순간에 모든 점의 속도와 방향이 일치하는 유동선
㉯ 유관 : 여러 개의 유선으로 둘러싸인 한 개의 관
㉰ 유적선 : 유체입자가 일정한 기간 동안 움직인 경로
㉱ 유맥선 : 모든 유체입자가 공간 내의 한 점을 지나는 순간 궤적

5. 밀도 1.2 kg/m³의 기체가 지름 10 cm인 관속을 20 m/s로 흐르고 있다. 관의 마찰계수가 0.02라면 1 m당 압력손실은 몇 Pa인가?
① 24　　② 36
③ 48　　④ 54

[해설] $h_f = f \times \dfrac{L}{D} \times \dfrac{V^2}{2} \times \rho$
$= 0.02 \times \dfrac{1}{0.1} \times \dfrac{20^2}{2} \times 1.2 = 48$ Pa

[참고] 공학단위 : 중력가속도 (g) 9.8 m/s²을 계산
$h_f = f \times \dfrac{L}{D} \times \dfrac{V^2}{2g}$ [mH₂O]
$= f \times \dfrac{L}{D} \times \dfrac{V^2}{2g} \times \rho$ [mmH₂O]

6. 마하수가 1보다 클 때 유체를 가속시키려면 어떻게 하여야 하는가?
① 단면적을 감소시킨다.
② 단면적을 증가시킨다.
③ 단면적을 일정하게 유지시킨다.
④ 단면적과는 상관없으므로 유체의 점도를 증가시킨다.

[해설] 초음속 흐름 ($M_a > 1$)의 확대부에서는 단면적, 속도는 증가하고 압력, 밀도, 온도는 감소하며, 축소부에서는 반대이다.

7. 유동하는 물의 속도가 12 m/s이고 압력이 1.1 kgf/cm²이다. 이 경우에 속도수두와 압력수두는 각각 약 몇 m인가? (단, 물의 밀도는 1000 kg/m³이다.)

① 10.6, 11.0　　② 7.35, 11.0
③ 7.35, 10.6　　④ 10.6, 10.6

[해설] ㉮ 속도수두 계산
$h = \dfrac{V^2}{2g} = \dfrac{12^2}{2 \times 9.8} = 7.346$ m

㉯ 압력수두 계산
$h = \dfrac{P}{\gamma} = \dfrac{1.1 \times 10^4}{1000} = 11.0$ m

※ 비중량 절대단위 계산
$\gamma = \rho \cdot g = 1000$ kg/m³ $\times 9.8$ m/s²
$= 9800$ kg/m² · s²

※ 비중량 절대단위를 공학단위로 계산 : 절대단위를 중력가속도 9.8 m/s²으로 나눠 준다.
$\therefore \gamma = \dfrac{9800 \text{kgf/m}^2 \cdot \text{s}^2}{9.8 \text{m/s}^2} = 1000$ kgf/m³

8. 베르누이 방정식을 유도할 때 필요한 가정 중 틀린 것은?
① 유선상의 두 점에 적용한다.
② 마찰이 없는 흐름이다.
③ 압축성 유체의 흐름이다.
④ 정상 상태의 흐름이다.

[해설] 베르누이 방정식 : 모든 단면에서 작용하는 위치수두, 압력수두, 속도수두의 합은 항상 일정하다로 정의되며 베르누이 방정식이 적용되는 조건은 다음과 같다.
㉮ 베르누이 방정식이 적용되는 임의 두 점은 같은 유선상에 있다.
㉯ 정상 상태의 흐름이다.
㉰ 마찰이 없는 이상유체의 흐름이다.
㉱ 비압축성 유체의 흐름이다.
㉲ 외력은 중력만 작용한다.

$\therefore H = Z_1 + \dfrac{P_1}{\gamma} + \dfrac{V_1^2}{2g} = Z_2 + \dfrac{P_2}{\gamma} + \dfrac{V_2^2}{2g}$

여기서, H : 전수두
Z_1, Z_2 : 위치수두
$\dfrac{P_1}{\gamma}, \dfrac{P_2}{\gamma}$: 압력수두
$\dfrac{V_1^2}{2g}, \dfrac{V_2^2}{2g}$: 속도수두

정답 5. ③　6. ②　7. ②　8. ③

9. 액체에서 마찰열에 의한 온도 상승이 작은 이유를 옳게 설명한 것은?

① 단위질량당 마찰일이 일반적으로 크기 때문에
② 액체의 열용량이 일반적으로 고체의 열용량보다 크기 때문에
③ 액체의 밀도가 일반적으로 고체의 밀도보다 크기 때문에
④ 내부에너지가 일반적으로 크기 때문에

[해설] 액체에서 마찰열에 의한 온도 상승이 작은 이유는 액체의 열용량이 고체의 열용량보다 일반적으로 크기 때문이다 (또는 액체의 비열이 고체의 비열보다 크기 때문이며 비열이 큰 것은 온도 상승이 어렵고, 반대로 상승된 온도는 잘 식지 않는다).

10. 관 속을 유체가 층류로 흐를 때 관에서의 평균유속은 관 중심에서의 최대 유속의 얼마가 되는가?

① 0.5   ② 0.75
③ 0.82 ④ 1.00

[해설] 관에서의 평균유속($\overline{V}$)은 관 중심에서의 최대 유속(U_{max})의 $\frac{1}{2}$에 해당한다.

∴ $\overline{V} = \frac{1}{2} U_{max}$

11. 안지름이 2.5×10^{-3} m인 원관에 0.3 m/s의 평균속도로 유체가 흐를 때 유량은 약 몇 m³/s 인가?

① 1.06×10^{-6} ② 1.47×10^{-6}
③ 2.47×10^{-6} ④ 5.23×10^{-6}

[해설] $Q = AV = \frac{\pi}{4} D^2 V$
$= \frac{\pi}{4} \times (2.5 \times 10^{-3})^2 \times 0.3$
$= 1.4726 \times 10^{-6}$ m³/s

12. 다음은 어떤 관내의 층류 흐름에서 관 벽으로부터의 거리에 따른 속도구배의 변화를 나타낸 그림이다. 그림에서 shear stress가 가장 큰 곳은? (단, y는 관 벽으로부터의 거리, u는 유속이다.)

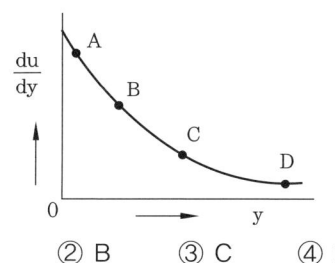

① A   ② B   ③ C   ④ D

[해설] 뉴턴의 점성법칙에서 전단응력(shear stress) $\tau = \mu \frac{du}{dy}$ 이므로 속도구배$\left(\frac{du}{dy}\right)$가 클수록 전단응력($\tau$)은 크게 된다.

13. 그림과 같은 사이펀을 통하여 나오는 물의 질량 유량은 약 몇 kg/s인가? (단, 수면은 항상 일정하다.)

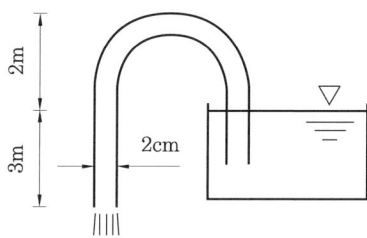

① 1.21   ② 2.41   ③ 3.61   ④ 4.83

[해설] ㉮ 사이펀관 끝 면의 유속 계산 : 수면과 사이펀관 끝 지점에 대하여 베르누이 방정식을 적용

$\frac{P_0}{\gamma} + \frac{V_0^2}{2g} + Z_0 = \frac{P_1}{\gamma} + \frac{V_1^2}{2g} + Z_1$ 에서
$P_0 = P_1$, $V_0 = 0$, $Z_0 - Z_1 = 3$ m이다.
$V_1 = \sqrt{2g(Z_0 - Z_1)}$
$= \sqrt{2 \times 9.8 \times 3} = 7.668$ m/s

㉯ 유량 계산
$m = \rho A V$
$= 1000 \times \frac{\pi}{4} \times 0.02^2 \times 7.668$
$= 2.408$ kg/s

정답 9. ② 10. ① 11. ② 12. ① 13. ②

14. 동점성계수가 각각 1.1×10^{-6} m²/s, 1.5×10^{-5} m²/s인 물과 공기가 지름 10 cm인 원형 관 속을 10 cm/s의 속도로 각각 흐르고 있을 때, 물과 공기의 유동을 옳게 나타낸 것은?

① 물 : 층류, 공기 : 층류
② 물 : 층류, 공기 : 난류
③ 물 : 난류, 공기 : 층류
④ 물 : 난류, 공기 : 난류

[해설] 물과 공기의 레이놀즈수 계산
㉮ 물의 레이놀즈수
$$R_e = \frac{DV}{\nu} = \frac{0.1 \times 0.1}{1.1 \times 10^{-6}} = 9090.909$$
∴ 레이놀즈수가 4000 이상이므로 난류이다.
㉯ 공기의 레이놀즈수
$$R_e = \frac{DV}{\nu} = \frac{0.1 \times 0.1}{1.5 \times 10^{-5}} = 666.666$$
∴ 레이놀즈수가 2100보다 작으므로 층류이다.

15. 온도 20℃의 이상기체가 수평으로 놓인 관 내부를 흐르고 있다. 유동 중에 놓인 작은 물체의 코에서의 정체온도(stagnation temperature)가 $T_2 = 40$℃이면 관에서의 기체의 속도(m/s)는? (단, 기체의 정압비열 $C_p = 1040$ J/kg·K이고, 등엔트로피 유동이라고 가정한다.)

① 204   ② 217   ③ 237   ④ 253

[해설] ㉮ 정적비열 및 비열비 계산 : 이상기체를 공기로 가정하여 계산함
$C_p - C_v = R$에서
$$C_v = C_p - R = 1040 - \frac{8314}{29}$$
$$= 753.31 \text{ J/kg·K}$$
$$k = \frac{C_p}{C_v} = \frac{1040}{753.31} = 1.38$$
㉯ 속도 계산 : SI단위 적용
$T_2 - T_1 = \frac{k-1}{kR} \times \frac{V^2}{2}$에서
$$V = \sqrt{\frac{2kR(T_2 - T_1)}{k-1}}$$

$$= \sqrt{\frac{2 \times 1.38 \times \frac{8314}{29} \times \{(273+40) - (273+20)\}}{1.38-1}}$$
$$= 204.072 \text{ m/s}$$

16. 충격파의 유동특성을 나타내는 Fanno 선도에 대한 설명 중 옳지 않은 것은?

① Fanno 선도는 열역학 제1법칙, 연소방정식, 상태방정식으로부터 얻을 수 있다.
② 질량유량이 일정하고 정체 엔탈피가 일정한 경우에 적용된다.
③ Fanno 선도는 정상상태에서 일정 단면 유로를 압축성 유체가 외부와 열교환하면서 마찰 없이 흐를 때 적용된다.
④ 일정 질량유량에 대하여 Mach수를 Para-meter로 하여 작도한다.

[해설] Fanno 선도 (Fanno 방정식)는 정상상태에서 일정 단면 유로를 압축성 유체가 외부와 열교환 없는 단열변화의 경우에 점성, 비점성 유체의 흐름에 적용된다.

17. 안지름 60 cm의 관을 사용하여 수평거리 50 km 떨어진 곳에 2 m/s의 속도로 송수하고자 한다. 관마찰로 인한 손실수두는 약 몇 m에 해당하는가? (단, 관의 마찰계수는 0.02이다.)

① 240   ② 340   ③ 440   ④ 540

[해설] $h_f = f \times \frac{L}{D} \times \frac{V^2}{2g}$
$$= 0.02 \times \frac{50 \times 1000}{0.6} \times \frac{2^2}{2 \times 9.8}$$
$$= 340.136 \text{ mH}_2\text{O}$$

18. 충격파와 에너지선에 대한 설명으로 옳은 것은?

① 충격파는 아음속 흐름에서 갑자기 초음속 흐름으로 변할 때에만 발생한다.
② 충격파가 발생하면 압력, 온도, 밀도 등이 연속적으로 변한다.

③ 에너지선은 수력구배선보다 속도수두만큼 위에 있다.
④ 에너지선은 항상 상향 기울기를 갖는다.

해설 충격파와 에너지선
㉮ 충격파 : 초음속 흐름에서 갑자기 아음속 흐름으로 변할 때 발생하며, 충격파가 발생하면 온도, 압력, 밀도 등이 불연속적으로 변한다.
㉯ 에너지선 : 전수두선이라 하며 $\frac{P}{\gamma} + \frac{V^2}{2g} + Z$를 연결한 선이므로 에너지선은 기준면과 항상 수평상태를 나타낸다.
㉰ 수력구배선 : $\frac{P}{\gamma} + Z$를 연결한 선이다.
∴ 에너지선은 수력구배선보다 항상 속도수두 $\left(\frac{V^2}{2g}\right)$ 만큼 위에 위치한다.

19. 관내 유체의 급격한 압력 강하에 따라 수중으로부터 기포가 분리되는 현상은?
① 공기바인딩   ② 감압화
③ 에어리프트   ④ 캐비테이션

해설 캐비테이션(cavitation) 현상 : 유수 중에 그 수온의 증기압력보다 낮은 부분이 생기면 물이 증발을 일으키고 기포를 다수 발생하는 현상

20. 표면장력에 대한 관성력의 비를 나타내는 무차원의 수는?
① Reynolds수   ② Froude수
③ 모세관수   ④ Weber수

해설 무차원 수

명칭	정의	의미	비고
레이놀즈수 (Re)	$Re = \frac{\rho VL}{\mu}$	관성력/점성력	모든 유체의 유동
마하수 (Ma)	$Ma = \frac{V}{\alpha}$	관성력/탄성력	압축성 유동
웨버수 (We)	$We = \frac{\rho V^2 L}{\sigma}$	관성력/표면장력	자유표면 유동
프루드 수 (Fr)	$Fr = \frac{V}{\sqrt{Lg}}$	관성력/중력	자유표면 유동
오일러수 (Eu)	$Eu = \frac{P}{\frac{\rho V^2}{2}}$	압축력/관성력	압력차에 의한 유동

제 2 과목 연소공학

21. 가연성 혼합기 중에서 화염이 형성되어 전파할 수 있는 가연성 기체 농도의 한계를 의미하지 않는 것은?
① 연소한계   ② 폭발한계
③ 가연한계   ④ 소염한계

해설 혼합기 중에서 연소하는 한계에 대한 가연성 기체의 농도한계를 연소한계, 가연한계, 폭발한계라 한다. 가연성 기체 농도가 낮은 한계를 연소하한계, 높은 쪽의 한계를 연소상한계라 하며 그 한계 사이의 농도범위가 연소범위에 해당된다.

22. 프로판(C_3H_8)의 연소반응식은 다음과 같다. 프로판(C_3H_8)의 화학양론계수는?

$$C_3H_8 + 5O_2 \rightarrow 3CO_2 + 4H_2O$$

① 1   ② $\frac{1}{5}$ ③ $\frac{6}{7}$ ④ -1

해설 화학양론계수 : 화학양론식에서 각 화학종의 계수를 나타내는 것으로 일반적으로 몰수로 나타낸다. 프로판의 연소반응식에서 좌변에 있는 성분들은 반응물이고, 우변에 있는 것은 생성물을 나타내며 생성물에 대하여는 양(+)의 부호를, 반응물에 대하여는 음(-)의 부호를 가진다. 그러므로 화학양론계수는 프로판이 -1, 산소가 -5, 이산화탄소가 3, 물이 4이다.

23. 연도가스의 몰조성이 CO_2 : 25 %, CO : 5 %, O_2 : 5 %, N_2 : 65 %이면 과잉공기 백분율(%)은?
① 14.46   ② 16.9   ③ 18.8   ④ 82.2

해설 ㉮ 공기비 계산
$$m = \frac{N_2}{N_2 - 3.76(O_2 - 0.5CO)}$$
$$= \frac{65}{65 - 3.76 \times (5 - 0.5 \times 5)} = 1.169$$
㉯ 과잉공기 백분율(%) 계산

정답 19. ④ 20. ④ 21. ④ 22. ④ 23. ②

과잉공기 백분율 $= (m-1) \times 100$
$= (1.169-1) \times 100 = 16.9\%$

24. 다음 중 증기운폭발(VCE)에 대한 설명으로 틀린 것은?
① 증기운의 크기가 증가하면 점화확률이 커진다.
② 증기운에 의한 재해는 폭발보다는 화재가 일반적이다.
③ 폭발효율이 커서 연소에너지의 전부가 폭풍파로 전환된다.
④ 방출점으로부터 먼 지점에서의 증기운의 점화는 폭발의 충격을 증가시킨다.
[해설] 연소에너지의 약 20%만 폭풍파로 변한다.

25. 다음 중 기상폭발의 발화원에 해당되지 않는 것은?
① 성냥   ② 전기불꽃
③ 화염   ④ 충격파
[해설] 기상폭발 : 기체상태의 폭발로 혼합가스의 폭발, 분해폭발, 분무폭발, 분진폭발 등이 있으며 발화원은 전기불꽃, 화염, 충격파, 열선 등이 해당된다.

26. 용적 100 L인 밀폐된 용기 속에 온도 0°C에서 8 mole의 산소와 12 mole의 질소가 들어있다면 이 혼합기체의 압력(kPa)은 약 얼마인가?
① 454   ② 558   ③ 658   ④ 754
[해설] $PV = nRT$에서
$P = \dfrac{nRT}{V}$
$= \dfrac{(8+12) \times 0.082 \times 273}{100} = 4.4772 \text{ atm}$
∴ 혼합기체 압력 $= 4.4772 \times 101.325$
$= 453.652 \text{ kPa}$
※ 1atm = 101.325 kPa에 해당된다.

27. 800°C의 고열원과 100°C의 저열원 사이에서 작동하는 열기관의 효율은 얼마인가?
① 88%   ② 65%   ③ 58%   ④ 55%
[해설] $\eta = \dfrac{W}{Q_1} \times 100 = \dfrac{T_1 - T_2}{T_1} \times 100$
$= \dfrac{(273+800) - (273+100)}{273+800} \times 100$
$= 65.237\%$

28. 과잉공기계수가 1일 때 224 Nm³의 공기로 탄소는 약 몇 kg을 완전연소시킬 수 있는가?
① 20.1   ② 23.4   ③ 25.2   ④ 27.3
[해설] 탄소(C)의 완전연소 반응식은 $C + O_2 \rightarrow CO_2$이고, 과잉공기계수 1은 이론공기량으로 연소되는 것이므로 탄소(C) 12 kg이 연소할 때 필요한 이론공기량은 $\dfrac{22.4}{0.21}$ Nm³이 필요하다.
∴ 12 kg : $\dfrac{22.4}{0.21}$ Nm³ = x [kg] : 224 Nm³
∴ $x = \dfrac{12 \times 224}{\dfrac{22.4}{0.21}} = 25.2$ kg

29. 안전성평가기법 중 시스템을 하위 시스템으로 점점 좁혀가고 고장에 대해 그 영향을 기록하여 평가하는 방법으로, 서브시스템 위험분석이나 시스템 위험분석을 위하여 일반적으로 사용되는 전형적인 정성적, 귀납적 분석기법으로 시스템에 영향을 미치는 모든 요소의 고장을 형태별로 분석하여 그 영향을 검토하는 기법은?
① 고장형태 영향분석(FMEA)
② 원인결과분석(CCA)
③ 위험 및 운전성 검토(HAZOP)
④ 결함수분석(FTA)
[해설] 고장형태 영향분석(FMEA)기법 : failure mode effects analysis

30. 다음 중 연소 3대 요소가 아닌 것은?
① 공기   ② 가연물   ③ 시간   ④ 점화원

정답 24. ③ 25. ① 26. ① 27. ② 28. ③ 29. ① 30. ③

[해설] 연소 3대 요소 : 가연물, 산소 공급원, 점화원

31. 연소속도에 관한 설명으로 옳은 것은?
① 단위는 kg/s으로 나타낸다.
② 미연소 혼합기류의 화염면에 대한 법선 방향의 속도이다.
③ 연료의 종류, 온도, 압력과는 무관하다.
④ 정지 관찰자에 대한 상대적인 화염의 이동속도이다.

[해설] 연소속도 : 가연물과 산소와의 반응속도(분자간의 충돌속도)를 말하는 것으로 화염면이 그 면에 직각(법선방향)으로 미연소부에 진입하는 속도이다. 즉, 미연혼합기에 대한 화염면의 상대속도이다.

32. 두께 4 mm인 강의 평판에 고온측 면의 온도가 100℃이고, 저온측 면의 온도가 80℃일 때 m²에 대해 30000 kJ/min의 전열을 한다고 하면 이 강판의 열전도율은 약 몇 W/m·℃인가?
① 100   ② 120   ③ 130   ④ 140

[해설] ㉮ 전열량을 열전도율 단위와 같은 W(왓트)로 환산 : W(왓트)는 J/s이므로
$Q = \dfrac{30000 \times 1000}{60} = 500000$ W

㉯ 단위면적 1m² 당 전열량 $Q = \dfrac{1}{\frac{b}{\lambda}} \times \Delta t$에

서 $\dfrac{b}{\lambda} = \dfrac{\Delta t}{Q}$ 이므로

$\lambda = \dfrac{Q \times b}{\Delta t} = \dfrac{500000 \times 0.004}{(100-80)}$
$= 100$ W/m·℃

33. 다음과 같은 조성을 갖는 혼합가스의 분자량은? (단, 혼합가스의 체적비는 CO_2(13.1 %), O_2(7.7 %), N_2(79.2 %)이다.)
① 22.81   ② 24.94
③ 28.67   ④ 30.40

[해설] $M = (44 \times 0.131) + (32 \times 0.077) + (28 \times 0.792)$
$= 30.404$

34. 헬륨을 냉매로 하는 극저온용 가스냉동기의 기본 사이클은?
① 역르누아 사이클   ② 역아트킨슨 사이클
③ 역에릭슨 사이클   ④ 역스털링 사이클

[해설] 역스털링 사이클 : 2개의 등온과정과 2개의 등적과정으로 구성된 스털링 사이클의 역사이클로 헬륨을 냉매로 하는 극저온용 가스냉동기의 기본 사이클이다.

35. 발열량이 21 MJ/kg인 무연탄이 7 %의 습분을 포함한다면 무연탄의 발열량은 약 몇 MJ/kg인가?
① 16.43   ② 17.85
③ 19.53   ④ 21.12

[해설] $H_l = H_h - 2.5(9H + W)$
$= 21 - 2.5 \times 0.07 = 20.825$ MJ/kg

※ 저위발열량 계산식
$H_l = H_h - 600(9H + W)$ [kcal/kg]
$= H_h - 2.5(9H + W)$ [MJ/kg]

※ 최종 결과 값이 ④항에 가깝지만 최종 답안은 ③항으로 처리되었음

[별해] 습분 7 %를 제외하면 무연탄은 93 %가 되므로 이 부분으로 발열량 계산
∴ $H_l = 21 \times 0.93 = 19.53$ MJ/kg

36. 418.6 kJ/kg의 내부에너지를 갖는 20℃의 공기 10 kg이 탱크 안에 들어 있다. 공기의 내부 에너지가 502.3 kJ/kg으로 증가할 때까지 가열하였을 경우 이때의 열량변화는 약 몇 kJ 인가?
① 775   ② 793
③ 837   ④ 893

[해설] $dq = m(u_2 - u_1)$
$= 10 \times (502.3 - 418.6) = 837$ kJ

37. 다음 기체 연료 중 발열량(MJ/Nm³)이 가장 작은 것은?
① 천연가스   ② 석탄가스

정답 31. ② 32. ① 33. ④ 34. ④ 35. ③ 36. ③ 37. ③

③ 발생로가스　　④ 수성가스

[해설] 기체연료의 고위발열량 (MJ/Nm³)

기체연료 명칭	고위발열량 (MJ/Nm³)
천연가스	44.2
석탄가스	1.2
발생로가스	0.26
수성가스	0.64

38. 등심연소의 화염 높이에 대하여 옳게 설명한 것은?
① 공기 유속이 낮을수록 화염의 높이는 커진다.
② 공기 온도가 낮을수록 화염의 높이는 커진다.
③ 공기 유속이 낮을수록 화염의 높이는 낮아진다.
④ 공기 유속이 높고 공기 온도가 높을수록 화염의 높이는 커진다.

[해설] 공급되는 공기유속이 낮을수록, 공기온도가 높을 때 화염의 높이는 커진다.

39. 다음 중 과잉공기비는 어떤 식에 의해 계산되는가?
① (실제공기량)÷(이론공기량)
② [(실제공기량)÷(이론공기량)]−1
③ (이론공기량)÷(실제공기량)
④ [(이론공기량)÷(실제공기량)]−1

[해설] 과잉공기비 : 과잉공기량(B)과 이론공기량(A_0)의 비이다.

$$과잉공기비 = \frac{B}{A_0} = \frac{A-A_0}{A_0}$$
$$= \frac{A}{A_0} - 1 = m - 1$$

40. 공기비가 작을 때 연소에 미치는 영향이 아닌 것은?
① 불완전연소가 되어 일산화탄소 (CO)가 많이 발생한다.
② 미연소에 의한 열손실이 증가한다.
③ 미연소에 의한 열효율이 증가한다.
④ 미연소 가스로 인한 폭발사고가 일어나기 쉽다.

[해설] 공기비의 영향
(1) 공기비가 클 경우
　㋐ 연소실 내의 온도가 낮아진다.
　㋑ 배기가스로 인한 손실열이 증가한다.
　㋒ 배기가스 중 질소산화물 (NO_x)이 많아져 대기오염을 초래한다.
　㋓ 연료소비량이 증가한다.
(2) 공기비가 작을 경우
　㋐ 불완전연소가 발생하기 쉽다.
　㋑ 미연소 가스로 인한 역화의 위험이 있다.
　㋒ 연소효율이 감소한다 (열손실이 증가한다).

제 3 과목　가스설비

41. $LiBr-H_2O$형 흡수식 냉·난방기에 대한 설명으로 옳지 않은 것은?
① 증발기 내부압력을 5∼6 mmHg로 할 경우 물은 약 5℃에서 증발한다.
② 증발기 내부의 압력은 진공상태이다.
③ 냉매는 LiBr이다.
④ LiBr은 수증기를 흡수할 때 흡수열이 발생한다.

[해설] $LiBr-H_2O$형 흡수식 냉·난방기에서 냉매는 물 (H_2O)이고, 용액은 리듐브로마이드 (LiBr)이다.

42. 배관의 전기방식 중 희생양극법에서 저전위 금속으로 주로 사용되는 것은?
① 철　　　　　　② 구리
③ 칼슘　　　　　④ 마그네슘

[해설] 유전양극법(희생양극법, 전기양극법, 전류양극법) : 양극 (anode)과 매설배관 (cathode : 음극)

정답　38. ①　39. ②　40. ③　41. ③　42. ④

을 전선으로 접속하고 양극 금속과 배관 사이의 전지작용(고유 전위차)에 의해서 방식전류를 얻는 방법이다. 양극 재료로는 마그네슘(Mg), 아연(Zn)이 사용되며 토양 중에 매설되는 배관에는 마그네슘이 사용된다.

43. 지하에 설치하는 지역정압기실(기지)의 조작을 안전하고 확실하게 하기 위하여 조명도는 최소 어느 정도로 유지하여야 하는가?
① 80 lux 이상   ② 100 lux 이상
③ 150 lux 이상 ④ 200 lux 이상

[해설] 정압기실 및 가스관련 시설의 조명도 기준 : 150 lux 이상

44. 다음 [조건]에 따라 연소기를 설치할 때 적정용기 설치 개수는? (단, 표준가스 발생능력은 1.5 kg/h이다.)

- 가스레인지 1대 : 0.15 kg/h
- 순간온수기 1대 : 0.65 kg/h
- 가스보일러 1대 : 2.50 kg/h

① 20 kg 용기 : 2개   ② 20 kg 용기 : 3개
③ 20 kg 용기 : 4개   ④ 20 kg 용기 : 7개

[해설] 필요 용기 수 = $\dfrac{최대소비수량}{표준가스 발생능력}$
= $\dfrac{(0.15 \times 1) + (0.65 \times 1) + (2.50 \times 1)}{1.5}$
= 2.2 = 3개

45. 펌프의 유효 흡입수두(NPSH)를 가장 잘 표현한 것은?
① 펌프가 흡입할 수 있는 전흡입 수두로 펌프의 특성을 나타낸다.
② 펌프의 동력을 나타내는 척도이다.
③ 공동현상을 일으키지 않을 한도의 최대 흡입 양정을 말한다.
④ 공동현상 발생조건을 나타내는 척도이다.

[해설] 유효흡입수두(NPSH) : 펌프 흡입에서의 전체 수두(전압력)가 그 수온에 상당하는 증기압력(포화증기압 수두)보다 얼마나 높은가를 표시하는 것으로 펌프 운전 중에 발생하는 캐비테이션현상으로부터 얼마나 안정된 상태로 운전될 수 있는가를 나타내는 척도이다.

46. 도시가스사업법에서 정의하는 것으로 가스를 제조하여 배관을 통하여 공급하는 도시가스가 아닌 것은?
① 천연가스   ② 나프타부생가스
③ 석탄가스   ④ 바이오가스

[해설] 도시가스의 정의(도법 제2조) : 천연가스(액화한 것을 포함), 배관을 통하여 공급되는 석유가스, 나프타부생가스, 바이오가스 또는 합성천연가스로서 대통령령으로 정하는 것

47. 액화석유가스용 염화비닐호스의 안지름 치수가 12.7 mm인 경우 제 몇 종으로 분류되는가?
① 1   ② 2   ③ 3   ④ 4

[해설] 염화비닐호스의 안지름 치수

구분	안지름 (mm)	허용차 (mm)
1종	6.3	±0.7
2종	9.5	
3종	12.7	

48. 흡입지름이 100 mm, 송출지름이 90 mm인 원심펌프의 올바른 표시는?
① 100×90 원심펌프
② 90×100 원심펌프
③ 100 - 90 원심펌프
④ 90 - 100 원심펌프

[해설] ㉮ 원심펌프의 크기 표시 : 흡입지름(mm)과 송출지름(mm)으로 표시
㉯ 흡입지름이 100 mm, 송출지름이 90 mm인 원심펌프 표시 방법 : 100×90 원심펌프

49. 다음 중 역류를 방지하기 위하여 사용되는 밸브는?

정답 43. ③ 44. ② 45. ③ 46. ③ 47. ③ 48. ① 49. ①

① 체크 밸브(check valve)
② 글로브 밸브(glove valve)
③ 게이트 밸브(gate valve)
④ 버터플라이 밸브(butterfly valve)

[해설] 체크 밸브(check valve) : 역류방지밸브라 하며 유체를 한 방향으로만 흐르게 하고 역류를 방지하는 목적에 사용하는 밸브이다. 스윙형은 수직, 수평 배관에 모두 사용할 수 있고, 리프트형은 수평 배관에만 사용할 수 있다.

50. 압력에 따른 도시가스 공급방식의 일반적인 분류가 아닌 것은?
① 저압공급방식   ② 중압공급방식
③ 고압공급방식   ④ 초고압공급방식

[해설] 공급압력에 의한 도시가스의 분류
㉮ 저압공급 방식 : 0.1 MPa 미만
㉯ 중압공급 방식 : 0.1 MPa 이상, 1 MPa 미만
㉰ 고압공급 방식 : 1 MPa 이상

51. 액화석유가스 사용시설에 대한 설명으로 틀린 것은?
① 저장설비로부터 중간밸브까지의 배관은 강관, 동관 또는 금속플렉시블 호스로 한다.
② 건축물 안의 배관은 매설하여 시공한다.
③ 건축물의 벽을 관통하는 배관에는 보호관과 부식방지 피복을 한다.
④ 호스의 길이는 연소기까지 3 m 이내로 한다.

[해설] 건축물 안의 배관은 노출하여 시공한다.

52. 다음 그림은 가정용 LP가스 소비시설이다. R_1에 사용되는 조정기의 종류는?

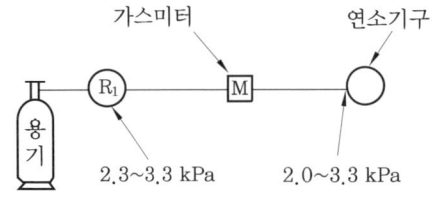

① 1단 감압식 저압조정기

② 1단 감압식 중압조정기
③ 1단 감압식 고압조정기
④ 2단 감압식 저압조정기

[해설] 가정용 LP가스 소비시설에 설치되는 조정기는 1단 감압식 저압조정기를 사용한다.

53. 지하에 매설하는 배관의 이음방법으로 가장 부적합한 것은?
① 링조인트 접합   ② 용접 접합
③ 전기융착 접합   ④ 열융착 접합

[해설] 지하에 매설하는 배관의 이음방법
㉮ 강관 : 용접 접합
㉯ 가스용 폴리에틸렌관(PE관) : 열융착 접합, 전기융착 접합

54. 구리 및 구리합금을 고압장치의 재료로 사용하기에 가장 적당한 가스는?
① 아세틸렌   ② 황화수소
③ 암모니아   ④ 산소

[해설] 구리 및 구리합금 사용 시 문제점
㉮ 아세틸렌 : 아세틸드가 생성되어 화합폭발의 원인
㉯ 암모니아 : 부식 발생
㉰ 황화수소 : 수분 존재 시 부식 발생

55. 고압가스 탱크의 수리를 위하여 내부가스를 배출하고 불활성가스로 치환하여 다시 공기로 치환하였다. 내부의 가스를 분석한 결과 탱크 안에서 용접작업을 해도 되는 경우는?
① 산소 20 %
② 질소 85 %
③ 수소 2 %
④ 일산화탄소 100 ppm

[해설] 가스설비 치환농도
㉮ 가연성가스 : 폭발하한계의 1/4 이하
㉯ 독성가스 : TLV-TWA 기준농도 이하
㉰ 산소 : 22 % 이하
㉱ 위 시설에 작업원이 들어가는 경우 산소 농도 : 18~22 %

정답 50. ④ 51. ② 52. ① 53. ① 54. ④ 55. ①

※ 질소가 85%인 경우는 산소가 부족한 상태이고, 수소의 경우는 폭발하한값이 4%이므로 치환농도는 1% 이하가 되어야 하며, 일산화탄소는 TLV-TWA 허용농도(기준농도)가 50 ppm 이므로 부적합하다.

56. 역카르노 사이클로 작동되는 냉동기가 20 kW의 일을 받아서 저온체에서 20 kcal/s의 열을 흡수한다면 고온체로 방출하는 열량은 약 몇 kcal/s 인가?
① 14.8 ② 24.8
③ 34.8 ④ 44.8

해설 $COP_R = \dfrac{Q_2}{W} = \dfrac{Q_2}{Q_1 - Q_2}$ 에서 $\dfrac{Q_2}{W} = \dfrac{Q_2}{Q_1 - Q_2}$

이고, 1 kW는 860 kcal/h이다.

$\therefore Q_1 = \dfrac{WQ_2}{Q_2} + Q_2 = \dfrac{\left(20 \times \dfrac{860}{3600}\right) \times 20}{20} + 20$

$= 24.777$ kcal/s

57. 고무호스가 노후되어 지름 1 mm의 구멍이 뚫려 280 mmH$_2$O의 압력으로 LP가스가 대기중으로 2시간 유출되었을 때 분출된 가스의 양은 약 몇 L인가? (단, 가스의 비중은 1.6 이다.)
① 140 L ② 238 L
③ 348 L ④ 672 L

해설 $Q = 0.009D^2 \sqrt{\dfrac{P}{d}}$

$= 0.009 \times 1^2 \times \sqrt{\dfrac{280}{1.6}} \times 2 \times 1000$

$= 238.117$ L

58. 다음 중 인장시험 방법에 해당하는 것은?
① 올센법 ② 샤르피법
③ 아이조드법 ④ 파우더법

해설 인장시험: 시험편을 인장시험기의 양 끝에 고정시켜 시험편의 길이방향(축방향)을 당겼을 때 시험편에 작용시킨 하중과 시험편이 변형한 크기를 측정하여 재료의 비례한도, 탄성한도, 항복점, 인장강도 및 연신율 등을 측정하는 것이다.

59. 고압가스용 스프링식 안전밸브의 구조에 대한 설명으로 틀린 것은?
① 밸브 시트는 이탈되지 않도록 밸브 몸통에 부착되어야 한다.
② 안전밸브는 압력을 마음대로 조정할 수 없도록 봉인된 구조로 한다.
③ 가연성가스 또는 독성가스용의 안전밸브는 개방형으로 한다.
④ 안전밸브는 그 일부가 파손되어도 충분한 분출량을 얻어야 한다.

해설 스프링식 안전밸브의 구조: ①, ②, ④ 외
㉮ 가연성 또는 독성가스용의 안전밸브는 개방형을 사용하지 않는다.
㉯ 스프링의 조정나사는 자유로이 헐거워지지 않는 구조이고 스프링이 파손되어도 밸브디스크 등이 외부로 빠져 나가지 않는 구조인 것으로 한다.
㉰ 밸브디스크와 밸브시트와의 접촉면이 밸브 축과 이루는 기울기는 45°(원추시트) 또는 90°(평면시트)인 것으로 한다.
㉱ 스프링은 유해한 흠 등의 결함이 없는 것으로 한다.

60. 동력 및 냉동시스템에서 사이클의 효율을 향상시키기 위한 방법이 아닌 것은?
① 재생기 사용 ② 다단 압축
③ 다단 팽창 ④ 압축비 감소

해설 오토 사이클, 디젤 사이클 등은 압축비가 클수록 효율이 증가한다.

제 4 과목 가스안전관리

61. 암모니아가스 누출 검지의 특징으로 틀린 것은?
① 냄새 → 악취

정답 56. ② 57. ② 58. ① 59. ③ 60. ④ 61. ④

② 적색리트머스시험지 → 청색으로 변함
③ 진한 염산 접촉 → 흰 연기
④ 네슬러시약 투입 → 백색으로 변함

해설 암모니아 누설 검지법
㉮ 자극성이 있어 냄새로서 알 수 있다.
㉯ 유황, 염산과 접촉 시 흰 연기가 발생한다.
㉰ 적색 리트머스지가 청색으로 변한다.
㉱ 페놀프탈렌 시험지가 백색에서 갈색으로 변한다.
㉲ 네슬러시약이 미색 → 황색 → 갈색으로 변한다.

62. 어느 가스용기에 구리관을 연결시켜 사용하던 도중 구리관에 충격을 가하였더니 폭발사고가 발생하였다. 이 용기에 충전된 가스로서 가장 가능성이 높은 것은?
① 황화수소   ② 아세틸렌
③ 암모니아   ④ 산소

해설 화합폭발: 아세틸렌이 동(Cu), 은(Ag), 수은(Hg) 등의 금속과 화합 시 폭발성의 아세틸드를 생성하여 충격 등에 의하여 폭발한다.

63. 2개 이상의 탱크를 동일한 차량에 고정하여 운반하는 경우의 기준에 대한 설명으로 틀린 것은?
① 탱크마다 탱크의 주밸브를 설치한다.
② 탱크와 차량과의 사이를 단단하게 부착하는 조치를 한다.
③ 충전관에는 안전밸브를 설치한다.
④ 충전관에는 유량계를 설치한다.

해설 충전관에는 안전밸브, 압력계 및 긴급 탈압 밸브를 설치한다.

64. 액화석유가스용 차량에 고정된 탱크의 폭발을 방지하기 위하여 탱크 내벽에 설치하는 장치로서 가장 적절한 것은?
① 다공성 벌집형 알루미늄합금박판
② 다공성 벌집형 아연합금박판
③ 다공성 봉형 알루미늄합금박판
④ 다공성 봉형 아연합금박판

해설 폭발방지장치 설치 기준: 주거, 상업지역에 설치하는 저장능력 10톤 이상의 저장탱크 및 LPG 탱크로리에 다공성 벌집형 알루미늄합금박판을 설치한다.

65. 고압가스 저온저장탱크의 내부 압력이 외부 압력보다 낮아져 저장탱크가 파괴되는 것을 방지하기 위한 조치로 설치하여야 할 설비로 가장 거리가 먼 것은?
① 압력계   ② 압력경보설비
③ 진공안전밸브   ④ 역류방지밸브

해설 부압을 방지하는 조치에 갖추어야 할 설비
㉮ 압력계
㉯ 압력경보설비
㉰ 진공안전밸브
㉱ 다른 저장탱크 또는 시설로부터의 가스도입배관(균압관)
㉲ 압력과 연동하는 긴급차단장치를 설치한 냉동제어설비
㉳ 압력과 연동하는 긴급차단장치를 설치한 송액설비

66. 산업재해 발생 및 그 위험요인에 대하여 짝지어진 것 중 틀린 것은?
① 화재, 폭발 - 가연성, 폭발성 물질
② 중독 - 독성가스, 유독물질
③ 난청 - 누전, 배선불량
④ 화상, 동상 - 고온, 저온물질

해설 난청의 위험요인은 소음이고 누전, 배선불량은 전기화재의 위험요인이 된다.

67. 공기액화 분리기를 운전하는 과정에서 안전 대책상 운전을 중지하고 액화산소를 방출해야 하는 경우는? (단, 액화산소통 내의 액화산소 5 L 중의 기준이다.)
① 아세틸렌이 0.1 mg을 넘을 때
② 아세틸렌이 5 mg을 넘을 때
③ 탄화수소의 탄소의 질량이 5 mg을 넘을 때

정답 62. ② 63. ④ 64. ① 65. ④ 66. ③ 67. ②

④ 탄화수소의 탄소의 질량이 50 mg을 넘을 때

[해설] 불순물 유입금지 기준 : 액화산소 5 L 중 아세틸렌 질량이 5 mg 또는 탄화수소의 탄소 질량이 500 mg을 넘을 때는 운전을 중지하고 액화산소를 방출한다.

68. 다음 중 콕 제조 기술기준에 대한 설명으로 틀린 것은?
① 1개의 핸들로 1개의 유로를 개폐하는 구조로 한다.
② 완전히 열었을 때 핸들의 방향은 유로의 방향과 직각인 것으로 한다.
③ 닫힌 상태에서 예비적 동작이 없이는 열리지 아니하는 구조로 한다.
④ 핸들의 회전각도를 90°나 180°로 규제하는 스토퍼를 갖추어야 한다.

[해설] 완전히 열었을 때의 핸들의 방향은 유로의 방향과 평행이어야 하고, 볼 또는 플러그의 구멍과 유로와는 어긋나지 않아야 한다.

69. 아세틸렌의 화학적 성질에 대한 설명으로 틀린 것은?
① 산소-아세틸렌 불꽃은 약 3000℃이다.
② 아세틸렌은 흡열화합물이다.
③ 암모니아성 질산은 용액에 아세틸렌을 통하면 백색의 아세틸라이드를 얻는다.
④ 백금촉매를 사용하여 수소화하면 메탄이 생성된다.

[해설] 아세틸렌을 접촉적으로 수소화하면 에틸렌, 에탄이 된다.

70. 고압가스 저장탱크에 설치하는 방류둑에 대한 설명으로 옳지 않은 것은?
① 흙으로 방류둑을 설치할 경우 경사를 45° 이하로 하고 성토 윗부분의 폭은 30 cm 이상으로 한다.
② 방류둑에는 출입구를 둘레 50 m마다 1개 이상 설치하고 둘레가 50 m 미만일 경우에는 2개 이상의 출입구를 분산하여 설치한다.
③ 방류둑의 배수조치는 방류둑 밖에서 배수 및 차단 조작을 할 수 있어야 하며 배수할 때 이외에는 반드시 닫혀 있도록 한다.
④ 독성가스 저장탱크의 방류둑 높이는 가능한 한 낮게 하여 방류둑 내에 체류한 액의 표면적이 넓게 되도록 한다.

[해설] 독성가스 저장탱크 등에 대한 방류둑의 높이는 방류둑 안의 저장탱크 등의 안전관리 및 방재활동에 지장이 없는 범위에서 방류둑 안에 체류한 액의 표면적이 될 수 있는 한 적게 되도록 한다.

71. 고압가스 제조시설 사업소에서 안전관리자가 상주하는 사무소와 현장사무소와의 사이 또는 현장사무소 상호간 신속히 통보할 수 있도록 통신시설을 갖추어야 하는데 이에 해당되지 않는 것은?
① 구내방송설비   ② 메가폰
③ 인터폰   ④ 페이징설비

[해설] 통신시설

구분	통신시설
사무소와 사무소	구내전화, 구내방송설비, 인터폰, 페이징설비
사업소 전체	구내방송설비, 사이렌, 휴대용 확성기, 페이징설비, 메가폰
종업원 상호간	페이징설비, 휴대용 확성기, 트랜시버, 메가폰

72. 정압기 설치 시 주의사항에 대한 설명으로 가장 옳은 것은?
① 최고 1차 압력이 정압기의 설계 압력 이상이 되도록 선정한다.
② 대규모 지역의 정압기로서 사용하는 경우 동특성이 우수한 정압기를 선정한다.

정답 68. ② 69. ④ 70. ④ 71. ② 72. ④

③ 스프링 제어식의 정압기를 사용할 때에는 필요한 1차 압력 설정범위에 적합한 스프링을 사용한다.
④ 사용조건에 따라 다르나, 일반적으로 최저 1차 압력의 정압기 최대용량의 60~80% 정도의 부하가 되도록 정압기 용량을 선정한다.

[해설] 정압기 설치 시 주의사항
㉮ 최고 1차 압력이 정압기의 설계 압력 이하가 되도록 선정한다.
㉯ 대규모 지역의 정압기로서 사용하는 경우 오프셋, 로크업이 작은 정특성이 우수한 정압기를 선정한다.
㉰ 소규모 지역의 정압기로서 사용하는 경우 동특성이 우수한 정압기를 선정한다.
㉱ 스프링 제어식의 정압기를 사용할 때에는 필요한 2차 압력 설정범위에 적합한 스프링을 사용한다.
㉲ 정압기에는 다이어프램, 시트패킹 등 합성고무의 부품을 다수 사용하고 있지만 가스의 성분에 따라 사용할 수 없는 것도 있으므로 주의하여야 한다.
㉳ 사용조건에 따라 다르나, 일반적으로 최저 1차 압력의 정압기 최대용량의 60~80% 정도의 부하가 되도록 정압기 용량을 선정한다.

73. 다음 중 고압가스 운반차량에 대한 설명으로 틀린 것은?
① 액화가스를 충전하는 탱크에는 요동을 방지하기 위한 방파판 등을 설치한다.
② 허용농도가 200 ppm 이하인 독성가스는 전용차량으로 운반한다.
③ 가스운반 중 누출 등 위해 우려가 있는 경우에는 소방서 및 경찰서에 신고한다.
④ 질소를 운반하는 차량에는 소화설비를 반드시 휴대하여야 한다.

[해설] 가연성가스 또는 산소를 운반하는 차량에 고정된 탱크에는 규정된 소화설비를 비치하여야 하므로 불연성인 질소는 해당되지 않는다.

74. 아세틸렌 용기의 15℃에서의 최고충전압력은 1.55 MPa이다. 아세틸렌 용기의 내압시험 압력 및 기밀시험압력은 각각 얼마인가?
① 4.65 MPa, 1.71 MPa
② 2.58 MPa, 1.55 MPa
③ 2.58 MPa, 1.71 MPa
④ 4.65 MPa, 2.79 MPa

[해설] 아세틸렌 용기 압력 기준
㉮ 내압시험압력 = 최고충전압력×3배
   = 1.55×3 = 4.65 MPa
㉯ 기밀시험압력 = 최고충전압력×1.8배
   = 1.55×1.8 = 2.79 MPa

75. 아세틸렌을 용기에 충전하는 작업에 대한 내용으로 틀린 것은?
① 아세틸렌을 2.5 MPa의 압력으로 압축하는 때에는 질소, 메탄, 일산화탄소 또는 에틸렌 등의 희석제를 첨가할 것
② 습식 아세틸렌 발생기의 표면은 70℃ 이하의 온도로 유지하여야 하며, 그 부근에서는 불꽃이 튀는 작업을 하지 아니할 것
③ 아세틸렌을 용기에 충전하는 때에는 미리 용기에 다공성물질을 고루 채워 다공도가 80% 이상 92% 미만이 되도록 한 후 아세톤 또는 디메틸포름아미드를 고루 침윤시키고 충전할 것
④ 아세틸렌을 용기에 충전하는 때의 충전 중의 압력은 2.5 MPa 이하로 하고, 충전 후에는 압력이 15℃에서 1.5 MPa 이하로 될 때까지 정치하여 둘 것

[해설] 다공도 기준 : 75% 이상 92% 미만

76. 소형저장 탱크에 액화석유가스를 충전하는 때에는 액화가스의 용량이 상용온도에서 그 저장탱크 내용적의 몇 %를 넘지 않아야 하는가?
① 75% ② 80% ③ 85% ④ 90%

[해설] 액화석유가스 충전량

정답 73. ④ 74. ④ 75. ③ 76. ③

㉮ 저장탱크 : 내용적의 90 %를 넘지 않도록 한다.
㉯ 소형저장탱크 : 내용적의 85 %를 넘지 않도록 한다.

77. 고압가스를 충전하는 내용적 500 L 미만의 용접용기가 제조 후 경과 연수가 15년 미만일 경우 재검사 주기는?
① 1년마다　② 2년마다
③ 3년마다　④ 5년마다

해설 재검사 주기
㉮ 용접용기 : LPG용 용접용기 제외

구분	15년 미만	15년 이상~20년 미만	20년 이상
500 L 이상	5년	2년	1년
500 L 미만	3년	2년	1년

㉯ LPG용 용접용기

구분	15년 미만	15년 이상~20년 미만	20년 이상
500 L 이상	5년	2년	1년
500 L 미만	5년		2년

㉰ 이음매 없는 용기 또는 복합재료용기

구분	재검사 주기
500 L 미만	5년
500 L 미만	신규검사 후 경과 연수가 10년 이하인 것은 5년, 10년을 초과한 것은 3년 마다

78. 도시가스 배관을 지하에 매설하는 경우 배관은 그 외면으로부터 지하의 다른 시설물과 얼마 이상을 유지하여야 하는가?
① 1.0 m　② 0.7 m
③ 0.5 m　④ 0.3 m

해설 도시가스 배관을 지하에 매설하는 경우 배관은 그 외면으로부터 지하의 다른 시설물과 0.3 m 이상의 거리를 유지한다.

79. 수소의 특성으로 인한 폭발, 화재 등의 재해 발생 원인으로 가장 거리가 먼 것은?
① 가벼운 기체이므로 가스가 확산하기 쉽다.
② 고온, 고압에서 강에 대해 탈탄 작용을 일으킨다.
③ 공기와 혼합된 경우 폭발범위가 약 4~75 %이다.
④ 증발잠열로 인해 수분이 동결하여 밸브나 배관을 폐쇄시킨다.

해설 수소의 특성 중 폭발, 화재 등 원인 : ①, ②, ③항 외
㉮ 수소폭명기 : 공기 중 산소와 체적비 2 : 1로 반응하여 물을 생성한다.
㉯ 염소폭명기 : 수소와 염소의 혼합가스는 빛(직사광선)과 접촉하면 심하게 반응한다.

80. 용기 내장형 난방기용 용기의 넥크링 재료는 탄소함유량이 얼마 이하이어야 하는가?
① 0.28 %　② 0.30 %
③ 0.35 %　④ 0.40 %

해설 용기 내장형 난방기용 용기 재료 기준
㉮ 몸통부 재료 : KS D 3553 (고압가스 용기용 강판 및 강대)의 재료 또는 이와 동등 이상의 기계적 성질 및 가공성을 가지는 것
㉯ 프로텍터 재료 : KS D 3503 (일반구조용 압연강재) SS400의 규격에 적합한 것 또는 이와 동등 이상의 화학적 성분 및 기계적 성질을 가지는 것
㉰ 스커트 재료 : KS D 3533 (고압가스용 강판 및 강대) SG 295 이상의 강도 및 성질을 가지는 것이거나 KS D 3503 (일반구조용 압연강재) SS400 또는 이와 동등 이상의 기계적 성질 및 가공성을 가지는 것
㉱ 넥크링 재료 : KS D 3752 (기계구조용 탄소강재)의 규격에 적합한 것 또는 이와 동등 이상의 기계적 성질 또는 가공성을 가지는 것으로서 탄소함유량이 0.28 % 이하인 것

정답　77. ③　78. ④　79. ④　80. ①

제 5 과목   가스계측기기

81. 다음 중 화학적 가스 분석방법에 해당하는 것은?
① 밀도법   ② 열전도율법
③ 적외선 흡수법   ④ 연소열법

해설 분석계의 종류
(1) 화학적 가스 분석계
   ㉮ 연소열을 이용한 것
   ㉯ 용액흡수제를 이용한 것
   ㉰ 고체 흡수제를 이용한 것
(2) 물리적 가스 분석계
   ㉮ 가스의 열전도율을 이용한 것
   ㉯ 가스의 밀도, 점도차를 이용한 것
   ㉰ 빛의 간섭을 이용한 것
   ㉱ 전기전도도를 이용한 것
   ㉲ 가스의 자기적 성질을 이용한 것
   ㉳ 가스의 반응성을 이용한 것
   ㉴ 적외선 흡수를 이용한 것

82. 가스크로마토그래피의 캐리어가스로 사용하지 않는 것은?
① He   ② N_2 ③ Ar   ④ O_2

해설 캐리어가스 : 수소(H_2), 헬륨(He), 아르곤(Ar), 질소(N_2)

83. 1 kmol의 가스가 0℃, 1기압에서 22.4 m^3의 부피를 갖고 있을 때 기체상수는 얼마인가?
① 0.082 kgf·m/kmol·K
② 848 kgf·m/kmol·K
③ 1.98 kgf·m/kmol·K
④ 8.314 kgf·m/kmol·K

해설 $PV = GRT$에서 1기압은 10332 kgf/m^2이다.
$$\therefore R = \frac{PV}{GT} = \frac{10332 \text{kgf/m}^2 \times 22.4 \text{m}^3}{1 \text{kmol} \times 273 \text{K}}$$
$$= 847.753 ≒ 848 \text{ kgf·m/kmol·K}$$

84. 스프링식 저울의 경우 측정하고자 하는 물체의 무게가 작용하여 스프링의 변위가 생기고 이에 따라 바늘의 변위가 생겨 지시하는 양으로 물체의 무게를 알 수 있다. 이와 같은 측정 방법은?
① 편위법   ② 영위법
③ 치환법   ④ 보상법

해설 측정방법
㉮ 편위법 : 측정량과 관계있는 다른 양으로 변환시켜 측정하는 방법으로 정도는 낮지만 측정이 간단하다. 부르동관 압력계, 스프링식 저울, 전류계 등이 해당된다.
㉯ 영위법 : 기준량과 측정하고자 하는 상태량을 비교 평형시켜 측정하는 것으로 천칭을 이용하여 질량을 측정하는 것이 해당된다.
㉰ 치환법 : 지시량과 미리 알고 있는 다른 양으로부터 측정량을 나타내는 방법으로 다이얼게이지를 이용하여 두께를 측정하는 것이 해당된다.
㉱ 보상법 : 측정량과 거의 같은 미리 알고 있는 양을 준비하여 측정량과 그 미리 알고 있는 양의 차이로써 측정량을 알아내는 방법이다.

85. 가스공급용 저장탱크의 가스저장량을 일정하게 유지하기 위하여 탱크 내부의 압력을 측정하고 측정된 압력과 설정압력(목표압력)을 비교하여 탱크에 유입되는 가스의 양을 조절하는 자동제어계가 있다. 탱크 내부의 압력을 측정하는 동작은 다음 중 어디에 해당하는가?
① 비교   ② 판단
③ 조작   ④ 검출

해설 자동제어계의 동작 순서
㉮ 검출 : 제어대상을 계측기를 사용하여 측정하는 부분
㉯ 비교 : 목표값(기준입력)과 주피드백량과의 차를 구하는 부분
㉰ 판단 : 제어량의 현재값이 목표치와 얼마만큼 차이가 나는가를 판단하는 부분
㉱ 조작 : 판단된 조작량을 제어하여 제어량을 목표값과 같도록 유지하는 부분

정답 81. ④ 82. ④ 83. ② 84. ① 85. ④

86. 염화팔라듐지로 일산화탄소의 누출유무를 확인할 경우 누출이 되었다면 이 시험지는 무슨 색으로 변하는가?
① 검은색　　② 청색
③ 적색　　　④ 오렌지색

[해설] 가스검지 시험지법

검지가스	시험지	반응(변색)
암모니아 (NH$_3$)	적색리트머스지	청색
염소 (Cl$_2$)	KI-전분지	청갈색
포스겐 (COCl$_2$)	해리슨시험지	유자색
시안화수소 (HCN)	초산벤젠지	청색
일산화탄소 (CO)	염화팔라듐지	흑색
황화수소 (H$_2$S)	연당지	회흑색
아세틸렌 (C$_2$H$_2$)	염화제1구리착염지	적갈색

87. 진동이 일어나는 장치의 진동을 억제하는 데 가장 효과적인 제어동작은?
① 뱅뱅동작　　② 비례동작
③ 적분동작　　④ 미분동작

[해설] 미분(D) 동작 : 조작량이 동작신호의 미분치에 비례하는 동작으로 비례동작과 함께 쓰이며 일반적으로 진동이 제어되어 빨리 안정된다.

88. 안지름 30 cm인 어떤 관속에 안지름 15 cm인 오리피스를 설치하여 물의 유량을 측정하려 한다. 압력강하는 0.1 kgf/cm^{2}이고, 유량계수는 0.72일 때 물의 유량은 약 몇 m^3/s인가?
① 0.028 m^3/s　　② 0.28 m^3/s
③ 0.056 m^3/s　　④ 0.56 m^3/s

[해설] ㉮ 교축비 계산
$$m = \frac{D_2^2}{D_1^2} = \frac{15^2}{30^2} = 0.25$$
㉯ 유량 계산
$$Q = CA\sqrt{\frac{2g}{1-m^4} \times \frac{\Delta P}{\gamma}}$$
$$= 0.72 \times \frac{\pi}{4} \times 0.15^2 \times \sqrt{\frac{2 \times 9.8}{1-0.25^4} \times \frac{0.1 \times 10^4}{1000}}$$
$$= 0.0564 \text{ m}^3/\text{s}$$

89. 자동조절계의 비례적분동작에서 적분시간에 대한 설명으로 가장 적당한 것은?
① P 동작에 의한 조작신호의 변화가 I 동작만으로 일어나는데 필요한 시간
② P 동작에 의한 조작신호의 변화가 PI 동작만으로 일어나는데 필요한 시간
③ I 동작에 의한 조작신호의 변화가 PI 동작만으로 일어나는데 필요한 시간
④ I 동작에 의한 조작신호의 변화가 P 동작만으로 일어나는데 필요한 시간

[해설] 비례적분(PI)동작에서 적분시간이란 비례(P)동작에 의한 조작신호의 변화가 적분(I)동작만으로 일어나는데 필요한 시간이다.

90. 머무른 시간 407초, 길이 12.2 m인 컬럼에서의 띠너비를 바닥에서 측정하였을 때 13초이었다. 이 때 단 높이는 몇 mm인가?
① 0.58　② 0.68　③ 0.78　④ 0.88

[해설] ㉮ 이론단수(N) 계산
$$N = 16 \times \left(\frac{Tr}{W}\right)^2 = 16 \times \left(\frac{407}{13}\right)^2 = 15682.745$$
㉯ 이론 단 높이 계산
$$\text{이론 단 높이}(HETP) = \frac{L}{N}$$
$$= \frac{12.2 \times 1000}{15682.745} = 0.777 \text{ mm}$$

91. 다음 〈보기〉에서 설명하는 가스미터는?

〈보 기〉
- 계량이 정확하고 사용 중 기차(器差)의 변동이 거의 없다.
- 설치공간이 크고 수위 조절 등의 관리가 필요하다.

① 막식 가스미터　　② 습식 가스미터
③ 루츠 (Roots)미터　④ 벤투리미터

[정답] 86. ①　87. ④　88. ③　89. ①　90. ③　91. ②

[해설] 습식 가스미터의 특징
㉮ 계량이 정확하다.
㉯ 사용 중에 오차의 변동이 적다.
㉰ 사용 중에 수위 조절 등의 관리가 필요하다.
㉱ 설치면적이 크다.
㉲ 용도 : 기준용, 실험실용
㉳ 용량범위 : 0.2~3000 m³/h

92. 오르사트(Orsat) 가스분석기에 의한 배기 가스 각 성분의 계산식으로 틀린 것은?

① $N_2[\%] = 100 - (CO_2[\%] - O_2[\%] - CO[\%])$

② $CO[\%] = \dfrac{\text{암모니아성 염화제일구리용액 흡수량}}{\text{시료채취량}} \times 100$

③ $O_2[\%] = \dfrac{\text{알칼리성 피로갈롤용액 흡수량}}{\text{시료채취량}} \times 100$

④ $CO_2[\%] = \dfrac{30\% \text{ KOH 용액 흡수량}}{\text{시료채취량}} \times 100$

[해설] N_2(질소)는 전체 시료량(100%)에서 각 성분($CO_2[\%]$, $O_2[\%]$, $CO[\%]$) 양을 제외하는 방법으로 계산한다.

∴ $N_2[\%] = 100 - (CO_2[\%] + O_2[\%] + CO[\%])$
$= 100 - CO_2[\%] - O_2[\%] - CO[\%]$

93. 다음 중 직접식 액면 측정기기는?
① 부자식 액면계
② 벨로스식 액면계
③ 정전용량식 액면계
④ 전기저항식 액면계

[해설] 액면계의 구분
㉮ 직접식 : 직관식, 플로트식(부자식), 검척식
㉯ 간접식 : 압력식, 초음파식, 저항전극식, 정전용량식, 방사선식, 차압식, 다이어프램식, 편위식, 기포식, 슬립 튜브식 등

94. 대규모의 플랜트가 많은 화학공장에서 사용하는 제어방식이 아닌 것은?
① 비율제어(ratio control)
② 요소제어(element control)
③ 종속제어(cascade control)
④ 전치제어(feed forward control)

95. 자동제어에서 희망하는 온도에 일치시키려는 물리량을 무엇이라 하는가?
① 목표값
② 제어대상
③ 되먹임 양
④ 편차량

[해설] 목표값(목표치) : 외부에서 제어량이 그 값에 맞도록 제어계의 외부로부터 주어지는 값이다.

96. 선팽창계수가 다른 두 종류의 금속을 맞대어 온도변화를 주면 휘어지는 것을 이용한 온도계는?
① 저항 온도계
② 바이메탈 온도계
③ 열전대 온도계
④ 유리 온도계

[해설] 바이메탈 온도계의 특징
㉮ 유리 온도계보다 견고하다.
㉯ 구조가 간단하고, 보수가 용이하다.
㉰ 온도 변화에 대한 응답이 늦다.
㉱ 히스테리시스(hysteresis) 오차가 발생되기 쉽다.
㉲ 온도조절 스위치나 자동기록 장치에 사용된다.
㉳ 작용하는 힘이 크다.
㉴ 측정범위 : -50~500℃

97. 모발 습도계에 대한 설명으로 틀린 것은?
① 히스테리시스가 없다.
② 재현성이 좋다.
③ 구조가 간단하고 취급이 용이하다.
④ 한랭지역에서 사용하기가 편리하다.

[해설] 모발 습도계의 특징
㉮ 구조가 간단하고 취급이 쉽다.
㉯ 추운 지역에서 사용하기 편리하다.
㉰ 재현성이 좋다.
㉱ 상대습도가 바로 나타난다.
㉲ 히스테리시스 오차가 있다.
㉳ 시도가 틀리기 쉽다.
㉴ 정도가 좋지 않다.
㉵ 모발의 유효작용기간이 2년 정도이다.

정답 92. ① 93. ① 94. ② 95. ① 96. ② 97. ①

98. 루트식 유량계의 특징에 대한 설명 중 틀린 것은?

① 스트레이너의 설치가 필요하다.
② 맥동에 의한 영향이 대단히 크다.
③ 적은 유량에서는 동작되지 않을 수 있다.
④ 구조가 비교적 복잡하다.

[해설] 루트(roots)형 가스미터의 특징
㉮ 대유량 가스측정에 적합하다.
㉯ 중압가스의 계량이 가능하다.
㉰ 설치면적이 적고, 연속흐름으로 맥동현상이 없다.
㉱ 여과기의 설치 및 설치 후의 유지관리가 필요하다.
㉲ $0.5\,m^3/h$ 이하의 적은 유량에는 부동의 우려가 있다.
㉳ 구조가 비교적 복잡하다.
㉴ 용도 : 대량 수용가
㉵ 용량 범위 : $100 \sim 5000\,m^3/h$

99. 부르동관(Bourdon tube)에 대한 설명 중 틀린 것은?

① 다이어프램압력계보다 고압 측정이 가능하다.
② C형, 와권형, 나선형, 버튼형 등이 있다.
③ 계기 하나로 2공정의 압력차 측정이 가능하다.
④ 곡관에 압력이 가해지면 곡률 반지름이 증대되는 것을 이용한 것이다.

[해설] 부르동관 압력계는 측정할 대상에 부착하여 압력을 측정하므로 계기 하나로 2공정의 압력차를 측정하기 곤란하다.

100. 캐리어가스의 유량이 60 mL/min이고, 기록지의 속도가 3 cm/min일 때 어떤 성분시료를 주입하였더니 주입점에서 성분 피크까지의 길이가 15 cm이었다. 지속용량은 약 몇 mL 인가?

① 100 ② 200 ③ 300 ④ 400

[해설] 지속용량 $= \dfrac{유량 \times 피크길이}{기록지 속도}$
$= \dfrac{60 \times 15}{3} = 300\,mL$

2015년도 시행 문제

▶ 2015년 3월 8일 시행

자격종목	코드	시험시간	형별
가스 기사	1471	2시간 30분	A

제1과목 가스유체역학

1. 37℃, 200 kPa 상태의 N₂의 밀도는 약 몇 kg/m³인가? (단, N의 원자량은 14이다.)
① 0.24 ② 0.45 ③ 1.12 ④ 2.17

해설 $\rho = \dfrac{G[\text{kg}]}{V[\text{m}^3]}$ 이고 $PV = GRT$ 에서

$\therefore \rho = \dfrac{G}{V} = \dfrac{P}{RT} = \dfrac{200}{\dfrac{8.314}{28} \times (273+37)}$

$= 2.172 \text{ kg/m}^3$

2. U자 manometer에 수은(비중 13.6)과 물(비중 1)이 채워져 있고 압력계 읽음이 $R = 32.7$ cm일 때 양쪽 단에서 같은 높이에 있는 물 내부 두 점에서의 압력차는? (단, 물의 밀도는 1000 kg/m³이다.)
① 40400 kgf/cm² ② 40.4 kgf/cm²
③ 40.4 N/m² ④ 40400 N/m²

해설 $\Delta P = (\gamma_2 - \gamma_1) \cdot R$
$= (13.6 \times 1000 - 1000) \times 0.327$
$= 4120.2 \text{ kgf/m}^2$

$\therefore \dfrac{4120.2}{10332} \times 101325 = 40406.432 \text{ Pa}$
$= 40406.432 \text{ N/m}^2$

3. 안지름이 5 cm인 파이프 속에 유속이 3 m/s이고 동점성계수가 2 stokes인 용액이 흐를 때 레이놀즈수는?

① 333 ② 750 ③ 1000 ④ 3000

해설 $Re = \dfrac{\rho DV}{\mu} = \dfrac{DV}{\nu}$
$= \dfrac{5 \times 300}{2} = 750$

4. 기체수송에 사용되는 기계들이 줄 수 있는 압력차를 크기 순서로 옳게 나타낸 것은?
① 팬(fan)<압축기<송풍기(blower)
② 송풍기(blower)<팬(fan)<압축기
③ 팬(fan)<송풍기(blower)<압축기
④ 송풍기(blower)<압축기<팬(fan)

해설 작동압력에 의한 압축기 분류
㉮ 팬(fan) : 10 kPa 미만
㉯ 송풍기(blower) : 10 kPa 이상 0.1 MPa 미만
㉰ 압축기(compressor) : 0.1 MPa 이상

5. 안지름 20cm의 원관 속을 비중이 0.83인 유체가 층류(laminar flow)로 흐를 때 관중심에서의 유속이 48 cm/s이라면 관벽에서 7 cm 떨어진 지점에서의 유체의 속도(cm/s)는?
① 25.52 ② 34.68
③ 43.68 ④ 46.92

해설 ㉮ 안지름 20 cm는 반지름이 10 cm이고, 관벽에서 7 cm 떨어진 지점은 중심에서 3 cm에 해당된다.
㉯ 관벽에서 7cm 떨어진 지점의 유속 계산

$\therefore u = u_{\max}\left(1 - \dfrac{r^2}{r_0^2}\right)$
$= 48 \times \left(1 - \dfrac{3^2}{10^2}\right) = 43.68 \text{ cm/s}$

정답 1. ④ 2. ④ 3. ② 4. ③ 5. ③

6. 2차원 직각좌표계 (x, y)상에서 속도 포텐셜(ϕ, velocity potential)이 $\phi = Ux$로 주어지는 유동장이 있다. 이 유동장의 흐름함수 (ψ, stream function)에 대한 표현식으로 옳은 것은? (단, U는 상수이다.)
① $U(x+y)$ ② $U(-x+y)$
③ Uy ④ $2Ux$

7. 비점성유체에 대한 설명으로 옳은 것은?
① 유체유동 시 마찰저항이 존재하는 유체이다.
② 실제유체를 뜻한다.
③ 유체유동 시 마찰저항이 유발되지 않는 유체를 뜻한다.
④ 전단응력이 존재하는 유체흐름을 뜻한다.

해설 비점성유체(이상유체)와 점성유체(실제유체)
㉮ 비점성유체(이상유체[ideal fluid]) : 점성(粘性)이 없다고 가정한 것으로 유체유동 시 마찰손실이 생기지 않는 유체
㉯ 점성유체(실제유체[real fluid]) : 실제로 존재하는 점성을 가진 것으로 유체유동 시 마찰손실이 생기는 유체

8. 펌프의 종류를 옳게 나타낸 것은?
① 원심펌프 : 벌류트펌프, 베인펌프
② 왕복펌프 : 피스톤펌프, 플런저펌프
③ 회전펌프 : 터빈펌프, 제트펌프
④ 특수펌프 : 벌류트펌프, 터빈펌프

해설 펌프의 분류
(1) 터보식 펌프
  ㉮ 원심펌프 : 벌류트펌프, 터빈펌프
  ㉯ 사류펌프
  ㉰ 축류펌프
(2) 용적식 펌프
  ㉮ 왕복펌프 : 피스톤펌프, 플런저펌프, 다이어프램펌프
  ㉯ 회전펌프 : 기어펌프, 나사펌프, 베인펌프
(3) 특수펌프 : 재생펌프, 제트펌프, 기포펌프, 수격펌프

9. 유체가 흐르는 배관 내에서 갑자기 밸브를 닫았더니 급격한 압력변화가 일어났다. 이때 발생할 수 있는 현상은?
① 공동현상   ② 서징 현상
③ 워터해머 현상   ④ 숏피닝 현상

해설 수격 현상(water hammering) : 펌프에서 물을 압송하고 있을 때 정전 등으로 펌프가 급히 멈춘 경우 관내의 유속이 급변하면 물에 심한 압력변화가 생기는 현상이다.

10. 밀도 1g/cm³인 액체가 들어 있는 개방탱크의 수면에서 1 m 아래의 절대압력은 약 몇 kgf/cm²인가? (단, 이때 대기압은 1.033 kgf/cm²이다.)
① 1.133   ② 1.52   ③ 2.033   ④ 2.52

해설 ㉮ 밀도의 단위 g/cm³ = kg/L과 같다.
㉯ 게이지압력 계산 : 게이지압력은 유체의 비중량과 높이의 곱으로 계산하며, 문제에서 주어진 밀도를 비중으로 적용하여 계산한다.
∴ $P_g = \gamma \times h = \{(1 \times 1000) \times 1\} \times 10^{-4}$
  $= 0.1\ \text{kgf/cm}^2$
㉰ 절대압력 계산
∴ 절대압력 = 대기압 + 게이지압력
  $= 1.033 + 0.1 = 1.133\ \text{kgf/cm}^2$

11. 물이 안지름 2 cm인 원형관을 평균 유속 5 cm/s로 흐르고 있다. 같은 유량이 안지름 1 cm인 관을 흐르면 평균 유속은?
① $\frac{1}{2}$ 만큼 감소   ② 2배로 증가
③ 4배로 증가   ④ 변함없다.

해설 연속의 방정식에서
$A_1 V_1 = A_2 V_2$는 $\frac{\pi}{4} D_1^2 V_1 = \frac{\pi}{4} D_2^2 V_2$이다.

∴ $V_2 = \dfrac{\frac{\pi}{4} \times D_1^2 \times V_1}{\frac{\pi}{4} \times D_2^2} = \dfrac{\frac{\pi}{4} \times 2^2 \times 5}{\frac{\pi}{4} \times 1^2}$
  $= 20\ \text{cm/s}$

정답 6. ③ 7. ③ 8. ② 9. ③ 10. ① 11. ③

$$\therefore \frac{V_2}{V_1} = \frac{20}{5} = 4 \text{ 배}$$

12. 관 속의 난류흐름에서 관 마찰계수 f는?
① 레이놀즈수에는 관계없고 상대조도만의 함수이다.
② 레이놀즈수만의 함수이다.
③ 레이놀즈수와 상대조도의 함수이다.
④ 프루드수와 마하수의 함수이다.

[해설] 난류 흐름에서 관 마찰계수
㉮ 거칠은 관에서 관 마찰계수(f)는 상대조도(e)만의 함수이다 (닉크라드세의 실험식).
$$\frac{1}{\sqrt{f}} = 1.14 - 0.86 \ln\left(\frac{e}{d}\right)$$
㉯ 매끈한 관에서 관 마찰계수는 레이놀즈수의 $\frac{1}{4}$승에 반비례한다(블라시우스의 실험식).
$$f = 0.316 Re^{-\frac{1}{4}}$$

13. 지름이 0.1 m인 관에 유체가 흐르고 있다. 임계레이놀즈수가 2100이고, 이에 대응하는 임계유속이 0.25 m/s이다. 이 유체의 동점성 계수는 약 몇 cm²/s인가?
① 0.095 ② 0.119 ③ 0.354 ④ 0.454

[해설] $Re = \frac{\rho DV}{\mu} = \frac{DV}{\nu}$ 에서
0.1 m = 10 cm, 0.25 m/s = 25 cm/s 이다.
$$\therefore \nu = \frac{DV}{Re} = \frac{10 \times 25}{2100} = 0.119 \text{ cm}^2/\text{s}$$

14. 베르누이 방정식을 실제 유체에 적용할 때 보정해 주기 위해 도입하는 항이 아닌 것은?
① W_p : 펌프일 ② h_f : 마찰손실
③ ΔP : 압력차 ④ η : 펌프효율

[해설] 베르누이 방정식에서 압력차는 압력수두에 해당되므로 보정할 항목이 아니다.

15. 단단한 탱크 속에 2.94 kPa, 5℃의 이상기체가 들어 있다. 이것을 110℃까지 가열하였을 때 압력은 몇 kPa 상승하는가?
① 4.05 ② 3.05 ③ 2.54 ④ 1.11

[해설] ㉮ 110℃까지 가열하였을 때 압력 계산
$$\frac{P_1 V_1}{T_1} = \frac{P_2 V_2}{T_2} \text{에서 } V_1 = V_2 \text{이다.}$$
$$\therefore P_2 = \frac{P_1 T_2}{T_1} = \frac{2.94 \times (273 + 110)}{273 + 5}$$
$$= 4.05 \text{ kPa}$$
㉯ 상승압력 계산
∴ 상승압력 = 가열 후 압력 − 처음 압력
= 4.05 − 2.94 = 1.11 kPa

16. 단면적 0.5 m²의 원관 내을 유량 2 m³/s, 압력 2 kgf/cm²로 물이 흐르고 있다. 이 유체의 전수두는? (단, 위치수두는 무시하고 물의 비중량은 1000 kgf/m³이다.)
① 18.8 m ② 20.8 m
③ 22.4 m ④ 24.4 m

[해설] ㉮ 유체의 속도 계산
$Q = AV$ 에서
$$V = \frac{Q}{A} = \frac{2}{0.5} = 4 \text{ m/s}$$
㉯ 전수두 계산
전수두 = 위치수두 + 압력수두 + 속도수두
$$= Z + \frac{P}{\gamma} + \frac{V^2}{2g} = \frac{2 \times 10^4}{1000} + \frac{4^2}{2 \times 9.8}$$
$$= 20.816 \text{ mH}_2\text{O}$$

17. 직각좌표계에 적용되는 가장 일반적인 연속방정식은 $\frac{\partial \rho}{\partial t} + \frac{\partial(\rho u)}{\partial x} + \frac{\partial(\rho v)}{\partial y} + \frac{\partial(\rho w)}{\partial z} = 0$으로 주어진다. 다음 중 정상상태(steady state)의 유동에 적용되는 연속방정식은?

① $\frac{\partial \rho}{\partial t} + \frac{\partial(\rho u)}{\partial x} + \frac{\partial(\rho v)}{\partial y} + \frac{\partial(\rho w)}{\partial z} = 0$

② $\frac{\partial(\rho u)}{\partial x} + \frac{\partial(\rho v)}{\partial y} + \frac{\partial(\rho w)}{\partial z} = 0$

정답 12. ③ 13. ② 14. ③ 15. ④ 16. ② 17. ②

③ $\frac{\partial u}{\partial x} + \frac{\partial v}{\partial y} + \frac{\partial w}{\partial z} = 0$

④ $\frac{\partial \rho}{\partial t} + \rho \frac{\partial u}{\partial x} + \rho \frac{\partial v}{\partial y} + \rho \frac{\partial w}{\partial z} = 0$

18. 1차원 흐름에서 수직충격파가 발생하면 어떻게 되는가?
① 속도, 압력, 밀도가 증가
② 압력, 밀도, 온도가 증가
③ 속도, 온도, 밀도가 증가
④ 압력, 밀도, 속도가 감소

해설 수직 충격파가 발생하면 압력, 온도, 밀도, 엔트로피가 증가하며 속도는 감소한다.

19. 뉴턴의 점성법칙을 옳게 나타낸 것은? (단, 전단응력은 τ, 유체속도는 u, 점성계수는 μ, 벽면으로부터의 거리는 y로 나타낸다.)
① $\tau = \frac{1}{\mu}\frac{dy}{du}$
② $\tau = \mu \frac{du}{dy}$
③ $\tau = \frac{1}{\mu}\frac{du}{dy}$
④ $\tau = \mu \frac{dy}{du}$

해설 뉴턴의 점성법칙
∴ $\tau = \mu \frac{du}{dy}$
여기서, τ : 전단응력(kgf/m^2)
μ : 점성계수 ($kgf \cdot s/m^2$)
$\frac{du}{dy}$: 속도구배

20. 기준면으로부터 10 m인 곳에 5 m/s로 물이 흐르고 있다. 이때 압력을 재어보니 0.6 kgf/cm²이었다. 전수두는 약 몇 m가 되는가?
① 6.28
② 10.46
③ 15.48
④ 17.28

해설 $H = Z + \frac{P}{\gamma} + \frac{V^2}{2g}$
$= 10 + \frac{0.6 \times 10^4}{1000} + \frac{5^2}{2 \times 9.8}$
$= 17.275$ m

제 2 과목 연소공학

21. 최대안전틈새의 범위가 가장 작은 가연성 가스의 폭발등급은?
① A   ② B   ③ C   ④ D

해설 가연성가스의 폭발등급에 따른 최대안전틈새 범위

구분	A등급	B등급	C등급
내압 방폭구조	0.9 mm 이상	0.5 mm 초과 0.9 mm 미만	0.5 mm 이하
본질안전 방폭구조	0.8 mm 초과	0.45 mm 이상 0.8 mm 이하	0.45 mm 미만

22. 고발열량에 대한 설명 중 틀린 것은?
① 연료가 연소될 때 연소가스 중에 수증기의 응축잠열을 포함한 열량이다.
② $H_h = H_L + H_s = H_L + 600(9H + W)$로 나타낼 수 있다.
③ 진발열량이라고도 한다.
④ 총발열량이다.

해설 고발열량과 저발열량
㉮ 고발열량 : 고위발열량, 총발열량이라 하며, 수증기의 응축잠열이 포함된 열량이다.
㉯ 저발열량 : 저위발열량, 진발열량, 참발열량이라 하며, 수증기의 응축잠열을 포함하지 않은 열량이다.

23. 표준대기압에서 지름 10 cm인 실린더의 피스톤 위에 686 N의 추를 얹어 놓았을 때 평형상태에서 실린더 속의 가스가 받는 절대압력은 약 몇 kPa인가? (단, 피스톤의 중량은 무시한다.)
① 87
② 189
③ 207
④ 309

해설 ㉮ 게이지압력 계산

정답 18. ② 19. ② 20. ④ 21. ③ 22. ③ 23. ②

$$P_g = \frac{W+W'}{a} = \frac{686}{\frac{\pi}{4} \times 0.1^2}$$
$$= 87344.232 \text{ N/m}^2 = 87344.232 \text{ Pa}$$
$$= 87.344 \text{ kPa}$$
㉯ 절대압력 계산
$$\therefore P_a = P_0 + P_g$$
$$= 101.325 + 87.344 = 188.669 \text{ kPa·a}$$

24. 다음 중 액체연료의 연소 형태가 아닌 것은 어느 것인가?
① 등심연소 (wick combustion)
② 증발연소 (vaporizing combustion)
③ 분무연소 (spray combustion)
④ 확산연소 (diffusive combustion)

해설 액체 및 기체연료의 연소 분류
　㉮ 액체연료 : 액면연소, 등심연소, 분무연소, 증발연소
　㉯ 기체연료 : 예혼합연소, 확산연소

25. 층류연소속도에 대한 설명으로 가장 거리가 먼 것은?
① 층류연소속도는 혼합기체의 압력에 따라 결정된다.
② 층류연소속도는 표면적에 따라 결정된다.
③ 층류연소속도는 연료의 종류에 따라 결정된다.
④ 층류연소속도는 혼합기체의 조성에 따라 결정된다.

해설 층류연소속도는 혼합기체의 압력, 연료의 종류, 혼합기체의 조성에 따라 결정된다.

26. 내부에너지의 정의는 어느 것인가?
① (총에너지) - (위치에너지) - (운동에너지)
② (총에너지) - (열에너지) - (운동에너지)
③ (총에너지) - (열에너지) - (위치에너지) - (운동에너지)
④ (총에너지) - (열에너지) - (위치에너지)

해설 내부에너지 : 물체 내부에 저장되어 있는 에너지로 내부에너지는 물체의 총에너지에서 위치에너지와 운동에너지를 제외한 것과 같다.

27. 화염의 안정범위가 넓고 조작이 용이하며 역화의 위험이 없으며 연소실의 부하가 적은 특징을 가지는 연소형태는?
① 분무연소
② 확산연소
③ 분해연소
④ 예혼합연소

해설 확산연소의 특징
　㉮ 조작범위가 넓으며 역화의 위험성이 없다.
　㉯ 가스와 공기를 예열할 수 있고 화염이 안정적이다.
　㉰ 탄화수소가 적은 연료에 적당하다.
　㉱ 조작이 용이하며, 화염이 장염이다.

28. C : 86 %, H_2 : 12 %, S : 2 %의 조성을 갖는 중유 100 kg을 표준상태에서 완전 연소시킬 때 동일 압력, 온도 590 K에서 연소가스의 체적은 약 몇 m^3인가?
① 296 m^3
② 320 m^3
③ 426 m^3
④ 640 m^3

해설 ㉮ 이론산소량에 의한 습연소가스량 계산
$$\therefore G_{0w} = 1.867\text{C} + 11.2\text{H} + 0.7\text{S} + 0.8\text{N} + 1.24\text{W}$$
$$= \{1.867 \times 0.86 + 11.2 \times 0.12 + 0.7 \times 0.02\} \times 100$$
$$= 296.362 \text{ Nm}^3$$
㉯ 590 K에서 체적 계산
$$\frac{P_1 V_1}{T_1} = \frac{P_2 V_2}{T_2} \text{에서 } P_1 = P_2 \text{이다.}$$
$$\therefore V_2 = \frac{V_1 T_2}{T_1}$$
$$= \frac{296.362 \times 590}{273} = 640.489 \text{ m}^3$$

29. 메탄가스 1 Nm^3를 10 %의 과잉공기량으로 완전 연소시켰을 때의 습연소 가스량은 약 몇 Nm^3인가?
① 5.2
② 7.3
③ 9.4
④ 11.6

정답　24. ④　25. ②　26. ①　27. ②　28. ④　29. ④

해설 ㉮ 실제 공기량에 의한 메탄(CH₄)의 완전연소 반응식
$CH_4 + 2O_2 + (N_2) + B \to CO_2 + 2H_2O + (N_2) + B$
㉯ 실제 습연소 가스량 계산
$G_w = G_{0w} + B$
$= CO_2 + H_2O + N_2 + \left\{(m-1) \times \dfrac{O_0}{0.21}\right\}$
$= 1 + 2 + (2 \times 3.76) + \left\{(1.1-1) \times \dfrac{2}{0.21}\right\}$
$= 11.47 \text{ Nm}^3$

30. 실내화재 시 연소열에 의해 천정류(ceiling jet)의 온도가 상승하여 600℃ 정도가 되면 천정류에서 방출되는 복사열에 의하여 실내에 있는 모든 가연물질이 분해되어 가연성 증기를 발생하게 됨으로써 실내 전체가 연소하게 되는 상태를 무엇이라 하는가?
① 발화(ignition)
② 전실화재(flash over)
③ 화염분출(flame gushing)
④ 역화(back draft)

해설 전실화재(flash over) : 화재로 발생한 열이 주변의 모든 물체가 연소되기 쉬운 상태에 도달하였을 때 순간적으로 강한 화염을 분출하면서 내부 전체를 급격히 태워버리는 현상

31. 산소의 성질, 취급 등에 대한 설명으로 틀린 것은?
① 임계압력이 25 MPa이다.
② 산화력이 아주 크다.
③ 고압에서 유기물과 접촉시키면 위험하다.
④ 공기액화분리기 내에 아세틸렌이나 탄화수소가 축적되면 방출시켜야 한다.

해설 산소의 성질
㉮ 임계온도 : -118.4℃
㉯ 임계압력 : 50.1 atm

32. 액체 프로판이 298 K, 0.1 MPa에서 이론 공기를 이용하여 연소하고 있을 때 고발열량은 약 몇 MJ/kg인가? (단, 연료의 증발엔탈피는 370 kJ/kg이고, 기체상태 C₃H₈의 생성엔탈피는 -103909 kJ/kmol, CO₂의 생성엔탈피는 -393757 kJ/kmol, 액체 및 기체상태 H₂O의 생성엔탈피는 각각 -286010 kJ/kmol, -24197 kJ/kmol이다.)
① 44
② 46
③ 50
④ 2205

해설 ㉮ 프로판(C₃H₈)의 완전연소 반응식
$C_3H_8 + 5O_2 \to 3CO_2 + 4H_2O + Q$
㉯ 프로판(C₃H₈) 1kg당 발열량(MJ) 계산 : 프로판 1 kmol은 44 kg이며, 1 MJ은 1000 kJ에 해당된다.
$\therefore -103909 = (-393757 \times 3) + (-286010 \times 4) + Q$
$\therefore Q = \dfrac{(393757 \times 3) + (286010 \times 4) - 103909}{44 \times 1000}$
$= 50.486 \text{ MJ/kg}$

33. 다음 반응 중 폭굉(detonation) 속도가 가장 빠른 것은?
① $2H_2 + O_2$
② $CH_4 + 2O_2$
③ $C_3H_8 + 3O_2$
④ $C_3H_8 + 6O_2$

해설 수소의 폭굉속도는 1400~3500 m/s로 다른 가연성가스에 비하여 빠르다.

34. 연소온도를 높이는 방법으로 가장 거리가 먼 것은?
① 연료 또는 공기를 예열한다.
② 발열량이 높은 연료를 사용한다.
③ 연소용 공기의 산소농도를 높인다.
④ 복사전열을 줄이기 위해 연소속도를 늦춘다.

해설 연소온도를 높이는 방법
㉮ 발열량이 높은 연료를 사용한다.
㉯ 연료를 완전 연소시킨다.
㉰ 가능한 한 적은 과잉공기를 사용한다.
㉱ 연소용 공기 중 산소 농도를 높인다.
㉲ 연료, 공기를 예열하여 사용한다.

정답 30. ② 31. ① 32. ③ 33. ① 34. ④

㉕ 복사 전열을 감소시키기 위해 연소속도를 빨리 할 것

35. 액체연료를 미세한 기름방울로 잘게 부수어 단위 질량당의 표면적을 증가시키고 기름방울을 분산, 주위 공기와의 혼합을 적당히 하는 것을 미립화라 한다. 다음 중 원판, 컵 등의 외주에서 원심력에 의해 액체를 분산시키는 방법에 의해 미립화하는 분무기는?
① 회전체 분무기 ② 충돌식 분무기
③ 초음파 분무기 ④ 정전식 분무기

해설 액체연료의 무화 방법
㉮ 유압 무화식: 연료 자체에 압력을 주어 무화시키는 방법
㉯ 이류체 무화식: 증기, 공기를 이용하여 무화시키는 방법
㉰ 회전 무화식: 원심력을 이용하여 무화시키는 방법
㉱ 충돌 무화식: 연료끼리 혹은 금속판에 충돌시켜 무화시키는 방법
㉲ 진동 무화식: 초음파에 의하여 무화시키는 방법
㉳ 정전기 무화식: 고압 정전기를 이용하여 무화시키는 방법

36. 어떤 Carnot 기관이 4186 kJ의 열을 수취하였다가 2512 kJ의 열을 배출한다면 이 동력기관의 효율은 약 얼마인가?
① 20 %   ② 40 %
③ 67 %   ④ 80 %

해설 $\eta = \dfrac{W}{Q_1} \times 100 = \dfrac{Q_1 - Q_2}{Q_1} \times 100$

$= \dfrac{4186 - 2512}{4186} \times 100 = 39.990\,\%$

37. 디젤 사이클의 작동 순서로 옳은 것은?
① 단열압축 → 정압가열 → 단열팽창 → 정적방열
② 단열압축 → 정압가열 → 단열팽창 → 정압방열
③ 단열압축 → 정적가열 → 단열팽창 → 정적방열
④ 단열압축 → 정적가열 → 단열팽창 → 정압방열

해설 디젤 사이클(diesel cycle): 압축착화기관의 기본 사이클로 2개의 단열과정과 정압과정 1개, 정적과정 1개로 이루어진 사이클이다.
※ 작동순서: 단열압축 → 정압가열 → 단열팽창 → 정적방열

38. 벤젠(C_6H_6)에 대한 최소산소농도(MOC, vol %)를 추산하면? (단, 벤젠의 LFL [연소하한계]는 1.3 [vol%]이다.)
① 7.58   ② 8.55
③ 9.75   ④ 10.46

해설 ㉮ 벤젠(C_6H_6)의 완전연소 반응식
$C_6H_6 + 7.5O_2 \rightarrow 6CO_2 + 3H_2O$
㉯ 최소산소농도(MOC) 계산
$MOC = LFL \times \dfrac{산소몰수}{연료몰수}$
$= 1.3 \times \dfrac{7.5}{1} = 9.75\,\%$

39. 0.3 g의 이상기체가 750 mmHg, 25℃에서 차지하는 용적이 300 mL이다. 이 기체 10 g이 101.325 kPa에서 1 L가 되려면 온도는 약 몇 ℃가 되어야 하는가?
① -243℃   ② -30℃
③ 30℃   ④ 298℃

해설 $PV = \dfrac{W}{M}RT$에서
㉮ 이상기체의 분자량 계산
$M = \dfrac{WRT}{PV}$
$= \dfrac{0.3 \times 0.082 \times (273 + 25)}{\dfrac{750}{760} \times 300 \times 10^{-3}} = 24.761$
㉯ 온도 계산
$T = \dfrac{PVM}{WR} = \dfrac{1 \times 1 \times 24.761}{10 \times 0.082}$
$= 30.196\,K - 273 = -242.803\,℃$

정답 35. ① 36. ② 37. ① 38. ③ 39. ①

40. 가연성가스의 폭발범위에 대한 설명으로 옳지 않은 것은?
① 일반적으로 압력이 높을수록 폭발범위는 넓어진다.
② 가연성 혼합가스의 폭발범위는 고압에서는 상압에 비해 훨씬 넓어진다.
③ 프로판과 공기의 혼합가스에 불연성가스를 첨가하는 경우 폭발범위는 넓어진다.
④ 수소와 공기의 혼합가스는 고온에 있어서는 폭발범위가 상온에 비해 훨씬 넓어진다.
[해설] 가연성 혼합가스에 불연성가스가 첨가되면 산소의 농도가 낮아져 폭발범위는 좁아진다.

제3과목 가스설비

41. 펌프의 실양정(m)을 h, 흡입실양정을 h_1, 송출실양정을 h_2라 할 때 펌프의 실양정 계산식을 옳게 표시한 것은?
① $h = h_2 - h_1$
② $h = \dfrac{h_2 - h_1}{2}$
③ $h = h_1 + h_2$
④ $h = \dfrac{h_1 + h_2}{2}$
[해설] 펌프의 실양정(h) = 흡입 실양정(h_1) + 송출 실양정(h_2)

42. 가스와 공기의 열전도도가 다른 특성을 이용하는 가스검지기는?
① 서모스탯식
② 적외선식
③ 수소염 이온화식
④ 반도체식
[해설] 서모스탯(thermostat)식 : 가스와 공기의 열전도도가 다른 특성을 이용한 가스검지기이다.

43. 산소용기의 내압시험 압력은 얼마인가? (단, 최고충전압력은 15 MPa이다.)
① 12 MPa
② 15 MPa
③ 25 MPa
④ 27.5 MPa
[해설] 압축가스 충전용기 내압시험압력(TP)
$$\therefore TP = 최고충전압력(FP) \times \dfrac{5}{3}$$
$$= 15 \times \dfrac{5}{3} = 25 \text{ MPa}$$

44. 압력조정기를 설치하는 주된 목적은?
① 유량조절
② 발열량조절
③ 가스의 유속조절
④ 일정한 공급압력 유지
[해설] 압력조정기의 기능 : 유출압력 조절로 안정된 연소를 도모하고, 소비가 중단되면 가스를 차단한다.

45. 액화천연가스(메탄 기준)를 도시가스 원료로 사용할 때 액화천연가스의 특징을 바르게 설명한 것은?
① C/H 질량비가 3이고 기화설비가 필요하다.
② C/H 질량비가 4이고 기화설비가 필요 없다.
③ C/H 질량비가 3이고 가스제조 및 정제설비가 필요하다.
④ C/H 질량비가 4이고 개질설비가 필요하다.
[해설] 도시가스 원료로서 LNG의 특징
㉮ 불순물이 제거된 청정연료로 환경문제가 없다.
㉯ LNG 수입기지에 저온 저장설비 및 기화장치가 필요하다.
㉰ 불순물을 제거하기 위한 정제설비는 필요하지 않다.
㉱ 가스제조 및 개질설비가 필요하지 않다.
㉲ 초저온 액체로 설비재료의 선택과 취급에 주의를 요한다.
㉳ 냉열이용이 가능하다.

46. 가스액화 분리장치를 구분할 경우 구성요소에 해당되지 않는 것은?

정답 40. ③ 41. ③ 42. ① 43. ③ 44. ④ 45. ① 46. ①

① 단열장치　　② 냉각장치
③ 정류장치　　④ 불순물 제거장치

[해설] 가스액화 분리장치 구성 기기 : 한랭 발생장치, 정류장치, 불순물 제거장치

47. 독성가스 제조설비의 기준에 대한 설명 중 틀린 것은?
① 독성가스 식별표시 및 위험표시를 할 것
② 배관은 용접이음을 원칙으로 할 것
③ 유지를 제거하는 여과기를 설치할 것
④ 가스의 종류에 따라 이중관으로 할 것

[해설] 독성가스 제조설비의 기준 : ①, ②, ④ 외
㉮ 가스가 누출될 경우 이를 신속히 검지하여 효과적으로 대응할 수 있도록 가스누출검지 경보장치를 설치한다.
㉯ 저장탱크에 부착하는 배관 및 시가지, 주요 하천, 호수 등을 횡단하는 배관에는 긴급차단장치를 설치한다.
㉰ 저장능력 5톤 이상의 독성가스 액화가스 저장탱크 주위에 방류둑을 설치한다.
㉱ 독성가스가 누출될 경우 그 독성가스로 인한 중독을 방지하기 위하여 제독설비를 설치하고 제독제 및 제독작업에 필요한 보호구를 구비한다.
㉲ 독성가스의 가스설비실 및 저장설비실에는 가스가 누출될 경우 이를 중화설비에 이송시켜 흡수 또는 중화할 수 있는 설비를 설치한다.

48. 압력용기라 함은 그 내용물이 액화가스인 경우 35℃에서의 압력 또는 설계압력이 얼마 이상인 용기를 말하는가?
① 0.1 MPa　　② 0.2 MPa
③ 1 MPa　　　④ 2 MPa

[해설] 압력용기 : 35℃에서의 압력 또는 설계압력이 그 내용물이 액화가스인 경우는 0.2 MPa 이상, 압축가스인 경우는 1 MPa 이상인 용기

49. 아세틸렌에 대한 설명으로 틀린 것은?
① 반응성이 대단히 크고 분해 시 발열반응을 한다.
② 탄화칼슘에 물을 가하여 만든다.
③ 액체 아세틸렌보다 고체 아세틸렌이 안정하다.
④ 폭발범위가 넓은 가연성 기체이다.

50. 초저온용기의 단열재의 구비조건으로 가장 거리가 먼 것은?
① 열전도율이 클 것　② 불연성일 것
③ 난연성일 것　　　 ④ 밀도가 작을 것

[해설] 단열재의 구비조건
㉮ 열전도율이 작을 것
㉯ 흡습성, 흡수성이 작을 것
㉰ 적당한 기계적 강도를 가질 것
㉱ 시공성이 좋을 것
㉲ 부피, 비중(밀도)이 작을 것
㉳ 경제적일 것

51. 다음 중 터보형 압축기에 대한 설명으로 옳은 것은?
① 기체흐름이 축방향으로 흐를 때, 깃에 발생하는 양력으로 에너지를 부여하는 방식이다.
② 기체흐름이 축방향과 반지름방향의 중간적 흐름의 것을 말한다.
③ 기체흐름이 축방향에서 반지름방향으로 흐를 때, 원심력에 의하여 에너지를 부여하는 방식이다.
④ 한 쌍의 특수한 형상의 회전체 틈의 변화에 의하여 압력에너지를 부여하는 방식이다.

[해설] 터보형 압축기 : 임펠러의 회전운동(원심력)을 압력과 속도에너지로 전환하여 압력을 상승시키는 형식으로 원심식, 축류식, 혼류식으로 분류된다.

52. 가스배관 내의 압력손실을 작게 하는 방법으로 틀린 것은?

정답　47. ③　48. ②　49. ①　50. ①　51. ③　52. ①

① 유체의 양을 많게 한다.
② 배관 내면의 거칠기를 줄인다.
③ 배관 지름을 크게 한다.
④ 유속을 느리게 한다.

[해설] 가스배관 내의 압력손실을 작게 하는 방법
㉮ 배관 내면의 거칠기를 줄인다.
㉯ 배관 지름을 크게 한다.
㉰ 유속을 느리게 한다.
㉱ 유체의 양을 적게 한다.
㉲ 굴곡부를 적게 한다.
㉳ 최단거리로 한다.

53. CNG 충전소에서 천연가스가 공급되지 않는 지역에 차량을 이용하여 충전설비에 충전하는 방법을 의미하는 것은?
① combination fill
② fast/quick fill
③ mother/daughter fill
④ slow/time fill

54. 액화석유가스 집단공급소의 저장탱크에 가스를 충전하는 경우에 저장탱크 내용적의 몇 %를 넘어서는 아니 되는가?
① 60 %   ② 70 %
③ 80 %   ④ 90 %

[해설] 액화석유가스 충전량
㉮ 저장탱크 : 내용적의 90 %를 넘지 않도록 한다.
㉯ 소형저장탱크 : 내용적의 85 %를 넘지 않도록 한다.

55. 나프타(Naphtha)에 대한 설명으로 틀린 것은?
① 비점 200℃ 이하의 유분이다.
② 파라핀계 탄화수소의 함량이 높은 것이 좋다.
③ 도시가스의 증열용으로 이용된다.
④ 헤비나프타가 옥탄가 높다.

[해설] 가스용 나프타의 구비조건
㉮ 파라핀계 탄화수소가 많을 것
㉯ 유황분이 적을 것
㉰ 카본(carbon) 석출이 적을 것
㉱ 촉매의 활성에 영향을 미치지 않는 것
㉲ 유출온도 종점이 높지 않을 것
※ 헤비나프타의 경우 중질분의 함유량이 증가하기 때문에 가스화 원료로서는 부적당하다.

56. 이음매 없는 용기와 용접용기의 비교 설명으로 틀린 것은?
① 이음매가 없으면 고압에서 견딜 수 있다.
② 용접용기는 용접으로 인하여 고가이다.
③ 만네스만법, 에르하트식 등이 이음매 없는 용기의 제조법이다.
④ 용접용기는 두께공차가 적다.

[해설] 이음매 없는 용기가 용접용기에 비하여 제조비용이 많이 소요된다.

57. 자동절체식 조정기를 사용할 때의 장점에 해당하지 않는 것은?
① 잔류액이 거의 없어질 때까지 가스를 소비할 수 있다.
② 전체 용기의 개수가 수동절체식보다 적게 소요된다.
③ 용기교환 주기를 길게 할 수 있다.
④ 일체형을 사용하면 다단 감압식보다 배관의 압력손실을 크게 해도 된다.

[해설] 자동절체식 조정기 사용 시 장점
㉮ 전체 용기 수량이 수동교체식의 경우보다 적어도 된다.
㉯ 잔액이 거의 없어질 때까지 소비된다.
㉰ 용기 교환주기의 폭을 넓힐 수 있다.
㉱ 분리형을 사용하면 단단 감압식보다 배관의 압력손실을 크게 해도 된다.

58. 조정압력이 3.3 kPa 이하인 조정기의 안전장치의 작동표준압력은?
① 3 kPa   ② 5 kPa
③ 7 kPa   ④ 9 kPa

정답 53. ③ 54. ④ 55. ④ 56. ② 57. ④ 58. ③

[해설] 안전장치 압력
㉮ 작동 표준압력 : 7 kPa
㉯ 작동 개시압력 : 5.6~8.4 kPa
㉰ 작동 정지압력 : 5.04~8.4 kPa

59. LPG 수송관의 이음부분에 사용할 수 있는 패킹재료로 가장 적합한 것은?
① 목재   ② 천연고무
③ 납   ④ 실리콘 고무

[해설] LPG는 천연고무를 용해하는 성질이 있어 패킹재료로는 실리콘 고무가 적합하다.

60. 피스톤 지름 100 mm, 행정거리 150 mm, 회전수 1200 rpm, 체적효율 75 %인 왕복압축기의 압출량은?
① 0.95 m³/min   ② 1.06 m³/min
③ 2.23 m³/min   ④ 3.23 m³/min

[해설] $V = \dfrac{\pi}{4} D^2 L \cdot n \cdot N \cdot \eta_v$
$= \dfrac{\pi}{4} \times 0.1^2 \times 0.15 \times 1 \times 1200 \times 0.75$
$= 1.06 \, \text{m}^3/\text{min}$

제 4 과목 가스안전관리

61. 다음 중 위험장소를 구분할 때 2종 장소가 아닌 것은?
① 밀폐된 용기 또는 설비 안에 밀봉된 가연성가스가 그 용기 또는 설비의 사고로 인해 파손되거나 오조작의 경우에만 누출할 위험이 있는 장소
② 확실한 기계적 환기조치에 따라 가연성가스가 체류하지 않도록 되어 있으나 환기장치에 이상이나 사고가 발생한 경우에는 가연성가스가 체류하여 위험하게 될 우려가 있는 장소
③ 상용상태에서 가연성가스가 체류하여 위험하게 될 우려가 있는 장소
④ 1종 장소의 주변 또는 인접한 실내에서 위험한 농도의 가연성가스가 종종 침입할 우려가 있는 장소

[해설] ③항 : 1종 장소에 해당된다.
※ 1종 장소 : 상용상태에서 가연성가스가 체류하여 위험하게 될 우려가 있는 장소, 정비 보수 또는 누출 등으로 인하여 종종 가연성가스가 체류하여 위험하게 될 우려가 있는 장소

62. 액화석유가스 충전시설의 안전유지기준에 대한 설명으로 틀린 것은?
① 저장탱크의 안전을 위하여 1년에 1회 이상 정기적으로 침하상태를 측정한다.
② 소형저장탱크 주위에 있는 밸브류의 조작은 원칙적으로 자동조작으로 한다.
③ 소형저장탱크의 세이프티커플링의 주밸브는 액봉방지를 위하여 항상 열어둔다.
④ 가스누출검지기와 휴대용 손전등은 방폭형으로 한다.

[해설] 소형저장탱크 주위에 있는 밸브류의 조작은 원칙적으로 수동으로 한다.

63. 고압가스 충전용기의 차량 운반 시 안전대책으로 옳지 않은 것은?
① 충격을 방지하기 위해 와이어로프 등으로 결속한다.
② 염소와 아세틸렌 충전용기는 동일차량에 적재, 운반하지 않는다.
③ 운반 중 충전용기는 항상 56℃ 이하를 유지한다.
④ 독성가스 중 가연성가스와 조연성가스는 동일 차량에 적재하여 운반하지 않는다.

[해설] 운행 중에는 직사광선을 받는 기회가 많으므로 충전용기 등의 온도상승을 방지하는 조치를 하여 온도가 40℃ 이하가 되도록 한다.

정답 59. ④ 60. ② 61. ③ 62. ② 63. ③

64. 산소기체가 30 L의 용기에 27℃, 150 atm으로 압축 저장되어 있다. 이 용기에는 약 몇 kg의 산소가 충전되어 있는가?

① 5.9　② 7.9　③ 9.6　④ 10.6

[해설] $PV = \dfrac{W}{M}RT$에서

∴ $W = \dfrac{PVM}{RT}$

$= \dfrac{150 \times 30 \times 32}{0.082 \times (273+27) \times 1000}$

$= 5.853 \, kg$

65. 독성가스인 포스겐을 운반하고자 할 경우에 반드시 갖추어야 할 보호구 및 자재가 아닌 것은?

① 방독마스크　② 보호장갑
③ 제독제 및 공구　④ 소화설비 및 공구

[해설] 보호장비 비치
㉮ 독성가스의 종류에 따른 방독면(방독마스크), 고무장갑, 고무장화 그 밖의 보호구와 재해 발생방지를 위한 응급조치에 필요한 제독제, 자재 및 공구 등을 비치한다.
㉯ 독성가스 중 가연성가스를 차량에 적재하여 운반하는 경우에 소화설비를 비치한다.
※ 포스겐은 독성가스에 해당되지만 불연성 가스이기 때문에 소화설비는 갖추지 않아도 된다.

66. 액화석유가스 취급에 대한 설명으로 옳은 것은?

① 자동차에 고정된 탱크는 저장탱크 외면으로부터 2 m 이상 떨어져 정지한다.
② 소형용접용기에 가스를 충전할 때에는 가스압력이 40℃에서 0.62 MPa 이하가 되도록 한다.
③ 충전용 주관의 모든 압력계는 매년 1회 이상 표준이 되는 압력계로 비교 검사한다.
④ 공기 중의 혼합비율이 0.1 v% 상태에서 감지할 수 있도록 냄새나는 물질(부취제)을 충전한다.

[해설] 각 항목의 옳은 설명
① 자동차에 고정된 탱크는 저장탱크 외면으로부터 3 m 이상 떨어져 정지한다.
② 소형용접용기에 가스를 충전할 때에는 가스압력이 40℃에서 0.52 MPa 이하가 되도록 하여야 하며, 가스 성분은 프로판+프로필렌은 10 mol% 이하, 부탄+부틸렌은 90 mol% 이상이어야 한다.
③ 충전용 주관의 압력계는 매월 1회 이상, 그 밖의 압력계는 1년에 1회 이상 국가표준기본법에 따른 교정을 받은 압력계로 그 기능을 검사한다.

67. 상용압력이 40.0 MPa의 고압가스설비에 설치된 안전밸브의 작동 압력은 얼마인가?

① 33 MPa　② 35 MPa
③ 43 MPa　④ 48 MPa

[해설] 안전밸브 작동압력 = 내압시험압력 × $\dfrac{8}{10}$

= (상용압력 × 1.5) × $\dfrac{8}{10}$

= (40.0 × 1.5) × $\dfrac{8}{10}$ = 48 MPa

68. 폭발에 대한 설명으로 옳은 것은?

① 폭발은 급격한 압력의 발생 등으로 심한 음을 내며 팽창하는 현상으로 화학적인 원인으로만 발생한다.
② 가스의 발화에는 전기불꽃, 마찰, 정전기 등의 외부 발화원이 반드시 필요하다.
③ 최소발화에너지가 큰 혼합가스는 안전간격이 작다.
④ 아세틸렌, 산화에틸렌, 수소는 산소 중에서 폭굉을 발생하기 쉽다.

[해설] 각 항목의 옳은 설명
① 폭발은 물리적인 원인에 의해서도 발생한다.
② 내부 발화원에 의해서도 발화가 된다.
③ 최소발화에너지가 작은 혼합가스는 안전간격이 작다.

69. 다음 중 정전기를 억제하기 위한 방법이 아닌 것은?
① 접지(grounding)한다.
② 접촉 전위차가 큰 재료를 선택한다.
③ 정전기의 중화 및 전기가 잘 통하는 물질을 사용한다.
④ 습도를 높여준다.
[해설] 접촉 전위차가 작은 재료를 선택한다.

70. 아세틸렌을 용기에 충전할 때의 충전 중의 압력은 얼마 이하로 하여야 하는가?
① 1 MPa 이하 ② 1.5 MPa 이하
③ 2 MPa 이하 ④ 2.5 MPa 이하
[해설] 아세틸렌 용기 압력
㉮ 충전 중의 압력 : 온도에 관계없이 2.5 MPa 이하
㉯ 충전 후의 압력 : 15℃에서 1.5 MPa 이하

71. 내용적이 50 L 이상 125 L 미만인 LPG용 용접용기의 스커트 통기 면적은?
① 100 mm² 이상 ② 300 mm² 이상
③ 500 mm² 이상 ④ 1000 mm² 이상
[해설] LPG용 용접용기 스커트 통기 면적

용기의 종류 (내용적)	필요한 면적
20 L 이상 25 L 미만	300 mm² 이상
25 L 이상 50 L 미만	500 mm² 이상
50 L 이상 125 L 미만	1000 mm² 이상

※ 통기구멍은 3개소 이상 설치한다.

72. 충전된 가스를 전부 사용한 빈 용기의 밸브는 닫아두는 것이 좋다. 주된 이유로서 가장 거리가 먼 것은?
① 외기 공기에 의한 용기 내면의 부식
② 용기 내 공기의 유입으로 인해 재충전 시 충전량 감소
③ 용기의 안전밸브 작동 방지
④ 용기 내 공기의 유입으로 인한 폭발성 가스의 형성
[해설] 빈 용기는 내부에 가스가 없으므로 내부 압력 상승으로 안전밸브가 작동될 가능성은 적다.

73. 시안화수소의 안전성에 대한 설명으로 틀린 것은?
① 순도 98 % 이상으로서 착색된 것은 60일을 경과할 수 있다.
② 안정제로는 아황산, 황산 등을 사용한다.
③ 맹독성가스이므로 흡수장치나 재해방지장치를 설치해야 한다.
④ 1일 1회 이상 질산구리벤젠지로 누출을 검지해야 한다.
[해설] 순도가 98 % 이상으로서 착색되지 아니한 것은 60일이 경과되기 전에 다른 용기에 옮겨 충전하지 아니할 수 있다.

74. 고압가스 특정제조시설에서 배관을 지하에 매설할 경우 지하도로 및 터널과 최소 몇 m 이상의 수평거리를 유지하여야 하는가?
① 1.5 m ② 5 m ③ 8 m ④ 10 m
[해설] 지하매설 시 유지거리
㉮ 건축물과는 1.5 m 이상, 지하도로 및 터널과는 10 m 이상
㉯ 독성가스 배관은 수도시설과 300 m 이상
㉰ 지하의 다른 시설물과 0.3 m 이상

75. LPG 용기 보관실의 바닥면적이 40 m² 이라면 환기구의 최소 통풍 가능 면적은?
① 10000 cm² ② 11000 cm²
③ 12000 cm² ④ 13000 cm²
[해설] 환기구 (통풍구) 크기는 바닥면적 1 m² 마다 300 cm²의 비율로 계산된 면적 이상을 확보하며, 1개소 면적은 2400 cm² 이하로 한다.
∴ 통풍구면적 = 40 × 300 = 12000 cm²

정답 69. ② 70. ④ 71. ④ 72. ③ 73. ① 74. ④ 75. ③

76. 저장탱크의 긴급차단장치에 대한 설명으로 옳은 것은?
① 저장탱크의 주밸브와 겸용하여 사용할 수 있다.
② 저장탱크에 부착된 액배관에는 긴급차단장치를 설치한다.
③ 저장탱크의 외면으로부터 2 m 이상 떨어진 곳에서 조작할 수 있어야 한다.
④ 긴급차단장치는 방류둑 내측에 설치하여야 한다.

[해설] 각 항목의 옳은 설명
① 저장탱크의 주밸브(main valve)와 겸용하여 사용할 수 없다.
③ 저장탱크의 외면으로부터 5 m 이상 떨어진 곳에서 조작할 수 있어야 한다.
④ 긴급차단장치를 조작할 수 있는 위치는 방류둑 등을 설치한 경우에는 그 외측에 설치한다.

77. 액화가스를 충전하는 차량의 탱크 내부에 액면 요동방지를 위하여 설치하는 것은?
① 콕
② 긴급 탈압밸브
③ 방파판
④ 충전관

[해설] 방파판 설치기준
㉮ 면적 : 탱크 횡단면적의 40 % 이상
㉯ 위치 : 상부 원호부 면적이 탱크 횡단면의 20 % 이하가 되는 위치
㉰ 두께 : 3.2 mm 이상
㉱ 설치 수 : 탱크 내용적 5 m^3 이하마다 1개씩

78. 다음 중 용기보관장소에 대한 설명으로 틀린 것은?
① 용기보관장소의 주위 2 m 이내에 화기 또는 인화성물질 등을 치웠다.
② 수소용기 보관장소에는 겨울철 실내온도가 내려가므로 상부의 통풍구를 막았다.
③ 가연성가스의 충전용기 보관실은 불연재료를 사용하였다.
④ 가연성가스와 산소의 용기보관실은 각각 구분하여 설치하였다.

[해설] 수소는 공기보다 가벼운 가스이므로 누설 시 상부로 확산되므로 통풍구는 항시 개방되어 있어야 하며, 용기 보관장소는 40℃ 이하로 유지하면 된다.

79. 고압가스 냉동제조시설에서 냉동능력 20 ton 이상의 냉동설비에 설치하는 압력계의 설치기준으로 옳지 않은 것은?
① 압축기의 토출압력 및 흡입압력을 표시하는 압력계를 보기 쉬운 곳에 설치한다.
② 강제윤활방식인 경우에는 윤활압력을 표시하는 압력계를 설치한다.
③ 강제윤활방식인 것은 윤활유 압력에 대한 보호장치가 설치되어 있는 경우 압력계를 설치한다.
④ 발생기에는 냉매가스의 압력을 표시하는 압력계를 설치한다.

[해설] 냉동능력 20 ton 이상의 냉동설비에 설치하는 압력계의 설치기준
㉮ 압축기의 토출압력 및 흡입압력을 표시하는 압력계를 보기 쉬운 곳에 설치한다.
㉯ 압축기가 강제 윤활방식인 경우에는 윤활유 압력을 표시하는 압력계를 표시한다. 다만, 윤활유 압력에 대한 보호장치가 있는 경우에는 압력계를 설치하지 아니할 수 있다.
㉰ 발생기에는 냉매가스의 압력을 표시하는 압력계를 설치한다.

80. 차량에 고정된 탱크의 내용적에 대한 설명으로 틀린 것은?
① LPG 탱크의 내용적은 1만 8천L를 초과해서는 안 된다.
② 산소 탱크의 내용적은 1만 8천L를 초과해서는 안 된다.
③ 염소 탱크의 내용적은 1만 2천L를 초과해서는 안 된다.

정답 76. ② 77. ③ 78. ② 79. ③ 80. ①

④ 액화천연가스 탱크의 내용적은 1만 8천L를 초과해서는 안 된다.

[해설] 차량에 고정된 탱크 내용적 제한
㉮ 가연성(LPG 제외), 산소 : 18000 L 초과 금지
㉯ 독성가스 (암모니아 제외) : 12000 L 초과 금지

제 5 과목 가스계측기기

81. 기체 크로마토그래피에서 분리도(resolution)와 컬럼 길이의 상관관계는?
① 분리도는 컬럼 길이의 제곱근에 비례한다.
② 분리도는 컬럼 길이에 비례한다.
③ 분리도는 컬럼 길이의 2승에 비례한다.
④ 분리도는 컬럼 길이의 3승에 비례한다.

[해설] $R = \dfrac{2(t_2 - t_1)}{W_1 + W_2}$

$= \dfrac{\sqrt{N}}{4} \times \dfrac{k}{k+1} \times \dfrac{\alpha - 1}{\alpha}$

$= \dfrac{1}{4} \times \sqrt{\dfrac{L}{H}} \times \dfrac{k}{k+1} \times \dfrac{\alpha - 1}{\alpha}$

∴ 분리도(R)는 컬럼 길이(L)의 제곱근에 비례하고, 이론단 높이(H)의 제곱근에 반비례한다.

여기서, N : 이론단수
L : 컬럼길이
H : 이론단 높이
t_1, t_2 : 1번, 2번 성분의 보유시간(s)
W_1, W_2 : 1번 2번 성분의 피크 폭(s)
α : 분리계수
k : 피크 2의 보관유지계수

82. 루트 가스미터에 대한 설명 중 틀린 것은?
① 설치장소가 작아도 된다.
② 대유량 가스 측정에 적합하다.
③ 중압가스의 계량이 가능하다.
④ 계량이 정확하여 기준기로 사용된다.

[해설] 루트(roots)형 가스미터의 특징
㉮ 대유량 가스 측정에 적합하다.
㉯ 중압가스의 계량이 가능하다.
㉰ 설치면적이 적고, 연속흐름으로 맥동현상이 없다.
㉱ 여과기의 설치 및 설치 후의 유지관리가 필요하다.
㉲ $0.5 m^3/h$ 이하의 적은 유량에는 부동의 우려가 있다.
㉳ 구조가 비교적 복잡하다.
㉴ 용도는 대량 수용가에 적합하다.
㉵ 용량 범위는 100~5000 m^3/h이다.
※ 기준기로 사용되는 것은 습식 가스미터이다.

83. 실온 22℃, 습도 45 %, 기압 765 mmHg인 공기의 증기 분압(P_w)은 약 몇 mmHg인가? (단, 공기의 가스상수는 29.27 kg·m/kg·K, 22℃에서 포화압력(P_s)은 18.66 mmHg이다.)
① 4.1   ② 8.4   ③ 14.3   ④ 16.7

[해설] $\phi = \dfrac{수증기 분압(P_w)}{t[℃]에서의 포화 수증기압(P_s)}$ 에서

$P_w = \phi \cdot P_s = 0.45 \times 18.66 = 8.397$ mmHg

84. 점도의 차원은? (단, 차원기호는 M : 질량, L : 길이, T : 시간이다.)
① MLT^{-1} ② $ML^{-1}T^{-1}$
③ $M^{-1}LT^{-1}$ ④ $M^{-1}L^{-1}T$

[해설] 점도(μ)의 단위 및 차원
㉮ 공학단위 : $kgf \cdot s/m^2 = FL^{-2}T$
㉯ 절대단위 : $kg/m \cdot s = ML^{-1}T^{-1}$

85. 루트미터와 습식 가스미터 특징 중 루트미터의 특징에 해당되는 것은?
① 유량이 정확하다.
② 사용 중 수위조정 등의 관리가 필요하다.
③ 실험실용으로 적합하다.
④ 설치 공간이 적게 필요하다.

정답 81. ① 82. ④ 83. ② 84. ② 85. ④

[해설] 습식 가스미터의 특징
㉮ 계량이 정확하다.
㉯ 사용 중에 오차의 변동이 적다.
㉰ 사용 중에 수위조정 등의 관리가 필요하다.
㉱ 설치면적이 크다.
㉲ 용도는 기준용, 실험실용에 사용한다.
㉳ 용량범위는 0.2~3000 m³/h이다.
※ 루트형 가스미터의 특징은 82번 해설 참고

86. 단위계의 종류가 아닌 것은?
① 절대단위계 ② 실제단위계
③ 중력단위계 ④ 공학단위계

[해설] 단위계의 종류
(1) 절대 단위 및 공학 단위
  ㉮ 절대 단위계 : 단위 기본량을 질량, 길이, 시간으로 하여 이들의 단위를 사용하여 유도된 단위
  ㉯ 공학 단위(중력단위)계 : 질량 대신 중량을 사용하여 유도된 단위
(2) 미터 단위 및 야드 단위
  ㉮ 미터 단위계 : 길이를 cm, m, km, 질량을 g, kg, 시간을 초(s), 분(min), 시간(h)으로 사용하는 단위
  ㉯ 야드 단위계: 길이를 피트(ft), 야드(yd), 질량을 파운드(lb), 시간을 초(s), 분(min), 시간(h)으로 사용하는 단위

87. 헴펠(Hempel)법으로 가스분석을 할 경우 분석가스와 흡수액이 잘못 연결된 것은?
① CO_2 - 수산화칼륨 용액
② O_2 - 알칼리성 피로갈롤 용액
③ C_mH_n - 무수황산 25 %를 포함한 발연 황산
④ CO - 염화암모늄 용액

[해설] 헴펠(Hempel)법 분석순서 및 흡수제

순서	분석가스	흡수제
1	CO_2	KOH 30 % 수용액
2	C_mH_n	발연황산
3	O_2	피로갈롤 용액
4	CO	암모니아성 염화 제1구리 용액

88. 유압식 조절계의 제어동작에 대한 설명으로 옳은 것은?
① P 동작이 기본이고 PI, PID 동작이 있다.
② I 동작이 기본이고 P, PI 동작이 있다.
③ P 동작이 기본이고 I, PID 동작이 있다.
④ I 동작이 기본이고 PI, PID 동작이 있다.

89. 검지가스와 누출 확인 시험지가 잘못 연결된 것은?
① 일산화탄소 (CO) - 염화칼륨지
② 포스겐 ($COCl_2$) - 하리슨 시험지
③ 시안화수소 (HCN) - 초산벤젠지
④ 황화수소 (H_2S) - 연당지(초산납 시험지)

[해설] 가스검지 시험지법

검지가스	시험지	반응 (변색)
암모니아 (NH_3)	적색리트머스지	청색
염소 (Cl_2)	KI-전분지	청갈색
포스겐 ($COCl_2$)	하리슨시험지	유자색
시안화수소 (HCN)	초산벤젠지	청색
일산화탄소 (CO)	염화팔라듐지	흑색
황화수소 (H_2S)	연당지	회흑색
아세틸렌 (C_2H_2)	염화제1동착염지	적갈색

90. 습한 공기 205 kg 중 수증기가 35 kg 포함되어 있다고 할 때 절대습도(kg/kg)는?(단, 공기와 수증기의 분자량은 각각 29, 18로 한다.)
① 0.206 ② 0.171 ③ 0.128 ④ 0.106

[해설] $X = \dfrac{G_w}{G_a} = \dfrac{G_w}{G - G_w}$
$= \dfrac{35}{205 - 35} = 0.206 \text{ kg/kg}$

91. 제어기의 신호전송 방법 중 유압식 신호전송의 특징이 아닌 것은?
① 사용 유압은 0.2~1 kgf/cm² 정도이다.
② 전송거리는 100~150 m 정도이다.

정답 86. ② 87. ④ 88. ② 89. ① 90. ① 91. ②

③ 전송지연이 작고 조작력이 크다.
④ 조작속도와 응답속도가 빠르다.

[해설] 유압식 신호전송의 특징
㉮ 조작속도와 응답속도가 빠르다.
㉯ 전송지연이 작고 조작력이 크다.
㉰ 녹이 발생하지 않는다.
㉱ 인화의 위험성이 따른다.
㉲ 주위온도 영향을 받는다.
㉳ 유압원을 필요로 한다.
㉴ 오일의 유동 저항을 고려하여야 한다.
㉵ 전송거리는 300 m 정도이다.

92. 그림과 같이 원유 탱크에 원유가 채워져 있고, 원유 위의 가스압력을 측정하기 위하여 수은 마노미터를 연결하였다. 주어진 조건하에서 P_g의 압력(절대압)은? (단, 수은, 원유의 밀도는 각각 13.6 g/cm³, 0.86 g/cm³, 중력가속도는 9.8 m/s²이다.)

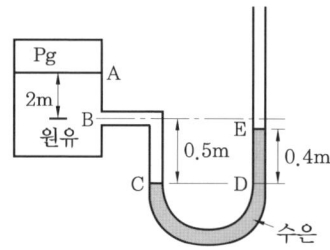

① 69.1 kPa   ② 101.3 kPa
③ 133.5 kPa   ④ 175.8 kPa

[해설] 절대압력 = 대기압 + 게이지압력이므로
$P_g = P_0 + (\gamma_2 \cdot h_2 - \gamma_1 \cdot h_1)$
$= 10332 + (13.6 \times 10^3 \times 0.4 - 0.86 \times 10^3 \times 2.5)$
$= 13622 \text{ kgf/m}^2 \cdot a$
$\therefore \text{ kPa} = \dfrac{13622}{10332} \times 101.325 = 133.589 \text{ kPa} \cdot a$

93. 기체크로마토그래피의 열린관 컬럼 중 유연성이 있고, 화학적 비활성이 우수하여 널리 사용되고 있는 것은?
① 충전 컬럼
② 지지체도포 열린관 컬럼(SCOT)
③ 벽도포 열린관 컬럼(FSEC)
④ 용융실리카도포 열린관 컬럼(FSWC)

94. 계측기의 선정 시 고려사항으로 가장 거리가 먼 것은?
① 정확도와 정밀도   ② 감도
③ 견고성 및 내구성   ④ 지시방식

[해설] 계측기기 선택 시 고려사항
㉮ 측정범위, 정확도 및 정밀도
㉯ 정도 및 감도
㉰ 측정대상 및 사용조건
㉱ 설치장소의 주위여건
㉲ 견고성 및 내구성

95. 물리량은 몇 개의 독립된 기본단위(기본량)의 나누기와 곱하기의 형태로 표시할 수 있다. 이를 각각 길이(L), 질량(M), 시간(T)의 관계로 표시할 때 다음의 관계가 맞는 것은?
① 압력 : $ML^{-1}T^{-2}$
② 에너지 : ML^2T^{-1}
③ 동력 : ML^2T^{-2}
④ 밀도 : ML^{-2}

[해설] 각 단위의 차원
(1) 압력
㉮ 절대단위 : N/m² = kg/m·s² → $ML^{-1}T^{-2}$
㉯ 공학단위 : kgf/m² → FL^{-2}
(2) 에너지(일)
㉮ 절대단위 : J = N·m
      = kg·m/s² → ML^2T^{-2}
㉯ 공학단위 : kgf·m → FL
(3) 동력
㉮ 절대단위 : W = J/s
      = kg·m²/s³ → ML^2T^{-3}
㉯ 공학단위 : kgf·m/s → FLT^{-1}
(4) 밀도
㉮ 절대단위 : kg/m³ → ML^{-3}
㉯ 공학단위 : kgf·s²/m⁴ → $FL^{-4}T^2$

96. 깊이 3 m의 탱크에 사염화탄소가 가득 채

워져 있다. 밑바닥에서 받는 압력은 약 몇 kgf/m²인가? (단, CCl₄의 비중은 20℃일 때 1.59, 물의 비중량은 998.2 kgf/m³ (20℃)이고, 탱크 상부는 대기압과 같은 압력을 받는다.)
① 15093 ② 14761
③ 10806 ④ 5521

[해설] 절대압력 = 대기압 + 게이지압력
$= 10332 + (1.59 \times 998.2 \times 3)$
$= 15093.414 \ kgf/m^2$

97. 스프링식 저울로 무게를 측정할 경우 다음 중 어떤 방법에 속하는가?
① 치환법 ② 보상법
③ 영위법 ④ 편위법

[해설] 측정방법
㉮ 편위법 : 측정량과 관계있는 다른 양으로 변환시켜 측정하는 방법으로 정도는 낮지만 측정이 간단하다. 부르동관 압력계, 스프링식 저울, 전류계 등이 해당된다.
㉯ 영위법 : 기준량과 측정하고자 하는 상태량을 비교 평형시켜 측정하는 것으로 천칭을 이용하여 질량을 측정하는 것이 해당된다.
㉰ 치환법 : 지시량과 미리 알고 있는 다른 양으로부터 측정량을 나타내는 방법으로 다이얼게이지를 이용하여 두께를 측정하는 것이 해당된다.
㉱ 보상법 : 측정량과 거의 같은 미리 알고 있는 양을 준비하여 측정량과 그 미리 알고 있는 양의 차이로서 측정량을 알아내는 방법이다.

98. 반도체식 가스누출 검지기의 특징에 대한 설명으로 옳은 것은?
① 안정성은 떨어지지만 수명이 길다.
② 가연성가스 이외의 가스는 검지할 수 없다.
③ 소형, 경량화가 가능하며 응답속도가 빠르다.
④ 미량가스에 대한 출력이 낮으므로 감도는 좋지 않다.

[해설] 반도체 가스누출 검지기의 특징
㉮ 안정성이 우수하며 수명이 길다.
㉯ 가연성가스 이외의 가스에도 감응한다 (독성가스, 가연성가스 검지 가능).
㉰ 반도체 소결온도 전후(300~400℃)로 가열해 준다.
㉱ 농도가 낮은 가스에 민감하게 반응하며 고감도로 검지할 수 있다.

99. 막식 가스미터의 부동현상에 대한 설명으로 가장 옳은 것은?
① 가스가 미터를 통과하지만 지침이 움직이지 않는 고장
② 가스가 미터를 통과하지 못하는 고장
③ 가스가 누출되고 있는 고장
④ 가스가 통과될 때 미터가 이상음을 내는 고장

[해설] 막식 가스미터의 부동(不動) : 가스는 계량기를 통과하나 지침이 작동하지 않는 고장으로 계량막의 파손, 밸브의 탈락, 밸브와 밸브시트 사이에서의 누설, 지시장치 기어 불량 등이 원인이다.

100. 대기압이 750 mmHg일 때 탱크 내의 기체압력이 게이지압력으로 1.96 kgf/cm²이었다. 탱크 내 이 기체의 절대압력은 약 얼마인가?
① 1 kgf/cm² ② 2 kgf/cm²
③ 3 kgf/cm² ④ 4 kgf/cm²

[해설] 절대압력 = 대기압 + 게이지압력
$= \left(\dfrac{750}{760} \times 1.0332 \right) + 1.96$
$= 2.9796 \ kgf/cm^2 \cdot a$

정답 97. ④ 98. ③ 99. ① 100. ③

▶ 2015년 5월 31일 시행

자격종목	종목코드	시험시간	형 별	수험번호	성 명
가스 기사	1471	2시간 30분	B		

제1과목 가스유체역학

1. 다음 중 등엔트로피 과정은?
① 가역 단열 과정
② 비가역 등온 과정
③ 수축과 확대 과정
④ 마찰이 있는 가역적 과정
[해설] ㉮ 가역 단열 과정 : 엔트로피 일정(등엔트로피 과정)
㉯ 비가역 단열 과정 : 엔트로피 증가

2. 아음속 등엔트로피 흐름의 축소 – 확대 노즐에서 확대되는 부분에서의 변화로 옳은 것은?
① 속도는 증가하고, 밀도는 감소한다.
② 압력 및 밀도는 감소한다.
③ 속도 및 밀도는 증가한다.
④ 압력은 증가하고, 속도는 감소한다.
[해설] 아음속 등엔트로피 흐름의 축소 – 확대 노즐에서 축소 부분에서는 마하수와 속도가 증가하고 압력, 온도, 밀도는 감소하며 확대 부분에서는 마하수와 속도는 감소하고 압력, 온도, 밀도는 증가한다.

3. 질량 보존의 법칙을 유체 유동에 적용한 방정식은?
① 오일러 방정식 ② 달시 방정식
③ 운동량 방정식 ④ 연속 방정식
[해설] 질량 보존의 법칙 : 질량은 생겨나지도 소멸되지도 않는 것으로 연속 방정식에 적용한다.
㉮ 체적유량 $Q[m^3/s] = A \cdot V$
㉯ 질량유량 $M[kg/s] = \rho \cdot A \cdot V$
㉰ 중량유량 $G[kgf/s] = \gamma \cdot A \cdot V$

4. 관에서의 마찰계수 f에 대한 일반적인 설명으로 옳은 것은?
① 레이놀즈수와 상대조도의 함수이다.
② 마하수의 함수이다.
③ 점성력과는 관계가 없다.
④ 관성력만의 함수이다.
[해설] 수평원형관에서 관마찰계수(f)는 레이놀즈수(Re)와 상대조도$\left(\dfrac{e}{d}\right)$의 함수이다.
㉮ 층류구역 : $f = \dfrac{64}{Re}$
㉯ 난류구역 : $\dfrac{1}{\sqrt{f}} = 1.14 - 0.86\ln\left(\dfrac{e}{d}\right)$

5. 다음 중 옳은 설명을 모두 나타낸 것은?

> ㉠ 정상류는 모든 점에서의 흐름 특성이 시간에 따라 변하지 않는 흐름이다.
> ㉡ 유맥선은 한 개의 유체 입자에 대한 순간 궤적이다.

① ㉠   ② ㉡
③ ㉠, ㉡   ④ 모두 틀림
[해설] 유맥선 : 모든 유체 입자가 공간 내의 한 점을 지나는 순간 궤적

6. 다음 중 압축성 유체의 1차원 유동에서 수직 충격파 구간을 지나는 기체의 성질 변화로 옳은 것은?
① 속도, 압력, 밀도가 증가한다.
② 속도, 온도, 밀도가 증가한다.
③ 압력, 밀도, 온도가 증가한다.
④ 압력, 밀도, 단위시간당 운동량이 증가한다.

정답 1. ① 2. ④ 3. ④ 4. ① 5. ① 6. ③

해설 수직 충격파가 발생하면 압력, 온도, 밀도, 엔트로피가 증가하며 속도는 감소한다.

7. 25℃에서 비열비가 1.4인 공기가 이상기체라면, 이 공기의 실제 속도가 458 m/s일 때 마하수는 얼마인가? (단, 공기의 평균 분자량은 29로 한다.)
① 1.25 ② 1.32
③ 1.42 ④ 1.49

해설 $M = \dfrac{V}{C} = \dfrac{V}{\sqrt{kRT}} = \dfrac{V}{\sqrt{k \times \dfrac{8314}{M} \times T}}$

$= \dfrac{458}{\sqrt{1.4 \times \dfrac{8314}{29} \times (273+25)}}$

$= 1.324$

8. 다음 중 층류와 난류에 대한 설명으로 틀린 것은?
① 층류는 유체 입자가 층을 형성하여 질서 정연하게 흐른다.
② 곧은 원관 속의 흐름이 층류일 때 전단응력은 원관의 중심에서 0이 된다.
③ 난류 유동에서의 전단응력은 일반적으로 층류 유동보다 작다.
④ 난류 운동에서 마찰저항의 특징은 점성계수의 영향을 받는다.

해설 난류 유동에서의 전단응력은 일반적으로 층류 유동보다 크다.

9. 공기 압축기의 입구 온도는 21℃이며 대기압 상태에서 공기를 흡입하고, 절대압력 350 kPa, 38.6℃로 압축하여 송출구로 평균 속도 30 m/s, 질량유량 10 kg/s로 배출한다. 압축기에 가해진 입력 동력이 450 kW이고, 입구 측의 흡입 속도를 무시하면 압축기에서의 열전달량은 몇 kW인가? (단, 정압 비열 $C_p = 1000 \dfrac{J}{kg \cdot K}$ 이다.)

① 270 kW로 열이 압축기로부터 방출된다.
② 450 kW로 열이 압축기로부터 방출된다.
③ 270 kW로 열이 압축기로 흡수된다.
④ 450 kW로 열이 압축기로 흡수된다.

해설 ㉮ 압축기에서 배출되는 공기에 전달된 열량(동력) 계산 : W = J/s이고 1 kW = 1000 W이다.

$\therefore Q = m \cdot C_p \cdot \Delta T$
$= 10 \times 1000 \times \{(273+38.6) - (273+21)\}$
$= 176000 \text{ J/s} = 176000 \text{ W} = 176 \text{ kW}$

㉯ 압축기에서 열전달량 계산
$\therefore$ 열전달량 = 입력 열량(동력) − 공기에 전달된 열량 = 450 − 176 = 274 kW
$\therefore$ 압축기로부터 274 kW의 열이 방출된다.

10. 그림과 같이 U자관에 세 액체가 평형 상태에 있다. $a = 30$ cm, $b = 15$ cm, $c = 40$ cm 일 때, 비중 S 는 얼마인가?

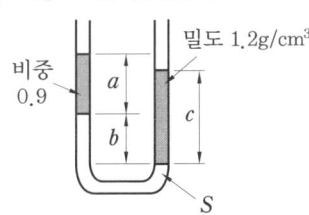

① 1.0 ② 1.2
③ 1.4 ④ 1.6

해설 U자관에서 "b"와 "c"의 높이 기준은 같으므로 $P_B = P_C$로 표시할 수 있고, "c"에 들어 있는 액체의 밀도 1.2 g/cm³를 비중으로 하여 계산한다.

$\therefore S_a h_a + S_b h_b = S_c h_c$
$S_b h_b = S_c h_c - S_a h_a$
$\therefore S_b = \dfrac{S_c h_c - S_a h_a}{h_b}$

$= \dfrac{(1.2 \times 40) - (0.9 \times 30)}{15} = 1.4$

※ "a"의 액체 비중 0.9는 0.9 g/cm³의 단위로 계산

11. 점성계수의 차원을 질량(M), 길이(L), 시

간(T)으로 나타내면?
① $ML^{-1}T^{-1}$ ② $ML^{-2}T$
③ $ML^{-1}T^2$ ④ ML^{-2}

[해설] 점성계수(μ)의 단위 및 차원
㉮ 공학단위 : kgf·s/m² = $FL^{-2}T$
㉯ 절대단위 : kg/m·s = $ML^{-1}T^{-1}$ = $\dfrac{M}{LT}$

12. 원심 펌프의 공동 현상 발생의 원인으로 다음 중 가장 거리가 먼 것은?
① 과속으로 유량이 증대될 때
② 관로 내의 온도가 상승할 때
③ 흡입 양정이 길 때
④ 흡입의 마찰저항이 감소할 때

[해설] 공동 현상(cavitation) 발생 원인
㉮ 흡입 양정이 지나치게 클 경우
㉯ 흡입관의 저항이 증대될 경우
㉰ 과속으로 유량이 증대될 경우
㉱ 관로 내의 온도가 상승될 경우

13. 유체에 잠겨 있는 곡면에 작용하는 전압력의 수평분력에 대한 설명으로 다음 중 가장 올바른 것은?
① 전압력의 수평성분 방향에 수직인 연직면에 투영한 투영면의 압력 중심의 압력과 투영면을 곱한 값과 같다.
② 전압력의 수평성분 방향에 수직인 연직면에 투영한 투영면의 도심의 압력과 곡면의 면적을 곱한 값과 같다.
③ 수평면에 투영한 투영면에 작용하는 전압력과 같다.
④ 전압력의 수평성분 방향에 수직인 연직면에 투영한 투영면의 도심의 압력과 투영면의 면적을 곱한 값과 같다.

[해설] 곡면에 작용하는 힘
㉮ 수평분력(F_x) : 곡면의 수직투영면에 작용하는 힘과 같다 (힘(F) = 압력(P)×면적(A) 이 된다).
㉯ 수직분력(F_y) : 곡면의 수직 방향에 실려 있는 액체의 무게와 같다.

14. 일반적으로 다음 장치에 발생하는 압력차가 작은 것부터 큰 순서대로 옳게 나열한 것은 어느 것인가?
① 송풍기<팬<압축기
② 압축기<팬<송풍기
③ 팬<송풍기<압축기
④ 송풍기<압축기<팬

[해설] 작동 압력에 의한 압축기 분류
㉮ 팬(fan) : 10 kPa 미만
㉯ 송풍기(blower) : 10 kPa 이상 0.1 MPa 미만
㉰ 압축기(compressor) : 0.1 MPa 이상

15. 개방된 탱크에 물이 채워져 있다. 수면에서 2 m 깊이의 지점에서 받는 절대압력은 몇 kgf/cm²인가?
① 0.03   ② 1.033
③ 1.23   ④ 1.92

[해설] ㉮ 게이지압력 계산 : 물의 비중량(1000 kgf/m³)과 높이의 곱으로 계산한다.
∴ $P_g = \gamma \times h$
= $(1000 \times 2) \times 10^{-4}$ = 0.2 kgf/cm²
㉯ 절대압력 계산
∴ 절대압력 = 대기압 + 게이지압력
= 1.0332 + 0.2 = 1.2332 kgf/cm²

16. 펌프의 흡입 압력이 유체의 증기압보다 낮을 때 유체 내부에서 기포가 발생하는 현상을 무엇이라고 하는가?
① 캐비테이션   ② 수격 현상
③ 서징 현상   ④ 에어 바인딩

[해설] 캐비테이션(cavitation) 현상 : 유수 중에 그 수온의 증기압력보다 낮은 부분이 생기면 물이 증발을 일으키고 기포를 다수 발생하는 현상

17. 관로의 유동에서 각각의 경우에 대한 손실수두를 나타낸 것이다. 이 중 틀린 것은?

정답 12. ④ 13. ④ 14. ③ 15. ③ 16. ① 17. ②

(단, f : 마찰계수, D : 관의 지름, $\frac{V^2}{2g}$: 속도수두, R_h : 수력반지름, k : 손실계수, L : 관의 길이, A : 관의 단면적, C_c : 단면적 축소계수이다.)

① 원형관 속의 손실수두 :
$$h_L = \frac{\Delta P}{\gamma} = f \frac{L}{D} \frac{V^2}{2g}$$

② 비원형관 속의 손실수두 :
$$h_L = f \frac{4R_h}{L} \frac{V^2}{2g}$$

③ 돌연 확대관 손실수두 :
$$h_L = \left(1 - \frac{A_1}{A_2}\right)^2 \frac{V_1^2}{2g}$$

④ 돌연 축소관 손실수두 :
$$h_L = \left(\frac{1}{C_c} - 1\right)^2 \frac{V_2^2}{2g}$$

[해설] 비원형관 속의 손실수두
$$h_L = f \frac{L}{4R_h} \frac{V^2}{2g}$$

18. 다음 중 유적선(path line)을 가장 옳게 설명한 것은?
① 곡선의 접선 방향과 그 점의 속도 방향이 일치하는 선
② 속도 벡터의 방향을 갖는 연속적인 가상의 선
③ 유체 입자가 주어진 시간 동안 통과한 경로
④ 모든 유체 입자의 순간적인 궤적

[해설] ㉮ 유선 : 유체의 한 입자가 지나간 궤적을 표시하는 선으로 임의 순간에 모든 점의 속도와 방향이 일치하는 유동선
㉯ 유관 : 여러 개의 유선으로 둘러싸인 한 개의 관
㉰ 유적선 : 유체 입자가 일정한 기간 동안 움직인 경로
㉱ 유맥선 : 모든 유체 입자가 공간 내의 한 점을 지나는 순간 궤적

19. 초음속 흐름인 확대관에서 감소하지 않는 것은?(단, 등엔트로피 과정이다.)
① 압력　　② 온도
③ 속도　　④ 밀도

[해설] 초음속 흐름($M>1$)의 확대관

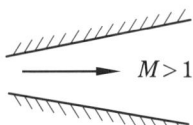

㉮ 증가 : 단면적, 속도
㉯ 감소 : 압력, 밀도, 온도

20. 비열비가 1.2이고 기체상수가 200 J/kg·K인 기체에서의 음속이 400 m/s이다. 이때, 기체의 온도는 약 얼마인가?
① 253℃　　② 394℃
③ 520℃　　④ 667℃

[해설] $C = \sqrt{kRT}$ 에서
$$\therefore T = \frac{C^2}{k \cdot R} = \frac{400^2}{1.2 \times 200}$$
$$= 666.666 \text{K} - 273$$
$$= 393.666 \text{℃}$$

제 2 과목　연소공학

21. 가스 폭발 원인으로 작용하는 점화원이 아닌 것은?
① 정전기 불꽃　　② 압축열
③ 기화열　　　　④ 마찰열

[해설] 점화원의 종류 : 전기 불꽃(아크), 정전기, 단열 압축, 마찰 및 충격 불꽃 등

22. 다음 중 화학적 폭발과 가장 거리가 먼 것은 어느것인가?
① 분해　② 연소　③ 파열　④ 산화

정답　18. ③　19. ③　20. ②　21. ③　22. ③

[해설] 폭발의 종류
㉮ 물리적 폭발 : 증기 폭발, 금속선 폭발, 고체상 전이 폭발, 압력 폭발 등
㉯ 화학적 폭발 : 산화 폭발, 분해 폭발, 촉매 폭발, 중합 폭발 등

23. 다음 중 열역학 제0법칙에 대하여 설명한 것은?
① 저온체에서 고온체로 아무 일도 없이 열을 전달할 수 없다.
② 절대온도 0에서 모든 완전 결정체의 절대 엔트로피의 값은 0이다.
③ 기계가 일을 하기 위해서는 반드시 다른 에너지를 소비해야 하고 어떤 에너지도 소비하지 않고 계속 일을 하는 기계는 존재하지 않는다.
④ 온도가 서로 다른 물체를 접촉시키면 높은 온도를 지닌 물체의 온도는 내려가고, 낮은 온도를 지닌 물체의 온도는 올라가서 두 물체의 온도 차이는 없어진다.

[해설] 열역학 법칙
㉮ 열역학 제0법칙 : 열평형의 법칙
㉯ 열역학 제1법칙 : 에너지 보존의 법칙
㉰ 열역학 제2법칙 : 방향성의 법칙
㉱ 열역학 제3법칙 : 어떤 계 내에서 물체의 상태 변화 없이 절대온도 0도에 이르게 할 수 없다.

24. 가연성 기체의 연소에 대한 설명으로 가장 옳은 것은?
① 가연성가스는 CO_2와 혼합하면 연소가 잘 된다.
② 가연성가스는 혼합한 공기가 적을수록 연소가 잘 된다.
③ 가연성가스는 어떤 비율로 공기와 혼합해도 연소가 잘 된다.
④ 가연성가스는 혼합한 공기와의 비율이 연소 범위일 때 연소가 잘 된다.

[해설] 가연성가스는 CO_2와 같은 불연성가스와 혼합하면 산소 농도가 낮아져 연소가 안 되며, 혼합된 공기가 적으면 불완전 연소가 된다.

25. 프로판과 부탄의 체적비가 40 : 60인 혼합가스 10 m³를 완전 연소하는 데 필요한 이론 공기량은 몇 m³인가? (단, 공기의 체적비는 산소 : 질소 = 21 : 79이다.)
① 95.2
② 181.0
③ 205.6
④ 281

[해설] ㉮ 프로판(C_3H_8)과 부탄(C_4H_{10})의 완전 연소 반응식
$C_3H_8 + 5O_2 \rightarrow 3CO_2 + 4H_2O$
$C_4H_{10} + 6.5O_2 \rightarrow 4CO_2 + 5H_2O$
㉯ 이론 공기량 계산
$$\therefore A_0 = \frac{O_0}{0.21} = \frac{(5 \times 0.4) + (6.5 \times 0.6)}{0.21} \times 10$$
$$= 280.952 \text{ m}^3$$

26. 2.5 kg의 이상기체를 0.15 MPa, 15℃에서 체적이 0.2 m³가 될 때까지 등온 압축할 때 압축 후의 압력은 약 몇 MPa인가? (단, 이상기체의 C_p = 0.8 kJ/kg·K, C_v = 0.5 kJ/kg·K이다.)
① 0.98
② 1.09
③ 1.23
④ 1.37

[해설] ㉮ 기체상수(R) 계산
$\therefore R = C_p - C_v = 0.8 - 0.5 = 0.3$ kJ/kg·K
㉯ 처음 상태의 체적 계산
$PV = GRT$에서
$$\therefore V = \frac{GRT}{P} = \frac{2.5 \times 0.3 \times (273+15)}{0.15 \times 10^3}$$
$$= 1.44 \text{ m}^3$$
㉰ 등온 압축 후 압력 계산
$\frac{P_1 V_1}{T_1} = \frac{P_2 V_2}{T_2}$에서 $T_1 = T_2$이다.
$$\therefore P_2 = \frac{P_1 V_1}{V_2} = \frac{0.15 \times 1.44}{0.2} = 1.08 \text{ MPa}$$

27. 액체 연료가 증발하여 증기를 형성한 후 증기와 공기가 혼합하여 연소하는 과정에 대한

정답 23. ④ 24. ④ 25. ④ 26. ② 27. ④

설명으로 옳은 것은?
① 주로 공업적으로 연소시킬 때 이용된다.
② 이 전체 과정을 확산(diffusion)연소라 한다.
③ 예혼합기 연소에 비해 반응대가 넓고, 탄화수소 연료에서는 soot를 생성한다.
④ 이 과정에서 연료의 증발 속도가 연소의 속도보다 빠른 경우 불완전 연소가 된다.

[해설] 증발연소(evaporating combustion) : 액체연료를 증발관 등에서 미리 증발시켜 기체 연료와 같은 형태로 연소시키는 방법으로 형성된 화염은 확산 화염이다.

28. 내압방폭구조의 폭발 등급 분류 중 가연성 가스의 폭발 등급 A에 해당하는 최대 안전틈새의 범위(mm)는?
① 0.9 이하
② 0.5 초과 0.9 미만
③ 0.5 이하
④ 0.9 이상

[해설] 가연성 가스의 폭발 등급에 따른 최대 안전틈새 범위

구분	A 등급	B 등급	C 등급
내압방폭 구조	0.9 mm 이상	0.5 mm 초과 0.9 mm 미만	0.5 mm 이하
본질안전 방폭구조	0.8 mm 초과	0.45 mm 이상 0.8 mm 이하	0.45 mm 미만

29. 다음 중 착화 온도가 낮아지는 조건으로 틀린 것은?
① 산소 농도가 클수록
② 발열량이 높을수록
③ 반응 활성도가 클수록
④ 분자 구조가 간단할수록

[해설] 착화 온도가 낮아지는 조건
㉮ 압력이 높을 때
㉯ 발열량이 높을 때
㉰ 열전도율이 작을 때
㉱ 산소와 친화력이 클 때
㉲ 산소 농도가 높을 때
㉳ 분자 구조가 복잡할수록
㉴ 반응 활성도가 클수록

30. 압력을 고압으로 할수록 공기 중에서의 폭발 범위가 좁아지는 가스는?
① 일산화탄소
② 메탄
③ 에틸렌
④ 프로판

[해설] 가연성 가스는 일반적으로 압력이 증가하면 폭발 범위가 넓어지나 일산화탄소(CO)와 수소(H_2)는 압력이 증가하면 폭발 범위가 좁아진다. 단, 수소는 압력이 10 atm 이상 되면 폭발 범위가 다시 넓어진다.

31. 실제 가스의 엔탈피에 대한 설명으로 틀린 것은?
① 엔트로피만의 함수이다.
② 온도와 비체적의 함수이다.
③ 압력과 비체적의 함수이다.
④ 온도, 질량, 압력의 함수이다.

[해설] 엔탈피는 열역학적으로 상태량을 나타내는 양으로 내부 에너지와 외부 에너지의 합이고, 외부 에너지는 유동일(Pv)에 해당된다.
$$\therefore h = U + APv$$

32. 소화안전장치(화염감시장치)의 종류가 아닌 것은?
① 열전대식
② 플레임 로드식
③ 자외선 광전관식
④ 방사선식

[해설] 소화안전장치 : 파일럿 버너 또는 메인 버너의 불꽃이 꺼지거나 연소기구 사용 중에 가스공급이 중단 또는 불꽃 검지부에 고장이 생겼을 때 자동으로 가스 밸브를 닫게 하여 불이 꺼졌을 때 가스가 유출되는 것을 방지하는 안전장치로 열전대식, 플레임 로드식, 광전관식 등으로 분류된다.

정답 28. ④ 29. ④ 30. ① 31. ① 32. ④

33. 다음 중 기체 연료의 연소 형태에 해당하는 것은?
① 확산연소, 증발연소
② 예혼합연소, 증발연소
③ 예혼합연소, 확산연소
④ 예혼합연소, 분해연소

[해설] 기체 연료의 연소 형태
㉮ 예혼합연소: 가스와 공기(산소)를 버너에서 혼합시킨 후 연소실에 분사하는 방식으로 화염이 자력으로 전파해 나가는 내부 혼합 방식이며 화염이 짧고 높은 화염 온도를 얻을 수 있다.
㉯ 확산연소: 공기와 가스를 따로 버너 슬롯(slot)에서 연소실에 공급하고, 이것들의 경계면에서 난류와 자연 확산으로 서로 혼합하여 연소하는 외부 혼합 방식이다.

34. 오토 사이클(otto cycle)의 선도에서 정적 가열 과정은?

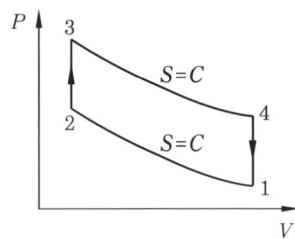

① 1→2　② 2→3
③ 3→4　④ 4→1

[해설] 오토 사이클(otto cycle)의 순환 과정
㉮ 1→2 과정: 단열압축 과정
㉯ 2→3 과정: 정적 가열 과정(열의 공급)
㉰ 3→4 과정: 단열팽창 과정
㉱ 4→1 과정: 정적 방열 과정(열의 방출)

35. 저발열량이 41860 kJ/kg인 연료를 3 kg 연소시켰을 때 연소 가스의 열용량이 62.8 kJ/℃이었다면 이때의 이론 연소 온도는 약 몇 ℃인가?
① 1000℃　② 2000℃
③ 3000℃　④ 4000℃

[해설] 이론 연소 온도
$= \dfrac{\text{연료 소비량} \times \text{저위발열량}}{\text{열용량}}$
$= \dfrac{3 \times 41860}{62.8} = 1999.681\,℃$

36. 고발열량(高發熱量)과 저발열량(低發熱量)의 값이 가장 가까운 연료는?
① LPG　② 가솔린
③ 목탄　④ 유연탄

[해설] 고위발열량과 저위발열량의 차이는 연소 시 생성된 물의 증발잠열에 의한 것이고, 물은 수소와 산소로 이루어진 것이므로 연료 성분 중 수소 원소가 없는 목탄이 고위발열량과 저위발열량의 값이 가장 가까운 연료에 해당된다.

37. $C(s)$가 완전 연소하여 $CO_2(g)$가 될 때의 연소열(MJ/kmol)은 얼마인가?

$$C(s) + \dfrac{1}{2}O_2 \to CO + 122 \text{ MJ/kmol}$$
$$CO + \dfrac{1}{2}O_2 \to CO_2 + 285 \text{ MJ/kmol}$$

① 407　② 330
③ 223　④ 141

[해설] 헤스의 법칙(총열량 불변의 법칙)을 적용하여 계산한다.
$$C(s) + \dfrac{1}{2}O_2 \to CO + 122 \text{ MJ/kmol}$$
$$+\,)\ CO + \dfrac{1}{2}O_2 \to CO_2 + 285 \text{ MJ/kmol}$$
$$\overline{\ C + O_2 \to CO_2 + 407 \text{ MJ/kmol}\ }$$

38. 화격자 연소의 화염 이동 속도에 대한 설명으로 옳은 것은?
① 발열량이 낮을수록 커진다.
② 석탄화도가 낮을수록 커진다.
③ 입자의 지름이 클수록 커진다.
④ 1차 공기 온도가 낮을수록 커진다.

[해설] 화격자 연소의 화염 이동 속도
⑦ 발열량이 높을수록 커진다.
㉯ 석탄 입자의 지름이 작을수록 커진다.
㉰ 1차 공기의 온도가 높을수록 커진다.
㉱ 석탄화도가 낮을수록 커진다.

39. 다음 중 역화의 가능성이 가장 큰 연소 방식은?
① 전1차식   ② 분젠식
③ 세미분젠식 ④ 적화식

[해설] 전1차식 : 연소용 공기를 송풍기로 압입하여 가스와 강제 혼합하여 필요한 공기를 모두 1차 공기로 하여 연소하는 방식으로 역화의 위험성이 가장 크다.

40. 불완전 연소의 원인으로 틀린 것은?
① 배기 가스의 배출이 불량할 때
② 공기와의 접촉 및 혼합이 불충분할 때
③ 과대한 가스량 혹은 필요량의 공기가 없을 때
④ 불꽃이 고온 물체에 접촉되어 온도가 올라갈 때

[해설] 불완전 연소의 원인
⑦ 공기 공급량 부족
㉯ 배기 및 환기 불충분
㉰ 가스 조성의 불량
㉱ 연소 기구의 부적합
㉲ 프레임의 냉각

제 3 과목   가스설비

41. 펌프의 이상 현상인 베이퍼크(vapor-lock)를 방지하기 위한 방법으로 가장 거리가 먼 것은?
① 흡입 배관을 단열 처리한다.
② 흡입관의 지름을 크게 한다.
③ 실린더 라이너의 외부를 냉각한다.
④ 저장탱크와 펌프의 액면차를 충분히 작게 한다.

[해설] (1) 베이퍼로크(vapor-lock) 현상 : 저비점 액체 등을 이송 시 펌프의 입구에서 발생하는 현상으로 액의 끓음에 의한 동요를 말한다.
(2) 방지법
⑦ 실린더 라이너 외부를 냉각한다.
㉯ 흡입 배관을 크게 하고 단열 처리한다.
㉰ 펌프의 설치 위치를 낮춘다.
㉱ 흡입 관로를 청소한다.

42. 다음 중 고압가스 기화장치의 형식이 아닌 것은?
① 온수식   ② 코일식
③ 단관식   ④ 캐비닛형

[해설] 기화장치의 형식
⑦ 구조에 따른 분류 : 다관식, 코일식, 캐비닛식
㉯ 가열 방식에 따른 분류 : 전열식 온수형, 전열식 고체전열형, 온수식, 스팀식 직접형, 스팀식 간접형

43. 다음 중 가스의 호환성을 판정할 때 사용되는 것은?
① Reynolds수   ② Webbe지수
③ Nusselt수   ④ Mach수

[해설] 웨버(webbe)지수 : 가스의 발열량을 가스비중의 제곱근으로 나눈 값으로 가스의 연소성을 판단하는 수치이다.
$$\therefore WI = \frac{H_g}{\sqrt{d}}$$
여기서, H_g : 도시가스의 발열량 (kcal/m^3)
d : 도시가스의 비중

44. 다음 중 이론적 압축일량이 큰 순서로 나열된 것은?
① 등온압축 > 단열압축 > 폴리트로픽압축
② 단열압축 > 폴리트로픽압축 > 등온압축
③ 폴리트로픽압축 > 등온압축 > 단열압축

정답 39. ① 40. ④ 41. ④ 42. ③ 43. ② 44. ②

④ 등온압축 > 폴리트로픽압축 > 단열압축

해설 동일 조건에서의 이론적 압축일량 순서
단열압축 > 폴리트로픽압축 > 등온압축

45. 다음 중 LP 가스 판매 사업의 용기보관실의 면적은?
① 9 m² 이상   ② 10 m² 이상
③ 12 m² 이상 ④ 19 m² 이상

해설 액화석유가스 판매사업
㉠ 용기보관실 면적 : 19 m² 이상
㉡ 사무실 면적 : 9 m² 이상

46. 다음 부취제 주입 방식 중 액체식 주입 방식이 아닌 것은?
① 펌프 주입식
② 적하 주입식
③ 위크식
④ 미터 연결 바이패스식

해설 부취제 주입 방식의 종류
㉠ 액체 주입식 : 펌프 주입식, 적하 주입식, 미터 연결 바이패스식
㉡ 증발식 : 바이패스 증발식, 위크 증발식

47. 고압가스 저장탱크와 유리제 게이지를 접속하는 상, 하 배관에 설치하는 밸브는?
① 역류 방지 밸브
② 수동식 스톱 밸브
③ 자동식 스톱 밸브
④ 자동식 및 수동식의 스톱 밸브

해설 저장탱크(가연성가스 및 독성가스에 한정한다.)와 유리제 게이지를 접속하는 상하 배관에는 자동식 및 수동식의 스톱 밸브를 설치한다. 다만, 자동식 및 수동식 기능을 함께 갖춘 경우에는 각각 설치한 것으로 볼 수 있다.

48. 다음의 수치를 이용하여 고압가스용 용접 용기의 동판 두께를 계산하면 얼마인가? (단, 아세틸렌 용기 및 액화석유가스 용기는 아니

며, 부식여유 두께는 고려하지 않는다.)

- 최고 충전압력 : 4.5 MPa
- 동체의 안지름 : 200 mm
- 재료의 허용응력 : 200 N/mm²
- 용접 효율 : 1.00

① 1.98 mm   ② 2.28 mm
③ 2.84 mm   ④ 3.45 mm

해설 $t = \dfrac{PD}{2S\eta - 1.2P} + C$
$= \dfrac{4.5 \times 200}{2 \times 200 \times 1.00 - 1.2 \times 4.5}$
$= 2.28$ mm

49. 공기 액화 분리장치에서 반드시 제거해야 하는 물질이 아닌 것은?
① 탄산가스   ② 아세틸렌
③ 수분   ④ 질소

해설 공기 액화 분리장치에서 제거할 물질 : 탄산가스, 수분, 아세틸렌

50. 어떤 용기에 액체를 넣어 밀폐하고 에너지를 가하면 액체의 비등점은 어떻게 되는가?
① 상승한다.
② 저하한다.
③ 변하지 않는다.
④ 이 조건으로 알 수 없다.

해설 밀폐된 용기에 에너지를 가하면 압력이 상승되고, 압력이 상승되면 액체의 비등점은 상승한다.

51. 다음 중 가스미터의 설치 시 주의사항으로 틀린 것은?
① 전기개폐기 및 전기계량기로부터 60 cm 이격시켜 설치
② 절연조치를 하지 아니한 전선으로부터 가스미터까지 15 cm 이상 이격시켜 설치
③ 가스계량기의 설치 높이는 1.6~2 m 이내에 수평, 수직으로 설치

정답 45. ④ 46. ③ 47. ④ 48. ② 49. ④ 50. ① 51. ④

④ 당해 시설에 사용하는 자체 화기와 2 m 이상 떨어지고 화기에 대해 차열판을 설치

[해설] 가스계량기와 화기(그 시설 안에서 사용하는 자체 화기를 제외) 사이에 유지하여야 하는 거리는 우회거리 2 m 이상으로 한다.

52. 관지름 50 A인 SPPS가 최고 사용 압력이 5 MPa, 허용응력이 500 N/mm² 일 때 SCH No.는? (단, 안전율은 4이다.)

① 40　② 60　③ 80　④ 100

[해설] Sch No = $1000 \times \dfrac{P}{S} = 1000 \times \dfrac{5}{500} = 10$

※ 문제에서 주어진 안전율을 적용하려면 허용응력이 아닌 인장강도로 주어져야 하며 인장강도로 계산하면 공개된 답안과 동일하게 계산된다.

∴ Sch No = $1000 \times \dfrac{5}{\frac{500}{4}} = 40$

53. LPG 집단공급시설 및 사용시설에 설치하는 가스누출자동차단기를 설치하지 않아도 되는 것은?

① 동일 건축물 안에 있는 전체 가스 사용시설의 주배관
② 체육관, 수영장, 농수산시장 등 상가와 유사한 가스사용시설
③ 동일 건축물 안으로서 구분 밀폐된 2개 이상의 층에서 가스를 사용하는 경우 층별 주배관
④ 동일 건축물의 동일 층 안에서 2 이상의 자가 가스를 사용하는 경우 사용자별 주배관

[해설] 가스누출자동차단장치를 설치하여도 그 설치 목적을 달성할 수 없는 시설
㉮ 개방된 공장의 국부난방시설
㉯ 개방된 작업장에 설치된 용접 또는 절단시설
㉰ 체육관, 수영장, 농수산시장 등 상가와 유사한 가스사용시설
㉱ 경기장의 성화대
㉲ 지붕이 있고 2방향 이하 벽만 있는 건축물 또는 벽면이 50 % 이하인 경우

54. 탱크로리에서 저장탱크로 액화석유가스를 이송하는 방법이 아닌 것은?

① 액송펌프에 의한 방법
② 압축기를 이용하는 방법
③ 압축가스 용기에 의한 방법
④ 탱크의 자체 압력에 의한 방법

[해설] 액화석유가스 이송 방법(이입 충전 방법)
㉮ 차압에 의한 방법
㉯ 액송펌프에 의한 방법
㉰ 압축기에 의한 방법

55. 액화 사이클의 종류가 아닌 것은?

① 클라우드식 사이클
② 린데식 사이클
③ 필립스식 사이클
④ 헨리식 사이클

[해설] 가스 액화 사이클의 종류 : 린데식, 클라우드식, 캐피자식, 필립스식, 캐스케이드식

56. 다음 중 흡수식 냉동기에서 냉매로 사용되는 것은?

① 암모니아, 물
② 프레온 22, 물
③ 메틸클로라이드, 물
④ 암모니아, 프레온 22

[해설] 흡수식 냉동기의 냉매 및 흡수제

냉매	흡수제
암모니아 (NH₃)	물 (H₂O)
물 (H₂O)	리튬브로마이드 (LiBr)
염화메틸(CH₃Cl)	사염화에탄
톨루엔	파라핀유

※ ③항 메틸클로라이드는 염화메틸로 불려지기 때문에 ③항도 정답이 되지만 공개된 최종 정답은 ①항으로 처리되었음

57. 다음 그림은 어떤 종류의 압축기인가?

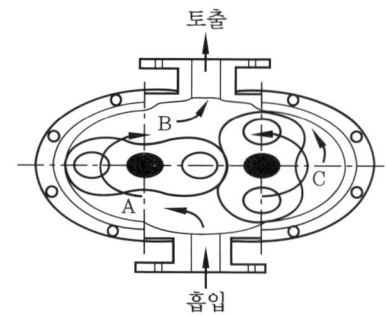

① 가동날개식　　② 루트식
③ 플런저식　　　④ 나사식

58. 오토클레이브(autoclave)의 종류가 아닌 것은?

① 교반형　　② 가스교반형
③ 피스톤형　④ 진탕형

해설 오토클레이브의 종류 : 교반형, 진탕형, 회전형, 가스교반형

59. 압축기와 적합한 윤활유 종류가 잘못 짝지어진 것은?

① 산소 가스 압축기 : 유지류
② 수소 가스 압축기 : 순광물유
③ 메틸클로라이드 압축기 : 화이트유
④ 이산화황 가스 압축기 : 정제된 용제 터빈유

해설 각종 가스 압축기의 윤활유
　㉮ 산소 압축기 : 물 또는 묽은 글리세린수 (10 % 정도)
　㉯ 공기 압축기, 수소 압축기, 아세틸렌 압축기 : 양질의 광유 (디젤 엔진유)
　㉰ 염소 압축기 : 진한 황산
　㉱ LP 가스 압축기 : 식물성유
　㉲ 이산화황 (아황산가스) 압축기 : 화이트유, 정제된 용제 터빈유
　㉳ 염화메탄(메틸클로라이드) 압축기 : 화이트유

60. 압력용기에 해당하는 것은?

① 설계압력(MPa)과 내용적(m^3)을 곱한 수치가 0.03인 용기

② 완충기 및 완충장치에 속하는 용기와 자동차 에어백용 가스충전용기
③ 압력에 관계없이 안지름, 폭, 길이 또는 단면의 지름이 100 mm인 용기
④ 펌프, 압축장치 및 축압기의 본체와 그 본체와 분리되지 아니하는 일체형 용기

해설 압력용기 : 35℃에서의 압력 또는 설계압력이 그 내용물이 액화가스인 경우는 0.2 MPa 이상, 압축가스인 경우 1 MPa 이상인 용기로 다음 중 어느 하나에 해당하는 용기는 압력 용기로 보지 아니한다.
　㉮ 고압가스 안전관리법 시행규칙 별표 10 용기제조의 기술, 검사 기준의 적용을 받는 용기
　㉯ 설계압력(MPa)과 내용적(m^3)을 곱한 수치가 0.004 이하인 용기
　㉰ 펌프, 압축장치(냉동용 압축장치 제외) 및 축압기(accumulator, 축압용기 안에 액화가스 또는 압축가스와 유체가 격리될 수 있도록 고무격막 또는 피스톤 등이 설치된 구조로서 상시 가스가 공급되지 아니하는 구조의 것)의 본체와 그 본체와 분리되지 아니하는 일체형 용기
　㉱ 완충기 및 완충장치에 속하는 용기와 자동차 에어백용 가스충전용기
　㉲ 유량계, 액면계, 그 밖의 계측기기
　㉳ 소음기 및 스트레이너(필터 포함)로서 다음의 어느 하나에 해당되는 것
　　㉠ 플랜지 부착을 위한 용접부 이외에는 용접이음매가 없는 것
　　㉡ 용접 구조나 동체의 바깥지름(D)이 320 mm 이하이고, 배관 접속부 호칭지름(d)과의 비(D/d)가 2.0 이하인 것
　㉴ 압력에 관계없이 안지름, 폭, 길이 또는 단면의 지름이 150 mm 이하인 용기

※ 정답이 없는 문제로 이의제기를 받아들이지 않았음(①번의 경우 기준과 맞지 않는 것으로 이해하길 바랍니다.)

제 4 과목　가스안전관리

61. 다음 (　) 안에 들어갈 알맞은 수치는?

정답　58. ③　59. ①　60. ①　61. ④

"초저온 용기의 충격시험은 3개의 시험편 온도를 섭씨 ( )℃ 이하로 하여 그 충격치의 최저가 ( ) J/cm² 이상이고, 평균 ( ) J/cm² 이상의 경우를 적합한 것으로 한다."

① 100, 30, 20
② -100, 20, 30
③ 150, 30, 20
④ -150, 20, 30

해설 초저온 용기의 용접부 충격시험
㉮ 충격시험 방법
  ㉠ 두께가 3 mm 이상으로서 스테인리스강으로 제조한 용기에 대하여 실시한다.
  ㉡ 충격시험은 KS B 0810 (금속 재료 충격 시험 방법)에 따라 실시한다.
  ㉢ 시험편은 액화질소 등 -150℃ 이하의 초저온 액화가스에 집어넣어 시험편의 온도가 -150℃ 이하로 될 때까지 냉각한다.
  ㉣ 냉각이 완료되면 시험편을 충격시험기에 부착하고 시험편의 파괴는 초저온 액화가스에서 꺼내어 6초 이내에 실시한다.
㉯ 판정 기준 : 충격시험은 3개의 시험편의 온도를 -150℃ 이하로 하여 그 충격치의 최저가 20 J/cm² 이상이고 평균 30 J/cm² 이상인 경우를 적합한 것으로 한다.

62. 프로판 가스 폭발 시 폭발 위력 및 격렬함 정도가 가장 크게 될 때 공기와의 혼합 농도로 가장 옳은 것은?

① 2.2% ② 4.0% ③ 9.5% ④ 15.7%

해설 ㉮ 프로판 (C_3H_8)의 완전연소 반응식
$C_3H_8 + 5O_2 \rightarrow 3CO_2 + 4H_2O$
㉯ 혼합가스 (프로판+공기) 중 프로판 농도 (%) 계산
$\therefore$ 프로판의 농도 (%) = $\dfrac{\text{프로판의 양}}{\text{혼합가스의 양}} \times 100$
$= \dfrac{22.4}{22.4 + \left(\dfrac{5 \times 22.4}{0.21}\right)} \times 100 = 4.030 \text{ v/v\%}$

63. 아세틸렌 가스를 온도에 불구하고 희석제를 첨가하여 압축할 수 있는 최고 압력의 기준은?

① 1.5 MPa 이하 ② 1.8 MPa 이하
③ 2.5 MPa 이하 ④ 3.0 MPa 이하

해설 아세틸렌을 2.5 MPa 압력으로 압축하는 때에는 질소, 메탄, 일산화탄소 또는 에틸렌 등의 희석제를 첨가한다.

64. 독성가스 관련 시설에서 가스 누출의 우려가 있는 부분에는 안전사고 방지를 위하여 어떤 표지를 설치해야 하는가?

① 경계표지 ② 누출표지
③ 위험표지 ④ 식별표지

해설 표시기준
㉮ 경계표지 : 고압가스 제조시설의 안전을 확보하기 위하여 필요한 곳에 고압가스를 취급하는 시설 또는 일반인의 출입을 제한하는 시설이라는 것을 명확하게 식별할 수 있도록 설치
㉯ 식별표지 : 독성가스 제조시설이라는 것을 쉽게 식별할 수 있도록 해당 독성가스 제조시설 등의 보기 쉬운 곳에 게시
㉰ 위험표지 : 독성가스가 누출할 우려가 있는 부분에 안전사고를 방지하기 위하여 설치

65. 특정 설비의 재검사 주기의 기준으로 틀린 것은?

① 압력용기-5년마다
② 저장탱크-5년마다, 다만, 재검사에 불합격되어 수리한 것은 3년마다
③ 차량에 고정된 탱크-15년 미만인 경우 5년마다
④ 안전밸브-검사 후 2년을 경과하여 해당 안전밸브가 설치된 저장탱크의 재검사 시마다

해설 압력용기 재검사 주기 : 4년마다

66. 다음 중 압축가스로만 되어 있는 것은?

① 산소, 수소
② LPG, 염소
③ 암모니아, 아세틸렌
④ 메탄, LPG

해설 압축가스의 종류 : 헬륨, 수소, 네온, 질소, 일산화탄소, 불소, 아르곤, 산소, 메탄 등

정답 62. ② 63. ③ 64. ③ 65. ① 66. ①

67. 운전 중 고압 반응기의 플랜지부에서 가연성가스가 누출되기 시작했을 때 취해야 할 일반적인 대책으로 가장 부적당한 것은?
① 화기 사용 금지
② 일상 점검 및 운전
③ 가스 공급의 즉시 정지
④ 장치 내 불활성 가스로 치환

[해설] 가연성가스가 누출되기 시작했을 때에는 운전을 중지하고 누설 부분을 수리해야 한다.

68. 다음 중 방호벽으로 부적합한 것은?
① 두께 2.3 mm인 강판에 앵글강을 용접 보강한 강판제
② 두께 6 mm인 강판제
③ 두께 12 cm인 철근콘크리트제
④ 두께 15 cm인 콘크리트블록제

[해설] 방호벽 기준

종류	두께	높이
철근콘크리트제	12 cm 이상	2 m 이상
콘크리트블록제	15 cm 이상	2 m 이상
강판제	6 mm 이상	2 m 이상
	3.2 mm 이상	2 m 이상

※ 3.2 mm 이상의 강판은 30×30 mm 이상의 앵글강을 가로·세로 400 mm 이하의 간격으로 용접 보강함

69. 다음 중 충전용기의 적재에 관한 기준으로 옳은 것은?
① 충전용기를 적재한 차량은 제1종 보호시설과 15 m 이상 떨어진 곳에 주차하여야 한다.
② 고정된 프로텍터가 있는 용기는 보호캡을 부착한다.
③ 용량 15 kg의 액화석유가스 충전용기는 2단으로 적재하여 운반할 수 있다.
④ 운반차량 뒷면에는 두께 2 mm 이상, 폭 50 mm 이상의 범퍼를 설치한다.

[해설] 충전용기 적재 기준
㉮ 충전용기를 차량에 적재하는 때에는 적재함에 세워서 적재한다.
㉯ 충전용기 등을 목재, 플라스틱 또는 강철제로 만든 팔레트 내부에 넣어 안전하게 적재하는 경우와 용량 10 kg 미만의 액화석유가스 충전용기를 적재할 경우를 제외하고 모든 충전용기는 1단으로 쌓는다.
㉰ 운반차량 뒷면에는 두께가 5 mm 이상, 폭 100 mm 이상의 범퍼(SS400 또는 이와 동등 이상의 강도를 갖는 강재를 사용한 것에만 적용) 또는 이와 동등 이상의 효과를 갖는 완충장치를 설치한다.
㉱ 밸브가 돌출한 충전용기는 고정식 프로텍터나 캡을 부착시켜 밸브의 손상을 방지하는 조치를 한 후 차량에 싣고 운반한다.
㉲ 충전용기는 이륜차(자전거를 포함)에 적재하여 운반하지 아니한다.

70. 액화석유가스용 차량에 고정된 저장탱크 외벽이 화염에 의하여 국부적으로 가열될 경우를 대비하여 폭발방지장치를 설치한다. 이 때 재료로 사용되는 금속은?
① 아연   ② 알루미늄
③ 주철   ④ 스테인리스

[해설] 폭발방지장치 : 액화석유가스 저장탱크 외벽이 화염으로 국부적으로 가열될 경우 그 저장탱크 벽면의 열을 신속히 흡수, 분산시킴으로써 탱크 벽면의 국부적인 온도 상승에 따른 저장탱크의 파열을 방지하기 위하여 저장탱크 내벽에 설치하는 다공성 벌집형 알루미늄합금 박판을 말한다.

71. 아세틸렌을 충전하기 위한 설비 중 충전용 지관에는 탄소 함유량이 얼마 이하의 강을 사용하여야 하는가?
① 0.1%   ② 0.2%   ③ 0.3%   ④ 0.4%

[해설] 아세틸렌이 접촉하는 부분에 사용하는 재료 기준
㉮ 동 또는 동 함유량이 62%를 초과하는 동합금은 사용하지 아니한다.
㉯ 충전용 지관에는 탄소의 함유량이 0.1% 이하의 강을 사용한다.

정답 67. ② 68. ① 69. ① 70. ② 71. ①

72. 최대 지름이 8 m인 2개의 가연성가스 저장탱크가 유지하여야 할 안전거리는?

① 1 m ② 2 m ③ 3 m ④ 4 m

[해설] 저장탱크 상호간 유지거리
㉮ 지하 매설 : 1 m 이상
㉯ 지상 설치 : 두 저장탱크 최대 지름을 합산한 길이의 4분의 1 이상에 해당하는 거리(4분의 1이 1 m 미만인 경우 1 m 이상의 거리)
$$\therefore L = \frac{D_1 + D_2}{4} = \frac{8+8}{4} = 4 \text{ m}$$

73. 후부취출식 탱크 외의 탱크에서 탱크 후면과 차량의 뒷범퍼와의 수평거리의 기준은?

① 50 cm 이상 ② 40 cm 이상
③ 30 cm 이상 ④ 25 cm 이상

[해설] 뒷범퍼와의 거리
㉮ 후부취출식 탱크 : 40 cm 이상
㉯ 후부취출식 탱크 외 : 30 cm 이상
㉰ 조작상자 : 20 cm 이상

74. 차량에 고정된 탱크를 운행할 때의 주의사항으로 옳지 않은 것은?

① 차를 수리할 때에는 반드시 사람의 통행이 없고 밀폐된 장소에서 한다.
② 운행 중은 물론 정차 시에도 허용된 장소 이외에서는 담배를 피우거나 화기를 사용하지 않는다.
③ 운행 시 도로교통법을 준수하고 번화가를 피하여 운행한다.
④ 화기를 사용하는 수리는 가스를 완전히 빼고 질소나 불활성가스로 치환한 후 실시한다.

[해설] 차를 수리할 때는 통풍이 양호한 장소에서 실시한다.

75. 산소 및 독성가스의 운반 중 가스 누출 부분의 수리가 불가능한 사고 발생 시 응급조치 사항으로 틀린 것은?

① 상황에 따라 안전한 장소로 운반한다.
② 부근에 사람을 대피시키고, 동행인은 교통 통제를 하여 출입을 금지시킨다.
③ 화재가 발생한 경우 소화하지 말고 즉시 대피한다.
④ 독성가스가 누출한 경우에는 가스를 제독한다.

[해설] 운반 중 사고가 발생한 경우 조치 사항
㉮ 가스 누출이 있는 경우에는 그 누출 부분의 확인 및 수리를 할 것
㉯ 가스 누출 부분의 수리가 불가능한 경우
 ㉠ 상황에 따라 안전한 장소로 운반할 것
 ㉡ 부근의 화기를 없앨 것
 ㉢ 착화된 경우 용기 파열 등의 위험이 없다고 인정될 때는 소화할 것
 ㉣ 독성가스가 누출할 경우에는 가스를 제독할 것
 ㉤ 부근에 있는 사람을 대피시키고, 동행인은 교통 통제를 하여 출입을 금지시킬 것
 ㉥ 비상연락망에 따라 관계 업소에 원조를 의뢰할 것
 ㉦ 상황에 따라 안전한 장소로 대피할 것

76. 용기에 표시된 각인 기호의 연결이 잘못된 것은?

① V : 내용적 ② TP : 검사일
③ TW : 질량 ④ FP : 최고충전압력

[해설] 용기 각인 기호
㉮ V : 내용적(L)
㉯ W : 초저온 용기 외의 용기는 밸브 및 부속품을 포함하지 않은 용기의 질량(kg)
㉰ TW : 아세틸렌 용기는 용기의 질량에 다공물질, 용제 및 밸브의 질량을 합한 질량(kg)
㉱ TP : 내압시험압력(MPa)
㉲ FP : 압축가스를 충전하는 용기는 최고충전압력(MPa)

77. 다음 중 용기의 용접에 대한 설명으로 틀린 것은?

① 이음매 없는 용기 제조 시 압궤시험을 실

정답 72. ④ 73. ③ 74. ① 75. ③ 76. ② 77. ④

시한다.
② 용접용기의 측면 굽힘시험은 시편을 180도로 굽혀서 3 mm 이상의 금이 생기지 아니하여야 한다.
③ 용접용기는 용접부에 대한 안내 굽힘시험을 실시한다.
④ 용접용기의 방사선 투과시험은 3급 이상을 합격으로 한다.

해설 용접용기의 방사선 투과시험은 2급 이상을 합격으로 한다.

78. 다음의 고압가스를 차량에 적재하여 운반하는 때에 운반자 외에 운반책임자를 동승시키지 않아도 되는 것은?
① 수소 400 m³
② 산소 400 m³
③ 액화석유가스 3500 kg
④ 암모니아 3500 kg

해설 운반책임자 동승 기준
(1) 비독성 고압가스

가스의 종류		기 준
압축가스	가연성	300 m³ 이상
	조연성	600 m³ 이상
액화가스	가연성	3000 kg 이상 (에어졸 용기 : 2000 kg 이상)
	조연성	6000 kg 이상

(2) 독성 고압가스

가스의 종류	허용농도	기준
압축가스	100만분의 200 이하	10 m³ 이상
	100만분의 200 초과	100 m³ 이상
액화가스	100만분의 200 이하	100 kg 이상
	100만분의 200 초과	1000 kg 이상

79. 냉동제조시설의 안전장치에 대한 설명 중 틀린 것은?
① 압축기 최종단에 설치된 안전장치는 1년에 1회 이상 작동시험을 한다.
② 독성가스의 안전밸브에는 가스방출관을 설치한다.
③ 내압 성능을 확보하여야 할 대상은 냉매설비로 한다.
④ 압력이 상용압력을 초과할 때 압축기의 운전을 정지시키는 고압차단장치는 자동복귀방식으로 한다.

해설 고압차단장치는 원칙적으로 수동복귀방식으로 한다. 다만, 가연성가스와 독성가스 이외의 가스를 냉매로 하는 유닛식의 냉매설비로서 운전 및 정지가 자동적으로 되어도 위험이 생길 우려가 없는 구조의 것은 그러하지 아니하다.

80. 고압가스용 용접용기의 내압시험방법 중 팽창측정시험의 경우 용기가 팽창한 후 적어도 얼마 이상의 시간을 유지하여야 하는가?
① 30초   ② 45초
③ 1분   ④ 5분

해설 팽창측정시험 : 내압시험압력을 가하여 용기가 완전히 팽창한 후 30초 이상 그 압력을 유지하여 누출 및 이상 팽창이 없는가를 확인한다.

제 5 과목   가스계측기기

81. 비례미적분 제어(PID control)를 사용하는 제어는?
① 피드백 제어   ② 수동 제어
③ ON-OFF 제어   ④ 불연속동작 제어

해설 ㉮ 비례 적분 미분 동작 (PID 동작) : 제어계의 난이도가 큰 경우에 적합한 제어 동작으로 조절 효과가 좋고 조절 속도가 빨라 널리 이용된다. 반응 속도가 느리거나 빠른 경우, 쓸모없는 시간이나 전달 느림이 있는 경우에 적용된다.

정답 78. ② 79. ④ 80. ① 81. ①

㉱ 피드백(feed back) : 폐(閉)회로를 형성하여 제어량의 크기와 목표값을 비교하여 그 값이 일치하도록 출력측의 신호를 입력측으로 되돌림 신호(피드백 신호)를 보내어 수정 동작을 하는 방법으로 이것을 이용한 자동 제어 방식이 피드백 제어이다.

82. 고압 밀폐탱크의 액면 측정용으로 주로 사용되는 것은?
① 편위식 액면계   ② 차압식 액면계
③ 부자식 액면계   ④ 기포식 액면계

해설 차압식 액면계 : 액화산소와 같은 극저온의 저장조의 상·하부를 U자관에 연결하여 차압에 의하여 액면을 측정하는 방식으로 햄프슨식 액면계라 한다.

83. 가스압력식 온도계의 봉입액으로 사용되는 액체로 가장 부적당한 것은?
① 프레온   ② 에틸에테르
③ 벤젠   ④ 아닐린

해설 압력식 온도계의 종류 및 사용 물질
㉮ 액체 압력(팽창)식 온도계 : 수은, 알코올, 아닐린
㉯ 기체 압력식 온도계 : 질소, 헬륨
㉰ 증기 압력식 온도계 : 프레온, 에틸에테르, 염화메틸, 염화에틸, 톨루엔, 아닐린

84. 관의 길이 250 cm에서 벤젠의 가스 크로마토그램을 재었더니 머무른 부피가 82.2 mm, 봉우리의 폭(띠나비)이 9.2 mm 이었다. 이때 이론 단수는?
① 812   ② 995
③ 1063   ④ 1277

해설 $N = 16 \times \left(\dfrac{Tr}{W}\right)^2$
$= 16 \times \left(\dfrac{82.2}{9.2}\right)^2 = 1277.285$

85. 산소(O_2)는 다른 가스에 비하여 강한 상자성체이므로 자장에 대하여 흡인되는 특성을 이용하여 분석하는 가스분석계는?
① 세라믹식 O_2계   ② 자기식 O_2계
③ 연소식 O_2계   ④ 밀도식 O_2계

해설 자기식 O_2계(분석기) : 일반적인 가스는 반자성체에 속하지만 O_2는 자장에 흡입되는 강력한 상자성체인 것을 이용한 산소 분석기이다.
㉮ 가동 부분이 없고 구조도 비교적 간단하며, 취급이 용이하다.
㉯ 측정가스 중에 가연성가스가 포함되면 사용할 수 없다.
㉰ 가스의 유량, 압력, 점성의 변화에 대하여 지시오차가 거의 발생하지 않는다.
㉱ 열선은 유리로 피복되어 있어 측정가스 중의 가연성가스에 대한 백금의 촉매작용을 막아 준다.

86. 국제표준규격에서 다루고 있는 파이프(pipe) 안에 삽입되는 차압 1차 장치(primary device)에 속하지 않는 것은?
① nozzle (노즐)
② thermo well (서모 웰)
③ venturi nozzle (벤투리 노즐)
④ orifice plate (오리피스 플레이트)

해설 차압식 유량계의 차압 1차 장치
㉮ 오리피스 미터 : orifice plate (오리피스 플레이트)
㉯ 플로 노즐 : nozzle (노즐)
㉰ 벤투리 미터 : venturi nozzle (벤투리 노즐)

87. 탄성 압력계의 오차 유발 요인으로 가장 거리가 먼 것은?
① 마찰에 의한 오차
② 히스테리시스 오차
③ 디지털식 탄성 압력계의 측정 오차
④ 탄성 요소와 압력지시기의 비직진성

88. 가스계량기의 설치 장소에 대한 설명으로 틀린 것은?
① 습도가 낮은 곳에 부착한다.

정답 82. ② 83. ③ 84. ④ 85. ② 86. ② 87. ③ 88. ④

② 진동이 적은 장소에 설치한다.
③ 화기와 2 m 이상의 떨어진 곳에 설치한다.
④ 바닥으로부터 2.5 m 이상에 수직 및 수평으로 설치한다.
[해설] 바닥으로부터 1.6~2 m 이내에 수평, 수직으로 설치한다.

89. 기준기로서 150 m³/h로 측정된 유량은 기차가 4 %인 가스미터를 사용하면 지시량은 몇 m³/h를 나타내는가?
① 144.23 ② 146.23
③ 150.25 ④ 156.25

[해설] $E = \dfrac{I-Q}{I} = 1 - \dfrac{Q}{I}$ 에서
$\therefore I = \dfrac{Q}{1-E} = \dfrac{150}{1-0.04}$
$= 156.25 \text{ m}^3/\text{h}$

90. 도시가스 누출 검출기로 사용되는 수소 이온화 검출기(FID)가 검출할 수 없는 것은?
① CO ② CH_4
③ C_3H_8 ④ C_4H_{10}

[해설] 수소염 이온화 검출기(FID : flame ionization detector) : 불꽃으로 시료 성분이 이온화됨으로써 불꽃 중에 놓여진 전극 간의 전기 전도도가 증대하는 것을 이용한 것으로 탄화수소에서 감도가 최고이다.

91. 가스 크로마토그래피로 가스를 분석할 때 사용하는 캐리어 가스가 아닌 것은?
① H_2 ② CO_2
③ N_2 ④ Ar

[해설] 캐리어 가스의 종류 : 수소(H_2), 헬륨(He), 아르곤(Ar), 질소(N_2)

92. 과열증기로부터 부르동관(bourdon) 압력계를 보호하기 위한 방법으로 가장 적당한 것은 어느 것인가?

① 밀폐액 충전
② 과부하 예방판 설치
③ 사이펀(siphon) 설치
④ 격막(diaphragm) 설치

[해설] 부르동관 압력계에 연결되는 관에 사이펀을 설치하고, 사이펀에 물을 넣어 증기가 직접 부르동관에 들어가지 않도록 조치한다.

93. 다이어프램(diaphragm)식 압력계의 격막재료로서 적합하지 않은 것은?
① 인청동 ② 스테인리스
③ 고무 ④ 연강판

[해설] 격막(diaphragm) 재료 : 인청동, 구리, 스테인리스, 특수 고무, 천연 고무, 테플론, 가죽 등

94. 최고 사용 압력이 0.1 MPa 미만인 도시가스 공급관을 설치하고, 내용적을 계산하였더니 8 m³이었다. 전기식 다이어프램형 압력계로 기밀시험을 할 경우 최소 유지시간은 얼마인가?
① 4분 ② 10분
③ 24분 ④ 40분

[해설] 전기식 다이어프램형 압력계 기밀 유지시간

최고 사용 압력	내용적	기밀 유지시간
저압 (0.1 MPa 미만)	1 m³ 미만	4분
	1 m³ 이상 10 m³ 미만	40분
	10 m³ 이상 300 m³ 미만	4×V분 (다만, 240분을 초과한 경우는 240분으로 할 수 있다.)

※ V는 피시험 부분의 내용적(m³)

95. 오르사트(Orsat)법에서 가스 흡수의 순서를 바르게 나타낸 것은?
① $CO_2 \to O_2 \to CO$
② $CO_2 \to CO \to O_2$
③ $O_2 \to CO \to CO_2$

정답 89. ④ 90. ① 91. ② 92. ③ 93. ④ 94. ④ 95. ①

④ $O_2 \rightarrow CO_2 \rightarrow CO$

[해설] 오르사트법 가스 분석 순서 및 흡수제

순서	분석 가스	흡수제
1	CO_2	KOH 30 % 수용액
2	O_2	알칼리성 피로갈롤용액
3	CO	암모니아성 염화제1구리 용액

96. LPG의 정량 분석에서 흡광도의 원리를 이용한 가스 분석법은?
① 저온 분류법
② 질량 분석법
③ 적외선 흡수법
④ 가스 크로마토그래피법

[해설] 적외선 흡수법 : 분자의 진동 중 쌍극자 힘의 변화를 일으킬 진동에 의해 적외선의 흡수가 일어나는 것을 이용한 방법으로 He, Ne, Ar 등 단원자 분자 및 H_2, O_2, N_2, Cl_2 등 대칭 2원자 분자는 적외선을 흡수하지 않으므로 분석할 수 없다.

97. 입력(x)과 출력(y)의 관계식이 $y = kx$로 표현될 경우 제어 요소는?
① 비례 요소   ② 적분 요소
③ 미분 요소   ④ 비례 적분 요소

[해설] 비례 요소 : 입력(x)과 출력(y)이 비례하는 요소를 말하며 스텝응답으로 나타난다.

98. 자동 제어에서 미리 정해 놓은 순서에 따라 제어의 각 단계가 순차적으로 진행되는 제어 방식은?
① 피드백 제어   ② 시퀀스 제어
③ 서보 제어   ④ 프로세스 제어

[해설] 시퀀스 제어(sequence control) : 미리 순서에 입각해서 다음 동작이 연속 이루어지는 제어로 자동판매기, 보일러의 점화 등이 있다.

99. 다음 중 가스미터의 특징에 대한 설명으로 옳은 것은?
① 막식 가스미터는 비교적 값이 싸고 용량에 비하여 설치 면적이 작은 장점이 있다.
② 루트미터는 대유량의 가스 측정에 적합하고 설치 면적이 작고, 대수용가에 사용한다.
③ 습식 가스미터는 사용 중에 기차의 변동이 큰 단점이 있다.
④ 습식 가스미터는 계량이 정확하고 설치 면적이 작은 장점이 있다.

[해설] 가스미터의 특징
(1) 막식 가스미터
㉮ 가격이 저렴하다.
㉯ 유지 관리에 시간을 요하지 않는다.
㉰ 대용량의 것은 설치 면적이 크다.
㉱ 일반 수용가에 사용한다.
㉲ 용량 범위는 1.5~200 m^3/h이다.
(2) 습식 가스미터
㉮ 계량이 정확하다.
㉯ 사용 중에 오차의 변동이 작다.
㉰ 사용 중에 수위 조정 등의 관리가 필요하다.
㉱ 설치 면적이 크다.
㉲ 기준용, 실험실용에 사용한다.
㉳ 용량 범위는 0.2~3000 m^3/h이다.

100. 물속에 피토관을 설치하였더니 전압이 20 mH_2O, 정압이 10 mH_2O이었다. 이때의 유속은 약 몇 m/s인가?
① 9.8   ② 10.8
③ 12.4   ④ 14

[해설] 피토관 계수(C)는 언급이 없으므로 1을 적용하고, 압력 1 mH_2O = 1000 mmH_2O = 1000 kgf/m^2이다.

$$V = C\sqrt{2g\frac{P_t - P_s}{\gamma}}$$

$$= 1 \times \sqrt{2 \times 9.8 \times \frac{(20-10) \times 10^3}{1000}}$$

$$= 14 \text{ m/s}$$

▶ 2015년 8월 16일 시행

자격종목	종목코드	시험시간	형 별	수험번호	성 명
가스 기사	1471	2시간 30분	A		

제1과목 가스유체역학

1. 원심압축기의 폴리트로프 효율이 94%, 기계손실이 축동력의 3.0%라면 전 폴리트로프 효율은 약 몇 %인가?
① 88.9 ② 91.2 ③ 93.1 ④ 94.7

[해설] $\eta = \{\eta_1 \times (1-\eta_m)\} \times 100$
$= \{0.94 \times (1-0.03)\} \times 100 = 91.18\%$

2. 안지름 0.0526 m인 철관 내를 점도가 0.01 kg/m·s이고 밀도가 1200 kg/m³인 액체가 1.16 m/s의 평균 속도로 흐를 때 Reynolds 수는 약 얼마인가?
① 36.61 ② 3661 ③ 732.2 ④ 7322

[해설] $Re = \dfrac{\rho \cdot D \cdot V}{\mu}$
$= \dfrac{1200 \times 0.0526 \times 1.16}{0.01} = 7321.92$

3. 유체의 점성계수와 동점성계수에 관한 설명 중 옳은 것은? (단, M, L, T는 각각 질량, 길이, 시간을 나타낸다.)
① 상온에서의 공기의 점성계수는 물의 점성계수보다 크다.
② 점성계수의 차원은 $ML^{-1}T^{-1}$이다.
③ 동점성계수의 차원은 L^2T^{-2}이다.
④ 동점성계수의 단위에는 poise가 있다.

[해설] ① 상온에서의 공기의 점성계수는 물의 점성계수보다 작다.
② 점성계수(μ)의 단위 및 차원
㉮ 공학단위 : kgf·s/m² = $FL^{-2}T$
㉯ 절대단위 : kg/m·s = $\dfrac{M}{LT} = ML^{-1}T^{-1}$
㉰ 점성계수 단위 : poise = g/m·s
③ 동점성계수(ν)의 단위 및 차원 : m²/s = L^2T^{-1}
④ 동점성계수의 단위에는 stokes가 있다.
※ 1 St (stokes) = 1 cm²/s = 10^{-4} m²/s

4. 압력의 단위 환산값으로 옳지 않은 것은?
① 1 atm = 101.3 kPa
② 760 mmHg = 1.013 bar
③ 1 torr = 1 mmHg
④ 1.013 bar = 0.98 kPa

[해설] 표준대기압 (1 atm) : 760 mmHg = 76 cmHg
= 29.9 inHg = 760 torr = 10332 kgf/m²
= 1.0332 kgf/cm² = 10.332 mH₂O (mAq)
= 10332 mmH₂O (mmAq) = 101325 N/m²
= 101325 Pa = 101.325 kPa
= 0.101325 MPa = 1.01325 bar
= 1013.25 mbar = 14.7 lb/in² = 14.7 psi

5. 프란틀의 혼합길이(Prandtl mixing length)에 대한 설명으로 옳지 않은 것은?
① 난류 유동에 관련된다.
② 전단응력과 밀접한 관련이 있다.
③ 벽면에서는 0이다.
④ 항상 일정한 값을 갖는다.

[해설] 프란틀의 혼합길이(Prandtl mixing length) : 난류로 유동하는 유체 입자가 운동량의 변화 없이 움직일 수 있는 길이로 전단응력과 관계있고, 벽면에서는 0으로 되며, 벽면에서 멀어지면 길이는 커진다.

6. 일정한 온도와 압력 조건에서 하수 슬러리

정답 1. ② 2. ④ 3. ② 4. ④ 5. ④ 6. ③

(slurry)와 같이 임계 전단응력 이상이 되어야만 흐르는 유체는?
① 뉴턴 유체(newtonian fluid)
② 팽창 유체(dilatant fluid)
③ 빙햄 가소성 유체(bingham plastics)
④ 의가소성 유체(pseudoplastic fluid)

[해설] 빙햄 플라스틱 유체(bingham plastic fluid) : 기름, 페인트, 치약, 진흙, 하수 슬러리 등과 같이 임계 전단응력 이상이 되어야만 흐르는 유체

7. 펌프에 관한 설명으로 옳은 것은?
① 벌류트 펌프는 안내판이 있는 펌프이다.
② 베인 펌프는 왕복 펌프이다.
③ 원심 펌프의 비속도는 아주 크다.
④ 축류 펌프는 주로 대용량 저양정용으로 사용한다.

[해설] ① 벌류트 펌프는 안내판(guide vane)이 없고, 터빈 펌프는 안내판이 있다.
② 베인 펌프는 용적형 펌프 중 회전 펌프에 해당된다.
③ 원심 펌프의 비속도는 작은 편이다.

8. 점성력에 대한 관성력의 상대적인 비를 나타내는 무차원의 수는?
① Reynolds수   ② Froude수
③ 모세관수   ④ Weber수

[해설] 레이놀즈수는 층류와 난류를 구분하는 척도로 점성력에 대한 관성력의 비이다.
$$\therefore Re = \frac{\rho DV}{\mu} = \frac{관성력}{점성력}$$

9. 회전차(impeller)의 바깥지름이 40 cm인 원심 펌프가 1500 rpm으로 회전할 때 물의 유량은 1.6 m³/min이다. 펌프의 전양정이 50 m라고 할 때 수동력은 몇 마력(HP)인가?
① 15.5 ② 16.5 ③ 17.5 ④ 18.5

[해설] $HP = \frac{\gamma QH}{76}$
$= \frac{1000 \times 1.6 \times 50}{76 \times 60} = 17.54$ HP

10. 2차원 평면 유동장에서 어떤 이상 유체의 유속이 다음과 같이 주어질 때, 이 유동장의 흐름 함수(stream function, ψ)에 대한 식으로 옳은 것은? (단, u, v는 각각 2차원 직각좌표계(x, y)상에서 x 방향과 y 방향의 속도를 나타내고, K는 상수이다)

$$u = \frac{-2Ky}{x^2+y^2}, \quad v = \frac{2Kx}{x^2+y^2}$$

① $\psi = -K\sqrt{x^2+y^2}$
② $\psi = -2K\sqrt{x^2+y^2}$
③ $\psi = -K\ln(x^2+y^2)$
④ $\psi = -2K\ln(x^2+y^2)$

11. 펌프의 캐비테이션을 방지할 수 있는 방법이 아닌 것은?
① 펌프의 설치 높이를 낮추어 흡입 양정을 작게 한다.
② 펌프의 회전수를 낮추어 흡입 비교 회전도를 작게 한다.
③ 양흡입 펌프 또는 2대 이상의 펌프를 사용한다.
④ 흡입 배관계는 관지름과 굽힘이 가능한 작게 한다.

[해설] 공동 현상(cavitation) 방지법
㉮ 펌프의 위치를 낮춘다(흡입 양정을 짧게 한다).
㉯ 수직축 펌프를 사용하여 회전차를 수중에 완전히 잠기게 한다.
㉰ 양흡입 펌프를 사용한다.
㉱ 펌프의 회전수를 낮추어 흡입 비교 회전도를 작게 한다.
㉲ 2대 이상의 펌프를 사용한다.

12. 축류 펌프에서 양정을 만드는 힘은?

정답 7. ④ 8. ① 9. ③ 10. ③ 11. ④ 12. ③

① 원심력　② 항력
③ 양력　④ 점성력

[해설] 축류 펌프 : 임펠러에서 나오는 물의 흐름이 축방향으로 나오는 것으로 양정을 만드는 힘은 양력에 해당된다.

13. 비행기의 속도를 측정하고자 할 때 다음 중 가장 적합한 장치는?
① 피토 정압관
② 벤투리관
③ 부르동(bourdon) 압력계
④ 오리피스

[해설] 피토관(pitot tube) : 전압과 정압을 측정하여 유체의 유속을 계산한 후 관로의 단면적을 곱하여 유량을 계산(측정)하는 것으로 비행기의 속도 측정, 수력 발전소의 수량 측정, 송풍기의 풍량 측정에 사용된다.

14. 물속에 피토관(pitot tube)을 설치하였더니 정체압이 1250 cmAq이고, 이때의 유속이 4.9 m/s이었다면 정압은 몇 cmAq인가?
① 122.5　② 1005.0
③ 1127.5　④ 1225.0

[해설] 전압(정체압) = 정압 + 동압이고, 정체압 1250 cmAq = 12500 mmAq = 12500 kgf/m²이다.

$$\therefore P_2 = P_1 + \frac{\gamma V^2}{2g}$$

$$\therefore P_1 = P_2 - \frac{\gamma V^2}{2g}$$

$$= 12500 - \frac{1000 \times 4.9^2}{2 \times 9.8}$$

$$= 11275 \text{ mmAq} = 1127.5 \text{ cmAq}$$

15. 어떤 매끄러운 수평 원관에 유체가 흐를 때 완전 난류 유동(완전히 거친 난류 유동) 영역이었고 이때 손실수두가 10 m이었다. 속도가 2배가 되면 손실수두는 얼마인가?
① 20 m　② 40 m　③ 80 m　④ 160 m

[해설] 난류 유동에서 손실수두는 속도의 제곱에 비례한다.

$$\therefore h_L = 2^2 \times 10 = 40 \text{ m}$$

16. 그림에서 비중이 0.9인 액체가 분출되고 있다. 원형면 1을 통과하는 속도가 15 m/s일 때 원형면 2를 통과하는 분출 속도(m/s)는 얼마인가?(단, 비압축성 유체이고 각 단면에서의 속도는 균일하다고 가정한다.)

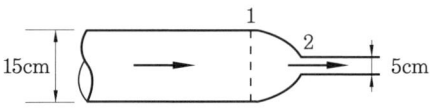

① 125　② 130　③ 135　④ 140

[해설] $Q_1 = Q_2$, $A_1 \cdot V_1 = A_2 \cdot V_2$이다.

$$\therefore V_2 = \frac{A_1}{A_2} V_1$$

$$= \frac{\frac{\pi}{4} \times 0.15^2}{\frac{\pi}{4} \times 0.05^2} \times 15 = 135 \text{ m/s}$$

17. 그림과 같이 수직벽의 양쪽에 수위가 다른 물이 있다. 벽면에 붙인 오리피스를 통하여 수위가 높은 쪽에서 낮은 쪽으로 물이 유출되고 있다. 이 속도 V_2는?(단, 물의 밀도는 ρ, 중력 가속도는 g라 한다.)

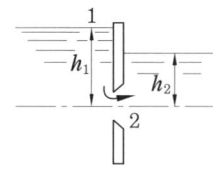

① $\sqrt{\dfrac{2gh_1}{\rho}}$

② $\sqrt{\dfrac{2g}{\rho}(h_1 - h_2)}$

③ $\sqrt{\dfrac{g}{\rho}(h_1 - h_2)}$

④ $\sqrt{2g(h_1 - h_2)}$

[해설] 1과 2에 대하여 베르누이 방정식을 적용하

면 다음과 같다.

$$h_1 + \frac{P_1}{\gamma} + \frac{V_1^2}{2g} = h_2 + \frac{P_2}{\gamma} + \frac{V_2^2}{2g}$$

여기서, $V_1 = 0$, $P_1 = 0$, $h_2 = 0$이고, 2지점의 압력수두 $\frac{P_2}{\gamma} = h_2$이다.

$$\therefore h_1 + 0 + 0 = 0 + h_2 + \frac{V_2^2}{2g}$$
$$\therefore V_2^2 = 2g(h_1 - h_2)$$
$$\therefore V_2 = \sqrt{2g(h_1 - h_2)}$$

18. 다음은 면적이 변하는 도관에서의 흐름에 관한 그림이다. 그림에 대한 설명으로 옳지 않은 것은?

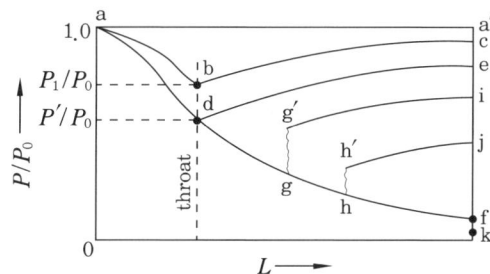

① d점에서의 압력비를 임계압력비라 한다.
② gg′ 및 hh′는 파동(wave motion)과 충격(shock)을 나타낸다.
③ 선 abc상의 다른 모든 점에서의 흐름은 아음속이다.
④ 초음속인 경우 노즐의 확산부의 단면적이 증가하면 속도는 감소한다.

해설 초음속인 경우 노즐의 확산부의 단면적이 증가하면 속도는 증가한다.

19. 베르누이의 정리 식에서 $\frac{V^2}{2g}$는 무엇을 의미하는가?
① 압력수두 ② 위치수두
③ 속도수두 ④ 전수두

해설 베르누이 방정식
$H = \frac{P}{\gamma} + \frac{V^2}{2g} + Z$에서 H : 전수두, $\frac{P}{\gamma}$: 압력수두, $\frac{V^2}{2g}$: 속도수두, Z : 위치수두이다.

20. 관중의 난류 영역에서의 패닝 마찰계수(fanning friction factor)에 직접적으로 영향을 미치지 않는 것은?
① 유체의 동점도
② 유체의 흐름 속도
③ 관의 길이
④ 관 내부의 상대조도(relative roughness)

해설 관중의 난류 영역에서의 패닝 마찰계수에 직접적으로 영향을 미치는 것은 유체의 동점도(ν), 속도(V), 관의 지름(D), 관 내부의 상대조도 등이다.

제 2 과목 연소공학

21. 폭발범위에 대한 설명으로 틀린 것은?
① 일반적으로 폭발범위는 고압일수록 넓어진다.
② 일산화탄소는 공기와 혼합 시 고압이 되면 폭발범위가 좁아진다.
③ 혼합 가스의 폭발범위는 그 가스의 폭굉범위보다 좁다.
④ 상온에 비해 온도가 높을수록 폭발범위가 넓어진다.

해설 가연성가스와 공기를 혼합하였을 때 폭굉범위는 가연성가스의 폭발하한계와 상한계값 사이에 존재한다 (혼합 가스의 폭발범위는 그 가스의 폭굉범위보다 넓다).

22. 착화 온도가 낮아지는 경우로 볼 수 없는 것은?
① 압력이 높을 경우
② 발열량이 높을 경우
③ 산소 농도가 높을 경우

정답 18. ④ 19. ③ 20. ③ 21. ③ 22. ④

④ 분자 구조가 간단할 경우

해설 착화 온도가 낮아지는 조건
㉮ 압력이 높을 때
㉯ 발열량이 높을 때
㉰ 열전도율이 작을 때
㉱ 산소와 친화력이 클 때
㉲ 산소 농도가 높을 때
㉳ 분자 구조가 복잡한 경우
㉴ 반응 활성도가 클 때

23. 폭발 등급은 안전 간격에 따라 구분할 수 있다. 다음 중 안전 간격이 가장 넓은 것은?
① 이황화탄소   ② 수성가스
③ 수소   ④ 프로판

해설 폭발 등급별 안전 간격

폭발 등급	안전 간격	가스 종류
1등급	0.6 mm 이상	일산화탄소, 에탄, 프로판, 암모니아, 아세톤, 에틸에테르, 가솔린, 벤젠 등
2등급	0.4~0.6 mm	석탄가스, 에틸렌 등
3등급	0.4 mm 미만	아세틸렌, 이황화탄소, 수소, 수성가스 등

24. 프로판과 부탄이 혼합된 경우로서 부탄의 함유량이 많아지면 발열량은?
① 커진다.
② 적어진다.
③ 일정하다.
④ 커지다가 줄어든다.

해설 프로판의 발열량은 약 24000 kcal/m³, 부탄의 발열량은 약 32000 kcal/m³이므로 발열량이 높은 부탄의 함유량이 많아지면 혼합 가스의 발열량은 커진다.

25. 어떤 경우에는 실험 데이터가 없어 연소한계를 추산해야 할 필요가 있다. 존스(Jones)는 많은 탄화수소 증기의 연소하한계(LFL)와 연소상한계(UFL)는 연료의 양론 농도(C_{st})의 함수라는 것을 발견하였다. 다음 중 존스(Jones) 연소하한계(LFL) 관계식을 옳게 나타낸 것은? (단, C_{st}는 연료와 공기로 된 완전 연소가 일어날 수 있는 혼합 기체에 대한 연료의 부피 %이다.)
① $LFL = 0.55\,C_{st}$ ② $LFL = 1.55\,C_{st}$
③ $LFL = 2.50\,C_{st}$ ④ $LFL = 3.50\,C_{st}$

해설 존스(Jones) 연소 범위 관계식
㉮ 연소(폭발)하한계(LFL)
$LFL = 0.55\,C_{st}$
㉯ 연소(폭발)상한계(UFL)
$UFL = 4.8\sqrt{C_{st}}$

26. 공기비에 대한 설명으로 옳은 것은?
① 연료 1 kg당 완전 연소에 필요한 공기량에 대한 실제 혼합된 공기량의 비로 정의된다.
② 연료 1 kg당 불완전 연소에 필요한 공기량에 대한 실제 혼합된 공기량의 비로 정의된다.
③ 기체 1 m³당 실제로 혼합된 공기량에 대한 완전 연소에 필요한 공기량의 비로 정의된다.
④ 기체 1 m³당 실제로 혼합된 공기량에 대한 불완전 연소에 필요한 공기량의 비로 정의된다.

해설 공기비 : 이론 공기량(A_0)에 대한 실제 공기량(A)의 비로 과잉공기계수라 한다.
$$\therefore m = \frac{A}{A_0} = \frac{A_0 + B}{A_0} = 1 + \frac{B}{A_0}$$

27. 에틸렌(ethylene) 1 m³을 완전히 연소시키는 데 필요한 공기의 양은 약 몇 m³인가? (단, 공기 중의 산소 및 질소는 각각 21 vol%, 79 vol%이다.)
① 9.5   ② 11.9   ③ 14.3   ④ 19.0

해설 ㉮ 에틸렌(C_2H_4)의 완전 연소 반응식
$C_2H_4 + 3O_2 \rightarrow 2CO_2 + 2H_2O$

정답   23. ④   24. ①   25. ①   26. ①   27. ③

㉴ 이론 공기량(m³) 계산

$$\therefore A_0 = \frac{O_0}{0.21} = \frac{3}{0.21} = 14.29 \text{ m}^3$$

28. 이상기체 10 kg을 240 K만큼 온도를 상승시키는 데 필요한 열량이 정압인 경우와 정적인 경우에 그 차이가 415 kJ이었다. 이 기체의 가스상수는 약 몇 kJ/kg·K인가?
① 0.173   ② 0.287
③ 0.381   ④ 0.423

[해설] 정압 비열과 정적 비열의 차이로 415 kJ의 열량차가 발생하였고, 현열량 $Q[\text{kJ}] = m \cdot C \cdot \Delta t$에서 비열 $C = \frac{Q}{m \cdot \Delta t}$이고 정압 비열과 정적 비열의 차이 $C_p - C_v = R$이므로 비열(C)값 대신 기체상수 R을 대입하면 된다.

$$\therefore R = \frac{Q}{m \cdot \Delta t} = \frac{415}{10 \times 240} = 0.1729 \text{ kJ/kg} \cdot \text{K}$$

29. 다음 중 확산연소에 대한 설명으로 옳지 않은 것은?
① 조작이 용이하다.
② 연소 부하율이 크다.
③ 역화의 위험성이 적다.
④ 화염의 안정 범위가 넓다.

[해설] 확산연소의 특징
  ㉮ 조작 범위가 넓으며 역화의 위험성이 없다.
  ㉯ 가스와 공기를 예열할 수 있고 화염이 안정적이다.
  ㉰ 탄화수소가 적은 연료에 적당하다.
  ㉱ 조작이 용이하며, 화염이 장염이다.
  ㉲ 연소 부하율이 작다.

30. 상온, 상압의 공기 중에서 연소 범위의 폭이 가장 넓은 가스는?
① 벤젠   ② 프로판
③ n-부탄 ④ 메탄

[해설] 가스의 연소 범위(폭발 범위)

가스	연소 범위
벤젠 (C₆H₆)	1.4~7.1 %
프로판 (C₃H₈)	2.2~9.5 %
n-부탄 (C₄H₁₀)	1.9~8.5 %
메탄 (CH₄)	5~15 %

31. 오토(otto) 사이클에서 압축비가 7일 때의 열효율은 약 몇 %인가?(단, 비열비 k는 1.4이다.)
① 29.7 ② 44.0 ③ 54.1 ④ 94.0

[해설] $\eta = \left\{1 - \left(\frac{1}{\varepsilon}\right)^{k-1}\right\} \times 100$
$= \left\{1 - \left(\frac{1}{7}\right)^{1.4-1}\right\} \times 100 = 54.084 \text{ %}$

32. 냉동 사이클의 이상적인 사이클은?
① 카르노 사이클   ② 역카르노 사이클
③ 스털링 사이클   ④ 브레이튼 사이클

[해설] 역카르노 사이클 : 냉동기의 이상적인 사이클로 카르노 사이클과 반대 방향으로 작동하며, 작업유체에 일(W)을 공급하여 저열원(Q_2)의 열을 빼앗아 고열원(Q_1)에 열을 공급하는 과정을 반복한다.

33. 미분탄 연소의 특징에 대한 설명으로 틀린 것은?
① 가스화 속도가 빠르고 연소실의 공간을 유효하게 이용할 수 있다.
② 화격자 연소보다 낮은 공기비로써 높은 연소 효율을 얻을 수 있다.
③ 명료한 화염이 형성되지 않고 화염이 연소실 전체에 퍼진다.
④ 연소 완료 시간은 표면 연소 속도에 의해 결정된다.

[해설] 미분탄 연소의 특징 : ②, ③, ④ 외
  ㉮ 적은 공기비로 완전 연소가 가능하다.
  ㉯ 점화, 소화가 쉽고 부하 변동에 대응하기 쉽다.

[정답] 28. ① 29. ② 30. ④ 31. ③ 32. ② 33. ①

㈐ 대용량에 적당하고, 사용 연료 범위가 넓다.
㈑ 설비비, 유지비가 많이 소요된다.
㈒ 회(灰), 먼지 등이 많이 발생하여 집진장치가 필요하다.
㈓ 연소실 면적이 크고, 폭발의 위험성이 있다.

34. 가스 호환성이란 가스를 사용하고 있는 지역 내에서 가스 기기의 성능이 보장되는 대체 가스의 허용 가능성을 말한다. 호환성을 만족하기 위한 조건이 아닌 것은?
① 초기 점화가 안정되게 이루어져야 한다.
② 황염(yellow tip)과 그을음이 없어야 한다.
③ 비화 및 역화(flash back)가 발생되지 않아야 한다.
④ 웨버(webbe) 지수가 ±15 % 이내이어야 한다.

35. 다음은 Carnot cycle의 압력-부피 선도이다. 이 중 등온팽창 과정은?

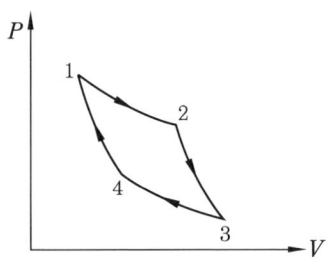

카르노 사이클의 $P-V$ 선도

① 1→2 ② 2→3 ③ 3→4 ④ 4→1

해설 카르노 사이클의 순환 과정
㉮ 1→2 과정 : 등온팽창 과정
㉯ 2→3 과정 : 단열팽창 과정
㉰ 3→4 과정 : 등온압축 과정
㉱ 4→1 과정 : 단열압축 과정

36. 액체 상태의 프로판이 이론 공기연료비로 연소하고 있을 때 저발열량은 약 몇 kJ/kg인가? (단, 이때의 온도는 25℃이고, 이 연료의 증발 엔탈피는 360 kJ/kg이다. 또한 기체 상태의 C_3H_8의 형성엔탈피는 −103909 kJ/kmol, CO_2의 형성엔탈피는 −393757 kJ/kmol, 기체 상태의 H_2O의 형성엔탈피는 −241971 kJ/kmol이다.)
① 23501 ② 46017
③ 50002 ④ 2149155

해설 ㉮ 프로판(C_3H_8)의 완전 연소 반응식
$C_3H_8 + 5O_2 \rightarrow 3CO_2 + 4H_2O + Q$
㉯ 프로판(C_3H_8)의 저발열량 (kJ/kg) 계산 : 프로판 1 kmol의 질량은 44 kg이고, 증발에 필요한 엔탈피는 발열량에서 제외된다.
$$\therefore Q = \frac{(3 \times 393757) + (4 \times 241971) - 103909}{44} - 360$$
$= 46122.86$ kJ/kg

37. 연료가 완전 연소할 때 이론상 필요한 공기량을 M_0 [m³], 실제로 사용한 공기량을 M [m³]라 하면 과잉공기 백분율을 바르게 표시한 식은?
① $\dfrac{M}{M_0} \times 100$ ② $\dfrac{M_0}{M} \times 100$
③ $\dfrac{M - M_0}{M} \times 100$ ④ $\dfrac{M - M_0}{M_0} \times 100$

해설 과잉공기 백분율(%) : 과잉공기량(B)과 이론공기량(M_0)의 비율(%)
$\therefore$ 과잉공기율 (%) $= \dfrac{B}{M_0} \times 100$
$= \dfrac{M - M_0}{M_0} \times 100$
$= (m - 1) \times 100$

38. 에탄 5 vol%, 프로판 65 vol%, 부탄 30 vol% 혼합가스의 공기 중에서 폭발범위를 표를 참조하여 구하면?

공기 중에서의 폭발한계

가스	폭발한계(vol%)	
	하한계	상한계
C_2H_6	3.0	12.4
C_3H_8	2.1	9.5
C_4H_{10}	1.8	8.4

정답 34. ④ 35. ① 36. ② 37. ④ 38. ②

① 1.95~8.93 vol%   ② 2.03~9.25 vol%
③ 2.55~10.85 vol% ④ 2.67~11.33 vol%

[해설] $\dfrac{100}{L} = \dfrac{V_1}{L_1} + \dfrac{V_2}{L_2} + \dfrac{V_3}{L_3}$ 에서

∴ $L = \dfrac{100}{\dfrac{V_1}{L_1} + \dfrac{V_2}{L_2} + \dfrac{V_3}{L_3}}$ 이다.

㉮ 폭발범위 하한값 계산
$L_l = \dfrac{100}{\dfrac{5}{3.0} + \dfrac{65}{2.1} + \dfrac{30}{1.8}} = 2.028\ \%$

㉯ 폭발범위 상한값 계산
$L_h = \dfrac{100}{\dfrac{5}{12.4} + \dfrac{65}{9.5} + \dfrac{30}{8.4}} = 9.244\ \%$

39. 연료의 구비 조건에 해당하는 것은?
① 발열량이 클 것
② 희소성이 있을 것
③ 저장 및 운반 효율이 낮을 것
④ 연소 후 유해물질 및 배출물이 많을 것

[해설] 연료(fuel)의 구비 조건
㉮ 공기 중에서 연소하기 쉬울 것
㉯ 저장 및 운반, 취급이 용이할 것
㉰ 발열량이 클 것
㉱ 구입하기 쉽고 경제적일 것
㉲ 인체에 유해성이 없을 것
㉳ 휘발성이 좋고 내한성이 우수할 것
㉴ 연소 시 회분 등 배출물이 적을 것

40. 피열물의 가열에 사용된 유효열량이 7000 kcal/kg, 전입열량이 12000 kcal/kg일 때 열효율은 약 얼마인가?
① 49.2 %   ② 58.3 %
③ 67.4 %   ④ 76.5 %

[해설] 열효율 (%)
$= \dfrac{\text{유효하게 사용된 열량}}{\text{공급열량}} \times 100$
$= \dfrac{7000}{12000} \times 100 = 58.33\ \%$

제 3 과목 가스설비

41. 다음 반응으로 진행되는 접촉분해 반응 중 카본 생성을 방지하는 방법으로 옳은 것은?

$$2CO \rightarrow CO_2 + C$$

① 반응온도 : 낮게, 반응압력 : 높게
② 반응온도 : 높게, 반응압력 : 낮게
③ 반응온도 : 낮게, 반응압력 : 낮게
④ 반응온도 : 높게, 반응압력 : 높게

[해설] 반응 전 2 mol, 반응 후 카본 (C)을 제외한 1 mol로 반응 후의 mol수가 적으므로 온도가 낮고, 압력이 높을수록 반응이 잘 일어난다. 따라서 카본 (C) 생성을 방지하려면 반응이 잘 일어나지 않도록 해야 하므로 반응온도는 높게, 반응압력은 낮게 유지해야 한다.

42. 전구용 봉입가스, 금속의 정련 및 열처리 시 공기와의 접촉 방지를 위한 보호가스로 주로 사용되는 가스의 방전관 발광색은?
① 보라색   ② 녹색
③ 황색   ④ 적색

[해설] 희가스의 발광색

헬륨	네온	아르곤	크립톤	크세논	라돈
황백색	주황색	적색	녹자색	청자색	청록색

※ 문제는 아르곤의 용도에 대한 설명이므로 발광색은 적색이다.

43. 겨울철 LPG 용기에 서릿발이 생겨 가스가 잘 나오지 않을 때 가스를 사용하기 위한 조치로 옳은 것은?
① 용기를 힘차게 흔든다.
② 연탄불로 쪼인다.
③ 40℃ 이하의 열습포로 녹인다.
④ 90℃ 정도의 물을 용기에 붓는다.

[해설] 고압가스 용기의 밸브, 충전용 지관을 가열

할 때에는 열습포 또는 40℃ 이하의 물을 사용한다.

44. 내용적이 50 L의 용기에 다공도가 80 %인 다공성 물질이 충전되어 있고 내용적의 40 %만큼 아세톤이 차지할 때 이 용기에 충전되어 있는 아세톤의 양(kg)은? (단, 아세톤의 비중은 0.79이다.)
① 25.3 ② 20.3 ③ 15.8 ④ 12.6

해설 아세톤 무게(kg) = 아세톤의 체적(L)×비중
= (50×0.4)×0.79 = 15.8 kg

45. 고압가스용 기화장치의 구성 요소에 해당하지 않는 것은?
① 기화통   ② 열매온도 제어장치
③ 액유출 방지장치 ④ 긴급 차단장치

해설 기화장치 구성 요소(기기) : 기화통(열교환기), 열매온도 제어장치, 열매과열 방지장치, 액면 제어장치(액유출 방지장치), 압력조정기, 안전밸브

46. 도시가스 배관에서 가스 공급이 불량하게 되는 원인으로 가장 거리가 먼 것은?
① 배관의 파손
② terminal box의 불량
③ 정압기의 고장 또는 능력 부족
④ 배관 내의 물의 고임, 녹으로 인한 폐쇄

해설 터미널 박스(terminal box)는 전기방식 시설을 관리하기 위한 시설에 해당된다.

47. 수소 가스 공급 시 용기의 충전구에 사용하는 패킹 재료로서 가장 적당한 것은?
① 석면   ② 고무
③ 파이버   ④ 금속 평형 개스킷

해설 수소 용기의 패킹 재료 : 파이버

48. 일정한 용적의 실린더 내에 기체를 흡입한 다음 흡입구를 닫아 기체를 압축하면서 다른 토출구에 압축하는 형식의 압축기는?
① 용적형   ② 터보형
③ 원심식   ④ 축류식

해설 용적형 압축기 : 일정 용적의 실린더 내에 기체를 흡입하고 기체에 압력을 가하여 토출구로 압출하는 것을 반복하는 형식으로 왕복동식과 회전식으로 분류한다.

49. 흡입압력 105 kPa, 토출압력 480 kPa, 흡입공기량 3 m³/min인 공기압축기의 등온압축일은 약 몇 kW인가?
① 2   ② 4   ③ 6   ④ 8

해설 $N_T = P_1 V_1 \ln \dfrac{P_2}{P_1}$
$= 105 \times \left(\dfrac{3}{60}\right) \times \ln \dfrac{480}{105} = 7.979 \text{ kW}$

50. 호칭지름이 동일한 바깥지름의 강관에 있어서 스케줄 번호가 다음과 같을 때 두께가 가장 두꺼운 것은?
① XXS   ② XS
③ Sch 20   ④ Sch 40

해설 스케줄 번호는 배관 두께를 나타내는 것으로 숫자가 클수록 두께가 두꺼워진다. XS는 200 A까지 Sch 80과 두께가 같으며, XXS는 Sch 140과 160 사이의 두께를 갖는다.

51. 펌프를 운전할 때 펌프 내에 액이 충만되지 않으면 공회전하여 펌프 작업이 이루어지지 않는 현상을 방지하기 위하여 펌프 내에 액을 충만시키는 것을 무엇이라 하는가?
① 서징(surging)
② 프라이밍(priming)
③ 베이퍼로크(vapor lock)
④ 캐비테이션(cavitation)

해설 프라이밍 : 펌프를 운전할 때 펌프 내에 액이 없을 경우 임펠러의 공회전으로 펌핑이 이루

정답 44. ③ 45. ④ 46. ② 47. ③ 48. ① 49. ④ 50. ① 51. ②

어지지 않는 것을 방지하기 위하여 가동 전에 펌프 내에 액을 충만시키는 것으로, 원심 펌프에 해당된다.

52. 용기용 밸브가 B형이며, 가연성가스가 충전되어 있을 때 충전구의 형태는?
① 수나사-오른나사 ② 수나사-왼나사
③ 암나사-오른나사 ④ 암나사-왼나사

해설 용기 충전구
(1) 충전구 형식에 의한 분류
  ㉮ A형 : 가스 충전구가 수나사
  ㉯ B형 : 가스 충전구가 암나사
  ㉰ C형 : 가스 충전구에 나사가 없는 것
(2) 충전구 나사 형식
  ㉮ 왼나사 : 가연성가스 (암모니아, 브롬화메탄 오른나사)
  ㉯ 오른나사 : 가연성 이외의 것

53. 고온, 고압에서 수소 가스 설비에 탄소강을 사용하면 수소 취성을 일으키게 되므로 이것을 방지하기 위하여 첨가시키는 금속 원소로서 적당하지 않은 것은?
① 몰리브덴   ② 크립톤
③ 텅스텐   ④ 바나듐

해설 수소 취성 방지 원소 : 텅스텐(W), 바나듐(V), 몰리브덴(Mo), 티타늄(Ti), 크롬(Cr)

54. 터보 압축기의 특징에 대한 설명으로 틀린 것은?
① 원심형이다.
② 효율이 높다.
③ 용량 조정이 어렵다.
④ 맥동이 없이 연속적으로 송출한다.

해설 터보형 압축기의 특징
  ㉮ 원심형 무급유식이다.
  ㉯ 연속 토출로 맥동 현상이 적다.
  ㉰ 형태가 작고 경량이어서 설치 면적이 작다.
  ㉱ 압축비가 작고, 효율이 낮다.
  ㉲ 운전 중 서징 현상이 발생할 수 있다.
  ㉳ 용량 조정이 어렵다.

55. LP 가스 1단 감압식 저압 조정기의 입구 압력은?
① 0.025~1.56 MPa
② 0.07~1.56 MPa
③ 0.025~0.35 MPa
④ 0.07~0.35 MPa

해설 1단 감압식 압력조정기 압력

구분	입구 압력	조정 압력
저압 조정기	0.07~1.56 MPa	2.3~3.3 kPa
준저압 조정기	0.1~1.56 MPa	5.0~30.0 kPa

56. 가스 설비에 대한 전기 방식(防蝕)의 방법이 아닌 것은?
① 희생양극법   ② 외부전원법
③ 배류법   ④ 압착전원법

해설 전기 방식법 종류 : 희생양극법, 외부전원법, 배류법, 강제배류법

57. 용기에 의한 액화석유가스 사용 시설에서 가스계량기($30m^3/h$ 미만) 설치 장소로 옳지 않은 것은?
① 환기가 양호한 장소에 설치하였다.
② 전기접속기와 50 cm 떨어진 위치에 설치하였다.
③ 전기계량기와 50 cm 떨어진 위치에 설치하였다.
④ 바닥으로부터 160 cm 이상 200 cm 이내인 위치에 설치하였다.

해설 가스계량기($30 m^3/h$ 미만) 설치 장소 기준
  ㉮ 가스계량기는 화기와 2 m 이상의 우회거리를 유지한다.
  ㉯ 가스계량기는 가스계량기의 검침, 교체, 유지 관리 및 계량이 용이하고 환기가 양호한 장소에 설치한다.
  ㉰ 가스계량기 설치 높이는 바닥으로부터 1.6 m 이상 2 m 이내에 수직, 수평으로 설치한다.

정답 52. ④ 53. ② 54. ② 55. ② 56. ④ 57. ③

㉔ 가스계량기와 전기계량기 및 전기개폐기와의 거리는 60 cm 이상, 단열조치를 하지 않은 굴뚝·전기점멸기 및 전기접속기와의 거리는 30 cm 이상, 절연조치를 하지 않은 전선과의 거리는 15 cm 이상의 거리를 유지한다.

58. 가스레인지의 열효율을 측정하기 위하여 주전자에 순수 1000 g을 넣고 10분간 가열하였더니 처음 15℃인 물의 온도가 65℃가 되었다. 이 가스레인지의 열효율은 약 몇 %인가? (단, 물의 비열은 1 kcal/kg·℃, 가스 사용량은 0.008 m³, 가스 발열량은 13000 kcal/m³이며, 온도 및 압력에 대한 보정치는 고려하지 않는다.)
① 42   ② 45   ③ 48   ④ 52

[해설] 10분간 물을 가열하는 데 사용한 가스량은 0.008 m³이다.

$$\therefore \eta = \frac{G \cdot C \cdot \Delta t}{G_f \cdot H_l} \times 100$$
$$= \frac{1 \times 1 \times (65-15)}{0.008 \times 13000} \times 100 = 48.076 \%$$

59. 공기를 액화시켜 산소와 질소를 분리하는 원리는?
① 액체산소와 액체질소의 비중 차이에 의해 분리
② 액체산소와 액체질소의 비등점 차이에 의해 분리
③ 액체산소와 액체질소의 열용량 차이로 분리
④ 액체산소와 액체질소의 전기적 성질 차이에 의해 분리

[해설] 산소의 비등점은 −183℃, 질소의 비등점은 −196℃로 차이가 있어 공기를 액화시켜 산소와 질소를 분리할 수 있다.

60. 공기 액화 분리장치의 폭발 방지 대책으로 가장 적절한 것은?
① 공기 취입구로부터 아세틸렌 및 탄화수소 혼입이 없도록 관리한다.
② 산소 압축기 윤활제로 식물성 기름을 사용한다.
③ 내부 장치는 년 1회 정도 세척하는 것이 좋고 세정제로 아세톤을 사용한다.
④ 액체산소 중에 오존 (O_3)의 혼입은 산소 농도를 증가시키므로 안전하다.

[해설] 공기 액화 분리장치의 폭발 방지 대책
㉮ 장치 내 여과기를 설치한다.
㉯ 아세틸렌이 흡입되지 않는 장소에 공기 흡입구를 설치한다.
㉰ 양질의 압축기 윤활유를 사용한다 (산소 압축기 윤활제 : 물 또는 10 % 이하의 묽은 글리세린수).
㉱ 장치 내부는 1년에 1회 정도 사염화탄소 (CCl_4)를 사용하여 세척한다.

제 4 과목 가스안전관리

61. 고압가스용 이음매 없는 용기 재검사 기준에서 정한 용기의 상태에 따른 등급 분류 중 3급에 해당하는 것은?
① 깊이가 0.1 mm 미만이라고 판단되는 흠
② 깊이가 0.3 mm 미만이라고 판단되는 흠
③ 깊이가 0.5 mm 미만이라고 판단되는 흠
④ 깊이가 1 mm 미만이라고 판단되는 흠

[해설] 용기의 상태에 따른 등급 분류 중 3급
㉮ 깊이가 0.3 mm 미만이라고 판단되는 흠이 있는 것
㉯ 깊이가 0.5 mm 미만이라고 판단되는 부식이 있는 것

62. 프로판 가스의 충전용 용기로 주로 사용되는 것은?
① 리벳용기   ② 주철용기
③ 이음새 없는 용기 ④ 용접용기

정답 58. ③ 59. ② 60. ① 61. ② 62. ④

[해설] 일반적으로 액화가스의 충전용기는 용접용기를, 압축가스는 이음매 없는 용기(이음새 없는 용기)를 사용한다.

63. 독성가스 중 다량의 가연성가스를 차량에 적재하여 운반하는 경우 휴대하여야 하는 소화기는?
① BC용, B-3 이상 ② BC용, B-6 이상
③ ABC용, B-3 이상 ④ ABC용, B-4 이상

[해설] 독성가스 중 가연성가스를 차량에 적재하여 운반하는 경우 소화설비 기준 〈개정 15. 10. 2〉

구분		소화기의 종류		비치 개수
압축 가스	액화 가스	소화 약제의 종류	능력단위	
100 m³ 이상	1000 kg 이상	분말 소화제	BC용 또는 ABC용, B-6 (약제중량 4.5 kg) 이상	2개 이상
15 m³ 초과 100 m³ 미만	150 kg 초과 1000 kg 미만	분말 소화제	BC용 또는 ABC용, B-6 (약제중량 4.5 kg) 이상	1개 이상
15 m³ 이하	150 kg 이하	분말 소화제	B-3 이상	1개 이상

64. 냉동기의 냉매설비는 진동, 충격, 부식 등으로 냉매가스가 누출되지 않도록 조치하여야 한다. 다음 중 그 조치 방법이 아닌 것은?
① 주름관을 사용한 방진 조치
② 냉매설비 중 돌출부위에 대한 적절한 방호 조치
③ 냉매가스가 누출될 우려가 있는 부분에 대한 부식 방지 조치
④ 냉매설비 중 냉매가스가 누출될 우려가 있는 곳에 차단 밸브 설치

[해설] 냉매설비 외면의 부식에 의하여 냉매가스가 누출될 우려가 있는 곳에 부식 방지를 위한 조치를 할 것

65. 다음 중 특수고압가스가 아닌 것은?
① 압축모노실란 ② 액화알진
③ 게르만   ④ 포스겐

[해설] 특수고압가스 : 압축모노실란, 압축디보란, 액화알진, 포스핀, 셀렌화수소, 게르만, 디실란 및 그밖에 반도체의 세정 등 산업통상자원부 장관이 인정하는 특수한 용도에 사용되는 고압가스

66. 가연성가스 제조소에서 화재의 원인이 될 수 있는 착화원이 모두 나열된 것은?

㉠ 정전기
㉡ 베릴륨 합금제 공구에 의한 타격
㉢ 안전증방폭구조의 전기기기 사용
㉣ 사용 촉매의 접촉작용
㉤ 밸브의 급격한 조작

① ㉠, ㉣, ㉤   ② ㉠, ㉡, ㉢
③ ㉠, ㉢, ㉣   ④ ㉡, ㉢, ㉤

[해설] ㉡의 베릴륨 합금제 공구는 타격(충격)에 의하여 불꽃이 발생하지 않는 방폭 공구이고, ㉢의 방폭 전기기기는 폭발을 방지하는 전기기기이다.

67. 고압가스 충전용기의 운반 기준 중 용기 운반 시 주의사항으로 옳은 것은?
① 염소와 아세틸렌은 동일 차량에 적재하여 운반하여도 된다.
② 운반 중의 충전용기는 항상 40℃ 이하를 유지하여야 한다.
③ 가연성가스 또는 산소를 운반하는 차량에는 방독면 및 고무장갑 등의 보호구를 휴대하여야 한다.
④ 밸브가 돌출한 충전용기는 캡을 부착시킬 필요가 없다.

[해설] ① 염소와 아세틸렌, 암모니아, 수소는 동일 차량에 적재하여 운반하지 아니할 것
③ 독성가스의 종류에 따른 방독면, 고무장갑, 고무장화 그 밖의 보호구와 재해 발생

정답 63. ② 64. ④ 65. ④ 66. ① 67. ②

방지를 위한 응급조치에 필요한 제독제, 자재 및 공구 등을 비치한다 (가연성가스 또는 산소를 운반하는 차량에는 소화설비 및 재해 발생 방지를 위한 응급조치에 필요한 자재 및 공구 등을 휴대한다).
④ 밸브가 돌출한 충전용기는 고정식 프로텍터 또는 캡을 부착시켜 밸브의 손상을 방지하는 조치를 하고 운반할 것

68. 재료의 허용응력(σ_a), 재료의 기준강도(σ_e) 및 안전율(S)의 관계를 옳게 나타낸 식은?
① $\sigma_a = \dfrac{S}{\sigma_e}$ ② $\sigma_a = \dfrac{\sigma_e}{S}$
③ $\sigma_a = 1 - \dfrac{S}{\sigma_e}$ ④ $\sigma_a = 1 - \dfrac{\sigma_e}{S}$

[해설] 안전율(S) : 재료의 기준강도(인장강도)(σ_e) 와 허용응력(σ_a)의 비
∴ $S = \dfrac{\sigma_e}{\sigma_a}$ 이므로 $\sigma_a = \dfrac{\sigma_e}{S}$ 이다.

69. 물분무장치는 당해 저장탱크의 외면에서 몇 m 이상 떨어진 안전한 위치에서 조작할 수 있어야 하는가?
① 5   ② 10   ③ 15   ④ 20

[해설] 저장탱크 외면에서 조작스위치(거리)
㉮ 물분무장치 : 15 m 이상
㉯ 냉각살수장치 : 5 m 이상

70. 수소 가스 용기가 통상적인 사용 상태에서 파열 사고를 일으켰다. 그 사고의 원인으로 가장 거리가 먼 것은?
① 용기가 수소 취성을 일으켰다.
② 과충전 되었다.
③ 용기를 난폭하게 취급하였다.
④ 용기에 균열, 녹 등이 발생하였다.

[해설] 수소 취성은 고온, 고압의 상태에서 발생하는데 충전용기는 40℃ 이하로 유지하므로 발생할 가능성이 낮다.

71. 고압가스용기의 보관 장소에 용기를 보관할 경우의 준수할 사항 중 틀린 것은?
① 충전용기와 잔가스용기는 각각 구분하여 용기 보관 장소에 놓는다.
② 용기 보관 장소에는 계량기 등 작업에 필요한 물건 외에는 두지 아니한다.
③ 용기 보관 장소의 주위 2m 이내에는 화기 또는 인화성물질이나 발화성물질을 두지 아니한다.
④ 가연성가스 용기 보관 장소에는 비방폭형 손전등을 사용한다.

[해설] 가연성가스 용기 보관 장소에는 방폭형 휴대용 손전등 외의 등화를 휴대하고 들어가지 아니한다.

72. 가연성가스의 제조설비 중 검지경보장치가 방폭 성능 구조를 갖추지 아니하여도 되는 가연성가스는?
① 암모니아   ② 아세틸렌
③ 염화에탄   ④ 아크릴알데히드

[해설] 전기설비의 방폭 성능을 갖추어야 하는 가연성가스 중 암모니아, 브롬화메탄 및 공기 중에서 자기발화하는 가스는 제외된다.

73. 가정용 가스보일러에서 발생되는 질식 사고 원인 중 가장 높은 비율은?
① 제품 불량
② 시설 미비
③ 공급자 부주의
④ 사용자 취급 부주의

74. 수소의 일반적 성질에 대한 설명으로 틀린 것은?
① 열에 대하여 안정하다.
② 가스 중 비중이 가장 작다.
③ 무색, 무미, 무취의 기체이다.
④ 기체 중 확산 속도가 가장 느리다.

정답 68. ② 69. ③ 70. ① 71. ④ 72. ① 73. ④ 74. ④

[해설] 수소의 확산 속도는 1.8 km/s 정도로 대단히 빠르다.

75. 다음 중 수소의 취성을 방지하는 원소가 아닌 것은?
① 텅스텐 (W)   ② 바나듐 (V)
③ 규소 (Si)   ④ 크롬 (Cr)

[해설] 53번 해설 참조

76. 아세틸렌 충전 작업 시 아세틸렌을 몇 MPa 압력으로 압축하는 때에 질소, 메탄, 에틸렌 등의 희석제를 첨가하는가?
① 1   ② 1.5   ③ 2   ④ 2.5

[해설] 아세틸렌을 2.5 MPa 압력으로 압축하는 때에는 질소, 메탄, 일산화탄소 또는 에틸렌 등의 희석제를 첨가한다.

77. 충전용기 등을 차량에 적재하여 운행할 때 운반책임자를 동승하는 차량의 운행에 있어서 현저하게 우회하는 도로란 이동 거리가 몇 배 이상인 경우를 말하는가?
① 1   ② 1.5   ③ 2   ④ 2.5

[해설] 현저하게 우회하는 도로란 이동 거리가 2배 이상이 되는 경우를 말한다.

78. 산소 제조 시설 및 기술 기준에 대한 설명으로 틀린 것은?
① 공기 액화 분리장치기에 설치된 액화산소통 안의 액화산소 5 L 중 아세틸렌의 질량이 50 mg 이상이면 액화산소를 방출한다.
② 석유류 또는 글리세린은 산소 압축기 내부 윤활유로 사용하지 아니한다.
③ 산소의 품질 검사 시 순도가 99.5 % 이상이어야 한다.
④ 산소를 수송하기 위한 배관과 이에 접속하는 압축기와의 사이에는 수취기를 설치한다.

[해설] 공기 액화 분리장치기에 설치된 액화산소통 안의 액화산소 5 L 중 아세틸렌의 질량이 5 mg 또는 탄화수소의 탄소의 질량이 500 mg을 넘을 때에는 그 공기 액화 분리장치의 운전을 중지하고 액화산소를 방출한다.

79. 보일러의 파일럿(pilot) 버너 또는 메인(main) 버너의 불꽃이 접촉할 수 있는 부분에 부착하여 불이 꺼졌을 때 가스가 누출되는 것을 방지하는 안전장치의 방식이 아닌 것은?
① 바이메탈 (bimetal)식
② 열전대 (thermocouple)식
③ 플레임로드 (flame rod)식
④ 퓨즈메탈 (fuse metal)식

[해설] 보일러 소화안전장치의 방식 : 광전관식(자외선식), 플레임로드식, 바이메탈식, 열전대식

80. 저장 능력이 4톤인 액화석유가스 저장탱크 1기와 산소탱크 1기의 최대 지름이 각각 4 m, 2 m일 때 상호간의 최소 이격 거리는?
① 1 m   ② 1.5 m   ③ 2 m   ④ 2.5 m

[해설] $L = \dfrac{D_1 + D_2}{4} = \dfrac{4+2}{4} = 1.5 \text{ m}$

제 5 과목   가스계측기기

81. 적외선 분광 분석법에 대한 설명으로 틀린 것은?
① 적외선을 흡수하기 위해서는 쌍극자 모멘트의 알짜 변화를 일으켜야 한다.
② H₂, O₂, N₂, Cl₂ 등의 2원자 분자는 적외선을 흡수하지 않으므로 분석이 불가능하다.
③ 미량 성분의 분석에는 셀(cell) 내에서 다중 반사되는 기체 셀을 사용한다.
④ 흡광계수는 셀 압력과는 무관하다.

[해설] 적외선 분광 분석법 : 분자의 진동 중 쌍극자 힘의 변화를 일으킬 진동에 의해 적외선의 흡

수가 일어나는 것을 이용한 방법으로 He, Ne, Ar 등 단원자 분자 및 H_2, O_2, N_2, Cl_2 등 대칭 2원자 분자는 적외선을 흡수하지 않으므로 분석할 수 없다.

82. 다음 그림은 자동 제어계의 특성에 대하여 나타낸 것이다. 그림 중 B는 입력 신호의 변화에 대하여 출력 신호의 변화가 즉시 따르지 않는 것을 나타내는 것으로 이를 무엇이라고 하는가?

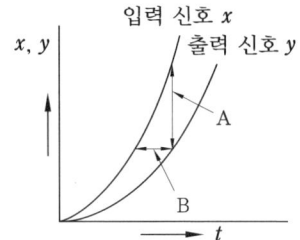

① 정오차
② 히스테리시스 오차
③ 동오차
④ 지연 (遲延)

[해설] 지연 : 입력 신호의 변화에 대하여 출력 신호의 변화가 즉시 따르지 않는 것으로 어떤 시간이 경과하여 일정한 값에 이르는 특성을 가진다.

83. 다음 중 자동 제어의 각 단계가 바르게 연결된 것은?
① 비교부-전자유량계
② 조작부-열전대온도계
③ 검출부-공기압식 자동 밸브
④ 조절부-비례미적분 제어(PID 제어)

[해설] 자동 제어계의 구성 요소
㉮ 검출부 : 제어 대상을 계측기를 사용하여 검출하는 과정이다.
㉯ 조절부 : 2차 변환기, 비교기, 조절기 등의 기능 및 지시 기록 기구를 구비한 계기
㉰ 비교부 : 기준 입력과 주피드백량과의 차를 구하는 부분으로서 제어량의 현재값이 목표값과 얼마만큼 차이가 나는가를 판단하는 기구
㉱ 조작부 : 조작량을 제어하여 제어량을 설정값과 같도록 유지하는 기구

84. 가스 크로마토그래피의 분리관에 사용되는 충전 담체에 대한 설명 중 틀린 것은?
① 화학적으로 활성을 띠는 물질이 좋다.
② 큰 표면적을 가진 미세한 분말이 좋다.
③ 입자 크기가 균등하면 분리작용이 좋다.
④ 충전하기 전에 비휘발성 액체로 피복해야 한다.

[해설] 담체는 시료 및 고정상 액체에 대하여 불활성인 것으로 규조토, 내화벽돌, 유리, 석영, 합성수지 등을 사용한다.

85. 가스 크로마토그래피법의 검출기에 대한 설명으로 옳은 것은?
① 불꽃 이온화 검출기는 감도가 낮다.
② 전자 포착 검출기는 직선성이 좋다.
③ 열전도도 검출기는 수소와 헬륨이 검출한계가 가장 낮다.
④ 불꽃 광도 검출기는 모든 물질에 적용된다.

86. 액면계 선정 시 고려사항이 아닌 것은?
① 동특성
② 안전성
③ 측정 범위와 정도
④ 변동 상태

[해설] 액면계 선정 시 고려사항
㉮ 측정 범위 및 측정 정도
㉯ 측정 장소 조건 : 탱크의 크기 및 형태, 개방형 또는 밀폐형 여부
㉰ 피측정체의 상태 : 액체, 분말, 온도, 압력, 비중, 점도, 입도
㉱ 변동 상태 : 액위의 변화 속도
㉲ 설치 조건 : 플랜지 치수, 설치 위치의 분위기
㉳ 안전성 : 내식성, 방폭성
㉴ 정격 출력 : 현장 지시, 원격 지시, 제어방식

87. 다음 중 일반적인 가스미터의 종류가 아닌 것은?

① 스크루식 가스미터
② 막식 가스미터
③ 습식 가스미터
④ 추량식 가스미터

해설 가스미터의 종류(분류)
(1) 실측식(직접식)
 ㉮ 건식 : 막식형(독립내기식, 클로버식)
 ㉯ 회전식 : 루츠형, 오벌식, 로터리피스톤식
 ㉰ 습식
(2) 추량식(간접식) : 델타식(볼텍스식), 터빈식, 오리피스식, 벤투리식

88. 태엽의 힘으로 통풍하는 통풍형 건습구 습도계로서 휴대가 편리하고 필요 풍속이 약 3 m/s인 습도계는?
① 아스만 습도계
② 모발 습도계
③ 간이 건습구 습도계
④ Dewcel식 노점계

해설 아스만(Asman) 습도계 : 통풍형 건습구 습도계로 전용 건습도용 온도표를 이용해서 상대습도를 구할 수 있다.

89. 다음 중 프로세스 제어량으로 보기 어려운 것은?
① 온도 ② 유량 ③ 밀도 ④ 액면

해설 프로세스 제어량 : 생산 공정 중의 상태량을 제어량으로 하는 제어로 온도, 압력, 유량, 레벨, 농도 등이 해당된다.

90. 액체산소, 액체질소 등과 같이 초저온 저장 탱크에 주로 사용되는 액면계는?
① 마그네틱 액면계 ② 햄프슨식 액면계
③ 벨로스식 액면계 ④ 슬립튜브식 액면계

해설 햄프슨식 액면계 : 액화산소와 같은 극저온의 저장조의 상·하부를 U자관에 연결하여 차압에 의하여 액면을 측정하는 방식으로 차압식 액면계라 한다.

91. 가스 누출을 검지할 때 사용되는 시험지가 아닌 것은?
① KI 전분지 ② 리트머스지
③ 파라핀지 ④ 염화팔라듐지

해설 가스 검지 시험지

검지 가스	시험지	반응(변색)
암모니아 (NH_3)	적색 리트머스지	청색
염소 (Cl_2)	KI-전분지	청갈색
포스겐 ($COCl_2$)	해리슨시험지	유자색
시안화수소 (HCN)	초산벤지진지	청색
일산화탄소 (CO)	염화팔라듐지	흑색
황화수소 (H_2S)	연당지	회흑색
아세틸렌 (C_2H_2)	염화제1동착염지	적갈색

92. 가스미터의 검정에서 피시험미터의 지시량이 1 m^3이고 기준기의 지시량이 750 L일 때 기차(器差)는 약 몇 %인가?
① 2.5 ② 3.3 ③ 25.0 ④ 33.3

해설 $E = \dfrac{I-Q}{I} \times 100$

$= \dfrac{1000-750}{1000} \times 100 = 25.0\ \%$

93. 열전 온도계의 원리로 맞는 것은?
① 열복사를 측정한다.
② 두 물체의 열팽창량을 이용한다.
③ 두 물체의 열기전력을 이용한다.
④ 두 물체의 열전도율 차이를 이용한다.

해설 열전대 온도계 : 2종류의 금속선을 접속하여 하나의 회로를 만들어 2개의 접점에 온도차를 부여하면 회로에 접점의 온도에 거의 비례한 전류(열기전력)가 흐르는 현상인 제베크 효과(Seebeck effect)를 이용한 것으로 열기전력은 전위차계를 이용하여 측정한다.

94. 레이더의 방향 및 선박과 항공기의 방향제어 등에 사용되는 제어는 제어량 성질에 따라 분류할 때 어떤 제어 방식에 해당되는가?

① 정치 제어   ② 추치 제어
③ 자동 조정   ④ 서보 기구

[해설] 서보 기구(제어) : 물체의 위치, 방위, 자세 등의 기계적 변위를 제어량으로 해서 목표값의 임의의 변화에 추종하도록 구성된 제어계로 비행기나 선박의 방향 제어계, 미사일 발사대의 자동 위치 제어계, 자동 평형 기록계 등이 해당된다.

95. 고속 회전이 가능하여 소형으로 대용량을 계량할 수 있기 때문에 보일러의 공기조화장치와 같은 대량 가스 수요처에 적합한 가스미터는?
① 격막식 가스미터
② 루츠식 가스미터
③ 오리피스식 가스미터
④ 터빈식 가스미터

[해설] 루츠식(roots type) 가스미터 : 2개의 회전자(roots)와 케이싱으로 구성되어 고속으로 회전하는 회전자(roots)에 의하여 체적 단위로 환산하여 적산하는 것으로 대유량의 가스 측정에 적합하다.

96. 방사온도계의 원리는 방사열(전방사에너지)과 절대온도의 관계인 스테판-볼츠만의 법칙을 응용한 것이다. 이때 전방사에너지 Q는 절대온도 T의 몇 제곱에 비례하는가?
① 2   ② 3   ③ 4   ④ 5

[해설] ㉮ 복사온도계의 측정 원리 : 스테판-볼츠만 법칙
㉯ 스테판-볼츠만 법칙 : 단위 표면적당 복사되는 에너지는 절대온도의 4제곱에 비례한다.

97. 다음 중 미량의 탄화수소를 검지하는 데 가장 적당한 검출기는?
① TCD 검출기   ② ECD 검출기
③ FID 검출기   ④ NOD 검출기

[해설] 수소염 이온화 검출기(FID : flame ionization detector) : 불꽃으로 시료 성분이 이온화됨으로써 불꽃 중에 놓여진 전극 간의 전기 전도도가 증대하는 것을 이용한 것으로 탄화수소에서 감도가 최고이고 H_2, O_2, CO_2, SO_2 등은 감도가 없다.

98. 유량계를 교정하는 방법 중 기체 유량계의 교정에 가장 적합한 것은?
① 저울을 사용하는 방법
② 기준 탱크를 사용하는 방법
③ 기준 체적관을 사용하는 방법
④ 기준 유량계를 사용하는 방법

99. 열전대 온도계의 특징에 대한 설명으로 틀린 것은?
① 접촉식 온도계 중 가장 낮은 온도에 사용된다.
② 원격 측정용으로 적합하다.
③ 보상 도선을 사용한다.
④ 냉접점이 있다.

[해설] 접촉식 온도계 중 가장 낮은 온도에 사용될 수 있는 것은 백금 측온 저항체 온도계($-200 \sim 500℃$)이다.

100. 물이 흐르는 수평관의 2개소에 압력차를 측정하기 위하여 수은을 넣은 마노미터를 부착시켰더니 수은주의 높이차(h)가 600 mm이었다. 이때의 차압($P_1 - P_2$)은 약 몇 kgf/cm² 인가? (단, Hg의 비중은 13.6이다.)
① 0.63   ② 0.76   ③ 0.86   ④ 0.97

[해설] $P_1 - P_2 = (\gamma_m - \gamma)h$
$= (13.6 \times 10^3 - 1000) \times 0.6 \times 10^{-4}$
$= 0.756 \text{ kgf/cm}^2$

2016년도 시행 문제

▶ 2016년 3월 6일 시행

자격종목	코 드	시험시간	형 별
가스 기사	1471	2시간 30분	A

제 1 과목 가스유체역학

1. 단수가 Z인 다단펌프의 비속도는 다음 중 어느 것에 비례하는가?
① $Z^{0.5}$ ② $Z^{0.75}$ ③ $Z^{1.25}$ ④ $Z^{1.33}$

[해설] 단수가 Z인 다단펌프의 비속도

∴ $N_s = \dfrac{N \times \sqrt{Q}}{\left(\dfrac{H}{Z}\right)^{\frac{3}{4}}}$ 에서 임펠러의 회전수(N),

유량(Q), 양정(H)은 변화가 없는 것으로 하면

∴ $N_s' = \dfrac{1}{\left(\dfrac{1}{Z}\right)^{\frac{3}{4}}} = \dfrac{1}{\dfrac{1^{\frac{3}{4}}}{Z^{\frac{3}{4}}}} = Z^{\frac{3}{4}}$

$= Z^{0.75}$

2. 비압축성 유체의 유량을 일정하게 하고, 관지름을 2배로 하면 유속은 어떻게 되는가? (단, 기타 손실은 무시한다.)
① $\dfrac{1}{2}$로 느려진다. ② $\dfrac{1}{4}$로 느려진다.
③ 2배로 빨라진다. ④ 4배로 빨라진다.

[해설] $A_1 V_1 = A_2 V_2$에서 $D_2 = 2D_1$이 되므로

$\dfrac{\pi}{4} \cdot D_1^2 \cdot V_1 = \dfrac{\pi}{4} \cdot (2D_1)^2 \cdot V_2$가 된다.

∴ $V_2 = \dfrac{\dfrac{\pi}{4} \cdot D_1^2 \cdot V_1}{\dfrac{\pi}{4} \cdot (2D_1)^2} = \dfrac{1}{4} \cdot V_1$

∴ 관지름이 2배 증가하면 유속은 $\dfrac{1}{4}$로 감소한다.

3. 유체 수송장치의 캐비테이션 방지 대책으로 옳은 것은?
① 펌프의 설치 위치를 높인다.
② 펌프의 회전수를 크게 한다.
③ 흡입관 지름을 크게 한다.
④ 양흡입을 단흡입으로 바꾼다.

[해설] 캐비테이션(cavitation) 현상 방지법
 ㉮ 펌프의 위치를 낮춘다(흡입양정을 짧게 한다).
 ㉯ 수직축 펌프를 사용하여 회전차를 수중에 완전히 잠기게 한다.
 ㉰ 양흡입 펌프를 사용한다.
 ㉱ 펌프의 회전수를 낮춘다.
 ㉲ 두 대 이상의 펌프를 사용한다.
 ㉳ 흡입관 지름을 크게 한다.

4. 등엔트로피 과정은 어떤 과정이라 말할 수 있는가?
① 비가역 등온과정
② 마찰이 있는 가역과정
③ 가역 단열과정
④ 비가역 팽창과정

[해설] ㉮ 가역 단열과정 : 엔트로피 일정
  ㉯ 비가역 단열과정 : 엔트로피 증가

5. 모세관 현상에서 액체의 상승높이에 대한 설명으로 옳지 않은 것은?

정답 1. ② 2. ② 3. ③ 4. ③ 5. ②

① 액체의 밀도에 반비례한다.
② 모세관의 지름에 비례한다.
③ 표면장력에 비례한다.
④ 접촉각에 의존한다.

[해설] 모세관 현상에 의한 액체의 상승높이 $h = \dfrac{4\sigma \cos\theta}{\gamma d}$ 이다.

∴ 모세관 현상으로 인한 상승 (하강) 높이(h)는 모세관 지름(d), 비중량(γ)[또는 밀도(ρ)]에 반비례하고, 표면장력(σ)에 비례하며, 접촉각(θ)에 의존한다.

6. 원관에서의 레이놀즈수(Re)에 관련된 변수가 아닌 것은?
① 지름　　② 밀도
③ 점성계수　　④ 체적

[해설] $Re = \dfrac{\rho \cdot D \cdot V}{\mu} = \dfrac{D \cdot V}{\nu}$
$= \dfrac{4Q}{\pi \cdot D \cdot \nu} = \dfrac{4\rho \cdot Q}{\pi \cdot D \cdot \mu}$

여기서, ρ : 밀도(kg/m³)
　　　　D : 관지름(m)
　　　　V : 유속(m/s)
　　　　μ : 점성계수(kg/m·s)
　　　　ν : 동점성계수(m²/s)
　　　　Q : 유량(m³/s)

7. 다음 그림에서와 같이 관속으로 물이 흐르고 있다. A점과 B점에서의 유속은 몇 m/s인가?

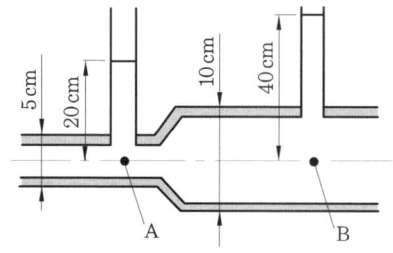

① U_A = 2.045, U_B = 1.022
② U_A = 2.045, U_B = 0.511
③ U_A = 7.919, U_B = 1.980
④ U_A = 3.960, U_B = 1.980

[해설] $A_A U_A = A_B U_B$

∴ $U_A = \dfrac{A_B}{A_A} \times U_B = \dfrac{\frac{\pi}{4} \times 0.1^2}{\frac{\pi}{4} \times 0.05^2} \times U_B = 4 U_B$

A 지점과 B 지점에 베르누이 방정식을 적용하면

$\dfrac{P_A}{\gamma} + \dfrac{U_A^2}{2g} + Z_A = \dfrac{P_B}{\gamma} + \dfrac{U_B^2}{2g} + Z_B$

여기서, A 지점과 B 지점의 압력($P = \gamma \cdot h$)을 계산하면
$P_A = 1000 \times 0.2 = 200$ kgf/m²
$P_B = 1000 \times 0.4 = 400$ kgf/m² 이 된다.

또, $Z_A = Z_B$는 0이고, $U_A = 4 U_B$이므로

$\dfrac{200}{1000} + \dfrac{16 U_B^2}{2g} = \dfrac{400}{1000} + \dfrac{U_B^2}{2g}$

∴ $U_B = 0.511$ m/s
∴ $U_A = 4 U_B = 4 \times 0.511 = 2.044$ m/s

8. 대기의 온도가 일정하다고 가정하고 공중에 높이 떠 있는 고무풍선이 차지하는 부피(a)와 그 풍선이 땅에 내려왔을 때의 부피(b)를 옳게 비교한 것은?
① a는 b보다 크다.　② a와 b는 같다.
③ a는 b보다 작다.　④ 비교할 수 없다.

[해설] 공중에 높이 떠 있는 상태는 기압이 낮고, 땅에 내려왔을 때(지표면)의 기압은 높게 된다. 그러므로 기압이 낮은 곳이 부피가 크고, 높은 곳이 부피가 작게 된다.

9. 어떤 유체의 흐름계를 Buckingham pi 정리에 의하여 차원 해석을 하고자 한다. 계를 구성하는 변수가 7개이고, 이들 변수에 포함된 기본차원이 3개일 때, 몇 개의 독립적인 무차원수가 얻어지는가?
① 2　　　　② 4
③ 6　　　　④ 10

[해설] 무차원 수 = 물리량 수 − 기본차원 수
　　　　　　= 7 − 3 = 4

정답　6. ④　7. ②　8. ①　9. ②

10. 안지름이 10 cm인 관속을 40 cm/s의 평균속도로 흐르던 물이 그림과 같이 안지름이 5 cm인 가지관으로 갈라져 흐를 때, 이 가지관에서의 평균유속은 약 몇 cm/s인가?

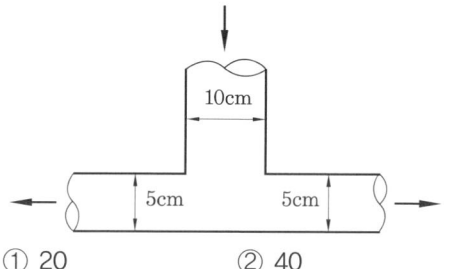

① 20 ② 40
③ 80 ④ 160

[해설] ㉮ 가지관이 동일한 지름으로 분기되므로 유량은 절반씩 분기된다.
㉯ 안지름 10 cm인 곳에서의 유량 계산
$$\therefore Q_1 = A_1 \times V_1 = \frac{\pi}{4} \times 10^2 \times 40$$
$$= 3141.592 \, cm^3/s$$
㉰ 가지관에서의 평균유속 계산 : $Q_2 = A_2 V_2$
이고 $Q_2 = \frac{1}{2} Q_1$이므로 $\frac{1}{2} Q_1 = A_2 V_2$이다.
$$\therefore V_2 = \frac{\frac{1}{2} \times Q_1}{A_2} = \frac{\frac{1}{2} \times 3141.592}{\frac{\pi}{4} \times 5^2}$$
$$= 79.999 \, cm/s$$

11. 다음 중 옳은 것을 모두 고르면?

㉠ 가스의 비체적은 단위 질량당 체적을 뜻한다.
㉡ 가스의 밀도는 단위 체적당 질량이다.

① ㉠ ② ㉡
③ ㉠, ㉡ ④ 모두 틀림

[해설] ㉮ 비체적(m^3/kg) : 단위 질량당 체적
㉯ 밀도 (kg/m^3) : 단위 체적당 질량

12. 미사일이 공기 중에서 시속 1260 km로 날고 있을 때의 마하수는 약 얼마인가? (단, 공기의 기체상수 R은 287 J/kg·K, 비열비는 1.4이며, 공기의 온도는 25℃이다.)

① 0.83 ② 0.92
③ 1.01 ④ 1.25

[해설] $M = \frac{V}{C} = \frac{V}{\sqrt{kRT}}$
$$= \frac{1260 \times 10^3}{\sqrt{1.4 \times 287 \times (273+25)} \times 3600}$$
$$= 1.011$$

13. 길이 500 m, 안지름 50 cm인 파이프 속을 물이 흐를 경우 마찰손실 수두가 10 m라면 유속은 얼마인가? (단, 마찰손실계수 $\lambda = 0.02$이다.)

① 3.13 m/s ② 4.15 m/s
③ 5.26 m/s ④ 6.21 m/s

[해설] $hf = f \cdot \frac{L}{d} \cdot \frac{V^2}{2g}$ 에서
$$\therefore V = \sqrt{\frac{h_f \cdot D \cdot 2g}{f \cdot L}}$$
$$= \sqrt{\frac{10 \times 0.5 \times 2 \times 9.8}{0.02 \times 500}} = 3.130 \, m/s$$

14. 압력 P, 마하수 M, 엔트로피가 S일 때 수직충격파가 발생한다면 P, M, S는 어떻게 변화하는가?

① M, P는 증가하고 S는 일정
② M은 감소하고 P, S는 증가
③ P, M, S 모두 증가
④ P, M, S 모두 감소

[해설] 충격파의 영향
㉮ 비가역과정이다.
㉯ 압력, 온도, 밀도, 비중량이 증가한다.
㉰ 엔트로피는 급격히 증가한다.
㉱ 속도가 감소하므로 마하수가 감소한다.

15. 물이 평균속도 4.5 m/s로 안지름 100 mm인 관을 흐르고 있다. 이 관의 길이 20 m에서 손실된 헤드를 실험적으로 측정하였더니 4.8 m였다. 관 마찰계수는?

[해답] 10. ③ 11. ③ 12. ③ 13. ① 14. ② 15. ②

① 0.016　　　② 0.0232
③ 0.0464　　④ 0.2280

[해설] $h_f = f \cdot \dfrac{L}{D} \cdot \dfrac{V^2}{2g}$ 에서

$\therefore f = \dfrac{h_f \cdot D \cdot 2g}{L \cdot V^2}$

$= \dfrac{4.8 \times 0.1 \times 2 \times 9.8}{20 \times 4.5^2} = 0.0232$

16. 정체온도 T_s, 임계온도 T_c, 비열비를 k라 하면 이들의 관계를 옳게 나타낸 것은?

① $\dfrac{T_c}{T_s} = \left(\dfrac{2}{k+1}\right)^{k-1}$

② $\dfrac{T_c}{T_s} = \left(\dfrac{1}{k-1}\right)^{k-1}$

③ $\dfrac{T_c}{T_s} = \dfrac{2}{k+1}$

④ $\dfrac{T_c}{T_s} = \dfrac{1}{k-1}$

[해설] 공기(비열비 1.4)에 대한 관계

㉮ 임계온도비 : $\dfrac{T_c}{T_s} = \dfrac{2}{k+1} = 0.8333$

㉯ 임계압력비 : $\dfrac{P_c}{P_s} = \left(\dfrac{2}{k+1}\right)^{\frac{k}{k-1}} = 0.5283$

㉰ 임계밀도비 : $\dfrac{\rho_c}{\rho_s} = \left(\dfrac{2}{k+1}\right)^{\frac{1}{k-1}} = 0.6339$

17. 그림은 회전수가 일정한 경우의 펌프의 특성곡선이다. 효율곡선은 어느 것인가?

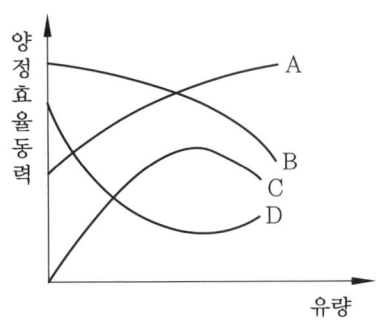

① A　　　② B
③ C　　　④ D

[해설] 펌프의 특성곡선
　㉮ A곡선 : 축동력곡선
　㉯ B곡선 : 양정곡선
　㉰ C곡선 : 효율곡선

18. Hagen-Poiseuille 식이 적용되는 관내 층류 유동에서 최대속도 $V_{\max} = 6$ cm/s일 때 평균속도 V_{avg}는 몇 cm/s인가?

① 2　　　② 3
③ 4　　　④ 5

[해설] 수평 원관 속을 층류로 흐를 때 평균유속(V_{avg})은 관 중심에서의 최대 유속($V_{\max}$)의 $\dfrac{1}{2}$에 해당한다.

$\therefore V_{avg} = \dfrac{1}{2} V_{\max} = \dfrac{1}{2} \times 6 = 3$ cm/s

19. 다음 중 비압축성 유체의 흐름에 가장 가까운 것은?

① 달리는 고속열차 주위의 기류
② 초음속으로 나는 비행기 주위의 기류
③ 압축기에서의 공기 유동
④ 물속을 주행하는 잠수함 주위의 수류

[해설] 비압축성 유체의 종류
　㉮ 액체
　㉯ 건물, 굴뚝 등의 물체 주위를 흐르는 기류
　㉰ 달리는 자동차, 기차 등의 주위의 기류
　㉱ 저속으로 비행하는 항공기 주위의 기류
　㉲ 물속을 잠행하는 잠수함 주위의 수류

20. 실린더 안에는 500 kgf/cm²의 압력으로 압축된 액체가 들어 있다. 이 액체 0.2 m³를 550 kgf/cm²로 압축하니 그 부피가 0.1996 m³로 되었다. 이 액체의 체적 탄성계수는 몇 kgf/cm²인가?

① 20000　　　② 22500

정답　16. ③　17. ③　18. ②　19. ④　20. ③

③ 25000　　　　　④ 27500

해설 $E = -\dfrac{\Delta P}{\dfrac{dV}{V_1}}$

$= -\dfrac{550-500}{-\dfrac{0.2-0.1996}{0.2}} = 25000 \text{ kgf/cm}^2$

제 2 과목　연소공학

21. 가스가 폭발하기 전 발화 또는 착화가 일어날 수 있는 요인으로 가장 거리가 먼 것은?
① 습도　　　　② 조성
③ 압력　　　　④ 온도

해설 발화의 4대 요소 : 온도, 압력, 조성, 용기의 크기

22. 기류의 흐름에 소용돌이를 일으켜, 이때 중심부에 생기는 부압에 의해 순환류를 발생시켜 화염을 안정시키려는 수단으로 가장 적당한 것은?
① 보염기　　　② 선회기
③ 대향분류기　④ 저유속기

해설 화염의 안정화 : 연소장치에서 화염을 안정하게 유지하면서 정상적인 연소가 이루어지도록 하는 것으로 기류의 흐름에 소용돌이를 일으켜, 이때 중심부에 생기는 부압에 의해 순환류를 발생시켜 화염을 안정시키는 수단 (방법)이 선회기를 이용하는 방법이다.

23. 이상기체에서 "$PV^k =$ 일정"의 식이 적용되는 과정은? (단, k는 비열비이다.)
① 등온과정　　② 등압과정
③ 등적과정　　④ 단열과정

해설 폴리트로픽 과정의 폴리트로픽 지수(n)
㉮ $n = 0$: 정압과정
㉯ $n = 1$: 정온과정
㉰ $1 < n < k$: 폴리트로픽과정
㉱ $n = k$: 단열과정(등엔트로피과정)
㉲ $n = \infty$: 정적과정

24. 다음 중 폭굉유도거리가 짧아지는 이유가 아닌 것은?
① 관지름이 클수록
② 압력이 높을수록
③ 점화원의 에너지가 클수록
④ 정상연소속도가 큰 혼합가스일수록

해설 폭굉 유도거리가 짧아지는 조건(이유)
㉮ 정상 연소속도가 큰 혼합가스일수록
㉯ 관 속에 방해물이 있거나 관지름이 작을수록
㉰ 압력이 높을수록
㉱ 점화원의 에너지가 클수록

25. 다음의 연소 반응식 중 틀린 것은?
① $C_3H_8 + 5O_2 \rightarrow 3CO_2 + 4H_2O$
② $C_3H_6 + \left(\dfrac{7}{2}\right)O_2 \rightarrow 3CO_2 + 3H_2O$
③ $C_4H_{10} + \left(\dfrac{13}{2}\right)O_2 \rightarrow 4CO_2 + 5H_2O$
④ $C_6H_6 + \left(\dfrac{15}{2}\right)O_2 \rightarrow 6CO_2 + 3H_2O$

해설 프로필렌(C_3H_6)의 완전연소 반응식
$C_3H_6 + \left(\dfrac{9}{2}\right)O_2 \rightarrow 3CO_2 + 3H_2O$

26. 가스의 폭발에 대한 설명으로 틀린 것은?
① 산소 중에서의 폭발하한계가 아주 낮아진다.
② 혼합가스의 폭발은 르샤트리에의 법칙에 따른다.
③ 압력이 상승하거나 온도가 높아지면 가스의 폭발범위는 일반적으로 넓어진다.
④ 가스의 화염전파 속도가 음속보다 큰 경우에 일어나는 충격파를 폭굉이라고 한다.

정답　21. ①　22. ②　23. ④　24. ①　25. ②　26. ①

[해설] 산소 중에서의 폭발범위는 폭발상한계가 높아진다.

27. 2개의 단열과정과 2개의 정압과정으로 이루어진 가스 터빈의 이상 사이클은?
① 에릭슨 사이클
② 브레이턴 사이클
③ 스털링 사이클
④ 앳킨슨 사이클

[해설] 브레이턴(Brayton) 사이클 : 2개의 단열과정과 2개의 정압(등압)과정으로 이루어진 가스 터빈의 이상 사이클이다.

28. 어떤 연료의 성분이 다음과 같을 때 이론 공기량(Nm^3/kg)은 약 얼마인가? (단, 각 성분의 비는 C : 0.82, H : 0.16, O : 0.02이다.)
① 8.7
② 9.5
③ 10.2
④ 11.5

[해설] ㉮ 이론산소량 계산

$$\therefore O_0 = 1.867C + 5.6\left(H - \frac{O}{8}\right) + 0.7S$$

$$= 1.867 \times 0.82 + 5.6 \times \left(0.16 - \frac{0.02}{8}\right)$$

$$= 2.412 \, Nm^3/kg$$

㉯ 이론공기량 계산

$$\therefore A_0 = \frac{O_0}{0.21} = \frac{2.412}{0.21} = 11.485 \, Nm^3/kg$$

[별해] $A_0 = 8.89C + 26.67\left(H - \frac{O}{8}\right) + 3.33S$

$$= 8.89 \times 0.82 + 26.67 \times \left(0.16 - \frac{0.02}{8}\right)$$

$$= 11.490 \, Nm^3/kg$$

29. 연소기에서 발생할 수 있는 역화를 방지하는 방법에 대한 설명 중 옳지 않은 것은?
① 연료분출구를 작게 한다.
② 버너의 온도를 높게 유지한다.
③ 연료의 분출속도를 크게 한다.
④ 1차 공기를 착화범위보다 적게 한다.

[해설] 버너의 온도를 낮게 유지하여야 한다.

30. 안쪽 반지름 55 cm, 바깥 반지름 90 cm인 구형 고압 반응 용기(λ = 41.87 W/m·℃) 내외의 표면온도가 각각 551 K, 543 K일 때 열손실은 약 몇 kW인가?
① 6
② 11
③ 18
④ 29

[해설] $Q = K \dfrac{4\pi(T_1 - T_2)}{\dfrac{1}{r_i} - \dfrac{1}{r_o}}$

$$= 41.87 \times 10^{-3} \times \frac{4 \times \pi \times (551 - 543)}{\dfrac{1}{0.55} - \dfrac{1}{0.9}}$$

$$= 5.953 \, kW$$

31. 가스 안전성 평가 기법은 정성적 기법과 정량적 기법으로 구분한다. 정량적 기법이 아닌 것은?
① 결함수 분석(FTA)
② 사건수 분석(ETA)
③ 원인결과 분석(CCA)
④ 위험과 운전 분석(HAZOP)

[해설] 안전성 평가 기법
  ㉮ 정성적 평가 기법 : 체크리스트(checklist) 기법, 사고예상 질문 분석(WHAT-IF) 기법, 위험과 운전 분석(HAZOP) 기법
  ㉯ 정량적 평가 기법 : 작업자 실수 분석(HEA) 기법, 결함수 분석(FTA) 기법, 사건수 분석(ETA) 기법, 원인 결과 분석(CCA) 기법
  ㉰ 기타 : 상대 위험순위 결정 기법, 이상 위험도 분석

32. 폭굉현상에 대한 설명으로 틀린 것은?
① 폭굉한계의 농도는 폭발(연소)한계의 범위 내에 있다.
② 폭굉현상은 혼합가스의 고유 현상이다.
③ 오존, NO_2, 고압하의 아세틸렌의 경우에

④ 폭굉현상은 가연성가스가 어느 조성범위에 있을 때 나타나는데 여기에는 하한계와 상한계가 있다.

[해설] 폭굉(detonation)의 정의 : 가스 중의 음속보다도 화염 전파속도가 큰 경우로서 파면선단에 충격파라고 하는 압력파가 생겨 격렬한 파괴작용을 일으키는 현상으로, 폭굉범위(한계)는 폭발범위 내에 존재한다.

33. 연소의 연쇄반응을 차단하는 방법으로 소화하는 소화의 종류는?
① 억제소화   ② 냉각소화
③ 제거소화   ④ 질식소화

[해설] 소화방법의 종류
㉮ 질식소화 : 산소의 공급을 차단하여 가연물질의 연소를 소화시키는 방법
㉯ 냉각소화 : 점화원(발화원)을 가연물질의 연소에 필요한 활성화 에너지값 이하로 낮추어 소화시키는 방법
㉰ 제거소화 : 가연물질을 화재가 발생한 장소로부터 제거하여 소화시키는 방법
㉱ 부촉매 효과(억제소화) : 순조로운 연쇄반응을 일으키는 화염의 전파물질인 수산기 또는 수소기의 활성화반응을 억제, 방해 또는 차단하여 소화시키는 방법
㉲ 희석효과(소화) : 수용성 가연물질인 알코올, 에탄올의 화재 시 다량의 물을 살포하여 가연성 물질의 농도를 낮추어 소화시키는 방법
㉳ 유화효과(소화) : 중유에 소화약제인 물을 고압으로 분무하여 유화층을 형성시켜 소화시키는 방법

34. 어느 온도에서 A(g)+B(g) ⇌ C(g)+D(g)와 같은 가역반응이 평형상태에 도달하여 D가 $\frac{1}{4}$ mol 생성되었다. 이 반응의 평형상수는? (단, A와 B를 각각 1 mol씩 반응시켰다.)
① $\frac{16}{9}$ ② $\frac{1}{3}$
③ $\frac{1}{9}$ ④ $\frac{1}{16}$

[해설] A(g) + B(g) ⇌ C(g) + D(g)
반응 전 : 1 mol   1 mol   0 mol   0 mol
반응 후 : $1-\frac{1}{4}$ mol $1-\frac{1}{4}$ mol $\frac{1}{4}$ mol $\frac{1}{4}$ mol

$$\therefore K = \frac{[C]\cdot[D]}{[A]\cdot[B]} = \frac{\frac{1}{4}\times\frac{1}{4}}{\frac{3}{4}\times\frac{3}{4}} = \frac{1}{9} = 0.111$$

35. 다음 그림은 액체 연료의 연소시간(t)의 변화에 따른 유적 지름(d)의 거동을 나타낸 것이다. 착화 지연기간으로 유적의 온도가 상승하여 열팽창을 일으키므로 지름이 다소 증가하지만 증발이 시작되면 감소하는 곳은?

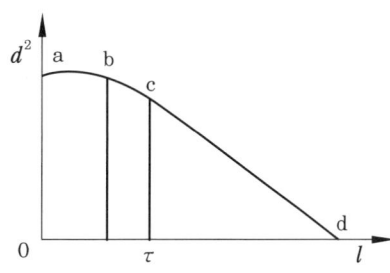

① a-b   ② b-c
③ c-d   ④ d

[해설] • 유적 지름 d^2의 시간 변화
㉮ a-b : 가열시간 영역
㉯ b-c : 증발기간 영역
㉰ c-d : 연소기간 영역

36. 예혼합연소의 특징에 대한 설명으로 옳은 것은?
① 역화의 위험성이 없다.
② 로(爐)의 체적이 커야 한다.
③ 연소실 부하율을 높게 얻을 수 있다.
④ 화염대에 해당하는 두께는 10~100 mm 정도로 두껍다.

정답 33. ①   34. ③   35. ①   36. ③

[해설] 예혼합연소의 특징
  ㉮ 가스와 공기의 사전혼합형이다.
  ㉯ 화염이 짧으며 고온의 화염을 얻을 수 있다.
  ㉰ 연소부하가 크고, 역화의 위험성이 크다.
  ㉱ 조작범위가 좁다.
  ㉲ 탄화수소가 큰 가스에 적합하다.

37. 고체연료의 연소과정 중 화염이동속도에 대한 설명으로 옳은 것은?
① 발열량이 낮을수록 화염이동속도는 커진다.
② 석탄화도가 높을수록 화염이동속도는 커진다.
③ 입자지름이 작을수록 화염이동속도는 커진다.
④ 1차 공기온도가 높을수록 화염이동속도는 작아진다.

[해설] 고체연료의 화염이동속도
  ㉮ 발열량이 높을수록 화염이동속도는 커진다.
  ㉯ 입자지름이 작을수록 화염이동속도는 커진다.
  ㉰ 1차 공기의 온도가 높을수록 화염이동속도는 커진다.
  ㉱ 석탄화도가 낮을수록 화염이동속도는 커진다.

38. 20 kW의 어떤 디젤 기관에서 마찰손실이 출력의 15%일 때 손실에 의해 발생되는 열량은 약 몇 kJ/s인가?
① 3   ② 4
③ 6   ④ 7

[해설] 1 kW = 1 kJ/s = 3600 kJ/h이다.
∴ 손실열량 = 출력×마찰손실률
          = 20×0.15 = 3 kW = 3 kJ/s

39. 30 kg 중유의 고위발열량이 90000 kcal일 때 저위발열량은 약 몇 kcal/kg인가? (단, C : 30%, H : 10%, 수분 : 2%이다.)
① 1552   ② 2448
③ 3552   ④ 4994

[해설] $H_l = H_h - 600(9H + W)$
$= \dfrac{90000}{30} - 600 \times (9 \times 0.1 + 0.02)$
$= 2448 \text{ kcal/kg}$

※ 문제에서 중유 30 kg의 고위발열량이 90000 kcal로 주어졌고, 저위발열량은 1 kg당 발열량을 질문하였음

40. 에너지 방출속도(energy release rate)에 대한 설명으로 틀린 것은?
① 화재와 관련하여 가장 중요한 값이다.
② 다른 요소와 비교할 때 간접적으로 화재의 크기와 손상 가능성을 나타낸다.
③ 화염높이와 밀접한 관계가 있다.
④ 화재 주위의 복사열 유속과 직접 관련된다.

[해설] 다른 요소와 비교할 때 직접적으로 화재의 크기와 손상 가능성을 나타낸다.

제 3 과목　가스설비

41. LPG 집단 공급시설에서 액화석유가스 저장탱크의 저장능력 계산 시 기준이 되는 것은?
① 0℃에서의 액비중을 기준으로 계산
② 20℃에서의 액비중을 기준으로 계산
③ 40℃에서의 액비중을 기준으로 계산
④ 상용온도에서의 액비중을 기준으로 계산

[해설] LPG 집단 공급시설의 저장탱크 저장능력 계산식
∴ $W = 0.9\,dV$ (다만, 소형저장탱크의 경우에는 0.9 대신 0.85를 적용한다.)
여기서,
W : 저장탱크 및 소형저장탱크의 저장능력(kg)
d : 상용온도에서 액화석유가스의 비중(kg/L)

정답　37. ③　38. ①　39. ②　40. ②　41. ③

V : 저장탱크 및 소형저장탱크의 내용적(L)
※ 액화석유가스 저장탱크의 저장능력은 40℃에서의 액비중을 기준으로 계산하며, 그 값은 표(규정)에서 정한 값으로 한다.

42. 일정 압력 이하로 내려가면 가스 분출이 정지되는 구조의 안전밸브는?
① 스프링식 ② 파열식
③ 가용전식 ④ 박판식

[해설] 스프링식 안전밸브 : 기상부에 설치하여 스프링의 힘보다 설비 내부의 압력이 클 때 밸브시트가 열려 내부의 압력을 배출하며, 설비 내부의 압력이 일정 압력 이하로 내려가면 가스 분출이 정지되는 구조로, 일반적으로 가장 많이 사용되는 형식이다.

43. 일반용 액화석유가스 압력조정기의 내압성능에 대한 설명으로 옳은 것은?
① 입구 쪽 시험압력은 2 MPa 이상으로 한다.
② 출구 쪽 시험압력은 0.2 MPa 이상으로 한다.
③ 2단 감압식 2차용 조정기의 경우에는 입구 쪽 시험압력을 0.8 MPa 이상으로 한다.
④ 2단 감압식 2차용 조정기 및 자동절체식 분리형 조정기의 경우에는 출구 쪽 시험압력을 0.8 MPa 이상으로 한다.

[해설] 일반용 액화석유가스 압력조정기의 내압성능
㉮ 입구 : 내압시험은 3 MPa 이상으로 1분간 실시한다. 다만, 2단 감압식 2차용 조정기의 경우에는 0.8 MPa 이상으로 한다.
㉯ 출구 쪽 내압시험은 0.3 MPa 이상으로 1분간 실시한다. 다만, 2단 감압식 1차용 조정기의 경우에는 0.8 MPa 이상 또는 조정압력의 1.5배 이상 중 높은 것으로 한다.

44. 가스배관에 대한 설명 중 옳은 것은?
① SDR 21 이하의 PE 배관은 0.25 MPa 이상 0.4 MPa 미만의 압력에 사용할 수 있다.
② 배관의 규격 중 관의 두께는 스케줄 번호로 표시하는데 스케줄수 40은 살두께가 두꺼운 관을 말하고, 160 이상은 살두께가 가는 관을 나타낸다.
③ 강괴에 내재하는 수축공, 국부적으로 접합한 기포나 편석 등의 개재물이 압착되지 않고 층상의 균열로 남아 있어 강에 영향을 주는 현상을 라미네이션이라 한다.
④ 재료가 일정온도 이하의 저온에서 하중을 변화시키지 않아도 시간의 경과함에 따라 변형이 일어나고 끝내 파단에 이르는 것을 크리프현상이라 하고, 한계온도는 -20℃ 이하이다.

[해설] ㉮ SDR값에 따른 허용압력 범위

SDR	허용압력
11 이하	0.4 MPa 이하
17 이하	0.25 MPa 이하
21 이하	0.2 MPa 이하

㉯ 배관의 규격 중 관의 두께는 스케줄 번호로 표시하는데 스케줄수 40은 살두께가 가는 관을 말하고, 160은 살두께가 두꺼운 관을 나타낸다(스케줄 번호가 클수록 관두께는 두꺼운 것이다).
㉰ 크리프(creep)현상 : 어느 온도(탄소강의 경우 350℃) 이상에서는 재료에 어느 일정한 하중을 가하여 그대로 방치하면 시간의 경과와 더불어 변형이 증대하고 때로는 파괴되는 현상을 말한다.

45. 다음 중 고압식 액체산소 분리공정 순서로 옳은 것은?

㉠ 공기압축기(유분리기)
㉡ 예냉기
㉢ 탄산가스흡수기
㉣ 열교환기
㉤ 건조기
㉥ 액체산소 탱크

① ㉠→㉡→㉢→㉣→㉤→㉥
② ㉢→㉠→㉡→㉤→㉣→㉥
③ ㉡→㉠→㉢→㉣→㉤→㉥

정답 42. ① 43. ③ 44. ③ 45. ②

④ ㉠ → ㉢ → ㉡ → ㉤ → ㉣ → ㉥

[해설] 고압식 액체산소 분리공정 순서 : 탄산가스흡수기 → 공기압축기(유분리기) → 예냉기 → 건조기 → 열교환기 → 액체산소 탱크

46. 도시가스 강관 파이프의 길이가 5 m이고, 선팽창계수(α)가 0.000015 (1/℃)일 때 온도가 20℃에서 70℃로 올라갔다면 늘어난 길이는?

① 2.74 mm ② 3.75 mm
③ 4.78 mm ④ 5.76 mm

[해설] $\Delta L = L \cdot \alpha \cdot \Delta t$
$= 5 \times 1000 \times 0.000015 \times (70-20)$
$= 3.75$ mm

47. 펌프 입구와 출구의 진공계 및 압력계의 바늘이 흔들리며 송출 유량이 변하는 현상은?

① 공동현상 ② 서징현상
③ 수격현상 ④ 베이퍼록현상

[해설] 서징(surging) 현상 : 맥동현상이라 하며 펌프 운전 중에 주기적으로 운동, 양정, 토출량이 규칙적으로 변동하는 현상으로, 압력계의 지침이 일정범위 내에서 움직인다.

48. 유량이 0.5 m³/min인 축류펌프로서 물을 흡수면보다 50 m 높은 곳으로 양수하고자 한다. 축동력이 15 PS 소요되었다고 할 때 펌프의 효율은 약 몇 %인가?

① 32 ② 37
③ 42 ④ 47

[해설] $PS = \dfrac{\gamma \cdot Q \cdot H}{75\eta}$ 에서

$\therefore \eta = \dfrac{\gamma \cdot Q \cdot H}{75 PS} \times 100$

$= \dfrac{1000 \times 0.5 \times 50}{75 \times 15 \times 60} \times 100 = 37.037$ %

49. 가스용기의 최고 충전압력이 14 MPa이고 내용적이 50 L인 수소용기의 저장능력은 약 얼마인가?

① 4 m³ ② 7 m³
③ 10 m³ ④ 15 m³

[해설] $Q = (10P+1)V$
$= (10 \times 14 + 1) \times 50 \times 10^{-3} = 7.05$ m³

50. 입구압력이 0.07~1.56 MPa이고, 조정압력이 2.3~3.3 kPa인 액화석유가스 압력조정기의 종류는?

① 1단 감압식 저압 조정기
② 1단 감압식 준저압 조정기
③ 자동절체식 분리형 조정기
④ 자동절체식 일체형 저압조정기

[해설] 각 조정기의 입구 및 조정(출구)압력
㉮ 1단 감압식 저압 조정기
  ㉠ 입구압력 : 0.07~1.56 MPa
  ㉡ 조정압력 : 2.3~3.3 kPa
㉯ 1단 감압식 준저압 조정기
  ㉠ 입구압력 : 0.1~1.56 MPa
  ㉡ 조정압력 : 5.0~30.0 kPa 이내에서 제조자가 설정한 기준압력의 ±20%
㉰ 자동절체식 일체형 저압 조정기
  ㉠ 입구압력 : 0.1~1.56 MPa
  ㉡ 조정압력 : 2.55~3.30 kPa

51. 가스화 프로세스에서 발생하는 일산화탄소의 함량을 줄이기 위한 CO 변성반응을 옳게 나타낸 것은?

① $CO + 3H_2 \rightleftarrows CH_4 + H_2O$
② $CO + H_2O \rightleftarrows CO_2 + H_2$
③ $2CO \rightleftarrows CO_2 + C$
④ $2CO + 2H_2 \rightleftarrows CH_4 + CO_2$

[해설] 일산화탄소 변성반응 : 가스화 프로세스에서 발생한 일산화탄소(CO)를 제거하기 위한 것으로, 산화철을 주성분으로 하는 CO 변성 촉매가 충진된 CO 변성탑에서 가스 중의 CO를 CO_2와 H_2로 전환한다.
※ 반응식 : $CO + H_2O \rightleftarrows CO_2 + H_2$

정답 46. ② 47. ② 48. ② 49. ② 50. ① 51. ②

52. 보통 탄소강에서 여러 가지 목적으로 합금원소를 첨가한다. 다음 중 적열메짐을 방지하기 위하여 첨가하는 원소는?
① 망간　　　　② 텅스텐
③ 니켈　　　　④ 규소

[해설] 적열메짐(취성) : 황(S)성분이 많이 함유된 강이 고온(약 950℃ 정도)에서 메짐(취성)이 발생되는 현상으로, 망간(Mn)은 황과 화합하여 황화망간(MnS)을 만들어 적열메짐의 원인이 되는 황화철(FeS)의 생성을 방해한다.

53. 고압가스 이음매 없는 용기의 밸브 부착부 나사의 치수 측정방법은?
① 링게이지로 측정한다.
② 평형수준기로 측정한다.
③ 플러그게이지로 측정한다.
④ 버니어 캘리퍼스로 측정한다.

[해설] 용기밸브 부착부 나사의 치수를 플러그게이지(plug-gauge) 등으로 측정하여 확인한다.

54. 나사 이음에 대한 설명으로 틀린 것은?
① 유니언 : 관과 관의 접합에 이용되며 분해가 쉽다.
② 부싱 : 관 지름이 다른 접속부에 사용된다.
③ 니플 : 관과 관의 접합에 사용되며 암나사로 되어 있다.
④ 벤드 : 관의 완만한 굴곡에 이용된다.

[해설] 니플(nipple) : 부속과 부속의 접합에 사용되며 숫나사로 되어 있다.

55. 액화석유가스(LPG)를 용기 또는 소형저장탱크에 충전 시 기상부는 용기 내용적의 15%를 확보하도록 하고 있다. 다음 중 그 이유로 가장 옳은 것은?
① 용기가 부식여유를 갖도록
② 액체상태의 유동성을 갖도록
③ 충전된 액체상태의 부피의 양을 줄이도록
④ 온도 상승에 따른 부피 팽창으로 인한 파열을 방지하기 위하여

[해설] 용기 또는 저장탱크 및 소형저장탱크에는 온도 상승에 따른 액화석유가스(LPG)의 부피 팽창을 흡수하기 위하여 안전공간을 확보한다.

56. 다음 중 부식방지 방법에 대한 설명으로 틀린 것은?
① 금속을 피복한다.
② 선택배류기를 접속시킨다.
③ 이종의 금속을 접촉시킨다.
④ 금속 표면의 불균일을 없앤다.

[해설] 이종 금속의 접촉은 양 금속 간에 전지가 형성되어 양극으로 되는 금속이 금속이온이 용출하면서 부식이 진행된다.

57. 다음 금속재료에 대한 설명으로 틀린 것은 어느 것인가?
① 강에 P(인)의 함유량이 많으면 신율, 충격치는 저하된다.
② 18% Cr, 8% Ni을 함유한 강을 18-8스테인리스강이라 한다.
③ 금속가공 중에 생긴 잔류응력 제거에는 열처리를 한다.
④ 구리와 주석의 합금은 황동이고, 구리와 아연의 합금은 청동이다.

[해설] 동합금의 종류 및 특징
㉮ 황동(brass) : 동(Cu)과 아연(Zn)의 합금으로 동에 비하여 주조성, 가공성 및 내식성이 우수하며 청동에 비하여 가격이 저렴하다. 아연의 함유량은 30~35% 정도이다.
㉯ 청동(bronze) : 동(Cu)과 주석(Sn)의 합금으로 황동에 비하여 주조성이 우수하여 주조용 합금으로 많이 쓰이며 내마모성이 우수하고 강도가 크다.

58. 고압가스용 밸브에 대한 설명 중 틀린 것은 어느 것인가?

정답　52. ①　53. ③　54. ③　55. ④　56. ③　57. ④　58. ③

① 고압밸브는 그 용도에 따라 스톱밸브, 감압밸브, 안전밸브, 체크밸브 등으로 구분된다.
② 가연성 가스인 브롬화메탄과 암모니아 용기밸브의 충전구는 오른나사이다.
③ 암모니아 용기밸브는 동 및 동합금의 재료를 사용한다.
④ 용기에는 용기 내 압력이 규정압력 이상으로 될 때 작동하는 안전밸브가 부착되어 있다.

[해설] 암모니아 용기밸브는 동 함유량 62% 미만의 동 및 동합금의 재료를 사용한다.

59. 과류차단 안전기구가 부착된 것으로 배관과 호스 또는 배관과 커플러를 연결하는 구조의 콕은?
① 호스콕   ② 퓨즈콕
③ 상자콕   ④ 노즐콕

[해설] 콕의 종류 및 구조
㉮ 퓨즈콕 : 가스유로를 볼로 개폐하고, 과류차단 안전기구가 부착된 것으로서 배관과 호스, 호스와 호스, 배관과 배관 또는 배관과 커플러를 연결하는 구조
㉯ 상자콕 : 가스유로를 핸들, 누름, 당김 등의 조작으로 개폐하고, 과류차단 안전기구가 부착된 것으로서 밸브 핸들이 반개방 상태에서도 가스가 차단되어야 하며, 배관과 커플러를 연결하는 구조
㉰ 주물연소기용 노즐콕 : 주물연소기부품으로 사용하는 것으로서 볼로 개폐하는 구조
㉱ 업무용 대형 연소기용 노즐콕

60. 토양 중에 금속부식을 시험편을 이용하여 실험하였다. 이에 대한 설명으로 틀린 것은?
① 전기저항이 낮은 토양 중의 부식속도는 빠르다.
② 배수가 불량한 점토 중의 부식속도는 빠르다.
③ 염기성 세균이 번식하는 토양 중의 부식속도는 빠르다.
④ 통기성이 좋은 토양 중의 부식속도는 점차 빨라진다.

[해설] 통기성이 좋은 토양 중의 부식속도는 점차 느려진다.

제 4 과목 가스안전관리

61. 가스보일러가 가동 중인 아파트 7층 다용도실에서 세탁 중이던 주부가 세탁 30분 후 머리가 아프다며 다용도실을 나온 후 실신하였다. 정밀조사 결과 상층으로 올라갈수록 CO의 농도가 높아짐을 알았다. 최우선 대책으로 옳은 것은?
① 다용도실의 환기 개선
② 공동배기구 시설 개선
③ 도시가스의 누출 차단
④ 가스보일러 본체 및 가스배관시설 개선

[해설] 가스보일러 배기가스가 원활히 배출되지 않아 가스보일러가 불완전연소가 되었을 가능성이 있으므로 배기구를 점검하여 시설을 개선하여야 한다.

62. 차량에 고정된 탱크에 설치된 긴급차단장치는 차량에 고정된 저장탱크나 이에 접속하는 배관 외면의 온도가 얼마일 때 자동적으로 작동하도록 되어 있는가?
① 100℃   ② 105℃
③ 110℃   ④ 120℃

[해설] 긴급차단장치는 그 성능이 원격조작으로 작동되고 차량에 고정된 탱크 또는 이에 접속하는 배관 외면의 온도가 110℃일 때에 자동적으로 작동할 수 있는 것으로 한다.

63. 저장탱크에 의한 액화석유가스 저장소에서

[정답] 59. ② 60. ④ 61. ② 62. ③ 63. ①

지반조사 시 실시 기준은?
① 저장설비와 가스설비 외면으로부터 10 m 내에서 2곳 이상 실시한다.
② 저장설비와 가스설비 외면으로부터 10 m 내에서 3곳 이상 실시한다.
③ 저장설비와 가스설비 외면으로부터 20 m 내에서 2곳 이상 실시한다.
④ 저장설비와 가스설비 외면으로부터 20 m 내에서 3곳 이상 실시한다.

해설 지반조사 위치는 저장설비와 가스설비 외면으로부터 10 m 내에서 2곳 이상 실시한다. 다만, 부지의 성토 또는 절토로 기초 위치가 변경되어 기존 지반조사로서 지반확인이 되지 않는 경우에는 지반조사를 재실시한다.

64. 다음 중 특정설비의 범위에 해당되지 않는 것은?
① 조정기
② 저장탱크
③ 안전밸브
④ 긴급차단장치

해설 고압가스 관련설비(특정설비) 종류 : 안전밸브, 긴급차단장치, 기화장치, 독성가스 배관용 밸브, 자동차용 가스 자동주입기, 역화방지기, 압력용기, 특정고압가스용 실린더 캐비닛, 자동차용 압축천연가스 완속 충전설비, 액화석유가스용 용기 잔류가스 회수장치, 냉동용 특정설비, 차량에 고정된 탱크
※ 저장탱크는 '압력용기'에 해당됨

65. 고압가스 용접용기 중 오목부에 내압을 받는 접시형 경판의 두께를 계산하고자 한다. 다음 계산식 중 어떤 계산식 이상의 두께로 하여야 하는가? [단, P는 최고충전압력의 수치(MPa), D는 중앙만곡부 내면의 반지름(mm), W는 접시형 경판의 형상에 따른 계수, S는 재료의 허용응력 수치(N/mm²), η는 경판 중앙부이음매의 용접효율, C는 부식여유두께(mm) 이다.]

① $t[\text{mm}] = \dfrac{PDW}{S\eta - P} + C$

② $t[\text{mm}] = \dfrac{PDW}{S\eta - 0.5P} + C$

③ $t[\text{mm}] = \dfrac{PDW}{2S\eta - 0.2P} + C$

④ $t[\text{mm}] = \dfrac{PDW}{2S\eta - 1.2P} + C$

해설 동판 및 경판 두께 계산식
㉮ 동판 : $t = \dfrac{PD}{2S\eta - 1.2P} + C$
㉯ 접시형 경판 : $t = \dfrac{PDW}{2S\eta - 0.2P} + C$
㉰ 반타원체형 경판 : $t = \dfrac{PDV}{2S\eta - 0.2P} + C$

66. 다음 중 도시가스용 압력조정기의 정의로 옳은 것은?
① 도시가스 정압기 이외에 설치되는 압력조정기로서 입구 쪽 지름이 50 A 이하이고 최대표시유량이 300 Nm³/h 이하인 것을 말한다.
② 도시가스 정압기 이외에 설치되는 압력조정기로서 입구 쪽 지름이 50 A 이하이고 최대표시유량이 500 Nm³/h 이하인 것을 말한다.
③ 도시가스 정압기 이외에 설치되는 압력조정기로서 입구 쪽 지름이 100 A 이하이고 최대표시유량이 300 Nm³/h 이하인 것을 말한다.
④ 도시가스 정압기 이외에 설치되는 압력조정기로서 입구 쪽 지름이 100 A 이하이고 최대표시유량이 500 Nm³/h 이하인 것을 말한다.

해설 도시가스용 압력조정기 : 도시가스 정압기 이외에 설치되는 압력조정기로서 입구쪽 호칭 지름이 50 A 이하이고, 최대표시유량이 300 Nm³/h 이하인 것을 말한다.

67. 액화석유가스의 누출을 감지할 수 있도록 냄새나는 물질을 섞어야 할 양으로 적당한 것은?

① 공기 중에 1백분의 1의 비율로 혼합되었을 때 그 사실을 알 수 있도록 섞는다.
② 공기 중에 1천분의 1의 비율로 혼합되었을 때 그 사실을 알 수 있도록 섞는다.
③ 공기 중에 5천분의 1의 비율로 혼합되었을 때 그 사실을 알 수 있도록 섞는다.
④ 공기 중에 1만분의 1의 비율로 혼합되었을 때 그 사실을 알 수 있도록 섞는다.

[해설] 냄새나는 물질의 첨가 : 공기 중의 혼합비율 용량이 1천분의 1인 상태에서 감지할 수 있도록 냄새가 나는 물질(공업용의 경우 제외)을 섞어 용기에 충전한다.

68. 일반도시가스사업자 시설의 정압기에 설치되는 안전밸브 분출부 크기 기준으로 옳은 것은?
① 정압기 입구 압력이 0.5 MPa 이상인 것은 50 A 이상
② 정압기 입구 압력에 관계없이 80 A 이상
③ 정압기 입구 압력이 0.5 MPa 이상인 것으로서 설계유량이 1000 m³ 이상인 것은 32 A 이상
④ 정압기 입구 압력이 0.5 MPa 이상인 것으로서 설계유량이 1000 m³ 미만인 것은 32 A 이상

[해설] 정압기 안전밸브 분출부 크기
 (1) 정압기 입구측 압력이 0.5 MPa 이상 : 50 A 이상
 (2) 정압기 입구측 압력이 0.5 MPa 미만
  ㉮ 정압기 설계유량이 1000 Nm³/h 이상 : 50 A 이상
  ㉯ 정압기 설계유량이 1000 Nm³/h 미만 : 25 A 이상

69. 산화에틸렌의 성질에 대한 설명으로 틀린 것은?
① 불연성이다.
② 무색의 가스 또는 액체이다.
③ 분자량이 이산화탄소와 비슷하다.
④ 충격 등에 의해 분해폭발할 수 있다.

[해설] 산화에틸렌(C_2H_4O)의 성질 : ②, ③, ④ 외
 ㉮ 무색의 가연성가스이다 (폭발범위 : 3~80 %).
 ㉯ 독성가스 (TLV-TWA 50 ppm)이며, 자극성의 냄새가 있다.
 ㉰ 물, 알코올, 에테르에 용해된다.
 ㉱ 산, 알칼리, 산화철, 산화알루미늄 등에 의해 중합폭발한다.
 ㉲ 액체 산화에틸렌은 연소하기 쉬우나 폭약과 같은 폭발은 없다.
 ㉳ 산화에틸렌 증기는 전기 스파크, 화염, 아세틸드 등에 의하여 폭발한다.
 ㉴ 구리와 직접 접촉을 피하여야 한다.

70. 다음 [보기]의 가스성질에 대한 설명 중 옳은 것을 모두 바르게 나열한 것은?

──〈보 기〉──
㉠ 수소는 무색의 기체이다.
㉡ 아세틸렌은 가연성가스이다.
㉢ 이산화탄소는 불연성이다.
㉣ 암모니아는 물에 잘 용해된다.

① ㉠, ㉡   ② ㉡, ㉢
③ ㉠, ㉣   ④ ㉠, ㉡, ㉢, ㉣

[해설] 각 가스의 성질
 ㉮ 수소 (H_2) : 무색, 무취, 무미의 가연성가스이다.
 ㉯ 아세틸렌 (C_2H_2) : 폭발범위가 2.5~81 %로 가연성가스이다.
 ㉰ 이산화탄소 (CO_2) : 무색, 무취의 불연성가스이다.
 ㉱ 암모니아 (NH_3) : 상온, 상압에서 물 1 cc에 대하여 800 cc가 용해된다.

71. 고압가스 특정제조시설에 설치하는 일정규모 이상의 가연성가스 저장탱크가 둘 있을 때, 두 저장탱크의 최대지름을 합산한 길이의 4분의 1이 0.5 m인 경우 저장탱크 간 거리는 최소 몇 m 이상을 유지하여야 하는가?

[정답] 68. ① 69. ① 70. ④ 71. ②

① 0.5 m   ② 1 m
③ 1.5 m   ④ 2 m

해설 저장탱크 상호간 유지거리
㉮ 지하매설 : 1 m 이상
㉯ 지상 설치 : 두 저장탱크 최대지름을 합산한 길이의 4분의 1 이상에 해당하는 거리(4분의 1이 1 m 미만인 경우 1 m 이상의 거리)
∴ 두 저장탱크 간 유지거리는 1 m 이상이 되어야 한다.

72. 고압가스 용기를 취급 또는 보관하는 때에는 위해요소가 발생하지 않도록 관리하여야 한다. 용기보관장소에 충전용기를 보관하는 방법으로 옳지 않은 것은?

① 충전용기와 잔가스용기는 각각 구분하여 용기보관장소에 놓는다.
② 용기보관장소에는 계량기 등 작업에 필요한 물건 외에는 두지 아니한다.
③ 용기보관장소 주위 2 m 이내에는 화기 또는 인화성 물질이나 발화성 물질을 두지 아니한다.
④ 충전용기는 항상 60℃ 이하의 온도를 유지하고, 직사광선을 받지 않도록 조치한다.

해설 충전용기는 항상 40℃ 이하의 온도를 유지하고, 직사광선을 받지 않도록 조치한다.

73. 독성가스에 대한 설명으로 틀린 것은?

① 암모니아 등의 독성가스 저장탱크에는 가스충전량이 그 저장탱크 내용적의 90 %를 초과하는 것을 방지하는 장치를 설치한다.
② 독성가스의 제조시설에는 그 가스가 누출 시 흡수 또는 중화할 수 있는 장치를 설치한다.
③ 독성가스의 제조시설에는 풍향계를 설치한다.
④ 암모니아와 브롬화메탄 등의 독성가스의 제조시설의 전기설비는 방폭성능을 가지는 구조로 한다.

해설 전기방폭설비 설치 : 위험장소 안에 있는 전기설비에는 그 전기설비가 누출된 가스의 점화원이 되는 것을 방지하기 위하여 가연성가스(암모니아, 브롬화메탄 및 공기 중에서 자기발화하는 가스를 제외)의 제조설비 또는 저장설비 중 전기설비는 KSG GC201 (가스시설 전기방폭 기준)에 따라 방폭성능을 갖도록 설치한다.

74. 일정 규모 이상의 고압가스 저장탱크 및 압력용기를 설치하는 경우 내진설계를 하여야 한다. 다음 중 내진설계를 하지 않아도 되는 경우는?

① 저장능력 100톤인 산소저장탱크
② 저장능력 1000 m³인 수소저장탱크
③ 저장능력 3톤인 암모니아저장탱크
④ 증류탑으로서 높이 10 m의 압력용기

해설 내진설계 대상
㉮ 저장탱크 및 압력용기

구분	비가연성, 비독성	가연성, 독성	탑류
압축가스	1000 m³ 이상	500 m³ 이상	동체부 높이 5 m 이상
액화가스	10000 kg 이상	5000 kg 이상	

㉯ 세로방향으로 설치한 동체의 길이가 5 m 이상인 원통형 응축기 및 내용적 5000 L 이상인 수액기, 지지구조물 및 기초와 연결부
㉰ 제㉮호 중 저장탱크를 지하에 매설한 경우에 대하여는 내진설계를 한 것으로 본다.

75. 고압가스 안전관리법상 전문교육의 교육대상자가 아닌 자는?

① 안전관리원
② 운반차량 운전자
③ 검사기관의 기술인력
④ 특정고압가스사용신고시설의 안전관리책임자

정답 72. ④ 73. ④ 74. ③ 75. ②

[해설] 전문교육 대상자 : 고법 시행규칙 제51조, 별표 31
⑦ 안전관리책임자, 안전관리원 (㉯, ㉰, ㉵의 자는 제외한다.)
㉯ 특정고압가스사용신고시설의 안전관리책임자 (㉵의 자는 제외한다.)
㉰ 운반책임자
㉱ 검사기관의 기술인력
㉲ 독성가스 시설의 안전관리책임자, 안전관리원 (㉵의 자는 제외한다.)
㉵ 특정고압가스사용신고시설 중 독성가스 시설의 안전관리책임자

76. 고압가스 운반기준에 대한 설명으로 틀린 것은?
① 운반 중 충전 용기는 항상 40℃ 이하를 유지한다.
② 가연성가스와 산소는 동일차량에 적재해서는 안 된다.
③ 충전용기와 휘발유는 동일차량에 적재해서는 안 된다.
④ 납붙임용기에 고압가스를 충전하여 운반 시에는 주의사항 등을 기재한 포장상자에 넣어서 운반한다.

[해설] 가연성가스와 산소를 동일차량에 적재하여 운반하는 때에는 그 충전용기의 밸브가 서로 마주보지 아니하도록 적재한다.

77. 독성고압가스의 배관 중 2중관의 외층관 안지름은 내층관 바깥지름의 몇 배 이상을 표준으로 하는가?
① 1.2배   ② 1.5배
③ 2.0배   ④ 2.5배

[해설] 2중관의 외층관 안지름은 내층관 바깥지름의 1.2배 이상을 표준으로 한다.

78. 액화가스의 정의에 대하여 바르게 설명한 것은?
① 일정한 압력으로 압축되어 있는 것이다.
② 대기압에서의 비점이 섭씨 0도 이하인 것이다.
③ 대기압에서의 비점이 상용의 온도 이상인 것이다.
④ 가압, 냉각 등의 방법으로 액체 상태로 되어 있는 것이다.

[해설] 액화가스 : 가압, 냉각 등의 방법으로 액체 상태로 되어 있는 것으로서 대기압에서의 끓는점이 섭씨 40도 이하 또는 상용의 온도 이하인 것을 말한다.

79. 가스안전사고의 원인을 정확하게 분석하여야 하는 이유로 가장 타당한 것은?
① 산재보험금 처리
② 사고의 책임소재 명확화
③ 부당한 보상금 지급 방지
④ 사고에 대한 정확한 예방대책 수립

80. 액화석유가스를 충전받기 위한 차량은 지상에 설치된 저장탱크 외면으로부터 몇 m 이상 떨어져 정지하여야 하는가?
① 2 m   ② 3 m
③ 5 m   ④ 8 m

[해설] 액화석유가스를 충전받기 위한 차량은 지상에 설치된 저장탱크 외면으로부터 3 m 이상 떨어져 정지한다.

제 5 과목 가스계측기기

81. 가스검지 시험지와 검지가스와의 연결이 바르게 된 것은?
① KI-전분지 : CO
② 리트머스지 : C_2H_2
③ 해리슨시약 : $COCl_2$
④ 염화제1동착염지 : 알칼리성 가스

정답 76. ② 77. ① 78. ④ 79. ④ 80. ② 81. ③

[해설] 가스검지 시험지법

검지가스	시험지	반응(변색)
암모니아 (NH_3)	적색리트머스지	청색
염소 (Cl_2)	KI-전분지	청갈색
포스겐 ($COCl_2$)	해리슨시험지	유자색
시안화수소 (HCN)	초산벤젠지	청색
일산화탄소 (CO)	염화팔라듐지	흑색
황화수소 (H_2S)	연당지	회흑색
아세틸렌 (C_2H_2)	염화제1동착염지	적갈색

82. 열전대 온도계는 2종류의 금속선을 접속하여 하나의 회로를 만들어 2개의 접점에 온도차를 부여하면 회로에 접점의 온도에 거의 비례한 전류가 흐르는 것을 이용한 것이다. 이 때 응용된 원리로서 옳은 것은?
① 측온체의 발열현상
② 제베크 효과에 의한 열기전력
③ 두 금속의 열전도도의 차이
④ 키르히호프의 전류법칙에 의한 저항강하

[해설] 열전대 온도계의 원리 : 2종류의 금속선을 접속하여 하나의 회로를 만들어 2개의 접점에 온도차를 부여하면 회로에 접점의 온도에 거의 비례한 전류(열기전력)가 흐르는 현상인 제베크효과(Seebeck effect)를 이용한 것으로 열기전력은 전위차계를 이용하여 측정한다.

83. 막식 가스미터의 감도유량 (㉠)과 일반 가정용 LP 가스미터의 감도유량 (㉡)의 값이 바르게 나열된 것은?
① ㉠ 3 L/h 이상, ㉡ 15 L/h 이상
② ㉠ 15 L/h 이상, ㉡ 3 L/h 이상
③ ㉠ 3 L/h 이하, ㉡ 15 L/h 이하
④ ㉠ 15 L/h 이하, ㉡ 3 L/h 이하

[해설] 감도유량 : 가스미터가 작동하는 최소유량
㉮ 가정용 막식 가스미터 : 3 L/h 이하
㉯ LPG용 가스미터 : 15 L/h 이하

84. 기체크로마토그래피(gas chromatography)에서 캐리어가스 유량이 5 mL/s이고 기록지 속도가 3 mm/s일 때 어떤 시료가스를 주입하니 지속용량이 250 mL였다. 이때 주입점에서 성분의 피크까지 거리는 약 몇 mm인가?
① 50
② 100
③ 150
④ 200

[해설] 지속용량 = $\dfrac{유량 \times 피크길이}{기록지 속도}$ 에서

∴ 피크길이 = $\dfrac{지속용량 \times 기록지 속도}{유량}$

= $\dfrac{250 \times 3}{5}$ = 150 mm

85. 가스 분석을 위하여 헴펠법으로 분석할 경우 흡수액이 KOH 30g/H_2O 100 mL인 가스는?
① CO_2
② C_mH_n
③ O_2
④ CO

[해설] 헴펠(Hempel)법 분석순서 및 흡수제

순서	분석가스	흡수제
1	CO_2	KOH 30% 수용액
2	C_mH_n	발연황산
3	O_2	피로갈롤용액
4	CO	암모니아성 염화제1구리 용액

86. 다음 중 액주식 압력계가 아닌 것은?
① 경사관식
② 벨로스식
③ 환상천평식
④ U자관식

[해설] 액주식 압력계의 종류 : 단관식, U자관식, 경사관식, 액주 마노미터, 호루단형 압력계, 환상천평식 등

87. 가스크로마토그래피에 의한 분석방법은 어떤 성질을 이용한 것인가?
① 비열의 차이
② 비중의 차이
③ 연소성의 차이
④ 이동속도의 차이

[해설] 가스크로마토그래피 측정원리 : 운반기체(carrier gas)의 유량을 조절하면서 측정하여야 할 시료기체를 도입부를 통하여 공급하면 운반기체와 시료기체가 분리관을 통과하는 동안 분리되어 시료의 각 성분의 흡수력 차이(시료의 확산속도, 이동속도)에 따라 성분의 분리가 일어나고 시료의 각 성분이 검출기에서 측정된다.

88. 피스톤형 게이지로서 다른 압력계의 교정 또는 검정용 표준기로 사용되는 압력계는?
① 분동식 압력계
② 부르동관식 압력계
③ 벨로스식 압력계
④ 다이어프램식 압력계

[해설] (1) 기준 분동식 압력계 : 탄성식 압력계의 교정에 사용되는 1차 압력계로 램, 실린더, 기름탱크, 가압펌프 등으로 구성되며 사용 유체에 따라 측정범위가 다르게 적용된다.
(2) 사용유체에 따른 측정범위
㉮ 경유 : 40~100 kgf/cm²
㉯ 스핀들유, 피마자유 : 100~1000 kgf/cm²
㉰ 모빌유 : 3000 kgf/cm² 이상
㉱ 점도가 큰 오일을 사용하면 5000 kgf/cm² 까지도 측정이 가능하다.

89. 독성가스나 가연성가스 저장소에서 가스누출로 인한 폭발 및 가스중독을 방지하기 위하여 현장에서 누출 여부를 확인하는 방법으로 가장 거리가 먼 것은?
① 검지관법
② 시험지법
③ 가연성가스 검출기법
④ 가스크로마토그래피법

[해설] 현장에서 누출 여부를 확인하는 방법 : 검지관법, 시험지법, 가연성가스 검출기법

90. 가스미터는 계산된 주기체적 값과 가스미터에 지시된 공칭 주기체적 값 간의 차이가 기준조건에서 공칭 주기체적 값의 얼마를 초과해서는 안 되는가?
① 1 %
② 2 %
③ 3 %
④ 5 %

[해설] 가스미터는 미터에 표기된 주기체적(cycle volume)의 공칭값과 실제값과의 차가 기준조건에서 5 % 이내이어야 한다.

91. 고온, 고압의 액체나 고점도의 부식성액체 저장탱크에 가장 적합한 간접식 액면계는?
① 유리관식
② 방사선식
③ 플로트식
④ 검척식

[해설] 방사선 액면계 : 액면에 띄운 플로트(float)에 방사선원을 붙이고 탱크 천장 외부에 방사선 검출기를 설치하여 방사선의 세기와 변화를 이용한 것으로 조사식, 투과식, 가반식이 있다.
㉮ 방사선원으로 코발트(Co), 세슘(Cs)의 γ선을 이용한다.
㉯ 측정범위는 25 m 정도이고 측정범위를 크게 하기 위하여 2조 이상 사용한다.
㉰ 액체에 접촉하지 않고 측정할 수 있으며, 측정이 곤란한 장소에서도 측정이 가능하다.
㉱ 고온, 고압의 액체나 부식성 액체 탱크에 적합하다.
㉲ 설치비가 고가이고, 방사선으로 인한 인체에 해가 있다.

92. 다음 중 루트식 가스미터의 특징에 해당되는 것은?
① 계량이 정확하다.
② 설치공간이 커진다.
③ 사용 중 수위 조절이 필요하다.
④ 소유량에는 부동의 우려가 있다.

[해설] 루트(roots)형 가스미터의 특징
㉮ 대유량 가스 측정에 적합하다.
㉯ 중압가스의 계량이 가능하다.

정답 88. ① 89. ④ 90. ④ 91. ② 92. ④

㉰ 설치면적이 작고, 연속흐름으로 맥동현상이 없다.
㉱ 여과기의 설치 및 설치 후의 유지관리가 필요하다.
㉲ 0.5 m³/h 이하의 적은 유량에는 부동의 우려가 있다.
㉳ 구조가 비교적 복잡하다.
㉴ 용도 : 대량 수용가
㉵ 용량 범위 : 100~5000 m³/h

93. 직각 3각 위어(weir)를 사용하여 물의 유량을 측정하였다. 위어를 통과하는 물의 높이를 H, 유량계수를 k라고 했을 때 부피유량 Q를 구하는 식은?

① $Q = kH$
② $Q = kH^{\frac{1}{2}}$
③ $Q = kH^{\frac{3}{2}}$
④ $Q = kH^{\frac{5}{2}}$

[해설] 위어(weir) : 개수로에 장애물을 세워서 물이 이 장애물에 일단 차단되었다가 위로 넘쳐 흐르게 함으로써 유량을 측정하도록 만든 장치로 위어 종류에 따른 유량식은 다음과 같다.
㉮ 사각위어 : $Q = kLH^{\frac{3}{2}}$
㉯ 삼각위어 : $Q = kH^{\frac{5}{2}}$

94. 압력 30 atm, 온도 50℃, 부피 1 m³의 질소를 −50℃로 냉각시켰더니 그 부피가 0.32 m³이 되었다. 냉각 전, 후의 압축계수가 각각 1.001, 0.930일 때 냉각 후의 압력은 약 몇 atm이 되는가?

① 60
② 70
③ 80
④ 90

[해설] $P_2 = \dfrac{k_2}{k_1} \times \dfrac{P_1 V_1 T_2}{V_2 T_1}$

$= \dfrac{0.930}{1.001} \times \dfrac{30 \times 1 \times (273-50)}{0.32 \times (273+50)}$

$= 60.14$ atm

95. 속도 변화에 의하여 생기는 압력차를 이용하는 유량계는?
① 벤투리미터
② 아뉴바 유량계
③ 로터미터
④ 오벌 유량계

[해설] 차압식 유량계
㉮ 측정원리 : 베르누이 방정식
㉯ 종류 : 오리피스미터, 플로 노즐, 벤투리미터
㉰ 측정방법 : 조리개 전후에 연결된 액주계의 압력차(속도 변화에 의하여 생기는 압력차)를 이용하여 유량을 측정

96. 서미스터(thermistor)에 대한 설명으로 옳지 않은 것은?
① 측정범위는 약 −100~300℃이다.
② 수분을 흡수하면 오차가 발생한다.
③ 반도체를 이용하여 온도 변화에 따른 저항 변화를 온도 측정에 이용한다.
④ 감도가 낮고 온도 변화가 큰 곳의 측정에 주로 이용된다.

[해설] 서미스터의 특징
㉮ 측정범위 : −100~300℃
㉯ 감도가 크고 응답성이 빠르다.
㉰ 소형으로 협소한 장소의 측정에 유리하다.
㉱ 소자의 균일성 및 재현성이 없다.
㉲ 흡습에 의한 열화가 발생할 수 있다.
㉳ 온도가 상승함에 따라 저항치가 감소한다.

97. 막식 가스미터에서 가스는 통과하지만 미터의 지침이 작동하지 않는 고장이 일어났다. 예상되는 원인으로 가장 거리가 먼 것은?
① 계량막의 파손
② 밸브의 탈락
③ 회전장치 부분의 고장
④ 지시장치 톱니바퀴의 불량

정답 93. ④ 94. ① 95. ① 96. ④ 97. ③

[해설] 막식 가스미터의 부동(不動) : 가스는 계량기를 통과하나 지침이 작동하지 않는 고장으로 계량막의 파손, 밸브의 탈락, 밸브와 밸브시트 사이에서의 누설, 지시장치 기어 불량 등이 원인이다.

98. 다음 중 캐스케이드 제어에 대한 설명으로 옳은 것은?
① 비율제어라고도 한다.
② 단일 루프제어에 비해 내란의 영향이 없으나 계 전체의 지연이 크게 된다.
③ 2개의 제어계를 조합하여 제어량을 1차 조절계로 측정하고 그 조작 출력으로 2차 조절계의 목표치를 설정한다.
④ 물체의 위치, 방위, 자세 등의 기계적 변위를 제어량으로 하는 제어계이다.

[해설] 캐스케이드 제어 : 두 개의 제어계를 조합하여 제어량의 1차 조절계를 측정하고 그 조작 출력으로 2차 조절계의 목표값을 설정하는 방법으로, 단일 루프제어에 비해 외란의 영향을 줄이고 계 전체의 지연을 적게 하는 데 유효하기 때문에 출력 측에 낭비시간이나 지연이 큰 프로세스제어에 이용되는 제어이다.

99. 공기의 유속을 피토관으로 측정하였을 때 차압이 60 mmH₂O이었다. 이때 유속(m/s)은? (단, 피토관 계수 1, 공기의 비중량 1.2 kgf/m³이다.)
① 0.053   ② 31.3
③ 5.3   ④ 53

[해설] 차압이 60 mmH₂O는 60 kgf/m²과 같다.

$$\therefore V = C\sqrt{2g\frac{\Delta P}{\gamma}}$$
$$= 1 \times \sqrt{2 \times 9.8 \times \frac{60}{1.2}} = 31.304 \text{ m/s}$$

100. 통상적으로 사용하는 열전대의 종류가 아닌 것은?
① 크로멜 – 백금   ② 철 – 콘스탄탄
③ 구리 – 콘스탄탄   ④ 백금 – 백금·로듐

[해설] 열전대의 종류 및 사용금속

종류 및 약호	사용금속	
	+ 극	- 극
R형[백금-백금로듐](P-R)	백금로듐	Pt (백금)
K형[크로멜-알루멜](C-A)	크로멜	알루멜
J형[철-콘스탄탄](I-C)	순철(Fe)	콘스탄탄
T형[동-콘스탄탄](C-C)	순구리	콘스탄탄

정답 98. ③ 99. ② 100. ①

▶ 2016년 5월 8일 시행

자격종목	종목코드	시험시간	형 별
가스 기사	1471	2시간 30분	A

제1과목 가스유체역학

1. 수평 원관에서의 층류 유동을 Hagen-Poiseuille 유동이라고 한다. 이 흐름에서 일정한 유량의 물이 흐를 때 지름을 2배로 하면 손실수두는 몇 배가 되는가?
① 4
② 16
③ $\dfrac{1}{4}$
④ $\dfrac{1}{16}$

해설 하겐–푸아죄유(Hagen-Poiseuille) 방정식의 손실수두 계산식 $h_L = \dfrac{128\mu L Q}{\pi D^4 \gamma}$ 에서 손실수두(h_L)는 지름(D)의 4제곱에 반비례한다.
∴ $h_L = \dfrac{1}{2^4} = \dfrac{1}{16}$

2. 비중 0.9인 유체를 10 ton/h의 속도로 20 m 높이의 저장탱크에 수송한다. 지름이 일정한 관을 사용할 때 펌프가 유체에 가해준 일은 몇 kgf·m/kg인가? (단, 마찰손실은 무시한다.)
① 10
② 20
③ 30
④ 40

해설 ㉮ 펌프가 유체에 가해준 시간당 일량(W) 계산 : 문제에서 주어진 유체 10 ton/h는 속도가 아닌 중량유량(kgf/h)이고 이것을 체적유량(m³/h)로 환산하여 계산
∴ $W = \gamma [\text{kgf/m}^3] \times H[\text{m}] \times Q[\text{m}^3/\text{h}]$
$= (0.9 \times 10^3) \times 20 \times \dfrac{10000}{0.9 \times 10^3}$
$= 200000 \text{ kgf} \cdot \text{m/h}$
㉯ 유체 1 kg당의 일량으로 계산
∴ $W = \dfrac{200000}{10000} = 20 \text{ kgf} \cdot \text{m/kg} \cdot \text{h}$

3. 안지름이 40 cm, 길이가 500 m인 관에 평균속도가 1.5 m/s로 물이 흐르고 있을 때 Darcy 식을 사용하여 마찰손실 수두를 구하면 약 몇 m인가? (단, Darcy 마찰계수 f는 0.0422이다.)
① 4.2
② 6.1
③ 12.3
④ 24.2

해설 $h_f = f \times \dfrac{L}{D} \times \dfrac{V^2}{2g}$
$= 0.0422 \times \dfrac{500}{0.4} \times \dfrac{1.5^2}{2 \times 9.8}$
$= 6.055 \text{ mH}_2\text{O}$

4. 액체를 수송할 때 흡입관 또는 펌프 속에 공동현상(cavitation)이 일어날 수 있는 조건과 가장 거리가 먼 것은?
① 흡입압력(suction pressure)이 대기압보다 낮을 때
② 흡입압력이 증기압보다 낮을 때
③ 흡입압력수두와 증기압수두의 차가 유효흡입수두(net positive suction head)보다 낮을 때
④ 흡입압력수두가 증기압수두와 유효흡입수두의 합보다 낮을 때

해설 공동현상(cavitation)이 일어날 수 있는 조건 (발생원인)
㉮ 흡입압력이 증기압보다 낮을 때
㉯ 흡입압력수두와 증기압수두의 차가 유효흡입수두(net positive suction head)보다 낮을 때
㉰ 흡입압력수두가 증기압수두와 유효흡입수두의 합보다 낮을 때
㉱ 흡입양정이 지나치게 클 경우

정답 1. ④ 2. ② 3. ② 4. ①

㉢ 흡입관의 저항이 증대될 경우
㉣ 과속으로 유량이 증대될 경우
㉤ 관로 내의 온도가 상승될 경우

5. 밀도가 892 kg/m³인 원유가 단면적이 2.165×10⁻³ m²인 관을 통하여 1.388×10⁻³ m³/s로 들어가서 단면적이 각각 1.314×10⁻³ m²로 동일한 2개의 관으로 분할되어 나갈 때 분할되는 관내에서의 유속은 약 몇 m/s인가? (단, 분할되는 2개 관에서의 평균유속은 같다.)
① 1.036　　② 0.841
③ 0.619　　④ 0.528

[해설] 분할된 관의 크기가 같으므로 입구관에서 유입되는 원유 1.388×10⁻³ m³/s는 분할되는 관에 $\frac{1}{2}$씩 분할되어 흐르게 된다.
$Q = A \cdot V$ 에서 입구관을 "a", 분할된 관을 "b"로 구분하면

$$\therefore V_b = \frac{Q_b}{A_b} = \frac{1.388 \times 10^{-3} \times \frac{1}{2}}{1.314 \times 10^{-3}}$$
$$= 0.528 \text{ m/s}$$

6. 어떤 유체의 밀도가 138.63 kgf·s²/m⁴일 때 비중량은 몇 kgf/m³인가?
① 1.381　　② 13.55
③ 140.8　　④ 1359

[해설] $\gamma = \rho \times g = 138.63 \times 9.8$
$= 1358.574 \text{ kgf/m}^3$

7. 공기의 비열비는 k이고 기체상수는 R일 때 절대온도가 T인 공기에서의 음속은?
① $\frac{RT}{k}$　　② $\sqrt{kRT}$
③ $\frac{kR}{T}$　　④ kRT

[해설] 음속의 계산식
$C = \sqrt{k \cdot R \cdot T}$
여기서, C : 음속 (m/s)

k : 비열비
R : 기체상수 $\left(\frac{8314}{M} \text{ J/kg} \cdot \text{K}\right)$
T : 절대온도 (K)

8. 레이놀즈수가 10⁶이고 상대조도가 0.005인 원관의 마찰계수 f는 0.03이다. 이 원관에 부차손실계수가 6.6인 글로브 밸브를 설치하였을 때, 이 밸브의 등가길이(또는 상당길이)는 관 지름의 몇 배인가?
① 25　　② 55
③ 220　　④ 440

[해설] 문제의 조건에서 관 지름이 주어지지 않았으므로 지름은 기호 D를 그대로 대입하여 계산한다.
$$\therefore L_e = \frac{KD}{f} = \frac{6.6\,D}{0.03} = 220D$$
∴ 글로브 밸브의 등가길이(L_e)는 관 지름(D)의 220배이다.
※ 등가길이(상당길이) : 배관에 설치되는 밸브, 부속품 등에 의해 발생하는 손실을 동일 지름의 직관 길이로 표시하는 것이다.

9. 다음 중 등엔트로피 과정에 대한 설명으로 옳은 것은?
① 가역 단열 과정이다.
② 가역 등온 과정이다.
③ 마찰이 있는 등온 과정이다.
④ 마찰이 없는 비가역 과정이다.

[해설] ㉮ 가역 단열 과정 : 엔트로피 일정(등엔트로피)
㉯ 비가역 단열 과정 : 엔트로피 증가

10. 기계 효율을 η_m, 수력 효율을 η_h, 체적 효율을 η_v라 할 때 펌프의 총 효율은?
① $\dfrac{\eta_m \times \eta_h}{\eta_v}$　　② $\dfrac{\eta_m \times \eta_v}{\eta_h}$
③ $\eta_m \times \eta_h \times \eta_v$　　④ $\dfrac{\eta_v \times \eta_h}{\eta_m}$

정답 5. ④　6. ④　7. ②　8. ③　9. ①　10. ③

[해설] 펌프의 총 효율(η) = 기계 효율(η_m)×수력 효율(η_h)×체적 효율(η_v)

11. 수축노즐에서의 등엔트로피 유동에서 기체의 임계압력(P^*)을 옳게 나타낸 것은? (단, 비열비는 k, 정체압력은 P_0이다.)

① $P^* = P_0 \left(\dfrac{2}{k+1}\right)$

② $P^* = P_0 \left(\dfrac{2}{k+1}\right)^{\frac{k}{k-1}}$

③ $P^* = P_0 \left(\dfrac{2}{k+1}\right)^{\frac{1}{k-1}}$

④ $P^* = P_0 \left(\dfrac{2}{k+1}\right)^{\frac{1}{k}}$

[해설] 임계압력(P^*) : 유체의 속도가 목에서 음속에 도달한 때의 상태를 임계상태라 하며 이때의 압력이 임계압력이다.

∴ $P^* = P_0 \left(\dfrac{2}{k+1}\right)^{\frac{k}{k-1}}$

12. 질량 M, 길이 L, 시간 T로 압력의 차원을 나타낼 때 옳은 것은?

① MLT^{-2} ② ML^2T^{-2}
③ $ML^{-1}T^{-2}$ ④ ML^2T^{-3}

[해설] 압력의 단위 및 차원

구분	단위	차원
절대단위	$N/m^2 = kg/m \cdot s^2$	$ML^{-1}T^{-2}$
공학단위	kgf/m^2	FL^{-2}

13. 상온의 물속에서 압력파가 전파되는 속도는 얼마인가? (단, 물의 체적탄성계수는 $2 \times 10^8 \, kgf/m^2$이고, 비중량은 $1000 \, kgf/m^3$이다.)

① 340 m/s ② 680 m/s
③ 1400 m/s ④ 1600 m/s

[해설] 체적탄성계수가 공학단위이므로 물의 밀도 공학단위를 적용하여 계산한다.

∴ $C = \sqrt{\dfrac{E}{\rho}} = \sqrt{\dfrac{E}{\frac{\gamma}{g}}} = \sqrt{\dfrac{2 \times 10^8}{\frac{1000}{9.8}}}$

$= 1400 \, m/s$

14. 일반적으로 원관 내부 유동에서 층류만이 일어날 수 있는 레이놀즈수의 영역은?

① 2100 이상 ② 2100 이하
③ 21000 이상 ④ 21000 이하

[해설] 레이놀즈수(Re)에 의한 유체의 유동상태 구분
㉮ 층류 : $Re < 2100$ (또는 2300, 2320)
㉯ 난류 : $Re > 4000$
㉰ 천이구역 : $2100 < Re < 4000$

15. 동력(power)과 같은 차원을 갖는 것은?

① 힘×거리 ② 힘×가속도
③ 압력×체적유량 ④ 압력×질량유량

[해설] (1) 동력 : 단위 시간당 한 일량
㉮ 절대단위 : Watt (J/s = N·m/s = kg·m²/s³ = ML^2T^{-3})
㉯ 공학단위 : kgf·m/s = FLT^{-1}
(2) 동력과 같은 차원 계산 : 압력×체적유량
㉮ 절대단위 계산
압력(N/m²)×체적유량(m³/s)
$= \dfrac{kg \cdot m/s^2}{m^2} \times m^3/s$
$= kg \cdot m/m^2 \cdot s^2 \times m^3/s$
$= kg \cdot m^2/s^3 = ML^2T^{-3}$
㉯ 공학단위 계산
압력(kgf/m²)×체적유량(m³/s)
$= kgf \cdot m/s = FLT^{-1}$

16. 유체의 점성과 관련된 설명 중 잘못된 것은 어느 것인가?

① poise는 점도의 단위이다.

② 점도란 흐름에 대한 저항력의 척도이다.
③ 동점성계수는 점도/밀도와 같다.
④ 20℃에서의 물의 점도는 1 poise이다.

[해설] 20℃에서의 물의 점도는 1 cP (centi poise) 이다.

17. 경험적으로 낙하거리 s는 물체의 질량 m, 낙하시간 t 및 중력가속도 g와 관계가 있다. 차원 해석을 통해 이들에 관한 관계식을 옳게 나타낸 것은? (단, k는 무차원상수이다.)
① $s = kgt$ ② $s = kgt^2$
③ $s = kmgt$ ④ $s = kmgt^2$

18. 원심펌프가 높은 능력으로 운전되는 경우 임펠러 흡입부의 압력이 유체의 증기압보다 낮아지면 흡입부의 유체는 증발하게 되며 이 증기는 임펠러의 고압부로 이동하여 갑자기 응축하게 된다. 이러한 현상을 무엇이라 하는가?
① 캐비테이션(cavitation)
② 펌핑(pumping)
③ 디퓨전 링(diffusion ring)
④ 에어 바인딩(air binding)

[해설] 공동(cavitation) 현상 : 유수 중에 그 수온의 증기압력보다 낮은 부분이 생기면 물이 증발을 일으키고 기포를 다수 발생하는 현상

19. 그림과 같이 물위에 비중이 0.7인 유체 A가 5 m의 두께로 차 있을 때 유출속도 V는 몇 m/s인가?

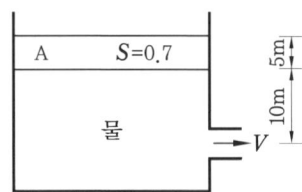

① 5.5   ② 11.2
③ 16.3 ④ 22.4

[해설] ㉮ A 유체의 상당깊이 계산
$$\therefore h_e = \frac{\gamma_A \times h_A}{\gamma} = \frac{0.7 \times 10^3 \times 5}{1000} = 3.5 \text{ m}$$
$$\therefore h = h_e + h' = 3.5 + 10 = 13.5 \text{ m}$$
㉯ 유속 계산
$$\therefore V = \sqrt{2gh} = \sqrt{2 \times 9.8 \times 13.5}$$
$$= 16.266 \text{ m/s}$$

20. 수차의 효율을 η, 수차의 실제 출력을 L [PS], 수량을 Q [m³/s]라 할 때 유효낙차 H [m]를 구하는 식은?
① $H = \dfrac{L}{13.3\eta Q}$ [m]
② $H = \dfrac{QL}{13.3\eta}$ [m]
③ $H = \dfrac{L\eta}{13.3Q}$ [m]
④ $H = \dfrac{\eta}{L \times 13.3Q}$ [m]

[해설] 수차의 효율 계산식 $\eta = \dfrac{\text{실제출력}(L)}{\text{이론출력}(L_a)}$
$$\therefore L = L_a \times \eta = \frac{1000 \times H \times Q}{75} \times \eta$$
$$= 13.33 HQ\eta$$
$$\therefore H = \frac{L}{13.33\eta Q} \text{ [m]}$$

제 2 과목 연소공학

21. 어떤 열기관에서 온도 20℃의 엔탈피 변화가 단위 중량당 200 kcal일 때 엔트로피 변화량(kcal/kg·K)은?
① 0.34   ② 0.68
③ 0.73   ④ 10

[해설] $\Delta S = \dfrac{dQ}{T} = \dfrac{200}{273 + 20}$
$= 0.6825$ kcal/kg·K

22. 1기압의 외압에서 1몰인 어떤 이상기체의 온도를 5℃ 높였다. 이때 외계에 한 최대 일은 약 몇 cal인가?

① 0.99
② 9.94
③ 99.4
④ 994

[해설] 기체상수 $R = 0.08206$ L·atm/mol·K $= 1.987$ cal/mol·K이고, 온도가 5℃ 상승된 것은 절대온도로 5 K가 상승된 것과 같다.
∴ $W = nR\Delta T = 1 \times 1.987 \times 5 = 9.935$ cal

23. 연소 계산에 사용되는 공기비 등에 대한 설명으로 옳지 않은 것은?

① 공기비란 실제로 공급한 공기량의 이론공기량에 대한 비율이다.
② 과잉공기란 연소 시 단위 연료당의 공급 공기량을 말한다.
③ 필요한 공기량의 최소량은 화학반응식으로부터 이론적으로 구할 수 있다.
④ 공연비는 공기와 연료의 공급 질량비를 말한다.

[해설] 과잉공기 : 연료의 실제 연소에 있어서 이론 공기량보다 더 많이 공급된 여분의 공기이다.
∴ 과잉공기(B) = 실제공기량(A) - 이론공기량(A_0)

24. 위험성 평가기법 중 사고를 일으키는 장치의 이상이나 운전자 실수의 조합을 연역적으로 분석하는 평가기법은?

① FTA (fault tree analysis)
② ETA (event tree analysis)
③ CCA (cause consequence analysis)
④ HAZOP (hazard and operability studies)

[해설] 결함수 분석(FTA : fault tree analysis) 기법 : 사고를 일으키는 장치의 이상이나 운전자 실수의 조합을 연역적으로 분석하는 것으로 정량적 평가기법에 해당된다.

25. 압력 0.1 MPa, 체적 3 m³인 273.15 K의 공기가 이상적으로 단열압축되어 그 체적이 1/3로 감소되었다. 엔탈피 변화량은 약 몇 kJ인가? (단, 공기의 기체상수는 0.287 kJ/kg·K, 비열비는 1.4이다.)

① 560
② 570
③ 580
④ 590

[해설] ㉮ 단열과정 압축일량(W_t) 계산

$$\therefore W_t = \frac{k}{k-1}P_1V_1\left\{1 - \left(\frac{V_1}{V_2}\right)^{k-1}\right\}$$

$$= \frac{1.4}{1.4-1} \times (0.1 \times 10^3)$$

$$\times 3 \times \left\{1 - \left(\frac{3}{3 \times \frac{1}{3}}\right)^{1.4-1}\right\}$$

$$= -579.437 \text{ kJ}$$

㉯ 단열압축과정 엔탈피 변화량(dU)은 압축일량(W_t)과 절대값이 같고 부호가 반대이다.
∴ $dU = -W_t$ 이므로
엔탈피 변화량은 579.437 kJ이다.

26. 다음 중 연소 시 가장 높은 온도를 나타내는 색깔은?

① 적색
② 백적색
③ 휘백색
④ 황적색

[해설] 색깔별 온도

구분	암적색	적색	휘적색	황적색	백적색	휘백색
온도	700℃	850℃	950℃	1100℃	1300℃	1500℃

27. 유독물질의 대기확산에 영향을 주게 되는 매개변수로서 가장 거리가 먼 것은?

① 토양의 종류
② 바람의 속도
③ 대기안정도
④ 누출지점의 높이

[해설] 유독물질의 대기확산에 영향을 주는 요소
㉮ 가스의 비중
㉯ 바람의 속도
㉰ 대기의 안정도
㉱ 누출지점의 높이

[정답] 22. ② 23. ② 24. ① 25. ③ 26. ③ 27. ①

28. 어떤 용기 속에 1 kg의 기체가 들어 있다. 이 용기의 기체를 압축하는데 2300 kgf·m의 일을 하였으며, 이때 7 kcal의 열량이 용기 밖으로 방출하였다면 이 기체의 내부 에너지 변화량은 약 얼마인가?

① 0.7 kcal/kg ② 1.0 kcal/kg
③ 1.6 kcal/kg ④ 2.6 kcal/kg

해설 내부에너지 변화량(dU) 계산 : 외부로 방출되는 열량 7 kcal가 엔탈피 변화량(dh)이다.
$dh = dU + dW$ 에서
$\therefore dU = dh - dW$
$= 7 - 2300 \times \dfrac{1}{427} = 1.613$ kcal/kg

29. 다음 중 가연성 물질이 되기 쉬운 조건이 아닌 것은?

① 열전도율이 작아야 한다.
② 활성화 에너지가 커야 한다.
③ 산소와 친화력이 커야 한다.
④ 가연물의 표면적이 커야 한다.

해설 가연물의 구비조건
㉮ 발열량이 크고, 열전도율이 작을 것
㉯ 산소와 친화력이 좋고 표면적이 넓을 것
㉰ 활성화 에너지가 작을 것
㉱ 건조도가 높을 것 (수분 함량이 적을 것)

30. 기체연료의 주된 연소 형태는?

① 확산연소 ② 액면연소
③ 증발연소 ④ 분무연소

해설 확산연소 : 가연성 기체를 대기 중에 분출·확산시켜 연소하는 것으로 기체연료의 연소가 이에 해당된다.

31. 연료에 고정탄소가 많이 함유되어 있을 때 발생되는 현상으로 옳은 것은?

① 매연 발생이 많다.
② 발열량이 높아진다.
③ 연소 효과가 나쁘다.
④ 열손실을 초래한다.

해설 고정탄소가 증가할 때의 영향
㉮ 발열량이 증가한다.
㉯ 매연 발생이 적어진다.
㉰ 불꽃이 짧게 (단염) 형성된다.
㉱ 연소 효과가 좋아지고, 열손실이 방지된다.
㉲ 착화 (점화)성은 나쁘다.

32. 메탄을 공기비 1.3에서 연소시킨 경우 단열연소온도는 약 몇 K인가?(단, 메탄의 저발열량은 50 MJ/kg, 배기가스의 평균비열은 1.293 kJ/kg·K이고, 고온에서의 열분해는 무시하고 연소 전 온도는 25℃이다.)

① 1688 ② 1820
③ 1961 ④ 2234

해설 (1) 실제공기량에 의한 메탄의 완전연소 반응식
$CH_4 + 2O_2 + (N_2) + B \rightarrow CO_2 + 2H_2O + (N_2) + B$
(2) 메탄 1 kg에 대한 연소가스 질량(kg) 계산
㉮ CO_2 계산
16 kg : 44 kg = 1 kg : CO_2 [kg]
$\therefore CO_2 = \dfrac{1 \times 44}{16} = 2.75$ kg
㉯ H_2O 계산
16 kg : 2×18 kg = 1 kg : H_2O [kg]
$\therefore H_2O = \dfrac{1 \times 2 \times 18}{16} = 2.25$ kg
㉰ N_2 계산 : 공기 중 산소의 질량 함유율이 23.2 %이므로 질소는 (1 − 0.232)에 해당한다.
$\therefore N_2 = (1 - 0.232) \times A_0$
$= (1 - 0.232) \times \dfrac{O_0}{0.232}$
$= (1 - 0.232) \times \dfrac{1 \times 2 \times 32}{16 \times 0.232}$
$= 13.24$ kg
㉱ 과잉공기량(B) 계산 : 실제공기량과 이론 공기량의 차이에 해당한다.
$\therefore B = (m-1) \times A_0 = (m-1) \times \dfrac{O_0}{0.232}$
$= (1.3 - 1) \times \dfrac{1 \times 2 \times 32}{16 \times 0.232} = 5.17$ kg

정답 28. ③ 29. ② 30. ① 31. ② 32. ③

㉭ 연소가스량 계산

∴ $G_s = CO_2 + H_2O + N_2 + B$
$= 2.75 + 2.25 + 13.24 + 5.17$
$= 23.41$ kg

(3) 단열연소온도 계산

∴ $T_2 = \dfrac{H_l}{G_s \times C} + T_1$
$= \dfrac{50 \times 10^3}{23.41 \times 1.293} + (273 + 25)$
$= 1948.847$ K

33. 자연 상태의 물질을 어떤 과정(process)을 통해 화학적으로 변형시킨 상태의 연료를 2차 연료라고 한다. 다음 중 2차 연료에 해당하는 것은?
① 석탄
② 원유
③ 천연가스
④ LPG

[해설] 연료의 분류
㉮ 1차 연료: 자연 상태에서 얻을 수 있는 연료로 석탄, 원유, 천연가스 등이 해당된다.
㉯ 2차 연료: 1차 연료를 화학적으로 변형시킨 상태의 연료로 코크스, LPG, 발생로가스, 고로가스, 수성가스 등이 해당된다.

34. 유동층 연소에 대한 설명으로 틀린 것은?
① 균일한 연소가 가능하다.
② 높은 전열 성능을 가진다.
③ 소각로 내에서 탈황이 가능하다.
④ 부하변동에 대한 적응력이 우수하다.

[해설] (1) 유동층 연소: 화격자 연소와 미분탄 연소방식을 혼합한 형식으로 화격자 하부에서 강한 공기를 송풍기로 불어넣어 화격자 위의 탄층을 유동층에 가까운 상태로 형성하면서 700~900℃ 정도의 저온에서 연소시키는 방법이다.
(2) 특징: ①, ②, ③ 외
㉮ 광범위한 연료에 적용할 수 있다.
㉯ 연소 시 화염층이 작아진다.
㉰ 클링커 장해를 경감할 수 있다.
㉱ 연소온도가 낮아 질소산화물의 발생량이 적다.
㉲ 화격자 단위면적당 열부하를 크게 얻을 수 있다.
㉳ 부하변동에 따른 적응력이 떨어진다.

35. 폭굉 유도거리(DID)가 짧아지는 경우는?
① 압력이 낮을 때
② 관지름이 굵을 때
③ 점화원의 에너지가 작을 때
④ 정상 연소속도가 큰 혼합가스일 때

[해설] 폭굉 유도거리가 짧아지는 조건
㉮ 정상 연소속도가 큰 혼합가스일수록
㉯ 관 속에 방해물이 있거나 관지름이 가늘수록
㉰ 압력이 높을수록
㉱ 점화원의 에너지가 클수록

36. 다음 중 리프팅(lifting)의 원인과 거리가 먼 것은?
① 노즐 지름이 너무 크게 된 경우
② 공기조절기를 지나치게 열었을 경우
③ 가스의 공급압력이 지나치게 높은 경우
④ 버너의 염공에 먼지 등이 부착되어 염공이 작아져 있을 경우

[해설] 선화(lifting)의 원인
㉮ 염공이 작아졌을 때
㉯ 공급압력이 지나치게 높을 경우
㉰ 배기 또는 환기가 불충분할 때(2차 공기량 부족)
㉱ 공기 조절장치를 지나치게 개방하였을 때 (1차 공기량 과다)

37. 공기가 산소 20 v%, 질소 80 v%의 혼합기체라고 가정할 때 표준상태(0℃, 101.325 kPa)에서 공기의 기체상수는 약 몇 kJ/kg·K인가?
① 0.269
② 0.279
③ 0.289
④ 0.299

[해설] ㉮ 공기의 평균분자량 계산

정답 33. ④ 34. ④ 35. ④ 36. ① 37. ③

$$\therefore M = (32 \times 0.2) + (28 \times 0.8) = 28.8$$
㉴ 기체상수 계산
$$\therefore R = \frac{8.314}{M} = \frac{8.314}{28.8} = 0.2886 \text{ kJ/kg} \cdot \text{K}$$

38. 방폭 전기기기의 구조별 표시방법으로 틀린 것은?
① p – 압력(壓力) 방폭구조
② o – 안전증 방폭구조
③ d – 내압(耐壓) 방폭구조
④ s – 특수 방폭구조

[해설] 방폭 전기기기의 구조별 표시방법

명칭	기호	명칭	기호
내압 방폭구조	d	안전증 방폭구조	e
유입 방폭구조	o	본질안전 방폭구조	ia, ib
압력 방폭구조	p	특수 방폭구조	s

39. 카르노 사이클에서 열량을 받는 과정은?
① 등온팽창   ② 등온압축
③ 단열팽창   ④ 단열압축

[해설] 카르노 사이클의 순환과정

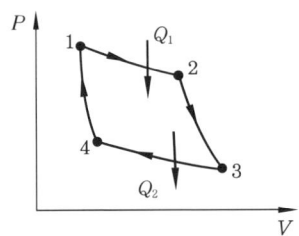

㉮ 1→2 과정 : 정온(등온)팽창 과정(열공급)
㉯ 2→3 과정 : 단열팽창 과정
㉰ 3→4 과정 : 정온(등온)압축 과정(열방출)
㉱ 4→1 과정 : 단열압축 과정

40. 열역학 제2법칙에 어긋나는 것은?
① 열은 스스로 저온의 물체에서 고온의 물체로 이동할 수 없다.
② 열은 항상 고온에서 저온으로 흐른다.
③ 에너지 변환의 방향성을 표시한 법칙이다.
④ 제2종 영구기관을 만드는 것은 쉽다.

[해설] 제2종 영구기관 : 어떤 열원으로부터 열에너지를 공급받아 지속적으로 일로 변환시키고 외부에 아무런 변화를 남기지 않는 기관이다. → 열역학 제2법칙에 위배된다.

제 3 과목   가스설비

41. 다음 중 LNG의 기화장치에 대한 설명으로 틀린 것은?
① open rack vaporizer는 해수를 가열원으로 사용한다.
② submerged conversion vaporizer는 연소가스가 수조에 설치된 열교환기의 하부에 고속으로 분출되는 구조이다.
③ submerged conversion vaporizer는 물을 순환시키기 위하여 펌프 등의 다른 에너지원을 필요로 한다.
④ intermediate fluid vaporizer는 프로판을 중간매체로 사용할 수 있다.

[해설] 서브머지드 기화장치(submerged conversion vaporizer) : 피크로드용으로 액중 버너를 사용한다. 초기 시설비가 적으나 운전비용이 많이 소요된다.
※ 물을 순환시키기 위하여 펌프 등의 다른 에너지원을 필요로 하는 것은 오픈 랙 기화장치(open rack vaporizer)이다.

42. 다음 중 양정이 높을 때 사용하기에 가장 적당한 펌프는?
① 1단 펌프   ② 다단 펌프
③ 단흡입 펌프   ④ 양흡입 펌프

[해설] 다단 펌프 : 양정이 높은 곳이나 고압력이 요구될 때 사용되는 것으로 펌프 1대의 동일 회전축에 2개 이상의 임펠러를 설치하고 이것을 여러 단으로 만든 펌프이다.

43. 내용적 120 L의 LP가스 용기에 50 kg의 프로판을 충전하였다. 이 용기 내부가 액으로 충만될 때의 온도를 그림에서 구한 것은?

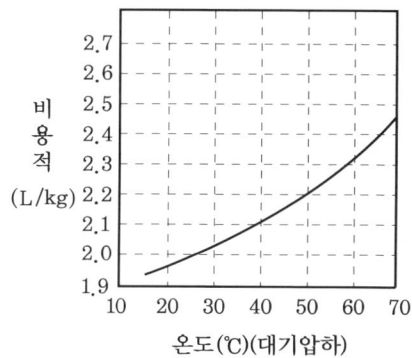

① 37℃   ② 47℃   ③ 57℃   ④ 67℃

[해설] ㉮ 현재 상태의 LPG 비용적 계산

$$\therefore v = \frac{내용적(L)}{충전질량(kg)} = \frac{120}{50} = 2.4 \, L/kg$$

㉯ 그림 세로축에서 비용적 2.4를 선택한 후 수평으로 오른쪽으로 이동하여 선도와 교차되는 점에서 수직으로 이동하여 온도를 읽으면 67℃가 된다.

44. 다음 중 천연가스의 액화에 대한 설명으로 옳은 것은?
① 가스전에서 채취된 천연가스는 불순물이 거의 없어 별도의 전처리 과정이 필요하지 않다.
② 임계온도 이상, 임계압력 이하에서 천연가스를 액화한다.
③ 캐스케이드 사이클은 천연가스를 액화하는 대표적인 냉동사이클이다.
④ 천연가스의 효율적 액화를 위해서는 성능이 우수한 단일 조성의 냉매 사용이 권고된다.

[해설] 각 항목의 옳은 설명
① 가스전에서 채취된 천연가스는 불순물이 포함되어 있어 전처리 과정이 필요하다.
② 액화의 조건은 임계온도 이하, 임계압력 이상이다.
④ 천연가스의 효율적 액화를 위해서는 성능이 우수한 암모니아-에틸렌-질소를 냉매로 사용하는 캐스케이드 액화사이클을 이용한다.

45. 도시가스 제조설비 중 나프타의 접촉분해(수증기개질)법에서 생성가스 중 메탄(CH_4) 성분을 많게 하는 조건은?
① 반응온도 및 압력을 상승시킨다.
② 반응온도 및 압력을 감소시킨다.
③ 반응온도를 저하시키고, 압력을 상승시킨다.
④ 반응온도를 상승시키고, 압력을 감소시킨다.

[해설] 나프타의 접촉분해법에서 압력과 온도의 영향

구분		CH_4, CO_2	H_2, CO
압력	상승	증가	감소
	하강	감소	증가
온도	상승	감소	증가
	하강	증가	감소

46. 가스 배관의 굵기를 구할 수 있는 다음 식에서 "S"가 의미하는 것은?

$$Q = \sqrt{\frac{(P_1^2 - P_2^2)D^5}{SL}}$$

① 유량계수   ② 가스 비중
③ 배관 길이   ④ 관 안지름

[해설] 중·고압배관의 유량식 각 항목 의미 및 단위

$$Q = K\sqrt{\frac{D^5 \cdot (P_1^2 - P_2^2)}{S \cdot L}}$$

여기서, Q : 가스의 유량 (m^3/h)
D : 관 안지름 (cm)
P_1 : 초압 ($kgf/cm^2 \cdot a$)
P_2 : 종압 ($kgf/cm^2 \cdot a$)
S : 가스의 비중
L : 관의 길이 (m)
K : 유량계수 (코크스의 상수 : 52.31)

정답 43. ④   44. ③   45. ③   46. ②

47. 냄새가 나는 물질(부취제)의 주입방법이 아닌 것은?
① 적하식 ② 증기주입식
③ 고압분사식 ④ 회전식

[해설] 부취제 주입 방식의 종류
㉮ 액체 주입식 : 펌프 주입식, 적하 주입식, 미터 연결 바이패스식
㉯ 증발식 : 바이패스 증발식, 위크 증발식

48. 저압배관에서 압력손실의 원인으로 가장 거리가 먼 것은?
① 마찰저항에 의한 손실
② 배관의 입상에 의한 손실
③ 밸브 및 엘보 등 배관 부속품에 의한 손실
④ 압력계, 유량계 등 계측기 불량에 의한 손실

[해설] 저압배관에서 압력손실의 원인
㉮ 마찰저항에 의한 손실
㉯ 배관의 입상에 의한 손실
㉰ 밸브 및 엘보 등 배관 부속품에 의한 손실
㉱ 배관 길이에 의한 손실

49. 가스배관의 플랜지(flange) 이음에 사용되는 부품이 아닌 것은?
① 플랜지 ② 개스킷
③ 체결용 볼트 ④ 플러그

[해설] 플러그(plug) : 배관 끝을 막을 때 사용하는 부속품이다.

50. 수소화염 또는 산소·아세틸렌 화염을 사용하는 시설 중 분기되는 각각의 배관에 반드시 설치해야 하는 장치는?
① 역류방지장치 ② 역화방지장치
③ 긴급이송장치 ④ 긴급차단장치

[해설] 특정고압가스 사용시설 역화방지장치 설치 : 수소화염 또는 산소·아세틸렌 화염을 사용하는 시설의 분기되는 각각의 배관에는 가스가 역화되는 것을 효과적으로 차단할 수 있는 역화방지장치를 설치한다.
※ 역화방지장치 : 아세틸렌, 수소 그밖에 가연성가스의 제조 및 사용설비에 부착하는 건식 또는 수봉식(아세틸렌만 적용)의 역화방지장치로 상용압력이 0.1 MPa 이하인 것을 말한다.

51. 일반 도시가스 공급시설에서 최고 사용압력이 고압, 중압인 가스홀더에 대한 안전조치 사항이 아닌 것은?
① 가스방출장치를 설치한다.
② 맨홀이나 검사구를 설치한다.
③ 응축액을 외부로 뽑을 수 있는 장치를 설치한다.
④ 관의 입구와 출구에는 온도나 압력의 변화에 따른 신축을 흡수하는 조치를 한다.

[해설] 가스홀더에 갖추어야 할 시설
(1) 고압 또는 중압의 가스홀더
㉮ 관의 입구 및 출구에는 신축흡수장치를 설치할 것
㉯ 응축액을 외부로 뽑을 수 있는 장치를 설치할 것
㉰ 응축액의 동결을 방지하는 조치를 할 것
㉱ 맨홀 또는 검사구를 설치할 것
㉲ 고압가스 안전관리법의 규정에 의한 검사를 받은 것일 것
㉳ 가스홀더와의 거리 : 두 가스홀더의 최대지름 합산한 길이의 1/4 이상 유지(1 m 미만인 경우 1 m 이상의 거리)
(2) 저압의 가스홀더
㉮ 유수식 가스홀더
  ㉠ 원활히 작동할 것
  ㉡ 가스방출장치를 설치할 것
  ㉢ 수조에 물공급과 물넘쳐 빠지는 구멍을 설치할 것
  ㉣ 봉수의 동결방지조치를 할 것
㉯ 무수식 가스홀더
  ㉠ 피스톤이 원활히 작동되도록 설치할 것
  ㉡ 봉액공급용 예비펌프를 설치할 것
㉰ 긴급차단장치 설치 : 최고사용압력이 중압 또는 고압의 가스홀더(조작위치 : 5 m)

정답 47. ④ 48. ④ 49. ④ 50. ② 51. ①

52. 액화가스 용기 및 차량에 고정된 탱크의 저장능력을 구하는 식은? (단, V: 내용적, P: 최고충전압력, C: 가스종류에 따른 정수, d: 상용온도에서의 액화가스의 비중이다.)

① $10PV$ ② $(10P+1)V$
③ $\dfrac{V}{C}$ ④ $0.9dV$

해설 액화가스 저장능력 산정식
㉮ 용기 및 차량에 고정된 탱크: $W=\dfrac{V}{C}$
㉯ 저장탱크: $W=0.9dV$

53. 지름 150 mm, 행정 100 mm, 회전수 500 rpm, 체적 효율 75%인 왕복압축기의 송출량은 약 얼마인가?

① 0.54 m³/min ② 0.66 m³/min
③ 0.79 m³/min ④ 0.88 m³/min

해설 $V=\dfrac{\pi}{4}D^2 \cdot L \cdot n \cdot N \cdot \eta_v$
$=\dfrac{\pi}{4}\times 0.15^2 \times 0.1 \times 1 \times 500 \times 0.75$
$= 0.662$ m³/min

54. 아세틸렌(C_2H_2)에 대한 설명으로 옳지 않은 것은?

① 동과 직접 접촉하여 폭발성의 아세틸라이드를 만든다.
② 비점과 융점이 비슷하여 고체 아세틸렌은 융해한다.
③ 아세틸렌가스의 충전제로 규조토, 목탄 등의 다공성 물질을 사용한다.
④ 흡열 화합물이므로 압축하면 분해폭발 할 수 있다.

해설 아세틸렌은 비점(-75℃)과 융점(-84℃)이 비슷하여 고체 아세틸렌은 융해하지 않고 승화한다.

55. 외부전원법으로 전기방식 시공 시 직류전원 장치의 +극 및 -극에는 각각 무엇을 연결해야 하는가?

① +극: 불용성 양극, -극: 가스배관
② +극: 가스배관, -극: 불용성 양극
③ +극: 전철레일, -극: 가스배관
④ +극: 가스배관, -극: 전철레일

해설 외부전원법: 외부의 직류전원 장치(정류기)로부터 양극(+)은 매설배관이 설치되어 있는 토양에 설치한 외부전원용 전극(불용성 양극)에 접속하고, 음극(-)은 매설배관에 접속시켜 부식을 방지하는 방법으로 직류전원장치(정류기), 양극, 부속배선으로 구성된다.

56. 저온 수증기 개질에 의한 SNG(대체천연가스) 제조 프로세스의 순서로 옳은 것은?

① LPG → 수소화 탈황 → 저온 수증기 개질 → 메탄화 → 탈탄산 → 탈습 → SNG
② LPG → 수소화 탈황 → 저온 수증기 개질 → 탈습 → 탈탄산 → 메탄화 → SNG
③ LPG → 저온 수증기 개질 → 수소화 탈황 → 탈습 → 탈탄산 → 메탄화 → SNG
④ LPG → 저온 수증기 개질 → 탈습 → 수소화 탈황 → 탈탄산 → 메탄화 → SNG

해설 저온 수증기 개질에 의한 SNG 제조 프로세스

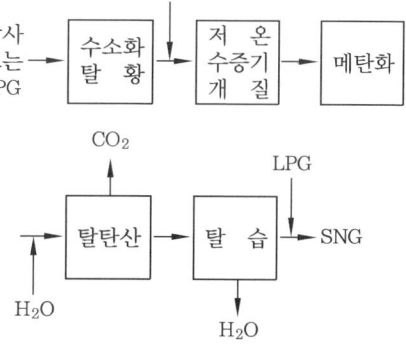

57. 정압기의 특성 중 유량과 2차 압력과의 관계를 나타내는 것은?

① 정특성 ② 유량특성
③ 동특성 ④ 작동 최소차압

[해설] 정압기의 특성
㉮ 정특성(靜特性) : 유량과 2차 압력의 관계
  ㉠ 로크업(lock up) : 유량이 0으로 되었을 때 2차 압력과 기준압력(P_s)과의 차이
  ㉡ 오프셋(off set) : 유량이 변화했을 때 2차 압력과 기준압력(P_s)과의 차이
  ㉢ 시프트(shift) : 1차 압력의 변화에 의하여 정압곡선이 전체적으로 어긋나는 것
㉯ 동특성(動特性) : 부하변동에 대한 응답의 신속성과 안전성이 요구됨
㉰ 유량특성(流量特性) : 메인밸브의 열림과 유량의 관계
㉱ 사용 최대차압 : 메인밸브에 1차와 2차 압력이 작용하여 최대로 되었을 때의 차압
㉲ 작동 최소차압 : 정압기가 작동할 수 있는 최소차압

58. 다음 [보기]와 같은 성질을 갖는 가스는?

―――― [보 기] ――――
- 공기보다 무겁다.
- 조연성가스이다.
- 염소산칼륨을 이산화망간 촉매하에서 가열하면 실험적으로 얻을 수 있다.

① 산소 ② 질소
③ 염소 ④ 수소

[해설] 산소의 특징
㉮ 상온, 상압에서 무색, 무취이며 물에는 약간 녹는다.
㉯ 공기 중에 약 21 vol % 함유하고 있다.
㉰ 강력한 조연성 가스이나 그 자신은 연소하지 않는다.
㉱ 액화산소 (액 비중 1.14)는 담청색을 나타낸다.
㉲ 화학적으로 활발한 원소로 모든 원소 (할로겐 원소, 백금, 금 등 제외)와 직접 화합하여 산화물을 만든다.
㉳ 산소 (O_2)는 기체, 액체, 고체의 경우 자장의 방향으로 자화하는 상자성을 가지고 있다.
㉴ 산소 또는 공기 중에서 무성방전을 행하면 오존 (O_3)이 된다.
㉵ 염소산칼륨 ($KClO_3$)에 이산화망간 (MnO_2)을 촉매로 하여 가열, 분리시킨다.
㉶ 과산화수소 (H_2O_2)에 이산화망간 (MnO_2)을 가한다.

59. 고압가스 용기의 재료에 사용되는 강의 성분 중 탄소, 인, 황의 함유량은 제한되어 있다. 이에 대한 설명으로 옳은 것은?
① 황은 적열취성의 원인이 된다.
② 인 (P)은 될수록 많은 것이 좋다.
③ 탄소량은 증가하면 인장강도와 충격치가 감소한다.
④ 탄소량이 많으면 인장강도는 감소하고 충격치는 증가한다.

[해설] 용기재료 중 성분원소의 영향
㉮ 탄소 (C) : 탄소함유량이 증가하면 인장강도, 항복점은 증가하고, 연신율, 충격치는 감소한다.
㉯ 인 (P) : 연신율이 감소하고 상온취성의 원인이 된다.
㉰ 황 (S) : 적열취성의 원인이 된다.

60. 나사식 압축기의 특징으로 틀린 것은?
① 용량 조절이 어렵다.
② 기초, 설치면적 등이 적다.
③ 기체에는 맥동이 적고 연속적으로 압축한다.
④ 토출 압력의 변화에 의한 용량 변화가 크다.

[해설] 나사 압축기(screw compressor)의 특징
㉮ 용적형이며 무급유식, 급유식이다.
㉯ 두 개의 암 (female), 수 (male) 치형을 가진 로터의 맞물림에 의하여 압축한다.
㉰ 흡입, 압축, 토출의 3행정을 가지고 있다.
㉱ 맥동이 없고 연속적으로 압축한다.
㉲ 용량 조정이 어렵고 (70~100 %), 효율이 떨어진다.
㉳ 소음방지 장치가 필요하다.
㉴ 고속회전이므로 형태가 작고, 경량이다.
㉵ 토출 압력 변화에 의한 용량 변화가 작다.

정답 58. ① 59. ① 60. ④

제 4 과목　가스안전관리

61. 가연성가스이면서 독성가스인 것은?
① 염소, 불소, 프로판
② 암모니아, 질소, 수소
③ 프로필렌, 오존, 아황산가스
④ 산화에틸렌, 염화메탄, 황화수소

해설 가연성가스이면서 독성가스인 것에는 아크릴로니트릴, 일산화탄소, 벤젠, 산화에틸렌, 모노메틸아민, 염화메탄, 브롬화메탄, 이황화탄소, 황화수소, 암모니아, 석탄가스, 시안화수소, 트리메틸아민 등이 있다.

62. 시안화수소에 대한 설명으로 옳은 것은?
① 가연성, 독성가스이다.
② 가스의 색깔은 연한 황색이다.
③ 공기보다 아주 무거워 아래쪽에 체류하기 쉽다.
④ 냄새가 없고, 인체에 대한 강한 마취 작용을 나타낸다.

해설 시안화수소(HCN)의 특징
　㉮ 독성가스(허용농도 : TLV-TWA 10 ppm)이며, 가연성가스(폭발범위 : 6~41%)이다.
　㉯ 액체는 무색, 투명하고 감, 복숭아 냄새가 난다.
　㉰ 액화가 용이하여(비점 : 25.7℃) 액화가스로 취급된다.
　㉱ 소량의 수분 존재 시 중합폭발을 일으킬 우려가 있다.
　㉲ 알칼리성 물질(암모니아, 소다)을 함유하면 중합이 촉진된다.
　㉳ 중합폭발을 방지하기 위하여 안정제를 사용한다(안정제 : 황산, 아황산가스, 동, 동망, 염화칼슘, 인산, 오산화인).
　㉴ 물에 잘 용해하고 약산성을 나타낸다.

63. 지중에 설치하는 강재배관의 전위 측정용 터미널(T/B)의 설치 기준으로 틀린 것은?

① 희생양극법은 300 m 이내 간격으로 설치한다.
② 직류전철 횡단부 주위에는 설치할 필요가 없다.
③ 지중에 매설되어 있는 배관절연부 양측에 설치한다.
④ 타 금속 구조물과 근접 교차부분에 설치한다.

해설 전위 측정용 터미널 설치장소
　㉮ 직류전철 횡단부 주위
　㉯ 지중에 매설되어 있는 배관절연부의 양측
　㉰ 강재보호관 부분의 배관과 강재보호관
　㉱ 타 금속 구조물과 근접 교차부분
　㉲ 도시가스 도매사업자시설의 밸브기지 및 정압기지
　㉳ 교량 및 횡단배관의 양단부

64. 공기보다 무거워 누출 시 체류하기 쉬운 가스가 아닌 것은?
① 산소　　　　② 염소
③ 암모니아　　④ 프로판

해설 각 가스의 분자량

명칭	분자량
산소 (O_2)	32
염소 (Cl_2)	71
암모니아 (NH_3)	17
프로판 (C_3H_8)	44

※ 분자량이 공기의 평균분자량 29보다 작은 가스가 공기보다 가벼운 가스에 해당된다.

65. 용기보관실에 고압가스 용기를 취급 또는 보관하는 때의 관리기준에 대한 설명 중 틀린 것은?
① 충전용기와 잔가스 용기는 각각 구분하여 용기보관 장소에 놓는다.
② 용기보관 장소의 주위 8 m 이내에는 화기 또는 인화성 물질이나 발화성 물질을 두

정답　61. ④　62. ①　63. ②　64. ③　65. ②

지 아니한다.
③ 충전용기는 항상 40℃ 이하의 온도를 유지하고 직사광선을 받지 않도록 조치한다.
④ 가연성가스 용기보관 장소에는 방폭형 휴대용 손전등 외의 등화를 휴대하고 들어가지 아니한다.

[해설] 용기보관 장소의 주위 2 m 이내에는 화기 또는 인화성 물질이나 발화성 물질을 두지 아니한다.

66. 액화석유가스 사용시설에 설치되는 조정압력 3.3 kPa 이하인 조정기의 안전장치 작동 정지압력의 기준은?
① 7 kPa
② 5.6 kPa~8.4 kPa
③ 5.04 kPa~8.4 kPa
④ 9.9 kPa

[해설] 조정압력 3.3 kPa 이하인 조정기의 안전장치 압력
 ㉮ 작동 표준압력 : 7 kPa
 ㉯ 작동 개시압력 : 5.6~8.4 kPa
 ㉰ 작동 정지압력 : 5.04~8.4 kPa

67. 염소의 특징에 대한 설명으로 틀린 것은?
① 가연성이다.
② 독성가스이다.
③ 상온에서 액화시킬 수 있다.
④ 수분과 반응하고 철을 부식시킨다.

[해설] 염소(Cl_2)의 성질
 ㉮ 비점이 -34.05℃로 쉽게 액화한다.
 ㉯ 상온에서 기체는 황록색, 자극성이 강한 독성가스이다 (허용농도 1 ppm).
 ㉰ 조연성(지연성) 가스이다.
 ㉱ 수분과 반응하여 염산(HCl)을 생성하고, 철을 심하게 부식시킨다.
 ㉲ 염소와 수소는 직사광선에 의하여 폭발한다 (염소폭명기).
 ㉳ 염소와 암모니아가 접촉할 때 염소 과잉의 경우는 대단히 강한 폭발성 물질인 삼염화질소(NCl_3)를 생성하여 사고 발생의 원인이 된다.
 ㉴ 염소는 120℃ 이상이 되면 철과 직접 반응하여 부식이 진행된다.

68. 고압가스 특정제조시설에서 안전구역 안의 고압가스설비의 외면으로부터 다른 안전구역 안에 있는 고압가스설비의 외면까지 유지하여야 할 거리의 기준은?
① 10 m 이상
② 20 m 이상
③ 30 m 이상
④ 50 m 이상

[해설] 안전구역 안의 고압가스설비(배관을 제외)의 외면으로부터 다른 안전구역 안에 있는 고압가스설비의 외면까지 유지하여야 할 거리는 30 m 이상으로 한다.

69. 고압가스를 차량에 적재·운반할 때 몇 km 이상의 거리를 운행하는 경우에 중간에 충분한 휴식을 취한 후 운행하여야 하는가?
① 100 km
② 200 km
③ 250 km
④ 400 km

[해설] 운행 중 조치사항 : 고압가스를 차량에 적재·운반할 때 200 km 이상의 거리를 운행하는 경우에는 중간에 충분한 휴식을 취하도록 하고 운행시킨다.

70. 가스 안전사고를 조사할 때 유의할 사항으로 적합하지 않은 것은?
① 재해조사는 발생 후 되도록 빨리 현장이 변경되지 않은 가운데 실시하는 것이 좋다.
② 재해에 관계가 있다고 생각되는 것은 물적, 인적인 것을 모두 수립, 조사한다.
③ 시설의 불안전한 상태나 작업자의 불안전한 행동에 대하여 유의하여 조사한다.
④ 재해조사에 참가하는 자는 항상 주관적인 입장을 유지하여 조사한다.

[해설] 재해조사에 참가하는 자는 항상 주관적인 입장보다는 객관적인 입장을 유지하여 조사한다.

정답 66. ③ 67. ① 68. ③ 69. ② 70. ④

71. 고압가스 저장탱크는 가스가 누출하지 아니하는 구조로 하고 가스를 저장하는 것에는 가스방출장치를 설치하여야 한다. 이때 가스저장능력이 몇 m³ 이상인 경우에 가스방출장치를 설치하여야 하는가?
① 5 ② 10 ③ 50 ④ 500

[해설] 저장탱크 및 가스홀더는 가스가 누출하지 아니하는 구조로 하고, 5 m³ 이상의 가스를 저장하는 것에는 가스방출장치를 설치한다.

72. 철근콘크리트제 방호벽의 설치기준에 대한 설명 중 틀린 것은?
① 일체로 된 철근콘크리트 기초로 한다.
② 기초의 높이는 350 mm 이상, 되메우기 깊이는 300 mm 이상으로 한다.
③ 기초의 두께는 방호벽 최하부 두께의 120 % 이상으로 한다.
④ 지름 8 mm 이상의 철근을 가로·세로 300 mm 이하의 간격으로 배근한다.

[해설] 지름 9 mm 이상의 철근을 가로·세로 400 mm 이하의 간격으로 배근하고 모서리 부분의 철근을 확실히 결속한 두께 120 mm 이상, 높이 2000 mm 이상으로 한다.

73. 저장설비 또는 가스설비의 수리 또는 청소 시 안전에 대한 설명으로 틀린 것은?
① 작업계획에 따라 해당 책임자의 감독하에 실시한다.
② 탱크 내부의 가스를 그 가스와 반응하지 아니하는 불활성가스 또는 불활성 액체로 치환한다.
③ 치환에 사용된 가스 또는 액체를 공기로 재치환하고 산소 농도가 22 % 이상으로 된 것이 확인될 때까지 작업한다.
④ 가스의 성질에 따라 사업자가 확립한 작업절차서에 따라 가스를 치환하되 불연성가스 설비에 대하여는 치환작업을 생략할 수 있다.

[해설] 공기로 재치환한 결과 산소의 농도가 18 %에서 22 %로 된 것이 확인될 때까지 공기로 반복하여 치환한다.

74. 지하에 설치하는 액화석유가스 저장탱크실 재료의 규격으로 옳은 것은?
① 설계강도 : 25 MPa 이상
② 물-시멘트비 : 25 % 이하
③ 슬럼프 (slump) : 50~150 mm
④ 굵은 골재의 최대 치수 : 25 mm

[해설] 저장탱크실 재료의 규격

항목	규격
굵은 골재의 최대치수	25 mm
설계강도	21 MPa 이상
슬럼프(slump)	120~150 mm
공기량	4 % 이하
물-시멘트비	50 % 이하
그 밖의 사항	KS F 4009 (레디믹스 콘크리트)에 의한 규정

[비고] 수밀콘크리트의 시공기준은 국토교통부가 제정한 "콘크리트표준 시방서"를 준용한다.

75. 가스 용품 중 배관용 밸브 제조 시 기술기준으로 옳지 않은 것은?
① 밸브의 O-링과 패킹은 마모 등 이상이 없는 것으로 한다.
② 볼밸브는 핸들 끝에서 294.2 N 이하의 힘을 가해서 90° 회전할 때 완전히 개폐하는 구조로 한다.
③ 개폐용 핸들 휠의 열림 방향은 시계바늘 방향으로 한다.
④ 볼밸브는 완전히 열렸을 때 핸들 방향과 유로 방향이 평행인 것으로 한다.

[해설] 개폐용 핸들 휠의 열림 방향은 시계반대 방향으로 한다.

[정답] 71. ① 72. ④ 73. ③ 74. ④ 75. ③

76. 물을 제독제로 사용하는 독성가스는?
① 염소, 포스겐, 황화수소
② 암모니아, 산화에틸렌, 염화메탄
③ 아황산가스, 시안화수소, 포스겐
④ 황화수소, 시안화수소, 염화메탄

해설 독성가스 제독제

가스 종류	제독제의 종류
염소	가성소다 수용액, 탄산소다 수용액, 소석회
포스겐	가성소다 수용액, 소석회
황화수소	가성소다 수용액, 탄산소다 수용액
시안화수소	가성소다 수용액
아황산가스	가성소다 수용액, 탄산소다 수용액, 물
암모니아, 산화에틸렌, 염화메탄	물

77. 저장탱크에 의한 LPG 사용시설에서 로딩암을 건축물 내부에 설치한 경우 환기구 면적의 합계는 바닥면적의 얼마 이상으로 하여야 하는가?
① 3 %   ② 6 %
③ 10 % ④ 20 %

해설 저장탱크에는 자동차에 고정된 탱크에서 가스를 이입할 수 있도록 건축물 외부에 로딩암을 설치할 수 있다. 다만, 로딩암을 건축물 내부에 설치하는 경우에는 건축물의 바닥면에 접하여 환기구를 2방향 이상 설치하고, 환기구 면적의 합계는 바닥면적의 6 % 이상으로 한다.

78. 고압가스설비에서 고압가스 배관의 상용압력이 0.6 MPa일 때 기밀시험압력의 기준은?
① 0.6 MPa 이상   ② 0.7 MPa 이상
③ 0.75 MPa 이상 ④ 1.0 MPa 이상

해설 고압가스설비 배관의 시험압력
㉮ 내압시험압력 : 상용압력의 1.5배(공기 등으로 하는 경우 상용압력의 1.25배) 이상
㉯ 기밀시험압력 : 상용압력 이상
∴ 기밀시험압력은 0.6 MPa 이상으로 한다.

79. 고압가스 충전설비 및 저장설비 중 전기설비를 방폭구조로 하지 않아도 되는 고압가스는?
① 암모니아   ② 수소
③ 아세틸렌   ④ 일산화탄소

해설 전기방폭설비 설치 : 위험장소 안에 있는 전기설비에는 그 전기설비가 누출된 가스의 점화원이 되는 것을 방지하기 위하여 가연성가스 (암모니아, 브롬화메탄 및 공기 중에서 자기발화하는 가스를 제외)의 제조설비 또는 저장설비 중 전기설비는 방폭성능을 갖도록 설치한다.

80. 고압가스 용기를 운반할 때 혼합적재를 금지하는 기준으로 틀린 것은?
① 염소와 아세틸렌은 동일차량에 적재하여 운반하지 않는다.
② 염소와 수소는 동일차량에 적재하여 운반하지 않는다.
③ 가연성가스와 산소를 동일차량에 적재하여 운반할 때에는 그 충전용기의 밸브가 서로 마주보지 않도록 적재한다.
④ 충전용기와 석유류는 동일차량에 적재할 때에는 완충판 등으로 조치하여 운반한다.

해설 혼합적재 금지 기준
㉮ 염소와 아세틸렌, 암모니아, 수소는 동일차량에 적재하여 운반하지 아니한다.
㉯ 가연성가스와 산소를 동일차량에 적재하여 운반하는 때에는 그 충전용기의 밸브가 서로 마주보지 아니하도록 적재한다.
㉰ 충전용기와 위험물 안전관리법에서 정하는 위험물과는 동일차량에 적재하여 운반하지 아니한다.
㉱ 독성가스 중 가연성가스와 조연성가스는 동일차량 적재함에 운반하지 아니한다.

정답 76. ② 77. ② 78. ① 79. ① 80. ④

제 5 과목   가스계측기기

81. 제베크(Seebeck) 효과의 원리를 이용한 온도계는?
① 열전대 온도계 ② 서미스터 온도계
③ 팽창식 온도계 ④ 광전관 온도계

[해설] 열전대 온도계 : 2종류의 금속선을 접속하여 하나의 회로를 만들어 2개의 접점에 온도차를 부여하면 회로에 접점의 온도에 거의 비례한 전류(열기전력)가 흐르는 현상인 제베크효과(Seebeck effect)를 이용한 것으로 열기전력은 전위차계를 이용하여 측정한다.

82. 추 무게가 공기와 액체 중에서 각각 5 N, 3 N이었다. 추가 밀어낸 액체의 체적이 1.3×10^{-4} m³일 때 액체의 비중은 약 얼마인가?
① 0.98 ② 1.24
③ 1.57 ④ 1.87

[해설] ㉮ SI단위인 N(뉴턴)을 공학단위(kgf)로 환산 : N단위를 중력가속도(g)로 나누면 공학단위로 환산된다.
㉯ 비중 계산
$$S = \frac{5-3}{1.3 \times 10^{-4} \times 1000 \times 9.8} = 1.569 \text{ kgf/L}$$

83. 다음 중 가스미터의 구비조건으로 적당하지 않은 것은?
① 기차의 변동이 클 것
② 소형이고 계량용량이 클 것
③ 가격이 싸고 내구력이 있을 것
④ 구조가 간단하고 감도가 예민할 것

[해설] 가스미터의 구비조건
㉮ 구조가 간단하고, 수리가 용이할 것
㉯ 감도가 예민하고 압력손실이 적을 것
㉰ 소형이며 계량용량이 클 것
㉱ 기차의 변동이 작고, 조정이 용이할 것
㉲ 내구성이 클 것

84. 방사선식 액면계의 종류가 아닌 것은?
① 조사식 ② 전극식
③ 가반식 ④ 투과식

[해설] 방사선 액면계 : 액면에 띄운 플로트(float)에 방사선원을 붙이고 탱크 천장 외부에 방사선 검출기를 설치하여 방사선의 세기와 변화를 이용한 것으로 조사식, 투과식, 가반식이 있다.
㉮ 방사선원으로 코발트(Co), 세슘(Cs)의 γ선을 이용한다.
㉯ 측정범위는 25 m 정도이고 측정범위를 크게 하기 위하여 2조 이상 사용한다.
㉰ 액체에 접촉하지 않고 측정할 수 있으며, 측정이 곤란한 장소에서도 측정이 가능하다.
㉱ 고온, 고압의 액체나 부식성 액체 탱크에 적합하다.
㉲ 설치비가 고가이고, 방사선으로 인한 인체에 해가 있다.

85. 유체의 압력 및 온도 변화에 영향이 적고, 소유량이며 정확한 유량제어가 가능하여 혼합가스 제조 등에 유용한 유량계는?
① roots meter
② 벤투리 유량계
③ 터빈식 유량계
④ mass flow controller

[해설] mass flow controller : 유량 측정 및 제어하는데 사용되는 장치의 유체 및 가스를 특정 영역에서 특정 유형을 제어하도록 조정하는 것으로 하나 이상의 유체나 가스를 제어할 수 있지만 높은 압력이 불안정 유량의 원인이 될 수 있다.

86. 전력, 전류, 전압, 주파수 등을 제어량으로 하며 이것을 일정하게 유지하는 것을 목적으로 하는 제어방식은?
① 자동조정 ② 서보기구
③ 추치제어 ④ 정치제어

정답 81. ① 82. ③ 83. ① 84. ② 85. ④ 86. ①

[해설] 제어량 종류에 따른 자동제어의 분류
㉮ 서보기구 : 물체의 위치, 방위, 자세 등의 기계적 변위를 제어량으로 하는 제어계로서 목표치의 임의의 변화에 항상 추종시키는 것을 목적으로 하는 제어이다.
㉯ 프로세스 제어 : 온도, 유량, 압력, 액위 등 공업 프로세스의 상태를 제어량으로 하며 프로세스에 가해지는 외란의 억제를 주목적으로 하는 제어이다.
㉰ 자동조정 : 전력, 전류, 전압, 주파수, 전동기의 회전수, 장력 등을 제어량으로 하며 이것을 일정하게 유지하는 것을 목적으로 하는 제어이다.
㉱ 다변수 제어 : 연료의 공급량, 공기의 공급량, 보일러 내의 압력, 급수량 등을 각각 자동으로 제어하면 발생 증기량을 부하변동에 따라 일정하게 유지시켜야 한다. 그러나 각 제어량 사이에는 매우 복잡한 자동제어를 일으키는 경우가 있는데 이러한 제어를 다변수 제어라 한다.

87. NOx 분석 시 약 590~2500 nm의 파장 영역에서 발광하는 광량을 이용하는 가스분석 방식은?
① 화학 발광법
② 세라믹식 분석
③ 수소이온화 분석
④ 비분산 적외선 분석

[해설] 화학 발광법 : NO와 오존(O_3)과의 반응에 의해 이산화질소(NO_2)가 생성될 때에 생기는 화학 발광의 강도가 NO 농도와 비례 관계에 있다는 것을 이용해서 약 590~2500 nm의 파장 영역에서 발광하는 광량을 측정해 시료 가스 속의 NO 농도를 분석한다.

88. 다음 가스미터 중 추량식(간접식)이 아닌 것은?
① 벤투리식   ② 오리피스식
③ 막식   ④ 터빈식

[해설] 가스미터의 분류
(1) 실측식(직접식)

㉮ 건식 : 막식형(독립내기식, 클로버식)
㉯ 회전식 : 루츠형, 오벌식, 로터리피스톤식
㉰ 습식
(2) 추량식(간접식) : 델타식(볼텍스식), 터빈식, 오리피스식, 벤투리식

89. 열전도도검출기의 측정 시 주의사항으로 옳지 않은 것은?
① 운반기체 흐름속도에 민감하므로 흐름속도를 일정하게 유지한다.
② 필라멘트에 전류를 공급하기 전에 일정량의 운반기체를 먼저 흘려보낸다.
③ 감도를 위해 필라멘트와 검출실 내벽온도를 적정하게 유지한다.
④ 운반기체의 흐름속도가 클수록 감도가 증가하므로, 높은 흐름속도를 유지한다.

[해설] 운반기체의 흐름속도를 일정하게 유지하여야 한다.

90. 측정량이 시간에 따라 변동하고 있을 때 계기의 지시값은 그 변동에 따를 수 없는 것이 일반적이며 시간적으로 처짐과 오차가 생기는데 이 측정량의 변동에 대하여 계측기의 지시가 어떻게 변하는지 대응관계를 나타내는 계측기의 특성을 의미하는 것은?
① 정특성   ② 동특성
③ 계기특성   ④ 고유특성

[해설] 계측기의 특성
㉮ 정특성 : 측정량이 시간적인 변화가 없을 때 측정량의 크기와 계측기의 지시와의 대응관계를 의미한다.
㉯ 동특성 : 측정량이 시간에 따라 변동하고 있을 때 계기의 지시값은 그 변동에 따를 수 없는 것이 일반적이며 시간적으로 처짐과 오차가 생기는데 이 측정량의 변동에 대하여 계측기의 지시가 어떻게 변하는지 대응관계를 나타내는 것이다.

91. 압력 5 kgf/cm² · abs, 온도 40℃인 산

정답 87. ① 88. ③ 89. ④ 90. ② 91. ③

소의 밀도는 약 몇 kg/m³인가?

① 2.03   ② 4.03
③ 6.03   ④ 8.03

해설 $PV = GRT$에서

$$\therefore \rho = \frac{G}{V} = \frac{P}{RT}$$

$$= \frac{5 \times 10^4}{\frac{848}{32} \times (273 + 40)}$$

$$= 6.028 \text{ kg/m}^3$$

92. KI-전분지의 검지가스와 변색반응 색깔이 바르게 연결된 것은?

① 할로겐 – [청~갈색]
② 아세틸렌 – [적갈색]
③ 일산화탄소 – [청~갈색]
④ 시안화수소 – [적갈색]

해설 가스검지 시험지법

검지가스	시험지	반응(변색)
암모니아 (NH₃)	적색 리트머스지	청색
염소 (Cl₂)	KI-전분지	청갈색
포스겐 (COCl₂)	해리슨시험지	유자색
시안화수소 (HCN)	초산벤젠지	청색
일산화탄소 (CO)	염화팔라듐지	흑색
황화수소 (H₂S)	연당지	회흑색
아세틸렌 (C₂H₂)	염화제1구리착염지	적갈색

93. 습식 가스미터기는 주로 표준계량에 이용된다. 이 계량기는 어떤 type의 계측기기인가?

① drum type   ② orifice type
③ oval type   ④ venturi type

해설 습식 가스미터 : 고정된 원통 안에 4개로 구성된 내부 드럼이 있고, 입구에서 반은 물에 잠겨 있는 내부 드럼으로 가스가 들어가 압력으로 내부 드럼을 밀어올려 1회전하는 동안 통과한 가스체적을 환산한다.

94. 다음 중 계측기와 그 구성을 연결한 것으로 틀린 것은?

① 부르동관 : 압력계
② 플로트(浮子) : 온도계
③ 열선 소자 : 가스검지기
④ 운반가스(carrier gas) : 가스분석기

해설 플로트(浮子)는 액면계에 이용한다.

95. 온도 0℃에서 저항이 40Ω인 니켈저항체로서 100℃에서 측정하면 저항값은 얼마인가? (단, Ni의 온도계수는 0.0067deg⁻¹이다.)

① 56.8 Ω   ② 66.8 Ω
③ 78.0 Ω   ④ 83.5 Ω

해설 $R = R_0(1 + \alpha t)$
    $= 40 \times (1 + 0.0067 \times 100) = 66.8 \text{ Ω}$

96. 기체-크로마토그래피의 충전컬럼 내의 충전물, 즉 고체지지체로서 일반적으로 사용되는 재질은?

① 실리카겔   ② 활성탄
③ 알루미나   ④ 규조토

해설 담체(support) : 시료 및 고정상 액체에 대하여 불활성인 것으로 규조토, 내화벽돌, 유리, 석영, 합성수지 등을 사용하며, 각 분석방법에서 전처리를 규정한 경우에는 산 처리, 알칼리 처리, 실란 처리 등을 한 것을 사용한다.

97. 일반적인 액면 측정방법이 아닌 것은?

① 압력식   ② 정전용량식
③ 박막식   ④ 부자식

해설 액면계의 구분
  ㉮ 직접식: 직관식, 플로트식(부자식), 검척식
  ㉯ 간접식: 압력식, 초음파식, 저항전극식, 정전용량식, 방사선식, 차압식, 다이어프램식, 편위식, 기포식, 슬립 튜브식 등

98. 경사각이 30°인 다음 그림과 같은 경사관

정답 92. ①   93. ①   94. ②   95. ②   96. ④   97. ③   98. ③

식 압력계에서 차압은 약 얼마인가?

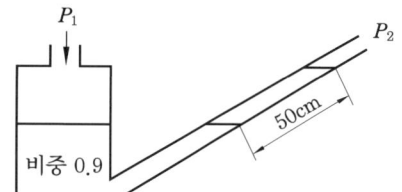

① 0.225 kg/m² ② 225 kg/cm²
③ 2.21 kPa   ④ 221 Pa

[해설] ㉮ 차압 계산
$$\therefore P_1 - P_2 = \gamma x \sin\theta$$
$$= 0.9 \times 10^3 \times 0.5 \times \sin 30 = 225 \text{ kgf/m}^2$$
㉯ 공학단위에서 SI단위로 환산
$$\therefore 225 \times 9.8 \times 10^{-3} = 2.205 \text{ kPa}$$

99. 오르사트 가스분석 장치에서 사용되는 흡수제와 흡수가스의 연결이 바르게 된 것은?
① CO 흡수액 – 30 % KOH 수용액
② O_2 흡수액 – 알칼리성 피로갈롤 용액
③ CO 흡수액 – 알칼리성 피로갈롤 용액
④ CO_2 흡수액 – 암모니아성 염화제일구리 용액

[해설] 오르사트식 분석 순서 및 흡수제
㉮ CO_2 : 수산화칼륨 (KOH) 30 % 수용액
㉯ O_2 : 알칼리성 피로갈롤 용액
㉰ CO : 암모니아성 염화제1구리($CuCl_2$) 용액
㉱ N_2 : 전부 흡수되고 남는 것을 질소로 계산한다.

100. 게겔(Gockel)법을 이용하여 가스를 흡수 분리할 때 33 % KOH로 분리되는 가스는?
① 이산화탄소   ② 에틸렌
③ 아세틸렌   ④ 일산화탄소

[해설] 게겔(Gockel)법의 분석 순서 및 흡수제
㉮ CO_2 : 33 % KOH 수용액
㉯ 아세틸렌 : 요오드수은 칼륨 용액
㉰ 프로필렌, n-C_4H_8 : 87 % H_2SO_4
㉱ 에틸렌 : 취화수소 수용액
㉲ O_2 : 알칼리성 피로갈롤 용액
㉳ CO : 암모니아성 염화제1구리 용액

▶ 2016년 8월 21일 시행

자격종목	종목코드	시험시간	형별	수험번호	성 명
가스 기사	1471	2시간 30분	A		

제1과목 가스유체역학

1. 지름 8 cm인 원관 속을 동점성계수가 1.5×10^{-6} m²/s인 물이 0.002 m³/s의 유량으로 흐르고 있다. 이 때 레이놀즈수는 약 얼마인가?

① 20000　② 21221
③ 21731　④ 22333

해설 $Re = \dfrac{4Q}{\pi D \nu}$

$= \dfrac{4 \times 0.002}{\pi \times 0.08 \times 1.5 \times 10^{-6}}$

$= 21220.65$

2. 압축성 유체흐름에 대한 설명으로 가장 거리가 먼 것은?

① Mach 수는 유체의 속도와 음속의 비로 정의된다.
② 단면이 일정한 배관에서 단열마찰흐름은 가역적이다.
③ 단면이 일정한 배관에서 등온마찰흐름은 비단열적이다.
④ 초음속 유동일 때 확대 배관에서 속도는 점점 증가한다.

해설 단면이 일정한 배관에서 단열마찰흐름은 비가역적이다.

3. 밀도의 차원을 MLT계로 옳게 표시한 것은?

① ML^{-3}　② ML^{-2}
③ MLT^{-2}　④ MLT^{-1}

해설 밀도의 단위 및 차원

구분	단위	차원
절대단위	kg/m³	ML^{-3}
공학단위	kgf·s²/m⁴	$FL^{-4}T^2$

4. 다음 단위 간의 관계가 옳은 것은?

① 1 N = 9.8 kg·m/s²
② 1 J = 9.8 kg·m²/s²
③ 1 W = 1 kg·m²/s³
④ 1 Pa = 10⁵ kg/m·s²

해설 각 물리량의 SI단위 관계

물리량	단위 및 관계
힘	1 N = 1 kg·m/s²
압력	1 Pa = 1 N/m² = 1 kg/m·s²
열량, 일	1 J = 1 N·m = 1 kg·m²/s²
동력	1 W = 1 J/s = 1 N·m/s = 1 kg·m²/s³

5. Newton 유체를 가장 옳게 설명한 것은?

① 비압축성 유체로써 속도구배가 항상 일정한 유체
② 전단응력이 속도구배에 비례하는 유체
③ 유체가 정지 상태에서 항복응력을 갖는 유체
④ 전단응력이 속도구배에 관계없이 항상 일정한 유체

해설 뉴턴 유체와 비뉴턴 유체
㉮ 뉴턴(Newton) 유체 : 뉴턴의 점성법칙을 만족하는 것으로 유체 유동 시 속도구배가 마찰 전단응력에 직접 비례하는 유체이다. 물, 공기, 알코올 등이 해당된다.

정답　1. ②　2. ②　3. ①　4. ③　5. ②

㉯ 비뉴턴(non-Newton) 유체 : 뉴턴의 점성 법칙을 충족시키지 않는 끈기가 있는 것으로 플라스틱, 타르, 페인트, 치약, 진흙 등이 해당된다.

6. 상부가 개방된 탱크의 수위가 4 m를 유지하고 있다. 이 탱크 바닥에 지름 1 cm의 구멍이 났을 경우 이 구멍을 통하여 유출되는 유속은?
① 7.85 m/s   ② 8.85 m/s
③ 9.85 m/s   ④ 10.85 m/s

[해설] $V = \sqrt{2g \cdot h}$
$= \sqrt{2 \times 9.8 \times 4} = 8.854$ m/s

7. 비압축성 유체가 매끈한 원형관에서 난류로 흐르며 Blasius 실험식과 잘 일치한다면 마찰계수와 레이놀즈수의 관계는?
① 마찰계수는 레이놀즈수에 비례한다.
② 마찰계수는 레이놀즈수에 반비례한다.
③ 마찰계수는 레이놀즈수의 $\dfrac{1}{4}$ 승에 비례한다.
④ 마찰계수는 레이놀즈수의 $\dfrac{1}{4}$ 승에 반비례한다.

[해설] 마찰계수(f)와 레이놀즈수의 관계
㉮ 층류흐름 : $f = \dfrac{64}{Re}$
㉯ 난류흐름 : $f = 0.3164 Re^{-\frac{1}{4}}$
→ 블라시우스(Blasius)의 실험식으로 적용 범위가 $3000 < Re < 10^5$이다.

8. 수면 차이가 20 m인 매우 큰 두 저수지 사이에 분당 60 m³으로 펌프가 물을 아래에서 위로 이송하고 있다. 이 때 전체 손실수두는 5 m이다. 펌프의 효율이 0.9일 때 펌프에 공급해 주어야 하는 동력은 얼마인가?
① 163.3 kW   ② 220.5 kW
③ 245.0 kW   ④ 272.2 kW

[해설] $kW = \dfrac{\gamma \cdot Q \cdot H}{102 \eta}$
$= \dfrac{1000 \times 60 \times (20+5)}{102 \times 0.9 \times 60}$
$= 272.331$ kW

9. 매끈한 직원관 속을 액체 흐름이 층류이고 관내에서 최대속도가 4.2 m/s로 흐를 때 평균속도는 약 몇 m/s인가?
① 4.2   ② 3.5   ③ 2.1   ④ 1.75

[해설] 수평 원관 속을 층류로 흐를 때 평균속도(V_{avg})는 관 중심에서의 최대속도(V_{max})의 $\dfrac{1}{2}$에 해당한다.
∴ $V_{avg} = \dfrac{1}{2} V_{max} = \dfrac{1}{2} \times 4.2 = 2.1$ m/s

10. 원심 송풍기에 속하지 않는 것은?
① 다익 송풍기   ② 레이디얼 송풍기
③ 터보 송풍기   ④ 프로펠러 송풍기

[해설] 원심식 송풍기의 종류
㉮ 터보형 : 후향 날개를 16~24개 정도 설치한 형식으로 익형(airfoil), 터보형 블로어(turbo blower) 등이 있다.
㉯ 다익형 : 전향 날개를 많이 설치한 형식으로 시로코(sirocco)형이 있다.
㉰ 레이디얼형 : 방사형 날개를 6~12개 정도 설치한 형식으로 플레이트 팬(plate fan)이 있다.
※ 프로펠러 송풍기는 축류식에 해당된다.

11. 비중이 0.887인 원유가 관의 단면적이 0.0022 m²인 관에서 체적 유량이 10.0 m³/h일 때 관의 단위 면적당 질량유량(kg/m²·s)은 얼마인가?
① 1120   ② 1220   ③ 1320   ④ 1420

[해설] ㉮ 원유의 비중을 이용하여 공학단위 밀도 계산
∴ $\rho = \dfrac{\gamma}{g} = \dfrac{0.887 \times 10^3}{9.8}$
$= 90.5102$ kgf·s²/m⁴

정답 6. ② 7. ④ 8. ④ 9. ③ 10. ④ 11. ①

㉯ 원유의 공학단위 밀도를 절대단위 밀도로 계산
∴ ρ = 공학단위 밀도 × g
   = 90.5102 × 9.8 = 886.99996
   ≒ 887 kg/m³

㉰ 단위 면적당 질량유량 계산 : 질량유량이 관의 단위 면적당 유량(kg/m²·s)이므로 초당 질량유량을 관의 단면적 0.0022로 나눠줘야 한다.
∴ $m = \dfrac{\rho \times Q}{A} = \dfrac{887 \times 10.0}{0.0022 \times 3600}$
   = 1119.949 kg/m²·s

12. 펌프를 사용하여 지름이 일정한 관을 통하여 물을 이송하고 있다. 출구는 입구보다 3 m 위에 있고 입구압력은 1 kgf/cm², 출구압력은 1.75 kgf/cm²이다. 펌프수두가 15 m일 때 마찰에 의한 손실수두는?
① 1.5 m   ② 2.5 m
③ 3.5 m   ④ 4.5 m

해설 ㉮ 입구압력 및 출구압력에 대한 수두 계산
$h[m] = \dfrac{P[kgf/m^2]}{\gamma[kgf/m^3]}$ 에서

입구압력 수두 = $\dfrac{1 \times 10^4}{1000}$ = 10 m

출구압력 수두 = $\dfrac{1.75 \times 10^4}{1000}$ = 17.5 m

㉯ 마찰에 의한 손실수두 계산
∴ 손실수두 = 출구 수두 − 입구 수두 − 높이차
   = 17.5 − 10 − 3 = 4.5 m

13. 다음 중 점성(viscosity)과 관련성이 가장 먼 것은?
① 전단응력   ② 점성계수
③ 비중   ④ 속도구배

해설 뉴턴의 점성법칙 $\tau = \mu \dfrac{du}{dy}$ 에서 $\mu = \dfrac{\tau}{\dfrac{du}{dy}}$

이다. 그러므로 점성과 관련이 있는 것은 전단응력(τ), 속도구배$\left(\dfrac{du}{dy}\right)$, 점성계수($\mu$)이다.

14. 압축성 이상유체(compressible ideal gas)의 운동을 지배하는 기본 방정식이 아닌 것은?
① 에너지방정식   ② 연속방정식
③ 차원방정식   ④ 운동량방정식

해설 압축성 이상유체의 기본 방정식 : 연속방정식, 에너지방정식, 운동량방정식

15. 단면적이 변하는 관로를 비압축성 유체가 흐르고 있다. 지름이 15 cm인 단면에서의 평균속도가 4 m/s이면 지름이 20 cm인 단면에서의 평균속도는 몇 m/s인가?
① 1.05   ② 1.25
③ 2.05   ④ 2.25

해설 $Q_1 = Q_2$이므로 $A_1 V_1 = A_2 V_2$이다.
∴ $V_2 = \dfrac{A_1}{A_2} V_1 = \dfrac{\dfrac{\pi}{4} \times 0.15^2}{\dfrac{\pi}{4} \times 0.2^2} \times 4$
   = 2.25 m/s

16. 운동 부분과 고정 부분이 밀착되어 있어서 배출공간에서부터 흡입공간으로의 역류가 최소화되며, 경질 윤활유와 같은 유체수송에 적합하고 배출압력을 200 atm 이상 얻을 수 있는 펌프는?
① 왕복펌프   ② 회전펌프
③ 원심펌프   ④ 격막펌프

해설 회전펌프 : 원심펌프와 모양이 비슷하지만 액체를 이송하는 원리가 완전히 다른 것으로 펌프 본체 속의 회전자의 회전에 의해 생기는 원심력을 이용하여 유체를 이송한다. 종류에는 기어펌프, 베인펌프, 나사펌프가 있다.

17. 20 kgf의 저항력을 받는 평판을 2 m/s로 이동할 때 필요한 동력은?
① 0.25 PS   ② 0.36 PS
③ 0.53 PS   ④ 0.63 PS

정답 12. ④ 13. ③ 14. ③ 15. ④ 16. ② 17. ③

[해설] 동력의 의미는 단위 시간당 한 일의 비율이고, 1 PS = 75 kgf · m/s에 해당된다.

$$\therefore PS = \frac{F[\text{kgf}] \times V[\text{m/s}]}{75[\text{kgf} \cdot \text{m/s}]} = \frac{20 \times 2}{75} = 0.533 \text{ PS}$$

18. 비압축성 유체가 흐르는 유로가 축소될 때 일어나는 현상 중 틀린 것은?
① 압력이 감소한다.
② 유량이 감소한다.
③ 유속이 증가한다.
④ 질량 유량은 변화가 없다.
[해설] 연속의 법칙에 의하여 유량의 변화는 없다.

19. 이상기체에서 소리의 전파속도(음속) a는 다음 중 어느 값에 비례하는가?
① 절대온도의 제곱근
② 압력의 세제곱
③ 밀도
④ 부피의 세제곱
[해설] 음속 (C)은 절대온도 (T)의 평방근(제곱근)에 비례한다.
$$\therefore C = \sqrt{k \cdot g \cdot R \cdot T}$$

20. 이상기체에서 정적비열의 정의로 옳은 것은 어느 것인가?
① $\left(\frac{\partial u}{\partial T}\right)_p$ ② KC_p
③ $\left(\frac{\partial T}{\partial u}\right)_v$ ④ $\left(\frac{\partial u}{\partial T}\right)_v$

[해설] ㉮ 정적비열(C_v) : 체적이 일정한 상태에서의 비열
$$\therefore C_v = \left(\frac{\partial u}{\partial T}\right)_v = \left(\frac{\partial q}{\partial T}\right)_v = \left(\frac{\partial s}{\partial T}\right)_v \cdot T$$

㉯ 정압비열(C_p) : 압력이 일정한 상태에서의 비열
$$\therefore C_p = \left(\frac{\partial h}{\partial T}\right)_P = \left(\frac{\partial q}{\partial T}\right)_P = \left(\frac{\partial s}{\partial T}\right)_P \cdot T$$

제 2 과목 연소공학

21. 발열량이 24000 kcal/m³인 LPG 1 m³에 공기 3 m³을 혼합하여 희석하였을 때 혼합기체 1 m³ 당 발열량은 몇 kcal인가?
① 5000 ② 6000 ③ 8000 ④ 16000

[해설] $Q_2 = \frac{Q_1}{1+x} = \frac{24000}{1+3} = 6000 \text{ kcal/m}^3$

22. 125℃, 10 atm에서 압축계수(Z)가 0.96일 때 NH_3(g) 35 kg의 부피는 약 몇 m³인가? (단, N의 원자량 14, H의 원자량은 1이다.)
① 2.81 ② 4.28 ③ 6.45 ④ 8.54

[해설] $PV = Z\frac{W}{M}RT$ 에서

$$V = \frac{ZWRT}{PM}$$
$$= \frac{0.96 \times 35 \times 1000 \times 0.082 \times (273+125)}{10 \times 17 \times 1000}$$
$$= 6.45 \text{ m}^3$$

23. 온도에 따른 화학반응의 평형상수를 옳게 설명한 것은?
① 온도가 상승해도 일정하다.
② 온도가 하강하면 발열반응에서는 감소한다.
③ 온도가 상승하면 흡열반응에서는 감소한다.
④ 온도가 상승하면 발열반응에서는 감소한다.

24. 불활성화(inerting)가스로 사용할 수 없는 가스는?
① 수소   ② 질소
③ 이산화탄소 ④ 수증기

[해설] 불활성화(inerting : 퍼지작업) : 가연성 혼합가스에 불활성가스(아르곤, 질소 등) 등을 주

정답 18. ② 19. ① 20. ④ 21. ② 22. ③ 23. ④ 24. ①

입하여 산소의 농도를 최소산소농도(MOC) 이하로 낮추는 작업이다. 그러므로 가연성가스인 수소는 사용할 수 없다.

25. 연소에 대한 설명 중 옳지 않은 것은?
① 연료가 한번 착화하면 고온으로 되어 빠른 속도로 연소한다.
② 환원반응이란 공기의 과잉 상태에서 생기는 것으로 이때의 화염을 환원염이라 한다.
③ 고체, 액체 연료는 고온의 가스분위기 중에서 먼저 가스화가 일어난다.
④ 연소에 있어서는 산화반응뿐만 아니라 열분해반응도 일어난다.
해설 연소란 가연성 물질이 공기 중의 산소와 반응하여 빛과 열을 발생하는 화학반응을 말한다.
 ※ 환원염: 수소(H_2)나 불완전 연소에 의한 일산화탄소(CO)를 함유한 것으로 청록색으로 빛나는 화염

26. 연료가 구비해야 될 조건에 해당되지 않는 것은?
① 발열량이 높을 것
② 조달이 용이하고 자원이 풍부할 것
③ 연소 시 유해가스를 발생하지 않을 것
④ 성분 중 이성질체가 많이 포함되어 있을 것
해설 이성질체는 이소-부탄(iso-C_4H_{10})과 노르말-부탄(n-C_4H_{10})과 같이 분자식은 같으나 구조식과 성질이 다른 것으로 연료에는 이성질체가 없는 것이 좋다.

27. 가스터빈 장치의 이상 사이클을 Brayton 사이클이라고도 한다. 이 사이클의 효율을 증대시킬 수 있는 방법이 아닌 것은?
① 터빈에 다단팽창을 이용한다.
② 기관에 부딪치는 공기가 운동에너지를 갖게 하므로 압력을 확산기에서 증가시킨다.
③ 터빈을 나가는 연소 기체류와 압축기를 나가는 공기류 사이에 열교환기를 설치한다.
④ 공기를 압축하는데 필요한 일은 압축과정을 몇 단계로 나누고, 각 단 사이에 중간 냉각기를 설치한다.
해설 ㉮ 브레이턴(Brayton) 사이클: 2개의 단열과정과 2개의 정압과정으로 이루어진 가스터빈의 이상 사이클이다.
 ㉯ 이론 열효율: 브레이턴 사이클의 열효율은 압력비(ϕ)만의 함수이다.
$$\eta = 1 - \frac{Q_{out}}{Q_{in}} = 1 - \frac{T_D - T_A}{T_C - T_B} = 1 - \left(\frac{1}{\phi}\right)^{\frac{k-1}{k}}$$

28. 최소산소농도(MOC)와 이너팅(inerting)에 대한 설명으로 틀린 것은?
① LFL(연소하한계)은 공기 중의 산소량을 기준으로 한다.
② 화염을 전파하기 위해서는 최소한의 산소농도가 요구된다.
③ 폭발 및 화재는 연료의 농도에 관계없이 산소의 농도를 감소시킴으로써 방지할 수 있다.
④ MOC값은 연소반응식 중 산소의 양론계수와 LFL(연소하한계)의 곱을 이용하여 추산할 수 있다.
해설 LFL(연소하한계)은 가연성가스의 화학양론 농도로부터 추산할 수 있다.
 ㉮ 화학양론 농도(x_0) 계산
$$\therefore x_0 = \frac{0.21}{0.21 + n} \times 100$$
 ㉯ 폭발하한값(LFL: x_1) 계산
$$\therefore x_1 = 0.55 x_0$$

29. 공기 중에 압력을 증가시키면 일정 압력까지는 폭발범위가 좁아지다가 고압으로 올라가면 반대로 넓어지는 가스는?
① 수소　　　　② 일산화탄소
③ 메탄　　　　④ 에틸렌

정답　25. ②　26. ④　27. ②　28. ①　29. ①

해설 가연성가스는 일반적으로 압력이 증가하면 폭발범위는 넓어지나 일산화탄소(CO)와 수소(H_2)는 압력이 증가하면 폭발범위는 좁아진다. 단, 수소는 압력이 10 atm 이상되면 폭발범위가 다시 넓어진다.

30. fireball에 의한 피해로 가장 거리가 먼 것은?
① 공기팽창에 의한 피해
② 탱크파열에 의한 피해
③ 폭풍압에 의한 피해
④ 복사열에 의한 피해

해설 파이어볼(fireball) : 가연성 액화가스가 누출되었을 경우 다량으로 기화되어 공기와 혼합되어 있을 때 커다란 구형의 불꽃을 만들며 갑자기 연소되는 현상으로 폭발압에 의한 피해(공기팽창, 폭풍압 등)에 복사열에 의한 피해가 가중된다.

31. 자연발화온도(AIT)는 외부에서 착화원을 부여하지 않고 증기가 주위의 에너지로부터 자발적으로 발화하는 최저온도이다. 다음 설명 중 틀린 것은?
① 부피가 클수록 AIT는 낮아진다.
② 산소농도가 클수록 AIT는 낮아진다.
③ 계의 압력이 높을수록 AIT는 낮아진다.
④ 포화탄화수소 중 iso-화합물이 n-화합물보다 AIT가 낮다.

해설 포화탄화수소 중 iso-화합물이 n-화합물보다 AIT가 높다.

32. 등엔트로피 과정은 다음 중 어느 것인가?
① 가역 단열과정
② 비가역 단열과정
③ Polytropic 과정
④ Joule-Thomson 과정

해설 가역 단열과정에서 엔트로피는 변화가 없어 등엔트로피 과정이라 한다.

33. 다음 중 폭발방호(Explosion Protection)의 대책이 아닌 것은?
① venting
② suppression
③ containment
④ adiabatic compression

해설 폭발 방호대책 : 폭발의 발생을 예방할 수 없었을 때 폭발의 피해를 최소화하는 것으로 인명 및 재산 피해의 경감을 시도해야 한다.
㉮ 봉쇄 : containment
㉯ 차단 : isolation
㉰ 폭발 억제 : explosion suppression
㉱ 폭발 배출 : explosion venting
※ adiabatic compression : 단열압축

34. 어떤 과학자가 대기압 하에서 물의 어는점과 끓는점 사이에서 운전할 때 열효율이 28.6 %인 열기관을 만들었다고 발표하였다. 다음 설명 중 옳은 것은?
① 근거가 확실한 말이다.
② 경우에 따라 있을 수 있다.
③ 근거가 있다 없다 말할 수 없다.
④ 이론적으로 있을 수 없는 말이다.

해설 열기관 효율 계산 : 물의 어는점은 0℃, 끓는점은 100℃이다.
$$\eta = \frac{T_1 - T_2}{T_1} \times 100$$
$$= \frac{(273+100)-(273+0)}{273+100} \times 100$$
$$= 26.809 \%$$
∴ 열기관을 실제로 운전할 때 손실이 있으므로 이론적 열효율보다 높은 효율이 발생될 수 없다.

35. 1 kg의 공기가 127℃에서 열량 300 kcal를 얻어 등온 팽창한다고 할 때, 엔트로피의 변화량(kcal/kg·K)은?
① 0.493
② 0.582
③ 0.651
④ 0.750

정답 30. ② 31. ④ 32. ① 33. ④ 34. ④ 35. ④

[해설] $\Delta s = \dfrac{dQ}{T} = \dfrac{300}{273+127}$
$= 0.750 \text{ kcal/kg} \cdot \text{K}$

36. 수소(H_2)가 완전 연소할 때의 고위발열량(H_h)과 저위발열량(H_L)의 차이는 약 몇 kJ/kmol인가? (단, 물의 증발열은 273 K, 포화상태에서 2501.6 kJ/kg이다.)
① 40240　　② 42410
③ 44320　　④ 45070

[해설] 고위발열량과 저위발열량의 차이는 수소(H) 성분에 의한 것이고, 수소 1 kmol이 완전 연소하면 H_2O (g) 18 kg이 생성되며, 여기에 물의 증발잠열 2501.6 kJ/kg에 해당하는 열량이 차이가 된다.

$H_2 + \dfrac{1}{2}O_2 \rightarrow H_2O$

$\therefore$ 18 kg/kmol × 2501.6 kJ/kg
$= 45028.8$ kJ/kmol

37. 기체연료의 연소에서 화염 전파의 속도에 영향을 가장 적게 주는 요인은?
① 압력
② 온도
③ 가스의 점도
④ 가연성가스와 공기와의 혼합비

[해설] 화염전파속도(연소속도)에 영향을 주는 인자
㉮ 기체의 확산 및 산소(공기)와의 혼합
㉯ 연소용 공기 중 산소의 농도
㉰ 연소 반응물질 주위의 압력
㉱ 온도
㉲ 촉매

38. 연소 시 발생하는 분진을 제거하는 장치가 아닌 것은?
① 백 필터　　② 사이클론
③ 스크린　　④ 스크러버

[해설] 물의 사용 여부에 의한 집진장치의 분류
(1) 건식 집진장치
　㉮ 중력식 : 중력 침강식, 다단 침강식
　㉯ 관성력식 : 충돌식, 반전식
　㉰ 원심력식 : 사이클론식, 멀티크론식, 접선유입식, 축류식
　㉱ 여과집진장치 : 백필터
　㉲ 전기식 집진장치
(2) 습식 집진장치 : 세정식
　㉮ 유수식 : S형, 임펠러형, 회전형, 분수형 및 나선 가이드베인형
　㉯ 가압수식 : 벤투리 스크러버, 제트 스크러버, 사이클론 스크러버, 충전탑
　㉰ 회전식 : 타이젠 와셔, 충격식 스크러버

39. C_3H_8을 공기와 혼합하여 완전연소시킬 때 혼합기체 중 C_3H_8의 최대농도는 약 얼마인가? (단, 공기 중 산소는 20.9 %이다.)
① 3 vol%　　② 4 vol%
③ 5 vol%　　④ 6 vol%

[해설] ㉮ 프로판(C_3H_8)의 완전연소 반응식
　$C_3H_8 + 5O_2 \rightarrow 3CO_2 + 4H_2O$
㉯ 혼합기체(프로판+공기) 중 프로판 농도 계산

$\therefore$ 프로판의 농도 (%) = $\dfrac{\text{프로판의 양}}{\text{혼합가스의 양}} \times 100$

$= \dfrac{\text{프로판의 양}}{\text{프로판의 양} + \text{공기량}} \times 100$

$= \dfrac{22.4}{22.4 + \left(\dfrac{5 \times 22.4}{0.209}\right)} \times 100 = 4.012$ vol%

40. 고압, 비반응성 기체가 들어 있는 용기의 파열에 의한 폭발은 다음 중 어떠한 폭발인가?
① 기계적 폭발　　② 화학적 폭발
③ 분진폭발　　④ 개방계 폭발

[해설] 기계적 폭발 : 고압, 비반응성 기체가 들어 있는 용기의 파열에 의하여 발생하는 폭발이다.

제 3 과목　가스설비

41. 다음 중 이상기체에 가장 가까운 기체는?

① 고온, 고압의 기체 ② 고온, 저압의 기체
③ 저온, 고압의 기체 ④ 저온, 저압의 기체

[해설] 실제기체가 이상기체에 가까워 질 수 있는 조건은 높은 온도(고온), 낮은 압력(저압)이다.

42. 다음 중 LNG 냉열 이용에 대한 설명으로 틀린 것은?
① LNG를 기화시킬 때 발생하는 한랭을 이용하는 것이다.
② LNG 냉열로 전기를 생산하는 발전에 이용할 수 있다.
③ LNG는 온도가 낮을수록 냉열 이용량은 증가한다.
④ 국내에서는 LNG 냉열을 이용하기 위한 타당성 조사가 활발하게 진행 중이며 실제 적용한 실적은 아직 없다.

43. 원유, 중유, 나프타 등 분자량이 큰 탄화수소를 원료로 하며 800~1000℃의 고온에서 분해시켜 약 10000 kcal/Nm³ 정도의 가스를 제조하는 공정은?
① 열분해 공정
② 접촉분해 공정
③ 부분연소 공정
④ 고압수증기개질 공정

[해설] 열분해 공정(thermal cracking process) : 고온하에서 원유, 중유, 나프타 등 분자량이 큰 탄화수소를 가열하여 수소(H_2), 메탄(CH_4), 에탄(C_2H_6), 에틸렌(C_2H_4), 프로판(C_3H_8) 등의 가스상의 탄화수소와 벤젠, 톨루엔 등의 조경유 및 타르 나프탈렌 등으로 분해하고, 고열량 가스(10000 kcal/Nm³)를 제조하는 방법이다.

44. LPG 자동차에 설치되어 있는 베이퍼라이저(vaporizer)의 주요 기능은?
① 압력 승압 – 가스 기화
② 압력 감압 – 가스 기화
③ 공기, 연료 혼합 – 타르 배출
④ 공기, 연료 혼합 – 가스 차단

[해설] LPG 자동차 베이퍼라이저(vaporizer)의 기능 : LPG 자동차 기화장치로 충전용기에서 압송된 액체 LPG의 압력을 감압시켜 기화시키고, 압력을 조정하는 기능을 하는 장치이다.

45. 압력조정기에 대한 설명으로 틀린 것은?
① 2단 감압식 2차용 조정기는 1단 감압식 저압조정기 대신으로 사용할 수 없다.
② 2단 감압식 1차 조정기는 2단 감압 방식의 1차용으로 사용되는 것으로서 중압조정기라고도 한다.
③ 자동 절체식 분리형 조정기는 1단 감압방식이며 자동교체와 1차 감압 기능이 따로 구성되어 있다.
④ 1단 감압식 준저압조정기는 일반 소비자의 생활용 이외의 용도에 공급하는 경우에 사용되고 조정압력의 종류가 다양하다.

[해설] 자동 절체식 분리형 조정기는 2단 감압방식이며 2단 1차 기능과 자동교체 기능을 동시에 발휘한다.
※ 2단 감압식 2차용 조정기를 1단 감압식 저압조정기 대신으로 사용할 수 없는 이유는 출구압력(2.3~3.3 kPa)은 같지만 입구압력이 맞지 않기 때문이다.

구분	입구압력
1단 감압식 저압조정기	0.07~1.56 MPa
2단 감압식 2차용 저압조정기	0.01~0.1 MPa

46. 공동 주택에 압력조정기를 설치할 경우 설치 기준으로 맞는 것은?
① 공동주택 등에 공급되는 가스압력이 중압 이상으로서 전세대수가 200세대 미만인 경우 설치할 수 있다.
② 공동주택 등에 공급되는 가스압력이 저압

정답 42. ④ 43. ① 44. ② 45. ③ 46. ②

으로서 전세대수가 250세대 미만인 경우 설치할 수 있다.
③ 공동주택 등에 공급되는 가스압력이 중압 이상으로서 전세대수가 300세대 미만인 경우 설치할 수 있다.
④ 공동주택 등에 공급되는 가스압력이 저압으로서 전세대수가 350세대 미만인 경우 설치할 수 있다.

해설 압력조정기 설치 기준
㉮ 중압 이상 : 150세대 미만
㉯ 저압 : 250세대 미만

47. 일반 도시가스 사업소에 설치하는 매몰형 정압기의 설치에 대한 설명으로 옳은 것은?
① 정압기 본체는 두께 3 mm 이상의 철판에 부식방지 도장을 한 격납상자 안에 넣어 매설한다.
② 철근콘크리트 구조의 그 두께는 200 mm 이상으로 한다.
③ 정압기의 기초는 바닥 전체가 일체로 된 철근콘크리트 구조로 한다.
④ 격납상자 쪽의 도입관의 말단부에는 누출된 가스를 포집할 수 있는 지름 10 cm 이상의 포집갓을 설치한다.

해설 매몰형 정압기 설치기준
㉮ 정압기의 기초는 바닥 전체가 일체로 된 철근콘크리트 구조로 하고 그 두께는 300 mm 이상으로 한다.
㉯ 정압기 본체는 두께 4 mm 이상의 철판에 부식방지 도장을 한 격납상자 안에 넣어 매설하고 격납상자 안의 정압기 주위는 모래를 사용하여 되메움 처리를 한다.
㉰ 정압기에는 누출된 가스를 검지하여 이를 안전관리자가 상주하는 곳에 통보할 수 있는 설비를 설치한다.
㉱ 가스누출검지 통보설비의 검지부는 지상에 설치된 컨트롤 박스(안전밸브, 자기압력 기록계, 압력계 등이 설치된 박스) 안에 1개소 이상 설치한다.
㉲ 정압기 본체에서 누출된 가스를 포집하여 가스누출검지 통보설비 검지부로 이송할 수 있는 도입관을 설치한다.
㉳ 격납상자 쪽의 도입관의 말단부에는 누출된 가스를 포집할 수 있는 지름 20 cm 이상의 포집갓을 설치한다.
㉴ 정압기로부터 컨트롤 박스에 이르는 도입관, 계측라인(배관) 및 센싱라인 중 지하에 매설되는 부분의 재료는 스테인리스강관, 폴리에틸렌피복강관 등 내식재료로 한다.
㉵ 정압기의 상부 덮개 및 컨트롤 박스 문에는 개폐 여부를 안전관리자가 상주하는 곳에 통보할 수 있는 경보설비를 갖춘다.

48. 다음 중 가스의 종류와 용기 표면의 도색이 틀린 것은?
① 의료용 산소 : 녹색
② 수소 : 주황색
③ 액화염소 : 갈색
④ 아세틸렌 : 황색

해설 가스 종류별 용기 도색

가스 종류	용기 도색	
	공업용	의료용
산소 (O_2)	녹색	백색
수소 (H_2)	주황색	–
액화탄산가스 (CO_2)	청색	회색
액화석유가스	밝은 회색	–
아세틸렌 (C_2H_2)	황색	–
암모니아 (NH_3)	백색	–
액화염소 (Cl_2)	갈색	–
질소 (N_2)	회색	흑색
아산화질소 (N_2O)	회색	청색
헬륨 (He)	회색	갈색
에틸렌 (C_2H_4)	회색	자색
사이클로 프로판	회색	주황색
기타의 가스	회색	–

49. 압축기에 관한 용어에 대한 설명으로 틀린 것은?

① 간극 용적 : 피스톤이 상사점과 하사점의 사이를 왕복할 때의 가스의 체적
② 행정 : 실린더 내에서 피스톤이 이동하는 거리
③ 상사점 : 실린더 체적이 최소가 되는 점
④ 압축비 : 실린더 체적과 간극 체적과의 비

[해설] 간극 용적 : 피스톤이 상사점에 있을 때 실린더 내의 가스가 차지하는 것으로 톱 클리어런스와 사이드 클리어런스가 있다.
※ 압축비 : 왕복 내연기관에서는 실린더 체적과 간극 체적의 비로 나타내며, 일반적인 압축기(공기 압축기 등)에서는 최종압력과 흡입압력의 비로 압력비라고도 한다.

50. 가스배관이 콘크리트 벽을 관통할 경우 배관과 벽 사이에 절연을 하는 가장 주된 이유는?
① 누전을 방지하기 위하여
② 배관의 부식을 방지하기 위하여
③ 배관의 변형 여유를 주기 위하여
④ 벽에 의한 배관의 기계적 손상을 막기 위하여

[해설] 가스배관이 콘크리트 벽과 접촉하여 부식이 발생하는 것을 방지하기 위하여 배관과 벽 사이에 절연을 한다.

51. 터빈 펌프에서 속도에너지를 압력에너지로 변환하는 역할을 하는 것은?
① 회전차 (impeller)
② 안내깃 (guide vane)
③ 와류실 (volute casing)
④ 와실 (whirl pool chamber)

[해설] 안내깃(guide vane)의 역할 : 터빈 펌프에서 임펠러로부터 부여된 속도에너지를 마찰저항 등이 없이 압력에너지로 변환하는 수단으로 사용된다.

52. 제트 펌프의 구성이 아닌 것은?
① 노즐
② 슬롯
③ 베인
④ 디퓨저

[해설] 제트 펌프 : 노즐에서 고속으로 분출된 유체에 의하여 주위의 유체를 흡입하여 토출하는 펌프로 2종류의 유체를 혼합하여 토출하므로 에너지 손실이 크고 효율(약 30 % 정도)이 낮으나 구조가 간단하고 고장이 적은 이점이 있다. 노즐, 슬롯, 디퓨저로 구성된다.

53. $-160\,℃$의 LNG(액비중 0.62, 메탄 90 %, 에탄 10 %)를 기화($10\,℃$)시키면 부피는 약 몇 m^3가 되겠는가?
① 827.4
② 82.74
③ 356.3
④ 35.6

[해설] ㉮ LNG의 평균분자량 계산 : 메탄(CH_4)의 분자량 16, 에탄(C_2H_6)의 분자량 30이다.
∴ $M = (16 \times 0.9) + (30 \times 0.1) = 17.4$
㉯ 기화된 부피 계산 : LNG 액비중이 0.62이므로 LNG 액체 $1m^3$의 질량은 620 kg에 해당된다.
$PV = GRT$에서
$V = \dfrac{GRT}{P}$
$= \dfrac{620 \times \dfrac{8.314}{17.4} \times (273+10)}{101.325}$
$= 827.412\ m^3$

54. LP 가스 소비시설에서 설치 용기의 개수 결정 시 고려할 사항으로 거리가 먼 것은?
① 최대소비수량
② 용기의 종류 (크기)
③ 가스발생능력
④ 계량기의 최대용량

[해설] 용기 개수 결정 시 고려할 사항
㉮ 피크(peak) 시의 기온
㉯ 소비자 가구 수
㉰ 1가구당 1일의 평균 가스소비량 또는 최대소비수량
㉱ 피크 시 평균가스 소비율
㉲ 피크 시 용기에서의 가스발생능력
㉳ 용기의 크기(질량)

정답 50. ② 51. ② 52. ③ 53. ① 54. ④

55. 대기압에서 1.5 MPa·g까지 2단 압축기로 압축하는 경우 압축동력을 최소로 하기 위해서는 중간압력을 얼마로 하는 것이 좋은가?
① 0.2 MPa·g ② 0.3 MPa·g
③ 0.5 MPa·g ④ 0.75 MPa·g

[해설] 대기압은 약 0.1 MPa에 해당된다.
$$\therefore P_0 = \sqrt{P_1 \times P_2} = \sqrt{0.1 \times (1.5+0.1)}$$
$$= 0.4 \text{ MPa·a} - 0.1 = 0.3 \text{ MPa·g}$$

56. 수소에 대한 설명으로 틀린 것은?
① 암모니아 합성의 원료로 사용된다.
② 열전달률이 작고 열에 불안정하다.
③ 염소와의 혼합 기체에 일광을 쬐면 폭발한다.
④ 고온, 고압에서 강제 중의 탄소와 반응하여 수소취성을 일으킨다.

[해설] 수소의 성질: ①, ③, ④ 외
 ㉮ 지구상에 존재하는 원소 중 가장 가볍다 (기체 비중이 약 0.07 정도).
 ㉯ 무색, 무취, 무미의 가연성이다.
 ㉰ 열전도율이 대단히 크고, 열에 대해 안정하다.
 ㉱ 확산속도가 대단히 크다.
 ㉲ 고온에서 강제, 금속재료를 쉽게 투과한다.
 ㉳ 폭굉속도가 1400~3500 m/s에 달한다.
 ㉴ 폭발범위가 넓다 (공기 중: 4~75 %, 산소 중: 4~94 %).
 ㉵ 충전용기 도색은 주황색이다.

57. 원심펌프를 병렬로 연결시켜 운전하면 어떻게 되는가?
① 양정이 증가한다. ② 양정이 감소한다.
③ 유량이 증가한다. ④ 유량이 감소한다.

[해설] 원심펌프의 운전 특성
 ㉮ 병렬 운전: 양정 일정, 유량 증가
 ㉯ 직렬 운전: 양정 증가, 유량 일정

58. 신규 용기의 내압시험 시 전 증가량이 100 cm³이었다. 이 용기가 검사에 합격하려면 영구증가량은 몇 cm³ 이하이어야 하는가?
① 5   ② 10
③ 15 ④ 20

[해설] 신규 용기에 대한 내압시험 시 항구증가율 10 % 이하가 합격기준이다.
$$\therefore \text{항구증가율} = \frac{\text{항구증가량}}{\text{전증가량}} \times 100 \text{에서}$$
$$\therefore \text{항구증가량} = \text{전증가량} \times \text{항구증가율}$$
$$= 100 \times 0.1 = 10 \text{ cm}^3 \text{ 이하}$$

59. 도시가스 배관의 접합시공방법 중 원칙적으로 규정된 접합시공방법은?
① 기계적 접합 ② 나사 접합
③ 플랜지 접합 ④ 용접 접합

[해설] 다음의 각 배관은 수송하는 도시가스의 누출을 방지하기 위하여 원칙적으로 용접시공방법에 따라 접합한다. 이 경우 용접은 KGS GC205 (가스시설 용접 및 비파괴시험 기준)에 따라 실시하고 모든 용접부 (PE배관, 저압으로서 노출된 사용자공급관 및 호칭지름 80 mm 미만인 저압의 배관을 제외)에 대하여는 비파괴시험을 한다.
 ㉮ 지하매설 배관 (PE배관을 제외)
 ㉯ 최고사용압력이 중압 이상인 노출배관
 ㉰ 최고사용압력이 저압으로서 호칭지름 50 A 이상의 노출배관

60. 정전기 제거 또는 발생방지 조치에 대한 설명으로 틀린 것은?
① 상대습도를 낮춘다.
② 대상물을 접지시킨다.
③ 공기를 이온화시킨다.
④ 도전성 재료를 사용한다.

[해설] 정전기 제거 및 발생방지 조치
 ㉮ 대상물을 접지한다.
 ㉯ 공기 중 상대습도를 높인다 (70 % 이상).
 ㉰ 공기를 이온화한다.
 ㉱ 도전성 재료를 사용한다.

제 4 과목 가스안전관리

61. 고압가스의 종류 및 범위에 포함되지 않는 것은?
① 상용의 온도에서 게이지압력 1 MPa 이상이 되는 압축가스
② 섭씨 25℃의 온도에서 게이지압력이 0 MPa을 초과하는 아세틸렌가스
③ 상용의 온도에서 게이지압력 0.2 MPa 이상이 되는 액화가스
④ 섭씨 35℃의 온도에서 게이지압력이 0 MPa을 초과하는 액화가스 중 액화시안화수소

[해설] 고압가스의 종류 및 범위
㉮ 상용의 온도에서 압력이 1 MPa 이상이 되는 압축가스로서 실제로 그 압력이 1 MPa 이상이 되는 것 또는 35℃의 온도에서 압력이 1 MPa 이상이 되는 압축가스 (아세틸렌가스 제외)
㉯ 15℃의 온도에서 압력이 0 Pa 초과하는 아세틸렌가스
㉰ 상용의 온도에서 압력이 0.2 MPa 이상이 되는 액화가스로서 실제로 그 압력이 0.2 MPa 이상이 되는 것 또는 압력이 0.2 MPa이 되는 경우의 온도가 35℃ 이하인 액화가스
㉱ 35℃의 온도에서 압력이 0 Pa을 초과하는 액화가스 중 액화시안화수소, 액화브롬화메탄 및 액화산화에틸렌가스

62. 다기능 보일러(가스 스털링엔진 방식)의 재료에 대한 설명으로 옳은 것은?
① 카드뮴이 함유된 경납땜을 사용한다.
② 가스가 통하는 모든 부분의 재료는 반드시 불연성 재료를 사용한다.
③ 80℃ 이상의 온도에 노출된 가스통로에는 아연합금을 사용한다.
④ 석면 또는 폴리염화비페닐을 포함하는 재료는 사용되지 아니하도록 한다.

[해설] 다기능 보일러(가스 스털링엔진 방식)의 재료 기준
㉮ 다기능 보일러에 사용하는 재료는 사용조건에서 용융되지 않도록 충분한 내열성이 있어야 한다.
㉯ 가스가 통하는 부분의 재료는 불연성이나 난연성인 것으로 한다. 다만, 패킹류, 실(seal)재 등의 기밀유지부는 불연성이나 난연성 재료로 하지 아니할 수 있다.
㉰ 가스가 통하는 부분에 사용되는 실(seal), 패킹류 및 금속 이외의 기밀유지부 재료는 내가스성이 있어야 한다.
㉱ 80℃ 이상의 온도에 노출될 우려가 있는 가스통로에는 아연합금을 사용할 수 없다.
㉲ 석면 또는 폴리염화비페닐을 포함하는 재료는 사용되지 아니하도록 한다.
㉳ 카드뮴을 포함한 경납땜은 사용하지 않아야 한다.

63. 정전기 발생에 대한 설명으로 옳지 않은 것은?
① 물질의 표면상태가 원활하면 발생이 적어진다.
② 물질표면이 기름 등에 의해 오염되었을 때는 산화, 부식에 의해 정전기가 발생한다.
③ 정전기의 발생은 처음 접촉, 분리가 일어났을 때 최대가 된다.
④ 분리속도가 빠를수록 정전기의 발생량은 적어진다.

[해설] 분리속도가 빠를수록 정전기의 발생량은 많아진다.

64. 독성가스 용기 운반차량의 적재함 재질은?
① SS200   ② SPPS200
③ SS400   ④ SPPS400

[해설] 독성가스 충전용기를 운반하는 차량 적재함은 적재할 충전용기 최대높이의 3/5 이상까지 SS400 또는 이와 동등 이상의 강도를 갖는 재질(가로·세로·두께가 75×40×5 mm 이상

정답   61. ②   62. ④   63. ④   64. ③

인 ㄷ 형강 또는 호칭지름·두께가 50×3.2 mm 이상의 강관)로 보강하여 용기고정이 용이하도록 한다.

65. 고압가스 냉동시설에서 냉동능력의 합산기준으로 틀린 것은?
① 냉매가스가 배관에 의하여 공통으로 되어 있는 냉동 설비
② 냉매계통을 달리하는 2개 이상의 설비가 1개의 규격품으로 인정되는 설비 내에 조립되어 있는 것
③ 1원(元) 이상의 냉동방식에 의한 냉동설비
④ brine을 공통으로 하고 있는 2 이상의 냉동설비

해설 냉동능력 합산기준
㉮ 냉매가스가 배관에 의하여 공통으로 되어 있는 냉동설비
㉯ 냉매계통을 달리하는 2개 이상의 설비가 1개의 규격품으로 인정되는 설비 내에 조립되어 있는 것 (유닛형의 것)
㉰ 2원(元) 이상의 냉동방식에 의한 냉동설비
㉱ 모터 등 압축기의 동력설비를 공통으로 하고 있는 냉동설비
㉲ 브레인(brain)을 공통으로 하고 있는 2 이상의 냉동설비(브레인 가운데 물과 공기는 포함하지 않는다.)

66. 도시가스 공급시설에서 긴급용 벤트스택의 가스방출구의 위치는 작업원이 정상작업을 하는 데 필요한 장소 및 작업원이 항시 통행하는 장소로부터 몇 m 이상 떨어진 곳에 설치하여야 하는가?
① 5 m   ② 8 m   ③ 10 m   ④ 12 m

해설 벤트스택 방출구 위치
㉮ 긴급용 : 10 m 이상
㉯ 그 밖의 것 : 5 m 이상

67. 도시가스용 정압기용 압력조정기를 출구압력에 따라 구분할 경우의 기준으로 틀린 것은?
① 고압 : 1 MPa 이상
② 중압 : 0.1~1 MPa 미만
③ 준저압 : 4~100 kPa 미만
④ 저압 : 1~4 kPa 미만

해설 출구압력에 따른 정압기용 압력조정기 구분
㉮ 중압 : 0.1~1 MPa 미만
㉯ 준저압 : 4~100 kPa 미만
㉰ 저압 : 1~4 kPa 미만

68. 산소 또는 천연메탄을 수송하기 위한 배관과 이에 접속하는 압축기와의 사이에 반드시 설치하여야 하는 것은?
① 수격방지장치   ② 긴급차단밸브
③ 압력계   ④ 수취기

해설 산소 또는 천연메탄을 수송하기 위한 배관과 이에 접속하는 압축기(산소를 압축하는 압축기는 물을 내부윤활제로 사용하는 것에 한정한다)와의 사이에는 수취기를 설치한다.

69. 가스난방기는 상용압력의 1.5배 이상의 압력으로 실시하는 기밀시험에서 가스차단밸브를 통한 누출량이 얼마 이하로 되어야 하는가?
① 30 mL/h   ② 50 mL/h
③ 70 mL/h   ④ 90 mL/h

해설 가스난방기의 기밀 성능 : 상용압력의 1.5배 이상의 압력으로 실시하는 기밀시험에서 가스차단밸브를 통한 누출량이 70 mL/h 이하로 한다.

70. 고압가스 충전용기의 운반 시 용기 사이에 용기충격을 최소한으로 방지하기 위해 설치하는 것은?
① 프로덱터   ② 캡
③ 완충판   ④ 방파판

해설 고압가스 충전용기의 운반 기준
㉮ 충전용기를 차량에 실을 때에는 넘어지거나 부딪침 등으로 충격을 받지 않도록 주의하여 취급하며, 충격을 최소한으로 방지하기 위하여 완충판을 차량 등에 갖추고 이를 사용한다.

정답 65. ③ 66. ③ 67. ① 68. ④ 69. ③ 70. ③

㉣ 충전용기 등을 차에서 내릴 때에는 그 충전용기 등의 충격이 완화될 수 있는 완충판 위에서 주의하여 취급하며 이들을 항시 차량에 비치한다.

71. 용량 500 L인 액체산소 저장탱크에 액체산소를 넣어 방출밸브를 개방하여 16시간 방치하였더니, 탱크 내의 액체산소가 4.8 kg이 방출되었다. 이 때 탱크에 침입하는 열량은 약 몇 kcal/h인가? (단, 액체 산소의 증발잠열은 50 kcal/kg 이다.)

① 12 ② 15 ③ 20 ④ 23

[해설] 시간당 침입한 열량은 액체산소 4.8 kg이 기화되는데 필요한 열량과 같고, 기화하는데 16시간이 소요되었으므로 기화에 필요한 전체열량을 16시간으로 나눠주면 된다.

$$\therefore Q = G \times \gamma = \frac{4.8 \times 50}{16} = 15 \text{ kcal/h}$$

72. 고압가스 제조설비에 사용하는 금속재료의 부식에 대한 설명으로 틀린 것은?

① 18-8 스테인리스강은 저온취성에 강하므로 저온재료에 적당하다.
② 황화수소에는 탄소강은 내식성이 약하나 구리나 니켈합금은 내식성이 우수하다.
③ 일산화탄소에 의한 금속 카르보닐화의 억제를 위해 장치 내면에 구리 등으로 라이닝한다.
④ 수분이 함유된 산소를 용기에 충전할 때에는 용기의 부식방지를 위하여 산소가스 중의 수분을 제거한다.

[해설] 동 (구리) 및 동합금은 황화수소에 의하여 부식이 발생한다.

73. 고압가스용 용접용기(내용적 500 L 미만) 제조에 대한 가스 종류별 내압시험압력의 기준으로 옳은 것은?

① 액화프로판은 3.0 MPa이다.
② 액화프레온 22는 3.5 MPa이다.
③ 액화암모니아는 3.7 MPa이다.
④ 액화부탄은 0.9 MPa이다.

[해설] 가스 종류별 내압시험 압력의 기준 : 내용적 500 L 미만

가스 종류	내압시험압력
액화프로판	2.5 MPa
액화프레온 22	2.9 MPa
액화암모니아	2.9 MPa
액화부탄	0.9 MPa

74. 독성가스설비를 수리할 때 독성가스의 농도를 얼마 이하로 하여야 하는가?

① 18 % 이하
② 22 % 이하
③ TLV-TWA 기준농도 이하
④ TLV-TWA 기준농도의 1/4 이하

[해설] 가스설비 치환농도
㉮ 가연성가스 : 폭발하한계의 1/4 이하 (25 % 이하)
㉯ 독성가스 : TLV-TWA 기준농도 이하
㉰ 산소 : 22 % 이하
㉱ 위 시설에 작업원이 들어가는 경우 산소 농도 : 18~22 %

75. 안전관리 수준평가의 분야별 평가항목이 아닌 것은?

① 안전사고
② 비상사태 대비
③ 안전교육 훈련 및 홍보
④ 안전관리 리더십 및 조직

[해설] 안전관리 수준평가의 분야별 평가항목
㉮ 안전관리 리더십 및 조직 : 안전관리 방침, 안전관리 목표, 안전투자 및 안전문화, 안전관리 조직, 수요자 관리 등 운영관리, 안전관리 유공자 표창
㉯ 안전교육 훈련 및 홍보 : 교육훈련 계획, 교육훈련, 교육성과 분석, 협력업체 종사자 교

정답 71. ② 72. ② 73. ④ 74. ③ 75. ①

육, 종업원의 교육 참여, 가스안전 홍보
㉰ 가스사고 : 가스사고 발생 여부, 가스사고 조사, 가스사고 대응 및 사후관리
㉱ 비상사태 대비 : 비상조치 계획, 비상체계 운영, 유관기관과의 협조체계
㉲ 운영관리 : 다른 공사 사고 예방활동, 사용 시설 관리, 지역관리소 관리, 안전관리에 관한 정보·기술, 안전관리 시스템 등의 변경관리, 가스시설의 안전성 평가, 공급시설 관리, 작업관리, 협력업체 관리, 경영체계 인증, 배관망 전산화, 배관 안전성 확보, 안전관리 정보화 구축, 안전장비 보유, 점검활동, 안전검사, 안전관리규정 검토 및 개정, 안전관리규정 이해의 적정성
㉳ 시설관리 : 배관 정기검사, 정압기 정기검사, 제조소 정기검사

76. 액화석유가스 용기의 기밀검사에 대한 설명으로 틀린 것은? (단, 내용적 125 L 미만의 것에 한한다.)
① 내압검사에 적합한 용기를 샘플링하여 검사한다.
② 공기, 질소 등의 불활성가스를 이용한다.
③ 누출 유무의 확인은 용기 1개에 1분 (50 L 미만의 용기는 30초)에 걸쳐서 실시한다.
④ 기밀시험 압력 이상으로 압력을 가하여 실시한다.
[해설] 용기의 기밀검사는 내압검사에 적합한 용기의 전수에 대하여 기밀시험 압력 이상으로 압력을 가하여 실시한다.

77. 고압가스용 저장탱크 및 압력용기(설계압력 20.6 MPa 이하) 제조에 대한 내압시험 압력계산식 $\left\{P_t = \mu P\left(\dfrac{\sigma_t}{\sigma_d}\right)\right\}$에서 계수 μ의 값은?
① 설계압력의 1배 이상
② 설계압력의 1.3배 이상
③ 설계압력의 1.5배 이상
④ 설계압력의 2.0배 이상

[해설] 압력용기 등의 설계압력 범위에 따른 μ의 값

설계압력 범위	μ
20.6 MPa 이하	1.3
20.6 MPa 초과 98 MPa 이하	1.25
98 MPa 초과	$1.1 \leq \mu \leq 1.25$의 범위에서 사용자와 제조자가 합의하여 결정한다.

78. 저장탱크에 의한 액화석유가스 사용시설에서 배관이음부와 절연조치를 하지 아니한 전선과의 거리는 몇 cm 이상 유지하여야 하는가?
① 10   ② 15   ③ 20   ④ 30
[해설] 저장탱크에 의한 액화석유가스 사용시설에서 배관이음부와 유지거리 기준
㉮ 전기계량기, 전기개폐기 : 60 cm 이상
㉯ 전기점멸기, 전기접속기 : 15 cm 이상
〈2015. 10. 2 개정〉
㉰ 절연조치를 하지 않은 전선, 단열조치를 하지 않은 굴뚝 : 15 cm 이상
㉱ 절연전선 : 10 cm 이상

79. 동절기 습도가 낮은 날 아세틸렌 용기밸브를 급히 개방할 경우 발생할 가능성이 가장 높은 것은?
① 아세톤 증발   ② 역화방지기 고장
③ 중합에 의한 폭발 ④ 정전기에 의한 착화
[해설] 습도가 낮을 때 정전기가 발생할 가능성이 높고 정전기가 점화원이 되어 아세틸렌가스에 착화될 수 있다.

80. 폭발 상한값은 수소, 폭발 하한값은 암모니아와 유사한 가스는?
① 에탄   ② 산화프로필렌
③ 일산화탄소   ④ 메틸아민
[해설] 각 가스의 공기 중에서의 폭발범위
㉮ 수소 : 4~75 %
㉯ 암모니아 : 15~28 %
㉰ 일산화탄소 : 12.5~74 %

정답 76. ① 77. ② 78. ② 79. ④ 80. ③

제 5 과목 가스계측기기

81. 대류에 의한 열전달에 있어서의 경막계수를 결정하기 위한 무차원 함수로 관성력과 점성력의 비로 표시되는 것은?
① Reynolds 수   ② Nesselt 수
③ Prandtl 수   ④ Euler 수

[해설] 레이놀즈수는 점성력에 대한 관성력의 비이다.
$$\therefore Re = \frac{\rho DV}{\mu} = \frac{관성력}{점성력}$$

82. 감도(感導)에 대한 설명으로 옳은 것은?
① 감도가 좋으면 측정시간이 길어지고 측정범위는 좁아진다.
② 측정결과에 대한 신뢰도를 나타내는 척도이다.
③ 지시량 변화에 대한 측정량 변화의 비로 나타낸다.
④ 계측기가 지시량의 변화에 민감한 정도를 나타내는 값이다.

[해설] 감도 : 계측기가 측정량의 변화에 민감한 정도를 나타내는 값으로 감도가 좋으면 측정시간이 길어지고, 측정범위는 좁아진다.
$$\therefore 감도 = \frac{지시량의 \ 변화}{측정량의 \ 변화}$$

83. 0°C에서 저항이 120 Ω이고 저항온도계수가 0.0025인 저항온도계를 어떤 노 안에 삽입하였을 때 저항이 180 Ω이 되었다면 노 안의 온도는 약 몇 °C인가?
① 125   ② 200   ③ 320   ④ 534

[해설] $t = \frac{R - R_0}{R_0 \times \alpha} = \frac{180 - 120}{120 \times 0.0025} = 200°C$

84. 막식 가스미터에서 계량막 밸브의 누설, 밸브와 밸브시트 사이의 누설 등이 원인이 되는 고장은?
① 부동(不動)   ② 불통(不通)
③ 누설(漏泄)   ④ 기차(器差) 불량

[해설] 기차 불량(사용공차를 초과하는 고장) 원인
㉠ 계량막에서의 누설
㉡ 밸브와 밸브시트 사이에서의 누설
㉢ 패킹부에서의 누설

85. 다음 중 편위법에 의한 계측기기가 아닌 것은?
① 스프링 저울   ② 부르동관 압력계
③ 전류계   ④ 화학천칭

[해설] 편위법 : 측정량과 관계있는 다른 양으로 변환시켜 측정하는 방법으로 정도는 낮지만 측정이 간단하다. 부르동관 압력계, 스프링 저울, 전류계 등이 해당된다.

86. 다음 중 임펠러식 유량계에 대한 설명으로 틀린 것은?
① 구조가 간단하다.
② 내구력이 우수하다.
③ 직관부분이 필요 없다.
④ 부식성 유체에도 사용이 가능하다.

[해설] 임펠러식 유량계의 특징
㉠ 구조가 간단하고 보수가 용이하다.
㉡ 내구성이 우수하다.
㉢ 직관길이가 필요하다.
㉣ 부식성이 강한 액체에도 사용할 수 있다.
㉤ 측정 정도는 ±0.5% 정도이다.

87. 되먹임 제어의 특성에 대한 설명으로 틀린 것은?
① 목표값에 정확히 도달할 수 있다.
② 제어계의 특성을 향상시킬 수 있다.
③ 외부조건의 변화에 영향을 줄일 수 있다.
④ 제어기 부품들의 성능이 다소 나빠지면 큰 영향을 받는다.

[해설] 되먹임 제어는 피드백 제어를 의미하는 것

정답 81. ① 82. ① 83. ② 84. ④ 85. ④ 86. ③ 87. ④

88. 다음 그림은 가스크로마토그래프의 크로마토그램이다. t, t_1, t_2는 무엇을 나타내는가?

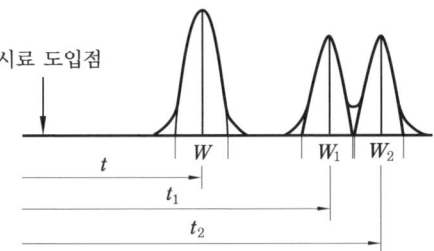

① 이론단수
② 체류시간
③ 분리관의 효율
④ 피크의 좌우 변곡점 길이

해설 ㉮ t, t_1, t_2 : 시료 도입점으로부터 피크의 최고점까지의 길이(체류시간, 보유시간)
㉯ W, W_1, W_2 : 피크의 좌우 변곡점에서 접선이 자르는 바탕선의 길이

89. 다음 중 면적식 유량계는?
① 로터미터
② 오리피스미터
③ 피토관
④ 벤투리미터

해설 면적식 유량계의 종류 : 부자식(플로트식), 로터미터

90. 다음 중 가스 검지법에 해당하지 않는 것은?
① 분별연소법
② 시험지법
③ 검지관법
④ 가연성가스 검출기법

해설 ㉮ 가스 검지법 : 시험지법, 검지관법, 가연성가스 검출기법(안전등형, 간섭계형, 열선형)
㉯ 분별연소법 : 연소분석법 중의 하나로 탄화수소는 산화시키지 않고 H_2 및 CO만을 분별적으로 완전 산화시키는 방법으로 팔라듐관 연소법, 산화구리법으로 구분된다.

91. 측정온도가 가장 높은 온도계는?
① 수은 온도계
② 백금저항 온도계
③ PR열전 온도계
④ 바이메탈 온도계

해설 각 온도계의 측정범위

온도계	측정범위
유리제 온도계(수은 온도계)	−60℃~350℃
백금저항 온도계	−200~500℃
열전대 온도계(PR열전대)	0~1600℃
바이메탈 온도계	−50~500℃

92. 부르동관(Bourdon tube) 압력계의 종류가 아닌 것은?
① C자형
② 스파이럴형(spiral type)
③ 헬리컬형(helical type)
④ 케미컬형(chemical type)

해설 부르동관(Bourdon tube)의 종류
㉮ C자형
㉯ 스파이럴형(spiral type)
㉰ 헬리컬형(helical type)
㉱ 버튼형(torque-tube type)

93. 액면계는 액면의 측정방법에 따라 직접법과 간접법으로 구분한다. 간접법 액면계의 종류가 아닌 것은?
① 방사선식
② 플로트식
③ 압력검출식
④ 퍼지식

해설 액면계의 구분
㉮ 직접식 : 직관식, 플로트식(부자식), 검척식
㉯ 간접식 : 압력식, 초음파식, 저항전극식, 정전용량식, 방사선식, 차압식, 다이어프램식, 편위식, 기포식, 슬립 튜브식 등

94. 온도 25℃, 전압 760 mmHg인 공기 중의 수증기 분압은 17.5 mmHg이었다. 이 공기의 습도를 건조공기 kg당 수증기의 kg수로 나타낸 것은? (단, 공기 및 물의 분자량은 각각 29, 18이다.)

정답 88. ② 89. ① 90. ① 91. ③ 92. ④ 93. ② 94. ②

① 0.0014 kg·H₂O/kg·건조공기
② 0.0146 kg·H₂O/kg·건조공기
③ 0.0029 kg·H₂O/kg·건조공기
④ 0.0292 kg·H₂O/kg·건조공기

[해설] $X = 0.622 \times \dfrac{P_w}{760 - P_w}$

$= 0.622 \times \dfrac{17.5}{760 - 17.5}$

$= 0.01465$ kg·H₂O/kg·건조공기

95. 게겔법에 의한 가스 분석에서 가스와 그 흡수제가 바르게 짝지어진 것은?
① O_2-취화수소
② CO_2-발연황산
③ C_2H_2-33% KOH 용액
④ CO-암모니아성 염화 제1구리 용액

[해설] 게겔(Gockel)법의 분석순서 및 흡수제
㉮ CO_2 : 33% KOH 수용액
㉯ 아세틸렌 : 요오드수은 칼륨 용액
㉰ 프로필렌, n-C_4H_8 : 87% H_2SO_4
㉱ 에틸렌 : 취화수소 수용액
㉲ O_2 : 알칼리성 피로갈롤용액
㉳ CO : 암모니아성 염화 제1구리 용액

96. Ni, Mn, Co 등의 금속산화물을 소결시켜 만든 반도체로써 미세한 온도 측정에 용이한 온도계는?
① 바이메탈 온도계
② 서모컬러 온도계
③ 서모커플 온도계
④ 서미스터 저항 온도계

[해설] 서미스터 온도계 특징
㉮ 감도가 크고 응답성이 빨라 온도변화가 작은 부분 측정에 적합하다.
㉯ 온도 상승에 따라 저항치가 감소한다(저항온도계수가 부특성(負特性)이다).
㉰ 소형으로 협소한 장소의 측정에 유리하다.
㉱ 소자의 균일성 및 재현성이 없다.
㉲ 흡습에 의한 열화가 발생할 수 있다.
㉳ 측정범위는 -100~300℃ 정도이다.

97. 가스크로마토그래피 분석법에서 자유전자 포착성질을 이용하여 전자 친화력이 있는 화합물에만 감응하는 원리를 적용하여 환경물질 분석에 널리 이용되는 검출기는?
① TCD ② FPD ③ ECD ④ FID

[해설] 전자포획 이온화 검출기(ECD : Electron Capture Detector) : 방사선으로 캐리어가스가 이온화되어 생긴 자유전자를 시료 성분이 포획하면 이온전류가 감소하는 것을 이용한 것으로 유기할로겐 화합물, 니트로 화합물 및 유기금속 화합물을 선택적으로 검출할 수 있다.

98. 다음 중 적외선 가스분석기에서 분석 가능한 기체는?
① Cl_2 ② SO_2 ③ N_2 ④ O_2

[해설] 적외선 가스분석기(적외선 분광 분석법) : 분자의 진동 중 쌍극자 힘의 변화를 일으킬 진동에 의해 적외선의 흡수가 일어나는 것을 이용한 방법으로 He, Ne, Ar 등 단원자 분자 및 H_2, O_2, N_2, Cl_2 등 대칭 2원자 분자는 적외선을 흡수하지 않으므로 분석할 수 없다.

99. 가스크로마토그래피의 장치 구성요소가 아닌 것은?
① 분리관(컬럼) ② 검출기
③ 광원 ④ 기록계

[해설] 가스크로마토그래피의 장치 구성요소 : 캐리어가스, 압력조정기, 유량조절밸브, 압력계, 분리관(컬럼), 검출기, 기록계 등

100. 대용량의 유량을 측정할 수 있는 초음파 유량계는 어떤 원리를 이용한 유량계인가?
① 전자유도법칙 ② 도플러 효과
③ 유체의 저항변화 ④ 열팽창계수 차이

[해설] 초음파 유량계 : 초음파의 유속과 유체 유속의 합이 비례한다는 도플러 효과를 이용한 유량계로 측정체가 유체와 접촉하지 않고, 정확도가 아주 높으며, 고온, 고압, 부식성 유체에도 사용이 가능하다.

정답 95. ④ 96. ④ 97. ③ 98. ② 99. ③ 100. ②

2017년도 시행 문제

▶ 2017년 3월 5일 시행

자격종목	코드	시험시간	형별
가스 기사	1471	2시간 30분	

제1과목 가스유체역학

1. 탱크 안의 액체 비중량은 700 kgf/m³이며 압력은 3 kgf/cm²이다. 압력을 수두로 나타내면 몇 m인가?
① 0.429 m   ② 4.286 m
③ 42.86 m   ④ 428.6 m

해설 $P = \gamma \cdot h$ 에서
$$\therefore h = \frac{P}{\gamma} = \frac{3 \times 10^4}{700} = 42.857 \text{ m}$$

2. 2개의 무한 수평 평판 사이에서의 층류 유동의 속도 분포가 $u(y) = U\left[1 - \left(\dfrac{y}{H}\right)^2\right]$로 주어지는 유동장(poiseuille flow)이 있다. 여기에서 U와 H는 각각 유동장의 특성 속도와 특성 길이를 나타내며, y는 수직 방향의 위치를 나타내는 좌표이다. 유동장에서는 속도 $u(y)$만 있고, 유체는 점성 계수가 μ인 뉴턴 유체일 때 $y = \dfrac{H}{2}$에서의 전단 응력의 크기는?

① $\dfrac{\mu U}{H^2}$ ② $\dfrac{\mu U}{2H^2}$
③ $\dfrac{\mu U}{H}$ ④ $\dfrac{8\mu U}{2H}$

3. 어떤 유체의 액면 아래 10 m인 지점의 계기 압력이 2.16 kgf/cm²일 때 이 액체의 비중량은 몇 kgf/m³인가?
① 2160   ② 216
③ 21.6   ④ 0.216

해설 $P = \gamma \cdot h$ 에서
$$\therefore \gamma = \frac{P}{h} = \frac{2.16 \times 10^4}{10} = 2160 \text{ kgf/m}^3$$

4. Mach 수를 의미하는 것은?
① $\dfrac{\text{실제 유동 속도}}{\text{음속}}$
② $\dfrac{\text{초음속}}{\text{아음속}}$
③ $\dfrac{\text{음속}}{\text{실제 유동 속도}}$
④ $\dfrac{\text{아음속}}{\text{초음속}}$

해설 마하 수(mach number) : 물체의 실제 유동속도를 음속으로 나눈 값으로 무차원 수이다.
$$\therefore M = \frac{V}{C} = \frac{V}{\sqrt{k \cdot R \cdot T}}$$
여기서, V : 물체 속도 (m/s)
C : 음속
k : 비열비
R : 기체 상수 (J/kg·K)
T : 절대 온도 (K)

5. 간격이 좁은 2개의 연직 평판을 물속에 세웠을 때 모세관 현상의 관계식으로 맞는 것은? (단, 두 개의 연직 평판의 간격 : t, 표면장력 : σ_s, 접촉각 : β, 물의 비중량 : γ, 평판의 길이 : L, 액면의 상승 높이 : h_c이다.)

정답 1. ③ 2. ③ 3. ① 4. ① 5. ③

① $h_c = \dfrac{4\sigma\cos\beta}{\gamma t}$ ② $h_c = \dfrac{4\sigma\sin\beta}{\gamma t}$
③ $h_c = \dfrac{2\sigma\cos\beta}{\gamma t}$ ④ $h_c = \dfrac{2\sigma\sin\beta}{\gamma t}$

[해설] 모세관 현상에 의한 액체의 상승 높이
㉮ 원형 모세관 : $h = \dfrac{4\sigma\cos\beta}{\gamma d}$
㉯ 연직 평판 : $h_c = \dfrac{2\sigma\cos\beta}{\gamma t}$

6. 지름이 25 cm인 원형관 속을 5.7 m/s의 평균 속도로 물이 흐르고 있다. 40 m에 걸친 수두 손실이 5 m라면 이때의 Darcy 마찰 계수는?
① 0.0189   ② 0.1547
③ 0.2089   ④ 0.2621

[해설] $h_f = f \cdot \dfrac{L}{D} \cdot \dfrac{V^2}{2g}$ 에서
∴ $f = \dfrac{h_f \cdot D \cdot 2g}{L \cdot V^2}$
$= \dfrac{5 \times 0.25 \times 2 \times 9.8}{40 \times 5.7^2} = 0.01885$

7. 두 피스톤의 지름이 각각 25 cm와 5 cm이다. 지름이 큰 피스톤을 2 cm만큼 움직이면 작은 피스톤은 몇 cm 움직이는가? (단, 누설량과 압축은 무시한다.)

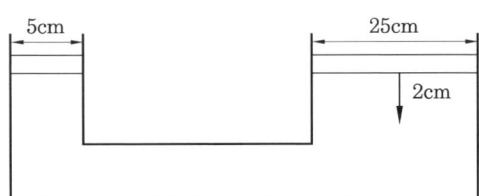

① 5   ② 10
③ 25   ④ 50

[해설] $A_1 L_1 = A_2 L_2$ 에서
∴ $L_1 = \dfrac{A_2}{A_1} \times L_2 = \left(\dfrac{D_2}{D_1}\right)^2 \times L_2$
$= \left(\dfrac{25}{5}\right)^2 \times 2 = 50$ cm

8. 중력 단위계에서 1 kgf와 같은 것은?
① 980 kg·m/s²   ② 980 kg·m²/s²
③ 9.8 kg·m/s²   ④ 9.8 kg·m²/s²

[해설] 1 kgf = 1 kg × 9.8 m/s²
$= 9.8$ kg·m/s²
$= 9.8$ N

9. 안지름이 10 cm인 원관 속을 비중 0.85인 액체가 10 cm/s의 속도로 흐른다. 액체의 점도가 5 cP라면 이 유동의 레이놀즈수는?
① 1400   ② 1700
③ 2100   ④ 2300

[해설] ㉮ 밀도 (g/cm³) 계산
∴ $\rho = \dfrac{\gamma}{g} = \dfrac{0.85}{980} = 8.674 \times 10^{-4}$ gf·s²/cm⁴
공학 단위 → 절대단위 밀도로 계산
∴ $\rho = (8.764 \times 10^{-4}) \times 980 = 0.85$ g/cm³
㉯ 레이놀즈수 계산 : CGS 단위로 계산
$Re = \dfrac{\rho \cdot D \cdot V}{\mu}$
$= \dfrac{0.85 \times 10 \times 10}{5 \times 10^{-2}} = 1700$

10. 출구의 지름이 20 cm인 송풍기의 배출 유량이 3 m³/min일 때 평균 유속은 약 몇 m/s인가?
① 1.2 m/s   ② 1.6 m/s
③ 3.2 m/s   ④ 4.8 m/s

[해설] $Q = A \cdot V$ 에서
∴ $V = \dfrac{Q}{A} = \dfrac{3}{\dfrac{\pi}{4} \times 0.2^2 \times 60} = 1.591$ m/s

11. 항력계수를 옳게 나타낸 식은? (단, C_D는 항력계수, D는 항력, ρ는 밀도, V는 유속, A는 면적을 나타낸다.)
① $C_D = \dfrac{D}{0.5\rho V^2 A}$

[정답] 6. ① 7. ④ 8. ③ 9. ② 10. ② 11. ①

② $C_D = \dfrac{D^2}{0.5\rho VA}$

③ $C_D = \dfrac{0.5\rho V^2 A}{D}$

④ $C_D = \dfrac{0.5\rho V^2 A}{D^2}$

[해설] 항력(drag force) : 물체가 유체 속에 정지하고 있거나 또는 비유동 유체에서 물체가 움직일 때 유동 방향으로 받는 저항을 말한다.

※ 항력(D) 계산식 $D = C_D A \dfrac{1}{2}\rho V^2$에서

∴ $C_D = \dfrac{D}{\dfrac{1}{2}\rho V^2 A} = \dfrac{2D}{\rho V^2 A} = \dfrac{D}{0.5\rho V^2 A}$

12. 구형 입자가 유체 속으로 자유 낙하할 때의 현상으로 틀린 것은? (단, μ는 점성 계수, d는 구의 지름, U는 속도이다.)
① 속도가 매우 느릴 때 항력(drag force)은 $3\pi\mu d U$이다.
② 입자에 작용하는 힘을 중력, 항력, 부력으로 구분할 수 있다.
③ 항력 계수(C_D)는 레이놀즈수가 증가할수록 커진다.
④ 종말 속도는 가속도가 감소되어 일정한 속도에 도달한 것이다.

[해설] 구형 입자가 유체 속으로 자유 낙하할 때 항력계수(C_D)는 레이놀즈수가 증가할수록 감소한다.

13. 안지름이 150 mm인 관 속에 20℃의 물이 4 m/s로 흐른다. 안지름이 75 mm인 관 속에 40℃의 암모니아가 흐르는 경우 역학적 상사를 이루려면 암모니아의 유속은 얼마가 되어야 하는가? (단, 물의 동점성 계수는 1.006×10^{-6} m²/s이고 암모니아의 동점성 계수는 0.34×10^{-6} m²/s이다.)
① 0.27 m/s
② 2.7 m/s
③ 3 m/s
④ 5.68 m/s

[해설] 역학적 상사를 이루므로 암모니아의 레이놀즈수(Re_p)와 물의 레이놀즈수(Re_m)는 같다.

∴ $\dfrac{D_p V_p}{\nu_p} = \dfrac{D_m V_m}{\nu_m}$에서

∴ $V_p = \dfrac{\nu_p D_m}{\nu_m D_p} \times V_m$

$= \dfrac{0.34 \times 10^{-6} \times 150}{1.006 \times 10^{-6} \times 75} \times 4 = 2.703$ m/s

14. 2차원 직각좌표계 (x, y) 상에서 x 방향의 속도를 u, y 방향의 속도를 v라고 한다. 어떤 이상 유체의 2차원 정상 유동에서 $v = -Ay$일 때 다음 중 x 방향의 속도 u가 될 수 있는 것은? (단, A는 상수이고 $A > 0$이다.)
① Ax
② $-Ax$
③ Ay
④ $-2Ax$

15. 압축성 유체가 축소–확대 노즐의 확대부에서 초음속으로 흐를 때, 다음 중 확대부에서 감소하는 것을 옳게 나타낸 것은? (단, 이상기체의 등엔트로피 흐름이라고 가정한다.)
① 속도, 온도
② 속도, 밀도
③ 압력, 속도
④ 압력, 밀도

[해설] 초음속 흐름($M_a > 1$)일 때 확대부에서는 속도, 단면적이 증가하고, 압력, 밀도, 온도는 감소한다.

16. 상온의 공기 속을 260 m/s의 속도로 비행하고 있는 비행체의 선단에서의 온도 증가는 약 얼마인가? (단, 기체의 흐름을 등엔트로피 흐름으로 간주하고 공기의 기체 상수는 287 J/kg·K이고 비열비는 1.4이다.)
① 24.5℃
② 33.6℃
③ 44.6℃
④ 45.1℃

[해설] $T_s - T = \dfrac{1}{R} \times \dfrac{k-1}{k} \times \dfrac{V^2}{2}$

정답 12. ③ 13. ② 14. ① 15. ④ 16. ②

$$= \frac{1}{287} \times \frac{1.4-1}{1.4} \times \frac{260^2}{2}$$
$$= 33.648 \text{ K}$$

※ 절대 온도로 1 K 온도 증가는 섭씨온도로 1℃ 증가한 것과 같으므로 33.648 K 온도 증가는 33.648℃ 증가한 것이다.

17. 수은-물 마노메타로 압력차를 측정하였더니 50 cmHg이었다. 이 압력차를 mH₂O로 표시하면 약 얼마인가?
① 0.5 ② 5.0
③ 6.8 ④ 7.3

[해설] 환산 압력 = $\frac{\text{주어진 압력}}{\text{주어진 압력단위 대기압}}$
× 구하는 압력단위 대기압
$= \frac{50}{76} \times 10.332 = 6.797 \text{ mH}_2\text{O}$

18. 그림은 수축 노즐을 갖는 고압 용기에서 기체가 분출될 때 질량 유량($\dot{m}$)과 배압(Pb)과 용기 내부 압력(Pr)의 비의 관계를 표시한 것이다. 다음 중 질식된(choking) 상태만 모은 것은?

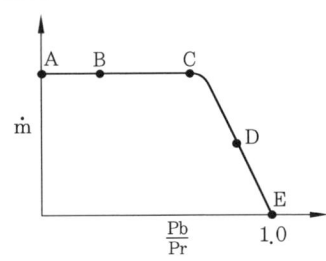

① A, E ② B, D
③ D, E ④ A, B

[해설] A점과 B점에서는 분출 밸브가 폐쇄되어 고압 용기가 밀봉 상태(질식 상태)가 유지되고 C점에서부터 분출 밸브가 개방되기 시작하여 고압 용기의 기체가 분출되어 E점에서는 분출 압력(Pb)과 내부 압력(Pr)의 비가 같아진다.

19. 유체에 관한 다음 설명 중 옳은 내용을 모두 선택한 것은?

㉠ 정지 상태의 이상 유체(ideal fluid)에서는 전단 응력이 존재한다.
㉡ 정지 상태의 실제 유체(real fluid)에서는 전단 응력이 존재하지 않는다.
㉢ 전단 응력을 유체에 가하면 연속적인 변형이 일어난다.

① ㉠, ㉡ ② ㉠, ㉢
③ ㉡, ㉢ ④ ㉠, ㉡, ㉢

[해설] 이상 유체는 정지·유동 상태에서 전단 응력이 존재하지 않는다.

20. 웨버(Weber) 수의 물리적 의미는?
① $\frac{\text{압축력}}{\text{관성력}}$ ② $\frac{\text{관성력}}{\text{점성력}}$
③ $\frac{\text{관성력}}{\text{탄성력}}$ ④ $\frac{\text{관성력}}{\text{표면 장력}}$

[해설] 웨버 수(We) : 표면 장력에 대한 관성력의 비를 나타내는 무차원 수로 $\frac{\text{관성력}}{\text{표면 장력}}$으로 나타낸다.
∴ $We = \frac{\rho V^2 L}{\sigma}$

제 2 과목 연소공학

21. 연소 범위에 대한 일반적인 설명으로 틀린 것은?
① 압력이 높아지면 연소 범위는 넓어진다.
② 온도가 올라가면 연소 범위는 넓어진다.
③ 산소 농도가 증가하면 연소 범위는 넓어진다.
④ 불활성 가스의 양이 증가하면 연소 범위는 넓어진다.

[해설] 가연성 혼합 가스에 불활성 가스(또는 불연성 가스)의 양이 증가하면 산소의 농도가 낮아져 연소 범위(폭발 범위)는 좁아진다.

정답 17. ③ 18. ④ 19. ③ 20. ④ 21. ④

22. 아세틸렌(C_2H_2)에 대한 설명 중 틀린 것은 무엇인가?
① 산소와 혼합하여 3300℃까지의 고온을 얻을 수 있으므로 용접에 사용된다.
② 가연성 가스 중 폭발 한계가 가장 적은 가스이다.
③ 열이나 충격에 의해 분해 폭발이 일어날 수 있다.
④ 용기에 충전할 때에 단독으로 가압 충전할 수 없으며 용해 충전한다.

해설 아세틸렌은 가연성 가스 중 폭발 범위(폭발 한계)가 가장 넓은 가스이다.

23. 미분탄 연소의 특징으로 틀린 것은?
① 가스화 속도가 낮다.
② 2상류 상태에서 연소한다.
③ 완전 연소에 시간과 거리가 필요하다.
④ 화염이 연소실 전체에 퍼지지 않는다.

해설 미분탄 연소의 특징 : ①, ②, ③ 외
㉮ 적은 공기비로 완전 연소가 가능하다.
㉯ 점화, 소화가 쉽고 부하 변동에 대응하기 쉽다.
㉰ 대용량에 적당하고, 사용 연료 범위가 넓다.
㉱ 연소실 공간을 유효하게 이용할 수 있다.
㉲ 설비비, 유지비가 많이 소요된다.
㉳ 회(灰), 먼지 등이 많이 발생하여 집진 장치가 필요하다.
㉴ 연소실 면적이 크고, 폭발 위험성이 있다.

24. 방폭에 대한 설명으로 틀린 것은?
① 분진 처리 시설에서 호흡을 하는 경우 분진을 제거하는 장치가 필요하다.
② 분해 폭발을 일으키는 가스에 비활성 기체를 혼합하는 이유는 화염 온도를 낮추고 화염 전파 능력을 소멸시키기 위함이다.
③ 방폭 대책은 크게 예방, 긴급 대책 2가지로 나누어진다.
④ 분진을 다루는 압력을 대기압보다 낮게 하는 것도 분진 대책 중 하나이다.

해설 방폭 대책에는 예방, 국한, 소화, 피난 대책이 있다.

25. 열역학적 상태량이 아닌 것은?
① 정압 비열   ② 압력
③ 기체 상수   ④ 엔트로피

해설 열역학적 상태량 : 어떤 물질이 열에 의하여 변화를 일으킬 수 있는 관계로 온도, 압력, 내부 에너지, 엔탈피, 엔트로피, 비체적, 비열 등이 해당된다.

26. 800℃의 고열원과 300℃의 저열원 사이에서 작동하는 카르노 사이클 열기관의 열효율은?
① 31.3 %   ② 46.6 %
③ 68.8 %   ④ 87.3 %

해설 $\eta = \dfrac{W}{Q_1} \times 100 = \dfrac{T_1 - T_2}{T_1} \times 100$
$= \dfrac{(273+800)-(273+300)}{273+800} \times 100$
$= 46.598 \%$

27. 폭발 억제 장치의 구성이 아닌 것은?
① 폭발 검출 기구   ② 활성제
③ 살포 기구   ④ 제어 기구

해설 폭발 억제(explosion suppression) : 폭발 시작 단계를 검지하여 원료 공급 차단, 소화 등으로 더 큰 폭발을 진압하는 것이며 폭발 억제 장치는 폭발 검출 기구, 살포 기구, 제어 기구로 구성된다.

28. 다음 가스의 그 폭발한계가 틀린 것은?
① 수소 : 4~75 %
② 암모니아 : 15~28 %
③ 메탄 : 5~15.4 %
④ 프로판 : 2.5~40 %

해설 공기 중에서 프로판(C_3H_8)의 폭발 범위 : 2.2~9.5 % (또는 2.1~9.4 %, 2.1~9.5 %)

정답 22. ② 23. ④ 24. ③ 25. ③ 26. ② 27. ② 28. ④

29. 배기 가스의 온도가 120℃인 굴뚝에서 통풍력 12 mmH₂O를 얻기 위하여 필요한 굴뚝의 높이는 약 몇 m인가? (단, 대기의 온도는 20℃이다.)

① 24 ② 32 ③ 39 ④ 47

[해설] $Z = 355 H \left(\dfrac{1}{T_a} - \dfrac{1}{T_g} \right)$ 에서

$\therefore H = \dfrac{Z}{355 \times \left(\dfrac{1}{T_a} - \dfrac{1}{T_g} \right)}$

$= \dfrac{12}{355 \times \left(\dfrac{1}{273+20} - \dfrac{1}{273+120} \right)}$

$= 38.923 \, \text{m}$

30. 가연성 혼합 가스에 불활성 가스를 주입하여 산소의 농도를 최소 산소 농도(MOC) 이하로 낮게 하는 공정은?

① 릴리프(relief) ② 벤트(vent)
③ 이너팅(inerting) ④ 리프팅(lifting)

[해설] 비활성화(inerting : 퍼지 작업) : 가연성 혼합 가스에 불활성 가스(아르곤, 질소 등) 등을 주입하여 산소의 농도를 최소 산소 농도 이하로 낮추는 작업이다.

31. 공기비가 클 경우 연소에 미치는 영향에 대한 설명으로 틀린 것은?

① 통풍력이 강하여 배기 가스에 의한 열손실이 많아진다.
② 연소 가스 중 NOx의 양이 많아져 저온부식이 된다.
③ 연소실 내의 연소 온도가 저하한다.
④ 불완전 연소가 되어 매연이 많이 발생한다.

[해설] 공기비의 영향
(1) 공기비가 큰 경우
㉮ 연소실 내의 온도가 낮아진다.
㉯ 배기 가스로 인한 손실열이 증가한다.
㉰ 배기 가스 중 질소 산화물(NOx)이 많아져 대기 오염을 초래한다.
㉱ 연료 소비량이 증가한다.
(2) 공기비가 작은 경우
㉮ 불완전 연소가 발생하기 쉽다.
㉯ 미연소 가스로 인한 역화의 위험이 있다.
㉰ 연소 효율이 감소한다(열손실이 증가한다).
※ 질소산화물(NOx)은 저온부식과 관계없으며 ④항만 최종 정답으로 처리되었음

32. 다음은 간단한 수증기 사이클을 나타낸 그림이다. 여기서 랭킨(Rankine) 사이클의 경로를 옳게 나타낸 것은?

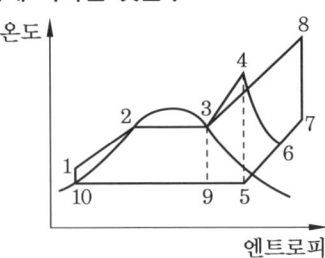

① 1→2→3→9→10→1
② 1→2→3→4→5→9→10→1
③ 1→2→3→4→6→5→9→10→1
④ 1→2→3→8→7→5→9→10→1

[해설] 랭킨 사이클 : 2개의 정압 변화와 2개의 단열 변화로 구성된 증기 원동소의 이상 사이클로 보일러에서 발생된 증기를 증기 터빈에서 단열 팽창하면서 외부에 일을 한 후 복수기(condenser)에서 냉각되어 포화액이 된다.

33. 연소의 열역학에서 몰엔탈피를 H_i, 몰 엔트로피를 S_i라 할 때 Gibbs 자유 에너지 F_i와의 관계를 올바르게 나타낸 것은?

① $F_i = H_i - TS_i$ ② $F_i = H_i + TS_i$
③ $F_i = S_i - TH_i$ ④ $F_i = S_i + TH_i$

[해설] $dq = dh + p\,dv$ 에서

$W_a = \int_1^2 dq - \int_1^2 du$
$= T(s_2 - s_1) - (h_2 - h_1)$
$= Ts_2 - Ts_1 - h_2 + h_1$
$= (h_1 - Ts_1) - (h_2 - Ts_2) = f_1 - f_2$

여기서, $f = h - Ts$ 이다.

정답 29. ③ 30. ③ 31. ④ 32. ② 33. ①

※ $F_i = H_i - TS_i$를 깁스(Gibbs) 자유 에너지 또는 헬름홀츠(Helmholtz) 함수라 한다.

34. 천연가스의 비중 측정 방법은?
① 분젠실링법 ② soap bubble
③ 라이트법 ④ 분젠버너법

해설 분젠실링법 : 시료 가스를 세공에서 유출시키고 같은 조작으로 공기를 유출시켜서 각각의 유출 시간의 비로부터 가스의 비중을 산출한다. 비중계, 스톱워치(stopwatch), 온도계가 필요하다.

35. 공기 중의 산소 농도가 높아질 때 연소의 변화에 대한 설명으로 틀린 것은?
① 연소 속도가 빨라진다.
② 화염 온도가 높아진다.
③ 발화 온도가 높아진다.
④ 폭발이 더 잘 일어난다.

해설 공기 중의 산소 농도가 높아질 때 나타나는 현상
 ㉮ 증가(상승) : 연소 속도 증가, 화염 온도 상승, 발열량 증가, 폭발 범위 증가, 화염 길이 증가
 ㉯ 감소(저하) : 발화 온도 저하, 발화 에너지 감소

36. 증기운 폭발의 특징에 대한 설명으로 틀린 것은?
① 폭발보다 화재가 많다.
② 점화 위치가 방출점에서 가까울수록 폭발 위력이 크다.
③ 증기운의 크기가 클수록 점화될 가능성이 커진다.
④ 연소 에너지의 약 20 %만 폭풍파로 변한다.

해설 증기운 폭발의 특징
 ㉮ 증기운의 크기가 증가하면 점화 확률이 커진다.
 ㉯ 폭발보다는 화재가 일반적이다.
 ㉰ 연소 에너지의 약 20 %만 폭풍파로 변한다.
 ㉱ 방출점으로부터 먼 지점에서의 증기운의 점화는 폭발 충격을 증가시킨다.

37. 연소 반응이 완료되지 않아 연소 가스 중에 반응의 중간 생성물이 들어 있는 현상을 무엇이라 하는가?
① 열해리 ② 순반응
③ 역화반응 ④ 연쇄 분자반응

해설 열해리(熱解離) : 완전 연소 반응이 이루어지지 않아 연소 가스 중에 반응의 중간 생성물이 들어 있는 현상

38. 화격자 연소 방식 중 하입식 연소에 대한 설명으로 옳은 것은?
① 산화층에서는 코크스화한 석탄입자 표면에 충분한 산소가 공급되어 표면 연소에 의한 탄산 가스가 발생한다.
② 코크스화한 석탄은 환원층에서 아래 산화층에서 발생한 탄산 가스를 일산화 탄소로 환원한다.
③ 석탄층은 연소 가스에 직접 접하지 않고 상부의 고온 산화층으로부터 전도와 복사에 의해 가열된다.
④ 휘발분과 일산화 탄소는 석탄층 위쪽에서 2차 공기와 혼합하여 기상연소한다.

해설 하입식 화격자 연소 방식 : 화격자 아래에서 석탄을 공급하는 방식으로 연료가 상부로 올라가면서 가열(건류)되며 이때 발생하는 휘발분은 공기와 혼합되어 고열부를 통과하면서 완전 연소할 수 있다.

39. 일정한 체적 하에서 포화 증기의 압력을 높이면 무엇이 되는가?
① 포화액 ② 과열 증기
③ 압축액 ④ 습증기

해설 ㉮ 포화 증기 : 포화 온도에 도달한 포화수가 증발하여 증기가 생성되는 것을 포화 증기라 하며, 증기 속에 수분이 포함된 습포화

정답 34. ① 35. ③ 36. ② 37. ① 38. ③ 39. ②

증기(습증기)와 수분이 전혀 없는 건포화 증기(건증기)로 구분된다.
㉯ 과열 증기 : 습포화 증기를 가열하여 건조 증기가 된 건증기를 다시 가열할 때 압력은 오르지 않고 온도만 상승되는 증기이다.
㉰ 포화액 : 포화 온도에 도달한 물이며, 포화수에 도달하면 심하게 요동치는 현상이 일어난다.

40. 프로판을 완전 연소시키는 데 필요한 이론 공기량은 메탄의 몇 배인가? (단, 공기 중 산소의 비율은 21 v%이다.)
① 1.5　　② 2.0
③ 2.5　　④ 3.0

해설 프로판(C_3H_8)과 메탄(CH_4)의 완전 연소 반응식 비교
㉮ $C_3H_8 + 5O_2 \rightarrow 3CO_2 + 4H_2O$
㉯ $CH_4 + 2O_2 \rightarrow CO_2 + 2H_2O$

∴ 이론공기량 비 = $\dfrac{C_3H_8 \ 공기량}{CH_4 \ 공기량} = \dfrac{5}{2} = 2.5$ 배

즉, 프로판이 메탄보다 2.5배 많은 공기가 소요된다.

제 3 과목　가스설비

41. 습식 아세틸렌 제조법 중 투입식의 특징이 아닌 것은?
① 온도 상승이 느리다.
② 불순가스 발생이 적다.
③ 대량 생산이 용이하다.
④ 주수량의 가감으로 양을 조정할 수 있다.

해설 투입식 특징
㉮ 공업적으로 대량 생산에 적합하다.
㉯ 카바이드가 물속에 있으므로 온도 상승이 느리다.
㉰ 불순 가스 발생이 적다.
㉱ 카바이드 투입량에 의해 아세틸렌가스 발생량 조절이 가능하다.
㉲ 후기 가스가 발생할 가능성이 있다.
※ 투입식 아세틸렌 발생 장치 : 물에 카바이드를 넣어 아세틸렌을 발생시키는 장치

42. 다음 배관 중 반드시 역류방지 밸브를 설치할 필요가 없는 곳은?
① 가연성 가스를 압축하는 압축기와 오토클레이브와의 사이
② 암모니아의 합성탑과 압축기 사이
③ 가연성 가스를 압축하는 압축기와 충전용 주관과의 사이
④ 아세틸렌을 압축하는 압축기의 유분리기와 고압건조기와의 사이

해설 역류 방지 밸브 및 역화 방지 장치의 설치 장소
(1) 역류 방지 밸브의 설치 장소
　㉮ 가연성 가스를 압축하는 압축기와 충전용 주관과의 사이 배관
　㉯ 아세틸렌을 압축하는 압축기의 유분리기와 고압건조기와의 사이 배관
　㉰ 암모니아 또는 메탄올의 합성탑 및 정제탑과 압축기와의 사이 배관
(2) 역화 방지 장치의 설치 장소
　㉮ 가연성 가스를 압축하는 압축기와 오토클레이브와의 사이 배관
　㉯ 아세틸렌의 고압건조기와 충전용 교체 밸브 사이 배관
　㉰ 아세틸렌 충전용 지관

43. 역카르노 사이클로 작동되는 냉동기가 20 kW의 일을 받아 저온체에서 20 kcal/s의 열을 흡수한다면 고온체로 방출하는 열량은 약 몇 kcal/s인가?
① 14.8　　② 24.8
③ 34.8　　④ 44.8

해설 $COP_R = \dfrac{Q_2}{W} = \dfrac{Q_2}{Q_1 - Q_2}$ 에서

$\dfrac{Q_2}{W} = \dfrac{Q_2}{Q_1 - Q_2}$ 이고,

1 kW는 860 kcal/h이다.

$$\therefore Q_1 = \frac{WQ_2}{Q_2} + Q_2$$
$$= \frac{\left(20 \times \frac{860}{3600}\right) \times 20}{20} + 20$$
$$= 24.777 \text{ kcal/s}$$

44. 고압가스 설비는 상용 압력의 몇 배 이상의 압력에서 항복을 일으키지 않는 두께를 갖도록 설계해야 하는가?
① 2배 ② 10배
③ 20배 ④ 100배

[해설] 가스 설비의 두께 및 강도 : 고압가스 설비는 상용 압력의 2배 이상의 압력에서 항복을 일으키지 아니하는 두께를 가지고, 상용의 압력에 견디는 충분한 강도를 가지는 것으로 한다.

45. 정상 운전 중에 가연성 가스의 점화원이 될 전기불꽃, 아크 또는 고온 부분 등의 발생을 방지하기 위하여 기계·전기적 구조상 또는 온도 상승에 대하여 안전도를 증가시킨 방폭 구조는?
① 내압 방폭 구조 ② 압력 방폭 구조
③ 유입 방폭 구조 ④ 안전증 방폭 구조

[해설] 방폭 구조의 종류
㉮ 내압 방폭 구조 (d) : 방폭 전기 기기의 용기 내부에서 가연성 가스의 폭발이 발생할 경우 그 용기가 폭발 압력에 견디고 접합면 등을 통하여 외부의 가연성 가스에 인화되지 아니하도록 한 구조
㉯ 압력 방폭 구조 (p) : 용기 내부에 보호 가스를 압입하여 내부 압력을 유지함으로써 가연성 가스가 용기 내부로 유입되지 아니하도록 한 구조
㉰ 유입 방폭 구조 (o) : 용기 내부에 절연유를 주입하여 불꽃, 아크 또는 고온 발생 부분이 기름 속에 잠기게 함으로써 기름면 위에 존재하는 가연성 가스에 인화되지 아니하도록 한 구조
㉱ 안전증 방폭 구조 (e) : 정상 운전 중에 가연성 가스의 점화원이 될 전기 불꽃, 아크 또는 고온 부분 등의 발생을 방지하기 위하여 기계·전기적 구조상 또는 온도 상승에 대하여 특히 안전도를 증가시킨 구조

46. 다음 중 동관(copper pipe)의 용도로서 가장 거리가 먼 것은?
① 열교환기용 튜브 ② 압력계 도입관
③ 냉매가스용 ④ 배수관용

[해설] 동관의 용도 : 열교환기용 튜브, 급수관, 압력계 도입관, 급유관, 냉매관, 급탕관, 화학공업용 배관 등

47. 다음 중 공업용 수소의 가장 일반적인 제조 방법은?
① 소금물 분해
② 물의 전기 분해
③ 황산과 아연 반응
④ 천연가스, 석유, 석탄 등의 열분해

[해설] 수소의 공업적 제조법
㉮ 물의 전기 분해법
㉯ 수성 가스법(석탄, 코크스의 가스화)
㉰ 천연가스 분해법(열분해)
㉱ 석유 분해법(열분해)
㉲ 일산화 탄소 전화법
※ 일반적으로 공업적 제조 방법으로 사용하는 것은 천연가스, 석유, 석탄 등의 분해법(수성 가스법)이다.

48. 다음 〈보기〉의 안전밸브의 선정 절차에서 가장 먼저 검토하여야 하는 것은?

〈보 기〉
- 통과유체 확인
- 밸브 용량계수값 확인
- 해당 메이커의 자료 확인
- 기타 밸브구동기 선정

① 기타 밸브구동기 선정
② 해당 메이커의 자료 확인

③ 밸브 용량계수값 확인
④ 통과유체 확인

[해설] 안전밸브 선정 시 가장 먼저 검토하여야 하는 것은 통과 유체의 부식성, 연소성, 가스 비중 등 특성을 확인하는 것이다.

49. 1000 rpm으로 회전하고 있는 펌프의 회전수를 2000 rpm으로 하면 펌프의 양정과 소요동력은 각각 몇 배가 되는가?
① 4배, 16배 ② 2배, 4배
③ 4배, 2배   ④ 4배, 8배

[해설] ㉮ 양정의 변화량 계산
$$\therefore H_2 = H_1 \times \left(\frac{N_2}{N_1}\right)^2 = H_1 \times \left(\frac{2000}{1000}\right)^2 = 4H_1$$
㉯ 소요 동력의 변화량 계산
$$\therefore L_2 = L_1 \times \left(\frac{N_2}{N_1}\right)^3 = L_1 \times \left(\frac{2000}{1000}\right)^3 = 8L_1$$

50. 일반용 LPG 2단 감압식 1차용 압력 조정기의 최대 폐쇄 압력으로 옳은 것은?
① 3.3 kPa 이하
② 3.5 kPa 이하
③ 95 kPa 이하
④ 조정 압력의 1.25배 이하

[해설] 일반용 LPG 2단 감압식 1차용 조정기 압력

구 분	용량 100 kg/h 이하	용량 100 kg/h 초과
입구 압력	0.1~1.56 MPa	0.3~1.56 MPa
조정 압력	57~83 kPa	57~83 kPa
입구 기밀시험 압력	1.8 MPa 이상	
출구 기밀시험 압력	150 kPa 이상	
최대 폐쇄 압력	95 kPa 이하	

51. 화염에서 백-파이어(back-fire)가 생기는 주된 원인은?

① 버너의 과열
② 가스의 과량 공급
③ 가스압력의 상승
④ 1차 공기량의 감소

[해설] 역화(back-fire)의 원인
 ㉮ 염공이 크게 되었을 때
 ㉯ 노즐 구멍이 너무 커진 경우
 ㉰ 콕이 충분히 개방되지 않은 경우
 ㉱ 가스의 공급 압력이 저하되었을 때
 ㉲ 버너가 과열된 경우

52. 고압가스 탱크의 수리를 위하여 내부 가스를 배출하고 불활성 가스로 치환하여 다시 공기로 치환하였다. 내부의 가스를 분석한 결과 탱크 안에서 용접 작업을 해도 되는 경우는?
① 산소 20 %
② 질소 85 %
③ 수소 5 %
④ 일산화 탄소 4000 ppm

[해설] 가스설비 치환 농도
 ㉮ 가연성 가스 : 폭발 하한계의 1/4 이하
 ㉯ 독성 가스 : TLV-TWA 기준농도 이하
 ㉰ 산소 : 22 % 이하
 ㉱ 위 시설에 작업원이 들어가는 경우 산소 농도 : 18~22 %
 ※ 질소가 85 %인 경우는 산소가 부족한 상태이고, 수소의 경우는 폭발 하한값이 4 %이므로 치환 농도는 1 % 이하가 되어야 하며, 일산화 탄소는 TLV-TWA 허용 농도(기준 농도)가 50 ppm이므로 부적합하다.

53. 4극 3상 전동기를 펌프와 직결하여 운전할 때 전원 주파수가 60 Hz이면 펌프의 회전수는 몇 rpm인가? (단, 미끄럼률은 2 %이다.)
① 1562 ② 1663
③ 1764 ④ 1865

[해설] $N = \dfrac{120f}{P} \times \left(1 - \dfrac{S}{100}\right)$
$= \dfrac{120 \times 60}{4} \times \left(1 - \dfrac{2}{100}\right) = 1764 \text{ rpm}$

정답 49. ④ 50. ③ 51. ① 52. ① 53. ③

54. 수소 가스를 충전하는 데 가장 적합한 용기의 재료는?
① Cr강　　　　② Cu
③ Mo강　　　　④ Al

[해설] 수소 충전 용기는 이음매가 없는 용기로 제조하며 용기 재료는 탄소강, 크롬강이 사용된다.

55. 정압기를 평가, 선정할 경우 정특성에 해당되는 것은?
① 유량과 2차 압력과의 관계
② 1차 압력과 2차 압력과의 관계
③ 유량과 작동 차압과의 관계
④ 메인밸브의 열림과 유량과의 관계

[해설] 정압기의 특성
㉮ 정특성(靜特性) : 유량과 2차 압력의 관계
㉯ 동특성(動特性) : 부하 변동에 대한 응답의 신속성과 안전성이 요구됨
㉰ 유량특성(流量特性) : 메인밸브의 열림과 유량의 관계
㉱ 사용 최대차압 : 메인밸브에 1차와 2차 압력이 작용하여 최대로 되었을 때의 차압
㉲ 작동 최소차압 : 정압기가 작동할 수 있는 최소 차압

56. 인장 시험 방법에 해당하는 것은?
① 올센법　　　　② 샤르피법
③ 아이조드법　　④ 파우더법

[해설] 인장 시험 : 시험편을 인장 시험기 양 끝에 고정시킨 후 시험편을 축 방향으로 당겨 기계적 성질에 해당하는 탄성 한도, 항복점, 인장 강도, 연신율 등을 측정하는 것으로 기계적 동력 전달 방식의 올센(Olsen)형과 유압 동력 전달 방식인 앰슬러(Amsler's)형이 있다.
※ 샤르피법, 아이조드법 : 충격 시험 방법

57. 도시가스의 원료 중 탈황 등의 정제 장치를 필요로 하는 것은?
① NG　　　　② SNG
③ LPG　　　④ LNG

[해설] 지하에서 채굴, 생산된 천연가스에는 질소 (N_2), 탄산 가스 (CO_2), 황화 수소 (H_2S)를 포함하고 있으며 황화 수소는 연소에 의해 유독한 아황산 가스 (SO_2)를 생성하기 때문에 탈황 시설에서 제거하여야 한다.
※ 나프타 등을 원료로 SNG를 제조하는 경우에도 탈황 장치가 필요함

58. 용기 내장형 가스난방기에 대한 설명으로 옳지 않은 것은?
① 난방기는 용기와 직결되는 구조로 한다.
② 난방기의 콕은 항상 열림 상태를 유지하는 구조로 한다.
③ 난방기는 버너 후면에 용기를 내장할 수 있는 공간이 있는 것으로 한다.
④ 난방기 통기구의 면적은 용기 내장실 바닥 면적에 대하여 하부는 5%, 상부는 1% 이상으로 한다.

[해설] 용기 내장형 가스난방기의 구조 : ②, ③, ④ 외
㉮ 난방기는 용기와 직결되지 아니하는 구조로 한다.
㉯ 난방기 하부에는 난방기를 쉽게 이동할 수 있도록 4개 이상의 바퀴를 부착한다.
㉰ 난방기와 조정기를 연결하는 호스의 양 끝부분은 나사식이나 피팅(fitting) 접속 방법으로 연결하여 쉽게 분리할 수 없는 것으로 한다.
㉱ 부탄 용기 내장실은 칸막이 문을 열지 않고도 용기 밸브의 개폐가 가능한 것으로 한다.
㉲ 난방기의 버너는 적외선 방식(세라믹버너) 또는 촉매 연소 방식의 버너를 사용한다.

59. 염소가스(Cl_2) 고압 용기의 지름을 4배, 재료의 강도를 2배로 하면 용기의 두께는 얼마가 되는가?
① 0.5　　　　② 1배
③ 2배　　　　④ 4배

[해설] 염소 용기는 용접 용기로 제조되므로 용접 용기 동판두께 계산식 $t = \dfrac{PD}{2S\eta - 1.2P} + C$ 를

정답　54. ①　55. ①　56. ①　57. ①　58. ①　59. ③

적용하는데, 이때 압력(P), 용접 효율(η), 부식 여유치(C)는 동일한 것으로 간주한다.

$$\frac{t_2}{t_1} = \frac{\frac{PD_2}{2S_2\eta - 1.2P} + C}{\frac{PD_1}{2S_1\eta - 1.2P} + C} \text{에서}$$

$$\therefore t_2 = \frac{\frac{D_2}{S_2}}{\frac{D_1}{S_1}} \times t_1 = \frac{\frac{4D_1}{2S_1}}{\frac{D_1}{S_1}} \times t_1 = \frac{4}{2} \times t_1 = 2t_1$$

60. 천연가스에 첨가하는 부취제의 성분으로 적합하지 않은 것은?
① THT (tetra hydro thiophene)
② TBM (tertiary butyl mercaptan)
③ DMS (dimethyl sulfide)
④ DMDS (dimethyl disulfide)

해설 부취제의 종류 및 특징

명칭	냄새	안정도	특징
TBM	양파 썩는 냄새	비교적 안정	냄새가 가장 강함
THT	석탄가스 냄새	안정	냄새가 중간 정도
DMS	마늘 냄새	안정	다른 부취제와 혼합 사용

상용 압력	공지의 폭
0.2 MPa 미만	5 m
0.2 MPa 이상 1 MPa 미만	9 m
1 MPa 이상	15 m

[비고] 공지의 폭은 배관 양쪽의 외면으로부터 계산하되 다음 중 어느 하나의 지역에 설치하는 경우에는 위 표에서 정한 폭의 3분의 1로 할 수 있다.
㉮ 도시계획법에 따른 전용 공업 지역 또는 일반공업지역
㉯ 그 밖에 산업통상자원부 장관이 지정하는 지역

※ 안전을 위해 필요한 경우에 공지의 폭을 초과해 공지를 유지할 수 있으며, 안전상 필요한 조치를 한 경우에는 공지의 폭 이하로 할 수 있다.

62. 가연성 가스가 폭발할 위험이 있는 농도에 도달할 우려가 있는 장소로서 "2종 장소"에 해당되지 않는 것은?
① 상용의 상태에서 가연성 가스의 농도가 연속해서 폭발 하한계 이상으로 되는 장소
② 밀폐된 용기가 그 용기의 사고로 인해 파손될 경우에만 가스가 누출할 위험이 있는 장소
③ 환기 장치에 이상이나 사고가 발생한 경우에는 가연성 가스가 체류하여 위험하게 될 우려가 있는 장소
④ 1종 장소의 주변에서 위험한 농도의 가연성 가스가 종종 침입할 우려가 있는 장소

해설 2종 장소
㉮ 밀폐된 용기 또는 설비 내에 밀봉된 가연성 가스가 그 용기 또는 설비의 사고로 인해 파손되거나 오조작의 경우에만 누출할 위험이 있는 장소
㉯ 확실한 기계적 환기 조치에 의하여 가연성 가스가 체류하지 않도록 되어 있으나 환기

제 4 과목 가스안전관리

61. 지상에 일반 도시가스 배관을 설치(공업지역 제외)한 도시가스 사업자가 유지하여야 할 상용 압력에 따른 공지의 폭으로 적합하지 않은 것은?
① 5.0 MPa–19 m
② 2.0 MPa–16 m
③ 0.5 MPa–8 m
④ 0.1 MPa–6 m

해설 상용 압력에 따른 공지의 폭

정답 60. ④ 61. ③ 62. ①

장치에 이상이나 사고가 발생한 경우에는 가연성 가스가 체류하여 위험하게 될 우려가 있는 장소
㉰ 1종 장소의 주변 또는 인접한 실내에서 위험한 농도의 가연성 가스가 종종 침입할 우려가 있는 장소
※ ① 항 : 0종 장소에 해당

63. 탱크 주밸브가 돌출된 저장 탱크는 조작 상자 내에 설치하여야 한다. 이 경우 조작상자와 차량의 뒤범퍼와의 수평 거리는 얼마 이상 이격하여야 하는가?
① 20 cm
② 30 cm
③ 40 cm
④ 50 cm

해설 뒤범퍼와의 수평 거리
㉮ 후부 취출식 탱크 : 40 cm 이상
㉯ 후부 취출식 탱크 외 : 30 cm 이상
㉰ 조작상자 : 20 cm 이상

64. 도시가스 배관을 지하에 매설할 때 배관에 작용하는 하중을 수직 방향 및 횡방향에서 지지하고 하중을 기초 아래로 분산시키기 위한 침상 재료는 배관 하단에서 배관 상단 몇 cm까지 포설하여야 하는가?
① 10
② 20
③ 30
④ 50

해설 굴착 및 되메우기 방법
㉮ 기초 재료(foundation) : 모래 또는 19 mm 이상의 큰 입자가 포함되지 않은 양질의 흙
㉯ 침상 재료(bedding) : 배관에 작용하는 하중을 수직 방향 및 횡방향에서 지지하고 하중을 기초 아래로 분산시키기 위하여 배관 하단에서 배관 상단 30 cm까지 포설하는 재료
㉰ 되메움 공사 완료 후 3개월 이상의 침하 유무 확인

65. 불화수소(HF) 가스를 물에 흡수시킨 물질을 저장하는 용기로 사용하기에 가장 부적절한 것은?

① 납 용기
② 강철 용기
③ 유리 용기
④ 스테인리스 용기

해설 불화수소의 특징
㉮ 플루오린과 수소의 화합물로 분자량 20.01이다.
㉯ 무색의 자극적인 냄새가 난다.
㉰ 불연성 물질로 연소되지 않지만 열에 의해 분해되어 부식성 및 독성 증기(TLV-TWA 0.5 ppm)를 생성할 수 있다.
㉱ 강산으로 염기류와 격렬히 반응한다.
㉲ 무수물이 수용액보다 더 강산의 성질을 갖는다.
㉳ 금속과 접촉 시 인화성 수소가 생성될 수 있다.
㉴ 흡입 시 기침, 현기증, 두통, 메스꺼움, 호흡 곤란을 일으킬 수 있다.
㉵ 피부에 접촉 시 화학적 화상, 액체 접촉 시 동상을 일으킬 수 있다.
㉶ 유리와 반응하기 때문에 유리병에 보관해서는 안 된다.

66. 용기에 의한 고압가스의 운반 기준으로 틀린 것은?
① 운반 중 도난당하거나 분실한 때에는 즉시 그 내용을 경찰서에 신고한다.
② 충전 용기 등을 적재한 차량은 제1종 보호시설에서 15 m 이상 떨어진 안전한 장소에 주·정차한다.
③ 액화가스 충전 용기를 차량에 적재하는 때에는 적재함에 세워서 적재한다.
④ 충전 용기를 운반하는 모든 운반 전용 차량의 적재함에는 리프트를 설치한다.

해설 충전 용기를 운반하는 가스운반 전용 차량의 적재함에는 리프트를 설치한다. 다만 다음에 해당하는 차량의 경우에는 적재함에 리프트를 설치하지 아니할 수 있다.
㉮ 가스를 공급받는 업소의 용기 보관실 바닥이 운반 차량 적재함 최저 높이로 설치되어 있거나, 컨베이어 벨트 등 상·하차 설비가 설치된 업소에 가스를 공급하는 차량
㉯ 적재 능력 1.2톤 이하의 차량

정답 63. ① 64. ③ 65. ③ 66. ④

67. 도시가스의 누출 시 그 누출을 조기에 발견하기 위해 첨가하는 부취제의 구비 조건이 아닌 것은?
① 배관 내의 상용의 온도에서 응축하지 않을 것
② 물에 잘 녹고 토양에 대한 흡수가 잘 될 것
③ 완전히 연소하고 연소 후에 유해한 성질이나 냄새가 남지 않을 것
④ 독성이 없고 가스관이나 가스미터에 흡착되지 않을 것

[해설] 부취제의 구비 조건
㉮ 화학적으로 안정하고 독성이 없을 것
㉯ 일상생활의 냄새(생활취)와 명확하게 구별될 것
㉰ 극히 낮은 농도에서도 냄새가 확인될 수 있을 것
㉱ 가스관이나 가스미터 등에 흡착되지 않을 것
㉲ 배관을 부식시키지 않고, 상용 온도에서 응축되지 않을 것
㉳ 물에 잘 녹지 않고 토양에 대하여 투과성이 클 것
㉴ 완전 연소가 가능하고 연소 후 유해 물질을 남기지 않을 것

68. 안전성 평가 기법 중 공정 및 설비의 고장형태 및 영향, 고장 형태별 위험도 순위 등을 결정하는 기법은?
① 위험과 운전 분석(HAZOP)
② 이상 위험도 분석(FMECA)
③ 상대 위험순위 결정 분석(Dow And Mond Indices)
④ 원인 결과 분석(CCA)

[해설] 이상 위험도 분석(FMECA : failure modes effect and criticality analysis) 기법 : 공정 및 설비의 고장의 형태 및 영향, 고장 형태별 위험도 순위를 결정하는 것이다.

69. 염소와 동일 차량에 적재하여 운반하여도 무방한 것은?
① 산소
② 아세틸렌
③ 암모니아
④ 수소

[해설] 혼합적재 금지 기준
㉮ 염소와 아세틸렌, 암모니아, 수소는 동일 차량에 적재하여 운반하지 아니한다.
㉯ 가연성 가스와 산소를 동일 차량에 적재하여 운반하는 때에는 그 충전 용기의 밸브가 서로 마주보지 아니하도록 적재한다.
㉰ 충전 용기와 위험물 안전관리법에서 정하는 위험물과는 동일 차량에 적재하여 운반하지 아니한다.
㉱ 독성 가스 중 가연성 가스와 조연성 가스는 동일 차량 적재함에 운반하지 아니한다.

70. 가연성 가스 충전용기의 보관실에 등화용으로 휴대할 수 있는 것은?
① 휴대용 손전등(방폭형)
② 석유등
③ 촛불
④ 가스등

[해설] 가연성 가스 용기 보관장소에는 방폭형 휴대용 손전등 외의 등화를 휴대하고 들어가지 아니한다.

71. 고압가스 특정 설비 제조자의 수리 범위에 해당하지 않는 것은?
① 단열재 교체
② 특정 설비 몸체의 용접
③ 특정 설비의 부속품 가공
④ 아세틸렌 용기 내의 다공 물질 교체

[해설] 특정 설비 제조자의 수리 범위
㉮ 특정 설비 몸체의 용접
㉯ 특정 설비의 부속품(부품 포함)의 교체 및 가공
㉰ 단열재 교체
※ ④항 : 용기 제조자의 수리 범위에 해당

72. 다음 각 가스의 특징에 대한 설명 중 옳은 것은?

정답 67. ② 68. ② 69. ① 70. ① 71. ④ 72. ④

① 암모니아 가스는 갈색을 띤다.
② 일산화 탄소는 산화성이 강하다.
③ 황화 수소는 갈색의 무취 기체이다.
④ 염소 자체는 폭발성이나 인화성이 없다.

[해설] 각 가스의 특징
㉮ 암모니아 가스는 자극성의 무색 기체로 가연성·독성 가스이다.
㉯ 일산화 탄소는 환원성이 강하다.
㉰ 황화 수소는 무색의 특유한 계란 썩는 냄새가 나는 기체이다.
㉱ 염소는 조연성·독성 가스이므로 폭발성이나 인화성이 없다.

73. 일반 도시가스사업 정압기 시설에서 지하 정압기실의 바닥면 둘레가 35 m일 때 가스누출 경보기 검지부의 설치 개수는?
① 1개   ② 2개   ③ 3개   ④ 4개

[해설] 바닥면 둘레 20 m 마다 1개 이상의 비율로 설치하여야 하므로 2개를 설치하여야 한다.

74. 공기 액화 장치에 아세틸렌가스가 혼입되면 안 되는 주된 이유는?
① 배관에서 동결되어 배관을 막아 버리므로
② 질소와 산소의 분리를 어렵게 하므로
③ 분리된 산소가 순도를 나빠지게 하므로
④ 분리기 내 액체산소 탱크에 들어가 폭발하기 때문에

[해설] 공기액화 분리 장치에 아세틸렌가스가 혼입되면 응고되어 있다가 구리와 접촉하여 산소 중에서 폭발하기 때문에 아세틸렌 흡착기에서 제거하여야 한다.

75. 고압가스용 냉동기 제조 시설에서 냉동기의 설비에 실시하는 기밀 시험과 내압 시험(시험유체 : 물)의 압력 기준은 각각 얼마인가?
① 설계 압력 이상, 설계 압력의 1.3배 이상
② 설계 압력의 1.5배 이상, 설계 압력 이상
③ 설계 압력의 1.1배 이상, 설계 압력의 1.1배 이상
④ 설계 압력의 1.5배 이상, 설계 압력의 1.3배 이상

[해설] 냉동기 설비의 시험 압력 : 고압가스용 냉동기 제조 기준 (KGS AA111)
㉮ 기밀시험 압력 : 설계 압력 이상의 압력으로 공기 또는 불연성 가스(산소 및 독성 가스 제외)로 한다.
㉯ 내압시험 압력 : 설계 압력의 1.3배(공기, 질소 등의 기체를 사용하는 경우에는 1.1배) 이상의 압력

76. 아세틸렌 용기에 충전하는 다공 물질의 다공도는?
① 25 % 이상 50 % 미만
② 35 % 이상 62 % 미만
③ 54 % 이상 79 % 미만
④ 75 % 이상 92 % 미만

[해설] 아세틸렌 충전 용기 다공도 : 75 % 이상 92 % 미만

77. 고압가스 특정 제조의 시설 기준 중 배관의 도로 밑 매설 기준으로 틀린 것은?
① 배관의 외면으로부터 도로의 경계까지 1 m 이상의 수평 거리를 유지한다.
② 배관은 그 외면으로부터 도로 밑의 다른 시설물과 0.3 m 이상의 거리를 유지한다.
③ 시가지의 도로 노면 밑에 매설하는 배관의 노면과의 거리는 1.2 m 이상으로 한다.
④ 포장되어 있는 차도에 매설하는 경우에는 그 포장 부분의 노반 밑에 매설하고 배관의 외면과 노반의 최하부와의 거리는 0.5 m 이상으로 한다.

[해설] 시가지의 도로 노면 밑에 매설하는 배관의 노면과의 거리는 1.5 m 이상으로 한다.

78. 차량에 고정된 탱크의 안전운행 기준으로 운행을 완료하고 점검하여야 할 사항이 아닌

정답 73. ② 74. ④ 75. ① 76. ④ 77. ③ 78. ③

것은?
① 밸브의 이완 상태
② 부속품 등의 볼트 연결 상태
③ 자동차 운행등록허가증 확인
④ 경계표지 및 휴대품 등의 손상 유무

[해설] 운행 종료 시 조치 사항(점검 사항)
㉮ 밸브 등의 이완이 없도록 한다.
㉯ 경계표지와 휴대품 등의 손상이 없도록 한다.
㉰ 부속품 등의 볼트 연결 상태가 양호하도록 한다.
㉱ 높이 검지봉과 부속 배관 등이 적절히 부착되어 있도록 한다.
㉲ 가스의 누출 등의 이상 유무를 점검하고, 이상이 있을 때에는 보수를 하거나 그 밖에 위험을 방지하기 위한 조치를 한다.

79. 다음 특정 설비 중 재검사 대상에 해당하는 것은?
① 평저형 저온 저장 탱크
② 초저온용 대기식 기화 장치
③ 저장 탱크에 부착된 안전밸브
④ 특정 고압가스용 실린더 캐비닛

[해설] 재검사 대상에서 제외되는 특정 설비
㉮ 평저형 및 이중각형 진공단열형 저온저장 탱크
㉯ 역화 방지 장치
㉰ 독성가스 배관용 밸브
㉱ 자동차용 가스 자동 주입기
㉲ 냉동용 특정 설비
㉳ 초저온가스용 대기식 기화 장치
㉴ 저장 탱크 또는 차량에 고정된 탱크에 부착되지 아니한 안전밸브 및 긴급 차단 밸브
㉵ 저장 탱크 및 압력 용기 중 다음에서 정한 것
 ㉠ 초저온 저장 탱크
 ㉡ 초저온 압력 용기
 ㉢ 분리할 수 없는 이중관식 열교환기
 ㉣ 그 밖에 산업통상자원부 장관이 재검사를 실시하는 것이 현저히 곤란하다고 인정하는 저장 탱크 또는 압력 용기
㉶ 특정 고압가스용 실린더 캐비닛

㉷ 자동차용 압축 천연가스 완속 충전설비
㉸ 액화 석유 가스용 용기 잔류가스 회수장치

80. 니켈(Ni) 금속을 포함하고 있는 촉매를 사용하는 공정에서 주로 발생할 수 있는 맹독성 가스는?
① 산화 니켈(NiO)
② 니켈카르보닐[Ni(CO)$_4$]
③ 니켈 클로라이드(NiCl$_2$)
④ 니켈염

[해설] 니켈카르보닐 : 휘발성의 무색 액체로 맹독성을 나타낸다. 비점 43℃, 비중 1.32이다. 반자성을 나타내며 200℃에서 금속 니켈과 일산화 탄소로 분해한다. 증기는 강한 빛을 내면서 불타 그을음 모양의 니켈 가루를 만든다. 벤젠, 에테르, 클로로포름에 녹고, 묽은 산, 알칼리 수용액 등에는 녹지 않으며 진한 황산과 접촉하면 폭발한다.

제 5 과목   가스계측기기

81. 가스미터가 규정된 사용 공차를 초과할 때의 고장을 무엇이라고 하는가?
① 부동   ② 불통
③ 기차 불량   ④ 감도 불량

[해설] 가스미터의 고장 종류
㉮ 부동(不動) : 가스는 계량기를 통과하나 지침이 작동하지 않는 고장
㉯ 불통(不通) : 가스가 계량기를 통과하지 못하는 고장
㉰ 기차 (오차) 불량 : 사용 공차를 초과하는 고장
㉱ 감도 불량 : 감도 유량을 통과시켰을 때 지침의 시도(示度) 변화가 나타나지 않는 고장

82. 제어 오차가 변화하는 속도에 비례하는 제어 동작으로, 오차의 변화를 감소시켜 제어 시스템이 빨리 안정될 수 있게 하는 동작은?

정답 79. ③   80. ②   81. ③   82. ②

① 비례 동작　　② 미분 동작
③ 적분 동작　　④ 뱅뱅 동작

[해설] 미분(D) 동작 : 조작량이 동작 신호의 미분치에 비례하는 동작으로 비례 동작과 함께 쓰이며 일반적으로 진동이 제어되어 빨리 안정된다.

83. 가스 분석계 중 O_2 (산소)를 분석하기에 적합하지 않은 것은?

① 자기식 가스 분석계
② 적외선 가스 분석계
③ 세라믹식 가스 분석계
④ 갈바니 전기식 가스 분석계

[해설] 적외선 가스 분석계(적외선 분광 분석법) : 헬륨(He), 네온(Ne), 아르곤(Ar) 등 단원자 분자 및 수소(H_2), 산소(O_2), 질소(N_2), 염소(Cl_2) 등 대칭 2원자 분자는 적외선을 흡수하지 않으므로 분석할 수 없다.

84. 변화되는 목표치를 측정하면서 제어량을 목표치에 맞추는 자동 제어 방식이 아닌 것은?

① 추종 제어　　② 비율 제어
③ 프로그램 제어　④ 정치 제어

[해설] 제어 방법에 의한 분류
㉮ 정치 제어 : 목표값이 일정한 제어
㉯ 추치 제어 : 목표값을 측정하면서 제어량을 목표값에 일치하도록 맞추는 방식으로 추종 제어, 비율 제어, 프로그램 제어 등이 있다.
㉰ 캐스케이드 제어 : 두 개의 제어계를 조합하여 제어량의 1차 조절계를 측정하고 그 조작 출력으로 2차 조절계의 목표값을 설정하는 방법

85. 어떤 가스의 유량을 막식 가스미터로 측정하였더니 65 L이었다. 표준 가스미터로 측정하였더니 71 L이었다면 이 가스미터의 기차는 약 몇 %인가?

① -8.4 %　　② -9.2 %
③ -10.9 %　　④ -12.5 %

[해설] $E = \dfrac{I-Q}{I} \times 100$

$= \dfrac{65-71}{65} \times 100 = -9.23 \%$

86. 가스 크로마토그래피의 캐리어 가스로 사용하지 않는 것은?

① He　② N_2　③ Ar　④ O_2

[해설] 캐리어 가스 : 수소(H_2), 헬륨(He), 아르곤(Ar), 질소(N_2)

87. 미리 정해 놓은 순서에 따라서 단계별로 진행시키는 제어 방식에 해당하는 것은?

① 수동 제어(manual control)
② 프로그램 제어(program control)
③ 시퀀스 제어(sequence control)
④ 피드백 제어(feedback control)

[해설] 시퀀스 제어 : 미리 정해 놓은 순서에 입각해서 다음 단계가 순차적으로 진행되는 제어 방식으로 자동판매기, 보일러의 점화 등이 있다.

88. 유리관 등을 이용하여 액위를 직접 판독할 수 있는 액위계는?

① 직관식 액위계　② 검척식 액위계
③ 퍼지식 액위계　④ 플로트식 액위계

[해설] 직관식(유리관식) 액면계 : 경질의 유리관을 탱크에 부착하여 내부의 액면을 직접 확인할 수 있는 것으로 자동 제어에 적용하기가 어렵다.

89. 기체 크로마토그래피에서 사용되는 캐리어 가스에 대한 설명으로 틀린 것은?

① 헬륨, 질소가 주로 사용된다.
② 기체 확산이 가능한 큰 것이어야 한다.
③ 시료에 대하여 불활성이어야 한다.
④ 사용하는 검출기에 적합하여야 한다.

[해설] 캐리어 가스의 구비 조건
㉮ 시료와 반응성이 낮은 불활성 기체여야 한다.
㉯ 기체 확산을 최소화할 수 있어야 한다.

정답　83. ②　84. ④　85. ②　86. ④　87. ③　88. ①　89. ②

㉢ 순도가 높고 구입이 용이해야 (경제적) 한다.
㉣ 사용하는 검출기에 적합해야 한다.

90. 물탱크의 크기가 높이 3 m, 폭 2.5 m일 때, 물탱크 한쪽 벽면에 작용하는 전압력은 약 몇 kgf인가?
① 2813 ② 5625 ③ 11250 ④ 22500

[해설] $F = \gamma \cdot h_c \cdot A = \dfrac{1}{2} \cdot \gamma \cdot h \cdot A$
$= \dfrac{1}{2} \times 1000 \times 3 \times (3 \times 2.5)$
$= 11250 \text{ kgf}$

91. 관에 흐르는 유체 흐름의 전압과 정압의 차이를 측정하고 유속을 구하는 장치는?
① 로터미터 ② 피토관
③ 벤투리미터 ④ 오리피스미터

[해설] 피토관(Pitot tube)식 유량계 : 배관 중의 유체 전압과 정압과의 차이인 동압을 측정하여 베르누이 방정식에 의해 속도 수두에서 유속을 구하고 그 값에 관로 단면적을 곱하여 유량을 측정하는 것이다.

92. 캐리어 가스와 시료 성분 가스의 열전도도의 차이를 금속 필라멘트 또는 서미스터의 저항변화로 검출하는 가스 크로마토그래피 검출기는?
① TCD ② FID ③ ECD ④ FPD

[해설] TCD (thermal conductivity detector) : 열전도형 검출기

93. 경사각(θ)이 30°인 경사관식 압력계의 눈금(x)을 읽었더니 60 cm가 상승하였다. 이 때 양단의 차압($P_1 - P_2$)은 약 몇 kgf/cm²인가? (단, 액체의 비중은 0.8인 기름이다.)
① 0.001 ② 0.014
③ 0.024 ④ 0.034

[해설] $P_1 - P_2 = \gamma x \sin\theta$
$= 0.8 \times 1000 \times 0.6 \times \sin 30° \times 10^{-4}$
$= 0.024 \text{ kgf/cm}^2$

94. 계량기의 검정 기준에서 정하는 가스미터의 사용 오차의 값은?
① 최대 허용 오차의 1배의 값으로 한다.
② 최대 허용 오차의 1.2배의 값으로 한다.
③ 최대 허용 오차의 1.5배의 값으로 한다.
④ 최대 허용 오차의 2배의 값으로 한다.

[해설] 사용 공차 : 검정 기준에서 정하는 최대 허용 오차의 2배 값

95. 밸브를 완전히 닫힌 상태로부터 완전히 열린 상태로 움직이는 데 필요한 오차의 크기를 의미하는 것은?
① 잔류편차 ② 비례대
③ 보정 ④ 조작량

[해설] 비례대(比例帶) : 조절계를 비례 동작시켰을 때 출력이 0~100 % 변화하는 데 필요한 입력의 변화 폭으로 퍼센트(%)로 나타낸다. 자동 제어용 밸브일 때는 완전히 닫힌 상태로부터 완전히 열린 상태로 움직이는 데 필요한 오차의 크기를 의미한다.

96. 염화팔라듐지로 일산화 탄소의 누출 유무를 확인할 경우 누출이 되었다면 이 시험지는 무슨 색으로 변하는가?
① 검은색 ② 청색
③ 적색 ④ 오렌지색

[해설] 가스 검지 시험지법

검지 가스	시험지	반응(변색)
암모니아 (NH_3)	적색 리트머스지	청색
염소 (Cl_2)	KI-전분지	청갈색
포스겐 ($COCl_2$)	하리슨 시험지	유자색
시안화 수소 (HCN)	초산 벤젠지	청색
일산화 탄소 (CO)	염화팔라듐지	흑색
황화 수소 (H_2S)	연당지	회흑색
아세틸렌 (C_2H_2)	염화제1동착염지	적갈색

정답 90. ③ 91. ② 92. ① 93. ③ 94. ④ 95. ② 96. ①

97. 시험지에 의한 가스 검지법 중 시험지별 검지 가스가 바르지 않게 연결된 것은?
① KI 전분지 – NO_2
② 염화제일동 착염지 – C_2H_2
③ 염화팔라듐지 – CO
④ 연당지 – HCN

[해설] 연당지는 황화 수소(H_2S)를 검지하는 데 사용하며, KI 전분지는 염소 외에 이산화질소(NO_2)를 검지할 수 있다.

98. 2종의 금속선 양 끝에 접점을 만들어 온도차를 주면 기전력이 발생하는데 이 기전력을 이용하여 온도를 표시하는 온도계는?
① 열전대 온도계   ② 방사 온도계
③ 색 온도계   ④ 제겔콘 온도계

[해설] 열전대 온도계 : 2종류의 금속선을 접속하여 하나의 회로를 만들어 2개의 접점에 온도차를 부여하면 회로에 접점의 온도에 거의 비례한 전류(열기전력)가 흐르는 현상인 제백 효과(Seebeck effect)를 이용한 것으로 열기전력은 전위차계를 이용하여 측정한다.

99. 절대 습도(絕對濕度)에 대하여 가장 바르게 나타낸 것은?
① 건공기 1 kg에 대한 수증기의 중량
② 건공기 1 m^3에 대한 수증기의 중량
③ 건공기 1 kg에 대한 수증기의 체적
④ 습공기 1 m^3에 대한 수증기의 체적

[해설] 절대 습도 : 습공기 중에서 건조 공기 1 kg에 대한 수증기의 중량과의 비율로서 절대 습도는 온도에 관계없이 일정하게 나타난다.

100. 임펠러식(Impeller type) 유량계의 특징에 대한 설명으로 틀린 것은?
① 구조가 간단하다.
② 직관 부분이 필요 없다.
③ 측정 정도는 약 ±0.5 %이다.
④ 부식성이 강한 액체에도 사용할 수 있다.

[해설] 임펠러식 유량계의 특징
㉮ 구조가 간단하고 보수가 용이하다.
㉯ 내구성이 우수하다.
㉰ 직관 길이가 필요하다.
㉱ 부식성이 강한 액체에도 사용할 수 있다.
㉲ 측정 정도는 ±0.5 % 정도이다.

▶ 2017년 5월 7일 시행

자격종목	종목코드	시험시간	형 별
가스 기사	1471	2시간 30분	A

제1과목 가스유체역학

1. 정적비열이 1000 J/kg·K이고, 정압비열이 1200 J/kg·K인 이상기체가 압력 200 kPa에서 등엔트로피 과정으로 압력이 400 kPa로 바뀐다면, 바뀐 후의 밀도는 원래 밀도의 몇 배가 되는가?

① 1.41   ② 1.64
③ 1.78   ④ 2

해설 ㉮ 비열비 계산

$$k = \frac{C_p}{C_v} = \frac{1200}{1000} = 1.2$$

㉯ 등엔트로피 과정(단열과정)에서 400 kPa 상태로 변한 후의 온도 계산

$$\frac{T_2}{T_1} = \left(\frac{P_2}{P_1}\right)^{\frac{k-1}{k}} 에서$$

$$T_2 = T_1 \times \left(\frac{P_2}{P_1}\right)^{\frac{k-1}{k}}$$

$$= T_1 \times \left(\frac{400}{200}\right)^{\frac{1.2-1}{1.2}} = 1.122 T_1$$

㉰ 밀도비 계산

$PV = GRT$에서 $\rho = \frac{G}{V} = \frac{P}{RT}$ 이다.

$$\therefore \frac{\rho_2}{\rho_1} = \frac{\frac{P_2}{R_2 T_2}}{\frac{P_1}{R_1 T_1}} = \frac{P_2 R_1 T_1}{P_1 R_2 T_2}$$

$$= \frac{400 \times T_1}{200 \times 1.122 T_1} = 1.782$$

※ 여기서, 동일한 이상기체이므로 기체상수값 $R_1 = R_2$이다.

2. 지름이 3 m인 원형 기름 탱크의 지붕이 평평하고 수평이다. 대기압이 1 atm일 때 대기가 지붕에 미치는 힘은 몇 kgf인가?

① 7.3×10^2 ② 7.3×10^3
③ 7.3×10^4 ④ 7.3×10^5

해설 1 atm = 10332 kgf/m² 이다.

$$\therefore F = P \times A$$

$$= 10332 \times \left(\frac{\pi}{4} \times 3^2\right)$$

$$= 73032.604 = 7.3 \times 10^4 \text{ kgf}$$

3. 절대압력이 4×10^4 kgf/m²이고, 온도가 15℃인 공기의 밀도는 약 몇 kg/m³인가? (단, 공기의 기체상수는 29.27 kgf·m/kg·K이다.)

① 2.75   ② 3.75
③ 4.75   ④ 5.75

해설 $PV = GRT$에서

$$\rho = \frac{G}{V} = \frac{P}{RT}$$

$$= \frac{4 \times 10^4}{29.27 \times (273 + 15)} = 4.745 \text{ kg/m}^3$$

4. Stokes 법칙이 적용되는 범위에서 항력계수(drag coefficient) C_D를 옳게 나타낸 것은?

① $C_D = \dfrac{16}{Re}$ ② $C_D = \dfrac{24}{Re}$
③ $C_D = \dfrac{64}{Re}$ ④ $C_D = 0.44$

해설 Stokes 법칙이 적용되는 범위에서 레이놀즈수가 $Re < 1$에 있어서 구의 항력 $D = 3\pi\mu Vd$로 표시되므로 항력계수(C_D)는 다음과 같다.

정답 1. ③   2. ③   3. ③   4. ②

$$C_D = \frac{D}{A\frac{\rho V^2}{2}} = \frac{3\pi\mu Vd}{\frac{\pi}{4}d^2\frac{\rho V^2}{2}}$$

$$= \frac{24\mu}{\rho dV} = \frac{24}{Re}$$

5. 다음 보기 중 Newton의 점성법칙에서 전단응력과 관련 있는 항으로만 되어 있는 것은?

| ㉠ 온도 기울기 | ㉡ 점성계수 |
| ㉢ 속도 기울기 | ㉣ 압력 기울기 |

① ㉠, ㉡ ② ㉠, ㉣
③ ㉡, ㉢ ④ ㉢, ㉣

[해설] 뉴턴의 점성법칙

$$\tau = \mu \frac{du}{dy}$$

여기서, τ : 전단응력(kgf/m²)

μ : 점성계수(kgf·s/m²)

$\frac{du}{dy}$: 속도 구배(속도 기울기)

6. 밀도가 1000 kg/m³인 액체가 수평으로 놓인 축소관을 마찰 없이 흐르고 있다. 단면 1에서의 면적과 유속은 각각 40 cm², 2 m/s이고, 단면 2의 면적은 10 cm²일 때 두 지점의 압력 차이($P_1 - P_2$)는 몇 kPa인가?

① 10 ② 20 ③ 30 ④ 40

[해설] ㉮ 2지점의 속도 계산

$A_1 V_1 = A_2 V_2$에서

$$V_2 = \frac{A_1 V_1}{A_2} = \frac{40 \times 2}{10} = 8 \text{ m/s}$$

㉯ 압력 차이 계산 : SI단위 베르누이 방정식 적용

$$Z_1 + \frac{P_1}{\rho} + \frac{V_1^2}{2} = Z_2 + \frac{P_2}{\rho} + \frac{V_2^2}{2}$$에서

$Z_1 = Z_2$이다.

$$\therefore \frac{P_1}{\rho} - \frac{P_2}{\rho} = \frac{V_2^2}{2} - \frac{V_1^2}{2}$$

$$\frac{P_1 - P_2}{\rho} = \frac{V_2^2 - V_1^2}{2}$$

$$\therefore P_1 - P_2 = \rho \times \frac{V_2^2 - V_1^2}{2}$$

$$= 1000 \times \frac{8^2 - 2^2}{2} = 30000 \text{ Pa}$$

$$= 30 \text{ kPa}$$

7. 유체역학에서 다음과 같은 베르누이 방정식이 적용되는 조건이 아닌 것은?

$$\frac{P}{\gamma} + \frac{V^2}{2g} + Z = 일정$$

① 적용되는 임의의 두 점은 같은 유선상에 있다.
② 정상 상태의 흐름이다.
③ 마찰이 없는 흐름이다.
④ 유체흐름 중 내부에너지 손실이 있는 흐름이다.

[해설] 베르누이 방정식이 적용되는 조건
 ㉮ 적용되는 임의 두 점은 같은 유선상에 있다.
 ㉯ 정상 상태의 흐름이다.
 ㉰ 마찰이 없는 이상유체의 흐름이다.
 ㉱ 비압축성 유체의 흐름이다.
 ㉲ 외력은 중력만 작용한다.
 ㉳ 유체흐름 중 내부에너지 손실이 없는 흐름이다.

8. 펌프에서 전체 양정 10 m, 유량 15 m³/min, 회전수 700 rpm을 기준으로 한 비속도는?

① 271 ② 482
③ 858 ④ 1060

[해설] $N_s = \dfrac{N \times \sqrt{Q}}{\left(\dfrac{H}{Z}\right)^{\frac{3}{4}}}$

$$= \frac{700 \times \sqrt{15}}{10^{\frac{3}{4}}} = 482.107$$

9. 어떤 유체의 운동물체에 8개의 변수가 관계되고 있다. 이 8개의 변수에 포함되는 기본차

[정답] 5.③ 6.③ 7.④ 8.② 9.②

원이 질량 M, 길이 L, 시간 T일 때 π 정리로서 차원해석을 한다면 몇 개의 독립적인 무차원량 π를 얻을 수 있는가?

① 3개 ② 5개 ③ 8개 ④ 11개

[해설] 무차원 수 = 물리량 수 – 기본차원 수
= 8 – 3 = 5

10. 비중 0.9인 액체가 지름 10 cm인 원관 속을 매분 50 kg의 질량유량으로 흐를 때, 평균속도는 얼마인가?

① 0.118 m/s ② 0.145 m/s
③ 7.08 m/s   ④ 8.70 m/s

[해설] ㉮ 액체의 밀도 (공학단위) 계산
$$\rho = \frac{\gamma}{g} = \frac{0.9 \times 10^3}{9.8} = 91.8367 \text{ kgf} \cdot \text{s}^2/\text{m}^4$$
㉯ 액체의 밀도 (절대단위) 계산
$\rho = 91.8367 \text{ kgf} \cdot \text{s}^2/\text{m}^4 \times 9.8 \text{ m/s}^2$
$= 899.999 ≒ 900 \text{ kg/m}^3$
㉰ 속도 계산
$m = \rho \times A \times V$ 에서
$$V = \frac{m}{\rho \times A} = \frac{m}{\rho \times \frac{\pi}{4} \times D^2}$$
$$= \frac{50}{0.9 \times 1000 \times \frac{\pi}{4} \times 0.1^2 \times 60}$$
$= 0.11789 \text{ m/s}$

11. 기체 수송 장치 중 일반적으로 압력이 가장 높은 것은?

① 팬   ② 송풍기
③ 압축기   ④ 진공펌프

[해설] 작동압력에 의한 압축기 분류
㉮ 팬(fan) : 10 kPa 미만
㉯ 송풍기(blower) : 10 kPa 이상 0.1 MPa 미만
㉰ 압축기(compressor) : 0.1 MPa 이상

12. 송풍기의 공기 유량이 3 m³/s일 때, 흡입 쪽의 전압이 110 kPa, 출구 쪽의 정압이 115 kPa이고 속도가 30 m/s이다. 송풍기에 공급하여야 하는 축동력은 얼마인가? (단, 공기의 밀도는 1.2 kg/m³이고, 송풍기의 전효율은 0.8이다.)

① 10.45 kW   ② 13.99 kW
③ 16.62 kW   ④ 20.78 kW

[해설] ㉮ 출구측 전압(P_{t_2}) 계산
P_{t_2} = 출구 정압(P_{s_2}) + 출구 동압(P_{v_2})
$= P_{s_2} + \left(\frac{V^2}{2} \times \rho\right) = 115 + \left(\frac{30^2}{2} \times 1.2 \times 10^{-3}\right)$
$= 115.54 \text{ kPa}$
㉯ 전압(P_t) 계산
P_t = 출구 전압(P_{t_2}) – 흡입 전압(P_{t_1})
$= 115.54 - 110 = 5.54 \text{ kPa}$
㉰ 축동력 계산 : 1 W = 1 J/s 이므로
1 kW = 1 kJ/s이다.
$$\therefore \text{kW} = \frac{P_t \times Q}{\eta} = \frac{5.54 \times 3}{0.8} = 20.775 \text{ kW}$$

13. 중량 10000 kgf의 비행기가 270 km/h의 속도로 수평 비행할 때 동력은? (단, 양력(L)과 항력(D)의 비 $\frac{L}{D} = 5$이다.)

① 1400 PS   ② 2000 PS
③ 2600 PS   ④ 3000 PS

[해설] 양력(L)과 항력(D)의 비 $\frac{L}{D} = 5$에서 항력
$D = \frac{L}{5}$이다.
$$\therefore \text{PS} = \frac{D \cdot V}{75} = D \times \frac{V}{75} = \frac{L}{5} \times \frac{V}{75}$$
$$= \frac{10000}{5} \times \frac{\frac{270 \times 10^3}{3600}}{75} = 2000 \text{ PS}$$

14. 지름 20 cm인 원관이 한 변의 길이가 20 cm인 정사각형 단면을 갖는 덕트와 연결되어 있다. 원관에서 물의 평균속도가 2 m/s일 때 덕트에서 물의 평균속도는 얼마인가?

① 0.78 m/s   ② 1 m/s
③ 1.57 m/s   ④ 2 m/s

[해설] 원관의 유량(Q_1)과 덕트의 유량(Q_2)은 같으므로 $Q_1 = Q_2$이고, $A_1 V_1 = A_2 V_2$이다.

$$\therefore V_2 = \frac{A_1 V_1}{A_2}$$

$$= \frac{\frac{\pi}{4} \times 0.2^2 \times 2}{0.2 \times 0.2} = 1.5707 \text{ m/s}$$

15. 원심펌프 중 회전차 바깥둘레에 안내깃이 없는 펌프는?
① 벌류트 펌프 ② 터빈 펌프
③ 베인 펌프 ④ 사류 펌프

[해설] 원심펌프의 종류
㉮ 벌류트(volute) 펌프 : 임펠러에서 나온 물을 직접 벌류트 케이싱으로 유도하는 형식으로 임펠러 바깥둘레에 안내 베인(깃)이 없고 일반적으로 양정이 낮은 곳에 사용된다.
㉯ 터빈(turbine) 펌프 : 임펠러 바깥둘레에 안내 베인(깃)이 있어 속도에너지를 압력에너지로 쉽게 변환시킬 수 있어 양정이 높은 곳에 사용된다.

16. 정상유동에 대한 설명 중 잘못된 것은?
① 주어진 한 점에서의 압력은 항상 일정하다.
② 주어진 한 점에서의 속도는 항상 일정하다.
③ 유체입자의 가속도는 항상 0이다.
④ 유선, 유적선 및 유맥선은 모두 같다.

[해설] 정상유동은 어느 한 점을 관찰할 때 그 점에서의 유동 특성이 시간에 관계없이 일정하게 유지되는 흐름이다.

17. 공기 중의 소리속도 C는 $C^2 = \left(\frac{\partial P}{\partial \rho}\right)_s$로 주어진다. 이때 소리의 속도와 온도의 관계는? (단, T는 주위 공기의 절대온도이다.)
① $C \propto \sqrt{T}$ ② $C = T^2$
③ $C = T^3$ ④ $C = \frac{1}{T}$

[해설] 공기 중의 소리속도(음속) C는 절대온도(T)의 평방근(제곱근)에 비례한다.

$$\therefore C = \sqrt{k \cdot g \cdot R \cdot T}$$

18. 그림과 같이 비중이 0.85인 기름과 물이 층을 이루며 뚜껑이 열린 용기에 채워져 있다. 물의 가장 낮은 밑바닥에서 받는 게이지 압력은 얼마인가? (단, 물의 밀도는 1000 kg/m³이다.)

① 3.33 kPa ② 7.45 kPa
③ 10.8 kPa ④ 12.2 kPa

[해설] $P_g = (\gamma_1 \times h_1) + (\gamma_2 \times h_2)$
$= \{(0.85 \times 10^3 \times 0.4) + (1000 \times 0.9)\} \times 9.8 \times 10^{-3}$
$= 12.152 \text{ kPa}$

19. 온도가 일정할 때 압력이 10 kgf/cm²·abs 인 이상기체의 압축률은 몇 cm²/kgf인가?
① 0.1 ② 0.5 ③ 1 ④ 5

[해설] 체적탄성계수 $E = -\frac{dp}{\frac{dv}{v}}$이다.

$$\therefore \beta = \frac{1}{E} = -\frac{\frac{dv}{v}}{dp} = \frac{1}{dp}$$

$$= \frac{1}{10} = 0.1 \text{ cm}^2/\text{kgf}$$

※ 압력이 작용하면 체적이 감소하므로 분자의 $\frac{dv}{v}$는 "-"값이 나오기 때문에 공식의 "-"가 사라진 것이다.

20. 충격파(shock wave)에 대한 설명 중 옳지 않은 것은?
① 열역학 제2법칙에 따라 엔트로피가 감소한다.
② 초음속 노즐에서는 충격파가 생겨날 수 있다.

[정답] 15. ① 16. ③ 17. ① 18. ④ 19. ① 20. ①

③ 충격파 생성 시, 초음속에서 아음속으로 급변한다.
④ 열역학적으로 비가역적인 현상이다.

[해설] 충격파의 영향
㉮ 비가역 과정이다.
㉯ 압력, 온도, 밀도, 비중량이 증가한다.
㉰ 엔트로피는 급격히 증가한다.
㉱ 속도가 감소하므로 마하수가 감소한다.

제 2 과목 연소공학

21. 가스의 폭발등급은 안전간격에 따라 분류한다. 다음 가스 중 안전간격이 넓은 것부터 옳게 나열된 것은?
① 수소 > 에틸렌 > 프로판
② 에틸렌 > 수소 > 프로판
③ 수소 > 프로판 > 에틸렌
④ 프로판 > 에틸렌 > 수소

[해설] 폭발등급별 안전간격 및 가스 종류

폭발 등급	안전 간격	가스 종류
1등급	0.6 mm 이상	일산화탄소, 에탄, 프로판, 암모니아, 아세톤, 에틸에테르, 가솔린, 벤젠 등
2등급	0.4~0.6 mm	석탄가스, 에틸렌 등
3등급	0.4 mm 미만	아세틸렌, 이황화탄소, 수소, 수성가스 등

22. 프로판(C_3H_8)의 연소반응식은 다음과 같다. 프로판(C_3H_8)의 화학양론계수는?

$$C_3H_8 + 5O_2 \rightarrow 3CO_2 + 4H_2O$$

① 1   ② $\frac{1}{5}$ ③ $\frac{6}{7}$ ④ -1

[해설] 화학양론계수 : 화학양론식에서 각 화학종의 계수를 나타내는 것으로 일반적으로 몰 수로 나타낸다. 프로판의 연소반응식에서 좌변에 있는 성분들은 반응물이고, 우변에 있는 것은 생성물을 나타내며 생성물에 대하여는 양(+)의 부호를, 반응물에 대하여는 음(-)의 부호를 가진다. 그러므로 화학양론계수는 프로판이 -1, 산소가 -5, 이산화탄소가 3, 물이 4이다.

23. 프로판 가스 10 kg을 완전 연소시키는데 필요한 공기의 양은 약 얼마인가?
① 12.1 m³   ② 121 m³
③ 44.8 m³   ④ 448 m³

[해설] $C_3H_8 + 5O_2 \rightarrow 3CO_2 + 4H_2O$
$44 \text{ kg} : 5 \times 22.4 \text{ m}^3 = 10 \text{ kg} : x \text{ [m}^3\text{]}$

$$\therefore A_0 = \frac{O_0}{0.21} = \frac{10 \times 5 \times 22.4}{44 \times 0.21} = 121.19 \text{ m}^3$$

24. 발생로 가스의 가스 분석 결과 CO_2 3.2 %, CO 26.2 %, CH_4 4 %, H_2 12.8 %, N_2 53.8 %이었다. 또한 가스 1 Nm³ 중에 수분이 50g이 포함되어 있다면 이 발생로 가스 1 Nm³을 완전 연소시키는데 필요한 공기량은 약 몇 Nm³인가?
① 1.023 ② 1.228 ③ 1.324 ④ 1.423

[해설] ㉮ 수분(H_2O) 50 g을 체적(Nm³)으로 환산
$18 \text{ g} : 22.4 \text{ L} = 50 \text{ g} : x \text{[L]}$

$$\therefore x = \frac{50 \times 22.4}{18} \times 10^{-3} = 0.0622 \text{ Nm}^3$$

㉯ 수분을 제외한 가스 체적(Nm³) 계산
$V = 1 - 0.0622 = 0.9377 \text{ Nm}^3$

㉰ 각 성분 가스의 완전연소반응식에서 이론 공기량(A_0) 계산

$$CO + \frac{1}{2}O_2 \rightarrow CO_2$$
$$CH_4 + 2O_2 \rightarrow CO_2 + 2H_2O$$
$$H_2 + \frac{1}{2}O_2 \rightarrow H_2O$$

$$\therefore A_0 = \frac{O_0}{0.21}$$
$$= \frac{\left(\frac{1}{2} \times 0.262\right) + (2 \times 0.04) + \left(\frac{1}{2} \times 0.128\right)}{0.21} \times 0.9377$$
$$= 1.2279 \text{ Nm}^3$$

정답   21. ④   22. ④   23. ②   24. ②

25. 파라핀계 탄화수소의 탄소수 증가에 따른 일반적인 성질 변화로 옳지 않은 것은?
① 인화점이 높아진다.
② 착화점이 높아진다.
③ 연소범위가 좁아진다.
④ 발열량(kcal/m³)이 커진다.

[해설] 탄화수소의 탄소(C) 수가 증가할 때
  ㉮ 증가하는 것 : 비등점, 융점, 비중, 발열량, 연소열, 화염온도
  ㉯ 감소하는 것 : 증기압, 발화점(착화점), 폭발하한값, 폭발범위값, 증발잠열, 연소속도

26. 가스압이 이상 저하한다든지 노즐과 콕 등이 막혀 가스량이 극히 적게 될 경우 발생하는 현상은?
① 불완전 연소   ② 리프팅
③ 역화   ④ 황염

[해설] 역화(back fire)의 원인
  ㉮ 염공이 크게 되었을 때
  ㉯ 노즐의 구멍이 너무 크게 된 경우
  ㉰ 콕이 충분히 개방되지 않은 경우
  ㉱ 가스의 공급 압력이 저하되었을 때
  ㉲ 버너가 과열된 경우

27. 다음과 같은 반응에서 A의 농도는 그대로 하고 B의 농도를 처음의 2배로 해주면 반응속도는 처음의 몇 배가 되겠는가?

$$2A + 3B \rightarrow 3C + 4D$$

① 2배   ② 4배
③ 8배   ④ 16배

[해설] $V = K[A] \times [B] = [1]^2 \times [2]^3 = 8$ 배

28. 오토 사이클에서 압축비(ϵ)가 8일 때 열효율은 약 몇 %인가? (단, 비열비(k)는 1.4이다.)
① 56.5   ② 58.2
③ 60.5   ④ 62.2

[해설] $\eta = \left\{1 - \left(\dfrac{1}{\epsilon}\right)^{k-1}\right\} \times 100$

$= \left\{1 - \left(\dfrac{1}{8}\right)^{1.4-1}\right\} \times 100 = 56.472 \%$

29. 다음 중 비엔트로피의 단위는?
① kJ/kg·m   ② kg/kJ·K
③ kJ/kPa   ④ kJ/kg·K

[해설] 엔트로피(entropy) : 엔트로피는 온도와 같이 감각으로 느낄 수도 없고, 에너지와 같이 측정할 수도 없는 것으로 어떤 물질에 열을 가하면 엔트로피는 증가하고 냉각시키면 감소하는 물리학상의 상태량이다. 단위는 kJ/kg·K, kcal/kgf·K 이다.

30. 15℃의 공기 2 L를 2 kgf/cm²에서 10 kgf/cm²로 단열압축시킨다면 1단 압축의 경우 압축 후의 배출가스의 온도는 약 몇 ℃인가? (단, 공기의 단열지수는 1.4이다.)
① 154   ② 183   ③ 215   ④ 246

[해설] $\dfrac{T_2}{T_1} = \left(\dfrac{P_2}{P_1}\right)^{\frac{k-1}{k}}$ 에서

$T_2 = T_1 \times \left(\dfrac{P_2}{P_1}\right)^{\frac{k-1}{k}}$

$= (273+15) \times \left(\dfrac{10}{2}\right)^{\frac{1.4-1}{1.4}}$

$= 456.14 \text{ K} - 273$
$= 183.14 \text{℃}$

31. 가스버너의 연소 중 화염이 꺼지는 현상과 거리가 먼 것은?
① 공기량의 변동이 크다.
② 점화에너지가 부족하다.
③ 연료 공급라인이 불안정하다.
④ 공기연료비가 정상범위를 벗어났다.

[해설] 점화에너지가 부족하면 착화가 이루어지지 않는다.

32. 가스 폭발의 방지대책으로 가장 거리가 먼 것은?
① 내부 폭발을 유발하는 연소성 혼합물을 피한다.
② 반응성 화합물에 대해 폭굉으로의 전이를 고려한다.
③ 안전밸브나 파열판을 설계에 반영한다.
④ 용기의 내압을 아주 약하게 설계한다.

해설 용기의 내압을 약하게(낮게) 설계하면 낮은 압력에서 용기가 파열되어 가스 폭발이 쉽게 발생할 수 있다.

33. 포화증기를 일정 체적하에서 압력을 상승시키면 어떻게 되는가?
① 포화액이 된다. ② 압축액이 된다.
③ 과열증기가 된다. ④ 습증기가 된다.

해설 포화증기(습포화증기)를 일정 체적하에서 압력을 상승시키면 과열증기가 되고, 엔탈피가 증가된다.

34. 층류 예혼합 화염과 비교한 난류 예혼합 화염의 특징에 대한 설명으로 옳은 것은?
① 화염의 두께가 얇다.
② 화염의 밝기가 어둡다.
③ 연소 속도가 현저하게 늦다.
④ 화염의 배후에 다량의 미연소분이 존재한다.

해설 난류 예혼합 연소 특징
㉮ 화염의 휘도가 높다.
㉯ 화염면의 두께가 두꺼워진다.
㉰ 연소 속도가 층류화염의 수십 배이다.
㉱ 연소 시 다량의 미연소분이 존재한다.

35. 무연탄이나 코크스와 같이 탄소를 함유한 물질을 가열하여 수증기를 통과시켜 얻는 H_2와 CO를 주성분으로 하는 기체 연료는?
① 발생로 가스 ② 수성 가스
③ 도시가스 ④ 합성 가스

해설 수성 가스 : 적열된 코크스나 무연탄에 수증기를 작용시키면 수소(H_2)와 일산화탄소(CO)를 주성분으로 하는 혼합가스를 의미한다.
반응식 : $C + H_2O \rightarrow CO + H_2 - 31.4$ kcal

36. 방폭 전기기기의 구조별 표시 방법 중 틀린 것은?
① 내압 방폭구조 (d)
② 안전증 방폭구조 (s)
③ 유입 방폭구조 (o)
④ 본질 안전 방폭구조 (ia 또는 ib)

해설 방폭 전기기기의 구조별 표시 방법

명칭	기호	명칭	기호
내압 방폭구조	d	안전증 방폭구조	e
유입 방폭구조	o	본질 안전 방폭구조	ia, ib
압력 방폭구조	p	특수 방폭구조	s

37. 연소범위는 다음 중 무엇에 의해 주로 결정되는가?
① 온도, 압력 ② 온도, 부피
③ 부피, 비중 ④ 압력, 비중

해설 연소범위(폭발범위) : 공기 중에서 점화원에 의해 폭발을 일으킬 수 있는 혼합가스 중의 가연성 가스의 부피 범위(%)로 온도, 압력에 의해 결정된다.

38. 수소를 함유한 연료가 연소할 경우 발열량의 관계식 중 올바른 것은?
① 총발열량 = 진발열량
② 총발열량 = $\dfrac{진발열량}{생성된\ 물의\ 증발잠열}$
③ 총발열량 = 진발열량 + 생성된 물의 증발잠열
④ 총발열량 = 진발열량 - 생성된 물의 증발잠열

정답 32. ④ 33. ③ 34. ④ 35. ② 36. ② 37. ① 38. ③

해설 총발열량과 진발열량
  ㉮ 총발열량 : 고위발열량, 고발열량이라 하며 수증기의 응축잠열이 포함된 열량이다.
  ∴ 총발열량 = 진발열량 + 생성된 물의 증발잠열
  ㉯ 진발열량 : 저위발열량, 저발열량, 참발열량이라 하며, 수증기의 응축잠열을 포함하지 않은 열량이다.
  ∴ 진발열량 = 총발열량 − 생성된 물의 증발잠열

39. 다음 확산 화염의 여러 가지 형태 중 대향분류(對向噴流) 확산 화염에 해당하는 것은?

①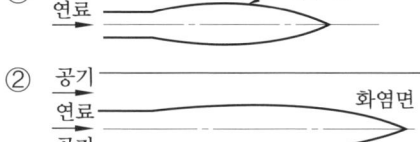

②

③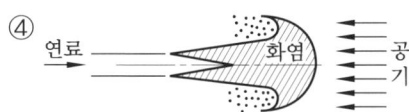

④

해설 ① 자유분류 확산 화염
  ② 동축류 확산 화염
  ③ 대향류 확산 화염

40. 다음 중 내연기관의 화염으로 가장 적당한 것은?
① 층류, 정상 확산 화염이다.
② 층류, 비정상 확산 화염이다.
③ 난류, 정상 예혼합 화염이다.
④ 난류, 비정상 예혼합 화염이다.

해설 내연기관에 공급되는 연료는 공기와 혼합된 혼합가스이며, 내부는 압력이 높고 연소 속도가 빠르므로 난류, 비정상 예혼합 화염에 해당된다.

제 3 과목 가스설비

41. 프로판의 탄소와 수소의 중량비(C/H)는 얼마인가?
① 0.375   ② 2.67
③ 4.50   ④ 6.40

해설 ㉮ 프로판의 분자식 : C_3H_8
  ㉯ 프로판의 탄소와 수소의 중량비 계산 : 프로판 중 탄소의 질량은 $12 \times 3 = 36\,g$, 수소의 질량은 $1 \times 8 = 8\,g$이다.
  $$\therefore \frac{C}{H} = \frac{12 \times 3}{1 \times 8} = 4.5$$

42. LP가스 사용 시설에 강제 기화기를 사용할 때의 장점이 아닌 것은?
① 기화량의 증감이 쉽다.
② 가스 조성이 일정하다.
③ 한랭 시 가스 공급이 순조롭다.
④ 비교적 소량 소비 시에 적당하다.

해설 강제 기화기 사용 시 장점
  ㉮ 한랭시에도 연속적으로 가스 공급이 가능하다.
  ㉯ 공급 가스의 조성이 일정하다.
  ㉰ 설치면적이 적어진다.
  ㉱ 기화량을 가감할 수 있다.
  ㉲ 설비비 및 인건비가 절약된다.
  ※ 강제 기화기는 대량 소비처에 적당하다.

43. 다음 각 가스의 폭발에 대한 설명으로 틀린 것은?
① 아세틸렌은 조연성 가스와 공존하지 않아도 폭발할 수 있다.
② 일산화탄소는 가연성이므로 공기와 공존하면 폭발할 수 있다.
③ 가연성 고체 가루가 공기 중에서 산소분자와 접촉하면 폭발할 수 있다.
④ 이산화황은 산소가 없어도 자기분해 폭발을 일으킬 수 있다.

[해설] 이산화황(SO_2)은 불연성 가스이므로 폭발을 일으키지 않는다.

44. 냉동장치에서 냉매가 갖추어야 할 성질로서 가장 거리가 먼 것은?
① 증발열이 적은 것
② 응고점이 낮은 것
③ 가스의 비체적이 적은 것
④ 단위 냉동량당 소요 동력이 적은 것

[해설] 냉매의 구비 조건
㉮ 응고점이 낮고 임계온도가 높으며 응축, 액화가 쉬울 것
㉯ 증발잠열이 크고 기체의 비체적이 적을 것
㉰ 오일과 냉매가 작용하여 냉동장치에 악영향을 미치지 않을 것
㉱ 화학적으로 안정하고 분해하지 않을 것
㉲ 금속에 대한 부식성 및 패킹 재료에 악영향이 없을 것
㉳ 인화 및 폭발성이 없을 것
㉴ 인체에 무해할 것 (비독성 가스일 것)
㉵ 액체의 비열은 작고, 기체의 비열은 클 것
㉶ 경제적일 것 (가격이 저렴할 것)
㉷ 단위 냉동량당 소요 동력이 적을 것

45. 바깥지름과 안지름의 비가 1.2 이상인 산소 가스 배관 두께를 구하는 식은

$$t = \frac{D}{2}\left(\sqrt{\frac{\frac{f}{S}+P}{\frac{f}{S}-P}} - 1\right) + C$$ 이다. D는 무엇을 의미하는가?

① 배관의 안지름
② 배관의 바깥지름
③ 배관의 상용압력
④ 안지름에서 부식 여유에 상당하는 부분을 뺀 부분의 수치

[해설] 두께 계산식 각 기호의 의미
㉮ t : 배관의 두께(mm)
㉯ D : 안지름에서 부식 여유에 상당하는 부분을 뺀 부분의 수치(mm)
㉰ f : 재료의 인장강도 (N/mm^2) 또는 항복점(N/mm^2)의 1.6배
㉱ S : 안전율
㉲ P : 상용압력(MPa)
㉳ C : 부식 여유치(mm)

46. 탄화수소에서 아세틸렌 가스를 제조할 경우의 반응에 대한 설명으로 옳은 것은?
① 통상 메탄 또는 나프타를 열분해함으로써 얻을 수 있다.
② 탄화수소 분해반응 온도는 보통 500~1000℃이고 고온일수록 아세틸렌이 적게 생성된다.
③ 반응 압력은 저압일수록 아세틸렌이 적게 생성된다.
④ 중축합 반응을 촉진시켜 아세틸렌 수율을 높인다.

[해설] 탄화수소에서 아세틸렌의 제조 방법
㉮ 통상 메탄 또는 나프타를 열분해함으로써 얻어진다.
㉯ 분해 반응 온도는 1000~3000℃이고 고온일수록 아세틸렌이 증가하고 저온에서는 아세틸렌 생성이 감소한다.
㉰ 반응 압력은 저압일수록 아세틸렌 생성에 유리하다.
㉱ 흡열 반응이므로 반응열의 공급은 보통 연소열을 이용한다.
㉲ 원료 나프타는 파라핀계 탄화수소가 가장 적합하다.
㉳ 중축합 반응을 억제하기 위하여 분해 생성 가스를 빨리 냉각시킨다.

47. 고압가스 시설에 설치한 전기방식 시설의 유지관리 방법으로 옳은 것은?
① 관대지전위 등은 2년에 1회 이상 점검하였다.
② 외부 전원법에 의한 전기방식 시설은 외부 전원점 관대지전위, 정류기의 출력, 전압, 전류, 배선의 접속은 3개월에 1회 이상 점검하였다.

정답 44. ①   45. ④   46. ①   47. ②

③ 배류법에 의한 전기방식 시설은 배류점 관대지전위, 배류기 출력, 전압, 전류, 배선 등은 6개월에 1회 이상 점검하였다.
④ 절연 부속품, 역전류 방지장치, 결선 등은 1년에 1회 이상 점검하였다.

[해설] 전기방식 시설의 유지관리
- ㉮ 관대지전위(管對地電位) 점검 : 1년에 1회 이상
- ㉯ 외부 전원법 전기방식 시설 점검 : 3개월에 1회 이상
- ㉰ 배류법 전기방식 시설 점검 : 3개월에 1회 이상
- ㉱ 절연 부속품, 역전류 방지장치, 결선(bond), 보호 절연체 점검 : 6개월에 1회 이상

48. 압력조정기의 구성이 아닌 것은?
① 캡 ② 로드
③ 슬릿 ④ 다이어프램

[해설] 압력조정기의 구성 요소(부품) : 캡, 로드, 다이어프램, 커버, 조정나사, 압력조정용 스프링, 안전밸브, 안전장치용 스프링, 접속금구, 레버, 밸브 등

49. LP가스 사용 시의 특징에 대한 설명으로 틀린 것은?
① 연소기는 LP가스에 맞는 구조이어야 한다.
② 발열량이 커서 단시간에 온도 상승이 가능하다.
③ 배관이 거의 필요 없어 입지적 제약을 받지 않는다.
④ 예비 용기는 필요 없지만 특별한 가압장치가 필요하다.

[해설] LP가스 사용 시의 특징
- ㉮ 연소기는 LP가스에 맞는 구조이어야 한다.
- ㉯ 발열량이 커서 단시간에 온도 상승이 가능하다.
- ㉰ 배관이 거의 필요 없어 입지적 제약을 받지 않는다.
- ㉱ LP가스 증기압을 이용하므로 특별한 가압장치가 필요 없다.

㉲ 공급가스압을 자유로이 설정할 수 있다.
㉳ 공급을 중단시키지 않기 위하여 예비용기를 확보하는 등 고려가 필요하다.
㉴ 부탄의 경우 재액화방지를 고려해야 한다.

50. 고압가스 제조 장치의 재료에 대한 설명으로 틀린 것은?
① 상온 건조 상태의 염소가스에 대하여는 보통강을 사용해도 된다.
② 암모니아, 아세틸렌의 배관 재료에는 구리를 사용해도 된다.
③ 저온에서는 고탄소강보다 저탄소강이 사용된다.
④ 암모니아 합성탑 내부의 재료에는 18-8 스테인리스강을 사용한다.

[해설] 고압가스 제조 장치 재료 중 구리(동)는 암모니아의 경우 부식의 우려가 있고, 아세틸렌의 경우 화합폭발의 우려가 있어 사용이 금지된다.

51. LP가스 탱크로리의 하역 종료 후 처리할 작업 순서로 가장 옳은 것은?

㉠ 호스를 제거한다.
㉡ 밸브에 캡을 부착한다.
㉢ 어스선(접지선)을 제거한다.
㉣ 차량 및 설비의 각 밸브를 잠근다.

① ㉣→㉠→㉡→㉢
② ㉣→㉠→㉢→㉡
③ ㉠→㉡→㉢→㉣
④ ㉢→㉠→㉡→㉣

[해설] 하역 종료 후 처리 작업 순서
- ㉮ 차량 및 설비의 각 밸브를 잠근다.
- ㉯ 호스를 제거한다.
- ㉰ 밸브에 캡을 부착한다.
- ㉱ 어스선(접지선)을 제거한다.
- ※ LPG 하역 작업을 시작할 때 가장 먼저 해야 할 것은 어스선(접지선)을 연결하는 것이고, 하역 작업 종료 후 마지막에 해야 할 것은 어스선(접지선)을 제거하는 것이다.

정답 48. ③ 49. ④ 50. ② 51. ①

52. 전양정 20 m, 유량 1.8 m³/min, 펌프의 효율이 70 %인 경우 펌프의 축동력(L)은 약 몇 마력(PS)인가?

① 11.4　② 13.4
③ 15.5　④ 17.5

[해설] PS = $\dfrac{\gamma \cdot Q \cdot H}{75\eta}$

= $\dfrac{1000 \times 1.8 \times 20}{75 \times 0.7 \times 60}$ = 11.428 PS

53. 다음 중 산소 가스의 용도가 아닌 것은?

① 의료용
② 가스 용접 및 절단
③ 고압가스 장치의 퍼지용
④ 폭약 제조 및 로켓 추진용

[해설] 산소의 용도
　㉮ 각종 화학공업, 야금(冶金) 등에 대량으로 사용한다.
　㉯ 용기에 충전하여 철제 절단용으로 사용한다.
　㉰ 가스 용접(산소+아세틸렌, 산소+프로판)용으로 사용한다.
　㉱ 로켓 추진제, 액체 산소 폭약 등에 사용한다.
　㉲ 의료용으로 사용한다.

54. 정압기 특성 중 정상 상태에서 유량과 2차 압력과의 관계를 나타내는 특성을 무엇이라 하는가?

① 정특성　② 동특성
③ 유량 특성　④ 작동 최소 차압

[해설] 정특성(靜特性) : 유량과 2차 압력의 관계
　㉮ 로크업(lock up) : 유량이 0으로 되었을 때 2차 압력과 기준압력(P_s)과의 차이
　㉯ 오프셋(off set) : 유량이 변화했을 때 2차 압력과 기준압력(P_s)과의 차이
　㉰ 시프트(shift) : 1차 압력의 변화에 의하여 정압 곡선이 전체적으로 어긋나는 것

55. 산소 제조 장치에서 수분 제거용 건조제가 아닌 것은?

① SiO₂　② Al₂O₃
③ NaOH　④ Na₂CO₃

[해설] 공기액화 분리장치의 건조기의 종류
　㉮ 소다 건조기 : 입상의 가성소다($NaOH$)를 사용, 수분과 CO_2를 제거할 수 있다.
　㉯ 겔 건조기 : 활성알루미나(Al_2O_3), 실리카겔(SiO_2), 소바이드 사용, 수분은 제거할 수 있으나 CO_2는 제거할 수 없다.

56. 원유, 등유, 나프타 등 분자량이 큰 탄화수소 원료를 고온(800~900℃)으로 분해하여 10000 kcal/m³ 정도의 고열량 가스를 제조하는 방법은?

① 열분해 공정　② 접촉분해 공정
③ 부분연소 공정　④ 대체천연가스 공정

[해설] 열분해 공정(thermal craking process) : 고온 하에서 탄화수소를 가열하여 수소(H_2), 메탄(CH_4), 에탄(C_2H_6), 에틸렌(C_2H_4), 프로판(C_3H_8) 등의 가스상의 탄화수소와 벤젠, 톨루엔 등의 조경유 및 타르 나프탈렌 등으로 분해하고, 고열량 가스(10000 kcal/Nm³)를 제조하는 방법이다.

57. 다음 그림은 가정용 LP가스 사용시설이다. R_1에 사용되는 조정기의 종류는?

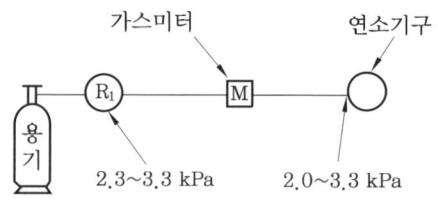

① 1단 감압식 저압조정기
② 1단 감압식 중압조정기
③ 1단 감압식 고압조정기
④ 2단 감압식 저압조정기

[해설] 가정용 LP가스 소비시설에 설치되는 조정기는 1단 감압식 저압조정기를 사용한다.

정답　52. ①　53. ③　54. ①　55. ④　56. ①　57. ①

58. LPG 배관에 지름 0.5 mm의 구멍이 뚫려 LP가스가 5시간 유출되었다. LP가스의 비중이 1.55라고 하고 압력은 280 mmH₂O 공급되었다고 가정하면 LPG의 유출량은 약 몇 L 인가?

① 131 ② 151 ③ 171 ④ 191

[해설] $Q = 0.009 D^2 \sqrt{\dfrac{P}{d}}$
$= 0.009 \times 0.5^2 \times \sqrt{\dfrac{280}{1.55}} \times 5 \times 1000$
$= 151.204 \, L$

59. 왕복식 압축기의 연속적인 용량 제어 방법으로 가장 거리가 먼 것은?
① 바이패스 밸브에 의한 조정
② 회전수를 변경하는 방법
③ 흡입 밸브를 폐쇄하는 방법
④ 베인 컨트롤에 의한 방법

[해설] 왕복식 압축기 용량 제어법
(1) 연속적인 용량 제어법
  ㉮ 흡입 주 밸브를 폐쇄하는 방법
  ㉯ 타임드 밸브 제어에 의한 방법
  ㉰ 회전수를 변경하는 방법
  ㉱ 바이패스 밸브에 의한 압축가스를 흡입측에 복귀시키는 방법
(2) 단계적 용량 제어법
  ㉮ 클리어런스 밸브에 의한 방법
  ㉯ 흡입 밸브 개방에 의한 방법

60. 금속재료에 대한 일반적인 설명으로 옳지 않은 것은?
① 황동은 구리와 아연의 합금이다.
② 뜨임의 목적은 담금질 후 경화된 재료에 인성을 증대시키는 등 기계적 성질의 개선을 꾀하는 것이다.
③ 철에 크롬과 니켈을 첨가한 것은 스테인리스강이다.
④ 청동은 강도는 크나, 주조성과 내식성은 좋지 않다.

[해설] 청동(bronze) : 구리(Cu)와 주석(Sn)의 합금으로 주조성, 내마모성이 우수하고 강도가 크다.

제 4 과목　가스안전관리

---

61. 다음 연소기의 분류 중 전가스 소비량의 범위가 업무용 대형 연소기에 속하는 것은?
① 전가스 소비량이 6000 kcal/h인 그릴
② 전가스 소비량이 7000 kcal/h인 밥솥
③ 전가스 소비량이 5000 kcal/h인 오븐
④ 전가스 소비량이 14400 kcal/h인 가스레인지

[해설] 업무용 대형 연소기의 종류 및 가스 소비량
㉮ 연소기의 전가스 소비량이 232.6 kW (20만 kcal/h) 이하이고, 가스 사용 압력이 30 kPa 이하인 튀김기, 국솥, 그리들, 브로일러, 소독조, 다단식 취반기 등 업무용으로 사용하는 대형 연소기
㉯ 연소기의 전가스 소비량 또는 버너 1개의 가스 소비량이 다음 표에 해당하고, 가스 사용 압력이 30 kPa 이하인 레인지, 오븐, 그릴, 오븐레인지 또는 밥솥

종류	전가스 소비량 (kcal/h)	버너 1개 소비량 (kcal/h)
레인지	14400 초과 20만 이하	5000 초과
오븐	5000 초과 20만 이하	5000 초과
그릴	6000 초과 20만 이하	3600 초과
오븐레인지	19400 초과 20만 이하 (오븐부는 5000 초과)	3600 초과 (오븐부는 5000 초과)
밥솥	4800 초과 20만 이하	4800 이하

62. 다음 중 독성가스가 아닌 것은?
① 아크릴로니트릴 ② 아크릴알데히드
③ 아황산가스 ④ 아세트알데히드

정답 58. ② 59. ④ 60. ④ 61. ② 62. ④

해설 각 가스의 성질

명칭	가연성 가스	독성 가스
아크릴로니트릴	○	○
아크릴알데히드	○	○
아황산가스	×	○
아세트알데히드	○	×

※ 아세트알데히드 (CH_3CHO) : 비점이 21℃, 폭발범위 4.1~55%로 가연성 가스이며, 휘발성이 강한 무색의 액체로 자극적인 과일 냄새가 난다.

63. 독성가스인 염소 500 kg을 운반할 때 보호구를 차량의 승무원 수에 상당한 수량을 휴대하여야 한다. 다음 중 휴대하지 않아도 되는 보호구는?
① 방독마스크 ② 공기호흡기
③ 보호의 ④ 보호장갑

해설 독성가스를 운반하는 때에 휴대하는 보호구

품 명	운반하는 독성가스의 양	
	압축가스 100 m³, 액화가스 1000 kg	
	미만인 경우	이상인 경우
방독마스크	○	○
공기호흡기	×	○
보호의	○	○
보호장갑	○	○
보호장화	○	○

64. 온수기나 보일러를 겨울철에 장시간 사용하지 않거나 실온에 설치하였을 때 물이 얼어 연소기구가 파손될 우려가 있으므로 이를 방지하기 위하여 설치하는 것은?
① 퓨즈 메탈(fuse metal) 장치
② 드레인(drain) 장치
③ 플레임 로드(flame rod) 장치
④ 물 거버너(water governor)

해설 드레인(drain) 장치 : 온수기나 보일러 내부의 물을 외부로 배출시켜 겨울철 동파를 방지하는 장치이다.

65. 암모니아 가스의 장치에 주로 사용될 수 있는 재료는?
① 탄소강 ② 동
③ 동합금 ④ 알루미늄합금

해설 암모니아 가스는 동 및 동합금, 알루미늄합금에 대하여 부식이 발생하므로 사용이 금지된다. 단, 동 함유량 62% 미만의 경우 사용이 가능하다.

66. 고압가스 안전관리법에 의한 산업통상자원부령이 정하는 고압가스 관련설비에 해당되지 않는 것은?
① 정압기
② 안전밸브
③ 기화장치
④ 독성가스 배관용 밸브

해설 고압가스 관련설비(특정설비) 종류 : 안전밸브, 긴급차단장치, 기화장치, 독성가스 배관용 밸브, 자동차용 가스 자동주입기, 역화방지기, 압력용기, 특정 고압가스용 실린더 캐비닛, 자동차용 압축 천연가스 완속 충전설비, 액화석유가스용 용기 잔류가스 회수장치

67. 액화석유가스 자동차에 고정된 탱크충전시설에서 자동차에 고정된 탱크는 저장탱크의 외면으로부터 얼마 이상 떨어져서 정지하여야 하는가?
① 1 m ② 2 m
③ 3 m ④ 5 m

해설 액화석유가스 자동차에 고정된 탱크충전시설에서 자동차에 고정된 탱크는 지상에 설치된 저장탱크 외면으로부터 3 m 이상 떨어져 정지한다.

68. 염소의 제독제로 적당하지 않은 것은?
① 물 ② 소석회
③ 가성소다 수용액 ④ 탄산소다 수용액

[해설] 독성가스 제독제

가스 종류	제독제의 종류
염소	가성소다 수용액, 탄산소다 수용액, 소석회
포스겐	가성소다 수용액, 소석회
황화수소	가성소다 수용액, 탄산소다 수용액
시안화수소	가성소다 수용액
아황산가스	가성소다 수용액, 탄산소다 수용액, 물
암모니아, 산화에틸렌, 염화메탄	물

69. 다음 가스 중 압력을 가하거나 온도를 낮추면 가장 쉽게 액화하는 것은?
① 산소   ② 헬륨
③ 질소   ④ 프로판

[해설] 각 가스의 비점

명칭	비점
산소	-183℃
헬륨	-269℃
질소	-196℃
프로판	-42.1℃

※ 비점이 높은 프로판이 압력을 높이거나 온도를 낮추면 가장 쉽게 액화할 수 있다.

70. 용기에 의한 액화석유가스 저장소의 자연환기설비에서 1개소 환기구의 면적은 몇 cm^2 이하로 하여야 하는가?
① 2000 cm^2 ② 2200 cm^2
③ 2400 cm^2 ④ 2600 cm^2

[해설] 환기구(통풍구) 크기는 바닥면적 $1 m^2$ 마다 $300 cm^2$의 비율로 계산된 면적 이상을 확보하며, 1개소 면적은 $2400 cm^2$ 이하로 한다.

71. 최소 발화에너지에 영향을 주는 요인으로 가장 거리가 먼 것은?

① 온도   ② 압력
③ 열량   ④ 농도

[해설] 최소 발화에너지에 영향을 주는 요인 : 온도, 압력, 농도, 열전도율, 연소 속도 등

72. 가스 폭발의 위험도를 옳게 나타낸 식은?
① 위험도 = $\dfrac{폭발상한값(\%)}{폭발하한값(\%)}$

② 위험도 = $\dfrac{폭발상한값(\%) - 폭발하한값(\%)}{폭발하한값(\%)}$

③ 위험도 = $\dfrac{폭발하한값(\%)}{폭발상한값(\%)}$

④ 위험도 = $1 - \dfrac{폭발상한값(\%)}{폭발하한값(\%)}$

[해설] 위험도 : 폭발범위 상한과 하한의 차이를 폭발범위 하한값으로 나눈 것으로 H로 표시한다.
$$\therefore H = \dfrac{U-L}{L}$$
여기서, U : 폭발범위 상한값
L : 폭발범위 하한값

73. -162℃의 LNG(메탄 : 90 %, 에탄 : 10 %, 액비중 : 0.46)를 1 atm, 30℃로 기화시켰을 때 부피의 배수(倍數)로 맞는 것은? (단, 기화된 천연가스는 이상기체로 간주한다.)
① 457배   ② 557배
③ 657배   ④ 757배

[해설] ㉮ LNG의 평균분자량 계산 : 메탄(CH_4)의 분자량 16, 에탄(C_2H_6)의 분자량 30이다.
$$\therefore M = (16 \times 0.9) + (30 \times 0.1) = 17.4$$
㉯ 1 atm(101.325 kPa), 30℃로 기화된 부피 계산 : LNG 액비중이 0.46이므로 LNG 액체 $1 m^3$의 질량은 460 kg에 해당된다.
$PV = GRT$에서
$$V = \dfrac{GRT}{P}$$
$$= \dfrac{460 \times \dfrac{8.314}{17.4} \times (273+30)}{101.325}$$
$$= 657.271 m^3$$

∴ LNG 액체 1 m³가 30℃에서 기화되면 기체 657.271 m³로 되므로 체적은 약 657배로 된다.

74. 다음 중 산소를 취급할 때 주의사항으로 틀린 것은?
① 산소 가스 용기는 가연성 가스나 독성 가스 용기와 분리 저장한다.
② 각종 기기의 기밀시험에 사용할 수 없다.
③ 산소 용기 기구류에는 기름, 그리스를 사용하지 않는다.
④ 공기액화 분리기 안에 설치된 액화산소통 안의 액화산소는 1개월에 1회 이상 분석한다.

[해설] 산소 취급 시 주의사항 : ①, ②, ③ 외
㉮ 공기액화 분리기 안에 설치된 액화산소통 안의 액화산소는 1일 1회 이상 분석한다.
㉯ 공기액화 분리기 내부장치는 1년에 1회 정도 사염화탄소를 이용하여 세척한다.

75. 정전기 제거설비를 정상 상태로 유지하기 위한 검사항목이 아닌 것은?
① 지상에서 접지 저항치
② 지상에서의 접속부의 접속 상태
③ 지상에서의 접지 접속선의 절연 여부
④ 지상에서의 절선 그밖에 손상 부분의 유무

[해설] 정전기 제거설비 검사항목
㉮ 지상에서 접지 저항치
㉯ 지상에서의 접속부의 접속 상태
㉰ 지상에서의 절선 그밖에 손상 부분의 유무

76. 고압가스 운반 시에 준수하여야 할 사항으로 옳지 않은 것은?
① 밸브가 돌출한 충전용기는 캡을 씌운다.
② 운반 중 충전용기의 온도는 40℃ 이하로 유지한다.
③ 오토바이에 20 kg LPG 용기 3개까지는 적재할 수 있다.
④ 염소와 수소는 동일 차량에 적재 운반을 금한다.

[해설] 충전용기는 이륜차에 적재하여 운반하지 아니한다. 다만, 차량이 통행하기 곤란한 지역이나 그 밖에 시·도지사가 지정하는 경우에는 다음 기준에 적합한 경우에만 액화석유가스 충전용기를 이륜차 (자전거는 제외)에 적재하여 운반할 수 있다.
㉮ 넘어질 경우 용기에 손상이 가지 아니하도록 제작된 용기 운반 전용 적재함이 장착된 것인 경우
㉯ 적재하는 충전용기는 충전량이 20 kg 이하이고, 적재 수가 2개를 초과하지 아니한 경우

77. 액화석유가스 충전소의 용기 보관장소에 충전용기를 보관하는 때의 기준으로 옳지 않은 것은?
① 용기 보관 장소의 주위 8 m 이내에는 석유, 휘발유를 보관하여서는 아니 된다.
② 충전용기는 항상 40℃ 이하를 유지하여야 한다.
③ 용기가 너무 냉각되지 않도록 겨울철에는 직사광선을 받도록 조치하여야 한다.
④ 충전용기와 잔가스용기는 각각 구분하여 놓아야 한다.

[해설] 충전용기는 항상 40℃ 이하를 유지하고, 직사광선을 받지 아니하도록 조치한다.

78. 독성 가스 저장탱크에 부착된 배관에는 그 외면으로부터 일정거리 이상 떨어진 곳에서 조작할 수 있는 긴급차단장치를 설치하여야 한다. 그러나 액상의 독성 가스를 이입하기 위해 설치된 배관에는 어느 것으로 갈음할 수 있는가?
① 역화방지장치
② 독성 가스 배관용 밸브
③ 역류방지 밸브
④ 인터록 기구

정답 74. ④ 75. ③ 76. ③ 77. ③ 78. ③

[해설] 가연성 가스 또는 독성 가스의 액화가스 저장탱크에 송출 및 이입하는 배관에 설치하는 긴급차단장치는 그 저장탱크의 외면으로부터 10 m (일반 제조 5 m 이상) 이상 떨어진 위치에서 조작할 수 있는 곳에 설치한다. 다만, 액상의 가연성 가스 또는 독성 가스를 이입하기 위하여 설치된 배관에는 역류방지 밸브로 이에 갈음할 수 있다.

79. 암모니아를 사용하는 A공장에서 저장능력 25톤의 저장탱크를 지상에 설치하고자 할 때 저장설비 외면으로부터 사업소 외의 주택까지 안전거리는 얼마 이상을 유지하여야 하는가? (단, A공장의 지역은 전용 공업지역이 아님)
① 20 m
② 18 m
③ 16 m
④ 14 m

[해설] ㉮ 암모니아는 독성 및 가연성 가스이며 처리능력 및 저장능력 25톤은 25000 kg이다.
㉯ 독성 및 가연성 가스의 보호시설별 안전거리

저장능력(kg)	제1종	제2종
1만 이하	17	12
1만 초과 2만 이하	21	14
2만 초과 3만 이하	24	16
3만 초과 4만 이하	27	18
4만 초과 5만 이하	30	20
5만 초과 99만 이하	30	20
99만 초과	30	20

※ 주택은 2종 보호시설에 해당되며 유지거리는 16 m이다.

80. 독성가스를 용기에 충전하여 운반하게 할 때 운반책임자의 동승 기준으로 적절하지 않은 것은?
① 압축가스 허용농도가 100만분의 200 초과 100만분의 5000 이하 : 가스량 1000 m³ 이상
② 압축가스 허용농도가 100만분의 200 이하 : 가스량 10 m³ 이상
③ 액화가스 허용농도가 100만분의 200 초과 100만분의 5000 이하 : 가스량 1000 kg 이상
④ 액화가스 허용농도가 100만분의 200 이하 : 가스량 100 kg 이상

[해설] 독성가스 용기 운반 시 운반책임자 기준

가스의 종류	허용 농도	기 준
압축 가스	100만분의 200 이하	10 m³ 이상
	100만분의 200 초과	100 m³ 이상
액화 가스	100만분의 200 이하	100 kg 이상
	100만분의 200 초과	1000 kg 이상

제 5 과목   가스계측기기

81. 다음 중 유도 단위는 어느 단위에서 유도되는가?
① 절대 단위
② 중력 단위
③ 특수 단위
④ 기본 단위

[해설] 법정 단위 : 계량에 관한 법률 제4조
㉮ 기본 단위 : 국가표준기본법 제10조에 의한 길이 m (미터), 질량 kg (킬로그램), 시간 s (초), 전류 A (암페어), 온도 K (켈빈), 물질량 mol (몰), 광도 cd (칸델라)
㉯ 유도 단위 : 기본 단위의 조합 또는 기본 단위 및 다른 유도 단위의 조합에 의하여 형성되는 단위
㉰ 특수 단위 : 특수한 계량의 용도에 쓰이는 단위

82. Stokes의 법칙을 이용한 점도계는?
① Ostwald 점도계
② Falling ball type 점도계
③ Saybolt 점도계

[정답] 79. ③   80. ①   81. ④   82. ②

④ Rotation type 점도계

[해설] 점도계의 종류
- ㉮ Ostwald 점도계 : 하겐-푸아죄유의 법칙을 이용
- ㉯ Falling ball type 점도계(낙구식 점도계) : 스토크스의 법칙을 이용
- ㉰ Saybolt 점도계 : 하겐-푸아죄유의 법칙을 이용
- ㉱ Rotation type 점도계(회전식 점도계) : 뉴턴의 점성법칙을 이용

83. 오르사트 분석기에 의한 배기가스 각 성분 계산법 중 CO의 성분 % 계산법은?

① $100 - (CO_2\% + N_2\% + O_2\%)$

② $\dfrac{KOH 30\% 용액 흡수량}{시료채취량} \times 100$

③ $\dfrac{알칼리성 피로갈롤용액 흡수량}{시료채취량} \times 100$

④ $\dfrac{암모니아성 염화제일구리용액 흡수량}{시료채취량} \times 100$

[해설] 오르사트 분석기에 의한 성분 계산법
- ②항 : 이산화탄소 (CO_2)
- ③항 : 산소 (O_2)
- ④항 : 일산화탄소 (CO)
- ※ 질소 (N_2) 성분 계산법 : $100 - (CO_2\% + O_2\% + CO\%)$

84. 에탄올, 헵탄, 벤젠, 에틸아세테이트로 된 4성분 혼합물을 TCD를 이용하여 정량분석하려고 한다. 다음 데이터를 이용하여 각 성분 (에탄올 : 헵탄 : 벤젠 : 에틸아세테이트)의 중량분율(wt%)을 구하면?

성분	면적(cm^2)	중량인자
에탄올	5.0	0.64
헵탄	9.0	0.70
벤젠	4.0	0.78
에틸아세테이트	7.0	0.79

① 20 : 36 : 16 : 28
② 22.5 : 37.1 : 14.8 : 25.6
③ 22.0 : 24.1 : 26.8 : 27.1
④ 17.6 : 34.7 : 17.2 : 30.5

[해설] ㉮ 총 중량 계산
$Tw = (5.0 \times 0.64) + (9.0 \times 0.70) + (4.0 \times 0.78) + (7.0 \times 0.79) = 18.15$

㉯ 각 성분의 중량분율 계산
중량분율 (wt%) = $\dfrac{성분가스 중량}{총 중량} \times 100$

㉠ 에탄올 (%)
$= \dfrac{5.0 \times 0.64}{18.15} \times 100 = 17.63\%$

㉡ 헵탄 (%) $= \dfrac{9.0 \times 0.70}{18.15} \times 100 = 34.71\%$

㉢ 벤젠 (%) $= \dfrac{4.0 \times 0.78}{18.15} \times 100 = 17.19\%$

㉣ 에틸아세테이트 (%)
$= \dfrac{7.0 \times 0.79}{18.15} \times 100 = 30.46\%$

㉰ 각 성분의 중량분율

에탄올	헵탄	벤젠	에틸아세테이트
17.63	34.71	17.19	30.46

85. 배관의 모든 조건이 같을 때 지름을 2배로 하면 체적 유량은 약 몇 배가 되는가?

① 2배 ② 4배
③ 6배 ④ 8배

[해설] $Q_1 = A_1 \cdot V_1 = \dfrac{\pi}{4} \cdot D_1^2 \cdot V_1$에서 지름이 2배로 증가되면 $Q_2 = \dfrac{\pi}{4} \cdot (2D_1)^2 V_2$가 된다.

∴ $\dfrac{Q_2}{Q_1} = \dfrac{\dfrac{\pi}{4} \times (2D_1)^2 \times V_2}{\dfrac{\pi}{4} \times D_1^2 \times V_1}$에서

$V_1 = V_2$이다.

∴ $Q_2 = \dfrac{\dfrac{\pi}{4} \times (2D_1)^2 \times V_2}{\dfrac{\pi}{4} \times D_1^2 \times V_1} \times Q_1$

$= 4Q_1$

86. 물체의 탄성 변위량을 이용한 압력계가 아닌 것은?

정답 83. ④ 84. ④ 85. ② 86. ④

① 부르동관 압력계
② 벨로스 압력계
③ 다이어프램 압력계
④ 링밸런스식 압력계

해설 탄성식 압력계의 종류 : 부르동관식, 다이어프램식, 벨로스식, 캡슐식

87. 다음 중 가스미터의 설치장소로 적당하지 않은 것은?
① 수직, 수평으로 설치한다.
② 환기가 양호한 곳에 설치한다.
③ 검침, 교체가 용이한 곳에 설치한다.
④ 높이가 200 cm 이상인 위치에 설치한다.

해설 가스미터 설치 높이 : 바닥으로부터 1.6~2 m 이내(단, 보호상자 내에 설치 시 바닥으로부터 2 m 이내에 설치)

88. 실내공기의 온도는 15℃이고, 이 공기의 노점은 5℃로 측정되었다. 이 공기의 상대습도는 약 몇 % 인가? (단, 5℃, 10℃ 및 15℃의 포화수증기압은 각각 6.54 mmHg, 9.21 mmHg 및 12.79 mmHg이다.)
① 46.6   ② 51.1
③ 71.0   ④ 72.0

해설 $\phi = \dfrac{P_w}{P_s} \times 100$

$= \dfrac{6.54}{12.79} \times 100 = 51.1\,\%$

89. 유독가스인 시안화수소의 누출탐지에 사용되는 시험지는?
① 연당지
② 초산벤젠지
③ 해리슨 시험지
④ 염화제1구리착염지

해설 가스검지 시험지법

검지가스	시험지	반응 (변색)
암모니아 (NH_3)	적색리트머스지	청색
염소 (Cl_2)	KI-전분지	청갈색
포스겐 ($COCl_2$)	해리슨시험지	유자색
시안화수소 (HCN)	초산벤젠지	청색
일산화탄소 (CO)	염화팔라듐지	흑색
황화수소 (H_2S)	연당지	회흑색
아세틸렌 (C_2H_2)	염화제1동착염지	적갈색

90. 접촉식 온도계의 측정 방법이 아닌 것은?
① 열팽창 이용법
② 전기저항 변화법
③ 물질상태 변화법
④ 열복사의 에너지 및 강도 측정

해설 측정원리에 의한 온도계 분류
 (1) 접촉식 온도계
  ㉮ 열팽창 : 유리제 봉입식 온도계, 바이메탈 온도계, 압력식 온도계
  ㉯ 열기전력 : 열전대 온도계
  ㉰ 저항변화 : 저항온도계, 서미스터
  ㉱ 상태변화 : 제게르콘, 서모컬러
 (2) 비접촉식 온도계
  ㉮ 방사 (복사)에너지 : 방사온도계
  ㉯ 단파장 : 광고온도계, 광전관온도계, 색온도계

91. 가스크로마토그래피 분석기에서 FID(Flame Ionization Detector) 검출기의 특성에 대한 설명으로 옳은 것은?
① 시료를 파괴하지 않는다.
② 대상 감도는 탄소수에 반비례한다.
③ 미량의 탄화수소를 검출할 수 있다.
④ 연소성 기체에 대하여 감응하지 않는다.

해설 수소염 이온화 검출기(FID : Flame Ionization Detector) : 불꽃으로 시료 성분이 이온화됨으로써 불꽃 중에 놓여진 전극간의 전기전도도가 증대하는 것을 이용한 것으로 탄화수소에서 감도가 최고이고 H_2, O_2, CO_2, SO_2 등은 감도가 없다.

정답 87. ④ 88. ② 89. ② 90. ④ 91. ③

92. 목표값이 미리 정해진 변화를 하거나 제어 순서 등을 지정하는 제어로서 금속이나 유리 등의 열처리에 응용하면 좋은 제어는?
① 프로그램 제어 ② 비율 제어
③ 캐스케이드 제어 ④ 타력 제어

해설 프로그램 제어 : 목표값이 미리 정한 시간적 변화에 따라 변화하는 제어이다.

93. 고속회전이 가능하므로 소형으로 대용량 계량이 가능하고 주로 대수용가의 가스 측정에 적당한 계기는?
① 루트미터 ② 막식 가스미터
③ 습식 가스미터 ④ 오리피스미터

해설 루츠식(roots type) 가스미터 : 2개의 회전자 (roots)와 케이싱으로 구성되어 고속으로 회전하는 회전자(roots)에 의하여 체적 단위로 환산하여 적산하는 것으로 대유량의 가스 측정에 적합하다.

94. 다음 중 광전관식 노점계에 대한 설명으로 틀린 것은?
① 기구가 복잡하다.
② 냉각장치가 필요 없다.
③ 저습도의 측정이 가능하다.
④ 상온 또는 저온에서 상점의 정도가 우수하다.

해설 광전관식 노점계의 특징
㉮ 저습도의 측정이 가능하다.
㉯ 상온 또는 저온에서는 상점의 정도가 좋다.
㉰ 연속 기록, 원격 측정, 자동제어에 이용된다.
㉱ 노점과 상점의 육안 판정이 필요하다.
㉲ 기구가 복잡하다.
㉳ 냉각장치가 필요하다.

95. 기준 가스미터 교정 주기는 얼마인가?
① 1년 ② 2년
③ 3년 ④ 5년

해설 기준으로 사용하는 측정기기의 교정 주기 : 계량에 관한 법률 시행령 제33조, 별표18

측정기기	교정 주기
주철제 및 연강제 기준 분동	2년
그 외의 기준 분동	4년
기준 부피 탱크	2년
기준 가스미터	2년
기준 액체용 유량계	2년
기준 전력량계	2년

96. 제어의 최종 신호 값이 이 신호의 원인이 되었던 전달 요소로 되돌려지는 제어방식은?
① open-loop 제어계
② closed-loop 제어계
③ forward 제어계
④ feedforward 제어계

해설 closed-loop 제어계 : 피드백(feed back) 제어를 의미하는 것으로 폐(閉)회로를 형성하여 제어량의 크기와 목표값을 비교하여 그 값이 일치하도록 출력측의 신호를 입력측으로 되돌림 신호(피드백 신호)를 보내어 수정 동작을 하는 방법의 자동제어 방식이다.

97. 로터리 피스톤형 유량계에서 중량 유량을 구하는 식은? (단, C : 유량계수, A : 유출구의 단면적, W : 유체 중의 피스톤 중량, a : 피스톤의 단면적이다.)

① $G = CA \sqrt{\dfrac{a}{2g\gamma W}}$

② $G = CA \sqrt{\dfrac{\gamma a}{2g W}}$

③ $G = CA \sqrt{\dfrac{2g\gamma W}{a}}$

④ $G = CA \sqrt{\dfrac{2g W}{\gamma a}}$

해설 로터리 피스톤식 유량계 : 입구에서 유입되는 유체에 의하여 회전자가 회전하며 그 회전속도에 유량을 구하는 형식이다.

정답 92. ① 93. ① 94. ② 95. ② 96. ② 97. ③

98. 연소분석법에 대한 설명으로 틀린 것은?
① 폭발법은 대체로 가스 조성이 일정할 때 사용하는 것이 안전하다.
② 완만 연소법은 질소산화물 생성을 방지할 수 있다.
③ 분별 연소법에서 사용되는 촉매는 팔라듐, 백금 등이 있다.
④ 완만 연소법은 지름 0.5 mm 정도의 백금선을 사용한다.

[해설] 폭발법 : 일정량의 가연성 가스 시료를 전기 스파크에 의해 폭발시켜 연소에 의한 체적 감소에서 성분을 분석한다. 폭발법은 가연 성분으로서 수소만을, 혹은 수소와 소량의 탄화수소를 함유하는 시료의 경우에 가장 좋은 결과를 얻을 수 있다. 탄화수소 함유량이 많은 시료는 폭발범위가 좁고, 산소를 다량으로 필요하기 때문에, 일산화탄소는 불완전연소의 우려가 있어 적합하지 않다.

99. 액주식 압력계에 봉입되는 액체로서 가장 부적당한 것은?
① 윤활유　　② 수은
③ 물　　　　④ 석유

[해설] 액주식 압력계에 봉입되는 액체 : 수은, 물, 석유류 등

100. 속도분포식 $U = 4y^{\frac{2}{3}}$ 일 때 경계면에서 0.3 m 지점의 속도구배(s^{-1})는? (단, U와 y의 단위는 각각 m/s, m이다.)
① 2.76　　② 3.38
③ 3.98　　④ 4.56

[해설] $\dfrac{du}{dy} = 4 \times \dfrac{2}{3}(y^{\frac{2}{3}-1})$
$= 4 \times \dfrac{2}{3} \times (0.3^{\frac{2}{3}-1})$
$= 3.98\, S^{-1}$

정답　98. ①　99. ①　100. ③

▶ 2017년 8월 26일 시행

자격종목	종목코드	시험시간	형 별
가스 기사	1471	2시간 30분	A

제1과목 가스유체역학

1. 표면이 매끈한 원관인 경우 일반적으로 레이놀즈수가 어떤 값일 때 층류가 되는가?
① 4000보다 클 때
② 4000^2일 때
③ 2100보다 작을 때
④ 2100^2일 때

해설 레이놀즈수(Re)에 의한 유체의 유동상태 구분
㉮ 층류 : $Re < 2100$(또는 2300, 2320)
㉯ 난류 : $Re > 4000$
㉰ 천이구역 : $2100 < Re < 4000$

2. 한 변의 길이가 a인 정삼각형 모양의 단면을 갖는 파이프 내로 유체가 흐른다. 이 파이프의 수력반경(hydraulic radius)은?
① $\dfrac{\sqrt{3}}{4}a$
② $\dfrac{\sqrt{3}}{8}a$
③ $\dfrac{\sqrt{3}}{12}a$
④ $\dfrac{\sqrt{3}}{16}a$

해설 ㉮ 접수길이(S) 계산 : 한 변의 길이가 a인 정삼각형이므로 $3a$이다.
㉯ 유효 단면적(A) 계산 : 한 변의 길이가 a인 정삼각형이므로 $\dfrac{1}{2}$에 해당하는 직각삼각형의 밑변과 빗변은 $\dfrac{1}{2}a : a = 1a : 2a$이다.
∴ 밑변^2 + 높이^2 = 빗변^{2}에서
∴ 높이 = $\sqrt{빗변^2 - 밑변^2}$
  = $\sqrt{(2a)^2 - (1a)^2} = \sqrt{3}a$
㉰ 수력반경(hydraulic radius) 계산

∴ $R_h = \dfrac{A}{S} = \dfrac{\dfrac{1}{2}a \times \sqrt{3}a \times \dfrac{1}{2}}{3a}$

$= \dfrac{\dfrac{1}{4}a^2 \times \sqrt{3}}{3a} = \dfrac{\sqrt{3}}{12}a$

3. 다음 중 정상 유동과 관계있는 식은? (단, V = 속도 벡터, s = 임의 방향 좌표, t = 시간이다.)
① $\dfrac{\partial V}{\partial t} = 0$
② $\dfrac{\partial V}{\partial s} \neq 0$
③ $\dfrac{\partial V}{\partial t} \neq 0$
④ $\dfrac{\partial V}{\partial s} = 0$

해설 정상 유동은 어느 한 점을 관찰할 때 그 점에서의 유동 특성이 시간에 관계없이 일정하게 유지되는 흐름이다.
∴ $\dfrac{\partial V}{\partial t} = 0$

4. 터보팬의 전압이 250 mmAq, 축동력이 0.5 PS, 전압 효율이 45 %라면 유량은 약 몇 m^3/min인가?
① 7.1
② 6.1
③ 5.1
④ 4.1

해설 $PS = \dfrac{PQ}{75\eta}$ 이고, 250 mmAq = 250 kgf/m^2과 같다.

∴ $Q = \dfrac{75\eta PS}{P}$

$= \dfrac{75 \times 0.45 \times 0.5}{250} \times 60 = 4.05\ m^3/min$

5. 유체의 흐름에 대한 설명으로 다음 중 옳은 것을 모두 나타내면?

정답 1. ③ 2. ③ 3. ① 4. ④ 5. ③

㉠ 난류 전단 응력은 레이놀즈 응력으로 표시할 수 있다.
㉡ 후류는 박리가 일어나는 경계로부터 하류구역을 뜻한다.
㉢ 유체와 고체벽 사이에는 전단 응력이 작용하지 않는다.

① ㉠   ② ㉠, ㉢
③ ㉠, ㉡   ④ ㉠, ㉡, ㉢

해설 전단 응력 분포
㉮ 두 개의 평행평판 사이에 유체가 흐를 때 전단 응력은 중심에서 0이고, 양쪽 벽에서 최대가 된다.
㉯ 수평 원관에서 유체가 흐를 때 전단 응력은 관 중심에서 0이고, 관벽까지 직선적으로 증가한다.

6. 측정 기기에 대한 설명으로 옳지 않은 것은?
① Piezometer : 탱크나 관 속의 작은 유압을 측정하는 액주계
② Micro manometer : 작은 압력차를 측정할 수 있는 압력계
③ Mercury Barometer : 물을 이용하여 대기 절대 압력을 측정하는 장치
④ Inclined-tube manometer : 액주를 경사시켜 계측의 감도를 높인 압력계

해설 Mercury Barometer : 수은 기압계 또는 토리첼리 압력계라 하며 대기압 측정용으로 사용되는 액주계이다.

7. 5.165 mH₂O는 다음 중 어느 것과 같은가?
① 760 mmHg   ② 0.5 atm
③ 0.7 bar   ④ 1013 mmHg

해설 각 단위로 환산
①, ④ : $\dfrac{5.165\,(\mathrm{mH_2O})}{10.332\,(\mathrm{mH_2O})} \times 760$ mmHg
$= 379.935$ mmHg
② : $\dfrac{5.165\,(\mathrm{mH_2O})}{10.332\,(\mathrm{mH_2O})} = 0.4999$ atm
③ : $\dfrac{5.165\,(\mathrm{mH_2O})}{10.332\,(\mathrm{mH_2O})} \times 1.01325$ bar
$= 0.506$ bar

8. Hagen-Poiseuille 식은 $-\dfrac{dP}{dx} = \dfrac{32\mu V_{avg}}{D^2}$로 표현한다. 이 식을 유체에 적용시키기 위한 가정이 아닌 것은?
① 뉴턴 유체   ② 압축성
③ 층류   ④ 정상 상태

해설 하겐-푸아죄유(Hagen-Poiseuille) 방정식의 적용 조건
㉮ 비압축성 유체의 흐름
㉯ 유체의 층류 흐름
㉰ 밀도가 일정한 뉴턴성 유체의 흐름
㉱ 원형관 내에서의 정상 상태 흐름

9. 구가 유체 속을 자유낙하할 때 받는 항력 F가 점성 계수 μ, 지름 D, 속도 V의 함수로 주어진다. 이 물리량들 사이의 관계식을 무차원으로 나타내고자 할 때 차원 해석에 의하면 몇 개의 무차원 수로 나타낼 수 있는가?
① 1   ② 2   ③ 3   ④ 4

해설 무차원 수 = 물리량 수 − 기본차원 수
$= 4 - 3 = 1$

10. 다음 중 차원 표시가 틀린 것은? (단, M : 질량, L : 길이, T : 시간, F : 힘이다.)
① 절대 점성 계수 : $\mu = [FL^{-1}T]$
② 동점성 계수 : $\nu = [L^2 T^{-1}]$
③ 압력 : $P = [FL^{-2}]$
④ 힘 : $F = [MLT^{-2}]$

해설 절대 점성 계수(μ)의 단위 및 차원
㉮ 공학단위 : kgf·s/m² $= FL^{-2}T$
㉯ 절대단위 : kg/m·s $= ML^{-1}T^{-1}$

11. 압력 100 kPa·abs, 온도 20℃의 공기 5 kg이 등엔트로피가 변화하여 온도 160℃

로 되었다면 최종 압력은 몇 kPa·abs인가? (단, 공기의 비열비 $k=1.4$ 이다.)
① 392 ② 265 ③ 112 ④ 462

[해설] ㉮ 가역단열 과정(등엔트로피 과정)의 P, V, T 관계

$$\frac{T_2}{T_1} = \left(\frac{V_1}{V_2}\right)^{k-1} = \left(\frac{P_2}{P_1}\right)^{\frac{k-1}{k}}$$ 에서

$$\therefore \frac{T_2}{T_1} = \frac{273+160}{273+20} = 1.4778$$

$$\therefore \left(\frac{P_2}{P_1}\right)^{\frac{k-1}{k}} = \left(\frac{P_2}{P_1}\right)^{\frac{1.4-1}{1.4}} = \left(\frac{P_2}{P_1}\right)^{0.2857}$$

㉯ 최종압력 계산

$$\frac{T_2}{T_1} = \left(\frac{P_2}{P_1}\right)^{\frac{k-1}{k}}$$ 에서 $1.4778 = \left(\frac{P_2}{P_1}\right)^{0.2857}$

$$\therefore \frac{P_2}{P_1} = {}^{0.2857}\sqrt{1.4778}$$

$$\therefore P_2 = P_1 \times {}^{0.2857}\sqrt{1.4778}$$
$$= 100 \times {}^{0.2857}\sqrt{1.4778}$$
$$= 392.359 \text{ kPa·abs}$$

12. 안지름 0.1 m인 수평 원관으로 물이 흐르고 있다. A단면에 미치는 압력이 100 Pa, B단면에 미치는 압력이 50 Pa라고 하면 A, B 두 단면 사이의 관벽에 미치는 마찰력은 몇 N인가?

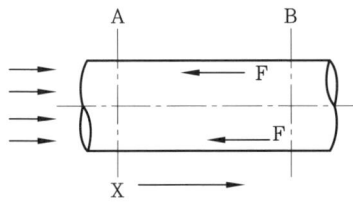

① 0.393 ② 1.57
③ 3.93   ④ 15.7

[해설] $F = P \times A$
$$= (100-50) \times \frac{\pi}{4} \times 0.1^2 = 0.3926 \text{ N}$$

13. 부력에 대한 설명 중 틀린 것은?
① 부력은 유체에 잠겨 있을 때 물체에 대하여 수직 위로 작용한다.
② 부력의 중심을 부심이라 하고 유체의 잠긴 체적의 중심이다.
③ 부력의 크기는 물체가 유체 속에 잠긴 체적에 해당하는 유체의 무게와 같다.
④ 물체가 액체 위에 떠 있을 때는 부력이 수직 아래로 작용한다.

[해설] 부력 : 정지유체 속에 물체가 일부 또는 완전히 잠겨 있을 때 유체에 접촉하는 모든 부분에 수직 상 방향으로 받는 힘

14. 그림에서 수은주의 높이 차이 h가 80 cm를 가리킬 때 B지점의 압력이 1.25 kgf/cm²이라면 A지점의 압력은 약 몇 kgf/cm²인가? (단, 수은의 비중은 13.6이다.)

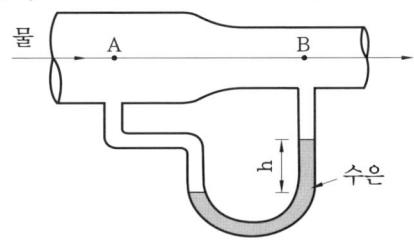

① 1.08 ② 1.19 ③ 2.26 ④ 3.19

[해설] $P_A - P_B = (\gamma_2 - \gamma_1) \times h$ 에서
$$P_A = \{(\gamma_2 - \gamma_1) \times h\} + P_B$$
$$= \{(13600 - 1000) \times 0.8 \times 10^{-4}\} + 1.25$$
$$= 2.258 \text{ kgf/cm}^2$$

15. 다음의 압축성 유체의 흐름 과정 중 등엔트로피 과정인 것은?
① 가역단열 과정
② 가역등온 과정
③ 마찰이 있는 단열 과정
④ 마찰이 없는 비가역 과정

[해설] ㉮ 가역단열 과정 : 엔트로피 일정(등엔트로피)
㉯ 비가역단열 과정 : 엔트로피 증가

16. 베르누이의 방정식에 쓰이지 않는 head (수두)는?

① 압력 수두 ② 밀도 수두
③ 위치 수두 ④ 속도 수두

해설 베르누이 방정식

$H = \dfrac{P}{\gamma} + \dfrac{V^2}{2g} + Z$ 에서

H : 전수두

$\dfrac{P}{\gamma}$: 압력 수두

$\dfrac{V^2}{2g}$: 속도 수두

Z : 위치 수두

17. 다음 중 의소성 유체(pseudo plastics fluid)에 속하는 것은?
① 고분자 용액   ② 점토 현탁액
③ 치약   ④ 공업용수

해설 의소성 유체 : 의가소성 유체라 하며, 전단 응력과 속도구배 선도에서 원점을 지나지만 전단 응력이 작으면 위로 볼록해졌다가 전단 응력이 커지면 직선으로 되는 유체로 고분자 용액(고무 라텍스 등), 펄프 등이 해당된다.

18. 평판을 지나는 경계층 유동에 관한 설명으로 옳은 것은? (단, x는 평판 앞쪽 끝으로부터의 거리를 나타낸다.)
① 평판 유동에서 층류 경계층의 두께는 $x^{\frac{1}{2}}$에 비례한다.
② 경계층에서 두께는 물체의 표면부터 측정한 속도가 경계층의 외부 속도의 80 %가 되는 점까지의 거리이다.
③ 평판에 형성되는 난류 경계층의 두께는 x에 비례한다.
④ 평판 위의 층류 경계층의 두께는 거리의 제곱에 비례한다.

해설 층류 경계층 두께
  ㉮ 경계층 내의 속도가 자유 흐름 속도의 99 %가 되는 점까지의 거리
  ㉯ 층류 경계층 두께는 $Re^{\frac{1}{2}}$에 반비례하고, $x^{\frac{1}{2}}$에 비례하여 증가한다.
  ㉰ 난류 경계층 두께는 $Re^{\frac{1}{5}}$에 반비례하고, $x^{\frac{4}{5}}$에 비례하여 증가한다.
  ㉱ 경계층의 두께는 점성에 비례한다.

19. 다음 중 축류 펌프의 특징에 대해 잘못 설명한 것은?
① 가동익(가동 날개)의 설치 각도를 크게 하면 유량을 감소시킬 수 있다.
② 비속도가 높은 영역에서는 원심 펌프보다 효율이 높다.
③ 깃의 수를 많이 하면 양정이 증가한다.
④ 체절 상태로 운전은 불가능하다.

해설 가동익(가동 날개)의 설치 각도를 크게 하면 유량이 증가한다.

20. 표준 기압, 25℃인 공기 속에서 어떤 물체가 910 m/s의 속도로 움직인다. 이때 음속과 물체의 마하수는 각각 얼마인가? (단, 공기의 비열비는 1.4, 기체 상수는 287 J/kg·K이다.)
① 326 m/s, 2.79   ② 346 m/s, 2.63
③ 359 m/s, 2.53   ④ 367 m/s, 2.48

해설 ㉮ 음속 계산
  $\therefore C = \sqrt{kRT}$
  $= \sqrt{1.4 \times 287 \times (273 + 25)}$
  $= 346.029$ m/s
  ㉯ 마하수 계산
  $\therefore M = \dfrac{V}{C} = \dfrac{910}{346.029} = 2.629$

제 2 과목 연소공학

21. 분자량이 30인 어떤 가스의 정압비열이 0.516 kJ/kg·K이라고 가정할 때 이 가스의 비열비 k는 약 얼마인가?

① 1.0　② 1.4　③ 1.8　④ 2.2

[해설] ㉮ 정적비열 계산

$C_p - C_v = R$ 이고, $R = \dfrac{8.314}{M}$ kJ/kg·K 이다.

$\therefore C_v = C_p - R$

$= 0.516 - \dfrac{8.314}{30} = 0.238$ kJ/kg·K

㉯ 비열비 계산

$\therefore k = \dfrac{C_p}{C_v} = \dfrac{0.516}{0.238} = 2.168$

22. 연소 온도를 높이는 방법으로 가장 거리가 먼 것은?
① 연료 또는 공기를 예열한다.
② 발열량이 높은 연료를 사용한다.
③ 연소용 공기의 산소 농도를 높인다.
④ 복사 전열을 줄이기 위해 연소 속도를 늦춘다.

[해설] 연소 온도를 높이는 방법
㉮ 발열량이 높은 연료를 사용한다.
㉯ 연료를 완전 연소시킨다.
㉰ 가능한 한 적은 과잉 공기를 사용한다.
㉱ 연소용 공기 중 산소 농도를 높인다.
㉲ 연료, 공기를 예열하여 사용한다.
㉳ 복사 전열을 감소시키기 위해 연소 속도를 빠르게 할 것

23. 공기 흐름이 난류일 때 가스 연료의 연소 현상에 대한 설명으로 옳은 것은?
① 화염이 뚜렷하게 나타난다.
② 연소가 양호하여 화염이 짧아진다.
③ 불완전 연소에 의해 열효율이 감소한다.
④ 화염이 길어지면서 완전 연소가 일어난다.

[해설] 가스 연료와 공기의 흐름이 난류일 때 층류일 때보다 연소가 잘 되며 화염이 짧아지는 현상이 발생한다.

24. 액체 연료를 미세한 기름방울로 잘게 부수어 단위 질량당의 표면적을 증가시키고 기름방울을 분산, 주위 공기와의 혼합을 적당히 하는 것을 미립화라고 한다. 다음 중 원판, 컵 등의 외주에서 원심력에 의해 액체를 분산시키는 방법에 의해 미립화하는 분무기는?
① 회전체 분무기　② 충돌식 분무기
③ 초음파 분무기　④ 정전식 분무기

[해설] 액체 연료의 무화 방법
㉮ 유압 무화식 : 연료 자체에 압력을 주어 무화시키는 방법
㉯ 이류체 무화식 : 증기, 공기를 이용하여 무화시키는 방법
㉰ 회전 무화식 : 원심력을 이용하여 무화시키는 방법
㉱ 충돌 무화식 : 연료끼리 혹은 금속판에 충돌시켜 무화시키는 방법
㉲ 진동 무화식 : 초음파에 의하여 무화시키는 방법
㉳ 정전기 무화식 : 고압 정전기를 이용하여 무화시키는 방법

25. 공기비에 대한 설명으로 틀린 것은?
① 이론 공기량에 대한 실제 공기량의 비이다.
② 무연탄보다 중유 연소 시 이론 공기량이 더 적다.
③ 부하율이 변동될 때의 공기비를 턴다운(turn down)비라고 한다.
④ 공기비를 낮추면 불완전 연소 성분이 증가한다.

[해설] (1) 공기비 : 과잉 공기 계수라 하며 이론 공기량(A_0)에 대한 실제 공기량(A)의 비

$\therefore m = \dfrac{A}{A_0} = \dfrac{A_0 + B}{A_0} = 1 + \dfrac{B}{A_0}$

(2) 연료에 따른 공기비
㉮ 기체 연료 : 1.1~1.3
㉯ 액체 연료 및 미분탄 : 1.2~1.4
㉰ 고체 연료 : 1.5~2.0 (수분식), 1.4~1.7 (기계식)

26. 메탄의 탄화수소(C/H) 비는 얼마인가?
① 0.25　② 1　③ 3　④ 4

정답　22. ④　23. ②　24. ①　25. ②　26. ③

해설 ㉮ 메탄의 분자식 : CH_4
㉯ 메탄의 탄소와 수소의 중량비 계산 : 메탄 1 mol 중 탄소의 질량은 12 g, 수소의 질량은 1×4 = 4 g이다.
$$\therefore \frac{C}{H} = \frac{12}{4} = 3$$

27. 다음과 같은 조성을 갖는 혼합 가스의 분자량은? (단, 혼합 가스의 체적비는 CO_2 13.1 %, O_2 7.7 %, N_2 79.2 %이다.)
① 22.81　　② 24.94
③ 28.67　　④ 30.40

해설 ㉮ 각 성분 가스의 분자량

가스 명칭	분자량
이산화탄소(CO_2)	44
산소(O_2)	32
질소(N_2)	28

㉯ 혼합 가스의 평균 분자량 계산
$$\therefore M = (44 \times 0.131) + (32 \times 0.077) + (28 \times 0.792) = 30.404$$

28. 메탄가스 1 m^3를 완전 연소시키는 데 필요한 공기량은 몇 m^3인가? (단, 공기 중 산소는 20 % 함유되어 있다.)
① 5　　② 10　　③ 15　　④ 20

해설 ㉮ 메탄(CH_4)의 완전연소 반응식
$$CH_4 + 2O_2 \rightarrow CO_2 + 2H_2O$$
㉯ 이론공기량 계산
$$22.4\ m^3 : 2 \times 22.4\ m^3 = 1\ m^3 : x(O_0)\ m^3$$
$$\therefore A_0 = \frac{O_0}{0.2} = \frac{2 \times 22.4 \times 1}{22.4 \times 0.2} = 10\ m^3$$

29. 폭발 형태 중 가스 용기나 저장 탱크가 직화에 노출되어 가열되고 용기 또는 저장 탱크의 강도를 상실한 부분을 통한 급격한 파단에 의해 내부 비등액체가 일시에 유출되어 화구(fire ball) 현상을 동반하여 폭발하는 현상은?
① BLEVE　　② VCE
③ jet fire　　④ flash over

해설 비등액체 팽창증기 폭발(BLEVE) : 가연성액체 저장 탱크 주변에서 화재가 발생하여 기상부의 탱크가 국부적으로 가열되면 그 부분이 강도가 약해져 탱크가 파열된다. 이때 내부의 액화 가스가 급격히 유출 팽창되어 화구(fire ball)를 형성하여 폭발하는 형태를 말한다.

30. 수증기 1 mol이 100℃, 1 atm에서 물로 가역적으로 응축될 때 엔트로피의 변화는 약 몇 cal/mol·K인가? (단, 물의 증발열은 539 cal/g, 수증기는 이상 기체라고 가정한다.)
① 26　　② 540
③ 1700　　④ 2200

해설 수증기(H_2O) 1 mol은 18 g에 해당된다.
$$\therefore \Delta S = \frac{dQ}{T}$$
$$= \frac{539 \times 18}{273 + 100} = 26.010\ cal/mol \cdot K$$

31. 고발열량에 대한 설명 중 틀린 것은?
① 총발열량이다.
② 진발열량이라고도 한다.
③ 연료가 연소될 때 연소 가스 중에 수증기의 응축 잠열을 포함한 열량이다.
④ $H_h = H_L + H_S = H_L + 600(9H + W)$로 나타낼 수 있다.

해설 고발열량과 저발열량
㉮ 고발열량 : 고위 발열량, 총발열량이라 하며, 수증기의 응축 잠열이 포함된 열량이다.
㉯ 저발열량 : 저위 발열량, 진발열량, 참발열량이라 하며, 수증기의 응축 잠열을 포함하지 않은 열량이다.

32. 내압(耐壓) 방폭 구조로 방폭 전기 기기를 설계할 때 가장 중요하게 고려할 사항은?
① 가연성 가스의 연소열
② 가연성 가스의 안전 간극
③ 가연성 가스의 발화점(발화도)
④ 가연성 가스의 최소 점화에너지

정답　27. ④　28. ②　29. ①　30. ①　31. ②　32. ②

[해설] 내압(耐壓) 방폭 구조(d) : 방폭전기 기기의 용기 내부에서 가연성 가스의 폭발이 발생할 경우 그 용기가 폭발 압력에 견디고, 접합면, 개구부 등을 통하여 외부의 가연성 가스에 인화되지 아니하도록 한 구조로 설계할 때 가연성 가스의 최대 안전틈새(안전 간극)를 가장 중요하게 고려해야 한다.

33. 폭굉 유도거리에 대한 설명 중 옳은 것은?
① 압력이 높을수록 짧아진다.
② 관속에 방해물이 있으면 길어진다.
③ 층류 연소속도가 작을수록 짧아진다.
④ 점화원의 에너지가 강할수록 길어진다.

[해설] 폭굉 유도거리가 짧아지는 조건
  ㉮ 정상 연소속도가 큰 혼합 가스일수록
  ㉯ 관 속에 방해물이 있거나 관 지름이 가늘수록
  ㉰ 압력이 높을수록
  ㉱ 점화원의 에너지가 클수록

34. 프로판가스의 연소 과정에서 발생한 열량이 13000 kcal/kg, 연소할 때 발생된 수증기의 잠열이 2000 kcal/kg일 경우, 프로판 가스의 연소 효율은 얼마인가? (단, 프로판가스의 진발열량은 11000 kcal/kg이다.)
① 50 % ② 100 % ③ 150 % ④ 200 %

[해설] 연소 효율 = $\dfrac{실제\ 발생열량}{진발열량} \times 100$
  = $\dfrac{13000 - 2000}{11000} \times 100 = 100\ \%$

35. 연소의 3요소가 아닌 것은?
① 가연성 물질 ② 산소 공급원
③ 발화점   ④ 점화원

[해설] 연소의 3요소 : 가연물, 산소 공급원, 점화원

36. 착화 온도에 대한 설명 중 틀린 것은?
① 압력이 높을수록 낮아진다.
② 발열량이 클수록 낮아진다.
③ 반응활성도가 클수록 높아진다.
④ 산소량이 증가할수록 낮아진다.

[해설] 착화 온도가 낮아지는 조건
  ㉮ 압력이 높을 때
  ㉯ 발열량이 높을 때
  ㉰ 열전도율이 작을 때
  ㉱ 산소와 친화력이 클 때
  ㉲ 산소 농도가 높을 때
  ㉳ 분자 구조가 복잡할수록
  ㉴ 반응활성도가 클수록

37. 1 kWh의 열당량은?
① 376 kcal   ② 427 kcal
③ 632 kcal   ④ 860 kcal

[해설] 동력
  ㉮ 1 PS = 75 kgf·m/s = 632.2 kcal/h
     = 0.735 kW = 2664 kJ/h
  ㉯ 1 kW = 102 kgf·m/s = 860 kcal/h
     = 1.36 PS = 3600 kJ/h

38. 프로판가스 1 Sm^3을 완전 연소시켰을 때의 건조연소 가스량은 약 몇 Sm^3인가? (단, 공기 중의 산소는 21 v%이다.)
① 10   ② 16   ③ 22   ④ 30

[해설] ㉮ 공기 중 프로판의 완전연소 반응식
  $C_3H_8 + 5O_2 + (N_2) \rightarrow 3CO_2 + 4H_2O + (N_2)$
  ㉯ 건조연소 가스량 계산 : 연소 가스 중 수분(H_2O)을 포함하지 않은 가스량이고, 질소는 산소량의 $3.76\left(=\dfrac{79}{21}\right)$배이다.
  $\therefore G_{0d} = CO_2 + N_2$
     $= 3 + (5 \times 3.76) = 21.8\ Sm^3$

39. 옥탄(g)의 연소 엔탈피는 반응물 중의 수증기가 응축되어 물이 되었을 때 25℃에서 −48220 kJ/kg이다. 이 상태에서 옥탄(g)의 저위 발열량은 약 몇 kJ/kg인가? (단, 25℃ 물의 증발 엔탈피[h_{fg}]는 2441.8 kJ/kg이다.)
① 40750   ② 42320

정답 33. ① 34. ② 35. ③ 36. ③ 37. ④ 38. ③ 39. ③

③ 44750   ④ 45778

[해설] ㉮ 옥탄(C_8H_{18})의 완전연소 반응식
$C_8H_{18} + 12.5O_2 \rightarrow 8CO_2 + 9H_2O$
㉯ 옥탄 1 kg 연소 시 발생되는 수증기량 계산
114 kg : 9×18 kg = 1 kg : x kg
∴ $x = \dfrac{1 \times 9 \times 18}{114} = 1.421$ kg
㉰ 저위 발열량 계산 : 옥탄의 연소 엔탈피 −48220 kJ/kg는 옥탄의 고위 발열량이 48220 kJ/kg이라는 것이며, 옥탄 연소 시 발생되는 수증기량과 증발 잠열을 곱한 수치를 고위 발열량에서 뺀 값이 저위 발열량이 된다.
∴ $H_L = 48220 - (2441.8 \times 1.421)$
       $= 44750.202$ kJ/kg

40. 밀폐된 용기 또는 설비 안에 밀봉된 가스가 그 용기 또는 설비의 사고로 인하여 파손되거나 오조작의 경우에만 누출될 위험이 있는 장소는 위험 장소의 등급 중 어디에 해당하는가?

① 0종   ② 1종   ③ 2종   ④ 3종

[해설] 2종 위험장소
㉮ 밀폐된 용기 또는 설비 내에 밀봉된 가연성 가스가 그 용기 또는 설비의 사고로 인해 파손되거나 오조작의 경우에만 누출할 위험이 있는 장소
㉯ 확실한 기계적 환기 조치에 의하여 가연성 가스가 체류하지 않도록 되어 있으나 환기 장치에 이상이나 사고가 발생한 경우에는 가연성 가스가 체류하여 위험하게 될 우려가 있는 장소
㉰ 1종 장소의 주변 또는 인접한 실내에서 위험한 농도의 가연성 가스가 종종 침입할 우려가 있는 장소

제 3 과목   가스설비

41. 다음 중 압력배관용 탄소강관을 나타내는 것은?

① SPHT   ② SPPH
③ SPP   ④ SPPS

[해설] 배관용 강관의 기호 및 명칭

KS 기호	배관 명칭
SPP	배관용 탄소강관
SPPS	압력배관용 탄소강관
SPPH	고압배관용 탄소강관
SPHT	고온배관용 탄소강관
SPLT	저온배관용 탄소강관
SPW	배관용 아크용접 탄소강관
SPA	배관용 합금강관
STS×T	배관용 스테인리스강관
SPPG	연료가스 배관용 탄소강관

42. 펌프의 효율에 대한 설명으로 옳은 것으로만 짝지어진 것은?

> ㉠ 축동력에 대한 수동력의 비를 뜻한다.
> ㉡ 펌프의 효율은 펌프의 구조, 크기 등에 따라 다르다.
> ㉢ 펌프의 효율이 좋다는 것은 각종 손실 동력이 적고 축동력이 적은 동력으로 구동한다는 뜻이다.

① ㉠   ② ㉠, ㉡
③ ㉠, ㉢   ④ ㉠, ㉡, ㉢

[해설] 펌프의 효율
㉮ 펌프의 전효율은 축동력에 대한 수동력의 비를 말한다.
∴ $\eta = \dfrac{수동력(L_w)}{축동력(L)}$
 = 체적 효율(η_v) × 기계 효율(η_m) × 수력 효율(η_h)
㉯ 펌프의 효율은 펌프의 구조, 크기 등에 따라 다르다.
㉰ 펌프의 효율이 좋다는 것은 각종 손실 동력이 적고 축동력이 적은 동력으로 구동한다는 뜻이다.

43. 수소가스 집합장치의 설계 매니폴드 지관에서 감압 밸브는 상용압력이 14 MPa인 경우 내압시험 압력은 얼마 이상인가?

① 14 MPa ② 21 MPa
③ 25 MPa ④ 28 MPa

[해설] 내압시험 압력은 상용압력의 1.5배 이상이다.
∴ 내압시험 압력 = 상용압력 × 1.5
= 14 × 1.5 = 21 MPa

44. 왕복형 압축기의 특징에 대한 설명으로 옳은 것은?

① 압축 효율이 낮다.
② 쉽게 고압이 얻어진다.
③ 기초 설치 면적이 작다.
④ 접촉부가 적어 보수가 쉽다.

[해설] 왕복동식 압축기의 특징
㉮ 고압이 쉽게 형성된다.
㉯ 급유식, 무급유식이다.
㉰ 용량조정범위가 넓다.
㉱ 용적형이며 압축 효율이 높다.
㉲ 형태가 크고 설치 면적이 크다.
㉳ 배출 가스 중 오일이 혼입될 우려가 크다.
㉴ 압축이 단속적이고, 맥동 현상이 발생된다.
㉵ 접촉 부분이 많아 고장 발생이 쉽고 수리가 어렵다.
㉶ 반드시 흡입 토출밸브가 필요하다.

45. 다음 중 가연성 가스의 위험도가 가장 높은 가스는?

① 일산화탄소 ② 메탄
③ 산화에틸렌 ④ 수소

[해설] ㉮ 위험도 : 가연성 가스의 폭발 가능성을 나타내는 수치(폭발 범위를 폭발범위 하한계로 나눈 것)로 수치가 클수록 위험하다. 즉, 폭발 범위가 넓을수록, 폭발범위 하한계가 낮을수록 위험성이 크다.
∴ $H = \dfrac{U-L}{L}$

㉯ 각 가스의 공기 중 폭발 범위

가스 명칭	폭발 범위	위험도
일산화탄소(CO)	12.5~74 %	4.92
메탄(CH$_4$)	5~15 %	2
산화에틸렌(C$_2$H$_4$O)	3~80 %	25.66
수소(H$_2$)	4~75 %	17.75

46. 압력 2 MPa 이하의 고압가스 배관 설비로서 곡관을 사용하기가 곤란한 경우 가장 적정한 신축이음매는?

① 벨로스형 신축 이음매
② 루프형 신축 이음매
③ 슬리브형 신축 이음매
④ 스위블형 신축 이음매

[해설] 배관설비 신축 흡수 조치 : 곡관(bent pipe)을 사용한다. 다만, 압력 2 MPa 이하인 배관으로서 곡관을 사용하기가 곤란한 곳에는 벨로스형(bellows type) 신축 이음매를 사용할 수 있다.

47. 도시가스의 발열량이 10400 kcal/m³이고, 비중이 0.5일 때 웨버지수(WI)는 얼마인가?

① 14142 ② 14708
③ 18257 ④ 27386

[해설] $WI = \dfrac{H_g}{\sqrt{d}} = \dfrac{10400}{\sqrt{0.5}} = 14707.821$

48. 아세틸렌은 금속과 접촉 반응하여 폭발성 물질을 생성한다. 다음 금속 중 이에 해당하지 않는 것은?

① 금 ② 은
③ 동 ④ 수은

[해설] 아세틸렌의 화합 폭발 : 아세틸렌이 동(Cu), 은(Ag), 수은(Hg) 등의 금속과 화합 시 폭발성의 아세틸드를 생성하여 충격 등에 의하여 폭발한다.

49. 가스 연소기에서 발생할 수 있는 역화(flash

정답 43. ② 44. ② 45. ③ 46. ① 47. ② 48. ① 49. ①

back) 현상의 발생 원인으로 가장 거리가 먼 것은?
① 분출 속도가 연소 속도보다 빠른 경우
② 노즐, 기구밸브 등이 막혀 가스량이 극히 적게 된 경우
③ 연소 속도가 일정하고 분출 속도가 느린 경우
④ 버너가 오래되어 부식에 의해 염공이 크게 된 경우

[해설] 역화 현상의 발생 원인
㉮ 염공이 크게 되었을 때
㉯ 노즐의 구멍이 너무 크게 된 경우
㉰ 콕이 충분히 개방되지 않은 경우
㉱ 가스의 공급 압력이 저하되었을 때
㉲ 버너가 과열된 경우
㉳ 연소 속도가 분출 속도보다 빠른 경우

50. 콕 및 호스에 대한 설명으로 옳은 것은?
① 고압 고무호스 중 투윈호스는 차압 100 kPa 이하에서 정상적으로 작동하는 체크 밸브를 부착하여 제작한다.
② 용기밸브 및 조정기에 연결하는 이음쇠의 나사는 오른나사로서 W22.5×14T, 나사부의 길이는 20 mm 이상으로 한다.
③ 상자콕은 과류차단 안전기구가 부착된 것으로서 배관과 커플러를 연결하는 구조이고 주물황동을 사용할 수 있다.
④ 콕은 70 kPa 이상의 공기압을 10분간 가했을 때 누출이 없는 것으로 한다.

[해설] 각 항목의 옳은 내용
① 투윈호스는 차압 70 kPa 이하에서 정상적으로 작동하는 체크 밸브를 부착한 것으로 한다.
② 용기밸브 충전구와 조정기에 연결하는 이음쇠의 나사는 왼나사로서 W22.5×14T, 나사부 길이는 12 mm 이상으로 하고 용기 밸브에 연결하는 핸들의 지름은 50 mm 이상으로 하며 핸들의 두께는 9 mm 이상으로 한다. 〈개정 17. 5. 17〉

③ 상자콕은 가스 유로를 핸들, 누름, 당김 등의 조작으로 개폐하고, 과류차단 안전기구가 부착된 것으로서 배관과 커플러를 연결하는 구조로 한다. 〈개정 13. 12. 31〉
④ 콕은 35 kPa 이상의 공기압을 1분간 가하였을 때 누출이 없는 것으로 한다. 다만, 상자콕은 열림 및 닫힘 위치에서 각각 가스 입구측에서 22.5 kPa의 공기압을 1분간 가하였을 때 누출이 없는 것으로 한다. 〈개정 17. 8. 7〉

51. 액화 천연가스(메탄 기준)를 도시가스 원료로 사용할 때 액화 천연가스의 특징을 옳게 설명한 것은?
① 천연가스의 C/H 질량비가 3이고, 기화 설비가 필요하다.
② 천연가스의 C/H 질량비가 4이고, 기화 설비가 필요 없다.
③ 천연가스의 C/H 질량비가 3이고, 가스 제조 및 정제 설비가 필요하다.
④ 천연가스의 C/H 질량비가 4이고, 개질 설비가 필요하다.

[해설] 도시가스 원료로서 LNG의 특징
㉮ 불순물이 제거된 청정 연료로 환경 문제가 없다.
㉯ LNG 수입 기지에 저온 저장설비 및 기화 장치가 필요하다.
㉰ 불순물을 제거하기 위한 정제 설비는 필요하지 않다.
㉱ 가스 제조 및 개질 설비가 필요하지 않다.
㉲ 초저온 액체로 설비 재료의 선택과 취급에 주의를 요한다.
㉳ 냉열 이용이 가능하다.
㉴ 천연가스의 C/H 질량비가 3이고, 기화 설비가 필요하다.
※ 천연가스(CH_4)의 질량비
$\therefore \dfrac{C}{H} = \dfrac{12}{1 \times 4} = 3$

52. 내용적 50 L의 LPG 용기에 상온에서 액화 프로판 15 kg를 충전하면 이 용기 내 안

정답 50. ③ 51. ① 52. ④

전공간은 약 몇 %정도인가? (단, LPG의 비중은 0.5이다.)
① 10 %   ② 20 %
③ 30 %   ④ 40 %

[해설] ㉮ 액화 프로판 체적(E) 계산
∴ $E = \dfrac{액체\ 질량}{액\ 비중} = \dfrac{15}{0.5} = 30\,L$

㉯ 안전공간 계산
∴ $Q = \dfrac{V-E}{V} \times 100$
$= \dfrac{50-30}{50} \times 100 = 40\,\%$

53. 고압가스 제조 장치의 재료에 대한 설명으로 옳지 않은 것은?
① 상온 건조 상태의 염소 가스에 대하여는 보통강을 사용할 수 있다.
② 암모니아, 아세틸렌의 배관 재료에는 구리 및 구리 합금이 적당하다.
③ 고압의 이산화탄소 세정 장치 등에는 내산강을 사용하는 것이 좋다.
④ 암모니아 합성탑 내통의 재료에는 18-8 스테인리스강을 사용한다.

[해설] 암모니아, 아세틸렌 장치 재료는 동함유량 62 % 미만의 동합금을 사용한다.

54. 어떤 냉동기에서 0℃의 물로 0℃의 얼음 3톤을 만드는 데 100 kW/h의 일이 소요되었다면 이 냉동기의 성능 계수는? (단, 물의 응고열은 80 kcal/kg이다.)
① 1.72   ② 2.79
③ 3.72   ④ 4.73

[해설] $COP = \dfrac{Q_2}{W}$
$= \dfrac{3000 \times 80}{100 \times 860} = 2.79$

55. 용기용 밸브는 가스 충전구의 형식에 따라 A형, B형, C형의 3종류가 있다. 가스 충전구가 암나사로 되어 있는 것은?
① A형   ② B형
③ A, B형   ④ C형

[해설] 충전구 형식에 의한 분류
㉮ A형 : 가스 충전구가 수나사
㉯ B형 : 가스 충전구가 암나사
㉰ C형 : 가스 충전구에 나사가 없는 것

56. 안전밸브에 대한 설명으로 틀린 것은?
① 가용전식은 Cl_2, C_2H_2 등에 사용된다.
② 파열판식은 구조가 간단하며, 취급이 용이하다.
③ 파열판식은 부식성, 괴상 물질을 함유한 유체에 적합하다.
④ 피스톤식이 가장 일반적으로 널리 사용된다.

[해설] 가장 일반적으로 널리 사용되는 안전밸브는 스프링식이다.

57. 가스 누출을 조기에 발견하기 위하여 사용되는 냄새가 나는 물질(부취제)이 아닌 것은?
① T.H.T   ② T.B.M
③ D.M.S   ④ T.E.A

[해설] 부취제의 종류 및 특징
㉮ TBM(tertiary buthyl mercaptan) : 양파 썩는 냄새가 나며 내산화성이 우수하고 토양 투과성이 우수하며 토양에 흡착되기 어렵다.
㉯ THT(tetra hydro thiophen) : 석탄가스 냄새가 나며 산화, 중합이 일어나지 않는 안정된 화합물이다. 토양의 투과성이 보통이며, 토양에 흡착되기 쉽다.
㉰ DMS(dimethyl sulfide) : 마늘 냄새가 나며 안정된 화합물이다. 내산화성이 우수하고 토양의 투과성이 아주 우수하며 토양에 흡착되기 어렵다.

58. 발열량 5000 kcal/m³, 비중 0.61, 공급 표준압력 100 mmH₂O인 가스에서 발열량 11000

kcal/m³, 비중 0.66, 공급 표준압력이 200 mmH₂O인 천연가스로 변경할 경우 노즐 변경률은 얼마인가?

① 0.49　② 0.58　③ 0.71　④ 0.82

해설 $\dfrac{D_2}{D_1} = \sqrt{\dfrac{WI_1\sqrt{P_1}}{WI_2\sqrt{P_2}}}$

$= \sqrt{\dfrac{\dfrac{5000}{\sqrt{0.61}} \times \sqrt{100}}{\dfrac{11000}{\sqrt{0.66}} \times \sqrt{200}}} = 0.578$

59. 다음 중 공기액화 분리 장치의 폭발 원인이 아닌 것은?
① 액체 공기 중 산소(O₂)의 혼입
② 공기 취입구로부터 아세틸렌 혼입
③ 공기 중 질소 화합물(NO, NO₂)의 혼입
④ 압축기용 윤활유 분해에 따른 탄화수소의 생성

해설 공기액화 분리 장치의 폭발 원인
　㉮ 공기 취입구로부터 아세틸렌의 혼입
　㉯ 압축기용 윤활유 분해에 따른 탄화수소의 생성
　㉰ 공기 중 질소 화합물(NO, NO₂)의 혼입
　㉱ 액체 공기 중에 오존(O₃)의 혼입

60. 다음 [보기]의 비파괴 검사 방법은?

〈 보 기 〉
㉠ 내부 결함 또는 불균일 층의 검사를 할 수 있다.
㉡ 용입 부족 및 용입부의 검사를 할 수 있다.
㉢ 검사 비용이 비교적 저렴하다.
㉣ 탐지되는 결함의 형태가 명확하지 않다.

① 방사선 투과 검사　② 침투 탐상 검사
③ 초음파 탐상 검사　④ 자분 탐상 검사

해설 초음파 탐상 검사(UT : Ultrasonic Test) : 초음파를 피검사물의 내부에 침입시켜 반사파(펄스 반사법, 공진법)를 이용하여 내부의 결함과 불균일 층의 존재 여부를 검사하는 방법이다.

제 4 과목　가스안전관리

61. 내부 용적이 35000 L인 액화산소 저장 탱크의 저장 능력은 얼마인가?(단, 비중은 1.2이다.)
① 24780 kg　② 26460 kg
③ 27520 kg　④ 37800 kg

해설 $W = 0.9\,d\,V$
　　$= 0.9 \times 1.2 \times 35000 = 37800$ kg

62. 밀폐된 목욕탕에서 도시가스 순간온수기를 사용하던 중 쓰러져서 의식을 잃었다. 사고 원인으로 추정할 수 있는 것은?
① 가스 누출에 의한 중독
② 부취제에 의한 중독
③ 산소 결핍에 의한 질식
④ 질소 과잉으로 인한 중독

해설 밀폐된 목욕탕의 환기 불량에 의한 산소 결핍으로 질식 및 도시가스의 불완전 연소에 의하여 일산화탄소(CO)가 발생되어 중독된 것이다.

63. 2단 감압식 1차용 조정기의 최대 폐쇄압력은 얼마인가?
① 3.5 kPa 이하
② 50 kPa 이하
③ 95 kPa 이하
④ 조정 압력의 1.25배 이하

해설 일반용 LPG 2단 감압식 1차용 조정기 압력

구분	용량 100 kg/h 이하	용량 100 kg/h 초과
입구 압력	0.1~1.56 MPa	0.3~1.56 MPa
조정 압력	57~83 kPa	57~83 kPa
입구 기밀시험 압력	1.8 MPa 이상	
출구 기밀시험 압력	150 kPa 이상	
최대 폐쇄압력	95 kPa 이하	

정답　59. ①　60. ③　61. ④　62. ③　63. ③

64. 고압가스 특정 제조시설에서 배관을 지하에 매설할 경우 지하도로 및 터널과 최소 몇 m 이상의 수평거리를 유지하여야 하는가?
① 1.5 m ② 5 m
③ 8 m ④ 10 m

[해설] 지하 매설 시 유지 거리
㉮ 건축물과는 1.5 m 이상, 지하도로 및 터널과는 10 m 이상
㉯ 독성 가스 배관은 수도 시설과 300 m 이상
㉰ 지하의 다른 시설물과 0.3 m 이상

65. 공기나 산소가 섞이지 않더라도 분해 폭발을 일으킬 수 있는 가스는?
① CO ② CO_2
③ H_2 ④ C_2H_2

[해설] 분해 폭발을 일으키는 물질 : 아세틸렌(C_2H_2), 산화 에틸렌(C_2H_4O), 히드라진(N_2H_4), 오존(O_3)

66. 유해 물질이 인체에 나쁜 영향을 주지 않는다고 판단하고 일정한 기준 이하로 정한 농도를 무엇이라고 하는가?
① 한계 농도 ② 안전 농도
③ 위험 농도 ④ 허용 농도

[해설] 허용 농도(acceptable concentration) : 유해 물질이 인체에 나쁜 영향을 주지 않는다고 판단하고 일정한 기준 이하로 정한 농도를 말한다.
※ 고법 시행 규칙에 정한 허용 농도 : 해당 가스를 성숙한 흰쥐 집단에게 대기 중에서 1시간 동안 계속하여 노출시킨 경우 14일 이내에 그 흰쥐의 2분의 1 이상이 죽게 되는 가스의 농도를 말한다.

67. 다음 중 독성 가스는?
① 수소 ② 염소
③ 아세틸렌 ④ 메탄

[해설] 각 가스의 성질

명칭	성질	폭발 범위(%) 및 허용 농도(ppm)
수소(H_2)	가연성, 비독성	4~75 %
염소(Cl_2)	조연성, 독성	TLV-TWA 1 ppm
아세틸렌(C_2H_2)	가연성, 비독성	2.5~81 %
메탄(CH_4)	가연성, 비독성	5~15 %

68. 고압가스용 차량에 고정된 탱크의 설계 기준으로 틀린 것은?
① 탱크의 길이이음 및 원주이음은 맞대기 양면 용접으로 한다.
② 용접하는 부분의 탄소강은 탄소 함유량이 1.0 % 미만으로 한다.
③ 탱크에는 지름 375 mm 이상의 원형 맨홀 또는 긴 지름 375 mm 이상, 짧은 지름 275 mm 이상의 타원형 맨홀을 1개 이상 설치한다.
④ 탱크의 내부에는 차량의 진행 방향과 직각이 되도록 방파판을 설치한다.

[해설] 탱크의 재료에는 KS D 3521(압력용기용 강판), KS D 3541(저온 압력용기용 탄소 강판), 스테인리스강 또는 이와 동등 이상의 화학적 성분, 기계적 성질 및 가공성 등을 갖는 재료를 사용한다. 다만, 용접을 하는 부분의 탄소강은 탄소 함유량이 0.35 % 미만인 것으로 한다.

69. 고압가스 특정 제조허가의 대상 시설로서 옳은 것은?
① 석유 정제업자의 석유 정제 시설 또는 그 부대시설에서 고압가스를 제조하는 것으로서 그 저장 능력이 10톤 이상인 것
② 석유화학공업자의 석유 화학 공업 시설 또는 그 부대시설에서 고압가스를 제조하는 것으로서 그 저장 능력이 10톤 이상인 것
③ 석유화학공업자의 석유 화학 공업 시설 또는 그 부대시설에서 고압가스를 제조하는 그 처

정답 64. ④ 65. ④ 66. ④ 67. ② 68. ② 69. ④

리 능력이 1천 세제곱미터 이상인 것
④ 철강공업자의 철강 공업 시설 또는 그 부대시설에서 고압가스를 제조하는 것으로서 그 처리 능력이 10만 세제곱미터 이상인 것

[해설] 고압가스 특정제조 허가 대상
- ㉮ 석유정제업자 : 저장 능력 100톤 이상
- ㉯ 석유화학공업자 : 저장 능력 100톤 이상, 처리 능력 1만 m^3 이상
- ㉰ 철강공업자 : 처리 능력 10만 m^3 이상
- ㉱ 비료 생산업자 : 저장 능력 100톤 이상, 처리 능력 10만 m^3 이상
- ㉲ 산업통상자원부 장관이 정하는 시설

70. 액화 염소 가스를 5톤 운반 차량으로 운반하려고 할 때 응급조치에 필요한 제독제 및 수량은?
① 소석회 – 20 kg 이상
② 소석회 – 40 kg 이상
③ 가성 소다 – 20 kg 이상
④ 가성 소다 – 40 kg 이상

[해설] 독성가스 운반 시 휴대하여야 할 약제
- ㉮ 1000 kg 미만 : 소석회 20 kg 이상
- ㉯ 1000 kg 이상 : 소석회 40 kg 이상
- ㉰ 적용 가스 : 염소, 염화수소, 포스겐, 아황산 가스

71. 실제 사용하는 도시가스의 열량이 9500 kcal/m^3이고, 가스 사용 시설의 법적 사용량은 5200 m^3일 때 도시가스 사용량은 약 몇 m^3인가? (단, 도시가스의 월사용 예정량을 구할 때의 열량을 기준으로 한다.)
① 4490 ② 6020 ③ 7020 ④ 8020

[해설] 법적 사용량에 실제 사용하는 도시가스 열량을 곱하면 실제 사용 열량이 되며, 이것을 월사용 예정량을 구할 때 적용하는 열량 11000 kcal/m^3로 나눠 주면 도시가스 사용량이 된다.

∴ 도시가스 사용량 = $\frac{5200 \times 9500}{11000}$
= 4490.909 m^3

72. 구조·재료·용량 및 성능 등에서 구별되는 제품의 단위를 무엇이라고 하는가?
① 공정 ② 형식 ③ 로트 ④ 셀

[해설] 용어의 정의(KGS AA311 : 고압가스용 용기부속품 제조의 시설·기술·검사 기준) : "형식"이란 구조·재료·용량 및 성능 등에서 구별되는 제품의 단위를 말한다.

73. 산화 에틸렌의 충전에 대한 설명으로 옳은 것은?
① 산화 에틸렌의 저장 탱크에는 45℃에서 그 내부 가스의 압력이 0.3 MPa 이상이 되도록 질소 가스를 충전한다.
② 산화 에틸렌의 저장 탱크에는 45℃에서 그 내부 가스의 압력이 0.4 MPa 이상이 되도록 질소 가스를 충전한다.
③ 산화 에틸렌의 저장 탱크에는 60℃에서 그 내부 가스의 압력이 0.3 MPa 이상이 되도록 질소 가스를 충전한다.
④ 산화 에틸렌의 저장 탱크에는 60℃에서 그 내부 가스의 압력이 0.4 MPa 이상이 되도록 질소 가스를 충전한다.

[해설] 산화 에틸렌 충전 : 산화 에틸렌 저장 탱크 및 충전 용기에는 45℃에서 그 내부 가스의 압력이 0.4 MPa 이상이 되도록 질소 가스 또는 탄산 가스를 충전한다.

74. 고압가스 일반 제조시설에서 몇 m^3 이상의 가스를 저장하는 것에 가스 방출 장치를 설치하여야 하는가?
① 5 ② 10 ③ 20 ④ 50

[해설] 저장 탱크 및 가스 홀더는 가스가 누출하지 아니하는 구조로 하고, 5 m^3 이상의 가스를 저장하는 것에는 가스 방출 장치를 설치한다.

75. 도시가스 공급 시설 또는 그 시설에 속하는 계기를 장치하는 회로에 설치하는 것으로서 온도 및 압력과 그 시설의 상황에 따라 안전 확보를

위한 주요 부분에 설비가 잘못 조작되거나 이상이 발생하는 경우에 자동으로 가스의 발생을 차단시키는 장치를 무엇이라 하는가?
① 벤트 스택
② 안전밸브
③ 인터로크 기구
④ 가스누출검지 통보 설비

[해설] 도시가스 제조소, 공급소의 인터로크 제어장치 설치 : 제조소 또는 제조소에 속하는 계기를 장치한 회로에는 정상적인 가스의 제조 조건에서 일탈하는 것을 방지하기 위하여 제조 설비 안 가스의 제조를 제어하는 인터로크기구를 설치한다.

76. 고압가스 저온 저장탱크의 내부 압력이 외부 압력보다 낮아져 저장 탱크가 파괴되는 것을 방지하기 위해 설치하여야 할 설비로 가장 거리가 먼 것은?
① 압력계
② 압력 경보 설비
③ 진공 안전밸브
④ 역류 방지 밸브

[해설] 부압을 방지하는 조치에 갖추어야 할 설비
㉮ 압력계
㉯ 압력 경보 설비
㉰ 진공 안전밸브
㉱ 다른 저장 탱크 또는 시설로부터의 가스 도입배관(균압관)
㉲ 압력과 연동하는 긴급 차단 장치를 설치한 냉동 제어 설비
㉳ 압력과 연동하는 긴급 차단 장치를 설치한 송액 설비

77. 독성 가스는 허용 농도의 얼마 이하인 가스를 뜻하는가?(단, 해당 가스를 성숙한 흰쥐 집단에게 대기 중에서 1시간 동안 계속하여 노출시킨 경우 14일 이내에 그 흰쥐의 1/2 이상이 죽게 되는 가스의 농도를 말한다.)
① $\dfrac{100}{1000000}$
② $\dfrac{200}{1000000}$
③ $\dfrac{500}{1000000}$
④ $\dfrac{5000}{1000000}$

[해설] 독성가스 허용 농도 : 100만분의 5000 이하인 것

78. 액화 석유 가스 저장소의 저장 탱크는 항상 얼마 이하의 온도를 유지하여야 하는가?
① 30℃ ② 40℃ ③ 50℃ ④ 60℃

[해설] 액화 석유 가스 저장소의 저장 탱크는 40℃ 이하로 유지한다.

79. 고압가스를 운반하기 위하여 동일한 차량에 혼합 적재 가능한 것은?
① 염소 - 아세틸렌 ② 염소 - 암모니아
③ 염소 - LPG   ④ 염소 - 수소

[해설] 혼합적재 금지 기준
㉮ 염소와 아세틸렌, 암모니아, 수소는 동일 차량에 적재하여 운반하지 아니한다.
㉯ 가연성 가스와 산소를 동일 차량에 적재하여 운반하는 때에는 그 충전 용기의 밸브가 서로 마주보지 아니하도록 적재한다.
㉰ 충전 용기와 위험물 안전관리법에서 정하는 위험물과는 동일 차량에 적재하여 운반하지 아니한다.
㉱ 독성 가스 중 가연성 가스와 조연성 가스는 동일 차량 적재함에 운반하지 아니한다.

80. "액화 석유 가스 충전 사업"의 용어 정의에 대하여 가장 바르게 설명한 것은?
① 저장 시설에 저장된 액화 석유 가스를 용기 또는 차량에 고정된 탱크에 충전하여 공급하는 사업
② 액화 석유 가스를 일반의 수요에 따라 배관을 통하여 연료로 공급하는 사업
③ 대량 수요자에게 액화한 천연가스를 공급하는 사업
④ 수요자에게 연료용 가스를 공급하는 사업

[해설] 액화 석유 가스 충전 사업 : 액법 시행령 제3조
㉮ 용기 충전 사업 : 액화 석유 가스를 용기에 충전하여 공급하는 사업
㉯ 자동차에 고정된 용기 충전 사업 : 액화 석

정답 76. ④ 77. ④ 78. ② 79. ③ 80. ①

유 가스를 연료로 사용하는 자동차에 고정된 용기에 충전하여 공급하는 사업
㉰ 소형용기 충전 사업 : 액화 석유 가스를 내용적 1 L 미만의 용기에 충전하여 공급하는 사업
㉱ 가스난방기용기 충전 사업 : 액화 석유 가스를 용기내장형 가스난방기용 용기에 충전하여 공급하는 사업
㉲ 자동차에 고정된 탱크 충전 사업 : 액화 석유 가스를 자동차에 고정된 탱크에 충전하여 공급하는 사업
㉳ 배관을 통한 저장 탱크 충전 사업 : 액화 석유 가스를 배관을 통하여 산업통상자원부령으로 정하는 저장 탱크에 이송하여 공급하는 사업

제 5 과목 가스계측기기

81. 방사 고온계는 다음 중 어느 이론을 이용한 것인가?
① 제베크 효과
② 펠티어 효과
③ 윈–플랑크의 법칙
④ 스테판–볼츠만 법칙

[해설] ㉮ 방사 온도계의 측정 원리 : 스테판–볼츠만 법칙
㉯ 스테판–볼츠만 법칙 : 단위 표면적당 복사되는 에너지는 절대 온도의 4제곱에 비례한다.

82. 가연성 가스 검출기의 형식이 아닌 것은?
① 안전등형
② 간섭계형
③ 열선형
④ 서포트형

[해설] 가연성 가스 검출기 종류(형식) : 안전등형, 간섭계형, 열선형(열전도식, 접촉 연소식), 반도체식

83. 다음 중 습식 가스 미터에 대한 설명으로 틀린 것은?

① 추량식이다.
② 설치 공간이 크다.
③ 정확한 계량이 가능하다.
④ 일정 시간 동안의 회전수로 유량을 측정한다.

[해설] 습식 가스 미터의 특징
㉮ 계량이 정확하다.
㉯ 사용 중에 오차의 변동이 적다.
㉰ 사용 중에 수위 조정 등의 관리가 필요하다.
㉱ 설치 면적이 크다.
㉲ 용도 : 기준용, 실험실용
㉳ 용량 범위 : 0.2~3000 m³/h
㉴ 실측식에 해당된다.

84. 가스 조정기(regulator)의 주된 역할에 대한 설명으로 옳은 것은?
① 가스의 불순물을 정제한다.
② 용기 내로의 역화를 방지한다.
③ 공기의 혼입량을 일정하게 유지해 준다.
④ 가스의 공급 압력을 일정하게 유지해 준다.

[해설] 가스 조정기의 기능(역할) : 가스의 공급 압력(유출 압력)을 사용량에 관계없이 일정하게 유지해 준다.

85. 안지름이 14 cm인 관에 물이 가득 차서 흐를 때 피토관으로 측정한 유속이 7 m/s이었다면 이때의 유량은 약 몇 kg/s인가?
① 39
② 108
③ 433
④ 1077.2

[해설] $M = \rho \times A \times V$
$= 1000 \times \dfrac{\pi}{4} \times 0.14^2 \times 7 = 107.756 \text{ kg/s}$

86. 염화 제1구리 착염지를 이용하여 어떤 가스의 누출 여부를 검지한 결과 착염지가 적색으로 변하였다. 이때 누출된 가스는?
① 아세틸렌
② 수소
③ 염소
④ 황화수소

[해설] 가스검지 시험지법

검지 가스	시험지	반응 (변색)
암모니아 (NH_3)	적색 리트머스지	청색
염소 (Cl_2)	KI-전분지	청갈색
포스겐 ($COCl_2$)	하리슨 시험지	유자색
시안화수소 (HCN)	초산 벤젠지	청색
일산화탄소 (CO)	염화 팔라듐지	흑색
황화수소 (H_2S)	연당지	회흑색
아세틸렌 (C_2H_2)	염화 제일동 착염지	적갈색

87. 보일러에서 여러 대의 버너를 사용하여 연소실의 부하를 조절하는 경우 버너의 특정 변화에 따라 버너의 대수를 수시로 바꾸는데, 이때 사용하는 제어 방식으로 가장 적당한 것은?
① 다변수 제어   ② 병렬 제어
③ 캐스케이드 제어   ④ 비율 제어

해설 보일러의 부하 변동에 따라 버너의 대수를 제어하여 부하 변동에 대응하는 방식으로 캐스케이드 제어 방식을 사용한다.

88. 피토관(Pitot tube)의 주된 용도는?
① 압력을 측정하는 데 사용된다.
② 유속을 측정하는 데 사용된다.
③ 온도를 측정하는 데 사용된다.
④ 액체의 점도를 측정하는 데 사용된다.

해설 피토관: 배관 중의 유체의 전압과 정압과의 차이인 동압을 측정하여 베르누이 방정식에 의해 속도수두에서 유속을 구하고 그 값에 관로 단면적을 곱하여 유량을 측정하는 유속식 유량계이다.

89. 열기전력이 작으며, 산화 분위기에 강하나 환원 분위기에는 약하고, 고온 측정에는 적당한 열전대 온도계의 단자 구성으로 옳은 것은?
① 양극: 철, 음극: 콘스탄탄
② 양극: 구리, 음극: 콘스탄탄
③ 양극: 크로멜, 음극: 알루멜
④ 양극: 백금-로듐, 음극: 백금

해설 백금-백금·로듐(P-R) 열전대 특징
㉮ 다른 열전대 온도계보다 안정성이 우수하여 고온 측정(0~1600℃)에 적합하다.
㉯ 산화성 분위기에 강하지만, 환원성 분위기에 약하다.
㉰ 내열도 정도가 높고 정밀 측정용으로 주로 사용된다.
㉱ 열기전력이 다른 열전대에 비하여 작다.
㉲ 가격이 비싸다.
㉳ 단자 구성은 양극에 백금-백금로듐, 음극에 백금을 사용한다.

90. 흡수법에 의한 가스 분석법 중 각 성분과 가스 흡수액을 옳지 않게 짝지은 것은?
① 중탄화수소 흡수액 - 발연 황산
② 이산화탄소 흡수액 - 염화나트륨 수용액
③ 산소 흡수액 - (수산화칼륨 + 피로갈롤) 수용액
④ 일산화탄소 흡수액 - (염화암모늄 + 염화제1구리)의 분해 용액에 암모니아수를 가한 용액

해설 헴펠(Hempel)법 분석 순서 및 흡수제

순서	분석 가스	흡수제
1	CO_2	KOH 30% 수용액
2	C_mH_n	발연 황산
3	O_2	피로갈롤 용액
4	CO	암모니아성 염화 제1구리 용액

91. 오리피스 유량계의 적용 원리는?
① 부력의 법칙   ② 토리첼리의 법칙
③ 베르누이 법칙   ④ Gibbs의 법칙

해설 차압식 유량계
㉮ 측정 원리: 베르누이 방정식(법칙)
㉯ 종류: 오리피스미터, 플로 노즐, 벤투리 미터
㉰ 측정 방법: 조리개 전후에 연결된 액주계의 압력차를 이용하여 유량을 측정

정답 87. ③ 88. ② 89. ④ 90. ② 91. ③

92. 가스 미터 선정 시 주의 사항으로 가장 거리가 먼 것은?
① 내구성
② 내관 검사
③ 오차의 유무
④ 사용 가스의 적정성

[해설] 가스 미터 선정 시 주의 사항(고려 사항)
㉮ 사용하고자 하는 가스전용일 것
㉯ 사용 최대유량에 적합할 것
㉰ 사용 중 오차 변화가 없고 정확하게 계측할 수 있을 것
㉱ 내압, 내열성이 있으며 기밀성, 내구성이 좋을 것
㉲ 부착이 쉽고 유지 관리가 용이할 것

93. 고압 밀폐탱크의 액면 측정용으로 주로 사용되는 것은?
① 편위식 액면계
② 차압식 액면계
③ 부자식 액면계
④ 기포식 액면계

[해설] 차압식 액면계 : 액화 산소와 같은 극저온의 저장조의 상·하부를 U자관에 연결하여 차압에 의하여 액면을 측정하는 방식으로 햄프슨식 액면계라 한다.

94. 직접식 액면계에 속하지 않는 것은?
① 직관식
② 차압식
③ 플로트식
④ 검척식

[해설] 액면계의 구분
㉮ 직접법 : 직관식, 플로트식(부자식), 검척식
㉯ 간접법 : 압력식, 초음파식, 정전 용량식, 방사선식, 차압식, 다이어프램식, 편위식, 기포식, 슬립 튜브식 등

95. 차압식 유량계로 유량을 측정하였더니 오리피스 전·후의 차압이 1936 mmH₂O일 때 유량은 22 m³/h이었다. 차압이 1024 mmH₂O이면 유량은 얼마가 되는가?
① 12 m³/h
② 14 m³/h
③ 16 m³/h
④ 18 m³/h

[해설] 차압식 유량계에서 유량은 차압의 평방근에 비례한다.

$$\therefore Q_2 = \sqrt{\frac{\Delta P_2}{\Delta P_1}} \times Q_1$$
$$= \sqrt{\frac{1024}{1936}} \times 22 = 16 \text{ m}^3/\text{h}$$

96. 적외선 가스 분석계로 분석하기가 어려운 가스는?
① Ne
② N₂
③ CO₂
④ SO₂

[해설] 적외선 가스 분석계(적외선 분광 분석법) : 분자의 진동 중 쌍극자 힘의 변화를 일으킬 진동에 의해 적외선의 흡수가 일어나는 것을 이용한 방법으로 He, Ne, Ar 등 단원자 분자 및 H₂, O₂, N₂, Cl₂ 등 대칭 2원자 분자는 적외선을 흡수하지 않으므로 분석할 수 없다.

97. 가스 크로마토그래피의 구성이 아닌 것은?
① 캐리어 가스
② 검출기
③ 분광기
④ 컬럼

[해설] 가스 크로마토그래피의 장치 구성 요소 : 캐리어 가스, 압력 조정기, 유량 조절 밸브, 압력계, 분리관(컬럼), 검출기, 기록계 등

98. 1 kmol의 가스가 0℃, 1기압에서 22.4 m³의 부피를 갖고 있을 때 기체 상수는 얼마인가?
① 1.98 kgf·m/kmol·K
② 848 kgf·m/kmol·K
③ 8.314 kgf·m/kmol·K
④ 0.082 kgf·m/kmol·K

[해설] $PV = GRT$에서 1기압은 10332 kgf/m²이다.

$$\therefore R = \frac{PV}{GT}$$
$$= \frac{10332 \, (\text{kgf/m}^2) \times 22.4 \, (\text{m}^3)}{1 \, (\text{kmol}) \times 273 \, (\text{K})}$$
$$= 847.753 \text{ kgf·m/kmol·K}$$
$$≒ 848 \text{ kgf·m/kmol·K}$$

99. 열전도형 검출기(TCD)의 특성에 대한 설명으로 틀린 것은?
① 고농도의 가스를 측정할 수 있다.
② 가열된 서미스터에 가스를 접촉시키는 방식이다.
③ 공기와의 열전도도 차가 작을수록 감도가 좋다.
④ 가연성 가스 이외의 가스도 측정할 수 있다.

해설 열전도형 검출기(TCD : Thermal Conductivity Detector)의 특징
㉮ 캐리어 가스(H_2, He)와 시료 성분 가스의 열전도도차를 금속 필라멘트 또는 서미스터의 저항 변화로 검출한다.
㉯ 캐리어 가스는 순도 99.9 % 이상의 H_2, He 사용
㉰ 구조가 간단하고 취급이 용이하여 가장 널리 사용된다.
㉱ 캐리어 가스 이외의 모든 성분의 검출이 가능하다.
㉲ 농도 검출기이므로 캐리어 가스의 유량이 변동하면 감도가 변한다.
㉳ 유기 화합물에 대해서는 감도가 FID에 비해 떨어진다.
㉴ 유기 및 무기 화학종에 대하여 모두 감응한다.

100. 불연속적인 제어이므로 제어량이 목표값을 중심으로 일정한 폭의 상하 진동을 하게 되는 현상, 즉 뱅뱅 현상이 일어나는 제어는?
① 비례 제어
② 비례 미분 제어
③ 비례 적분 제어
④ 온・오프 제어

해설 ON-OFF 제어(2위치 동작 제어) : 제어량이 설정치에서 벗어났을 때 조작부를 ON(개[開]) 또는 OFF(폐[閉])의 동작 중 하나로 동작시키는 것으로 조작 신호가 최대, 최소가 되며 전자밸브(solenoid valve)의 동작이 대표적이다. 불연속적인 제어로 제어량이 목표값을 중심으로 일정한 폭의 상하 진동을 하는 뱅뱅 현상이 일어난다.

2018년도 시행 문제

□ 가스 기사 ▶ 2018. 3. 4 시행

제1과목 가스유체역학

1. 성능이 동일한 n대의 펌프를 서로 병렬로 연결하고 원래와 같은 양정에서 작동시킬 때 유체의 토출량은?
① $\frac{1}{n}$로 감소한다. ② n배로 증가한다.
③ 원래와 동일하다. ④ $\frac{1}{2n}$로 감소한다.

[해설] 원심펌프의 운전 특성
㉮ 병렬 운전 : 양정 일정, 유량 증가
㉯ 직렬 운전 : 양정 증가, 유량 일정
※ n대의 펌프를 서로 병렬로 연결하고 작동시킬 때 유체의 토출량은 펌프를 설치한 대수에 해당하는 n배로 증가한다.

2. 도플러 효과(doppler effect)를 이용한 유량계는?
① 에뉴바 유량계 ② 초음파 유량계
③ 오벌 유량계 ④ 열선 유량계

[해설] 초음파 유량계 : 초음파의 유속과 유체 유속의 합이 비례한다는 도플러 효과를 이용한 유량계로 측정체가 유체와 접촉하지 않고, 정확도가 아주 높으며 고온, 고압, 부식성 유체에도 사용이 가능하다.

3. 다음 중 증기의 분류로 액체를 수송하는 펌프는?
① 피스톤 펌프 ② 제트 펌프
③ 기어 펌프 ④ 수격 펌프

[해설] 제트 펌프 : 노즐에서 고속으로 분출된 유체에 의하여 주위의 유체를 흡입하여 토출하는 펌프로 2종류의 유체를 혼합하여 토출하므로 에너지손실이 크고 효율(약 30 % 정도)이 낮으나 구조가 간단하고 고장이 적은 이점이 있다.

4. 분류에 수직으로 놓여진 평판이 분류와 같은 방향으로 U의 속도로 움직일 때 분류가 V의 속도로 평판에 충돌한다면 평판에 작용하는 힘은 얼마인가?(단, ρ는 유체 밀도, A는 분류의 면적이고 $V > U$ 이다.)
① $\rho A(V-U)^2$ ② $\rho A(V+U)^2$
③ $\rho A(V-U)$ ④ $\rho A(V+U)$

[해설] $F = \rho \cdot Q(V-U) = \rho \cdot A(V-U)^2$

5. 다음 중 노점(dew point)에 대한 설명으로 틀린 것은?
① 액체와 기체의 비체적이 같아지는 온도이다.
② 등압과정에서 응축이 시작되는 온도이다.
③ 대기 중 수증기의 분압이 그 온도에서 포화수증기압과 같아지는 온도이다.
④ 상대습도가 100 %가 되는 온도이다.

[해설] 노점(露店 : 이슬점) : 상대습도가 100 %일 때 대기 중의 수증기가 응축하기 시작하는 온도이다.

6. 반지름 40 cm인 원통 속에 물을 담아 30 rpm으로 회전시킬 때 수면의 가장 높은 부분과 가장 낮은 부분의 높이 차는 약 몇 m인가?
① 0.002 ② 0.02 ③ 0.04 ④ 0.08

[해설] $h = \dfrac{r^2 \cdot \omega^2}{2g}$

[정답] 1. ② 2. ② 3. ② 4. ① 5. ① 6. ④

$$= \frac{0.4^2 \times \left(\frac{2\pi \times 30}{60}\right)^2}{2 \times 9.8} = 0.0805 \text{ m}$$

7. 일반적으로 다음 장치에서 발생하는 압력차가 작은 것부터 큰 순서대로 옳게 나열한 것은?
① 블로어<팬<압축기
② 압축기<팬<블로어
③ 팬<블로어<압축기
④ 블로어<압축기<팬

[해설] 작동압력에 의한 압축기 분류
㉮ 팬(fan) : 10 kPa 미만
㉯ 송풍기(blower) : 10 kPa 이상 0.1 MPa 미만
㉰ 압축기(compressor) : 0.1 MPa 이상

8. 수평 원관 내에서의 유체 흐름을 설명하는 Hagen-Poiseuille식을 얻기 위해 필요한 가정이 아닌 것은?
① 완전히 발달된 흐름
② 정상상태 흐름
③ 층류
④ 포텐셜 흐름

[해설] 하겐-푸아죄유(Hagen-Poiseuille) 방정식의 적용 조건 : 원형관 내에서의 점성유체가 층류로 정상상태의 흐름이다.
※ 완전히 발달된 흐름 : 원형관 내를 유체가 흐르고 있을 때 경계층이 완전히 성장하여 일정한 속도분포를 유지하면서 흐르는 흐름
※ 포텐셜(potential) 흐름 : 점성의 영향이 없는 완전유체의 흐름

9. 관 속 흐름에서 임계 레이놀즈수를 2100으로 할 때 지름이 10 cm인 관에 16℃의 물이 흐르는 경우의 임계속도는? (단, 16℃ 물의 동점성계수는 1.12×10^{-6} m²/s이다.)
① 0.024 m/s
② 0.42 m/s
③ 2.1 m/s
④ 21.1 m/s

[해설] $Re = \frac{\rho DV}{\mu} = \frac{DV}{\nu}$ 에서

$$\therefore V = \frac{Re\nu}{D}$$
$$= \frac{2100 \times 1.12 \times 10^{-6}}{0.1} = 0.0235 \text{ m/s}$$

10. 다음 유체에 관한 설명 중 옳은 것을 모두 나타낸 것은?

> ㉠ 유체는 물질 내부에 전단응력이 생기면 정지 상태로 있을 수 없다.
> ㉡ 유동장에서 속도벡터에 접하는 선을 유선이라 한다.

① ㉠
② ㉡
③ ㉠, ㉡
④ 모두 틀림

[해설] 유체[流體(fluid)]
㉮ 유체는 정지 상태에서 작은 전단응력(저항력)이 작용하면 쉽게 변형되는데 이를 흐름[유동(流動), flow]이라 한다.
㉯ 유선(stream line) : 유체의 한 입자가 지나간 궤적을 표시하는 선으로 임의 순간에 한 가상 곡선을 그을 때 그 곡선상의 임의 점에서의 접선이 그 점에서의 유속의 방향과 일치하는 곡선이다.

11. 서징(surging) 현상의 발생 원인으로 거리가 가장 먼 것은?
① 펌프의 유량-양정곡선이 우향상승 구배 곡선일 때
② 배관 중에 수조나 공기조가 있을 때
③ 유량조절밸브가 수조나 공기조의 뒤쪽에 있을 때
④ 관 속을 흐르는 유체의 유속이 급격히 변화될 때

[해설] (1) 서징(surging) 현상 : 펌프 운전 중에 주기적으로 운동, 양정, 토출량이 규칙적으로 변동하는 현상으로 압력계의 지침이 일정 범위 내에서 움직이며 맥동 현상이라 한다.
(2) 서징 현상 발생 원인
㉮ 양정곡선이 산형곡선(우향상승 구배 곡선)이고 곡선의 최상부에서 운전했을 때
㉯ 유량조절밸브가 탱크 뒤쪽에 있을 때

정답 7.③ 8.④ 9.① 10.③ 11.④

㉴ 배관 중에 물탱크나 공기탱크가 있을 때

12. 유체 속 한 점에서의 압력이 방향에 관계없이 동일한 값을 갖는 경우로 틀린 것은?
① 유체가 정지한 경우
② 비점성유체가 유동하는 경우
③ 유체층 사이에 상대운동이 없이 유동하는 경우
④ 유체가 층류로 유동하는 경우

해설 유체가 층류로 유동하는 경우는 점성유체의 흐름이고 점성유체의 흐름은 마찰이 발생하므로 유체 속 한 점에서의 압력이 방향에 관계없이 동일한 값을 갖지 않는다.

13. 100 kPa, 25℃에 있는 이상기체를 등엔트로피 과정으로 135 kPa까지 압축하였다. 압축 후의 온도는 약 몇 ℃인가? (단, 이 기체의 정압비열 C_p는 1.213 kJ/kg·K이고, 정적비열 C_v는 0.821 kJ/kg·K이다.)
① 45.5 ② 55.5 ③ 65.5 ④ 75.5

해설 ㉮ 비열비 계산
$$k = \frac{C_p}{C_v} = \frac{1.213}{0.821} = 1.477$$
㉯ 압축 후의 온도 계산
$$\frac{T_2}{T_1} = \left(\frac{P_2}{P_1}\right)^{\frac{k-1}{k}} \text{에서}$$
$$\therefore T_2 = T_1 \times \left(\frac{P_2}{P_1}\right)^{\frac{k-1}{k}}$$
$$= (273 + 25) \times \left(\frac{135}{100}\right)^{\frac{1.477-1}{1.477}}$$
$$= 328.327 \text{K} - 273 = 55.327 ℃$$

14. 피토관을 이용하여 유속을 측정하는 것과 관련된 설명으로 틀린 것은?
① 피토관의 입구에는 동압과 정압의 합인 정체압이 작용한다.
② 측정 원리는 베르누이 정리이다.
③ 측정된 유속은 정체압과 정압 차이의 제곱근에 비례한다.
④ 동압과 정압의 차를 측정한다.

해설 피토관(pitot tube) : 배관 중의 유체의 전압과 정압과의 차이인 동압을 측정하여 베르누이 방정식에 의해 속도수두에서 유속을 구하고 그 값에 관로 단면적을 곱하여 유량을 측정하는 것이다.

15. 비열비가 1.2이고 기체상수가 200 J/kg·K인 기체에서의 음속이 400 m/s이다. 이때 기체의 온도는 약 얼마인가?
① 253℃ ② 394℃
③ 520℃ ④ 667℃

해설 음속의 계산식 $C = \sqrt{k \cdot R \cdot T}$ 에서
$$\therefore T = \frac{C^2}{k \times R}$$
$$= \frac{400^2}{1.2 \times 200} = 666.666 \text{K} - 273$$
$$= 393.666 ℃$$

16. 그림과 같은 단열 덕트 내의 유동에서 마하수 $M > 1$일 때 압축성 유체의 속도와 압력의 변화를 옳게 나타낸 것은?

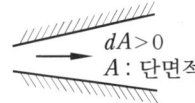

① 속도 증가, 압력 증가
② 속도 감소, 압력 감소
③ 속도 증가, 압력 감소
④ 속도 감소, 압력 증가

해설 초음속 흐름($M > 1$)일 때 확대부에서는 속도, 단면적은 증가하고, 압력, 밀도, 온도는 감소한다.

17. 난류에서 전단응력(shear stress) τ_t를 다음 식으로 나타낼 때 η는 무엇을 나타낸 것인가? (단, $\frac{du}{dy}$는 속도구배를 나타낸다.)

$$\tau_t = \eta\left(\frac{du}{dy}\right)$$

① 절대점도 ② 비교점도
③ 에디점도 ④ 중력점도

[해설] 에디 점도(dynamic eddy viscosity) : 와류(渦流) 때문에 생기는 점성으로 와류점성계수라 한다.

18. 덕트 내 압축성 유동에 대한 에너지 방정식과 직접적으로 관련되지 않는 변수는?
① 위치에너지 ② 운동에너지
③ 엔트로피 ④ 엔탈피

[해설] 압축성 유체의 유동에 대한 에너지 방정식에 관계되는 변수는 내부에너지(u_1, u_2), 운동에너지(P_1v_1, P_2v_2), 엔탈피($u_1 + P_1v_1$, $u_2 + P_2v_2$), 속도에너지$\left(\frac{V_1^2}{2g}, \frac{V_2^2}{2g}\right)$, 위치에너지($z_1$, z_2)이다.

19. 뉴턴의 점성법칙을 옳게 나타낸 것은? (단, 전단응력은 τ, 유체속도는 u, 점성계수는 μ, 벽면으로부터의 거리는 y로 나타낸다.)
① $\tau = \frac{1}{\mu} \times \frac{dy}{du}$ ② $\tau = \mu \frac{du}{dy}$
③ $\tau = \frac{1}{\mu} \times \frac{du}{dy}$ ④ $\tau = \mu \frac{dy}{du}$

[해설] 뉴턴의 점성법칙
$$\therefore \tau = \mu \frac{du}{dy}$$
여기서, τ : 전단응력(kgf/m²)
μ : 점성계수(kgf·s/m²)
$\frac{du}{dy}$: 속도구배

20. 급격확대관에서 확대에 따른 손실수두를 나타내는 식은? (단, V_a는 확대 전 평균유속, V_b는 확대 후 평균유속, g는 중력가속도이다.)
① $(V_a - V_b)^3$ ② $(V_a - V_b)$
③ $\frac{(V_a - V_b)^2}{2g}$ ④ $\frac{(V_a - V_b)}{2g}$

[해설] 돌연 확대관에서의 손실수두
$$h_L = \frac{(V_a - V_b)^2}{2g} = \left\{1 - \left(\frac{D_1}{D_2}\right)^2\right\}^2 \cdot \frac{V_a^2}{2g}$$
$$= K \cdot \frac{V_a^2}{2g}$$

제 2 과목 연소공학

21. 202.65 kPa, 25℃의 공기를 10.1325 kPa으로 단열팽창시키면 온도는 약 몇 K인가? (단, 공기의 비열비는 1.4로 한다.)
① 126 ② 154 ③ 168 ④ 176

[해설] $\frac{T_2}{T_1} = \left(\frac{P_2}{P_1}\right)^{\frac{k-1}{k}}$ 에서

$\therefore T_2 = T_1 \times \left(\frac{P_2}{P_1}\right)^{\frac{k-1}{k}}$

$= (273 + 25) \times \left(\frac{10.1325}{202.65}\right)^{\frac{1.4-1}{1.4}}$

$= 126.617 \text{ K}$

22. 안전성평가 기법 중 시스템을 하위 시스템으로 점점 좁혀가고 고장에 대해 그 영향을 기록하여 평가하는 방법으로, 서브시스템 위험분석이나 시스템 위험분석을 위하여 일반적으로 사용되는 전형적인 정성적, 귀납적 분석기법으로 시스템에 영향을 미치는 모든 요소의 고장을 형태별로 분석하여 그 영향을 검토하는 기법은?
① 결함수 분석(FTA)
② 원인 결과 분석(CCA)
③ 고장 형태 영향 분석(FMEA)
④ 위험 및 운전성 검토(HAZOP)

[해설] 고장 형태 영향 분석(FMEA : failure mode effects analysis) : 서브시스템 위험분석이나 시

정답 18. ③ 19. ② 20. ③ 21. ① 22. ③

스팀 위험분석을 위하여 일반적으로 사용되는 전형적인 정성적, 귀납적 분석기법으로 시스템에 영향을 미치는 모든 요소의 고장을 형태별로 분석하여 그 영향을 검토하는 것으로 모든 전체 시스템이나 기타 구성요소에 있는 특정 장비나 부분의 고장 효과를 평가하는 데 사용되며 그 고장 형태와 고장의 영향과 함께 도표화된다.

23. 과잉공기가 너무 많은 경우의 현상이 아닌 것은?
① 열효율을 감소시킨다.
② 연소온도가 증가한다.
③ 배기가스의 열손실을 증대시킨다.
④ 연소가스량이 증가하여 통풍을 저해한다.

[해설] 과잉공기가 많은 경우(공기비가 큰 경우) 현상
㉮ 연소실내의 온도가 낮아진다.
㉯ 배기가스로 인한 손실열이 증가한다.
㉰ 배기가스 중 질소산화물(NO_x)이 많아져 대기오염을 초래한다.
㉱ 열효율이 감소한다.
㉲ 연료소비량이 증가한다.

24. 다음은 Air-standard Otto cycle의 $P-V$ diagram이다. 이 cycle의 효율(η)을 옳게 나타낸 것은? (단, 정적열용량은 일정하다.)

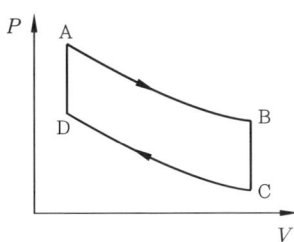

① $\eta = 1 - \left(\dfrac{T_B - T_C}{T_A - T_D}\right)$

② $\eta = 1 - \left(\dfrac{T_D - T_C}{T_A - T_B}\right)$

③ $\eta = 1 - \left(\dfrac{T_A - T_D}{T_B - T_C}\right)$

④ $\eta = 1 - \left(\dfrac{T_A - T_B}{T_D - T_C}\right)$

[해설] 오토 사이클(Otto-cycle) 열효율
$$\therefore \eta = 1 - \left(\dfrac{1}{\varepsilon}\right)^{k-1}$$
$$= 1 - \left(\dfrac{Q_2}{Q_1}\right) = 1 - \left(\dfrac{T_B - T_C}{T_A - T_D}\right)$$

25. 다음 중 이상기체의 성질에 대한 설명으로 틀린 것은?
① 보일-샤를의 법칙을 만족한다.
② 아보가드로의 법칙을 따른다.
③ 비열비는 온도에 관계없이 일정하다.
④ 내부에너지는 온도와 무관하며 압력에 의해서만 결정된다.

[해설] 이상기체의 성질
㉮ 보일-샤를의 법칙을 만족한다.
㉯ 아보가드로의 법칙에 따른다.
㉰ 내부에너지는 온도만의 함수이다.
㉱ 온도에 관계없이 비열비는 일정하다.
㉲ 기체의 분자력과 크기도 무시되며 분자간의 충돌은 완전 탄성체이다.
㉳ 분자와 분자 사이의 거리가 매우 멀다.
㉴ 분자 사이의 인력이 없다.
㉵ 압축성인자가 1이다.

26. 과잉공기계수가 1일 때 224 Nm^3의 공기로 탄소는 약 몇 kg을 완전 연소시킬 수 있는가?
① 20.1　② 23.4　③ 25.2　④ 27.3

[해설] 탄소(C)의 완전연소 반응식은 $C + O_2 \rightarrow CO_2$ 이고, 과잉공기계수 1은 이론공기량으로 연소되는 것이므로 탄소(C) 12 kg이 연소할 때 필요한 이론공기량은 $\dfrac{22.4}{0.21}$ Nm^3 필요하다.

$\therefore$ 12 kg : $\dfrac{22.4}{0.21}$ $Nm^3 = x$ [kg] : 224 Nm^3

$\therefore x = \dfrac{12 \times 224}{\dfrac{22.4}{0.21}} = 25.2$ kg

정답 23. ②　24. ①　25. ④　26. ③

27. 액체 프로판이 298 K, 0.1 MPa에서 이론공기를 이용하여 연소하고 있을 때 고발열량은 약 몇 MJ/kg 인가? (단, 연료의 증발엔탈피는 370 kJ/kg이고, 기체 상태 C_3H_8의 생성엔탈피는 −103909 kJ/kmol, CO_2의 생성엔탈피는 −393757 kJ/kmol, 액체 및 기체 상태 H_2O의 생성엔탈피는 각각 −286010 kJ/kmol, −241971 kJ/kmol이다.)

① 44 ② 46 ③ 50 ④ 2205

[해설] ㉮ 프로판(C_3H_8)의 완전연소 반응식
$$C_3H_8 + 5O_2 \rightarrow 3CO_2 + 4H_2O + Q$$
㉯ 프로판(C_3H_8) 1kg당 발열량(MJ) 계산 : 프로판 1 kmol은 44 kg이며, 1 MJ은 1000 kJ에 해당된다.
$$\therefore -103909 = (-393757 \times 3) + (-286010 \times 4) + Q$$
$$\therefore Q = \frac{(393757 \times 3) + (286010 \times 4) - 103909}{44 \times 1000}$$
$$= 50.486 \text{ MJ/kg}$$

28. 헬륨을 냉매로 하는 극저온용 가스냉동기의 기본 사이클은?
① 역르누아 사이클 ② 역아트킨슨 사이클
③ 역에릭슨 사이클 ④ 역스털링 사이클

[해설] 역스털링 사이클 : 2개의 등온과정과 2개의 등적과정으로 구성된 스털링 사이클의 역사이클로 헬륨을 냉매로 하는 극저온용 가스냉동기의 기본 사이클이다.

29. 다음 그림은 오토 사이클 선도이다. 계로부터 열이 방출되는 과정은?

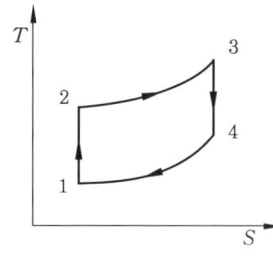

① 1→2 과정 ② 2→3 과정
③ 3→4 과정 ④ 4→1 과정

[해설] 오토 사이클(Otto cycle)의 순환 과정
㉮ 1→2 과정 : 단열압축 과정
㉯ 2→3 과정 : 정적 가열 과정(열의 공급)
㉰ 3→4 과정 : 단열팽창 과정
㉱ 4→1 과정 : 정적 방열 과정(열의 방출)

30. 다음과 같은 용적 조성을 가지는 혼합기체 91.2 g이 27℃, 1 atm에서 차지하는 부피는 약 몇 L인가?

| CO_2 : 13.1 %, O_2 : 7.7 %, N_2 : 79.2 % |

① 49.2 ② 54.2 ③ 64.8 ④ 73.8

[해설] ㉮ 혼합기체의 평균분자량 계산
$$\therefore M = \text{각각 성분 분자량} \times \text{체적비}$$
$$= (44 \times 0.131) + (32 \times 0.077) + (28 \times 0.792)$$
$$= 30.404$$
㉯ 부피 계산
$$PV = \frac{W}{M}RT \text{ 에서}$$
$$\therefore V = \frac{WRT}{PM}$$
$$= \frac{91.2 \times 0.082 \times (273 + 27)}{1 \times 30.404} = 73.790 \text{ L}$$

31. 이상기체에 대한 단열온도 상승은 열역학 단열압축식으로 계산될 수 있다. 다음 중 열역학 단열압축식이 바르게 표현된 것은? (단, T_f는 최종 절대온도, T_i는 처음 절대온도, P_f는 최종 절대압력, P_i는 처음 절대압력, γ는 비열비이다.)

① $T_i = T_f \left(\dfrac{P_f}{P_i} \right)^{\frac{\gamma-1}{\gamma}}$

② $T_i = T_f \left(\dfrac{P_f}{P_i} \right)^{\frac{\gamma}{1-\gamma}}$

③ $T_f = T_i \left(\dfrac{P_f}{P_i} \right)^{\frac{\gamma}{\gamma-1}}$

정답 27. ③ 28. ④ 29. ④ 30. ④ 31. ④

④ $T_f = T_i \left(\dfrac{P_f}{P_i}\right)^{\frac{\gamma-1}{\gamma}}$

[해설] 단열과정의 P, V, T 관계식

$\dfrac{T_f}{T_i} = \left(\dfrac{V_i}{V_f}\right)^{k-1} = \left(\dfrac{P_f}{P_i}\right)^{\frac{\gamma-1}{\gamma}}$ 이다.

∴ $T_f = T_i \times \left(\dfrac{P_f}{P_i}\right)^{\frac{\gamma-1}{\gamma}}$

32. 조성이 $C_6H_{10}O_5$인 어떤 물질 1.0 kmol을 완전연소시킬 때 연소가스 중의 질소의 양은 약 몇 kg인가? (단, 공기 중의 산소는 23 w%, 질소는 77 w%이다.)

① 543 ② 643 ③ 57.35 ④ 67.35

[해설] ㉮ 이론공기량에 의한 $C_6H_{10}O_5$의 완전연소 반응식

$C_6H_{10}O_5 + 6O_2 + (N_2) \rightarrow 6CO_2 + 5H_2O + (N_2)$

㉯ 연소가스 중 질소의 양 계산 : $C_6H_{10}O_5$ 1 kmol 연소에 필요한 산소량은 6×32 kg 이다.

∴ 질소량(kg) = 공기량(kg) × 질소의 질량 비율

$= \dfrac{\text{산소량(kg)}}{\text{산소의 질량 비율}} \times \text{질소의 질량 비율}$

$= \dfrac{6 \times 32}{0.23} \times 0.77 = 642.782$ kg

33. 다음 그림은 프로판-산소, 수소-공기, 에틸렌-공기, 일산화탄소-공기의 층류 연소속도를 나타낸 것이다. 이 중 프로판-산소 혼합기의 층류 연소속도를 나타낸 것은?

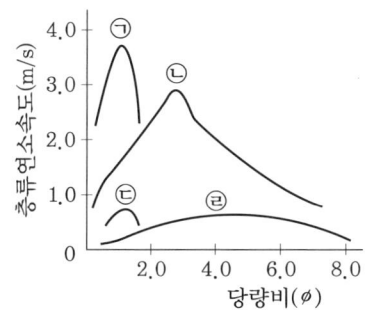

① ㉠   ② ㉡   ③ ㉢   ④ ㉣

[해설] ㉠ 프로판-산소, ㉡ 수소-공기, ㉢ 에틸렌-공기, ㉣ 일산화탄소-공기

34. 산소의 성질, 취급 등에 대한 설명으로 틀린 것은?

① 산화력이 아주 크다.
② 임계압력이 25 MPa이다.
③ 공기액화 분리기 내에 아세틸렌이나 탄화수소가 축적되면 방출시켜야 한다.
④ 고압에서 유기물과 접촉시키면 위험하다.

[해설] 산소의 비점, 임계온도 및 임계압력
 ㉮ 대기압 상태 비점 : -183℃
 ㉯ 임계온도 : -118.4℃
 ㉰ 임계압력 : 50.1 atm

35. 폭굉(detonation)에서 유도거리가 짧아질 수 있는 경우가 아닌 것은?

① 압력이 높을수록
② 관지름이 굵을수록
③ 점화원의 에너지가 클수록
④ 관 속에 방해물이 많을수록

[해설] 폭굉 유도거리가 짧아지는 조건
 ㉮ 정상 연소속도가 큰 혼합가스일수록
 ㉯ 관 속에 방해물이 있거나 관지름이 가늘수록
 ㉰ 압력이 높을수록
 ㉱ 점화원의 에너지가 클수록

36. 다음 중 단위 질량당 방출되는 화학적 에너지인 연소열(kJ/g)이 가장 낮은 것은?

① 메탄   ② 프로판
③ 일산화탄소 ④ 에탄올

[해설] 각 물질의 연소열(kJ/g)

연료 성분	발열량(kJ/g)
메탄 (CH_4)	50.2
프로판 (C_3H_8)	46.5
일산화탄소 (CO)	10.1
에탄올 (C_2H_5O)	29.8

정답 32. ② 33. ① 34. ② 35. ② 36. ③

37. 전기기기의 불꽃, 아크가 발생하는 부분을 절연유에 격납하여 폭발가스에 점화되지 않도록 한 방폭구조는?
① 유입 방폭구조
② 내압 방폭구조
③ 안전증 방폭구조
④ 본질안전 방폭구조

해설 유입(油入) 방폭구조(o) : 용기 내부에 절연유를 주입하여 불꽃, 아크 또는 고온 발생 부분이 기름 속에 잠기게 함으로써 기름면 위에 존재하는 가연성 가스에 인화되지 아니하도록 한 구조

38. "어떠한 방법으로든 물체의 온도를 절대영도로 내릴 수는 없다."라고 표현한 사람은?
① Kelvin ② Planck
③ Nernst ④ Carnot

해설 열역학 제3법칙을 네른스트(Nernst)는 "어떠한 방법으로든 물체의 온도를 절대영도로 내릴 수는 없다."라고 표현하였다.

39. Carnot 기관이 12.6 kJ의 열을 공급받고 5.2 kJ의 열을 배출한다면 동력기관의 효율은 약 몇 %인가?
① 33.2 ② 43.2 ③ 58.7 ④ 68.4

해설 $\eta = \dfrac{W}{Q_1} \times 100 = \dfrac{Q_1 - Q_2}{Q_1} \times 100$
$= \dfrac{12.6 - 5.2}{12.6} \times 100 = 58.73\,\%$

40. 비열에 대한 설명으로 옳지 않은 것은?
① 정압비열은 정적비열보다 항상 크다.
② 물질의 비열은 물질의 종류와 온도에 따라 달라진다.
③ 비열비가 큰 물질일수록 압축 후의 온도가 더 높다.
④ 물은 비열이 적어 공기보다 온도를 증가시키기 어렵고 열용량도 적다.

해설 물은 공기보다 비열이 커 온도를 증가시키기 어렵고, 열용량도 크다.
※ 물의 비열은 1 kcal/kgf・℃, 0℃ 공기의 정압비열은 0.240 kcal/kgf・℃이다.

제 3 과목 가스설비

41. 액화천연가스 중 가장 많이 함유되어 있는 것은?
① 메탄 ② 에탄
③ 프로판 ④ 일산화탄소

해설 액화천연가스(LNG)는 메탄을 주성분으로 하며 에탄, 프로판, 부탄 등이 일부 포함되어 있다.

42. 펌프를 운전할 때 펌프 내에 액이 충만하지 않으면 공회전하여 펌핑이 이루어지지 않는다. 이러한 현상을 방지하기 위하여 펌프 내에 액을 충만시키는 것을 무엇이라 하는가?
① 맥동 ② 캐비테이션
③ 서징 ④ 프라이밍

해설 프라이밍 : 펌프를 운전할 때 펌프 내에 액이 없을 경우 임펠러의 공회전으로 펌핑이 이루어지지 않는 것을 방지하기 위하여 가동 전에 펌프 내에 액을 충만시키는 것으로, 원심펌프에 해당된다.

43. LNG에 대한 설명으로 틀린 것은?
① 대량의 천연가스를 액화하려면 3원 캐스케이드 액화 사이클을 채택한다.
② LNG 저장탱크는 일반적으로 2중 탱크로 구성된다.
③ 액화 전의 전처리로 제진, 탈수, 탈탄산 가스 등의 공정은 필요하지 않다.
④ 주성분인 메탄은 비점이 약 −163℃이다.

해설 가스전에서 채취된 천연가스는 불순물이

정답 37. ① 38. ③ 39. ③ 40. ④ 41. ① 42. ④ 43. ③

포함되어 있어 액화 전에 제진, 탈수, 탈탄산 등의 전처리 공정이 필요하다.

44. 공기액화 분리장치에 아세틸렌가스가 혼입되면 안 되는 이유로 가장 옳은 것은?
① 산소의 순도가 저하
② 파이프 내부가 동결되어 막힘
③ 질소와 산소의 분리작용에 방해
④ 응고되어 있다가 구리와 접촉하여 산소 중에서 폭발

[해설] 공기액화 분리장치에 아세틸렌가스가 혼입되면 응고되어 있다가 구리와 접촉하여 산소 중에서 폭발하기 때문에 아세틸렌 흡착기에서 제거해야 한다.

45. 나프타(naphtha)에 대한 설명으로 틀린 것은?
① 비점 200℃ 이하의 유분이다.
② 헤비 나프타가 옥탄가가 높다.
③ 도시가스의 증열용으로 이용된다.
④ 파라핀계 탄화수소의 함량이 높은 것이 좋다.

[해설] 나프타(naphtha : 납사) : 일반적으로 시판되는 석유 제품명이 아니고, 원유를 상압에서 증류할 때 얻어지는 비점이 200℃ 이하인 유분으로 파라핀계 탄화수소의 함유량이 높은 것이 좋다. 가스화하여 도시가스로 공급하거나 증열용으로 사용한다.
※ 헤비 나프타의 경우 중질분의 함유량이 증가하기 때문에 가스화 원료로서는 부적당하다.

46. 가연성가스 용기의 도색 표시가 잘못된 것은? (단, 용기는 공업용이다.)
① 액화염소 : 갈색
② 아세틸렌 : 황색
③ 액화탄산가스 : 청색
④ 액화암모니아 : 회색

[해설] 가스 종류별 용기 도색

가스 종류	용기 도색	
	공업용	의료용
산소 (O_2)	녹색	백색
수소 (H_2)	주황색	-
액화탄산가스 (CO_2)	청색	회색
액화석유가스	밝은 회색	-
아세틸렌 (C_2H_2)	황색	-
암모니아 (NH_3)	백색	-
액화염소 (Cl_2)	갈색	-
질소 (N_2)	회색	흑색
아산화질소 (N_2O)	회색	청색
헬륨 (He)	회색	갈색
에틸렌 (C_2H_4)	회색	자색
사이클로프로판	회색	주황색
기타의 가스	회색	-

47. 공기액화 분리장치에서 내부 세정제로 사용되는 것은?
① CCl_4　　② H_2SO_4
③ NaOH　　④ KOH

[해설] 사염화탄소(CCl_4)를 이용하여 1년에 1회 이상 장치 내부를 세척한다.

48. 고압가스용 스프링식 안전밸브의 구조에 대한 설명으로 틀린 것은?
① 밸브시트는 이탈되지 않도록 밸브몸통에 부착되어야 한다.
② 안전밸브는 압력을 마음대로 조정할 수 없도록 봉인된 구조로 한다.
③ 가연성가스 또는 독성가스용의 안전밸브는 개방형으로 한다.
④ 안전밸브는 그 일부가 파손되어도 충분한 분출량을 얻어야 한다.

[해설] 고압가스용 스프링식 안전밸브의 구조
㉮ 안전밸브는 그 일부가 파손되어도 충분한 분출량을 얻어야 하며, 밸브시트는 이탈되지 않도록 밸브몸통에 부착된 것으로 한다.

정답　44. ④　45. ②　46. ④　47. ①　48. ③

㉯ 스프링의 조정나사는 자유로이 헐거워지지 않는 구조이고 스프링이 파손되어도 밸브디스크 등이 외부로 빠져나가지 않는 구조인 것으로 한다.
㉰ 안전밸브는 압력을 마음대로 조정할 수 없도록 봉인할 수 있는 구조인 것으로 한다.
㉱ 가연성 또는 독성가스용의 안전밸브는 개방형을 사용하지 않는다.
㉲ 밸브디스크와 밸브시트와의 접촉면이 밸브축과 이루는 기울기는 45°(원추시트) 또는 90°(평면시트)인 것으로 한다.
㉳ 밸브몸체를 밸브시트에서 들어 올리는 장치를 부착하는 경우에는 안전밸브 설정압력의 75% 이상의 압력일 때 수동으로 조작되고 압력 해제 시 자동으로 폐지되는 구조이어야 한다.
㉴ 안전밸브에 사용하는 스프링은 유해한 홈 등의 결함이 없는 것으로 한다.

49. 0.1 MPa·abs, 20°C의 공기를 1.5 MPa·abs까지 2단 압축할 경우 중간 압력 P_m 는 약 몇 MPa·abs인가?
① 0.29 ② 0.39 ③ 0.49 ④ 0.59

해설 $P_m = \sqrt{P_1 \times P_2}$
$= \sqrt{0.1 \times 1.5} = 0.387$ MPa·abs

50. 가스보일러에 설치되어 있지 않은 안전장치는?
① 전도안전장치 ② 과열방지장치
③ 헛불방지장치 ④ 과압방지장치

해설 전도안전장치 : 바닥 설치형 가스난방기와 같이 사용 중(불이 붙은 상태)에 넘어질 경우 화재가 발생할 위험이 있어 연소기가 전도될 경우 가스밸브를 차단하여 연소를 정지시키는 안전장치이다. 가스보일러와 같이 벽 부착형에는 설치가 제외된다.

51. 검사에 합격한 가스용품에는 국가표준기본법에 따른 국가통합인증마크를 부착하여야 한다. 다음 중 국가통합인증마크를 의미하는 것은?
① KA ② KE ③ KS ④ KC

해설 가스용품의 합격표시(액법 시행규칙 제61조, 별표18) : 검사에 합격된 가스용품에는 국가표준기본법에 따른 국가통합인증마크(이하 "KC 마크"라 한다.)를 각인(刻印)하거나 검사증명서를 부착하는 방법으로 표시하여야 한다.

52. 저압배관의 관지름 설계 시에는 Pole식을 주로 이용한다. 배관의 안지름이 2배가 되면 유량은 약 몇 배로 되는가?
① 2.00 ② 4.00 ③ 5.66 ④ 6.28

해설 저압배관 유량식(Pole식) $Q = K\sqrt{\dfrac{D^5 H}{SL}}$ 에서 유량계수(K), 압력손실(H), 가스비중(S), 배관길이(L)는 변함이 없고, 안지름이 2배가 된 것이다.

∴ $\dfrac{Q_2}{Q_1} = \dfrac{K_2\sqrt{\dfrac{D_2^5 H_2}{S_2 L_2}}}{K_1\sqrt{\dfrac{D_1^5 H_1}{S_1 L_1}}} = \dfrac{\sqrt{D_2^5}}{\sqrt{D_1^5}}$

∴ $Q_2 = \dfrac{\sqrt{(2D_1)^5}}{\sqrt{D_1^5}} \times Q_1 = \sqrt{2^5} \times Q_1$
$= 5.656 Q_1$

53. LPG(액체) 1 kg이 기화했을 때 표준상태에서의 체적은 약 몇 L가 되는가? (단, LPG의 조성은 프로판 80 w%, 부탄 20 w%이다.)
① 387 ② 485 ③ 584 ④ 783

해설 ㉮ LPG 1 kg에 대한 질량 비율로 프로판과 부탄의 몰(mol)수 계산

$C_3H_8 : n_1 = \dfrac{W}{M} = \dfrac{1000 \times 0.8}{44} = 18.181$ mol

$C_4H_{10} : n_2 = \dfrac{W}{M} = \dfrac{1000 \times 0.2}{58} = 3.448$ mol

㉯ 혼합가스의 평균분자량 계산 : 몰비율은 체적 비율과 같다.
∴ $M =$ 각각 성분 분자량×몰비율
$=$ 각각 성분 분자량 × $\dfrac{성분\ 몰수}{전몰수}$

정답 49. ② 50. ① 51. ④ 52. ③ 53. ②

$$= \left(44 \times \frac{18.181}{18.181+3.448}\right)$$
$$+ \left(58 \times \frac{3.448}{18.181+3.448}\right)$$
$$= 46.231 \text{ g/mol}$$

㈐ 기화했을 때 체적 계산

$PV = \frac{W}{M}RT$ 에서

$$\therefore V = \frac{WRT}{PM}$$
$$= \frac{1000 \times 0.082 \times 273}{1 \times 46.231} = 484.22 \text{ L}$$

[별해] 아보가드로법칙을 이용하여 계산
$46.231 \text{ g} : 22.4 \text{ L} = 1000 \text{ g} : x[\text{L}]$
$$\therefore x = \frac{22.4 \times 1000}{46.231} = 484.523 \text{ L}$$

54. 고압가스 저장설비에서 수소와 산소가 동일한 조건에서 대기 중에 누출되었다면 확산속도는 어떻게 되는가?
① 수소가 산소보다 2배 빠르다.
② 수소가 산소보다 4배 빠르다.
③ 수소가 산소보다 8배 빠르다.
④ 수소가 산소보다 16배 빠르다.

해설 $\frac{U_{H_2}}{U_{O_2}} = \sqrt{\frac{M_{O_2}}{M_{H_2}}}$ 에서

$$\therefore U_{H_2} = \sqrt{\frac{M_{O_2}}{M_{H_2}}} \times U_{O_2}$$
$$= \sqrt{\frac{32}{2}} \times U_{O_2} = 4\, U_{O_2}$$

∴ 수소(H_2)가 산소(O_2)보다 4배 빠르다.

55. 전양정이 20 m, 송출량이 1.5 m³/min, 효율이 72 %인 펌프의 축동력은 약 몇 kW 인가?
① 5.8 kW   ② 6.8 kW
③ 7.8 kW   ④ 8.8 kW

해설 $\text{kW} = \frac{\gamma \cdot Q \cdot H}{102\,\eta}$

$$= \frac{1000 \times 1.5 \times 20}{102 \times 0.72 \times 60} = 6.808 \text{ kW}$$

56. 액화석유가스를 이송할 때 펌프를 이용하는 방법에 비하여 압축기를 이용할 때의 장점에 해당하지 않는 것은?
① 베이퍼 로크 현상이 없다.
② 잔가스 회수가 가능하다.
③ 서징(surging) 현상이 없다.
④ 충전작업 시간이 단축된다.

해설 압축기에 의한 이송방법 특징
㈎ 펌프에 비해 이송시간이 짧다.
㈏ 잔가스 회수가 가능하다.
㈐ 베이퍼 로크 현상이 없다.
㈑ 부탄의 경우 재액화 현상이 일어난다.
㈒ 압축기 오일이 유입되어 드레인의 원인이 된다.

57. 액화염소 사용시설 중 저장설비는 저장능력이 몇 kg 이상일 때 안전거리를 유지하여야 하는가?
① 300 kg   ② 500 kg
③ 1000 kg ④ 5000 kg

해설 특정고압가스 사용시설의 보호시설과 안전거리 : 저장능력이 500 kg 이상인 액화염소 사용시설의 저장설비는 그 외면으로부터 보호시설까지 제1종 보호시설은 17 m 이상, 제2종 보호시설은 12 m 이상의 거리를 유지한다.

58. 도시가스의 누출 시 감지할 수 있도록 첨가하는 것으로서 냄새가 나는 물질(부취제)에 대한 설명으로 옳은 것은?
① THT는 경구투여 시에는 독성이 강하다.
② THT는 TBM에 비해 취기 강도가 크다.
③ THT는 TBM에 비해 토양 투과성이 좋다.
④ THT는 TBM에 비해 화학적으로 안정하다.

해설 부취제의 종류 및 특징
㈎ TBM(tertiary buthyl mercaptan) : 양파 썩는 냄새가 나며 내산화성이 우수하고 토양

투과성이 우수하며 토양에 흡착되기 어렵다. 냄새가 가장 강하다.
㉯ THT(tetra hydro thiophen) : 석탄가스 냄새가 나며 산화, 중합이 일어나지 않는 안정된 화합물이다. 토양의 투과성이 보통이며, 토양에 흡착되기 쉽다.
㉰ DMS(dimethyl sulfide) : 마늘 냄새가 나며 안정된 화합물이다. 내산화성이 우수하고 토양의 투과성이 아주 우수하며 토양에 흡착되기 어렵다.

59. 다음 중 특수고압가스가 아닌 것은?
① 포스겐 ② 액화알진
③ 디실란 ④ 셀렌화수소

[해설] 특수고압가스 : 압축모노실란, 압축디보란, 액화알진, 포스핀, 셀렌화수소, 게르만, 디실란 그 밖에 반도체의 세정 등 산업통상자원부장관이 인정하는 특수한 용도에 사용하는 고압가스

60. 오토클레이브(autoclave)의 종류가 아닌 것은?
① 교반형 ② 가스교반형
③ 피스톤형 ④ 진탕형

[해설] 오토클레이브의 종류 : 교반형, 진탕형, 회전형, 가스교반형

제 4 과목 가스안전관리

61. 차량에 고정된 탱크 운반차량의 기준으로 옳지 않은 것은?
① 이입작업 시 차바퀴 전후를 차바퀴 고정목 등으로 확실하게 고정시킨다.
② 저온 및 초저온 가스의 경우에는 면장갑을 끼고 작업한다.
③ 탱크운전자는 이입작업이 종료될 때까지 탱크로리 차량의 긴급차단장치 부근에 위치한다.
④ 이입작업은 그 사업소의 안전관리자 책임 하에 차량의 운전자가 한다.

[해설] 저온 및 초저온 가스의 경우에는 기름 묻은 장갑, 면장갑을 사용하지 말고, 가죽장갑을 끼고 작업한다.

62. 용기저장실에서 가스로 인한 폭발사고가 발생되었을 때 그 원인으로 가장 거리가 먼 것은?
① 누출경보기의 미작동
② 드레인 밸브의 작동
③ 통풍구의 환기능력 부족
④ 배관 이음매 부분의 결함

[해설] 고압가스 충전용기에는 드레인 밸브가 부착되지 않으므로 폭발사고와는 직접적인 관련이 없는 사항이다.

63. 저장탱크에 의한 액화석유가스 사용시설에서 지반조사의 기준에 대한 설명으로 틀린 것은?
① 저장 및 가스설비에 대하여 제1차 지반조사를 한다.
② 제1차 지반조사 방법은 드릴링을 실시하는 것을 원칙으로 한다.
③ 지반조사 위치는 저장설비 외면으로부터 10 m 이내에서 2곳 이상 실시한다.
④ 표준 관입시험은 표준 관입시험 방법에 따라 N값을 구한다.

[해설] 제1차 지반조사 방법은 보링을 실시하는 것을 원칙으로 한다.

64. 액화가스 저장탱크의 저장능력 산정 기준식으로 옳은 것은? (단, Q 및 W는 저장능력, P는 최고충전압력, V_1, V_2는 내용적, d는 비중, C는 상수이다.)
① $Q = (10P+1)V_1$
② $W = 0.9dV_2$
③ $W = \dfrac{V_2}{C}$

④ $W = \dfrac{C}{V_2}$

[해설] 저장능력 산정 기준식
① : 압축가스 저장탱크, 용기 저장능력 산정식
② : 액화가스 저장탱크 저장능력 산정식
③ : 액화가스 용기 저장능력 산정식

65. 가스의 성질에 대한 설명으로 틀린 것은?
① 메탄, 아세틸렌 등의 가연성가스의 농도는 천정 부근이 가장 높다.
② 벤젠, 가솔린 등의 인화성 액체의 증기농도는 바닥의 오목한 곳이 가장 높다.
③ 가연성가스의 농도 측정은 사람이 앉은 자세의 높이에서 한다.
④ 액체산소의 증발에 의해 발생한 산소 가스는 증발 직후 낮은 곳에 정체하기 쉽다.

[해설] 가연성가스의 농도 측정은 공기보다 무거운 가스는 바닥에서 30 cm 이내, 가벼운 가스는 천정부에서 30 cm 이내에서 한다.

66. LPG 사용시설 중 배관의 설치 방법으로 옳지 않은 것은?
① 건축물 내의 배관은 단독 피트 내에 설치하거나 노출하여 설치한다.
② 건축물의 기초 밑 또는 환기가 잘 되는 곳에 설치한다.
③ 지하매몰 배관은 붉은색 또는 노란색으로 표시한다.
④ 배관이음부와 전기계량기와의 거리는 60 cm 이상 거리를 유지한다.

[해설] 배관은 건축물의 내부 또는 기초의 밑에 설치하지 아니한다.

67. 액화석유가스 집단공급시설에 설치하는 가스누출자동차단장치의 검지부에 대한 설명으로 틀린 것은?
① 연소기의 폐가스에 접촉하기 쉬운 장소에 설치한다.
② 출입구 부근 등 외부의 기류가 유동하는 장소에는 설치하지 아니한다.
③ 연소기 버너의 중심부분으로부터 수평거리 4 m 이내에 검지부 1개 이상 설치한다.
④ 공기가 들어오는 곳으로부터 1.5 m 이내의 장소에는 설치하지 아니한다.

[해설] 검지부 설치 제외 장소
㉠ 출입구의 부근 등으로서 외부의 기류가 통하는 곳
㉡ 환기구 등 공기가 들어오는 곳으로부터 1.5 m 이내의 곳
㉢ 연소기의 폐가스에 접촉하기 쉬운 곳

68. 액화석유가스 충전사업자는 거래상황 기록부를 작성하여 한국가스안전공사에게 보고하여야 한다. 보고기한의 기준으로 옳은 것은?
① 매달 다음달 10일
② 매분기 다음달 15일
③ 매반기 다음달 15일
④ 매년 1월 15일

[해설] 보고사항 및 보고기한 : 액법 시행규칙 제73조, 별표21
㉠ 액화석유가스 충전사업자 : 거래상황 기록부, 안전관리현황 기록부 → 액화석유가스 충전사업자 단체에 매분기 다음달 15일
㉡ 액화석유가스 판매사업자와 충전사업자(영업소만 해당) : 거래상황 기록부, 시설개선현황 기록부 → 액화석유가스 판매사업자 단체에 매분기 다음달 15일

69. 어떤 용기의 체적이 0.5 m³이고, 이때 온도가 25℃이다. 용기 내에 분자량 24인 이상기체 10 kg이 들어 있을 때 이 용기의 압력은 약 몇 kgf/cm²인가? (단, 대기압은 1.033 kgf/cm²로 한다.)
① 10.5 ② 15.5 ③ 20.5 ④ 25.5

[해설] $PV = GRT$에서

$$\therefore P = \frac{GRT}{V}$$

$$= \frac{10 \times \frac{848}{24} \times (273+25)}{0.5 \times 10^4}$$

$$= 21.058 \text{ kgf/cm}^2 \cdot \text{a} - 1.033$$

$$= 20.025 \text{ kgf/cm}^2 \cdot \text{g}$$

70. 부탄가스용 연소기의 구조에 대한 설명으로 틀린 것은?
① 연소기는 용기와 직결한다.
② 회전식 밸브의 핸들의 열림 방향은 시계 반대방향으로 한다.
③ 용기 장착부 이외에는 용기가 들어가지 아니하는 구조로 한다.
④ 파일럿 버너가 있는 연소기는 파일럿 버너가 점화되지 아니하면 메인 버너의 가스통로가 열리지 아니하는 것으로 한다.

해설 연소기는 용기와 직결되지 아니한 구조로 한다.

71. 아세틸렌을 충전하기 위한 기술기준으로 옳은 것은?
① 아세틸렌 용기에 다공물질을 고루 채워 다공도가 70 % 이상 95 % 미만이 되도록 한다.
② 습식 아세틸렌 발생기의 표면의 부근에 용접작업을 할 때에는 70℃ 이하의 온도로 유지하여야 한다.
③ 아세틸렌을 2.5 MPa의 압력으로 압축할 때에는 질소, 메탄, 일산화탄소 또는 에틸렌 등의 희석제를 첨가한다.
④ 아세틸렌을 용기에 충전할 때 충전 중의 압력은 3.5 MPa 이하로 하고, 충전 후에는 압력이 15℃에서 2.5 MPa 이하로 될 때까지 정치하여 둔다.

해설 아세틸렌 충전작업 기준
㉠ 아세틸렌을 2.5 MPa 압력으로 압축하는 때에는 질소, 메탄, 일산화탄소 또는 에틸렌 등의 희석제를 첨가한다.
㉡ 습식 아세틸렌 발생기의 표면은 70℃ 이하의 온도로 유지하고, 그 부근에서는 불꽃이 튀는 작업을 하지 아니한다.
㉢ 아세틸렌을 용기에 충전하는 때에는 미리 용기에 다공물질을 고루 채워 다공도가 75 % 이상 92 % 미만이 되도록 한 후 아세톤 또는 디메틸포름아미드를 고루 침윤시키고 충전한다.
㉣ 아세틸렌을 용기에 충전하는 때의 충전 중의 압력은 2.5 MPa 이하로 하고, 충전 후에는 압력이 15℃에서 1.5 MPa 이하로 될 때까지 정치하여 둔다.
㉤ 상하의 통으로 구성된 아세틸렌 발생장치로 아세틸렌을 제조하는 때에는 사용 후 그 통을 분리하거나 잔류가스가 없도록 조치한다.

72. 2개 이상의 탱크를 동일한 차량에 고정하여 운반하는 경우의 기준에 대한 설명으로 틀린 것은?
① 충전관에는 유량계를 설치한다.
② 충전관에는 안전밸브를 설치한다.
③ 탱크마다 탱크의 주밸브를 설치한다.
④ 탱크와 차량과의 사이를 단단하게 부착하는 조치를 한다.

해설 충전관에는 안전밸브, 압력계 및 긴급 탈압밸브를 설치한다.

73. 다음 중 독성가스가 아닌 것은?
① 아황산가스   ② 염소가스
③ 질소가스   ④ 시안화수소

해설 질소(N_2) : 불연성가스이며 비독성가스이다.

74. 가스위험성 평가 기법 중 정량적 안전성 평가 기법에 해당하는 것은?
① 작업자 실수 분석(HEA) 기법
② 체크리스트(checklist) 기법
③ 위험과 운전 분석(HAZOP) 기법
④ 사고예상 질문 분석(WHAT-IF) 기법

정답 70. ① 71. ③ 72. ① 73. ③ 74. ①

[해설] 안전성 평가 기법
  ㉮ 정성적 평가 기법 : 체크리스트(checklist) 기법, 사고예상 질문 분석(WHAT-IF) 기법, 위험과 운전 분석(HAZOP) 기법
  ㉯ 정량적 평가 기법 : 작업자 실수 분석(HEA) 기법, 결함수 분석(FTA) 기법, 사건수 분석(ETA) 기법, 원인 결과 분석(CCA) 기법
  ㉰ 기타 : 상대 위험순위 결정 기법, 이상 위험도 분석 기법

75. 기계가 복잡하게 연결되어 있는 경우 및 배관 등으로 연속되어 있는 경우에 이용되는 정전기 제거조치용 본딩용 접속선 및 접지접속선의 단면적은 몇 mm² 이상이어야 하는가? (단, 단선은 제외한다.)
① 3.5 mm² ② 4.5 mm²
③ 5.5 mm² ④ 6.5 mm²
[해설] 본딩용 접속선 및 접지접속선은 단면적 5.5 mm² 이상의 것(단선은 제외)을 사용하고 경납붙임, 용접, 접속금구 등을 사용하여 확실히 접속하여야 한다.

76. 다음 고정식 압축도시가스자동차 충전시설에 설치하는 긴급분리장치에 대한 설명 중 틀린 것은?
① 유연성을 확보하기 위하여 고정 설치하지 아니한다.
② 각 충전설비마다 설치한다.
③ 수평방향으로 당길 때 666.4 N 미만의 힘에 의하여 분리되어야 한다.
④ 긴급분리장치와 충전설비 사이에는 충전자가 접근하기 쉬운 위치에 90° 회전의 수동밸브를 설치한다.
[해설] 자동차가 충전호스와 연결된 상태로 출발할 경우 가스의 흐름이 차단될 수 있도록 긴급분리장치를 지면 또는 지지대에 고정 설치한다.

77. LP가스 집단공급 시설의 안전밸브 중 압축기의 최종단에 설치한 것은 1년에 몇 회 이상 작동조정을 해야 하는가?
① 1회 ② 2회 ③ 3회 ④ 4회
[해설] 안전밸브 중 압축기의 최종단에 설치한 것은 1년에 1회 이상, 그 밖의 것은 2년에 이상 설정압력 이하의 압력에서 작동하도록 조정한다.

78. 용기 각인 시 내압시험압력의 기호와 단위를 옳게 표시한 것은?
① 기호 : FP, 단위 : kg
② 기호 : TP, 단위 : kg
③ 기호 : FP, 단위 : MPa
④ 기호 : TP, 단위 : MPa
[해설] 용기 각인 기호
  ㉮ V : 내용적(L)
  ㉯ W : 초저온용기 외의 용기는 밸브 및 부속품을 포함하지 않은 용기의 질량(kg)
  ㉰ TW : 아세틸렌 용기는 용기의 질량에 다공물질, 용제 및 밸브의 질량을 합한 질량(kg)
  ㉱ TP : 내압시험압력(MPa)
  ㉲ FP : 압축가스를 충전하는 용기는 최고충전압력(MPa)

79. 시안화수소 충전 작업에 대한 설명으로 틀린 것은?
① 1일 1회 이상 질산구리벤젠지 등의 시험지로 가스 누출을 검사한다.
② 시안화수소 저장은 용기에 충전한 후 90일을 경과하지 않아야 한다.
③ 순도가 98 % 이상으로서 착색되지 않은 것은 다른 용기에 옮겨 충전하지 않을 수 있다.
④ 폭발을 일으킬 우려가 있으므로 안정제를 첨가한다.
[해설] 시안화수소를 충전한 용기는 충전 후 24시간 정치하고, 그 후 1일 1회 이상 질산구리벤젠 등의 시험지로 가스의 누출검사를 하며, 용기에 충전 연월일을 명기한 표지를 붙이고, 충전한 후 60일이 경과되기 전에 다른 용기에 옮겨 충전한다. 다만, 순도가 98 % 이상으로서 착색

정답 75. ③ 76. ① 77. ① 78. ④ 79. ②

되지 아니한 것은 다른 용기에 옮겨 충전하지 아니할 수 있다.

80. 용기보관장소에 대한 설명으로 틀린 것은?
① 용기보관장소의 주위 2 m 이내에 화기 또는 인화성물질 등을 치웠다.
② 수소용기 보관장소에는 겨울철 실내온도가 내려가므로 상부의 통풍구를 막았다.
③ 가연성가스의 충전용기 보관실은 불연재료를 사용하였다.
④ 가연성가스와 산소의 용기보관실은 각각 구분하여 설치하였다.

[해설] 용기보관장소 실내온도는 40℃ 이하로 유지하면 되기 때문에 겨울철에 통풍구를 막는 것은 잘못된 경우이다.

제 5 과목 가스계측기기

81. 다음 계측기기의 감도에 대한 설명 중 틀린 것은?
① 감도가 좋으면 측정시간이 길어지고 측정범위는 좁아진다.
② 계측기기가 측정량의 변화에 민감한 정도를 말한다.
③ 측정량의 변화에 대한 지시량의 변화 비율을 말한다.
④ 측정결과에 대한 신뢰도를 나타내는 척도이다.

[해설] 감도 : 계측기가 측정량의 변화에 민감한 정도를 나타내는 값으로 감도가 좋으면 측정시간이 길어지고, 측정범위는 좁아진다.
$$\therefore 감도 = \frac{지시량의\ 변화}{측정량의\ 변화}$$

82. 가스크로마토그래피에서 사용되는 검출기가 아닌 것은?

① FID(Flame Ionization Detector)
② ECD(Electron Capture Detector)
③ NDIR(Non-Dispersive Detector)
④ TCD(Thermal Conductivity Detector)

[해설] 가스크로마토그래피 검출기 종류
㉮ TCD : 열전도형 검출기
㉯ FID : 수소염 이온화 검출기
㉰ ECD : 전자포획 이온화 검출기
㉱ FPD : 염광 광도형 검출기
㉲ FTD : 알칼리성 이온화 검출기
㉳ DID : 방전이온화 검출기
㉴ AED : 원자방출 검출기
㉵ TID : 열이온 검출기
㉶ SCD : 황화학발광 검출기

83. 검지관에 의한 프로판의 측정농도 범위와 검지한도를 각각 바르게 나타낸 것은?
① 0~0.3 %, 10 ppm
② 0~1.5 %, 250 ppm
③ 0~5 %, 100 ppm
④ 0~30 %, 1000 ppm

[해설] 검지관의 측정농도 범위 및 검지한도

측정가스	측정농도(vol%)	검지한도(ppm)
아세틸렌	0~0.3	10
수소	0~1.5	250
프로판	0~5.0	100
산소	0~30	1000

84. 국제단위계(SI 단위계)[the international system unit]의 기본단위가 아닌 것은?
① 길이(m) ② 압력(Pa)
③ 시간(s) ④ 광도(cd)

[해설] 기본단위의 종류

기본량	길이	질량	시간	전류	물질량	온도	광도
기본단위	m	kg	s	A	mol	K	cd

85. 차압식 유량계에서 유량과 압력차와의 관계는?
① 차압에 비례한다.

정답 80. ② 81. ④ 82. ③ 83. ③ 84. ② 85. ④

② 차압의 제곱에 비례한다.
③ 차압의 5승에 비례한다.
④ 차압의 제곱근에 비례한다.

[해설] 차압식 유량계에서 유량은 차압의 제곱근(평방근)에 비례한다.

$$\therefore Q_2 = \sqrt{\frac{\Delta P_2}{\Delta P_1}} \times Q_1$$

86. 온도가 21℃에서 상대습도 60%의 공기를 압력은 변화하지 않고 온도를 22.5℃로 할 때, 공기의 상대습도는 약 얼마인가?

온도(℃)	물의 포화증기압(mmHg)
20	16.54
21	17.83
22	19.12
23	20.41

① 52.41% ② 53.63%
③ 54.13% ④ 55.95%

[해설] ㉮ 상대습도 60%, 21℃에서의 수증기분압(P_w) 계산

$$\therefore P_w = \phi \times P_s = 0.6 \times 17.83$$
$$= 10.698 \text{ mmHg}$$

㉯ 22.5℃에서의 물의 포화증기압 계산

$$P_s = 19.12 + \frac{22.5 - 22}{23 - 22}{20.41 - 19.12}$$
$$= 19.765 \text{ mmHg}$$

㉰ 22.5℃에서의 상대습도 계산

$$\therefore \phi = \frac{P_w}{P_s} \times 100 = \frac{10.698}{19.765} \times 100$$
$$= 54.125\%$$

87. 다음 중 건식 가스미터(gas meter)는?
① Venturi식 ② Roots식
③ Orifice식 ④ turbine식

[해설] 가스미터의 분류
(1) 실측식
㉮ 건식: 막식형(독립내기식, 클로버식), 회전식(루츠형, 오벌식, 로터리 피스톤식)
㉯ 습식: 습식 가스미터
(2) 추량식: 델타식, 터빈식, 오리피스식, 벤투리식

88. 가스미터에 의한 압력손실이 적어 사용 중 기압차의 변동이 거의 없고, 유량이 정확하게 계량되는 계측기는?
① 루츠미터
② 습식 가스미터
③ 막식 가스미터
④ 로터리 피스톤식 미터

[해설] 습식 가스미터의 특징
㉮ 계량이 정확하다.
㉯ 사용 중에 오차의 변동이 적다.
㉰ 사용 중에 수위 조정 등의 관리가 필요하다.
㉱ 설치면적이 크다.
㉲ 용도: 기준용, 실험실용
㉳ 용량 범위: 0.2~3000 m³/h

89. 광학분광법은 여러 가지 현상에 바탕을 두고 있다. 이에 해당하지 않는 것은?
① 흡수 ② 형광 ③ 방출 ④ 분배

[해설] 광학분광법: 시료에 들어있는 원소들은 원자화과정에 의해 기체 상태의 원자나 이온으로 변환하며 기체 원자 화학종에 대해 자외선 및 가시광선 흡수, 방출 또는 형광을 측정한다.

90. 다음 〈보기〉의 온도계에 대한 설명으로 옳은 것을 모두 나열한 것은?

――〈보 기〉――
㉠ 온도계의 검출단은 열용량이 작은 것이 좋다.
㉡ 일반적으로 열전대는 수은 온도계보다 온도 변화에 대한 응답속도가 늦다.
㉢ 방사온도계는 고온의 화염온도 측정에 적합하다.

① ㉠   ② ㉡, ㉢
③ ㉠, ㉢   ④ ㉠, ㉡, ㉢

정답 86. ③ 87. ② 88. ② 89. ④ 90. ③

해설 일반적으로 열전대 온도계는 수은 온도계보다 온도 변화에 대한 응답속도가 빠르다.

91. 빈병의 질량이 414 g인 비중병이 있다. 물을 채웠을 때 질량이 999 g, 어느 액체를 채웠을 때의 질량이 874 g일 때 이 액체의 밀도는 얼마인가? (단, 물의 밀도 : 0.998 g/cm³, 공기의 밀도 : 0.00120 g/cm³이다.)
① 0.785 g/cm³ ② 0.998 g/cm³
③ 7.85 g/cm³ ④ 9.98 g/cm³

해설 ㉮ 물의 밀도를 이용한 빈병의 체적 계산
$$\frac{(999-414)\,\mathrm{g}}{x\,[\mathrm{cm}^3]} = 0.998\,\mathrm{g/cm^3}$$
$$\therefore x = \frac{(999-414)}{0.998} = 586.17\,\mathrm{cm^3}$$
㉯ 어느 액체의 밀도 계산
$$\rho\,[\mathrm{g/cm^3}] = \frac{874-414}{586.17} = 0.785\,\mathrm{g/cm^3}$$

92. 유수형 열량계로 5L의 기체 연료를 연소시킬 때 냉각수량이 2500 g이었다. 기체 연료의 온도가 20℃, 전체압이 750 mmHg, 발열량이 5437.6 kcal/Nm³일 때 유수 상승온도는 약 몇 ℃인가?
① 8℃ ② 10℃ ③ 12℃ ④ 14℃

해설 ㉮ 현재 상태의 기체연료 5 L을 표준상태 체적으로 보정
$$\therefore V_o = \frac{P_1 \cdot V_1 \cdot T_2}{P_o \cdot T_1} = \frac{750 \times 5 \times 273}{760 \times (273+20)}$$
$$= 4.597 ≒ 4.6\,\mathrm{L} = 0.0046\,\mathrm{Nm^3}$$
㉯ $H_h = \frac{냉각수량 \times 냉각수 비열 \times \Delta t}{시료량}$ 에서
$$\Delta t = \frac{H_h \times 시료량}{냉각수량 \times 냉각수 비열}$$
$$= \frac{5437.6 \times 0.0046}{2.5 \times 1} = 10.005\,℃$$

93. 게겔법에 의한 아세틸렌(C_2H_2)의 흡수액으로 옳은 것은?
① 87% H_2SO_4 용액
② 요오드수은칼륨 용액
③ 알칼리성 피로갈롤 용액
④ 암모니아성 염화제일구리 용액

해설 게겔(Gockel)법의 분석순서 및 흡수제
㉮ CO_2 : 33% KOH 수용액
㉯ 아세틸렌 : 요오드수은칼륨 용액
㉰ 프로필렌, $n-C_4H_8$: 87% H_2SO_4
㉱ 에틸렌 : 취화수소 수용액
㉲ O_2 : 알칼리성 피로갈롤용액
㉳ CO : 암모니아성 염화제1구리 용액

94. 압력 계측기기 중 직접 압력을 측정하는 1차 압력계에 해당하는 것은?
① 액주계 압력계 ② 부르동관 압력계
③ 벨로스 압력계 ④ 전기저항 압력계

해설 압력계의 분류 및 종류
㉮ 1차 압력계 : 액주식 압력계(U자관, 단관식, 경사관식, 호루단형, 폐관식), 자유피스톤형 압력계
㉯ 2차 압력계 : 탄성식 압력계(부르동관식, 벨로스식, 다이어프램식), 전기식 압력계(전기저항 압력계, 피에조 압력계, 스트레인 게이지)

95. 열전대를 사용하는 온도계 중 가장 고온을 측정할 수 있는 것은?
① R형 ② K형 ③ E형 ④ J형

해설 열전대 온도계의 종류 및 측정온도

열전대 종류	측정온도 범위
R형(백금-백금로듐)	0~1600℃
K형(크로멜-알루멜)	-20~1200℃
J형(철-콘스탄탄)	-20~800℃
T형(동-콘스탄탄)	-200~350℃

96. 연속 제어동작의 비례(P)동작에 대한 설명 중 틀린 것은?
① 사이클링을 제거할 수 있다.
② 부하 변화가 적은 프로세스의 제어에 이용된다.

정답 91. ① 92. ② 93. ② 94. ① 95. ① 96. ④

③ 외란이 큰 자동제어에는 부적당하다.
④ 잔류편차(off-set)가 생기지 않는다.

[해설] 비례(P)동작 : 동작신호에 대하여 조작량의 출력 변화가 일정한 비례 관계에 있는 제어로 잔류편차(off set)가 생긴다.

97. 가스크로마토그래피에 대한 설명으로 가장 옳은 것은?
① 운반가스로는 일반적으로 O_2, CO_2가 이용된다.
② 각 성분의 머무름 시간은 분석조건이 일정하면 조성에 관계없이 거의 일정하다.
③ 분석시료는 반드시 LP가스의 기체 부분에서 채취해야 한다.
④ 분석 순서는 가장 먼저 분석시료를 도입하고 그 다음에 운반가스를 흘러 보낸다.

[해설] 각 항목의 옳은 설명
① 운반가스(캐리어가스)로는 수소(H_2), 헬륨(He), 아르곤(Ar), 질소(N_2)가 이용된다.
③ 분배 크로마토그래피는 액체 성분을 분석할 수 있으므로 LPG 액체를 분석시료로 채취하여도 된다.
④ 분석 순서는 가스크로마토그래피 조정 및 안전성을 확인하고 분리관에 충진물을 충진한 후 시료가스를 도입한다.

98. 가스를 일정 용적의 통속에 넣어 충만시킨 후 배출하여 그 횟수를 용적단위로 환산하는 방법의 가스미터는?
① 막식   ② 루트식
③ 로터리식 ④ 와류식

[해설] 막식 가스미터 : 가스를 일정 용적의 통속에 넣어 충만시킨 후 배출하여 그 횟수를 용적단위로 환산하여 적산(積算)하는 방식으로 회전수가 비교적 늦기 때문에 소용량에 적합하고, 도시가스를 저압으로 사용하는 일반 가정에서 주로 사용한다.

99. 기체 크로마토그래피에서 분리도(resolution)와 컬럼 길이의 상관관계는?
① 분리도는 컬럼 길이에 비례한다.
② 분리도는 컬럼 길이의 2승에 비례한다.
③ 분리도는 컬럼 길이의 3승에 비례한다.
④ 분리도는 컬럼 길이의 제곱근에 비례한다.

[해설] $R = \dfrac{2(t_2 - t_1)}{W_1 + W_2} = \dfrac{\sqrt{N}}{4} \times \dfrac{k}{k+1} \times \dfrac{\alpha - 1}{\alpha}$

$= \dfrac{1}{4} \times \sqrt{\dfrac{L}{H}} \times \dfrac{k}{k+1} \times \dfrac{\alpha - 1}{\alpha}$

∴ 분리도(R)는 컬럼 길이(L)의 제곱근에 비례하고, 이론단 높이(H)의 제곱근에 반비례한다.
여기서, N : 이론단수
L : 컬럼 길이
H : 이론단 높이
t_1, t_2 : 1번, 2번 성분의 보유시간(s)
W_1, W_2 : 1번 2번 성분의 피크 폭(s)
α : 분리계수
k : 피크 2의 보관유지계수

100. 계측기기 구비조건으로 가장 거리가 먼 것은?
① 정확도가 있고, 견고하고 신뢰할 수 있어야 한다.
② 구조가 단순하고, 취급이 용이하여야 한다.
③ 연속적이고 원격 지시, 기록이 가능하여야 한다.
④ 구성은 전자화되고, 기능은 자동화되어야 한다.

[해설] 계측기기의 구비조건
㉮ 경년 변화가 적고, 내구성이 있을 것
㉯ 견고하고 신뢰성이 있을 것
㉰ 정도가 높고 경제적일 것
㉱ 구조가 간단하고 취급, 보수가 쉬울 것
㉲ 원격 지시 및 기록이 가능할 것
㉳ 연속 측정이 가능할 것

정답 97. ② 98. ① 99. ④ 100. ④

▶ 2018년 4월 28일 시행

자격종목	종목코드	시험시간	형별	수험번호	성명
가스 기사	1471	2시간 30분	B		

제1과목 가스유체역학

1. 파이프 내 점성흐름에서 길이 방향으로 속도 분포가 변하지 않는 흐름을 가리키는 것은?
① 플러그 흐름(plug flow)
② 완전 발달된 흐름(fully developed flow)
③ 층류(laminar flow)
④ 난류(turbulent flow)
[해설] 완전 발달된 흐름 : 원형 관내를 유체가 흐르고 있을 때 경계층이 완전히 성장하여 일정한 속도분포를 유지하면서 흐르는 흐름이다.

2. 충격파의 유동특성을 나타내는 Fanno 선도에 대한 설명 중 옳지 않은 것은?
① Fanno 선도는 에너지방정식, 연속방정식, 운동량방정식, 상태방정식으로부터 얻을 수 있다.
② 질량유량이 일정하고 정체 엔탈피가 일정한 경우에 적용된다.
③ Fanno 선도는 정상상태에서 일정단면 유로를 압축성 유체가 외부와 열교환하면서 마찰 없이 흐를 때 적용된다.
④ 일정 질량유량에 대하여 Mach수를 Parameter로 하여 작도한다.
[해설] Fanno 선도(Fanno 방정식)는 정상상태에서 일정단면 유로를 압축성 유체가 외부와 열교환 없는 단열변화의 경우에 점성, 비점성 유체의 흐름에 적용된다.

3. 관 내부에서 유체가 흐를 때 흐름이 완전난류라면 수두손실은 어떻게 되겠는가?
① 대략적으로 속도의 제곱에 반비례한다.
② 대략적으로 직경의 제곱에 반비례하고 속도에 정비례한다.
③ 대략적으로 속도의 제곱에 비례한다.
④ 대략적으로 속도에 정비례한다.
[해설] 난류유동에서 손실수두는 속도의 제곱에 비례한다.

4. 그림과 같은 관에서 유체가 등엔트로피 유동할 때 마하수 $M_a < 1$이라 한다. 이때 유동방향에 따른 속도와 압력의 변화를 옳게 나타낸 것은?

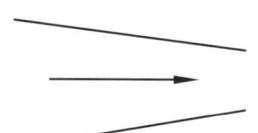

① 속도 – 증가, 압력 – 감소
② 속도 – 증가, 압력 – 증가
③ 속도 – 감소, 압력 – 감소
④ 속도 – 감소, 압력 – 증가
[해설] 아음속 흐름($M_a < 1$)일 때 축소부에서는 속도는 증가하고, 단면적 및 압력은 감소한다.

5. 비압축성 유체가 수평 원형관에서 층류로 흐를 때 평균유속과 마찰계수 또는 마찰로 인한 압력차의 관계를 옳게 설명한 것은?
① 마찰계수는 평균유속에 비례한다.
② 마찰계수는 평균유속에 반비례한다.
③ 압력차는 평균유속의 제곱에 비례한다.
④ 압력차는 평균유속의 제곱에 반비례한다.
[해설] 달시-바이스 바하 방정식과 하겐-푸아죄유 방정식에서

정답 1. ② 2. ③ 3. ③ 4. ① 5. ②

㉮ 마찰계수 $f = \dfrac{64}{Re} = \dfrac{64\mu}{\rho DV}$ 이다. 그러므로 마찰계수(f)는 평균유속(V)에 반비례한다.

㉯ 압력차 $\Delta P = \dfrac{128\mu LQ}{\pi D^4}$ 에 $Q = \dfrac{\pi}{4}D^2 V$을 적용하면 $\Delta P = \dfrac{32\mu LV}{D^2}$ 이다. 그러므로 압력차(ΔP)는 평균유속(V)에 비례한다.

6. 제트엔진 비행기가 400 m/s로 비행하는데 30 kg/s의 공기를 소비한다. 4900 N의 추진력을 만들 때 배출되는 가스의 비행기에 대한 상대속도는 약 몇 m/s인가? (단, 연료의 소비량은 무시한다.)

① 563　　② 583
③ 603　　④ 623

해설　$F = \rho Q(V_2 - V_1)$ 에서
$\rho [\text{kg/m}^3] \times Q[\text{m}^3/\text{s}] = m [\text{kg/s}]$ 이다.
$\therefore V_2 = \dfrac{F}{\rho Q} + V_1 = \dfrac{F}{m} + V_1$
$= \dfrac{4900}{30} + 400 = 563.33 \text{ m/s}$

7. 다음 중 마하수(mach number)를 옳게 나타낸 것은?

① 유속을 음속으로 나눈 값
② 유속을 광속으로 나눈 값
③ 유속을 기체분자의 절대속도 값으로 나눈 값
④ 유속을 전자속도로 나눈 값

해설　마하수(mach number) : 물체의 속도를 음속으로 나눈 값으로 무차원 수이다.
$M = \dfrac{V}{C} = \dfrac{V}{\sqrt{k \cdot R \cdot T}}$
여기서, V : 물체의 속도(m/s)
　　　　C : 음속
　　　　k : 비열비
　　　　R : 기체상수 $\left(\dfrac{8314}{M} \text{ J/kg} \cdot \text{K} \right)$
　　　　T : 절대온도(K)

8. 그림과 같은 사이펀을 통하여 나오는 물의 질량 유량은 약 몇 kg/s인가? (단, 수면은 항상 일정하다.)

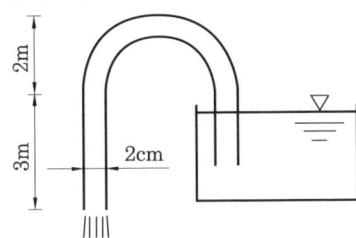

① 1.21　　② 2.41
③ 3.61　　④ 4.83

해설　㉮ 사이펀관 끝 면의 유속 계산 : 수면과 사이펀관 끝 지점에 대하여 베르누이 방정식을 적용
$\dfrac{P_0}{\gamma} + \dfrac{V_0^2}{2g} + Z_0 = \dfrac{P_1}{\gamma} + \dfrac{V_1^2}{2g} + Z_1$ 에서
$P_0 = P_1$, $V_0 = 0$, $Z_0 - Z_1 = 3$ m이다.
$\therefore V_1 = \sqrt{2g(Z_0 - Z_1)}$
$= \sqrt{2 \times 9.8 \times 3} = 7.668 \text{ m/s}$

㉯ 유량 계산
$m = \rho AV$
$= 1000 \times \dfrac{\pi}{4} \times 0.02^2 \times 7.668$
$= 2.408 \text{ kg/s}$

9. 다음 중 동점성계수와 가장 관련이 없는 것은? (단, μ는 점성계수, ρ는 밀도, F는 힘의 차원, T는 시간의 차원, L은 길이의 차원을 나타낸다.)

① $\dfrac{\mu}{\rho}$　　② stokes
③ cm²/s　　④ FTL^{-2}

해설　㉮ 동점성계수(ν) : 점성계수(μ)를 밀도(ρ)로 나눈 값으로 동점도라 한다.
$\therefore \nu = \dfrac{\mu}{\rho}$
㉯ 단위 : cm²/s, m²/s
㉰ 차원 : $L^2 T^{-1}$
㉱ 1 St(stokes) = 1 cm²/s = 10^{-4} m²/s

정답　6. ①　7. ①　8. ②　9. ④

※ FTL^{-2} : 점성계수(μ)의 공학단위(kgf · s/m²) 차원이다.

10. 등엔트로피 과정 하에서 완전기체 중의 음속을 옳게 나타낸 것은? (단, E는 체적탄성계수, R은 기체상수, T는 절대온도, P는 압력, k는 비열비이다.)
① $\sqrt{PE}$ ② $\sqrt{kRT}$
③ RT ④ PT

[해설] 음속의 계산식
$$C = \sqrt{k \cdot R \cdot T}$$
여기서, C : 음속(m/s)
k : 비열비
R : 기체상수 $\left(\dfrac{8314}{M}\right.$ [J/kg·K]$\left.\right)$
T : 절대온도(K)

11. 항력(drag force)에 대한 설명 중 틀린 것은?
① 물체가 유체 내에서 운동할 때 받는 저항력을 말한다.
② 항력은 물체의 형상에 영향을 받는다.
③ 항력은 유동에 수직방향으로 작용한다.
④ 압력항력을 형상항력이라 부르기도 한다.

[해설] 항력(drag force) : 물체가 유체 속에 정지하고 있거나 비유동 유체에서 운동할 때 받는 저항력으로 유동방향으로 작용한다.

12. 원관 내 유체의 흐름에 대한 설명 중 틀린 것은?
① 일반적으로 층류는 레이놀즈수가 약 2100 이하인 흐름이다.
② 일반적으로 난류는 레이놀즈수가 약 4000 이상인 흐름이다.
③ 일반적으로 관 중심부의 유속은 평균유속보다 빠르다.
④ 일반적으로 최대속도에 대한 평균속도의 비는 난류가 층류보다 작다.

[해설] 일반적으로 최대속도에 대한 평균속도의 비는 난류가 층류보다 크다.

13. 축류 펌프의 특성이 아닌 것은?
① 체절상태로 운전하면 양정이 일정해진다.
② 비속도가 크기 때문에 회전속도를 크게 할 수 있다.
③ 유량이 크고 양정이 낮은 경우에 적합하다.
④ 유체는 임펠러를 지나서 축방향으로 유출된다.

[해설] 축류 펌프의 특징
㉮ 가동익(가동날개)의 설치각도를 크게 하면 유량이 증가한다.
㉯ 비속도가 높은 영역에서는 원심펌프보다 효율이 높다.
㉰ 비속도가 크기 때문에 회전속도를 크게 할 수 있다.
㉱ 유량이 크고 양정이 낮은 경우에 적합하다.
㉲ 깃의 수를 많이 하면 양정이 증가한다.
㉳ 유체는 임펠러를 지나서 축방향으로 유출된다.
㉴ 체절상태로 운전은 불가능하다.

14. 동일한 펌프로 동력을 변화시킬 때 상사조건이 되려면 동력은 회전수와 어떤 관계가 성립하여야 하는가?
① 회전수의 $\dfrac{1}{2}$승에 비례
② 회전수와 1대 1로 비례
③ 회전수의 2승에 비례
④ 회전수의 3승에 비례

[해설] 원심펌프의 상사법칙
㉮ 유량 $Q_2 = Q_1 \times \left(\dfrac{N_2}{N_1}\right)$
∴ 유량은 회전수 변화에 비례한다.
㉯ 양정 $H_2 = H_1 \times \left(\dfrac{N_2}{N_1}\right)^2$
∴ 양정은 회전수 변화의 2승에 비례한다.
㉰ 동력 $L_2 = L_1 \times \left(\dfrac{N_2}{N_1}\right)^3$

정답 10. ② 11. ③ 12. ④ 13. ① 14. ④

∴ 동력은 회전수 변화의 3승에 비례한다.

15. 어떤 액체의 점도가 20 g/cm·s라면 이것은 몇 Pa·s에 해당하는가?
① 0.02   ② 0.2
③ 2   ④ 20

[해설] ㉮ 20 g/cm·s = 20 poise
   = 20×10⁻¹ kg/m·s = 2 kg/m·s이다.
㉯ N = kg·m/s²이고, Pa = N/m²이다.
   Pa·s = (N/m²)·s = [(kg·m/s²)/m²]·s
        = kg/m·s
∴ 20 g/cm·s = 2 Pa·s이다.

16. 축류펌프의 날개 수가 증가할 때 펌프성능은?
① 양정이 일정하고 유량이 증가
② 유량과 양정이 모두 증가
③ 양정이 감소하고 유량이 증가
④ 유량이 일정하고 양정이 증가

[해설] 축류펌프에서 날개(깃) 수가 증가하면 유량이 일정하고 양정이 증가한다.

17. 지름이 2 m인 관속을 7200 m³/h로 흐르는 유체의 평균유속은 약 몇 m/s인가?
① 0.64   ② 2.47
③ 4.78   ④ 5.36

[해설] $Q = A \times V = \frac{\pi}{4} \times D^2 \times V$ 이다.
∴ $V = \frac{4Q}{\pi D^2} = \frac{4 \times 7200}{\pi \times 2^2 \times 3600} = 0.636 \text{ m/s}$

18. 동점성계수가 각각 1.1×10⁻⁶ m²/s, 1.5×10⁻⁵ m²/s인 물과 공기가 지름 10 cm인 원형관 속을 10 cm/s의 속도로 각각 흐르고 있을 때, 물과 공기의 유동을 옳게 나타낸 것은?
① 물 : 층류, 공기 : 층류
② 물 : 층류, 공기 : 난류
③ 물 : 난류, 공기 : 층류
④ 물 : 난류, 공기 : 난류

[해설] 물과 공기의 레이놀즈수 계산
㉮ 물의 레이놀즈수
$R_e = \frac{DV}{\nu} = \frac{0.1 \times 0.1}{1.1 \times 10^{-6}} = 9090.909$
∴ 레이놀즈수가 4000 이상이므로 난류이다.
㉯ 공기의 레이놀즈수
$R_e = \frac{DV}{\nu} = \frac{0.1 \times 0.1}{1.5 \times 10^{-5}} = 666.666$
∴ 레이놀즈수가 2100보다 작으므로 층류이다.

19. 유체 유동에서 마찰로 일어난 에너지 손실은?
① 유체의 내부에너지 증가와 계로부터 열전달에 의해 제거되는 열량의 합이다.
② 유체의 내부에너지와 운동에너지의 합의 증가로 된다.
③ 포텐셜 에너지와 압축일의 합이 된다.
④ 엔탈피의 증가가 된다.

[해설] 유체 유동에서 마찰에 의하여 손실되는 에너지는 유체의 내부에너지 증가와 열전달에 의해 제거되는 열량의 합과 같다.

20. 내경이 50 mm인 강철관에 공기가 흐르고 있다. 한 단면에서의 압력은 5 atm, 온도는 20℃, 평균유속은 50 m/s이었다. 이 관의 하류에서 내경이 75 mm인 강철관이 접속되어 있고 여기에서의 압력은 3 atm, 온도는 40℃이다. 이때 평균 유속을 구하면 약 얼마인가? (단, 공기는 이상기체라고 가정한다.)
① 40 m/s   ② 50 m/s
③ 60 m/s   ④ 70 m/s

[해설] ㉮ 처음 상태(5 atm, 20℃) 유량 계산
$Q_1 = A_1 V_1$
$= \frac{\pi}{4} \times 0.05^2 \times 50 = 0.0981 \text{ m}^3/\text{s}$
㉯ 5 atm, 20℃ 상태의 체적을 3 atm, 40℃ 상태의 체적으로 계산 $\frac{P_1 Q_1}{T_1} = \frac{P_2 Q_2}{T_2}$에서

정답 15. ③ 16. ④ 17. ① 18. ③ 19. ① 20. ①

$$Q_2 = \frac{P_1 Q_1 T_2}{P_2 T_1}$$
$$= \frac{5 \times 0.0981 \times (273+40)}{3 \times (273+20)}$$
$$= 0.174 \text{ m}^3/\text{s}$$

㉰ 나중 상태(3 atm, 40℃)의 속도 계산
$$V_2 = \frac{Q_2}{A_2} = \frac{0.174}{\frac{\pi}{4} \times 0.075^2}$$
$$= 39.385 \text{ m/s}$$

제 2 과목 연소공학

21. 분진폭발의 발생조건으로 가장 거리가 먼 것은?
① 분진이 가연성이어야 한다.
② 분진 농도가 폭발범위 내에서는 폭발하지 않는다.
③ 분진이 화염을 전파할 수 있는 크기 분포를 가져야 한다.
④ 착화원, 가연물, 산소가 있어야 발생한다.

[해설] 분진폭발의 발생조건
㉮ 분진이 가연성이며 폭발범위 내에 있어야 한다.
㉯ 분진이 화염을 전파할 수 있는 크기의 분포를 가져야 한다.
㉰ 조연성가스 중에서 교반과 유동이 일어나야 한다.
㉱ 충분한 점화원(착화원)을 가져야 한다.

22. 고발열량(HHV)와 저발열량(LHV)를 바르게 나타낸 것은? (단, n은 H₂O의 생성 몰수, ΔH_v는 물의 증발잠열이다.)
① $LHV = HHV + \Delta H_v$
② $LHV = HHV + n\Delta H_v$
③ $HHV = LHV + \Delta H_v$
④ $HHV = LHV + n\Delta H_v$

[해설] 총발열량과 진발열량
㉮ 총발열량 : 고위발열량, 고발열량이라 하며 물의 증발잠열이 포함된 열량이다.
∴ 총발열량 = 진발열량+생성된 물의 증발잠열 = $LHV + n\Delta H_v$
㉯ 진발열량 : 저위발열량, 저발열량, 참발열량이라 하며, 물의 증발잠열을 포함하지 않은 열량이다.
∴ 진발열량 = 총발열량–생성된 물의 증발잠열 = $HHV - n\Delta H_v$

23. 다음 [보기]는 액체연료를 미립화시키는 방법을 설명한 것이다. 옳은 것을 모두 고른 것은?

〈 보 기 〉
㉠ 연료를 노즐에서 고압으로 분출시키는 방법
㉡ 고압의 정전기에 의해 액체를 분열시키는 방법
㉢ 초음파에 의해 액체연료를 촉진시키는 방법

① ㉠
② ㉠, ㉡
③ ㉡, ㉢
④ ㉠, ㉡, ㉢

[해설] 액체연료를 미립화(무화)시키는 방법
㉮ 유압 무화식 : 연료 자체에 압력을 주어 노즐에서 분출시켜 무화시키는 방법
㉯ 이류체 무화식 : 증기, 공기를 이용하여 무화시키는 방법
㉰ 회전 무화식 : 원심력을 이용하여 무화시키는 방법
㉱ 충돌 무화식 : 연료끼리 혹은 금속판에 충돌시켜 무화시키는 방법
㉲ 진동 무화식 : 초음파에 의하여 무화시키는 방법
㉳ 정전기 무화식 : 고압 정전기를 이용하여 무화시키는 방법

24. 산소(O₂)의 기본특성에 대한 설명 중 틀린 것은?
① 오일과 혼합하면 산화력의 증가로 강력히

정답 21. ② 22. ④ 23. ④ 24. ②

연소한다.
② 자신은 스스로 연소하는 가연성이다.
③ 순산소 중에서는 철, 알루미늄 등도 연소되며 금속산화물을 만든다.
④ 가연성 물질과 반응하여 폭발할 수 있다.

[해설] 산소의 특징 : ①, ③, ④ 외
㉮ 상온, 상압에서 무색, 무취이며 물에는 약간 녹는다.
㉯ 공기 중에 약 21 vol% 함유하고 있다.
㉰ 강력한 조연성가스이나 그 자신은 연소하지 않는다.
㉱ 액화산소(액 비중 1.14)는 담청색을 나타낸다.
㉲ 화학적으로 활발한 원소로 모든 원소와 직접 화합하여(할로겐 원소, 백금, 금 등 제외) 산화물을 만든다.
㉳ 산소(O_2)는 기체, 액체, 고체의 경우 자장의 방향으로 자화하는 상자성을 가지고 있다.
㉴ 산소 또는 공기 중에서 무성방전을 행하면 오존(O_3)이 된다.
㉵ 염소산칼륨($KClO_3$)에 이산화망간(MnO_2)을 촉매로 하여 가열, 분리시킨다.
㉶ 과산화수소(H_2O_2)에 이산화망간(MnO_2)을 가한다.

25.
이상 오토사이클의 열효율이 56.6 %이라면 압축비는 약 얼마인가? (단, 유체의 비열비는 1.4로 일정하다.)
① 2　　② 4
③ 6　　④ 8

[해설] 오토 사이클(Otto cycle) 열효율 계산식
$\eta = 1 - \left(\dfrac{1}{\gamma}\right)^{k-1}$ 에서 $1-\eta = \left(\dfrac{1}{\gamma}\right)^{k-1}$ 이므로
각각에 수치를 대입하면 $1-0.566 = \left(\dfrac{1}{\gamma}\right)^{1.4-1}$
이고 $0.434 = \left(\dfrac{1}{\gamma}\right)^{0.4}$ 이다.

∴ $\dfrac{1}{\gamma} = {}^{0.4}\sqrt{0.434} = 0.124086$

$\gamma = \dfrac{1}{0.124086} = 8.058$

26.
가스가 노즐로부터 일정한 압력으로 분출하는 힘을 이용하여 연소에 필요한 공기를 흡인하고, 혼합관에서 혼합한 후 화염공에서 분출시켜 예혼합연소시키는 버너는?
① 분젠식　　② 전 1차 공기식
③ 블라스트식　　④ 적화식

[해설] 분젠식 버너 : 가스를 노즐로부터 분출시켜 주위의 공기를 1차 공기로 흡인하여 혼합관에서 혼합한 후 연소시키는 예혼합연소 방식으로 연소속도가 빠르고, 선화현상 및 소화음, 연소음이 발생한다. 일반 가스 기구에 사용된다.

27.
연소범위에 대한 설명으로 틀린 것은?
① LFL(연소하한계)은 온도가 100℃ 증가할 때마다 8 % 정도 감소한다.
② UFL(연소상한계)은 온도가 증가하여도 거의 변화가 없다.
③ 대단히 낮은 압력(<50 mmHg)을 제외하고 압력은 LFL(연소하한계)에 거의 영향을 주지 않는다.
④ UFL(연소상한계)은 압력이 증가할 때 현격히 증가된다.

[해설] 온도가 증가하면 방열속도가 느려져서 UFL(연소상한계)은 증가한다.

28.
압력이 287 kPa일 때 체적 1 m^3의 기체질량이 2 kg이었다. 이때 기체의 온도는 약 몇 ℃가 되는가? (단, 기체상수는 287 J/kg·K이다.)
① 127　② 227　③ 447　④ 547

[해설] $PV = GRT$에서
$T = \dfrac{PV}{GR} = \dfrac{287 \times 1}{2 \times 0.287}$
$= 500\,K - 273 = 227\,℃$

29.
오토 사이클(Otto cycle)의 선도에서 정적가열 과정은?

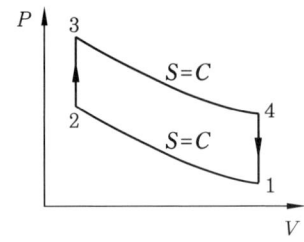

① 1→2   ② 2→3
③ 3→4   ④ 4→1

[해설] 오토 사이클(Otto cycle)의 순환 과정
㉮ 1→2 과정 : 단열압축 과정
㉯ 2→3 과정 : 정적 가열 과정(열의 공급)
㉰ 3→4 과정 : 단열팽창 과정
㉱ 4→1 과정 : 정적 방열 과정(열의 방출)

30. 다음 중 기체 연료의 연소형태는?
① 표면연소   ② 분해연소
③ 등심연소   ④ 확산연소

[해설] 확산연소 : 가연성 기체를 대기 중에 분출 확산시켜 연소하는 것으로 기체연료의 연소가 이에 해당된다.

31. 기체동력 사이클 중 2개의 단열과정과 2개의 등압과정으로 이루어진 가스터빈의 이상적인 사이클은?
① 오토 사이클(Otto cycle)
② 카르노 사이클(Carnot cycle)
③ 사바테 사이클(Sabathe cycle)
④ 브레이턴 사이클(Brayton cycle)

[해설] 브레이턴 사이클 : 2개의 단열과정과 2개의 정압(등압)과정으로 이루어진 가스터빈의 이상 사이클이다.

32. 이상기체의 등온과정의 설명으로 옳은 것은?
① 열의 출입이 없다.
② 부피의 변화가 없다.
③ 엔트로피 변화가 없다.
④ 내부에너지의 변화가 없다.

[해설] 등온과정의 상태량
㉮ 내부에너지 변화량 : 내부에너지 변화량이 없다.
㉯ 엔탈피 변화량 : 엔탈피 변화량이 없다.
㉰ 엔트로피 변화량 : $\Delta S > 0$

33. 정상 및 사고(단선, 단락, 지락 등) 시에 발생하는 전기불꽃, 아크 또는 고온부에 의하여 가연성가스가 점화되지 않는 것이 점화시험, 기타 방법에 의하여 확인된 방폭구조의 종류는?
① 본질안전 방폭구조
② 내압 방폭구조
③ 압력 방폭구조
④ 안전증 방폭구조

[해설] 본질안전 방폭구조(ia, ib) : 정상 및 사고(단선, 단락, 지락 등) 시에 발생하는 전기불꽃, 아크 또는 고온부에 의하여 가연성가스가 점화되지 아니하는 것이 점화시험, 기타 방법에 의하여 확인된 구조이다.

34. 열역학 제1법칙에 대하여 옳게 설명한 것은?
① 열평형에 관한 법칙이다.
② 이상기체에만 적용되는 법칙이다.
③ 클라시우스의 표현으로 정의되는 법칙이다.
④ 에너지 보존법칙 중 열과 일의 관계를 설명한 것이다.

[해설] 열역학 제1법칙 : 에너지 보존의 법칙이라 하며 기계적 일이 열로 변하거나, 열이 기계적 일로 변할 때 이들의 비는 일정한 관계가 성립된다.

35. 고체연료에서 탄화도가 높은 경우에 대한 설명으로 틀린 것은?
① 수분이 감소한다.
② 발열량이 증가한다.
③ 착화온도가 낮아진다.
④ 연소속도가 느려진다.

[해설] 탄화도 증가에 따라 나타나는 특성

정답 30. ④ 31. ④ 32. ④ 33. ① 34. ④ 35. ③

㉮ 고정탄소가 많아지고 발열량 및 연료비가 증가한다.
㉯ 열전도율이 증가한다.
㉰ 비열이 감소한다.
㉱ 연소속도가 늦어진다.
㉲ 수분, 휘발분이 감소한다.
㉳ 인화점, 착화온도가 높아진다.

36. 1 mol의 이상기체 $\left(C_v = \dfrac{3}{2}R\right)$가 40℃, 35 atm으로부터 1 atm까지 단열가역적으로 팽창하였다. 최종 온도는 약 몇 ℃인가?
① −100℃   ② −185℃
③ −200℃   ④ −285℃

[해설] ㉮ 정압비열(C_p) 계산
$1R = \dfrac{2}{2}R$과 같고, $C_p - C_v = R$이다.
$\therefore C_p = R + C_v = \dfrac{2}{2}R + \dfrac{3}{2}R = \dfrac{5}{2}R$

㉯ 비열비 계산
$k = \dfrac{C_p}{C_v} = \dfrac{\dfrac{5}{2}R}{\dfrac{3}{2}R} = \dfrac{10}{6} = 1.67$

㉰ 최종온도 계산
$T_2 = T_1 \times \left(\dfrac{P_2}{P_1}\right)^{\dfrac{k-1}{k}}$
$= (273 + 40) \times \left(\dfrac{1}{35}\right)^{\dfrac{1.67-1}{1.67}}$
$= 75.17\,\text{K} - 273 = -197.83℃$

37. 탄화수소(C_mH_n)가 완전연소될 때 발생하는 이산화탄소의 몰(mol) 수는 얼마인가?
① $\dfrac{1}{2}m$ ② m
③ $m + \dfrac{1}{4}n$ ④ $\dfrac{1}{4}m$

[해설] 탄화수소(C_mH_n)의 완전연소 반응식
$C_mH_n + \left(m + \dfrac{n}{4}\right)O_2 \rightarrow mCO_2 + \dfrac{n}{2}H_2O$
∴ 탄화수소(C_mH_n) 1몰(mol)이 완전연소하면 이산화탄소(CO_2)는 m몰(mol)이 발생한다.

38. 내압 방폭구조로 전기기기를 설계할 때 가장 중요하게 고려해야 할 사항은?
① 가연성가스의 연소열
② 가연성가스의 발화열
③ 가연성가스의 안전간극
④ 가연성가스의 최소점화에너지

[해설] 안전간극 : 표준 용기 내부의 가연성가스의 폭발화염이 발생하였을 때 용기의 접합면 틈새를 통해 폭발화염이 내부에서 외부로 전파되지 않을 최대틈새를 말하는 것으로 내압방폭구조로 전기기기를 설계할 때 가장 중요하게 고려해야 할 사항이다.

39. 부탄(C_4H_{10}) 2 Nm³를 완전연소시키기 위하여 약 몇 Nm³의 산소가 필요한가?
① 5.8   ② 8.9
③ 10.8   ④ 13.0

[해설] ㉮ 부탄(C_4H_{10})의 완전연소 반응식
$C_4H_{10} + 6.5O_2 \rightarrow 4CO_2 + 5H_2O$

㉯ 이론산소량(Nm³) 계산
$22.4\,\text{Nm}^3 : 6.5 \times 22.4\,\text{Nm}^3$
$= 2\,\text{Nm}^3 : x(O_0)\text{Nm}^3$
$\therefore O_0 = \dfrac{2 \times 6.5 \times 22.4}{22.4} = 13\,\text{Nm}^3$

40. 공기비가 작을 때 연소에 미치는 영향이 아닌 것은?
① 연소실 내의 연소온도가 저하한다.
② 미연소에 의한 열손실이 증가한다.
③ 불완전연소가 되어 매연발생이 심해진다.
④ 미연소 가스로 인한 폭발사고가 일어나기 쉽다.

[해설] 공기비의 영향
(1) 공기비가 클 경우
  ㉮ 연소실 내의 온도가 낮아진다.
  ㉯ 배기가스로 인한 손실열이 증가한다.
  ㉰ 배기가스 중 질소산화물(NO_x)이 많아져 대기오염을 초래한다.
  ㉱ 연료소비량이 증가한다.

[정답] 36. ③   37. ②   38. ③   39. ④   40. ①

(2) 공기비가 작을 경우
  ㉮ 불완전연소가 발생하기 쉽다.
  ㉯ 미연소 가스로 인한 역화의 위험이 있다.
  ㉰ 연소효율이 감소한다(열손실이 증가한다).

제 3 과목 가스설비

41. 액화천연가스(LNG)의 유출 시 발생되는 현상으로 가장 옳은 것은?
① 메탄가스의 비중은 상온에서는 공기보다 작지만 온도가 낮으면 공기보다 크게 되어 땅 위에 체류한다.
② 메탄가스의 비중은 공기보다 크므로 증발된 가스는 항상 땅 위에 체류한다.
③ 메탄가스의 비중은 상온에서는 공기보다 크지만 온도가 낮게 되면 공기보다 가볍게 되어 땅 위에 체류하는 일이 없다.
④ 메탄가스의 비중은 공기보다 작으므로 증발된 가스는 위쪽으로 확산되어 땅 위에 체류하는 일이 없다.

[해설] 메탄가스는 상온에서 공기보다 비중이 작으나(공기보다 가볍다.) LNG가 대량으로 누설되면 급격한 증발에 의하여 주변의 온도가 내려간다. 주변 공기 온도가 $-110 \sim -113℃$ 이하가 되면 메탄가스의 비중은 공기보다 무거워져 지상에 체류한다.

42. 가스미터의 성능에 대한 설명으로 옳은 것은?
① 사용공차의 허용치는 ±10 % 범위이다.
② 막식 가스미터에서는 유량에 맥동성이 있으므로 선편(先偏)이 발생하기 쉽다.
③ 감도유량은 가스미터가 작동하는 최대유량을 말한다.
④ 공차는 기기공차와 사용공차가 있으며 클수록 좋다.

[해설] 가스미터의 성능
  ㉮ 기밀시험 : 10 kPa
  ㉯ 가스미터 및 배관에서의 압력손실 : 0.3 kPa 이하
  ㉰ 검정공차 : ±1.5 %
  ㉱ 사용공차 : 검정기준에서 정하는 최대허용오차의 2배 값
  ㉲ 검정 유효기간(최대유량 $10 \, m^3/h$ 이하) : 5년
  ㉳ 감도유량 : 가정용 막식 3 L/h, LPG용 15 L/h
  ※ 선편(先偏) : 막식 가스미터에서 다이어프램의 수축, 팽창에 따라 맥동현상이 발생하고 이로 인하여 압력변화가 발생하는 현상을 말한다.

43. 유량계의 입구에 고정된 터빈 형태의 가이드 보디(guide body)가 와류현상을 일으켜 발생한 고유의 주파수가 piezo sensor에 의해 검출되어 유량을 적산하는 방법으로서 고점도 유량 측정에 적합한 가스미터는?
① vortex 가스미터   ② turbine 가스미터
③ roots 가스미터   ④ swirl 가스미터

[해설] 와류식 유량계(vortex flow meter) : 와류(소용돌이)를 발생시켜 그 주파수의 특성이 유속과 비례관계를 유지하는 것을 이용한 것으로 델타 유량계, 스와르 유량계, 칼만 유량계 등이 있다.

44. 구리 및 구리합금을 고압장치의 재료로 사용하기에 가장 적당한 가스는?
① 아세틸렌   ② 황화수소
③ 암모니아   ④ 산소

[해설] 구리 및 구리합금 사용 시 문제점
  ㉮ 아세틸렌 : 아세틸드가 생성되어 화합폭발의 원인
  ㉯ 암모니아 : 부식 발생
  ㉰ 황화수소 : 수분 존재 시 부식 발생

45. 다음 [보기]에서 설명하는 암모니아 합성탑의 종류는?

── 〈보 기〉 ──
- 합성탑에는 철계통의 촉매를 사용한다.
- 촉매층 온도는 약 500~600℃이다.
- 합성 압력은 약 300~400 atm이다.

① 파우서법 ② 하버-보시법
③ 클라우드법 ④ 우데법

해설 클라우드법 암모니아 합성탑
㉮ 고압합성법에 해당된다.
㉯ 합성탑에는 철계통의 촉매를 사용한다.
㉰ 촉매층의 온도는 약 500~600℃이다.
㉱ 합성 압력은 약 300~400 atm이다.
㉲ 촉매 수명은 합성관의 위치에 따라 다르지만 평균적으로 500시간 정도이다.

46. 가스의 호환성 측정을 위하여 사용되는 웨버지수의 계산식을 옳게 나타낸 것은? (단, WI는 웨버지수, H_g는 가스의 발열량(kcal/m³), d는 가스의 비중이다.)

① $WI = \dfrac{H_g}{d}$ ② $WI = \dfrac{H_g}{\sqrt{d}}$

③ $WI = \dfrac{d}{H_g}$ ④ $WI = \sqrt{\dfrac{d}{H_g}}$

해설 웨버(Webbe)지수 : 가스의 발열량을 가스 비중의 제곱근으로 나눈 값으로 가스의 연소성(가스의 호환성)을 판단하는 수치이다.
∴ $WI = \dfrac{H_g}{\sqrt{d}}$

47. 용기용 밸브는 가스 충전구의 형식에 따라 A형, B형, C형의 3종류가 있다. 가스 충전구가 암나사로 되어 있는 것은?
① A형 ② B형
③ A형, B형 ④ C형

해설 충전구 형식에 의한 분류
㉮ A형 : 가스 충전구가 수나사
㉯ B형 : 가스 충전구가 암나사
㉰ C형 : 가스 충전구에 나사가 없는 것

48. 아세틸렌(C_2H_2)에 대한 설명으로 틀린 것은?
① 아세틸렌은 아세톤을 함유한 다공물질에 용해시켜 저장한다.
② 아세틸렌 제조방법으로는 크게 주수식과 흡수식 2가지 방법이 있다.
③ 순수한 아세틸렌은 에테르 향기가 나지만 불순물이 섞여 있으면 악취발생의 원인이 된다.
④ 아세틸렌의 고압건조기와 충전용 교체밸브 사이의 배관, 충전용 지관에는 역화방지기를 설치한다.

해설 아세틸렌 제조방법 분류
㉮ 주수식 : 카바이드에 물을 주입하는 방식 (불순가스 발생량이 많다.)
㉯ 침지식 : 물과 카바이드를 소량식 접촉하는 방식(위험성이 크다.)
㉰ 투입식 : 물에 카바이드를 넣는 방식(대량 생산에 적합)

49. 부취제의 구비조건으로 틀린 것은?
① 배관을 부식하지 않을 것
② 토양에 대한 투과성이 클 것
③ 연소 후에도 냄새가 있을 것
④ 낮은 농도에서도 알 수 있을 것

해설 부취제의 구비조건
㉮ 화학적으로 안정하고 독성이 없을 것
㉯ 일상생활의 냄새(생활취)와 명확하게 구별될 것
㉰ 극히 낮은 농도에서도 냄새가 확인될 수 있을 것
㉱ 가스관이나 가스미터 등에 흡착되지 않을 것
㉲ 배관을 부식시키지 않고, 상용온도에서 응축되지 않을 것
㉳ 물에 잘 녹지 않고 토양에 대하여 투과성이 클 것
㉴ 완전연소가 가능하고 연소 후 유해 물질을 남기지 않을 것

정답 46. ② 47. ② 48. ② 49. ③

50. 가스의 공업적 제조법에 대한 설명으로 옳은 것은?
① 메탄올은 일산화탄소와 수증기로부터 고압하에서 제조한다.
② 프레온 가스는 불화수소와 아세톤으로 제조한다.
③ 암모니아는 질소와 수소로부터 전기로에서 구리촉매를 사용하여 저압에서 제조한다.
④ 포스겐은 일산화탄소와 염소로부터 제조한다.

[해설] 각 가스의 제조방법
㉮ 메탄올(CH_3OH) : 일산화탄소(CO)와 수소(H_2)를 반응시켜 제조한다.
㉯ 프레온 : 염소화탄화수소(CCl_4)를 할로겐화안티몬($SbCl_5$)을 촉매로 무수불화수소(HF)와 반응시켜 제조한다.
㉰ 암모니아(NH_3) : 고온, 고압하에서 수소(H_2)와 질소(N_2)를 반응시켜 제조한다.

51. 양정 20 m, 송수량 3 m^3/min일 때 축동력 15 PS를 필요로 하는 원심펌프의 효율은 약 몇 %인가?
① 59 %   ② 75 %
③ 89 %   ④ 92 %

[해설] $PS = \dfrac{\gamma QH}{75\eta}$ 이다.

$\therefore \eta = \dfrac{\gamma QH}{75 PS} \times 100$

$= \dfrac{1000 \times 3 \times 20}{75 \times 15 \times 60} \times 100$

$= 88.888 \%$

52. 고압가스 제조장치 재료에 대한 설명으로 틀린 것은?
① 상온 상압에서 건조 상태의 염소가스에 탄소강을 사용한다.
② 아세틸렌은 철, 니켈 등의 철족의 금속과 반응하여 금속 카르보닐을 생성한다.
③ 9 % 니켈강은 액화천연가스에 대하여 저온취성에 강하다.
④ 상온 상압에서 수증기가 포함된 탄산가스 배관에 18-8 스테인리스강을 사용한다.

[해설] ㉮ 아세틸렌은 구리, 은, 수은 등의 금속과 반응하여 아세틸드를 생성하여 화합폭발의 원인이 된다.
㉯ 일산화탄소는 고온, 고압의 상태에서 철, 니켈, 코발트 등 철족의 금속과 반응하여 금속 카르보닐을 생성한다.

53. 흡입밸브 압력이 6 MPa인 3단 압축기가 있다. 각 단의 토출압력은? (단, 각 단의 압축비는 3이다.)
① 18, 54, 162 MPa   ② 12, 36, 109 MPa
③ 4, 16, 64 MPa   ④ 3, 15, 63 MPa

[해설] 압축비 $a = \dfrac{P_2}{P_1}$ 이고, 전체 압축비와 각 단의 압축비는 같고, 토출압력 $P_2 = a \cdot P_1$이 된다.
㉮ 1단의 토출압력 계산
  $P_{01} = a \cdot P_1 = 3 \times 6 = 18$ MPa·a
㉯ 2단의 토출압력 계산
  $P_{02} = a \cdot P_{01} = 3 \times 18 = 54$ MPa·a
㉰ 3단의 토출압력 계산
  $P_2 = a \cdot P_{02} = 3 \times 54 = 162$ MPa·a
※ 문제에서 주어진 흡입압력 6 MPa을 절대압력으로 보고 계산하였음

54. 합성천연가스(SNG) 제조 시 나프타를 원료로 하는 메탄합성공정과 관련이 적은 설비는?
① 탈황장치   ② 반응기
③ 수첨 분해탑   ④ CO 변성로

[해설] ㉮ 합성천연가스 공정(substitute natural process) : 수분, 산소, 수소를 원료 탄화수소와 반응시켜, 수증기 개질, 부분연소, 수첨분해 등에 의해 가스화하고 메탄합성, 탈탄산 등의 공정과 병용해서 천연가스의 성상과 거의 일치하게끔 가스를 제조하는 공정으로 제조된 가스를 합성천연가스 또는 대체천연가스(SNG)라 한다.

정답 50. ④ 51. ③ 52. ② 53. ① 54. ④

㉯ 메탄합성공정 설비 종류 : 가열기, 탈황장치, 나프타 과열장치, 반응기, 수첨 분해탑, 메탄 합성탑, 탈탄산탑 등

55. 어느 가스탱크에 10℃, 0.5 MPa의 공기 10 kg이 채워져 있다. 온도가 37℃로 상승한 경우 탱크의 체적 변화가 없다면 공기의 압력 증가는 약 몇 kPa인가?
① 48   ② 148
③ 448   ④ 548

해설 ㉮ 온도 상승 후 압력 계산

$$\frac{P_1 V_1}{T_1} = \frac{P_2 V_2}{T_2}$$ 에서 $V_1 = V_2$ 이다.

$$\therefore P_2 = \frac{P_1 T_2}{T_1}$$

$$= \frac{0.5 \times (273+37)}{273+10} = 0.5477 \text{ MPa}$$

㉯ 상승 압력 계산 : 1 MPa = 1000 kPa이다.
$\therefore P = P_2 - P_1 = (0.5477 - 0.5) \times 1000$
$= 47.7 \text{ kPa}$

56. 가스용기 저장소의 충전용기는 항상 몇 ℃ 이하를 유지하여야 하는가?
① -10℃   ② 0℃
③ 40℃   ④ 60℃

해설 충전용기를 보관, 운반할 때 온도는 40℃ 이하로 유지한다.

57. 가스 조정기(regulator)의 역할에 해당되는 것은?
① 용기 내 노의 역화를 방지한다.
② 가스를 정제하고 유량을 조절한다.
③ 공급되는 가스의 조성을 일정하게 한다.
④ 용기 내의 가스 압력과 관계없이 연소기에서 완전연소에 필요한 최적의 압력으로 감압한다.

해설 압력조정기의 역할(기능) : 유출압력 조절로 안정된 연소를 도모하고, 소비가 중단되면 가스를 차단한다.

58. 고압가스 기화장치의 검사에 대한 설명 중 옳지 않은 것은?
① 온수가열 방식의 과열방지 성능은 그 온수의 온도가 80℃이다.
② 안전장치는 최고 허용압력 이하의 압력에서 작동하는 것으로 한다.
③ 기밀시험은 설계압력 이상의 압력으로 행하여 누출이 없어야 한다.
④ 내압시험은 물을 사용하여 상용압력의 2배 이상으로 행한다.

해설 고압가스 기화장치의 성능
㉮ 과열방지 성능 : 온수가열방식은 그 온수의 온도가 80℃ 이하이고, 증기가열방식은 그 증기의 온도가 120℃ 이하로 한다.
㉯ 안전장치 작동 성능 : 안전장치는 최고 허용압력 이하의 압력에서 작동하는 것으로 한다.〈개정 16. 7. 11〉
㉰ 내압 성능 : 내압시험은 물을 사용하는 것을 원칙으로 하고, 설계압력의 1.3배 이상의 압력으로 내압시험을 실시하였을 때 각 부분에 누수, 변형, 이상 팽창이 없는 것으로 한다. 다만, 질소 또는 공기 등의 불활성 기체를 사용하여 설계압력의 1.1배의 압력으로 실시할 수 있다.〈개정 17. 6. 2〉
㉱ 기밀 성능 : 기밀시험은 공기 또는 불활성 가스를 사용하여 설계압력 이상의 압력으로 실시하여 각 부분에 가스의 누출이 없는 것으로 한다.〈개정 17. 6. 2〉

59. 접촉분해공정으로 도시가스를 제조하는 공정에서 발열반응을 일으키는 온도로서 가장 적당한 것은? (단, 반응압력은 10기압이다.)
① 350℃ 이하   ② 500℃ 이하
③ 750℃ 이하   ④ 850℃ 이하

해설 접촉분해공정에서 반응압력 10기압 상태에서 500℃ 이하의 온도일 때 발열반응이 일어난다.

60. 저압식 액화산소 분리장치에 대한 설명이 아닌 것은?

정답 55. ① 56. ③ 57. ④ 58. ④ 59. ② 60. ④

① 충동식 팽창 터빈을 채택하고 있다.
② 일정 주기가 되면 1조의 축랭기에서의 원료공기와 불순 질소류는 교체된다.
③ 순수한 산소는 축랭기 내부에 있는 사관에서 상온이 되어 채취된다.
④ 공기 중 탄산가스는 가성소다 용액(약 8 %)에 흡수하여 제거된다.

[해설] 공기 중 탄산가스 제거
㉮ 저압식 액화산소 분리장치 : 상온의 5 atm 정도의 공기가 축랭기를 통과하는 과정에서 냉각되어 제거된다.
㉯ 고압식 액화산소 분리장치 : 탄산가스 흡수기에서 8 % 정도의 가성소다 수용액에 흡수하여 제거된다.

제 4 과목 가스안전관리

61. LPG 용기 저장에 대한 설명으로 옳지 않은 것은?
① 용기 보관실은 사무실과 구분하여 동일한 부지에 설치한다.
② 충전용기는 항상 40℃ 이하를 유지하여야 한다.
③ 용기보관실의 저장설비는 용기집합식으로 한다.
④ 내용적 30 L 미만의 용기는 2단으로 쌓을 수 있다.

[해설] 용기보관실의 용기는 그 용기보관실의 안전을 위하여 용기집합식으로 하지 아니한다.

62. 품질유지 대상인 고압가스의 종류가 아닌 것은?
① 메탄
② 프로판
③ 프레온 22
④ 연료전지용으로 사용되는 수소가스

[해설] 품질유지 대상인 고압가스의 종류 : 고법 시행규칙 제45조, 별표26
㉮ 냉매로 사용되는 가스 : 프레온 22, 프레온 134 a, 프레온 404 a, 프레온 407 c, 프레온 410 a, 프레온 507 a, 프레온 1234 yf, 프로판, 이소부탄
㉯ 연료전지용으로 사용되는 수소가스

63. 차량에 고정된 탱크에서 저장탱크로 가스 이송작업 시의 기준에 대한 설명이 아닌 것은?
① 탱크의 설계압력 이상으로 가스를 충전하지 아니한다.
② LPG 충전소 내에서는 동시에 2대 이상의 차량에 고정된 탱크에서 저장설비로 이송작업을 하지 않는다.
③ 플로트식 액면계로 가스의 양을 측정 시에는 액면계 바로 위에 얼굴을 내밀고 조작하지 아니한다.
④ 이송전후에 밸브의 누출 여부를 점검하고 개폐는 서서히 행한다.

[해설] 이송작업 기준
㉮ 이송전후에 밸브의 누출 유무를 점검하고 개폐는 서서히 행한다.
㉯ 탱크의 설계압력 이상의 압력으로 가스를 충전하지 아니한다.
㉰ 저울, 액면계 또는 유량계를 사용하여 과충전에 주의한다.
㉱ 가스 속에 수분이 혼입되지 아니하도록 하고, 슬립튜브식 액면계의 계량 시에는 액면계의 바로 위에 얼굴이나 몸을 내밀고 조작하지 아니한다.
㉲ 액화석유가스 충전소 내에서는 동시에 2대 이상의 차량에 고정된 탱크에서 저장설비로 이송작업을 하지 아니한다.
㉳ 충전장 내에는 동시에 2대 이상의 차량에 고정된 탱크를 주정차시키지 아니한다. 다만, 충전가스가 없는 차량에 고정된 탱크의 경우에는 그러하지 아니하다.

64. 도시가스 사용시설에 대한 설명으로 틀린 것은?

정답 61. ③ 62. ① 63. ③ 64. ④

① 배관이 움직이지 않도록 고정 부착하는 조치로 관경이 13 mm 미만의 것은 1 m마다, 13 mm 이상 33 mm 미만의 것은 2 m마다, 33 mm 이상은 3 m마다 고정장치를 설치한다.
② 최고사용압력이 중압 이상인 노출배관은 원칙적으로 용접시공방법으로 접합한다.
③ 지상에 설치하는 배관은 배관의 부식 방지와 검사 및 보수를 위하여 지면으로부터 30 cm 이상의 거리를 유지한다.
④ 철도의 횡단부 지하에는 지면으로부터 1 m 이상인 깊이에 매설하고 또한 강제의 케이싱을 사용하여 보호한다.

해설 철도의 횡단부 지하에는 지면으로부터 1.2 m 이상인 깊이에 매설하고 또한 강제의 케이싱을 사용하여 보호한다.

65. 포스겐의 제독제로 가장 적당한 것은?
① 물, 가성소다 수용액
② 물, 탄산소다 수용액
③ 가성소다 수용액, 소석회
④ 가성소다 수용액, 탄산소다 수용액

해설 독성가스 제독제

가스 종류	제독제의 종류
염소	가성소다 수용액, 탄산소다 수용액, 소석회
포스겐	가성소다 수용액, 소석회
황화수소	가성소다 수용액, 탄산소다 수용액
시안화수소	가성소다 수용액
아황산가스	가성소다 수용액, 탄산소다 수용액, 물
암모니아, 산화에틸렌, 염화메탄	물

66. 내용적 50 L 이상 125 L 미만인 LPG용 용접용기의 스커트 통기 면적의 기준은?
① 100 mm² 이상   ② 300 mm² 이상
③ 500 mm² 이상   ④ 1000 mm² 이상

해설 LPG용 용접용기 스커트 통기 면적

용기의 종류 (내용적)	필요한 면적
20 L 이상 25 L 미만	300 mm² 이상
25 L 이상 50 L 미만	500 mm² 이상
50 L 이상 125 L 미만	1000 mm² 이상

※ 통기구멍은 3개소 이상 설치한다.

67. 액화석유가스 저장시설을 지하에 설치하는 경우에 대한 설명으로 틀린 것은?
① 저장탱크실의 벽면 두께는 30 cm 이상의 철근콘크리트로 한다.
② 저장탱크 주위에는 손으로 만졌을 때 물이 손에서 흘러내리지 않는 상태의 모래를 채운다.
③ 저장탱크를 2개 이상 인접하여 설치하는 경우에는 상호간에 0.5 m 이상의 거리를 유지한다.
④ 저장탱크실 상부 윗면으로부터 저장탱크 상부까지의 깊이는 60 cm 이상으로 한다.

해설 저장탱크를 2개 이상 인접하여 설치하는 경우에는 상호간에 1 m 이상의 거리를 유지한다.

68. 저장탱크에 의한 액화석유가스 저장소의 이·충전 설비 정전기 제거조치에 대한 설명으로 틀린 것은?
① 접지저항 총합이 100 Ω 이하의 것은 정전기제거 조치를 하지 않아도 된다.
② 피뢰설비가 설치된 것의 접지 저항값이 50 Ω 이하의 것은 정전기 제거조치를 하지 않아도 된다.
③ 접지접속선 단면적은 5.5 mm² 이상의 것을 사용한다.
④ 충전용으로 사용하는 저장탱크 및 충전

정답 65. ③ 66. ④ 67. ③ 68. ②

설비는 반드시 접지한다.

[해설] 이·충전 설비 정전기 제거조치 : 저장설비 및 충전설비에 이·충전하거나 가연성가스를 용기 등으로부터 충전할 때에는 해당 설비 등에 대하여 정전기를 제거하는 조치를 한다. 이 경우 접지저항치의 총합이 100 Ω(피뢰설비를 설치한 것은 총합 10 Ω) 이하의 것은 정전기 제거조치를 하지 아니할 수 있다.

69. 액화석유가스 자동차에 고정된 용기충전시설에서 충전기의 시설기준에 대한 설명으로 옳은 것은?
① 배관이 캐노피 내부를 통과하는 경우에는 2개 이상의 점검구를 설치한다.
② 캐노피 내부의 배관으로서 점검이 곤란한 장소에 설치하는 배관은 플랜지 접합으로 한다.
③ 충전기 주위에는 가스누출자동차단장치를 설치한다.
④ 충전기 상부에는 캐노피를 설치하고 그 면적은 공지면적의 2분의 1 이하로 한다.

[해설] 각 항목의 옳은 설명
① 배관이 캐노피 내부를 통과하는 경우에는 1개 이상의 점검구를 설치한다.
② 캐노피 내부의 배관으로서 점검이 곤란한 장소에 설치하는 배관은 용접이음으로 한다.
③ 충전기 주위에는 정전기 방지를 위하여 충전 이외의 필요 없는 장비는 시설을 금지한다.

70. 가스관련 사고의 원인으로 가장 많이 발생한 경우는? (단, 2017년 사고통계 기준이다.)
① 타 공사
② 제품 노후, 고장
③ 사용자 취급 부주의
④ 공급자 취급 부주의

[해설] 2017년 가스관련 사고 원인별 구분 : 한국가스안전공사 자료

구분	발생 건수	구성비
사용자 취급 부주의	31	25.6%
공급자 취급 부주의	3	2.5%
타 공사	7	5.8%
시설 미비	29	24.0%
제품 노후, 고장	18	14.9%
기타	24	19.8%
고의 사고	9	7.4%
계	121	100%

71. 공기액화 분리기에 설치된 액화 산소통 내의 액화산소 5 L 중 아세틸렌의 질량이 몇 mg을 넘을 때에는 그 공기액화 분리기의 운전을 중지하고 액화산소를 방출하여야 하는가?
① 5 mg
② 50 mg
③ 100 mg
④ 500 mg

[해설] 불순물 유입금지 기준 : 액화산소 5 L 중 아세틸렌 질량이 5 mg 또는 탄화수소의 탄소 질량이 500 mg을 넘을 때는 운전을 중지하고 액화산소를 방출한다.

72. 신규검사 후 17년이 경과한 차량에 고정된 탱크의 법정 재검사 주기는?
① 1년마다
② 2년마다
③ 3년마다
④ 5년마다

[해설] 차량에 고정된 탱크의 재검사 주기 : 고법 시행규칙 제39조, 별표22

신규검사 후 경과 연수	15년 미만	15년 이상 20년 미만	20년 이상
주기	5년마다	2년마다	1년마다

※ 해당 탱크를 다른 차량으로 이동하여 고정할 경우에는 이동하여 고정한 때마다

73. 고압가스 충전용기(비독성)의 차량운반 시 "운반책임자"가 동승해야 하는 기준으로 틀린 것은?

① 압축 가연성가스 - 용적 300 m³ 이상
② 압축 조연성가스 - 용적 600 m³ 이상
③ 액화 가연성가스 - 질량 3000 kg 이상
④ 액화 조연성가스 - 질량 5000 kg 이상

[해설] 비독성 고압가스 운반책임자 동승 기준

가스의 종류		기준
압축 가스	가연성	300 m³ 이상
	조연성	600 m³ 이상
액화 가스	가연성	3000 kg 이상 (에어졸 용기 : 2000 kg 이상)
	조연성	6000 kg 이상

74. 액화석유가스 집단공급 시설에서 배관을 차량이 통행하는 폭 10 m의 도로 밑에 매설할 경우 몇 m 이상의 깊이를 유지하여야 하는가?
① 0.6 m ② 1 m
③ 1.2 m ④ 1.5 m

[해설] 액화석유가스 집단공급 시설 매설 깊이
㉮ 허가대상지역 부지 : 0.6 m 이상
㉯ 폭 8 m 이상의 도로 : 1.2 m 이상
㉰ 폭 4 m 이상 8 m 미만 도로 : 1 m 이상
㉱ ㉮부터 ㉰까지에 해당되지 않는 곳 : 0.8 m 이상

75. 산업통상자원부령으로 정하는 고압가스 관련설비가 아닌 것은?
① 안전밸브
② 세척설비
③ 기화장치
④ 독성가스 배관용 밸브

[해설] 고압가스 관련설비(특정설비) 종류 : 안전밸브, 긴급차단장치, 기화장치, 독성가스 배관용 밸브, 자동차용 가스 자동주입기, 역화방지기, 압력용기, 특정고압가스용 실린더 캐비닛, 자동차용 압축천연가스 완속 충전설비, 액화석유가스용 용기 잔류가스 회수장치

76. 액화석유가스 저장탱크라 함은 액화석유가스를 저장하기 위하여 지상 및 지하에 고정 설치된 탱크를 말한다. 탱크의 저장능력은 얼마 이상인가?
① 1톤 ② 2톤
③ 3톤 ④ 5톤

[해설] 액화석유가스 저장탱크 구분
㉮ 저장탱크 : 저장능력 3톤 이상
㉯ 소형저장탱크 : 저장능력 3톤 미만

77. 가연성가스이면서 독성가스인 것은?
① 산화에틸렌 ② 염소
③ 불소 ④ 프로판

[해설] 가연성가스이면서 독성가스 : 아크릴로 니트릴, 일산화탄소, 벤젠, 산화에틸렌, 모노메틸아민, 염화메탄, 브롬화메탄, 이황화탄소, 황화수소, 암모니아, 석탄가스, 시안화수소, 트리메틸아민
※ 염소, 불소는 조연성 및 독성가스에 해당되며, 프로판은 가연성 및 비독성에 해당된다.

78. 가스 안전성 평가기법에 대한 설명으로 틀린 것은?
① 체크리스트기법은 설비의 오류, 결함상태, 위험상황 등을 목록화한 형태로 작성하여 경험적으로 비교함으로써 위험성을 정성적으로 파악하는 기법이다.
② 작업자 실수 분석기법은 사고를 일으키는 장치의 이상이나 운전자 실수의 조합을 연역적으로 분석하는 정량적 기법이다.
③ 사건수 분석기법은 초기사건으로 알려진 특정한 장치의 이상이나 운전자의 실수로부터 발생되는 잠재적인 사고 결과를 평가하는 정량적 기법이다.
④ 위험과 운전 분석기법은 공정에 존재하는 위험 요소들과 공정의 효율을 떨어뜨릴 수 있는 운전상의 문제점을 찾아내어 그 원인을 제거하는 정성적 기법이다.

[해설] 작업자 실수 분석(HEA)기법 : 설비의 운전원,

정답 74. ③ 75. ② 76. ③ 77. ① 78. ②

정비보수원, 기술자 등의 작업에 영향을 미칠 만한 요소를 평가하여 그 실수의 원인을 파악하고 추적하여 정량적으로 실수의 상대적 순위를 결정하는 안전성평가기법이다.
※ ②항은 결함수 분석(FTA)기법에 대한 설명이다.

79. 아세틸렌의 충전 작업에 대한 설명으로 옳은 것은?
① 충전 후 24시간 정치한다.
② 충전 중의 압력은 2.5 MPa 이하로 한다.
③ 충전은 누출이 되기 전에 빠르게 하고, 2~3회 걸쳐서 한다.
④ 충전 후의 압력은 15℃에서 2.05 MPa 이하로 한다.

해설 아세틸렌 충전작업 기준
㉮ 아세틸렌을 2.5 MPa 압력으로 압축하는 때에는 질소, 메탄, 일산화탄소 또는 에틸렌 등의 희석제를 첨가한다.
㉯ 습식아세틸렌 발생기의 표면은 70℃ 이하로 유지하고, 그 부근에서는 불꽃이 튀는 작업을 하지 아니한다.
㉰ 아세틸렌을 용기에 충전하는 때에는 미리 용기에 다공물질을 고루 채워 다공도가 75 % 이상 92 % 미만이 되도록 한 후 아세톤 또는 디메틸포름아미드를 고루 침윤시키고 충전한다.
㉱ 아세틸렌을 용기에 충전하는 때의 충전 중의 압력은 2.5 MPa 이하로 하고, 충전 후에는 압력이 15℃에서 1.5 MPa 이하로 될 때까지 정치하여 둔다.
㉲ 상하의 통으로 구성된 아세틸렌 발생장치로 아세틸렌을 제조하는 때에는 사용 후 그 통을 분리하거나 잔류가스가 없도록 조치한다.
㉳ 충전은 2~3회에 걸쳐 서서히 한다.

80. 저장탱크에 의한 액화석유가스 사용시설에서 저장설비, 감압설비의 외면으로부터 화기를 취급하는 장소와의 사이에는 몇 m 이상을 유지해야 하는가?

① 2 m   ② 3 m
③ 5 m   ④ 8 m

해설 저장설비, 감압설비, 고압배관 및 저압배관 이음매의 외면과 화기(해당 시설 안에서 사용하는 자체 화기 제외)를 취급하는 장소와의 사이에 유지하여야 하는 적절한 거리는 8 m(주거용 시설은 2 m) 이상으로 한다.

제 5 과목   가스계측기기

81. 강(steel)으로 만들어진 자(rule)로 길이를 잴 때 자가 온도의 영향을 받아 팽창, 수축함으로써 발생하는 오차를 무슨 오차라 하는가?
① 우연오차
② 계통적 오차
③ 과오에 의한 오차
④ 측정자의 부주의로 생기는 오차

해설 계통적 오차(systematic error) : 평균값과 진실값과의 차가 편위로서 원인을 알 수 있고 제거할 수 있다.
㉮ 계기오차 : 계량기 자체 및 외부 요인에 의한 오차
㉯ 환경오차 : 온도, 압력, 습도 등에 의한 오차
㉰ 개인오차 : 개인의 버릇에 의한 오차
㉱ 이론오차 : 공식, 계산 등으로 생기는 오차

82. 오르사트(Orsat) 가스 분석기의 특징으로 틀린 것은?
① 연속 측정이 불가능하다.
② 구조가 간단하고 취급이 용이하다.
③ 수분을 포함한 습식 배기가스의 성분 분석이 용이하다.
④ 가스의 흡수에 따른 흡수제가 정해져 있다.

해설 오르사트(Orsat) 가스 분석기 : 이산화탄소(CO_2), 산소(O_2), 일산화탄소(CO) 등이 혼합된 배기가스의 분석에 사용되며, 흡수액에 흡수

정답 79. ② 80. ④ 81. ② 82. ③

시켜 흡수된 부피의 비로 분석하는 것으로 수분이 포함되어 있으면 오차가 발생할 수 있다.

83. 액주형 압력계의 일반적인 특징에 대한 설명으로 옳은 것은?
① 고장이 많다.
② 온도에 민감하다.
③ 구조가 복잡하다.
④ 액체와 유리관의 오염으로 인한 오차가 발생하지 않는다.

[해설] 액주형 압력계의 특징
㉮ 구조가 간단하고 고장이 적다.
㉯ 온도에 민감하다.
㉰ 정밀한 압력 측정이 가능하다.
㉱ 액체와 유리관이 오염되면 오차가 발생한다.
㉲ 단관식, U자관식, 경사관식, 액주 마노미터, 호루단형 압력계 등이 있다.

84. 온도에 대한 설명으로 틀린 것은?
① 물의 삼중점(0.01℃)은 273.16 K로 정의하였다.
② 온도는 일반적으로 온도변화에 따른 물질의 물리적 변화를 가지고 측정한다.
③ 기체온도계는 대표적인 2차 온도계이다.
④ 온도란 열, 즉 에너지와는 다른 개념이다.

[해설] 온도계의 구분
㉮ 1차 온도계 : 열역학적인 온도계로 물리적 현상을 통해 온도 눈금을 얻어내 사용하는 온도계로 기체온도계가 대표적이다.
㉯ 2차 온도계 : 1차 온도계에서 얻어낸 온도 눈금을 2차 온도계에 전달하여 사용하도록 한 것으로 일반적으로 온도를 측정하는데 사용하는 유리온도계, 바이메탈 온도계, 열전대 온도계, 저항 온도계 등이다.
※ 기체 온도계 : 1차 정의 정점인 주석(Sn), 아연(Zn), 알루미늄(Al), 은(Ag), 금(Au), 구리(Cu) 등의 고정점을 구현하여 그 점의 온도를 알아내서 2차 온도계에 눈금을 표시한다.

85. 모발 습도계에 대한 설명으로 틀린 것은?
① 재현성이 좋다.
② 히스테리시스가 없다.
③ 구조가 간단하고 취급이 용이하다.
④ 한랭지역에서 사용하기가 편리하다.

[해설] 모발 습도계의 특징
㉮ 구조가 간단하고 취급이 쉽다.
㉯ 추운 지역에서 사용하기 편리하다.
㉰ 재현성이 좋다.
㉱ 상대습도가 바로 나타난다.
㉲ 히스테리시스 오차가 있다.
㉳ 시도가 틀리기 쉽다.
㉴ 정도가 좋지 않다.
㉵ 모발의 유효작용기간이 2년 정도이다.

86. 가스 성분 중 탄화수소에 대하여 감응이 가장 좋은 검출기는?
① TCD   ② ECD
③ TGA   ④ FID

[해설] 수소염 이온화 검출기(FID : Flame Ionization Detector) : 불꽃으로 시료 성분이 이온화됨으로써 불꽃 중에 놓여진 전극간의 전기 전도도가 증대하는 것을 이용한 것으로 탄화수소에서 감도가 최고이고 H_2, O_2, CO_2, SO_2 등은 감도가 없다.

87. 수분 흡수법에 의한 습도 측정에 사용되는 흡수제가 아닌 것은?
① 염화칼슘   ② 황산
③ 오산화인   ④ 과망간산칼륨

[해설] 흡수제의 종류 : 황산, 염화칼슘, 실리카 겔, 오산화인

88. 오르사트(Orsat) 가스 분석기의 가스 분석 순서로 옳게 나타낸 것은?
① $CO_2 \rightarrow O_2 \rightarrow CO$
② $O_2 \rightarrow CO \rightarrow CO_2$
③ $O_2 \rightarrow CO_2 \rightarrow CO$
④ $CO \rightarrow CO_2 \rightarrow O_2$

정답 83. ② 84. ③ 85. ② 86. ④ 87. ④ 88. ①

해설 오르사트법 가스분석 순서 및 흡수제

순서	분석 가스	흡수제
1	CO_2	KOH 30% 수용액
2	O_2	알칼리성 피로갈롤 용액
3	CO	암모니아성 염화제1구리 용액

89. 가스미터에 다음과 같이 표시되어 있다. 이 표시가 의미하는 내용으로 옳은 것은?

$0.5 L/rev,\ MAX\ 2.5\ m^3/h$

① 계량실 1주기 체적이 $0.5\ m^3$이고, 시간당 사용 최대 유량이 $2.5\ m^3$이다.
② 계량실 1주기 체적이 $0.5\ L$이고, 시간당 사용 최대 유량이 $2.5\ m^3$이다.
③ 계량실 전체 체적이 $0.5\ m^3$이고, 시간당 사용 최소 유량이 $2.5\ m^3$이다.
④ 계량실 전체 체적이 $0.5\ L$이고, 시간당 사용 최소 유량이 $2.5\ m^3$이다.

해설 가스미터의 표시사항
㉮ $0.5\ L/rev$: 계량실의 1주기 체적이 $0.5\ L$이다
㉯ $MAX\ 2.5\ m^3/h$: 사용 최대 유량이 시간당 $2.5\ m^3$이다.

90. LPG의 정량분석에서 흡광도의 원리를 이용한 가스 분석법은?
① 저온 분류법
② 질량 분석법
③ 적외선 흡수법
④ 가스크로마토그래피법

해설 적외선 흡수법 : 분자의 진동 중 쌍극자 힘의 변화를 일으킬 진동에 의해 적외선의 흡수가 일어나는 것을 이용한 방법으로 He, Ne, Ar 등 단원자 분자 및 H_2, O_2, N_2, Cl_2 등 대칭 2원자 분자는 적외선을 흡수하지 않으므로 분석할 수 없다.

91. 제어회로에 사용되는 기본 논리가 아닌 것은?
① OR
② NOT
③ AND
④ FOR

해설 회로명칭과 논리식
㉮ 논리적(AND)회로 : 입력되는 복수의 조건이 모두 충족될 경우 출력이 나오는 회로로 논리식은 $A \cdot B = R$이다.
㉯ 논리합(OR)회로 : 입력되는 복수의 조건 중 어느 한 개라도 입력 조건이 충족되면 출력이 나오는 회로로 논리식은 $A + B = R$이다.
㉰ 논리부정(NOT)회로 : 신호 입력이 1이면 출력은 0이 되고, 신호 입력이 0이면 출력은 1이 되는 부정의 논리를 갖는 회로로 논리식은 $\overline{A} = R$이다.
㉱ 기억(NOR)회로 : 논리합(OR)회로 출력의 반대로서 모든 입력 포트에 신호가 없을 때만 출력이 나오는 회로로 논리식은 $\overline{A+B} = R$이다.

92. 가스미터를 통과하는 동일량의 프로판 가스의 온도를 겨울에 0℃, 여름에 32℃로 유지한다고 했을 때 여름철 프로판 가스의 체적은 겨울철의 얼마 정도인가?(단, 여름철 프로판 가스의 체적 : V_1, 겨울철 프로판 가스의 체적 : V_2이다.)
① $V_1 = 0.80\ V_2$
② $V_1 = 0.90\ V_2$
③ $V_1 = 1.12\ V_2$
④ $V_1 = 1.22\ V_2$

해설 $\dfrac{P_1 V_1}{T_1} = \dfrac{P_2 V_2}{T_2}$ 에서 $P_1 = P_2$이다.

$\therefore V_1 = \dfrac{T_1}{T_2} V_2 = \dfrac{273+32}{273+0} \times V_2$
$= 1.117\ V_2$

93. 냉동용 암모니아 탱크의 연결 부위에서 암모니아의 누출 여부를 확인하려 한다. 가장 적절한 방법은?

정답 89. ② 90. ③ 91. ④ 92. ③ 93. ①

① 리트머스시험지로 청색으로 변하는가 확인한다.
② 초산용액을 발라 청색으로 변하는가 확인한다.
③ KI-전분지로 청갈색으로 변하는가 확인한다.
④ 염화팔라듐지로 흑색으로 변하는가 확인한다.

[해설] 암모니아 냉매의 누설 검지법
㉮ 자극성이 있어 냄새로서 알 수 있다.
㉯ 유황, 염산과 접촉 시 흰연기가 발생한다.
㉰ 적색 리트머스지가 청색으로 변한다.
㉱ 페놀프탈렌 시험지가 백색에서 갈색으로 변한다.
㉲ 네슬러 시약이 미색 → 황색 → 갈색으로 변한다.

94. 서미스터 등을 사용하고, 응답이 빠르고 저온도에서 중온도 범위 계측에 정도가 우수한 온도계는?
① 열전대 온도계
② 전기 저항식 온도계
③ 바이메탈 온도계
④ 압력식 온도계

[해설] 전기 저항식 온도계의 특징
㉮ 원격 측정에 적합하고 자동제어, 기록, 조절이 가능하다.
㉯ 비교적 낮은 온도(500℃ 이하)의 정밀측정에 적합하다.
㉰ 검출시간이 지연될 수 있다.
㉱ 측온 저항체가 가늘어(ϕ 0.035) 진동에 단선되기 쉽다.
㉲ 구조가 복잡하고 취급이 어려워 숙련이 필요하다.
㉳ 정밀한 온도 측정에는 백금 저항 온도계가 쓰인다.
㉴ 측온 저항체에 전류가 흐르기 때문에 자기가열에 의한 오차가 발생한다.
㉵ 일반적으로 온도가 증가함에 따라 금속의 전기저항이 증가하는 현상을 이용한 것이다(단, 서미스터는 온도가 상승에 따라 저항치가 감소한다).
㉶ 저항체는 저항온도계수가 커야 한다.
㉷ 저항체로서 주로 백금(Pt), 니켈(Ni), 구리(Cu)가 사용된다.

95. 계측기의 기차(instrument error)에 대하여 가장 바르게 나타낸 것은?
① 계측기가 가지고 있는 고유의 오차
② 계측기의 측정값과 참값과의 차이
③ 계측기 검정 시 계량점에서 허용하는 최소 오차 한도
④ 계측기 사용 시 계량점에서 허용하는 최대 오차 한도

[해설] 기차(器差) : 계측기가 제작 당시부터 가지고 있는 고유의 오차이다.

96. 응답이 빠르고 일반 기체에 부식되지 않는 장점을 가지며 급격한 압력변화를 측정하는데 가장 적절한 압력계는?
① 피에조 전기압력계
② 아네로이드 압력계
③ 벨로스 압력계
④ 격막식 압력계

[해설] 피에조 전기압력계(압전기식) : 수정이나 전기석 또는 로셀염 등의 결정체의 특정 방향에 압력을 가하면 기전력이 발생하고 발생한 전기량은 압력에 비례하는 것을 이용한 것이다. 가스 폭발이나 급격한 압력 변화 측정에 사용된다.

97. 편차의 크기에 단순 비례하여 조절 요소에 보내는 신호의 주기가 변하는 제어 동작은?
① on-off 동작   ② P 동작
③ PI 동작   ④ PID 동작

[해설] 비례동작(P 동작) : 동작신호에 대하여 조작량의 출력변화가 일정한 비례관계에 있는 제어 또는 편차의 크기에 단순 비례하여 조절 요소에 보내는 신호의 주기가 변하는 제어로 잔류편차(off set)가 생긴다.

정답 94. ②　95. ①　96. ①　97. ②

98. 열전대 사용상의 주의사항 중 오차의 종류는 열적 오차와 전기적인 오차로 구분할 수 있다. 다음 중 열적 오차에 해당되지 않는 것은?
① 삽입 전이의 영향
② 열 복사의 영향
③ 전자 유도의 영향
④ 열 저항 증가에 의한 영향

해설 열전대 온도계의 오차
　(1) 전기적 오차
　　㉮ 열전대의 열기전력 오차
　　㉯ 보상도선의 열기전력 오차
　　㉰ 계기 단독의 오차
　　㉱ 열전대와 계기의 조합 오차
　　㉲ 회로의 절연불량으로 인한 오차
　(2) 열적 오차
　　㉮ 삽입 전이에 의한 오차
　　㉯ 열복사에 의한 오차
　　㉰ 열저항 증가에 의한 오차
　　㉱ 냉각작용에 의한 오차
　　㉲ 열전도에 의한 오차
　　㉳ 측정 지연에 의한 오차

99. 주로 탄광 내 CH_4가스의 농도를 측정하는 데 사용되는 방법은?
① 질량분석법　② 안전등형
③ 시험지법　　④ 검지관법

해설 안전등형 : 탄광 내에서 메탄(CH_4)가스를 검출하는데 사용되는 석유램프의 일종으로 메탄이 존재하면 불꽃의 모양이 커지며, 푸른 불꽃(청염) 길이로 메탄의 농도를 대략적으로 알 수 있다.

100. 4개의 실로 나누어진 습식 가스미터의 드럼이 10회전 했을 때 통과 유량이 100 L이었다면 각 실의 용량은 얼마인가?
① 1 L　　　② 2.5 L
③ 10 L　　④ 25 L

해설 통과 유량 = 각 실의 용량×4×회전수
$$\therefore 각\ 실의\ 용량(L) = \frac{통과유량}{4 \times 회전수}$$
$$= \frac{100}{4 \times 10} = 2.5\ L$$

정답　98. ③　99. ②　100. ②

▶ 2018년 8월 19일 시행

자격종목	종목코드	시험시간	형 별	수험번호	성 명
가스 기사	1471	2시간 30분	B		

제 1 과목   가스유체역학

1. 2차원 직각좌표계(x, y) 상에서 속도 퍼텐셜(ϕ, velocity potential)이 $\phi = Ux$로 주어지는 유동장이 있다. 이 유동장의 흐름함수(ψ, stream function)에 대한 표현식으로 옳은 것은? (단, U는 상수이다.)
① $U(x+y)$ ② $U(-x+y)$
③ Uy ④ $2Ux$

2. 유선(stream line)에 대한 설명 중 잘못된 내용은?
① 유체흐름 내 모든 점에서 유체흐름의 속도벡터의 방향을 갖는 연속적인 가상곡선이다.
② 유체흐름 중의 한 입자가 지나간 궤적을 말한다.
③ x, y, z 방향에 대한 속도성분을 각각 u, v, w라고 할 때 유선의 미분방정식은 $\dfrac{dx}{u} = \dfrac{dy}{v} = \dfrac{dz}{w}$ 이다.
④ 정상유동에서 유선과 유적선은 일치한다.
[해설] 유선(stream line): 유체의 한 입자가 지나간 궤적을 표시하는 선으로 임의 순간에 한 가상곡선을 그을 때 그 곡선상의 임의 점에서의 접선이 그 점에서의 유속의 방향과 일치하는 곡선이다.

3. 지름이 10 cm인 파이프 안으로 비중이 0.8인 기름을 40 kg/min의 질량유속으로 수송하면 파이프 안에서 기름이 흐르는 평균속도는 약 몇 m/min인가?
① 6.37   ② 17.46
③ 20.46   ④ 27.46
[해설] 질량유량 $m = \rho A V$이다.
$$\therefore V = \frac{m}{\rho A} = \frac{40}{(0.8 \times 10^3) \times \frac{\pi}{4} \times 0.1^2}$$
$$= 6.366 \text{ m/min}$$
※ 기름의 '비중'을 '밀도'로 주어져야 하고, 40 kg/min의 '질량유속'을 '질량유량'으로 주어져야 함

4. 그림과 같은 물 딱총 피스톤을 미는 단위 면적당 힘의 세기가 $P[N/m^2]$일 때 물이 분출되는 속도 V는 몇 m/s인가? (단, 물의 밀도는 ρ [kg/m³]이고, 피스톤의 속도와 손실은 무시한다.)

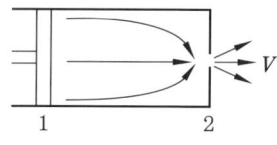

① $\sqrt{2P}$ ② $\sqrt{\dfrac{2g}{\rho}}$
③ $\sqrt{\dfrac{2P}{g\rho}}$ ④ $\sqrt{\dfrac{2P}{\rho}}$
[해설] 1과 2에 베르누이 방정식 적용
$$\frac{P_1}{\gamma} + \frac{V_1^2}{2g} + Z_1 = \frac{P_2}{\gamma} + \frac{V_2^2}{2g} + Z_2$$
여기서, $P_2 =$ 대기압 상태이므로 0이 되며
$Z_1 = Z_2$, $V_1 = 0$이므로 $\dfrac{P_1}{\gamma} = \dfrac{V_2^2}{2g}$ 이 된다.
$$\therefore V_2 = \sqrt{\frac{2gP}{\gamma}} = \sqrt{\frac{2P}{\rho}}$$

정답 1. ③ 2. ② 3. ① 4. ④

5. 큰 탱크에 정지하고 있던 압축성 유체가 등엔트로피 과정으로 수축-확대 노즐을 지나면서 노즐의 출구에서 초음속으로 흐른다. 다음 중 옳은 것을 모두 고른 것은?

> ㉠ 노즐의 수축 부분에서의 속도는 초음속이다.
> ㉡ 노즐의 목에서의 속도는 초음속이다.
> ㉢ 노즐의 확대 부분에서의 속도는 초음속이다.

① ㉠
② ㉡
③ ㉢
④ ㉡, ㉢

해설 정지하고 있던 압축성 유체가 등엔트로피 과정(단열과정)으로 수축-확대 노즐을 지나는 경우이므로 노즐의 수축 부분에서는 아음속만 가능하고, 노즐의 목에서의 속도는 음속 이하가 된다. 노즐의 출구에서는 초음속으로 흐르므로 노즐의 확대부분에서의 속도는 초음속 상태이다.

6. 안지름 25 mm인 원관 속을 평균유속 29.4 m/min로 물이 흐르고 있다면 원관의 길이 20 m에 대한 손실수두는 약 몇 m가 되겠는가? (단, 관 마찰계수는 0.0125이다.)

① 0.123
② 0.250
③ 0.500
④ 1.225

해설 $h_f = f \times \dfrac{L}{D} \times \dfrac{V^2}{2g}$

$= 0.0125 \times \dfrac{20}{0.025} \times \dfrac{\left(\dfrac{29.4}{60}\right)^2}{2 \times 9.8}$

$= 0.1225 \text{ mH}_2\text{O}$

7. 베르누이 방정식에 관한 일반적인 설명으로 옳은 것은?
① 같은 유선상이 아니더라도 언제나 임의의 점에 대하여 적용된다.
② 주로 비정상류 상태의 흐름에 대하여 적용된다.
③ 유체의 마찰 효과를 고려한 식이다.
④ 압력수두, 속도수두, 위치수두의 합은 일정하다.

해설 베르누이 방정식이 적용되는 조건
㉮ 적용되는 임의 두 점은 같은 유선상에 있다.
㉯ 정상 상태의 흐름이다.
㉰ 마찰이 없는 이상유체의 흐름이다.
㉱ 비압축성 유체의 흐름이다.
㉲ 외력은 중력만 작용한다.
㉳ 유체흐름 중 내부에너지 손실이 없는 흐름이다.
㉴ 압력수두, 속도수두, 위치수두의 합은 일정하다.

8. 지름이 0.1 m인 관에 유체가 흐르고 있다. 임계 레이놀즈수가 2100이고, 이에 대응하는 임계유속이 0.25 m/s이다. 이 유체의 동점성계수는 약 몇 cm²/s인가?

① 0.095
② 0.119
③ 0.354
④ 0.454

해설 $Re = \dfrac{\rho DV}{\mu} = \dfrac{DV}{\nu}$ 이다.

$\therefore \nu = \dfrac{DV}{Re} = \dfrac{0.1 \times 0.25}{2100} \times 10^4$

$= 0.11904 \text{ cm}^2/\text{s}$

9. 다음 무차원수의 물리적인 의미로 옳은 것은 무엇인가?

① Weber No : $\dfrac{관성력}{표면장력\ 힘}$
② Euler No : $\dfrac{관성력}{압력^2}$
③ Reynolds No : $\dfrac{점성력}{관성력}$
④ Mach No : $\dfrac{점성력}{관성력}$

정답 5. ③ 6. ① 7. ④ 8. ② 9. ①

[해설] 무차원 수

명칭	정의	의미	비고
레이놀즈 수 (Re)	$Re = \dfrac{\rho VL}{\mu}$	관성력/점성력	모든 유체의 유동
마하 수 (Ma)	$Ma = \dfrac{V}{\alpha}$	관성력/탄성력	압축성 유동
웨버 수 (We)	$We = \dfrac{\rho V^2 L}{\sigma}$	관성력/표면장력	자유표면 유동
프루드 수 (Fr)	$Fr = \dfrac{V}{\sqrt{Lg}}$	관성력/중력	자유표면 유동
오일러 수 (Eu)	$Eu = \dfrac{P}{\dfrac{\rho V^2}{2}}$	압축력/관성력	압력차에 의한 유동

10. 압축성 계수 β를 온도 T, 압력 P, 부피 V의 함수로 옳게 나타낸 것은?

① $\beta = \dfrac{1}{V}\left(\dfrac{\partial V}{\partial P}\right)_T$

② $\beta = \dfrac{1}{P}\left(\dfrac{\partial P}{\partial V}\right)_T$

③ $\beta = -\dfrac{1}{P}\left(\dfrac{\partial P}{\partial V}\right)_T$

④ $\beta = -\dfrac{1}{V}\left(\dfrac{\partial V}{\partial P}\right)_T$

[해설] 압축성 계수(β) : 단위 압력변화에 대한 체적의 변형도를 말하며, 체적탄성계수(E)의 역수이다.

$$\therefore \beta = \dfrac{1}{E} = -\dfrac{\dfrac{dV}{V_1}}{dP}$$

$$= -\dfrac{1}{V_1} \cdot \dfrac{dV}{dP} = -\dfrac{1}{V} \cdot \left(\dfrac{\partial V}{\partial P}\right)_T$$

11. 매끄러운 원관에서 유량 Q, 관의 길이 L, 지름 D, 동점성계수 ν가 주어졌을 때 손실수두 h_f를 구하는 순서로 옳은 것은? (단, f는 마찰계수, Re는 Reynolds 수, V는 속도이다.)

① Moody 선도에서 f를 가정한 후 Re를 계산하고 h_f를 구한다.

② h_f를 가정하고 f를 구해 확인한 후 Moody 선도에서 Re로 검증한다.

③ Re를 계산하고 Moody 선도에서 f를 구한 후 h_f를 구한다.

④ Re를 가정하고 V를 계산하고 Moody 선도에서 f를 구한 후 h_f를 계산한다.

[해설] 주어진 조건에 의하여 레이놀즈수(Re)를 계산한 후 무디 선도(Moody diagram)에서 레이놀즈수에 따른 마찰계수(f)를 찾아 구한 후 마찰손실수두(h_f)를 계산한다.

12. 수직 충격파가 발생할 때 나타나는 현상은?

① 압력, 마하수, 엔트로피가 증가한다.
② 압력은 증가하고 엔트로피와 마하수는 감소한다.
③ 압력과 엔트로피가 증가하고 마하수는 감소한다.
④ 압력과 마하수는 증가하고 엔트로피는 감소한다.

[해설] 수직 충격파가 발생하면 압력, 온도, 밀도, 엔트로피가 증가하며 속도는 감소한다(속도가 감소하므로 마하수는 감소한다).

13. U자관 마노미터를 사용하여 오리피스 유량계에 걸리는 압력차를 측정하였다. 오리피스를 통하여 흐르는 유체는 비중이 1인 물이고, 마노미터 속의 액체는 비중 13.6인 수은이다. 마노미터 읽음이 4 cm일 때 오리피스에 걸리는 압력차는 약 몇 Pa인가?

① 2470 ② 4940 ③ 7410 ④ 9880

[해설] $\Delta P = (\gamma_2 - \gamma_1) \cdot h \cdot g$
$= (13.6 \times 10^3 - 1000) \times 0.04 \times 9.8$
$= 4939.2 \, \text{Pa}$

14. 유체가 흐르는 배관 내에서 갑자기 밸브를 닫았더니 급격한 압력변화가 일어났다. 이때 발

정답 10. ④ 11. ③ 12. ③ 13. ② 14. ③

생할 수 있는 현상은?
① 공동 현상 ② 서징 현상
③ 워터해머 현상 ④ 숏피닝 현상

[해설] 워터해머(water hammering) 현상 : 펌프에서 물을 압송하고 있을 때 정전 등으로 펌프가 급히 멈춘 경우 관내의 유속이 급변하면 물에 심한 압력변화가 생기는 현상으로 수격 현상이라 한다.

15. 어떤 비행체의 마하각을 측정하였더니 45°를 얻었다. 이 비행체가 날고 있는 대기 중에서 음파의 전파속도가 310 m/s일 때 비행체의 속도는 얼마인가?
① 340.2 m/s ② 438.4 m/s
③ 568.4 m/s ④ 338.9 m/s

[해설] $\sin\alpha = \dfrac{C}{V}$이다.

$\therefore V = \dfrac{C}{\sin\alpha} = \dfrac{310}{\sin 45} = 438.406$ m/s

16. 점도 6 cP를 Pa·s로 환산하면 얼마인가?
① 0.0006 ② 0.006
③ 0.06 ④ 0.6

[해설] ㉮ N = kg·m/s²이고, Pa = N/m²이다.
∴ Pa·s = (N/m²)·s = [(kg·m/s²)/m²]·s
= kg/m·s

㉯ cP(centi poise) = $\dfrac{1}{100}$ P = 0.01 P

㉰ P(poise) = g/cm·s = 0.1 kg/m·s
= 0.1 Pa·s

∴ 6 cP → 6 cP × $\dfrac{1}{100}$ P/cP × $\dfrac{1}{10}$ Pa·s/P
= $\dfrac{6}{1000}$ Pa·s = 0.006 Pa·s

17. 음속을 C, 물체의 속도를 V라고 할 때, Mach 수는?
① $\dfrac{V}{C}$ ② $\dfrac{V}{C^2}$
③ $\dfrac{C}{V}$ ④ $\dfrac{C^2}{V}$

[해설] 마하수(mach number) : 물체의 실제 유동속도를 음속으로 나눈 값으로 무차원 수이다.

$\therefore M = \dfrac{V}{C} = \dfrac{V}{\sqrt{k \cdot R \cdot T}}$

여기서, V : 물체의 속도(m/s)
C : 음속
k : 비열비
R : 기체상수(J/kg·K)
T : 절대온도(K)

18. 온도 20℃, 압력 5 kgf/cm²인 이상기체 10 cm³를 등온 조건에서 5 cm³까지 압축시키면 압력은 약 몇 kgf/cm²인가?
① 2.5 ② 5
③ 10 ④ 20

[해설] $\dfrac{P_1 V_1}{T_1} = \dfrac{P_2 V_2}{T_2}$에서 $T_1 = T_2$이다.

$\therefore P_2 = \dfrac{P_1 V_1}{V_2} = \dfrac{5 \times 10}{5} = 10$ kgf/cm²

19. 펌프작용이 단속적이라서 맥동이 일어나기 쉬우므로 이를 완화하기 위하여 공기실을 필요로 하는 펌프는?
① 원심펌프 ② 기어펌프
③ 수격펌프 ④ 왕복펌프

[해설] 작동이 단속적이라 맥동현상이 발생하는 것은 왕복식 펌프만 해당된다.

20. 충격파와 에너지선에 대한 설명으로 옳은 것은?
① 충격파는 아음속 흐름에서 갑자기 초음속 흐름으로 변할 때에만 발생한다.
② 충격파가 발생하면 압력, 온도, 밀도 등이 연속적으로 변한다.
③ 에너지선은 수력구배선보다 속도수두만큼 위에 있다.
④ 에너지선은 항상 상향 기울기를 갖는다.

[정답] 15. ② 16. ② 17. ① 18. ③ 19. ④ 20. ③

해설 충격파와 에너지선
㉮ 충격파 : 초음속 흐름에서 갑자기 아음속 흐름으로 변할 때 발생하며, 충격파가 발생하면 온도, 압력, 밀도 등이 불연속적으로 변한다.
㉯ 에너지선 : 전수두선이라 하며 $\frac{P}{\gamma}+\frac{V^2}{2g}+Z$ 를 연결한 선이므로 에너지선은 기준면과 항상 수평상태를 나타낸다.
㉰ 수력구배선 : $\frac{P}{\gamma}+Z$ 를 연결한 선이다.
※ 에너지선은 수력구배선보다 항상 속도수두 $\left(\frac{V^2}{2g}\right)$ 만큼 위에 위치한다.

제 2 과목 연소공학

21. 기체상태의 평형이동에 영향을 미치는 변수와 가장 거리가 먼 것은?
① 온도 ② 압력 ③ pH ④ 농도

해설 평형이동에 영향을 미치는 변수
㉮ 온도 : 온도가 높아지면 평형은 흡열반응 쪽으로 이동하고 온도가 낮아지면 평형은 발열반응 쪽으로 이동한다.
㉯ 압력 : 압력이 높아지면 기체의 입자 수가 줄어드는 쪽으로 이동하고, 압력이 낮아지면 기체의 입자수가 많아지는 쪽으로 평형이 이동한다.
㉰ 농도 : 물질의 농도가 증가하면 그 물질의 농도가 줄어드는 방향으로 평형이 이동한다.
※ 평형 상태 : 가역반응에서 평형상태는 어떠한 변화도 없는 것처럼 보이지만 실제로는 정반응 속도와 역반응 속도가 같기 때문에 아무런 변화가 없는 것처럼 보이는 현상

22. 상온, 상압 하에서 가연성가스의 폭발에 대한 일반적인 설명으로 틀린 것은?
① 폭발범위가 클수록 위험하다.
② 인화점이 높을수록 위험하다.
③ 연소속도가 클수록 위험하다.
④ 착화점이 높을수록 안전하다.

해설 인화점과 착화점은 높을수록 안전하고, 낮을수록 위험하다.

23. 다음 [보기]에서 비등액체팽창증기폭발(BLEVE) 발생의 단계를 순서에 맞게 나열한 것은?

〈 보 기 〉
㉠ 탱크가 파열되고 그 내용물이 폭발적으로 증발한다.
㉡ 액체가 들어있는 탱크의 주위에서 화재가 발생한다.
㉢ 화재로 인한 열에 의하여 탱크의 벽이 가열된다.
㉣ 화염이 열을 제거시킬 액은 없고 증기만 존재하는 탱크의 벽이나 천장(roof)에 도달하면, 화염과 접촉하는 부위의 금속의 온도는 상승하여 탱크는 구조적 강도를 잃게 된다.
㉤ 액위 이하의 탱크 벽은 액에 의하여 냉각되나, 액의 온도는 올라가고, 탱크 내의 압력이 증가한다.

① ㉤-㉣-㉢-㉠-㉡
② ㉤-㉣-㉢-㉡-㉠
③ ㉡-㉢-㉤-㉣-㉠
④ ㉡-㉢-㉣-㉤-㉠

해설 비등액체팽창증기폭발(BLEVE) : 가연성 액체 저장탱크 주변에서 화재가 발생하여 기상부의 탱크가 국부적으로 가열되면 그 부분이 강도가 약해져 탱크가 파열된다. 이때 내부의 액화가스가 급격히 유출 팽창되어 화구(fire ball)를 형성하여 폭발하는 형태를 말한다.

24. 어떤 물질이 0 MPa(게이지압)에서 UFL(연소상한계)이 12.0(vol%)일 경우 7.0 MPa(게이지압)에서는 UFL(vol%)이 약 얼마인가?
① 31 ② 41 ③ 50 ④ 60

정답 21. ③ 22. ② 23. ③ 24. ③

[해설] $UFL_P = U_0 + 20.6 \times (\log P + 1)$
$\qquad = 12.0 + 20.6 \times \{\log(7+0.1) + 1\}$
$\qquad = 50.135 \text{ (vol\%)}$
여기서, UFL_P : 압력에 따른 연소상한계
$\qquad U_0$: 1 atm, 25℃에서 연소상한계
$\qquad P$: 절대압력(MPa)

25. 열역학 제2법칙에 대한 설명이 아닌 것은?
① 엔트로피는 열의 흐름을 수반한다.
② 계의 엔트로피는 계가 열을 흡수하거나 방출해야만 변화한다.
③ 자발적인 과정이 일어날 때는 전체(계와 주위)의 엔트로피는 감소하지 않는다.
④ 계의 엔트로피는 증가할 수도 있고 감소할 수도 있다.

[해설] 가역과정에서는 엔트로피가 변화하지 않고 비가역과정일 경우에는 증가한다.

26. 열기관의 효율을 길이의 비로 나타낼 수 있는 선도는?
① $P-T$ 선도
② $T-S$ 선도
③ $H-S$ 선도
④ $P-V$ 선도

[해설] $H-S$ 선도 : 세로축에 엔탈피(H), 가로축에 엔트로피(S)로 잡고 에너지 수수량을 면적이 아닌 세로축상의 선분의 길이로서 계산할 수 있어 증기 사이클에서 가장 유용한 선도로 사용된다.

27. 엔탈피에 대한 설명 중 옳지 않은 것은?
① 열량을 일정한 온도로 나눈 값이다.
② 경로에 따라 변화하지 않는 상태함수이다.
③ 엔탈피의 측정에는 흐름열량계를 사용한다.
④ 내부에너지와 유동일(흐름일)의 합으로 나타낸다.

[해설] 엔탈피 : 어떤 물체가 갖는 단위질량당의 열량으로 내부에너지와 유동일에 해당하는 외부에너지의 합이다.

28. 체적이 0.8 m³인 용기 내에 분자량이 20인 이상기체 10 kg이 들어 있다. 용기 내의 온도가 30℃라면 압력은 약 몇 MPa인가?
① 1.57
② 2.45
③ 3.37
④ 4.35

[해설] $PV = GRT$
$\therefore P = \dfrac{GRT}{V}$
$= \dfrac{10 \times \dfrac{8.314}{20} \times (273+30)}{0.8 \times 1000}$
$= 1.574 \text{ MPa}$

29. 밀폐된 용기 내에서 1 atm, 37℃로 프로판과 산소의 비율이 2 : 8로 혼합되어 있으며 그것이 연소하여 아래와 같은 반응을 하고 화염온도는 3000 K가 되었다면 이 용기 내에 발생하는 압력은 약 몇 atm인가?

$2C_3H_8 + 8O_2 \rightarrow 6H_2O + 4CO_2 + 2CO + 2H_2$

① 13.5
② 15.5
③ 16.5
④ 19.5

[해설] $PV = nRT$에서
반응 전의 상태 $P_1V_1 = n_1R_1T_1$
반응 후의 상태 $P_2V_2 = n_2R_2T_2$라 하면
$V_1 = V_2$, $R_1 = R_2$가 되므로 생략하면
$\dfrac{P_2}{P_1} = \dfrac{n_2 T_2}{n_1 T_1}$이 된다.
$\therefore P_2 = P_1 \times \dfrac{n_2 T_2}{n_1 T_1}$
$= 1 \times \dfrac{(6+4+2+2) \times 3000}{(2+8) \times (273+37)}$
$= 13.548 \text{ atm}$

30. 내압방폭구조의 폭발등급 분류 중 가연성 가스의 폭발 등급 A에 해당하는 최대안전 틈새의 범위(mm)는?
① 0.9 이하
② 0.5 초과 0.9 미만
③ 0.5 이하
④ 0.9 이상

정답 25. ② 26. ③ 27. ① 28. ① 29. ① 30. ④

해설 내압 방폭구조의 폭발등급 분류

최대 안전틈새 범위(mm)	0.9 이상	0.5 초과 0.9 미만	0.5 이하
가연성가스의 폭발등급	A	B	C
방폭 전기기기의 폭발등급	ⅡA	ⅡB	ⅡC

[비고] 최대 안전틈새는 내용적이 8 L이고 틈새 깊이가 25 mm인 표준용기 내에서 가스가 폭발할 때 발생한 화염이 용기 밖으로 전파하여 가연성가스에 점화되지 아니하는 최댓값

31. 기체연료의 연소속도에 대한 설명으로 틀린 것은?
① 보통의 탄화수소와 공기의 혼합기체 연소속도는 약 400~500 cm/s 정도로 매우 빠른 편이다.
② 연소속도는 가연한계 내에서 혼합기체의 농도에 영향을 크게 받는다.
③ 연소속도는 메탄의 경우 당량비 농도 근처에서 최고가 된다.
④ 혼합기체의 초기온도가 올라갈수록 연소속도도 빨라진다.

해설 일반적으로 탄화수소의 연소속도는 200 cm/s 전후로 느린 편이다.

32. 집진효율이 가장 우수한 집진장치는?
① 여과 집진장치 ② 세정 집진장치
③ 전기 집진장치 ④ 원심력 집진장치

해설 전기식 집진장치 특징
㉮ 집진효율이 90~99.9%로서 가장 높다.
㉯ 압력손실이 적고, 미세한 입자 제거에 용이하다.
㉰ 대량의 가스를 취급할 수 있다.
㉱ 보수비, 운전비가 적다.
㉲ 설치 소요면적이 크고, 설비비가 많이 소요된다.
㉳ 부하변동에 적응이 어렵다.
㉴ 포집입자의 지름은 0.05~20 μm 정도이다.

33. 이상기체에 대한 설명으로 틀린 것은?
① 압축인자 $Z=1$이 된다.
② 상태 방정식 $PV=nRT$를 만족한다.
③ 비리얼 방정식에서 V가 무한대가 되는 것이다.
④ 내부에너지는 압력에 무관하고 단지 부피와 온도만의 함수이다.

해설 이상기체의 성질
㉮ 보일-샤를의 법칙을 만족한다.
㉯ 아보가드로의 법칙에 따른다.
㉰ 내부에너지는 온도만의 함수이다.
㉱ 온도에 관계없이 비열비는 일정하다.
㉲ 기체의 분자력과 크기도 무시되며 분자간의 충돌은 완전탄성체이다.
㉳ 분자와 분자 사이의 거리가 매우 멀다.
㉴ 분자 사이의 인력이 없다.
㉵ 압축성 인자가 1이다.

34. 연료와 공기를 미리 혼합시킨 후 연소시키는 것으로 고온의 화염면(반응면)이 형성되어 자력으로 전파되어 일어나는 연소 형태는?
① 확산 연소 ② 분무 연소
③ 예혼합 연소 ④ 증발 연소

해설 예혼합 연소 : 가스와 공기(산소)를 버너에서 혼합시킨 후 연소실에 분사하는 방식으로 화염이 자력으로 전파해 나가는 내부 혼합방식으로 화염이 짧고 높은 화염온도를 얻을 수 있다.

35. 오토사이클에 대한 일반적인 설명으로 틀린 것은?
① 열효율은 압축비에 대한 함수이다.
② 압축비가 커지면 열효율은 작아진다.
③ 열효율은 공기표준 사이클보다 낮다.
④ 이상연소에 의해 열효율은 크게 제한을 받는다.

해설 오토 사이클에서 압축비(ϵ)가 커지면 열효율도 커진다.
$$\therefore \eta = 1 - \left(\frac{1}{\epsilon}\right)^{k-1}$$

정답 31. ① 32. ③ 33. ④ 34. ③ 35. ②

36. 과잉공기계수가 1.3일 때 230 Nm³의 공기로 탄소(C) 약 몇 kg을 완전연소시킬 수 있는가?
 ① 4.8 kg   ② 10.5 kg
 ③ 19.9 kg ④ 25.6 kg

해설 ㉮ 과잉공기계수(m)와 실제공기량(A)에서 이론산소량(O_0) 계산

$$O_0 = 0.21 \times A_0 = 0.21 \times \frac{A}{m}$$
$$= 0.21 \times \frac{230}{1.3} = 37.153 \text{ Nm}^3$$

㉯ 탄소(C)의 완전연소 반응식에서 연소시킬 수 있는 탄소량(kg) 계산
 $C + O_2 \rightarrow CO_2$
 12 kg : 22.4 Nm³ = x [kg] : 37.153 Nm³
 ∴ $x = \dfrac{12 \times 37.153}{22.4} = 19.903$ kg

37. 층류연소속도의 측정법이 아닌 것은?
 ① 분젠 버너법   ② 슬롯 버너법
 ③ 다공 버너법   ④ 비눗방울법

해설 층류연소속도 측정법
 ㉮ 비눗방울(soap bubble)법 : 미연소 혼합기로 비눗방울을 만들어 그 중심에서 전기점화를 시키면 화염은 구상화염으로 바깥으로 전파되고 비눗방울은 연소의 진행과 함께 팽창된다. 이때 점화 전후의 비눗방울 체적, 반지름을 이용하여 연소속도를 측정한다.
 ㉯ 슬롯 버너(slot burner)법 : 균일한 속도분포를 갖는 노즐을 이용하여 V자형의 화염을 만들고, 미연소 혼합기 흐름을 화염이 둘러싸여 있어 혼합기가 화염대에 들어갈 때까지 혼합기의 유선은 직선을 유지한다.
 ㉰ 평면화염 버너(flat flame burner)법 : 미연소 혼합기의 속도분포를 일정하게 하여 유속과 연소속도를 균형화시켜 유속으로 연소속도를 측정한다.
 ㉱ 분젠 버너(bunsen burner)법 : 단위화염 면적당 단위시간에 소비되는 미연소 혼합기의 체적을 연소속도로 정의하여 결정하며, 오차가 크지만 연소속도가 큰 혼합기체에 편리하게 이용된다.

38. 압력 0.2 MPa, 온도 333 K의 공기 2 kg이 이상적인 폴리트로픽 과정으로 압축되어 압력 2 MPa, 온도 523 K로 변화하였을 때 그 과정에서의 일량은 약 몇 kJ인가?
 ① -447 ② -547 ③ -647 ④ -667

해설 $W = \dfrac{1}{n-1} GRT_1 \left\{ 1 - \left(\dfrac{P_2}{P_1}\right)^{\frac{n-1}{n}} \right\}$

$= \dfrac{1}{1.3-1} \times 2 \times \dfrac{8.314}{29}$

$\times 333 \times \left\{ 1 - \left(\dfrac{2}{0.2}\right)^{\frac{1.3-1}{1.3}} \right\}$

$= -446.34$ kJ

※ 최종 정답이 ①항으로 처리되었고, 해설은 절대일(팽창일)로 계산하였음

39. 불활성화에 대한 설명으로 틀린 것은?
 ① 가연성 혼합가스 중의 산소농도를 최소산소농도(MOC) 이하로 낮게 하여 폭발을 방지하는 것이다.
 ② 일반적으로 실시되는 산소농도의 제어점은 최소산소농도(MOC)보다 약 4 % 낮은 농도이다.
 ③ 이너트 가스로는 질소, 이산화탄소, 수증기가 사용된다.
 ④ 일반적으로 가스의 최소산소농도(MOC)는 보통 10 % 정도이고 분진인 경우에는 1 % 정도로 낮다.

해설 일반적으로 최소산소농도(MOC)는 가연성 가스의 경우 10 %, 탄화수소계의 가연물의 경우 15 % 정도이다.

40. 공기비가 클 경우 연소에 미치는 현상으로 가장 거리가 먼 것은?
 ① 연소실 내의 연소온도가 내려간다.
 ② 연소가스 중에 CO_2가 많아져 대기오염을 유발한다.
 ③ 연소가스 중에 SOx가 많아져 저온 부식이 촉진된다.

정답 36. ③ 37. ③ 38. ① 39. ④ 40. ②

④ 통풍력이 강하여 배기가스에 의한 열손실이 많아진다.

해설 공기비의 영향
(1) 공기비가 클 경우
 ㉮ 연소실 내의 온도가 낮아진다.
 ㉯ 배기가스로 인한 손실열이 증가한다.
 ㉰ 배기가스 중 질소산화물(NO_x)이 많아져 대기오염을 초래한다.
 ㉱ 연료소비량이 증가한다.
(2) 공기비가 작을 경우
 ㉮ 불완전연소가 발생하기 쉽다.
 ㉯ 미연소 가스로 인한 역화의 위험이 있다.
 ㉰ 연소효율이 감소한다(열손실이 증가한다).

제 3 과목 가스설비

41. 압축기의 실린더를 냉각하는 이유로서 가장 거리가 먼 것은?
① 체적효율 증대 ② 압축효율 증대
③ 윤활기능 향상 ④ 토출량 감소

해설 실린더 냉각 효과(이유)
 ㉮ 체적효율, 압축효율 증가
 ㉯ 소요 동력의 감소
 ㉰ 윤활기능의 유지 및 향상
 ㉱ 윤활유 열화, 탄화 방지
 ㉲ 습동부품의 수명 유지

42. 펌프의 이상현상에 대한 설명 중 틀린 것은?
① 수격작용이란 유속이 급변하여 심한 압력 변화를 갖게 되는 작용이다.
② 서징(surging)의 방지법으로 유량조정밸브를 펌프 송출측 직후에 배치시킨다.
③ 캐비테이션 방지법으로 관지름과 유속을 모두 크게 한다.
④ 베이퍼 로크는 저비점 액체를 이송시킬 때 입구쪽에서 발생되는 액체비등 현상이다.

해설 캐비테이션(cavitation)현상 방지법
 ㉮ 펌프의 위치를 낮춘다(흡입양정을 짧게 한다).
 ㉯ 수직축 펌프를 사용하여 회전차를 수중에 완전히 잠기게 한다.
 ㉰ 양흡입 펌프를 사용한다.
 ㉱ 펌프의 회전수를 낮춘다.
 ㉲ 두 대 이상의 펌프를 사용한다.

43. 정압기의 운전 특성 중 정상상태에서의 유량과 2차 압력과의 관계를 나타내는 것은?
① 정특성 ② 동특성
③ 사용최대차압 ④ 작동최소차압

해설 정특성(靜特性) : 유량과 2차 압력의 관계
 ㉮ 로크업(lock up) : 유량이 0으로 되었을 때 2차 압력과 기준압력(P_s)과의 차이
 ㉯ 오프셋(off set) : 유량이 변화했을 때 2차 압력과 기준압력(P_s)과의 차이
 ㉰ 시프트(shift) : 1차 압력의 변화에 의하여 정압곡선이 전체적으로 어긋나는 것

44. 헬륨가스의 기체상수는 약 몇 kJ/kg·K인가?
① 0.287 ② 2
③ 28 ④ 212

해설 헬륨(He)의 분자량(M)은 4이다.
$$\therefore R = \frac{8.314}{M} = \frac{8.314}{4} = 2.078 \text{ kJ/kg·K}$$

45. 토출량 5 m³/min, 전양정 30 m, 비교회전수 90 rpm·m³/min·m인 3단 원심펌프의 회전수는 약 몇 rpm인가?
① 226 ② 255
③ 326 ④ 343

해설 원심펌프의 비교회전수
$$N_s = \frac{N \times \sqrt{Q}}{\left(\frac{H}{Z}\right)^{\frac{3}{4}}}$$ 에서

$$N = \frac{N_s \times \left(\frac{H}{Z}\right)^{\frac{3}{4}}}{\sqrt{Q}} = \frac{90 \times \left(\frac{30}{3}\right)^{\frac{3}{4}}}{\sqrt{5}}$$
$$= 226.338 \text{ rpm}$$

여기서, N_s : 비교회전수(rpm·m³/min·m)
N : 임펠러 회전수(rpm)
Q : 유량(m³/min)
H : 전양정(m)
Z : 단수

※ 비교회전도(비속도) : 원심펌프에서 토출량이 1 m³/min, 양정이 1 m가 발생하도록 설계한 경우의 판상 임펠러의 매분회전수이다.

46. 원심압축기의 특징이 아닌 것은?
① 설치면적이 적다.
② 압축이 단속적이다.
③ 용량조정이 어렵다.
④ 윤활유가 불필요하다.

[해설] 원심식 압축기의 특징
㉮ 원심형 무급유식이다.
㉯ 연속토출로 맥동현상이 없다.
㉰ 형태가 작고 경량이어서 기초, 설치면적이 작다.
㉱ 용량 조정범위가 좁고(70~100 %) 어렵다.
㉲ 압축비가 적고, 효율이 나쁘다.
㉳ 운전 중 서징(surging)현상에 주의하여야 한다.
㉴ 다단식은 압축비를 높일 수 있으나 설비비가 많이 소요된다.
㉵ 토출압력 변화에 의해 용량변화가 크다.

47. 하버-보시법에 의한 암모니아 합성 시 사용되는 촉매는 주 촉매로 산화철(Fe_3O_4)에 보조촉매를 사용한다. 보조촉매의 종류가 아닌 것은?
① K_2O ② MgO
③ Al_2O_3 ④ MnO

[해설] 암모니아 합성탑은 내압용기와 내부 구조물로 구성되며 암모니아 합성의 촉매는 주로 산화철(Fe_3O_4)에 Al_2O_3, K_2O를 첨가한 것이나 CaO 또는 MgO 등을 첨가한 것을 사용한다. 암모니아 합성탑은 고온, 고압의 상태에서 작동되므로 18-8 스테인리스강을 사용한다.

48. 스테인리스강을 조직학적으로 구분하였을 때 이에 속하지 않는 것은?
① 오스테나이트계 ② 보크사이트계
③ 페라이트계 ④ 마텐자이트계

[해설] 스테인리스강의 조직학적 분류
㉮ 마텐자이트계 : 크롬(Cr) 함유량 12~14 % 정도로 13 Cr형 스테인리스강이라 한다.
㉯ 오스테나이트계 : 크롬(Cr) 17~20 %, 니켈(Ni) 7~10 % 정도 함유하여 18-8 스테인리스강, Ni-Cr계 스테인리스강이라고 하며, 비자성체이다.
㉰ 페라이트계 : 크롬(Cr) 함유량 10.5~27 % 정도로 오스테나이트계보다 내구성은 떨어진다.

49. 펌프의 특성 곡선상 체절운전(체절양정)이란 무엇인가?
① 유량이 0일 때의 양정
② 유량이 최대일 때의 양정
③ 유량이 이론값일 때의 양정
④ 유량이 평균값일 때의 양정

[해설] 체절운전(체절양정) : 유량이 0일 때 양정이 최대가 되는 운전상태로 토출측 밸브를 폐쇄하고 가동하였을 때 압력계에 지시되는 압력으로 확인할 수 있다.

50. 배관의 전기방식 중 희생양극법에서 저전위 금속으로 주로 사용되는 것은?
① 철 ② 구리
③ 칼슘 ④ 마그네슘

[해설] 유전양극법(희생양극법, 전기양극법, 전류양극법) : 양극(anode)과 매설배관(cathode : 음극)을 전선으로 접속하고 양극 금속과 배관 사이의 전지작용(고유 전위차)에 의해서 방식전류를 얻는 방법이다. 양극 재료로는 마그네슘(Mg), 아연(Zn)이 사용되며 토양 중에 매설되는 배관에는 마그네슘이 사용된다.

정답 46. ② 47. ④ 48. ② 49. ① 50. ④

51. LP가스 충전설비 중 압축기를 이용하는 방법의 특징이 아닌 것은?
① 잔류가스 회수가 가능하다.
② 베이퍼 로크 현상 우려가 있다.
③ 펌프에 비해 충전시간이 짧다.
④ 압축기 오일이 탱크에 들어가 드레인의 원인이 된다.

해설 압축기에 의한 이송방법 특징
㉮ 펌프에 비해 이송시간이 짧다.
㉯ 잔가스 회수가 가능하다.
㉰ 베이퍼 로크 현상이 없다.
㉱ 부탄의 경우 재액화 현상이 일어난다.
㉲ 압축기 오일이 유입되어 드레인의 원인이 된다.

52. 가스화의 용이함을 나타내는 지수로서 C/H 비가 이용된다. 다음 중 C/H비가 가장 낮은 것은?
① propane   ② naphtha
③ methane   ④ LPG

해설 C/H비는 탄소의 질량과 수소의 질량비이다. 탄소의 질량은 12, 수소의 질량은 1이므로 각 가스의 C/H비는 다음과 같다.
㉮ 프로판(C_3H_8) : $\dfrac{12\times 3}{1\times 8} = 4.5$
㉯ 나프타 : 라이트 나프타는 탄소 원자가 5~12개인 분자로 구성되고 헤비 나프타는 탄소 원자가 6~12개인 분자로 구성된다.
㉰ 메탄(CH_4) : $\dfrac{12\times 1}{1\times 4} = 3$
㉱ LPG는 프로판(C_3H_8)과 부탄(C_4H_{10})의 주성분이다.
∴ 부탄(C_4H_{10}) : $\dfrac{12\times 4}{1\times 10} = 4.8$

53. 용기 속의 잔류가스를 배출시키려 할 때 다음 중 가장 적절한 방법은?
① 큰 통에 넣어 보관한다.
② 주위에 화기가 없으면 소화기를 준비할 필요가 없다.
③ 잔가스는 내압이 없으므로 밸브를 신속히 연다.
④ 통풍이 있는 옥외에서 실시하고, 조금씩 배출한다.

해설 용기 속의 잔류가스를 배출시킬 때는 통풍이 양호한 옥외에서 실시하고 배출은 소량씩 배출하여 사고발생을 방지하여야 한다.

54. 용기밸브의 충전구가 왼나사 구조인 것은?
① 브롬화메탄   ② 암모니아
③ 산소   ④ 에틸렌

해설 충전구의 나사형식
㉮ 가연성가스 : 왼나사(단, 암모니아, 브롬화메탄은 오른나사)
㉯ 가연성 이외의 가스 : 오른나사

55. 도시가스 원료로서 나프타(naphtha)가 갖추어야 할 조건으로 틀린 것은?
① 황분이 적을 것
② 카본 석출이 적을 것
③ 탄화물성 경향이 클 것
④ 파라핀계 탄화수소가 많을 것

해설 가스용 나프타의 구비조건
㉮ 파라핀계 탄화수소가 많을 것
㉯ 유황분이 적을 것
㉰ 카본(carbon) 석출이 적을 것
㉱ 촉매의 활성에 영향을 미치지 않는 것
㉲ 유출온도 종점이 높지 않을 것

56. 석유화학 공장 등에 설치되는 플레어스택에서 역화 및 공기 등과의 혼합폭발을 방지하기 위하여 가스 종류 및 시설 구조에 따라 갖추어야 하는 것에 포함되지 않는 것은?
① vacuum breaker   ② flame arrestor
③ vapor seal   ④ molecular seal

해설 역화 및 공기와 혼합폭발을 방지하기 위한 시설
㉮ liquid seal의 설치
㉯ flame arrestor의 설치
㉰ vapor seal의 설치

㉣ purge gas(N_2, off gas 등)의 지속적인 주입
㉤ molecular seal의 설치

57. 2단 감압방식의 장점에 대한 설명이 아닌 것은?
① 공급압력이 안정적이다.
② 재액화에 대한 문제가 없다.
③ 배관 입상에 의한 압력손실을 보정할 수 있다.
④ 연소기구에 맞는 압력으로 공급이 가능하다.

해설 2단 감압식 조정기의 특징
(1) 장점
  ㉮ 입상배관에 의한 압력손실을 보정할 수 있다.
  ㉯ 가스 배관이 길어도 공급압력이 안정된다.
  ㉰ 각 연소기구에 알맞은 압력으로 공급이 가능하다.
  ㉱ 중간 배관의 지름이 작아도 된다.
(2) 단점
  ㉮ 설비가 복잡하고, 검사방법이 복잡하다.
  ㉯ 조정기 수가 많아서 점검 부분이 많다.
  ㉰ 부탄의 경우 재액화의 우려가 있다.
  ㉱ 시설의 압력이 높아서 이음방식에 주의하여야 한다.

58. LP가스의 일반적인 성질에 대한 설명 중 옳은 것은?
① 증발잠열이 작다.
② LP가스는 공기보다 가볍다.
③ 가압하거나 상압에서 냉각하면 쉽게 액화한다.
④ 주성분은 고급탄화수소의 화합물이다.

해설 액화석유가스(LP가스)의 특징
  ㉮ LP가스는 공기보다 무겁다.
  ㉯ 액상의 LP가스는 물보다 가볍다.
  ㉰ 액화, 기화가 쉽고, 기화하면 체적이 커진다.
  ㉱ LNG보다 발열량이 크고, 연소 시 다량의 공기가 필요하다.
  ㉲ 기화열(증발잠열)이 크다.
  ㉳ 무색, 무취, 무미하다.
  ㉴ 용해성이 있다.
  ㉵ 액체의 온도 상승에 의한 부피변화가 크다.
※ LPG는 석유계 저급탄화수소의 혼합물로 탄소 수가 3개에서 5개 이하의 것으로 프로판(C_3H_8), 부탄(C_4H_{10}), 프로필렌(C_3H_6), 부틸렌(C_4H_8), 부타디엔(C_4H_6) 등이 포함되어 있다.

59. 고압가스 장치 재료에 대한 설명으로 틀린 것은?
① 고압가스 장치에는 스테인리스강 또는 크롬강이 적당하다.
② 초저온 장치에는 구리, 알루미늄이 사용된다.
③ LPG 및 아세틸렌 용기 재료로는 Mn강을 주로 사용한다.
④ 산소, 수소 용기에는 Cr강이 적당하다.

해설 LPG 및 아세틸렌 용기 재료로는 내부압력이 높지 않으므로 일반적으로 탄소강을 주로 사용한다.

60. 부취제 주입방식 중 액체 주입방식이 아닌 것은?
① 펌프 주입방식
② 적하 주입방식
③ 바이패스 증발식
④ 미터연결 바이패스 방식

해설 부취제 주입 방식의 종류
  ㉮ 액체 주입식 : 펌프 주입식, 적하 주입식, 미터연결 바이패스식
  ㉯ 증발식 : 바이패스 증발식, 위크 증발식

제 4 과목 가스안전관리

61. 액화석유가스 고압설비를 기밀시험하려고 할 때 가장 부적당한 가스는?

① 산소　　　　② 공기
③ 이산화탄소　　④ 질소

해설 고압설비와 배관의 기밀시험은 원칙적으로 공기 또는 위험성이 없는 기체의 압력으로 실시한다(산소는 조연성가스에 해당되므로 기밀시험용으로 사용할 수 없다).

62. 역화방지장치를 설치하지 않아도 되는 곳은?
① 아세틸렌 충전용 지관
② 가연성가스를 압축하는 압축기와 오토클레이브 사이의 배관
③ 가연성가스를 압축하는 압축기와 충전용 주관과의 사이
④ 아세틸렌 고압건조기와 충전용 교체밸브 사이 배관

해설 (1) 역화방지장치 설치 장소
　㉮ 가연성가스를 압축하는 압축기와 오토클레이브와의 사이 배관
　㉯ 아세틸렌의 고압건조기와 충전용 교체밸브 사이 배관
　㉰ 아세틸렌 충전용 지관
(2) 역류방지밸브 설치 장소
　㉮ 가연성가스를 압축하는 압축기와 충전용 주관과의 사이 배관
　㉯ 아세틸렌을 압축하는 압축기의 유분리기와 고압건조기와의 사이 배관
　㉰ 암모니아 또는 메탄올의 합성탑 및 정제탑과 압축기와의 사이 배관

63. 공기액화 분리기의 액화공기 탱크와 액화산소 증발기와의 사이에는 석유류, 유지류 그 밖의 탄화수소를 여과, 분리하기 위한 여과기를 설치해야 한다. 이때 1시간의 공기 압축량이 몇 m^3 이하의 것은 제외하는가?
① 100 m^3　　　　② 1000 m^3
③ 5000 m^3　　　④ 10000 m^3

해설 여과기 설치 : 공기액화 분리기(1시간의 공기압축량이 1000 m^3 이하의 것을 제외한다)의 액화공기탱크와 액화산소 증발기와의 사이에는 석유류, 유지류 그 밖의 탄화수소를 여과·분리하기 위한 여과기를 설치한다.

64. 내용적이 3000 L인 차량에 고정된 탱크에 최고충전압력 2.1 MPa로 액화가스를 충전하고자 할 때 탱크의 저장능력은 얼마가 되는가? (단, 가스의 충전정수는 2.1 MPa에서 2.35 MPa이다.)
① 1277 kg　　　② 142 kg
③ 705 kg　　　　④ 630 kg

해설 $G = \dfrac{V}{C} = \dfrac{3000}{2.35} = 1276.595$ kg

※ 가스의 충전정수는 압력단위가 없는 2.35로 주어져야 함

65. 가연성가스의 검지경보장치 중 방폭구조로 하지 않아도 되는 가연성가스는?
① 아세틸렌　　　② 프로판
③ 브롬화메탄　　④ 에틸에테르

해설 가연성가스의 검지경보장치는 방폭성능을 갖는 것으로 한다. 다만, 암모니아, 브롬화메탄 및 공기 중에서 자기발화하는 가스를 제외한다.

66. 고압가스 충전용기 등의 적재, 취급, 하역 운반요령에 대한 설명으로 가장 옳은 것은?
① 교통량이 많은 장소에서는 엔진을 켜고 용기 하역작업을 한다.
② 경사진 곳에서는 주차 브레이크를 걸어 놓고 하역작업을 한다.
③ 충전용기를 적재한 차량은 제1종 보호시설과 10 m 이상의 거리를 유지한다.
④ 차량의 고장 등으로 인하여 정차하는 경우는 적색표지판 등을 설치하여 다른 차와의 충돌을 피하기 위한 조치를 한다.

해설 충전용기 등의 적재 차량 운행 후 조치 사항
㉮ 충전용기 등을 적재한 차량의 주정차장소 선정은 지형을 충분히 고려하여 가능한 한 평탄하고, 교통량이 적은 안전한 장소를 택한다. 또한 시장 등 차량의 통행이 매우 곤란한 장소 등에는 주정차하지 아니한다.
㉯ 충전용기 등을 적재한 차량의 주정차시는

정답 62. ③　63. ②　64. ①　65. ③　66. ④

가능한 한 언덕길 등 경사진 곳을 피하며, 엔진을 정지시킨 다음 주차 브레이크를 걸어 놓고 반드시 차바퀴를 고정목으로 고정시킨다.
㈐ 충전용기 등을 적재한 차량은 제1종 보호시설에서 15 m 이상 떨어지고, 제2종 보호시설이 밀집되어 있는 지역과 육교 및 고가차도 등의 아래 또는 부근은 피하며, 주위의 교통장애, 화기 등이 없는 안전한 장소에 주정차한다. 또한 차량의 고장, 교통사정 또는 운반책임자 운전자의 휴식, 식사 등 부득이한 경우를 제외하고는 그 차량에서 동시에 이탈하지 아니하며, 동시에 이탈할 경우에는 차량이 쉽게 보이는 장소에 주정차한다.
㈑ 차량의 고장 등으로 인하여 정차하는 경우는 적색표지판 등을 설치하여 다른 차와의 충돌을 피하기 위한 조치를 한다.

67. 가스용기의 도색으로 옳지 않은 것은? (단, 의료용 가스 용기는 제외한다.)
① O_2 : 녹색
② H_2 : 주황색
③ C_2H_2 : 황색
④ 액화암모니아 : 회색

[해설] 가스 종류별 용기 도색

가스 종류	용기 도색	
	공업용	의료용
산소(O_2)	녹색	백색
수소(H_2)	주황색	–
액화탄산가스(CO_2)	청색	회색
액화석유가스	밝은 회색	–
아세틸렌(C_2H_2)	황색	–
암모니아(NH_3)	백색	–
액화염소(Cl_2)	갈색	–
질소(N_2)	회색	흑색
아산화질소(N_2O)	회색	청색
헬륨(He)	회색	갈색
에틸렌(C_2H_4)	회색	자색
사이클로프로판	회색	주황색
기타의 가스	회색	–

68. 공급자의 안전점검 기준 및 방법과 관련하여 틀린 것은?
① 충전용기의 설치 위치
② 역류방지장치의 설치 여부
③ 가스 공급 시마다 점검 실시
④ 독성가스의 경우 흡수장치 · 제해장치 및 보호구 등에 대한 적합 여부

[해설] 공급자의 안전점검 기준 : 가스공급 시마다 점검
㈎ 충전용기의 설치 위치
㈏ 충전용기와 화기와의 거리
㈐ 충전용기 및 배관의 설치상태
㈑ 충전용기, 충전용기로부터 압력조정기, 호스 및 가스사용기기에 이르는 각 접속부와 배관 또는 호스의 가스 누출 여부 및 그 가스의 적합 여부
㈒ 독성가스의 경우 흡수장치, 제해장치 및 보호구 등에 대한 적합 여부
㈓ 역화방지장치의 설치 여부(용접 또는 용단 작업용으로 액화석유가스를 사용하는 시설에 산소를 공급하는 자에 한정한다)
㈔ 시설기준에의 적합 여부(정기점검만을 말한다)

69. 액화석유가스 외의 액화가스를 충전하는 용기의 부속품을 표시하는 기호는?
① AG
② PG
③ LG
④ LPG

[해설] 용기 부속품 기호
㈎ AG : 아세틸렌가스 용기 부속품
㈏ PG : 압축가스 충전용기 부속품
㈐ LG : 액화석유가스 외의 액화가스 용기 부속품
㈑ LPG : 액화석유가스 용기 부속품
㈒ LT : 초저온, 저온 용기 부속품

70. 암모니아를 실내에서 사용할 경우 가스누출 검지경보장치의 경보농도는?
① 25 ppm
② 50 ppm
③ 100 ppm
④ 200 ppm

정답 67. ④ 68. ② 69. ③ 70. ②

[해설] 경보농도 설정 값
  ㉮ 가연성가스 : 폭발하한계의 1/4 이하
  ㉯ 독성가스 : TLV-TWA 기준농도 이하
  ㉰ NH_3를 실내에서 사용하는 경우 : 50 ppm

71. 이동식 부탄연소기(카세트식)의 구조에 대한 설명으로 옳은 것은?
① 용기장착부 이외에 용기가 들어가는 구조이어야 한다.
② 연소기는 50 % 이상 충전된 용기가 연결된 상태에서 어느 방향으로 기울여도 20° 이내에서는 넘어지지 아니하여야 한다.
③ 연소기는 2가지 용도로 동시에 사용할 수 없는 구조로 한다.
④ 연소기에 용기를 연결할 때 용기 아랫부분을 스프링의 힘으로 직접 밀어서 연결하는 방법 또는 자석에 의하여 연결하는 방법이어야 한다.

[해설] 이동식 부탄연소기(카세트식)의 구조 중 각 항목의 옳은 내용
  ① 용기장착부 이외에는 용기가 들어가지 아니하는 구조로 한다. 다만, 그릴의 경우 상시 내부공간이 용이하게 확인되는 구조로 할 수 있다.
  ② 연소기는 50 % 이상 충전된 용기가 연결된 상태에서 어느 방향으로 기울여도 15° 이내에서는 넘어지지 아니하고, 부속품의 위치가 변하지 아니한 것으로 한다.
  ④ 연소기에 용기를 연결할 때 용기 아랫부분을 스프링의 힘으로 직접 밀어서 연결하는 방법이 아닌 구조로 한다. 다만, 자석으로 연결하는 연소기는 비자성 용기를 사용할 수 없음을 표시해야 한다.

72. 염소가스 운반 차량에 반드시 비치하지 않아도 되는 것은?
① 방독마스크 ② 안전장갑
③ 제독제 ④ 소화기

[해설] ㉮ 보호장비 비치 : 독성가스 종류에 따른 방독면, 고무장갑, 고무장화 그 밖의 보호구와 재해 발생방지를 위한 응급조치에 필요한 제독제, 자재 및 공구(이하 보호장비라 함)를 비치하며, 매월 1회 이상 점검하여 항상 정상적인 상태로 유지한다.
  ㉯ 소화기를 비치하여야 할 대상 : 가연성가스, 산소를 운반하는 차량
  ㉰ 염소는 독성가스, 조연성가스에 해당되므로 소화기는 비치하지 않아도 된다.

73. 공기압축기의 내부 윤활유로 사용할 수 있는 것은?
① 잔류탄소의 질량이 전질량의 1 % 이하이며 인화점이 200℃ 이상으로서 170℃에서 8시간 이상 교반하여 분해되지 않는 것
② 잔류탄소의 질량이 전질량의 1 % 이하이며 인화점이 270℃ 이상으로서 170℃에서 12시간 이상 교반하여 분해되지 않는 것
③ 잔류탄소의 질량이 1 % 초과 1.5 % 이하이며 인화점이 200℃ 이상으로서 170℃에서 8시간 이상 교반하여 분해되지 않는 것
④ 잔류탄소의 질량이 1 % 초과 1.5 % 이하이며 인화점이 270℃ 이상으로서 170℃에서 12시간 이상 교반하여 분해되지 않는 것

[해설] 공기압축기 내부윤활유 : 재생유 사용 금지

잔류탄소 질량	인화점	170℃에서 교반시간
1 % 이하	200℃ 이상	8시간
1 % 초과 1.5 % 이하	230℃ 이상	12시간

74. 용기에 의한 액화석유가스 사용시설에 설치하는 기화장치에 대한 설명으로 틀린 것은?
① 최대 가스소비량 이상의 용량이 되는 기화장치를 설치한다.
② 기화장치의 출구배관에는 고무호스를 직접 연결하여 열차단이 되게 하는 조치를 한다.

[정답] 71. ③ 72. ④ 73. ① 74. ②

③ 기화장치의 출구측 압력은 1 MPa 미만이 되도록 하는 기능을 갖거나, 1 MPa 미만에서 사용한다.
④ 용기는 그 외면으로부터 기화장치까지 3 m 이상의 우회거리를 유지한다.

[해설] 용기에 의한 LPG 사용시설 기화장치 설치 기준
㉮ 최대 가스소비량 이상의 용량이 되는 기화장치를 설치하여야 한다.
㉯ 기화장치를 전원으로 조작하는 경우에는 비상전력을 보유하거나 예비용기를 포함한 용기집합설비의 기상부에 별도의 예비 기체라인을 설치하여 정전 시 사용할 수 있도록 조치한다.
㉰ 기화장치의 출구측 압력은 1 MPa 미만이 되도록 하는 기능을 갖거나, 1 MPa 미만에서 사용한다.
㉱ 가열방식이 액화석유가스 연소에 의한 방식인 경우에는 파일럿버너가 꺼지는 경우 버너에 대한 액화석유가스 공급이 자동적으로 차단되는 자동안전장치를 부착한다.
㉲ 기화장치는 콘크리트 기초 등에 고정하여 설치한다.
㉳ 기화장치는 옥외에 설치한다. 다만, 옥내에 설치하는 경우 건축물의 바닥 및 천장 등은 불연성 재료를 사용하고 통풍이 잘 되는 구조로 한다.
㉴ 용기는 그 외면으로부터 기화장치까지 3 m 이상의 우회거리를 유지한다. 다만, 기화장치를 방폭형으로 설치하는 경우에는 3 m 이내로 유지할 수 있다.
㉵ 기화장치의 출구 배관에는 고무호스를 직접 연결하지 아니한다.
㉶ 기화장치의 설치장소에는 배수구나 집수구로 통하는 도랑이 없어야 한다.
㉷ 기화장치에는 정전기 제거조치를 한다.

75. 가스사고를 사용처별로 구분했을 때 가장 빈도가 높은 곳은?
① 공장 ② 주택
③ 공급시설 ④ 식품접객업소

[해설] 2017년 가스관련 사고 사용처별 구분 : 한국가스안전공사 자료

구분	2017년	구성비
주택	47	38.8 %
식품접객업소	20	16.5 %
공장	4	3.3 %
공급시설	6	5.0 %
허가업소	12	9.9 %
다중이용시설	1	0.8 %
차량	6	5.0 %
제1종 보호시설	5	4.2 %
기타	20	16.5 %
계	121	100 %

76. 고압가스 저장탱크에 아황산가스를 충전할 때 그 가스의 용량이 그 저장탱크 내용적의 몇 %를 초과하는 것을 방지하기 위한 과충전 방지조치를 강구하여야 하는가?
① 80 % ② 85 %
③ 90 % ④ 95 %

[해설] 저장탱크 과충전 방지조치 : 아황산가스, 암모니아, 염소, 염화메탄, 산화에틸렌, 시안화수소, 포스겐 또는 황화수소의 저장탱크에는 그 가스의 용량이 그 저장탱크 내용적의 90 %를 초과하는 것을 방지하기 위하여 과충전 방지조치를 강구한다.

77. 다음 중 가연성가스이지만 독성이 없는 가스는?
① NH_3 ② CO
③ HCN ④ C_3H_6

[해설] 가연성가스이면서 독성가스 : 아크릴로 니트릴, 일산화탄소, 벤젠, 산화에틸렌, 모노메틸아민, 염화메탄, 브롬화메탄, 이황화탄소, 황화수소, 암모니아, 석탄가스, 시안화수소, 트리메틸아민
※ 프로필렌(C_3H_6) : 가연성가스(폭발범위 : 2.4~11 %), 비독성가스이다.

정답 75. ② 76. ③ 77. ④

78. 고압가스의 운반기준에 대한 설명 중 틀린 것은?
① 차량 앞뒤에 경계표지를 할 것
② 충전탱크의 온도는 40℃ 이하를 유지할 것
③ 액화가스를 충전하는 탱크에는 그 내부에 방파판 등을 설치할 것
④ 2개 이상의 탱크를 동일 차량에 고정하여 운반하지 말 것

[해설] 2개 이상 탱크의 설치 기준 : 2개 이상의 탱크를 동일한 차량에 고정하여 운반하는 경우에는 다음 기준에 적합하게 한다.
㉮ 탱크마다 탱크의 주밸브를 설치한다.
㉯ 탱크 상호간 또는 탱크와 차량과의 사이를 단단하게 부착하는 조치를 한다.
㉰ 충전관에는 안전밸브, 압력계 및 긴급탈압밸브를 설치한다.

79. 시안화수소(HCN) 가스의 취급 시 주의사항으로 가장 거리가 먼 것은?
① 금속부식주의   ② 노출주의
③ 독성주의   ④ 중합폭발주의

[해설] 시안화수소(HCN)는 가연성가스, 독성가스이며 피부에 노출 시 피부를 통해 흡수하여 치명상을 입을 수 있다. 소량의 수분 존재 시 중합폭발을 일으킬 우려가 있지만 금속에 대한 부식성은 없다.

80. 다음 중 고유의 색깔을 가지는 가스는?
① 염소   ② 황화수소
③ 암모니아   ④ 산화에틸렌

[해설] 염소(Cl_2) 가스는 상온에서 황록색, 자극성이 강한 독성가스이다.

제 5 과목 가스계측기기

81. 다음 중 연당지로 검지할 수 있는 가스는?
① $COCl_2$ ② CO
③ H_2S ④ HCN

[해설] 가스검지 시험지법

검지가스	시험지	반응(변색)
암모니아(NH_3)	적색리트머스지	청색
염소(Cl_2)	KI-전분지	청갈색
포스겐($COCl_2$)	하리슨시험지	유자색
시안화수소(HCN)	초산벤젠지	청색
일산화탄소(CO)	염화팔라듐지	흑색
황화수소(H_2S)	연당지	회흑색
아세틸렌(C_2H_2)	염화제1동착염지	적갈색

82. 산소(O_2)는 다른 가스에 비하여 강한 상자성체이므로 자장에 대하여 흡인되는 특성을 이용하여 분석하는 가스분석계는?
① 세라믹식 O_2계   ② 자기식 O_2계
③ 연소식 O_2계   ④ 밀도식 O_2계

[해설] 자기식 O_2계(분석기) : 일반적인 가스는 반자성체에 속하지만 O_2는 자장에 흡입되는 강력한 상자성체인 것을 이용한 산소 분석기이다.
㉮ 가동부분이 없고 구조도 비교적 간단하며, 취급이 용이하다.
㉯ 측정가스 중에 가연성가스가 포함되면 사용할 수 없다.
㉰ 가스의 유량, 압력, 점성의 변화에 대하여 지시오차가 거의 발생하지 않는다.
㉱ 열선은 유리로 피복되어 있어 측정가스 중의 가연성가스에 대한 백금의 촉매작용을 막아 준다.

83. 루트 가스미터의 고장에 대한 설명으로 틀린 것은?
① 부동 - 회전자는 회전하고 있으나, 미터의 지침이 움직이지 않는 고장
② 떨림 - 회전자 베어링의 마모에 의한 회전자 접촉 등에 의해 일어나는 고장
③ 기차 불량 - 회전자 베어링의 마모에 의한 간격 증대 등에 의해 일어나는 고장
④ 불통 - 회전자의 회전이 정지하여 가스가

정답 78. ④ 79. ① 80. ① 81. ③ 82. ② 83. ②

통과하지 못하는 고장

해설 ②항의 설명은 불통의 원인에 해당된다.

84. 경사관 압력계에서 P_1의 압력을 구하는 식은? (단, γ : 액체의 비중량, P_2 : 가는 관의 압력, θ : 경사각, X : 경사관 압력계의 눈금이다.)

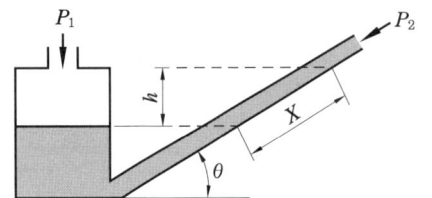

① $P_1 = \dfrac{P_2}{\sin\theta}$

② $P_1 = P_2 \gamma \cos\theta$

③ $P_1 = P_2 + \gamma X \cos\theta$

④ $P_1 = P_2 + \gamma X \sin\theta$

해설 절대압력(P_1) = 대기압+게이지압력
    = $P_2 + \gamma X \sin\theta$

85. 가스계량기의 설치장소에 대한 설명으로 틀린 것은?

① 화기와 습기에서 멀리 떨어지고 통풍이 양호한 위치
② 가능한 배관의 길이가 길고 꺾인 위치
③ 바닥으로부터 1.6 m 이상 2.0 m 이내에 수직, 수평으로 설치
④ 전기 공작물과 일정 거리 이상 떨어진 위치

해설 배관 길이는 가능한 짧고 꺾이지 않은 위치에 설치한다.

86. 부르동관 재질 중 일반적으로 저압에서 사용하지 않는 것은?

① 황동 ② 청동 ③ 인청동 ④ 니켈강

해설 부르동관의 재질
  ㉮ 저압용 : 황동, 인청동, 청동
  ㉯ 고압용 : 니켈강, 스테인리스강

87. 점도의 차원은? (단, 차원기호는 M : 질량, L : 길이, T : 시간이다.)

① MLT^{-1} ② $ML^{-1}T^{-1}$
③ $M^{-1}LT^{-1}$ ④ $M^{-1}L^{-1}T$

해설 점도(μ : 점성계수)의 단위 및 차원
  ㉮ 공학단위 : kgf·s/m^2 = $FL^{-2}T$
  ㉯ 절대단위 : kg/m·s = $ML^{-1}T^{-1} = \dfrac{M}{LT}$

88. 다음 가스분석 방법 중 흡수분석법이 아닌 것은?

① 헴펠법 ② 적정법
③ 오르사트법 ④ 게겔법

해설 흡수분석법 : 채취된 가스를 분석기 내부의 성분 흡수제에 흡수시켜 체적변화를 측정하는 방식으로 오르사트(Orsat)법, 헴펠(Hempel)법, 게겔(Gockel)법 등이 있다.

89. 압력계측 장치가 아닌 것은?

① 마노미터(manometer)
② 벤투리미터(Venturimeter)
③ 부르동 게이지(Bourdon gauge)
④ 격막식 게이지(diaphragm gauge)

해설 벤투리미터(Venturimeter) : 유량계측 장치로 차압식 유량계에 해당된다.

90. 가스크로마토그래피에서 운반가스의 구비 조건으로 옳지 않은 것은?

① 사용하는 검출기에 적합해야 한다.
② 순도가 높고 구입이 용이해야 한다.
③ 기체 확산이 가능한 큰 것이어야 한다.
④ 시료와 반응성이 낮은 불활성 기체이어야 한다.

해설 캐리어가스의 구비조건
  ㉮ 시료와 반응성이 낮은 불활성 기체이어야 한다.
  ㉯ 기체 확산을 최소로 할 수 있어야 한다.
  ㉰ 순도가 높고 구입이 용이해야(경제적) 한다.
  ㉱ 사용하는 검출기에 적합해야 한다.

정답 84. ④ 85. ② 86. ④ 87. ② 88. ② 89. ② 90. ③

91. 교통 신호등은 어떤 제어를 기본으로 하는가?
① 피드백 제어   ② 시퀀스 제어
③ 캐스케이드 제어   ④ 추종 제어

[해설] 시퀀스 제어(sequence control) : 미리 순서에 입각해서 다음 동작이 연속 이루어지는 제어로 자동판매기, 보일러의 점화 등이 있다.

92. 회전수가 비교적 적기 때문에 일반적으로 100 m³/h 이하의 소용량 가스계량에 적합하며 독립내기식과 클로버식으로 구분되는 가스미터는?
① 막식   ② 루트미터
③ 로터리피스톤식   ④ 습식

[해설] 막식 가스미터 : 가스를 일정 용적의 통속에 넣어 충만시킨 후 배출하여 그 횟수를 용적단위로 환산하여 적산(積算)하는 방식으로 회전수가 비교적 늦기 때문에 소용량에 적합하고, 도시가스를 저압으로 사용하는 일반 가정에서 주로 사용한다.

93. 구리-콘스탄탄 열전대의 (−)극에 주로 사용되는 금속은?
① Ni – Al   ② Cu – Ni
③ Mn – Si   ④ Ni – Pt

[해설] 열전대 종류에 따른 사용금속

종류 및 약호	사용금속	
	+ 극	− 극
백금-백금로듐 (P-R)	Pt : 87 % Rh : 13 %	Pt(백금)
크로멜-알루멜 (C-A)	크로멜 Ni : 90 % Cr : 10 %	알루멜 Ni : 94 % Al : 3 % Mn : 2 % Si : 1 %
철-콘스탄탄 (I-C)	순철(Fe)	콘스탄탄 Cu : 55 % Ni : 45 %
구리-콘스탄탄 (C-C)	순구리(Cu)	콘스탄탄

94. 다이어프램 압력계의 특징에 대한 설명 중 옳은 것은?
① 감도는 높으나 응답성이 좋지 않다.
② 부식성 유체의 측정이 불가능하다.
③ 미소한 압력을 측정하기 위한 압력계이다.
④ 과잉압력으로 파손되면 그 위험성은 커진다.

[해설] 다이어프램 압력계의 특징
㉮ 응답속도가 빠르나 온도의 영향을 받는다.
㉯ 극히 미세한 압력 측정에 적당하다.
㉰ 부식성 유체의 측정이 가능하다.
㉱ 압력계가 파손되어도 위험이 적다.
㉲ 연소로의 통풍계(draft gauge)로 사용한다.
㉳ 측정범위는 20~5000 mmH₂O이다.

95. 불꽃이온화검출기(FID)에 대한 설명 중 옳지 않은 것은?
① 감도가 아주 우수하다.
② FID에 의한 탄화수소의 상대 감도는 탄소수에 거의 반비례한다.
③ 구성요소로는 시료가스, 노즐, 컬렉터 전극, 증폭부, 농도 지시계 등이 있다.
④ 수소 불꽃 속에 탄화수소가 들어가면 불꽃의 전기전도도가 증대하는 현상을 이용한 것이다.

[해설] 수소불꽃 이온화 검출기(FID : Flame Ionization Detector) : 불꽃으로 시료 성분이 이온화됨으로써 불꽃 중에 놓여진 전극간의 전기 전도도가 증대하는 것을 이용한 것으로 탄화수소에서 감도가 최고이고 H₂, O₂, CO₂, SO₂ 등은 감도가 없다. 탄화수소의 상대 감도는 탄소수에 비례한다.

96. 계측기의 감도에 대하여 바르게 나타낸 것은?
① $\dfrac{\text{지시량의 변화}}{\text{측정량의 변화}}$
② $\dfrac{\text{측정량의 변화}}{\text{지시량의 변화}}$

정답 91. ② 92. ① 93. ② 94. ③ 95. ② 96. ①

③ 지시량의 변화 – 측정량의 변화
④ 측정량의 변화 – 지시량의 변화

[해설] 감도 : 계측기가 측정량의 변화에 민감한 정도를 나타내는 값으로 감도가 좋으면 측정 시간이 길어지고, 측정범위는 좁아진다.

$$\therefore 감도 = \frac{지시량의\ 변화}{측정량의\ 변화}$$

97. 안전등형 가스검출기에서 청색 불꽃의 길이로 농도를 알 수 있는 가스는?
① 수소 ② 메탄
③ 프로판 ④ 산소

[해설] 안전등형 : 탄광 내에서 메탄(CH_4)가스를 검출하는데 사용되는 석유램프의 일종으로 메탄이 존재하면 불꽃의 모양이 커지며, 푸른 불꽃(청염) 길이로 메탄의 농도를 대략적으로 알 수 있다.

98. 습한 공기 205 kg 중 수증기가 35 kg 포함되어 있다고 할 때 절대습도(kg/kg)는? (단, 공기와 수증기의 분자량은 각각 29, 18로 한다.)
① 0.106 ② 0.128
③ 0.171 ④ 0.206

[해설] $X = \dfrac{G_w}{G_a} = \dfrac{G_w}{G - G_w}$
$= \dfrac{35}{205 - 35} = 0.206 \text{ kg/kg}$

99. 열전대 온도계의 특징에 대한 설명으로 틀린 것은?
① 냉접점이 있다.
② 보상도선을 사용한다.
③ 원격 측정용으로 적합하다.
④ 접촉식 온도계 중 가장 낮은 온도에 사용된다.

[해설] 열전대 온도계의 특징 : ①, ②, ③ 외
㉮ 고온 측정에 적합하다.
㉯ 냉접점이나 보상도선으로 인한 오차가 발생되기 쉽다.
㉰ 전원이 필요하지 않으며 원격지시 및 기록이 용이하다.
㉱ 온도계 사용한계에 주의하고, 영점보정을 하여야 한다.
㉲ 온도에 대한 열기전력이 크며 내구성이 좋다.
※ 접촉식 온도계 중 가장 낮은 온도에 사용될 수 있는 것은 백금 측온 저항체 온도계(-200~500℃)이다.

100. 제어계 오차가 검출될 때 오차가 변화하는 속도에 비례하여 조작량을 가·감산하도록 하는 동작은?
① 미분동작 ② 적분동작
③ 온-오프동작 ④ 비례동작

[해설] 미분(D) 동작 : 조작량이 동작신호의 미분치에 비례하는 동작으로 비례동작과 함께 쓰이며 일반적으로 진동이 제어되어 빨리 안정된다.

2019년도 시행 문제

▶ 2019년 3월 3일 시행

자격종목	코 드	시험시간	형 별
가스 기사	1471	2시간 30분	B

제 1 과목   가스유체역학

1. 수면의 높이가 10 m로 일정한 탱크의 바닥에 5 mm의 구멍이 났을 경우 이 구멍을 통한 유체의 유속은 얼마인가?
   ① 14 m/s   ② 19.6 m/s
   ③ 98 m/s   ④ 196 m/s

   [해설] $V = \sqrt{2g \cdot h}$
   $= \sqrt{2 \times 9.8 \times 10} = 14 \, \text{m/s}$

2. 수직으로 세워진 노즐에서 물이 10 m/s의 속도로 뿜어 올려진다. 마찰손실을 포함한 모든 손실이 무시된다면 물은 약 몇 m 높이까지 올라갈 수 있는가?
   ① 5.1 m   ② 10.4 m
   ③ 15.6 m   ④ 19.2 m

   [해설] 베르누이 방정식에서 속도수두 계산
   $\therefore h = \dfrac{V^2}{2g} = \dfrac{10^2}{2 \times 9.8} = 5.102 \, \text{m}$

3. 이상기체가 초음속으로 단면적이 줄어드는 노즐로 유입되어 흐를 때 감소하는 것은? (단, 유동은 등엔트로피 유동이다.)
   ① 온도   ② 속도
   ③ 밀도   ④ 압력

   [해설] 이상기체의 초음속 흐름($M > 1$)일 때 변화
   ㉮ 축소부 : 압력, 밀도, 온도는 증가하고 속도, 단면적은 감소한다.
   ㉯ 확대부 : 속도, 단면적은 증가하고 압력, 밀도, 온도는 감소한다.

4. 그림과 같은 확대 유로를 통하여 a지점에서 b지점으로 비압축성 유체가 흐른다. 정상상태에서 일어나는 현상에 대한 설명으로 옳은 것은?

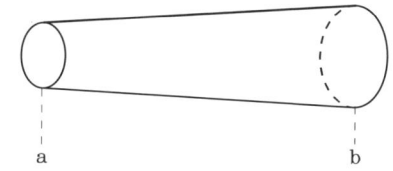

   ① a지점에서의 평균속도가 b지점에서의 평균속도보다 느리다.
   ② a지점에서의 밀도가 b지점에서의 밀도보다 크다.
   ③ a지점에서의 질량플럭스(mass flux)가 b지점에서의 질량플럭스보다 크다.
   ④ a지점에서의 질량유량이 b지점에서의 질량유량보다 크다.

   [해설] 비압축성 유체의 흐름 상태
   ㉮ a지점에서의 평균속도가 b지점에서의 평균속도보다 빠르다.
   ㉯ 비압축성 유체이므로 a지점에서의 밀도와 b지점에서의 밀도는 같다.
   ㉰ a지점에서의 속도가 b지점보다 크므로 a지점에서의 질량플럭스(mass flux : 질량유동)가 b지점에서의 질량플럭스보다 크다.
   ㉱ 연속의 방정식에 의해 a지점에서의 질량유량과 b지점에서의 질량유량은 같다.

[정답] 1. ①   2. ①   3. ②   4. ③

5. 온도 27°C의 이산화탄소 3 kg이 체적 0.3 m³의 용기에 가득 차 있을 때 용기 내의 압력(kgf/cm²)은? (단, 일반기체상수는 848 kgf·m/kmol·K이고, 이산화탄소의 분자량은 44이다.)

① 5.79 ② 24.3
③ 100   ④ 270

해설 $PV = GRT$에서

$R = \dfrac{848}{M}$ kgf·m/kg·K이다.

$\therefore P = \dfrac{GRT}{V}$

$= \dfrac{3 \times \dfrac{848}{44} \times (273 + 27)}{0.3} \times 10^{-4}$

$= 5.781 \text{ kgf/cm}^2$

6. 깊이 1000 m인 해저의 수압은 계기압력으로 몇 kgf/cm²인가? (단, 해수의 비중량은 1025 kgf/m³이다.)

① 100   ② 102.5
③ 1000 ④ 1025

해설 $P = \gamma \cdot h = 1025 \times 1000 \times 10^{-4}$
$= 102.5 \text{ kgf/cm}^2$

7. 다음의 펌프 종류 중에서 터보형이 아닌 것은?

① 원심식   ② 축류식
③ 왕복식   ④ 경사류식

해설 펌프의 분류
(1) 터보식 펌프
  ㉮ 원심식 : 벌류트 펌프, 터빈 펌프
  ㉯ 사류식(경사류식)
  ㉰ 축류식
(2) 용적식 펌프
  ㉮ 왕복식 : 피스톤 펌프, 플런저 펌프, 다이어프램 펌프
  ㉯ 회전식 : 기어 펌프, 나사 펌프, 베인 펌프
(3) 특수 펌프 : 재생 펌프, 제트 펌프, 기포 펌프, 수격 펌프

8. 레이놀즈수를 옳게 나타낸 것은?

① 점성력에 대한 관성력의 비
② 점성력에 대한 중력의 비
③ 탄성력에 대한 압력의 비
④ 표면장력에 대한 관성력의 비

해설 레이놀즈수는 층류와 난류를 구분하는 척도로 점성력에 대한 관성력의 비이다.

$\therefore Re = \dfrac{\rho DV}{\mu} = \dfrac{\text{관성력}}{\text{점성력}}$

9. 두 개의 무한히 큰 수평 평판 사이에 유체가 채워져 있다. 아래 평판을 고정하고 윗 평판을 V의 일정한 속도로 움직일 때 평판에는 τ의 전단응력이 발생한다. 평판 사이의 간격은 H이고, 평판 사이의 속도 분포는 선형(couette 유동)이라고 가정하여 유체의 점성계수 μ를 구하면?

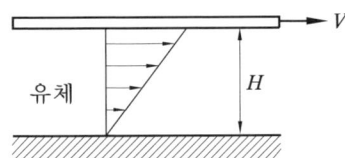

① $\dfrac{\tau V}{H}$ ② $\dfrac{\tau H}{V}$ ③ $\dfrac{VH}{\tau}$ ④ $\dfrac{\tau V}{H^2}$

해설 전단응력 $\tau = \mu \dfrac{du}{dy}$에서 평판 사이의 거리 $H(dy = H)$, 이동 평판의 속도 $V(du = V)$이므로

$\therefore \mu = \dfrac{\tau}{\dfrac{du}{dy}} = \dfrac{\tau dy}{du} = \dfrac{\tau H}{V}$

10. 유체의 흐름에 관한 다음 설명 중 옳은 것을 모두 나타낸 것은?

㉠ 유관은 어떤 폐곡선을 통과하는 여러 개의 유선으로 이루어지는 것을 뜻한다.
㉡ 유적선은 한 유체 입자가 공간을 운동할 때 그 입자의 운동 궤적이다.

정답 5. ① 6. ② 7. ③ 8. ① 9. ② 10. ③

① ㉠ ② ㉡
③ ㉠, ㉡ ④ 모두 틀림

[해설] 유체의 흐름 용어
 ㉮ 유선 : 유체의 한 입자가 지나간 궤적을 표시하는 선으로 임의 순간에 모든 점의 속도와 방향이 일치하는 유동선
 ㉯ 유관 : 여러 개의 유선으로 둘러싸인 한 개의 관
 ㉰ 유적선 : 유체 입자가 일정한 기간 동안 움직인 경로
 ㉱ 유맥선 : 모든 유체 입자가 공간 내의 한 점을 지나는 순간 궤적

11. 그림과 같이 60° 기울어진 4 m×8 m의 수문이 A지점에서 힌지(hinge)로 연결되어 있을 때, 이 수문에 작용하는 물에 의한 정수력의 크기는 약 몇 kN인가?

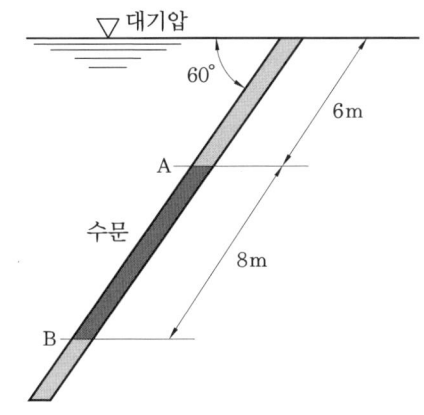

① 2.7 ② 1568
③ 2716 ④ 3136

[해설] $F = \gamma \cdot h \cdot A = \gamma \cdot y_c \cdot \sin\theta \cdot A$
$= 1000 \times \left(6 + \dfrac{8}{2}\right) \times \sin 60° \times (4 \times 8)$
$= 277128.1292 \, \text{kgf} \times 9.8 \times 10^{-3}$
$= 2715.855 \, \text{kN}$

12. 유체를 연속체로 가정할 수 있는 경우는?
① 유동 시스템의 특성길이가 분자 평균 자유행로에 비해 충분히 크고, 분자들 사이의 충돌시간은 충분히 짧은 경우
② 유동 시스템의 특성길이가 분자 평균 자유행로에 비해 충분히 작고, 분자들 사이의 충돌시간은 충분히 짧은 경우
③ 유동 시스템의 특성길이가 분자 평균 자유행로에 비해 충분히 크고, 분자들 사이의 충돌시간은 충분히 긴 경우
④ 유동 시스템의 특성길이가 분자 평균 자유행로에 비해 충분히 작고, 분자들 사이의 충돌시간은 충분히 긴 경우

[해설] 물체의 유동을 특징지어 주는 대표길이(물체의 특성길이)가 분자의 크기나 분자의 평균 자유행로보다 매우 크고, 분자 상호간의 충돌시간이 짧아 분자 운동의 특성이 보존되는 경우에 유체를 연속체로 취급할 수 있다.

13. 압력 1.4 kgf/cm² · abs, 온도 96℃의 공기가 속도 90 m/s로 흐를 때, 정체온도(K)는 얼마인가? (단, 공기의 C_p = 0.24 kcal/kg · K이다.)
① 397 ② 382
③ 373 ④ 369

[해설] ㉮ 마하수 계산 : 공기의 비열비(k)는 1.4이다.
$\therefore M = \dfrac{V}{\sqrt{kgRT}}$
$= \dfrac{90}{\sqrt{1.4 \times 9.8 \times \dfrac{848}{29} \times (273+96)}}$
$= 0.234$

㉯ 정체온도 계산
$\therefore T_0 = T \times \left(1 + \dfrac{k-1}{2} \times M^2\right)$
$= (273+96) \times \left(1 + \dfrac{1.4-1}{2} \times 0.234^2\right)$
$= 373.04 \, \text{K}$

14. 다음 유량계 중 용적형 유량계가 아닌 것은?

[정답] 11. ③ 12. ① 13. ③ 14. ④

① 가스 미터(gas meter)
② 오벌 유량계
③ 선회 피스톤형 유량계
④ 로터 미터

[해설] 유량계의 구분 및 종류
㉮ 용적식 : 오벌기어식, 루트(roots)식, 로터리 피스톤식, 회전 원판식, 로터리 베인식, 습식 가스미터, 막식 가스미터 등
㉯ 간접식 : 차압식, 유속식, 면적식, 전자식, 와류식 등
※ 로터 미터는 면적식 유량계에 해당된다.

15. 비중이 0.9인 액체가 나타내는 압력이 1.8 kgf/cm²일 때 이것은 수두로 몇 m 높이에 해당하는가?
① 10 ② 20
③ 30 ④ 40

[해설] 베르누이 방정식에서 압력수두 계산
$$\therefore h = \frac{P}{\gamma} = \frac{1.8 \times 10^4}{0.9 \times 10^3} = 20 \text{ m}$$

16. 절대압이 2 kgf/cm²이고, 40℃인 이상기체 2 kg이 가역과정으로 단열압축되어 절대압 4 kgf/cm²이 되었다. 최종 온도는 약 몇 ℃인가? (단, 비열비 k는 1.4이다.)
① 43 ② 64
③ 85 ④ 109

[해설] $\frac{T_2}{T_1} = \left(\frac{P_2}{P_1}\right)^{\frac{k-1}{k}}$ 에서

$$\therefore T_2 = T_1 \times \left(\frac{P_2}{P_1}\right)^{\frac{k-1}{k}}$$
$$= (273+40) \times \left(\frac{4}{2}\right)^{\frac{1.4-1}{1.4}}$$
$$= 381.551 \text{ K} - 273 = 108.551 ℃$$

17. 안지름이 0.0526 m인 철관에 비압축성 유체가 9.085 m³/h로 흐를 때의 평균유속은 약 몇 m/s인가? (단, 유체의 밀도는 1200 kg/m³이다.)
① 1.16 ② 3.26
③ 4.68 ④ 11.6

[해설] $Q = AV = \frac{\pi}{4}D^2 V$ 에서 시간당 유량(m³/h)을 초당 유속(m/s)으로 계산하여야 한다.
$$\therefore V = \frac{4Q}{\pi D^2} = \frac{4 \times 9.085}{\pi \times 0.0526^2 \times 3600}$$
$$= 1.161 \text{ m/s}$$

18. 100 PS는 약 몇 kW인가?
① 7.36 ② 7.46
③ 73.6 ④ 74.6

[해설] 1 PS = 75 kgf · m/s = 632.2 kcal/h
= 0.735 kW = 2664 kJ/h
∴ 100 PS는 100×0.735 kW = 73.5 kW이다.

19. 이상기체 속에서의 음속을 옳게 나타낸 식은? (단, ρ = 밀도, P = 압력, k = 비열비, $\overline{R}$ = 일반기체상수, M = 분자량이다.)
① $\sqrt{\frac{k}{\rho}}$ ② $\sqrt{\frac{d\rho}{dP}}$
③ $\sqrt{\frac{\rho}{kP}}$ ④ $\sqrt{\frac{k\overline{R}T}{M}}$

[해설] 음속 계산식 $C = \sqrt{\frac{dP}{d\rho}} = \sqrt{\frac{kP}{\rho}} = \sqrt{kRT}$ 에서 일반기체상수 $\overline{R}$ = 8314 J/kmol·K이므로
$\overline{R} = \frac{8314}{M}$ J/kg·K이 된다.
$$\therefore C = \sqrt{kRT} = \sqrt{\frac{k\overline{R}T}{M}}$$

20. 중력에 대한 관성력의 상대적인 크기와 관련된 무차원의 수는 무엇인가?
① Reynolds 수 ② Froude 수
③ 모세관수 ④ Weber 수

[정답] 15. ② 16. ④ 17. ① 18. ③ 19. ④ 20. ②

해설 무차원 수

명칭	정의	의미	비고
레이놀즈 수 (Re)	$Re = \dfrac{\rho VL}{\mu}$	관성력 점성력	모든 유체의 유동
마하 수 (Ma)	$Ma = \dfrac{V}{\alpha}$	관성력 탄성력	압축성 유동
웨버 수 (We)	$We = \dfrac{\rho V^2 L}{\sigma}$	관성력 표면장력	자유표면 유동
프루드 수 (Fr)	$Fr = \dfrac{V}{\sqrt{Lg}}$	관성력 중력	자유표면 유동
오일러 수 (Eu)	$Eu = \dfrac{P}{\dfrac{\rho V^2}{2}}$	압축력 관성력	압력차에 의한 유동

제 2 과목 연소공학

21. 운전과 위험분석(HAZOP) 기법에서 변수의 양이나 질을 표현하는 간단한 용어는?
① parameter ② cause
③ consequence ④ guide words

해설 운전과 위험분석(HAZOP) 기법의 주요 내용
㉮ node 구분 : 공정의 운전조건이 같은 지점을 하나의 node로 구분한다.
㉯ key words : 압력, 온도, 유량, 농도 등
㉰ parameter : 하이(high), 로(low), 논(none), as well as, in stead of 등
㉱ safety guard : 안전밸브, 압력계, 온도계, 자동차단장치 등 공정의 업셋(upset)이 있을 때 방지해 줄 수 있는 장치를 기록한다.
㉲ guide words : 변수의 양이나 질을 표현한다.
㉳ 사고 내용 : key words와 parameter를 조합하여 일어날 사고를 기록한다.

22. 열역학 제2법칙을 잘못 설명한 것은?
① 열은 고온에서 저온으로 흐른다.
② 전체 우주의 엔트로피는 감소하는 법이 없다.
③ 일과 열은 전량 상호 변환할 수 있다.
④ 외부로부터 일을 받으면 저온에서 고온으로 열을 이동시킬 수 있다.

해설 열역학 제2법칙 : 열은 고온도의 물질로부터 저온도의 물질로 옮겨질 수 있지만, 그 자체는 저온도의 물질로부터 고온도의 물질로 옮겨갈 수 없다. 또 일이 열로 바뀌는 것은 쉽지만 반대로 열이 일로 바뀌는 것은 힘을 빌리지 않는 한 불가능한 일이다. 이와 같이 열역학 제2법칙은 에너지 변환의 방향성을 명시한 것으로 방향성의 법칙이라 한다.
※ ③항은 열역학 제1법칙을 설명한 것임

23. 프로판 가스 44 kg을 완전 연소시키는 데 필요한 이론공기량은 약 몇 Nm^3인가?
① 460 ② 530
③ 570 ④ 610

해설 ㉮ 프로판(C_3H_8)의 완전 연소 반응식
$C_3H_8 + 5O_2 \rightarrow 3CO_2 + 4H_2O$
㉯ 이론공기량 계산 : 프로판 1 kmol에 해당하는 질량은 44 kg이고, 이때 필요한 이론산소량은 5×22.4 Nm^3에 해당된다.
$\therefore A_0 = \dfrac{O_0}{0.21} = \dfrac{5 \times 22.4}{0.21} = 533.33 \, Nm^3$

24. 소화안전장치(화염감시장치)의 종류가 아닌 것은?
① 열전대식 ② 플레임 로드식
③ 자외선 광전관식 ④ 방사선식

해설 소화안전장치 : 파일럿 버너 또는 메인 버너의 불꽃이 꺼지거나 연소기구 사용 중에 가스공급이 중단 또는 불꽃 검지부에 고장이 생겼을 때 자동으로 가스 밸브를 닫히게 하여 불이 꺼졌을 때 가스가 유출되는 것을 방지하는 안전장치로 열전대식, 플레임 로드식, 광전관식(자외선 광전관식) 등으로 분류된다.

25. 1 atm, 15℃ 공기를 0.5 atm까지 단열팽창시키면 그 때 온도는 몇 ℃인가? (단, 공기

정답 21. ④ 22. ③ 23. ② 24. ④ 25. ④

의 $\dfrac{C_p}{C_v} = 1.4$이다.)

① −18.7℃ ② −20.5℃
③ −28.5℃ ④ −36.7℃

[해설] $\dfrac{T_2}{T_1} = \left(\dfrac{P_2}{P_1}\right)^{\frac{k-1}{k}}$ 에서

$\therefore T_2 = T_1 \times \left(\dfrac{P_2}{P_1}\right)^{\frac{k-1}{k}}$

$= (273 + 15) \times \left(\dfrac{0.5}{1}\right)^{\frac{1.4-1}{1.4}}$

$= 236.256\,K - 273 = -36.744℃$

26. 연소속도에 영향을 주는 요인으로서 가장 거리가 먼 것은?
① 산소와의 혼합비 ② 반응계의 온도
③ 발열량 ④ 촉매

[해설] 연소속도에 영향을 주는 요인(인자)
㉮ 기체의 확산 및 산소와의 혼합
㉯ 연소용 공기 중 산소의 농도
㉰ 연소 반응물질 주위의 압력
㉱ 온도
㉲ 촉매

27. 다음 중 연소의 3요소로만 옳게 나열된 것은?
① 공기비, 산소 농도, 점화원
② 가연성 물질, 산소 공급원, 점화원
③ 연료의 저위발열량, 공기비, 산소 농도
④ 인화점, 활성화 에너지, 산소 농도

[해설] 연소의 3요소 : 가연물, 산소 공급원, 점화원

28. 다음 중 폭발범위의 하한값이 가장 낮은 것은?
① 메탄 ② 아세틸렌
③ 부탄 ④ 일산화탄소

[해설] 각 가스의 공기 중에서의 폭발범위

명칭	폭발범위
메탄(CH_4)	5~15 %
아세틸렌(C_2H_2)	2.5~81 %
부탄(C_4H_{10})	1.9~8.5 %
일산화탄소(CO)	12.5~74 %

29. 다음 중 어떤 과정이 가역적으로 되기 위한 조건은?
① 마찰로 인한 에너지 변화가 있다.
② 외계로부터 열을 흡수 또는 방출한다.
③ 작용 물체는 전 과정을 통하여 항상 평형이 이루어지지 않는다.
④ 외부 조건에 미소한 변화가 생기면 어느 지점에서라도 역전시킬 수 있다.

[해설] 가역과정 : 과정을 여러 번 진행해도 결과가 동일하며 자연계에 아무런 변화도 남기지 않는 것으로 카르노 사이클, 노즐에서의 팽창, 마찰이 없는 관내 흐름 등이 해당된다.

30. 가연성가스와 공기를 혼합하였을 때 폭굉범위는 일반적으로 어떻게 되는가?
① 폭발범위와 동일한 값을 가진다.
② 가연성가스의 폭발상한계값보다 큰 값을 가진다.
③ 가연성가스의 폭발하한계값보다 작은 값을 가진다.
④ 가연성가스의 폭발하한계와 상한계값 사이에 존재한다.

[해설] 폭굉범위 : 폭발한계 내에서도 특히 폭굉을 생성하는 조성의 한계로 가연성가스와 공기가 혼합하였을 때 폭굉범위는 가연성가스의 폭발범위 내(폭발하한계와 상한계값 사이)에 존재한다.

31. 프로판 20 v%, 부탄 80 v%인 혼합가스 1 L

정답 26. ③ 27. ② 28. ③ 29. ④ 30. ④ 31. ④

가 완전 연소하는 데 필요한 산소는 약 몇 L인가?
① 3.0 L ② 4.2 L
③ 5.0 L ④ 6.2 L

[해설] ㉮ 프로판(C_3H_8)과 부탄(C_4H_{10})의 완전 연소 반응식
$C_3H_8 + 5O_2 \rightarrow 3CO_2 + 4H_2O$: 20 %
$C_4H_{10} + 6.5O_2 \rightarrow 4CO_2 + 5H_2O$: 80 %
㉯ 이론산소량 계산 : 기체 연료 1L당 필요한 산소량(L)은 연소반응식에서 산소의 몰수에 해당하는 양이고, 각 가스의 체적비에 해당하는 양만큼 필요한 것이다.
∴ $O_0 = (5 \times 0.2) + (6.5 \times 0.8) = 6.2$ L

32. 실제 기체가 완전 기체(ideal gas)에 가깝게 될 조건은?
① 압력이 높고, 온도가 낮을 때
② 압력, 온도 모두 낮을 때
③ 압력이 낮고, 온도가 높을 때
④ 압력, 온도 모두 높을 때

[해설] 실제 기체가 이상기체(완전 기체)에 가깝게 될 조건은 압력이 낮고(저압), 온도가 높을(고온) 때이다.

33. 어느 온도에서 $A(g)+B(g) \rightleftharpoons C(g)+D(g)$와 같은 가역반응이 평형상태에 도달하여 D가 $\frac{1}{4}$ mol 생성되었다. 이 반응의 평형상수는?
(단, A와 B를 각각 1mol씩 반응시켰다.)
① $\frac{16}{9}$ ② $\frac{1}{3}$
③ $\frac{1}{9}$ ④ $\frac{1}{16}$

[해설]
$A(g) + B(g) \rightleftharpoons C(g) + D(g)$
반응 전 : 1 mol 1 mol 0 mol 0 mol
반응 후 : $\left(1-\frac{1}{4}\right)$mol $\left(1-\frac{1}{4}\right)$mol $\frac{1}{4}$mol $\frac{1}{4}$mol
∴ $K = \frac{[C] \cdot [D]}{[A] \cdot [B]}$
$= \frac{\frac{1}{4} \times \frac{1}{4}}{\left(1-\frac{1}{4}\right) \times \left(1-\frac{1}{4}\right)} = \frac{\frac{1}{4} \times \frac{1}{4}}{\frac{3}{4} \times \frac{3}{4}} = \frac{1}{9}$

34. 발열량이 24000 kcal/m³인 LPG 1m³에 공기 3m³을 혼합하여 희석하였을 때 혼합기체 1m³당 발열량은 몇 kcal인가?
① 5000 ② 6000
③ 8000 ④ 16000

[해설] $Q_2 = \frac{Q_1}{1+x} = \frac{24000}{1+3} = 6000$ kcal/m³

35. 다음은 정압 연소 사이클의 대표적인 브레이턴 사이클(Brayton cycle)의 $T-S$ 선도이다. 이 그림에 대한 설명으로 옳지 않은 것은?

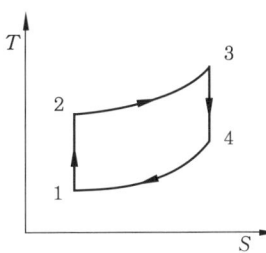

① 1-2의 과정은 가역단열압축 과정이다.
② 2-3의 과정은 가역정압가열 과정이다.
③ 3-4의 과정은 가역정압팽창 과정이다.
④ 4-1의 과정은 가역정압배기 과정이다.

[해설] (1) 브레이턴(Brayton) 사이클 : 2개의 단열과정과 2개의 정압과정으로 이루어진 가스터빈의 이상 사이클이다.
(2) 작동 순서
㉮ 1→2 과정 : 단열압축 과정(압축기)
㉯ 2→3 과정 : 정압가열 과정(연소기)
㉰ 3→4 과정 : 단열팽창 과정(터빈)
㉱ 4→1 과정 : 정압방열(배기) 과정

36. 공기의 확산에 의하여 반응하는 연소가 아닌 것은?

정답 32. ③ 33. ③ 34. ② 35. ③ 36. ①

① 표면연소　　② 분해연소
③ 증발연소　　④ 확산연소

[해설] 표면연소 : 고체 가연물이 열분해나 증발을 하지 않고 표면에서 산소와 반응하여 연소하는 것으로 목탄(숯), 코크스 등의 연소가 해당된다.
※ 분해, 증발, 확산연소는 가연물이 열분해나 증발을 하고 기체 자체가 확산되는 공기와 혼합이 되어 지속적인 연소가 가능해진다.

37. 발열량에 대한 설명으로 틀린 것은?
① 연료의 발열량은 연료단위량이 완전 연소했을 때 발생한 열량이다.
② 발열량에는 고위발열량과 저위발열량이 있다.
③ 저위발열량은 고위발열량에서 수증기의 잠열을 뺀 발열량이다.
④ 발열량은 열량계로는 측정할 수 없어 계산식을 이용한다.

[해설] 연료의 발열량을 측정하는 방법
㉮ 열량계에 의한 방법 : 봄브 열량계, 융커스식 열량계
㉯ 공업 분석에 의한 방법
㉰ 원소 분석에 의한 방법

38. 연료에 고정탄소가 많이 함유되어 있을 때 발생되는 현상으로 옳은 것은?
① 매연 발생이 많다.
② 발열량이 높아진다.
③ 연소 효과가 나쁘다.
④ 열손실을 초래한다.

[해설] 고정탄소가 증가할 때 영향
㉮ 발열량이 증가한다.
㉯ 매연 발생이 적어진다.
㉰ 불꽃이 짧게(단염) 형성된다.
㉱ 연소 효과가 좋아지고, 열손실이 방지된다.
㉲ 착화(점화)성은 나쁘다.

39. 폭발범위에 대한 설명으로 틀린 것은?

① 일반적으로 폭발범위는 고압일수록 넓다.
② 일산화탄소는 공기와 혼합 시 고압이 되면 폭발범위가 좁아진다.
③ 혼합가스의 폭발범위는 그 가스의 폭굉범위보다 좁다.
④ 상온에 비해 온도가 높을수록 폭발범위가 넓다.

[해설] 가연성가스와 공기를 혼합하였을 때 폭굉범위는 가연성가스의 폭발하한계와 상한계값 사이에 존재한다. 그러므로 혼합가스의 폭발범위는 그 가스의 폭굉범위보다 넓다.

40. 298.15 K, 0.1 MPa 상태의 일산화탄소(CO)를 같은 온도의 이론공기량으로 정상 유동 과정으로 연소시킬 때 생성물의 단열화염 온도를 주어진 표를 이용하여 구하면 약 몇 K인가? (단, 이 조건에서 CO 및 CO_2의 생성엔탈피는 각각 -110529 kJ/kmol, -393522 kJ/kmol이다.)

CO_2의 기준상태에서 각각의 온도까지 엔탈피 차

온도(K)	엔탈피 차(kJ/kmol)
4800	266500
5000	279295
5200	292123

① 4835　　② 5058
③ 5194　　④ 5293

[해설] ㉮ CO(일산화탄소)의 완전 연소 반응식을 이용하여 엔탈피 계산

$$CO + \frac{1}{2}O_2 \rightarrow CO_2 + Q$$

$-110529 = -393522 + Q$
∴ $Q = 393522 - 110529 = 282993$ kJ/kmol
→ 표에서 5000 K와 5200 K 사이에 존재한다.
㉯ 보간법에 의한 온도차 계산
"표 온도차 : 표 엔탈피차 = 구하는 온도차 : 구하는 엔탈피차"와 같다.
∴ 구하는 온도차
$$= \frac{표\ 온도차 \times 구하는\ 엔탈피차}{표\ 엔탈피차}$$

정답　37. ④　38. ②　39. ③　40. ②

$$= \frac{(5200-5000) \times (282993-279295)}{292123-279295}$$
$$= 57.655 \text{ K}$$
㉰ 생성물의 단열화염온도 계산
∴ 생성물 단열화염온도
   $= 5000+57.65 = 5057.65$ K

제 3 과목 가스설비

41. 기어 펌프는 어느 형식의 펌프에 해당되는가?
① 축류 펌프   ② 원심 펌프
③ 왕복식 펌프   ④ 회전 펌프
해설 7번 해설 참고

42. 공기 액화 사이클 중 압축기에서 압축된 가스가 열교환기로 들어가 팽창기에서 일을 하면서 단열팽창하여 가스를 액화시키는 사이클은?
① 필립스의 액화 사이클
② 캐스케이드 액화 사이클
③ 클라우드의 액화 사이클
④ 린데의 액화 사이클
해설 클라우드(Claude) 액화 사이클 : 팽창기에 의한 단열교축팽창을 이용한 것으로 피스톤식 팽창기를 사용한다.

43. 탄소강에 자경성을 주며 이 성분을 다량으로 첨가한 강은 공기 중에서 냉각하여도 쉽게 오스테나이트 조직으로 된다. 이 성분은?
① Ni   ② Mn
③ Cr   ④ Si
해설 탄소강에 함유된 망간(Mn)의 영향
㉮ 강도와 고온 가공성을 증가시키고, 연신율 감소를 억제시킨다.
㉯ 주조성과 담금질 효과를 향상시킨다.
㉰ 철 중에 존재하는 황(S)과의 친화력이 커서 황화망간(MnS)이 되며 적열취성의 원인이 되는 황화철(FeS)의 생성을 억제한다.
참고 자경성(自硬性 : self hardening)은 담금질 온도에서 대기 중에 방랭하는 것만으로도 단단해지는 성질로서 니켈(Ni), 크롬(Cr), 망간(Mn) 등이 함유된 특수강에서 주로 나타난다.

44. 배관이 열팽창할 경우에 응력이 경감되도록 미리 늘어날 여유를 두는 것을 무엇이라 하는가?
① 루핑   ② 핫 멜팅
③ 콜드 스프링   ④ 팩 레싱
해설 콜드 스프링(cold spring : 상온 스프링) : 배관의 자유팽창량(신축길이, 열팽창 길이)을 미리 계산하여 자유팽창량의 1/2만큼 짧게 절단하고 강제배관을 하여 신축(열팽창)을 흡수하는 방법이다.

45. 부탄가스 공급 또는 이송 시 가스 재액화 현상에 대한 대비가 필요한 방법(방식)은?
① 공기 혼합 공급 방식
② 액송 펌프를 이용한 이송법
③ 압축기를 이용한 이송법
④ 변성 가스 공급 방식
해설 압축기에 의한 이송 방법 특징
㉮ 펌프에 비해 이송시간이 짧다.
㉯ 잔가스 회수가 가능하다.
㉰ 베이퍼 로크 현상이 없다.
㉱ 부탄의 경우 재액화 현상이 일어난다.
㉲ 압축기 오일이 유입되어 드레인의 원인이 된다.
※ 압축기를 이용하여 부탄을 이송할 때 재액화 현상이 발생하므로 대비가 필요하다.

46. 냉동능력에서 1 RT를 kcal/h로 환산하면?
① 1660 kcal/h   ② 3320 kcal/h
③ 39840 kcal/h   ④ 79680 kcal/h

정답 41. ④ 42. ③ 43. ② 44. ③ 45. ③ 46. ②

[해설] 냉동능력
㉮ 1 한국 냉동톤 : 0℃ 물 1톤(1000 kg)을 0℃ 얼음으로 만드는 데 1일 동안 제거하여야 할 열량으로 3320 kcal/h에 해당된다.
※ 1 RT를 열량(kcal/h)으로 환산 : 물의 응고 잠열은 79.68 kcal/kg이다.
∴ $Q = 1000 \text{ kg/일} \times 79.68 \text{ kcal/kg} \times \dfrac{1}{24}$ (일/h)
= 3320 kcal/h
㉯ 1 미국 냉동톤 : 32°F 물 2000 lb를 32°F 얼음으로 만드는 데 1일 동안 제거하여야 할 열량으로 3024 kcal/h에 해당된다.

47. 터보 압축기에서 누출이 주로 생기는 부분에 해당되지 않는 것은?
① 임펠러 출구
② 다이어프램 부위
③ 밸런스 피스톤 부분
④ 축이 케이싱을 관통하는 부분

[해설] 터보 압축기에서 누출(누설)이 생기는 부분
㉮ 축이 케이싱을 관통하는 부분
㉯ 밸런스 피스톤 부분
㉰ 다이어프램 부위
㉱ 임펠러 입구 부분

48. 접촉분해(수증기 개질)에서 카본 생성을 방지하는 방법으로 알맞은 것은?
① 고온, 고압, 고수증기
② 고온, 저압, 고수증기
③ 고온, 고압, 저수증기
④ 저온, 저압, 저수증기

[해설] 접촉분해(수증기 개질) 공정
㉮ 카본의 생성 반응식
$CH_4 \rightleftarrows 2H_2 + C$(카본) … ⓐ
$2CO \rightleftarrows CO_2 + C$(카본) … ⓑ
㉯ 카본 생성을 방지하는 방법 : 반응에 필요한 수증기량 이상의 수증기를 가하면 카본 생성을 방지할 수 있다.
㉠ 발열반응에 해당되고 반응 전 1 mol, 반응 후 카본(C)을 제외한 2 mol로 반응 후의 mol수가 많으므로 온도가 높고, 압력이 낮을수록 반응이 잘 일어난다. 그러므로 카본(C) 생성을 방지하려면 반응이 잘 일어나지 않도록 하여야 하므로 반응온도 낮게, 반응압력은 높게 유지한다.
㉡ 발열반응에 해당되고 반응 전 2 mol, 반응 후 카본(C)을 제외한 1 mol로 반응 후의 mol수가 적으므로 온도가 낮고, 압력이 높을수록 반응이 잘 일어난다. 그러므로 카본(C) 생성을 방지하려면 반응이 잘 일어나지 않도록 하여야 하므로 반응온도는 높게, 반응압력은 낮게 유지해야 한다.

49. 고압가스 용접용기에 대한 내압검사 시 전증가량이 250 mL일 때 이 용기가 내압시험에 합격하려면 영구증가량은 얼마 이하가 되어야 하는가?
① 12.5 mL
② 25.0 mL
③ 37.5 mL
④ 50.0 mL

[해설] 신규 용기에 대한 내압시험 시 영구증가율 10 % 이하가 합격기준이다.
∴ 영구증가율 = $\dfrac{\text{영구증가량}}{\text{전증가량}} \times 100$ 에서
∴ 영구증가량 = 전증가량 × 영구증가율
= 250 × 0.1 = 25 mL 이하

50. 전기방식시설의 유지관리를 위해 배관을 따라 전위 측정용 터미널을 설치할 때 얼마 이내의 간격으로 하는가?
① 50 m 이내
② 100 m 이내
③ 200 m 이내
④ 300 m 이내

[해설] 전위 측정용 터미널 설치 간격
㉮ 희생양극법, 배류법 : 300 m 이내
㉯ 외부전원법 : 500 m 이내

51. 고무호스가 노후되어 지름 1 mm의 구멍이 뚫려 280 mmH₂O의 압력으로 LP가스가 대기 중으로 2시간 유출되었을 때 분출된 가스의 양은 약 몇 L인가? (단, 가스의 비중은

[정답] 47. ① 48. ② 49. ② 50. ④ 51. ②

1.6이다.)
① 140 L
② 238 L
③ 348 L
④ 672 L

해설 $Q = 0.009 D^2 \sqrt{\dfrac{P}{d}}$
$= 0.009 \times 1^2 \times \sqrt{\dfrac{280}{1.6}} \times 2 \times 1000$
$= 238.117 \, L$

52. 용접 결함 중 접합부의 일부분이 녹지 않아 간극이 생긴 현상은?
① 용입불량
② 융합불량
③ 언더컷
④ 슬러그

해설 용접 결함의 종류
㉮ 오버랩(over-lap) : 용융 금속이 모재와 융합되어 모재 위에 겹쳐지는 상태의 결함
㉯ 슬래그 혼입 : 녹은 피복제가 용착 금속 표면에 떠 있거나 용착 금속 속에 남아 있는 현상
㉰ 언더컷(under-cut) : 용접선 끝에 생기는 작은 홈 상태의 결함
㉱ 용입불량 : 접합부의 일부분이 녹지 않아 용착이 되지 않는 상태로 간극이 생기는 현상
㉲ 기공(blow hole) : 용착 금속 속에 남아 있는 가스로 인한 구멍 상태의 결함
㉳ 스패터(spatter) : 용접 중 비산하는 용융 금속이 모재 등에 부착되는 현상

53. 분자량이 큰 탄화수소를 원료로 10000 kcal/Nm³ 정도의 고열량 가스를 제조하는 방법은?
① 부분연소 프로세스
② 사이클링식 접촉분해 프로세스
③ 수소화분해 프로세스
④ 열분해 프로세스

해설 열분해 공정(thermal cracking process) : 고온하에서 원유, 중유, 나프타 등 분자량이 큰 탄화수소를 가열하여 수소(H_2), 메탄(CH_4), 에탄(C_2H_6), 에틸렌(C_2H_4), 프로판(C_3H_8) 등의 가스상의 탄화수소와 벤젠, 톨루엔 등의 조경유 및 타르, 나프탈렌 등으로 분해하고, 고열량 가스($10000 \, kcal/Nm^3$)를 제조하는 방법이다.

54. 금속의 표면 결함을 탐지하는 데 주로 사용되는 비파괴검사법은?
① 초음파 탐상법
② 방사선 투과시험법
③ 중성자 투과시험법
④ 침투 탐상법

해설 침투 탐상법(PT : penetrant test) : 침투 검사라 하며 표면의 미세한 균열, 작은 구멍, 슬러그 등을 검출하는 방법으로 자기검사를 할 수 없는 비자성 재료에 사용된다. 내부 결함은 검지하지 못하며 검사 결과가 즉시 나오지 않는다.

55. 도시가스설비에 대한 전기방식(防蝕)의 방법이 아닌 것은?
① 희생양극법
② 외부전원법
③ 배류법
④ 압착전원법

해설 전기방식법 종류 : 희생양극법, 외부전원법, 배류법, 강제배류법

56. 압력조정기를 설치하는 주된 목적은?
① 유량 조절
② 발열량 조절
③ 가스의 유속 조절
④ 일정한 공급압력 유지

해설 압력조정기의 역할(기능) : 유출압력 조절로 안정된 연소를 도모하고, 소비가 중단되면 가스를 차단한다.

57. 저압 배관의 관지름(관경) 결정(Pole식) 시 고려할 조건이 아닌 것은?
① 유량
② 배관길이
③ 중력가속도
④ 압력손실

정답 52. ① 53. ④ 54. ④ 55. ④ 56. ④ 57. ③

[해설] 저압 배관 유량 계산식 $Q = K\sqrt{\dfrac{D^5 \cdot H}{S \cdot L}}$

에서 배관 안지름 $D = \sqrt[5]{\dfrac{Q^2 SL}{K^2 H}}$ 이므로 가스유량(Q), 가스비중(S), 배관길이(L), 압력손실(H)과 관계있다.

58. LPG 압력조정기 중 1단 감압식 준저압 조정기의 조정압력은?
① 2.3~3.3 kPa
② 2.55~3.3 kPa
③ 57.0~83 kPa
④ 5.0~30.0 kPa 이내에서 제조자가 설정한 기준압력의 ±20%

[해설] 1단 감압식 준저압 조정기 압력
㉮ 입구압력 : 0.1~1.56 MPa
㉯ 조정압력 : 5.0~30.0 kPa 이내에서 제조자가 설정한 기준압력의 ±20%

59. PE 배관의 매설 위치를 지상에서 탐지할 수 있는 로케팅 와이어 전선의 굵기(mm^2)로 맞는 것은?
① 3   ② 4
③ 5   ④ 6

[해설] PE 배관 매몰 설치 기준
㉮ PE 배관의 굴곡허용반경은 외경의 20배 이상으로 한다. 다만, 굴곡반경이 외경의 20배 미만일 경우에는 엘보를 사용한다.
㉯ PE 배관의 매설 위치를 지상에서 탐지할 수 있는 탐지형 보호포, 로케팅 와이어(전선의 굵기는 6 mm^2 이상) 등을 설치한다.

60. 가스 중에 포화수분이 있거나 가스 배관의 부식 구멍 등에서 지하수가 침입 또는 공사 중에 물이 침입하는 경우를 대비해 관로의 저부에 설치하는 것은?
① 에어밸브   ② 수취기
③ 콕   ④ 체크밸브

[해설] 수취기 : 가스 중의 포화수분이 있거나 이음매가 불량한 곳, 가스 배관의 부식 구멍 등으로부터 지하수가 침입 또는 공사 중에 물이 침입하는 경우 가스 공급에 장애를 초래하므로 관로의 저부(低部)에 설치하여 수분을 제거하는 기기이다.

[참고] 수취기 설치 기준
㉮ 물이 체류할 우려가 있는 배관에는 수취기를 콘크리트 등의 박스에 설치한다. 다만, 수취기의 기초와 주위를 튼튼히 하여 수취기에 연결된 수취 배관의 안전 확보를 위한 보호박스를 설치한 경우에는 콘크리트 등의 박스에 설치하지 아니할 수 있다.
㉯ 수취기의 입관에는 플러그나 캡(중압 이상의 경우에는 밸브)을 설치한다.

제 4 과목 가스안전관리

61. 아세틸렌을 2.5 MPa의 압력으로 압축할 때에는 희석제를 첨가하여야 한다. 희석제로 적당하지 않은 것은?
① 일산화탄소   ② 산소
③ 메탄   ④ 질소

[해설] 희석제의 종류
㉮ 안전관리 규정에 정한 것 : 질소(N_2), 메탄(CH_4), 일산화탄소(CO), 에틸렌(C_2H_4)
㉯ 희석제로 가능한 것 : 수소(H_2), 프로판(C_3H_8), 이산화탄소(CO_2)

62. 충전질량 1000 kg 이상인 LPG 소형저장탱크 부근에 설치하여야 하는 분말소화기의 능력단위로 옳은 것은?
① BC용 B-10 이상
② BC용 B-12 이상
③ ABC용 B-10 이상
④ ABC용 B-12 이상

[해설] LPG 소형저장탱크 소화설비 기준
㉮ 충전질량 합계가 1000 kg 이상인 소형저

정답 58. ④ 59. ④ 60. ② 61. ② 62. ④

장탱크 부근에는 능력단위 ABC용 B-12 이상의 분말소화기를 2개 이상 비치한다.
④ 소형저장탱크 부근에는 소화활동에 필요한 통로 등을 확보한다.

63. 용기에 의한 액화석유가스 사용시설에서 용기집합설비의 설치 기준으로 틀린 것은?

① 용기집합설비의 양단 마감 조치 시에는 캡 또는 플랜지로 마감한다.
② 용기를 3개 이상 집합하여 사용하는 경우에 용기집합장치로 설치한다.
③ 내용적 30 L 미만인 용기로 LPG를 사용하는 경우 용기집합설비를 설치하지 않을 수 있다.
④ 용기와 소형저장탱크를 혼용 설치하는 경우에는 트윈호스로 마감한다.

[해설] 용기에 의한 LPG 사용시설 용기집합설비의 설치 기준
㉮ 용기집합설비의 양단 마감 조치 시에는 캡(round cap 또는 socket cap) 또는 플랜지로 마감한다.
㉯ 용기를 3개 이상 집합하여 사용하는 경우에는 용기집합장치로 설치한다.
㉰ 용기와 연결된 트윈호스의 조정기 연결부는 조정기 이외의 다른 저장설비나 가스설비에 연결하지 아니한다.
㉱ 용기에 연결된 측도관의 용기집합장치 연결부는 용기집합장치나 조정기 이외의 다른 저장설비나 가스설비에 연결하지 아니한다.
㉲ 용기와 소형저장탱크는 혼용 설치할 수 없다.
㉳ 용기집합장치를 설치하지 않을 수 있는 경우
 ㉠ 내용적 30 L 미만의 용기로 LPG를 사용하는 경우
 ㉡ 옥외에서 이동하면서 LPG를 사용하는 경우
 ㉢ 6개월 이내의 기간 동안 LPG를 사용하는 경우
 ㉣ 단독주택에서 LPG를 사용하는 경우
 ㉤ 주택 외의 건축물 중 그 영업장의 면적이 40 m² 이하인 곳에서 LPG를 사용하는 경우

64. 액화석유가스의 충전 용기는 항상 몇 ℃ 이하로 유지하여야 하는가?

① 15℃ ② 25℃ ③ 30℃ ④ 40℃

[해설] 충전 용기는 항상 40℃ 이하를 유지하고, 직사광선을 받지 아니하도록 조치한다.

65. 산소, 아세틸렌, 수소 제조 시 품질검사의 실시 횟수로 옳은 것은?

① 매시간   ② 6시간에 1회 이상
③ 1일 1회 이상 ④ 가스 제조 시마다

[해설] 품질검사 방법
㉮ 검사는 1일 1회 이상 가스제조장에서 실시한다.
㉯ 검사는 안전관리책임자가 실시하고, 검사 결과를 안전관리부총괄자와 안전관리책임자가 함께 확인하고 서명 날인한다.

66. 1일간 저장능력이 35000 m³인 일산화탄소 저장설비의 외면과 학교와는 몇 m 이상의 안전거리를 유지하여야 하는가?

① 17 m ② 18 m ③ 24 m ④ 27 m

[해설] ㉮ 일산화탄소(CO)는 독성 및 가연성가스이다.
㉯ 독성 및 가연성가스의 보호시설별 안전거리

저장능력(kg, m³)	제1종	제2종
1만 이하	17	12
1만 초과 2만 이하	21	14
2만 초과 3만 이하	24	16
3만 초과 4만 이하	27	18
4만 초과 5만 이하	30	20
5만 초과 99만 이하	30	20
99만 초과	30	20

※ 학교는 제1종 보호시설에 해당되므로 유지거리는 27 m이다.

정답 63. ④ 64. ④ 65. ③ 66. ④

67. 이동식 프로판 연소기용 용접용기에 액화석유가스를 충전하기 위한 압력 및 가스 성분의 기준은? (단, 충전하는 가스의 압력은 40℃ 기준이다.)

① 1.52 MPa 이하, 프로판 90 mol% 이상
② 1.53 MPa 이하, 프로판 90 mol% 이상
③ 1.52 MPa 이하, 프로판＋프로필렌 90 mol% 이상
④ 1.53 MPa 이하, 프로판＋프로필렌 90 mol% 이상

[해설] 액화석유가스 소형용기 충전 기준
㉮ 이동식 프로판 연소기용 용접용기 : 충전하는 가스 압력은 40℃에서 1.53 MPa 이하가 되도록 하여야 하며, 가스 성분은 프로판＋프로필렌 90 mol% 이상으로 한다.
㉯ 납붙임 또는 접합용기와 이동식 부탄 연소기용 용접용기 : 충전하는 가스 압력은 40℃에서 0.52 MPa 이하가 되도록 하여야 하며, 가스 성분은 프로판＋프로필렌은 10 mol% 이하, 부탄＋부틸렌은 90 mol% 이상으로 한다.

68. 차량에 고정된 탱크 운반차량의 운반기준 중 다음 ( )에 옳은 것은?

> 가연성가스(액화석유가스 제외한다) 및 산소탱크의 내용적은 (㉠)L, 독성가스(액화암모니아를 제외한다)의 탱크의 내용적은 (㉡)L를 초과하지 않을 것

① ㉠ 20000, ㉡ 15000
② ㉠ 20000, ㉡ 10000
③ ㉠ 18000, ㉡ 12000
④ ㉠ 16000, ㉡ 14000

[해설] 차량에 고정된 탱크 내용적 제한
㉮ 가연성(LPG 제외), 산소 : 18000 L 초과 금지
㉯ 독성가스(암모니아 제외) : 12000 L 초과 금지

69. 20 kg(내용적 : 47 L) 용기에 프로판이 2 kg들어 있을 때, 액체 프로판의 중량은 약 얼마인가? (단, 프로판의 온도는 15℃이며, 15℃에서 포화액체 프로판 및 포화가스 프로판의 비용적은 각각 1.976 cm³/g, 62 cm³/g이다.)

① 1.08 kg   ② 1.28 kg
③ 1.48 kg   ④ 1.68 kg

[해설] 액체 중량 계산 : 액체가 차지하는 중량을 x [kg]이라 하면 기체의 중량은 $(2-x)$[kg]이 되며, "액체 부피(L)＋기체 부피(L) = 전체 부피(L)"가 된다. 그리고 문제에서 주어진 비용적을 적용하면 "부피(L) = 중량(kg)×비용적(L/kg)"이 된다. (1 L = 1000 cm³, 1 kg = 1000 g이므로 비용적 단위 cm³/g = L/kg이다.)
∴ 액체 부피(L) ＋ 기체 부피(L) = 전체 부피(L)
(액체 중량×비용적) ＋ (기체 중량×비용적)
 = 전체 부피
∴ $\{x[kg] \times 1.976 L/kg\} + \{(2-x)[kg] \times 62 L/kg\}$
 $= 47 L$
$1.976x + (2 \times 62) - 62x = 47$
$x(1.976 - 62) = 47 - (2 \times 62)$
∴ $x = \dfrac{47 - (2 \times 62)}{1.976 - 62} = 1.2828$ kg

70. 지름이 각각 5 m와 7 m인 LPG 지상저장탱크 사이에 유지해야 하는 최소 거리는 얼마인가? (단, 탱크 사이에는 물분무 장치를 하지 않고 있다.)

① 1 m   ② 2 m
③ 3 m   ④ 4 m

[해설] LPG 저장탱크 간의 유지거리 : 두 저장탱크의 최대지름을 합산한 길이의 $\dfrac{1}{4}$ 이상에 해당하는 거리를 유지하고, 두 저장탱크의 최대지름을 합산한 길이의 $\dfrac{1}{4}$ 의 길이가 1 m 미만인 경우에는 1 m 이상의 거리를 유지한다. 다만, LPG 저장탱크에 물분무 장치가 설치되었을 경우에는 저장탱크 간의 이격거리를 유지하지 않아도 된다.
∴ $L = \dfrac{D_1 + D_2}{4} = \dfrac{5+7}{4} = 3$ m

정답 67. ④   68. ③   69. ②   70. ③

71. 아세틸렌을 용기에 충전할 때에는 미리 용기에 다공질물을 고루 채워야 하는데 이때 다공도는 몇 % 이상이어야 하는가?
① 62 % 이상 ② 75 % 이상
③ 92 % 이상 ④ 95 % 이상

해설 아세틸렌을 용기에 충전하는 때에는 미리 용기에 다공질물을 고루 채워 다공도가 75 % 이상 92 % 미만이 되도록 한 후 아세톤 또는 디메틸포름아미드를 고루 침윤시키고 충전한다.

72. 가스용 염화비닐 호스의 안지름 치수 규격이 옳은 것은?
① 1종 : 6.3±0.7 mm
② 2종 : 9.5±0.9 mm
③ 3종 : 12.7±1.2 mm
④ 4종 : 25.4±1.27 mm

해설 염화비닐 호스의 안지름 치수

구분	안지름(mm)	허용차(mm)
1종	6.3	±0.7
2종	9.5	
3종	12.7	

73. 가연성가스 제조소에서 화재의 원인이 될 수 있는 착화원이 모두 바르게 나열된 것은?

> ㉠ 정전기
> ㉡ 베릴륨 합금제 공구에 의한 충격
> ㉢ 안전증 방폭구조의 전기기기
> ㉣ 촉매의 접촉작용
> ㉤ 밸브의 급격한 조작

① ㉠, ㉣, ㉤   ② ㉠, ㉡, ㉢
③ ㉠, ㉢, ㉣   ④ ㉡, ㉢, ㉤

해설 ㉡항의 베릴륨 합금제 공구는 타격(충격)에 의하여 불꽃이 발생하지 않는 방폭공구이고 ㉢항의 방폭 전기기기는 폭발을 방지하는 전기기기이다.

74. 가연성가스의 폭발범위가 적절하게 표기된 것은?
① 아세틸렌 : 2.5∼81 %
② 암모니아 : 16∼35 %
③ 메탄 : 1.8∼8.4 %
④ 프로판 : 2.1∼11.0 %

해설 각 가스의 공기 중에서의 폭발범위

가스 명칭	폭발범위값
아세틸렌(C_2H_2)	2.5∼81
암모니아(NH_3)	15∼28
메탄(CH_4)	5∼15
프로판(C_3H_8)	2.2∼9.5

75. 고압가스 냉동제조시설에서 냉동능력 20 ton 이상의 냉동설비에 설치하는 압력계의 설치 기준으로 틀린 것은?
① 압축기의 토출압력 및 흡입압력을 표시하는 압력계를 보기 쉬운 곳에 설치한다.
② 강제윤활방식인 경우에는 윤활압력을 표시하는 압력계를 설치한다.
③ 강제윤활방식인 것은 윤활유 압력에 대한 보호장치가 설치되어 있는 경우 압력계를 설치한다.
④ 발생기에는 냉매가스의 압력을 표시하는 압력계를 설치한다.

해설 냉동능력 20 ton 이상의 냉동설비에 설치하는 압력계의 설치 기준
㉮ 압축기의 토출압력 및 흡입압력을 표시하는 압력계를 보기 쉬운 곳에 설치한다.
㉯ 압축기가 강제윤활방식인 경우에는 윤활유 압력을 표시하는 압력계를 표시한다. 다만, 윤활유 압력에 대한 보호장치가 있는 경우에는 압력계를 설치하지 아니할 수 있다.
㉰ 발생기에는 냉매가스의 압력을 표시하는 압력계를 설치한다.

76. 저장시설로부터 차량에 고정된 탱크에 가스를 주입하는 작업을 할 경우 차량운전자는

정답 71. ② 72. ① 73. ① 74. ① 75. ③ 76. ④

작업 기준을 준수하여 작업하여야 한다. 다음 중 틀린 것은?
① 차량이 앞뒤로 움직이지 않도록 차바퀴의 전후를 차바퀴 고정목 등으로 확실하게 고정시킨다.
②『이입작업 중(충전 중) 화기엄금』의 표시판이 눈에 잘 띄는 곳에 세워져 있는가를 확인한다.
③ 정전기 제거용의 접지코드를 기지(基地)의 접지 탭에 접속하여야 한다.
④ 운전자는 이입작업이 종료될 때까지 운전석에 위치하여 만일의 사태가 발생하였을 때 즉시 엔진을 정지할 수 있도록 대비하여야 한다.

[해설] 차량에 고정된 탱크의 운전자는 이입작업이 종료될 때까지 탱크로리 차량의 긴급차단장치 부근에 위치하여야 하며, 가스누출 등 긴급사태 발생 시 안전관리자의 지시에 따라 신속하게 차량의 긴급차단장치를 작동하거나 차량이동 등의 조치를 취하여야 한다.

77. 다음 중 고압가스 용기에 대한 설명으로 틀린 것은?
① 아세틸렌 용기는 황색으로 도색하여야 한다.
② 압축가스를 충전하는 용기의 최고 충전압력은 TP로 표시한다.
③ 신규 검사 후 경과연수가 20년 이상인 용접용기는 1년마다 재검사를 하여야 한다.
④ 독성가스 용기의 그림 문자는 흰색 바탕에 검정색 해골 모양으로 한다.

[해설] 압축가스를 충전하는 용기의 최고 충전압력은 FP로 표시한다.

78. 고압가스 일반제조의 시설에서 사업소 밖의 배관 매몰 설치 시 다른 시설물과의 최소 이격거리를 바르게 나타낸 것은?
① 배관은 그 외면으로부터 지하의 다른 시설물과 0.5 m 이상
② 독성가스의 배관은 수도시설로부터 100 m 이상
③ 터널과는 5 m 이상
④ 건축물과는 1.5 m 이상

[해설] 사업소 밖의 배관 매몰 설치 시 이격거리 기준
㉮ 건축물과는 1.5 m, 지하도로 및 터널과는 10 m 이상의 거리를 유지한다.
㉯ 독성가스의 배관은 그 가스가 혼입될 우려가 있는 수도시설과는 300 m 이상의 거리를 유지한다.
㉰ 배관 외면으로부터 지하의 다른 시설물과 0.3 m 이상의 거리를 유지한다.
㉱ 지표면으로부터 매설깊이는 산이나 들에서는 1 m 이상, 그 밖의 지역에서는 1.2 m 이상으로 한다.

79. 액화석유가스의 적절한 품질을 확보하기 위하여 정해진 품질기준에 맞도록 품질을 유지하여야 하는 자에 해당하지 않는 것은?
① 액화석유가스 충전사업자
② 액화석유가스 특정사용자
③ 액화석유가스 판매사업자
④ 액화석유가스 집단공급사업자

[해설] 액화석유가스의 품질유지(액법 제26조) : 액화석유가스 수출입업자, 액화석유가스 충전사업자, 액화석유가스 집단공급사업자, 액화석유가스 판매사업자와 석유 및 석유대체연료 사업법에 따른 석유정제업자 및 부산물인 석유제품 판매업자는 품질기준에 맞도록 액화석유가스의 품질을 유지하여야 하며 품질기준에 미달되는 액화석유가스임을 알고 판매 또는 인도하거나 판매 또는 인도할 목적으로 저장, 운송 또는 보관하여서는 아니 된다.

80. 도시가스 배관용 볼밸브 제조의 시설 및 기술 기준으로 틀린 것은?
① 밸브의 오링과 패킹은 마모 등 이상이

정답 77. ② 78. ④ 79. ② 80. ②

없는 것으로 한다.
② 개폐용 핸들의 열림 방향은 시계 방향으로 한다.
③ 볼밸브는 핸들 끝에서 294.2 N 이하의 힘을 가해서 90° 회전할 때 완전히 개폐하는 구조로 한다.
④ 나사식 밸브 양끝의 나사축선에 대한 어긋남은 양끝면의 나사 중심을 연결하는 직선에 대하여 끝 면으로부터 300 mm 거리에서 2.0 mm를 초과하지 아니하는 것으로 한다.

[해설] 개폐용 핸들의 열림 방향은 시계 반대방향으로 한다.

제 5 과목 가스계측기기

81. 다음 중 팔라듐관 연소법과 관련이 없는 것은?
① 가스뷰렛 ② 봉액
③ 촉매 ④ 과염소산

[해설] 팔라듐관 연소법 : H_2를 분석하는 데 적당한 방법으로 촉매로 팔라듐 석면, 팔라듐 흑연, 백금, 실리카겔 등이 사용된다.
※ 팔라듐관 연소법 구성 기기 : 가스뷰렛, 팔라듐관, 봉액, 촉매, 수주관 등

82. 탄화수소 성분에 대하여 감도가 좋고, 노이즈가 적고 사용이 편리한 장점이 있는 가스 검출기는?
① 접촉연소식 ② 반도체식
③ 불꽃이온화식 ④ 검지관식

[해설] 수소불꽃 이온화 검출기(FID : flame ionization detector) : 불꽃으로 시료 성분이 이온화됨으로써 불꽃 중에 놓여진 전극 간의 전기 전도도가 증대하는 것을 이용한 것으로 탄화수소에서 감도가 최고이고 H_2, O_2, CO_2, SO_2 등은 감도가 없다. 탄화수소의 상대 감도는 탄소수에 비례한다.

83. 천연가스의 성분이 메탄(CH_4) 85 %, 에탄(C_2H_6) 13 %, 프로판(C_3H_8) 2 %일 때 이 천연가스의 총발열량은 약 몇 kcal/m³인가? (단, 조성은 용량 백분율이며, 각 성분에 대한 총발열량은 다음과 같다.)

성분	메탄	에탄	프로판
총 발열량(kcal/m³)	9520	16850	24160

① 10766 ② 12741
③ 13215 ④ 14621

[해설] 혼합가스의 발열량은 각 성분의 고유발열량에 성분 비율(%)을 곱한 값의 합이다.
∴ 천연가스 총발열량 = (메탄 총발열량×성분비)+(에탄 총발열량×성분비)+(프로판 총발열량×성분비)
= (9520×0.85)+(16850×0.13)+(24160×0.02) = 10765.7 kcal/m³

84. 검지가스와 누출 확인 시험지가 옳게 연결된 것은?
① 포스겐-해리슨씨 시약
② 할로겐-염화제일구리착염지
③ CO-KI 전분지
④ H_2S-질산구리벤젠지

[해설] 가스검지 시험지법

검지가스	시험지	반응(변색)
암모니아(NH_3)	적색리트머스지	청색
염소(Cl_2)	KI-전분지	청갈색
포스겐($COCl_2$)	해리슨 시험지	유자색
시안화수소(HCN)	초산벤젠지	청색
일산화탄소(CO)	염화팔라듐지	흑색
황화수소(H_2S)	연당지	회흑색
아세틸렌(C_2H_2)	염화제1구리 착염지	적갈색

※ 초산벤젠지는 질산구리벤젠지로 불려진다.

[정답] 81. ④ 82. ③ 83. ① 84. ①

85. 가스미터의 크기 선정 시 1개의 가스기구가 가스미터의 최대 통과량의 80%를 초과한 경우의 조치로서 가장 옳은 것은?
① 1등급 큰 미터를 선정한다.
② 1등급 적은 미터를 선정한다.
③ 상기 시 가스량 이상의 통과 능력을 가진 미터 중 최대의 미터를 선정한다.
④ 상기 시 가스량 이상의 통과 능력을 가진 미터 중 최소의 미터를 선정한다.

[해설] 가스미터의 크기 선정 : 15호 이하의 소형 가스미터는 최대 사용 가스량이 가스미터 용량의 60%가 되도록 선정한다. 다만, 1개의 가스기구가 가스미터의 최대 통과량의 80%를 초과한 경우에는 1등급 더 큰 가스미터를 선정한다.

86. 스프링식 저울의 경우 측정하고자 하는 물체의 무게가 작용하여 스프링의 변위가 생기고 이에 따라 바늘의 변위가 생겨 지시하는 양으로 물체의 무게를 알 수 있다. 이와 같은 측정방법은?
① 편위법   ② 영위법
③ 치환법   ④ 보상법

[해설] 편위법 : 측정량과 관계있는 다른 양으로 변환시켜 측정하는 방법으로 정도는 낮지만 측정이 간단하다. 부르동관 압력계, 스프링식 저울, 전류계 등이 해당된다.

87. 적분동작이 좋은 결과를 얻을 수 있는 경우가 아닌 것은?
① 측정지연 및 조절지연이 작은 경우
② 제어대상이 자기평형성을 가진 경우
③ 제어대상의 속응도(速應度)가 작은 경우
④ 전달지연과 불감시간(不感時間)이 작은 경우

[해설] 적분동작이 좋은 결과를 얻을 수 있는 경우
㉮ 측정지연 및 조절지연이 작은 경우
㉯ 제어대상이 자기평형성을 가진 경우
㉰ 제어대상의 속응도(速應度)가 큰 경우
㉱ 전달지연과 불감시간(不感時間)이 작은 경우

88. 습도에 대한 설명으로 틀린 것은?
① 절대습도는 비습도라고도 하며 %로 나타낸다.
② 상대습도는 현재의 온도 상태에서 포함할 수 있는 포화 수증기 최대량에 대한 현재 공기가 포함하고 있는 수증기의 양을 %로 표시한 것이다.
③ 이슬점은 상대습도가 100%일 때의 온도이며 노점온도라고도 한다.
④ 포화공기는 더 이상 수분을 포함할 수 없는 상태의 공기이다.

[해설] 습도의 구분
㉮ 절대습도 : 습공기 중에서 건조공기 1 kg에 대한 수증기의 양과의 비율로 온도에 관계없이 일정하게 나타난다.
㉯ 상대습도 : 현재의 온도 상태에서 현재 포함하고 있는 수증기의 양과의 비를 백분율(%)로 표시한 것으로 온도에 따라 변화한다.
㉰ 비교습도 : 습공기의 절대습도와 그 온도와 동일한 포화공기의 절대습도와의 비

89. 탄광 내에서 CH_4 가스의 발생을 검출하는 데 가장 적당한 방법은?
① 시험지법
② 검지관법
③ 질량분석법
④ 안전등형 가연성가스 검출법

[해설] 안전등형 : 탄광 내에서 메탄(CH_4) 가스를 검출하는 데 사용되는 석유램프의 일종으로 메탄이 존재하면 불꽃의 모양이 커지며, 푸른 불꽃(청염) 길이로 메탄의 농도를 대략적으로 알 수 있다.

90. 초저온 영역에서 사용될 수 있는 온도계로

정답 85. ① 86. ① 87. ③ 88. ① 89. ④ 90. ②

가장 적당한 것은?
① 광전관식 온도계
② 백금 측온 저항체 온도계
③ 크로멜-알루멜 열전대 온도계
④ 백금-백금·로듐 열전대 온도계

[해설] 백금 측온 저항체(백금 저항 온도계)의 특징
㉮ 사용 범위가 -200~500℃로 넓다.
㉯ 공칭 저항값(표준 저항값)은 0℃일 때 50Ω, 100Ω의 것이 표준적인 측온 저항체로 사용된다.
㉰ 표준용으로 사용할 수 있을 만큼 안정성이 있고, 재현성이 뛰어나다.
㉱ 측온 저항체의 소선으로 주로 사용된다.
㉲ 고온에서 열화(劣化)가 적다.
㉳ 저항온도계수가 비교적 작고, 측온 시간의 지연이 크다.
㉴ 가격이 비싸다.

91. 경사각이 30°인 경사관식 압력계의 눈금을 읽었더니 50 cm이었다. 이때 양단의 압력차는 약 몇 kgf/cm²인가? (단, 비중이 0.8인 기름을 사용하였다.)
① 0.02 ② 0.2 ③ 20 ④ 200

[해설] $P_1 - P_2 = \gamma x \sin\theta$
$= (0.8 \times 1000) \times 0.5 \times \sin 30° \times 10^{-4}$
$= 0.02 \text{ kgf/cm}^2$

92. 가스 크로마토그래피의 구성 장치가 아닌 것은?
① 분광부   ② 유속조절기
③ 컬럼   ④ 시료주입기

[해설] 가스 크로마토그래피의 장치 구성 요소 : 캐리어가스, 압력조정기, 유량조절밸브, 압력계, 분리관(컬럼), 검출기, 기록계 등

93. 선팽창계수가 다른 2종의 금속을 결합시켜 온도 변화에 따라 굽히는 정도가 다른 특성을 이용한 온도계는?

① 유리제 온도계
② 바이메탈 온도계
③ 압력식 온도계
④ 전기저항식 온도계

[해설] 바이메탈 온도계의 특징
㉮ 유리 온도계보다 견고하다.
㉯ 구조가 간단하고, 보수가 용이하다.
㉰ 온도 변화에 대한 응답이 늦다.
㉱ 히스테리시스(hysteresis) 오차가 발생되기 쉽다.
㉲ 온도 조절 스위치나 자동기록장치에 사용된다.
㉳ 작용하는 힘이 크다.
㉴ 측정 범위 : -50~500℃

94. 유리제 온도계 중 모세관 상부에 보조 구부를 설치하고 사용온도에 따라 수은량을 조절하여 미세한 온도차의 측정이 가능한 것은?
① 수은 온도계   ② 알코올 온도계
③ 베크만 온도계 ④ 유점 온도계

[해설] 베크만 온도계 : 모세관에 남은 수은의 양을 조절하여 측정하며 미소한 범위의 온도 변화를 정밀하게 측정할 수 있다.

95. 제어량이 목표값을 중심으로 일정한 폭의 상하 진동을 하게 되는 현상을 무엇이라고 하는가?
① 오프셋   ② 오버슈트
③ 오버잇   ④ 뱅뱅

[해설] 뱅뱅 : 제어량이 목표값을 중심으로 일정한 폭의 상하 진동을 하게 되는 현상으로 온-오프 동작(2위치 동작)에서 발생한다.

96. 가스미터 설치 장소 선정 시 유의사항으로 틀린 것은?
① 진동을 받지 않는 곳이어야 한다.
② 부착 및 교환 작업이 용이하여야 한다.
③ 직사일광에 노출되지 않는 곳이어야

한다.
④ 가능한 한 통풍이 잘되지 않는 곳이어야 한다.

[해설] 가스미터 설치 장소 선정 시 유의사항
㉮ 검침 및 점검, 부착 및 교환 작업이 편리한 장소일 것
㉯ 청결한 장소이어야 하고 어린이들의 손이 닿지 않는 장소일 것
㉰ 고온 다습한 곳, 화기, 부식성의 가스 등으로부터 안전거리를 유지할 수 있는 장소일 것
㉱ 눈, 비, 직사광선을 받지 않는 장소일 것
㉲ 진동을 받지 않는 장소일 것
㉳ 통풍이 양호한 위치일 것
㉴ -20℃ 이하의 저온으로 되지 않는 장소일 것

97. 2차 지연형 계측기에서 제동비를 ξ로 나타낼 때 대수감쇠율을 구하는 식은?

① $\dfrac{2\pi\xi}{\sqrt{1+\xi^2}}$ ② $\dfrac{2\pi\xi}{\sqrt{1-\xi^2}}$

③ $\dfrac{2\pi\xi}{\sqrt{1+\xi}}$ ④ $\dfrac{2\pi\xi}{\sqrt{1-\xi}}$

[해설] 대수감쇠율 : 감쇠를 하는 1자유도 스프링 질량계의 자유진동의 파형에 있어서 제 n번째의 진폭과 1주기 후 진폭의 비의 자연대수를 말한다. 대수감쇠율은 감쇠비(제동비) ξ만의 함수이다.

$$\therefore \delta = \dfrac{2\pi\xi}{\sqrt{1-\xi^2}}$$

98. 유체의 운동방정식(베르누이의 원리)을 적용하는 유량계는?

① 오벌기어식 ② 로터리베인식
③ 터빈유량계 ④ 오리피스식

[해설] 차압식 유량계
㉮ 측정 원리 : 베르누이 방정식

㉯ 종류 : 오리피스미터, 플로 노즐, 벤투리미터
㉰ 측정 방법 : 조리개 전후에 연결된 액주계의 압력차를 이용하여 유량 측정

99. 크로마토그래피에서 분리도를 2배로 증가시키기 위한 컬럼의 단수(N)는?

① 단수(N)를 $\sqrt{2}$ 배 증가시킨다.
② 단수(N)를 2배 증가시킨다.
③ 단수(N)를 4배 증가시킨다.
④ 단수(N)를 8배 증가시킨다.

[해설] $R = \dfrac{\sqrt{N}}{4} \times \dfrac{k}{k+1} \times \dfrac{\alpha-1}{\alpha}$ 이다.

$\dfrac{R_2}{R_1} = \dfrac{\dfrac{\sqrt{N_2}}{4} \times \dfrac{k_2}{k_2+1} \times \dfrac{\alpha_2-1}{\alpha_2}}{\dfrac{\sqrt{N_1}}{4} \times \dfrac{k_1}{k_1+1} \times \dfrac{\alpha_1-1}{\alpha_1}}$ 에서

$k_1 = k_2$, $\alpha_1 = \alpha_2$ 이므로, $\dfrac{R_2}{R_1} = \dfrac{\sqrt{N_2}}{\sqrt{N_1}}$ 이다.

$\therefore N_2 = \dfrac{R_2^2 \times N_1}{R_1^2} = \dfrac{2^2 \times 1}{1^2} = 4$

$\therefore$ 분리도(R)를 2배로 증가시키기 위해서는 컬럼의 단수(N)를 4배 증가시킨다.

100. 막식 가스미터에서 가스가 미터를 통과하지 않는 고장은?

① 부동 ② 불통
③ 기차불량 ④ 감도불량

[해설] (1) 불통(不通) : 가스가 계량기를 통과하지 못하는 고장
(2) 원인
㉮ 크랭크축이 녹슬었을 때
㉯ 밸브와 밸브시트가 타르, 수분 등에 의해 붙거나 동결된 경우
㉰ 날개 조절기 등 회전 장치 부분에 이상이 있을 때

정답 97. ② 98. ④ 99. ③ 100. ②

▶ 2019년 4월 27일 시행

자격종목	종목코드	시험시간	형별
가스 기사	1471	2시간 30분	A

제1과목 가스유체역학

1. 기체 수송에 사용되는 기계들이 줄 수 있는 압력 차를 크기 순서대로 옳게 나타낸 것은?
① 팬(fan)<압축기<송풍기(blower)
② 송풍기(blower)<팬(fan)<압축기
③ 팬(fan)<송풍기(blower)<압축기
④ 송풍기(blower)<압축기<팬(fan)

해설 작동압력에 의한 압축기 분류
㉮ 팬(fan) : 10 kPa 미만
㉯ 송풍기(blower) : 10 kPa 이상 0.1 MPa 미만
㉰ 압축기(compressor) : 0.1 MPa 이상

2. 진공압력이 0.10 kgf/cm² 이고, 온도가 20℃인 기체가 계기압력 7 kgf/cm²로 등온압축되었다. 이때 압축 전 체적(V_1)에 대한 압축 후의 체적(V_2)의 비는 얼마인가? (단, 대기압은 720 mmHg이다.)
① 0.11 ② 0.14
③ 0.98 ④ 1.41

해설 ㉮ 대기압 720 mmHg를 kgf/cm² 단위로 환산
∴ 환산압력
$= \dfrac{\text{주어진 압력}}{\text{표준 대기압}} \times$ 구하려는 단위 표준 대기압
$= \dfrac{720}{760} \times 1.0332 = 0.97882 \text{ kgf/cm}^2$
㉯ 절대압력 = 대기압+게이지압력
       = 대기압−진공압력
㉰ 보일−샤를의 법칙을 이용하여 체적비 계산

$\dfrac{P_1 V_1}{T_1} = \dfrac{P_2 V_2}{T_2}$ 에서
$T_1 = T_2$ 이다.
∴ $\dfrac{V_2}{V_1} = \dfrac{P_1}{P_2} = \dfrac{0.9788 - 0.10}{0.9788 + 7} = 0.1101$

3. 압력 P_1에서 체적 V_1을 갖는 어떤 액체가 있다. 압력을 P_2로 변화시키고 체적이 V_2가 될 때 압력 차이($P_2 - P_1$)를 구하면? (단, 액체의 체적탄성계수는 K로 일정하고, 체적 변화는 아주 작다.)

① $-K\left(1 - \dfrac{V_2}{V_1 - V_2}\right)$
② $K\left(1 - \dfrac{V_2}{V_1 - V_2}\right)$
③ $-K\left(1 - \dfrac{V_2}{V_1}\right)$
④ $K\left(1 - \dfrac{V_2}{V_1}\right)$

해설 $K = -\dfrac{dP}{\dfrac{dV}{V_1}}$
$= -\dfrac{P_1 - P_2}{\dfrac{V_1 - V_2}{V_1}} = \dfrac{P_2 - P_1}{\dfrac{V_1 - V_2}{V_1}}$ 이다.
∴ $(P_2 - P_1) = K \times \left(\dfrac{V_1 - V_2}{V_1}\right) = K \times \left(1 - \dfrac{V_2}{V_1}\right)$

4. 그림과 같이 비중량이 $\gamma_1, \gamma_2, \gamma_3$인 세 가지의 유체로 채워진 마노미터에서 A 위치와 B 위치의 압력 차이($P_B - P_A$)는?

정답 1. ③ 2. ① 3. ④ 4. ②

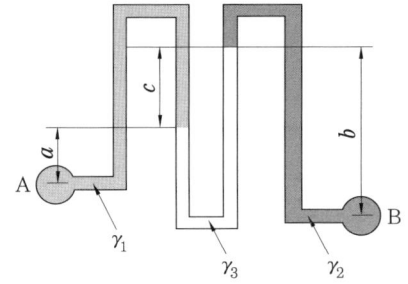

① $-a\gamma_1 - b\gamma_2 + c\gamma_3$
② $-a\gamma_1 + b\gamma_2 - c\gamma_3$
③ $a\gamma_1 - b\gamma_2 - c\gamma_3$
④ $a\gamma_1 - b\gamma_2 + c\gamma_3$

[해설] $P_A - a\gamma_1 = P_B - b\gamma_2 + c\gamma_3$
∴ $P_B - P_A = -a\gamma_1 + b\gamma_2 - c\gamma_3$

5. 왕복 펌프의 특징으로 옳지 않은 것은?
① 저속 운전에 적합하다.
② 같은 유량을 내는 원심 펌프에 비하면 일반적으로 대형이다.
③ 유량은 적어도 되지만 양정이 원심 펌프로 미칠 수 없을 만큼 고압을 요구하는 경우는 왕복 펌프가 적합하지 않다.
④ 왕복 펌프는 양수 작용에 따라 분류하면 단동식과 복동식 및 차동식으로 구분된다.

[해설] (1) 왕복 펌프의 특징
  ㉮ 소형으로 고압, 고점도 유체에 적당하다.
  ㉯ 회전수가 변화되면 토출량은 변화하고 토출압력은 변화가 적다.
  ㉰ 토출량이 일정하여 정량토출이 가능하고 수송량을 가감할 수 있다.
  ㉱ 단속적인 송출이라 맥동이 일어나기 쉽고 진동이 있다.
  ㉲ 고압으로 액의 성질이 변할 수 있고, 밸브의 그랜드 패킹이 고장이 많다.
  ㉳ 진동이 발생하고, 동일 용량의 원심 펌프에 비해 크기가 크므로 설치 면적이 크다.
(2) 구조에 따른 분류 : 피스톤 펌프, 플런저 펌프, 다이어프램 펌프

(3) 양수 작용에 따른 분류 : 단동식, 복동식, 차동식

6. 비중량이 30 kN/m³인 물체가 물속에서 줄(lope)에 매달려 있다. 줄의 장력이 4 kN이라고 할 때 물속에 있는 이 물체의 체적은 얼마인가?
① 0.198 m³   ② 0.218 m³
③ 0.225 m³   ④ 0.246 m³

[해설] 물체의 비중량(γ_1)에 물속에 있는 물체의 체적(V)을 곱한 값에서 줄의 장력(W_l)을 빼준 값은 물의 비중량(γ_2)에 물속에 있는 물체의 체적(V)을 곱한 값과 같다. 물의 SI 단위 비중량은 9800 N/m³ = 9.8 kN/m³이다.
∴ $\gamma_1 \times V - W_l = \gamma_2 \times V$
  $30 \times V - 4 = 9.8 \times V$
  $30V - 4 = 9.8V$
  $30V - 9.8V = 4$
  $V(30 - 9.8) = 4$
∴ $V = \dfrac{4}{30 - 9.8} = 0.19801 \text{ m}^3$

7. 내경 0.05 m인 강관 속으로 공기가 흐르고 있다. 한쪽 단면에서의 온도는 293 K, 압력은 4 atm, 평균 유속은 75 m/s였다. 이 관의 하부에는 내경 0.08 m의 강관이 접속되어 있는데 이곳의 온도는 303 K, 압력은 2 atm이라고 하면 이곳에서의 평균 유속은 몇 m/s인가? (단, 공기는 이상기체이고 정상유동이라 간주한다.)
① 14.2   ② 60.6
③ 92.8   ④ 397.4

[해설] ㉮ 처음 상태(293 K, 4 atm) 유량 계산
∴ $Q_1 = A_1 V_1$
  $= \dfrac{\pi}{4} \times 0.05^2 \times 75 = 0.1472 \text{ m}^3/\text{s}$

㉯ 293 K, 4 atm 상태의 유량을 303 K, 2 atm 상태의 유량으로 계산

$$\frac{P_1 Q_1}{T_1} = \frac{P_2 Q_2}{T_2} \text{ 에서}$$
$$\therefore Q_2 = \frac{P_1 Q_1 T_2}{P_2 T_1} = \frac{4 \times 0.1472 \times 303}{2 \times 293}$$
$$= 0.3044 \text{ m}^3/\text{s}$$

㉰ 나중 상태(303 K, 2 atm)의 속도 계산

$$\therefore V_2 = \frac{Q_2}{A_2} = \frac{0.3044}{\frac{\pi}{4} \times 0.08^2} = 60.5584 \text{ m/s}$$

8. 그림과 같은 덕트에서의 유동이 아음속 유동일 때 속도 및 압력의 유동방향 변화를 옳게 나타낸 것은?

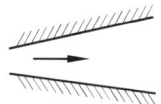

① 속도 감소, 압력 감소
② 속도 증가, 압력 증가
③ 속도 증가, 압력 감소
④ 속도 감소, 압력 증가

해설 이상기체의 아음속 흐름($M<1$)일 때 변화
㉮ 축소부: 속도는 증가하고, 단면적, 압력, 밀도, 온도는 감소한다.
㉯ 확대부: 단면적, 압력, 밀도, 온도는 증가하고 속도는 감소한다.

9. 관 내 유체의 급격한 압력 강하에 따라 수중에서 기포가 분리되는 현상은?
① 공기바인딩 ② 감압화
③ 에어리프트 ④ 캐비테이션

해설 캐비테이션(cavitation) 현상: 유수 중에 그 수온의 증기압보다 낮은 부분이 생기면 물이 증발을 일으키고 기포를 다수 발생하는 현상

10. 비중 0.9인 유체를 10 ton/h의 속도로 20 m 높이의 저장탱크에 수송한다. 지름이 일정한 관을 사용할 때 펌프가 유체에 가해 준 일은 몇 kgf·m/kg인가? (단, 마찰손실은 무시한다.)
① 10 ② 20
③ 30 ④ 40

해설 ㉮ 펌프가 유체에 가해준 시간당 일량(W) 계산: 문제에서 주어진 유체 10 ton/h는 속도가 아닌 중량유량(kgf/h)이고 이것을 체적유량(m³/h)로 환산하여 계산
$$\therefore W = \gamma[\text{kgf/m}^3] \times H[\text{m}] \times Q[\text{m}^3/\text{h}]$$
$$= (0.9 \times 10^3) \times 20 \times \frac{10000}{0.9 \times 10^3}$$
$$= 200000 \text{ kgf·m/h}$$
㉯ 유체 1 kg당의 일량으로 계산
$$\therefore W = \frac{200000}{10000} = 20 \text{ kgf·m/kg·h}$$

11. 공기 속을 초음속으로 날아가는 물체의 마하각(mach angle)이 35°일 때, 그 물체의 속도는 약 몇 m/s인가? (단, 음속은 340 m/s이다.)
① 581 ② 593
③ 696 ④ 900

해설 $\sin \alpha = \dfrac{C}{V}$
$$\therefore V = \frac{C}{\sin \alpha} = \frac{340}{\sin 35°} = 592.771 \text{ m/s}$$

12. 다음은 면적이 변하는 도관에서의 흐름에 관한 그림이다. 그림에 대한 설명으로 옳지 않은 것은?

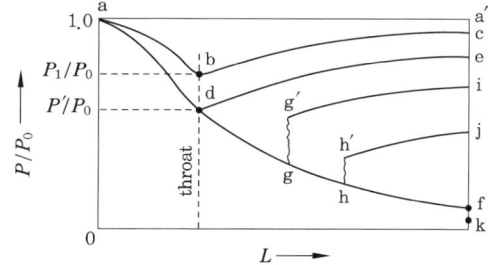

① d점에서의 압력비를 임계압력비라고 한다.

② gg′ 및 hh′는 충격파를 나타낸다.
③ 선 abc상의 다른 모든 점에서의 흐름은 아음속이다.
④ 초음속인 경우 노즐의 확산부의 단면적이 증가하면 속도는 감소한다.

[해설] 초음속인 경우 노즐의 확산부 단면적이 증가하면 속도는 증가한다.

13. 지름 5 cm의 관 속을 15 cm/s로 흐르던 물이 지름 10 cm로 급격히 확대되는 관 속으로 흐른다. 이때 확대에 의한 마찰손실 계수는 얼마인가?
① 0.25 ② 0.56 ③ 0.65 ④ 0.75

[해설] $K_e = \left(1 - \dfrac{A_1}{A_2}\right)^2 = \left\{1 - \left(\dfrac{D_1}{D_2}\right)^2\right\}^2$
$= \left\{1 - \left(\dfrac{5}{10}\right)^2\right\}^2 = 0.5625$

14. 지름이 400 mm인 공업용 강관에 20℃의 공기를 264 m³/min로 수송할 때, 길이 200 m에 대한 손실수두는 약 몇 cm인가? (단, Darcy-Weisbach 식의 관마찰계수는 0.1×10^{-3}이다.)
① 22 ② 37
③ 51 ④ 313

[해설] ㉮ 유속 계산
$\therefore V = \dfrac{Q}{A} = \dfrac{264}{\dfrac{\pi}{4} \times 0.4^2 \times 60}$
$= 35.014 \text{ m/s}$

㉯ 손실수두 계산
$h_f = f \times \dfrac{L}{D} \times \dfrac{V^2}{2g}$
$= 0.1 \times 10^{-3} \times \dfrac{200}{0.4} \times \dfrac{35.014^2}{2 \times 9.8} \times 100$
$= 312.75 \text{ cmH}_2\text{O}$

15. 다음 중 등엔트로피 과정은?

① 가역 단열 과정
② 비가역 등온 과정
③ 수축과 확대 과정
④ 마찰이 있는 가역적 과정

[해설] ㉮ 가역 단열 과정 : 엔트로피 일정(등엔트로피)
㉯ 비가역 단열 과정 : 엔트로피 증가

16. 다음 유체의 점성과 관련된 설명 중 잘못된 것은?
① poise는 점도의 단위이다.
② 점도란 흐름에 대한 저항력의 척도이다.
③ 동점성 계수는 '점도/밀도'와 같다.
④ 20℃에서 물의 점도는 1 poise이다.

[해설] 20℃에서 물의 점도(μ)는 1.0 cP(centi poise)이고, 동점성계수(ν)는 1.0 cSt(centi stokes)이다.

17. 단면적이 변화하는 수평 관로에 밀도가 ρ인 이상유체가 흐르고 있다. 단면적이 A_1인 곳에서의 압력은 P_1, 단면적이 A_2인 곳에서의 압력은 P_2이다. $A_2 = \dfrac{A_1}{2}$이면 단면적이 A_2인 곳에서의 평균 유속은?

① $\sqrt{\dfrac{4(P_1 - P_2)}{3\rho}}$ ② $\sqrt{\dfrac{4(P_1 - P_2)}{15\rho}}$
③ $\sqrt{\dfrac{8(P_1 - P_2)}{3\rho}}$ ④ $\sqrt{\dfrac{8(P_1 - P_2)}{15\rho}}$

[해설] ㉮ 1번 지점의 유속 계산
$Q_1 = A_1 \cdot V_1$
$Q_2 = A_2 \cdot V_2 = \dfrac{1}{2} A_1 \cdot V_2$에서
$Q_1 = Q_2$이므로 $A_1 V_1 = \dfrac{1}{2} A_1 V_2$이다.
$\therefore V_1 = \dfrac{\dfrac{1}{2} A_1 V_2}{A_1} = \dfrac{1}{2} V_2$

㉯ 2번 지점의 평균 유속 계산 : 1번과 2번 지

점에 베르누이 방정식을 적용하면
$\dfrac{P_1}{\gamma}+\dfrac{V_1^2}{2g}+Z_1=\dfrac{P_2}{\gamma}+\dfrac{V_2^2}{2g}+Z_2$ 에서
수평 관로이므로 $Z_1=Z_2$이다.

$\therefore \dfrac{P_1-P_2}{\gamma}=\dfrac{V_2^2-V_1^2}{2g}$

$=\dfrac{V_2^2-\left(\dfrac{1}{2}V_2\right)^2}{2g}=\dfrac{\dfrac{3}{4}V_2^2}{2g}$

$\therefore V_2=\sqrt{\dfrac{2g(P_1-P_2)}{\dfrac{3}{4}\gamma}}=\sqrt{\dfrac{8(P_1-P_2)}{3\rho}}$

18. 전단응력(shear stress)과 속도구배와의 관계를 나타낸 다음 그림에서 빙햄 플라스틱유체(Bingham plastic fluid)를 나타내는 것은?

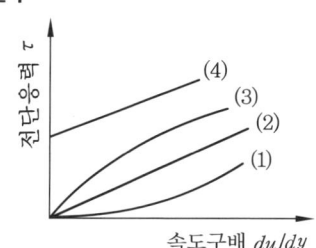

① (1) ② (2)
③ (3) ④ (4)

[해설] 선도에 해당하는 유체 명칭 및 종류
(1) 다일레이턴트 유체(팽창유체) : 아스팔트
(2) 뉴턴유체 : 물
(3) 실제 플라스틱(전단박하 유체) : 펄프류
(4) 빙햄 플라스틱 유체 : 기름, 페인트, 치약, 진흙

19. 완전 발달 흐름(fully developed flow)에 대한 내용으로 옳은 것은?
① 속도분포가 축을 따라 변하지 않는 흐름
② 천이영역의 흐름
③ 완전난류의 흐름
④ 정상상태의 유체흐름

[해설] 완전 발달 흐름 : 원형 관내를 유체가 흐르고 있을 때 경계층이 완전히 성장하여 일정한 속도분포를 유지하면서 흐르는 흐름

20. 유체를 연속체로 취급할 수 있는 조건은?
① 유체가 순전히 외력에 의하여 연속적으로 운동을 한다.
② 항상 일정한 전단력을 가진다.
③ 비압축성이며 탄성계수가 적다.
④ 물체의 특성길이가 분자 간의 평균 자유 행로보다 훨씬 크다.

[해설] 물체의 유동을 특징지어 주는 대표길이(물체의 특성길이)가 분자의 크기나 분자의 평균 자유행로보다 매우 크고, 분자 상호간의 충돌 시간이 짧아 분자 운동의 특성이 보존되는 경우에 유체를 연속체로 취급할 수 있다.

제 2 과목 연소공학

---

21. 다음 그림은 카르노 사이클(Carnot cycle)의 과정을 도식으로 나타낸 것이다. 열효율 η를 나타내는 식은?

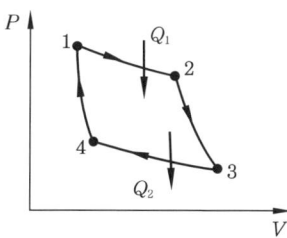

① $\eta=\dfrac{Q_1-Q_2}{Q_1}$ ② $\eta=\dfrac{Q_2-Q_1}{Q_1}$

③ $\eta=\dfrac{T_1}{T_1-T_2}$ ④ $\eta=\dfrac{T_2-T_1}{T_1}$

[해설] 카르노 사이클(Carnot cycle)의 열효율(η)
$\eta=\dfrac{W}{Q_1}=\dfrac{Q_1-Q_2}{Q_1}=\dfrac{T_1-T_2}{T_1}$

22. 발열량이 21 MJ/kg인 무연탄이 7 %의 습분을 포함한다면 무연탄의 발열량은 약 몇 MJ/kg인가?
① 16.43 ② 17.85 ③ 19.53 ④ 21.12

해설 $H_l = H_h - 2.5(9H + W)$
$= 21 - 2.5 \times 0.07 = 20.825 \text{ MJ/kg}$

※ 저위발열량 계산식
$H_l = H_h - 600(9H + W)$ [kcal/kg]
$= H_h - 2.5(9H + W)$ [MJ/kg]

※ 최종 결과 값이 ④항에 가깝지만 최종 답 안은 ③항으로 처리되었음

별해 습분 7 %를 제외하면 무연탄은 93 %가 되므로 이 부분으로 발열량 계산
∴ $H_l = 21 \times 0.93 = 19.53 \text{ MJ/kg}$

23. 최소 점화에너지에 대한 설명으로 옳은 것은?
① 최소 점화에너지는 유속이 증가할수록 작아진다.
② 최소 점화에너지는 혼합기 온도가 상승함에 따라 작아진다.
③ 최소 점화에너지의 상승은 혼합기 온도 및 유속과는 무관하다.
④ 최소 점화에너지는 유속 20 m/s까지는 점화에너지가 증가하지 않는다.

해설 최소 점화에너지(MIE) : 가연성 혼합가스에 전기적 스파크로 점화시킬 때 점화하기 위한 최소한의 전기적 에너지를 말하는 것으로 혼합기 온도가 상승함에 따라 작아지지만, 유속과는 무관하다.

24. 압력 엔탈피 선도에서 등엔트로피 선의 기울기는?
① 부피 ② 온도 ③ 밀도 ④ 압력

해설 압력(P) 엔탈피(h) 선도 : 압력(P)을 세로축에, 엔탈피(h)를 가로축에 표시하는 것으로 일반적으로 증기압축 냉동사이클에 사용한다. 등엔트로피 선의 기울기는 압축기에서 압축된 냉매 기체의 등비체적선과 같은 기울기를 갖는다.

25. 줄·톰슨 효과를 참조하여 교축과정(throttling process)에서 생기는 현상과 관계없는 것은?
① 엔탈피 불변 ② 압력 강하
③ 온도 강하 ④ 엔트로피 불변

해설 교축과정(throttling process) 동안 온도와 압력은 감소(강하)하고, 엔탈피는 일정(불변)하며, 엔트로피는 증가한다.

참고 줄-톰슨(Joule-Thomson) 효과 : 압축가스(실제 기체)를 단열을 한 배관에서 단면적이 변화가 큰 곳을 통과시키면(교축팽창) 압력이 하강함과 동시에 온도가 하강하는 현상을 말한다.

26. 비중이 0.75인 휘발유(C_8H_{18}) 1 L를 완전 연소시키는 데 필요한 이론산소량은 약 몇 L인가?
① 1510 ② 1842 ③ 2486 ④ 2814

해설 ㉮ 휘발유 액체 1 L의 무게 계산
∴ 무게 = 체적 × 액비중
$= 1 \times 0.75 = 0.75 \text{ kg} = 750 \text{ g}$
㉯ 휘발유(옥탄 : C_8H_{18})의 완전 연소 반응식
$C_8H_{18} + 12.5O_2 \rightarrow 8CO_2 + 9H_2O$
㉰ 이론산소량(Nm^3) 계산 : 휘발유(C_8H_{18}) 분자량은 114이다.
114 g : 12.5 × 22.4 L = 750 g : x [L]
∴ $x = \dfrac{12.5 \times 22.4 \times 750}{114} = 1842.105 \text{ L}$

27. 1 kmol의 일산화탄소와 2 kmol의 산소로 충전된 용기가 있다. 연소 전 온도는 298 K, 압력은 0.1 MPa이고 연소 후 생성물은 냉각되어 1300 K로 되었다. 정상상태에서 완전 연소가 일어났다고 가정했을 때 열전달량은 약 몇 kJ인가? (단, 반응물 및 생성물의 총엔탈피는 각각 -110529 kJ, -293338 kJ이다.)
① -202397 ② -230323

정답 22. ③ 23. ② 24. ① 25. ④ 26. ② 27. ①

③ −340238   ④ −403867

[해설] ㉮ 몰(mol)수 변화 계산 : 반응 전에 일산화탄소 1 kmol과 산소 2 kmol이 반응하므로 반응몰수는 3 kmol이고, 일산화탄소와 산소가 반응하면 이산화탄소 1 kmol이 생성된다.

∴ 반응식 : $CO + \frac{1}{2}O_2 \rightarrow CO_2$

∴ Δn = 반응몰 − 생성몰
  = (1+2) − 1 = 2 kmol

㉯ 열전달량 계산
∴ Q = 생성물 엔탈피
  − (반응물 엔탈피 + ΔnRT)
  = −293338
  − (−110529 + 2 × 8.314 × 1300)
  = −204425.4 kJ

28. 기체가 168 kJ의 열을 흡수하면서 동시에 외부로부터 20 kJ의 일을 받으면 내부에너지의 변화는 약 몇 kJ인가?
① 20   ② 148   ③ 168   ④ 188

[해설] 내부에너지 변화(U_2)는 물질의 내부에너지(U_1)와 물질에 전달해준 열(q) 및 일(W)을 합한 것이다.
∴ $U_2 = U_1 + q + W = 168 + 20 = 188$ kJ

29. 열화학반응 시 온도 변화의 열전도 범위에 비해 속도 변화의 전도 범위가 크다는 것을 나타내는 무차원수는?
① 루이스 수(Lewis number)
② 러셀 수(Nesselt number)
③ 프란틀 수(Prandtl number)
④ 그라쇼프 수(Grashof number)

[해설] Prandtl(Pr) 수 : 열대류에 관한 무차원수
$Pr = \frac{\text{유체의 동점성계수}(\nu)}{\text{열확산계수}(\alpha)}$

30. 산소의 기체상수(R) 값은 약 얼마인가?
① 260 J/kg·K   ② 650 J/kg·K
③ 910 J/kg·K   ④ 1074 J/kg·K

[해설] 산소(O_2)의 분자량은 32이다.
∴ $R = \frac{8314}{M} = \frac{8314}{32} = 259.812$ J/kg·K

31. 가연성가스의 폭발범위에 대한 설명으로 옳지 않은 것은?
① 일반적으로 압력이 높을수록 폭발범위가 넓어진다.
② 가연성 혼합가스의 폭발범위는 고압에서는 상압에 비해 훨씬 넓어진다.
③ 프로판과 공기의 혼합가스에 불연성가스를 첨가하는 경우 폭발범위는 넓어진다.
④ 수소와 공기의 혼합가스는 고온에 있어서는 폭발범위가 상온에 비해 훨씬 넓어진다.

[해설] 프로판과 공기의 혼합가스에 불연성가스가 첨가되면 산소의 농도가 낮아져 폭발범위는 좁아진다.

32. 압력이 1기압이고 과열도가 10°C인 수증기의 엔탈피는 약 몇 kcal/kg인가? (단, 100°C의 물의 증발잠열이 539 kcal/kg이고, 물의 비열은 1 kcal/kg·°C, 수증기의 비열은 0.45 kcal/kg·°C, 기준 상태는 0°C와 1 atm으로 한다.)
① 539   ② 639
③ 643.5   ④ 653.5

[해설] ㉮ 과열증기 온도 계산
과열도 = 과열증기 온도 − 포화증기 온도
∴ 과열증기 온도 = 포화증기 온도 + 과열도
  = 100 + 10 = 110°C
㉯ 물 1 kg에 대한 0°C부터 100°C까지 현열 계산
∴ $Q_1 = C\Delta t$
  = 1 × (100 − 0) = 100 kcal/kg
㉰ 물의 증발잠열 $Q_2 = 539$ kcal/kg
㉱ 수증기 1 kg에 대한 100°C부터 110°C까지 현열 계산

[정답] 28. ④ 29. ③ 30. ① 31. ③ 32. ③

$$Q_3 = C\Delta t = 0.45 \times (110 - 100)$$
$$= 4.5 \text{ kcal/kg}$$
㉰ 총 엔탈피 계산
$$\therefore Q = Q_1 + Q_2 + Q_3$$
$$= 100 + 539 + 4.5 = 643.5 \text{ kcal/kg}$$

33. 가스의 비열비 $\left(k = \dfrac{C_p}{C_v}\right)$의 값은?

① 항상 1보다 크다.
② 항상 0보다 작다.
③ 항상 0이다.
④ 항상 1보다 작다.

[해설] 가스의 비열비 $k = \dfrac{C_p}{C_v}$ 에서 정압비열(C_p)이 정적비열(C_v)보다 항상 크기 때문에 비열비(k)는 항상 1보다 크다.

[참고] 분자 종류별 비열비(k)
㉮ 1원자 분자(C, S, Ar, He 등) : 1.66
㉯ 2원자 분자(O_2, N_2, H_2, CO 등) 및 공기 : 1.4
㉰ 3원자 분자(CO_2, SO_2, NO_2 등) : 1.33

34. 어떤 고체 연료의 조성은 탄소 71 %, 산소 10 %, 수소 3.8 %, 황 3 %, 수분 3 %, 기타 성분 9.2 %로 되어 있다. 이 연료의 고위발열량(kcal/kg)은 얼마인가?

① 6698
② 6782
③ 7103
④ 7398

[해설] $H_h = 8100C + 34200\left(H - \dfrac{O}{8}\right) + 2500S$
$$= 8100 \times 0.71 + 34200 \times \left(0.038 - \dfrac{0.1}{8}\right)$$
$$+ 2500 \times 0.03 = 6698.1 \text{ kcal/kg}$$

35. 다음 중 대기오염 방지기기로 이용되는 것은?

① 링겔만
② 플레임로드
③ 레드우드
④ 스크러버

[해설] 집진장치의 분류 및 종류
㉮ 건식 집진장치 : 중력식 집진장치, 관성력식 집진장치, 원심력식 집진장치, 여과 집진장치 등
㉯ 습식 집진장치 : 벤투리 스크러버, 제트 스크러버, 사이클론 스크러버, 충전탑(세정탑) 등
㉰ 전기식 집진장치 : 코트렐 집진기

36. 가스 혼합물을 분석한 결과 N_2 70 %, CO_2 15 %, O_2 11 %, CO 4 %의 체적비를 얻었다. 이 혼합물은 10 kPa, 20℃, 0.2 m³인 초기 상태로부터 0.1 m³으로 실린더 내에서 가역단열 압축할 때 최종 상태의 온도는 약 몇 K인가? (단, 이 혼합가스의 정적비열은 0.7157 kJ/kg·K이다.)

① 300
② 380
③ 460
④ 540

[해설] ㉮ 혼합가스의 평균분자량 계산
$$\therefore M = (28 \times 0.7) + (44 \times 0.15) + (32 \times 0.11) + (28 \times 0.04) = 30.84$$

㉯ 정압비열 계산
$C_p - C_v = R$에서
$$\therefore C_p = C_v + R = 0.7157 + \dfrac{8.314}{30.84}$$
$$= 0.9853 \text{ kJ/kg·K}$$

㉰ 비열비(k) 계산
$$\therefore k = \dfrac{C_p}{C_v} = \dfrac{0.9853}{0.7157} = 1.376 ≒ 1.38$$

㉱ 최종 온도 계산
$$\dfrac{T_2}{T_1} = \left(\dfrac{V_1}{V_2}\right)^{k-1} \text{에서}$$
$$\therefore T_2 = T_1 \times \left(\dfrac{V_1}{V_2}\right)^{k-1}$$
$$= (273 + 20) \times \left(\dfrac{0.2}{0.1}\right)^{1.38-1}$$
$$= 381.293 \text{ K}$$

37. 종합적 안전관리 대상자가 실시하는 가스

안전성 평가의 기준에서 정량적 위험성 평가 기법에 해당하지 않는 것은?
① FTA(fault tree analysis)
② ETA(event tree analysis)
③ CCA(cause consequence analysis)
④ HAZOP(hazard and operability studies)

[해설] 안전성 평가기법
㉮ 정성적 평가기법 : 체크리스트(checklist) 기법, 사고예상 질문 분석(WHAT-IF) 기법, 위험과 운전 분석(HAZOP) 기법
㉯ 정량적 평가 기법 : 작업자 실수 분석(HEA) 기법, 결함수 분석(FTA) 기법, 사건수 분석(ETA) 기법, 원인 결과 분석(CCA) 기법
㉰ 기타 : 상대 위험순위 결정 기법, 이상 위험도 분석

38. 수소(H_2)의 기본 특성에 대한 설명 중 틀린 것은?
① 가벼워서 확산하기 쉬우며 작은 틈새로 잘 발산한다.
② 고온, 고압에서 강재 등의 금속을 투과한다.
③ 산소 또는 공기와 혼합하여 격렬하게 폭발한다.
④ 생물체의 호흡에 필수적이며 연료의 연소에 필요하다.

[해설] 수소(H_2)의 성질
㉮ 지구상에 존재하는 원소 중 가장 가볍다.
㉯ 무색, 무취, 무미의 가연성이다.
㉰ 열전도율이 대단히 크고, 열에 대해 안정하다.
㉱ 확산속도가 대단히 크다.
㉲ 고온에서 강재, 금속 재료를 쉽게 투과한다.
㉳ 폭굉속도가 1400~3500 m/s에 달한다.
㉴ 폭발범위가 넓다 (공기 중 : 4~75 %, 산소 중 : 4~94 %).
㉵ 산소와 수소폭명기, 염소와 염소폭명기의 폭발반응이 발생한다.

39. 다음 〈보기〉에서 설명하는 연소 형태로 가장 적절한 것은?

─── 〈보 기〉 ───
㉠ 연소실 부하율을 높게 얻을 수 있다.
㉡ 연소실의 체적이나 길이가 짧아도 된다.
㉢ 화염면이 자력으로 전파되어 간다.
㉣ 버너에서 상류의 혼합기로 역화를 일으킬 염려가 있다.

① 증발연소   ② 등심연소
③ 확산연소   ④ 예혼합연소

[해설] 예혼합연소 : 가스와 공기(산소)를 버너에서 혼합시킨 후 연소실에 분사하는 방식으로 화염이 자력으로 전파해 나가는 내부 혼합방식으로 화염이 짧고 높은 화염온도를 얻을 수 있다.

40. 탄소 1 kg을 이론공기량으로 완전 연소시켰을 때 발생되는 연소가스량은 약 몇 Nm^3인가?
① 8.9   ② 10.8
③ 11.2 ④ 22.4

[해설] ㉮ 이론공기량에 의한 탄소(C)의 완전 연소 반응식
$C + O_2 + (N_2) \rightarrow CO_2 + (N_2)$
㉯ 연소가스량(Nm^3) 계산 : 연소 가스량은 CO_2량과 공기 중 함유된 N_2량이 되며, 질소량은 산소량의 $\frac{79}{21}$ 배가 된다.
∴ CO_2량
→ $12 \, kg : 22.4 \, Nm^3 = 1 \, kg : x(CO_2) \, [Nm^3]$
∴ N_2량
→ $12 \, kg : 22.4 \times \frac{79}{21} \, Nm^3 = 1 \, kg : y(N_2) \, [Nm^3]$
∴ $G_{0d} = CO_2 + N_2$
$= \left(\frac{1 \times 22.4}{12}\right) + \left(\frac{1 \times 22.4 \times \frac{79}{21}}{12}\right)$
$= 8.888 \, Nm^3$

정답 38. ④ 39. ④ 40. ①

제3과목 가스설비

41. 냉동용 특정설비제조시설에서 발생기란 흡수식 냉동설비에 사용하는 발생기에 관계되는 설계온도가 몇 ℃를 넘는 열교환기 및 이들과 유사한 것을 말하는가?
① 105℃ ② 150℃
③ 200℃ ④ 250℃

[해설] 용어의 정의(KGS AA111 고압가스용 냉동기 제조 기준) : 발생기란 흡수식 냉동설비에 사용하는 발생기에 관계되는 설계온도가 200℃를 넘는 열교환기 및 이들과 유사한 것을 말한다.

42. 아세틸렌에 대한 설명으로 틀린 것은?
① 반응성이 대단히 크고 분해 시 발열반응을 한다.
② 탄화칼슘에 물을 가하여 만든다.
③ 액체 아세틸렌보다 고체 아세틸렌이 안정하다.
④ 폭발범위가 넓은 가연성 기체이다.

[해설] 아세틸렌은 흡열화합물이므로 압축하면 분해폭발을 일으킬 염려가 있다.
반응식 : $C_2H_2 \rightarrow 2C + H_2 + 54.2\,kcal$
※ 반응성이 대단히 크다는 것이 잘못된 설명임

43. 스프링 직동식과 비교한 파일럿식 정압기에 대한 설명으로 틀린 것은?
① 오프셋이 적다.
② 1차 압력 변화의 영향이 적다.
③ 로크업을 적게 할 수 있다.
④ 구조 및 신호계통이 단순하다.

[해설] 파일럿식 정압기는 스프링 직동식 분체에 파일럿으로 구성되어 구조 및 신호계통이 복잡하다.

44. 이음매 없는 용기의 제조법 중 이음매 없는 강관을 재료로 사용하는 제조 방식은?
① 웰딩식 ② 만네스만식
③ 에르하트식 ④ 딥드로잉식

[해설] 이음매 없는 용기 제조 방법
㉮ 만네스만식 : 이음매 없는 강관을 이용하여 제조하며 용기 아랫부분과 윗부분을 성형한다.
㉯ 에르하트식 : 강괴를 가열시켜 프레스로 눌러가면서 제조하는 방식이다.
㉰ 딥드로잉식 : 일정 두께를 갖는 철판을 가열하면서 프레스를 이용하여 제조하는 방식이다.

45. 신규 용기의 내압시험 시 전증가량이 100 cm^3이었다. 이 용기가 검사에 합격하려면 영구증가량은 몇 cm^3 이하이어야 하는가?
① 5 ② 10 ③ 15 ④ 20

[해설] 신규 용기에 대한 내압시험 시 영구(항구)증가율 10 % 이하가 합격 기준이다.
∴ 영구증가율 = $\dfrac{영구증가량}{전증가량} \times 100$에서
∴ 영구증가량 = 전증가량 × 영구증가율
= $100 \times 0.1 = 10\,cm^3$ 이하

46. 다음 중 금속 재료에 대한 설명으로 틀린 것은?
① 강에 P(인)의 함유량이 많으면 신율, 충격치는 저하된다.
② 18 % Cr, 8 % Ni을 함유한 강을 18-8 스테인리스강이라 한다.
③ 금속 가공 중에 생긴 잔류응력을 제거할 때에는 열처리를 한다.
④ 구리와 주석의 합금은 황동이고, 구리와 아연의 합금은 청동이다.

[해설] 동합금의 종류 및 특징
㉮ 황동(brass) : 동(Cu)과 아연(Zn)의 합금으로 동에 비하여 주조성, 가공성 및 내식성이 우수하며 청동에 비하여 가격이 저렴하다. 아연의 함유량은 30~35 % 정도이다.

정답 41. ③ 42. ① 43. ④ 44. ② 45. ② 46. ④

㉓ 청동(bronze) : 동(Cu)과 주석(Sn)의 합금으로 황동에 비하여 주조성이 우수하여 주조용 합금으로 많이 쓰이며 내마모성이 우수하고 강도가 크다.

47. 대체천연가스(SNG) 공정에 대한 설명으로 틀린 것은?
① 원료는 각종 탄화수소이다.
② 저온수증기 개질방식을 채택한다.
③ 천연가스를 대체할 수 있는 제조가스이다.
④ 메탄을 원료로 하여 공기 중에서 부분연소로 수소 및 일산화탄소의 주성분을 만드는 공정이다.

[해설] 대체천연가스 공정(substitute natural process) : 수분, 산소, 수소를 원료 탄화수소와 반응시켜, 수증기 개질, 부분연소, 수첨분해 등에 의해 가스화하고 메탄 합성, 탈탄산 등의 공정과 병용해서 천연가스의 성상과 거의 일치하게끔 가스를 제조하는 공정으로 제조된 가스를 대체천연가스(SNG)라 한다.

48. 다음 중 부식 방지 방법에 대한 설명으로 틀린 것은?
① 금속을 피복한다.
② 선택배류기를 접속시킨다.
③ 이종의 금속을 접촉시킨다.
④ 금속 표면의 불균일을 없앤다.

[해설] 이종 금속을 접촉시키면 양 금속 간에 전지가 형성되어 양극으로 되는 금속에서 금속 이온이 용출하면서 부식이 진행된다.

49. 압력용기라 함은 그 내용물이 액화가스인 경우 35℃에서의 압력 또는 설계압력이 얼마 이상인 용기를 말하는가?
① 0.1 MPa   ② 0.2 MPa
③ 1 MPa   ④ 2 MPa

[해설] 압력용기(KGS AC111) : 35℃에서의 압력 또는 설계압력이 그 내용물이 액화가스인 경우는 0.2 MPa 이상, 압축가스인 경우는 1 MPa 이상인 용기를 말한다.

50. 냄새가 나는 물질(부취제)에 대한 설명으로 틀린 것은?
① DMS는 토양투과성이 아주 우수하다.
② TBM은 충격(impact)에 가장 약하다.
③ TBM은 메르캅탄류 중에서 내산화성이 우수하다.
④ THT의 LD_{50}은 6400 mg/kg 정도로 거의 무해하다.

[해설] 부취제의 종류 및 특징
㉮ TBM(tertiary buthyl mercaptan) : 양파 썩는 냄새가 나며 내산화성이 우수하고 토양투과성이 우수하며 토양에 흡착되기 어렵다. 냄새가 가장 강하다.
㉯ THT(tetra hydro thiophen) : 석탄가스 냄새가 나며 산화, 중합이 일어나지 않는 안정된 화합물이다. 토양의 투과성이 보통이며, 토양에 흡착되기 쉽다.
㉰ DMS(dimethyl sulfide) : 마늘 냄새가 나며 안정된 화합물이다. 내산화성이 우수하며 토양의 투과성이 아주 우수하며 토양에 흡착되기 어렵다.

51. 펌프에서 송출압력과 송출유량 사이에 주기적인 변동이 일어나는 현상을 무엇이라 하는가?
① 공동 현상   ② 수격 현상
③ 서징 현상   ④ 캐비테이션 현상

[해설] 서징(surging) 현상 : 맥동 현상이라 하며 펌프 운전 중에 주기적으로 운동, 양정, 토출량이 규칙적으로 변동하는 현상으로 압력계의 지침이 일정 범위 내에서 움직인다.

52. 다음 중 가스 액화 사이클이 아닌 것은?
① 린데 사이클   ② 클라우드 사이클
③ 필립스 사이클   ④ 오토 사이클

[해설] 가스 액화 사이클의 종류 : 린데식, 클라우드식, 캐피자식, 필립스식, 캐스케이드식
※ 오토 사이클은 동력기관 사이클에 해당된다.

정답 47. ④ 48. ③ 49. ② 50. ② 51. ③ 52. ④

53. 35℃에서 최고 충전압력이 15 MPa로 충전된 산소 용기의 안전밸브가 작동하기 시작하였다면 이때 산소 용기 내의 온도는 약 몇 ℃인가?
① 137℃ ② 142℃
③ 150℃ ④ 165℃

[해설] ㉮ 산소 용기 안전밸브 작동압력 계산
∴ 안전밸브 작동압력
$$= TP \times \frac{8}{10} = \left(FP \times \frac{5}{3}\right) \times \frac{8}{10}$$
$$= \left(15 \times \frac{5}{3}\right) \times \frac{8}{10} = 20 \text{ MPa}$$

㉯ 산소 용기 내의 온도 계산
$\dfrac{P_1 V_1}{T_1} = \dfrac{P_2 V_2}{T_2}$ 에서 $V_1 = V_2$ 이므로
$$\therefore T_2 = \frac{P_2 T_1}{P_1} = \frac{20 \times (273 + 35)}{15}$$
$$= 410.666 \text{ K} - 273 = 137.666 \text{℃}$$

54. 중간매체 방식의 LNG 기화장치에서 중간 열매체로 사용되는 것은?
① 폐수 ② 프로판
③ 해수 ④ 온수

[해설] LNG 기화장치의 종류
㉮ 오픈 랙(open rack) 기화법: 베이스로드용으로 바닷물을 열원으로 사용하므로 초기 시설비가 많으나 운전비용이 저렴하다.
㉯ 중간매체법: 베이스로드용으로 프로판(C_3H_8), 펜탄(C_5H_{12}) 등을 사용한다.
㉰ 서브머지드(submerged)법: 피크로드용으로 액 중 버너를 사용한다. 초기 시설비가 적으나 운전비용이 많이 소요된다.

55. 고압가스 설비의 두께는 상용압력의 몇 배 이상의 압력에서 항복을 일으키지 않아야 하는가?
① 1.5배 ② 2배 ③ 2.5배 ④ 3배

[해설] 가스 설비의 두께 및 강도: 고압가스 설비는 상용압력의 2배 이상의 압력에서 항복을 일으키지 아니하는 두께를 가지고, 상용의 압력에 견디는 충분한 강도를 가지는 것으로 한다.

56. 다음 〈보기〉에서 설명하는 안전밸브의 종류는?

〈보 기〉
㉠ 구조가 간단하고, 취급이 용이하다.
㉡ 토출용량이 높아 압력 상승이 급격하게 변하는 곳에 적당하다.
㉢ 밸브시트의 누출이 없다.
㉣ 슬러지 함유, 부식성 유체에도 사용이 가능하다.

① 가용전식 ② 중추식
③ 스프링식 ④ 파열판식

[해설] 파열판식 안전밸브: 얇은 평판 또는 돔 모양의 원판주위를 고정하여 용기나 설비에 설치하며, 구조가 간단하며 취급, 점검이 용이하다. 일반적으로 압축가스 용기에 사용한다.

57. 고온, 고압에서 수소 가스 설비에 탄소강을 사용하면 수소 취성을 일으키게 되므로 이것을 방지하기 위하여 첨가하는 금속 원소로 적당하지 않은 것은?
① 몰리브덴 ② 크립톤
③ 텅스텐   ④ 바나듐

[해설] 수소 취성 방지 원소: 텅스텐(W), 바나듐(V), 몰리브덴(Mo), 티타늄(Ti), 크롬(Cr)

58. 고압식 액화산소 분리장치의 제조과정에 대한 설명으로 옳은 것은?
① 원료공기는 1.5~2.0 MPa로 압축된다.
② 공기 중의 탄산가스는 실리카겔 등의 흡착제로 제거한다.
③ 공기압축기 내부 윤활유를 광유로 하고 광유는 건조로에서 제거한다.
④ 액체질소와 액화공기는 상부 탑에 이송되나 이때 아세틸렌 흡착기에서 액체공기 중 아세틸렌과 탄화수소가 제거된다.

[해설] 각 항목의 옳은 설명
① 원료공기는 15~20 MPa로 압축된다.

정답 53. ① 54. ② 55. ② 56. ④ 57. ② 58. ④

② 공기 중의 탄산가스는 탄산가스 흡수기에서 가성소다 용액에 흡수되어 제거된다.
③ 공기압축기 내부 윤활유는 광유를 사용하고, 윤활유가 분리기로 들어가면 폭발의 원인이 되므로 유분리기에서 제거한다.

59. 펌프의 양수량이 2 m³/min이고 배관에서의 전 손실수두가 5 m인 펌프로 20 m 위로 양수하고자 할 때 펌프의 축동력은 약 몇 kW인가? (단, 펌프의 효율은 0.87이다.)
① 7.4 ② 9.4 ③ 11.4 ④ 13.4

[해설] $kW = \dfrac{\gamma \cdot Q \cdot H}{102\eta}$
$= \dfrac{1000 \times 2 \times (20+5)}{102 \times 0.87 \times 60} = 9.39 \, kW$

60. 고압가스 저장시설에서 가연성 가스설비를 수리할 때 가스설비 내를 대기압 이하까지 가스치환을 생략하여도 무방한 것은?
① 가스설비의 내용적이 3 m³일 때
② 사람이 그 설비의 안에서 작업할 때
③ 화기를 사용하는 작업일 때
④ 개스킷의 교환 등 경미한 작업을 할 때

[해설] 가스치환 작업을 하지 아니할 수 있는 경우
㉮ 가스설비의 내용적이 1 m³ 이하인 것
㉯ 출입구의 밸브가 확실히 폐지되어 있고 내용적이 5 m³ 이상의 가스설비에 이르는 사이에 2개 이상의 밸브를 설치한 것
㉰ 사람이 그 설비의 밖에서 작업하는 것
㉱ 화기를 사용하지 아니하는 작업인 것
㉲ 설비의 간단한 청소 또는 개스킷의 교환 그 밖에 이들에 준하는 경미한 작업인 것

제 4 과목 가스안전관리

61. 저장탱크에 의한 액화석유가스 사용시설에서 배관설비 신축흡수조치 기준에 대한 설명으로 틀린 것은?
① 건축물에 노출하여 설치하는 배관의 분기관의 길이는 30 cm 이상으로 한다.
② 분기관에는 90° 엘보 1개 이상을 포함하는 굴곡부를 설치한다.
③ 분기관이 창문을 관통하는 부분에 사용하는 보호관의 내경은 분기관 외경의 1.2배 이상으로 한다.
④ 11층 이상 20층 이하 건축물의 배관에는 1개소 이상의 곡관을 설치한다.

[해설] 배관설비 신축흡수조치 기준(입상관의 경우)
㉮ 분기관에는 90° 엘보 1개 이상을 포함하는 굴곡부를 설치한다.
㉯ 분기관이 외벽, 베란다 또는 창문을 관통하는 부분에 사용하는 보호관의 내경은 분기관 외경의 1.2배 이상으로 한다.
㉰ 건축물에 노출하여 설치하는 배관의 분기관의 길이는 50 cm 이상으로 한다.
㉱ 11층 이상 20층 이하 건축물의 배관에는 1개소 이상의 곡관을 설치하고, 20층 이상인 건축물의 배관에는 2개소 이상의 곡관을 설치한다.

62. 부취제 혼합설비의 이입작업 안전기준에 대한 설명으로 틀린 것은?
① 운반차량으로부터 저장탱크에 이입 시 보호의 및 보안경 등의 보호장비를 착용한 후 작업한다.
② 부취제가 누출될 수 있는 주변에는 방류둑을 설치한다.
③ 운반차량은 저장탱크 외면과 3 m 이상 이격거리를 유지한다.
④ 이입작업 시에는 안전관리자가 상주하여 이를 확인한다.

[해설] 부취제 이입작업 기준〈17. 1. 9 신설〉
㉮ 운반차량으로부터 부취제를 저장탱크에 이입할 경우 보호의 및 보안경 등의 보호장비를 착용한 후 작업한다.
㉯ 운반차량은 저장탱크의 외면과 3 m 이상

정답 59. ② 60. ④ 61. ① 62. ②

이격거리를 유지한다.
㉰ 운반차량으로부터 부취제를 저장탱크로 이입하는 경우 운반차량이 고정되도록 자동차 정지목 등을 설치한다.
㉱ 부취제 이입 시 이입펌프의 작동상태를 확인한 후 이입작업을 시작한다.
㉲ 부취제 이입작업을 시작하기 전에 주위에 화기 및 인화성 또는 발화성 물질이 없도록 한다.
㉳ 운반차량에 발생하는 정전기를 제거하는 조치를 한다.
㉴ 부취제가 누출될 수 있는 주변에 중화제 및 소화기 등을 구비하여 부취제 누출 시 곧바로 중화 및 소화작업을 한다.
㉵ 누출된 부취제는 중화 또는 소화작업을 하여 안전하게 폐기한다.
㉶ 저장탱크에 이입을 종료한 후 설비에 남아있는 부취제를 최대한 회수하고 누출점 검을 실시한다.
㉷ 부취제 이입작업 시에는 안전관리자가 상주하여 이를 확인하여야 하고, 작업관련자 이외에는 출입을 통제한다.

63. 고압가스 특정제조시설에서 플레어스택의 설치위치 및 높이는 플레어스택 바로 밑의 지표면에 미치는 복사열이 몇 kcal/m²·h 이하로 되도록 하여야 하는가?
① 2000
② 4000
③ 6000
④ 8000

[해설] 플레어스택의 설치위치 및 높이는 플레어스택 바로 밑의 지표면에 미치는 복사열이 4000 kcal/m²·h 이하로 되도록 한다. 다만, 4000 kcal/m²·h를 초과하는 경우로서 출입이 통제되어 있는 지역은 그러하지 아니하다.

64. 저장탱크에 액화석유가스를 충전하려면 정전기를 제거한 후 저장탱크 내용적의 몇 %를 넘지 않도록 충전하여야 하는가?
① 80 % ② 85 % ③ 90 % ④ 95 %

[해설] 액화석유가스 충전량
㉮ 저장탱크 : 내용적의 90 %를 넘지 않도록 한다.
㉯ 소형 저장탱크 : 내용적의 85 %를 넘지 않도록 한다.

65. 2개 이상의 탱크를 동일 차량에 고정할 때의 기준으로 틀린 것은?
① 탱크의 주밸브는 1개만 설치한다.
② 충전관에는 긴급 탈압밸브를 설치한다.
③ 충전관에는 안전밸브, 압력계를 설치한다.
④ 탱크와 차량과의 사이를 단단하게 부착하는 조치를 한다.

[해설] 2개 이상 탱크의 설치 기준 : 2개 이상의 탱크를 동일한 차량에 고정하여 운반하는 경우에는 다음 기준에 적합하게 한다.
㉮ 탱크마다 탱크의 주밸브를 설치한다.
㉯ 탱크 상호간 또는 탱크와 차량과의 사이를 단단하게 부착하는 조치를 한다.
㉰ 충전관에는 안전밸브, 압력계 및 긴급 탈압밸브를 설치한다.

66. 지하에 설치하는 액화석유가스 저장탱크실 재료의 규격으로 옳은 것은?
① 설계강도 : 25 MPa 이상
② 물-결합재비 : 25 % 이하
③ 슬럼프(slump) : 50~150 mm
④ 굵은 골재의 최대 치수 : 25 mm

[해설] 저장탱크실 재료의 규격⟨17. 9. 29 개정⟩

항목	규격
굵은 골재의 최대 치수	25 mm
설계강도	21 MPa 이상
슬럼프(slump)	120~150 mm
공기량	4 % 이하
물-결합재비	50 % 이하
그 밖의 사항	KS F 4009 (레디믹스트 콘크리트)에 의한 규정

[비고] 수밀콘크리트의 시공 기준은 국토교통부가 제정한 "콘크리트 표준 시방서"를 준용한다.

정답 63. ② 64. ③ 65. ① 66. ④

67. 독성가스 배관을 2중관으로 하여야 하는 독성가스가 아닌 것은?
① 포스겐 ② 염소
③ 브롬화메탄 ④ 산화에틸렌

[해설] 2중관으로 하여야 하는 독성가스 : 포스겐, 황화수소, 시안화수소, 아황산가스, 산화에틸렌, 암모니아, 염소, 염화메탄

68. 고압가스 용기의 보관장소에 용기를 보관할 경우의 준수할 사항 중 틀린 것은?
① 충전용기와 잔가스 용기는 각각 구분하여 용기 보관장소에 놓는다.
② 용기 보관장소에는 계량기 등 작업에 필요한 물건 외에는 두지 아니한다.
③ 용기 보관장소의 주위 2m 이내에는 화기 또는 인화성물질이나 발화성물질을 두지 아니한다.
④ 가연성가스 용기 보관장소에는 비방폭형 손전등을 사용한다.

[해설] 가연성가스 용기 보관장소에는 방폭형 휴대용 손전등 외의 등화를 휴대하고 들어가지 아니한다.

69. 다음 중 특정설비가 아닌 것은?
① 조정기 ② 저장탱크
③ 안전밸브 ④ 긴급차단장치

[해설] 고압가스 관련설비(특정설비) 종류 : 안전밸브, 긴급차단장치, 기화장치, 독성가스 배관용 밸브, 자동차용 가스 자동주입기, 역화방지기, 압력용기, 특정고압가스용 실린더 캐비닛, 자동차용 압축천연가스 완속 충전설비, 액화석유가스용 용기 잔류가스 회수장치, 냉동용 특정설비, 차량에 고정된 탱크
※ 저장탱크는 압력용기에 포함됨

70. 압축가스의 저장탱크 및 용기 저장능력의 산정식을 옳게 나타낸 것은? (단, Q : 설비의 저장능력(m^3), P : 35℃에서의 최고 충전압력(MPa), V_1 : 설비의 내용적(m^3)이다.)
① $Q = \dfrac{(10P+1)}{V_1}$ ② $Q = 1.5PV_1$
③ $Q = (1-P)V_1$ ④ $Q = (10P+1)V_1$

[해설] 압축가스의 저장탱크 및 용기 저장능력의 산정식 : 고법 시행규칙 별표1
㉮ $Q = (10P+1)V_1$ → 최고 충전압력(P) 단위 : MPa
㉯ $Q = (P+1)V_1$ → 최고 충전압력(P) 단위 : kgf/cm²

71. 액화석유가스에 첨가하는 냄새가 나는 물질의 측정 방법이 아닌 것은?
① 오더미터법 ② 에지법
③ 주사기법 ④ 냄새주머니법

[해설] 부취제 측정 방법 : 오더미터법, 주사기법, 무취실법, 냄새주머니법

72. 산소, 아세틸렌 및 수소 가스를 제조할 경우의 품질검사 방법으로 옳지 않은 것은?
① 검사는 1일 1회 이상 가스제조장에서 실시한다.
② 검사는 안전관리부총괄자가 실시한다.
③ 액체산소를 기화시켜 용기에 충전하는 경우에는 품질검사를 아니할 수 있다.
④ 검사 결과는 안전관리부총괄자와 안전관리책임자가 함께 확인하고 서명 날인한다.

[해설] 품질검사 기준
㉮ 산소, 아세틸렌 및 수소를 제조하는 경우에는 품질검사를 실시한다. 다만, 액체산소를 기화시켜 용기에 충전하는 경우와 자체 사용을 목적으로 제조하는 경우에는 품질검사를 하지 아니할 수 있다.
㉯ 검사는 1일 1회 이상 가스제조장에서 실시한다.
㉰ 검사는 안전관리책임자가 실시하고, 검사 결과를 안전관리부총괄자와 안전관리책임자가 함께 확인하고 서명 날인한다.

정답 67. ③ 68. ④ 69. ① 70. ④ 71. ② 72. ②

73. 고압가스 운반차량에 대한 설명으로 틀린 것은?
① 액화가스를 충전하는 탱크에는 요동을 방지하기 위한 방파판 등을 설치한다.
② 허용농도가 20 ppm 이하인 독성가스는 전용차량으로 운반한다.
③ 가스 운반 중 누출 등 위해 우려가 있는 경우에는 소방서 및 경찰서에 신고한다.
④ 질소를 운반하는 차량에는 소화설비를 반드시 휴대하여야 한다.
[해설] 가연성가스 또는 산소를 운반하는 차량에 고정된 탱크에는 규정된 소화설비를 비치하여야 하므로 불연성인 질소는 해당되지 않는다.

74. 동절기에 습도가 낮은 날 아세틸렌 용기밸브를 급히 개방할 경우 발생할 가능성이 가장 높은 것은?
① 아세톤 증발
② 역화방지기 고장
③ 중합에 의한 폭발
④ 정전기에 의한 착화 위험
[해설] 충전용기 밸브를 급격히 개폐할 때 정전기 발생으로 착화의 위험성이 있다. 특히 동절기와 같이 습도가 낮은 경우 정전기가 발생할 가능성은 더 높아지므로 용기 밸브를 급격히 개폐하는 것은 금지한다.

75. 일반도시가스 사업자 시설의 정압기에 설치되는 안전밸브 분출부의 크기 기준으로 옳은 것은?
① 정압기 입구측 압력이 0.5 MPa 이상인 것은 50 A 이상
② 정압기 입구 압력에 관계없이 80 A 이상
③ 정압기 입구측 압력이 0.5 MPa 미만인 것으로서 설계유량이 1000 Nm³/h 이상인 것은 32 A 이상
④ 정압기 입구측 압력이 0.5 MPa 미만인 것으로서 설계유량이 1000 Nm³/h 미만인 것은 32 A 이상
[해설] 정압기 안전밸브 분출부 크기
(1) 정압기 입구측 압력이 0.5 MPa 이상 : 50 A 이상
(2) 정압기 입구측 압력이 0.5 MPa 미만
  ㉮ 정압기 설계유량이 1000 Nm³/h 이상 : 50 A 이상
  ㉯ 정압기 설계유량이 1000 Nm³/h 미만 : 25 A 이상

76. 가연성가스를 운반하는 차량의 고정된 탱크에 적재하여 운반하는 경우 비치하여야 하는 분말 소화제는?
① BC용, B-3 이상
② BC용, B-10 이상
③ ABC용, B-3 이상
④ ABC용, B-10 이상
[해설] 차량에 고정된 탱크 소화설비 기준

구분	소화약제의 종류	소화기의 능력단위	비치 개수
가연성 가스	분말 소화제	BC용, B-10 이상 또는 ABC용, B-12 이상	차량 좌우에 각각 1개 이상
산소	분말 소화제	BC용, B-8 이상 또는 ABC용, B-10 이상	

77. 장치 운전 중 고압반응기의 플랜지부에서 가연성가스가 누출되기 시작했을 때 취해야 할 일반적인 대책으로 가장 적절하지 않은 것은 어느 것인가?
① 화기 사용 금지
② 일상 점검 및 운전
③ 가스 공급의 즉시 정지
④ 장치 내를 불활성 가스로 치환

정답 73. ④ 74. ④ 75. ① 76. ② 77. ②

해설 장치 운전 중 가연성가스가 누출되기 시작했을 때 일상 점검 및 운전보다는 가스 공급의 즉시 정지, 화기 사용 금지, 누출 전·후단의 밸브 차단을 하여 누출된 가스가 확산되는 것을 방지하고, 장치 내에 남아 있는 가연성 가스를 불활성 가스로 치환한 후 누설 부분을 수리하여야 한다.

78. 다음 중 1종 보호시설이 아닌 것은?
① 주택
② 수용능력 300인 이상인 극장
③ 국보 제1호인 남대문
④ 호텔

해설 제1종 보호시설
㉮ 학교, 유치원, 어린이집, 놀이방, 어린이놀이터, 학원, 병원(의원을 포함), 도서관, 청소년수련시설, 경로당, 시장, 공중목욕탕, 호텔, 여관, 극장, 교회 및 공회당(公會堂)
㉯ 사람을 수용하는 건축물(가설건축물은 제외)로서 사실상 독립된 부분의 연면적이 1000 m² 이상인 것
㉰ 예식장, 장례식장 및 전시장, 그 밖에 이와 유사한 시설로서 300명 이상 수용할 수 있는 건축물
㉱ 아동복지시설 또는 장애인복지시설로서 20명 이상 수용할 수 있는 건축물
㉲ 「문화재보호법」에 따라 지정문화재로 지정된 건축물
※ 주택은 제2종 보호시설에 해당된다.

79. 폭발에 대한 설명으로 옳은 것은?
① 폭발은 급격한 압력의 발생 등으로 심한 음을 내며, 팽창하는 현상으로 화학적인 원인으로만 발생한다.
② 발화에는 전기불꽃, 마찰, 정전기 등의 외부 발화원이 반드시 필요하다.
③ 최소 발화에너지가 큰 혼합가스는 안전간격이 작다.
④ 아세틸렌, 산화에틸렌, 수소는 산소 중에서 폭굉을 발생하기 쉽다.

해설 각 항목의 옳은 설명
① 폭발은 물리적인 원인에 의한 것과 화학적인 원인에 의한 것으로 분류할 수 있다.
② 발화에는 전기불꽃, 마찰, 정전기 등의 외부 발화원뿐만 아니라 자연발화에 의한 것도 있다.
③ 최소 발화에너지가 큰 혼합가스는 안전간격이 크다.
※ 아세틸렌, 산화에틸렌, 수소는 산소 중에서 폭발범위 및 폭굉범위가 넓어 폭굉을 발생하기 쉽다.

80. 내용적 40 L의 고압용기에 0℃, 100기압의 산소가 충전되어 있다. 이 가스 4 kg을 사용하였다면 전압력은 약 몇 기압(atm)이 되겠는가?
① 20 ② 30
③ 40 ④ 50

해설 ㉮ 사용 전 질량(g) 계산(충전 질량 계산)
$PV = \dfrac{W}{M}RT$에서
$\therefore W = \dfrac{PVM}{RT} = \dfrac{100 \times 40 \times 32}{0.082 \times 273}$
$= 5717.859 ≒ 5717.86\,g$

㉯ 사용 후 압력(atm) 계산(전압력 계산)
$\therefore P = \dfrac{WRT}{VM}$
$= \dfrac{(5717.86 - 4000) \times 0.082 \times 273}{40 \times 32}$
$= 30.043\,atm$

제 5 과목 가스계측기기

81. 가스 크로마토그램 분석 결과 노르말 헵탄의 피크높이가 12.0 cm, 반높이선 너비가 0.48 cm이고 벤젠의 피크높이가 9.0 cm, 반높이선 너비가 0.62 cm였다면 노르말 헵탄의 농도는 얼마인가?

① 49.20 % ② 50.79 %
③ 56.47 % ④ 77.42 %

[해설] ㉮ 노르말 헵탄 면적(cm^2) 계산
∴ 노르말 헵탄 면적
= 반높이선 너비 × 피크높이
= 0.48 × 12 = 5.76 cm^2
㉯ 벤젠의 면적(cm^2) 계산
∴ 벤젠의 면적
= 반높이선 너비 × 피크높이
= 0.62 × 9 = 5.58 cm^2
㉰ 노르말 헵탄의 농도(%) 계산
∴ 농도(%) = $\dfrac{\text{노르말 헵탄의 면적}}{\text{전체 면적}} \times 100$
= $\dfrac{5.76}{5.76 + 5.58} \times 100 = 50.79\%$

82. 온도 25℃ 습공기의 노점온도가 19℃일 때 공기의 상대습도는 얼마인가? (단, 포화 증기압 및 수증기 분압은 각각 23.76 mmHg, 16.47 mmHg이다.)
① 69 % ② 79 %
③ 83 % ④ 89 %

[해설] $\phi = \dfrac{P_w}{P_s} \times 100 = \dfrac{16.47}{23.76} \times 100 = 69\%$

83. 헴펠식 분석법에서 흡수, 분리되는 성분이 아닌 것은?
① CO_2 ② H_2
③ C_mH_n ④ O_2

[해설] 헴펠(Hempel)법 분석 순서 및 흡수제

순서	분석가스	흡수제
1	CO_2	KOH 30 % 수용액
2	C_mH_n	발연황산
3	O_2	피로갈롤용액
4	CO	암모니아성 염화제1구리 용액

84. 가스미터의 필요 구비 조건이 아닌 것은?

① 감도가 예민할 것
② 구조가 간단할 것
③ 소형이고 용량이 작을 것
④ 정확하게 계량할 수 있을 것

[해설] 가스미터의 필요 구비 조건
㉮ 구조가 간단하고, 수리가 용이할 것
㉯ 감도가 예민하고 압력손실이 적을 것
㉰ 소형이며 계량용량이 클 것
㉱ 기차의 조정이 용이할 것
㉲ 내구성이 클 것

85. 피스톤형 압력계 중 분동식 압력계에 사용되는 다음 액체 중 약 3000 kgf/cm^2 이상의 고압 측정에 사용되는 것은?
① 모빌유 ② 스핀들유
③ 피마자유 ④ 경유

[해설] (1) 분동식 압력계 : 탄성식 압력계의 교정에 사용되는 1차 압력계로 램, 실린더, 기름 탱크, 가압펌프 등으로 구성되며 사용 유체에 따라 측정 범위가 다르게 적용된다.
(2) 사용 유체에 따른 측정 범위
㉮ 경유 : 40~100 kgf/cm^2
㉯ 스핀들유, 피마자유 : 100~1000 kgf/cm^2
㉰ 모빌유 : 3000 kgf/cm^2 이상
㉱ 점도가 큰 오일을 사용하면 5000 kgf/cm^2 까지도 측정이 가능하다.

86. 연소식 O_2계에서 산소 측정용 촉매로 주로 사용되는 것은?
① 팔라듐 ② 탄소
③ 구리 ④ 니켈

[해설] 연소식 O_2계 : 측정해야 할 가스와 수소(H_2) 등의 가연성가스를 혼합하고 촉매로 연소시켜 산소 농도에 따라 반응열이 변화하는 현상을 이용하여 산소(O_2)의 농도를 측정한다. 촉매로는 팔라듐을 사용하며, 과잉공기계라고도 한다.

87. 가스미터의 종류별 특징을 연결한 것 중 옳지 않은 것은?

[정답] 82. ① 83. ② 84. ③ 85. ① 86. ① 87. ④

① 습식 가스미터 – 유량 측정이 정확하다.
② 막식 가스미터 – 소용량의 계량에 적합하고 가격이 저렴하다.
③ 루트 미터 – 대용량의 가스 측정에 쓰인다.
④ 오리피스 미터 – 유량 측정이 정확하고 압력손실도 거의 없고 내구성이 좋다.

[해설] 오리피스 미터 : 추량식 가스미터로 압력손실이 많이 발생한다.

88. 가스의 폭발 등 급속한 압력 변화를 측정하거나 엔진의 지시계로 사용하는 압력계는?
① 피에조 전기압력계
② 경사관식 압력계
③ 침종식 압력계
④ 벨로스식 압력계

[해설] 피에조 전기 압력계(압전기식) : 수정이나 전기석 또는 로셀염 등의 결정체의 특정 방향에 압력을 가하면 기전력이 발생하고 발생한 전기량은 압력에 비례하는 것을 이용한 것이다. 가스 폭발이나 급격한 압력 변화 측정에 사용된다.

89. 다음 중 기본 단위는?
① 에너지
② 물질량
③ 압력
④ 주파수

[해설] 기본 단위의 종류

기본량	길이	질량	시간	전류	물질량	온도	광도
기본단위	m	kg	s	A	mol	K	cd

90. 가스의 화학반응을 이용한 분석계는?
① 세라믹 O_2계
② 가스 크로마토그래피
③ 오르사트 가스 분석계
④ 용액전도율식 분석계

[해설] 분석계의 종류
(1) 화학적 가스 분석계
  ㉮ 연소열을 이용한 것
  ㉯ 용액 흡수제를 이용한 것
  ㉰ 고체 흡수제를 이용한 것
(2) 물리적 가스 분석계
  ㉮ 가스의 열전도율을 이용한 것
  ㉯ 가스의 밀도, 점도차를 이용한 것
  ㉰ 빛의 간섭을 이용한 것
  ㉱ 전기 전도도를 이용한 것
  ㉲ 가스의 자기적 성질을 이용한 것
  ㉳ 가스의 반응성을 이용한 것
  ㉴ 적외선 흡수를 이용한 것
※ 오르사트법은 용액 흡수제를 이용한 화학적 가스 분석계에 해당된다.

91. 가스 크로마토그램에서 A, B 두 성분의 보유시간은 각각 1분 50초와 2분 20초이고 피크 폭은 다 같이 30초였다. 이 경우 분리도는 얼마인가?
① 0.5
② 1.0
③ 1.5
④ 2.0

[해설] $R = \dfrac{2(t_2 - t_1)}{W_1 + W_2} = \dfrac{2 \times (140 - 110)}{30 + 30} = 1.0$

92. 막식 가스미터의 선정 시 고려해야 할 사항으로 가장 거리가 먼 것은?
① 사용 최대유량
② 감도유량
③ 사용 가스의 종류
④ 설치 높이

[해설] 가스미터 선정 시 고려사항
  ㉮ 사용하고자 하는 가스 전용일 것
  ㉯ 사용 최대유량에 적합할 것
  ㉰ 사용 중 오차 변화가 없고 정확하게 계측할 수 있을 것
  ㉱ 내압, 내열성이 있으며 기밀성, 내구성이 좋을 것
  ㉲ 부착이 쉽고 유지관리가 용이할 것

93. 오프셋(잔류편차)이 있는 제어는?
① I 제어
② P 제어
③ D 제어
④ PID 제어

정답 88. ① 89. ② 90. ③ 91. ② 92. ④ 93. ②

해설 비례동작(P 동작) : 동작신호에 대하여 조작량의 출력 변화가 일정한 비례 관계에 있는 제어로 잔류편차(off set)가 생긴다.

94. 고온, 고압의 액체나 고점도의 부식성 액체 저장탱크에 가장 적합한 간접식 액면계는?
① 유리관식 ② 방사선식
③ 플로트식 ④ 검척식

해설 방사선 액면계 : 액면에 띄운 플로트(float)에 방사선원을 붙이고 탱크 천장 외부에 방사선 검출기를 설치하여 방사선의 세기와 변화를 이용한 것으로 조사식, 투과식, 가반식이 있다.
㉮ 방사선원으로 코발트(Co), 세슘(Cs)의 γ선을 이용한다.
㉯ 측정 범위는 25 m 정도이고 측정 범위를 크게 하기 위하여 2조 이상 사용한다.
㉰ 액체에 접촉하지 않고 측정할 수 있으며, 측정이 곤란한 장소에서도 측정이 가능하다.
㉱ 고온, 고압의 액체나 부식성 액체 탱크에 적합하다.
㉲ 설치비가 고가이고, 방사선으로 인한 인체에 해가 있다.

95. 실온 22℃, 습도 45 %, 기압 765 mmHg인 공기의 증기 분압(P_w)은 약 몇 mmHg인가? (단, 공기의 가스 상수는 29.27 kgf·m/kg·K, 22℃에서 포화 압력(P_s)은 18.66 mmHg이다.)
① 4.1 ② 8.4
③ 14.3 ④ 16.7

해설 $\phi = \dfrac{\text{수증기 분압}(P_w)}{t[℃]\text{에서의 포화 수증기압}(P_s)}$ 에서
∴ $P_w = \phi \cdot P_s = 0.45 \times 18.66 = 8.397$ mmHg

96. 응답이 목표값에 처음으로 도달하는 데 걸리는 시간을 나타내는 것은?
① 상승시간 ② 응답시간
③ 시간지연 ④ 오버슈트

해설 시간응답 특성
㉮ 지연시간(dead time) : 목표값의 50 %에 도달하는 데 소요되는 시간
㉯ 상승시간(rising time) : 목표값의 10 %에서 90 %까지 도달하는 데 소요되는 시간
㉰ 오버슈트(over shoot) : 동작간격으로부터 벗어나 초과되는 오차를 말하며, 반대로 나타나는 오차를 언더슈트(under shoot)라 한다.
㉱ 시간정수(time constant) : 목표값의 63 %에 도달하기까지의 시간을 말하며 어떤 시스템의 시정수를 알면 그 시스템에 입력을 가했을 때 언제쯤 그 반응이 목표값에 도달하는지 알 수 있으며 언제쯤 그 반응이 평형이 되는지를 알 수 있다.

97. 일반적인 열전대 온도계의 종류가 아닌 것은?
① 백금 – 백금·로듐
② 크로멜 – 알루멜
③ 철 – 콘스탄탄
④ 백금 – 알루멜

해설 열전대의 종류 및 사용 금속

종류 및 약호	사용 금속	
	+ 극	– 극
R형[백금–백금로듐](P-R)	백금로듐	백금(Pt)
K형[크로멜–알루멜](C-A)	크로멜	알루멜
J형[철–콘스탄탄](I-C)	순철(Fe)	콘스탄탄
T형[동–콘스탄탄](C-C)	순구리	콘스탄탄

98. 열전대 온도계의 작동 원리는?
① 열기전력 ② 전기저항
③ 방사에너지 ④ 압력팽창

해설 열전대 온도계 : 2종류의 금속선을 접속하여 하나의 회로를 만들어 2개의 접점에 온도차를 부여하면 회로도 접점의 온도에 거의 비례한 전류(열기전력)가 흐르는 현상인 제베크 효과(Seebeck effect)를 이용한 것으로 열기전력은 전위차계를 이용하여 측정한다.

정답 94. ② 95. ② 96. ① 97. ④ 98. ①

99. 제어계의 과도응답에 대한 설명으로 가장 옳은 것은?
① 입력신호에 대한 출력신호의 시간적 변화이다.
② 입력신호에 대한 출력신호가 목표치보다 크게 나타나는 것이다.
③ 입력신호에 대한 출력신호가 목표치보다 작게 나타나는 것이다.
④ 입력신호에 대한 출력신호가 과도하게 지연되어 나타나는 것이다.

해설 과도응답 : 정상 상태에 있는 요소의 입력측에 어떤 변화를 주었을 때 출력측에 생기는 변화의 시간적 경과를 말한다.

100. 적외선 가스분석기의 특징에 대한 설명으로 틀린 것은?
① 선택성이 우수하다.
② 연속분석이 가능하다.
③ 측정농도 범위가 넓다.
④ 대칭 2원자 분자의 분석에 적합하다.

해설 적외선 가스분석기(적외선 분광 분석법) : 분자의 진동 중 쌍극자 힘의 변화를 일으킬 진동에 의해 적외선의 흡수가 일어나는 것을 이용한 방법으로 He, Ne, Ar 등 단원자 분자 및 H_2, O_2, N_2, Cl_2 등 대칭 2원자 분자는 적외선을 흡수하지 않으므로 분석할 수 없다.

정답 99. ① 100. ④

▶ 2019년 8월 4일 시행

자격종목	종목코드	시험시간	형 별	수험번호	성 명
가스 기사	1471	2시간 30분	B		

제1과목 가스유체역학

1. 이상기체의 등온, 정압, 정적과정과 무관한 것은?

① $P_1 V_1 = P_2 V_2$

② $\dfrac{P_1}{T_1} = \dfrac{P_2}{T_2}$

③ $\dfrac{V_1}{T_1} = \dfrac{V_2}{T_2}$

④ $\dfrac{P_1 V_1}{T_1} = \dfrac{P_2 (V_1 + V_2)}{T_1}$

[해설] 이상기체의 압력(P), 체적(V), 온도(T)의 상호 관계
  ㉮ 등온(정온) 과정 : $P_1 V_1 = P_2 V_2$
  ㉯ 정압(등압) 과정 : $\dfrac{V_1}{T_1} = \dfrac{V_2}{T_2}$
  ㉰ 정적(등적) 과정 : $\dfrac{P_1}{T_1} = \dfrac{P_2}{T_2}$
  ㉱ 단열 과정 : $\dfrac{T_2}{T_1} = \left(\dfrac{V_1}{V_2}\right)^{k-1} = \left(\dfrac{P_2}{P_1}\right)^{\dfrac{k-1}{k}}$
  ㉲ 폴리트로픽 과정 : $\dfrac{T_2}{T_1} = \left(\dfrac{V_1}{V_2}\right)^{n-1}$
  $= \left(\dfrac{P_2}{P_1}\right)^{\dfrac{n-1}{n}}$

2. 캐비테이션 발생에 따른 현상으로 가장 거리가 먼 것은?

① 소음과 진동 발생
② 양정곡선의 상승
③ 효율곡선의 저하
④ 깃의 침식

[해설] 캐비테이션(cavitation : 공동) 현상 : 유수 중에 그 수온의 증기압력보다 낮은 부분이 생기면 물이 증발을 일으키고 기포를 다수 발생하는 것으로 다음과 같은 현상이 발생된다.
  ㉮ 소음과 진동이 발생
  ㉯ 깃(임펠러)의 침식
  ㉰ 특성곡선(양정곡선, 효율곡선)의 저하
  ㉱ 양수 불능

3. 유체의 흐름상태에서 표면장력에 대한 관성력의 상대적인 크기를 나타내는 무차원의 수는?

① Reynolds수   ② Froude수
③ Euler수   ④ Weber수

[해설] 무차원 수

명칭	정의	의미	비고
레이놀즈수 (Re)	$Re = \dfrac{\rho VL}{\mu}$	관성력/점성력	모든 유체의 유동
마하수 (Ma)	$Ma = \dfrac{V}{\alpha}$	관성력/탄성력	압축성 유동
웨버수 (We)	$We = \dfrac{\rho V^2 L}{\sigma}$	관성력/표면장력	자유표면 유동
프르두수 (Fr)	$Fr = \dfrac{V}{\sqrt{Lg}}$	관성력/중력	자유표면 유동
오일러수 (Eu)	$Eu = \dfrac{P}{\dfrac{\rho V^2}{2}}$	압축력/관성력	압력차에 의한 유동

※ 웨버수(We) : 표면장력에 대한 관성력의 비를 나타내는 무차원 수로 $\dfrac{관성력}{표면장력}$로 나타낸다.

4. 안지름이 10 cm인 원관을 통해 1시간에 10 m³의 물을 수송하려고 한다. 이 때 물의 평균유속은 약 몇 m/s이어야 하는가?

정답 1. ④ 2. ② 3. ④ 4. ④

① 0.0027　　② 0.0354
③ 0.277　　④ 0.354

[해설] $Q = A \times V = \dfrac{\pi}{4} \times D^2 \times V$ 이다.

$\therefore V = \dfrac{4Q}{\pi D^2} = \dfrac{4 \times 10}{\pi \times 0.1^2 \times 3600}$
$= 0.3536 \text{ m/s}$

5. 양정 25 m, 송출량 0.15 m³/min로 물을 송출하는 펌프가 있다. 효율 65 %일 때 펌프의 축동력은 몇 kW인가?

① 0.94　　② 0.83
③ 0.74　　④ 0.68

[해설] $\text{kW} = \dfrac{\gamma \cdot Q \cdot H}{102\eta}$

$= \dfrac{1000 \times 0.15 \times 25}{102 \times 0.65 \times 60} = 0.942 \text{ kW}$

6. 30℃인 공기 중에서의 음속은 몇 m/s인가? (단, 비열비는 1.4이고 기체상수는 287 J/kg·K 이다.)

① 216　　② 241
③ 307　　④ 349

[해설] $C = \sqrt{kRT} = \sqrt{1.4 \times 287 \times (273+30)}$
$= 348.92 \text{ m/s}$

7. 어떤 매끄러운 수평 원관에 유체가 흐를 때 완전 난류유동(완전히 거친 난류유동) 영역이었고, 이 때 손실수두가 10 m이었다. 속도가 2배가 되면 손실수두는?

① 20 m　　② 40 m
③ 80 m　　④ 160 m

[해설] 난류유동에서 손실수두는 속도의 제곱에 비례한다.
$\therefore h_L' = h_L \times V^2 = 10 \times 2^2 = 40 \text{ m}$

8. 개수로 유동(open channel flow)에 관한 설명으로 옳지 않은 것은?

① 수력구배선은 자유표면과 일치한다.
② 에너지 선은 수면 위로 속도수두 만큼 위에 있다.
③ 에너지 선의 높이가 유동방향으로 하강하는 것은 손실 때문이다.
④ 개수로에서 바닥면의 압력은 항상 일정하다.

[해설] (1) 개수로 유동(open channel flow) : 하천과 같이 흐름이 대기 중에 노출되어 자유 표면을 가지는 흐름으로 수로와 액면의 경사에 의해 유동이 일어난다.
(2) 개수로 유동의 특징
　㉮ 유체의 자유표면이 대기와 접해 있다.
　㉯ 수력구배선은 자유표면과 일치한다.
　㉰ 에너지선은 수면 위로 속도수두 만큼 위에 있다.
　㉱ 손실수두는 수평선과 에너지선의 차이다.
　㉲ 개수로에서 바닥면의 압력은 깊이에 따라 변한다.

9. 유체가 반지름 150 mm, 길이가 500 m인 주철관을 통하여 유속 2.5 m/s로 흐를 때 마찰에 의한 손실수두는 몇 m인가? (단, 관마찰계수 $f = 0.03$이다.)

① 5.47　　② 13.6
③ 15.9　　④ 31.9

[해설] $h_f = f \times \dfrac{L}{D} \times \dfrac{V^2}{2g} = f \times \dfrac{L}{2R} \times \dfrac{V^2}{2g}$

$= 0.03 \times \dfrac{500}{2 \times 0.15} \times \dfrac{2.5^2}{2 \times 9.8}$

$= 15.943 \text{ mH}_2\text{O}$

※ 문제에서 반지름(R)으로 주어졌기 때문에 2배를 하여 지름(D)으로 계산하였음

10. 그림과 같이 물을 사용하여 기체압력을 측정하는 경사마노미터에서 압력차($P_1 - P_2$)는 몇 cmH₂O인가? (단, $\theta = 30°$, 면적 $A_1 \gg A_2$이고, $R = 30$ cm이다.)

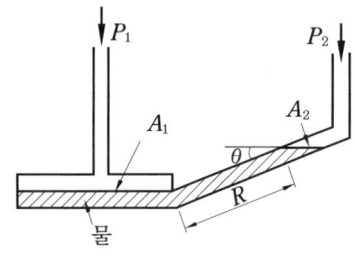

① 15　　　　② 30
③ 45　　　　④ 90

해설 $P_1 - P_2 = \gamma R \sin\theta$
$= 1000 \times 0.3 \times \sin 30$
$= 150 \text{ mmH}_2\text{O} = 15 \text{ cmH}_2\text{O}$

11. 일반적인 원관 내 유동에서 하임계 레이놀즈수에 가장 가까운 값은?

① 2100　　　　② 4000
③ 21000　　　④ 40000

해설 레이놀즈수(Re) 종류
㉮ 상임계 레이놀즈수 : 층류에서 난류로 천이하는 레이놀즈수로 약 4000 정도이다.
㉯ 하임계 레이놀즈수 : 난류에서 층류로 천이하는 레이놀즈수로 약 2100 정도이다.

12. 온도 20℃, 절대압력이 5 kgf/cm²인 산소의 비체적은 몇 m³/kg인가? (단, 산소의 분자량은 32이고, 일반기체상수는 848 kgf·m/kmol·K이다.)

① 0.551　　　② 0.155
③ 0.515　　　④ 0.605

해설 $PV = GRT$에서
$\therefore v = \dfrac{V}{G} = \dfrac{RT}{P}$
$= \dfrac{\dfrac{848}{32} \times (273+20)}{5 \times 10^4} = 0.1552 \text{ m}^3/\text{kg}$

13. 매끈한 직원관 속의 액체 흐름이 층류이고 관내에서 최대속도가 4.2 m/s로 흐를 때 평균속도는 약 몇 m/s인가?

① 4.2　　　　② 3.5
③ 2.1　　　　④ 1.75

해설 수평 원관 속을 층류로 흐를 때 평균속도(V_{avg})는 관 중심에서의 최대속도($V_{\max}$)의 $\dfrac{1}{2}$에 해당한다.
$\therefore V_{\text{avg}} = \dfrac{1}{2} V_{\max} = \dfrac{1}{2} \times 4.2 = 2.1 \text{ m/s}$

14. 유체에 잠겨 있는 곡면에 작용하는 정수력의 수평분력에 대한 설명으로 옳은 것은?

① 연직면에 투영한 투영면의 압력중심의 압력과 투영면을 곱한 값과 같다.
② 연직면에 투영한 투영면의 도심의 압력과 곡면의 면적을 곱한 값과 같다.
③ 수평면에 투영한 투영면에 작용하는 정수력과 같다.
④ 연직면에 투영한 투영면의 도심의 압력과 투영면의 면적을 곱한 값과 같다.

해설 곡면에 작용하는 힘
㉮ 수평분력(F_x) : 곡면의 수직투영면에 작용하는 힘과 같다. (힘(F) = 압력(P)×면적(A)이 된다.)
㉯ 수직분력(F_y) : 곡면의 수직방향에 실려 있는 액체의 무게와 같다.

15. 압축성 유체에 대한 설명 중 가장 올바른 것은?

① 가역과정 동안 마찰로 인한 손실이 일어난다.
② 이상기체의 음속은 온도의 함수이다.
③ 유체의 유속이 아음속(subsonic)일 때, Mach수는 1보다 크다.
④ 온도가 일정할 때 이상기체의 압력은 밀도에 반비례한다.

해설 음속 계산식 $C = \sqrt{kRT}$ 이므로 음속은 절대온도(T)의 평방근에 비례한다. (음속은 온도의 함수이다.)

※ 각 항목의 옳은 설명
① 가역과정 동안 마찰로 인한 손실은 없다.
③ 유체의 유속이 아음속(subsonic)일 때, Mach수는 1보다 작다.(M<1 : 아음속, M>1 : 초음속)
④ 온도가 일정할 때 이상기체의 압력은 밀도에 비례한다.(유체의 밀도는 압력과 온도의 함수이다.)

16. 물체 주위의 유동과 관련하여 다음 중 옳은 내용을 모두 나타낸 것은?

> ㉠ 속도가 빠를수록 경계층 두께는 얇아진다.
> ㉡ 경계층 내부유동은 비점성 유동으로 취급할 수 있다.
> ㉢ 동점성계수가 커질수록 경계층 두께는 두꺼워진다.

① ㉠　　　　　　② ㉠, ㉡
③ ㉠, ㉢　　　　④ ㉡, ㉢

[해설] (1) 경계층
　㉮ 경계층 안쪽은 물체의 표면에 가까운 영역으로 점성의 영향이 현저하게 나타나고, 속도구배가 크며 마찰응력이 작용한다.
　㉯ 경계층 밖은 점성에 대한 영향이 거의 없고 이상유체와 같은 형태의 흐름을 나타낸다.
　㉰ 평판의 임계레이놀즈수(Re_c)는 5×10^5이다.
(2) 경계층 두께 계산식
　㉮ 층류 $\delta = \dfrac{5x}{(Re_x)^{\frac{1}{2}}}$

　∴ 층류 경계층의 두께는 $(Re_x)^{\frac{1}{2}}$에 반비례한다.

　㉯ 난류 $\delta = \dfrac{0.376x}{(Re_x)^{\frac{1}{5}}}$

　∴ 난류 경계층의 두께는 $(Re_x)^{\frac{1}{5}}$에 반비례한다.
※ 속도가 빠를수록 레이놀즈수가 커지므로 경계층 두께는 얇아진다.
※ 동점성계수가 커지면 레이놀즈수는 작아지므로 경계층 두께는 두꺼워진다.
(3) 레이놀즈수 계산식

$$\therefore Re = \dfrac{\rho \cdot D \cdot V}{\mu} = \dfrac{D \cdot V}{\nu}$$
$$= \dfrac{4Q}{\pi \cdot D \cdot \nu} = \dfrac{4\rho \cdot Q}{\pi \cdot D \cdot \mu}$$

17. 20℃ 공기 속을 1000 m/s로 비행하는 비행기의 주위 유동에서 정체 온도는 몇 ℃인가?(단, $k = 1.4$, $R = 287$ N·m/kg·K이며, 등엔트로피 유동이다.)

① 518　　　　　② 545
③ 574　　　　　④ 598

[해설] $T_0 - T = \dfrac{1}{R} \times \dfrac{k-1}{k} \times \dfrac{V^2}{2}$ 에서

$\therefore T_0 = T + \left(\dfrac{1}{R} \times \dfrac{k-1}{k} \times \dfrac{V^2}{2}\right)$

$= (273+20) + \left(\dfrac{1}{287} \times \dfrac{1.4-1}{1.4} \times \dfrac{1000^2}{2}\right)$

$= 790.760 \text{K} - 273 = 517.760℃$

※ SI단위로 계산하므로 중력가속도(g) 9.8 m/s²은 계산하지 않았고, N·m = J이므로 $R = 287$ N·m/kg·K = 287 J/kg·K이다.

18. 유체의 점성계수와 동점성계수에 관한 설명 중 옳은 것은?(단, M, L, T는 각각 질량, 길이, 시간을 나타낸다.)
① 상온에서의 공기의 점성계수는 물의 점성계수보다 크다.
② 점성계수의 차원은 $ML^{-1}T^{-1}$이다.
③ 동점성계수의 차원은 L^2T^{-2}이다.
④ 동점성계수의 단위에는 poise가 있다.

[해설] 각 항목의 옳은 설명
① 상온에서의 공기의 점성계수는 물의 점성계수보다 작다.
② 점성계수(μ)의 단위 및 차원

정답　16. ③　17. ①　18. ②

ⓐ 공학단위 : kgf·s/m² = $FL^{-2}T$
ⓑ 절대단위 : kg/m·s = $\dfrac{M}{LT}$ = $ML^{-1}T^{-1}$
ⓒ 점성계수 단위 : poise = g/cm·s
③ 동점성계수(ν)의 단위 및 차원 : m²/s = L^2T^{-1}
④ 동점성계수의 단위에는 stokes가 있다.
※ 1 St(stokes) = 1 cm²/s = 10^{-4} m²/s

19. 원심펌프에 대한 설명으로 옳지 않은 것은?
① 액체를 비교적 균일한 압력으로 수송할 수 있다.
② 토출 유동의 맥동이 적다.
③ 원심펌프 중 벌류트 펌프는 안내깃을 갖지 않는다.
④ 양정거리가 크고 수송량이 적을 때 사용된다.

[해설] 원심펌프의 특징
㉮ 원심력에 의하여 유체를 압송한다.
㉯ 용량에 비하여 소형이고 설치면적이 작다.
㉰ 흡입, 토출밸브가 없고 액의 맥동이 없다.
㉱ 기동 시 펌프 내부에 유체를 충분히 채워야 한다.
㉲ 고양정에 적합하다.
㉳ 서징 현상, 캐비테이션 현상이 발생하기 쉽다.
㉴ 벌류트 펌프는 안내깃(guide vane)이 없고, 터빈 펌프는 안내깃(guide vane)이 있는 펌프이다.
※ 왕복펌프에 비하여 대용량이다.(수송량이 크다.)

20. 이상기체에 대한 설명으로 옳은 것은?
① 포화상태에 있는 포화 증기를 뜻한다.
② 이상기체의 상태방정식을 만족시키는 기체이다.
③ 체적 탄성계수가 100인 기체이다.
④ 높은 압력하의 기체를 뜻한다.

[해설] 완전가스(이상기체)의 성질
㉮ 보일-샤를의 법칙, 이상기체 상태방정식을 만족한다.
㉯ 아보가드로의 법칙에 따른다.
㉰ 내부에너지는 온도만의 함수이다.
㉱ 온도에 관계없이 비열비는 일정하다.
㉲ 기체의 분자력과 크기도 무시되며 분자간의 충돌은 완전 탄성체이다.
㉳ 분자와 분자 사이의 거리가 매우 멀다.
㉴ 분자 사이의 인력이 없다.
㉵ 압축성인자가 1이다.

제 2 과목 연소공학

21. 액체 연료의 연소 형태가 아닌 것은?
① 등심연소(wick combustion)
② 증발연소(vaporizing combustion)
③ 분무연소(spray combustion)
④ 확산연소(diffusive combustion)

[해설] 액체 및 기체 연료의 연소 분류
㉮ 액체 연료 : 액면연소, 등심연소, 분무연소, 증발연소
㉯ 기체 연료 : 예혼합연소, 확산연소

22. 50℃, 30℃, 15℃인 3종류의 액체 A, B, C가 있다. A와 B를 같은 질량으로 혼합하였더니 40℃가 되었고, A와 C를 같은 질량으로 혼합하였더니 20℃가 되었다고 하면 B와 C를 같은 질량으로 혼합하면 온도는 약 몇 ℃가 되겠는가?
① 17.1   ② 19.5
③ 20.5   ④ 21.1

[해설] ㉮ $Q = m \times C \times \Delta t$에서 A와 B를 같은 질량으로 혼합하였을 때 50℃인 A에서 30℃인 B로 열량이 이동하여 40℃가 되었으므로 A에서 이동한 열량과 B에서 받은 열량은 같다.
∴ $C_A \times (50-40) = C_B \times (40-30)$에서 동일한 온도 차이가 발생하였으므로 A와 B의 비열은 같다.

정답 19. ④   20. ②   21. ④   22. ①

㉮ A와 C를 혼합하였을 때 C의 비열 계산

∴ $C_A \times (50-20) = C_C \times (20-15)$ 에서

$$C_C = \frac{C_A \times (50-20)}{(20-15)} = 6C_A = 6C_B$$

∴ A와 B의 비열은 같고, C 비열은 A 비열의 6배이므로 B 비열의 6배와 같다.

㉯ B와 C를 혼합하였을 때 혼합온도 계산

$$\therefore t_{B+C} = \frac{m_B C_B t_B + m_C C_C t_C}{m_B C_B + m_C C_C}$$

$$= \frac{(1 \times 1 \times 30) + (1 \times 6 \times 15)}{(1 \times 1) + (1 \times 6)}$$

$$= 17.142 ≒ 17.14℃$$

23. 피열물의 가열에 사용된 유효열량이 7000 kcal/kg, 전 입열량이 12000 kcal/kg일 때 열효율은 약 얼마인가?

① 49.2% ② 58.3%
③ 67.4% ④ 76.5%

[해설] 열효율(%)

$$= \frac{\text{유효하게 사용된 열량}}{\text{공급열량}} \times 100$$

$$= \frac{7000}{12000} \times 100 = 58.33\%$$

24. 가스화재 시 밸브 및 콕을 잠그는 경우 어떤 소화효과를 기대할 수 있는가?

① 질식소화 ② 제거소화
③ 냉각소화 ④ 억제소화

[해설] 제거소화 : 연소의 3요소 중 가연물질을 화재가 발생한 장소로부터 제거하여 소화시키는 방법으로 가스화재 시 가스 공급밸브 등을 차단하여 가스 공급을 중지하는 방법이 해당된다.

25. 엔트로피의 증가에 대한 설명으로 옳은 것은?

① 비가역 과정의 경우 계와 외계의 에너지의 총합은 일정하고, 엔트로피의 총합은 증가한다.
② 비가역 과정의 경우 계와 외계의 에너지의 총합과 엔트로피의 총합이 함께 증가한다.
③ 비가역 과정의 경우 물체의 엔트로피와 열원의 엔트로피의 합은 불변이다.
④ 비가역 과정의 경우 계와 외계의 에너지의 총합과 엔트로피의 총합은 불변이다.

[해설] 가역 과정일 경우 엔트로피 변화는 없지만, 자유팽창 종류가 다른 가스의 혼합, 액체 내의 분자의 확산 등의 비가역 과정일 때는 계와 외계의 에너지 총합은 일정하고 엔트로피 총합은 증가한다.

26. 저발열량이 41860 kJ/kg인 연료를 3 kg 연소시켰을 때 연소가스의 열용량이 62.8 kJ/℃이었다면 이때의 이론 연소온도는 약 몇 ℃인가?

① 1000℃ ② 2000℃
③ 3000℃ ④ 4000℃

[해설] 이론 연소온도

$$= \frac{\text{연료소비량} \times \text{저위발열량}}{\text{열용량}}$$

$$= \frac{3 \times 41860}{62.8} = 1999.681℃$$

27. 연소반응 시 불꽃의 상태가 환원염으로 나타났다. 이때 환원염은 어떤 상태인가?

① 수소가 파란 불꽃을 내며 연소하는 화염
② 공기가 충분하여 완전 연소상태의 화염
③ 과잉의 산소를 내포하여 연소가스 중 산소를 포함한 상태의 화염
④ 산소의 부족으로 일산화탄소와 같은 미연분을 포함한 상태의 화염

[해설] 화염 내의 반응에 의한 구분
㉮ 환원염 : 수소(H_2)나 불완전 연소에 의한 일산화탄소(CO)를 함유한 것으로 청록색으로 빛나는 화염이다.
㉯ 산화염 : 산소(O_2), 이산화탄소(CO_2), 수증기를 함유한 것으로 내염의 외측을 둘러싸고 있는 청자색의 화염이다.

[정답] 23. ② 24. ② 25. ① 26. ② 27. ④

28. 연료의 발화점(착화점)이 낮아지는 경우가 아닌 것은?
① 산소 농도가 높을수록
② 발열량이 높을수록
③ 분자구조가 단순할수록
④ 압력이 높을수록

[해설] 발화점(착화점, 착화온도)가 낮아지는 조건
㉮ 압력이 높을 때
㉯ 발열량이 높을 때
㉰ 열전도율이 작을 때
㉱ 산소와 친화력이 클 때
㉲ 산소농도가 높을 때
㉳ 분자구조가 복잡할수록
㉴ 반응활성도가 클수록

29. 오토(Otto) 사이클의 효율을 η_1, 디젤(Diesel) 사이클의 효율을 η_2, 사바테(Sabathe) 사이클의 효율을 η_3이라 할 때 공급열량과 압축비가 같을 경우 효율의 크기는?
① $\eta_1 > \eta_2 > \eta_3$
② $\eta_1 > \eta_3 > \eta_2$
③ $\eta_2 > \eta_1 > \eta_3$
④ $\eta_2 > \eta_3 > \eta_1$

[해설] 각 사이클의 효율 비교
㉮ 최저온도 및 압력, 공급열량과 압축비가 같은 경우 : 오토 사이클 > 사바테 사이클 > 디젤 사이클
㉯ 최저온도 및 압력, 공급열량과 최고압력이 같은 경우 : 디젤 사이클 > 사바테 사이클 > 오토 사이클

30. CH_4, CO_2, H_2O의 생성열이 각각 75 kJ/kmol, 394 kJ/kmol, 242 kJ/kmol일 때의 완전 연소 발열량은 약 몇 kJ인가?
① 803
② 786
③ 711
④ 636

[해설] ㉮ 메탄(CH_4)의 완전연소 반응식
$CH_4 + 2O_2 \rightarrow CO_2 + 2H_2O + Q$
㉯ 완전 연소 발열량 계산 : 연소열과 생성열은 절댓값이 같고 부호가 반대이다.
$-75 = -394 - 242 \times 2 + Q$
∴ $Q = 394 + 242 \times 2 - 75$
    $= 803$ kJ/kmol

31. 열역학 제0법칙에 대하여 설명한 것은?
① 저온체에서 고온체로 아무 일도 없이 열을 전달할 수 없다.
② 절대온도 0에서 모든 완전 결정체의 절대 엔트로피의 값은 0이다.
③ 기계가 일을 하기 위해서는 반드시 다른 에너지를 소비해야 하고 어떤 에너지도 소비하지 않고 계속 일을 하는 기계는 존재하지 않는다.
④ 온도가 서로 다른 물체를 접촉시키면 높은 온도를 지닌 물체의 온도는 내려가고, 낮은 온도를 지닌 물체의 온도는 올라가서 두 물체의 온도 차이는 없어진다.

[해설] 열역학 제0법칙 : 온도가 서로 다른 물질이 접촉하면 고온은 저온이 되고, 저온은 고온이 되어서 결국 시간이 흐르면 두 물질의 온도는 같게 된다. 이것을 열평형이 되었다고 하며, 열평형의 법칙이라 한다.

32. 유독물질의 대기 확산에 영향을 주게 되는 매개변수로서 가장 거리가 먼 것은?
① 토양의 종류
② 바람의 속도
③ 대기 안정도
④ 누출지점의 높이

[해설] 유독물질의 대기 확산에 영향을 주는 요인
㉮ 누출지점의 높이
㉯ 대기의 안정도
㉰ 바람의 속도
㉱ 건축물 등 장애물 여부
㉲ 지형 및 지역 변수
㉳ 기상 조건
㉴ 오염물의 특성

33. 연료가 완전 연소할 때 이론상 필요한 공기량을 $M_0(m^3)$, 실제로 사용한 공기량을 $M(m^3)$라 하면 과잉공기 백분율로 바르게 표시한 식은?

정답 28. ③ 29. ② 30. ① 31. ④ 32. ① 33. ④

① $\dfrac{M}{M_0} \times 100$ ② $\dfrac{M_0}{M} \times 100$

③ $\dfrac{M-M_0}{M} \times 100$ ④ $\dfrac{M-M_0}{M_0} \times 100$

해설 과잉공기 백분율(%) : 과잉공기량(B)과 이론 공기량(M_0)의 비율(%)

$$\therefore \text{과잉공기율(\%)} = \dfrac{B}{M_0} \times 100$$
$$= \dfrac{M-M_0}{M_0} \times 100 = (m-1) \times 100$$

34. 체적 2 m³의 용기 내에서 압력 0.4 MPa, 온도 50℃인 혼합기체의 체적분율이 메탄(CH₄) 35%, 수소(H₂) 40%, 질소(N₂) 25%이다. 이 혼합기체의 질량은 약 몇 kg인가?

① 2 ② 3
③ 4 ④ 5

해설 ㉮ 혼합기체의 평균분자량 계산
$M = (16 \times 0.35) + (2 \times 0.4) + (28 \times 0.25)$
$= 13.4$

㉯ 혼합기체의 질량 계산
$PV = GRT$
$$\therefore G = \dfrac{PV}{RT} = \dfrac{0.4 \times 10^3 \times 2}{\dfrac{8.314}{13.4} \times (273+50)}$$
$= 3.991 \text{ kg}$

35. 폭발범위의 하한 값이 가장 큰 가스는?

① C₂H₄ ② C₂H₂
③ C₂H₄O ④ H₂

해설 각 가스의 공기 중에서 폭발범위

가스 명칭	폭발범위
에틸렌(C₂H₄)	3.1~32 %
아세틸렌(C₂H₂)	2.5~81 %
산화에틸렌(C₂H₄O)	3~80 %
수소(H₂)	4~75 %

36. 전실화재(flashover)와 역화(back draft)에 대한 설명으로 틀린 것은?

① flashover는 급격한 가연성가스의 착화로서 폭풍과 충격파를 동반한다.
② flashover는 화재성장기(제1단계)에서 발생한다.
③ back draft는 최성기(제2단계)에서 발생한다.
④ flashover는 열의 공급이 요인이다.

해설 전실화재(flash over) : 화재로 발생한 열이 주변의 모든 물체가 연소되기 쉬운 상태에 도달하였을 때 순간적으로 강한 화염을 분출하면서 내부 전체를 급격히 태워버리는 현상

37. 어떤 계에 42 kJ을 공급했다. 만약 이 계가 외부에 대하여 17000 N·m의 일을 하였다면 내부에너지의 증가량은 약 몇 kJ인가?

① 25 ② 50
③ 100 ④ 200

해설 ㉮ N·m = J에 해당되므로 외부에 한 일 17000 N·m = 17000 J = 17 kJ에 해당된다.
㉯ 내부에너지 증가량 계산
'엔탈피 변화량 = 내부에너지+외부에너지'에서
∴ 내부에너지 = 엔탈피 변화량-외부에너지
= 42-17 = 25 kJ

38. 수증기와 CO의 몰 혼합물을 반응시켰을 때 1000℃, 1기압에서의 평형조성이 CO, H₂O가 각각 28 mol%, H₂, CO₂가 각각 22 mol%라 하면, 정압 평형정수(K_p)는 약 얼마인가?

① 0.2 ② 0.6
③ 0.9 ④ 1.3

해설 ㉮ 수증기(H₂O)와 CO의 반응식
CO + H₂O → CO₂ + H₂
㉯ 정압 평형정수(K_p) 계산
$$\therefore K_p = \dfrac{[\text{CO}_2] \times [\text{H}_2]}{[\text{CO}] \times [\text{H}_2\text{O}]} = \dfrac{22 \times 22}{28 \times 28}$$
$= 0.6173$

정답 34. ③ 35. ④ 36. ① 37. ① 38. ②

39. 다음 중 등엔트로피 과정은?
① 가역 단열과정
② 비가역 단열과정
③ Polytropic 과정
④ Joule-Thomson 과정

[해설] 가역 단열과정에서는 엔트로피 변화는 없는 등엔트로피 과정이고, 비가역 단열과정에서는 엔트로피가 증가한다.

40. 도시가스의 조성을 조사해보니 부피조성으로 H_2 30 %, CO 14 %, CH_4 49 %, CO_2 5 %, O_2 2 %를 얻었다. 이 도시가스를 연소시키기 위한 이론산소량(Nm^3)은?
① 1.18
② 2.18
③ 3.18
④ 4.18

[해설] ㉮ 가연성분의 완전연소 반응식과 함유율(%)

$H_2 + \frac{1}{2}O_2 \rightarrow H_2O$: 30 %

$CO + \frac{1}{2}O_2 \rightarrow CO_2$: 14 %

$CH_4 + 2O_2 \rightarrow CO_2 + 2H_2O$: 49 %

㉯ 이론산소량(O_0) 계산 : 기체 연료 $1 Nm^3$ 연소할 때 필요로 하는 이론산소량은 연소반응식에서 산소몰수에 해당하는 양(Nm^3)이며, 가스 성분에 포함된 산소는 제외하고 계산하여야 함

∴ $O_0 = \{(0.5 \times 0.3) + (0.5 \times 0.14) + (2 \times 0.49)\} - 0.02 = 1.18 Nm^3$

제 3 과목 가스설비

41. 정압기에 관한 특성 중 변동에 대한 응답 속도 및 안정성의 관계를 나타내는 것은?
① 동특성
② 정특성
③ 작동 최대차압
④ 사용 최대차압

[해설] 정압기의 특성
㉮ 정특성(靜特性) : 유량과 2차 압력의 관계
㉯ 동특성(動特性) : 부하변동에 대한 응답의 신속성과 안정성이 요구됨
㉰ 유량특성(流量特性) : 메인밸브의 열림과 유량의 관계
㉱ 사용 최대차압 : 메인밸브에 1차와 2차 압력이 작용하여 최대로 되었을 때의 차압
㉲ 작동 최소차압 : 정압기가 작동할 수 있는 최소 차압

42. 석유정제공정의 상압증류 및 가솔린 생산을 위한 접촉개질 처리 등에서와 석유화학의 나프타 분해공정 중 에틸렌, 벤젠 등을 제조하는 공정에서 주로 생산되는 가스는?
① OFF 가스
② Cracking 가스
③ Reforming 가스
④ Topping 가스

[해설] 정유 가스(off gas)의 종류
㉮ 석유정제 오프가스 : 상압증류, 감압증류 및 가솔린 생산을 위한 접촉개질공정 등에서 발생하는 가스이다.
㉯ 석유화학 오프가스 : 나프타 분해에 의한 에틸렌 제조공정에서 발생하는 가스이다.

43. 도시가스 원료 중에 함유되어 있는 황을 제거하기 위한 건식 탈황법의 탈황제로서 일반적으로 사용되는 것은?
① 탄산나트륨
② 산화철
③ 암모니아 수용액
④ 염화암모늄

[해설] 건식 탈황법
㉮ 활성탄, 몰러귤러시브, 실리카겔 등을 사용하여 흡착에 의해 황화합물을 제거한다.
㉯ 산화철이나 산화아연 등과 접촉시켜 금속 황화합물로 변화시켜 제거하는 방법이다.

44. 연소 시 발생할 수 있는 여러 문제 중 리프팅(lifting) 현상의 주된 원인은?
① 노즐의 축소
② 가스 압력의 감소
③ 1차 공기의 과소
④ 배기 불충분

[해설] 리프팅(lifting : 선화)의 원인
㉮ 염공이 작아졌을 때
㉯ 공급압력이 지나치게 높을 경우

㉰ 배기 또는 환기가 불충분할 때(2차 공기량 부족)
㉱ 공기 조절장치를 지나치게 개방하였을 때 (1차 공기량 과다)
※ 공개된 최종답안은 ①항만 정답 처리되었음

45. 도시가스 공급시설에 설치하는 공기보다 무거운 가스를 사용하는 지역정압기실 개구부와 RTU(Remote Terminal Unit) 박스는 얼마 이상의 거리를 유지하여야 하는가?
① 2 m ② 3 m ③ 4.5 m ④ 5.5 m

해설 도시가스 공급시설에 설치하는 정압기실 및 구역압력조정기실 개구부와 RTU(Remote Terminal Unit) 박스는 다음 기준에서 정한 거리 이상을 유지한다.
㉮ 지구정압기, 건축물 내 지역정압기 및 공기보다 무거운 가스를 사용하는 지역정압기 : 4.5 m
㉯ 공기보다 가벼운 가스를 사용하는 지역정압기 및 구역압력조정기 : 1 m

46. 배관에서 지름이 다른 강관을 연결하는 목적으로 주로 사용하는 것은?
① 티 ② 플랜지
③ 엘보 ④ 리듀서

해설 사용 용도에 의한 강관 이음재 분류
㉮ 배관의 방향을 전환할 때 : 엘보(elbow), 벤드(bend), 리턴 벤드
㉯ 관을 도중에 분기할 때 : 티(tee), 와이(Y), 크로스(cross)
㉰ 동일 지름의 관을 연결할 때 : 소켓(socket), 니플(nipple), 유니언(union)
㉱ 지름이 다른 관(이경관)을 연결할 때 : 리듀서(reducer), 부싱(bushing), 이경 엘보, 이경 티
㉲ 관 끝을 막을 때 : 플러그(plug), 캡(cap)
㉳ 관의 분해, 수리가 필요할 때 : 유니언, 플랜지

47. 발열량이 13000 kcal/m³이고, 비중이 1.3, 공급압력이 200 mmH₂O인 가스의 웨버지수는?
① 10000 ② 11402
③ 13000 ④ 16900

해설 $WI = \dfrac{H_g}{\sqrt{d}} = \dfrac{13000}{\sqrt{1.3}} = 11401.754$

48. 1000 rpm으로 회전하는 펌프를 2000 rpm으로 변경하였다. 이 경우 펌프의 양정과 소요동력은 각각 얼마씩 변화하는가?
① 양정 : 2배, 소요동력 : 2배
② 양정 : 4배, 소요동력 : 2배
③ 양정 : 8배, 소요동력 : 4배
④ 양정 : 4배, 소요동력 : 8배

해설 ㉮ 양정의 변화량 계산
$$\therefore H_2 = H_1 \times \left(\dfrac{N_2}{N_1}\right)^2 = H_1 \times \left(\dfrac{2000}{1000}\right)^2 = 4H_1$$
㉯ 소요동력의 변화량 계산
$$\therefore L_2 = L_1 \times \left(\dfrac{N_2}{N_1}\right)^3 = L_1 \times \left(\dfrac{2000}{1000}\right)^3 = 8L_1$$

49. 회전펌프에 해당하는 것은?
① 플랜지 펌프 ② 피스톤 펌프
③ 기어 펌프 ④ 다이어프램 펌프

해설 펌프의 분류
(1) 터보식 펌프
㉮ 원심식 : 볼류트펌프, 터빈펌프
㉯ 사류식(경사류식)
㉰ 축류식
(2) 용적식 펌프
㉮ 왕복식 : 피스톤펌프, 플런저펌프, 다이어프램펌프
㉯ 회전식 : 기어펌프, 나사펌프, 베인펌프
(3) 특수 펌프 : 재생펌프, 제트펌프, 기포펌프, 수격펌프

50. 산소가 없어도 자기분해 폭발을 일으킬 수 있는 가스가 아닌 것은?
① C_2H_2 ② N_2H_4

③ H_2 ④ C_2H_4O

[해설] 분해폭발을 일으키는 물질 : 아세틸렌(C_2H_2), 산화에틸렌(C_2H_4O), 히드라진(N_2H_4), 오존(O_3)

51. 실린더 안지름 20 cm, 피스톤 행정 15 cm, 매분 회전수 300, 효율이 90 %인 수평 1단 단동 압축기가 있다. 지시평균 유효압력을 0.2 MPa로 하면 압축기에 필요한 전동기의 마력은 약 몇 PS인가? (단, 1 MPa은 10 kgf/cm² 로 한다.)

① 6   ② 7   ③ 8   ④ 9

[해설] ㉮ 피스톤 압출량 계산

$$\therefore V = \frac{\pi}{4} \cdot D^2 \cdot L \cdot n \cdot N$$

$$= \frac{\pi}{4} \times 0.2^2 \times 0.15 \times 1 \times 300$$

$$= 1.414 \, m^3/min$$

㉯ 축동력 계산

$$\therefore PS = \frac{P \cdot Q}{75 \cdot \eta}$$

$$= \frac{(0.2 \times 10 \times 10^4) \times 1.414}{75 \times 0.9 \times 60}$$

$$= 6.982 \, PS$$

52. 도시가스 저압 배관의 설계 시 관경을 결정하고자 할 때 사용되는 식은?

① Fan 식   ② Oliphant 식
③ Coxe 식   ④ Pole 식

[해설] 저압배관 유량계산식(Pole식)

$$Q = K\sqrt{\frac{D^5 \cdot H}{S \cdot L}}$$ 에서

배관 안지름 $D = \sqrt[5]{\frac{Q^2 SL}{K^2 H}}$ 으로 계산할 수 있다.

53. 가스보일러 물탱크의 수위를 다이어프램에 의해 압력 변화로 검출하여 전기접점에 의해 가스회로를 차단하는 안전장치는?

① 헛불방지장치   ② 동결방지장치
③ 소화안전장치   ④ 과열방지장치

[해설] 헛불방지장치 : 온수기나 보일러 등의 연소기구 내에 물이 없으면 가스밸브가 개방되지 않고 물이 있을 경우에만 가스밸브가 개방되도록 하는 공연소 방지장치이다.

54. 가스온수기에 반드시 부착하여야 할 안전장치가 아닌 것은?

① 소화안전장치   ② 역풍방지장치
③ 전도안전장치   ④ 정전안전장치

[해설] 가스온수기에 부착되는 안전장치
 ㉮ 정전안전장치
 ㉯ 역풍방지장치
 ㉰ 소화안전장치
 ㉱ 그 밖의 장치 : 거버너(세라믹 버너를 사용하는 온수기만 해당), 과열방지장치, 물온도조절장치, 점화장치, 물빼기장치, 수압자동가스밸브, 동결방지장치, 과압방지 안전장치

55. 나프타를 접촉분해법에서 개질온도를 705 ℃로 유지하고 개질압력을 1기압에서 10기압으로 점진적으로 가압할 때 가스의 조성 변화는?

① H_2와 CO_2가 감소하고 CH_4와 CO가 증가한다.
② H_2와 CO_2가 증가하고 CH_4와 CO가 감소한다.
③ H_2와 CO가 감소하고 CH_4와 CO_2가 증가한다.
④ H_2와 CO가 증가하고 CH_4와 CO_2가 감소한다.

[해설] 나프타의 접촉분해법에서 압력과 온도의 영향

구분		CH_4, CO_2	H_2, CO
압력	상승	증가	감소
	하강	감소	증가
온도	상승	감소	증가
	하강	증가	감소

정답 51. ② 52. ④ 53. ① 54. ③ 55. ③

56. LPG를 사용하는 식당에서 연소기의 최대가스 소비량이 3.56 kg/h이었다. 자동절체식 조정기를 사용하는 경우 20 kg 용기를 최소 몇 개를 설치하여야 자연기화 방식으로 원활하게 사용할 수 있겠는가? (단, 20 kg 용기 1개의 가스발생능력은 1.8 kg/h이다.)

① 2개   ② 4개   ③ 6개   ④ 8개

해설 ㉮ 필요 최저 용기수 계산

$$\therefore 용기수 = \frac{최대\ 가스소비량}{가스발생능력}$$

$$= \frac{3.56}{1.8} = 1.977 = 2개$$

㉯ 자동절체식 조정기를 사용하므로 예비측 용기까지 필요하다.

∴ 전체 용기수 = 최저 용기수 × 2
= 2 × 2 = 4개

57. 찜질방의 가열로실의 구조에 대한 설명으로 틀린 것은?

① 가열로의 배기통은 금속 이외의 불연성 재료로 단열조치를 한다.
② 가열로실과 찜질실 사이의 출입문은 유리재로 설치한다.
③ 가열로의 배기통 재료는 스테인리스를 사용한다.
④ 가열로의 배기통에는 댐퍼를 설치하지 아니한다.

해설 찜질방 가열로실의 구조
㉮ 가열로실은 불연재료를 사용하여 설치하며 가열로실과 찜질실은 불연재료의 벽 등으로 구분하여 설치하고, 가열로실과 찜질실 사이의 출입문은 금속재로 설치한다.
㉯ 가열로의 배기통 재료는 스테인리스강 또는 배기가스 및 응축수에 내열·내식성이 있는 것으로 한다.
㉰ 가열로의 배기통은 금속 이외의 불연성재료로 단열조치를 한다.
㉱ 가열로의 배기통 끝에는 배기통톱을 설치하되, 배기통에는 댐퍼를 설치하지 아니한다.
㉲ 가열로의 배기구와 배기통의 접속부는 스테인리스밴드 등으로 견고하게 설치하고, 각 접속부 등에는 내열실리콘 등(석고붕대 제외)으로 마감조치를 하여 기밀이 유지되게 한다.
㉳ 가열로실에는 급·환기시설을 갖춘다.
  ㉠ 가열로의 연소에 필요한 공기를 공급할 수 있는 급기구(또는 급기시설) 및 환기구(또는 환기시설)를 설치한다.
  ㉡ 급기구의 유효단면적은 배기통의 단면적 이상으로 한다.
  ㉢ 환기구는 상시개방구조로서 급기구와 별도로 설치하고 환기구의 전체 유효단면적은 가스소비량 0.085 kg/h 당 10 cm² (지하실 또는 반지하실의 경우에는 가스소비량 0.085 kg/h 당 3 m³/h 이상의 통풍능력을 갖는 강제통풍설비) 이상으로 하고, 2방향(강제통풍설비의 경우 제외) 이상으로 분산하여 설치한다.

58. LNG 저장탱크에서 사용되는 잠액식 펌프의 윤활 및 냉각을 위해 주로 사용되는 것은?

① 물   ② LNG
③ 그리스   ④ 황산

해설 LNG 저장탱크에서 잠액식 펌프의 윤활 및 냉각은 LNG 자체를 이용한다.

59. 차단성능이 좋고 유량조정이 용이하나 압력손실이 커서 고압의 대구경 밸브에는 부적당한 밸브는?

① 글로브 밸브   ② 플러그 밸브
③ 게이트 밸브   ④ 버터플라이 밸브

해설 글로브 밸브(glove valve)의 특징
㉮ 유체의 흐름에 따라 마찰손실(저항)이 크다.
㉯ 주로 유량 조절용으로 사용된다.
㉰ 유체의 흐름 방향과 평행하게 밸브가 개폐된다.
㉱ 밸브의 디스크 모양은 평면형, 반구형, 원뿔형 등의 형상이 있다.
㉲ 슬루스밸브에 비하여 가볍고 가격이 저렴하다.
㉳ 고압의 대구경 밸브에는 부적당하다.

60. 다기능 가스안전계량기(마이콤 메타)의 작동성능이 아닌 것은?
① 유량 차단성능
② 과열방지 차단성능
③ 압력저하 차단성능
④ 연속사용시간 차단성능

해설 다기능 가스안전계량기(마이콤 메타)의 작동성능
㉮ 유량 차단성능 : 합계유량 차단, 증가유량 차단, 연속사용시간 차단
㉯ 미소사용유량 등록 성능
㉰ 미소누출검지 성능
㉱ 압력저하 차단성능
㉲ 옵션단자 성능
㉳ 옵션 성능 : 통신 성능, 검지 성능

제 4 과목 가스안전관리

61. 다음 중 아세틸렌의 임계압력으로 가장 가까운 것은?
① 3.5 MPa   ② 5.0 MPa
③ 6.2 MPa   ④ 7.3 MPa

해설 아세틸렌의 성질

분류	성질
비점	$-75°C$
융점	$-84°C$
삼중점	$-81°C$
임계압력	61.7 atm (6.2 MPa)
임계온도	$36°C$

62. LPG 용기 보관실의 바닥 면적이 40 m²이라면 환기구의 최소 통풍가능 면적은?
① 1000 cm²   ② 1100 cm²
③ 12000 cm² ④ 13000 cm²

해설 환기구(통풍구) 크기는 바닥면적 1 m² 마다 300 cm²의 비율로 계산된 면적 이상을 확보하며, 1개소 면적은 2400 cm² 이하로 한다.
∴ 최소 통풍가능 면적 = 40 × 300 = 12000 cm²

63. 고압가스 제조장치의 내부에 작업원이 들어가 수리를 하고자 한다. 이 때 가스 치환 작업으로 가장 부적합한 경우는?
① 질소 제조장치에서 공기로 치환한 후 즉시 작업을 하였다.
② 아황산가스인 경우 불활성가스로 치환한 후 다시 공기로 치환하여 작업을 하였다.
③ 수소제조 장치에서 불활성가스로 치환한 후 즉시 작업을 하였다.
④ 암모니아인 경우 불활성가스로 치환하고 다시 공기로 치환한 후 작업을 하였다.

해설 가스설비 치환농도
㉮ 가연성가스 : 폭발하한계의 1/4 이하(25 % 이하)
㉯ 독성가스 : TLV-TWA 기준농도 이하
㉰ 산소 : 22 % 이하
※ 시설 내부에 작업원이 들어가는 경우 산소 농도는 18~22 %를 유지하여야 한다. ①, ②, ④항은 공기로 치환작업을 하였지만 ③항은 불활성가스로만 치환작업을 하여 산소가 없는 상태이므로 작업원이 내부에 들어가 작업하는데 가장 부적합한 경우에 해당된다.

64. 의료용 산소용기의 도색 및 표시가 바르게 된 것은?
① 백색으로 도색 후 흑색 글씨로 산소라고 표시한다.
② 녹색으로 도색 후 백색 글씨로 산소라고 표시한다.
③ 백색으로 도색 후 녹색 글씨로 산소라고 표시한다.
④ 녹색으로 도색 후 흑색 글씨로 산소라고 표시한다.

정답 60. ② 61. ③ 62. ③ 63. ③ 64. ③

[해설] (1) 산소용기 도색 및 가스명칭 색상

구분	용기 외면	문자 색상
공업용	녹색	백색
의료용	백색	녹색

(2) 의료용 가스 용기 표시
⑦ 용기의 상단부에 2 cm 크기의 백색(산소는 녹색) 띠를 두 줄로 표시한다.
④ 백색 띠의 하단과 가스 명칭 사이에 "의료용"이라고 표시한다.

65. 고압가스 저장시설에서 가연성가스 용기보관실과 독성가스의 용기보관실은 어떻게 설치하여야 하는가?
① 기준이 없다.
② 각각 구분하여 설치한다.
③ 하나의 저장실에 혼합 저장한다.
④ 저장실은 하나로 하되 용기는 구분 저장한다.

[해설] 가연성가스·산소 및 독성가스의 용기보관실은 각각 구분하여 설치한다.

66. 액화석유가스를 차량에 고정된 내용적 V(L)인 탱크에 충전할 때 충전량 산정식은? (단, W : 저장능력(kg), P : 최고충전압력(MPa), d : 비중(kg/L), C : 가스의 종류에 따른 정수이다.)
① $W = \dfrac{V}{C}$
② $W = C(V+1)$
③ $W = 0.9dV$
④ $W = (10P+1)V$

[해설] ⑦ 액화가스의 용기 및 차량에 고정된 탱크 저장능력 산정식 : $W = \dfrac{V}{C}$
④ 액화가스 저장탱크 저장능력 산정식 $W = 0.9dV$
⑤ 압축가스의 저장탱크 및 용기 $Q = (10P+1)V$

67. 이동식 부탄연소기(220 g 납붙임용기 삽입형)를 사용하는 음식점에서 부탄 연소기의 본체보다 큰 주물 불판을 사용하여 오랜 시간 조리를 하다가 폭발 사고가 일어났다. 사고의 원인으로 추정되는 것은?
① 가스 누출
② 납붙임 용기의 불량
③ 납붙임 용기의 오장착
④ 용기 내부의 압력 급상승

[해설] 부탄 연소기의 본체보다 큰 주물 불판을 사용하여 부탄이 충전된 납붙임 용기가 가열되면서 용기 내부의 압력이 급상승되어 폭발 사고가 발생한 것이다.

68. 냉동설비와 1일 냉동능력 1톤의 산정기준에 대한 연결이 바르게 된 것은?
① 원심식 압축기 사용 냉동설비-압축기의 원동기 정격출력 1.2 kW
② 원심식 압축기 사용 냉동설비-발생기를 가열하는 1시간의 입열량 3320 kcal
③ 흡수식 냉동설비-압축기의 원동기 정격출력 2.4 kW
④ 흡수식 냉동설비-발생기를 가열하는 1시간의 입열량 7740 kcal

[해설] 1일의 냉동능력 1톤 계산
⑦ 원심식 압축기 : 압축기의 원동기 정격출력 1.2 kW
④ 흡수식 냉동설비 : 발생기를 가열하는 1시간의 입열량 6640 kcal
⑤ 그 밖의 것은 다음 식에 의한다.
$R = \dfrac{V}{C}$
여기서, R : 1일의 냉동능력(톤)
V : 피스톤 압출량(m^3/h)
C : 냉매 종류에 따른 정수

69. 고압가스용 납붙임 또는 접합용기의 두께는 그 용기의 안전성을 확보하기 위하여 몇 mm 이상으로 하여야 하는가?
① 0.115
② 0.125
③ 0.215
④ 0.225

[정답] 65. ② 66. ① 67. ④ 68. ① 69. ②

[해설] 고압가스용 납붙임 또는 접합용기의 두께는 그 용기의 안전성을 확보하기 위하여 0.125 mm 이상으로 한다. 다만, 이동식 부탄연소기용 용기의 두께는 0.20 mm 이상으로 한다.

70. 용기의 제조등록을 한 자가 수리할 수 있는 용기의 수리범위에 해당되는 것으로만 모두 짝지어진 것은?

> ㉠ 용기몸체의 용접
> ㉡ 용기 부속품의 부품 교체
> ㉢ 초저온용기의 단열재 교체

① ㉠
② ㉠, ㉡
③ ㉡, ㉢
④ ㉠, ㉡, ㉢

[해설] 용기제조자의 수리범위
㉮ 용기몸체의 용접
㉯ 아세틸렌용기 내의 다공물질 교체
㉰ 용기의 스커트, 프로텍터 및 네크링의 교체 및 가공
㉱ 용기 부속품의 부품 교체
㉲ 저온 또는 초저온용기의 단열재 교체

71. 아세틸렌용 용접용기를 제조하고자 하는 자가 갖추어야 할 시설기준의 설비가 아닌 것은?

① 성형설비
② 세척설비
③ 필라멘트 와인딩설비
④ 자동 부식방지 도장설비

[해설] 아세틸렌용 용접용기 제조하려는 자가 갖추어야 할 제조설비
㉮ 단조설비 또는 성형설비
㉯ 아래부분 접합설비(아래부분을 접합하여 제조하는 경우로 한정한다)
㉰ 열처리로 및 그 노 내의 온도를 측정하여 자동으로 기록하는 장치
㉱ 세척설비
㉲ 쇼트브라스팅 및 도장설비
㉳ 밸브 탈·부착기

㉴ 용기 내부 건조설비 및 진공 흡입설비
㉵ 용접설비(내용적 250 L 미만의 용기제조시설은 자동용접설비)
㉶ 넥크링 가공설비
㉷ 원료 혼합기
㉸ 건조로
㉹ 원료 충전기
㉺ 자동 부식방지 도장설비
㉻ 아세톤 또는 디메틸포름아미드 충전설비
※ 그 밖에 제조에 필요한 설비 및 기구

72. 가연성가스 설비 내부에서 수리 또는 청소 작업을 할 때에는 설비내부의 가스농도가 폭발하한계의 몇 % 이하가 될 때까지 치환하여야 하는가?

① 1
② 5
③ 10
④ 25

[해설] 가연성가스 가스설비의 내부가스를 치환 결과 해당 가연성가스의 농도가 그 가스의 폭발하한계의 1/4(25 %) 이하가 될 때까지 치환을 계속한다.

73. 초저온용기에 대한 정의를 가장 바르게 나타낸 것은?

① 섭씨 영하 50℃ 이하의 액화가스를 충전하기 위한 용기로서 단열재를 씌우거나 냉동설비로 냉각시키는 등의 방법으로 용기 내의 가스온도가 상용온도를 초과하지 않도록 한 용기
② 액화가스를 충전하기 위한 용기로서 단열재로 피복하여 용기 내의 가스온도가 상용온도를 초과하지 않도록 한 용기
③ 대기압에서 비점이 0℃ 이하인 가스를 상용압력이 0.1 MPa 이하의 액체 상태로 저장하기 위한 용기로서 단열재로 피복하여 가스온도가 상용온도를 초과하지 않도록 한 용기
④ 액화가스를 냉동설비로 냉각하여 용기

정답 70. ④ 71. ③ 72. ④ 73. ①

내의 가스의 온도가 섭씨 영하 70℃ 이하로 유지하도록 한 용기

[해설] 초저온용기의 정의 : 섭씨 영하 50도 이하의 액화가스를 충전하기 위한 용기로서 단열재로 피복하거나 냉동설비로 냉각하는 등의 방법으로 용기 안의 가스온도가 상용의 온도를 초과하지 아니하도록 한 것을 말한다.

74. 아세틸렌가스를 2.5 MPa의 압력으로 압축할 때 첨가하는 희석제가 아닌 것은?
① 질소　　　② 메탄
③ 일산화탄소　④ 아세톤

[해설] 아세틸렌을 2.5 MPa 압력으로 압축하는 때에는 질소, 메탄, 일산화탄소 또는 에틸렌 등의 희석제를 첨가한다.

75. 고압가스용 용접용기의 내압시험 중 팽창측정시험의 경우 용기가 완전히 팽창한 후 적어도 얼마 이상의 시간을 유지하여야 하는가?
① 30초　　　② 1분
③ 3분　　　　④ 5분

[해설] 내압시험방법 중 팽창측정시험 : 내압시험압력을 가하여 용기가 완전히 팽창한 후 30초 이상 그 압력을 유지하여 누출 및 이상팽창이 없는가를 확인한다.

76. 차량에 고정된 탱크로 가연성가스를 적재하여 운반할 때 휴대하여야 할 소화설비의 기준으로 옳은 것은?
① BC용, B-10 이상 분말소화제를 2개 이상 비치
② BC용, B-8 이상 분말소화제를 2개 이상 비치
③ ABC용, B-10 이상 포말소화제를 1개 이상 비치
④ ABC용, B-8 이상 포말소화제를 1개 이상 비치

[해설] 차량에 고정된 탱크 소화설비 기준

구분	소화기의 종류		비치개수
	소화약제	능력단위	
가연성 가스	분말 소화제	BC용 B-10 이상 또는 ABC용 B-12 이상	차량 좌우에 각각 1개 이상
산소	분말 소화제	BC용 B-8 이상 또는 ABC용 B-10 이상	차량 좌우에 각각 1개 이상

77. 가스 폭발에 대한 설명으로 틀린 것은?
① 폭발한계는 일반적으로 폭발성 분위기 중 폭발성가스의 용적비로 표시된다.
② 발화온도는 폭발성가스와 공기 중 혼합가스의 온도를 높였을 때에 폭발을 일으킬 수 있는 최고의 온도이다.
③ 폭발한계는 가스의 종류에 따라 달라진다.
④ 폭발성 분위기란 폭발성 가스가 공기와 혼합하여 폭발한계 내에 있는 상태의 분위기를 뜻한다.

[해설] 발화온도 : 가연성 물질이 공기 중에서 온도를 상승시킬 때 점화원 없이 스스로 연소를 개시할 수 있는 최저의 온도로 발화점, 착화점, 착화온도라 한다.

78. 가스난로를 사용하다가 부주의로 점화되지 않은 상태에서 콕을 전부 열었다. 이 때 노즐로부터 분출되는 생가스의 양은 약 몇 m³/h인가? (단, 유량계수 0.8, 노즐지름 2.5 mm, 가스압력 200 mmH₂O, 가스비중 0.5로 한다.)
① 0.5 m³/h　　② 1.1 m³/h
③ 1.5 m³/h　　④ 2.1 m³/h

[해설] $Q = 0.011 K D^2 \sqrt{\dfrac{P}{d}}$

$$= 0.011 \times 0.8 \times 2.5^2 \sqrt{\frac{200}{0.5}}$$
$$= 1.1 \text{ m}^3/\text{h}$$

79. 초저온가스용 용기제조 기술기준에 대한 설명으로 틀린 것은?
① 용기동판의 최대두께와 최소두께와의 차이는 평균두께의 10 % 이하로 한다.
② "최고충전압력"은 상용압력 중 최고압력을 말한다.
③ 용기의 외조에 외조를 보호할 수 있는 플러그 또는 파열판 등의 압력방출장치를 설치한다.
④ 초저온용기는 오스테나이트계 스테인리스강 또는 티타늄합금으로 제조한다.
[해설] 초저온용기의 재료는 그 용기의 안전성을 확보하기 위하여 오스테나이트계 스테인리스강 또는 알루미늄합금으로 한다.

80. 증기가 전기스파크나 화염에 의해 분해폭발을 일으키는 가스는?
① 수소　　② 프로판
③ LNG　　④ 산화에틸렌
[해설] 산화에틸렌(C_2H_4O)의 특징
㉮ 액화가스로 무색의 가연성가스이다.(폭발범위 : 3~80 %)
㉯ 독성가스(TLV-TWA 50 ppm)이며, 자극성의 냄새가 있다.
㉰ 물, 알코올, 에테르에 용해된다.
㉱ 산, 알칼리, 산화철, 산화알루미늄 등에 의해 중합폭발한다.
㉲ 액체 산화에틸렌은 연소하기 쉬우나 폭약과 같은 폭발은 없다.
㉳ 산화에틸렌 증기는 전기 스파크, 화염, 아세틸드, 충격 등에 의하여 분해 폭발할 수 있다.
㉴ 구리와 직접 접촉을 피하여야 한다.
※ 분해폭발을 일으키는 물질 : 아세틸렌(C_2H_2), 산화에틸렌(C_2H_4O), 히드라진(N_2H_4), 오존(O_3)

제 5 과목　가스계측기기

81. 가스크로마토그래피로 가스를 분석할 때 사용하는 캐리어 가스로서 가장 부적당한 것은?
① H_2　　② CO_2
③ N_2　　④ Ar
[해설] 캐리어가스의 종류 : 수소(H_2), 헬륨(He), 아르곤(Ar), 질소(N_2)

82. 램버트-비어의 법칙을 이용한 것으로서 미량 분석에 유용한 화학 분석법은?
① 중화적정법　　② 중량법
③ 분광광도법　　④ 요오드적정법
[해설] 분광 광도법(흡광 광도법) : 시료가스를 반응시켜 발색을 광전 광도계 또는 광전 분광 광도계를 사용하여 흡광도의 측정으로 분석하는 방법으로 미량분석에 사용된다.

83. 내경 10 cm인 관속으로 유체가 흐를 때 피토관의 마노미터 수주가 40 cm이었다면 이 때의 유량은 약 몇 m^3/s인가?
① 2.2×10^{-3}　　② 2.2×10^{-2}
③ 0.22　　④ 2.2
[해설] $Q = AV = A\sqrt{2gh}$
$$= \frac{\pi}{4} \times 0.1^2 \times \sqrt{2 \times 9.8 \times 0.4}$$
$$= 2.199 \times 10^{-2} \text{ m}^3/\text{s}$$

84. 22℃의 1기압 공기(밀도 1.21 kg/m^3)가 덕트를 흐르고 있다. 피토관을 덕트 중심부에 설치하고 물을 봉액으로 한 U자관 마노미터의 눈금이 4.0 cm이었다. 이 덕트 중심부의 유속은 약 몇 m/s인가?
① 25.5　　② 30.8
③ 56.9　　④ 97.4

정답 79. ④　80. ④　81. ②　82. ③　83. ②　84. ①

[해설] $V = \sqrt{2gh \times \dfrac{\gamma_m - \gamma}{\gamma}}$

$= \sqrt{2 \times 9.8 \times 0.04 \times \dfrac{1000 - 1.21}{1.21}}$

$= 25.439 \text{ m/s}$

85. 습식가스미터는 어떤 형태에 해당되는가?
① 오벌형
② 드럼형
③ 다이어프램형
④ 로터리 피스톤형

[해설] 습식 가스미터 : 고정된 원통 안에 4개로 구성된 내부 드럼이 있고, 입구에서 받은 물에 잠겨 있는 내부 드럼으로 가스가 들어가 압력으로 내부 드럼을 밀어 올려 1회전 하는 동안 통과한 가스체적을 환산한다.

86. 가스크로마토그래피에서 일반적으로 사용되지 않는 검출기(detector)는?
① TCD   ② FID
③ ECD   ④ RID

[해설] 가스크로마토그래피 검출기 종류
㉮ TCD : 열전도형 검출기
㉯ FID : 수소불꽃 이온화 검출기
㉰ ECD : 전자포획 이온화 검출기
㉱ FPD : 염광 광도형 검출기
㉲ FTD : 알칼리성 이온화 검출기
㉳ DID : 방전이온화 검출기
㉴ AED : 원자방출 검출기
㉵ TID : 열이온 검출기
㉶ SCD : 황화학발광 검출기

87. 가스크로마토그래피(gas chromatography)에서 캐리어가스 유량이 5 mL/s이고 기록지 속도가 3 mm/s일 때 어떤 시료가스를 주입하니 지속용량이 250 mL이었다. 이 때 주입점에서 성분의 피크까지 거리는 약 몇 mm인가?
① 50   ② 100

③ 150   ④ 200

[해설] 지속용량 = $\dfrac{\text{유량} \times \text{피크길이}}{\text{기록지 속도}}$ 에서

∴ 피크길이 = $\dfrac{\text{지속용량} \times \text{기록지 속도}}{\text{유량}}$

$= \dfrac{250 \times 3}{5} = 150 \text{ mm}$

88. 측정제어라고도 하며, 2개의 제어계를 조합하여 1차 제어장치가 제어량을 측정하여 제어 명령을 내리고, 2차 제어장치가 이 명령을 바탕으로 제어량을 조절하는 제어를 무엇이라 하는가?
① 정치(正値) 제어
② 추종(追從) 제어
③ 비율(比率) 제어
④ 캐스케이드(cascade) 제어

[해설] 캐스케이드 제어 : 두 개의 제어계를 조합하여 제어량의 1차 조절계를 측정하고 그 조작 출력으로 2차 조절계의 목표값을 설정하는 방법으로 단일 루프제어에 비해 외란의 영향을 줄이고 계 전체의 지연을 적게 하는데 유효하기 때문에 출력 측에 낭비시간이나 지연이 큰 프로세스제어에 이용되는 제어이다.

89. 배기가스 중 이산화탄소를 정량분석하고자 할 때 가장 적합한 방법은?
① 적정법   ② 완만연소법
③ 중량법   ④ 오르사트법

[해설] 흡수분석법 : 채취된 가스를 분석기 내부의 성분 흡수제에 흡수시켜 체적변화를 측정하는 방식으로 오르사트(Orsat)법, 헴펠(Hempel)법, 게겔(Gockel)법 등이 있다. 배기가스를 정량분석할 때 가장 적합한 방법이다.

90. 10^{-12}은 계량단위의 접두어로 무엇인가?
① 아토(atto)   ② 젭토(zepto)
③ 펨토(femto)   ④ 피코(pico)

정답 85. ② 86. ④ 87. ③ 88. ④ 89. ④ 90. ④

[해설] 국제 단위계의 접두어

인자	접두어	기호	인자	접두어	기호
10^1	데카	da	10^{-1}	데시	d
10^2	헥토	h	10^{-2}	센티	c
10^3	킬로	k	10^{-3}	밀리	m
10^6	메가	M	10^{-6}	마이크로	μ
10^9	기가	G	10^{-9}	나노	n
10^{12}	테라	T	10^{-12}	피코	p
10^{15}	페타	P	10^{-15}	펨토	f
10^{18}	엑사	E	10^{-18}	아토	a
10^{21}	제타	Z	10^{-21}	젭토	z
10^{24}	요타	Y	10^{-24}	욕토	y

91. 가스미터의 구비조건으로 가장 거리가 먼 것은?
① 기계오차의 조정이 쉬울 것
② 소형이며 계량 용량이 클 것
③ 감도는 적으나 정밀성이 높을 것
④ 사용 가스량을 정확하게 지시할 수 있을 것

[해설] 가스미터의 구비조건
㉮ 구조가 간단하고, 수리가 용이할 것
㉯ 감도가 예민하고 압력손실이 적을 것
㉰ 소형이며 계량용량이 클 것
㉱ 기차의 변동이 작고, 조정이 용이할 것
㉲ 내구성이 클 것

92. 고속, 고압 및 레이놀즈수가 높은 경우에 사용하기 가장 적정한 유량계는?
① 벤투리미터 ② 플로노즐
③ 오리피스미터 ④ 피토관

[해설] 플로노즐(flow nozzle)의 특징
㉮ 고속, 고압의 유량측정에 적당하다.
㉯ 레이놀즈수가 높을 때 사용한다.
㉰ 레이놀즈수가 낮아지면 유량계수가 감소한다.
㉱ 오리피스보다 구조가 복잡하고, 설계 및 가공이 어렵다.
㉲ 침전물의 영향이 오리피스보다 적은편이다.

㉻ 가격, 압력손실이 차압식 유량계 중 중간 정도이다.

93. 액면측정 장치가 아닌 것은?
① 유리관식 액면계 ② 임펠러식 액면계
③ 부자식 액면계 ④ 퍼지식 액면계

[해설] 액면계의 구분
㉮ 직접식 : 직관식, 플로트식(부자식), 검척식
㉯ 간접식 : 압력식, 초음파식, 저항전극식, 정전용량식, 방사선식, 차압식, 다이어프램식, 편위식, 기포식, 슬립 튜브식 등

94. 연소기기에 대한 배기가스 분석의 목적으로 가장 거리가 먼 것은?
① 연소상태를 파악하기 위하여
② 배기가스의 조성을 알기 위하여
③ 열정산의 자료를 얻기 위하여
④ 시료가스 채취장치의 작동상태를 파악하기 위해

[해설] 연소 배기가스 분석 목적
㉮ 배기가스 조성을 알기 위하여
㉯ 공기비를 계산하여 연소상태를 파악하기 위하여
㉰ 적정 공기비를 유지시켜 열효율을 증가시키기 위하여
㉱ 열정산 자료를 얻기 위하여

95. 전력, 전류, 전압, 주파수 등을 제어량으로 하며 이것을 일정하게 유지하는 것을 목적으로 하는 제어방식은?
① 자동조정 ② 서보기구
③ 추치제어 ④ 정치제어

[해설] 제어량 종류에 따른 자동제어의 분류
㉮ 서보기구 : 물체의 위치, 방위, 자세 등의 기계적 변위를 제어량으로 하는 제어계로서 목표치의 임의의 변화에 항상 추종시키는 것을 목적으로 하는 제어이다.
㉯ 프로세스 제어 : 온도, 유량, 압력, 액위 등 공업 프로세스의 상태를 제어량으로 하

정답 91. ③ 92. ② 93. ② 94. ④ 95. ①

며 프로세스에 가해지는 외란의 억제를 주목적으로 하는 제어이다.
㉰ 자동조정 : 전력, 전류, 전압, 주파수, 전동기의 회전수, 장력 등을 제어량으로 하며 이것을 일정하게 유지하는 것을 목적으로 하는 제어이다.
㉱ 다변수 제어 : 연료의 공급량, 공기의 공급량, 보일러 내의 압력, 급수량 등을 각각 자동으로 제어하면 발생 증기량을 부하변동에 따라 일정하게 유지시켜야 한다. 그러나 각 제어량 사이에는 매우 복잡한 자동제어를 일으키는 경우가 있는데 이러한 제어를 다변수 제어라 한다.

96. 전자유량계는 어떤 유체의 측정에 유용한가?
① 순수한 물 ② 과열된 증기
③ 도전성 유체 ④ 비전도성 유체

[해설] 전자 유량계 : 측정원리는 패러데이 법칙(전자유도법칙)으로 도전성 액체에서 발생하는 기전력을 이용하여 순간 유량을 측정한다.

97. 습식가스미터의 수면이 너무 낮을 때 발생하는 현상은?
① 가스가 그냥 지나친다.
② 밸브의 마모가 심해진다.
③ 가스가 유입되지 않는다.
④ 드럼의 회전이 원활하지 못하다.

[해설] 습식가스미터 내부의 수면이 적정 수위 아래로 낮아지면 통과하는 가스가 내부 드럼을 회전시키지 못하고 그대로 배출되는 현상이 발생한다.

98. 열전대 온도계에서 열전대의 구비조건이 아닌 것은?
① 재생도가 높고 가공이 용이할 것
② 열기전력이 크고 온도상승에 따라 연속적으로 상승할 것
③ 내열성이 크고 고온가스에 대한 내식성이 좋을 것
④ 전기저항 및 온도계수, 열전도율이 클 것

[해설] 열전대(thermocouple)의 구비조건
㉮ 열기전력이 크고, 온도상승에 따라 연속적으로 상승할 것
㉯ 열기전력의 특성이 안정되고 장시간 사용해도 변형이 없을 것
㉰ 기계적 강도가 크고 내열성, 내식성이 있을 것
㉱ 재생도가 크고 가공이 용이할 것
㉲ 전기저항, 온도계수와 열전도율이 낮을 것
㉳ 재료의 구입이 쉽고(경제적이고) 내구성이 있을 것

99. 다음의 특징을 가지는 액면계는?

- 설치, 보수가 용이하다.
- 온도, 압력 등의 사용범위가 넓다.
- 액체 및 분체에 사용이 가능하다.
- 대상 물질의 유전율 변화에 따라 오차가 발생한다.

① 압력식 ② 플로트식
③ 정전용량식 ④ 부력식

[해설] 정전 용량식 액면계 : 정전 용량 검출 탐사침(probe)을 액 중에 넣어 검출되는 물질의 유전율을 이용하여 액면을 측정하는 것으로 온도에 따라 유전율이 변화되는 곳에서는 사용이 부적합하다.

100. 우연오차에 대한 설명으로 옳은 것은?
① 원인 규명이 명확하다.
② 완전한 제거가 가능하다.
③ 산포에 의해 일어나는 오차를 말한다.
④ 정, 부의 오차가 다른 분포상태를 가진다.

[해설] 우연오차 : 우연하고도 필연적으로 생기는 오차로서 이 오차는 원인을 모르기 때문에 보정이 불가능하며, 상대적인 분포 현상을 가진 측정값을 나타낸다. 이러한 분포 현상을 산포라 하며 산포에 의하여 일어나는 오차를 우연오차라 한다. 여러 번 측정하여 통계적으로 처리한다.

정답 96. ③ 97. ① 98. ④ 99. ③ 100. ③

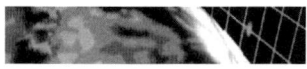 2020년도 시행 문제

▶ 2020년 6월 6일 시행

자격종목	코 드	시험시간	형 별
가스 기사	1471	2시간 30분	B

수험번호	성 명

제1과목 가스유체역학

1. 200℃의 공기가 흐를 때 정압이 200 kPa, 동압이 1 kPa이면 공기의 속도(m/s)는? (단, 공기의 기체상수는 287J/kg·K이다.)
① 23.9 ② 36.9
③ 42.5 ④ 52.6

해설 ㉮ 200℃, 정압 200 kPa 상태의 공기 밀도 계산 : 이상기체 상태방정식 $PV=GRT$에서 기체상수 R의 단위는 kJ/kg·K이다.
$$\therefore \rho = \frac{G}{V} = \frac{P}{RT}$$
$$= \frac{200}{0.287 \times (273+200)} = 1.473 \text{ kg/m}^3$$
㉯ 속도 계산 : 동압=전압−정압이고 문제에서 동압이 1 kPa로 주어졌으므로 1000 Pa으로 적용하여 계산
$$\therefore V = \sqrt{2 \times \frac{P_t - P_s}{\rho}} = \sqrt{2 \times \frac{1 \times 10^3}{1.473}}$$
$$= 36.847 \text{ m/s}$$

2. 밀도 1.2 kg/m³의 기체가 직경 10 cm인 관 속을 20 m/s로 흐르고 있다. 관의 마찰계수가 0.02라면 1 m당 압력손실은 약 몇 Pa인가?
① 24 ② 36
③ 48 ④ 54

해설 $h_f = f \times \dfrac{L}{D} \times \dfrac{V^2}{2} \times \rho$
$= 0.02 \times \dfrac{1}{0.1} \times \dfrac{20^2}{2} \times 1.2 = 48 \text{ Pa}$

3. 반지름 200 mm, 높이 250 mm인 실린더 내에 20 kg의 유체가 차 있다. 유체의 밀도는 약 몇 kg/m³인가?
① 6.366 ② 63.66
③ 636.6 ④ 6366

해설 유체의 밀도(kg/m³)는 단위체적당 질량이다.
$$\therefore \rho = \frac{m}{V} = \frac{m}{\dfrac{\pi}{4} \times D^2 \times h}$$
$$= \frac{20}{\dfrac{\pi}{4} \times (0.2 \times 2)^2 \times 0.25} = 636.619 \text{ kg/m}^3$$

4. 물이 내경 2 cm인 원형관을 평균유속 5 cm/s로 흐르고 있다. 같은 유량이 내경 1 cm인 관을 흐르면 평균유속은?
① $\dfrac{1}{2}$만큼 감소 ② 2배로 증가
③ 4배로 증가 ④ 변함없다.

해설 $Q_1 = Q_2$이므로 $A_1 V_1 = A_2 V_2$이다.
$$\therefore V_2 = \frac{A_1}{A_2} \times V_1 = \frac{\dfrac{\pi}{4} \times 2^2}{\dfrac{\pi}{4} \times 1^2} \times 5 = 20 \text{ cm/s}$$
∴ 내경(안지름)이 $\dfrac{1}{2}$로 축소되면 속도는 4배로 증가한다.

5. 압축성 유체가 그림과 같이 확산기를 통해 흐를 때 속도와 압력은 어떻게 되겠는가? (단, M_a는 마하수이다.)

정답 1. ② 2. ③ 3. ③ 4. ③ 5. ①

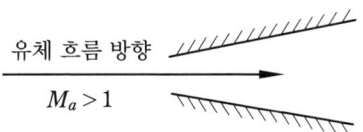

① 속도 증가, 압력 감소
② 속도 감소, 압력 증가
③ 속도 감소, 압력 불변
④ 속도 불변, 압력 증가

[해설] 초음속 흐름($M_a > 1$)일 때 확대부에서는 속도, 단면적은 증가하고, 압력, 밀도, 온도는 감소한다.

6. 수직 충격파는 다음 중 어떤 과정에 가장 가까운가?

① 비가역 과정
② 등엔트로피 과정
③ 가역 과정
④ 등압 및 등엔탈피 과정

[해설] 수직 충격파가 발생하면 갑자기 엔트로피도 증가하므로 비가역 과정에 해당된다.

7. 왕복 펌프 중 산, 알칼리액을 수송하는 데 사용되는 펌프는?

① 격막 펌프   ② 기어 펌프
③ 플랜지 펌프   ④ 피스톤 펌프

[해설] 격막 펌프 : 특수약액, 불순물이 많은 유체를 이송할 수 있고 그랜드 패킹이 없어 누설을 방지할 수 있다. 왕복 펌프에 해당되며 정량 펌프, 다이어프램 펌프라 불린다.

8. 다음 중 대기압을 측정하는 계기는?

① 수은 기압계   ② 오리피스 미터
③ 로터 미터   ④ 둑(weir)

[해설] 수은 기압계 : 토리첼리(Torricelli) 압력계라 하고 대기압 측정에 사용되며, 수은의 비중량과 수은주의 높이의 곱으로 계산한다.

9. 체적 효율을 η_v, 피스톤 단면적을 $A[m^2]$, 행정을 $S[m]$, 회전수를 $n[rpm]$이라 할 때 실제 송출량 $Q[m^3/s]$를 구하는 식은?

① $Q = \dfrac{ASn}{60\eta_v}$ ② $Q = \eta_v \dfrac{ASn}{60}$

③ $Q = \dfrac{AS\pi n}{60\eta_v}$ ④ $Q = \eta_v \dfrac{AS\pi n}{60}$

[해설] rpm이 분당 회전수이므로 60으로 나누어 주어야만 초당 유량(m^3/s)이 된다.

∴ $Q[m^3/s] = A \times S \times \dfrac{n}{60} \times \eta_v = \eta_v \dfrac{ASn}{60}$

10. 아음속 등엔트로피 흐름의 확대 노즐에서의 변화로 옳은 것은?

① 압력 및 밀도는 감소한다.
② 속도 및 밀도는 증가한다.
③ 속도는 증가하고, 밀도는 감소한다.
④ 압력은 증가하고, 속도는 감소한다.

[해설] 아음속 흐름의 축소-확대 노즐에서 축소 부분에서는 마하수와 속도가 증가하고 압력, 온도, 밀도는 감소하며 확대 부분에서는 마하수와 속도는 감소하고 압력, 온도, 밀도는 증가한다.

11. 다음 그림에서와 같이 관 속으로 물이 흐르고 있다. A점과 B점에서의 유속은 몇 m/s인가?

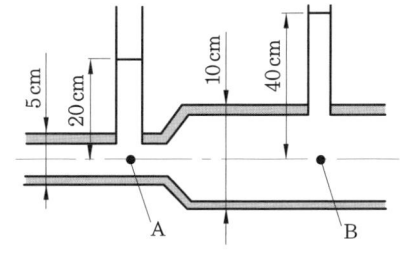

① $U_A = 2.045$, $U_B = 1.022$
② $U_A = 2.045$, $U_B = 0.511$
③ $U_A = 7.919$, $U_B = 1.980$
④ $U_A = 3.960$, $U_B = 1.980$

[해설] ㉮ A지점과 B지점의 속도 관계

$A_A U_A = A_B U_B$ 에서

$\therefore U_A = \dfrac{A_B}{A_A} \times U_B = \dfrac{\frac{\pi}{4} \times 0.1^2}{\frac{\pi}{4} \times 0.05^2} \times U_B = 4U_B$

㉯ A지점의 속도 계산 : A지점과 B지점에 베르누이 방정식을 적용하면

$\dfrac{P_A}{\gamma} + \dfrac{U_A^2}{2g} + Z_A = \dfrac{P_B}{\gamma} + \dfrac{U_B^2}{2g} + Z_B$

여기서, A지점과 B지점의 압력($P = \gamma \cdot h$)을 계산하면
$P_A = 1000 \times 0.2 = 200$ kgf/m²
$P_B = 1000 \times 0.4 = 400$ kgf/m² 이 된다.
또, $Z_A = Z_B$는 0이고, $U_A = 4U_B$ 이므로

$\dfrac{200}{1000} + \dfrac{16 U_B^2}{2g} = \dfrac{400}{1000} + \dfrac{U_B^2}{2g}$

$\therefore U_B = 0.511$ m/s
$\therefore U_A = 4U_B = 4 \times 0.511 = 2.044$ m/s

12. 안지름 80 cm인 관 속을 동점성계수 4 stokes인 유체가 4 m/s의 평균속도로 흐른다. 이때 흐름의 종류는?
① 층류 ② 난류
③ 플러그 흐름 ④ 천이영역 흐름

[해설] CGS 단위로 레이놀즈수 계산

$\therefore Re = \dfrac{\rho DV}{\mu} = \dfrac{DV}{\nu} = \dfrac{80 \times 400}{4} = 8000$

∴ 레이놀즈수가 4000보다 크므로 난류에 해당된다.

13. 압축률이 5×10^{-5} cm²/kgf인 물 속에서의 음속은 몇 m/s인가?
① 1400 ② 1500 ③ 1600 ④ 1700

[해설] ㉮ 체적탄성계수(E)는 압축률(β)의 역수이다.

$\therefore E = \dfrac{1}{\beta} = \dfrac{1}{5 \times 10^{-5}}$ kgf/cm²

㉯ 물 속에서 음속 계산 : 물의 공학단위 밀도는 102 kgf·s²/m⁴이고, 체적탄성계수의 단위는 kgf/m²을 적용한다.

$\therefore C = \sqrt{\dfrac{E}{\rho}} = \sqrt{\dfrac{\frac{1}{5 \times 10^{-5}} \times 10^4}{102}}$

$= \sqrt{\dfrac{10^4}{102 \times (5 \times 10^{-5})}} = 1400.28$ m/s

14. 다음 중 기체 수송에 사용되는 기계로 가장 거리가 먼 것은?
① 팬 ② 송풍기
③ 압축기 ④ 펌프

[해설] ㉮ 기체 수송용 기계 : 팬, 블로어(송풍기), 압축기
㉯ 액체 수송용 기계 : 펌프(원심 펌프, 왕복 펌프, 특수 펌프)

15. 원관 중의 흐름이 층류일 경우 유량이 반경의 4제곱과 압력기울기 $\dfrac{P_1 - P_2}{L}$에 비례하고 점도에 반비례한다는 법칙은?
① Hagen–Poiseuille 법칙
② Reynolds 법칙
③ Newton 법칙
④ Fourier 법칙

[해설] 하겐–푸아죄유(Hagen–Poiseuille) 법칙

$\therefore Q = \dfrac{\pi D^4 \Delta P}{128 \mu L} = \dfrac{\pi D^4}{128 \mu} \times \dfrac{\Delta P}{L}$

$= \dfrac{\pi D^4}{128 \mu} \times \dfrac{P_1 - P_2}{L}$

㉮ 유량은 배관 지름(D)의 4승에 비례한다.
㉯ 유량은 압력강하(ΔP)에 비례한다.
㉰ 유량은 압력기울기$\left(\dfrac{P_1 - P_2}{L}\right)$에 비례한다.
㉱ 유량은 점성계수(μ)에 반비례한다.
㉲ 유량은 배관 길이(L)에 반비례한다.

16. 프란틀의 혼합 길이(Prandtl mixing length)에 대한 설명으로 옳지 않은 것은?
① 난류 유동에 관련된다.

정답 12. ② 13. ① 14. ④ 15. ① 16. ④

② 전단응력과 밀접한 관련이 있다.
③ 벽면에서는 0이다.
④ 항상 일정한 값을 갖는다.

해설 프란틀의 혼합길이(Prandtl mixing length) : 난류로 유동하는 유체 입자가 운동량의 변화 없이 움직일 수 있는 길이로 전단응력과 관계있고, 벽면에서는 0으로 되며, 벽면에서 멀어지면 길이는 커진다.

17. 그림과 같이 물이 흐르는 관에 U자 수은관을 설치하고, A지점과 B지점 사이의 수은 높이차(h)를 측정하였더니 0.7 m이었다. 이 때 A점과 B점 사이의 압력차는 약 몇 kPa인가? (단, 수은의 비중은 13.6이다.)

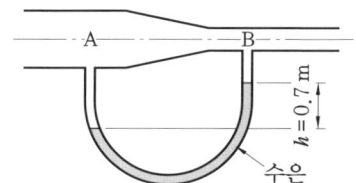

① 8.64　　　　② 9.33
③ 86.4　　　　④ 93.3

해설 ㉮ A지점과 B지점의 압력차 계산
$$\therefore P_A - P_B = (\gamma_2 - \gamma_1)h$$
$$= \{(13.6-1) \times 10^3\} \times 0.7 = 8820 \text{ kgf/m}^2$$
㉯ 압력차를 kPa 단위로 환산
$$\therefore \text{kPa} = \frac{8820}{10332} \times 101.325 = 86.496 \text{ kPa}$$

18. 실험실의 풍동에서 20℃의 공기로 실험을 할 때 마하각이 30°이면 풍속은 몇 m/s가 되는가? (단, 공기의 비열비는 1.4이다.)

① 278　　　　② 364
③ 512　　　　④ 686

해설 마하각 α 일 때 $\sin\alpha = \dfrac{C}{V}$이고, 공기의 평균분자량은 29이다.
$$\therefore V = \frac{C}{\sin\alpha} = \frac{\sqrt{kRT}}{\sin\alpha}$$

$$= \frac{\sqrt{1.4 \times \dfrac{8314}{29} \times (273+20)}}{\sin 30°}$$
$$= 685.857 \text{ m/s}$$

19. SI 기본단위에 해당하지 않는 것은?
① kg　② m　③ W　④ K

해설 SI 기본단위의 종류

기본량	길이	질량	시간	전류	물질량	온도	광도
기본단위	m	kg	s	A	mol	K	cd

※ W(와트)는 동력의 단위로 1 J/s = 3600 J/h 에 해당된다.

20. 안지름이 20 cm의 관에 평균속도 20 m/s로 물이 흐르고 있다. 이때 유량은 얼마인가?
① 0.628 m³/s　　② 6.280 m³/s
③ 2.512 m³/s　　④ 0.251 m³/s

해설 $Q = A \cdot V$
$$= \left(\frac{\pi}{4} \times 0.2^2\right) \times 20 = 0.6283 \text{ m}^3/\text{s}$$

제 2 과목　연소공학

21. 기체 연료를 미리 공기와 혼합시켜 놓고, 점화해서 연소하는 것으로 연소실 부하율을 높게 얻을 수 있는 연소 방식은?
① 확산연소　　② 예혼합연소
③ 증발연소　　④ 분해연소

해설 예혼합연소 : 가스와 공기(산소)를 버너에서 혼합시킨 후 연소실에 분사하는 방식이며, 화염이 자력으로 전파해 나가는 내부 혼합방식으로 화염이 짧고 높은 화염온도를 얻을 수 있다.

22. 기체 연료의 연소 형태에 해당하는 것은?
① 확산연소, 증발연소
② 예혼합연소, 증발연소
③ 예혼합연소, 확산연소

④ 예혼합연소, 분해연소

[해설] 연료 종류별 연소 형태
㉮ 고체 연료 : 표면연소, 분해연소, 증발연소
㉯ 액체 연료 : 증발연소, 분무연소, 등심연소, 액면연소
㉰ 기체 연료 : 확산연소, 예혼합연소

23. 저위발열량 93766 kJ/Sm³의 C_3H_8을 공기비 1.2로 연소시킬 때의 이론연소온도는 약 몇 K인가? (단, 배기가스의 평균비열은 1.653 kJ/Sm³·K이고 다른 조건은 무시한다.)

① 1735 ② 1856 ③ 1919 ④ 2083

[해설] (1) 실제공기량에 의한 프로판(C_3H_8)의 완전연소 반응식
$$C_3H_8 + 5O_2 + (N_2) + B \rightarrow 3CO_2 + 4H_2O + (N_2) + B$$

(2) 프로판 1 Sm³에 대한 연소가스량(Sm³) 계산 : 기체 연료 1 Sm³에 대한 연소가스량(Sm³)은 연소반응식에서 각 몰수에 해당하는 양(Sm³)이 발생한다.
㉮ CO_2 : 3 Sm³
㉯ H_2O : 4 Sm³
㉰ N_2 계산 : 공기 중 산소의 체적 함유율이 21%, 질소는 79%이므로 산소량의 3.76배에 해당한다.
∴ N_2 : 5×3.76 Sm³
㉱ 과잉공기량(B) 계산 : 실제공기량과 이론공기량의 차이에 해당한다.
∴ $B = (m-1) \times A_0 = (m-1) \times \dfrac{O_0}{0.21}$
$= (1.2-1) \times \dfrac{5}{0.21} = 4.761$ Sm³
㉲ 연소가스량 계산
∴ $G_s = CO_2 + H_2O + N_2 + B$
$= 3 + 4 + (5 \times 3.76) + 4.761 = 30.561$ Sm³

(3) 이론연소온도 계산
∴ $T_2 = \dfrac{H_l}{G_s \times C} + T_1$
$= \dfrac{93766}{30.561 \times 1.653} = 1856.115$ K

24. 확산연소에 대한 설명으로 옳지 않은 것은?
① 조작이 용이하다.
② 연소 부하율이 크다.
③ 역화의 위험성이 적다.
④ 화염의 안정범위가 넓다.

[해설] 확산연소의 특징
㉮ 조작범위가 넓으며 역화의 위험성이 없다.
㉯ 가스와 공기를 예열할 수 있고 화염이 안정적이다.
㉰ 탄화수소가 적은 연료에 적당하다.
㉱ 조작이 용이하며, 화염이 장염이다.
㉲ 연소 부하율이 작다.

25. 공기비가 클 경우 연소에 미치는 영향이 아닌 것은?
① 연소실 온도가 낮아진다.
② 배기가스에 의한 열손실이 커진다.
③ 연소가스 중의 질소산화물이 증가한다.
④ 불완전 연소에 의한 매연의 발생이 증가한다.

[해설] 공기비의 영향
(1) 공기비가 클 경우
㉮ 연소실 내의 온도가 낮아진다.
㉯ 배기가스로 인한 손실열이 증가한다.
㉰ 배기가스 중 질소산화물(NOx)이 많아져 대기오염을 초래한다.
㉱ 연료소비량이 증가한다.
(2) 공기비가 작을 경우
㉮ 불완전 연소가 발생하기 쉽다.
㉯ 미연소 가스로 인한 역화의 위험이 있다.
㉰ 연소효율이 감소한다(열손실이 증가한다).

26. 사고를 일으키는 장치의 이상이나 운전자의 실수의 조합을 연역적으로 분석하는 정량적인 위험성 평가 방법은?
① 결함수 분석법(FTA)
② 사건수 분석법(ETA)
③ 위험과 운전 분석법(HAZOP)
④ 작업자 실수 분석법(HEA)

[해설] 결함수 분석(FTA : fault tree analysis) 기법 : 사고를 일으키는 장치의 이상이나 운전자 실

수의 조합을 연역적으로 분석하는 것으로 정량적 평가 기법이다.

27. 분진 폭발의 위험성을 방지하기 위한 조건으로 틀린 것은?
① 환기장치는 공동 집진기를 사용한다.
② 분진이 발생하는 곳에 습식 스크러버를 설치한다.
③ 분진 취급 공정을 습식으로 운영한다.
④ 정기적으로 분진 퇴적물을 제거한다.

해설 분진 폭발의 위험성을 방지하기 위한 조건
㉮ 환기장치는 단독 집진기를 사용한다.
㉯ 분진 취급 공정을 습식으로 운영한다.
㉰ 분진이 발생하는 곳에 습식 스크러버를 설치한다.
㉱ 분진 발생 또는 분진 취급 지역에서 흡연 등 불꽃을 발생시키는 기기 사용을 금지한다.
㉲ 공기로 분진물질을 수송하는 설비 및 수송덕트의 접속부위에는 접지를 실시한다.
㉳ 질소 등의 불활성가스 봉입을 통해 산소를 폭발최소농도 이하로 낮춘다.
㉴ 여과포를 사용하는 제진설비에는 차압계를 설치하고, 내부 고착물에 의한 열축적 등의 우려가 있는 경우에는 온도계를 설치한다.
㉵ 정기적으로 분진 퇴적물을 제거한다.

28. 돌턴(Dalton)의 분압 법칙에 대하여 옳게 표현한 것은?
① 혼합기체의 온도는 일정하다.
② 혼합기체의 체적은 각 성분의 체적의 합과 같다.
③ 혼합기체의 기체상수는 각 성분의 기체상수의 합과 같다.
④ 혼합기체의 압력은 각 성분(기체)의 분압의 합과 같다.

해설 돌턴(Dalton)의 분압 법칙 : 혼합기체가 나타내는 전압은 각 성분 기체 분압의 총합과 같다.

29. 다음 중 공기와 혼합기체를 만들었을 때 최대 연소속도가 가장 빠른 기체 연료는?
① 아세틸렌 ② 메틸알코올
③ 톨루엔 ④ 등유

해설 연소속도는 정지한 기체 속을 평면 연소파가 진행하는 속도로 가스의 성분, 공기와의 혼합비율, 혼합가스의 온도, 압력 등에 따라 달라진다. 연소속도가 가장 큰 것은 수소(H_2)와 아세틸렌으로 그 속도는 약 1000 cm/s 정도이며 일반적인 탄화수소류와 공기의 혼합물은 25~100 cm/s 정도이다.

참고 각 물질의 공기 중 폭발범위

명칭	폭발범위
아세틸렌(C_2H_2)	2.5~81 %
메틸알코올(CH_3OH)	7.3~36 %
톨루엔($C_6H_5CH_3$)	1.4~6.7 %
등유	1.1~6.0 %

30. 프로판가스 1 m^3를 완전 연소시키는 데 필요한 이론공기량은 약 몇 m^3인가? (단, 산소는 공기 중에 20 % 함유한다.)
① 10 ② 15 ③ 20 ④ 25

해설 ㉮ 프로탄(C_3H_8)의 완전 연소 반응식
$C_3H_8 + 5O_2 \rightarrow 3CO_2 + 4H_2O$
㉯ 이론공기량 계산
$22.4 \, m^3 : 5 \times 22.4 \, m^3 = 1 \, Nm^3 : x(O_0)[m^3]$
$\therefore A_0 = \dfrac{O_0}{0.2} = \dfrac{1 \times 5 \times 22.4}{22.4 \times 0.2} = 25 \, m^3$

31. 제1종 영구기관을 바르게 표현한 것은?
① 외부로부터 에너지원을 공급받지 않고 영구히 일을 할 수 있는 기관
② 공급된 에너지보다 더 많은 에너지를 낼 수 있는 기관
③ 지금까지 개발된 기관 중에서 효율이 가장 좋은 기관
④ 열역학 제2법칙에 위배되는 기관

해설 영구기관
㉮ 제1종 영구기관 : 외부로부터 에너지 공급

정답 27. ① 28. ④ 29. ① 30. ④ 31. ①

없이 영구히 일을 지속할 수 있는 기관→열역학 제1법칙 위배
㉯ 제2종 영구기관 : 어떤 열원으로부터 열에너지를 공급받아 지속적으로 일로 변화시키고 외부에 아무런 변화를 남기지 않는 기관→열역학 제2법칙 위배

32. 프로판가스의 연소과정에서 발생한 열량은 50232 MJ/kg이었다. 연소 시 발생한 수증기의 잠열이 8372 MJ/kg이면 프로판가스의 저발열량 기준 연소 효율은 약 몇 %인가? (단, 연소에 사용된 프로판가스의 저발열량은 46046 MJ/kg이다.)

① 87 ② 91 ③ 93 ④ 96

[해설] 프로판가스가 실제로 발생시킨 열량은 연소과정에서 발생한 열량에서 연소 시 발생한 수증기의 잠열을 제외한 열량이 된다.

∴ 연소 효율 = $\frac{\text{실제 발생 열량}}{\text{저발열량}} \times 100$

$= \frac{50232 - 8372}{46046} \times 100 = 90.909\%$

33. 난류 예혼합화염과 층류 예혼합화염에 대한 특징을 설명한 것으로 옳지 않은 것은?

① 난류 예혼합화염의 연소속도는 층류 예혼합연소의 수 배 내지 수십 배에 달한다.
② 난류 예혼합화염의 두께는 수 밀리미터에서 수십 밀리미터에 달하는 경우가 있다.
③ 난류 예혼합화염은 층류 예혼합화염에 비하여 화염의 휘도가 낮다.
④ 난류 예혼합화염의 경우 그 배후에 다량의 미연소분이 잔존한다.

[해설] 층류 예혼합연소와 난류 예혼합연소 비교

구분	층류 예혼합연소	난류 예혼합연소
연소속도	느리다.	수십 배 빠르다.
화염의 두께	얇다.	두껍다.
휘도	낮다.	높다.
연소 특징	화염이 청색이다.	미연소분이 존재한다.

34. 인화(pilot ignition)에 대한 설명으로 틀린 것은?

① 점화원이 있는 조건하에서 점화되어 연소를 시작하는 것이다.
② 물체가 착화원 없이 불이 붙어 연소하는 것을 말한다.
③ 연소를 시작하는 가장 낮은 온도를 인화점(flash point)이라 한다.
④ 인화점은 공기 중에서 가연성 액체의 액면 가까이 생기는 가연성 증기가 작은 불꽃에 의하여 연소될 때의 가연성 물체의 최저 온도이다.

[해설] 인화점과 착화점
㉮ 인화점 : 가연성 물질이 공기 중에서 점화원에 의하여 연소할 수 있는 최저 온도
㉯ 착화점(착화온도) : 가연성 물질이 공기 중에서 온도를 상승시킬 때 점화원 없이 스스로 연소를 개시할 수 있는 최저의 온도로 발화점, 발화온도라 한다.

35. 오토 사이클의 열효율을 나타낸 식은? (단, η는 열효율, γ는 압축비, k는 비열비이다.)

① $\eta = 1 - \left(\frac{1}{\gamma}\right)^{k+1}$ ② $\eta = 1 - \left(\frac{1}{\gamma}\right)^{k}$

③ $\eta = 1 - \frac{1}{\gamma}$ ④ $\eta = 1 - \left(\frac{1}{\gamma}\right)^{k-1}$

[해설] 오토 사이클(Otto cycle)의 이론 열효율

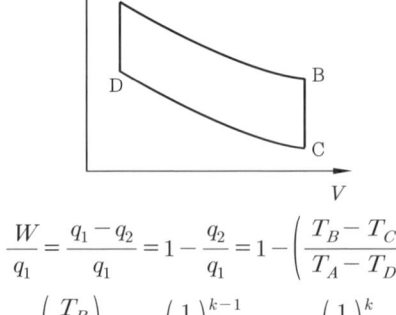

$\eta = \frac{W}{q_1} = \frac{q_1 - q_2}{q_1} = 1 - \frac{q_2}{q_1} = 1 - \left(\frac{T_B - T_C}{T_A - T_D}\right)$

$= 1 - \left(\frac{T_B}{T_A}\right) = 1 - \left(\frac{1}{\gamma}\right)^{k-1} = 1 - \gamma\left(\frac{1}{\gamma}\right)^k$

36. fireball에 의한 피해로 가장 거리가 먼 것은?
① 공기팽창에 의한 피해
② 탱크파열에 의한 피해
③ 폭풍압에 의한 피해
④ 복사열에 의한 피해

[해설] 파이어볼(fireball) : 가연성 액화가스가 누출되었을 경우 다량으로 기화되어 공기와 혼합되어 있을 때 커다란 구형의 불꽃을 만들며 갑자기 연소되는 현상으로 폭발압에 의한 피해(공기팽창, 폭풍압 등)에 복사열에 의한 피해가 가중된다.

37. 다음 중 차원이 같은 것끼리 나열된 것은?

| ㉠ 열전도율 | ㉡ 점성계수 | ㉢ 저항계수 |
| ㉣ 확산계수 | ㉤ 열전달률 | ㉥ 동점성계수 |

① ㉠, ㉡   ② ㉢, ㉤
③ ㉣, ㉥   ④ ㉤, ㉥

[해설] 각 물리량의 단위 및 차원

물리량	SI 단위	차원
열전도율	W/m·K	MLT^{-3}
점성계수	kg/m·s	$ML^{-1}T^{-1}$
저항계수	m^2·K/W	$M^{-1}T^3$
확산계수	m^2/s	L^2T^{-1}
열전달률	W/m^2·K	MT^{-3}
동점성계수	m^2/s	L^2T^{-1}

※ W = J/s이고, J = N·m = kg·m^2/s^2이다.

38. C_3H_8을 공기와 혼합하여 완전 연소시킬 때 혼합기체 중 C_3H_8의 최대농도는 약 얼마인가? (단, 공기 중 산소는 20.9 %이다.)
① 3 vol%   ② 4 vol%
③ 5 vol%   ④ 6 vol%

[해설] ㉮ 프로판(C_3H_8)의 완전 연소 반응식
$C_3H_8 + 5O_2 \rightarrow 3CO_2 + 4H_2O$
㉯ 혼합기체(프로판 + 공기) 중 프로판 농도 계산

$\therefore$ 프로판 농도 = $\dfrac{\text{프로판의 양}}{\text{혼합가스의 양}} \times 100$

$= \dfrac{\text{프로판의 양}}{\text{프로판의 양 + 공기량}} \times 100$

$= \dfrac{22.4}{22.4 + \left(\dfrac{5 \times 22.4}{0.209}\right)} \times 100 = 4.012 \, \text{vol}\%$

39. 최대안전틈새의 범위가 가장 적은 가연성 가스의 폭발 등급은?
① A   ② B   ③ C   ④ D

[해설] 가연성가스의 폭발 등급에 따른 최대안전틈새 범위

구분	A등급	B등급	C등급
내압방폭 구조	0.9 mm 이상	0.5 mm 초과 0.9 mm 미만	0.5 mm 이하
본질안전 방폭구조	0.8 mm 초과	0.45 mm 이상 0.8 mm 이하	0.45 mm 미만

40. 분자량이 30인 어떤 가스의 정압비열이 0.75 kJ/kg·K이라고 가정할 때 이 가스의 비열비(k)는 약 얼마인가?
① 0.28   ② 0.47
③ 1.59   ④ 2.38

[해설] ㉮ 정적비열 계산
$C_p - C_v = R$이고, $R = \dfrac{8.314}{M}$ [kJ/kg·K]이다.

$\therefore C_v = C_p - R = 0.75 - \dfrac{8.314}{30}$
$= 0.4728 ≒ 0.473 \, \text{kJ/kg·K}$

㉯ 비열비 계산
$\therefore k = \dfrac{C_p}{C_v} = \dfrac{0.75}{0.473} = 1.585$

제 3 과목 가스설비

41. 다음 그림은 어떤 종류의 압축기인가?

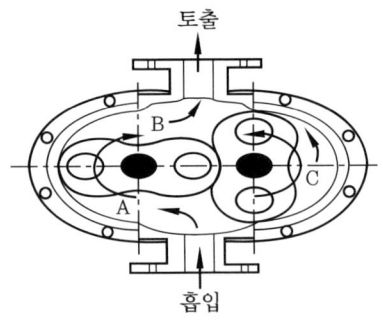

① 가동날개식 ② 루트식
③ 플런저식 ④ 나사식

해설 루트식 압축기: 2개의 회전자(roots)와 케이싱으로 구성되어 고속으로 회전하는 회전자(roots)가 서로 반대방향으로 회전하면서 기체를 압송하는 용적형 중 회전식 압축기이다.

42. 수소에 대한 설명으로 틀린 것은?
① 암모니아 합성의 원료로 사용된다.
② 열전달률이 작고 열에 불안정하다.
③ 염소와의 혼합 기체에 일광을 쬐면 폭발한다.
④ 모든 가스 중 가장 가벼워 확산속도도 가장 빠르다.

해설 수소의 성질
㉮ 지구상에 존재하는 원소 중 가장 가볍다.
㉯ 무색, 무취, 무미의 가연성이다.
㉰ 열전도율이 대단히 크고, 열에 대해 안정하다.
㉱ 확산속도가 대단히 크다.
㉲ 고온에서 강제, 금속재료를 쉽게 투과한다.
㉳ 폭굉속도가 1400~3500 m/s에 달한다.
㉴ 폭발범위가 넓다.(공기 중: 4~75 %, 산소 중: 4~94 %)
㉵ 산소와 수소폭명기, 염소와 염소폭명기의 폭발반응이 발생한다.

43. 가스조정기 중 2단 감압식 조정기의 장점이 아닌 것은?
① 조정기의 개수가 적어도 된다.
② 연소기구에 적합한 압력으로도 공급할 수 있다.
③ 배관의 관경을 비교적 작게 할 수 있다.
④ 입상배관에 의한 압력강하를 조정할 수 있다.

해설 2단 감압식 조정기의 특징
(1) 장점
㉮ 입상배관에 의한 압력손실을 보정할 수 있다.
㉯ 가스 배관이 길어도 공급압력이 안정된다.
㉰ 각 연소기구에 알맞은 압력으로 공급이 가능하다.
㉱ 중간 배관의 지름이 작아도 된다.
(2) 단점
㉮ 설비가 복잡하고, 검사방법이 복잡하다.
㉯ 조정기 수가 많아서 점검 부분이 많다.
㉰ 부탄의 경우 재액화의 우려가 있다.
㉱ 시설의 압력이 높아서 이음 방식에 주의해야 한다.

44. 다음 수치를 가진 고압가스용 용접용기의 동판 두께는 약 몇 mm인가?

- 최고 충전압력: 15 MPa
- 동체의 내경: 200 mm
- 재료의 허용응력: 150 N/mm²
- 용접 효율: 1.00
- 부식여유 두께: 고려하지 않음

① 6.6 ② 8.6 ③ 10.6 ④ 12.6

해설 $t = \dfrac{PD}{2S\eta - 1.2P} + C$
$= \dfrac{15 \times 200}{2 \times 150 \times 1.00 - 1.2 \times 15}$
$= 10.638 \text{ mm}$

45. 인장시험 방법에 해당하는 것은?
① 올센법 ② 샤르피법
③ 아이조드법 ④ 파우더법

해설 ㉮ 인장시험: 시험편을 인장시험기 양 끝에 고정시킨 후 시험편을 축방향으로 당겨 기계적 성질에 해당하는 탄성한도, 항복점, 인장강도, 연신율 등을 측정하는 것으로 기계

정답 42. ② 43. ① 44. ③ 45. ①

적 동력 전달 방식인 올센(Olsen)형과 유압 동력 전달 방식인 앰슬러(Amsler's)형이 있다.
㉣ 샤르피법, 아이조드법 : 충격시험 방법

46. 대기압에서 1.5 MPa·g까지 2단 압축기로 압축하는 경우 압축동력을 최소로 하기 위해서는 중간압력을 얼마로 하는 것이 좋은가?
① 0.2 MPa·g ② 0.3 MPa·g
③ 0.5 MPa·g ④ 0.75 MPa·g

해설 대기압은 약 0.1MPa에 해당된다.
∴ $P_0 = \sqrt{P_1 \times P_2} = \sqrt{0.1 \times (1.5+0.1)}$
= 0.4 MPa·a − 0.1 = 0.3 MPa·g

47. 가연성가스로서 폭발범위가 넓은 것부터 좁은 것의 순으로 바르게 나열된 것은?
① 아세틸렌 − 수소 − 일산화탄소 − 산화에틸렌
② 아세틸렌 − 산화에틸렌 − 수소 − 일산화탄소
③ 아세틸렌 − 수소 − 산화에틸렌 − 일산화탄소
④ 아세틸렌 − 일산화탄소 − 수소 − 산화에틸렌

해설 각 가스의 공기 중에서 폭발범위

가스 명칭	폭발범위
아세틸렌(C_2H_2)	2.5∼81 %
산화에틸렌(C_2H_4O)	3∼80 %
수소(H_2)	4∼75 %
일산화탄소(CO)	12.5∼74 %

48. 접촉분해 프로세스에서 다음 반응식에 의해 카본이 생성될 때 카본 생성을 방지하는 방법은?

$$CH_4 \rightleftarrows 2H_2 + C$$

① 반응온도를 낮게, 반응압력을 높게 한다.
② 반응온도를 높게, 반응압력을 낮게 한다.
③ 반응온도와 반응압력을 모두 낮게 한다.
④ 반응온도와 반응압력을 모두 높게 한다.

해설 반응 전 1 mol, 반응 후 2 mol로 반응 후의 mol수가 많으므로 온도가 높고, 압력이 낮을수록 반응이 잘 일어난다. 카본(C) 생성을 방지하려면 반응이 잘 일어나지 않도록 해야 하므로 반응온도를 낮게, 반응압력을 높게 유지한다.

49. 왕복식 압축기의 특징이 아닌 것은?
① 용적형이다.
② 압축 효율이 높다.
③ 용량 조정의 범위가 넓다.
④ 점검이 쉽고, 설치면적이 작다.

해설 왕복동식 압축기의 특징
㉠ 고압이 쉽게 형성된다.
㉡ 급유식, 무급유식이다.
㉢ 용량 조정 범위가 넓다.
㉣ 용적형이며 압축 효율이 높다.
㉤ 형태가 크고 설치면적이 크다.
㉥ 배출가스 중 오일이 혼입될 우려가 크다.
㉦ 압축이 단속적이고, 맥동 현상이 발생된다.
㉧ 접촉 부분이 많아 고장 발생이 쉽고 수리가 어렵다.
㉨ 반드시 흡입 토출밸브가 필요하다.

50. 금속재료에 대한 설명으로 옳은 것으로만 짝지어진 것은?

㉠ 염소는 상온에서 건조하여도 연강을 침식시킨다.
㉡ 고온, 고압의 수소는 강에 대하여 탈탄 작용을 한다.
㉢ 암모니아는 동, 동합금에 대하여 심한 부식성이 있다.

① ㉠   ② ㉠, ㉡
③ ㉡, ㉢ ④ ㉠, ㉡, ㉢

해설 염소(Cl_2)는 건조한 상태에서 강재에 대하여 부식성이 없으나, 수분이 존재하면 염산(HCl)이 생성되어 철을 심하게 부식시킨다.

51. 압력용기에 해당하는 것은?
① 설계압력(MPa)과 내용적(m^3)을 곱한 수치가 0.05인 용기
② 완충기 및 완충장치에 속하는 용기와 자동차 에어백용 가스충전용기

정답 46. ② 47. ② 48. ① 49. ④ 50. ③ 51. ①

③ 압력에 관계없이 안지름, 폭, 길이 또는 단면의 지름이 100 mm인 용기
④ 펌프, 압축장치 및 축압기의 본체와 그 본체와 분리되지 아니하는 일체형 용기

[해설] 압력용기의 정의(KGS AC111)
㉮ 압력용기란 35℃에서의 압력 또는 설계압력이 그 내용물이 액화가스인 경우는 0.2 MPa 이상, 압축가스인 경우는 1 MPa 이상인 용기를 말한다.
㉯ 압력용기로 보지 않는 경우
 ㉠ 설계압력(MPa)과 내용적(m^3)을 곱한 수치가 0.004 이하인 용기
 ㉡ 펌프, 압축장치 및 축압기(accumulator)의 본체와 그 본체와 분리되지 아니하는 일체형 용기
 ㉢ 완충기 및 완충장치에 속하는 용기와 자동차 에어백용 가스충전용기
 ㉣ 유량계, 액면계, 그 밖의 계측기기
 ㉤ 압력에 관계없이 안지름, 폭, 길이 또는 단면의 지름이 150 mm 이하인 용기
 ㉥ 플랜지 부착을 위한 용접부 이외에는 용접이음매가 없는 것
 ㉦ 용접 구조이나 동체의 바깥지름(D)이 320 mm(호칭지름 12 B 상당) 이하이고, 배관 접속부 호칭지름(d)과의 비(D/d)가 2.0 이하인 것

52. 천연가스에 첨가하는 부취제의 성분으로 적합하지 않은 것은?
① THT(tetra hydro thiophene)
② TBM(tertiary butyl mercaptan)
③ DMS(dimethyl sulfide)
④ DMDS(dimethyl disulfide)

[해설] 부취제의 종류 및 특징

명칭	냄새	안정도	특징
TBM	양파 썩는 냄새	비교적 안정	냄새가 가장 강함
THT	석탄가스 냄새	안정	냄새가 중간 정도
DMS	마늘 냄새	안정	다른 부취제와 혼합 사용

53. 지하매설물 탐사 방법 중 주로 가스배관을 탐사하는 기법으로 전도체에 전기가 흐르면 도체 주변에 자장이 형성되는 원리를 이용한 탐사법은?
① 전자유도탐사법 ② 레이다탐사법
③ 음파탐사법 ④ 전기탐사법

[해설] 전자유도탐사법 : 송신기로부터 매설관이나 케이블에 교류 전류를 흐르게 하여 그 주변에 교류 자장을 발생시키고, 발생된 교류 자장을 지표면에서 수신기 측정코일의 감도 방향성을 이용하여 평면위치를 측정하고 지표면으로부터 전위경도에 대해 심도를 탐사하는 방법으로 주로 매설된 가스배관을 탐사하는 기법으로 사용되고 있다.

54. 고압가스의 상태에 따른 분류가 아닌 것은?
① 압축가스 ② 용해가스
③ 액화가스 ④ 혼합가스

[해설] 고압가스의 분류
㉮ 상태에 따른 분류 : 압축가스, 액화가스, 용해가스
㉯ 연소성에 따른 분류 : 가연성가스, 지연성가스, 불연성가스
㉰ 독성에 의한 분류 : 독성가스, 비독성가스

55. LP가스 장치에서 자동교체식 조정기를 사용할 경우의 장점에 해당되지 않는 것은?
① 잔액이 거의 없어질 때까지 소비된다.
② 용기 교환 주기의 폭을 좁힐 수 있어, 가스발생량이 적어진다.
③ 전체 용기 수량이 수동교체식의 경우보다 적어도 된다.
④ 가스 소비 시의 압력 변동이 적다.

[해설] 자동교체식 조정기 사용 시 장점
㉮ 전체 용기 수량이 수동교체식의 경우보다 적어도 된다.
㉯ 잔액이 거의 없어질 때까지 소비된다.
㉰ 용기 교환 주기의 폭을 넓힐 수 있다.
㉱ 분리형을 사용하면 단단 감압식보다 배관

정답 52. ④ 53. ① 54. ④ 55. ②

56. 용해 아세틸렌가스 정제장치는 어떤 가스를 주로 흡수, 제거하기 위하여 설치하는가?
① CO_2, SO_2
② H_2S, PH_3
③ H_2O, SiH_4
④ NH_3, $COCl_2$

[해설] 용해 아세틸렌가스 정제장치(가스청정기)
㉮ 발생가스 중의 인화수소(PH_3 : 포스핀), 황화수소(H_2S), 암모니아(NH_3), 일산화탄소(CO), 질소(N_2), 산소(O_2) 메탄(CH_4) 등을 제거한다.
㉯ 청정제의 종류 : 에퓨렌(epurene), 카다리솔(catalysol), 리가솔(rigasol)

57. 고압가스 용기의 재료에 사용되는 강의 성분 중 탄소, 인, 황의 함유량은 제한되어 있다. 이에 대한 설명으로 옳은 것은?
① 황은 적열취성의 원인이 된다.
② 인(P)은 될수록 많은 것이 좋다.
③ 탄소량은 증가하면 인장강도와 충격치가 감소한다.
④ 탄소량이 많으면 인장강도는 감소하고 충격치는 증가한다.

[해설] 용기 재료 중 성분 원소의 영향
㉮ 탄소(C) : 탄소함유량이 증가하면 인장강도, 항복점은 증가하고, 연신율, 충격치는 감소한다.
㉯ 인(P) : 연신율이 감소하고 상온취성의 원인이 된다.
㉰ 황(S) : 적열취성의 원인이 된다.

58. 액화 프로판 15 L를 대기 중에 방출하였을 경우 약 몇 L의 기체가 되는가? (단, 액화 프로판의 액 밀도는 0.5 kg/L이다.)
① 300 L
② 750 L
③ 1500 L
④ 3800 L

[해설] ㉮ 액화 프로판 15 L를 무게로 환산

∴ 무게 = 체적 × 밀도 = 15 × 0.5 = 7.5 kg
㉯ 기화된 체적 계산 : 이상기체 상태방정식 $PV = \dfrac{W}{M}RT$를 이용하여 표준상태(0℃, 1기압)의 체적으로 계산

$$\therefore V = \dfrac{WRT}{PM}$$
$$= \dfrac{(7.5 \times 10^3) \times 0.082 \times 273}{1 \times 44}$$
$$= 3815.795 \text{ L}$$

[별해] 액화 프로판은 기화시키면 부피가 약 250배 증가한다.
∴ 15 × 250 = 3750 L

59. LNG bunkering이란?
① LNG를 지하시설에 저장하는 기술 및 설비
② LNG 운반선에서 LNG 인수기지로 급유하는 기술 및 설비
③ LNG 인수기지에서 가스홀더로 이송하는 기술 및 설비
④ LNG를 해상 선박에 급유하는 기술 및 설비

[해설] ㉮ LNG 벙커링(bunkering) : LNG를 선박용 연료로 주입하는 방식
㉯ 벙커링 방식의 종류
 ㉠ 고정식 충전소 방식 : 육상 가스저장탱크에서 선박 연료를 주입하는 방식
 ㉡ 탱크로리 충전 방식 : 육상 LNG 탱크로리에서 선박 연료를 주입하는 방식
 ㉢ LNG 터미널 충전 방식 : LNG 터미널에서 선박으로 연료를 주입하는 방식
 ㉣ LNG 벙커링 셔틀 방식 : 해상에서 벙커링 셔틀을 이용하여 선박에 주입하는 방식

60. 염소가스(Cl_2) 고압용기의 지름을 4배, 재료의 강도를 2배로 하면 용기의 두께는 얼마가 되는가?
① 0.5
② 1배
③ 2배
④ 4배

[해설] 염소 용기는 용접용기로 제조되므로 용접

정답 56. ② 57. ① 58. ④ 59. ④ 60. ③

용기 동판두께 계산식 $t = \dfrac{PD}{2S\eta - 1.2P} + C$를 적용하는데, 이때 압력($P$), 용접 효율($\eta$), 부식여유치($C$)는 동일한 것으로 간주한다.

$$\dfrac{t_2}{t_1} = \dfrac{\dfrac{PD_2}{2S_2\eta - 1.2P} + C}{\dfrac{PD_1}{2S_1\eta - 1.2P} + C}$$에서

$$\therefore t_2 = \dfrac{\dfrac{D_2}{S_2}}{\dfrac{D_1}{S_1}} \times t_1 = \dfrac{\dfrac{4D_1}{2S_1}}{\dfrac{D_1}{S_1}} \times t_1$$

$$= \dfrac{4}{2} \times t_1 = 2t_1$$

제 4 과목   가스안전관리

61. 가연성이면서 독성가스가 아닌 것은?
① 염화메탄   ② 산화프로필렌
③ 벤젠   ④ 시안화수소

[해설] 가연성가스이면서 독성가스인 종류에는 아크릴로니트릴, 일산화탄소, 벤젠, 산화에틸렌, 모노메틸아민, 염화메탄, 브롬화메탄, 이황화탄소, 황화수소, 암모니아, 석탄가스, 시안화수소, 트리메틸아민 등이 있다.

※ 산화프로필렌(C_3H_6O) : 가연성가스(폭발범위 : 2.1~38.5 %), 비독성가스이다.

※ 산화프로필렌의 허용농도는 TLV-TWA 237 ppm으로 200 ppm 이하가 독성가스로 분류된다.

62. 독성가스인 염소 500 kg을 운반할 때 보호구를 차량의 승무원수에 상당한 수량을 휴대하여야 한다. 다음 중 휴대하지 않아도 되는 보호구는?
① 방독마스크   ② 공기호흡기
③ 보호의   ④ 보호장갑

[해설] 독성가스를 운반하는 때에 휴대하는 보호구

품 명	운반하는 독성가스의 양	
	압축가스 100 m³, 액화가스 1000 kg	
	미만인 경우	이상인 경우
방독마스크	○	○
공기호흡기	×	○
보호의	○	○
보호장갑	○	○
보호장화	○	○

63. 액화석유가스 저장탱크 지하 설치 시의 시설기준으로 틀린 것은?
① 저장탱크 주위 빈 공간에는 세립분을 포함한 마른 모래를 채운다.
② 저장탱크를 2개 이상 인접하여 설치하는 경우에는 상호간에 1 m 이상의 거리를 유지한다.
③ 점검구는 저장능력이 20톤 초과인 경우에는 2개소로 한다.
④ 검지관은 직경 40 A 이상으로 4개소 이상 설치한다.

[해설] 저장탱크 주위 빈 공간에는 세립분을 함유하지 않은 것으로서 손으로 만졌을 때 물이 손에서 흘러내리지 않는 상태의 모래를 채운다.

64. 가스난방기는 상용압력의 1.5배 이상의 압력으로 실시하는 기밀시험에서 가스차단밸브를 통한 누출량이 얼마 이하가 되어야 하는가?
① 30 mL/h   ② 50 mL/h
③ 70 mL/h   ④ 90 mL/h

[해설] 가스난방기의 기밀성능(KGS AB231)
㉮ 가스난방기는 상용압력의 1.5배 이상의 압력으로 실시하는 기밀시험에서 가스차단밸브를 통한 누출량이 70 mL/h 이하로 한다.
㉯ 가스접속구에서 불꽃구멍까지는 외부 누출이 없는 것으로 한다. 다만, 기밀시험이 곤란한 부분은 점화상태에서 누출검사로 갈음할 수 있다.

정답 61. ②   62. ②   63. ①   64. ③

65. 고압가스 특정제조시설의 내부반응 감시장치에 속하지 않는 것은?
① 온도감시장치 ② 압력감시장치
③ 유량감시장치 ④ 농도감시장치

해설 내부반응 감시장치의 종류 : 온도감시장치, 압력감시장치, 유량감시장치, 그 밖의 내부반응 감시장치

66. 액화석유가스 저장탱크에 설치하는 폭발방지장치와 관련이 없는 것은?
① 비드
② 후프링
③ 방파판
④ 다공성 알루미늄 박판

해설 ㉮ 폭발방지장치 : 액화석유가스 저장탱크 외벽이 화염으로 국부적으로 가열될 경우 그 저장탱크 벽면의 열을 신속히 흡수, 분산시킴으로써 탱크 벽면의 국부적인 온도 상승에 따른 저장탱크의 파열을 방지하기 위하여 저장탱크 내벽에 설치하는 다공성 벌집형 알루미늄 합금 박판을 말한다.
㉯ 폭발방지장치 전체 조립도

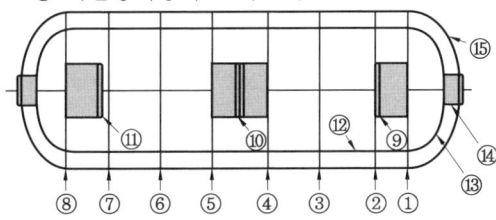

①~⑧ : 후프링 ⑨~⑪ : 방파판 ⑫ : 연결봉
⑬ : 지지봉 ⑭ : 캡 부원판 ⑮ : 폭발방지제

67. 가스도매사업자의 공급관에 대한 설명으로 맞는 것은?
① 정압기지에서 대량수요자의 가스사용시설까지 이르는 배관
② 인수기지 부지경계에서 정압기까지 이르는 배관
③ 인수기지 내에 설치되어 있는 배관
④ 대량수요자 부지 내에 설치된 배관

해설 가스도매사업자의 용어의 정의(KGS FS451)
㉮ 배관 : 도시가스를 공급하기 위하여 배치된 관으로써 본관, 공급관, 내관 또는 그 밖의 관을 말한다.
㉯ 본관 : 다음 중 어느 하나를 말한다.
 ㉠ 도시가스제조사업소(액화천연가스의 인수기지 포함)의 부지 경계에서 정압기지(整壓基地)의 경계까지 이르는 배관, 다만, 밸브기지 안의 배관은 제외한다.
 ㉡ 일반도시가스사업자의 경우에는 도시가스제조사업소의 부지 경계 또는 가스도매사업자의 가스시설 경계에서 정압기까지 이르는 배관
㉰ 공급관 : 정압기지에서 일반도시가스사업자의 가스공급시설이나 대량수요자의 가스사용시설까지에 이르는 배관을 말한다.

68. 액화석유가스용 강제용기 스커트의 재료를 고압가스용기용 강판 및 강대 SG 295 이상의 재료로 제조하는 경우에는 내용적이 25 L 이상 50 L 미만인 용기는 스커트의 두께를 얼마 이상으로 할 수 있는가?
① 2 mm ② 3 mm
③ 3.6 mm ④ 5 mm

해설 액화석유가스용 강제용기 스커트 두께 기준
㉮ 용기 종류(내용적)에 따른 스커트 두께

용기의 내용적	두께
20 L 이상 25 L 미만인 용기	3 mm 이상
25 L 이상 50 L 미만인 용기	3.6 mm 이상
50 L 이상 125 L 미만인 용기	5 mm 이상

㉯ 스커트를 KS D 3533(고압가스용기용 강판 및 강대) SG 295 이상의 강도 및 성질을 갖는 재료로 제조하는 경우에는 내용적이 25 L 이상 50 L 미만인 용기는 두께 3.0 mm 이상으로, 내용적이 50 L 이상 125 L 미만인 용기는 두께 4.0 mm 이상으로 할 수 있다.

69. 가연성가스가 폭발할 위험이 있는 농도에 도달할 우려가 있는 장소로서 "2종 장소"에 해당되지 않는 것은?

정답 65. ④ 66. ① 67. ① 68. ② 69. ①

① 상용의 상태에서 가연성가스의 농도가 연속해서 폭발 하한계 이상으로 되는 장소
② 밀폐된 용기가 그 용기의 사고로 인해 파손될 경우에만 가스가 누출할 위험이 있는 장소
③ 환기장치에 이상이나 사고가 발생한 경우에 가연성가스가 체류하여 위험하게 될 우려가 있는 장소
④ 1종 장소의 주변에서 위험한 농도의 가연성가스가 종종 침입할 우려가 있는 장소

[해설] 2종 위험장소
㉮ 밀폐된 용기 또는 설비 내에 밀봉된 가연성가스가 그 용기 또는 설비의 사고로 인해 파손되거나 오조작의 경우에만 누출할 위험이 있는 장소
㉯ 확실한 기계적 환기조치에 의하여 가연성가스가 체류하지 않도록 되어 있으나 환기장치에 이상이나 사고가 발생한 경우에는 가연성가스가 체류하여 위험하게 될 우려가 있는 장소
㉰ 1종 장소의 주변 또는 인접한 실내에서 위험한 농도의 가연성가스가 종종 침입할 우려가 있는 장소
※ ①항은 0종 장소에 해당됨

70. 고정식 압축도시가스 자동차 충전시설에서 가스누출검지 경보장치의 검지경보장치 설치수량의 기준으로 틀린 것은?
① 펌프 주변에 1개 이상
② 압축가스설비 주변에 1개
③ 충전설비 내부에 1개 이상
④ 배관접속부마다 10 m 이내에 1개

[해설] 가스누출검지 경보장치 설치위치 및 설치 수
㉮ 압축설비 주변 : 1개 이상
㉯ 압축가스설비 주변 : 2개
㉰ 개별 충전설비 본체 내부 : 1개 이상
㉱ 밀폐형 피트내부에 설치된 배관접속(용접접속 제외)부 주위 : 배관접속부마다 10 m 이내에 1개
㉲ 펌프 주변 : 1개 이상

71. 가연성가스의 제조설비 중 전기설비가 방폭성능 구조를 갖추지 아니하여도 되는 가연성가스는?
① 암모니아   ② 아세틸렌
③ 염화에탄   ④ 아크릴알데히드

[해설] 전기설비의 방폭성능을 갖추어야 하는 가연성가스 중 암모니아, 브롬화메탄 및 공기 중에서 자기발화하는 가스는 제외된다.

72. 특정설비에 설치하는 플랜지이음매로 허브플랜지를 사용하지 않아도 되는 것은?
① 설계압력이 2.5 MPa인 특정설비
② 설계압력이 3.0 MPa인 특정설비
③ 설계압력이 2.0 MPa이고 플랜지의 호칭내경이 260 mm인 특정설비
④ 설계압력이 1.0 MPa이고 플랜지의 호칭내경이 300 mm인 특정설비

[해설] (1) 허브플랜지를 사용하는 조건
㉮ 설계압력이 2 MPa를 초과하는 것
㉯ 압력용기 등의 설계압력을 MPa로 표시한 값과 플랜지의 호칭내경을 mm로 표시한 값의 곱이 500을 초과하는 것
(2) 각 항목의 허브플랜지 사용 여부
①항, ②항 : 설계압력이 2 MPa를 초과하므로 사용한다.
③항 : 설계압력과 플랜지의 호칭내경을 곱한 값이 520으로 500을 초과하므로 사용한다.
④항 : 설계압력과 플랜지의 호칭내경을 곱한 값이 300으로 500을 초과하지 못하므로 사용하지 않아도 된다.

73. 고압가스 특정제조시설에서 준내화구조 액화가스 저장탱크 온도상승방지설비 설치와 관련한 물분무살수장치 설치기준으로 적합한 것은?
① 표면적 1 m² 당 2.5 L/분 이상
② 표면적 1 m² 당 33.5 L/분 이상
③ 표면적 1 m² 당 5 L/분 이상
④ 표면적 1 m² 당 8 L/분 이상

[정답] 70. ② 71. ① 72. ④ 73. ①

해설 온도상승방지 물분무살수장치 설치기준
㉮ 저장탱크 표면적 1 m²당 5 L/min 이상의 비율
㉯ 준내화구조 저장탱크에는 표면적 1 m²당 2.5 L/min 이상의 비율

74. 고압가스용 안전밸브 구조의 기준으로 틀린 것은?
① 안전밸브는 그 일부가 파손되었을 때 분출되지 않는 구조로 한다.
② 스프링의 조정나사는 자유로이 헐거워지지 않는 구조로 한다.
③ 안전밸브는 압력을 마음대로 조정할 수 없도록 봉인할 수 있는 구조로 한다.
④ 가연성 또는 독성가스용의 안전밸브는 개방형을 사용하지 않는다.

해설 고압가스용 안전밸브 구조 기준
㉮ 안전밸브는 그 일부가 파손되어도 충분한 분출량을 얻어야 하며, 밸브시트는 이탈되지 않도록 밸브몸통에 부착된 것으로 한다.
㉯ 스프링의 조정나사는 자유로이 헐거워지지 않는 구조이고 스프링이 파손되어도 밸브디스크 등이 외부로 빠져 나가지 않는 구조인 것으로 한다.
㉰ 안전밸브는 압력을 마음대로 조정할 수 없도록 봉인할 수 있는 구조인 것으로 한다.
㉱ 가연성 또는 독성가스용의 안전밸브는 개방형을 사용하지 않는다.
㉲ 밸브디스크와 밸브시트와의 접촉면이 밸브축과 이루는 기울기는 45°(원추시트) 또는 90°(평면시트)인 것으로 한다.

75. 용기의 도색 및 표시에 대한 설명으로 틀린 것은?
① 가연성가스 용기는 빨간색 테두리에 검정색 불꽃 모양으로 표시한다.
② 내용적이 2 L 미만의 용기는 제조자가 정하는 바에 의한다.
③ 독성가스 용기는 빨간색 테두리에 검정색 해골 모양으로 표시한다.
④ 선박용 LPG 용기는 용기의 하단부에 2 cm의 백색 띠를 한 줄로 표시한다.

해설 용기의 도색 및 표시
㉮ 용기의 도색은 가스의 특성 및 종류에 따라 규정된 도색을 한다. 다만, 내용적 2 L 미만의 용기는 제조자가 정하는 바에 따라 도색할 수 있다.
㉯ 가연성가스 및 독성가스 용기 표시

가연성가스   독성가스

㉰ 선박용 액화석유가스 용기
㉠ 용기의 상단부에 2 cm 크기의 백색 띠를 두 줄로 표시한다.
㉡ 백색 띠의 하단과 가스 명칭 사이에 "선박용"이라고 표시한다.
㉱ 의료용 가스 용기
㉠ 용기의 상단부에 2 cm 크기의 백색(산소는 녹색) 띠를 두 줄로 표시한다.
㉡ 백색 띠의 하단과 가스 명칭 사이에 "의료용"이라고 표시한다.

76. 고압가스 설비 중 플레어스택의 설치 높이는 플레어스택 바로 밑의 지표면에 미치는 복사열이 얼마 이하로 되도록 하여야 하는가?
① 2000 kcal/m² · h
② 3000 kcal/m² · h
③ 4000 kcal/m² · h
④ 5000 kcal/m² · h

해설 플레어스택의 설치위치 및 높이는 플레어스택 바로 밑의 지표면에 미치는 복사열이 4000 kcal/m² · h 이하로 되도록 한다. 다만, 4000 kcal/m² · h를 초과하는 경우로서 출입이 통제되어 있는 지역은 그러하지 아니하다.

77. 고압가스 제조시설 사업소에서 안전관리자가 상주하는 현장사무소 상호간에 설치하는 통

정답 74. ① 75. ④ 76. ③ 77. ③

신설비가 아닌 것은?
① 인터폰 ② 페이징설비
③ 휴대용 확성기 ④ 구내방송설비

해설 통신시설

구분	통신시설
사무실과 사무실	구내전화, 구내방송설비, 인터폰, 페이징설비
사업소 전체	구내방송설비, 사이렌, 휴대용 확성기, 페이징설비, 메가폰
종업원 상호간	페이징설비, 휴대용 확성기, 트랜시버, 메가폰

가스의 종류		기준
압축가스	가연성	300 m³ 이상
	조연성	600 m³ 이상
액화가스	가연성	3000 kg 이상 (에어졸 용기 : 2000 kg 이상)
	조연성	6000 kg 이상

78. 불화수소에 대한 설명으로 틀린 것은?
① 강산이다. ② 황색 기체이다.
③ 불연성 기체이다. ④ 자극적 냄새가 난다.

해설 불화수소(HF)의 특징
㉮ 플루오린과 수소의 화합물로 분자량 20.01이다.
㉯ 무색의 자극적인 냄새가 난다.
㉰ 불연성 물질로 연소되지 않지만 열에 의해 분해되어 부식성 및 독성 증기(TLV-TWA 0.5 ppm)를 생성할 수 있다.
㉱ 강산으로 염기류와 격렬히 반응한다.
㉲ 무수물이 수용액보다 더 강산의 성질을 갖는다.
㉳ 금속과 접촉 시 인화성 수소가 생성될 수 있다.
㉴ 흡입 시 기침, 현기증, 두통, 메스꺼움, 호흡곤란을 일으킬 수 있다.
㉵ 피부에 접촉 시 화학적 화상, 액체 접촉 시 동상을 일으킬 수 있다.
㉶ 유리와 반응하기 때문에 유리병에 보관해서는 안 된다.

79. 액화 조연성가스를 차량에 적재운반하려고 한다. 운반책임자를 동승시켜야 할 기준은?
① 1000 kg 이상 ② 3000 kg 이상
③ 6000 kg 이상 ④ 12000 kg 이상

해설 비독성 고압가스 운반책임자 동승 기준

80. 고압가스 운반 중에 사고가 발생한 경우의 응급조치의 기준으로 틀린 것은?
① 부근의 화기를 없앤다.
② 독성가스가 누출된 경우에는 가스를 제독한다.
③ 비상연락망에 따라 관계 업소에 원조를 의뢰한다.
④ 착화된 경우 용기 파열 등의 위험이 있다고 인정될 때는 소화한다.

해설 고압가스 운반 중 사고가 발생한 경우 조치 사항
㉮ 가스 누출이 있는 경우에는 그 누출 부분의 확인 및 수리를 할 것
㉯ 가스 누출 부분의 수리가 불가능한 경우
  ㉠ 상황에 따라 안전한 장소로 운반할 것
  ㉡ 부근의 화기를 없앨 것
  ㉢ 착화된 경우 용기 파열 등의 위험이 없다고 인정될 때는 소화할 것
  ㉣ 독성가스가 누출된 경우에는 가스를 제독할 것
  ㉤ 부근에 있는 사람을 대피시키고, 동행인은 교통통제를 하여 출입을 금지시킬 것
  ㉥ 비상연락망에 따라 관계 업소에 원조를 의뢰할 것
  ㉦ 상황에 따라 안전한 장소로 대피할 것

제 5 과목 가스계측기기

81. 단위계의 종류가 아닌 것은?
① 절대단위계 ② 실제단위계
③ 중력단위계 ④ 공학단위계

정답 78. ② 79. ③ 80. ④ 81. ②

해설 단위계의 종류
(1) 절대 단위 및 공학 단위
  ㉮ 절대 단위계 : 단위 기본량을 질량, 길이, 시간으로 하여 이들의 단위를 사용하여 유도된 단위
  ㉯ 공학(중력) 단위계 : 질량 대신 중량을 사용하여 유도된 단위
(2) 미터 단위 및 야드 단위
  ㉮ 미터 단위계 : 길이를 cm, m, km, 질량을 g, kg, 시간을 초(s), 분(min), 시간(h)으로 사용하는 단위
  ㉯ 야드 단위계 : 길이를 피트(ft), 야드(yd), 질량을 파운드(lb), 시간을 초(s), 분(min), 시간(h)으로 사용하는 단위

82. $5 \, kgf/cm^2$는 약 몇 mAq인가?
① 0.5 ② 5 ③ 50 ④ 500

해설 $1 \, atm = 1.0332 \, kgf/cm^2 = 10332 \, kgf/m^2$
$= 10332 \, mmAq = 10.332 \, mAq$이고, mmH₂O와 mmAq는 같은 단위이다.
∴ 환산단위 $= \dfrac{5}{1.0332} \times 10.332 = 50 \, mAq$

별해 $1.0332 \, kgf/cm^2 = 10.332 \, mAq$이므로 10배에 해당된다.
∴ $5 \, kgf/cm^2 = 50 \, mAq$

83. 열팽창계수가 다른 두 금속을 붙여서 온도에 따라 휘어지는 정도의 차이로 온도를 측정하는 온도계는?
① 저항온도계 ② 바이메탈온도계
③ 열전대온도계 ④ 광고온계

해설 바이메탈온도계 : 선팽창계수(열팽창률)가 다른 2종류의 얇은 금속판을 결합시켜 온도변화에 따라 구부러지는 정도가 다른 점을 이용한 것이다.

84. 온도 계측기에 대한 설명으로 틀린 것은?
① 기체 온도계는 대표적인 1차 온도계이다.
② 접촉식의 온도 계측에는 열팽창, 전기저항 변화 및 열기전력 등을 이용한다.
③ 비접촉식 온도계는 방사온도계, 광온도계, 바이메탈온도계 등이 있다.
④ 유리온도계는 수은을 봉입한 것과 유기성 액체를 봉입한 것 등으로 구분한다.

해설 비접촉식 온도계의 종류
  ㉮ 방사(복사)에너지 : 방사온도계
  ㉯ 단파장 : 광고온도계, 광전관온도계, 색온도계
  ※ 바이메탈온도계는 접촉식 온도계에 해당된다.

85. 20℃에서 어떤 액체의 밀도를 측정하였다. 측정 용기의 무게가 11.6125 g, 증류수를 채웠을 때가 13.1682 g, 시료 용액을 채웠을 때가 12.8749 g이라면 이 시료 액체의 밀도는 약 몇 g/cm^3인가? (단, 20℃에서 물의 밀도는 $0.99823 \, g/cm^3$이다.)
① 0.791 ② 0.801
③ 0.810 ④ 0.820

해설 t [℃]에서 시료 액체의 밀도(ρ_t)는 시료의 질량(g)과 용기 체적(cm^3)의 비이고, 용기 체적은 증류수의 질량을 t [℃] 물의 밀도로 나누면 된다.

∴ $\rho_t = \dfrac{시료\ 질량(g)}{용기\ 체적(cm^3)}$

$= \dfrac{용기와\ 시료\ 질량 - 용기\ 질량}{\left(\dfrac{증류수\ 질량(g)}{물의\ 밀도(g/cm^3)}\right)}$

$= \dfrac{12.8749 - 11.6125}{\left(\dfrac{13.1682 - 11.6125}{0.99823}\right)}$

$= 0.810 \, g/cm^3$

86. 시험지에 의한 가스 검지법 중 시험지별 검지가스가 바르지 않게 연결된 것은?
① 연당지-HCN
② KI 전분지-NO_2
③ 염화팔라듐지-CO
④ 염화제일동 착염지-C_2H_2

정답 82. ③ 83. ② 84. ③ 85. ③ 86. ①

[해설] 가스검지 시험지법

검지가스	시험지	반응
암모니아(NH_3)	적색 리트머스지	청색
염소(Cl_2)	KI-전분지	청갈색
포스겐($COCl_2$)	해리슨시험지	유자색
시안화수소(HCN)	초산벤젠지	청색
일산화탄소(CO)	염화팔라듐지	흑색
황화수소(H_2S)	연당지(초산납시험지)	회흑색
아세틸렌(C_2H_2)	염화제1구리 착염지	적갈색

※ KI-전분지는 할로겐가스, NO_2도 검지가 가능하다.

87. 물체의 탄성 변위량을 이용한 압력계가 아닌 것은?
① 부르동관 압력계
② 벨로스 압력계
③ 다이어프램 압력계
④ 링밸런스식 압력계

[해설] 탄성식 압력계의 종류 : 부르동관식, 다이어프램식, 벨로스식, 캡슐식

88. 자동조절계의 제어동작에 대한 설명으로 틀린 것은?
① 비례동작에 의한 조작신호의 변화를 적분동작만으로 일어나는 데 필요한 시간을 적분시간이라고 한다.
② 조작신호가 동작신호의 미분값에 비례하는 것을 레이트 동작(rate action)이라고 한다.
③ 매 분당 미분동작에 의한 변화를 비례동작에 의한 변화로 나눈 값을 리셋률이라고 한다.
④ 미분동작에 의한 조작신호의 변화가 비례동작에 의한 변화와 같아질 때까지의 시간을 미분시간이라고 한다.

[해설] 리셋률(reset rate) : 비례적분(PI) 제어에서 적분시간의 역수에 해당되는 것으로 적분시간이 작을수록(리셋률이 클수록) 적분동작의 가중치가 증가하는 현상이 나타난다.

89. 가스미터에 대한 설명 중 틀린 것은?
① 습식 가스미터는 측정이 정확하다.
② 다이어프램식 가스미터는 일반 가정용 측정에 적당하다.
③ 루트미터는 회전자식으로 고속회전이 가능하다.
④ 오리피스미터는 압력손실이 없어 가스량 측정이 정확하다.

[해설] 오리피스미터 : 조리개를 이용하여 유량을 측정하는 추량식으로 압력손실이 많이 발생하고 측정이 부정확하다.

90. 가스계량기의 설치장소에 대한 설명으로 틀린 것은?
① 습도가 낮은 곳에 부착한다.
② 진동이 적은 장소에 설치한다.
③ 화기와 2 m 이상 떨어진 곳에 설치한다.
④ 바닥으로부터 2.5 m 이상에 수직 및 수평으로 설치한다.

[해설] 가스미터는 바닥으로부터 1.6 m 이상 2 m 이내에 수평, 수직으로 설치한다.

91. 다음 막식 가스미터의 고장에 대한 설명을 옳게 나열한 것은?

> ㉠ 부동 : 가스가 미터를 통과하나 지침이 움직이지 않는 고장
> ㉡ 누설 : 계량막 밸브와 밸브시트 사이, 패킹부 등에서의 누설이 원인

① ㉠
② ㉡
③ ㉠, ㉡
④ 모두 틀림

정답 87. ④ 88. ③ 89. ④ 90. ④ 91. ①

[해설] 막식 가스미터의 고장
㉮ 부동(不動) : 가스는 계량기를 통과하나 지침이 작동하지 않는 고장으로 계량막의 파손, 밸브의 탈락, 밸브와 밸브시트 사이에서의 누설, 지시장치 기어 불량 등이 원인이다.
㉯ 누설 : 패킹재료의 열화에 의한 내부 누설과 납땜 접합부의 파손, 케이스의 부식 등에 의한 외부 누설이 있다.
㉰ 감도 불량 : 감도 유량을 통과시켰을 때 지침의 시도(示度) 변화가 나타나지 않는 고장으로 ㉯항목이 감도 불량의 원인이다.

92. 열전대온도계에 적용되는 원리(효과)가 아닌 것은?

① 제베크 효과　② 틴들 효과
③ 톰슨 효과　④ 펠티에 효과

[해설] 열전대온도계에 적용되는 원리(효과)
㉮ 제베크 효과(Seebeck effect) : 2종류의 금속선을 접속하여 하나의 회로를 만들어 2개의 접점에 온도차를 부여하면 회로에 접점의 온도에 거의 비례한 전류(열기전력)가 흐르는 현상으로 열전대온도계의 측정 원리이다.
㉯ 톰슨 효과(Thomson effect) : 온도가 다른 금속에 전류를 통했을 때 금속에는 전기저항으로 인한 줄(Joul) 열 이외의 열의 발생과 흡수가 일어나는 현상이다.
㉰ 펠티에 효과(Peltier effect) : 서로 다른 도체로 이루어진 회로를 통해 직류 전류를 흐르게 하면 전류의 방향에 따라 서로 다른 도체 사이의 접합의 한쪽은 가열되는 반면 다른 한쪽은 냉각되는 현상이다.
※ 제베크 효과, 톰슨 효과, 펠티에 효과 3가지는 열과 전기의 상관현상으로 열전효과, 열전현상이라 하며, 열전대온도계의 원리와 관계된다.
[참고] 틴들(Tyndall) 효과 : 가시광선의 파장과 비슷한 미립자가 분산되어 있을 때 빛을 비추면 산란되어 빛의 통로가 생기는 현상으로 빛이 산란되는 정도는 미립자의 크기가 클수록 심해지기 때문에 이를 이용하여 미립자의 크기를 알 수 있다. 맑은 하늘이 푸르게 보이는 것이 대표적인 현상이다.

93. 물리적 가스분석계 중 가스의 상자성(常磁性)체에 있어서 자장에 대해 흡인되는 성질을 이용한 것은?

① SO_2 가스계
② O_2 가스계
③ CO_2 가스계
④ 기체 크로마토그래피

[해설] O_2 가스계(자기식 O_2계) : 일반적인 가스는 반자성체에 속하지만 O_2는 자장에 흡인되는 강력한 상자성체인 것을 이용한 산소 분석기이다.
㉮ 가동 부분이 없고 구조도 비교적 간단하며, 취급이 용이하다.
㉯ 측정가스 중에 가연성가스가 포함되면 사용할 수 없다.
㉰ 가스의 유량, 압력, 점성의 변화에 대하여 지시오차가 거의 발생하지 않는다.
㉱ 열선은 유리로 피복되어 있어 측정가스 중의 가연성가스에 대한 백금의 촉매작용을 막아 준다.

94. 오프셋(off set)이 발생하기 때문에 부하변화가 작은 프로세스에 주로 적용되는 제어동작은?

① 미분동작　② 비례동작
③ 적분동작　④ 뱅뱅동작

[해설] 비례동작(P 동작) : 동작신호에 대하여 조작량의 출력변화가 일정한 비례관계에 있는 제어 또는 편차의 크기에 단순 비례하여 조절요소에 보내는 신호의 주기가 변하는 제어로 잔류편차(off set)가 생긴다.

95. 오르사트법에 의한 기체 분석에서 O_2의 흡수제로 주로 사용되는 것은?

① KOH 용액
② 암모니아성 $CuCl_2$ 용액
③ 알칼리성 피로갈롤 용액
④ H_2SO_4 산성 $FeSO_4$ 용액

정답 92. ②　93. ②　94. ②　95. ③

[해설] 오르사트법 가스 분석 순서 및 흡수제

순서	분석 가스	흡수제
1	CO_2	KOH 30% 수용액
2	O_2	알칼리성 피로갈롤 용액
3	CO	암모니아성 염화제1구리 용액

96. 밀도와 비중에 대한 설명으로 틀린 것은?
① 밀도는 단위체적당 물질의 질량으로 정의한다.
② 비중은 두 물질의 밀도비로서 무차원수이다.
③ 표준물질인 순수한 물은 0℃, 1기압에서 비중이 1이다.
④ 밀도의 단위는 $N \cdot s^2/m^4$이다.

[해설] ㉮ 표준물질인 순수한 물은 4℃, 1기압에서 비중이 1이다.
㉯ 밀도의 단위
  ㉠ 절대 단위 : kg/m^3, $N \cdot s^2/m^4$
  ㉡ 공학 단위 : $kgf \cdot s^2/m^4$

97. 열전도도 검출기의 측정 시 주의사항으로 옳지 않은 것은?
① 운반기체 흐름속도에 민감하므로 흐름속도를 일정하게 유지한다.
② 필라멘트에 전류를 공급하기 전에 일정량의 운반기체를 먼저 흘려 보낸다.
③ 감도를 위해 필라멘트와 검출실 내벽온도를 적정하게 유지한다.
④ 운반기체의 흐름속도가 클수록 감도가 증가하므로, 높은 흐름속도를 유지한다.

[해설] 운반기체의 흐름속도를 일정하게 유지해야 한다.

98. 정오차(static error)에 대하여 바르게 나타낸 것은?
① 측정의 전력에 따라 동일 측정량에 대한 지시값에 차가 생기는 현상
② 측정량이 변동될 때 어느 순간에 지시값과 참값에 차가 생기는 현상
③ 측정량이 변동하지 않을 때의 계측기의 오차
④ 입력신호 변화에 대해 출력신호가 즉시 따라가지 못하는 현상

[해설] 정오차(static error) : 일정한 조건 상태에서 측정한 측정값이 항상 같은 방향(+ 또는 -)과 같은 크기로 발생하는 오차로 오차가 일정한 법칙에 따라 발생하므로 원인과 크기를 알면 오차를 보정할 수 있다.

99. 패러데이(Faraday) 법칙의 원리를 이용한 기기 분석 방법은?
① 전기량법
② 질량분석법
③ 저온정밀 증류법
④ 적외선 분광광도법

[해설] 전기량법 : 분석 대상물을 다른 산화 상태로 바꿀 때 전극에서 발생하는 전하량을 측정하여 정량을 하는 방법으로 패러데이(Faraday) 법칙의 원리를 이용한 기기 분석 방법이다.

100. 기체 크로마토그래피의 분리관에 사용되는 충전 담체에 대한 설명으로 틀린 것은?
① 화학적으로 활성을 띠는 물질이 좋다.
② 큰 표면적을 가진 미세한 분말이 좋다.
③ 입자 크기가 균등하면 분리작용이 좋다.
④ 충전하기 전에 비휘발성 액체로 피복한다.

[해설] 담체(support) : 시료 및 고정상 액체에 대하여 불활성인 것으로 규조토, 내화벽돌, 유리, 석영, 합성수지 등을 사용하며, 각 분석 방법에서 전처리를 규정한 경우에는 산 처리, 알칼리 처리, 실란 처리 등을 한 것을 사용한다.

정답 96. ③ 97. ④ 98. ③ 99. ① 100. ①

▶ 2020년 8월 22일 시행

자격종목	종목코드	시험시간
가스 기사	1471	2시간 30분

제 1 과목　가스유체역학

1. 다음 중 포텐셜 흐름(potential flow)이 될 수 있는 것은?
① 고체 벽에 인접한 유체층에서의 흐름
② 회전 흐름
③ 마찰이 없는 흐름
④ 파이프 내 완전 발달 유동

[해설] (1) 포텐셜 흐름(potential flow) : 비점성 유체의 흐름에서 나타나므로 마찰이 없는 흐름이 포텐셜 흐름이 될 수 있다.
(2) 완전 발달 유동(fully developed flow : 완전히 발달된 흐름)
㉮ 원형 관내를 유체가 흐르고 있을 때 경계층이 완전히 성장하여 일정한 속도분포를 유지하면서 흐르는 것이다.
㉯ 속도분포가 변하지 않으므로 완전 발달 영역에서는 길이 방향에 대해 벽면의 전단응력이 일정하다.
㉰ 파이프 내 점성흐름에서 길이 방향으로 속도분포가 변하지 않는 흐름이다.

2. 100℃, 2기압의 어떤 이상기체의 밀도는 200℃, 1기압일 때의 몇 배인가?
① 0.39　　　② 1
③ 2　　　　 ④ 2.54

[해설] 이상기체 상태방정식 $PV = \dfrac{W}{M}RT$에서 $\rho[\text{g/L}] = \dfrac{W}{V} = \dfrac{PM}{RT}$이고 200℃, 1기압일 때의 밀도를 기준으로 삼은 것이다.
㉮ 100℃, 2기압일 때의 밀도 계산

$$\therefore \rho_1 = \dfrac{P_1 M_1}{R_1 T_1} = \dfrac{2M_1}{(273+100)R_1}$$
$$= \dfrac{2}{373} \times \dfrac{M_1}{R_1}$$

㉯ 200℃, 1기압일 때의 밀도 계산
$$\therefore \rho_2 = \dfrac{P_2 M_2}{R_2 T_2} = \dfrac{1M_2}{(273+200)R_2}$$
$$= \dfrac{1}{473} \times \dfrac{M_2}{R_2}$$

㉰ 밀도비 계산
$$\therefore \dfrac{\rho_1}{\rho_2} = \dfrac{\dfrac{2}{373} \times \dfrac{M_1}{R_1}}{\dfrac{1}{473} \times \dfrac{M_2}{R_2}} = \dfrac{2 \times 473}{1 \times 373} \times \dfrac{R_2 M_1}{R_1 M_2}$$

에서 동일한 이상기체이므로 $M_1 = M_2$, $R_1 = R_2$이다.
$$\therefore \dfrac{\rho_1}{\rho_2} = \dfrac{2 \times 473}{1 \times 373} = 2.536 \text{ 배}$$

[참고] $\dfrac{\rho_2}{\rho_1} = \dfrac{1 \times 373}{2 \times 473} = 0.394$ 배로 계산되므로 주의하여야 한다.

3. 다음 중 동점성 계수의 단위를 옳게 나타낸 것은?
① kg/m^2　　　② kg/m·s
③ m^2/s　　　　④ m^2/kg

[해설] ㉮ 동점성계수(ν) : 점성계수(μ)를 밀도(ρ)로 나눈 값으로 동점도라 한다.
$$\therefore \nu = \dfrac{\mu}{\rho}$$
㉯ 단위 및 차원 : m^2/s, $L^2 T^{-1}$
㉰ 1 St(stokes) : 1 cm^2/s = 10^{-4} m^2/s
※ 동점성계수는 SI단위 공학단위가 같기 때문에 차원도 같다.

정답　1. ③　2. ④　3. ③

4. 베르누이 방정식을 실제 유체에 적용할 때 보정해 주기 위해 도입하는 항이 아닌 것은?

① W_P(펌프일) ② h_f(마찰손실)
③ ΔP(압력차) ④ W_T(터빈일)

[해설] ㉮ 베르누이 방정식이 적용되는 조건 : 베르누이 방정식이 적용되는 임의 두 점은 같은 유선상에 있고, 정상상태의 흐름, 마찰이 없는 이상유체의 흐름, 비압축성 유체의 흐름, 외력은 중력만 작용하는 것이다.
㉯ 점성이 있는 유체(실제 유체)의 흐름에 있어서의 베르누이 방정식 : 관로 벽에서 유체의 점성과 유로의 변화에 따른 마찰손실(h_f)이 각각 포함되고 입구에 펌프, 출구에 터빈을 설치할 경우에는 펌프에너지(E_P)와 터빈에너지(E_T)가 포함된다.

$$\therefore \frac{P_1}{\gamma}+\frac{V_1^2}{2g}+Z_1+E_P$$
$$=\frac{P_2}{\gamma}+\frac{V_2^2}{2g}+Z_2+h_f+E_T$$

5. 중량 10000 kgf의 비행기가 270 km/h의 속도로 수평 비행할 때 동력은? (단, 양력[L]과 항력[D]의 비 $\frac{L}{D}=5$이다.)

① 1400 PS ② 2000 PS
③ 2600 PS ④ 3000 PS

[해설] 양력(L)과 항력(D)의 비 $\frac{L}{D}=5$에서 항력 $D=\frac{L}{5}$이다.

$$\therefore \text{PS}=\frac{D\cdot V}{75}=D\times\frac{V}{75}=\frac{L}{5}\times\frac{V}{75}$$
$$=\frac{10000}{5}\times\frac{270\times 10^3}{75\times 3600}=2000\,\text{PS}$$

6. 비중 0.8, 점도 2 poise인 기름에 대해 내경 42 mm인 관에서의 유동이 층류일 때 최대 가능 속도는 몇 m/s인가? (단, 임계레이놀즈수는 2100이다.)

① 12.5 ② 14.5
③ 19.8 ④ 23.5

[해설] ㉮ 밀도의 MKS 공학단위 계산 : 비중 0.8은 0.8×10^3 kgf/m³이다.

$$\therefore \rho=\frac{\gamma}{g}=\frac{0.8\times 10^3}{9.8}=81.632\,\text{kgf}\cdot\text{s}^2/\text{m}^4$$

㉯ 속도 계산
2 poise는 2 g/cm·s이므로 MKS 공학단위로 환산하면 $\frac{2}{10\times 9.8}$ kgf·s/m²이고, 관 안지름 42 mm는 0.042 m이다.

$Re=\frac{\rho DV}{\mu}$에서

$$\therefore V=\frac{Re\mu}{\rho D}=\frac{2100\times\frac{2}{10\times 9.8}}{81.632\times 0.042}$$
$$=12.5001\,\text{m/s}$$

[별해] 비중 0.8을 밀도 800 kg/m³으로 적용하여 MKS 절대단위로 계산 : 2 poise는 0.2 kg/m·s이다.

$$\therefore V=\frac{Re\mu}{\rho D}=\frac{2100\times 0.2}{800\times 0.042}=12.5\,\text{m/s}$$

7. 물이 평균속도 4.5 m/s로 안지름 100 mm인 관을 흐르고 있다. 이 관의 길이 20 m에서 손실된 헤드를 실험적으로 측정하였더니 4.8 m이었다. 관 마찰계수는?

① 0.0116 ② 0.0232
③ 0.0464 ④ 0.2280

[해설] $h_f=f\times\frac{L}{D}\times\frac{V^2}{2g}$에서 안지름($D$) 100 mm는 0.1 m이다.

$$\therefore f=\frac{h_f\times D\times 2g}{L\times V^2}$$
$$=\frac{4.8\times 0.1\times 2\times 9.8}{20\times 4.5^2}=0.023229$$

8. 압축성 유체가 축소-확대 노즐의 확대부에서 초음속으로 흐를 때, 다음 중 확대부에서 감소하는 것을 옳게 나타낸 것은? (단, 이상기체의 등엔트로피 흐름이라고 가정한다.)

[정답] 4. ③ 5. ② 6. ① 7. ② 8. ④

① 속도, 온도　② 속도, 밀도
③ 압력, 속도　④ 압력, 밀도

[해설] 초음속 흐름($M_a > 1$)일 때 확대부에서는 속도, 단면적은 증가하고 압력, 밀도, 온도는 감소한다.

9. 유체의 흐름에서 유선이란 무엇인가?
① 유체 흐름의 모든 점에서 접선 방향이 그 점의 속도 방향과 일치하는 연속적인 선
② 유체 흐름의 모든 점에서 속도벡터에 평행하지 않는 선
③ 유체 흐름의 모든 점에서 속도벡터에 수직한 선
④ 유체 흐름의 모든 점에서 유동 단면의 중심을 연결한 선

[해설] ㉮ 유선 : 유체의 한 입자가 지나간 궤적을 표시하는 선으로 임의 순간에 모든 점의 속도와 방향이 일치하는 유동선
㉯ 유관 : 여러 개의 유선으로 둘러싸인 한 개의 관
㉰ 유적선 : 유체 입자가 일정한 기간 동안 움직인 경로
㉱ 유맥선 : 모든 유체 입자가 공간 내의 한 점을 지나는 순간 궤적

10. 비중이 0.9인 액체가 탱크에 있다. 이때 나타난 압력은 절대압으로 $2\,kgf/cm^2$이다. 이것을 수두(head)로 환산하면 몇 m인가?
① 22.2　② 18
③ 15　④ 12.5

[해설] $P = \gamma \cdot h$에서 압력의 단위는 kgf/m^2이고 (kgf/cm^2에 10000을 곱한다). 비중량(γ)은 비중에 1000을 곱한다.

$$\therefore h = \frac{P}{\gamma} = \frac{2 \times 10^4}{0.9 \times 1000} = 22.2\,m$$

11. 다음 압축성 흐름 중 정체온도가 변할 수 있는 것은?
① 등엔트로피 팽창과정인 경우
② 단면이 일정한 도관에서 단열 마찰흐름인 경우
③ 단면이 일정한 도관에서 등온 마찰흐름인 경우
④ 수직 충격파 전후 유동의 경우

[해설] 정체온도 : 외부와의 열출입이 없는 단열용기에 들어 있는 기체가 단면적이 변화하는 관을 통하여 흐를 때 용기 안의 단면적이 매우 큰 경우 유속이 0이 되는 지점의 온도이다.

$$\therefore T_0 = T + \frac{k-1}{kR} \times \frac{V^2}{2g}$$

여기서, T_0 : 정체온도
　　　　T : 정온
　　　$\frac{k-1}{kR} \times \frac{V^2}{2g}$: 동온

∴ 압축성 흐름 중 정체온도가 변할 수 있는 것은 단면이 일정한 도관에서 등온(정온) 마찰흐름인 경우이다.

12. 기체 수송장치 중 일반적으로 상승압력이 가장 높은 것은?
① 팬　② 송풍기
③ 압축기　④ 진공펌프

[해설] 작동압력에 의한 압축기 분류
㉮ 팬(fan) : 10 kPa 미만
㉯ 송풍기(blower) : 10 kPa 이상 0.1 MPa 미만
㉰ 압축기(compressor) : 0.1 MPa 이상

13. 완전 난류구역에 있는 거친 관에서의 관 마찰계수는?
① 레이놀즈수와 상대조도의 함수이다.
② 상대조도의 함수이다.
③ 레이놀즈수의 함수이다.
④ 레이놀즈수, 상대조도 모두와 무관하다.

[해설] 난류 흐름의 관 마찰계수
㉮ 거칠은 관 : 관 마찰계수(f)는 상대조도(e)만의 함수이다(닉쿠라드세의 실험식).

$$\therefore \frac{1}{\sqrt{f}} = 1.14 - 0.86\ln\left(\frac{e}{d}\right)$$

[정답] 9. ①　10. ①　11. ③　12. ③　13. ②

㉭ 매끈한 관 : 관 마찰계수(f)는 레이놀즈수 (Re)의 $\frac{1}{4}$승에 반비례한다(블라시우스의 실험식).

$$\therefore f = 0.316\, Re^{-\frac{1}{4}}$$

※ 15년 2회차 4번 문제에서는 층류흐름인지, 난류 흐름인지 구별이 없었기 때문에 "레이놀즈수와 상대조도의 함수이다."를 정답으로 처리한 것이다.

14. Hagen-Poiseuille 식이 적용되는 관내 층류 유동에서 최대속도 $V_{\max} = 6\, cm/s$일 때 평균속도 V_{avg}는 몇 cm/s인가?

① 2　　② 3　　③ 4　　④ 5

[해설] 수평 원관 속을 층류로 흐를 때 평균 유속 (V_{avg})은 관 중심에서의 최대 유속($V_{\max}$)의 $\frac{1}{2}$에 해당한다.

$$\therefore V_{\text{avg}} = \frac{1}{2} V_{\max} = \frac{1}{2} \times 6 = 3\, cm/s$$

15. 전양정 30 m, 송출량 7.5 m³/min, 펌프 효율 0.8인 펌프의 수동력은 약 몇 kW인가? (단, 물의 밀도는 1000 kg/m³이다.)

① 29.4　　② 36.8
③ 42.8　　④ 46.8

[해설] ㉮ 수동력은 이론적인 동력을 의미하므로 펌프의 효율은 100 %인 경우이다.
㉯ 수동력 계산

$$\therefore 수동력(kW) = \frac{\gamma \cdot Q \cdot H}{102}$$

$$= \frac{1000 \times 7.5 \times 30}{102 \times 60}$$

$$= 36.76\, kW$$

㉰ 축동력 계산식

$$\therefore kW = \frac{\gamma \cdot Q \cdot H}{102\eta},\ PS = \frac{\gamma \cdot Q \cdot H}{75\eta}$$

16. 운동 부분과 고정 부분이 밀착되어 있어서 배출공간에서부터 흡입공간으로의 역류가 최 소화되며, 경질 윤활유와 같은 유체수송에 적합하고 배출압력을 200 atm 이상 얻을 수 있는 펌프는?

① 왕복펌프　　② 회전펌프
③ 원심펌프　　④ 격막펌프

[해설] 회전펌프 : 원심펌프와 모양이 비슷하지만 액체를 이송하는 원리가 완전히 다른 것으로 펌프 본체 속의 회전자의 회전에 의해 생기는 원심력을 이용하여 유체를 이송한다. 종류에는 기어펌프, 베인펌프, 나사펌프가 있다.

17. 30 cmHg인 진공압력은 절대압력으로 몇 kgf/cm²인가? (단, 대기압은 표준대기압이다.)

① 0.160　　② 0.545
③ 0.625　　④ 0.840

[해설] 1 atm = 760 mmHg = 76 cmHg
　　　 = 1.0332 kgf/cm²
∴ 절대압력 = 대기압 − 진공압력

$$= 1.0332 - \left(\frac{30}{76} \times 1.0332\right)$$

$$= 0.6253\, kgf/cm^2$$

18. 수직 충격파가 발생할 때 나타나는 현상으로 옳은 것은?

① 마하수가 감소하고, 압력과 엔트로피도 감소한다.
② 마하수가 감소하고, 압력과 엔트로피는 증가한다.
③ 마하수가 증가하고, 압력과 엔트로피는 감소한다.
④ 마하수가 증가하고, 압력과 엔트로피도 증가한다.

[해설] 수직 충격파가 발생하면 압력, 온도, 밀도, 엔트로피가 증가하며 속도는 감소한다 (속도가 감소하므로 마하수는 감소한다).

19. 정적비열이 1000 J/kg·K이고, 정압비열이 1200 J/kg·K인 이상기체가 압력 200

kPa에서 등엔트로피 과정으로 압력이 400 kPa로 바뀐다면, 바뀐 후의 밀도는 원래 밀도의 몇 배가 되는가?

① 1.41 ② 1.64 ③ 1.78 ④ 2

[해설] ㉮ 비열비 계산

$$\therefore k = \frac{C_p}{C_v} = \frac{1200}{1000} = 1.2$$

㉯ 등엔트로피 과정(단열과정)에서 400 kPa 상태로 변한 후의 온도 계산

$$\frac{T_2}{T_1} = \left(\frac{P_2}{P_1}\right)^{\frac{k-1}{k}} \text{에서}$$

$$\therefore T_2 = T_1 \times \left(\frac{P_2}{P_1}\right)^{\frac{k-1}{k}}$$

$$= T_1 \times \left(\frac{400}{200}\right)^{\frac{1.2-1}{1.2}} = 1.122\,T_1$$

㉰ 밀도비 계산 : $PV = GRT$에서

$$\rho\,[\text{kg/m}^3] = \frac{G}{V} = \frac{P}{RT} \text{ 이다.}$$

$$\therefore \frac{\rho_2}{\rho_1} = \frac{\dfrac{P_2}{R_2 T_2}}{\dfrac{P_1}{R_1 T_1}} = \frac{P_2 R_1 T_1}{P_1 R_2 T_2} \text{ 에서}$$

$R_1 = R_2$, $T_2 = 1.122\,T_1$ 이다.

$$\therefore \frac{\rho_2}{\rho_1} = \frac{P_2 T_1}{P_1 T_2} = \frac{400 \times T_1}{200 \times 1.122\,T_1} = 1.782 \text{ 배}$$

20. 다음 중 음속(sonic velocity) a의 정의는? (단, g : 중력가속도, ρ : 밀도, P : 압력, s : 엔트로피이다.)

① $a = \sqrt{\left(\dfrac{dP}{d\rho}\right)_s}$ ② $a = \sqrt{\left(\dfrac{dP}{d\rho}\right)_s / \rho}$

③ $a = \sqrt{g\left(\dfrac{dP}{d\rho}\right)_s}$ ④ $a = \sqrt{\left(\dfrac{dP}{d\rho}\right)_s / g}$

[해설] 음속(音速) : 공기 중에서 소리(음)의 속도로 짧은 시간에 일어나는 현상으로, 단열변화(등엔트로피) 과정으로 가정한다.

$$\therefore a = \sqrt{\left(\frac{dP}{d\rho}\right)_s} = \sqrt{\frac{kP}{\rho}} = \sqrt{kRT}$$

제 2 과목   연소공학

21. 체적이 2 m³인 일정 용기 안에서 압력 200 kPa, 온도 0℃의 공기가 들어 있다. 이 공기를 40℃까지 가열하는 데 필요한 열량은 약 몇 kJ인가? (단, 공기의 R은 287 J/kg·K이고, C_v는 718 J/kg·K이다.)

① 47   ② 147
③ 247   ④ 347

[해설] ㉮ 2 m³의 공기 무게 계산 : 공기의 기체상수(R) 287 J/kg·K = 0.287 kJ/kg·K이다.
$PV = GRT$에서

$$\therefore G = \frac{PV}{RT} = \frac{200 \times 2}{0.287 \times (273 + 0)}$$
$$= 5.105 \text{ kg}$$

㉯ 가열량 계산 : 공기의 정적비열(C_v) 718 J/kg·K = 0.718 kJ/kg·K이다.

$$\therefore Q_a = GC_v(T_2 - T_1)$$
$$= 5.105 \times 0.718 \times \{(273 + 40) - (273 + 0)\}$$
$$= 146.615 \text{ kJ}$$

22. 이론 연소가스량을 올바르게 설명한 것은?
① 단위량의 연료를 포함한 이론 혼합기가 완전 반응을 하였을 때 발생하는 산소량
② 단위량의 연료를 포함한 이론 혼합기가 불완전 반응을 하였을 때 발생하는 산소량
③ 단위량의 연료를 포함한 이론 혼합기가 완전 반응을 하였을 때 발생하는 연소가스량
④ 단위량의 연료를 포함한 이론 혼합기가 불완전 반응을 하였을 때 발생하는 연소가스량

[해설] 이론 연소가스량 : 단위량(kg 또는 Nm³)의 연료와 이론 공기량이 혼합된 혼합기가 완전 연소반응을 하였을 때 발생하는 연소가스량으로, 수증기가 포함된 이론 습연소가스량과 수증기가 포함되지 않은 이론 건연소가스량으로 구분한다.

정답   20. ①   21. ②   22. ③

23. 연소에 대한 설명 중 옳지 않은 것은?
① 연료가 한번 착화하면 고온으로 되어 빠른 속도로 연소한다.
② 환원반응이란 공기의 과잉 상태에서 생기는 것으로 이때의 화염을 환원염이라 한다.
③ 고체, 액체 연료는 고온의 가스 분위기 중에서 먼저 가스화가 일어난다.
④ 연소에 있어서는 산화 반응뿐만 아니라 열분해반응도 일어난다.

해설 ㉮ 환원염 : 수소(H_2)나 불완전 연소에 의한 일산화탄소(CO)를 함유한 것으로, 청록색으로 빛나는 화염이다.
㉯ 연소는 산화반응에 해당된다.

24. 공기 1 kg이 100℃인 상태에서 일정 체적하에서 300℃의 상태로 변했을 때 엔트로피의 변화량은 약 몇 J/kg·K인가? (단, 공기의 C_p는 717 J/kg·K이다.)
① 108   ② 208
③ 308   ④ 408

해설 ㉮ 정적비열 계산
$$C_p - C_v = R$$
$$\therefore C_v = C_p - R = 717 - \frac{8314}{29}$$
$$= 430.31 \text{ J/kg} \cdot \text{K}$$
㉯ 정적과정의 엔트로피 변화량 계산
$$\therefore \Delta S = C_v \ln\frac{T_2}{T_1} = 430.31 \times \ln\frac{273+300}{273+100}$$
$$= 184.735 \text{ J/kg} \cdot \text{K}$$
※ 가답안에서는 ③번으로 공개되었다가 최종답안에서는 "전항 정답"으로 처리되었다.

참고 문제에서 주어진 공기의 C_p(정압비열)을 대입하여 계산하면
$$\therefore \Delta S = 717 \times \ln\frac{273+300}{273+100}$$
$$= 307.813 \text{ J/kg} \cdot \text{K}$$

25. 혼합기체의 연소범위가 완전히 없어져 버리는 첨가기체의 농도를 피크농도라 하는데 이에 대한 설명으로 잘못된 것은?
① 질소(N_2)의 피크농도는 약 37 vol% 이다.
② 이산화탄소(CO_2)의 피크농도는 약 23 vol%이다.
③ 피크농도는 비열이 작을수록 작아진다.
④ 피크농도는 열전달율이 클수록 작아진다.

해설 피크농도는 소화약제를 방출하면 연소하한계는 높아지고 연소상한계는 낮아져 결국 연소하한과 상한이 만나 연소 범위가 없어지는 농도로, 질소(N_2)의 경우에는 약 37 vol%, 이산화탄소(CO_2)의 경우에는 약 23 vol%이다. 피크농도는 비열과 열전달률이 클수록 작아진다.

26. 연소기에서 발생할 수 있는 역화를 방지하는 방법에 대한 설명 중 옳지 않은 것은?
① 연료 분출구를 작게 한다.
② 버너의 온도를 높게 유지한다.
③ 연료의 분출속도를 크게 한다.
④ 1차 공기를 착화 범위보다 적게 한다.

해설 역화 방지 방법
㉮ 연료 분출구(염공, 노즐)를 작게 한다(또는 적정 크기로 유지한다).
㉯ 콕을 완전히 개방한다.
㉰ 적정 공급압력을 유지한다.
㉱ 버너가 과열되지 않도록 한다.
㉲ 연료의 분출속도를 크게 한다.
㉳ 1차 공기량을 착화 범위보다 적게 공급한다.

참고 역화 현상의 발생 원인
㉮ 염공이 크게 되었을 때
㉯ 노즐의 구멍이 너무 크게 된 경우
㉰ 콕이 충분히 개방되지 않은 경우
㉱ 가스의 공급압력이 저하되었을 때
㉲ 버너가 과열된 경우
㉳ 연소속도가 분출속도보다 빠른 경우

27. [그림]은 층류 예혼합화염의 구조도이다. 온도곡선의 변곡점인 T_i를 무엇이라 하는가?

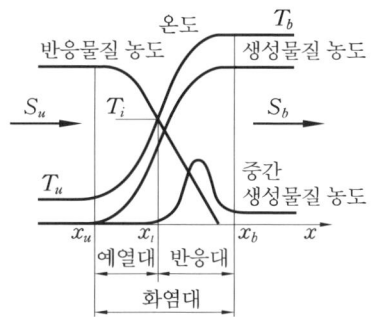

① 착화온도 ② 반전온도
③ 화염평균온도 ④ 예혼합화염온도

해설 ㉮ T_u : 미연혼합기 온도
㉯ T_b : 단열화염 온도
㉰ T_i : 착화온도

28. 반응기 속에 1 kg의 기체가 있고 기체를 반응기 속에 압축시키는데 1500 kgf·m의 일을 하였다. 이때 5 kcal의 열량이 용기 밖으로 방출되었다면 기체 1 kg당 내부에너지 변화량은 약 몇 kcal인가?

① 1.3 ② 1.5 ③ 1.7 ④ 1.9

해설 ㉮ 용기 밖으로 방출되는 열량 5 kcal가 엔탈피 변화량(dh), 압축시키는 일량(kgf·m)은 일의 열당량($A : \dfrac{1}{427}$ kcal/kgf·m)을 적용해 열량으로 환산한다.
㉯ 내부에너지 변화량(dU) 계산
$dh = dU + dW$에서
$\therefore dU = dh - dW = 5 - \left(1500 \times \dfrac{1}{427}\right)$
$= 1.487$ kcal/kg

29. Flash fire에 대한 설명으로 옳은 것은?
① 느린 폭연으로 중대한 과압이 발생하지 않는 가스운에서 발생한다.
② 고압의 증기압 물질을 가진 용기가 고장으로 인해 액체의 flashing에 의해 발생된다.
③ 누출된 물질이 연료라면 BLEVE는 매우 큰 화구가 뒤따른다.
④ Flash fire는 공정지역 또는 offshore 모듈에서는 발생할 수 없다.

해설 플래시 화재(flash fire) : 누설된 LPG가 기화되어 증기운이 형성되어 있을 때 점화원에 의해 화재가 발생된 경우이다. 점화 시 폭발음이 있으나 강도가 약하다.

30. 중유의 경우 저발열량과 고발열량의 차이는 중유 1 kg당 얼마나 되는가? (단, H : 중유 1 kg당 함유된 수소의 중량[kg], W : 중유 1 kg당 함유된 수분의 중량[kg]이다.)

① $600(9H+W)$ ② $600(9W+H)$
③ $539(9H+W)$ ④ $539(9W+H)$

해설 고발열량(H_h)과 저발열량(H_l)의 관계식
㉮ $H_h = H_l + 600(9H+W)$
㉯ $H_l = H_h - 600(9H+W)$
∴ 고발열량(H_h)과 저발열량(H_l)의 차이는 $600(9H+W)$이다.

31. 효율이 가장 좋은 이상 사이클로서 다른 기관의 효율을 비교하는 데 표준이 되는 사이클은?
① 재열 사이클 ② 재생 사이클
③ 냉동 사이클 ④ 카르노 사이클

해설 카르노 사이클(Carnot cycle) : 2개의 단열과정과 2개의 등온과정으로 구성된 열기관의 이론적인 사이클이다.

32. 다음 가스 중 연소의 상한과 하한의 범위가 가장 넓은 것은?
① 산화에틸렌 ② 수소
③ 일산화탄소 ④ 암모니아

해설 각 가스의 공기 중에서 폭발범위

명칭	폭발범위
산화에틸렌(C_2H_4O)	3~80 %
수소(H_2)	4~75 %
일산화탄소(CO)	12.5~74 %
암모니아(NH_3)	15~28 %

정답 28. ② 29. ① 30. ① 31. ④ 32. ①

33. 층류 예혼합화염과 비교한 난류 예혼합화염의 특징에 대한 설명으로 옳은 것은?
① 화염의 두께가 얇다.
② 화염의 밝기가 어둡다.
③ 연소속도가 현저하게 늦다.
④ 화염의 배후에 다량의 미연소분이 존재한다.

[해설] 난류 예혼합연소(화염) 특징
㉮ 화염의 휘도가 높다.
㉯ 화염면의 두께가 두꺼워진다.
㉰ 연소속도가 층류화염의 수십 배이다.
㉱ 연소 시 다량의 미연소분이 존재한다.

34. 프로판(C_3H_8)의 연소반응식은 다음과 같다. 프로판(C_3H_8)의 화학양론계수는?

$$C_3H_8 + 5O_2 \rightarrow 3CO_2 + 4H_2O$$

① 1　② $\frac{1}{5}$　③ $\frac{6}{7}$　④ -1

[해설] 화학양론계수 : 화학양론식에서 각 화학종의 계수를 나타내는 것으로, 일반적으로 몰수로 나타낸다. 프로판의 연소반응식에서 좌변에 있는 성분들은 반응물이고, 우변에 있는 것은 생성물을 나타내며 생성물에 대하여는 양(+)의 부호를, 반응물에 대하여는 음(-)의 부호를 가진다. 그러므로 화학양론계수는 프로판이 -1, 산소가 -5, 이산화탄소가 3, 물이 4이다.

35. 100 kPa, 20℃ 상태인 배기가스 0.3 m³를 분석한 결과 N_2 70 %, CO_2 15 %, O_2 11 %, CO 4 %의 체적률을 얻었을 때 이 혼합가스를 150℃인 상태로 정적가열할 때 필요한 열전달량은 약 몇 kJ인가? (단, N_2, CO_2, O_2, CO의 정적비열[kJ/kg·K]은 각각 0.7448, 0.6529, 0.6618, 0.7445이다.)
① 35　② 39　③ 41　④ 43

[해설] ㉮ 배기가스의 평균 분자량 계산 : 배기가스 성분의 고유분자량에 체적비를 곱하여 합산한다.
∴ $M = (28 \times 0.7) + (44 \times 0.15) + (32 \times 0.11) + (28 \times 0.04) = 30.84$

㉯ 배기가스 0.3 m³를 100 kPa, 20℃ 상태에서 질량 계산 : 이상기체 상태방정식 $PV = GRT$에서
∴ $G = \dfrac{PV}{RT} = \dfrac{100 \times 0.3}{\dfrac{8.314}{30.84} \times (273+20)}$
$= 0.3798 ≒ 0.38$ kg

㉰ 배기가스의 평균 정적비열 계산 : 배기가스 성분의 고유 정적비열에 체적비를 곱하여 합산한다.
∴ $C_{v_m} = (0.7448 \times 0.7) + (0.6529 \times 0.15) + (0.6618 \times 0.11) + (0.7445 \times 0.04)$
$= 0.7218$ kJ/kg·K

㉱ 열전달량 계산
∴ $Q = GC_{v_m}(T_2 - T_1)$
$= 0.38 \times 0.7218 \times \{(273+150) - (273+20)\}$
$= 35.656$ kJ

36. 연소온도를 높이는 방법이 아닌 것은?
① 발열량이 높은 연료 사용
② 완전연소
③ 연소속도를 천천히 할 것
④ 연료 또는 공기를 예열

[해설] 연소온도를 높이는 방법
㉮ 발열량이 높은 연료를 사용한다.
㉯ 연료를 완전연소시킨다.
㉰ 가능한 한 적은 과잉공기를 사용한다.
㉱ 연소용 공기 중 산소 농도를 높인다.
㉲ 연료, 공기를 예열하여 사용한다.
㉳ 복사 전열을 감소시키기 위해 연소속도를 빨리한다.

37. 미분탄 연소의 특징에 대한 설명으로 틀린 것은?
① 가스화 속도가 빠르고 연소실의 공간을

정답　33. ④　34. ④　35. ①　36. ③　37. ①

유효하게 이용할 수 있다.
② 화격자 연소보다 낮은 공기비로 높은 연소효율을 얻을 수 있다.
③ 명료한 화염이 형성되지 않고 화염이 연소실 전체에 퍼진다.
④ 연료 완료시간은 표면 연소속도에 의해 결정된다.

[해설] 미분탄 연소의 특징
㉮ 가스화 속도가 느리고 2상류 상태에서 연소한다.
㉯ 적은 공기비로 완전연소가 가능하다.
㉰ 점화, 소화가 쉽고 부하변동에 대응하기 쉽다.
㉱ 대용량에 적당하고 사용연료 범위가 넓다.
㉲ 연소실 공간을 유효하게 이용할 수 있다.
㉳ 설비비, 유지가 많이 소요된다.
㉴ 회(灰), 먼지 등이 많이 발생하여 집진장치가 필요하다.
㉵ 연소실 면적이 크고 폭발의 위험성이 있다.
㉶ 완전연소에 시간과 거리가 필요하다.
㉷ 연소 완료시간은 표면 연소속도에 의해 결정된다.
※ ④번 항목의 "연료 완료시간"은 출제문제 오타로 "연소 완료시간"으로 수정되어야 한다(이의제기하였지만 최종답안에 반영되지 않고 ①번만 정답으로 처리되었다).

38. 탄갱(炭坑)에서 주로 발생하는 폭발사고의 형태는?
① 분진폭발
② 증기폭발
③ 분해폭발
④ 혼합위험에 의한 폭발

[해설] 석탄을 캘 때 갱도(坑道)의 환기불량으로 석탄가루가 부유할 때 점화원에 의해 분진폭발의 위험성이 있다.

39. 기체연료의 연소 특성에 대해 바르게 설명한 것은?

① 예혼합연소는 미리 공기와 연료가 충분히 혼합된 상태에서 연소하므로 별도의 확산과정이 필요하지 않다.
② 확산연소는 예혼합연소에 비해 조작이 상대적으로 어렵다.
③ 확산연소의 역화 위험성은 예혼합연소보다 크다.
④ 가연성 기체와 산화제의 확산에 의해 화염을 유지하는 것을 예혼합연소라 한다.

[해설] (1) 예혼합 연소 : 가스와 공기(산소)를 버너에서 혼합시킨 후 연소실에 분사하는 방식으로, 화염이 자력으로 전파해 나가는 내부 혼합방식이며 화염이 짧고 높은 화염 온도를 얻을 수 있다.
(2) 확산연소의 특징
㉮ 조작범위가 넓으며 역화의 위험성이 없다.
㉯ 가스와 공기를 예열할 수 있고 화염이 안정적이다.
㉰ 탄화수소가 적은 연료에 적당하다.
㉱ 조작이 용이하며 화염이 장염이다.

40. 프로판과 부탄의 체적비가 40 : 60인 혼합가스 $10\,m^3$를 완전연소하는 데 필요한 이론 공기량은 약 몇 m^3인가? (단, 공기의 체적비는 산소 : 질소 = 21 : 79이다.)
① 96
② 181
③ 206
④ 281

[해설] ㉮ 프로판(C_3H_8)과 부탄(C_4H_{10})의 완전연소 반응식
$C_3H_8 + 5O_2 \rightarrow 3CO_2 + 4H_2O$: 40 %
$C_4H_{10} + 6.5O_2 \rightarrow 4CO_2 + 5H_2O$: 60 %
㉯ 이론공기량 계산 : 기체 연료 $1\,Nm^3$가 연소할 때 필요로 하는 산소량(Nm^3)은 연소반응식에서 몰(mol)이다.
$$\therefore A_0 = \frac{O_0}{0.21}$$
$$= \left(\frac{(5 \times 0.4) + (6.5 \times 0.6)}{0.21}\right) \times 10$$
$$= 280.952\,m^3$$

정답 38. ① 39. ① 40. ④

제 3 과목 가스설비

41. 이상적인 냉동 사이클의 기본 사이클은?
① 카르노 사이클
② 랭킨 사이클
③ 역카르노 사이클
④ 브레이튼 사이클

해설 역카르노 사이클 : 냉동기의 이상적인 사이클로, 카르노 사이클과 반대 방향으로 작동하며 작업 유체에 일(W)을 공급하여 저열원(Q_2)의 열을 빼앗아 고열원(Q_1)에 열을 공급하는 과정을 반복한다.

42. 고압가스 시설에서 전기방식 시설의 유지 관리를 위하여 T/B를 반드시 설치해야 하는 곳이 아닌 것은?
① 강재보호관 부분의 배관과 강재보호관
② 배관과 철근콘크리트 구조물 사이
③ 다른 금속구조물과 근접 교차부분
④ 직류 전철 횡단부 주위

해설 고압가스 시설의 T/B(전위 측정용 터미널) 설치 장소
㉮ 직류 전철 횡단부 주위
㉯ 지중에 매설되어 있는 배관절연부의 양측
㉰ 강재보호관 부분의 배관과 강재보호관. 다만, 가스배관과 보호관 사이에 절연 및 유동방지조치가 된 보호관은 제외한다.
㉱ 다른 금속구조물과 근접 교차부분
㉲ 교량 및 횡단배관의 양단부. 다만, 외부 전원법 및 배류법에 의해 설치된 것으로 횡단 길이가 500 m 이하인 배관과 희생양극법으로 설치된 것으로 횡단길이가 50 m 이하인 배관은 제외한다.
※ ②항은 절연이음매 등을 사용하여 절연조치를 하는 장소이다.

43. LP가스 탱크로리에서 하역작업 종료 후 처리할 작업 순서로 가장 옳은 것은?

㉠ 호스를 제거한다.
㉡ 밸브에 캡을 부착한다.
㉢ 어스선(접지선)을 제거한다.
㉣ 차량 및 설비의 각 밸브를 잠근다.

① ㉣→㉠→㉡→㉢
② ㉣→㉠→㉢→㉡
③ ㉠→㉡→㉢→㉣
④ ㉢→㉠→㉡→㉣

해설 하역 종료 후 처리 작업 순서
㉮ 차량 및 설비의 각 밸브를 잠근다.
㉯ 호스를 제거한다.
㉰ 밸브에 캡을 부착한다.
㉱ 어스선(접지선)을 제거한다.
※ LPG 하역작업을 시작할 때 가장 먼저 해야 할 것은 어스선(접지선)을 연결하는 것이고, 하역작업 종료 후 마지막에 해야 할 것은 어스선(접지선)을 제거하는 것이다.

44. 불꽃의 주위, 특히 불꽃의 기저부에 대한 공기의 움직임이 세지면 불꽃이 노즐에 정착하지 않고 떨어지게 되어 꺼지는 현상은?
① 블로-오프(blow-off)
② 백-파이어(back-fire)
③ 리프트(lift)
④ 불완전연소

해설 블로 오프(blow off) : 불꽃 주변 기류에 의하여 불꽃이 염공에서 떨어져 꺼지는 현상이다.

45. 벽에 설치하여 가스를 사용할 때에만 퀵 커플러로 연결하여 난로와 같은 이동식 연소기에 사용할 수 있는 구조로 되어 있는 콕은?
① 호스콕
② 상자콕
③ 퓨즈콕
④ 노즐콕

해설 콕의 종류
㉮ 퓨즈콕 : 가스유로를 볼로 개폐하고, 과류차단 안전기구가 부착된 것으로서 배관과 호스, 호스와 호스, 배관과 배관 또는 배관과 커플러를 연결하는 구조이다.

㉯ 상자콕 : 상자에 넣어 바닥, 벽 등에 설치하는 것으로 3.3 kPa 이하의 압력과 1.2 m³/h 이하의 표시유량에 사용하는 콕으로 가스유로를 핸들, 누름, 당김 등의 조작으로 개폐하고, 과류차단 안전기구가 부착된 것으로서 배관과 커플러를 연결하는 구조이다.

㉰ 주물 연소기용 노즐콕 : 주물 연소기 부품으로 사용하는 것으로서 볼로 개폐하는 구조이다.

㉱ 업무용 대형 연소기용 노즐콕 : 업무용 대형 연소기 부품으로 사용하는 것으로서 가스 흐름을 볼로 개폐하는 구조이다.

※ 과류차단 안전기구 : 표시유량 이상의 가스량이 통과되었을 경우 가스유로를 차단하는 장치이다.

46. 회전펌프의 특징에 대한 설명으로 옳지 않은 것은?

① 회전운동을 하는 회전체와 케이싱으로 구성된다.
② 점성이 큰 액체의 이송에 적합하다.
③ 토출액의 맥동이 다른 펌프보다 크다.
④ 고압유체 펌프로 널리 사용된다.

[해설] 회전펌프의 특징
㉮ 용적형 펌프이다.
㉯ 왕복펌프와 같은 흡입, 토출밸브가 없다.
㉰ 연속으로 송출하므로 맥동이 적다.
㉱ 점성이 있는 유체의 이송에 적합하다.
㉲ 고압 유압펌프로 사용된다.
㉳ 종류 : 기어펌프, 나사펌프, 베인펌프

47. 다음 중 수소취성에 대한 설명으로 가장 옳은 것은?

① 탄소강은 수소취성을 일으키지 않는다.
② 수소는 환원성가스로 상온에서도 부식을 일으킨다.
③ 수소는 고온, 고압하에서 철과 화합하며 이것이 수소취성의 원인이 된다.
④ 수소는 고온, 고압하에서 강 중의 탄소와 화합하여 메탄을 생성하며 이것이 수소취성의 원인이 된다.

[해설] 수소취성(탈탄작용)
㉮ 수소취성 : 수소(H_2)는 고온, 고압하에서 강 중의 탄소와 반응하여 메탄(CH_4)이 생성되고 이것이 수소취성을 일으킨다.
㉯ 반응식 : $Fe_3C + 2H_2 \rightarrow 3Fe + CH_4$
㉰ 방지 원소 : 텅스텐(W), 바나듐(V), 몰리브덴(Mo), 티타늄(Ti), 크롬(Cr)

48. 도시가스 지하매설에 사용되는 배관으로 가장 적합한 것은?

① 폴리에틸렌 피복강관
② 압력배관용 탄소강관
③ 연료가스 배관용 탄소강관
④ 배관용 아크용접 탄소강관

[해설] 지하매설 배관의 종류
㉮ 폴리에틸렌 피복강관(PLP관)
㉯ 가스용 폴리에틸렌관(PE관)
㉰ 분말용착식 폴리에틸렌 피복강관

49. 다음 초저온 액화가스 중 액체 1 L가 기화되었을 때 부피가 가장 큰 가스는?

① 산소   ② 질소
③ 헬륨   ④ 이산화탄소

[해설] ㉮ 압력과 온도가 동일한 조건에서 액체가 기화되었을 때 부피는 이상기체 상태방정식을 이용하여 계산한다.

$PV = \dfrac{W}{M}RT$에서 $V = \dfrac{WRT}{PM}$이고 기체상수 R, 온도 T, 압력 P는 동일한 조건이므로 생략하면 다음 식으로 만들 수 있으며, 무게 W는 액체 부피에 액체 비중을 곱하여 구한다.

$\therefore V = \dfrac{W}{M}$

$= \dfrac{\text{액체 부피(L)} \times \text{액비중(kg/L)}}{\text{분자량}}$

∴ 기화된 부피는 액비중에 비례하고, 분자량에 반비례한다.

해답 46. ③ 47. ④ 48. ① 49. ①

㉯ 각 초저온 액화가스의 성질

명칭	분자량	액비중
산소(O_2)	32	1.14
질소(N_2)	28	0.8
헬륨(He)	4	0.125
이산화탄소(CO_2)	44	0.713

㉰ 액체 1 L가 기화되었을 때 부피가 가장 큰 가스는 액비중이 가장 큰 산소이다.

50. 펌프 임펠러의 형상을 나타내는 척도인 비속도(비교회전도)의 단위는?
① rpm · m³/min · m
② rpm · m³/min
③ rpm · kgf/min · m
④ rpm · kgf/min

[해설] ㉮ 비교회전도(비속도) : 원심펌프에서 토출량이 1 m³/min, 양정이 1 m가 발생하도록 설계한 경우의 판상 임펠러의 매분 회전수이다.
㉯ 비교회전도 계산식

$$N_s = \frac{N \times \sqrt{Q}}{\left(\frac{H}{Z}\right)^{\frac{3}{4}}} = N \times Q^{\frac{1}{2}} \times \left(\frac{H}{Z}\right)^{-\frac{3}{4}}$$

여기서, N_s : 비교회전수(rpm · m³/min · m)
N : 임펠러 회전수(rpm)
Q : 유량(m³/min)
H : 전양정(m)
Z : 단수

51. 입구에 사용 측과 예비 측의 용기가 각각 접속되어 있어 사용 측의 압력이 낮아지는 경우 예비 측 용기로부터 가스가 공급되는 조정기는?
① 자동교체식 조정기
② 1단식 감압식 조정기
③ 1단식 감압용 저압 조정기
④ 1단식 감압용 준저압 조정기

[해설] ㉮ 자동교체식 조정기(자동절체식 조정기) : 사용 쪽 용기 내의 압력이 저하하여 사용 쪽에서는 소요가스 소비량을 충분히 공급할 수 없을 때 자동적으로 예비 쪽 용기로부터 가스가 공급되는 조정기이다.
㉯ 절체성능 : 사용 쪽 용기 내의 압력이 0.1 MPa 이상일 때 표시용량 범위에서 예비 쪽 용기에서 가스가 공급되지 않아야 한다.

52. 단열을 한 배관 중에 작은 구멍을 내고 이 관에 압력이 있는 유체를 흐르게 하면 유체가 작은 구멍을 통할 때 유체의 압력이 하강함과 동시에 온도가 변화하는 현상을 무엇이라고 하는가?
① 토리첼리 효과
② 줄-톰슨 효과
③ 베르누이 효과
④ 도플러 효과

[해설] 줄-톰슨(Joule-Thomson) 효과 : 압축가스(실제 기체)를 단열을 한 배관에서 단면적이 변화가 큰 곳을 통과시키면(단열교축팽창) 압력이 하강함과 동시에 온도가 하강하는 현상이다.

53. 진한 황산은 어느 가스 압축기의 윤활유로 사용되는가?
① 산소
② 아세틸렌
③ 염소
④ 수소

[해설] 각종 가스 압축기의 윤활제
㉮ 산소 압축기 : 물 또는 묽은 글리세린수(10 % 정도)
㉯ 공기 압축기, 수소 압축기, 아세틸렌 압축기 : 양질의 광유
㉰ 염소 압축기 : 진한 황산
㉱ LP가스 압축기 : 식물성유
㉲ 이산화황(아황산가스) 압축기 : 화이트유, 정제된 용제 터빈유
㉳ 염화메탄(메틸 클로라이드) 압축기 : 화이트유

54. 부탄가스 30 kg을 충전하기 위해 필요한 용기의 최소 부피는 약 몇 L인가? (단, 충전상수는 2.05이고, 액비중은 0.5이다.)
① 60
② 61.5
③ 120
④ 123

[해설] 액화가스 용기 충전량 공식은 $W = \dfrac{V}{C}$ 이다.

∴ $V = C \times W = 2.05 \times 30 = 61.5$ L

※ 액비중은 저장탱크 충전량을 산정할 때 필요한 조건이다.

55. 5 L들이 용기에 9기압의 기체가 들어 있다. 또 다른 10 L들이 용기에 6기압의 같은 기체가 들어 있다. 이 용기를 연결하여 양쪽의 기체가 서로 섞여 평형에 도달하였을 때 기체의 압력은 약 몇 기압이 되는가?

① 6.5기압　② 7.0기압
③ 7.5기압　④ 8.0기압

[해설] $P = \dfrac{P_1 V_1 + P_2 V_2}{V}$

$= \dfrac{(9 \times 5) + (6 \times 10)}{5 + 10} = 7.0$ 기압

56. 일반 도시가스 공급시설의 최고 사용압력이 고압, 중압인 가스홀더에 대한 안전조치 사항이 아닌 것은?

① 가스방출장치를 설치한다.
② 맨홀이나 검사구를 설치한다.
③ 응축액을 외부로 뽑을 수 있는 장치를 설치한다.
④ 관의 입구와 출구에는 온도나 압력의 변화에 따른 신축을 흡수하는 조치를 한다.

[해설] 고압 또는 중압의 가스홀더에 갖추어야 할 시설
㉮ 관의 입구 및 출구에는 신축흡수장치를 설치할 것
㉯ 응축액을 외부로 뽑을 수 있는 장치를 설치할 것
㉰ 응축액의 동결을 방지하는 조치를 할 것
㉱ 맨홀 또는 검사구를 설치할 것
㉲ 고압가스 안전관리법의 규정에 의한 검사를 받은 것일 것
㉳ 가스홀더와의 거리 : 두 가스홀더의 최대지름을 합산한 길이의 $\dfrac{1}{4}$ 이상 유지(1 m 미만인 경우 1 m 이상의 거리)

57. 용기 밸브의 구성이 아닌 것은?

① 스템　② O링
③ 퓨즈　④ 밸브시트

[해설] 용기 밸브의 구성 부품 : 스템(stem), O링, 밸브시트, 개폐용 핸들, 그랜드 너트 등

58. "응력(stress)과 스트레인(strain)은 변형이 적은 범위에서는 비례관계에 있다"는 법칙은?

① Euler의 법칙　② Wein의 법칙
③ Hooke의 법칙　④ Trouton의 법칙

[해설] 후크의 법칙(Hooke's law) : 탄성이 있는 용수철(spring)과 같은 물체가 외력(stress)에 의해 늘어나거나 줄어드는 등 변형(strain)이 발생하였을 때 본래 자신의 모습으로 돌아오려고 저항하는 복원력의 크기와 변형의 정도 관계를 나타내는 법칙이다.

59. 액셜 플로우(Axial flow)식 정압기의 특징에 대한 설명으로 틀린 것은?

① 변칙 unloading형이다.
② 정특성, 동특성 모두 좋다.
③ 저차압이 될수록 특성이 좋다.
④ 아주 간단한 작동방식을 가지고 있다.

[해설] 액셜 플로우식 정압기의 특징
㉮ 변칙 언로딩(unloading)형이다.
㉯ 정특성, 동특성이 양호하다.
㉰ 고차압이 될수록 특성이 양호하다.
㉱ 극히 콤팩트하고 작동방식이 간단하다.

60. 압력 조정기의 구성 부품이 아닌 것은?

① 다이어프램　② 스프링
③ 밸브　④ 피스톤

[해설] 압력 조정기의 구성 요소(부품) : 캡, 로드, 다이어프램, 커버, 조정나사, 압력조정용 스프링, 안전밸브, 안전장치용 스프링, 접속금구, 레버, 밸브 등

정답　55. ②　56. ①　57. ③　58. ③　59. ③　60. ④

제 4 과목 가스안전관리

61. 고압가스 안전관리법의 적용을 받는 고압가스의 종류 및 범위에 대한 내용 중 옳은 것은? (단, 압력은 게이지 압력이다.)
① 상용의 온도에서 압력이 1 MPa 이상이 되는 압축가스로서 실제로 그 압력이 1 MPa 이상이 되는 것 또는 섭씨 25도의 온도에서 압력이 1 MPa 이상이 되는 압축가스
② 섭씨 35도의 온도에서 압력이 1 Pa을 초과하는 아세틸렌가스
③ 상용의 온도에서 압력이 0.1 MPa 이상이 되는 액화가스로서 실제로 그 압력이 0.1 MPa 이상이 되는 것 또는 압력이 0.1 MPa이 되는 액화가스
④ 섭씨 35도의 온도에서 압력이 0 Pa을 초과하는 액화시안화수소

[해설] 고압가스의 종류 및 범위 : 고법 시행령 제2조
  ㉮ 상용(常用)의 온도에서 압력(게이지 압력을 말한다. 이하 같다)이 1 MPa 이상이 되는 압축가스로서 실제로 그 압력이 1 MPa 이상이 되는 것 또는 섭씨 35도의 온도에서 압력이 1 MPa 이상이 되는 압축가스(아세틸렌가스는 제외한다)
  ㉯ 섭씨 15도의 온도에서 압력이 0 Pa을 초과하는 아세틸렌가스
  ㉰ 상용의 온도에서 압력이 0.2 MPa 이상이 되는 액화가스로서 실제로 그 압력이 0.2 MPa 이상이 되는 것 또는 압력이 0.2 MPa이 되는 경우의 온도가 섭씨 35도 이하인 액화가스
  ㉱ 섭씨 35도의 온도에서 압력이 0 Pa을 초과하는 액화가스 중 액화시안화수소, 액화브롬화메탄 및 액화산화에틸렌가스

62. 도시가스 사용시설에 사용하는 배관재료 선정기준에 대한 설명으로 틀린 것은?
① 배관의 재료는 배관 내의 가스흐름이 원활한 것으로 한다.
② 배관의 재료는 내부의 가스압력과 외부로부터의 하중 및 충격하중 등에 견디는 강도를 갖는 것으로 한다.
③ 배관의 재료는 배관의 접합이 용이하고 가스의 누출을 방지할 수 있는 것으로 한다.
④ 배관의 재료는 절단, 가공을 어렵게 하여 임의로 고칠 수 없도록 한다.

[해설] 배관재료 선정기준
  ㉮ 배관의 재료는 배관 내의 가스흐름이 원활한 것으로 한다.
  ㉯ 배관의 재료는 내부의 가스압력과 외부로부터의 하중 및 충격하중 등에 견디는 강도를 갖는 것으로 한다.
  ㉰ 배관의 재료는 토양·지하수 등에 대하여 내식성을 갖는 것으로 한다.
  ㉱ 배관의 재료는 배관의 접합이 용이하고 가스의 누출을 방지할 수 있는 것으로 한다.
  ㉲ 배관의 재료는 절단 가공이 용이한 것으로 한다.

63. LPG 저장설비 설치 시 실시하는 지반조사에 대한 설명으로 틀린 것은?
① 1차 지반조사 방법은 이너팅을 실시하는 것을 원칙으로 한다.
② 표준관입시험은 N값을 구하는 방법이다.
③ 베인(vane)시험은 최대 토크 또는 모멘트를 구하는 방법이다.
④ 평판재하시험은 항복하중 및 극한하중을 구하는 방법이다.

[해설] 저장설비와 가스설비의 기초 지반조사 : ②, ③, ④ 외
  ㉮ 제1차 지반조사 방법은 보링을 실시하는 것을 원칙으로 한다.
  ㉯ 지반조사 위치는 저장설비와 가스설비 외면으로부터 10 m 내에서 2곳 이상 실시한다.
  ㉰ 제1차 지반조사 결과 그 장소가 습윤한 토지, 매립지로서 지반이 연약한 토지, 급경사지로서 붕괴의 우려가 있는 토지, 그 밖에 사태(沙汰), 부등침하 등이 일어나기 쉬

[정답] 61. ④ 62. ④ 63. ①

운 토지의 경우에는 그 정도에 따라 성토, 지반개량, 옹벽설치 등의 조치를 강구한다.
㉣ 파일재하시험은 수직으로 박은 파일에 수직 정하중을 걸어 그때의 하중과 침하량을 측정하는 방법으로 시험하여 항복하중 및 극한하중을 구한다.

64. 다음 중 정전기를 억제하기 위한 방법이 아닌 것은?
① 습도를 높여준다.
② 접지(grounding)한다.
③ 접촉 전위차가 큰 재료를 선택한다.
④ 정전기의 중화 및 전기가 잘 통하는 물질을 사용한다.

[해설] 정전기 제거 및 발생 억제 방법
㉮ 대상물을 접지한다.
㉯ 공기 중 상대습도를 높인다(70 % 이상).
㉰ 공기를 이온화한다.
㉱ 도전성 재료를 사용한다.
㉲ 접촉 전위차가 작은 재료를 선택한다.

65. 품질유지 대상인 고압가스의 종류에 해당하지 않는 것은?
① 이소부탄
② 암모니아
③ 프로판
④ 연료전지용으로 사용되는 수소가스

[해설] 품질유지 대상인 고압가스의 종류 : 고법 시행 규칙 제45조, 별표26
㉮ 냉매로 사용되는 고압가스 : 프레온 22, 프레온 134a, 프레온 404a, 프레온 407c, 프레온 410a, 프레온 507a, 프레온 1234yf, 프로판, 이소부탄
㉯ 연료전지용으로 사용되는 수소가스

66. 다음 가스가 공기 중에 누출되고 있다고 할 경우 가장 빨리 폭발할 수 있는 가스는? (단, 점화원 및 주위환경 등 모든 조건은 동일하다고 가정한다.)

① CH_4
② C_3H_8
③ C_4H_{10}
④ H_2

[해설] ㉮ 각 가스의 성질

명칭	분자량	기체비중	폭발범위
메탄(CH_4)	16	0.55	5~15 %
프로판(C_3H_8)	44	1.52	2.2~9.5 %
부탄(C_4H_{10})	58	2.0	1.9~8.5 %
수소(H_2)	2	0.069	4~75 %

㉯ 동일한 조건일 때 기체 비중이 크고(공기보다 무거운 가스), 폭발범위 하한값이 낮은 가스가 가장 빨리 폭발할 수 있으므로 부탄(C_4H_{10})이 해당된다.

67. 안전관리상 동일차량으로 적재 운반할 수 없는 것은?
① 질소와 수소
② 산소와 암모니아
③ 염소와 아세틸렌
④ LPG와 염소

[해설] 혼합 적재 금지 기준
㉮ 염소와 아세틸렌, 암모니아, 수소는 동일차량에 적재하여 운반하지 아니한다.
㉯ 가연성가스와 산소를 동일차량에 적재하여 운반하는 때에는 그 충전용기의 밸브가 서로 마주보지 아니하도록 적재한다.
㉰ 충전용기와 위험물 안전관리법에서 정하는 위험물과는 동일차량에 적재하여 운반하지 아니한다.
㉱ 독성가스 중 가연성가스와 조연성가스는 동일 차량 적재함에 운반하지 아니한다.

68. 가연성 가스설비의 재치환 작업 시 공기로 재치환한 결과를 산소측정기로 측정하여 산소의 농도가 몇 %로 확인될 때까지 공기로 반복하여 치환하여야 하는가?
① 18~22 %
② 20~28 %
③ 22~35 %
④ 23~42 %

[해설] 가스설비 치환 농도
㉮ 가연성가스 : 폭발하한계의 $\frac{1}{4}$ 이하(25 % 이하)

㉯ 독성가스 : TLV-TWA 기준농도 이하
㉰ 산소 : 22 % 이하
㉱ 위 시설에 작업원이 들어가는 경우 산소 농도 : 18~22 %

69. 액화석유가스 저장시설에서 긴급 차단장치의 차단조작기구는 해당 저장탱크로부터 몇 m 이상 떨어진 곳에 설치하여야 하는가?
① 2 m   ② 3 m
③ 5 m   ④ 8 m

[해설] 긴급 차단장치의 차단조작기구는 해당 저장탱크(지하에 매몰하여 설치하는 저장탱크 제외)로부터 5 m 이상 떨어진 곳(방류둑을 설치한 경우에는 그 외측)으로서 다음 장소마다 1개 이상 설치한다.
㉮ 안전관리자가 상주하는 사무실 내부
㉯ 충전기 주변
㉰ 액화석유가스의 대량 유출에 대비하여 충분히 안전이 확보되고 조작이 용이한 곳

70. 저장탱크에 의한 액화석유가스(LPG) 저장소의 저장설비는 그 외면으로부터 화기를 취급하는 장소까지 몇 m 이상의 우회거리를 두어야 하는가?
① 2 m   ② 5 m
③ 8 m   ④ 10 m

[해설] 저장설비와 가스설비는 그 외면으로부터 화기를 취급하는 장소까지 8 m 이상의 우회거리를 두어야 한다.

71. 지하에 설치하는 액화석유가스 저장탱크의 재료인 레디믹스트 콘크리트의 규격으로 틀린 것은?
① 굵은 골재의 최대 치수 : 25 mm
② 설계강도 : 21 MPa 이상
③ 슬럼프(slump) : 120~150 mm
④ 물-결합재비 : 83 % 이하

[해설] 저장탱크실 재료의 규격

항목	규격
굵은 골재의 최대 치수	25 mm
설계강도	21 MPa 이상
슬럼프(slump)	120~150 mm
공기량	4 % 이하
물-결합재비	50 % 이하
그 밖의 사항	KS F 4009 (레디믹스트 콘크리트)에 의한 규정

[비고] 수밀 콘크리트의 시공 기준은 국토교통부가 제정한 "콘크리트 표준 시방서"를 준용한다.

72. 수소의 일반적인 성질에 대한 설명으로 틀린 것은?
① 열에 대하여 안정하다.
② 가스 중 비중이 가장 작다.
③ 무색, 무미, 무취의 기체이다.
④ 가벼워서 기체 중 확산속도가 가장 느리다.

[해설] 수소의 성질
㉮ 지구상에 존재하는 원소 중 가장 가볍다.
㉯ 무색, 무취, 무미의 가연성이다.
㉰ 열전도율이 대단히 크고, 열에 대해 안정하다.
㉱ 확산속도가 대단히 크다.
㉲ 고온에서 강제, 금속재료를 쉽게 투과한다.
㉳ 폭굉속도가 1400~3500 m/s에 달한다.
㉴ 폭발범위가 넓다(공기 중 : 4~75 %, 산소 중 : 4~94 %).
㉵ 산소와 수소폭명기, 염소와 염소폭명기의 폭발반응이 발생한다.
㉶ 확산속도가 1.8 km/s 정도로 대단히 크다.

73. 고압가스 특정 제조시설에서 분출원인이 화재인 경우 안전밸브의 축적압력은 안전밸브의 수량과 관계없이 최고 허용압력의 몇 % 이하로 하여야 하는가?
① 105 %   ② 110 %

정답 69. ③ 70. ③ 71. ④ 72. ④ 73. ④

③ 116 %   ④ 121 %

[해설] 과압안전장치 축적압력
(1) 분출원인이 화재가 아닌 경우
  ㉮ 안전밸브를 1개 설치한 경우 : 최고 허용압력의 110 % 이하
  ㉯ 안전밸브를 2개 이상 설치한 경우 : 최고 허용압력의 116 % 이하
(2) 분출원인이 화재인 경우 : 안전밸브의 수량에 관계없이 최고 허용압력의 121 % 이하로 한다.

74. 고압가스를 차량에 적재하여 운반하는 때에 운반책임자를 동승시키지 않아도 되는 것은?
① 수소 400 m³
② 산소 400 m³
③ 액화석유가스 3500 kg
④ 암모니아 3500 kg

[해설] 운반책임자 동승 기준
㉮ 비독성 고압가스

가스의 종류		기준
압축가스	가연성	300 m³ 이상
	조연성	600 m³ 이상
액화가스	가연성	3000 kg 이상 (에어졸 용기 : 2000 kg 이상)
	조연성	6000 kg 이상

㉯ 독성 고압가스

가스의 종류	허용농도	기준
압축가스	100만분의 200 이하	10 m³ 이상
	100만분의 200 초과	100 m³ 이상
액화가스	100만분의 200 이하	100 kg 이상
	100만분의 5000 이하	1000 kg 이상

※ 산소의 경우 압축가스, 조연성이므로 600 m³ 이상 적재하여 운반할 때에 운반책임자를 동승시켜야 한다.

75. 니켈(Ni) 금속을 포함하고 있는 촉매를 사용하는 공정에서 주로 발생할 수 있는 맹독성 가스는?
① 산화니켈(NiO)
② 니켈카르보닐[Ni(CO)₄]
③ 니켈클로라이드(NiCl₂)
④ 니켈염(Nickel salt)

[해설] 니켈카르보닐[Ni(CO)₄] : 휘발성의 무색인 액체로 맹독성을 나타낸다. 비점 43℃, 비중 1.32이다. 반자성을 나타내며 200℃에서 금속니켈과 일산화탄소로 분해한다. 증기는 강한 빛을 내면서 불타 그을음 모양의 니켈가루를 만든다. 벤젠, 에테르, 클로로포름에 녹고 묽은 산, 알칼리 수용액 등에는 녹지 않으며 진한 황산과 접촉하면 폭발한다.

76. 특정 설비인 고압가스용 기화장치 제조시설에서 반드시 갖추지 않아도 되는 제조설비는?
① 성형설비   ② 단조설비
③ 용접설비   ④ 제관설비

[해설] 기화장치 제조시설에서 갖추어야 할 제조설비
㉮ 성형설비
㉯ 용접설비
㉰ 세척설비
㉱ 제관설비
㉲ 전처리설비 및 부식방지도장설비
㉳ 유량계
㉴ 그 밖에 제조에 필요한 설비 및 기구

77. 고압가스용 충전용기를 운반할 때의 기준으로 틀린 것은?
① 충전용기와 등유는 동일 차량에 적재하여 운반하지 않는다.
② 충전량이 30 kg 이하이고, 용기 수가 2개를 초과하지 않는 경우에는 오토바이에 적재하여 운반할 수 있다.
③ 충전용기 운반차량은 "위험고압가스"라

[정답] 74. ② 75. ② 76. ② 77. ②

는 경계표시를 하여야 한다.
④ 충전용기 운반차량에는 운반기준 위반행위를 신고할 수 있도록 안내문을 부착하여야 한다.

[해설] 충전용기는 이륜차에 적재하여 운반하지 아니한다. 다만, 차량이 통행하기 곤란한 지역이나 그 밖에 시·도지사가 지정하는 경우에는 다음 기준에 적합한 경우에만 액화석유가스 충전용기를 이륜차(자전거는 제외)에 적재하여 운반할 수 있다.
  ㉮ 넘어질 때 용기에 손상이 가지 아니하도록 제작된 용기운반 전용 적재함이 장착된 것인 경우
  ㉯ 적재하는 충전용기는 충전량이 20 kg 이하이고 적재 수가 2개를 초과하지 아니한 경우

78. 내용적이 3000 L인 용기에 액화암모니아를 저장하려고 한다. 용기의 저장능력은 약 몇 kg인가? (단, 액화 암모니아 정수는 1.86이다.)
① 1613 ② 2324
③ 2796 ④ 5580

[해설] $W = \dfrac{V}{C} = \dfrac{3000}{1.86} = 1612.903 \text{ kg}$

79. 산화에틸렌의 저장탱크에는 45℃에서 그 내부가스의 압력이 몇 MPa 이상이 되도록 질소가스를 충전하여야 하는가?
① 0.1 ② 0.3
③ 0.4 ④ 1

[해설] 산화에틸렌 충전 : 산화에틸렌 저장탱크 및 충전용기에는 45℃에서 그 내부가스의 압력이 0.4 MPa 이상이 되도록 질소가스 또는 탄산가스를 충전한다.

80. 고압가스 특정 제조시설에서 하천 또는 수로를 횡단하여 배관을 매설할 경우 2중관으로 하여야 하는 가스는?
① 염소 ② 암모니아
③ 염화메탄 ④ 산화에틸렌

[해설] 고압가스 특정 제조시설 중 2중관 기준
  ㉮ 고압가스를 수송하는 배관 중 2중관으로 하여야 하는 가스 : 포스겐, 황화수소, 시안화수소, 아황산가스, 산화에틸렌, 암모니아, 염소, 염화메탄
  ㉯ 하천 또는 수로를 횡단하여 매설하는 경우 2중관으로 하여야 하는 가스 : 포스겐, 황화수소, 시안화수소, 아황산가스, 아크릴알데히드, 염소, 불소
  ※ 2중관으로 설치하는 배관이 어느 곳에 설치되느냐에 따라 대상 가스가 차이가 있으니 구분을 하기 바랍니다.

제 5 과목 가스계측기기

81. 다음 중 접촉식 온도계에 대한 설명으로 틀린 것은?
① 열전대 온도계는 열전대로서 서미스터를 사용하여 온도를 측정한다.
② 저항 온도계의 경우 측정회로로서 일반적으로 휘스톤 브리지가 채택되고 있다.
③ 압력식 온도계는 감온부, 도압부, 감압부로 구성되어 있다.
④ 봉상 온도계에서 측정오차를 최소화하려면 가급적 온도계 전체를 측정하는 물체에 접촉시키는 것이 좋다.

[해설] 열전대 온도계는 열전대로서 2종류의 금속선을 접속하여 하나의 회로를 만들어 2개의 접점에 온도차를 부여하면 회로에는 접점의 온도에 거의 비례한 전류(열기전력)가 흐르는 현상인 제베크효과(Seebeck effect)를 이용하여 온도를 측정한다.

82. 계량 계측기기는 정확, 정밀하여야 한다. 이를 확보하기 위한 제도 중 계량법상 강제 규정이 아닌 것은?
① 검정 ② 정기검사

정답 78. ① 79. ③ 80. ① 81. ① 82. ④

③ 수시검사　　　④ 비교검사

[해설] 계량법(계량에 관한 법률)상 강제 규정
㉮ 검정(법 제23조) : 제조업자 또는 수입업자는 형식승인을 받은 계량기에 대하여 검정기관으로부터 검정을 받아야 한다.
㉯ 재검정(법 제24조) : 검정을 받은 계량기 중 검정유효기간이 있는 계량기를 사용하는 자는 검정유효기간이 만료되기 전에 재검정을 받아야 한다.
㉰ 정기검사(법 제30조) : 형식승인을 받은 계량기 중 재검정 대상 외에 대통령령으로 정하는 계량기를 사용하는 자는 시·도지사가 2년에 한 번씩 실시하는 정기검사를 받아야 한다.
㉱ 수시검사(법 제31조) : 산업통상자원부장관 및 시·도지사는 형식승인을 받은 계량기가 검정, 재검정 및 정기검사를 받았는지 등을 확인하기 위하여 수시로 검사할 수 있다.

83. 탄화수소에 대한 감도는 좋으나 H_2O, CO_2에 대하여는 감응하지 않는 검출기는?
① 불꽃 이온화 검출기(FID)
② 열전도도 검출기(TCD)
③ 전자포획 검출기(ECD)
④ 불꽃 광도법 검출기(FPD)

[해설] 수소불꽃 이온화 검출기(FID : Flame Ionization Detector) : 불꽃으로 시료 성분이 이온화됨으로써 불꽃 중에 놓여진 전극간의 전기 전도도가 증대하는 것을 이용한 것으로 탄화수소에서 감도가 최고이고 H_2, O_2, CO_2, SO_2 등은 감도가 없다.

84. 가스 성분에 대하여 일반적으로 적용하는 화학분석법이 옳게 짝지어진 것은?
① 황화수소-요오드적정법
② 수분-중화적정법
③ 암모니아-기체 크로마토그래피법
④ 나프탈렌-흡수평량법

[해설] 가스 성분에 대한 일반적인 분석법
㉮ 황화수소 : 요오드적정법
㉯ 수분 : 노점법
㉰ 암모니아 : 중화적정법, 인도페놀 흡광 광도법
㉱ 나프탈렌 : 가스 크로마토그래피법

85. 다음 계측기기와 관련된 내용을 짝지은 것 중 틀린 것은?
① 열전대 온도계-제베크 효과
② 모발 습도계-히스테리시스
③ 차압식 유량계-베르누이식의 적용
④ 초음파 유량계-램버트 비어의 법칙

[해설] 초음파 유량계 : 도플러 효과(doppler effect)
※ 램버트 비어의 법칙 : 흡광 광도법(분광 광도법)의 원리

86. 시험용 미터인 루트 가스미터로 측정한 유량이 5 m^3/h이다. 기준용 가스미터로 측정한 유량이 4.75 m^3/h이라면 이 가스미터의 기차는 약 몇 %인가?
① 2.5 %　　② 3 %
③ 5 %　　　④ 10 %

[해설] $E = \dfrac{I-Q}{I} \times 100 = \dfrac{5-4.75}{5} \times 100 = 5\%$

87. 계측기의 선정 시 고려사항으로 가장 거리가 먼 것은?
① 정확도와 정밀도　② 감도
③ 견고성 및 내구성　④ 지시방식

[해설] 계측기기 선택 시 고려사항
㉮ 측정범위, 정확도 및 정밀도
㉯ 정도 및 감도
㉰ 측정대상 및 사용조건
㉱ 설치장소의 주위여건
㉲ 견고성 및 내구성

88. 다음 중 적외선 가스분석기에서 분석 가능한 기체는?
① Cl_2　② SO_2　③ N_2　④ O_2

[정답] 83. ①　84. ①　85. ④　86. ③　87. ④　88. ②

[해설] 적외선 가스분석기(적외선 분광 분석법) : 헬륨(He), 네온(Ne), 아르곤(Ar) 등 단원자 분자 및 수소(H_2), 산소(O_2), 질소(N_2), 염소(Cl_2) 등 대칭 2원자 분자는 적외선을 흡수하지 않으므로 분석할 수 없다.

89. 게겔(Gockel)법에 의한 저급탄화수소 분석 시 분석가스와 흡수액이 옳게 짝지어진 것은?
① 프로필렌-황산
② 에틸렌-옥소수은 칼륨용액
③ 아세틸렌-알칼리성 피로갈롤 용액
④ 이산화탄소-암모니아성 염화제1구리 용액

[해설] 게겔(Gockel)법의 분석순서 및 흡수제
㉮ CO_2 : 33 % KOH 수용액
㉯ 아세틸렌 : 요오드수은(옥소수은) 칼륨 용액
㉰ 프로필렌, n-C_4H_8 : 87 % H_2SO_4
㉱ 에틸렌 : 취화수소(HBr : 취소) 수용액
㉲ O_2 : 알칼리성 피로갈롤용액
㉳ CO : 암모니아성 염화제1구리 용액

90. 액화산소 등을 저장하는 초저온 저장탱크의 액면 측정용으로 가장 적합한 액면계는?
① 직관식   ② 부자식
③ 차압식   ④ 기포식

[해설] 차압식 액면계 : 액화산소와 같은 극저온의 저장조의 상·하부를 U자관에 연결하여 차압에 의하여 액면을 측정하는 방식으로 햄프슨식 액면계라 한다.

91. 막식 가스미터의 부동현상에 대한 설명으로 가장 옳은 것은?
① 가스가 누출되고 있는 고장이다.
② 가스가 미터를 통과하지 못하는 고장이다.
③ 가스가 미터를 통과하지만 지침이 움직이지 않는 고장이다.
④ 가스가 통과할 때 미터가 이상음을 내는 고장이다.

[해설] 막식 가스미터의 부동(不動) : 가스는 계량기를 통과하나 지침이 작동하지 않는 고장으로 계량막의 파손, 밸브의 탈락, 밸브와 밸브시트 사이에서의 누설, 지시장치 기어 불량 등이 원인이다.

92. 건조공기 120 kg에 6 kg의 수증기를 포함한 습공기가 있다. 온도가 49℃이고, 전체 압력이 750 mmHg일 때의 비교습도는 약 얼마인가? (단, 49℃에서의 포화수증기압은 89 mmHg이고 공기의 분자량은 29로 한다.)
① 30 %   ② 40 %
③ 50 %   ④ 60 %

[해설] ㉮ 절대습도 계산
$$\therefore X = \frac{G_w}{G_a} = \frac{6}{120} = 0.05 \text{ kg/kg} \cdot \text{DA}$$
㉯ 수증기 분압(P_w) 계산
$$X = 0.622 \times \frac{P_w}{760 - P_w} \text{에서}$$
대기압 760 mmHg에 전체 압력이 750 mmHg를 대입하여 P_w를 계산한다.
$$\therefore X(750 - P_w) = 0.622 P_w$$
$$750X - P_w X = 0.622 P_w$$
$$750X = 0.622 P_w + P_w X$$
$$750X = P_w(0.622 + X)$$
$$\therefore P_w = \frac{750X}{0.622 + X} = \frac{750 \times 0.05}{0.622 + 0.05}$$
$$= 55.803 ≒ 55.80 \text{ mmHg}$$
㉰ 상대습도(ϕ) 계산
$$\therefore \phi = \frac{P_w}{P_s} = \frac{55.8}{89} = 0.6269 ≒ 0.627$$
㉱ 비교습도 계산
$$\therefore \psi = \frac{\phi(P - P_s)}{P - \phi P_s} \times 100$$
$$= \frac{0.627 \times (750 - 89)}{750 - (0.627 \times 89)} \times 100$$
$$= 59.701 \%$$

※ 비교습도 : 습공기의 절대습도와 그 온도에 의한 포화공기의 절대습도와의 비를 퍼센트로 표시한 것이다.

93. 두 금속의 열팽창계수의 차이를 이용한 온

도계는?
① 서미스터 온도계 ② 베크만 온도계
③ 바이메탈 온도계 ④ 광고 온도계

[해설] 바이메탈 온도계 : 선팽창계수(열팽창률)가 다른 2종류의 얇은 금속판을 결합시켜 온도 변화에 따라 구부러지는 정도가 다른 점을 이용한 것이다.

94. 소형 가스미터의 경우 가스사용량이 가스미터 용량의 몇 % 정도가 되도록 선정하는 것이 가장 바람직한가?
① 40 % ② 60 %
③ 80 % ④ 100 %

[해설] 연소기구 중 최대 가스소비량의 60 %가 되도록 가스미터를 선정한다.

95. 액주식 압력계에 해당하는 것은?
① 벨로스 압력계 ② 분동식 압력계
③ 침종식 압력계 ④ 링밸런스식 압력계

[해설] 액주식 압력계의 종류 : 단관식, U자관식, 경사관식, 액주 마노미터, 호루단형 압력계, 링밸런스식(환상천평식) 등

[참고] 링밸런스식 압력계의 특징
㉮ 원형상의 관상부에 2개의 구멍을 뚫고 측정압력과 대기압의 도입관으로 하고 도입관에 의해 양면에 압력이 가해져 압력이 불균형해 지면 링이 회전하며, 그 회전각은 압력차에 비례한 것을 이용하여 압력차를 측정한다.
㉯ 회전력이 커서 기록이 용이하고, 원격 전송이 가능하다.
㉰ 평형추의 증감, 취부장치의 이동으로 측정 범위 변경이 가능하다.
㉱ 액체 압력 측정은 곤란하고 기체 압력 측정에 이용된다.
㉲ 저압 가스의 압력 및 통풍계(draft gauge)로 사용된다.

96. 기체 크로마토그래피를 통하여 가장 먼저 피크가 나타나는 물질은?

① 메탄 ② 에탄
③ 이소부탄 ④ 노르말부탄

[해설] ㉮ 분자량이 작은 가벼운 기체가 검출기에 먼저 도달하므로 피크가 가장 먼저 나타난다.
㉯ 각 기체의 분자량

연료 성분	분자량
메탄(CH_4)	16
에탄(C_2H_6)	30
이소부탄($iso-C_4H_{10}$)	58
노르말부탄($n-C_4H_{10}$)	58

97. 기체 크로마토그래피에 의해 가스의 조성을 알고 있을 때에는 계산에 의해서 그 비중을 알 수 있다. 이때 비중 계산과의 관계가 가장 먼 인자는?
① 성분의 함량비 ② 분자량
③ 수분 ④ 증발온도

[해설] 가스의 조성을 알고 있을 때 비중을 계산하는 데 필요한 인자로는 분자량, 성분의 함량비, 수분 등이 관계가 있다.

98. 도시가스 사용시설에서 최고 사용압력이 0.1 MPa 미만인 도시가스 공급관을 설치하고, 내용적을 계산하였더니 8 m³이었다. 전기식 다이어프램형 압력계로 기밀시험을 할 경우 최소 유지시간은 얼마인가?
① 4분 ② 10분
③ 24분 ④ 40분

[해설] 전기식 다이어프램형 압력계 기밀 유지시간

최고 사용압력	내용적	기밀 유지시간
저압 (0.1 MPa 미만)	1 m³ 미만	4분
	1 m³ 이상 10 m³ 미만	40분
	10 m³ 이상 300 m³ 미만	$4 \times V$분(다만, 240분을 초과한 경우는 240분으로 할 수 있다.)

[해답] 94. ② 95. ④ 96. ① 97. ④ 98. ④

99. 가스공급용 저장탱크의 가스저장량을 일정하게 유지하기 위하여 탱크 내부의 압력을 측정하고 측정된 압력과 설정압력(목표압력)을 비교하여 탱크에 유입되는 가스의 양을 조절하는 자동제어계가 있다. 탱크 내부의 압력을 측정하는 동작은 다음 중 어디에 해당하는가?
① 비교　　　　② 판단
③ 조작　　　　④ 검출

[해설] 자동제어계의 동작 순서
㉮ 검출 : 제어대상을 계측기를 사용하여 측정하는 부분
㉯ 비교 : 목표값(기준입력)과 주피드백량과의 차를 구하는 부분
㉰ 판단 : 제어량의 현재값이 목표치와 얼마만큼 차이가 나는지 판단하는 부분
㉱ 조작 : 판단된 조작량을 제어하여 제어량을 목표값과 같도록 유지하는 부분

100. 열전대 온도계의 특징에 대한 설명으로 틀린 것은?
① 원격 측정이 가능하다.
② 고온의 측정에 적합하다.
③ 보상도선에 의한 오차가 발생할 수 있다.
④ 장기간 사용하여도 재질이 변하지 않는다.

[해설] 열전대 온도계의 특징
㉮ 고온 및 원격 측정이 가능하다.
㉯ 냉접점이나 보상도선으로 인한 오차가 발생되기 쉽다.
㉰ 전원이 필요하지 않으며 원격지시 및 기록이 용이하다.
㉱ 온도계 사용한계에 주의하고, 영점보정을 하여야 한다.
㉲ 온도에 대한 열기전력이 크며 내구성이 좋다.
㉳ 장기간 사용하면 재질이 변화한다.
㉴ 측정범위와 사용 분위기 등을 고려하여야 한다.

[정답] 99. ④　100. ④

▶ 2020년 9월 26일 시행

자격종목	종목코드	시험시간	형 별	수험번호	성 명
가스 기사	1471	2시간 30분			

제1과목 가스유체역학

1. 레이놀즈수가 106이고 상대조도가 0.005인 원관의 마찰계수 f는 0.03이다. 이 원관에 부차손실계수가 6.6인 글로브 밸브를 설치하였을 때, 이 밸브의 등가길이(또는 상당길이)는 관 지름의 몇 배인가?
① 25
② 55
③ 220
④ 440

[해설] 문제의 조건에서 관 지름이 주어지지 않았으므로 지름은 기호 D를 그대로 대입하여 계산한다.
$$\therefore L_e = \frac{KD}{f} = \frac{6.6D}{0.03} = 220D$$
∴ 글로브 밸브의 등가길이(L_e)는 관 지름(D)의 220배이다.

[참고] 등가길이(상당길이) : 배관에 설치되는 밸브, 부속품 등에 의해 발생하는 손실을 동일 지름의 직관 길이로 표시하는 것이다.

2. 압축성 유체의 기계적 에너지 수지식에서 고려하지 않는 것은?
① 내부에너지
② 위치에너지
③ 엔트로피
④ 엔탈피

[해설] 압축성 유체의 기계적 에너지 수지식에서 고려하는 것 : 내부에너지(u), 위치에너지(gz), 엔탈피(h)
$$\therefore h_1 + \frac{v_1^2}{2} + gz_1 = h_2 + \frac{v_2^2}{2} + gz_2$$
※ 엔탈피(h)는 내부에너지(u)와 유동일 $\left(\frac{p}{\rho}\right)$의 합이다.

3. 압축성 이상기체(compressible ideal gas)의 운동을 지배하는 기본 방정식이 아닌 것은?
① 에너지방정식
② 연속방정식
③ 차원방정식
④ 운동량방정식

[해설] 압축성 이상기체의 유동에서는 밀도를 변수로 다루어야 하기 때문에 비압축성 유동을 지배하는 연속방정식, 에너지방정식, 운동량방정식, 기체의 상태방정식을 함께 고려해서 유동을 해석하여야 한다.

4. LPG 이송 시 탱크로리 상부를 가압하여 액을 저장탱크로 이송시킬 때 사용되는 동력장치는 무엇인가?
① 원심펌프
② 압축기
③ 기어펌프
④ 송풍기

[해설] 압축기에 의한 LPG 이송 : 저장탱크 상부에서 가스를 흡입하여 가압한 후 이것으로 탱크로리 상부를 가압하여 액을 저장탱크로 이송한다.

5. 마하수는 어느 힘의 비를 사용하여 정의되는가?
① 점성력과 관성력
② 관성력과 압축성 힘
③ 중력과 압축성 힘
④ 관성력과 압력

[해설] 마하수(mach number) : 물체의 실제 유동속도를 음속으로 나눈 값으로 무차원수로 관성력과 압축성 힘으로 정의된다.
$$\therefore M = \frac{V}{C} = \frac{V}{\sqrt{k \cdot R \cdot T}}$$
$$= \frac{관성력}{탄성력(압축성\ 힘)}$$

6. 수은-물 마노미터로 압력차를 측정하였더니

[정답] 1. ③ 2. ③ 3. ③ 4. ② 5. ② 6. ③

50 cmHg였다. 이 압력차를 mH₂O로 표시하면 약 얼마인가?
① 0.5 ② 5.0
③ 6.8 ④ 7.3

[해설] 환산압력 = $\dfrac{\text{주어진 압력}}{\text{주어진 압력단위 대기압}} \times \text{구하는 압력단위 대기압}$

$= \dfrac{50}{76} \times 10.332 = 6.797 \text{ mH}_2\text{O}$

7. 산소와 질소의 체적비가 1 : 4인 조성의 공기가 있다. 표준상태(0℃, 1기압)에서의 밀도는 약 몇 kg/m³인가?
① 0.54 ② 0.96
③ 1.29 ④ 1.51

[해설] ㉮ 산소와 질소로 혼합된 공기의 평균분자량 계산 : 체적비가 1 : 4인 조성은 산소가 20 %, 질소가 80 %의 비율이다.
∴ $M = (32 \times 0.2) + (28 \times 0.8) = 28.8$
㉯ 표준상태의 밀도(ρ) 계산
∴ $\rho = \dfrac{M}{22.4} = \dfrac{28.8}{22.4} = 1.285 \text{ kg/m}^3$
※ 표준상태가 아닌 경우에는 이상기체 상태 방정식으로 밀도를 구한다.

8. 다음 단위 간의 관계가 옳은 것은?
① 1 N = 9.8 kg · m/s²
② 1 J = 9.8 kg · m²/s²
③ 1 W = 1 kg · m²/s³
④ 1 Pa = 10⁵ kg/m · s²

[해설] 각 물리량의 SI단위 관계

물리량	단위 및 관계
힘	1 N = 1 kg · m/s²
압력	1 Pa = 1 N/m² = 1 kg/m · s²
열량, 일	1 J = 1 N · m = 1 kg · m²/s²
동력	1 W = 1 J/s = 1 N · m/s = 1 kg · m²/s³

9. 송풍기의 공기 유량이 3 m³/s일 때, 흡입 쪽의 전압이 110 kPa, 출구 쪽의 정압이 115 kPa이고 속도가 30 m/s이다. 송풍기에 공급하여야 하는 축동력은 얼마인가? (단, 공기의 밀도는 1.2 kg/m³이고, 송풍기의 전효율은 0.8이다.)
① 10.45 kW ② 13.99 kW
③ 16.62 kW ④ 20.78 kW

[해설] ㉮ 출구 측 전압(P_{t_2}) 계산
∴ P_{t_2} = 출구정압(P_{s_2}) + 출구동압(P_{v_2})
$= P_{s_2} + \left(\dfrac{V^2}{2} \times \rho\right)$
$= 115 + \left(\dfrac{30^2}{2} \times 1.2 \times 10^{-3}\right)$
$= 115.54 \text{ kPa}$
㉯ 전압(P_t) 계산
∴ P_t = 출구전압(P_{t_2}) − 흡입전압(P_{t_1})
$= 115.54 - 110 = 5.54 \text{ kPa}$
㉰ 축동력 계산
1 W = 1 J/s이므로 1 kW = 1 kJ/s이다.
∴ $\text{kW} = \dfrac{P_t \times Q}{\eta} = \dfrac{5.54 \times 3}{0.8} = 20.775 \text{ kW}$

10. 평판에서 발생하는 층류 경계층의 두께는 평판 선단으로부터의 거리 x와 어떤 관계가 있는가?

① x에 반비례한다. ② $x^{\frac{1}{2}}$에 반비례한다.
③ $x^{\frac{1}{2}}$에 비례한다. ④ $x^{\frac{1}{3}}$에 비례한다.

[해설] 층류 경계층 두께
㉮ 경계층 내의 속도가 자유 흐름 속도의 99 %가 되는 점까지의 거리
㉯ 층류 경계층 두께는 $Re^{\frac{1}{2}}$에 반비례하고, $x^{\frac{1}{2}}$에 비례하여 증가한다.
㉰ 난류 경계층 두께는 $Re^{\frac{1}{5}}$에 반비례하고, $x^{\frac{4}{5}}$에 비례하여 증가한다.
㉱ 경계층의 두께는 점성에 비례한다.

정답 7. ③ 8. ③ 9. ④ 10. ③

11. 관 내의 압축성 유체의 경우 단면적 A와 마하수 M, 속도 V 사이에 다음과 같은 관계가 성립한다고 한다. 마하수가 2일 때 속도를 0.2 % 감소시키기 위해서는 단면적을 몇 % 변화시켜야 하는가?

$$\frac{dA}{A} = (M^2 - 1) \times \frac{dV}{V}$$

① 0.6 % 증가 ② 0.6 % 감소
③ 0.4 % 증가 ④ 0.4 % 감소

해설 ㉮ 단면적 변화 계산

$$\therefore \frac{dA}{A} = (M^2 - 1) \times \frac{dV}{V}$$
$$= (2^2 - 1) \times 0.2 = 0.6 \%$$

㉯ 단면적 변화율(%)은 0.6 % 감소되어야 한다.

12. 정체온도 T_s, 임계온도 T_c, 비열비를 k라 할 때 이들의 관계를 옳게 나타낸 것은?

① $\dfrac{T_c}{T_s} = \left(\dfrac{2}{k+1}\right)^{k-1}$

② $\dfrac{T_c}{T_s} = \left(\dfrac{1}{k-1}\right)^{k-1}$

③ $\dfrac{T_c}{T_s} = \dfrac{2}{k+1}$

④ $\dfrac{T_c}{T_s} = \dfrac{1}{k-1}$

해설 정체온도(T_s), 임계온도(T_c), 비열비(k)의 관계식 : 공기의 비열비 1.4를 적용한 값

㉮ 임계온도비 : $\dfrac{T_c}{T_s} = \dfrac{2}{k+1} = 0.8333$

㉯ 임계압력비 : $\dfrac{P_c}{P_s} = \left(\dfrac{2}{k+1}\right)^{\frac{k}{k-1}} = 0.5283$

㉰ 임계밀도비 : $\dfrac{\rho_c}{\rho_s} = \left(\dfrac{2}{k+1}\right)^{\frac{1}{k-1}} = 0.6339$

13. 유체 속에 잠긴 경사면에 작용하는 정수력의 작용점은?

① 면의 도심보다 위에 있다.
② 면의 도심에 있다.
③ 면의 도심보다 아래에 있다.
④ 면의 도심과는 상관없다.

해설 유체 속에 수직 및 경사지게 잠겨진 평판에 작용하는 힘의 작용점은 판의 도심(중심점)보다 아래에 위치한다.

14. 관 속을 충만하게 흐르고 있는 액체의 속도를 급격히 변화시키면 어떤 현상이 일어나는가?

① 수격현상
② 서징 현상
③ 캐비테이션 현상
④ 펌프효율 향상 현상

해설 수격현상(water hammering) : 펌프에서 물을 압송하고 있을 때 정전 등으로 펌프가 급히 멈춘 경우 관내의 유속이 급변하면 물에 심한 압력변화가 생기는 현상이다.

15. 점성력에 대한 관성력의 상대적인 비를 나타내는 무차원의 수는?

① Reynolds수 ② Froude수
③ 모세관수   ④ Weber수

해설 무차원 수

명칭	정의	의미	비고
레이놀즈수 (Re)	$Re = \dfrac{\rho VL}{\mu}$	관성력/점성력	모든 유체의 유동
마하수 (Ma)	$Ma = \dfrac{V}{\alpha}$	관성력/탄성력	압축성 유동
웨버수 (We)	$We = \dfrac{\rho V^2 L}{\sigma}$	관성력/표면장력	자유표면 유동
프루드수 (Fr)	$Fr = \dfrac{V}{\sqrt{Lg}}$	관성력/중력	자유표면 유동
오일러수 (Eu)	$Eu = \dfrac{P}{\dfrac{\rho V^2}{2}}$	압축력/관성력	압력차에 의한 유동

정답 11. ② 12. ③ 13. ③ 14. ① 15. ①

16. 직각좌표계에 적용되는 가장 일반적인 연속방정식은 다음과 같이 주어진다. 다음 중 정상상태(steady state)의 유동에 적용되는 연속방정식은?

$$\frac{\partial \rho}{\partial t} + \frac{\partial(\rho u)}{\partial x} + \frac{\partial(\rho v)}{\partial y} + \frac{\partial(\rho w)}{\partial z} = 0$$

① $\frac{\partial \rho}{\partial t} + \frac{\partial(\rho u)}{\partial x} + \frac{\partial(\rho v)}{\partial y} + \frac{\partial(\rho w)}{\partial z} = 0$

② $\frac{\partial(\rho u)}{\partial x} + \frac{\partial(\rho v)}{\partial y} + \frac{\partial(\rho w)}{\partial z} = 0$

③ $\frac{\partial u}{\partial x} + \frac{\partial v}{\partial y} + \frac{\partial w}{\partial z} = 0$

④ $\frac{\partial \rho}{\partial t} + \rho\frac{\partial u}{\partial x} + \rho\frac{\partial v}{\partial y} + \rho\frac{\partial w}{\partial z} = 0$

[해설] 정상상태의 유동(정상류 : steady flow)은 유동장 내의 임의의 한 점에 있어서 유동조건이 시간에 관계없이 항상 일정한 흐름이다.
$\frac{\partial p}{\partial t} = 0$, $\frac{\partial v}{\partial t} = 0$, $\frac{\partial \rho}{\partial t} = 0$, $\frac{\partial T}{\partial t} = 0$이다.

∴ $\frac{\partial(\rho u)}{\partial x} + \frac{\partial(\rho v)}{\partial y} + \frac{\partial(\rho w)}{\partial z} = 0$

17. 수압기에서 피스톤의 지름이 각각 20 cm와 10 cm이다. 작은 피스톤에 1 kgf의 하중을 가하면 큰 피스톤에는 몇 kgf의 하중이 가해지는가?

① 1 ② 2
③ 4 ④ 8

[해설] ㉮ 파스칼(Pascal)의 원리 : 밀폐된 용기 속에 있는 정지 유체의 일부에 가한 압력은 유체 중의 모든 방향에 같은 크기로 전달된다.
∴ $\frac{F_1}{A_1} = \frac{F_2}{A_2}$

㉯ 큰 피스톤에 가해지는 하중 계산
∴ $F_2 = \frac{A_2}{A_1} \times F_1 = \left(\frac{D_2}{D_1}\right)^2 \times F_1$
$= \left(\frac{20}{10}\right)^2 \times 1 = 4$ kgf

18. 축동력을 L, 기계의 손실 동력을 L_m이라고 할 때 기계효율 η_m을 옳게 나타낸 것은?

① $\eta_m = \frac{L - L_m}{L_m}$ ② $\eta_m = \frac{L - L_m}{L}$

③ $\eta_m = \frac{L_m - L}{L}$ ④ $\eta_m = \frac{L_m - L}{L_m}$

[해설] 기계효율 $= \frac{\text{실제적 소요동력}}{\text{축동력}}$
$= \frac{L - L_m}{L}$

19. 뉴턴의 점성법칙과 관련 있는 변수가 아닌 것은?

① 전단응력 ② 압력
③ 점성계수 ④ 속도기울기

[해설] 뉴턴의 점성법칙
∴ $\tau = \mu \frac{du}{dy}$
여기서, τ : 전단응력(kgf/m²)
μ : 점성계수(kgf·s/m²)
$\frac{du}{dy}$: 속도구배(속도기울기)

20. 다음 중 에너지의 단위는?

① dyn(dyne) ② N(Newton)
③ J(Joule) ④ W(Watt)

[해설] 주요 물리량의 단위

물리량	SI 단위	공학단위
힘	N(kg·m/s²)	kgf
압력	Pa(N/m²)	kgf/m²
열량	J(N·m)	kcal
일	J(N·m)	kgf·m
에너지	J(N·m)	kgf·m
동력	W(J/s)	kgf·m/s

※ dyn(dyne)은 힘의 SI단위 중에서 CGS단위(g·cm/s²)이다.

제 2 과목 연소공학

21. 15℃, 50 atm인 산소 실린더의 밸브를 순간적으로 열어 내부압력을 25 atm까지 단열팽창시키고 닫았다면 나중 온도는 약 몇 ℃가 되는가? (단, 산소의 비열비는 1.4이다.)
① −28.5℃ ② −36.8℃
③ −78.1℃ ④ −157.5℃

해설 $\dfrac{T_2}{T_1} = \left(\dfrac{P_2}{P_1}\right)^{\frac{k-1}{k}}$ 에서

∴ $T_2 = T_1 \times \left(\dfrac{P_2}{P_1}\right)^{\frac{k-1}{k}}$

$= (273+15) \times \left(\dfrac{25}{50}\right)^{\frac{1.4-1}{1.4}}$

$= 236.256\,K - 273 = -36.743\,℃$

22. 폭발억제장치의 구성이 아닌 것은?
① 폭발검출기구 ② 활성제
③ 살포기구   ④ 제어기구

해설 폭발억제(explosion suppression) : 폭발 시작 단계를 검지하여 원료 공급 차단, 소화 등으로 더 큰 폭발을 진압하는 것으로 폭발억제장치는 폭발검출기구, 살포기구, 제어기구로 구성된다.

23. 초기사건으로 알려진 특정한 장치의 이상이나 운전자의 실수로부터 발생되는 잠재적인 사고결과를 평가하는 정량적 안전성 평가 기법은?
① 사건수 분석(ETA)
② 결함수 분석(FTA)
③ 원인결과 분석(CCA)
④ 위험과 운전 분석(HAZOP)

해설 사건수 분석(ETA : event tree analysis) 기법 : 초기사건으로 알려진 특정한 장치의 이상이나 운전자의 실수로부터 발생되는 잠재적인 사고결과를 평가하는 정량적 안전성 평가기법이다.

24. 발열량 10500 kcal/kg인 어떤 연료 2 kg을 2분 동안 완전연소시켰을 때 발생한 열량을 모두 동력으로 변환시키면 약 몇 kW인가?
① 735   ② 935
③ 1103 ④ 1303

해설 ㉮ 1 kW = 860 kcal/h이다.
㉯ 동력 계산
∴ kW = $\dfrac{발생열량[kcal/h]}{1[kW]당 열량[kcal/h]}$

$= \dfrac{2 \times 10500 \times \dfrac{60}{2}}{860} = 732.558\,kW$

25. 프로판과 부탄이 혼합된 경우로서 부탄의 함유량이 많아지면 발열량은?
① 커진다.   ② 줄어든다.
③ 일정하다.   ④ 커지다가 줄어든다.

해설 프로판의 발열량은 약 24000 kcal/m³, 부탄의 발열량은 약 32000 kcal/m³이므로 발열량이 높은 부탄의 함유량이 많아지면 혼합가스의 발열량은 커진다.

26. 가연물의 구비조건이 아닌 것은?
① 반응열이 클 것
② 표면적이 클 것
③ 열전도도가 클 것
④ 산소와 친화력이 클 것

해설 가연물의 구비조건
㉮ 발열량이 크고 열전도율이 작을 것
㉯ 산소와 친화력이 좋고 표면적이 넓을 것
㉰ 활성화에너지가 작을 것
㉱ 건조도가 높을 것(수분 함량이 적을 것)

27. 액체연료의 연소용 공기 공급방식에서 2차 공기란 어떤 공기를 말하는가?
① 연료를 분사시키기 위해 필요한 공기

정답 21. ② 22. ② 23. ① 24. ① 25. ① 26. ③ 27. ②

② 완전연소에 필요한 부족한 공기를 보충하는 공기
③ 연료를 안개처럼 만들어 연소를 돕는 공기
④ 연소된 가스를 굴뚝으로 보내기 위해 고압, 송풍하는 공기

[해설] 1차 공기와 2차 공기 구분
㉮ 1차 공기 : 액체 연료의 무화에 필요한 공기 또는 연소 전에 가연성기체와 혼합되어 공급되는 공기
㉯ 2차 공기 : 완전연소에 필요한 부족한 공기를 보충 공급하는 공기

28. TNT당량은 어떤 물질이 폭발할 때 방출하는 에너지와 동일한 에너지를 방출하는 TNT의 질량을 말한다. LPG 1톤이 폭발할 때 방출하는 에너지는 TNT당량으로 약 몇 kg인가? (단, 폭발한 LPG의 발열량은 15000 kcal/kg이며, LPG의 폭발계수는 0.1, TNT가 폭발 시 방출하는 당량에너지는 1125 kcal/kg이다.)

① 133　　　　　② 1333
③ 2333　　　　 ④ 4333

[해설] TNT당량 = $\dfrac{\text{LPG 총 발생열량}}{\text{TNT 방출에너지}}$

　　　　　= $\dfrac{1000 \times 15000 \times 0.1}{1125}$

　　　　　= 1333.333 kg

29. 질소 10 kg이 일정 압력상태에서 체적이 1.5 m³에서 0.3 m³로 감소될 때까지 냉각되었을 때 질소의 엔트로피 변화량의 크기는 약 몇 kJ/K인가? (단, C_p는 14 kJ/kg·K로 한다.)

① 25　　② 125　　③ 225　　④ 325

[해설] $\Delta S = m \times C_p \times \ln\left(\dfrac{V_2}{V_1}\right)$

　　　= $10 \times 14 \times \ln\left(\dfrac{0.3}{1.5}\right)$

　　　= -225.321 kJ/K

※ 냉각되는 과정이므로 부호가 "-"로 계산된 것이다.

30. Van der Waals식 $\left(P + \dfrac{an^2}{V^2}\right)(V - nb) = nRT$에 대한 설명으로 틀린 것은?

① a의 단위는 atm·L²/mol²이다.
② b의 단위는 L/mol이다.
③ a의 값은 기체분자가 서로 어떻게 강하게 끌어 당기는가를 나타낸 값이다.
④ a는 부피에 대한 보정항의 비례상수이다.

[해설] 반데르 발스 상수 a, b는 $P - V$선도에서 임계점에서의 기울기와 곡률을 이용해서 구한다.
㉮ a : 기체 분자간의 인력(atm·L²/mol²)으로 용기 벽면의 압력과 내부의 압력이 다른 것을 보정하는 것이다.
㉯ b : 기체 분자 자신이 차지하는 부피(L/mol)로 이상기체보다 더 큰 부피로 만들려고 보정하는 것이다.

31. 연료와 공기 혼합물에서 최대 연소속도가 되기 위한 조건은?

① 연료와 양론 혼합물이 같은 양일 때
② 연료가 양론 혼합물보다 약간 적을 때
③ 연료가 양론 혼합물보다 약간 많을 때
④ 연료가 양론 혼합물보다 아주 많을 때

[해설] 연료와 공기 혼합물에서 최대 연소속도가 되기 위한 조건은 연료가 양론 혼합물보다 약간 많을 때이다.

32. 다음은 간단한 수증기 사이클을 나타낸 그림이다. 여기서 랭킨(Rankine) 사이클의 경로를 옳게 나타낸 것은?

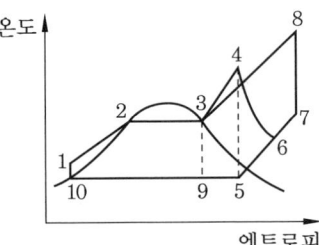

① $1 \to 2 \to 3 \to 9 \to 10 \to 1$
② $1 \to 2 \to 3 \to 4 \to 5 \to 9 \to 10 \to 1$
③ $1 \to 2 \to 3 \to 4 \to 6 \to 5 \to 9 \to 10 \to 1$
④ $1 \to 2 \to 3 \to 8 \to 7 \to 5 \to 9 \to 10 \to 1$

[해설] 랭킨 사이클 : 2개의 정압변화와 2개의 단열변화로 구성된 증기원동소의 이상 사이클로 보일러에서 발생된 증기를 증기터빈에서 단열팽창하면서 외부에 일을 한 후 복수기(condenser)에서 냉각되어 포화액이 된다.

33. 충격파가 반응 매질 속으로 음속보다 느린 속도로 이동할 때를 무엇이라 하는가?
① 폭굉   ② 폭연
③ 폭음   ④ 정상연소

[해설] 폭발과 폭연
㉮ 폭발 : 혼합기체의 온도를 고온으로 상승시켜 자연착화를 일으키고, 혼합기체의 전부분이 극히 단시간 내에 연소하는 것으로서 압력 상승이 급격한 현상 또는 화염이 음속 이하의 속도로 미반응 물질 속으로 전파되어 가는 발열반응을 말한다.
㉯ 폭연(deflagration) : 음속 미만으로 진행되는 열분해 또는 음속 미만의 화염속도로 연소하는 화재로 압력이 위험수준까지 상승할 수도 있고, 상승하지 않을 수도 있으며 충격파를 방출하지 않으면서 급격하게 진행되는 연소이다.

34. 방폭에 대한 설명으로 틀린 것은?
① 분진 폭발은 연소시간이 길고 발생에너지가 크기 때문에 파괴력과 연소 정도가 크다는 특징이 있다.
② 분해 폭발을 일으키는 가스에 비활성기체를 혼합하는 이유는 화염온도를 낮추고 화염 전파능력을 소멸시키기 위함이다.
③ 방폭 대책은 크게 예방, 긴급대책으로 나뉘어진다.
④ 분진을 다루는 압력을 대기압보다 낮게 하는 것도 분진 대책 중 하나이다.

[해설] 방폭
㉮ 분진 처리시설에서 호흡하는 경우 분진을 제거하는 장치가 필요하다.
㉯ 분진 폭발은 연소시간이 길고 발생에너지가 크기 때문에 파괴력과 연소 정도가 크다는 특징이 있다.
㉰ 분해 폭발을 일으키는 가스에 비활성기체를 혼합하는 이유는 화염온도를 낮추고 화염 전파능력을 소멸시키기 위함이다.
㉱ 방폭 대책은 예방, 국한, 소화, 피난대책이 있다.
㉲ 분진을 다루는 압력을 대기압보다 낮게 하는 것도 분진 대책 중 하나이다.

35. 프로판가스 $1\,Sm^3$를 완전연소시켰을 때의 건조 연소가스량은 약 몇 Sm^3인가? (단, 공기 중의 산소는 21 v%이다.)
① 10   ② 16   ③ 22   ④ 30

[해설] ㉮ 공기 중 프로판의 완전연소 반응식
$C_3H_8 + 5O_2 + (N_2) \to 3CO_2 + 4H_2O + (N_2)$
㉯ 건조 연소가스량 계산 : 연소가스 중 수분(H_2O)을 포함하지 않은 가스량이고, 질소는 산소량의 $3.76\left(=\dfrac{79}{21}\right)$배이다.
$\therefore G_{0d} = CO_2 + N_2$
$= 3 + (5 \times 3.76) = 21.8\,Sm^3$

36. 공기가 산소 20 v%, 질소 80 v%의 혼합기체라고 할 때 표준상태(0℃, 101.325 kPa)에서 공기의 기체상수는 약 몇 kJ/kg·K인가?
① 0.269   ② 0.279
③ 0.289   ④ 0.299

[해설] ㉮ 공기의 평균 분자량 계산
$\therefore M = (32 \times 0.2) + (28 \times 0.8) = 28.8$
㉯ 기체상수 계산
$\therefore R = \dfrac{8.314}{M} = \dfrac{8.314}{28.8} = 0.2886\,kJ/kg·K$

37. 열역학 특성식으로 $P_1 V_1^n = P_2 V_2^n$이 있

다. 이때 n값에 따른 상태변화를 옳게 나타낸 것은? (단, k는 비열비이다.)
① $n=0$: 등온   ② $n=1$: 단열
③ $n=\pm\infty$: 정적   ④ $n=k$: 등압

[해설] 폴리트로픽 과정의 폴리트로픽 지수(n)에 따른 상태변화 과정
㉮ $n=0$: 정압 과정
㉯ $n=1$: 정온 과정
㉰ $1<n<k$: 폴리트로픽 과정
㉱ $n=k$: 단열 과정(등엔트로피 과정)
㉲ $n=\infty$: 정적 과정

38. 표준상태에서 고발열량과 저발열량의 차는 얼마인가?
① 9700 cal/gmol   ② 539 cal/gmol
③ 619 cal/g   ④ 80 cal/g

[해설] ㉮ 표준상태에서 수소의 완전연소 반응식
$$H_2 + \frac{1}{2}O_2 \rightarrow H_2O$$
㉯ 고위발열량과 저위발열량의 차이는 수소(H) 성분에 의한 것이고, 수소 $1\,g\cdot mol$이 완전연소하면 $H_2O(g)$ 18 g이 생성되며, 여기에 물의 증발잠열 539 cal/g에 해당하는 열량 차이가 나타난다.
㉰ 고발열량과 저발열량의 차 계산
$\therefore 18\,g/g\cdot mol \times 539\,cal/g = 9702\,cal/g\cdot mol$

39. 기체연료의 확산연소에 대한 설명으로 틀린 것은?
① 연료와 공기가 혼합하면서 연소한다.
② 일반적으로 확산과정은 확산에 의한 혼합속도가 연소속도를 지배한다.
③ 혼합에 시간이 걸리며 화염이 길게 늘어난다.
④ 연소기 내부에서 연료와 공기의 혼합비가 변하지 않고 연소된다.

[해설] 확산연소(擴散燃燒) : 공기와 가스를 따로 버너 슬롯(slot)에서 연소실에 공급하고, 이것들의 경계면에서 난류와 자연확산으로 서로 혼합하여 연소하는 외부 혼합방식이다. 화염이 전파하는 특징을 갖고 반응대는 가연성 기체와 산화제의 경계에 존재하고, 반응대를 향해 가연성 기체 및 산화제가 확산해 간다.

40. 연료의 구비조건이 아닌 것은?
① 저장 및 운반이 편리할 것
② 점화 및 연소가 용이할 것
③ 연소가스 발생량이 많을 것
④ 단위 용적당 발열량이 높을 것

[해설] 연료(fuel)의 구비조건
㉮ 공기 중에서 연소하기 쉬울 것
㉯ 저장 및 운반, 취급이 용이할 것
㉰ 발열량이 클 것
㉱ 구입하기 쉽고 경제적일 것
㉲ 인체에 유해성이 없을 것
㉳ 휘발성이 좋고 내한성이 우수할 것
㉴ 연소 시 회분 등 배출물이 적을 것

제 3 과목   가스설비

41. 터보(turbo) 압축기의 특징에 대한 설명으로 틀린 것은?
① 고속 회전이 가능하다.
② 작은 설치면적에 비해 유량이 크다.
③ 케이싱 내부를 급유해야 하므로 기름의 혼입에 주의해야 한다.
④ 용량조정 범위가 비교적 좁다.

[해설] 터보형 압축기의 특징
㉮ 원심형 무급유식이다.
㉯ 연속 토출로 맥동현상이 적다.
㉰ 고속회전으로 용량이 크다.
㉱ 형태가 작고 경량이어서 설치면적이 적다.
㉲ 압축비가 작고 효율이 낮다.
㉳ 운전 중 서징현상이 발생할 수 있다.
㉴ 용량조정이 어렵고 범위가 좁다.
※ 내부에 급유를 해야 하므로 기름의 혼입이 일어날 수 있는 압축기는 왕복동식 압축기이다.

42. 호칭지름이 동일한 외경의 강관에 있어서 스케줄 번호가 다음과 같을 때 두께가 가장 두꺼운 것은?
① XXS
② XS
③ Sch 20
④ SCh 40

해설 스케줄 번호는 배관 두께를 나타내는 것으로 숫자가 클수록 두께가 두꺼워진다.
㉮ STD(standard) : 250A까지 Sch 40과 두께가 같다.
㉯ XS(extra strong) : 200A까지 Sch 80과 두께가 같다.
㉰ XXS(double extra strong) : Sch 140과 160 사이의 두께를 갖는다.

43. 과류차단 안전기구가 부착된 것으로서 가스유로를 볼로 개폐하고 배관과 호스 또는 배관과 커플러를 연결하는 구조의 콕은?
① 호스콕
② 퓨즈콕
③ 상자콕
④ 노즐콕

해설 콕의 종류
㉮ 퓨즈콕 : 가스유로를 볼로 개폐하고, 과류차단 안전기구가 부착된 것으로서 배관과 호스, 호스와 호스, 배관과 배관 또는 배관과 커플러를 연결하는 구조이다.
㉯ 상자콕 : 상자에 넣어 바닥, 벽 등에 설치하는 것으로 3.3 kPa 이하의 압력과 1.2 m³/h 이하의 표시유량에 사용하는 콕으로 가스유로를 핸들, 누름, 당김 등의 조작으로 개폐하고, 과류차단 안전기구가 부착된 것으로서 배관과 커플러를 연결하는 구조이다.
㉰ 주물 연소기용 노즐콕 : 주물 연소기 부품으로 사용하는 것으로서 볼로 개폐하는 구조이다.
㉱ 업무용 대형 연소기용 노즐콕 : 업무용 대형 연소기 부품으로 사용하는 것으로서 가스 흐름을 볼로 개폐하는 구조이다.
※ 과류차단 안전기구 : 표시유량 이상의 가스량이 통과되었을 경우 가스유로를 차단하는 장치이다.

44. 저온장치에 사용되는 진공 단열법의 종류가 아닌 것은?
① 고진공 단열법
② 다층 진공 단열법
③ 분말 진공 단열법
④ 다공 단층 진공 단열법

해설 단열법의 종류
㉮ 상압 단열법 : 일반적으로 사용되는 단열법으로 단열공간에 분말, 섬유 등의 단열재를 충전하는 방법
㉯ 진공 단열법 : 고진공 단열법, 분말 진공 단열법, 다층 진공 단열법

45. 교반형 오토클레이브의 장점에 해당되지 않는 것은?
① 가스누출의 우려가 없다.
② 기액반응으로 기체를 계속 유통시킬 수 있다.
③ 교반효과는 진탕형에 비하여 더 좋다.
④ 특수 라이닝을 하지 않아도 된다.

해설 교반형 오토클레이브 : 교반기에 의하여 내용물을 혼합하는 것으로 종형과 횡형이 있고, 특징은 다음과 같다.
㉮ 기액반응으로 기체를 계속 유통시킬 수 있다.
㉯ 교반효과는 진탕형보다 좋으며, 횡형 교반기가 교반효과가 좋다.
㉰ 종형 교반기에서는 내부에 글라스 용기를 넣어 반응시킬 수 있어 특수한 라이닝을 하지 않아도 된다.
㉱ 교반축에서 가스 누설의 가능성이 많다.
㉲ 회전속도, 압력을 증가시키면 누설의 우려가 있어 회전속도와 압력에 제한이 있다.
㉳ 교반축의 패킹에 사용한 물질이 내부에 들어갈 우려가 있다.

46. 원심펌프의 특징에 대한 설명으로 틀린 것은?
① 저양정에 적합하다.
② 펌프에 충분히 액을 채워야 한다.
③ 원심력에 의하여 액체를 이송한다.
④ 용량에 비하여 설치면적이 작고 소형이다.

정답 42. ① 43. ② 44. ④ 45. ① 46. ①

[해설] 원심펌프의 특징
⑦ 원심력에 의하여 유체를 압송한다.
④ 용량에 비하여 소형이고 설치면적이 작다.
④ 흡입, 토출밸브가 없고 액의 맥동이 없다.
④ 기동 시 펌프 내부에 유체를 충분히 채워야 한다.
⑨ 고양정에 적합하다.
⑭ 서징현상, 캐비테이션 현상이 발생하기 쉽다.
㉙ 볼류트 펌프는 안내깃(guide vane)이 없고, 터빈 펌프는 안내깃(guide vane)이 있는 펌프이다.

47. 가스폭발 위험성에 대한 설명으로 틀린 것은?

① 아세틸렌은 공기가 공존하지 않아도 폭발 위험성이 있다.
② 일산화탄소는 공기가 공존하여도 폭발 위험성이 없다.
③ 액화석유가스가 누출되면 낮은 곳으로 모여 폭발 위험성이 있다.
④ 가연성의 고체 미분이 공기 중에 부유 시 분진폭발의 위험성이 있다.

[해설] ⑦ 일산화탄소(CO)는 가연성가스이므로 공기가 공존하여 폭발범위 내에 존재하면 폭발 위험성이 있다.
④ 일산화탄소의 공기 중 폭발범위: 12.5~74%

48. LPG 공급방식에서 강제기화 방식의 특징이 아닌 것은?

① 기화량을 가감할 수 있다.
② 설치면적이 작아도 된다.
③ 한랭 시 연속적인 가스공급이 어렵다.
④ 공급 가스의 조성을 일정하게 유지할 수 있다.

[해설] 강제기화기 사용 시 특징(장점)
⑦ 한랭 시에도 연속적으로 가스공급이 가능하다.
④ 공급가스의 조성이 일정하다.
④ 설치면적이 적어진다.
④ 기화량을 가감할 수 있다.
⑨ 설비비 및 인건비가 절약된다.

49. 최대지름이 10 m인 가연성가스 저장탱크 2기가 상호 인접하여 있을 때 탱크 간에 유지하여야 할 거리는?

① 1 m   ② 2 m   ③ 5 m   ④ 10 m

[해설] 저장탱크 상호간 유지거리
⑦ 지하 매설: 1 m 이상
④ 지상 설치: 두 저장탱크 최대지름을 합산한 길이의 4분의 1 이상에 해당하는 거리 (4분의 1이 1 m 미만인 경우 1 m 이상의 거리)

$$\therefore L = \frac{D_1 + D_2}{4} = \frac{10 + 10}{4} = 5\,\text{m}$$

50. 탄소강에서 생기는 취성(메짐)의 종류가 아닌 것은?

① 적열취성   ② 풀림취성
③ 청열취성   ④ 상온취성

[해설] 탄소강에 생기는 취성(메짐)의 종류
⑦ 상온취성: 인(P)을 많이 함유한 탄소강이 상온에서 인성이 낮아지는 현상으로 냉간 가공 시 균열이 발생한다. 인(P)이 철(Fe)과 결합하여 생성된 인화철(Fe_3P)이 철의 내부 결정입계에 잘 붙어있지 못하고 밀어내면서 철의 결합력을 약화시켜 나타난다.
④ 적열취성: 황(S) 성분이 많이 함유된 강이 고온(약 950℃ 정도)에서 취성이 발생되는 현상으로 망간(Mn)은 황과 화합하여 황화망간(MnS)을 만들어 적열메짐의 원인이 되는 황화철(FeS)의 생성을 방해한다.
④ 청열취성(靑熱脆性): 탄소강을 고온에서 인장시험을 할 때 210~360℃에서 인장강도가 최대로 되고 연신율이 최소가 되어 취성을 일으키는 현상으로, 이 온도에서 철강재가 산화하여 청색을 나타나게 되어 청열이라 한다.
④ 고온취성: 구리(Cu)의 함유량이 0.2% 이상이 되면 고온에서 현저하게 여리게 되는 현상이 나타난다.

정답 47. ② 48. ③ 49. ③ 50. ②

참고 뜨임취성 : A387 Gr22 강 등을 Annealing 하거나 900℃ 전후로 Tempering 하는 과정에서 충격값이 현저히 저하되는 현상으로 Mn, Cr, Ni 등을 품고 있는 합금계의 용접금속에서 C, N, O 등이 입계에 편석함으로써 입계가 취약해지기 때문에 주로 발생한다.

51. LPG와 나프타를 원료로 한 대체천연가스 (SNG) 프로세스의 공정에 속하지 않는 것은?
① 수소화탈황 공정
② 저온수증기개질 공정
③ 열분해 공정
④ 메탄합성 공정

해설 ㉮ 합성천연가스 공정(substitute natural process) : 수분, 산소, 수소를 원료 탄화수소와 반응시켜, 수증기 개질, 부분연소, 수첨분해 등에 의해 가스화 하고 메탄합성, 탈탄산, 탈황 등의 공정과 병용해서 천연가스의 성상과 거의 일치하게끔 가스를 제조하는 공정으로 제조된 가스를 합성천연가스 또는 대체천연가스(SNG)라 한다.
㉯ 메탄합성 공정 설비 종류 : 가열기, 탈황장치, 나프타 과열장치, 반응기, 수첨 분해탑, 메탄합성탑, 탈탄산탑 등

52. LP가스 1단 감압식 저압 조정기의 입구 압력은?
① 0.025~0.35 MPa ② 0.025~1.56 MPa
③ 0.07~0.35 MPa   ④ 0.07~1.56 MPa

해설 일반용 LPG 1단 감압식 저압 조정기 압력

구분		압력범위
입구압력		0.07~1.56 MPa
조정압력		2.3~3.30 kPa
내압시험 압력	입구 쪽	3 MPa 이상
	출구 쪽	0.3 MPa 이상
기밀시험 압력	입구 쪽	1.56 MPa 이상
	출구 쪽	5.5 kPa
최대 폐쇄압력		3.5 kPa 이하

53. 토양의 금속부식을 확인하기 위해 시험편을 이용하여 실험하였다. 이에 대한 설명으로 틀린 것은?
① 전기저항이 낮은 토양 중의 부식속도는 빠르다.
② 배수가 불량한 점토 중의 부식속도는 빠르다.
③ 염기성 세균이 번식하는 토양 중의 부식속도는 빠르다.
④ 통기성이 좋은 토양에서 부식속도는 점차 빨라진다.

해설 통기성이 좋은 토양에서 부식속도는 습기가 많은 토양에서의 부식속도보다 느리다.

54. 가스배관의 접합 시공방법 중 원칙적으로 규정된 접합 시공방법은?
① 기계적 접합   ② 나사 접합
③ 플랜지 접합   ④ 용접 접합

해설 가스배관 접합은 원칙적으로 용접으로 한다. 다만, 용접하기 부적당할 때에는 안전상 필요한 강도를 가지는 플랜지 접합으로 갈음할 수 있다.

55. 탱크로리에서 저장탱크로 LP가스를 압축기에 의한 이송하는 방법의 특징으로 틀린 것은?
① 펌프에 비해 이송시간이 짧다.
② 잔가스 회수가 용이하다.
③ 균압관을 설치해야 한다.
④ 저온에서 부탄이 재액화될 우려가 있다.

해설 압축기에 의한 이송방법의 특징
㉮ 펌프에 비해 이송시간이 짧다.
㉯ 잔가스 회수가 가능하다.
㉰ 베이퍼 로크 현상이 없다.
㉱ 부탄의 경우 재액화 현상이 일어난다.
㉲ 압축기 오일이 유입되어 드레인의 원인이 된다.
※ 균압관을 설치해야 하는 것은 액펌프에 의한 이송방법에 해당된다.

정답 51. ③ 52. ④ 53. ④ 54. ④ 55. ③

56. 아세틸렌(C_2H_2)에 대한 설명으로 틀린 것은?
① 동과 직접 접촉하여 폭발성의 아세틸라이드를 만든다.
② 비점과 융점이 비슷하여 고체 아세틸렌은 융해한다.
③ 아세틸렌가스의 충전제로 규조토, 목탄 등의 다공성 물질을 사용한다.
④ 흡열 화합물이므로 압축하면 분해폭발할 수 있다.

[해설] 비점(-75℃)과 융점(-84℃)이 비슷하여 고체 아세틸렌은 융해하지 않고 승화한다.

57. LPG 기화장치 중 열교환기에 LPG를 송입하여 여기에서 기화된 가스를 LPG용 조정기에 의하여 감압하는 방식은?
① 가온 감압방식 ② 자연 기화방식
③ 감압 가온방식 ④ 대기온 이온방식

[해설] 작동원리에 따른 기화장치 분류
㉮ 가온 감압방식 : 열교환기에 액체 상태의 LPG를 송입하여 여기에서 기화된 가스를 조정기에 의하여 감압하여 공급하는 방식이다.
㉯ 감압 가열방식 : 액체 상태의 LPG를 액체 조정기에 의하여 감압하여 열교환기에 송입하여 여기에서 기화된 가스를 사용처로 공급하는 방식이다.

58. 수소에 대한 설명으로 틀린 것은?
① 압축가스로 취급된다.
② 충전구의 나사는 왼나사이다.
③ 용접용기에 충전하여 사용한다.
④ 용기의 도색은 주황색이다.

[해설] 수소는 압축가스 상태로 취급되므로 용기에 충전할 때에는 이음매없는 용기에 충전하여 사용한다.

59. 기포펌프로서 유량이 0.5 m³/min인 물을 흡수면보다 50 m 높은 곳으로 양수하고자 한다. 축동력이 15 PS 소요되었다고 할 때 펌프의 효율은 약 몇 %인가?
① 32 ② 37
③ 42 ④ 47

[해설] $PS = \dfrac{\gamma \cdot Q \cdot H}{75\eta}$ 에서

$\therefore \eta = \dfrac{\gamma \cdot Q \cdot H}{75 PS} \times 100$

$= \dfrac{1000 \times 0.5 \times 50}{75 \times 15 \times 60} \times 100 = 37.037 \%$

60. 어떤 연소기구에 접속된 고무관이 노후화되어 0.6 mm의 구멍이 뚫려 280 mmH₂O의 압력으로 LP가스가 5시간 누출되었을 경우 가스 분출량은 약 몇 L인가? (단, LP가스의 비중은 1.7이다.)
① 52 ② 104
③ 208 ④ 416

[해설] 노즐에서 분출되는 가스량(Q)의 단위는 m³/h이므로 누출된 5시간과 분출량 m³를 L로 환산하기 위해 1000을 곱한다.

$\therefore Q = 0.009 D^2 \sqrt{\dfrac{P}{d}}$

$= \left(0.009 \times 0.6^2 \times \sqrt{\dfrac{280}{1.7}}\right) \times 5 \times 1000$

$= 207.907 L$

제 4 과목 가스안전관리

61. 가스사고를 원인별로 분류했을 때 가장 많은 비율을 차지하는 사고 원인은?
① 제품 노후(고장)
② 시설 미비
③ 고의 사고
④ 사용자 취급 부주의

[정답] 56. ② 57. ① 58. ③ 59. ② 60. ③ 61. ④

[해설] 가스사고의 가장 많은 비율을 차지하는 것
㉮ 원인별로 구분했을 때 : 사용자 취급 부주의
㉯ 사용처별로 구분했을 때 : 주택

62. 산업재해 발생 및 그 위험요인에 대하여 짝지어진 것 중 틀린 것은?
① 화재, 폭발-가연성, 폭발성 물질
② 중독-독성가스, 유독물질
③ 난청-누전, 배선불량
④ 화상, 동상-고온, 저온물질

[해설] 난청의 위험요인은 소음이고 누전, 배선 불량은 전기화재의 위험요인이 된다.

63. 고압가스용 안전밸브 중 공칭 밸브의 크기가 80 A일 때 최소 내압시험 유지시간은?
① 60초   ② 180초
③ 300초   ④ 540초

[해설] 고압가스용 안전밸브 내압시험 시간

공칭 밸브 크기	최소 시험 유지 시간
50 A 이하	15초
65 A 이상 200 A 이하	60초
250 A 이상	180초

[비고] 공기 또는 기체로 내압시험을 하는 경우에도 같다.

64. 고압가스용 저장탱크 및 압력용기(설계압력 20.6 MPa 이하) 제조에 대한 내압시험압력 계산식 $\left\{P_t = \mu P\left(\dfrac{\sigma_t}{\sigma_d}\right)\right\}$에서 계수 μ의 값은?
① 설계압력의 1.25배
② 설계압력의 1.3배
③ 설계압력의 1.5배
④ 설계압력의 2.0배

[해설] 압력용기 등의 설계압력 범위에 따른 μ의 값

설계압력 범위	μ
20.6 MPa 이하	1.3
20.6 MPa 초과 98 MPa 이하	1.25
98 MPa 초과	$1.1 \leq \mu \leq 1.25$의 범위에서 사용자와 제조자가 합의하여 결정한다.

65. 차량에 고정된 탱크의 안전운행기준으로 운행을 완료하고 점검하여야 할 사항이 아닌 것은?
① 밸브의 이완상태
② 부속품 등의 볼트 연결상태
③ 자동차 운행등록허가증 확인
④ 경계표지 및 휴대품 등의 손상유무

[해설] 운행 종료 시 조치사항(점검사항)
㉮ 밸브 등의 이완이 없도록 한다.
㉯ 경계표지와 휴대품 등의 손상이 없도록 한다.
㉰ 부속품 등의 볼트 연결상태가 양호하도록 한다.
㉱ 높이 검지봉과 부속배관 등이 적절히 부착되어 있도록 한다.
㉲ 가스의 누출 등의 이상유무를 점검하고, 이상이 있을 때에는 보수를 하거나 그 밖에 위험을 방지하기 위한 조치를 한다.

66. 고압가스를 차량에 적재·운반할 때 몇 km 이상의 거리를 운행하는 경우에 중간에 충분한 휴식을 취한 후 운행하여야 하는가?
① 100   ② 200   ③ 300   ④ 400

[해설] 운행 중 조치사항 : 고압가스를 차량에 적재·운반할 때 200 km 이상의 거리를 운행하는 경우에는 중간에 충분한 휴식을 취하도록 하고 운행시킨다.

67. 다음 [보기]에서 임계온도가 0℃에서 40℃ 사이인 것으로만 나열된 것은?

정답 62. ③ 63. ① 64. ② 65. ③ 66. ② 67. ③

〈보기〉
㉠ 산소   ㉡ 이산화탄소
㉢ 프로판   ㉣ 에틸렌

① ㉠, ㉡   ② ㉡, ㉢
③ ㉡, ㉣   ④ ㉢, ㉣

[해설] 각 가스의 임계온도 및 임계압력

명칭	임계온도	임계압력
산소(O_2)	-118.4℃	50.1 atm
이산화탄소(CO_2)	31.0℃	72.9 atm
프로판(C_3H_8)	96.7℃	41.9 atm
에틸렌(C_2H_4)	9.9℃	50.5 atm

68. 독성가스 냉매를 사용하는 압축기 설치장소에는 냉매누출 시 체류하지 않도록 환기구를 설치하여야 한다. 냉동능력 1 ton당 환기구 설치면적 기준은?

① 0.05 m^2 이상   ② 0.1 m^2 이상
③ 0.15 m^2 이상   ④ 0.2 m^2 이상

[해설] 냉동제조 시설의 통풍구조 기준
㉮ 통풍구 : 냉동능력 1톤당 0.05 m^2 이상의 면적
㉯ 기계 통풍장치 : 냉동능력 1톤당 2 m^3/분 이상

69. 시안화수소의 안전성에 대한 설명으로 틀린 것은?

① 순도 98 % 이상으로서 착색된 것은 60일을 경과할 수 있다.
② 안정제로는 아황산, 황산 등을 사용한다.
③ 맹독성가스이므로 흡수장치나 재해방지장치를 설치한다.
④ 1일 1회 이상 질산구리벤젠지로 누출을 검지한다.

[해설] 시안화수소를 충전한 용기는 충전 후 24시간 정치하고, 그 후 1일 1회 이상 질산구리벤젠 등의 시험지로 가스의 누출검사를 하며, 용기에 충전 연월일을 명기한 표지를 붙이고, 충전한 후 60일이 경과되기 전에 다른 용기에 옮겨 충전한다. 다만, 순도가 98 % 이상으로서 착색되지 아니한 것은 다른 용기에 옮겨 충전하지 아니할 수 있다.

70. 고압가스 제조설비의 기밀시험이나 시운전 시 가압용 고압가스로 부적당한 것은?

① 질소   ② 아르곤
③ 공기   ④ 수소

[해설] ㉮ 고압가스 설비와 배관의 기밀시험은 원칙적으로 공기 또는 위험성이 없는 기체의 압력으로 실시한다.
㉯ 수소는 가연성가스에 해당되므로 기밀시험용으로 사용할 수 없다.

71. 도시가스 사용시설에 설치되는 정압기의 분해 점검 주기는?

① 6개월에 1회 이상
② 1년에 1회 이상
③ 2년에 1회 이상
④ 설치 후 3년까지는 1회 이상, 그 이후에는 4년에 1회 이상

[해설] 분해 점검 주기
㉮ 정압기 : 2년에 1회 이상
㉯ 정압기 필터 : 최초 가스공급 개시 후 1월 이내 및 1년에 1회 이상
㉰ 사용시설의 정압기 및 필터 : 설치 후 3년까지는 1회 이상, 그 이후에는 4년에 1회 이상

72. 차량에 고정된 후부 취출식 저장탱크에 의하여 고압가스를 이송하려 한다. 저장탱크 주밸브 및 긴급차단장치에 속하는 밸브와 차량의 뒷범퍼와의 수평거리가 몇 cm 이상 떨어지도록 차량에 고정시켜야 하는가?

① 20   ② 30
③ 40   ④ 60

[해설] 뒷범퍼와의 수평거리
㉮ 후부 취출식 탱크 : 40 cm 이상

정답 68. ① 69. ① 70. ④ 71. ④ 72. ③

㉯ 후부 취출식 탱크 외 : 30 cm 이상
㉰ 조작상자 : 20 cm 이상

73. 일반 도시가스사업 제조소에서 도시가스 지하매설 배관에 사용되는 폴리에틸렌관의 최고 사용압력은?

① 0.1 MPa 이하
② 0.4 MPa 이하
③ 1 MPa 이하
④ 4 MPa 이하

[해설] 지하에 매설하는 배관(관 이음매 및 부분적으로 노출되는 배관을 포함한다)의 재료는 폴리에틸렌 피복강관 또는 동등 이상의 기계적 성질 및 화학적 성분을 가지는 것으로 한다. 다만, 최고 사용압력이 0.4 MPa 이하인 배관으로서 지하에 매설하는 경우에는 PE배관(폴리에틸렌관) 또는 동등 이상의 기계적 성질 및 화학적 성분을 가진 제품을 사용할 수 있다.

74. 아세틸렌을 용기에 충전한 후 압력이 몇 ℃에서 몇 MPa 이하가 되도록 정치하여야 하는가?

① 15℃에서 2.5 MPa
② 35℃에서 2.5 MPa
③ 15℃에서 1.5 MPa
④ 35℃에서 1.5 MPa

[해설] 아세틸렌 압력
㉮ 충전 중의 압력 : 온도에 관계없이 2.5 MPa 이하
㉯ 충전 후의 압력 : 15℃에서 1.5 MPa 이하

75. 다음 특정 설비 중 재검사 대상에 해당하는 것은?

① 평저형 저온 저장탱크
② 대기식 기화장치
③ 저장탱크에 부착된 안전밸브
④ 고압가스용 실린더 캐비닛

[해설] 재검사 대상에서 제외되는 특정 설비
㉮ 평저형 및 이중각형 진공 단열형 저온 저장탱크

㉯ 역화방지장치
㉰ 독성가스배관용 밸브
㉱ 자동차용 가스 자동주입기
㉲ 냉동용 특정 설비
㉳ 초저온가스용 대기식 기화장치
㉴ 저장탱크 또는 차량에 고정된 탱크에 부착되지 아니한 안전밸브 및 긴급차단밸브
㉵ 저장탱크 및 압력용기 중 다음에서 정한 것
 ㉠ 초저온 저장탱크
 ㉡ 초저온 압력용기
 ㉢ 분리할 수 없는 이중관식 열교환기
 ㉣ 그 밖에 산업통상자원부장관이 재검사를 실시하는 것이 현저히 곤란하다고 인정하는 저장탱크 또는 압력용기
㉶ 특정 고압가스용 실린더 캐비닛
㉷ 자동차용 압축천연가스 완속충전설비
㉸ 액화석유가스용 용기잔류가스 회수장치

※ 재검사 대상에서 제외되는 특정 설비 외는 재검사 대상에 해당된다.

76. 가스 저장탱크 상호 간에 유지하여야 하는 최소한의 거리는?

① 60 cm
② 1 m
③ 2 m
④ 3 m

[해설] 저장탱크간 거리 : 저장탱크와 다른 저장탱크와 사이에는 두 저장탱크의 최대지름을 합산한 길이의 4분의 1 이상에 해당하는 거리(두 저장탱크의 최대지름을 합산한 길이의 4분의 1이 1m 미만인 경우에는 1m 이상의 거리)를 유지한다.

※ 두 저장탱크간 유지해야 할 거리를 계산하는 문제는 49번을 참고한다.

77. 도시가스시설에서 가스사고가 발생한 경우 사고의 종류별 통보방법과 통보기한의 기준으로 틀린 것은?

① 사람이 사망한 사고 : 속보(즉시), 상보(사고발생 후 20일 이내)
② 사람이 부상당하거나 중독된 사고 : 속보(즉시), 상보(사고발생 후 15일 이내)

[정답] 73. ② 74. ③ 75. ③ 76. ② 77. ②

③ 가스누출에 의한 폭발 또는 화재사고(사람이 사망·부상·중독된 사고 제외) : 속보(즉시)
④ LNG 인수기지의 LNG 저장탱크에서 가스가 누출된 사고(사람이 사망·부상·중독되거나 폭발·화재 사고 등 제외) : 속보(즉시)

해설 사고의 통보방법 등 : 도법 시행규칙 별표17
(1) 사고의 종류별 통보방법과 통보기한

사고의 종류	통보기한	
	속보	상보
사람이 사망한 사고	즉시	사고발생 후 20일 이내
사람이 부상당하거나 중독된 사고	즉시	사고발생 후 10일 이내
도시가스 누출로 인한 폭발이나 화재사고	즉시	-
가스시설이 손괴되거나 도시가스 누출로 인하여 인명 대피나 공급중단이 발생한 사고	즉시	-
도시가스제조사업소의 액화천연가스용 저장탱크에서 도시가스 누출의 범위, 도시가스 누출 여부 판단방법 등에 관하여 산업통상자원부장관이 정하여 고시하는 기준에 해당하는 도시가스 누출이 발생한 사고	즉시	-

(2) 통보 내용에 포함되어야 할 사항 : 속보인 경우에는 ㉮항 및 ㉯항의 내용을 생략할 수 있다.
  ㉮ 통보자의 소속·직위·성명 및 연락처
  ㉯ 사고발생 일시
  ㉰ 사고발생 장소
  ㉱ 사고 내용
  ㉲ 시설 현황
  ㉳ 피해 현황(인명 및 재산)

78. 지상에 설치하는 저장탱크 주위에 방류둑을 설치하지 않아도 되는 경우는?
① 저장능력 10톤의 염소탱크
② 저장능력 2000톤의 액화산소탱크
③ 저장능력 1000톤의 부탄탱크
④ 저장능력 5000톤의 액화질소탱크

해설 저장능력별 방류둑 설치 대상
(1) 고압가스 특정 제조
  ㉮ 가연성가스 : 500톤 이상
  ㉯ 독성가스 : 5톤 이상
  ㉰ 액화산소 : 1000톤 이상
(2) 고압가스 일반 제조
  ㉮ 가연성, 액화산소 : 1000톤 이상
  ㉯ 독성가스 : 5톤 이상
(3) 냉동 제조시설(독성가스 냉매 사용) : 수액기 내용적 10000 L 이상
(4) 액화석유가스 충전사업 : 1000톤 이상
(5) 도시가스
  ㉮ 도시가스 도매사업 : 500톤 이상
  ㉯ 일반도시가스 사업 : 1000톤 이상
※ 질소와 같은 비가연성, 비독성 액화가스는 방류둑 설치대상에서 제외된다.

79. 가스누출경보 및 자동차단장치의 기능에 대한 설명으로 틀린 것은?
① 독성가스의 경보농도는 TLV-TWA 기준 농도 이하로 한다.
② 경보농도 설정치는 독성가스용에서는 ±30 % 이하로 한다.
③ 가연성가스 경보기는 모든 가스에 감응하는 구조로 한다.
④ 검지에서 발신까지 걸리는 시간은 경보농도의 1.6배 농도에서 보통 30초 이내로 한다.

해설 가연성가스 경보기는 가연성가스에 감응하는 구조로 한다.

80. 가스안전성 평가기준에서 정한 정량적인 위험성 평가기법이 아닌 것은?
① 결함수 분석
② 위험과 운전 분석
③ 작업자 실수 분석

④ 원인-결과 분석

해설 안전성 평가 기법
㉮ 정성적 평가 기법 : 체크리스트(checklist) 기법, 사고예상 질문 분석(WHAT-IF) 기법, 위험과 운전 분석(HAZOP) 기법
㉯ 정량적 평가 기법 : 작업자 실수 분석(HEA) 기법, 결함수 분석(FTA) 기법, 사건수 분석(ETA) 기법, 원인-결과 분석(CCA) 기법
㉰ 기타 : 상대 위험순위 결정 기법, 이상 위험도 분석

제 5 과목 가스계측기기

81. 1차 지연형 계측기의 스텝 응답에서 전변화의 80%까지 변화하는 데 걸리는 시간은 시정수의 얼마인가?
① 0.8배
② 1.6배
③ 2.0배
④ 2.8배

해설 $Y = 1 - e^{-\frac{t}{T}}$ 을 정리하면
$1 - Y = e^{-\frac{t}{T}}$ 가 되며, 양변에 ln을 곱하면
$\ln(1-Y) = -\frac{t}{T}$ 이다.
$\therefore \frac{t}{T} = -\ln(1-Y)$
$= -\ln(1-0.8) = 1.609$ 배
여기서, Y : 스텝 응답
t : 변화시간(초)
T : 시정수

82. 다음 중 가스미터의 특징에 대한 설명으로 옳은 것은?
① 막식 가스미터는 비교적 값이 싸고 용량에 비하여 설치면적이 작은 장점이 있다.
② 루트미터는 대유량의 가스측정에 적합하며 설치면적이 작고 대수용가에 사용한다.
③ 습식 가스미터는 사용 중에 기차의 변동이 큰 단점이 있다.
④ 습식 가스미터는 계량이 정확하고 설치면적이 작은 장점이 있다.

해설 각 항목의 옳은 설명
① 막식 가스미터는 비교적 값이 저렴한 장점과 용량에 비하여 설치면적이 크게 요구되는 단점이 있다.
③ 습식 가스미터는 사용 중에 기차의 변동이 적은 장점이 있다.
④ 습식 가스미터는 계량이 정확한 장점과 설치면적이 크게 요구되는 단점이 있다.

83. 오프셋을 제거하고 리셋시간도 단축되는 제어방식으로서 쓸모없는 시간이나 전달 느림이 있는 경우에도 사이클링을 일으키지 않아 넓은 범위의 특성 프로세스에 적용할 수 있는 제어는?
① 비례적분미분 제어기
② 비례미분 제어기
③ 비례적분 제어기
④ 비례 제어기

해설 비례적분미분(PID) 동작의 특징
㉮ 조절효과가 좋고 조절속도가 빨라 널리 이용된다.
㉯ 반응속도가 느리거나 빠름, 쓸모없는 시간이나 전달 느림이 있는 경우에 적용된다.
㉰ 제어계의 난이도가 큰 경우에 적합한 제어동작이다.

84. 제어량의 응답에 계단변화가 도입된 후에 얻게 될 궁극적인 값을 얼마나 초과하게 되는가를 나타내는 척도를 무엇이라 하는가?
① 상승시간(rise time)
② 응답시간(response time)
③ 오버슈트(over shoot)
④ 진동주기(period of oscillation)

해설 오버슈트(over shoot) : 동작간격으로부터 벗어나 초과되는 오차를 말하며, 반대로 나타나는 오차를 언더슈트(under shoot)라 한다.

정답 81. ② 82. ② 83. ① 84. ③

85. 막식 가스미터의 부동현상에 대한 설명으로 가장 옳은 것은?
① 가스가 미터를 통과하지만 지침이 움직이지 않는 고장
② 가스가 미터를 통과하지 못하는 고장
③ 가스가 누출되고 있는 고장
④ 가스가 통과될 때 미터가 이상음을 내는 고장

해설 막식 가스미터의 부동(不動) : 가스는 계량기를 통과하나 지침이 작동하지 않는 고장으로 계량막의 파손, 밸브의 탈락, 밸브와 밸브시트 사이에서의 누설, 지시장치 기어 불량 등이 원인이다.

86. 다음 열전대 중 사용온도 범위가 가장 좁은 것은?
① PR   ② CA
③ IC   ④ CC

해설 열전대 온도계의 종류 및 측정온도

열전대 종류	측정온도 범위
R형(백금-백금로듐 : PR)	0~1600℃
K형(크로멜-알루멜 : CA)	-20~1200℃
J형(철-콘스탄탄 : IC)	-20~800℃
T형(동-콘스탄탄 : CC)	-200~350℃

87. 캐리어 가스의 유량이 60 mL/min이고, 기록지의 속도가 3 cm/min일 때 어떤 성분 시료를 주입하였더니 주입점에서 성분피크까지의 길이가 15 cm이었다. 지속 용량은 약 몇 mL인가?
① 100   ② 200
③ 300   ④ 400

해설 지속 용량 = $\dfrac{\text{유량} \times \text{피크길이}}{\text{기록지 속도}}$
$= \dfrac{60 \times 15}{3} = 300 \text{ mL}$

88. 전기 저항식 습도계와 저항 온도계식 건습구 습도계의 공통적인 특징으로 가장 옳은 것은?
① 정도가 좋다.
② 물이 필요하다.
③ 고습도에서 장기간 방치가 가능하다.
④ 연속기록, 원격측정, 자동제어에 이용된다.

해설 (1) 전기 저항식 습도계의 특징
㉮ 저온도의 측정이 가능하고 응답이 빠르다.
㉯ 상대습도 측정이 가능하다.
㉰ 연속기록, 원격측정, 자동제어에 이용된다.
㉱ 감도가 크다.
㉲ 전기 저항의 변화가 쉽게 측정된다.
㉳ 고습도 중에 장시간 방치하면 감습막(感濕膜)이 유동한다.
㉴ 다소의 경년 변화가 있어 온도계수가 비교적 크다.
(2) 저항 온도계식 건습구 습도계
㉮ 조절기와 접속이 용이하다.
㉯ 상대습도를 바로 나타낸다.
㉰ 연속기록, 원격측정, 자동제어에 이용된다.
㉱ 저습도의 측정이 곤란하다.
㉲ 물이 필요하다.
㉳ 정도가 좋지 못하다.

89. 적외선 분광분석법에 대한 설명으로 틀린 것은?
① 적외선을 흡수하기 위해서는 쌍극자 모멘트의 알짜변화를 일으켜야 한다.
② 고체, 액체, 기체상의 시료를 모두 측정할 수 있다.
③ 열 검출기와 광자 검출기가 주로 사용된다.
④ 적외선 분광기기로 사용되는 물질은 적외선에 잘 흡수되는 석영을 주로 사용한다.

정답 85. ① 86. ④ 87. ③ 88. ④ 89. ④

해설 적외선 분광 분석법의 특징
㉮ 분자의 진동 중 쌍극자 모멘트의 알짜변화를 일으킬 진동에 의하여 적외선의 흡수가 일어나는 것을 이용한 것이다.
㉯ 기기로서는 적외선 분광 광도계가 사용되며 파장 2.5~15μ에서의 흡수 스펙트럼을 얻는다.
㉰ 적외선 흡수 스펙트럼은 화합물 특유의 흡수를 표시하므로 정성분석과 정량분석에 이용할 수 있다.
㉱ He, Ne, Ar 등 단원자 분자 및 H_2, O_2, N_2, Cl_2 등 대칭 2원자 분자는 적외선을 흡수하지 않으므로 분석할 수 없다.
㉲ 가스 시료의 분석에서는 기체셀에 사용되며 미량 성분의 분석에는 셀(cell) 내에서 다중 반사되는 장광로 기체셀이 사용된다.
㉳ 셀압력에 의하여 흡광계수가 변하므로 이 것을 막기 위하여 전체 압력을 일정하게 유지할 필요가 있다.

90. 연료 가스의 헴펠식(Hempel) 분석 방법에 대한 설명으로 틀린 것은?

① 중탄화수소, 산소, 일산화탄소, 이산화탄소 등의 성분을 분석한다.
② 흡수법과 연소법을 조합한 분석 방법이다.
③ 흡수 순서는 일산화탄소, 이산화탄소, 중탄화수소, 산소의 순이다.
④ 질소성분은 흡수되지 않은 나머지로 각 성분의 용량 %의 합을 100에서 뺀 값이다.

해설 헴펠식(Hempel) 분석 순서 및 흡수제

순서	분석 가스	흡수제
1	CO_2	KOH 30% 수용액
2	C_mH_n	발연황산
3	O_2	피로갈롤 용액
4	CO	암모니아성 염화제1구리 용액

91. 액주형 압력계 사용 시 유의해야 할 사항이 아닌 것은?

① 액체의 점도가 클 것
② 경계면이 명확한 액체일 것
③ 온도에 따른 액체의 밀도변화가 적을 것
④ 모세관 현상에 의한 액주의 변화가 없을 것

해설 액주식 액체의 구비조건
㉮ 점성이 적을 것
㉯ 열팽창계수가 작을 것
㉰ 항상 액면은 수평을 만들 것
㉱ 온도에 따라 밀도변화가 적을 것
㉲ 증기에 대한 밀도변화가 적을 것
㉳ 모세관 현상 및 표면장력이 작을 것
㉴ 화학적으로 안정할 것
㉵ 휘발성 및 흡수성이 적을 것
㉶ 액주의 높이를 정확히 읽을 수 있을 것

92. 습식 가스미터의 특징에 대한 설명으로 틀린 것은?

① 계량이 정확하다.
② 설치공간이 크게 요구된다.
③ 사용 중에 기차(器差)의 변동이 크다.
④ 사용 중에 수위조정 등의 관리가 필요하다.

해설 습식 가스미터의 특징
㉮ 계량이 정확하다.
㉯ 사용 중에 오차(또는 기차)의 변동이 적다.
㉰ 사용 중에 수위조정 등의 관리가 필요하다.
㉱ 설치면적이 크다.
㉲ 용도는 기준용, 실험실용에 사용한다.

93. 마이크로파식 레벨측정기의 특징에 대한 설명 중 틀린 것은?

① 초음파식보다 정도(精度)가 낮다.
② 진공용기에서의 측정이 가능하다.
③ 측정면에 비접촉으로 측정할 수 있다.
④ 고온, 고압의 환경에서도 사용이 가능하다.

해설 마이크로파식 레벨측정기 : 전파속도가 약 30만km/s 정도인 마이크로파를 안테나를 통해 송신하고 측정 대상면에서 반사되어 되돌아오는 것을 수신하여 시간을 구해 레벨을 측정하는 것으로 초음파식보다 정도가 높다.

정답 90. ③ 91. ① 92. ③ 93. ①

94. 채취된 가스를 분석기 내부의 성분 흡수제에 흡수시켜 체적변화를 측정하는 가스 분석 방법은?
① 오르사트 분석법
② 적외선 흡수법
③ 불꽃이온화 분석법
④ 화학발광 분석법

[해설] 흡수 분석법 : 채취된 가스를 분석기 내부의 성분 흡수제에 흡수시켜 체적변화를 측정하는 방식으로 오르사트(Orsat)법, 헴펠(Hempel)법, 게겔(Gockel)법 등이 있다.

95. 독성가스나 가연성 가스 저장소에서 가스 누출로 인한 폭발 및 가스중독을 방지하기 위하여 현장에서 누출여부를 확인하는 방법으로 가장 거리가 먼 것은?
① 검지관법
② 시험지법
③ 가연성가스 검출 기법
④ 기체 크로마토그래피법

[해설] 현장에서 누출여부를 확인하는 방법 : 검지관법, 시험지법, 가연성가스 검출 기법

96. 다음 중 간접 계측 방법에 해당되는 것은?
① 압력을 분동식 압력계로 측정
② 질량을 천칭으로 측정
③ 길이를 줄자로 측정
④ 압력을 부르동관 압력계로 측정

[해설] 측정(계측) 방법
㉮ 직접 계측 : 측정하고자 하는 양을 직접 접촉시켜 그 크기를 구하는 방법으로 길이를 줄자로 측정, 질량을 천칭으로 측정, 압력을 분동식 압력계로 측정하는 것 등이 해당된다.
㉯ 간접 계측 : 측정량과 일정한 관계가 있는 몇 개의 양을 측정하고 이로부터 계산 등에 의하여 측정값을 유도해 내는 경우로 압력을 부르동관 압력계로 측정, 유량을 차압식 유량계로 측정, 온도를 비접촉식 온도계로 측정하는 것 등이 해당된다.

97. 기체 크로마토그래피의 주된 측정원리는?
① 흡착
② 증류
③ 추출
④ 결정화

[해설] 기체 크로마토그래피 측정원리 : 운반기체 (carrier gas)의 유량을 조절하면서 측정하여야 할 시료기체를 도입부를 통하여 공급하면 운반기체와 시료기체가 분리관을 통과하는 동안 분리되어 시료의 각 성분 흡수력의 차이(시료의 확산속도, 이동속도)에 따라 성분의 분리가 일어나고 시료의 각 성분이 검출기에서 측정된다.

98. 다음 압력계 중 압력 측정범위가 가장 큰 것은?
① U자형 압력계
② 링밸런스식 압력계
③ 부르동관 압력계
④ 분동식 압력계

[해설] (1) 각 압력계의 측정범위

명칭	측정범위
U자형 압력계	100~200 mmH$_2$O (0.01~0.02 kgf/cm^2)
링밸런스식 압력계	20~3000 mmH$_2$O (0.002~0.3 kgf/cm^2)
부르동관 압력계	3000 kgf/cm^2
분동식 압력계	5000 kgf/cm^2

(2) 사용유체에 따른 분동식 압력계의 측정범위
㉮ 경유 : 40~100 kgf/cm^2
㉯ 스핀들유, 피마자유 : 100~1000 kgf/cm^2
㉰ 모빌유 : 3000 kgf/cm^2 이상
㉱ 점도가 큰 오일을 사용할 경우에는 5000 kgf/cm^{2}까지도 측정이 가능하다.

정답 94. ① 95. ④ 96. ④ 97. ① 98. ④

99. 다음 중 1차 압력계는?

① 부르동관 압력계
② U자 마노미터
③ 전기 저항 압력계
④ 벨로스 압력계

[해설] 압력계의 구분
㉮ 1차 압력계의 종류 : 액주식(U자관, 단관식, 경사관식, 호루단형, 폐관식), 자유피스톤형
㉯ 2차 압력계 : 탄성식 압력계(부르동관식, 벨로스식, 다이어프램식), 전기식 압력계(전기 저항 압력계, 피에조 압력계, 스트레인 게이지)

100. 차압식 유량계로 유량을 측정하였더니 오리피스 전·후의 차압이 1936 mmH₂O일 때 유량은 22 m³/h이었다. 차압이 1024 mmH₂O이면 유량은 약 몇 m³/h이 되는가?

① 6 ② 12
③ 16 ④ 18

[해설] 차압식 유량계에서 유량은 차압의 평방근(제곱근)에 비례한다.

$$\therefore Q_2 = \sqrt{\frac{\Delta P_2}{\Delta P_1}} \times Q_1$$
$$= \sqrt{\frac{1024}{1936}} \times 22 = 16 \text{ m}^3/\text{h}$$

정답 99. ② 100. ③

2021년도 시행 문제

▶ 2021년 3월 7일 시행

자격종목	코드	시험시간	형별
가스 기사	1471	2시간 30분	A

제1과목 가스유체역학

1. 펌프작용이 단속적이라서 맥동이 일어나기 쉬우므로 이를 완화하기 위하여 공기실을 필요로 하는 펌프는?
① 원심펌프 ② 기어펌프
③ 수격펌프 ④ 왕복펌프

[해설] 왕복펌프의 특징
㉮ 소형으로 고압, 고점도 유체에 적당하다.
㉯ 회전수가 변화되면 토출량은 변화하고 토출압력은 변화가 적다.
㉰ 토출량이 일정하여 정량토출이 가능하고 수송량을 가감할 수 있다.
㉱ 단속적인 송출이라 맥동이 일어나기 쉽고 진동이 있다.
㉲ 고압으로 액의 성질이 변할 수 있고, 밸브의 그랜드패킹이 고장이 많다.
㉳ 진동이 발생하고, 동일 용량의 원심펌프에 비해 크기가 크므로 설치면적이 크다.
※ 작동이 단속적이라 맥동현상이 발생하는 것은 왕복식 펌프만 해당된다.

2. 마찰계수와 마찰저항에 대한 설명으로 옳지 않은 것은?
① 관 마찰계수는 레이놀즈수와 상대조도의 함수로 나타낸다.
② 평판상의 층류 흐름에서 점성에 의한 마찰계수는 레이놀즈수의 제곱근에 비례한다.
③ 원관에서의 층류운동에서 마찰저항은 유체의 점성계수에 비례한다.
④ 원관에서의 완전 난류운동에서 마찰저항은 평균유속의 제곱에 비례한다.

[해설] 층류 흐름에서 점성에 의한 마찰계수 $f = \dfrac{64}{Re} = \dfrac{64\mu}{\rho DV}$ 이므로 레이놀즈수(Re)에 반비례하고, 점성계수(μ)에 비례한다.

3. 2 kgf은 몇 N인가?
① 2 ② 4.9 ③ 9.8 ④ 19.6

[해설] ㉮ 중력가속도(a)는 9.8 m/s^{2}이고,
N(Newton) = kg · m/s^{2}이다.
㉯ 힘 계산
∴ $F = m \times a = 2\,\text{kg} \times 9.8\,\text{m/s}^2$
$= 19.6\,\text{kg} \cdot \text{m/s}^2 = 19.6\,\text{N}$

4. 지름 8 cm인 원관 속을 동점성계수가 1.5×10^{-6} m^2/s인 물이 0.002 m^3/s의 유량으로 흐르고 있다. 이때 레이놀즈수는 약 얼마인가?
① 20000 ② 21221
③ 21731 ④ 22333

[해설] $Re = \dfrac{4Q}{\pi D \nu}$
$= \dfrac{4 \times 0.002}{\pi \times 0.08 \times 1.5 \times 10^{-6}} = 21220.65$

5. 내경이 10 cm인 원관 속을 비중 0.85인 액체가 10 cm/s의 속도로 흐른다. 액체의 점도가 5 cP라면 이 유동의 레이놀즈수는?
① 1400 ② 1700
③ 2100 ④ 2300

정답 1. ④ 2. ② 3. ④ 4. ② 5. ②

[해설] ㉮ 공학단위 밀도 계산 : 액체 비중의 단위는 'kgf/L'이므로 'gf/cm³'로 변환할 수 있고, 중력가속도는 980 cm/s²이다.

$$\therefore \rho = \frac{\gamma}{g} = \frac{0.85}{980} = 8.673 \times 10^{-4}\, \text{gf}\cdot\text{s}^2/\text{cm}^4$$

㉯ 절대단위 밀도(g/cm³)로 계산

$$\therefore \rho = (8.673 \times 10^{-4}) \times 980 = 0.85\, \text{g/cm}^3$$

㉰ 레이놀즈수 계산 : CGS단위로 계산

$$\therefore Re = \frac{\rho DV}{\mu} = \frac{0.85 \times 10 \times 10}{5 \times 10^{-2}} = 1700$$

6. 공기를 이상기체로 가정하였을 때 25℃에서 공기의 음속은 몇 m/s인가? (단, 비열비 $k=1.4$, 기체상수 $R = 29.27\, \text{kgf}\cdot\text{m/kg}\cdot\text{K}$이다.)

① 342   ② 346
③ 425   ④ 456

[해설] $C = \sqrt{kgRT}$
$= \sqrt{1.4 \times 9.8 \times 29.27 \times (273+25)}$
$= 345.936$ m/s

7. 베르누이 방정식에 대한 일반적인 설명으로 옳은 것은?

① 같은 유선상이 아니더라도 언제나 임의의 점에 대하여 적용된다.
② 주로 비정상류 상태의 흐름에 대하여 적용된다.
③ 유체의 마찰 효과를 고려한 식이다.
④ 압력수두, 속도수두, 위치수두의 합은 유선을 따라 일정하다.

[해설] 베르누이 방정식이 적용되는 조건
㉮ 적용되는 임의 두 점은 같은 유선상에 있다.
㉯ 정상 상태의 흐름이다.
㉰ 마찰이 없는 이상유체의 흐름이다.
㉱ 비압축성 유체의 흐름이다.
㉲ 외력은 중력만 작용한다.
㉳ 유체흐름 중 내부에너지 손실이 없는 흐름이다.
㉴ 압력수두, 속도수두, 위치수두의 합은 일정하다.

8. 압축성 유체의 1차원 유동에서 수직충격파 구간을 지나는 기체 성질의 변화로 옳은 것은?

① 속도, 압력, 밀도가 증가한다.
② 속도, 온도, 밀도가 증가한다.
③ 압력, 밀도, 온도가 증가한다.
④ 압력, 밀도, 운동량 플럭스가 증가한다.

[해설] 수직충격파가 발생하면 압력, 온도, 밀도, 엔트로피가 증가하며 속도는 감소한다(속도가 감소하므로 마하수는 감소한다).

9. 동점도의 단위로 옳은 것은?

① m/s²   ② m/s
③ m²/s   ④ m²/kg·s²

[해설] ㉮ 동점도(ν) : 점성계수(μ)를 밀도(ρ)로 나눈 값으로 동점성계수라 한다.

$$\therefore \nu = \frac{\mu}{\rho}$$

㉯ 단위 : cm²/s, m²/s
㉰ 차원 : $L^2 T^{-1}$
㉱ 1 St(stokes) : 1 cm²/s = 10^{-4} m²/s
※ 동점성계수는 SI단위, 공학단위가 같기 때문에 차원도 같다.

10. 다음 중 원심 송풍기가 아닌 것은?

① 프로펠러 송풍기
② 다익 송풍기
③ 레이디얼 송풍기
④ 익형(airfoil) 송풍기

[해설] 원심식 송풍기의 종류
㉮ 터보형 : 후향 날개를 16~24개 정도 설치한 형식으로 익형(airfoil), 터보형 블로워(turbo blower) 등이 있다.
㉯ 다익형 : 전향날개를 많이 설치한 형식으로 실로코(sirocco)형이 있다.
㉰ 레이디얼형 : 방사형 날개를 6~12개 정도 설치한 형식으로 플레이트 팬(plate fan)이 있다.
※ 프로펠러 송풍기는 축류식에 해당된다.

11. 그림과 같이 윗변과 아랫변이 각각 a, b

[정답] 6. ②   7. ④   8. ③   9. ③   10. ①   11. ③

이고 높이가 H인 사다리꼴형 평면 수문이 수로에 수직으로 설치되어 있다. 비중량 γ인 물의 압력에 의해 수문이 받는 전체 힘은?

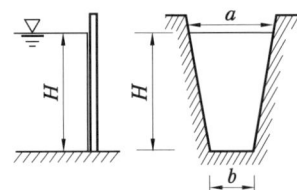

① $\dfrac{\gamma H^2(a-2b)}{6}$ ② $\dfrac{\alpha(a-2b)}{3}$

③ $\dfrac{\gamma H^2(a+2b)}{6}$ ④ $\dfrac{\gamma H^2(a+2b)}{3}$

[해설] $F = \gamma \cdot h_a \cdot A$
$= \gamma \times \left(\dfrac{H}{3} \times \dfrac{a+2b}{a+b}\right) \times \left(\dfrac{(a+b) \times H}{2}\right)$
$= \gamma \times \dfrac{H^2(a+2b)}{6}$

12. 매끄러운 원관에서 유량 Q, 관의 길이 L, 직경 D, 동점성계수 ν가 주어졌을 때 손실수두 h_f를 구하는 순서로 옳은 것은? (단, f는 마찰계수, Re는 Reynolds수, V는 속도이다.)

① Moody선도에서 f를 가정한 후 Re를 계산하고 h_f를 구한다.
② h_f를 가정하고 f를 구해 확인한 후 Moody선도에서 Re로 검증한다.
③ Re를 계산하고 Moody선도에서 f를 구한 후 h_f를 구한다.
④ Re를 가정하고 V를 계산하고 Moody선도에서 f를 구한 후 h_f를 계산한다.

[해설] 주어진 조건에 의하여 레이놀즈수(Re)를 계산한 후 무디 선도(Moody diagram)에서 레이놀즈수에 따른 마찰계수(f)를 찾아 구한 후 마찰손실수두(h_f)를 계산한다.

13. 안지름 20 cm의 원관 속을 비중이 0.83인 유체가 층류(laminar flow)로 흐를 때 관 중심에서의 유속이 48 cm/s이라면 관벽에서 7 cm 떨어진 지점에서의 유체의 속도(cm/s)는?

① 25.52 ② 34.68
③ 43.68 ④ 46.92

[해설] ㉮ 안지름 20 cm는 반지름이 10 cm이고, 관벽에서 7 cm 떨어진 지점은 중심에서 3 cm에 해당된다.
㉯ 관벽에서 7 cm 떨어진 지점의 유속 계산
$\therefore u = u_{max}\left(1 - \dfrac{r^2}{r_0^2}\right)$
$= 48 \times \left(1 - \dfrac{3^2}{10^2}\right) = 43.68\,cm/s$

14. 수평 원관 내에서의 유체흐름을 설명하는 Hagen Poiseuille식을 얻기 위해 필요한 가정이 아닌 것은?
① 완전 발달된 흐름
② 정상상태 흐름
③ 층류
④ 포텐셜 흐름

[해설] 하겐-푸아죄유(Hagen-Poiseuille) 방정식의 적용 조건 : 원형관 내에서의 점성유체가 층류로 정상상태의 흐름이다.
  ※ 완전히 발달된 흐름 : 원형 관내를 유체가 흐르고 있을 때 경계층이 완전히 성장하여 일정한 속도분포를 유지하면서 흐르는 흐름이다.
  ※ 포텐션(potential) 흐름 : 점성의 영향이 없는 완전유체의 흐름

15. 20℃, 1.03 kgf/cm²·abs의 공기가 단열가역 압축되어 50 %의 체적 감소가 생겼다. 압축 후의 온도는? (단, 기체상수 R은 29.27 kgf·m/kg·K이며 $\dfrac{C_p}{C_v} = 1.4$이다.)

① 42℃ ② 68℃
③ 83℃ ④ 114℃

정답 12. ③ 13. ③ 14. ④ 15. ④

해설 가역단열과정(등엔트로피 과정)의 P, V, T 관계식 $\dfrac{T_2}{T_1} = \left(\dfrac{V_1}{V_2}\right)^{k-1} = \left(\dfrac{P_2}{P_1}\right)^{\frac{k-1}{k}}$ 이고, 압축 후의 체적 50% 감소는 처음 체적의 0.5배에 해당된다.

$$\therefore T_2 = T_1 \times \left(\dfrac{V_1}{V_2}\right)^{k-1}$$
$$= (273+20) \times \left(\dfrac{1}{0.5}\right)^{1.4-1}$$
$$= 386.615 \text{ K} - 273 = 113.615 \text{°C}$$

16. 내경이 300 mm, 길이가 300 m인 관을 통하여 평균유속 3 m/s로 흐를 때 압력손실수두는 몇 m인가? (단, Darcy-Weisbach식에서의 관마찰계수는 0.03이다.)

① 12.6 ② 13.8 ③ 14.9 ④ 15.6

해설 $h_f = f \times \dfrac{L}{D} \times \dfrac{V^2}{2g}$
$= 0.03 \times \dfrac{300}{0.3} \times \dfrac{3^2}{2 \times 9.8} = 13.775 \text{ mH}_2\text{O}$

17. 일반적으로 원관 내부 유동에서 층류만이 일어날 수 있는 레이놀즈수(Reynolds number)의 영역은?

① 2100 이상 ② 2100 이하
③ 21000 이상 ④ 21000 이하

해설 레이놀즈수(Re)에 의한 유체의 유동상태 구분
㉮ 층류 : $Re < 2100$ (또는 2300, 2320)
㉯ 난류 : $Re > 4000$
㉰ 천이구역 : $2100 < Re < 4000$

18. 압력이 0.1 MPa, 온도 20°C에서 공기의 밀도는 몇 kg/m³인가? (단, 공기의 기체상수는 287 J/kg·K 이다.)

① 1.189 ② 1.314
③ 0.1228 ④ 0.6756

해설 밀도(kg/m³)는 단위체적당 질량이므로 이상기체 상태방정식 $PV = GRT$를 이용하여 계산한다.

$$\therefore \rho = \dfrac{G}{V} = \dfrac{P}{RT}$$
$$= \dfrac{0.1 \times 10^3}{(287 \times 10^{-3}) \times (273+20)}$$
$$= 1.1891 \text{ kg/m}^3$$

19. 2차원 직각좌표계(x, y)상에서 속도 포텐셜(ϕ, velocity potential)이 $\phi = Ux$로 주어지는 유동장이 있다. 이 유동장의 흐름함수(ψ, stream function)에 대한 표현식으로 옳은 것은? (단, U는 상수이다.)

① $U(x+y)$ ② $U(-x+y)$
③ Uy ④ $2Ux$

해설 2차원 직각좌표계(x, y)상에서 속도 포텐셜(ϕ) $\phi = Ux$로 주어지는 유동장의 흐름함수(ψ)는 y방향에도 영향을 받으므로 Uy로 표현할 수 있다.

20. 대기의 온도가 일정하다고 가정할 때 공중에 높이 떠 있는 고무풍선이 차지하는 부피(a)와 그 풍선이 땅에 내렸을 때의 부피(b)를 옳게 비교한 것은?

① a는 b보다 크다. ② a와 b는 같다.
③ a는 b보다 작다. ④ 비교할 수 없다.

해설 높은 공중[하늘](a)과 지표면(b)의 대기압을 비교하면 높은 공중의 대기압이 낮고, 지표면의 대기압은 높다. 보일의 법칙에 의하면 온도가 일정할 때 일정량의 기체가 차지하는 부피는 압력에 반비례하므로 높은 공중에 있는 고무풍선의 부피(a)가 지표면(b)에 있는 고무풍선의 부피보다 크다.

제 2 과목 연소공학

21. 상온, 상압하에서 가연성가스의 폭발에 대한 일반적인 설명 중 틀린 것은?
① 폭발범위가 클수록 위험하다.

② 인화점이 높을수록 위험하다.
③ 연소속도가 클수록 위험하다.
④ 착화점이 높을수록 안전하다.

[해설] 인화점(인화온도)이란 가연성 물질이 공기 중에서 점화원에 의하여 연소할 수 있는 최저온도이다. 그러므로 가연성 가스의 인화점이 낮을수록 위험하다.

22. 메탄가스 1 Nm³를 완전 연소시키는데 필요한 이론공기량은 약 몇 Nm³인가?
① 2.0 Nm³
② 4.0 Nm³
③ 4.76 Nm³
④ 9.5 Nm³

[해설] ㉮ 메탄(CH_4)의 완전연소 반응식
$CH_4 + 2O_2 \rightarrow CO_2 + 2H_2O$
㉯ 이론공기량 계산
$22.4 \text{ Nm}^3 : 2 \times 22.4 \text{ Nm}^3 = 1 \text{ Nm}^3 : x(O_0) \text{ Nm}^3$
$\therefore A_0 = \dfrac{O_0}{0.21} = \dfrac{2 \times 22.4 \times 1}{22.4 \times 0.21} = 9.523 \text{ Nm}^3$

23. 공기와 연료의 혼합기체의 표시에 대한 설명 중 옳은 것은?
① 공기비(excess air ratio)는 연공비의 역수와 같다.
② 당량비(equivalence ratio)는 실제의 연공비와 이론연공비의 비로 정의된다.
③ 연공비(fuel air ratio)라 함은 가연 혼합기 중의 공기와 연료의 질량비로 정의된다.
④ 공연비(air fuel ratio)라 함은 가연 혼합기 중의 연료와 공기의 질량비로 정의된다.

[해설] 공기와 연료의 혼합기체의 표시
㉮ 공기비(excess air ratio) : 과잉공기계수라 하며 실제공기량(A)과 이론공기량(A_0)의 비
㉯ 연공비(F/A : fuel air ratio) : 가연혼합기 중 연료와 공기의 질량비
㉰ 공연비(A/F : air duel ratio) : 가연혼합기 중 공기와 연료의 질량비
㉱ 당량비(equivalence ratio) : 실제의 연공비와 이론연공비의 비

24. 분자량이 30인 어떤 가스의 정압비열이 0.516 kJ/kg·K이라고 가정할 때 이 가스의 비열비 k는 약 얼마인가?
① 1.0
② 1.4
③ 1.8
④ 2.2

[해설] ㉮ 정적비열 계산 : $C_p - C_v = R$이고,
$R = \dfrac{8.314}{M}$ kJ/kg·K이다.
$\therefore C_v = C_p - R = 0.516 - \dfrac{8.314}{30}$
$= 0.238 \text{ kJ/kg·K}$
㉯ 비열비 계산
$\therefore k = \dfrac{C_p}{C_v} = \dfrac{0.516}{0.238} = 2.168$

25. 다음과 같은 조성을 갖는 혼합가스의 분자량은? [단, 혼합가스의 체적비는 CO_2(13.1 %), O_2(7.7 %), N_2(79.2 %)이다.]
① 27.81
② 28.94
③ 29.67
④ 30.41

[해설] 혼합가스의 평균 분자량은 성분가스의 고유 분자량에 체적비를 곱한값을 합산한 것이다.
$\therefore M = (44 \times 0.131) + (32 \times 0.077)$
$+ (28 \times 0.792) = 30.404$

26. 이상기체 10 kg을 240 K만큼 온도를 상승시키는데 필요한 열량이 정압인 경우와 정적인 경우에 그 차가 415 kJ이었다. 이 기체의 가스상수는 약 몇 kJ/kg·K인가?
① 0.173
② 0.287
③ 0.381
④ 0.423

[해설] 정압비열과 정적비열의 차이로 415 kJ의 열량차가 발생하였고, 현열량 $Q(\text{kJ}) = m \cdot C \cdot \Delta t$에서 비열 $C = \dfrac{Q}{m \cdot \Delta t}$이고 정압비열과 정적비열의 차이 $C_p - C_v = R$이므로 비열(C)값 대신 기체상수 R을 대입하면 된다.

정답 22. ④ 23. ② 24. ④ 25. ④ 26. ①

$$\therefore R = \frac{Q}{m \cdot \Delta t} = \frac{415}{10 \times 240}$$
$$= 0.1729 \text{ kJ/kg} \cdot \text{K}$$

27. 옥탄(g)의 연소 엔탈피는 반응물 중의 수증기가 응축되어 물이 되었을 때 25℃에서 −48220 kJ/kg이다. 이 상태에서 옥탄(g)의 저위발열량은 약 몇 kJ/kg인가? (단, 25℃ 물의 증발엔탈피[h_{f_g}]는 2441.8 kJ/kg 이다.)

① 40750
② 42320
③ 44750
④ 45778

해설 ㉮ 옥탄(C_8H_{18})의 완전연소 반응식
$C_8H_{18} + 12.5O_2 \rightarrow 8CO_2 + 9H_2O$

㉯ 옥탄 1 kg 연소 시 발생되는 수증기량 계산
114 kg : 9×18 kg = 1 kg : x[kg]
$$\therefore x = \frac{1 \times 9 \times 18}{114} = 1.421 \text{ kg}$$

㉰ 저위발열량 계산 : 옥탄의 연소 엔탈피 −48220 kJ/kg는 옥탄의 고위발열량이 48220 kJ/kg 이라는 것이며, 옥탄 연소 시 발생되는 수증기량과 증발잠열을 곱한 수치를 고위발열량에서 뺀 값이 저위발열량이 된다.
$$\therefore H_L = 48220 - (2441.8 \times 1.421)$$
$$= 44750.202 \text{ kJ/kg}$$

28. 열역학 및 연소에서 사용되는 상수와 그 값이 틀린 것은?

① 열의 일상당량 : 4186 J/kcal
② 일반 기체상수 : 8314 J/kmol·K
③ 공기의 기체상수 : 287 J/kg·K
④ 0℃에서의 물의 증발잠열 : 539 kJ/kg

해설 열역학 및 연소에서 사용되는 상수
㉮ 중력 가속도 : 9.80665 m/s²
㉯ 열의 일상당량 : 4186.05 J/kcal
㉰ 표준 대기압(1 atm) : 101.325 kPa
㉱ 0℃의 절대온도 : 273.15 K
㉲ 1 atm, 0℃의 기체 1 kmol의 체적 : 22.414 m³/kmol
㉳ 일반 기체상수 : 8314.3 J/kmol·K
㉴ 공기의 기체상수 : 287.0 J/kg·K
㉵ 1 atm, 25℃에서의 공기의 정압비열 : 1.0061 kJ/kg·K
㉶ 0℃에서의 물의 증발잠열 : 2501.6 kJ/kg

29. 전실 화재(flash over)의 방지대책으로 가장 거리가 먼 것은?

① 천장의 불연화
② 폭발력의 억제
③ 가연물량의 제한
④ 화원의 억제

해설 (1) 전실 화재(flash over) : 화재로 발생한 열이 주변의 모든 물체가 연소되기 쉬운 상태에 도달하였을 때 순간적으로 강한 화염을 분출하면서 내부 전체를 급격히 태워버리는 현상

(2) 전실 화재 방지대책
㉮ 연소 초기에 소화한다.
㉯ 내장재를 불연, 준불연화 또는 방염처리한다.
㉰ 스프링클러 등을 이용하여 화재실의 온도를 낮춰 화원을 억제한다.
㉱ 가연물량을 제한한다.
㉲ 개구부의 크기를 조절한다.
㉳ 환기설비 등을 설치한다.

30. 연료의 일반적인 연소 형태가 아닌 것은?

① 예혼합 연소
② 확산연소
③ 잠열연소
④ 증발연소

해설 연소 형태에 따른 가연물
㉮ 표면연소 : 목탄(숯), 코크스
㉯ 분해연소 : 종이, 석탄, 목재, 중유
㉰ 증발연소 : 가솔린, 등유, 경유, 알코올, 양초, 유황
㉱ 확산연소 : 가연성 기체(수소, 프로판, 부탄, 아세틸렌 등)
㉲ 자기연소 : 제5류 위험물(니트로셀룰로오스, 셀룰로이드, 니트로글리세린 등)

31. 연소에서 공기비가 적을 때의 현상이 아닌 것은?

① 매연의 발생이 심해진다.
② 미연소에 의한 열손실이 증가한다.
③ 배출가스 중의 NO_2의 발생이 증가한다.
④ 미연소 가스에 의한 역화의 위험성이 증가한다.

[해설] 공기비의 영향
(1) 공기비가 클 경우
   ㉮ 연소실내의 온도가 낮아진다.
   ㉯ 배기가스로 인한 손실열이 증가한다.
   ㉰ 배기가스 중 질소산화물(NO_x)이 많아져 대기오염을 초래한다.
   ㉱ 연료소비량이 증가한다.
(2) 공기비가 작을 경우
   ㉮ 불완전연소가 발생하기 쉽다.
   ㉯ 미연소 가스로 인한 역화의 위험이 있다.
   ㉰ 연소효율이 감소한다(열손실이 증가한다).

32. 다음 반응 중 폭굉(detonation) 속도가 가장 빠른 것은?
① $2H_2+O_2$
② CH_4+2O_2
③ $C_3H_8+3O_2$
④ $C_3H_8+6O_2$

[해설] 수소(H_2)의 폭굉이 전하는 속도(폭굉속도)는 1400~3500 m/s로 다른 가연성가스에 비하여 상대적으로 빠르다.

33. 위험장소 분류 중 상용의 상태에서 가연성 가스가 체류해 위험하게 될 우려가 있는 장소, 정비·보수 또는 누출 등으로 인하여 종종 가연성가스가 체류하여 위험하게 될 우려가 있는 장소는?
① 제0종 위험장소
② 제1종 위험장소
③ 제2종 위험장소
④ 제3종 위험장소

[해설] 위험장소의 분류
(1) 1종 장소 : 상용상태에서 가연성 가스가 체류하여 위험하게 될 우려가 있는 장소, 정비보수 또는 누출 등으로 인하여 종종 가연성 가스가 체류하여 위험하게 될 우려가 있는 장소
(2) 2종 장소
   ㉮ 밀폐된 용기 또는 설비 내에 밀봉된 가연성 가스가 그 용기 또는 설비의 사고로 인해 파손되거나 오조작의 경우에만 누출할 우려가 있는 장소
   ㉯ 확실한 기계적 환기조치에 의하여 가연성 가스가 체류하지 않도록 되어 있으나 환기장치에 이상이나 사고가 발생한 경우에는 가연성 가스가 체류하여 위험하게 될 우려가 있는 장소
   ㉰ 1종 장소의 주변 또는 인접한 실내에서 위험한 농도의 가연성 가스가 종종 침입할 우려가 있는 장소
(3) 0종 장소 : 상용의 상태에서 가연성 가스의 농도가 연속해서 폭발하는 한계이상으로 되는 장소(폭발한계를 넘는 경우에는 폭발한계 내로 들어갈 우려가 있는 경우를 포함)

34. 액체 프로판이 298 K, 0.1 MPa에서 이론 공기를 이용하여 연소하고 있을 때 고발열량은 약 몇 MJ/kg인가? (단, 연료의 증발엔탈피는 370 kJ/kg이고, 기체상태의 생성엔탈피는 각각 C_3H_8 -103909 kJ/kmol, CO_2 -393757 kJ/kmol, 액체 및 기체상태 H_2O는 각각 -286010 kJ/kmol, -241971 kJ/kmol이다.)
① 44
② 46
③ 50
④ 2205

[해설] ㉮ 프로판(C_3H_8)의 완전연소 반응식
$C_3H_8+5O_2 \rightarrow 3CO_2+4H_2O+Q$
㉯ 프로판(C_3H_8) 1 kg당 발열량(MJ) 계산 : 프로판 1 kmol은 44 kg이며, 1 MJ은 1000 kJ에 해당된다.
$\therefore -103909=(-393757\times3)+(-286010\times4)+Q$
$\therefore Q=\dfrac{(393757\times3)+(286010\times4)-103909}{44\times1000}$
$=50.486$ MJ/kg

35. 1 kWh의 열당량은?
① 860 kcal
② 632 kcal
③ 427 kcal
④ 376 kcal

[해설] 동력의 단위 및 일당량, 열당량
㉮ 1 PS = 75 kgf·m/s = 632.2 kcal/h
     = 0.735 kW = 2664 kJ/h
㉯ 1 kW = 102 kgf·m/s = 860 kcal/h
     = 1.36 PS = 3600 kJ/h

36. 이상기체의 구비조건이 아닌 것은?
① 내부에너지는 온도와 무관하며 체적에 의해서만 결정된다.
② 아보가드로의 법칙을 따른다.
③ 분자의 충돌은 완전 탄성체로 이루어진다.
④ 비열비는 온도에 관계없이 일정하다.

[해설] 이상기체의 성질
㉮ 보일-샤를의 법칙을 만족한다.
㉯ 아보가드로의 법칙을 따른다.
㉰ 내부에너지는 온도만의 함수이다.
㉱ 온도에 관계없이 비열비는 일정하다.
㉲ 기체의 분자력과 크기도 무시되며 분자간의 충돌은 완전 탄성체이다.
㉳ 분자와 분자 사이의 거리가 매우 멀다.
㉴ 분자 사이의 인력이 없다.
㉵ 압축성인자가 1이다.

37. 다음은 Air-standard Otto cycle의 $P-V$ diagram이다. 이 cycle의 효율(η)을 옳게 나타낸 것은? (단, 정적열용량은 일정하다.)

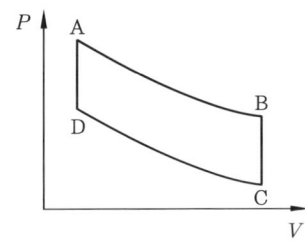

① $\eta = 1 - \left(\dfrac{T_B - T_C}{T_A - T_D}\right)$
② $\eta = 1 - \left(\dfrac{T_D - T_C}{T_A - T_B}\right)$
③ $\eta = 1 - \left(\dfrac{T_A - T_D}{T_B - T_C}\right)$
④ $\eta = 1 - \left(\dfrac{T_A - T_B}{T_D - T_C}\right)$

[해설] 오토 사이클(Otto cycle)의 이론 열효율
$$\eta = \dfrac{W}{q_1} = \dfrac{q_1 - q_2}{q_1} = 1 - \dfrac{q_2}{q_1} = 1 - \left(\dfrac{T_B - T_C}{T_A - T_D}\right)$$
$$= 1 - \left(\dfrac{T_B}{T_A}\right) = 1 - \left(\dfrac{1}{\gamma}\right)^{k-1} = 1 - \gamma\left(\dfrac{1}{\gamma}\right)^k$$

38. 다음 중 연소의 3요소를 옳게 나열한 것은 어느 것인가?
① 가연물, 빛, 열
② 가연물, 공기, 산소
③ 가연물, 산소, 점화원
④ 가연물, 질소, 단열압축

[해설] 연소의 3요소 : 가연물, 산소 공급원, 점화원

39. 다음 확산화염의 여러 가지 형태 중 대향분류(對向噴流) 확산화염에 해당하는 것은?

①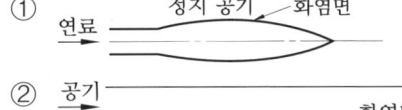
②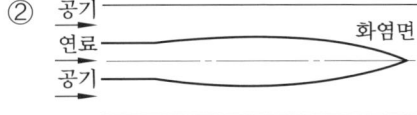
③
④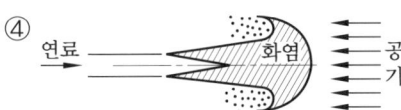

[해설] ① 자유분류 확산화염
② 동축류 확산화염
③ 대향류 확산화염

40. 가스 폭발의 용어 중 DID의 정의에 대하여 가장 올바르게 나타낸 것은?
① 격렬한 폭발이 완만한 연소로 넘어갈 때까지의 시간

② 어느 온도에서 가열하기 시작하여 발화에 이르기까지의 시간
③ 폭발 등급을 나타내는 것으로서 가연성 물질의 위험성의 척도
④ 최초의 완만한 연소로부터 격렬한 폭굉으로 발전할 때까지의 거리

[해설] 폭굉 유도거리(DID : Detonation Induction Distance) : 최초의 완만한 연소가 격렬한 폭굉으로 발전될 때까지의 거리이다.

제3과목 가스설비

41. 고압가스 제조 장치의 재료에 대한 설명으로 틀린 것은?
① 상온, 건조 상태의 염소가스에는 보통강을 사용한다.
② 암모니아, 아세틸렌의 배관 재료에는 구리를 사용한다.
③ 저온에서 사용되는 비철금속 재료는 동, 니켈강을 사용한다.
④ 암모니아 합성탑 내부의 재료에는 18-8 스테인리스강을 사용한다.

[해설] 고압가스 제조 장치 재료 중 구리(동)는 암모니아의 경우 부식의 우려가 있고, 아세틸렌의 경우 화합폭발의 우려가 있어 사용이 금지된다.

42. 고압가스 탱크의 수리를 위하여 내부가스를 배출하고 불활성가스로 치환하여 다시 공기로 치환하였다. 내부의 가스를 분석한 결과 탱크 안에서 용접작업을 해도 되는 경우는?
① 산소 20 %
② 질소 85 %
③ 수소 5 %
④ 일산화탄소 4000 ppm

[해설] 가스설비 치환농도
㉮ 가연성가스 : 폭발하한계의 1/4 이하
㉯ 독성가스 : TLV-TWA 기준농도 이하
㉰ 산소 : 22 % 이하
㉱ 위 시설에 작업원이 들어가는 경우 산소농도 : 18~22 %
※ 질소가 85 %인 경우는 산소가 부족한 상태이고, 수소의 경우는 폭발하한값이 4 %이므로 치환농도는 1 % 이하가 되어야 하며, 일산화탄소는 TLV-TWA 허용농도(기준농도)가 50 ppm 이므로 부적합하다.

43. 자동절체식 조정기를 사용할 때의 장점에 해당하지 않는 것은?
① 잔류액이 거의 없어질 때까지 가스를 소비할 수 있다.
② 전체 용기의 개수가 수동절체식보다 적게 소요된다.
③ 용기교환 주기를 길게 할 수 있다.
④ 일체형을 사용하면 다단 감압식보다 배관의 압력손실을 크게 해도 된다.

[해설] 자동절체식 조정기 사용 시 장점
㉮ 전체용기 수량이 수동교체식의 경우보다 적어도 된다.
㉯ 잔액이 거의 없어질 때까지 소비된다.
㉰ 용기 교환주기의 폭을 넓힐 수 있다.
㉱ 분리형을 사용하면 단단 감압식보다 배관의 압력손실을 크게 해도 된다.

44. 수소화염 또는 산소·아세틸렌 화염을 사용하는 시설 중 분기되는 각각의 배관에 반드시 설치해야 하는 장치는?
① 역류방지장치   ② 역화방지장치
③ 긴급이송장치   ④ 긴급차단장치

[해설] 특정고압가스 사용시설 역화방지장치 설치 : 수소화염 또는 산소·아세틸렌화염을 사용하는 시설의 분기되는 각각의 배관에는 가스가 역화되는 것을 효과적으로 차단할 수 있는 역화방지장치를 설치한다.

정답 41. ② 42. ① 43. ④ 44. ②

참고 역화방지장치 : 아세틸렌, 수소 그밖에 가연성가스의 제조 및 사용설비에 부착하는 건식 또는 수봉식(아세틸렌만 적용)의 역화방지장치로 상용압력이 0.1 MPa 이하인 것을 말한다.

45. 적화식 버너의 특징으로 틀린 것은?
① 불완전연소가 되기 쉽다.
② 고온을 얻기 힘들다.
③ 넓은 연소실이 필요하다.
④ 1차 공기를 취할 때 역화 우려가 있다.

해설 적화식 버너의 특징
(1) 장점
  ㉮ 역화의 우려가 없어 자동온도 조절장치의 사용이 용이하다.
  ㉯ 적황색의 장염이 얻어진다.
  ㉰ 가스압이 낮은 곳에서도 사용할 수 있다.
  ㉱ 불꽃의 온도가 900℃ 전후로 비교적 낮아 국부과열의 우려가 없다.
(2) 단점
  ㉮ 연소실이 좁으면 불완전 연소가 발생하므로 넓은 연소실이 필요하다.
  ㉯ 버너 내압이 너무 높으면 리프팅 현상이 발생한다.
  ㉰ 고온을 얻기 힘들다.
  ㉱ 불꽃이 차가운 기물 등에 접촉하면 불완전연소가 발생하기 쉽고, 그을음이 부착한다.

46. 결정조직이 거칠은 것을 미세화하여 조직을 균일하게 하고 조직의 변형을 제거하기 위하여 균일하게 가열한 후 공기 중에서 냉각하는 열처리 방법은?
① 퀜칭
② 노말라이징
③ 어닐링
④ 템퍼링

해설 열처리의 종류 및 목적
  ㉮ 담금질(quenching : 소입) : 강도, 경도 증가
  ㉯ 불림(normalizing : 소준) : 결정조직의 미세화
  ㉰ 풀림(annealing : 소둔) : 내부응력 제거, 조직의 연화
  ㉱ 뜨임(tempering : 소려) : 연성, 인장강도 부여, 내부응력 제거

47. 다음 [그림]에서 보여주는 관이음재의 명칭은?

① 소켓   ② 니플
③ 부싱   ④ 캡

해설 니플(nipple) : 동일 지름의 관을 연결할 때 사용하는 부속이다.
참고 사용 용도에 의한 강관 이음재 분류
  ㉮ 배관의 방향을 전환할 때 : 엘보(elbow), 벤드(bend), 리턴 벤드
  ㉯ 관을 도중에 분기할 때 : 티(tee), 와이(Y), 크로스(cross)
  ㉰ 동일 지름의 관을 연결할 때 : 소켓(socket), 니플(nipple), 유니언(union)
  ㉱ 지름이 다른관(이경관)을 연결할 때 : 리듀서(reducer), 부싱(bushing), 이경 엘보, 이경 티
  ㉲ 관 끝을 막을 때 : 플러그(plug), 캡(cap)
  ㉳ 관의 분해, 수리가 필요할 때 : 유니언, 플랜지

48. 고압가스 분출 시 정전기가 가장 발생하기 쉬운 경우는?
① 다성분의 혼합가스인 경우
② 가스의 분자량이 작은 경우
③ 가스가 건조해 있을 경우
④ 가스 중에 액체나 고체의 미립자가 섞여 있는 경우

해설 단면적이 작은 개구부로부터 액체류, 분체류(고체의 미립자) 등이 섞여 분출할 때 마찰에 의한 분출대전으로 정전기가 발생하기 쉽다.

49. 가스액화 분리장치의 구성기기 중 왕복동

식 팽창기의 특징에 대한 설명으로 틀린 것은?
① 고압식 액체산소 분리장치, 수소액화장치, 헬륨액화기 등에 사용된다.
② 흡입압력은 저압에서 고압(20 MPa)까지 범위가 넓다.
③ 팽창기의 효율은 85~90%로 높다.
④ 처리 가스량이 1000 m^3/h 이상의 대량이면 다기통이 된다.

[해설] 왕복동식 팽창기의 특징
  ㉮ 팽창비 약 40 정도로 크나 효율은 60~65% 낮다.
  ㉯ 처리 가스량이 1000 m^3/h 이상이 되면 다기통으로 제작하여야 한다.
  ㉰ 기통 내의 윤활에 오일이 사용되는 것이 일반적이므로 오일제거에 주의하여야 한다.
  ㉱ 고압식 액체산소 분리장치, 수소액화장치, 헬륨액화기 등에 사용된다.
  ㉲ 흡입압력은 저압에서 고압(20 MPa)까지 범위가 넓다.

50. 전기방식법 중 외부전원법의 특징이 아닌 것은?
① 전압, 전류의 조정이 용이하다.
② 전식에 대해서도 방식이 가능하다.
③ 효과 범위가 넓다.
④ 다른 매설 금속체로의 장해가 없다.

[해설] 외부전원법의 특징
 (1) 장점
  ㉮ 효과 범위가 넓다.
  ㉯ 평상시의 관리가 용이하다.
  ㉰ 전압, 전류의 조성이 일정하다.
  ㉱ 전식에 대해서도 방식이 가능하다.
  ㉲ 장거리 배관에는 전원 장치가 적어도 된다.
 (2) 단점
  ㉮ 초기 설치비가 많이 소요된다.
  ㉯ 다른 매설 금속체로의 장해에 대해 검토할 필요가 있다.
  ㉰ 전원을 필요로 한다.
  ㉱ 과방식의 우려가 있다.

51. 왕복식 압축기의 연속적인 용량제어 방법으로 가장 거리가 먼 것은?
① 바이패스 밸브에 의한 조정
② 회전수를 변경하는 방법
③ 흡입 주 밸브를 폐쇄하는 방법
④ 베인 컨트롤에 의한 방법

[해설] 왕복식 압축기 용량 제어법
 (1) 연속적인 용량 제어법
  ㉮ 흡입 주 밸브를 폐쇄하는 방법
  ㉯ 타임드 밸브제어에 의한 방법
  ㉰ 회전수를 변경하는 방법
  ㉱ 바이패스 밸브에 의한 압축가스를 흡입측에 복귀시키는 방법
 (2) 단계적 용량 제어법
  ㉮ 클리어런스 밸브에 의한 방법
  ㉯ 흡입 밸브 개방에 의한 방법
 ※ 베인 컨트롤에 의한 방법은 원심식 압축기의 용량제어 방법에 해당된다.

52. 도시가스 배관에서 가스 공급이 불량하게 되는 원인으로 가장 거리가 먼 것은?
① 배관의 파손
② Terminal Box의 불량
③ 정압기의 고장 또는 능력부족
④ 배관 내의 물의 고임, 녹으로 인한 폐쇄

[해설] 도시가스 배관의 공급 불량 원인
  ㉮ 배관의 파손 또는 이물질로 인한 막힘
  ㉯ 배관의 수송능력 부족
  ㉰ 정압기의 고장 또는 능력 부족
  ㉱ 배관 내의 물의 고임, 녹으로 인한 폐쇄
 ※ 터미널 박스(Terminal Box)는 전기방식 시설의 전위측정용 시설이다.

53. 가스 액화 사이클의 종류가 아닌 것은?
① 클라우드식   ② 필립스식
③ 크라시우스식   ④ 린데식

[해설] 가스 액화 사이클의 종류 : 린데식, 클라우드식, 캐피쟈식, 필립스식, 캐스케이드식

정답 50. ④ 51. ④ 52. ② 53. ③

54. 1호당 1일 평균 가스 소비량이 1.44 kg/day이고 소비자 호수가 50호라면 피크시의 평균가스 소비량은? (단, 피크 시의 평균 가스 소비율은 17 %이다.)
① 10.18 kg/h   ② 12.24 kg/h
③ 13.42 kg/h   ④ 14.36 kg/h

해설 피크 시 평균 가스 소비량(kg/h)
= 1일 1호당 평균 가스 소비량×호수×피크 시 평균 가스 소비율
= $1.44 \times 50 \times 0.17 = 12.24$ kg/h
※ 평균 가스 소비율(%) 때문에 1일 소비량(kg/day) 단위에서 피크 시 소비량(kg/h)의 단위가 시간당으로 변경되는 것이다. 즉, 1일 24시간 중 소비율에 해당하는 시간만큼 가스를 사용하는 것이다.

55. 피스톤 행정용량 0.00248 m^3, 회전수 175 rpm의 압축기로 1시간에 토출구로 92 kg/h의 가스가 통과하고 있을 때 가스의 토출효율은 약 몇 %인가? (단, 토출가스 1 kg을 흡입한 상태로 환산한 체적은 0.189 m^{3}이다.)
① 66.8   ② 70.2
③ 76.8   ④ 82.2

해설 ㉮ 토출효율 : 흡입된 기체부피에 대한 토출기체의 부피를 흡입된 상태로 환산한 부피 비이다.
㉯ 흡입된 상태의 기체 부피는 피스톤 행정용량에 분당 회전수(rpm)를 곱한 값이고, 토출된 가스량이 시간당이므로 단위시간을 맞춰 주어야 한다.
㉰ 토출효율 계산

$$\eta' = \frac{\text{토출기체를 흡입상태로 환산한 부피}}{\text{흡입된 기체부피}} \times 100$$

$$= \frac{92 \times 0.189}{0.00248 \times 175 \times 60} \times 100 = 66.774 \%$$

56. 가스의 연소기구가 아닌 것은?
① 피셔식 버너   ② 적화식 버너
③ 분젠식 버너   ④ 전1차 공기식 버너

해설 LPG 및 도시가스용 연소기구 종류
㉮ 적화식 버너 : 연소에 필요한 공기를 2차 공기로 모두 취하는 방식이다.
㉯ 분젠식 버너 : 가스를 노즐로부터 분출시켜 주위의 공기를 1차 공기로 취한 후 나머지는 2차 공기를 취하는 방식이다.
㉰ 세미분젠식 버너 : 적화식과 분젠식의 혼합형으로 1차 공기율이 40 % 이하를 취하는 방식이다.
㉱ 전1차 공기식 버너 : 완전연소에 필요한 공기를 모두 1차 공기로 하여 연소하는 방식이다.

57. 용기내장형 액화석유가스 난방기용 용접용기에서 최고 충전압력이란 몇 MPa를 말하는가?
① 1.25 MPa   ② 1.5 MPa
③ 2 MPa   ④ 2.6 MPa

해설 용기내장형 액화석유가스 난방기용 용접용기의 압력 기준
㉮ 최고충전압력 : 1.5 MPa
㉯ 내압시험압력 : 2.6 MPa
㉰ 기밀시험압력 : 1.5 MPa

58. 도시가스사업법에서 정의한 가스를 제조하여 배관을 통하여 공급하는 도시가스가 아닌 것은?
① 석유가스   ② 나프타부생가스
③ 석탄가스   ④ 바이오가스

해설 도시가스의 종류 : 도법 시행령 제1조의2
(1) 천연가스(액화한 것을 포함한다) : 지하에서 자연적으로 생성되는 가연성 가스로서 메탄을 주성분으로 하는 가스
(2) 천연가스와 일정량을 혼합하거나 이를 대체하여 배관을 통하여 공급되는 가스
㉮ 석유가스 : 액화석유가스 및 석유가스를 공기와 혼합하여 제조한 가스
㉯ 나프타부생(副生)가스 : 나프타 분해공정을 통해 에틸렌, 프로필렌 등을 제조하는 과정에서 부산물로 생성되는 가스로서 메탄이 주성분인 가스 및 이를 다른 도시

정답 54. ② 55. ① 56. ① 57. ② 58. ③

가스와 혼합하여 제조한 가스
- ㉰ 바이오가스 : 유기성(有機性) 폐기물 등 바이오매스로부터 생성된 기체를 정제한 가스로서 메탄이 주성분인 가스 및 이를 다른 도시가스와 혼합하여 제조한 가스
- ㉱ 합성천연가스 : 석탄을 주원료로 하여 고온고압의 가스화 공정을 거쳐 생산한 가스로서 메탄이 주성분인 가스 및 이를 다른 도시가스와 혼합하여 제조한 가스
- ㉲ 그 밖에 메탄이 주성분인 가스로서 도시가스 수급 안정과 에너지 이용효율 향상을 위해 보급할 필요가 있다고 산업통상자원부령으로 정하는 가스

59. 성능계수가 3.2인 냉동기가 10 ton의 냉동을 위하여 공급하여야 할 동력은 약 몇 kW 인가?
① 8 ② 12
③ 16 ④ 20

[해설] ㉮ 냉동능력 1 ton(1 RT)는 3320 kcal/h, 1 kW는 860 kcal/h이다.
㉯ 냉동기에 공급하여야 할 동력(kW) 계산
$COP_R = \dfrac{Q_2}{W}$ 에서
$\therefore W = \dfrac{Q_2}{COP_R} = \dfrac{10 \times 3320}{3.2 \times 860} = 12.063$ kW

60. 다음 중 LPG를 이용한 가스 공급방식이 아닌 것은?
① 변성 혼입방식 ② 공기 혼합방식
③ 직접 혼입방식 ④ 가압 혼입방식

[해설] LP가스를 이용한 도시가스 공급방식
- ㉮ 직접 혼입방식 : 종래의 도시가스에 기화한 LPG를 그대로 공급하는 방식이다.
- ㉯ 공기 혼합방식 : 기화된 LPG에 일정량의 공기를 혼합하여 공급하는 방식으로 발열량 조절, 재액화 방지, 누설 시 손실 감소, 연소효율 증대 효과를 볼 수 있다.
- ㉰ 변성 혼입방식 : LPG의 성질을 변경하여 공급하는 방식이다.

[참고] LPG 강제기화 공급방식
- ㉮ 생가스 공급방식
- ㉯ 변성가스 공급방식
- ㉰ 공기혼합가스 공급방식

제 4 과목 가스안전관리

61. 독성가스 배관용 밸브 제조의 기준 중 고압가스안전관리법의 적용대상 밸브종류가 아닌 것은?
① 니들밸브 ② 게이트밸브
③ 체크밸브 ④ 볼밸브

[해설] 독성가스 배관용 밸브의 적용대상
- ㉮ 볼밸브
- ㉯ 글로브밸브
- ㉰ 게이트밸브
- ㉱ 체크밸브 및 콕

62. 압력을 가하거나 온도를 낮추면 가장 쉽게 액화하는 가스는?
① 산소 ② 천연가스
③ 질소 ④ 프로판

[해설] ㉮ 압력을 가하거나 온도를 낮추면 가장 쉽게 액화하는 가스는 비점이 높은 가스가 해당된다.
㉯ 각 가스의 비점

명칭	비점
산소	-183℃
천연가스[메탄(CH_4)]	-161.5℃
질소	-196℃
프로판	-42.1℃

63. 독성가스를 차량으로 운반할 때에는 보호장비를 비치하여야 한다. 압축가스의 용적이 몇 m^3 이상일 때 공기호흡기를 갖추어야 하는가?

정답 59. ② 60. ④ 61. ① 62. ④ 63. ②

① 50 m³ ② 100 m³
③ 500 m³ ④ 1000 m³

[해설] 독성가스를 운반하는 때에 휴대하는 보호구

품 명	운반하는 독성가스의 양 압축가스 100 m³, 액화가스 1000 kg	
	미만인 경우	이상인 경우
방독마스크	○	○
공기호흡기	×	○
보호의	○	○
보호장갑	○	○
보호장화	○	○

64. 액화산소 저장탱크 저장능력이 2000 m³일 때 방류둑의 용량은 얼마 이상으로 하여야 하는가?
① 1200 m³ ② 1800 m³
③ 2000 m³ ④ 2200 m³

[해설] 방류둑 용량
㉮ 액화가스 : 저장능력에 상당하는 용적
㉯ 액화산소 : 저장능력 상당용적의 60 % 이상
㉰ 집합방류둑 : 최대저장능력 + 잔여 총능력의 10 %
㉱ 냉동제조 : 수액기 내용적의 90 % 이상
∴ 액화산소 저장탱크 방류둑 용량
  = 2000 × 0.6 = 1200 m³

65. 일반도시가스 공급시설에 설치된 압력조정기는 매 6개월에 1회 이상 안전점검을 실시한다. 압력조정기의 점검기준으로 틀린 것은?
① 입구압력을 측정하고 입구압력이 명판에 표시된 입구압력 범위 이내인지 여부
② 격납상자 내부에 설치된 압력조정기는 격납상자의 견고한 고정 여부
③ 조정기의 몸체와 연결부의 가스누출 유무
④ 필터 또는 스트레이너의 청소 및 손상 유무

[해설] 도시가스 공급시설에 설치된 압력조정기의 점검기준
㉮ 압력조정기의 정상 작동 유무
㉯ 필터나 스트레이너의 청소 및 손상 유무
㉰ 압력조정기의 몸체와 연결부의 가스누출 유무
㉱ 출구압력을 측정하고 출구압력이 명판에 표시된 출구압력 범위 이내로 공급되는지 여부
㉲ 격납상자 내부에 설치된 압력조정기는 격납상자의 견고한 고정 여부
㉳ 건축물 내부에 설치된 압력조정기의 경우는 가스방출구의 실외 안전장소에의 설치 여부
※ 안전점검 주기 : 6개월에 1회 이상(필터 또는 스트레이너의 청소는 매 2년에 1회 이상)

66. 저장탱크에 가스를 충전할 때 저장탱크 내용적의 90 %를 넘지 않도록 충전해야 하는 이유는?
① 액의 요동을 방지하기 위하여
② 충격을 흡수하기 위하여
③ 온도에 따른 액 팽창이 현저히 커지므로 안전공간을 유지하기 위하여
④ 추가로 충전할 때를 대비하기 위하여

[해설] 액화가스를 저장탱크에 충전할 때 온도변화에 따른 액 팽창을 흡수하고, 기화된 가스가 체류할 수 있는 안전공간을 확보하기 위하여 내용적의 90 %를 넘지 않도록 충전한다.

67. 불화수소(HF) 가스를 물에 흡수시킨 물질을 저장하는 용기로 사용하기에 가장 부적절한 것은?
① 납용기 ② 유리용기
③ 강용기 ④ 스테인리스용기

[해설] 불화수소(HF)의 특징
㉮ 플루오린과 수소의 화합물로 분자량 20.01이다.
㉯ 무색의 자극적인 냄새가 난다.
㉰ 불연성 물질로 연소되지 않지만 열에 의해 분해되어 부식성 및 독성 증기(TLV-TWA

[정답] 64. ① 65. ① 66. ③ 67. ②

0.5 ppm)를 생성할 수 있다.
㉣ 강산으로 염기류와 격렬히 반응한다.
㉤ 무수물이 수용액보다 더 강산의 성질을 갖는다.
㉥ 금속과 접촉 시 인화성 수소가 생성될 수 있다.
㉦ 흡입 시 기침, 현기증, 두통, 메스꺼움, 호흡곤란을 일으킬 수 있다.
㉧ 피부에 접촉 시 화학적 화상, 액체 접촉 시 동상을 일으킬 수 있다.
㉨ 유리와 반응하기 때문에 유리병에 보관해서는 안 된다.

68. 아세틸렌을 용기에 충전할 때에는 미리 용기에 다공질물을 고루 채워야 하는데, 이때 다공질물의 다공도 상한 값은?
① 72 % 미만   ② 85 % 미만
③ 92 % 미만   ④ 98 % 미만

[해설] 아세틸렌을 용기에 충전하는 때에는 미리 용기에 다공질물을 고루 채워 다공도가 75 % 이상 92 % 미만이 되도록 한 후 아세톤 또는 디메틸포름아미드를 고루 침윤시키고 충전한다.

69. 액화석유가스용 소형저장탱크의 설치장소의 기준으로 틀린 것은?
① 지상설치식으로 한다.
② 액화석유가스가 누출한 경우 체류하지 않도록 통풍이 좋은 장소에 설치한다.
③ 전용탱크실로 하여 옥외에 설치한다.
④ 건축물이나 사람이 통행하는 구조물의 하부에 설치하지 아니한다.

[해설] 소형저장탱크 설치장소의 기준
㉮ 옥외에 지상설치식으로 설치한다.
㉯ 습기가 적은 장소에 설치한다.
㉰ 액화석유가스가 누출될 경우 체류하지 않도록 통풍이 좋은 장소에 설치한다.
㉱ 기초의 침하, 산사태, 홍수 등에 따른 피해의 우려가 없는 장소에 설치한다.
㉲ 수평한 장소에 설치한다.
㉳ 부등침하 등으로 탱크나 배관 등에 유해한 결함이 발생할 우려가 없는 장소에 설치한다.
㉴ 건축물이나 사람이 통행하는 구조물의 하부에 설치하지 않는다.
※ 소형저장탱크를 전용탱크실에 설치하는 경우 옥외에 설치하지 않을 수 있다.

70. 용기에 의한 액화석유가스 저장소의 저장설비 설치기준으로 틀린 것은?
① 용기보관실 설치 시 저장설비는 용기집합식으로 하지 아니한다.
② 용기보관실은 사무실과 구분하여 동일한 부지에 설치한다.
③ 실외저장소 설치 시 충전용기와 잔가스 용기의 보관장소는 1.5 m 이상의 거리를 두어 구분하여 설치한다.
④ 실외저장소 설치 시 바닥으로부터 2 m 이내의 배수시설이 있을 경우에는 방수재료로 이중으로 덮는다.

[해설] 용기에 의한 액화석유가스 저장소의 저장설비 설치기준
㉮ 용기보관실은 사무실과 구분하여 동일한 부지에 설치하되, 용기보관실에서 누출되는 가스가 사무실로 유입되지 아니하는 구조로 한다.
㉯ 저장설비는 용기집합식으로 하지 아니한다.
㉰ 용기보관실은 불연재료를 사용하고 용기보관실 창의 유리는 망입유리 또는 안전유리로 한다.
㉱ 실외저장소 설치 시 충전용기와 잔가스 용기의 보관장소는 1.5 m 이상의 거리를 두어 구분하여 설치한다.
㉲ 실외저장소 설치 시 바닥으로부터 3 m 이내의 도랑이나 배수시설이 있을 경우에는 방수재료로 이중으로 덮는다.
㉳ 실외저장소 설치 시 움푹 패인 곳은 적절한 재료로 포장하거나 매워 평평하게 한다.
㉴ 실외저장소 안의 용기군(容器群) 사이의 통로 기준
㉠ 용기의 단위 집적량은 30톤을 초과하지 아니할 것

정답 68. ③ 69. ③ 70. ④

ⓒ 팰릿(pallet)에 넣어 집적된 용기군 사이의 통로는 그 너비가 2.5 m 이상일 것
ⓓ 팰릿에 넣지 아니한 용기군 사이의 통로는 그 너비가 1.5 m 이상일 것
㉳ 실외저장소 안의 집적된 용기의 높이의 기준
  ㉠ 팰릿에 넣어 집적된 용기의 높이는 5 m 이하일 것
  ㉡ 팰릿에 넣지 아니한 용기는 2단 이하로 쌓을 것

71. 도시가스사업법에서 요구하는 전문교육 대상자가 아닌 것은?
① 도시가스사업자의 안전관리책임자
② 특정가스사용시설의 안전관리책임자
③ 도시가스사업자의 안전점검원
④ 도시가스사업자의 사용시설점검원

[해설] 전문교육 대상자 : 도법 시행규칙 별표14
㉮ 도시가스사업자의 안전관리책임자, 안전관리원, 안전점검원
㉯ 가스사용시설 안전관리업무대행자에 채용된 기술인력 중 안전관리책임자
㉰ 특정가스사용시설의 안전관리책임자
㉱ 제1종 가스시설 시공자에 채용된 시공관리자
㉲ 시공사 및 제2종 가스시설 시공업자에 채용된 시공관리자
㉳ 온수보일러 시공자와 제3종 가스시설 시공업자에 채용된 온수보일러 시공관리자
※ 교육시기는 신규 종사 후 6개월 이내 및 그 후에는 3년이 되는 해마다 1회

72. 가스안전 위험성 평가기법 중 정량적 평가에 해당되는 것은?
① 체크리스트기법
② 위험과 운전 분석기법
③ 작업자 실수 분석기법
④ 사고예상 질문 분석기법

[해설] 위험성(안전성) 평가기법
㉮ 정성적 평가기법 : 체크리스트(checklist)기법, 사고예상 질문 분석(WHAT-IF)기법, 위험과 운전 분석(HAZOP)기법
㉯ 정량적 평가기법 : 작업자 실수 분석(HEA)기법, 결함수 분석(FTA)기법, 사건수 분석(ETA)기법, 원인 결과 분석(CCA)기법
㉰ 기타 : 상대 위험순위 결정 기법, 이상 위험도 분석

73. 용기에 의한 액화석유가스 저장소에서 액화석유가스의 충전용기 보관실에 설치하는 환기구의 통풍가능 면적의 합계는 바닥면적 1 m² 마다 몇 cm² 이상이어야 하는가?
① 250 cm²
② 300 cm²
③ 400 cm²
④ 650 cm²

[해설] 자연환기설비 설치 : 외기에 면하여 설치된 환기구의 통풍가능 면적의 합계는 바닥면적 1 m²마다 300 cm²의 비율로 계산한 면적 이상으로 하고, 1개소 환기구의 면적은 2400 cm² 이하로 한다.

74. 일반 용기의 도색이 잘못 연결된 것은?
① 액화염소 – 갈색
② 아세틸렌 – 황색
③ 액화탄산가스 – 회색
④ 액화암모니아 – 백색

[해설] 가스 종류별 용기 도색

가스 종류	용기 도색	
	공업용	의료용
산소 (O_2)	녹색	백색
수소 (H_2)	주황색	–
액화탄산가스 (CO_2)	청색	회색
액화석유가스	밝은 회색	–
아세틸렌 (C_2H_2)	황색	–
암모니아 (NH_3)	백색	–
액화염소 (Cl_2)	갈색	–
질소 (N_2)	회색	흑색
아산화질소 (N_2O)	회색	청색
헬륨 (He)	회색	갈색
에틸렌 (C_2H_4)	회색	자색
사이클로 프로판	회색	주황색
기타의 가스	회색	–

[해답] 71. ④ 72. ③ 73. ② 74. ③

75. 염소와 동일 차량에 적재하여 운반하여도 무방한 것은?
① 산소　② 아세틸렌
③ 암모니아　④ 수소

해설 혼합적재 금지 기준
㉮ 염소와 아세틸렌, 암모니아, 수소는 동일 차량에 적재하여 운반하지 아니한다.
㉯ 가연성가스와 산소를 동일차량에 적재하여 운반하는 때에는 그 충전용기의 밸브가 서로 마주보지 아니하도록 적재한다.
㉰ 충전용기와 위험물 안전관리법에서 정하는 위험물과는 동일차량에 적재하여 운반하지 아니한다.
㉱ 독성가스 중 가연성가스와 조연성가스는 동일 차량적재함에 운반하지 아니한다.

76. 폭발 상한값은 수소, 폭발 하한값은 암모니아와 가장 유사한 가스는?
① 에탄　② 일산화탄소
③ 산화프로필렌　④ 메틸아민

해설 공기 중에서 폭발범위

명칭	폭발범위
수소(H_2)	4~75%
암모니아(NH_3)	15~28%
에탄(C_2H_6)	3~12.5%
일산화탄소(CO)	12.5~74%
산화프로필렌(C_3H_6O)	2.1~38.5%
메틸아민(CH_3NH_2)	4.9~20.7%

※ 산화프로필렌(C_3H_6O)은 비점이 34℃로 상온에서 무색, 투명한 에테르 냄새가 나는 휘발성 액체로 제4류 위험물에 속한다.

77. 고압가스 충전용기를 차량에 적재 운반할 때의 기준으로 틀린 것은?
① 충돌을 예방하기 위하여 고무링을 씌운다.
② 모든 충전용기는 적재함에 넣어 세워서 적재한다.
③ 충격을 방지하기 위하여 완충판 등을 갖추고 사용한다.
④ 독성가스 중 가연성가스와 조연성가스는 동일 차량 적재함에 운반하지 않는다.

해설 충전용기를 차량에 적재할 때에는 차량운행 중의 동요로 인하여 용기가 충돌하지 아니하도록 고무링을 씌우거나 적재함에 넣어 세워서 적재한다. 다만, 압축가스의 충전용기 중 그 형태 및 운반차량의 구조상 세워서 적재하기 곤란할 때에는 적재함 높이 이내로 눕혀서 적재할 수 있다.

78. 초저온 용기의 신규 검사 시 다른 용접용기 검사 항목과 달리 특별히 시험하여야 하는 검사 항목은?
① 압궤시험　② 인장시험
③ 굽힘시험　④ 단열성능시험

해설 초저온 용기 신규검사 항목은 용접용기 신규검사 항목에 단열성능검사가 추가된다.

79. 고압가스용 용접용기의 반타원체형 경판의 두께 계산식은 다음과 같다. m을 올바르게 설명한 것은?

$$t = \frac{PDV}{2S\eta - 0.2P} + C \text{ 에서 } V \text{는 } \frac{2+m^2}{6} \text{ 이다.}$$

① 동체의 내경과 외경비
② 강판 중앙단곡부의 내경과 경판둘레의 단곡부 내경비
③ 반타원체형 내면의 장축부와 단축부의 길이의 비
④ 경판 내경과 경판 장축부의 길이의 비

해설 반타원체형 경판 두께 계산식의 각 기호 의미
㉮ t : 두께(mm)
㉯ P : 최고충전압력(MPa)
㉰ D : 반타원체 내면의 장축부길이에 각각 부식여유의 두께를 더한 길이(mm)
㉱ S : 재료의 허용응력(N/mm^2)
㉲ η : 용접효율

㉰ C : 부식여유두께(mm)
㉯ V : 반타원체형 경판의 형상에 의한 계수로 산식에 따라 계산된 수치
㉰ m : 반타원체형 내면의 장축부와 단축부의 길이의 비

80. 고압가스 특정제조시설에서 에어졸 제조의 기준으로 틀린 것은?
① 에어졸 제조는 그 성분 배합비 및 1일에 제조하는 최대수량을 정하고 이를 준수한다.
② 금속제의 용기는 그 두께가 0.125 mm 이상이고 내용물로 인한 부식을 방지할 수 있는 조치를 한다.
③ 용기는 40℃에서 용기 안의 가스압력의 1.2배의 압력을 가할 때 파열되지 않는 것으로 한다.
④ 내용적이 100 cm³을 초과하는 용기는 그 용기의 제조자의 명칭 또는 기호가 표시되어 있는 것으로 한다.

[해설] 에어졸 용기는 50℃에서 용기 안의 가스압력의 1.5배의 압력을 가할 때에 변형되지 아니하고, 50℃에서 용기 안의 가스압력의 1.8배의 압력을 가할 때에 파열되지 아니하는 것으로 한다. 다만, 1.3 MPa 이상의 압력을 가할 때에 변형되지 아니하고, 1.5 MPa의 압력을 가할 때에 파열되지 아니한 것은 그러하지 아니하다.

제 5 과목 가스계측기기

81. 내경 70 mm의 배관으로 어떤 양의 물을 보냈더니 배관 내 유속이 3 m/s이었다. 같은 양의 물을 내경 50 mm의 배관으로 보내면 배관 유속은 약 몇 m/s가 되는가?
① 2.56
② 3.67
③ 4.20
④ 5.88

[해설] $Q_1 = Q_2$ 이므로 $A_1 V_1 = A_2 V_2$ 이다.

$$\therefore V_2 = \frac{A_1}{A_2} V_1 = \frac{\frac{\pi}{4} \times 0.07^2}{\frac{\pi}{4} \times 0.05^2} \times 3 = 5.88 \text{ m/s}$$

82. 용량범위가 1.5~200 m³/h로 일반 수용가에 널리 사용되는 가스미터는?
① 루트 미터
② 습식 가스미터
③ 델터 미터
④ 막식 가스미터

[해설] 막식 가스미터의 특징
㉮ 가격이 저렴하다.
㉯ 유지관리에 시간을 요하지 않는다.
㉰ 대용량의 것은 설치면적이 크다.
㉱ 일반 수용가에 널리 사용된다.
㉲ 용량범위는 1.5~200 m³/h이다.

83. 머무른 시간 407초, 길이 12.2 m인 컬럼에서의 띠너비를 바닥에서 측정하였을 때 13초이었다. 이때 단 높이는 몇 mm인가?
① 0.58
② 0.68
③ 0.78
④ 0.88

[해설] ㉮ 이론단수(N) 계산

$$\therefore N = 16 \times \left(\frac{Tr}{W}\right)^2 = 16 \times \left(\frac{407}{13}\right)^2 = 15682.745$$

㉯ 이론 단높이 계산

$$\therefore 이론 단높이(HETP) = \frac{L}{N} = \frac{12.2 \times 1000}{15682.745} = 0.777 \text{ mm}$$

84. 스프링식 저울에 물체의 무게가 작용되어 스프링의 변위가 생기고 이에 따라 바늘의 변위가 생겨 물체의 무게를 지시하는 눈금으로 무게를 측정하는 방법을 무엇이라 하는가?
① 영위법
② 치환법
③ 편위법
④ 보상법

해설 측정방법
㉮ 편위법 : 측정량과 관계있는 다른 양으로 변환시켜 측정하는 방법으로 정도는 낮지만 측정이 간단하다. 부르동관 압력계, 스프링식 저울, 전류계 등이 해당된다.
㉯ 영위법 : 기준량과 측정하고자 하는 상태량을 비교·평형시켜 측정하는 것으로 천칭을 이용하여 질량을 측정하는 것이 해당된다.
㉰ 치환법 : 지시량과 미리 알고 있는 다른 양으로부터 측정량을 나타내는 방법으로 다이얼게이지를 이용하여 두께를 측정하는 것이 해당된다.
㉱ 보상법 : 측정량과 거의 같은 미리 알고 있는 양을 준비하여 측정량과 그 미리 알고 있는 양의 차이로써 측정량을 알아내는 방법이다.

85. 상대습도가 30%이고, 압력과 온도가 각각 1.1 bar, 75℃인 습공기가 100 m³/h로 공정에 유입될 때 몰습도(mol·H₂O/mol·dry air)는? (단, 75℃에서 포화수증기압은 289 mmHg이다.)

① 0.017 ② 0.117
③ 0.129 ④ 0.317

해설 ㉮ 수증기 분압(P_w) 계산
$$\phi = \frac{\text{수증기 분압}(P_w)}{t℃ \text{에서의 포화 수증기압}(P_s)}$$
$$\therefore P_w = \phi \times P_s = 0.3 \times 289 = 86.7 \text{ mmHg}$$
㉯ 습공기 전압(P)을 'bar'단위에서 'mmHg' 단위로 계산
$$\therefore P = \frac{1.1}{1.01325} \times 760 = 825.067 \text{ mmHg}$$
㉰ 몰습도(mol·H₂O/mol·dry air) 계산
$$\therefore \text{몰습도} = \frac{P_w}{P - P_w} = \frac{86.7}{825.067 - 86.7}$$
$$= 0.117 \text{ mol·H}_2\text{O/mol·dry air}$$

86. 부르동(Bourdon)관 압력계에 대한 설명으로 틀린 것은?

① 높은 압력은 측정할 수 있지만 정도는 좋지 않다.
② 고압용 부르동관의 재질은 니켈강이 사용된다.
③ 탄성을 이용하는 압력계이다.
④ 부르동관의 선단은 압력이 상승하면 수축되고, 낮아지면 팽창한다.

해설 부르동관(bourdon tube) 압력계 : 2차 압력계 중에서 가장 대표적인 것으로 부르동관의 탄성을 이용하여 곡관에 압력이 가해지면 곡률 반지름이 증대되고, 압력이 낮아지면 수축하는 원리를 이용한 것이다. 부르동관의 종류는 C자형, 스파이럴형(spiral type), 헬리컬형(helical type), 버튼형 등이 있다.

87. 다음 [보기]에서 설명하는 가스미터는?

──〈보 기〉──
- 설치공간을 적게 차지한다.
- 대용량의 가스측정에 적당하다.
- 설치 후의 유지관리가 필요하다.
- 가스의 압력이 높아도 사용이 가능하다.

① 막식 가스미터 ② 루트 미터
③ 습식 가스미터 ④ 오리피스 미터

해설 루트(roots)형 가스미터의 특징
㉮ 대유량 가스측정에 적합하다.
㉯ 중압가스의 계량이 가능하다.
㉰ 설치면적이 적고, 연속흐름으로 맥동현상이 없다.
㉱ 여과기의 설치 및 설치 후의 유지관리가 필요하다.
㉲ 0.5 m³/h 이하의 적은 유량에는 부동의 우려가 있다.
㉳ 구조가 비교적 복잡하다.
㉴ 대량 수용가에 사용된다.
㉵ 용량 범위는 100~5000 m³/h이다.

88. 제베크(Seebeck)효과의 원리를 이용한 온도계는?

① 열전대 온도계 ② 서미스터 온도계

정답 85. ② 86. ④ 87. ② 88. ①

③ 팽창식 온도계　④ 광전관 온도계

해설 열전대 온도계 : 2종류의 금속선을 접속하여 하나의 회로를 만들어 2개의 접점에 온도차를 부여하면 회로에 접점의 온도에 거의 비례한 전류(열기전력)가 흐르는 현상인 제베크 효과(Seebeck effect)를 이용한 것으로 열기전력은 전위차계를 이용하여 측정한다.

89. 헴펠식 가스분석법에서 흡수·분리되지 않은 성분은?
① 이산화탄소　② 수소
③ 중탄화수소　④ 산소

해설 헴펠(Hempel)식 분석순서 및 흡수제

순서	분석가스	흡수제
1	CO_2	KOH 30 % 수용액
2	C_mH_n	발연황산
3	O_2	피로갈롤 용액
4	CO	암모니아성 염화 제1구리 용액

※ C_mH_n을 중탄화수소로 지칭한다.

90. 기체크로마토그래피법의 검출기에 대한 설명으로 옳은 것은?
① 불꽃이온화 검출기는 감도가 낮다.
② 전자포획 검출기는 선형 감응범위가 아주 우수하다.
③ 열전도도 검출기는 유기 및 무기화학종에 모두 감응하고 용질이 파괴되지 않는다.
④ 불꽃광도 검출기는 모든 물질에 적용된다.

해설 기체크로마토그래피법의 검출기 특징
㉮ 수소 불꽃이온화 검출기(FID)는 탄화수소에 대한 감응이 좋다.
㉯ 전자포획 이온화 검출기(ECD)는 방사선으로 캐리어가스가 이온화되어 생긴 자유전자를 시료 성분이 포획하면 이온전류가 감소하는 것을 이용한 것으로 유기 할로겐 화합물, 니트로 화합물 및 유기금속 화합물을 선택적으로 검출할 수 있으며, 선형 감응범위가 작은 단점을 가지고 있다.
㉰ 열전도형 검출기(TCD)는 캐리어가스(H_2, He)와 시료성분 가스의 열전도도차를 금속 필라멘트 또는 서미스터의 저항변화로 검출하는 형식으로 유기 및 무기화학종 모두에 감응한다.
㉱ 염광광도형 검출기(FPD)는 수소염에 의하여 시료성분을 연소시키고 이때 발생하는 불꽃의 광도를 측정하여 인, 황화합물을 선택적으로 검출한다.

91. 다음 중 수소의 품질검사에 이용되는 분석방법은?
① 오르사트법
② 산화 연소법
③ 인화법
④ 파라듐블랙에 의한 흡수법

해설 품질검사 대상 및 분석방법(검사법)

구분	시약	검사법	순도
산소	동·암모니아	오르사트법	99.5 % 이상
수소	피로갈롤, 하이드로 설파이드	오르사트법	98.5 % 이상
아세틸렌	발연황산	오르사트법	98 % 이상
	브롬시약	뷰렛법	
	질산은 시약	정성시험	

92. 변화되는 목표치를 측정하면서 제어량을 목표치에 맞추는 자동제어 방식이 아닌 것은?
① 추종 제어　② 비율 제어
③ 프로그램 제어　④ 정치 제어

해설 제어방법에 의한 분류
㉮ 정치 제어 : 목표값이 일정한 제어
㉯ 추치 제어 : 목표값을 측정하면서 제어량을 목표값에 일치하도록 맞추는 방식으로 추종 제어, 비율 제어, 프로그램 제어 등이 있다.
㉰ 캐스케이드 제어 : 두 개의 제어계를 조합하여 제어량의 1차 조절계를 측정하고 그 조작 출력으로 2차 조절계의 목표값을 설정하는 방법

정답　89. ②　90. ③　91. ①　92. ④

93. 화학분석법 중 요오드(I) 적정법은 주로 어떤 가스를 정량하는데 사용되는가?
① 일산화탄소
② 아황산가스
③ 황화수소
④ 메탄

해설 요오드 적정법 : 요오드 표준용액을 사용하여 황화수소(H_2S)의 정량을 행하는 직접법(Iodimetry)과 유리되는 요오드를 티오황산나트륨 용액으로 적정하여 산소(O_2)를 산출하는 간접법(Iodometry)이 있다.

94. 진동이 일어나는 장치의 진동을 억제하는 데 가장 효과적인 제어동작은?
① 뱅뱅 동작
② 비례 동작
③ 적분 동작
④ 미분 동작

해설 미분(D) 동작 : 조작량이 동작신호의 미분치에 비례하는 동작으로 비례 동작과 함께 쓰이며 일반적으로 진동이 제어되어 빨리 안정된다.

95. 다음 가스분석 방법 중 성질이 다른 하나는?
① 자동화학식
② 열전도율법
③ 밀도법
④ 기체크로마토그래피법

해설 (1) 자동화학식 CO_2 분석계 : 오르사트 가스 분석계의 조작을 자동화한 것으로 CO_2를 흡수액에 흡수시켜 이것에 시료가스의 용적감소를 측정하여 CO_2 농도를 지시하는 것으로 화학적 가스분석계이다.
(2) 특징
㉮ 조작은 모두 자동화되어 있다.
㉯ 선택성이 좋고 정도가 높다.
㉰ 구조가 유리부품이어서 파손이 많다.
㉱ 흡수액 선정에 따라 O_2 및 CO의 분석계로도 사용할 수 있다.
㉲ 점검과 소모품 보수를 요한다.

96. 다음 [보기]에서 설명하는 열전대 온도계(thermoelectric thermometer)의 종류는?

〈보 기〉
- 기전력 특성이 우수하다.
- 환원성 분위기에 강하나 수분을 포함한 산화성 분위기에는 약하다.
- 값이 비교적 저렴하다.
- 수소와 일산화탄소 등에 사용이 가능하다.

① 백금 – 백금·백금로듐
② 크로멜 – 알루멜
③ 철 – 콘스탄탄
④ 구리 – 콘스탄탄

해설 철–콘스탄탄(IC : J형) 열전대 특징
㉮ 가격이 저렴하고 열기전력이 크다.
㉯ 환원성 분위기에 강하지만, 산화성 분위기에 약하다.
㉰ 호환성이 좋지 않다.
㉱ 선의 지름이 큰 것을 사용하면 800℃까지 측정할 수 있다.
㉲ 측정범위는 –20∼800℃이다.

97. 막식가스미터에서 발생할 수 있는 고장의 형태 중 가스미터에 감도 유량을 흘렸을 때, 미터 지침의 시도(示度)에 변화가 나타나지 않는 고장을 의미하는 것은?
① 감도 불량
② 부동
③ 불통
④ 기차 불량

해설 막식가스미터의 고장 종류
㉮ 부동(不動) : 가스는 계량기를 통과하나 지침이 작동하지 않는 고장
㉯ 불통(不通) : 가스가 계량기를 통과하지 못하는 고장
㉰ 기차(오차) 불량 : 사용공차를 초과하는 고장
㉱ 감도 불량 : 감도 유량을 통과시켰을 때 지침의 시도(示度) 변화가 나타나지 않는 고장

정답 93. ③ 94. ④ 95. ① 96. ③ 97. ①

98. 다음 중 액면 측정 방법이 아닌 것은?
① 플로트식
② 압력식
③ 정전용량식
④ 박막식

[해설] 액면계의 구분
㉮ 직접식 : 직관식, 플로트식(부자식), 검척식
㉯ 간접식 : 압력식, 초음파식, 저항전극식, 정전용량식, 방사선식, 차압식, 다이어프램식, 편위식, 기포식, 슬립 튜브식 등

99. 측정치가 일정하지 않고 분포 현상을 일으키는 흩어짐(dispersion)이 원인이 되는 오차는?
① 개인 오차
② 환경 오차
③ 이론 오차
④ 우연 오차

[해설] 우연오차 : 우연하고도 필연적으로 생기는 오차로서 이 오차는 원인을 모르기 때문에 보정이 불가능하며, 상대적인 분포 현상을 가진 측정값을 나타낸다. 이러한 분포 현상을 산포라 하며 산포에 의하여 일어나는 오차를 우연오차라 한다. 여러 번 측정하여 통계적으로 처리한다.

100. 다음 중 측온 저항체의 종류가 아닌 것은?
① Hg
② Ni
③ Cu
④ Pt

[해설] 측온 저항체의 종류 및 측정온도
㉮ 백금(Pt) 측온 저항체 : $-200 \sim 500°C$
㉯ 니켈(Ni) 측온 저항체 : $-50 \sim 150°C$
㉰ 동(Cu) 측온 저항체 : $0 \sim 120°C$

정답 98. ④ 99. ④ 100. ①

▶ 2021년 5월 15일 시행

자격종목	종목코드	시험시간	형 별	수험번호	성 명
가스 기사	1471	2시간 30분			

제1과목 가스유체역학

1. 다음과 같은 일반적인 베르누이의 정리에 적용되는 조건이 아닌 것은?

$$\frac{P}{\rho g} + \frac{V^2}{2g} + Z = \text{constant}$$

① 정상 상태의 흐름이다.
② 마찰이 없는 흐름이다.
③ 직선관에서만의 흐름이다.
④ 같은 유선상에 있는 흐름이다.

해설 베르누이 방정식이 적용되는 조건
  ㉮ 적용되는 임의 두 점은 같은 유선상에 있다.
  ㉯ 정상 상태의 흐름이다.
  ㉰ 마찰이 없는 이상유체의 흐름이다.
  ㉱ 비압축성 유체의 흐름이다.
  ㉲ 외력은 중력만 작용한다.
  ㉳ 유체흐름 중 내부에너지 손실이 없는 흐름이다.

2. 압력계의 눈금이 1.2 MPa를 나타내고 있으며 대기압이 720 mmHg일 때 절대압력은 몇 kPa인가?
① 720   ② 1200
③ 1296   ④ 1301

해설 ㉮ 1 atm = 760 mmHg = 76 cmHg = 1.0332 kgf/cm² = 101.325 kPa = 0.101325 MPa이고, 1 MPa = 1000 kPa이다.
  ㉯ 절대압력 계산
  ∴ 절대압력 = 대기압 + 게이지 압력
    $= \left(\frac{720}{760} \times 101.325\right) + (1.2 \times 10^3)$
    $= 1295.992$ kPa

3. 냇물을 건널 때 안전을 위하여 일반적으로 물의 폭이 넓은 곳으로 건너간다. 그 이유는 폭이 넓은 곳에서는 유속이 느리기 때문이다. 이는 다음 중 어느 원리와 가장 관계가 깊은가?
① 연속 방정식
② 운동량 방정식
③ 베르누이의 방정식
④ 오일러의 운동방정식

해설 연속 방정식 : 질량보존의 법칙을 유체 유동에 적용시킨 것으로 어느 지점에서나 유량(질량유량)은 같다. 그러므로 물이 흐르는 냇가의 폭이 좁으면 유속은 빨라지고, 반대로 폭이 넓으면 유속이 느리기 때문에 물은 천천히 흐른다.

4. 수차의 효율을 η, 수차의 실제 출력을 L[PS], 수량을 Q[m³/s]라 할 때 유효낙차 H[m]를 구하는 식은?

① $H = \dfrac{L}{13.3\,\eta Q}$ [m]

② $H = \dfrac{QL}{13.3\,\eta}$ [m]

③ $H = \dfrac{L\,\eta}{13.3\,Q}$ [m]

④ $H = \dfrac{\eta}{L \times 13.3\,Q}$ [m]

해설 ㉮ 수차의 효율 계산식 $\eta = \dfrac{\text{실제출력}(L)}{\text{이론출력}(L_a)}$
이고, 이론출력 $L_a[\text{PS}] = \dfrac{\gamma \times H \times Q}{75}$이며 물의 비중량($\gamma$)은 1000 kgf/m³이다.
  ∴ $L = L_a \times \eta = \left(\dfrac{1000 \times H \times Q}{75}\right) \times \eta$

정답 1. ③ 2. ③ 3. ① 4. ①

$$=\left(\frac{1000}{75}\times H\times Q\right)\times\eta$$
$$=13.33\times H\times Q\times\eta$$

㉯ 유효낙차 계산식

$$\therefore\ H=\frac{L}{13.33\eta Q}[\text{m}]$$

5. 펌프의 회전수를 n[rpm], 유량을 Q[m³/min], 양정을 H[m]라 할 때 펌프의 비교회전도 n_s를 구하는 식은?

① $n_s=nQ^{\frac{1}{2}}H^{-\frac{3}{4}}$

② $n_s=nQ^{-\frac{1}{2}}H^{\frac{3}{4}}$

③ $n_s=nQ^{-\frac{1}{2}}H^{-\frac{3}{4}}$

④ $n_s=nQ^{\frac{1}{2}}H^{\frac{3}{4}}$

해설 ㉮ 비교회전도 계산식

$$\therefore\ n_s=\frac{n\times\sqrt{Q}}{H^{\frac{3}{4}}}=\frac{n\times Q^{\frac{1}{2}}}{H^{\frac{3}{4}}}$$
$$=n\times Q^{\frac{1}{2}}\times H^{-\frac{3}{4}}$$

㉯ 비교회전도(비속도) : 원심펌프에서 토출량 $1\,\text{m}^3$/min, 양정 1 m가 발생하도록 설계한 경우의 판상 임펠러의 매분 회전수이다.

6. 원관 내 유체의 흐름에 대한 설명 중 틀린 것은?

① 일반적으로 층류는 레이놀즈수가 약 2100 이하인 흐름이다.

② 일반적으로 난류는 레이놀즈수가 약 4000 이상인 흐름이다.

③ 일반적으로 관 중심부의 유속은 평균유속보다 빠르다.

④ 일반적으로 최대속도에 대한 평균속도의 비는 난류가 층류보다 작다.

해설 일반적으로 최대속도에 대한 평균속도의 비는 난류가 층류보다 크다.

7. 내경이 2.5×10^{-3} m인 원관에 0.3 m/s의 평균속도로 유체가 흐를 때 유량은 약 몇 m³/s인가?

① 1.06×10^{-6}　② 1.47×10^{-6}

③ 2.47×10^{-6}　④ 5.23×10^{-6}

해설 $Q=A\times V=\left(\frac{\pi}{4}\times D^2\right)\times V$

$$=\left\{\frac{\pi}{4}\times(2.5\times10^{-3})^2\right\}\times0.3$$
$$=1.472\times10^{-6}\,\text{m}^3/\text{s}$$

8. 간격이 좁은 2개의 연직 평판을 물속에 세웠을 때 모세관 현상의 관계식으로 맞는 것은? (단, 두 개의 연직 평판의 간격 : t, 표면장력 : σ, 접촉각 : β, 물의 비중량 : γ, 액면의 상승 높이 : h_c이다.)

① $h_c=\frac{4\sigma\cos\beta}{\gamma t}$　② $h_c=\frac{4\sigma\sin\beta}{\gamma t}$

③ $h_c=\frac{2\sigma\cos\beta}{\gamma t}$　④ $h_c=\frac{2\sigma\sin\beta}{\gamma t}$

해설 모세관 현상에 의한 액체의 상승 높이 계산식

㉮ 원형 모세관 : $h=\frac{4\sigma\cos\beta}{\gamma d}$

㉯ 연직 평판 : $h_c=\frac{2\sigma\cos\beta}{\gamma t}$

9. 원관을 통하여 계량수조에 10분 동안 2000 kg의 물을 이송한다. 원관의 내경을 500 mm로 할 때 평균 유속은 약 몇 m/s인가? (단, 물의 비중은 1.0이다.)

① 0.27　② 0.027

③ 0.17　④ 0.017

해설 ㉮ 물의 밀도(공학단위) 계산

$$\therefore\ \rho=\frac{\gamma}{g}=\frac{1.0\times10^3}{9.8}=102.04\,\text{kgf}\cdot\text{s}^2/\text{m}^4$$

㉯ 물의 밀도(절대단위) 계산

$$\therefore\ \rho=102.04\,\text{kgf}\cdot\text{s}^2/\text{m}^4\times9.8\,\text{m/s}^2$$
$$=999.992\fallingdotseq1000\,\text{kg/m}^3$$

㉰ 속도계산 : 10분 동안 이송한 물 2000 kg을

정답 5. ① 6. ④ 7. ② 8. ③ 9. ④

10분으로 나누면 1분 동안 이송한 양이고 다시 60으로 나누면 1초 동안 이송한 양으로 환산되며, 질량유량 계산식 $m = \rho \times A \times V$에서 속도($V$)를 구한다.

$$\therefore V = \frac{m}{\rho \times A} = \frac{m}{\rho \times \frac{\pi}{4} \times D^2}$$

$$= \frac{\frac{2000}{10 \times 60}}{1000 \times \frac{\pi}{4} \times 0.5^2} = 0.01697 \text{ m/s}$$

10. 표준대기에 개방된 탱크에 물이 채워져 있다. 수면에서 2 m 깊이의 지점에서 받는 절대압력은 몇 kgf/cm²인가?

① 0.03 ② 1.033
③ 1.23 ④ 1.92

[해설] ㉮ 게이지 압력 계산 : 게이지 압력은 물의 비중량($\gamma = 1000$ kgf/m³)과 높이의 곱으로 계산하며, 이때의 단위는 'kgf/m²'이므로 'kgf/cm²'으로 변환하기 위해 10000으로 나눠준다.

$$\therefore P_g = \gamma \times h = (1000 \times 2) \times 10^{-4}$$
$$= 0.2 \text{ kgf/cm}^2$$

㉯ 절대압력 계산 : 대기압은 1.0332 kgf/cm² 이다.
∴ 절대압력 = 대기압 + 게이지 압력
= 1.0332 + 0.2
= 1.2332 kgf/cm²

11. 수직 충격파가 발생될 때 나타나는 현상은?

① 압력, 마하수, 엔트로피가 증가한다.
② 압력은 증가하고 엔트로피와 마하수는 감소한다.
③ 압력과 엔트로피가 증가하고 마하수는 감소한다.
④ 압력과 마하수는 증가하고 엔트로피는 감소한다.

[해설] 수직 충격파가 발생하면 압력, 온도, 밀도, 엔트로피가 증가하며 속도는 감소한다(속도가 감소하므로 마하수는 감소한다).

12. 구가 유체 속을 자유낙하할 때 받는 항력 F가 점성계수 μ, 지름 D, 속도 V의 함수로 주어진다. 이 물리량들 사이의 관계식을 무차원으로 나타내고자 할 때 차원해석에 의하면 몇 개의 무차원 수로 나타낼 수 있는가?

① 1 ② 2
③ 3 ④ 4

[해설] 구가 유체 속을 자유낙하할 때의 물리량 수는 4개이고, 기본차원 수는 3개이다.
∴ 무차원 수 = 물리량 수 − 기본차원 수
= 4 − 3 = 1개

※ 구(球, sphere)는 축구공과 같이 한 정점(중심)으로부터 같은 반지름의 거리에 있는 점들로 이루어진 3차원의 도형을 지칭하는 것이다.

13. 단면적이 변하는 관로를 비압축성 유체가 흐르고 있다. 지름이 15 cm인 단면에서의 평균속도가 4 m/s이면 지름이 20 cm인 단면에서의 평균속도는 몇 m/s인가?

① 1.05 ② 1.25
③ 2.05 ④ 2.25

[해설] $Q_1 = Q_2$이므로 $A_1 V_1 = A_2 V_2$이다.

$$\therefore V_2 = \frac{A_1}{A_2} V_1 = \frac{\frac{\pi}{4} \times 0.15^2}{\frac{\pi}{4} \times 0.2^2} \times 4 = 2.25 \text{ m/s}$$

14. 강관 속을 물이 흐를 때 넓이 250 cm²에 걸리는 전단력이 2 N이라면 전단응력은 몇 kg/m·s²인가?

① 0.4 ② 0.8
③ 40   ④ 80

[해설] ㉮ 전단력 2 N = 2 kg·m/s²이고, 넓이 250 cm² = 250×10^{-4} m²이다.
㉯ 전단응력 계산

$$\therefore \tau = \frac{F}{A} = \frac{2}{250 \times 10^{-4}} = 80 \text{ kg/m·s}^2$$

15. 전양정 15 m, 송출량 0.02 m³/s, 효율 85 %인 펌프로 물을 수송할 때 축동력은 몇 마력인가?

① 2.8 PS ② 3.5 PS
③ 4.7 PS ④ 5.4 PS

[해설] 물의 비중량(γ)은 1000 kgf/m³이다.

$$\therefore PS = \frac{\gamma \cdot Q \cdot H}{75\eta} = \frac{1000 \times 0.02 \times 15}{75 \times 0.85}$$
$$= 4.705 \, PS$$

16. 어떤 유체의 운동물체에 8개의 변수가 관계되고 있다. 이 8개의 변수에 포함되는 기본 차원이 질량 M, 길이 L, 시간 T일 때 π정리로서 차원해석을 한다면 몇 개의 독립적인 무차원량 π를 얻을 수 있는가?

① 3개 ② 5개
③ 8개 ④ 11개

[해설] 어떤 유체의 운동물체에 물리량 수는 8개이고, 기본차원 수는 3개이다.

∴ 무차원 수 = 물리량 수 − 기본차원 수
= 8 − 3 = 5개

17. 그림은 회전수가 일정할 경우의 펌프의 특성곡선이다. 효율곡선에 해당하는 것은?

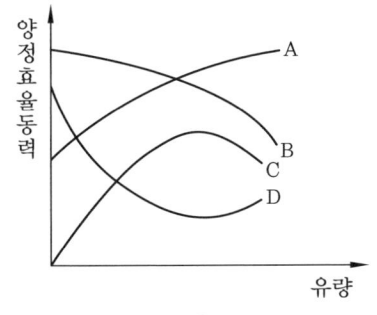

① A ② B
③ C ④ D

[해설] 펌프의 특성곡선 명칭
㉮ A곡선 : 축동력곡선
㉯ B곡선 : 양정곡선
㉰ C곡선 : 효율곡선

18. 그림과 같이 비중이 0.85인 기름과 물이 층을 이루며 뚜껑이 열린 용기에 채워져 있다. 물의 가장 낮은 밑바닥에서 받는 게이지 압력은 얼마인가? (단, 물의 밀도는 1000 kg/m³이다.)

① 3.33 kPa ② 7.45 kPa
③ 10.8 kPa ④ 12.2 kPa

[해설] ㉮ 물의 비중량(절대단위) 계산
∴ $\gamma = \rho \times g = 1000 \times 9.8$
$= 9800 \, kg/m^2 \cdot s^2$

㉯ 물의 비중량(공학단위) 계산 : 절대단위를 중력가속도(g)로 나눠주면 단위변환이 된다.

$$\therefore \gamma = \frac{9800}{9.8} = 1000 \, kgf/m^3$$

㉰ 밑바닥에서의 게이지 압력 계산 : 비중량(γ)에 높이(h)를 곱하면 'kgf/m²'이 되고 여기에 중력가속도를 곱하면 Pa(N/m²) 단위로 변환되며, 1 kPa = 1000 Pa이다.

∴ $P_g = (\gamma_1 \times h_1) + (\gamma_2 \times h_2)$
$= \{(0.85 \times 10^3 \times 0.4) + (1000 \times 0.9)\}$
$\times 9.8 \times 10^{-3} = 12.152 \, kPa$

19. 압력이 100 kPa이고 온도가 30℃인 질소 (R= 0.26 kJ/kg·K)의 밀도(kg/m³)는?

① 1.02 ② 1.27
③ 1.42 ④ 1.64

[해설] 밀도(kg/m³)는 단위체적당 질량이므로 이상기체 상태방정식 $PV = GRT$를 이용하여 계산한다.

$$\therefore \rho = \frac{G}{V} = \frac{P}{RT} = \frac{100}{0.26 \times (273+30)}$$
$$= 1.269 \, kg/m^3$$

20. 온도 20℃의 이상기체가 수평으로 놓인 관 내부를 흐르고 있다. 유동 중에 놓인 작은 물체의 코에서의 정체온도(stagnation temperature)가 $T_s = 40℃$이면 관에서의 기체의 속도(m/s)는? (단, 기체의 정압비열 $C_p = 1040$ J/kg·K이고, 등엔트로피 유동이라고 가정한다.)

① 204   ② 217   ③ 237   ④ 253

해설 ㉮ 정적비열(C_v) 계산 : 이상기체를 공기로 가정하여 정압비열, 정적비열 및 기체상수의 관계식 $C_p - C_v = R$에서 정적비열을 계산한다.

$$\therefore C_v = C_p - R = C_p - \frac{8314}{M}$$
$$= 1040 - \frac{8314}{29} = 753.310 \text{ J/kg·K}$$

㉯ 비열비 계산

$$\therefore k = \frac{C_p}{C_v} = \frac{1040}{753.31} = 1.380$$

㉰ 속도 계산 : $T_2 - T_1 = \frac{k-1}{kR} \times \frac{V^2}{2}$에서 SI 단위를 적용하여 계산한다.

$$\therefore V = \sqrt{\frac{2kR(T_2 - T_1)}{k-1}}$$
$$= \sqrt{\frac{2 \times 1.38 \times \frac{8314}{29} \times \{(273+40)-(273+20)\}}{1.38-1}}$$
$$= 204.072 \text{ m/s}$$

제 2 과목 연소공학

21. 다음 〈보기〉에서 설명하는 가스폭발 위험성 평가기법은?

〈보기〉
- 사상의 안전도를 사용하여 시스템의 안전도를 나타내는 모델이다.
- 귀납적이기는 하나 정량적 분석기법이다.
- 재해의 확대요인의 분석에 적합하다.

① FHA(Fault Hazard Analysis)
② JSA(Job Safety Analysis)
③ EVP(Extreme Value Projection)
④ ETA(Event Tree Analysis)

해설 사건수 분석(ETA : event tree analysis) 기법 : 초기사건으로 알려진 특정한 장치의 이상이나 운전자의 실수로부터 발생되는 잠재적인 사고결과를 평가하는 정량적 위험성 평가기법이다.

22. 랭킨 사이클의 과정은?

① 정압가열 → 단열팽창 → 정압방열 → 단열압축
② 정압가열 → 단열압축 → 정압방열 → 단열팽창
③ 등온팽창 → 단열팽창 → 등온압축 → 단열압축
④ 등온팽창 → 단열압축 → 등온압축 → 단열팽창

해설 랭킨 사이클(Rankine cycle) : 2개의 정압변화와 2개의 단열변화로 구성된 증기원동소의 이상 사이클로 보일러에서 발생된 증기를 증기터빈에서 단열팽창하면서 외부에 일을 한 후 복수기(condenser)에서 냉각되어 포화액이 된다. '정압가열 → 단열팽창 → 정압방열 → 단열압축' 과정으로 작동되며, 이론 열효율은 초압 및 초온이 높을수록, 배압(터빈 배출압력)이 낮을수록 증가한다.

23. 에틸렌(Ethylene) 1 Sm³을 완전 연소시키는데 필요한 공기의 양은 약 몇 Sm³인가? (단, 공기 중의 산소 및 질소의 함량 21 v%, 79 v%이다.)

① 9.5   ② 11.9
③ 14.3   ④ 19.0

해설 ㉮ 에틸렌(C_2H_4)의 완전연소 반응식
$$C_2H_4 + 3O_2 \rightarrow 2CO_2 + 2H_2O$$
㉯ 이론 공기량(Sm³) 계산

정답 20. ①   21. ④   22. ①   23. ③

$$22.4 \text{ Sm}^3 : 3 \times 22.4 \text{ Sm}^3 = 1 \text{ Sm}^3 : x(O_0) \text{ Sm}^3$$
$$\therefore A_0 = \frac{O_0}{0.21} = \frac{3 \times 22.4 \times 1}{22.4 \times 0.21} = 14.285 \text{ Sm}^3$$

24. 가스의 연소속도에 영향을 미치는 인자에 대한 설명 중 틀린 것은?
① 연소속도는 일반적으로 이론 혼합비보다 약간 과농한 혼합비에서 최대가 된다.
② 층류연소속도는 초기온도의 상승에 따라 증가한다.
③ 연소속도의 압력 의존성이 매우 커 고압에서 급격한 연소가 일어난다.
④ 이산화탄소를 첨가하면 연소범위가 좁아진다.

[해설] 연소속도에 영향을 주는 인자
㉮ 기체의 확산 및 산소와의 혼합
㉯ 연소용 공기 중 산소의 농도 : 산소 농도가 높아지면 연소범위가 넓어지고, 연소속도도 증가한다.
㉰ 연소 반응물질 주위의 압력 : 압력이 높을수록 연소속도가 빨라진다.
㉱ 온도 : 주변 온도가 상승하면 연소속도가 증가한다.
㉲ 촉매
※ 압력이 높을수록 연소속도가 빨라지지만 압력 의존성이 매우 크지 않고, 고압에서 급격한 연소가 일어나지는 않는다.

25. 418.6 kJ/kg의 내부에너지를 갖는 20℃의 공기 10 kg이 탱크 안에 들어 있다. 공기의 내부에너지가 502.3 kJ/kg으로 증가할 때까지 가열하였을 경우 이때의 열량 변화는 약 몇 kJ인가?
① 775
② 793
③ 837
④ 893

[해설] $dq = m(u_2 - u_1)$
$= 10 \times (502.3 - 418.6) = 837 \text{ kJ}$

26. 프로판 1 Sm³을 공기과잉률 1.2로 완전 연소 시켰을 때 발생하는 건연소 가스량은 약 몇 Sm³인가?
① 28.8
② 26.6
③ 24.5
④ 21.1

[해설] ㉮ 실제공기량에 의한 프로판(C_3H_8)의 완전연소 반응식
$C_3H_8 + 5O_2 + (N_2) + B \rightarrow 3CO_2 + 4H_2O + (N_2) + B$
㉯ 실제 건연소 가스량 계산 : 기체연료 1 m³가 연소할 때 발생하는 연소가스량(m³)은 연소반응식에서 몰(mol)수와 같고, 질소(N_2)량은 산소량의 3.76배에 해당된다.
∴ 실제 건연소 가스량
= 이론 건연소 가스량 + 과잉공기량
$= (CO_2 + N_2) + \left\{(m-1) \times \frac{O_0}{0.21}\right\}$
$= \{3 + (5 \times 3.76)\} + \left\{(1.2-1) \times \frac{5}{0.21}\right\}$
$= 26.561 \text{ Sm}^3$

27. 증기 원동기의 가장 기본이 되는 동력 사이클은?
① 사바테(Sabathe) 사이클
② 랭킨(Rankine) 사이클
③ 디젤(Diesel) 사이클
④ 오토(Otto) 사이클

[해설] 랭킨(rankine) 사이클 : 2개의 정압과정과 2개의 단열과정으로 구성된 증기원동소의 이상 사이클이다.

28. 가연물이 되기 쉬운 조건이 아닌 것은?
① 열전도율이 작다.
② 활성화 에너지가 크다.
③ 산소와 친화력이 크다.
④ 가연물의 표면적이 크다.

[해설] 가연물의 구비조건
㉮ 발열량이 크고, 열전도율이 작을 것
㉯ 산소와 친화력이 좋고 표면적이 넓을 것
㉰ 활성화 에너지가 작을 것
㉱ 건조도가 높을 것(수분 함량이 적을 것)

[정답] 24. ③ 25. ③ 26. ② 27. ② 28. ②

29. 순수한 물질에서 압력을 일정하게 유지하면서 엔트로피를 증가시킬 때 엔탈피는 어떻게 되는가?
① 증가한다.
② 감소한다.
③ 변함없다.
④ 경우에 따라 다르다.

해설 ㉮ 등압변화($P=C$)에서 엔트로피 변화량
$$\therefore \Delta s = s_2 - s_1 = \int_1^2 ds$$
$$= \int_1^2 \frac{dq}{T} = \int_1^2 \frac{C_p dT}{T}$$
㉯ 등압변화에서 엔탈피 변화량 $dh = C_p dT$이므로 엔트로피를 증가시키는 것은 엔탈피를 증가시키는 것과 같다.

30. 다음 중 가역과정이라고 할 수 있는 것은?
① Carnot 순환
② 연료의 완전연소
③ 관내의 유체의 흐름
④ 실린더 내에서의 급격한 팽창

해설 과정 : 계 내의 물질이 한 상태에서 다른 상태로 변할 때 연속된 상태 변화의 경로(path)를 뜻한다.
㉮ 가역과정 : 과정을 여러 번 진행해도 결과가 동일하며 자연계에 아무런 변화도 남기지 않는 것(카르노 사이클, 노즐에서의 팽창, 마찰이 없는 관내 흐름)
㉯ 비가역과정 : 계의 경계를 통하여 이동할 때 자연계에 변화를 남기는 것(온도차로 생기는 열전달, 압축 및 자유팽창, 혼합 및 화학반응, 전기적 저항, 마찰, 확산 및 삼투압 현상)

31. 임계압력을 가장 잘 표현한 것은?
① 액체가 증발하기 시작할 때의 압력을 말한다.
② 액체가 비등점에 도달했을 때의 압력을 말한다.
③ 액체, 기체, 고체가 공존할 수 있는 최소의 압력을 말한다.
④ 임계온도에서 기체를 액화시키는데 필요한 최저의 압력을 말한다.

해설 ㉮ 임계점(critical point) : 액상과 기상이 평형 상태로 존재할 수 있는 최고온도(임계온도) 및 최고압력(임계압력)으로 액상과 기상을 구분할 수 없다.
㉯ 액화의 조건이 임계온도 이하, 임계압력 이상이므로 기체를 액화할 때 임계온도는 액화시키는데 필요한 최고온도, 임계압력은 액화시키는 필요한 최저의 압력이 된다.

32. 최소산소농도(MOC)와 이너팅(Inerting)에 대한 설명으로 틀린 것은?
① LFL(연소하한계)은 공기 중의 산소량을 기준으로 한다.
② 화염을 전파하기 위해서는 최소한의 산소농도가 요구된다.
③ 폭발 및 화재는 연료의 농도에 관계없이 산소의 농도를 감소시킴으로써 방지할 수 있다.
④ MOC값은 연소반응식 중 산소의 양론계수와 LFL(연소하한계)의 곱을 이용하여 추산할 수 있다.

해설 ㉮ 연소범위(폭발범위) : 공기 중에서 점화원에 의해 폭발을 일으킬 수 있는 혼합가스 중의 가연성가스의 부피범위(%)로 LFL(연소하한계)와 UFL(연소상한계)로 구분한다.
㉯ LFL(연소하한계)은 가연성가스의 화학양론 농도로부터 추산할 수 있다.
㉠ 화학양론 농도(x_0) 계산
$$\therefore x_0 = \frac{0.21}{0.21 + n} \times 100$$
㉡ 폭발하한값(LFL : x_1) 계산
$$\therefore x_1 = 0.55 x_0$$
㉢ MOC(최소산소농도) 계산식 : 연소반응식을 이용하여 계산한다.
$$\therefore MOC = LFL \times \frac{산소몰수}{연료몰수}$$

정답 29. ① 30. ① 31. ④ 32. ①

33. 파라핀계 탄화수소의 탄소수 증가에 따른 일반적인 성질변화로 옳지 않은 것은?
① 인화점이 높아진다.
② 착화점이 높아진다.
③ 연소범위가 좁아진다.
④ 발열량(kcal/m³)이 커진다.

[해설] 탄화수소의 탄소(C)수가 증가할 때
㉮ 증가하는 것 : 비등점, 융점, 비중, 발열량, 연소열, 화염온도
㉯ 감소하는 것 : 증기압, 발화점(착화점), 폭발하한값, 폭발범위값, 증발잠열, 연소속도

34. 어느 카르노 사이클이 103℃와 −23℃에서 작동이 되고 있을 때 열펌프의 성적계수는 약 얼마인가?
① 3.5 ② 3 ③ 2 ④ 0.5

[해설] $COP_H = \dfrac{Q_1}{W} = \dfrac{Q_1}{Q_1 - Q_2} = \dfrac{T_1}{T_1 - T_2}$
$= \dfrac{273 + 103}{(273 + 103) - (273 - 23)} = 2.984$

35. 표면연소에 대하여 가장 옳게 설명한 것은?
① 오일이 표면에서 연소하는 상태
② 고체 연료가 화염을 길게 내면서 연소하는 상태
③ 화염의 외부 표면에 산소가 접촉하여 연소하는 상태
④ 적열된 코크스 또는 숯의 표면에 산소가 접촉하여 연소하는 상태

[해설] 표면연소 : 고체 가연물이 열분해나 증발을 하지 않고 표면에서 산소와 반응하여 연소하는 것으로 목탄(숯), 코크스 등의 연소가 이에 해당된다.

36. 자연 상태의 물질을 어떤 과정(Process)을 통해 화학적으로 변형시킨 상태의 연료를 2차 연료라고 한다. 다음 중 2차 연료에 해당하는 것은?

① 석탄 ② 원유
③ 천연가스 ④ LPG

[해설] 연료의 분류
㉮ 1차 연료 : 자연 상태에서 얻을 수 있는 연료로 석탄, 원유, 천연가스 등이 해당된다.
㉯ 2차 연료 : 1차 연료를 화학적으로 변형시킨 상태의 연료로 코크스, LPG, 발생로가스, 고로가스, 수성가스 등이 해당된다.

37. 다음 〈보기〉에서 열역학에 대한 설명으로 옳은 것을 모두 나열한 것은?

〈보 기〉
㉠ 기체에 기계적 일을 가하여 단열 압축시키면 일은 내부에너지로 기체 내에 축적되어 온도가 상승한다.
㉡ 엔트로피는 가역이면 항상 증가하고, 비가역이면 항상 감소한다.
㉢ 가스를 등온팽창시키면 내부에너지의 변화는 없다.

① ㉠
② ㉡
③ ㉠, ㉢
④ ㉡, ㉢

[해설] 가역 단열변화 시에는 엔트로피 변화가 없고, 비가역 단열변화 시에는 엔트로피가 증가한다.

38. 폭발위험 예방원칙으로 고려하여야 할 사항에 대한 설명으로 틀린 것은?
① 비일상적 유지관리 활동은 별도의 안전관리 시스템에 따라 수행되므로 폭발 위험장소를 구분하는 때에는 일상적인 유지관리 활동만을 고려하여 수행한다.
② 가연성가스를 취급하는 시설을 설계하거나 운전절차서를 작성하는 때에는 0종 장소 또는 1종 장소의 수와 범위가 최대가 되도록 한다.
③ 폭발성가스 분위기가 존재할 가능성이 있는 경우에는 점화원 주위에서 폭발성가스

분위기가 형성될 가능성 또는 점화원을 제거한다.
④ 공정설비가 비정상적으로 운전되는 경우에도 대기로 누출되는 가연성가스의 양이 최소화 되도록 한다.

[해설] 가연성가스를 취급하는 시설을 설계하거나 운전절차서를 작성하는 때에는 위험장소의 수와 범위가 최소가 되도록 한다.

39. 연소범위에 대한 일반적인 설명으로 틀린 것은?
① 압력이 높아지면 연소범위는 넓어진다.
② 온도가 올라가면 연소범위는 넓어진다.
③ 산소농도가 증가하면 연소범위는 넓어진다.
④ 불활성가스의 양이 증가하면 연소범위는 넓어진다.

[해설] 폭발범위에 영향을 주는 요소
㉮ 온도 : 온도가 높아지면 폭발범위는 넓어진다.
㉯ 압력 : 압력이 상승하면 일반적으로 폭발범위는 넓어진다.
㉰ 산소 농도 : 산소 농도가 증가하면 폭발범위는 넓어진다.
㉱ 불연성가스 : 불연성가스가 혼합되면 산소 농도를 낮추며 이로 인해 폭발범위는 좁아진다.

40. 증기운폭발(VCE)의 특성에 대한 설명 중 틀린 것은?
① 증기운의 크기가 증가하면 점화확률이 커진다.
② 증기운에 의한 재해는 폭발보다는 화재가 일반적이다.
③ 폭발효율이 커서 연소에너지의 대부분이 폭풍파로 전환된다.
④ 누출된 가연성 증기가 양론비에 가까운 조성의 가연성 혼합기체를 형성하면 폭굉의 가능성이 높아진다.

[해설] 증기운폭발의 특징
㉮ 증기운의 크기가 증가하면 점화확률이 커진다.
㉯ 폭발보다는 화재가 일반적이다.
㉰ 연소에너지의 약 20 %만 폭풍파로 변한다.
㉱ 방출점으로부터 먼 지점에서의 증기운의 점화는 폭발의 충격을 증가시킨다.

제 3 과목　가스설비

41. 용기용 밸브의 가스 충전구의 형식에 따라 A형, B형, C형의 3종류가 있다. 가스 충전구가 암나사로 되어 있는 것은?
① A형　　　　　② B형
③ A형, B형　　　④ C형

[해설] 충전구 형식에 의한 분류
㉮ A형 : 가스 충전구가 수나사
㉯ B형 : 가스 충전구가 암나사
㉰ C형 : 가스 충전구에 나사가 없는 것

42. 다음 중 비교회전도(비속도, n_s)가 가장 적은 펌프는?
① 축류펌프　　　② 터빈펌프
③ 벌류트펌프　　④ 사류펌프

[해설] 비교회전도(비속도 : rpm · m³/min · m) 범위
㉮ 터빈펌프 : 100~300
㉯ 벌류트펌프 : 300~600
㉰ 사류펌프 : 500~1300
㉱ 축류펌프 : 1200~2000
※ 비교회전도(비속도)는 고양정 펌프일수록 적고, 저양정 펌프일수록 크다.

43. 고압가스 제조시설의 플레어스택에서 처리가스의 액체 성분을 제거하기 위한 설비는?
① knock-out drum　② seal drum
③ flame arrestor　　④ pilot burner

[해설] 플레어 시스템(flare system)의 구조
㉮ 플레어 헤더(flare header) : Process에서

정답 39. ④　40. ③　41. ②　42. ②　43. ①

발생된 가스 및 액체를 플레어 시스템으로 보내주는 주배관이다.
㉯ 녹-아웃 드럼(knock-out drum) : 플레어스택에서 처리해야 하는 가스 중에 포함된 액체 성분을 제거하는 설비이다.
㉰ 몰러큘러 실(molecular seal) : 플레어스택의 화염이 역류하는 플레쉬 백(flash back) 현상을 방지하기 위해 설치한다.
㉱ 밀봉 드럼((water) seal drum) : 녹-아웃 드럼 후단에서 플레어스택 사이에 설치하는 드럼으로 공기가 플레어 시스템 내부로 유입되는 것을 방지하기 위해 설치한다.
㉲ 플레어스택(flare stack) : 굴뚝(stack) 형태의 소각탑으로 스택 서포트(stack support), 파일럿 버너(pilot burner), 버너 팁(burner tip), 점화 시스템(ignition system), 스팀 제트(steam jet) 등으로 구성된다.
㉳ 그 밖의 설비 : 연료, 공기, 점화 라인과 화염방지기, 역화방지기, 연기 억제 조절기, 경보기 등이 설치된다.

44. 고압가스 제조 장치 재료에 대한 설명으로 틀린 것은?
① 상온, 상압에서 건조 상태의 염소가스에 탄소강을 사용한다.
② 아세틸렌은 철, 니켈 등의 철족의 금속과 반응하여 금속 카르보닐을 생성한다.
③ 9 % 니켈강은 액화 천연가스에 대하여 저온취성에 강하다.
④ 상온, 상압에서 수증기가 포함된 탄산가스 배관에 18-8 스테인리스강을 사용한다.

해설 ㉮ 아세틸렌(C_2H_2)은 동(Cu), 은(Ag), 수은(Hg) 등의 금속과 접촉하면 폭발성의 아세틸드를 생성하여 충격 등에 의하여 폭발하는 화합폭발이 발생한다.
㉯ 철, 니켈 등의 철족의 금속과 고온, 고압하에서 반응하여 금속 카르보닐을 생성하는 것은 일산화탄소(CO)이다.

45. 흡입구경이 100 mm, 송출구경이 90 mm 인 원심펌프의 올바른 표시는?

① 100×90 원심펌프
② 90×100 원심펌프
③ 100-90 원심펌프
④ 90-100 원심펌프

해설 원심펌프의 크기 표시 : 펌프의 흡입구경(D_1 [mm])과 송출구경(D_2 [mm])으로 표시($D_1 \times D_2$)하며 일례로 다음과 같다.
㉮ 흡입구경과 송출구경이 100 mm인 원심펌프 : 100 원심펌프
㉯ 흡입구경이 100 mm이고 송출구경이 90 mm인 원심펌프 : 100×90 원심펌프

46. 저압배관에서 압력손실의 원인으로 가장 거리가 먼 것은?
① 마찰저항에 의한 손실
② 배관의 입상에 의한 손실
③ 밸브 및 엘보 등 배관 부속품에 의한 손실
④ 압력계, 유량계 등 계측기 불량에 의한 손실

해설 저압배관에서 압력손실의 원인
㉮ 마찰저항에 의한 손실
㉯ 배관의 입상에 의한 손실
㉰ 밸브 및 엘보 등 배관 부속품에 의한 손실
㉱ 배관 길이에 의한 손실

47. 액화석유가스를 사용하고 있던 가스레인지를 도시가스로 전환하려고 한다. 다음 조건으로 도시가스를 사용할 경우 노즐 구경은 약 몇 mm인가?

- LPG 총발열량(H_1) : 24000 kcal/m³
- LNG 총발열량(H_2) : 6000 kcal/m³
- LPG 공기에 대한 비중(d_1) : 1.55
- LNG 공기에 대한 비중(d_2) : 0.65
- LPG 사용압력(P_1) : 2.8 kPa
- LNG 사용압력(P_2) : 1.0 kPa
- LPG를 사용하고 있을 때의 노즐구경(D_1) : 0.3 mm

정답 44. ② 45. ① 46. ④ 47. ④

① 0.2 ② 0.4
③ 0.5 ④ 0.6

[해설] 노즐 지름 변경율 계산식

$\dfrac{D_2}{D_1} = \sqrt{\dfrac{WI_1\sqrt{P_1}}{WI_2\sqrt{P_2}}}$ 에서 변경 후 노즐 지름 (D_2)을 구한다.

$\therefore D_2 = D_1 \times \sqrt{\dfrac{WI_1\sqrt{P_1}}{WI_2\sqrt{P_2}}}$

$= D_1 \times \sqrt{\dfrac{\dfrac{H_1}{\sqrt{d_1}} \times \sqrt{P_1}}{\dfrac{H_2}{\sqrt{d_2}} \times \sqrt{P_2}}}$

$= 0.3 \times \sqrt{\dfrac{\dfrac{24000}{\sqrt{1.55}} \times \sqrt{2.8}}{\dfrac{6000}{\sqrt{0.65}} \times \sqrt{1.0}}} = 0.624$ mm

※ 노즐 지름 변경율 공식에서 사용압력 P_1, P_2의 단위가 'mmH$_2$O'이지만 분모, 분자에 동일한 단위가 적용되므로 단위 변환 없이 'kPa' 단위를 그대로 적용해서 계산할 수 있다.

[별해] LPG와 LNG의 웨버지수(WI)를 각각 구한 후 변경 후 노즐 지름을 구하는 방법

㉮ 웨버지수 계산

$\therefore WI_1 = \dfrac{H_1}{\sqrt{d_1}} = \dfrac{24000}{\sqrt{1.55}} = 19277.263$

$\therefore WI_2 = \dfrac{H_2}{\sqrt{d_2}} = \dfrac{6000}{\sqrt{0.65}} = 7442.084$

㉯ 변경 후 노즐 지름(D_2) 계산

$\therefore D_2 = D_1 \times \sqrt{\dfrac{WI_1\sqrt{P_1}}{WI_2\sqrt{P_2}}}$

$= 0.3 \times \sqrt{\dfrac{19277.263 \times \sqrt{2.8}}{7442.084 \times \sqrt{1.0}}}$

$= 0.624$ mm

48. 고압가스 이음매 없는 용기의 밸브 부착부 나사의 치수 측정 방법은?
① 링게이지로 측정한다.
② 평형수준기로 측정한다.
③ 플러그게이지로 측정한다.
④ 버니어캘리퍼스로 측정한다.

[해설] 용기밸브 부착부 나사의 치수를 플러그게이지(plug-gauge) 등으로 측정하여 확인한다.

49. 이음매 없는 용기와 용접용기의 비교 설명으로 틀린 것은?
① 이음매가 없으면 고압에서 견딜 수 있다.
② 용접용기는 용접으로 인하여 고가이다.
③ 만네스만법, 에르하트식 등이 이음매 없는 용기의 제조법이다.
④ 용접용기는 두께 공차가 적다.

[해설] 각 용기의 특징
  (1) 이음매 없는 용기
    ㉮ 이음매가 없으므로 고압에 견디기 쉽고, 내압에 대한 응력분포가 균일하다.
    ㉯ 용접용기에 비하여 제조비용이 많이 소요된다.
    ㉰ 제조법에는 만네스만(Mannesmann)식, 에르하트(Ehrhardt)식, 딥 드로잉(deep drawing)식이 있다.
  (2) 용접용기
    ㉮ 비교적 저렴한 강판을 사용하므로 경제적이다.
    ㉯ 용기의 형태, 치수를 자유로이 선택할 수 있다.
    ㉰ 강판을 사용하므로 두께 공차가 적다.
    ㉱ 제조법에는 심교용기와 종계용기가 있다.

50. LNG, 액화산소, 액화질소 저장탱크 설비에 사용되는 단열재의 구비조건에 해당되지 않는 것은?
① 밀도가 클 것
② 열전도도가 작을 것
③ 불연성 또는 난연성일 것
④ 화학적으로 안정되고 반응성이 적을 것

[해설] 단열재의 구비조건
  ㉮ 열전도율(열전도도)이 작을 것
  ㉯ 흡습성, 흡수성이 작을 것
  ㉰ 적당한 기계적 강도를 가질 것

정답 48. ③ 49. ② 50. ①

㉰ 시공성이 좋을 것
㉱ 부피, 비중(밀도)이 작을 것
㉲ 경제적일 것
㉳ 불연성 또는 난연성일 것
㉴ 화학적으로 안정되고 반응성이 적을 것

51. 다음 중 압축기의 윤활유에 대한 설명으로 틀린 것은?

① 공기압축기에는 양질의 광유가 사용된다.
② 산소압축기에는 물 또는 15 % 이상의 글리세린수가 사용된다.
③ 염소압축기에는 진한 황산이 사용된다.
④ 염화메탄의 압축기에는 화이트유가 사용된다.

[해설] 각종 가스 압축기의 윤활제
㉮ 산소압축기 : 물 또는 묽은 글리세린수 (10 % 정도)
㉯ 공기압축기, 수소압축기, 아세틸렌 압축기 : 양질의 광유(디젤 엔진유)
㉰ 염소압축기 : 진한 황산
㉱ LP가스 압축기 : 식물성유
㉲ 이산화황(아황산가스) 압축기 : 화이트유, 정제된 용제 터빈유
㉳ 염화메탄(메틸 클로라이드) 압축기 : 화이트유
※ 산소압축기 윤활제로 사용할 수 없는 것 : 석유류, 유지류, 글리세린

52. 액화석유가스에 대하여 경고성 냄새가 나는 물질(부취제)의 비율은 공기 중 용량으로 얼마의 상태에서 감지할 수 있도록 혼합하여야 하는가?

① $\dfrac{1}{100}$ ② $\dfrac{1}{200}$
③ $\dfrac{1}{500}$ ④ $\dfrac{1}{1000}$

[해설] 부취제의 감지 농도 : 공기 중 용량으로 1/1000의 농도에서 가스 냄새가 감지될 수 있어야 한다.

53. 배관용 강관 중 압력배관용 탄소강관의 기호는?

① SPPH ② SPPS
③ SPH ④ SPHH

[해설] 배관용 강관의 기호 및 명칭

KS 기호	배관 명칭
SPP	배관용 탄소강관
SPPS	압력배관용 탄소강관
SPPH	고압배관용 탄소강관
SPHT	고온배관용 탄소강관
SPLT	저온배관용 탄소강관
SPW	배관용 아크용접 탄소강관
SPA	배관용 합금강관
STS×T	배관용 스테인리스강관
SPPG	연료가스 배관용 탄소강관

54. LP가스의 일반적 특성에 대한 설명으로 틀린 것은?

① 증발잠열이 크다.
② 물에 대한 용해성이 크다.
③ LP가스는 공기보다 무겁다.
④ 액상의 LP가스는 물보다 가볍다.

[해설] 액화석유가스(LP가스)의 일반적 특징
㉮ LP가스는 공기보다 무겁다.
㉯ 액상의 LP가스는 물보다 가볍다.
㉰ 액화, 기화가 쉽고, 기화하면 체적이 커진다.
㉱ 기화열(증발잠열)이 크다.
㉲ 무색, 무취, 무미하다.
㉳ 천연고무, 페인트, 구리스 및 윤활유 등에 용해성이 있다.
㉴ 온도상승에 의한 액체의 부피변화가 크다.

55. 중압식 공기분리장치에서 겔 또는 몰리큘라 시브(molecular sieve)에 의하여 주로 제거할 수 있는 가스는?

① 아세틸렌　　② 염소
③ 이산화탄소　　④ 암모니아

[해설] 이산화탄소 제거 방법
㉮ 가성소다(NaOH)를 이용하여 제거한다.
㉯ 몰리큘라-시브(molecular sieve)를 사용하여 제거한다.
※ 공기액화 분리장치에서 젤(실리카 젤[SiO_2])은 원료공기 중 수분은 제거하지만 이산화탄소는 제거하지 못함

56. 저온장치용 재료로서 가장 부적당한 것은?
① 구리　　② 니켈강
③ 알루미늄합금　　④ 탄소강

[해설] 탄소강은 −70℃ 이하에서는 충격치가 0에 가깝게 되어 저온취성이 발생하므로 저온장치의 재료로 부적합하다.

57. 펌프의 서징(surging)현상을 바르게 설명한 것은?
① 유체가 배관 속을 흐르고 있을 때 부분적으로 증기가 발생하는 현상
② 펌프 내의 온도변화에 따라 유체가 성분의 변화를 일으켜 펌프에 장애가 생기는 현상
③ 배관을 흐르고 있는 액체에 속도를 급격하게 변화시키면 액체에 심한 압력변화가 생기는 현상
④ 송출압력과 송출유량 사이에 주기적인 변동이 일어나는 현상

[해설] 서징(surging)현상 : 맥동현상이라 하며 펌프 운전 중에 주기적으로 운동, 양정, 토출량이 규칙적으로 변동하는 현상으로 압력계의 지침이 일정범위 내에서 움직이는 것으로 알 수 있다.

58. 끓는점이 약 −162℃로서 초저온 저장설비가 필요하며 관리가 다소 복잡한 도시가스의 연료는?
① SNG　　② LNG
③ LPG　　④ 나프타

[해설] LNG의 주성분은 메탄(CH_4)이고, 메탄의 비점(끓는점)은 −161.5℃로 초저온 액체이므로 저온 저장설비가 필요하고 설비 재료의 선택과 취급에 주의를 요한다.

59. TP(내압시험압력)이 25 MPa인 압축가스(질소) 용기의 경우 최고충전압력과 안전밸브 작동압력이 옳게 짝지어진 것은?
① 20 MPa, 15 MPa
② 15 MPa, 20 MPa
③ 20 MPa, 25 MPa
④ 25 MPa, 20 MPa

[해설] 압축가스를 충전하는 용기의 최고충전압력은 35℃의 온도에서 그 용기에 충전할 수 있는 가스의 압력 중 최고압력이고, 내압시험압력은 최고충전압력의 3분의 5배이다.
㉮ 최고충전압력(FP) 계산 : 내압시험압력(TP)을 이용하여 역으로 계산하면 최고충전압력은 내압시험압력의 5분의 3배이다.
$$\therefore FP = TP \times \frac{3}{5} = 25 \times \frac{3}{5} = 15 \text{ MPa}$$
㉯ 안전밸브 작동압력 계산 : 압축가스 용기에는 스프링식 안전밸브가 부착되고 안전밸브 작동압력은 내압시험압력(TP)의 10분의 8배 이하이다.
$$\therefore 안전밸브 작동압력 = TP \times \frac{8}{10}$$
$$= 25 \times \frac{8}{10} = 20 \text{ MPa}$$

60. 도시가스 설비 중 압송기의 종류가 아닌 것은?
① 터보형　　② 회전형
③ 피스톤형　　④ 막식형

[해설] ㉮ 압송기(壓送器) : 도시가스 공급지역이 넓어 수요가 많은 경우에 공급압력이 부족해 질 수 있으며 이때 압력을 올려서 가스를 공급하는 설비이다.
㉯ 압송기의 종류 : 터보형, 회전형, 피스톤형(왕복형) 등

정답 56. ④　57. ④　58. ②　59. ②　60. ④

제 4 과목 가스안전관리

61. 고압가스용 가스히트펌프 제조 시 사용하는 재료의 허용 전단응력은 설계온도에서 허용 인장응력 값의 몇 %로 하여야 하는가?
① 80 ② 90
③ 110 ④ 120

[해설] 재료의 허용 전단응력(KGS AA112) : 재료의 허용 전단응력은 설계온도에서 허용 인장응력 값의 80 %(탄소강 강재는 85 %)로 한다.

62. 고압가스 운반차량에 설치하는 다공성 벌집형 알루미늄합금박판(폭발방지제)의 기준은?
① 두께는 84 mm 이상으로 하고, 2~3 % 압축하여 설치한다.
② 두께는 84 mm 이상으로 하고, 3~4 % 압축하여 설치한다.
③ 두께는 114 mm 이상으로 하고, 2~3 % 압축하여 설치한다.
④ 두께는 114 mm 이상으로 하고, 3~4 % 압축하여 설치한다.

[해설] 폭발방지제 기준
㉮ 폭발방지제는 알루미늄합금박판에 일정 간격으로 슬릿(slit)을 내고 이것을 팽창시켜 다공성 벌집형으로 한다.
㉯ 후프링 재질은 기존탱크의 재질과 같은 것 또는 이와 동등 이상의 것으로서 액화석유가스에 대하여 내식성을 가지며 열적 성질이 탱크동체의 재질과 유사한 것으로 한다.
㉰ 지지봉은 KS D 3507(배관용 탄소강관)에 적합한 것(최저 인장강도 294 N/mm²)으로 한다.
㉱ 폭발방지제의 두께는 114 mm 이상으로 하고, 설치 시에는 2~3 % 압축하여 설치한다.
㉲ 수압시험을 하거나 탱크가 가열될 경우 탱크동체의 변형에 대응할 수 있도록 후프링과 팽창볼트 사이에 접시스프링을 설치한다. 다만, 후프링을 탱크에 용접으로 부착하는 경우에는 그렇지 않다.
㉳ 폭발방지제와 연결봉 및 지지봉 사이에는 폭발방지제의 압축변위를 일정하게 유지할 수 있도록 탄성이 큰 강선 등을 이용하여 만든 철망을 설치한다.

63. 자동차 용기 충전시설에서 충전기 상부에는 닫집 모양의 캐노피를 설치하고 그 면적은 공지면적의 얼마로 하는가?
① $\frac{1}{2}$ 이하 ② $\frac{1}{2}$ 이상
③ $\frac{1}{3}$ 이하 ④ $\frac{1}{3}$ 이상

[해설] 자동차 용기 충전시설 충전기 설치 기준
㉮ 충전소에는 자동차에 직접 충전할 수 있는 고정충전설비(이하 "충전기"라 한다)를 설치하고 그 주위에 공지를 확보한다.
㉯ 충전기 상부에는 캐노피를 설치하고 그 면적은 공지면적의 2분의 1 이하로 한다.
㉰ 배관이 캐노피 내부를 통과하는 경우에는 1개 이상의 점검구를 설치한다.
㉱ 캐노피 내부의 배관 중 점검이 곤란한 장소에 설치하는 배관은 용접이음으로 한다.
㉲ 충전 주위에는 정전기 방지를 위하여 충전 이외의 필요없는 장비는 시설을 금지한다.
㉳ 저장탱크실 상부에는 충전기를 설치하지 않는다.

64. 최고충전압력의 정의로 틀린 것은?
① 압축가스 충전용기(아세틸렌가스 제외)의 경우 35℃에서 용기에 충전할 수 있는 가스의 압력 중 최고압력
② 초저온용기의 경우 상용압력 중 최고압력
③ 아세틸렌가스 충전용기의 경우 25℃에서 용기에 충전할 수 있는 가스의 압력 중 최고압력
④ 저온용기 외의 용기로서 액화가스를 충전하는 용기의 경우 내압시험 압력의 3/5배의 압력

[해설] 충전용기 최고충전압력 기준
㉮ 압축가스를 충전하는 용기 : 35℃의 온도

정답 61. ① 62. ③ 63. ① 64. ③

에서 그 용기에 충전할 수 있는 가스의 압력 중 최고압력
④ 초저온용기, 저온용기 : 상용압력 중 최고압력
④ 초저온용기, 저온용기 외의 용기로서 액화가스를 충전하는 것 : 내압시험압력의 3/5배의 압력
④ 아세틸렌용 용접용기 : 15℃에서 용기에 충전할 수 있는 가스의 압력 중 최고압력

65. 가연성가스가 대기 중으로 누출되어 공기와 적절히 혼합된 후 점화가 되어 폭발하는 가스사고의 유형으로, 주로 폭발압력에 의해 구조물이나 인체에 피해를 주며, 대구지하철공사장 폭발사고를 예로 들 수 있는 폭발의 형태는?
① BLEVE(Boiling Liquiid Expanding Vapor Explosion)
② 증기운폭발(Vapor Cloud Explosion)
③ 분해폭발(Decomposition Explosion)
④ 분진폭발(Dust Explosion)

해설 증기운폭발(Vapor Cloud Explosion) : 대기 중에 대량의 가연성가스나 인화성 액체가 유출시 다량의 증기가 대기 중의 공기와 혼합하여 폭발성의 증기운(vapor cloud)을 형성하고 이때 착화원에 의해 화구(fire ball)를 형성하여 폭발하는 형태를 말한다.

66. 저장탱크에 의한 LPG 사용시설에서 실시하는 기밀시험에 대한 설명으로 틀린 것은?
① 상용압력 이상의 기체의 압력으로 실시한다.
② 지하매설 배관은 3년마다 기밀시험을 실시한다.
③ 기밀시험에 필요한 조치는 안전관리총괄자가 한다.
④ 가스누출검지기로 시험하여 누출이 검지되지 않은 경우 합격으로 한다.

해설 기밀시험 실시 방법
㉮ 상용압력 이상의 기체의 압력으로 실시한다.
㉯ 지하매설 배관은 3년마다 기밀시험을 실시한다.
㉰ 노출된 가스설비 및 배관은 가스검지기 등으로 누출 여부를 검사하여 누출이 검지되지 않은 경우 기밀시험을 한 것으로 볼 수 있다.
㉱ 내압 및 기밀시험에 필요한 조치는 검사신청인이 한다.

67. 내용적이 100 L인 LPG용 용접용기의 스커트 통기 면적의 기준은?
① 100 mm² 이상   ② 300 mm² 이상
③ 500 mm² 이상   ④ 1000 mm² 이상

해설 LPG용 용접용기 스커트 통기 면적

용기의 종류 (내용적)	필요한 면적
20 L 이상 25 L 미만	300 mm² 이상
25 L 이상 50 L 미만	500 mm² 이상
50 L 이상 125 L 미만	1000 mm² 이상

※ 통기구멍은 3개소 이상 설치한다.

68. 고압가스 제조 시 산소 중 프로판가스의 용량이 전체 용량의 몇 % 이상인 경우 압축하지 아니하는가?
① 1   ② 2
③ 3   ④ 4

해설 압축금지 기준
㉮ 가연성가스(C_2H_2, C_2H_4, H_2 제외) 중 산소용량이 전체 용량의 4 % 이상의 것
㉯ 산소 중 가연성가스(C_2H_2, C_2H_4, H_2 제외) 용량이 전체 용량의 4 % 이상의 것
㉰ C_2H_2, C_2H_4, H_2 중의 산소용량이 전체 용량의 2 % 이상의 것
㉱ 산소 중 C_2H_2, C_2H_4, H_2의 용량 합계가 전체 용량의 2 % 이상의 것
※ 프로판가스는 가연성 가스이므로 ㉯번의 기준이 적용된다.

69. 지하에 설치하는 지역정압기에는 시설의 조작을 안전하고 확실하게 하기 위하여 안전조작

정답 65. ② 66. ③ 67. ④ 68. ④ 69. ②

에 필요한 장소의 조도는 몇 룩스 이상이 되도록 설치하여야 하는가?

① 100 룩스 ② 150 룩스
③ 200 룩스 ④ 250 룩스

해설 정압기실 조명설비 설치 : 지하에 설치하는 지역정압기에는 시설의 조작을 안전하고 확실하게 하기 위하여 필요한 조명도 150 룩스를 확보한다.

70. 동·암모니아 시약을 사용한 오르사트법에서 산소의 순도는 몇 % 이상이어야 하는가?

① 98   ② 98.5
③ 99   ④ 99.5

해설 ㉮ 품질검사 기준

구분	시약	검사법	순도
산소	동·암모니아	오르사트법	99.5 % 이상
수소	피로갈롤, 하이드로설파이드	오르사트법	98.5 % 이상
아세틸렌	발연황산	오르사트법	98 % 이상
	브롬시약	뷰렛법	
	질산은 시약	정성시험	

㉯ 1일 1회 이상 가스제조장에서 안전관리책임자가 실시, 안전관리 부총괄자와 안전관리책임자가 확인 서명

71. 고압가스설비를 이음쇠에 의하여 접속할 때에는 상용압력이 몇 MPa 이상이 되는 곳의 나사는 나사게이지로 검사한 것이어야 하는가?

① 9.8 MPa 이상   ② 12.8 MPa 이상
③ 19.6 MPa 이상 ④ 13.6 MPa 이상

해설 가스설비 접속 : 고압가스설비를 이음쇠로 접속할 때에는 그 이음쇠와 접속되는 부분에 잔류응력이 남지 아니하도록 조립하고 이음쇠 밸브류를 나사로 조일 때에는 무리한 하중이 걸리지 아니하도록 하며, 상용압력이 19.6 MPa 이상이 되는 곳의 나사는 나사게이지로 검사한 것으로 한다.

72. 염소가스의 제독제로 적당하지 않은 것은?

① 가성소다 수용액   ② 탄산소다 수용액
③ 소석회   ④ 물

해설 독성가스 제독제

가스 종류	제독제의 종류
염소	가성소다 수용액, 탄산소다 수용액, 소석회
포스겐	가성소다 수용액, 소석회
황화수소	가성소다 수용액, 탄산소다 수용액
시안화수소	가성소다 수용액
아황산가스	가성소다 수용액, 탄산소다 수용액, 물
암모니아, 산화에틸렌, 염화메탄	물

73. 고압가스 저장탱크를 지하에 설치 시 저장탱크실에 사용하는 레디믹스 콘크리트의 설계강도 범위의 상한값은?

① 20.6 MPa ② 21.6 MPa
③ 22.5 MPa ④ 23.5 MPa

해설 고압가스 저장탱크실 재료 규격

항목	규격
굵은 골재의 최대 치수	25 mm
설계강도	20.6~23.5 MPa
슬럼프(slump)	12~15 cm
공기량	4 %
물-시멘트비	53 % 이하
기타	KS F 4009(레디믹스트 콘크리트)에 따른 규정

[비고] 수밀 콘크리트의 시공 기준은 건설교통부가 제정한 "콘크리트 표준 시방서"를 준용한다.

※ 액화석유가스 저장탱크실의 설계강도는 21 MPa 이상으로 고압가스 저장탱크실과 규격이 다르게 규정되어 있음

정답 70. ④ 71. ③ 72. ④ 73. ④

74. 금속플렉시블 호스 제조자가 갖추지 않아도 되는 검사설비는?
① 염수분무시험설비
② 출구압력측정시험설비
③ 내압시험설비
④ 내구시험설비

[해설] 금속플렉시블 호스 제조자 검사설비 : 버니어캘리퍼스·마이크로메타·나사게이지 등 치수측정설비, 액화석유가스액 또는 도시가스 침적설비, 염수분무시험설비, 내압시험설비, 기밀시험설비, 내구시험설비, 유량측정설비, 인장시험, 비틀림시험, 굽힘시험장치, 충격시험기, 내열시험설비, 내응력부식균열시험설비, 내용액시험설비, 냉열시험설비, 반복부착시험설비, 난연성시험설비, 항온조(-5℃ 이하, 120℃ 이상 가능), 내후성시험설비, 그 밖의 검사에 필요한 설비 및 기구

75. 액화석유가스 용기 충전 기준 중 로딩암을 실내에 설치하는 경우 환기구 면적의 합계 기준은?
① 바닥면적의 3% 이상
② 바닥면적의 4% 이상
③ 바닥면적의 5% 이상
④ 바닥면적의 6% 이상

[해설] 로딩암 설치
㉮ 충전시설에는 자동차에 고정된 탱크에서 가스를 이입할 수 있도록 건축물 외부에 로딩암을 설치한다. 다만, 로딩암을 건축물 내부에 설치하는 경우에는 건축물의 바닥면에 접하여 환기구를 2방향 이상 설치하고, 환기구 면적의 합계는 바닥면적의 6% 이상으로 한다.
㉯ 충전기 외면에서 가스설비실 외면까지의 거리가 8m 이하일 경우에는 로딩암을 충전기와 가스설비실 사이에 설치하지 않는다.

76. 도시가스 제조소의 가스누출 통보설비로서 가스경보기 검지부의 설치장소로 옳은 곳은?

① 증기, 물방울, 기름 섞인 연기 등의 접촉부위
② 주위의 온도 또는 복사열에 의한 열이 40도 이하가 되는 곳
③ 설비 등에 가려져 누출가스의 유통이 원활하지 못한 곳
④ 차량 또는 작업 등으로 인한 파손 우려가 있는 곳

[해설] 도시가스 제조소의 가스누출 검지경보장치 검지부 설치 제외 장소
㉮ 증기, 물방울, 기름 섞인 연기 등이 직접 접촉될 우려가 있는 곳
㉯ 주위온도 또는 복사열에 의한 온도가 섭씨 40도 이상이 되는 곳
㉰ 설비 등에 가려져 누출가스의 유통이 원활하지 못한 곳
㉱ 차량 그 밖의 작업 등으로 인하여 경보기가 파손될 우려가 있는 곳

77. 독성가스의 운반기준으로 틀린 것은?
① 독성가스 중 가연성가스와 조연성가스는 동일차량 적재함에 운반하지 아니한다.
② 차량의 앞뒤에 붉은 글씨로 "위험고압가스", "독성가스"라는 경계표시를 한다.
③ 허용농도가 100만분의 200 이하인 압축독성가스 10 m³ 이상을 운반할 때는 운반책임자를 동승시켜야 한다.
④ 허용농도가 100만분의 200 이하인 액화독성가스 10 kg 이상을 운반할 때는 운반책임자를 동승시켜야 한다.

[해설] 독성 고압가스 운반책임자 동승 기준

가스의 종류	허용농도	기준
압축 가스	100만분의 200 이하	10 m³ 이상
	100만분의 200 초과	100 m³ 이상
액화 가스	100만분의 200 이하	100 kg 이상
	100만분의 5000 이하	1000 kg 이상

정답 74. ② 75. ④ 76. ② 77. ④

78. 다음 중 발화원이 될 수 없는 것은?
① 단열압축 ② 액체의 감압
③ 액체의 유동 ④ 가스의 분출

[해설] ㉮ 점화원의 종류 : 전기불꽃(아크), 정전기, 단열압축, 마찰 및 충격불꽃 등
㉯ 액체의 유동, 가스의 분출 등이 있을 때 마찰로 인한 온도상승으로 발화를 일으킬 위험이 있다.
㉰ 액체의 감압은 단순히 압력을 낮추는 것이므로 발화원과는 관계가 없다.

79. 100 kPa의 대기압 하에서 용기 속 기체의 진공압력이 15 kPa이었다. 이 용기 속 기체의 절대압력은 몇 kPa인가?
① 85 ② 90
③ 95 ④ 115

[해설] 절대압력 = 대기압 − 진공압력
= 100 − 15 = 85 kPa

80. 다음 (   ) 안에 순서대로 들어갈 알맞은 수치는?

"초저온 용기의 충격시험은 3개의 시험편 온도를 섭씨 (   )℃ 이하로 하여 그 충격치의 최저가 (   ) J/cm² 이상이고 평균 (   ) J/cm² 이상인 경우를 적합한 것으로 한다."

① −100, 10, 20 ② −100, 20, 30
③ −150, 10, 20 ④ −150, 20, 30

[해설] 초저온 용기의 용접부 충격시험
㉮ 시험편은 액화질소 등 −150℃ 이하의 초저온액화가스에 집어넣어 시험편의 온도가 −150℃ 이하로 될 때까지 냉각하여 충격시험기에 부착하고 시험편의 파괴는 초저온액화가스에서 꺼내어 6초 이내에 실시한다.
㉯ 초저온 용기의 용접부 충격시험 판정기준 : 충격시험은 3개의 시험편 온도를 −150℃ 이하로 하여 그 충격치의 최저가 20 J/cm² 이상이고 평균 30 J/cm² 이상인 경우를 적합한 것으로 한다.

제 5 과목 가스계측기기

81. 다음은 기체크로마토그래프의 크로마토그램이다. t, t_1, t_2는 무엇을 나타내는가?

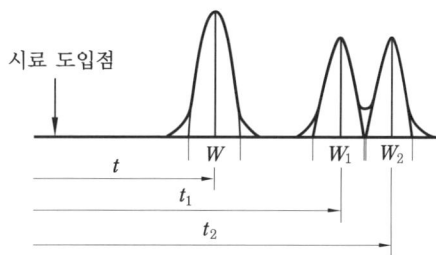

① 이론단수
② 체류시간
③ 분리관의 효율
④ 피크의 좌우 변곡점의 길이

[해설] ㉮ t, t_1, t_2 : 시료 도입점으로부터 피크의 최고점까지의 길이(체류시간, 보유시간)
㉯ W, W_1, W_2 : 피크의 좌우 변곡점에서 접선이 자르는 바탕선의 길이

82. 기체 크로마토그래피 분석법에서 자유전자 포착성질을 이용하여 전자 친화력이 있는 화합물에만 감응하는 원리를 적용하여 환경물질 분석에 널리 이용되는 검출기는?
① TCD ② FPD
③ ECD ④ FID

[해설] 전자포획 이온화 검출기(ECD : Electron Capture Detector) : 방사선으로 캐리어가스가 이온화되어 생긴 자유전자를 시료 성분이 포획하면 이온전류가 감소하는 것을 이용한 것으로 유기 할로겐 화합물, 니트로 화합물 및 유기금속 화합물을 선택적으로 검출할 수 있다.

83. 다음 중 가장 저온에 대하여 연속 사용할 수 있는 열전대 온도계의 형식은?
① T ② R
③ S ④ L

정답 78. ② 79. ① 80. ④ 81. ② 82. ③ 83. ①

[해설] 열전대 온도계의 종류 및 측정온도

열전대 종류	측정온도 범위
R형(백금-백금로듐)	0~1600℃
K형(크로멜-알루멜)	-20~1200℃
J형(철-콘스탄탄)	-20~800℃
T형(동-콘스탄탄)	-200~350℃

84. 직접 체적유량을 측정하는 적산유량계로서 정도(精度)가 높고 고점도의 유체에 적합한 유량계는?
① 용적식 유량계　② 유속식 유량계
③ 전자식 유량계　④ 면적식 유량계

[해설] 용적식 유량계의 일반적인 특징
㉮ 정도가 높아 상거래용으로 사용된다.
㉯ 유체의 물성치(온도, 압력 등)에 의한 영향을 거의 받지 않는다.
㉰ 외부 에너지의 공급이 없어도 측정할 수 있다.
㉱ 고점도의 유체나 점도변화가 있는 유체에 적합하다.
㉲ 맥동의 영향을 적게 받고, 압력손실도 적다.
㉳ 이물질 유입을 차단하기 위하여 입구에 여과기(strainer)를 설치하여야 한다.

85. 절대습도(absolute humidity)를 가장 바르게 나타낸 것은?
① 습공기 중에 함유되어 있는 건공기 1 kg에 대한 수증기의 중량
② 습공기 중에 함유되어 있는 습공기 1 m³에 대한 수증기의 체적
③ 기체의 절대온도와 그것과 같은 온도에서의 수증기로 포화된 기체의 습도비
④ 존재하는 수증기의 압력과 그것과 같은 온도의 포화수증기압의 비

[해설] 습도의 구분
㉮ 절대습도 : 습공기 중에서 건조공기 1 kg에 대한 수증기의 양(중량)과의 비율로서 절대습도는 온도에 관계없이 일정하게 나타낸다.

㉯ 상대습도 : 현재의 온도상태에서 현재 포함하고 있는 수증기의 양과의 비를 백분율(%)로 표시한 것으로 온도에 따라 변화한다.
㉰ 비교습도 : 습공기의 절대습도와 그 온도와 동일한 포화공기의 절대습도와의 비

86. 가스계량기는 실측식과 추량식으로 분류된다. 다음 중 실측식이 아닌 것은?
① 건식　　　　② 회전식
③ 습식　　　　④ 벤투리식

[해설] 가스미터의 분류
(1) 실측식
㉮ 건식 : 막식형(독립내기식, 그로바식)
㉯ 회전식 : 루츠형, 오벌식, 로터리피스톤식
㉰ 습식
(2) 추량식 : 델타식, 터빈식, 오리피스식, 벤투리식

87. 압력센서인 스트레인 게이지의 응용원리는?
① 전압의 변화
② 저항의 변화
③ 금속선의 무게 변화
④ 금속선의 온도 변화

[해설] 스트레인 게이지(strain gauge) : 금속, 합금이나 반도체 등의 변형계 소자는 압력에 의해 변형을 받으면 전기저항이 변화는 것을 이용한 전기식 압력계이다.

88. 반도체식 가스누출 검지기의 특징에 대한 설명으로 옳은 것은?
① 안정성은 떨어지지만 수명이 길다.
② 가연성가스 이외의 가스는 검지할 수 없다.
③ 소형·경량화가 가능하며 응답속도가 빠르다.
④ 미량가스에 대한 출력이 낮으므로 감도는 좋지 않다.

[해설] 반도체식 가스누출 검지기의 특징
㉮ 안정성이 우수하며 수명이 길다.
㉯ 가연성가스 이외의 가스에도 감응한다(독

정답 84. ①　85. ①　86. ④　87. ②　88. ③

성가스, 가연성가스 검지 가능).
㉰ 반도체 소결온도(300~400℃) 전후로 가열해 준다.
㉱ 농도가 낮은 가스에 민감하게 반응하며 고감도로 검지할 수 있다.

89. 비례 제어기로 60℃~80℃ 사이의 범위로 온도를 제어하고자 한다. 목표값이 일정한 값으로 고정된 상태에서 측정된 온도가 73℃~76℃로 변할 때 비례대역은 약 몇 %인가?
① 10　② 15
③ 20　④ 25

해설 비례대 = $\dfrac{측정\ 온도차}{조절\ 온도차} \times 100$
$= \dfrac{76-73}{80-60} \times 100 = 15\ \%$

90. 원형 오리피스를 수면에서 10 m인 곳에 설치하여 매분 0.6 m³의 물을 분출시킬 때 유량계수 0.6인 오리피스의 지름은 약 몇 cm인가?
① 2.9　② 3.9
③ 4.9　④ 5.9

해설 ㉮ 차압식 유량계 유량 계산식
$Q = C \times A \times \sqrt{\dfrac{2gh}{1-m^4} \times \dfrac{\gamma_m - \gamma}{\gamma}}$ 에서 교축비(m), 유체의 비중량(γ_m, γ)은 언급이 없으므로 생략하면 다음의 식으로 정리할 수 있다.
∴ $Q = C \times A \times \sqrt{2 \times g \times h}$
$= C \times \left(\dfrac{\pi}{4} \times D^2\right) \times \sqrt{2 \times g \times h}$

㉯ 오리피스 지름 계산 : 유량 계산식에서 유량(Q)은 초당 유량으로 환산하여 적용하고, 지름의 단위는 'm'이므로 'cm'로 변환하여야 한다.
∴ $D = \sqrt{\dfrac{4 \times Q}{C \times \pi \times \sqrt{2 \times g \times h}}}$
$= \sqrt{\dfrac{4 \times \dfrac{0.6}{60}}{0.6 \times \pi \times \sqrt{2 \times 9.8 \times 10}}} \times 100$
$= 3.893\ \text{cm}$

91. 오르사트 가스 분석기의 구성이 아닌 것은?
① 컬럼　② 뷰렛　③ 피펫　④ 수준병

해설 ㉮ 오르사트 가스 분석기의 구성 : 채취병, 수준병, 흡수제, 뷰렛 등
㉯ 컬럼(column : 분리관)은 가스크로마토그래피 장치의 구성에 해당된다.

92. 습식 가스미터에 대한 설명으로 틀린 것은?
① 계량이 정확하다.
② 설치공간이 크다.
③ 일반 가정용에 주로 사용한다.
④ 수위조정 등 관리가 필요하다.

해설 습식 가스미터의 특징
㉮ 계량이 정확하다.
㉯ 사용 중에 오차의 변동이 적다.
㉰ 사용 중에 수위조정 등의 관리가 필요하다.
㉱ 설치면적이 크다.
㉲ 기준용, 실험실용에 사용된다.
㉳ 용량범위는 0.2~3000 m³/h이다.

93. 국제표준규격에서 다루고 있는 파이프(pipe) 안에 삽입되는 차압 1차 장치(primary device)에 속하지 않는 것은?
① nozzle(노즐)
② thermo well(써모 웰)
③ venturi nozzle(벤투리 노즐)
④ orifice plate(오리피스 플레이트)

해설 차압식 유량계의 차압 1차 장치
㉮ 오리피스미터 : orifice plate(오리피스 플레이트)
㉯ 플로노즐 : nozzle(노즐)
㉰ 벤투리미터 : venturi nozzle(벤투리 노즐)

94. 피토관은 측정이 간단하지만 사용 방법에 따라 오차가 발생하기 쉬우므로 주의가 필요하다. 이에 대한 설명으로 틀린 것은?
① 5 m/s 이하인 기체에는 적용하기 곤란하다.
② 흐름에 대하여 충분한 강도를 가져야 한다.
③ 피토관 앞에는 관지름 2배 이상의 직관

길이를 필요로 한다.
④ 피토관 두부를 흐름의 방향에 대하여 평행으로 붙인다.

[해설] 피토관(Pitot tube)의 특징
㉠ 구조가 간단하고 제작비가 저렴하며 부착이 쉽다.
㉡ 피토관을 유체의 흐름방향과 평행하게 설치하여야 한다.
㉢ 유속이 5 m/s 이하인 유체에는 측정이 불가능하다.
㉣ 불순물(슬러지, 분진 등)이 많은 유체에는 측정이 불가능하다.
㉤ 노즐 부분에 마모현상이 있으면 오차가 발생한다.
㉥ 피토관은 유체의 압력에 견딜 수 있는 충분한 강도를 가져야 한다.
㉦ 유량 측정은 간단하지만 사용방법이 잘못되면 오차 발생이 크다.
㉧ 비행기의 속도 측정, 수력 발전소의 수량 측정, 송풍기의 풍량 측정에 사용된다.
㉨ 피토관 앞에는 관지름 20배 이상의 직관 길이를 필요로 한다.

95. 가스미터가 규정된 사용공차를 초과할 때의 고장을 무엇이라고 하는가?
① 부동   ② 불통
③ 기차 불량   ④ 감도 불량

[해설] 가스미터의 고장 종류
㉠ 부동(不動) : 가스는 계량기를 통과하나 지침이 작동하지 않는 고장
㉡ 불통(不通) : 가스가 계량기를 통과하지 못하는 고장
㉢ 기차(오차) 불량 : 사용공차를 초과하는 고장
㉣ 감도 불량 : 감도 유량을 통과시켰을 때 지침의 시도(示度) 변화가 나타나지 않는 고장

96. 순간적으로 무한대의 입력에 대한 변동하는 출력을 의미하는 응답은?
① 스텝응답   ② 직선응답
③ 정현응답   ④ 충격응답

[해설] 응답(應答 : response) : 자동제어계의 요소에 대한 출력을 입력에 응답이라고 하며 입력은 원인, 출력은 결과가 되며 응답은 과도응답, 정상응답, 인디시얼 응답, 주파수 응답, 충격응답으로 분류된다.

97. 다음 중 석유제품에 주로 사용하는 비중 표시 방법은?
① alcohol 도   ② API 도
③ Baume 도   ④ Twaddell 도

[해설] API(American Petroleum Institute) 도
$$\therefore \text{API 도} = \frac{141.5}{\text{비중}(60°F/60°F)} - 131.5$$

98. 초산납 10g을 물 90mL로 용해하여 만드는 시험지와 그 검지가스가 바르게 연결된 것은?
① 염화팔라듐지 – H_2S
② 염화팔라듐지 – CO
③ 연당지 – H_2S
④ 연당지 – CO

[해설] 연당지 제조법 및 검지가스
㉠ 제조법 : 초산납(초산연[鉛]) 10 g을 물 90 mL로 용해하여 만든다.
㉡ 검지가스 : 황화수소(H_2S)가 검지되면 회흑색으로 변색된다.

99. 헴펠식 가스분석법에서 수소나 메탄은 어떤 방법으로 성분을 분석하는가?
① 흡수법   ② 연소법
③ 분해법   ④ 증류법

[해설] 연소법 중 완만 연소법은 헴펠식 가스분석법(분석 순서 : $CO_2 \rightarrow C_mH_n \rightarrow O_2 \rightarrow CO$)과 조합하여 수소($H_2$), 메탄($CH_4$) 등을 분석한다.

100. 다음 중 열선식 유량계에 해당하는 것은?
① 델타식   ② 에뉴바식
③ 스웰식   ④ 토마스식

[해설] 토마스식 유량계 : 유체의 흐름 중에 전열선을 넣고 유체의 온도를 높이는데 필요한 에너지를 측정하여 유량을 측정하는 것으로 열선식 유량계에 해당된다.

정답 95. ③ 96. ④ 97. ② 98. ③ 99. ② 100. ④

▶ 2021년 8월 14일 시행

자격종목	종목코드	시험시간	형별	수험번호	성명
가스 기사	1471	2시간 30분			

제1과목 가스유체역학

1. 직경이 10 cm인 90° 엘보에 계기압력 2 kgf/cm²의 물이 3 m/s로 흘러 들어온다. 엘보를 고정시키는 데 필요한 x방향의 힘은 약 몇 kgf인가?

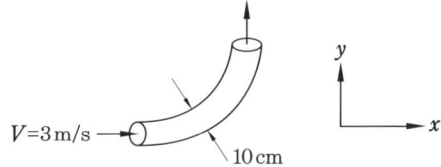

① 157 ② 164
③ 171 ④ 179

해설 ㉮ 물의 밀도(ρ) 공학단위 계산 : 물의 절대단위 밀도는 1000 kg/m³이다.

∴ $\rho = \dfrac{1000}{9.8} = 102 \text{ kgf} \cdot \text{s}^2/\text{m}^4$

㉯ x 방향의 힘(kgf) 계산 : 직경 10 cm는 0.1 m이고, 압력(P)은 kgf/m² 단위를 적용한다.

∴ $F_x = PA(1-\cos\theta) + \rho QV(1-\cos\theta)$
$= (2 \times 10^4) \times \left(\dfrac{\pi}{4} \times 0.1^2\right) \times (1-\cos 90°)$
$+ 102 \times \left(\dfrac{\pi}{4} \times 0.1^2 \times 3\right) \times 3 \times (1-\cos 90°)$
$= 164.289$ kgf

2. 수면의 높이차가 20 m인 매우 큰 두 저수지 사이에 분당 60 m³으로 펌프가 물을 아래에서 위로 이송하고 있다. 이때 전체 손실수두는 5 m이다. 펌프의 효율이 0.9일 때 펌프에 공급해 주어야 하는 동력은 얼마인가?

① 163.3 kW ② 220.5 kW
③ 245.0 kW ④ 272.2 kW

해설 ㉮ 물의 비중량(γ)은 1000 kgf/m³이고, 전양정은 수면 높이차(20 m)와 손실수두(5 m)의 합이다.
㉯ 동력 계산

∴ $kW = \dfrac{\gamma \cdot Q \cdot H}{102\eta} = \dfrac{1000 \times 60 \times (20+5)}{102 \times 0.9 \times 60}$
$= 272.331$ kW

3. 유체의 흐름에 대한 설명으로 다음 중 옳은 것을 모두 나타내면?

㉠ 난류 전단응력은 레이놀즈 응력으로 표시할 수 있다.
㉡ 박리가 일어나는 경계로부터 후류가 형성된다.
㉢ 유체와 고체벽 사이에는 전단응력이 작용하지 않는다.

① ㉠
② ㉠, ㉢
③ ㉠, ㉡
④ ㉠, ㉡, ㉢

해설 전단응력 분포
㉮ 두 개의 평행평판 사이에 유체가 흐를 때 전단응력은 중심에서 0이고, 양쪽벽에서 최대가 된다.
㉯ 수평 원관에서 유체가 흐를 때 전단응력은 관 중심에서 0이고, 관벽까지 직선적으로 증가한다.

4. 다음과 같은 베르누이 방정식이 적용되는 조건을 모두 나열한 것은?

정답 1. ② 2. ④ 3. ③ 4. ①

$\dfrac{P}{\gamma} + \dfrac{V^2}{2g} + Z =$ 일정

㉠ 정상 상태의 흐름
㉡ 이상유체의 흐름
㉢ 압축성 유체의 흐름
㉣ 동일 유선상의 흐름

① ㉠, ㉡, ㉣ ② ㉡, ㉣
③ ㉠, ㉢   ④ ㉡, ㉢, ㉣

[해설] 베르누이 방정식이 적용되는 조건
 ㉮ 적용되는 임의 두 점은 같은 유선상에 있다.
 ㉯ 정상 상태의 흐름이다.
 ㉰ 마찰이 없는 이상유체의 흐름이다.
 ㉱ 비압축성 유체의 흐름이다.
 ㉲ 외력은 중력만 작용한다.
 ㉳ 유체 흐름 중 내부에너지 손실이 없는 흐름이다.

5. 실린더 내에 압축된 액체가 압력 100 MPa 에서 0.5 m³의 부피를 가지며, 압력 101 MPa 에서는 0.495 m³의 부피를 갖는다. 이 액체의 체적탄성계수는 약 몇 MPa인가?
① 1   ② 10
③ 100   ④ 1000

[해설] $E = -\dfrac{\Delta P}{\dfrac{dV}{V_1}}$

$= -\dfrac{101-100}{-\dfrac{0.5-0.495}{0.5}} = 100$ MPa

6. 두 평판 사이에 유체가 있을 때 이동평판을 일정한 속도 u로 운동시키는 데 필요한 힘 F에 대한 설명으로 틀린 것은?

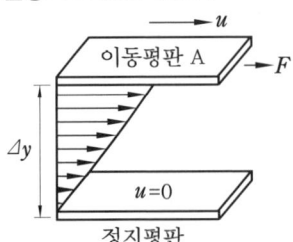

① 평판의 면적이 클수록 크다.
② 이동속도 u가 클수록 크다.
③ 두 평판의 간격 Δy가 클수록 크다.
④ 평판 사이에 점도가 큰 유체가 존재할수록 크다.

[해설] 평행한 두 평판 사이에 유체가 있을 때 이동평판을 일정한 속도(u)로 운동시키는 데 필요한 힘(F)이 커질 수 있는 조건은 다음과 같다.
 ㉮ 평판의 면적(A)이 클수록 크다.
 ㉯ 이동속도(u)가 클수록 크다.
 ㉰ 두 평판의 간격(Δy)이 작을수록 크다.
 ㉱ 평행한 두 평판 사이에 점도가 큰 유체가 존재할수록 크다.

7. 동점도(kinematic viscosity) ν가 4 stokes 인 유체가 안지름 10 cm인 관 속을 60 cm/s 의 평균속도로 흐를 때 이 유체의 흐름에 해당하는 것은?
① 플러그 흐름   ② 층류
③ 전이영역의 흐름 ④ 난류

[해설] ㉮ 동점도(ν) 4 stokes는 4 cm²/s이다.
 ㉯ 레이놀즈수(Re) 계산 : CGS 단위로 계산

$\therefore Re = \dfrac{\rho D V}{\mu} = \dfrac{DV}{\nu} = \dfrac{10 \times 60}{4} = 150$

따라서 레이놀즈수(Re)가 2100보다 작으므로 층류에 해당된다.

8. 압축성 이상기체의 흐름에 대한 설명으로 옳은 것은?
① 무마찰, 등온흐름이면 압력과 부피의 곱은 일정하다.
② 무마찰, 단열흐름이면 압력과 온도의 곱은 일정하다.
③ 무마찰, 단열흐름이면 엔트로피는 증가한다.
④ 무마찰, 등온흐름이면 정체온도는 일정하다.

[해설] 압축성 이상기체가 무마찰, 등온흐름이면 압력(P)과 부피(V)의 곱은 일정하다.

∴ $PV = C$(일정) → 보일의 법칙에 해당됨

[참고] 각 항목의 추가 설명
② 단열흐름에서는 일이 열로 전환되어 온도가 변할 수 있기 때문에 압력과 온도의 곱은 일정하다고 보기 어렵다.
③ 엔트로피 변화량 $ds = \dfrac{dQ}{T}$ 인데, 단열흐름에서는 $dQ = 0$이므로 $ds = 0$이 된다. 따라서 엔트로피는 변하지 않는다.
④ 정체온도는 외부와의 열출입이 없는 단열 용기에 들어 있는 기체가 단면적이 변화하는 관을 통하여 흐를 때 용기 안의 단면적이 매우 큰 경우 유속이 0이 되는 지점의 온도로 운동에너지가 열로 바뀌기 때문에 온도가 올라간다.
∴ $T_0 = T + \dfrac{k-1}{kR} \times \dfrac{V^2}{2g}$

9. 다음 중 1 cP(centi poise)를 옳게 나타낸 것은?
① 10 kg·m²/s
② 10^{-2} dyne·cm²/s
③ 1 N/cm·s
④ 10^{-2} dyne·s/cm²

[해설] 1 cP(centi poise)는 10^{-2} P(poise)이고 1 P(poise)는 g/cm·s, 1 dyne(다인)은 g·cm/s² 이다.
∴ 1 cP = 10^{-2} P(poise) = 10^{-2} g/cm·s
  = 10^{-2} dyne·s/cm²

10. 등엔트로피 과정하에서 완전기체 중의 음속을 옳게 나타낸 것은? (단, E는 체적탄성계수, R은 기체상수, T는 기체의 절대온도, P는 압력, k는 비열비이다.)
① $\sqrt{PE}$
② $\sqrt{kRT}$
③ RT
④ PT

[해설] 음속의 계산식
∴ $C = \sqrt{k \cdot R \cdot T}$
여기서, C : 음속(m/s)
k : 비열비
R : 기체상수 $\left(\dfrac{8314}{M}\text{ J/kg·K}\right)$
T : 절대온도(K)

11. 공기가 79 vol% N₂와 21 vol% O₂로 이루어진 이상기체 혼합물이라 할 때 25℃, 750 mmHg에서 밀도는 약 몇 kg/m³인가?
① 1.16
② 1.42
③ 1.56
④ 2.26

[해설] ㉮ 공기의 평균 분자량 계산 : 질소(N₂)의 분자량 28, 산소(O₂)의 분자량은 32이다.
∴ $M = (28 \times 0.79) + (32 \times 0.21) = 28.84$

㉯ 밀도(ρ) 계산 : $\rho = \dfrac{G[\text{kg}]}{V[\text{m}^3]}$ 이므로 이상기체 상태방정식 $PV = GRT$를 이용하여 계산한다.

∴ $\rho = \dfrac{G}{V} = \dfrac{P}{RT}$

$= \dfrac{\dfrac{750}{760} \times 101.325}{\dfrac{8.314}{28.84} \times (273 + 25)}$

$= 1.163 \text{ kg/m}^3$

12. 그림은 수축 노즐을 갖는 고압 용기에서 기체가 분출될 때 질량유량($\dot{m}$)과 배압(Pb)과 용기 내부압력(Pr)의 비의 관계를 도시한 것이다. 다음 중 질식된(chocking) 상태만 모은 것은?

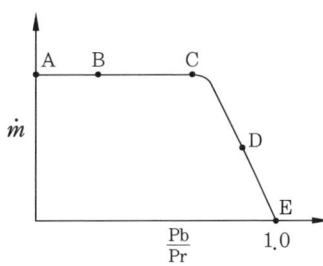

① A, E
② B, D
③ D, E
④ A, B

[해설] A점과 B점에서는 분출밸브가 폐쇄되어 고압용기가 밀봉된 상태(질식된 상태)가 유지되고 C점에서부터 분출밸브가 개방되기 시작하여 고압용기의 기체가 분출되어 E점에서는 분출압력(Pb)과 내부압력(Pr)의 비가 같게 된다.

13. 지름 20 cm인 원형관이 한 변의 길이가 20 cm인 정사각형 단면을 가지는 덕트와 연결되어 있다. 원형관에서 물의 평균속도가 2 m/s일 때, 덕트에서 물의 평균속도는 얼마인가?

① 0.78 m/s ② 1 m/s
③ 1.57 m/s ④ 2 m/s

[해설] ㉮ 원형관의 유량(Q_1)과 덕트의 유량(Q_2)은 같으므로 $Q_1 = Q_2$이고, $A_1 V_1 = A_2 V_2$이다.
㉯ 덕트에서 물의 평균속도 계산 : 덕트의 단면적(A_2)은 '가로×세로'이다.

$$\therefore V_2 = \frac{A_1 V_1}{A_2} = \frac{\frac{\pi}{4} \times 0.2^2 \times 2}{0.2 \times 0.2} = 1.5707 \text{ m/s}$$

14. 지름 1 cm의 원통관에 5℃의 물이 흐르고 있다. 평균속도가 1.2 m/s일 때 이 흐름에 해당하는 것은? (단, 5℃ 물의 동점성계수 ν는 1.788×10^{-6} m²/s이다.)

① 천이구간 ② 층류
③ 포텐셜유동 ④ 난류

[해설] ㉮ 동점성계수가 MKS 단위로 주어졌으므로 레이놀즈수도 MKS 단위를 적용하여 계산한다.

$$\therefore Re = \frac{DV}{\nu} = \frac{0.01 \times 1.2}{1.788 \times 10^{-6}} = 6711.409$$

㉯ 흐름 판단 : 레이놀즈수(Re)가 4000보다 크므로 난류에 해당된다.

15. 다음 중 원형관에서 완전난류 유동일 때 손실수두는?

① 속도수두에 비례한다.
② 속도수두에 반비례한다.
③ 속도수두에 관계없으며, 관의 지름에 비례한다.
④ 속도에 비례하고, 관의 길이에 반비례한다.

[해설] ㉮ 달시-바이스바하 방정식
$$h_f = f \times \frac{L}{D} \times \frac{V^2}{2g}$$

㉯ 손실수두(h_f)는 속도수두$\left(\frac{V^2}{2g}\right)$에 비례한다.

※ 손실수두를 계산할 때 달시-바이스바하(Darcy-Weisbach) 방정식은 층류 및 난류 모두에 적용할 수 있음

16. 펌프의 흡입부 압력이 유체의 증기압보다 낮을 때 유체 내부에서 기포가 발생하는 현상을 무엇이라고 하는가?

① 캐비테이션 ② 이온화 현상
③ 서징 현상 ④ 에어바인딩

[해설] 캐비테이션(cavitation) 현상 : 유수 중에 그 수온의 증기압력보다 낮은 부분이 생기면 물이 증발을 일으키고 기포를 다수 발생하는 현상

17. 구형 입자가 유체 속으로 자유 낙하할 때의 현상으로 틀린 것은? (단, μ는 점성계수, d는 구의 지름, U는 속도이다.)

① 속도가 매우 느릴 때 항력(drag force)은 $3\pi\mu dU$이다.
② 입자에 작용하는 힘을 중력, 항력, 부력으로 구분할 수 있다.
③ 항력계수(C_D)는 레이놀즈수가 증가할수록 커진다.
④ 종말속도는 가속도가 감소되어 일정한 속도에 도달한 것이다.

[해설] 구형 입자가 유체 속으로 자유 낙하할 때 항력계수(C_D)는 레이놀즈수가 증가할수록 감소한다.

$$\therefore C_D = \frac{D}{A\frac{\rho U^2}{2}} = \frac{3\pi\mu dU}{\frac{\pi}{4}d^2 \frac{\rho U^2}{2}} = \frac{24\mu}{\rho dU} = \frac{24}{Re}$$

18. 관 내를 흐르고 있는 액체의 유속이 급격히 감소할 때, 일어날 수 있는 현상은?

① 수격현상 ② 서징현상

정답 13. ③ 14. ④ 15. ① 16. ① 17. ③ 18. ①

③ 캐비테이션   ④ 수직충격파

해설 수격 현상(water hammering) : 펌프에서 물을 압송하고 있을 때 정전 등으로 펌프가 급히 멈춘 경우 관내의 유속이 급변하면 물에 심한 압력변화가 생기는 현상

19. 다음은 축소-확대 노즐을 통해 흐르는 등엔트로피 흐름에서 노즐거리에 대한 압력 분포 곡선이다. 노즐 출구에서의 압력을 낮출 때 노즐 목에서 처음으로 음속흐름(sonic flow)이 일어나기 시작하는 선을 나타낸 것은?

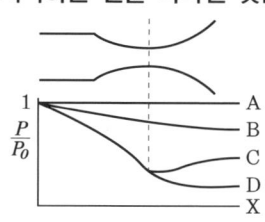

① A   ② B   ③ C   ④ D

해설 축소-확대 노즐에서 등엔트로피 흐름(단열흐름)일 때 노즐 출구에서 압력을 낮추면 노즐 목(throat)부터 음속흐름이 일어나기 시작한다.

20. 다음 중 뉴턴의 점성법칙과 관련성이 가장 먼 것은?
① 전단응력   ② 점성계수
③ 비중   ④ 속도구배

해설 ㉮ 뉴턴의 점성법칙 $\tau = \mu \dfrac{du}{dy}$ 이다.
㉯ 뉴턴의 점성법칙과 관련성이 있는 것은 전단응력(τ), 점성계수(μ), 속도구배$\left(\dfrac{du}{dy}\right)$ 이다.

제 2 과목   연소공학

21. 공기흐름이 난류일 때 가스연료의 연소현상에 대한 설명으로 옳은 것은?

① 화염이 뚜렷하게 나타난다.
② 연소가 양호하여 화염이 짧아진다.
③ 불완전연소에 의해 열효율이 감소한다.
④ 화염이 길어지면서 완전연소가 일어난다.

해설 가스연료를 연소할 때 공기의 흐름이 난류이면 층류일 때보다 연소가 잘 되며 화염이 짧아지는 현상이 발생한다.

22. 연소 시 실제로 사용된 공기량을 이론적으로 필요한 공기량으로 나눈 것을 무엇이라 하는가?
① 공기비   ② 당량비
③ 혼합비   ④ 연료비

해설 공기비 : 과잉공기계수라 하며 완전연소에 필요한 공기량(이론공기량[A_0])에 대한 실제로 사용된 공기량(실제공기량[A])의 비를 말한다.

$$\therefore m = \frac{A}{A_0} = \frac{A_0 + B}{A_0} = 1 + \frac{B}{A_0}$$

23. 연소온도를 높이는 방법으로 가장 거리가 먼 것은?
① 연료 또는 공기를 예열한다.
② 발열량이 높은 연료를 사용한다.
③ 연소용 공기의 산소농도를 높인다.
④ 복사전열을 줄이기 위해 연소속도를 늦춘다.

해설 연소온도를 높이는 방법
㉮ 발열량이 높은 연료를 사용한다.
㉯ 연료를 완전 연소시킨다.
㉰ 가능한 한 적은 과잉공기를 사용한다.
㉱ 연소용 공기 중 산소 농도를 높인다.
㉲ 연료, 공기를 예열하여 사용한다.
㉳ 복사 전열을 감소시키기 위해 연소속도를 빨리 할 것

24. 메탄 80 v%, 에탄 15 v%, 프로판 4 v%, 부탄 1 v%인 혼합가스의 공기 중 폭발하한계 값은 약 몇 %인가? (단, 각 성분의 하한계 값

은 메탄 5 %, 에탄 3 %, 프로판 2.1 %, 부탄 1.8 %이다.)
① 2.3　　　　② 4.3
③ 6.3　　　　④ 8.3

[해설] $\dfrac{100}{L} = \dfrac{V_1}{L_1} + \dfrac{V_2}{L_2} + \dfrac{V_3}{L_3} + \dfrac{V_4}{L_4}$ 에서

∴ $L = \dfrac{100}{\dfrac{V_1}{L_1} + \dfrac{V_2}{L_2} + \dfrac{V_3}{L_3} + \dfrac{V_4}{L_4}}$

$= \dfrac{100}{\dfrac{80}{5} + \dfrac{15}{3} + \dfrac{4}{2.1} + \dfrac{1}{1.8}} = 4.262$ v%

25. 다음 중 가역단열 과정에 해당하는 것은?
① 정온과정　　　② 정적과정
③ 등엔탈피과정　　④ 등엔트로피과정

[해설] 이상기체의 상태변화(과정)의 종류
㉮ 정온(등온)변화 : 온도가 일정한 상태에서의 변화
㉯ 정압(등압)변화 : 압력이 일정한 상태에서의 변화
㉰ 정적(등적)변화 : 체적이 일정한 상태에서의 변화
㉱ 단열변화(등엔트로피 변화) : 열 출입이 없는 상태에서의 변화
㉲ 폴리트로픽 변화 : 변화 중의 압력과 비체적이 $Pv^n = C$(일정)한 상태의 변화

26. 가로 4 m, 세로 4.5 m, 높이 2.5 m인 공간에 아세틸렌이 누출되고 있을 때 표준상태에서 약 몇 kg이 누출되면 폭발이 가능한가?
① 1.3　　　　② 1.0
③ 0.7　　　　④ 0.4

[해설] ㉮ 아세틸렌이 폭발될 수 있는 조건은 공간 체적에 폭발범위 하한값에 해당하는 가스량이 누출되었을 때이고 아세틸렌의 폭발범위는 2.5~81 %이다.
∴ 누출가스량 = 공간 체적×폭발범위 하한값
$= (4 \times 4.5 \times 2.5) \times 0.025$
$= 1.125$ m³

㉯ 폭발 가능한 가스량을 이상기체 상태방정식 $PV = GRT$를 이용하여 질량으로 계산 : 표준상태는 0℃, 1기압(101.325 kPa) 상태이고, 아세틸렌의 분자량은 26이다.
∴ $G = \dfrac{PV}{RT} = \dfrac{101.325 \times 1.125}{\dfrac{8.314}{26} \times 273} = 1.305$ kg

[별해] 표준상태이므로 아보가드로 법칙을 이용하여 비례식으로 계산할 수 있으며, 아세틸렌 1 kmol(26 kg)이 차지하는 체적은 22.4 m³이다.
26 kg : 22.4 m³ = x[kg] : 1.125 m³
∴ $x = \dfrac{26 \times 1.125}{22.4} = 1.305$ kg

27. Diesel cycle의 효율이 좋아지기 위한 조건은? (단, 압축비를 ϵ, 단절비(cut-off ratio)를 σ라 한다.)
① ϵ와 σ가 클수록
② ϵ가 크고 σ가 작을수록
③ ϵ가 크고 σ가 일정할수록
④ ϵ가 일정하고 σ가 클수록

[해설] ㉮ 디젤 사이클 효율 계산식
∴ $\eta_d = \dfrac{W}{q_1} = 1 - \dfrac{q_2}{q_1} = 1 - \dfrac{1}{k} \times \dfrac{T_3 - T_4}{T_2 - T_1}$
$= 1 - \left(\dfrac{1}{\epsilon}\right)^{k-1} \times \dfrac{\sigma^k - 1}{k(\sigma - 1)}$

㉯ 디젤 사이클에서 효율은 압축비(ϵ)와 차단비(σ)의 함수이므로 압축비가 크고 차단비(체절비)가 작을수록 효율이 증가한다.

28. 가장 미세한 입자까지 집진할 수 있는 집진장치는?
① 사이클론　　② 중력 집진기
③ 여과 집진기　④ 스크러버

[해설] 여과 집진장치 : 함진가스를 여과재(filter)에 통과시켜 분진입자를 분리, 포착시키는 집진장치로 백필터(bag filter)가 대표적이다. 집진효율이 양호하지만 고온가스, 습가스 처리에는 부적합하다.

정답　25. ④　26. ①　27. ②　28. ③

29. 메탄가스 1 m³를 완전 연소시키는 데 필요한 공기량은 약 몇 Sm³인가? (단, 공기 중 산소는 21 %이다.)
① 6.3   ② 7.5
③ 9.5   ④ 12.5

해설 ㉮ 메탄(CH_4)의 완전 연소 반응식
$CH_4 + 2O_2 \rightarrow CO_2 + 2H_2O$
㉯ 이론공기량 계산
$22.4 \, Sm^3 : 2 \times 22.4 \, Sm^3 = 1 \, Sm^3 : x(O_0) \, Sm^3$
$\therefore A_0 = \dfrac{O_0}{0.21} = \dfrac{2 \times 22.4 \times 1}{22.4 \times 0.21} = 9.523 \, Sm^3$

30. 흑체의 온도가 20℃에서 100℃로 되었다면 방사하는 복사에너지는 몇 배가 되는가?
① 1.6   ② 2.0
③ 2.3   ④ 2.6

해설 $E = \sigma T^4$에서 복사에너지(E)는 절대온도의 4승에 비례하고, 스테판-볼츠만 상수(σ)는 동일하다.
$\therefore \dfrac{E_2}{E_1} = \left(\dfrac{273 + 100}{273 + 20}\right)^4 = 2.626 \, 배$

31. 지구온난화를 유발하는 6대 온실가스가 아닌 것은?
① 이산화탄소   ② 메탄
③ 염화불화탄소   ④ 이산화질소

해설 온실가스(저탄소 녹색성장 기본법 제2조) : 이산화탄소(CO_2), 메탄(CH_4), 아산화질소(N_2O), 수소불화탄소(HFCs), 과불화탄소(PFCs), 육불화황(SF_6) 및 그 밖에 대통령령으로 정하는 것으로 적외선 복사열을 흡수하거나 재방출하여 온실효과를 유발하는 대기 중의 가스 상태의 물질을 말한다.
※ 최종 정답은 ③항만 정답으로 처리되었음

32. 산소(O_2)의 기본특성에 대한 설명 중 틀린 것은?
① 오일과 혼합하면 산화력의 증가로 강력히 연소한다.
② 자신은 스스로 연소하는 가연성이다.
③ 순산소 중에서는 철, 알루미늄 등도 연소되며 금속산화물을 만든다.
④ 가연성 물질과 반응하여 폭발할 수 있다.

해설 산소의 특징
㉮ 상온, 상압에서 무색, 무취이며 물에는 약간 녹는다.
㉯ 공기 중에 약 21 vol% 함유하고 있다.
㉰ 강력한 조연성 가스이나 그 자신은 연소하지 않는다.
㉱ 액화산소(액 비중 1.14)는 담청색을 나타낸다.
㉲ 화학적으로 활발한 원소로 모든 원소와 직접 화합하여(할로겐 원소, 백금, 금 등 제외) 산화물을 만든다.
㉳ 산소(O_2)는 기체, 액체, 고체의 경우 자장의 방향으로 자화하는 상자성을 가지고 있다.

33. 과잉공기량이 지나치게 많을 때 나타나는 현상으로 틀린 것은?
① 연소실 온도 저하
② 연료소비량 증가
③ 배기가스 온도의 상승
④ 배기가스에 의한 열손실 증가

해설 과잉공기가 많은 경우(공기비가 큰 경우) 현상
㉮ 연소실 내의 온도가 낮아진다.
㉯ 배기가스로 인한 손실열이 증가한다.
㉰ 배기가스 중 질소산화물(NOx)이 많아져 대기오염을 초래한다.
㉱ 열효율이 감소한다.
㉲ 연료소비량이 증가한다.
㉳ 연소가스량(배기가스량)이 증가하여 통풍 저하를 초래한다.

34. propane 가스의 연소에 의한 발열량이 11780 kcal/kg이고 연소할 때 발생된 수증기의 잠열이 1900 kcal/kg이라면 propane 가스의 연소효율은 약 몇 %인가? (단, 진발열량은 11500 kcal/kg이다.)
① 66   ② 76   ③ 86   ④ 96

정답 29. ③ 30. ④ 31. ③ 32. ② 33. ③ 34. ③

[해설] 프로판가스가 실제로 발생한 열량은 연소 과정에서 발생한 열량에서 연소 시 발생한 수증기의 잠열을 제외한 열량이 된다.

∴ 연소효율 = $\dfrac{실제 발생열량}{진발열량} \times 100$

= $\dfrac{11780 - 1900}{11500} \times 100$

= 85.913 %

35. 다음 중 혼합기체의 특성에 대한 설명으로 틀린 것은?
① 압력비와 몰비는 같다.
② 몰비는 질량비와 같다.
③ 분압은 전압에 부피분율을 곱한 값이다.
④ 분압은 전압에 어느 성분의 몰분율을 곱한 값이다.

[해설] 혼합기체에서 각 가스의 분자량이 서로 달라 질량비는 몰비와 다른 값을 나타낸다.

36. "혼합가스의 압력은 각 기체가 단독으로 확산할 때의 분압의 합과 같다."라는 것은 누구의 법칙인가?
① Boyle-Charles의 법칙
② Dalton의 법칙
③ Graham의 법칙
④ Avogadro의 법칙

[해설] 돌턴(Dalton)의 분압법칙 : 혼합기체가 나타내는 전압은 각 성분 기체 분압의 총합과 같다.

37. 이상기체에 대한 설명으로 틀린 것은?
① 보일-샤를의 법칙을 만족한다.
② 아보가드로의 법칙에 따른다.
③ 비열비 $\left(k = \dfrac{C_p}{C_v}\right)$는 온도에 관계없이 일정하다.
④ 내부에너지는 체적과 관계있고, 온도와는 무관하다.

[해설] 이상기체의 성질
㉮ 보일-샤를의 법칙을 만족한다.
㉯ 아보가드로의 법칙에 따른다.
㉰ 내부에너지는 온도만의 함수이다.
㉱ 온도에 관계없이 비열비는 일정하다.
㉲ 기체의 분자력과 크기도 무시되며 분자간의 충돌은 완전 탄성체이다.
㉳ 분자와 분자 사이의 거리가 매우 멀다.
㉴ 분자 사이의 인력이 없다.
㉵ 압축성인자가 1이다.

38. 다음 중 착화온도가 가장 낮은 물질은?
① 목탄
② 무연탄
③ 수소
④ 메탄

[해설] 각 연료의 착화온도

연료 명칭	착화온도
목탄	320~370℃
무연탄	440~500℃
수소(H_2)	530℃
메탄(CH_4)	632℃

39. 분진 폭발의 발생 조건으로 가장 거리가 먼 것은?
① 분진이 가연성이어야 한다.
② 분진 농도가 폭발범위 내에서는 폭발하지 않는다.
③ 분진이 화염을 전파할 수 있는 크기 분포를 가져야 한다.
④ 착화원, 가물물, 산소가 있어야 발생한다.

[해설] 분진 폭발의 발생 조건
㉮ 분진이 가연성이며 폭발범위 내에 있어야 한다.
㉯ 분진이 화염을 전파할 수 있는 크기의 분포를 가져야 한다.
㉰ 조연성 가스 중에서 교반과 유동이 일어나야 한다.
㉱ 충분한 점화원(착화원)을 가져야 한다.

40. 연소범위에 대한 설명으로 옳은 것은?

① N_2를 가연성가스에 혼합하면 연소범위는 넓어진다.
② CO_2를 가연성가스에 혼합하면 연소범위가 넓어진다.
③ 가연성가스는 온도가 일정하고 압력이 내려가면 연소범위가 넓어진다.
④ 가연성가스는 온도가 일정하고 압력이 올라가면 연소범위가 넓어진다.

해설 ㉮ 연소범위(폭발범위) : 공기 중에서 점화원에 의해 연소(폭발)를 일으킬 수 있는 혼합가스 중의 가연성가스의 부피범위(%)로 온도, 압력, 산소량의 영향을 받는다.
㉯ 가연성가스에 질소(N_2), 이산화탄소(CO_2) 등과 같은 불연성가스가 혼합되면 산소농도가 낮아져 연소범위(폭발범위)는 좁아진다.

제3과목 가스설비

41. 분젠식 버너의 구성이 아닌 것은?
① 블라스트   ② 노즐
③ 댐퍼   ④ 혼합관

해설 분젠식 버너
㉮ 개요 : 가스를 노즐로부터 분출시켜 주위의 공기를 1차 공기로 취한 후 나머지는 2차 공기를 취하는 방식이다.
㉯ 구성 : 노즐, 혼합관, 공기댐퍼, 스로트(throat), 염공

42. 공동주택에 압력조정기를 설치할 경우 설치기준으로 맞는 것은?
① 공동주택 등에 공급되는 가스압력이 중압 이상으로서 전세대수가 200세대 미만인 경우 설치할 수 있다.
② 공동주택 등에 공급되는 가스압력이 저압으로서 전세대수가 250세대 미만인 경우 설치할 수 있다.
③ 공동주택 등에 공급되는 가스압력이 중압 이상으로서 전세대수가 300세대 미만인 경우 설치할 수 있다.
④ 공동주택 등에 공급되는 가스압력이 저압으로서 전세대수가 350세대 미만인 경우 설치할 수 있다.

해설 공급압력에 의한 압력조정기 설치 세대수 기준
㉮ 중압 이상 : 150세대 미만
㉯ 저압 : 250세대 미만
㉰ 단, 한국가스안전공사의 안전성평가를 받고 그 결과에 따라 안전관리 조치를 한 경우 규정세대수의 2배로 할 수 있다.

43. AFV식 정압기의 작동상황에 대한 설명으로 옳은 것은?
① 가스사용량이 증가하면 파일럿밸브의 열림이 감소한다.
② 가스사용량이 증가하면 구동압력은 저하한다.
③ 가스사용량이 감소하면 2차 압력이 감소한다.
④ 가스사용량이 감소하면 고무슬리브의 개도는 증대된다.

해설 AFV식 정압기의 작동상황

항목	작동상황	
	사용량 증가	사용량 감소
2차 압력	저하	상승
파일럿밸브 열림 정도	증대	감소
구동압력	저하	상승
고무슬리브 열림 정도	증대	감소

44. 압력 2 MPa 이하의 고압가스 배관설비로서 곡관을 사용하기가 곤란한 경우 가장 적정한 신축이음매는?
① 벨로스형 신축이음매
② 루프형 신축이음매

정답 41. ① 42. ② 43. ② 44. ①

③ 슬리브형 신축이음매
④ 스위블형 신축이음매

[해설] 배관설비 신축흡수조치
㉮ 배관의 신축 등으로 인하여 고압가스가 누출하는 것을 방지하기 위하여 배관에 나쁜 영향을 미칠 정도의 신축이 생길 우려가 있는 부분에는 신축을 흡수하는 조치를 한다.
㉯ 신축흡수조치는 곡관(bent pipe)을 사용한다. 다만, 압력이 2 MPa 이하인 배관으로서 곡관을 사용하기가 곤란한 곳에는 벨로스형(bellows type) 신축이음매를 사용할 수 있다.

45. 탄소강이 약 200~300℃에서 인장강도는 커지나 연신율이 갑자기 감소되어 취약하게 되는 성질을 무엇이라 하는가?
① 적열취성   ② 청열취성
③ 상온취성   ④ 수소취성

[해설] 청열취성(靑熱脆性: blue shortness) : 탄소강을 고온도에서 인장시험을 할 때 210~360℃에서 인장강도가 최대로 되고 연신율이 최소가 되어 취성(메짐)을 일으키는 현상으로 이 온도에서 철강재가 산화하여 청색을 나타나게 되어 청열이라 한다.

46. 도시가스의 제조공정 중 부분연소법의 원리를 바르게 설명한 것은?
① 메탄에서 원유까지의 탄화수소를 원료로 하여 산소 또는 공기 및 수증기를 이용하여 메탄, 수소, 일산화탄소, 이산화탄소로 변환시키는 방법이다.
② 메탄을 원료로 사용하는 방법으로 산소 또는 공기 및 수증기를 이용하여 수소, 일산화탄소만을 제조하는 방법이다.
③ 에탄만을 원료로 하여 산소 또는 공기 및 수증기를 이용하여 메탄만을 생성시키는 방법이다.
④ 코크스만을 사용하여 산소 또는 공기 및 수증기를 이용하여 수소와 일산화탄소만을 제조하는 방법이다.

[해설] 부분연소 공정(partial combustion process) : 메탄에서 원유까지의 탄화수소를 원료로 하여 분해에 필요한 열을 로(爐)내에 산소 또는 공기를 흡입시킴에 의해 원료의 일부를 연소시켜 연속적으로 가스를 만드는 공정으로 메탄, 수소, 일산화탄소, 이산화탄소로 변환시킨다.

47. 발열량 5000 kcal/m³, 비중 0.61, 공급 표준압력 100 mmH₂O인 가스에서 발열량 11000 kcal/m³, 비중 0.66, 공급표준압력이 200 mmH₂O인 천연가스로 변경할 경우 노즐 변경률은 얼마인가?
① 0.49   ② 0.58   ③ 0.71   ④ 0..82

[해설] 하나의 식으로 노즐 변경률 계산

$$\therefore \frac{D_2}{D_1} = \sqrt{\frac{WI_1\sqrt{P_1}}{WI_2\sqrt{P_2}}}$$

$$= \sqrt{\frac{\frac{5000}{\sqrt{0.61}} \times \sqrt{100}}{\frac{11000}{\sqrt{0.66}} \times \sqrt{200}}} = 0.578$$

[별해] 각각의 웨버지수를 구한 후 계산
㉮ 처음 상태의 웨버지수

$$\therefore WI_1 = \frac{H_{g_1}}{\sqrt{d_1}} = \frac{5000}{\sqrt{0.61}} = 6401.843$$

㉯ 변경된 상태의 웨버지수

$$\therefore WI_2 = \frac{H_{g_2}}{\sqrt{d_2}} = \frac{11000}{\sqrt{0.66}} = 13540.064$$

㉰ 노즐 변경률 계산

$$\therefore \frac{D_2}{D_1} = \sqrt{\frac{WI_1\sqrt{P_1}}{WI_2\sqrt{P_2}}}$$

$$= \sqrt{\frac{6401.843 \times \sqrt{100}}{13540.064 \times \sqrt{200}}} = 0.578$$

48. 용기밸브의 구성이 아닌 것은?
① 스템   ② O링
③ 스핀들   ④ 행어

[해설] 용기밸브의 구성 부품 : 스템(stem), O링, 밸브시트, 스핀들, 개폐용 핸들, 그랜드 너트 등

정답 45. ②   46. ①   47. ②   48. ④

49. 액화천연가스(메탄기준)를 도시가스 원료로 사용할 때 액화천연가스의 특징을 바르게 설명한 것은?

① C/H 질량비가 3이고, 기화설비가 필요하다.
② C/H 질량비가 4이고, 기화설비가 필요없다.
③ C/H 질량비가 3이고, 가스제조 및 정제설비가 필요하다.
④ C/H 질량비가 4이고, 개질설비가 필요하다.

[해설] 도시가스 원료로서 LNG의 특징
㉮ 불순물이 제거된 청정연료로 환경문제가 없다.
㉯ LNG 수입기지에 저온 저장설비 및 기화장치가 필요하다.
㉰ 불순물을 제거하기 위한 정제설비는 필요하지 않다.
㉱ 가스제조 및 개질설비가 필요하지 않다.
㉲ 초저온 액체로 설비재료의 선택과 취급에 주의를 요한다.
㉳ 냉열 이용이 가능하다.
㉴ 천연가스의 C/H 질량비가 3이고, 기화설비가 필요하다.
※ 천연가스(CH_4)의 질량비
∴ $\dfrac{C}{H} = \dfrac{12}{1 \times 4} = 3$

50. LPG 수송관의 이음부분에 사용할 수 있는 패킹재료로 가장 적합한 것은?

① 목재   ② 천연고무
③ 납   ④ 실리콘 고무

[해설] LPG는 천연고무를 용해하는 성질이 있어 패킹재료로는 실리콘 고무가 적합하다.

51. 아세틸렌의 압축 시 분해폭발의 위험을 줄이기 위한 반응장치는?

① 겔로그 반응장치   ② IG 반응장치
③ 파우서 반응장치   ④ 레페 반응장치

[해설] 레페(Reppe) 반응장치 : 아세틸렌을 압축하면 분해폭발의 위험이 있기 때문에 이것을 최소화하기 위하여 반응장치 내부에 질소(N_2)가 49% 또는 이산화탄소(CO_2)가 42%가 되면 분해폭발이 일어나지 않는다는 것을 이용하여 고안된 반응장치로 종래에 합성되지 않았던 화합물을 제조할 수 있게 되었다.

52. 다음 중 화염에서 백-파이어(back-fire)가 가장 발생하기 쉬운 원인은?

① 버너의 과열
② 가스의 과량공급
③ 가스압력의 상승
④ 1차 공기량의 감소

[해설] 역화(back-fire)의 원인
㉮ 염공이 크게 되었을 때
㉯ 노즐의 구멍이 너무 크게 된 경우
㉰ 콕이 충분히 개방되지 않은 경우
㉱ 가스의 공급압력이 저하되었을 때
㉲ 버너가 과열된 경우

53. 공기액화 분리장치의 폭발 방지대책으로 옳지 않은 것은?

① 장치 내에 여과기를 설치한다.
② 유분리기는 설치해서는 안 된다.
③ 흡입구 부근에서 아세틸렌 용접은 하지 않는다.
④ 압축기의 윤활유는 양질유를 사용한다.

[해설] 공기액화 분리장치 폭발방지 대책
㉮ 장치 내 여과기를 설치한다.
㉯ 아세틸렌이 흡입되지 않는 장소에 공기 흡입구를 설치한다.
㉰ 양질의 압축기 윤활유를 사용한다.
㉱ 장치는 1년에 1회 정도 내부를 사염화탄소(CCl_4)를 사용하여 세척한다.
※ 오일이 압축기로 유입되면 액압축에 의하여 압축기가 파손될 우려가 있고, 공기액화 분리기 내부로 들어가면 폭발의 위험이 있으므로 유분리기는 설치해야 한다.

정답 49. ① 50. ④ 51. ④ 52. ① 53. ②

54. LP가스 판매사업의 용기보관실의 면적은?
① 9 m² 이상 ② 10 m² 이상
③ 12 m² 이상 ④ 19 m² 이상

해설 액화석유가스 판매사업 기준
㉮ 용기보관실 면적 : 19 m² 이상
㉯ 사무실 면적 : 9 m² 이상

55. 전기방식법 중 효과 범위가 넓고 전압, 전류의 조정이 쉬우며, 장거리 배관에는 설치 개수가 적어지는 장점이 있고, 초기 투자가 많은 단점이 있는 방법은?
① 희생양극법 ② 외부전원법
③ 선택배류법 ④ 강제배류법

해설 외부전원법의 특징
(1) 장점
 ㉮ 효과 범위가 넓다.
 ㉯ 평상시의 관리가 용이하다.
 ㉰ 전압, 전류의 조성이 일정하다.
 ㉱ 전식에 대해서도 방식이 가능하다.
 ㉲ 장거리 배관에는 전원 장치가 적어도 된다.
(2) 단점
 ㉮ 초기 설치비가 많이 소요된다.
 ㉯ 다른 매설 금속체로의 장해에 대해 검토할 필요가 있다.
 ㉰ 전원을 필요로 한다.
 ㉱ 과방식의 우려가 있다.

56. 양정 20m, 송수량 3 m³/min일 때 축동력 15 PS를 필요로 하는 원심펌프의 효율은 약 몇 %인가?
① 59 % ② 75 %
③ 89 % ④ 92 %

해설 원심펌프의 축동력(PS) 계산식 $PS = \dfrac{\gamma QH}{75\eta}$ 에서 효율 η를 구하며, 물의 비중량(γ)은 1000 kgf/m³을 적용한다.

∴ $\eta = \dfrac{\gamma QH}{75PS} \times 100 = \dfrac{1000 \times 3 \times 20}{75 \times 15 \times 60} \times 100$
$= 88.888 \%$

57. 토출량이 5 m³/min이고, 펌프 송출구의 안지름이 30 cm일 때 유속은 약 몇 m/s인가?
① 0.8 ② 1.2 ③ 1.6 ④ 2.0

해설 $Q = AV$에서 유속 V를 구하며, 토출량(Q)이 분(min)당 유량이므로 초(s)당으로 변환해 준다.

∴ $V = \dfrac{Q}{A} = \dfrac{5}{\dfrac{\pi}{4} \times 0.3^2 \times 60} = 1.178$ m/s

58. 연소 방식 중 급배기 방식에 의한 분류로서 연소에 필요한 공기를 실내에서 취하고, 연소 후 배기가스는 배기통으로 옥외로 방출하는 형식은?
① 노출식 ② 개방식
③ 반밀폐식 ④ 밀폐식

해설 급배기 방식에 의한 연소기 분류
 ㉮ 개방식 : 연소에 필요한 공기를 실내에서 취하고, 연소 후 배기가스는 실내로 배출하는 형식
 ㉯ 반밀폐식 : 연소에 필요한 공기를 실내에서 취하고, 연소 후 배기가스는 배기통으로 옥외로 배출하는 형식
 ㉰ 밀폐식 : 연소에 필요한 공기를 실외에서 취하고, 연소 후 배기가스는 배기통으로 옥외로 배출하는 형식으로 배기통이 2중관 형태로 구성된다.

59. 탄소강에 소량씩 함유하고 있는 원소의 영향에 대한 설명으로 틀린 것은?
① 인(P)은 상온에서 충격치를 떨어뜨려 상온메짐의 원인이 된다.
② 규소(Si)는 경도는 증가시키나 단접성은 감소시킨다.
③ 구리(Cu)는 인장강도와 탄성계수를 높이나 내식성은 감소시킨다.
④ 황(S)은 Mn과 결합하여 MnS를 만들고, 남은 것이 있으면 FeS를 만들어 고온메짐의 원인이 된다.

정답 54. ④ 55. ② 56. ③ 57. ② 58. ③ 59. ③

해설 구리(Cu)의 영향 : 인장강도, 탄성한도, 내식성을 증가시키나 압연 시 균열의 원인이 된다.

60. 액화천연가스 중 가장 많이 함유되어 있는 것은?
① 메탄 ② 에탄
③ 프로판 ④ 일산화탄소

해설 액화천연가스(LNG)는 메탄을 주성분으로 하며 에탄, 프로판, 부탄 등이 일부 포함되어 있다.

제 4 과목   가스안전관리

61. 고압가스 충전용기 운반 시 동일차량에 적재하여 운반할 수 있는 것은?
① 염소와 아세틸렌 ② 염소와 암모니아
③ 염소와 질소 ④ 염소와 수소

해설 혼합적재 금지 기준
㉮ 염소와 아세틸렌, 암모니아, 수소는 동일 차량에 적재하여 운반하지 아니한다.
㉯ 가연성가스와 산소를 동일차량에 적재하여 운반하는 때에는 그 충전용기의 밸브가 서로 마주보지 아니하도록 적재한다.
㉰ 충전용기와 위험물 안전관리법에서 정하는 위험물과는 동일차량에 적재하여 운반하지 아니한다.
㉱ 독성가스 중 가연성가스와 조연성가스는 동일 차량적재함에 운반하지 아니한다.

62. 고온, 고압하의 수소에서는 수소원자가 발생되어 금속조직으로 침투하여 carbon이 결합, CH_4 등의 gas를 생성하여 용기가 파열하는 원인이 될 수 있는 현상은?
① 금속조직에서 탄소의 추출
② 금속조직에서 아연의 추출
③ 금속조직에서 구리의 추출
④ 금속조직에서 스테인리스강의 추출

해설 수소취성(탈탄작용)
㉮ 개요 : 수소(H_2)는 고온, 고압하에서 강재 중의 탄소와 반응하여 메탄(CH_4)이 생성되고 이것이 수소취성을 일으킨다.
㉯ 반응식 : $Fe_3C + 2H_2 \rightarrow 3Fe + CH_4$
㉰ 방지 원소 : 텅스텐(W), 바나듐(V), 몰리브덴(Mo), 티타늄(Ti), 크롬(Cr)

63. 고압가스 저장탱크 실내설치의 기준으로 틀린 것은?
① 가연성가스 저장탱크실에는 가스누출검지 경보장치를 설치한다.
② 저장탱크실은 각각 구분하여 설치하고 자연환기시설을 갖춘다.
③ 저장탱크에 설치한 안전밸브는 지상 5 m 이상의 높이에 방출구가 있는 가스방출관을 설치한다.
④ 저장탱크의 정상부와 저장탱크실 천정과의 거리는 60 cm 이상으로 한다.

해설 고압가스 저장탱크 및 처리설비 실내설치 기준
㉮ 저장탱크실과 처리설비실은 각각 구분하여 설치하고 강제환기시설을 갖춘다.
㉯ 저장탱크실 및 처리설비실은 천정, 벽 및 바닥의 두께가 30 cm 이상인 철근콘크리트로 만든 실로서 방수처리가 된 것으로 한다.
㉰ 가연성가스 또는 독성가스의 저장탱크실과 처리설비실에는 가스누출검지 경보장치를 설치한다.
㉱ 저장탱크의 정상부와 저장탱크실 천정과의 거리는 60 cm 이상으로 한다.
㉲ 저장탱크를 2개 이상 설치하는 경우에는 저장탱크실을 각각 구분하여 설치한다.
㉳ 저장탱크 및 그 부속시설에는 부식방지도장을 한다.
㉴ 저장탱크실 및 처리설비실의 출입문은 각각 따로 설치하고, 외부인이 출입할 수 없도록 자물쇠 채움 등의 조치를 한다.
㉵ 저장탱크실 및 처리설비실을 설치한 주위에는 경계표지를 한다.
㉶ 저장탱크에 설치한 안전밸브는 지상 5 m 이상의 높이에 방출구가 있는 가스방출관을 설치한다.

정답 60. ① 61. ③ 62. ① 63. ②

64. 고압가스 냉동제조설비의 냉매설비에 설치하는 자동제어장치 설치기준으로 틀린 것은?
① 압축기의 고압측 압력이 상용압력을 초과하는 때에 압축기의 운전을 정지하는 고압차단장치를 설치한다.
② 개방형 압축기에서 저압측 압력이 상용압력보다 이상 저하할 때 압축기의 운전을 정지하는 저압차단장치를 설치한다.
③ 압축기를 구동하는 동력장치에 과열방지장치를 설치한다.
④ 셸형 액체 냉각기에 동결방지장치를 설치한다.

해설 자동제어장치 설치기준 : ①, ②, ④ 외
㉮ 압축기를 구동하는 동력장치에 과부하보호장치를 설치한다.
㉯ 강제윤활장치를 갖는 개방형 압축기인 경우는 윤활유 압력이 운전에 지장을 주는 상태에 이르는 압력까지 저하할 때 압축기를 정지하는 장치를 설치한다. 다만, 작용하는 유압이 0.1 MPa 이하의 경우는 생략할 수 있다.
㉰ 수랭식 응축기인 경우는 냉각수 단수보호장치(냉각수 펌프가 운전되지 않으면 압축기가 운전되지 않도록 하는 기계적 또는 전기적 연동 기구를 갖는 장치를 포함한다)를 설치한다.
㉱ 공랭식 응축기 및 증발식 응축기인 경우는 해당 응축기용 송풍기가 운전되지 않는 한 압축기가 작동되지 않도록 하는 연동장치를 설치한다. 다만, 상용압력 이하의 상태를 유지하게 하는 응축온도 제어장치가 있는 경우에는 그러하지 아니하다.
㉲ 난방용 전열기를 내장한 에어콘 또는 이와 유사한 전열기를 내장한 냉동설비에서의 과열방지장치를 설치한다.

65. 독성고압가스의 배관 중 2중관의 외층관 내경은 내층관 외경의 몇 배 이상을 표준으로 하여야 하는가?
① 1.2배　　② 1.25배
③ 1.5배　　④ 2.0배

해설 독성가스 배관 중 2중관의 외층관 내경은 내층관 외경의 1.2배 이상을 표준으로 하고 재료·두께 등에 관한 사항은 배관설비 두께에 따른다.

66. 다음 중 정전기 발생에 대한 설명으로 옳지 않은 것은?
① 물질의 표면상태가 원활하면 발생이 적어진다.
② 물질 표면이 기름 등에 의해 오염되었을 때는 산화, 부식에 의해 정전기가 발생할 수 있다.
③ 정전기의 발생은 처음 접촉, 분리가 일어났을 때 최대가 된다.
④ 분리속도가 빠를수록 정전기의 발생량은 적어진다.

해설 분리속도가 빠를수록 정전기의 발생량은 많아진다.

67. 염소가스의 제독제가 아닌 것은?
① 가성소다 수용액　② 물
③ 탄산소다 수용액　④ 소석회

해설 독성가스 제독제

가스 종류	제독제의 종류
염소	가성소다 수용액, 탄산소다 수용액, 소석회
포스겐	가성소다 수용액, 소석회
황화수소	가성소다 수용액, 탄산소다 수용액
시안화수소	가성소다 수용액
아황산가스	가성소다 수용액, 탄산소다 수용액, 물
암모니아, 산화에틸렌, 염화메탄	물

68. 도시가스시설의 완성검사 대상에 해당하지

정답　64. ③　65. ①　66. ④　67. ②　68. ④

않는 것은?
① 가스사용량의 증가로 특정가스 사용시설로 전환되는 가스사용시설 변경공사
② 특정가스 사용시설로서 호칭지름 50 mm의 강관을 25 m 교체하는 변경공사
③ 특정가스 사용시설의 압력조정기를 증설하는 변경공사
④ 특정가스 사용시설에서 배관변경을 수반하지 않고 월사용예정량 550 m³를 이설하는 변경공사

[해설] 완성검사 대상 : 도법 시행규칙 제21조
㉮ 가스충전시설의 검사
㉯ 특정가스사용시설의 설치공사
㉰ 가스충전시설의 변경에 따른 공사
㉱ 특정가스사용시설의 변경공사
  ㉠ 도시가스 사용량의 증가로 인하여 특정가스 사용시설로 전환되는 가스사용시설의 변경공사
  ㉡ 특정가스 사용시설로서 호칭지름 50 mm 이상인 배관을 증설·교체 또는 이설(移設)하는 것으로서 그 전체 길이가 20 m 이상인 변경공사
  ㉢ 특정가스 사용시설의 배관을 변경하는 공사로서 월사용예정량을 500 m³ 이상 증설하거나 월사용예정량 500 m³ 이상인 시설을 이설하는 변경공사
  ㉣ 특정가스 사용시설의 정압기나 압력조정기를 증설·교체(동일 유량으로 교체하는 경우는 제외한다) 또는 이설하는 변경공사

69. 시안화수소(HCN)를 용기에 충전할 경우에 대한 설명으로 옳지 않은 것은?
① 순도는 98 % 이상으로 한다.
② 아황산가스 또는 황산 등의 안정제를 첨가한다.
③ 충전한 용기는 충전 후 12시간 이상 정치한다.
④ 일정 시간 정치한 후 1일 1회 이상 질산구리벤젠지 등의 시험지로 누출을 검사한다.

[해설] 시안화수소를 충전한 용기는 충전 후 24시간 정치하고, 그 후 1일 1회 이상 질산구리벤젠 등의 시험지로 가스의 누출검사를 하며, 용기에 충전 연월일을 명기한 표지를 붙이고, 충전한 후 60일이 경과되기 전에 다른 용기에 옮겨 충전한다. 다만, 순도가 98 % 이상으로서 착색되지 아니한 것은 다른 용기에 옮겨 충전하지 아니할 수 있다.

70. 용기에 의한 액화석유가스 사용시설에서 기화장치의 설치기준에 대한 설명으로 틀린 것은?
① 기화장치의 출구측 압력은 1 MPa 미만이 되도록 하는 기능을 갖거나, 1 MPa 미만에서 사용한다.
② 용기는 그 외면으로부터 기화장치까지 3 m 이상의 우회거리를 유지한다.
③ 기화장치의 출구 배관에는 고무호스를 직접 연결하지 아니한다.
④ 기화장치의 설치장소에는 배수구나 집수구로 통하는 도랑을 설치한다.

[해설] 용기에 의한 LPG 사용시설 기화장치 설치 기준
㉮ 최대 가스소비량 이상의 용량이 되는 기화장치를 설치하여야 한다.
㉯ 기화장치를 전원으로 조작하는 경우에는 비상전력을 보유하거나 예비용기를 포함한 용기집합설비의 기상부에 별도의 예비기체라인을 설치하여 정전 시 사용할 수 있도록 조치한다.
㉰ 기화장치의 출구측 압력은 1 MPa 미만이 되도록 하는 기능을 갖거나, 1 MPa 미만에서 사용한다.
㉱ 가열방식이 액화석유가스 연소에 의한 방식인 경우에는 파일럿버너가 꺼지는 경우 버너에 대한 액화석유가스 공급이 자동적으로 차단되는 자동안전장치를 부착한다.
㉲ 기화장치는 콘크리트 기초 등에 고정하여 설치한다.
㉳ 기화장치는 옥외에 설치한다. 다만, 옥내에 설치하는 경우 건축물의 바닥 및 천정 등은 불연성재료를 사용하고 통풍이 잘 되

는 구조로 한다.
㉔ 용기는 그 외면으로부터 기화장치까지 3 m 이상의 우회거리를 유지한다. 다만, 기화장치를 방폭형으로 설치하는 경우에는 3 m 이내로 유지할 수 있다.
㉕ 기화장치의 출구 배관에는 고무호스를 직접 연결하지 아니한다.
㉖ 기화장치의 설치장소에는 배수구나 집수구로 통하는 도랑이 없어야 한다.
㉗ 기화장치에는 정전기 제거조치를 한다.

71. 안전관리규정의 작성기준에서 다음 〈보기〉 중 종합적 안전관리규정에 포함되어야 할 항목을 모두 나열한 것은?

─〈보 기〉─
㉠ 경영이념   ㉡ 안전관리투자
㉢ 안전관리목표   ㉣ 안전문화

① ㉠, ㉡, ㉢
② ㉠, ㉡, ㉣
③ ㉠, ㉢, ㉣
④ ㉠, ㉡, ㉢, ㉣

해설 종합적 안전관리규정 중 '안전관리에 관한 경영방침'에 포함시켜야 할 사항: 고법 시행규칙 별표15
㉮ 경영이념에 관한 사항
㉯ 안전관리목표에 관한 사항
㉰ 안전투자에 관한 사항
㉱ 안전문화에 관한 사항

72. 액화가스의 저장탱크 압력이 이상 상승하였을 때 조치사항으로 옳지 않은 것은?
① 방출밸브를 열어 가스를 방출시킨다.
② 살수장치를 작동시켜 저장탱크를 냉각시킨다.
③ 액 이입 펌프를 정지시킨다.
④ 출구 측의 긴급차단밸브를 작동시킨다.

해설 저장탱크 출구 측의 긴급차단밸브를 작동시키면 밸브가 폐쇄되어 압력 상승이 빠르고, 커질 수 있다.

73. 내용적 59 L의 LPG 용기에 프로판을 충전할 때 최대 충전량은 약 몇 kg으로 하면 되는가?(단, 프로판의 정수는 2.35이다.)
① 20 kg   ② 25 kg
③ 30 kg   ④ 35 kg

해설 $W = \dfrac{V}{C} = \dfrac{59}{2.35} = 25.106 \text{ kg}$

참고 C : 저온용기 및 차량에 고정된 저온탱크와 초저온용기 및 차량에 고정된 초저온탱크에 충전하는 액화가스의 경우에는 그 용기 및 탱크의 상용온도 중 최고 온도에서의 그 가스의 비중(kg/L)의 수치에 10분의 9를 곱한 수치의 역수, 그 밖의 액화가스의 충전용기 및 차량에 고정된 탱크의 경우에는 가스 종류에 따른 정수

74. 고압가스 용기 보관장소의 주위 몇 m 이내에는 화기 또는 인화성물질이나 발화성물질을 두지 않아야 하는가?
① 1 m   ② 2 m
③ 5 m   ④ 8 m

해설 고압가스 용기를 취급 또는 보관하는 용기 보관장소의 주위 2 m 이내에는 화기 또는 인화성물질이나 발화성물질을 두지 아니한다.

75. 가스누출 경보차단장치의 성능시험 방법으로 틀린 것은?
① 가스를 검지한 상태에서 연속경보를 울린 후 30초 이내에 가스를 차단하는 것으로 한다.
② 교류전원을 사용하는 차단장치는 전압이 정격전압의 90 % 이상 110 % 이하일 때 사용에 지장이 없는 것으로 한다.
③ 내한성능에서 제어부는 -25℃ 이하에서 1시간 이상 유지한 후 5분 이내에 작동시험을 실시하여 이상이 없어야 한다.
④ 전자밸브식 차단부는 35 kPa 이상의 압력으로 기밀시험을 실시하여 외부누출이 없어야 한다.

정답 71. ④ 72. ④ 73. ② 74. ② 75. ③

[해설] 내한성능 기준
㉮ 제어부는 −10℃ 이하(상대습도 90 % 이상)에서 1시간 이상 유지한 후 10분 이내에 작동시험을 실시하여 이상이 없는 것으로 한다.
㉯ 차단부를 연 상태로 −30℃에서 30분간 방치한 후 10분 이내에 작동시험 및 기밀시험을 실시하여 이상이 없는 것으로 한다.
㉰ 차단부에 사용하는 금속 이외의 수지 등은 −25℃에서 각각 24시간 방치한 후 사용에 지장이 있는 변형 등이 없는 것으로 한다.

76. 매몰형 폴리에틸렌 볼밸브의 사용압력 기준은?
① 0.4 MPa 이하
② 0.6 MPa 이하
③ 0.8 MPa 이하
④ 1 MPa 이하

[해설] 매몰형 폴리에틸렌 볼밸브(PE밸브) 사용조건
㉮ 사용온도가 −29℃ 이상 38℃ 이하
㉯ 사용압력이 0.4 MPa 이하
㉰ 지하에 매몰하여 사용

77. 고압가스를 운반하는 차량에 경계표지의 크기는 어떻게 정하는가?
① 직사각형인 경우 가로 치수는 차체 폭의 20 % 이상, 세로 치수는 가로 치수의 30 % 이상, 정사각형의 경우는 그 면적을 400 cm² 이상으로 한다.
② 직사각형인 경우 가로 치수는 차체 폭의 30 % 이상, 세로 치수는 가로 치수의 20 % 이상, 정사각형의 경우는 그 면적을 400 cm² 이상으로 한다.
③ 직사각형인 경우 가로 치수는 차체 폭의 20 % 이상, 세로 치수는 가로 치수의 30 % 이상, 정사각형의 경우는 그 면적을 600 cm² 이상으로 한다.
④ 직사각형인 경우 가로 치수는 차체 폭의 30 % 이상, 세로 치수는 가로 치수의 20 % 이상, 정사각형의 경우는 그 면적을 600 cm² 이상으로 한다.

[해설] 경계표지 크기
㉮ 가로치수 : 차체 폭의 30 % 이상
㉯ 세로치수 : 가로치수의 20 % 이상
㉰ 정사각형 또는 이에 가까운 형상 : 600 cm² 이상
㉱ 적색 삼각기 : 400×300 mm(황색글씨로 "위험고압가스")

78. 고압가스 제조시설에서 아세틸렌을 충전하기 위한 설비 중 충전용 지관에는 탄소 함유량이 얼마 이하의 강을 사용하여야 하는가?
① 0.1 %
② 0.2 %
③ 0.33 %
④ 0.5 %

[해설] 아세틸렌이 접촉하는 부분에 사용하는 재료 기준
㉮ 구리 또는 구리의 함유량이 62 %를 초과하는 동합금은 사용하지 아니한다.
㉯ 충전용 지관에는 탄소의 함유량이 0.1 % 이하의 강을 사용한다.
㉰ 굴곡에 의한 응력이 일부에 집중되지 않도록 된 형상으로 한다.

79. CO 15 v%, H_2 30 v%, CH_4 55 v%인 가연성 혼합가스의 공기 중 폭발하한계는 약 몇 v%인가? (단, 각 가스의 폭발하한계는 CO 12.5 v%, H_2 4.0 v%, CH_4 5.3 v%이다.)
① 5.2
② 5.8
③ 6.4
④ 7.0

[해설] $\dfrac{100}{L} = \dfrac{V_1}{L_1} + \dfrac{V_2}{L_2} + \dfrac{V_3}{L_3}$ 에서

$\therefore L = \dfrac{100}{\dfrac{V_1}{L_1} + \dfrac{V_2}{L_2} + \dfrac{V_3}{L_3}}$

$= \dfrac{100}{\dfrac{15}{12.5} + \dfrac{30}{4.0} + \dfrac{55}{5.3}} = 5.241 \text{ v\%}$

80. 액화석유가스용 차량에 고정된 저장탱크 외벽이 화염에 의하여 국부적으로 가열될 경우를 대비하여 폭발방지장치를 설치한다. 이때 재료

로 사용되는 금속은?
① 아연   ② 알루미늄
③ 주철   ④ 스테인리스

[해설] 폭발방지장치 : 액화석유가스 저장탱크 외벽이 화염으로 국부적으로 가열될 경우 그 저장탱크 벽면의 열을 신속히 흡수, 분산시킴으로서 탱크 벽면의 국부적인 온도 상승에 따른 저장탱크의 파열을 방지하기 위하여 저장탱크 내벽에 설치하는 다공성 벌집형 알루미늄합금박판을 말한다.

제 5 과목 가스계측기기

81. 베크만 온도계는 어떤 종류의 온도계에 해당되는가?
① 바이메탈 온도계 ② 유리 온도계
③ 저항 온도계   ④ 열전대 온도계

[해설] 베크만 온도계 : 모세관에 남은 수은의 양을 조절하여 측정하며 미소한 범위의 온도변화를 정밀하게 측정할 수 있는 것으로 유리제 온도계에 해당된다.

82. 입력과 출력이 그림과 같을 때 제어동작은?

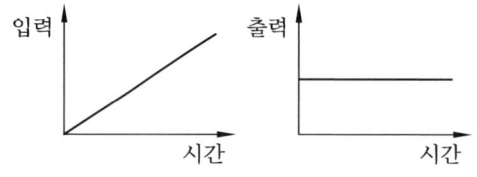

① 비례동작   ② 미분동작
③ 적분동작   ④ 비례적분동작

[해설] 미분(D)동작 : 조작량이 동작신호의 미분치에 비례하는 동작으로 비례동작과 함께 쓰이며 일반적으로 진동이 제어되어 빨리 안정된다.

83. 기체 크로마토그래피에서 사용되는 캐리어 가스(carrier gas)에 대한 설명으로 옳은 것은?
① 가격이 저렴한 공기를 사용해도 무방하다.
② 검출기의 종류에 관계없이 구입이 용이한 것을 사용한다.
③ 주입된 시료를 컬럼과 검출기로 이동시켜 주는 운반기체 역할을 한다.
④ 캐리어가스는 산소, 질소, 아르곤 등이 주로 사용된다.

[해설] 캐리어가스(carrier gas)
㉮ 역할 : 주입된 시료를 컬럼과 검출기로 이동시켜 주는 운반기체 역할을 한다.
㉯ 종류 : 수소(H_2), 헬륨(He), 아르곤(Ar), 질소(N_2)
㉰ 캐리어가스는 검출기 종류에 맞는 것을 선택하여 사용하여야 한다.

84. 경사각(θ)이 30°인 경사관식 압력계의 눈금(x)을 읽어더니 60 cm가 상승하였다. 이때 양단의 차압($P_1 - P_2$)은 약 몇 kgf/cm^{2}인가? (단, 액체의 비중은 0.8인 기름이다.)
① 0.001   ② 0.014
③ 0.024   ④ 0.034

[해설] ㉮ 액체의 비중량은 0.8×1000 kgf/m^{3}이고, 비중량에 액주 높이를 곱한 값의 단위는 kgf/m^{2}이므로 kgf/cm^2 단위로 변환하여야 한다.
㉯ 차압($P_1 - P_2$) 계산
∴ $P_1 - P_2 = \gamma x \sin\theta$
$= \{(0.8 \times 10^3) \times 0.6 \times \sin30°\} \times 10^{-4}$
$= 0.024$ kgf/cm^2

85. 어느 수용가에 설치되어 있는 가스미터의 기차를 측정하기 위하여 기준기로 지시량을 측정하였더니 150 m^{3}를 나타내었다. 그 결과 기차가 4 %로 계산되었다면 이 가스미터의 지시량은 몇 m^{3}인가?
① 149.96 m^3 ② 150 m^3
③ 156 m^3 ④ 156.25 m^3

[해설] $E = \dfrac{I-Q}{I} = \dfrac{I}{I} - \dfrac{Q}{I} = 1 - \dfrac{Q}{I}$

$\therefore I = \dfrac{Q}{1-E} = \dfrac{150}{1-0.04} = 156.25 \text{ m}^3$

86. 차압식 유량계에서 교축 상류 및 하류의 압력이 각각 P_1, P_2일 때 체적유량이 Q_1이라 한다. 압력이 2배만큼 증가하면 유량 Q는 얼마가 되는가?

① $2Q_1$
② $\sqrt{2}\,Q_1$
③ $\dfrac{1}{2}Q_1$
④ $\dfrac{Q_1}{\sqrt{2}}$

[해설] 차압식 유량계에서 유량은 차압의 평방근에 비례한다.

$\therefore Q_2 = \sqrt{\dfrac{\Delta P_2}{\Delta P_1}} \times Q_1 = \sqrt{\dfrac{2}{1}} \times Q_1 = \sqrt{2}\,Q_1$

87. 기체 크로마토그래피에 의한 분석방법은 어떤 성질을 이용한 것인가?

① 비열의 차이
② 비중의 차이
③ 연소성의 차이
④ 이동속도의 차이

[해설] 기체 크로마토그래피의 측정 원리 : 운반기체(carrier gas)의 유량을 조절하면서 측정하여야 할 시료기체를 도입부를 통하여 공급하면 운반기체와 시료기체가 분리관을 통과하는 동안 분리되어 시료의 각 성분의 흡수력(시료의 확산속도, 이동속도) 차이에 따라 성분의 분리가 일어나고 시료의 각 성분이 검출기에서 측정된다.

88. 태엽의 힘으로 통풍하는 통풍형 건습구 습도계로서 휴대가 편리하고 필요 풍속이 약 3 m/s인 습도계는?

① 아스만 습도계
② 모발 습도계
③ 간이건습구 습도계
④ Dewcel식 노점계

[해설] 통풍형 건습구 습도계 : 휴대용으로 사용되며 시계 장치(태엽)로 팬(fan)을 돌려 3 m/s 정도의 바람을 흡입하여 건습구에 통풍하는 형식으로 아스만(Asman) 습도계가 대표적이다.

89. 막식 가스미터에서 크랭크축이 녹슬거나 밸브와 밸브시트가 타르나 수분 등에 의해 점착(粘着) 또는 고착되어 가스가 미터를 통과하지 않은 고장의 형태는?

① 부동
② 기어불량
③ 떨림
④ 불통

[해설] ㉮ 불통(不通) : 가스가 계량기를 통과하지 못하는 고장
㉯ 원인
  ㉠ 크랭크축이 녹슬었을 때
  ㉡ 밸브와 밸브시트가 타르, 수분 등에 의해 붙거나 동결된 경우
  ㉢ 날개 조절기 등 회전장치 부분에 이상이 있을 때

90. 소형 가스미터(15호 이하)의 크기는 1개의 가스기구가 당해 가스미터에서 최대 통과량의 얼마를 통과할 때 한 등급 큰 계량기를 선택하는 것이 가장 적당한가?

① 90 % ② 80 % ③ 70 % ④ 60 %

[해설] 가스미터의 크기 선정 : 15호 이하의 소형 가스미터는 최대 사용 가스량이 가스미터 용량의 60 %가 되도록 선정한다. 다만, 1개의 가스기구가 가스미터의 최대 통과량의 80 %를 초과한 경우에는 1등급 더 큰 가스미터를 선정한다.

91. 기체 크로마토그래피의 조작과정이 다음과 같을 때 조작 순서가 가장 올바르게 나열된 것은?

| ㉠ 크로마토그래피 조정 |
| ㉡ 표준가스 도입 |
| ㉢ 성분 확인 |
| ㉣ 크로마토그래피 안정성 확인 |
| ㉤ 피크 면적 계산 |
| ㉥ 시료가스 도입 |

[정답] 86. ② 87. ④ 88. ① 89. ④ 90. ② 91. ①

① ㉠-㉣-㉡-㉥-㉢-㉤
② ㉠-㉡-㉢-㉣-㉤-㉥
③ ㉣-㉠-㉥-㉡-㉢-㉤
④ ㉠-㉡-㉣-㉢-㉥-㉤

[해설] 기체 크로마토그래피를 이용하여 분석을 할 때 가장 먼저 이루어지는 조작은 크로마토그래피 조정이며, 다음으로 크로마토그래피의 안정성 확인, 표준가스 도입, 시료가스 도입, 성분 확인, 피크 면적 계산의 순서로 조작한다.

92. 산소(O_2)는 다른 가스에 비하여 강한 상자성체이므로 자장에 대하여 흡인되는 특성을 이용하여 분석하는 가스분석계는?

① 세라믹 O_2계 ② 자기식 O_2계
③ 연소식 O_2계 ④ 밀도식 O_2계

[해설] 자기식 O_2계(분석기): 일반적인 가스는 반자성체에 속하지만 O_2는 자장에 흡입되는 강력한 상자성체인 것을 이용한 산소 분석기이다.
㉮ 가동부분이 없고 구조도 비교적 간단하며, 취급이 용이하다.
㉯ 측정가스 중에 가연성 가스가 포함되면 사용할 수 없다.
㉰ 가스의 유량, 압력, 점성의 변화에 대하여 지시오차가 거의 발생하지 않는다.
㉱ 열선은 유리로 피복되어 있어 측정가스 중의 가연성가스에 대한 백금의 촉매작용을 막아 준다.

93. 측정자 자신의 산포 및 관측자의 오차와 시차 등 산포에 의하여 발생하는 오차는?

① 이론오차 ② 개인오차
③ 환경오차 ④ 우연오차

[해설] 우연오차: 우연하고도 필연적으로 생기는 오차로서 이 오차는 원인을 모르기 때문에 보정이 불가능하며, 상대적인 분포 현상을 가진 측정값을 나타낸다. 이러한 분포 현상을 산포라 하며 산포에 의하여 일어나는 오차를 우연오차라 한다. 여러 번 측정하여 통계적으로 처리한다.

94. 부르동관 압력계를 용도로 구분할 때 사용하는 기호로 내진(耐震)형에 해당하는 것은?

① M ② H
③ V ④ C

[해설] 부르동관 압력계 용도에 따른 기호: KS B 5305

용도 구분	기호
증기용 보통형	M
내열형	H
내진형	V
증기용 내진형	MV
내열 내진형	HV

95. 되먹임 제어와 비교한 시퀀스 제어의 특성으로 틀린 것은?

① 정성적 제어 ② 디지털 신호
③ 열린 회로 ④ 비교 제어

[해설] 시퀀스 제어의 특징
㉮ 입력신호에서 출력신호까지 정해진 순서에 따라 일방적으로 제어 명령이 전해진다.
㉯ 어떤 조건을 만족해도 제어신호가 전달되어 간다.
㉰ 제어결과에 따라 조작이 자동적으로 이행된다.
㉱ 일반적으로 시퀀스 제어는 조작이나 동작의 단계를 따라서 시동, 정지 또는 운전 상태를 변경하여 조업을 하게 된다.
㉲ 시퀀스 제어는 개회로(開回路: 열린 회로)이다.
※ 되먹임 제어는 피드백 제어를 의미하는 것으로 폐회로(閉回路) 제어, 비교 제어에 해당된다.

96. 용액에 시료가스를 흡수시키면 측정성분에 따라 도전율이 변하는 것을 이용한 용액도전율식 분석계에서 측정가스와 그 반응용액이 틀린 것은?

① CO_2 - NaOH 용액
② SO_2 - CH_3COOH 용액
③ Cl_2 - $AgNO_3$ 용액
④ NH_3 - H_2SO_4 용액

정답 92. ② 93. ④ 94. ③ 95. ④ 96. ②

[해설] 용액도전율식 측정가스와 반응용액

측정가스	반응용액
CO_2	NaOH 용액
SO_2	H_2O_2 용액
Cl_2	$AgNO_3$ 용액
H_2S	I_2 용액
NH_3	H_2SO_4 용액

97. 다음 〈보기〉에서 설명하는 가장 적합한 압력계는?

〈보 기〉
- 정도가 아주 좋다.
- 자동계측이나 제어가 용이하다.
- 장치가 비교적 소형이므로 가볍다.
- 기록장치와의 조합이 용이하다.

① 전기식 압력계 ② 부르동관식 압력계
③ 벨로스식 압력계 ④ 다이어프램식 압력계

[해설] 전기식 압력계의 특징
㉮ 정도가 아주 높다.
㉯ 자동계측이나 제어가 용이하다.
㉰ 확대, 지시하기 쉽고 기록장치와의 조합이 용이하다.
㉱ 시간의 지연이 적다.
㉲ 장치가 비교적 소형이므로 가볍다.
㉳ 종류에는 전기 저항 압력계, 피에조 전기 압력계(압전기식), 스트레인 게이지가 있다.

98. 서미스터(thermistor) 저항체 온도계의 특징에 대한 설명으로 옳은 것은?

① 온도계수가 작으며 균일성이 좋다.
② 저항변화가 작으며 재현성이 좋다.
③ 온도 상승에 따라 저항치가 감소한다.
④ 수분 흡수 시에도 오차가 발생하지 않는다.

[해설] 서미스터(thermistor) 저항체 온도계 특징
㉮ 측정범위는 -100~300℃ 정도이다.
㉯ 감도가 크고 응답성이 빠르다.
㉰ 소형으로 협소한 장소의 측정에 유리하다.
㉱ 소자의 균일성 및 재현성이 없다.
㉲ 흡습에 의한 열화가 발생할 수 있다.
㉳ 온도 상승에 따라 저항치가 감소한다.

99. 염소가스를 검출하는 검출시험지에 대한 설명으로 옳은 것은?

① 연당지를 사용하며, 염소가스와 접촉하면 흑색으로 변한다.
② KI-녹말종이를 사용하며, 염소가스와 접촉하면 청색으로 변한다.
③ 해리슨씨 시약을 사용하며, 염소가스와 접촉하면 심등색으로 변한다.
④ 리트머스시험지를 사용하며, 염소가스와 접촉하면 청색으로 변한다.

[해설] 염소가스 검출시험지 : 녹말종이(전분액을 묻힌 종이)에 요오드칼륨(KI)을 사용하며, 염소가스와 접촉하면 청갈색(또는 청색)으로 변하는 것으로 누설을 검지할 수 있다.

100. 다음 〈보기〉에서 자동제어의 일반적인 동작 순서를 바르게 나열한 것은?

〈보 기〉
㉠ 목표값으로 이미 정한 물리량과 비교한다.
㉡ 조작량을 조작기에서 증감한다.
㉢ 결과에 따른 편차가 있으면 판단하여 조절한다.
㉣ 제어 대상을 계측기를 사용하여 검출한다.

① ㉣ → ㉠ → ㉢ → ㉡
② ㉣ → ㉡ → ㉠ → ㉢
③ ㉢ → ㉠ → ㉣ → ㉡
④ ㉡ → ㉠ → ㉢ → ㉣

[해설] 자동제어의 동작 순서
㉮ 검출 : 제어 대상을 계측기를 사용하여 측정하는 부분
㉯ 비교 : 목표값(기준입력)과 주피드백량과의 차를 구하는 부분
㉰ 판단 : 제어량의 현재값이 목표값과 얼마만큼 차이가 나는가를 판단하는 부분
㉱ 조작 : 판단된 조작량을 제어하여 제어량을 목표값과 같도록 유지하는 부분

정답 97. ① 98. ③ 99. ② 100. ①

2022년도 시행 문제

▶ 2022년 3월 5일 시행

자격종목	코드	시험시간	형 별	수험번호	성 명
가스 기사	1471	2시간 30분	A		

제1과목 가스유체역학

1. 관 내부에서 유체가 흐를 때 흐름이 완전난류라면 수두손실은 어떻게 되겠는가?
① 대략적으로 속도의 제곱에 반비례한다.
② 대략적으로 직경의 제곱에 반비례하고 속도에 정비례한다.
③ 대략적으로 속도의 제곱에 비례한다.
④ 대략적으로 속도에 정비례한다.

해설 난류유동에서 손실수두는 속도의 제곱에 비례한다.

2. 다음 중 정상유동과 관계있는 식은? (단, V=속도벡터, s=임의 방향좌표, t=시간이다.)
① $\dfrac{\partial V}{\partial t} = 0$ ② $\dfrac{\partial V}{\partial s} \neq 0$
③ $\dfrac{\partial V}{\partial t} \neq 0$ ④ $\dfrac{\partial V}{\partial s} = 0$

해설 정상유동은 어느 한 점을 관찰할 때 그 점에서의 유동특성이 시간에 관계없이 일정하게 유지되는 흐름이다.
∴ $\dfrac{\partial V}{\partial t} = 0$

3. 물이 23m/s의 속도로 노즐에서 수직상방으로 분사될 때 손실을 무시하면 약 몇 m까지 물이 상승하는가?
① 13 ② 20 ③ 27 ④ 54

해설 $h = \dfrac{V^2}{2g} = \dfrac{23^2}{2 \times 9.8} = 26.989 \, \text{m}$

4. 기체가 0.1 kg/s로 직경 40 cm인 관내부를 등온으로 흐를 때 압력이 30 kgf/m²·abs, R=20kgf·m/kg·K, T=27℃라면 평균속도는 몇 m/s인가?
① 5.6 ② 67.2 ③ 98.7 ④ 159.2

해설 ㉮ 기체의 비중량(γ) 계산 : 공학단위 이상기체 상태방정식 $PV=GRT$를 이용하여 계산한다.
∴ $\gamma = \dfrac{G}{V} = \dfrac{P}{RT} = \dfrac{30}{20 \times (273+27)}$
$= 5 \times 10^{-3} \, \text{kgf/m}^3$

㉯ 평균속도 계산 : 중량 유량 $G = \gamma A V$에서 평균속도($\overline{V}$)를 계산한다.
∴ $\overline{V} = \dfrac{G}{\gamma \times A} = \dfrac{0.1}{(5 \times 10^{-3}) \times \left(\dfrac{\pi}{4} \times 0.4^2\right)}$
$= 159.2 \, \text{m/s}$

참고 문제에서 기체상수(R)가 공학단위로 주어졌으므로 유량은 중량유량으로 판단하여 계산하였음

5. 내경 0.0526 m인 철관 내를 점도가 0.01 kg/m·s이고, 밀도가 1200 kg/m³인 액체가 1.16 m/s의 평균속도로 흐를 때 Reynolds수는 약 얼마인가?
① 36.61 ② 3661
③ 732.2 ④ 7322

해설 $Re = \dfrac{\rho \cdot D \cdot V}{\mu}$
$= \dfrac{1200 \times 0.0526 \times 1.16}{0.01} = 7321.92$

정답 1. ③ 2. ① 3. ③ 4. ④ 5. ④

6. 어떤 유체의 비중량이 20 kN/m³이고 점성계수가 0.1 N·s/m²이다. 동점성계수는 m²/s 단위로 얼마인가?

① 2.0×10^{-2} ② 4.9×10^{-2}
③ 2.0×10^{-5} ④ 4.9×10^{-5}

해설 ㉮ 동점성계수(ν) : 점성계수(μ)를 밀도(ρ)로 나눈 값으로 동점도라 한다.
㉯ 동점성계수 계산

$$\nu = \frac{\mu}{\rho} = \frac{\mu}{\frac{\gamma}{g}} = \frac{0.1}{\frac{20 \times 1000}{9.8}}$$
$$= 4.9 \times 10^{-5} \, \text{m}^2/\text{s}$$

7. 성능이 동일한 n대의 펌프를 서로 병렬로 연결하고 원래와 같은 양정에서 작동시킬 때 유체의 토출량은?

① $\frac{1}{n}$로 감소한다.
② n배로 증가한다.
③ 원래와 동일하다.
④ $\frac{1}{2n}$로 감소한다.

해설 ㉮ 펌프를 병렬로 연결하면 유체의 토출량은 연결한 펌프의 수에 해당하는 배수로 증가한다.
㉯ 원심펌프의 운전 특성
　ⓐ 병렬 운전 : 양정 일정, 유량 증가
　ⓑ 직렬 운전 : 양정 증가, 유량 일정

8. 직각좌표계 상에서 Euler 기술법으로 유동을 기술할 때 $F = \nabla \cdot \vec{V}$, $G = \nabla \cdot (\rho \vec{V})$로 정의되는 두 함수에 대한 설명 중 틀린 것은? (단, $\vec{V}$는 유체의 속도, ρ는 유체의 밀도를 나타낸다.)

① 밀도가 일정한 유체의 정상유동(steady flow)에서는 $F = 0$이다.
② 압축성 유체(compressible)의 정상유동(steady flow)에서는 $G = 0$이다.
③ 밀도가 일정한 유체의 비정상유동(unsteady flow)에서는 $F \neq 0$이다.
④ 압축성 유체(compressible)의 비정상유동(unsteady flow)에서는 $G \neq 0$이다.

해설 밀도가 일정한 유체는 비압축성 유체이므로 정상유동, 비정상유동에서 $F = 0$이다.

9. 하수 슬러리(slurry)와 같이 일정한 온도와 압력 조건에서 임계 전단응력 이상이 되어야만 흐르는 유체는?

① 뉴턴유체(Newtonian fluid)
② 팽창유체(dilatant fluid)
③ 빙햄가소성유체(Bingham plastics fluid)
④ 의가소성유체(pseudoplastic fluid)

해설 유체의 분류
㉮ 뉴턴유체(Newtonian fluid) : 유체 유동 시에 전단응력과 속도구배의 관계가 원점을 통과하는 직선적인 관계를 갖는 유체로 물이 해당된다.
㉯ 팽창유체(dilatant fluid) : 전단응력과 속도구배 선도에서 원점을 지나지만 전단응력이 작으면 아래로 처지다가 전단응력이 커지면 속도구배의 변화가 적어지는 것으로 아스팔트 등이 해당된다.
㉰ 빙햄가소성유체(Bingham plastic fluid) : 기름, 페인트, 치약, 진흙, 하수 슬러리 등과 같이 임계 전단응력 이상이 되어야만 흐르는 유체
㉱ 의가소성유체(pseudoplastic fluid) : 전단응력과 속도구배 선도에서 원점을 지나지만 전단응력이 작으면 위로 볼록해졌다가 전단응력이 커지면 직선으로 되는 유체로 고분자 용액(고무 라텍스 등)이 해당된다.

10. 1차원 유동에서 수직 충격파가 발생하게 되면 어떻게 되는가?

① 속도, 압력, 밀도가 증가한다.
② 압력, 밀도, 온도가 증가한다.
③ 속도, 온도, 밀도가 증가한다.

정답 6. ④ 7. ② 8. ③ 9. ③ 10. ②

④ 압력은 감소하고 엔트로피가 일정하게 된다.

[해설] 수직 충격파가 발생하면 압력, 온도, 밀도, 엔트로피가 증가하며 속도는 감소한다.

11. 유체 수송장치의 캐비테이션 방지 대책으로 옳은 것은?
① 펌프의 설치 위치를 높인다.
② 펌프의 회전수를 크게 한다.
③ 흡입관 지름을 크게 한다.
④ 양흡입을 단흡입으로 바꾼다.

[해설] 캐비테이션(cavitation)현상 방지법
㉮ 펌프의 위치를 낮춘다. (흡입양정을 짧게 한다.)
㉯ 수직축 펌프를 사용하여 회전차를 수중에 완전히 잠기게 한다.
㉰ 양흡입 펌프를 사용한다.
㉱ 펌프의 회전수를 낮춘다.
㉲ 두 대 이상의 펌프를 사용한다.
㉳ 흡입관 지름을 크게 한다.

12. 내경 5 cm 파이프 내에서 비압축성 유체의 평균유속이 5 m/s이면 내경을 2.5 cm로 축소하였을 때의 평균유속은?
① 5 m/s   ② 10 m/s
③ 20 m/s   ④ 50 m/s

[해설] $Q_1 = Q_2$ 이므로 $A_1 V_1 = A_2 V_2$ 이다.

$$\therefore V_2 = \frac{A_1}{A_2} \times V_1 = \frac{\frac{\pi}{4} \times 0.05^2}{\frac{\pi}{4} \times 0.025^2} \times 5 = 20 \, \mathrm{m/s}$$

[참고] 내경(안지름)이 $\frac{1}{2}$로 축소되면 유속은 4배로 증가하고, 내경(안지름)이 2배로 확대되면 유속은 $\frac{1}{4}$로 감소한다.

13. 잠겨 있는 물체에 작용하는 부력은 물체가 밀어낸 액체의 무게와 같다고 하는 원리(법칙)와 관련 있는 것은?
① 뉴턴의 점성법칙
② 아르키메데스 원리
③ 하겐-푸아죄유 원리
④ 맥레오드 원리

[해설] 아르키메데스(Archimedes) 원리 : 유체 속에 전부 또는 일부가 잠겨 있는 물체는 유체에 의하여 밑에서 떠받치는 힘을 받는다는 부력(浮力)의 이론이다.

14. 온도 $T_0 = 300$ K, Mach수 $M = 0.8$인 1차원 공기 유동의 정체온도(stagnation temperature)는 약 몇 K인가? (단, 공기는 이상기체이며, 등엔트로피 유동이고 비열비 k는 1.4이다.)
① 324   ② 338   ③ 346   ④ 364

[해설] $T = T_0 \times \left(1 + \frac{k-1}{2} \times M^2\right)$
$= 300 \times \left(1 + \frac{1.4-1}{2} \times 0.8^2\right) = 338.4 \, \mathrm{K}$

15. 질량 보존의 법칙을 유체유동에 적용한 방정식은?
① 오일러 방정식   ② 다르시 방정식
③ 운동량 방정식   ④ 연속 방정식

[해설] 질량 보존의 법칙 : 어느 위치에서나 유입 질량과 유출 질량이 같으므로 일정한 관내에 축적된 질량은 유속에 관계없이 일정하다는 것으로 실제유체나 이상유체에 관계없이 모두 적용되며 연속 방정식에 적용된다.

16. 100 kPa, 25℃에 있는 이상기체를 등엔트로피 과정으로 135 kPa까지 압축하였다. 압축 후의 온도는 약 몇 ℃인가? (단, 이 기체의 정압비열 C_p는 1.213 kJ/kg·K이고 정적비열 C_v는 0.821 kJ/kg·K이다.)
① 45.5   ② 55.5
③ 65.5   ④ 75.5

정답 11. ③ 12. ③ 13. ② 14. ② 15. ④ 16. ②

해설 ㉮ 비열비(k) 계산
$$k = \frac{C_p}{C_v} = \frac{1.213}{0.821} = 1.477$$
㉯ 압축 후의 온도(T_2) 계산
$$\frac{T_2}{T_1} = \left(\frac{P_2}{P_1}\right)^{\frac{k-1}{k}} \text{에서 } T_2 \text{를 계산한다.}$$
$$\therefore T_2 = T_1 \times \left(\frac{P_2}{P_1}\right)^{\frac{k-1}{k}}$$
$$= (273+25) \times \left(\frac{135}{100}\right)^{\frac{1.477-1}{1.477}}$$
$$= 328.327\,\text{K} - 273 = 55.327\,℃$$

17. 이상기체에서 정압비열을 C_p, 정적비열을 C_v로 표시할 때 비엔탈피의 변화 dh는 어떻게 표시되는가?
① $dh = C_p dT$
② $dh = C_v dT$
③ $dh = \dfrac{C_p}{C_v} dT$
④ $dh = (C_p - C_v) dT$

해설 이상기체의 비엔탈피 변화(dh)는 정압비열(C_p)과 온도 변화(dT)의 곱으로 표시한다.
$$\therefore dh = C_p dT$$

18. 지름이 0.1m인 관에 유체가 흐르고 있다. 임계 레이놀즈수가 2100이고, 이에 대응하는 임계유속이 0.25m/s이다. 이 유체의 동점성계수는 약 몇 cm²/s인가?
① 0.095   ② 0.119
③ 0.354   ④ 0.454

해설 $Re = \dfrac{\rho DV}{\mu} = \dfrac{DV}{\nu}$ 에서 MKS 단위로 대입하여 동점성계수(ν)를 구하고 CGS 단위로 변환한다.
$$\therefore \nu = \frac{DV}{Re} = \frac{0.1 \times 0.25}{2100} \times 10^4$$
$$= 0.11904\,\text{cm}^2/\text{s}$$

참고 풀이 과정 마지막에 10^4은 m²/s를 cm²/s로 변환하기 위한 숫자이다.

19. 그림에서와 같이 파이프 내로 비압축성 유체가 층류로 흐르고 있다. A점에서의 유속이 1 m/s라면 R점에서의 유속은 몇 m/s인가? (단, 관의 직경은 10 cm이다.)

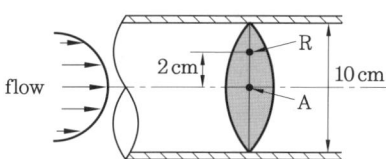

① 0.36   ② 0.60   ③ 0.84   ④ 1.00

해설 ㉮ 관의 직경(지름) 10 cm는 0.1 m이고 반지름(r_0)은 0.05 m이다.
㉯ R점에서의 유속 계산 : 중심에서 R점까지 거리(r)는 0.02 m이다.
$$\therefore u = u_{\max}\left(1 - \frac{r^2}{r_0^2}\right)$$
$$= 1 \times \left(1 - \frac{0.02^2}{0.05^2}\right) = 0.84\,\text{m/s}$$

20. 공기 중의 음속 C는 $C^2 = \left(\dfrac{\partial P}{\partial \rho}\right)_s$로 주어진다. 이때 음속과 온도의 관계는? (단, T는 주위 공기의 절대온도이다.)
① $C \propto \sqrt{T}$ ② $C \propto T^2$
③ $C \propto T^3$ ④ $C \propto \dfrac{1}{T}$

해설 공기 중의 소리속도(음속) C는 절대온도(T)의 평방근(제곱근)에 비례한다.
$$\therefore C = \sqrt{k \cdot R \cdot T}$$

제 2 과목   연소공학

---

21. 위험장소의 등급분류 중 2종 장소에 해당하지 않는 것은?

① 밀폐된 설비 안에 밀봉된 가연성가스가 그 설비의 사고로 인하여 파손되거나 오조작의 경우에만 누출할 위험이 있는 장소
② 확실한 기계적 환기조치에 따라 가연성가스가 체류하지 아니하도록 되어 있으나 환기장치에 이상이나 사고가 발생한 경우에는 가연성가스가 체류하여 위험하게 될 우려가 있는 장소
③ 상용상태에서 가연성가스가 체류하여 위험하게 될 우려가 있는 장소, 정비보수 또는 누출 등으로 인하여 종종 가연성가스가 체류하여 위험하게 될 우려가 있는 장소
④ 인접한 실내에서 위험한 농도의 가연성가스가 종종 침입할 우려가 있는 장소

[해설] 2종 위험장소
㉮ 밀폐된 용기 또는 설비 내에 밀봉된 가연성 가스가 그 용기 또는 설비의 사고로 인해 파손되거나 오조작의 경우에만 누출할 위험이 있는 장소
㉯ 확실한 기계적 환기조치에 의하여 가연성가스가 체류하지 않도록 되어 있으나 환기장치에 이상이나 사고가 발생한 경우에는 가연성가스가 체류하여 위험하게 될 우려가 있는 장소
㉰ 1종 장소의 주변 또는 인접한 실내에서 위험한 농도의 가연성가스가 종종 침입할 우려가 있는 장소

[참고] ③항은 1종 위험장소에 해당됨

22. 연소에 의한 고온체의 색깔이 가장 고온인 것은?
① 휘적색 ② 황적색
③ 휘백색 ④ 백적색

[해설] 색깔별 온도

구분	암적색	적색	휘적색
온도	700℃	850℃	950℃
구분	황적색	백적색	휘백색
온도	1100℃	1300℃	1500℃

23. 다음 중 교축과정에서 변하지 않은 열역학 특성치는?
① 압력 ② 내부에너지
③ 엔탈피 ④ 엔트로피

[해설] 교축과정(throttling process)에서 온도와 압력은 감소(강하)하고, 엔트로피는 증가하며, 엔탈피는 일정(불변)하다.

24. 연소반응이 완료되지 않아 연소가스 중에 반응의 중간 생성물이 들어 있는 현상을 무엇이라 하는가?
① 열해리 ② 순반응
③ 역화반응 ④ 연쇄분자반응

[해설] 열해리(熱解離) : 완전 연소반응이 이루어지지 않아 연소가스 중에 반응의 중간 생성물이 들어 있는 현상

25. 도시가스의 조성을 조사해보니 부피조성으로 H_2 35%, CO 24%, CH_4 13%, N_2 20%, O_2 8%이었다. 이 도시가스 1 Sm^3를 완전연소시키기 위하여 필요한 이론공기량은 약 몇 Sm^3인가?
① 1.3 ② 2.3 ③ 3.3 ④ 4.3

[해설] ㉮ 도시가스 성분 중 가연성 성분의 완전 연소 반응식과 함유율(%)

$H_2 + \frac{1}{2} O_2 \rightarrow H_2O$: 35%

$CO + \frac{1}{2} O_2 \rightarrow CO_2$: 24%

$CH_4 + 2O_2 \rightarrow CO_2 + 2H_2O$: 13%

㉯ 이론공기량(A_0) 계산 : 기체 연료 1 Sm^3 연소할 때 필요로 하는 이론산소량(Sm^3)은 연소 반응식에서 산소몰수에 해당하는 양(Sm^3)에 체적비를 곱한 값을 합산한 양이고, 가스 성분에 포함된 산소는 제외하고 계산하여야 하며, 공기 중 산소는 체적비로 21%이다.

$\therefore A_0 = \dfrac{O_0}{0.21}$

정답 22. ③ 23. ③ 24. ① 25. ②

$$= \frac{\left(\frac{1}{2} \times 0.35\right) + \left(\frac{1}{2} \times 0.24\right) + (2 \times 0.13) - 0.08}{0.21}$$
$$= 2.261 \, \text{Sm}^3$$

26. 프로판가스에 대한 최소산소농도값(MOC)을 추산하면 얼마인가? (단, C_3H_8의 폭발하한치는 2.1v%이다.)

① 8.5% 　　② 9.5%
③ 10.5% 　　④ 11.5%

해설 ㉮ 프로판의 완전연소 반응식
　　　　$C_3H_8 + 5O_2 \rightarrow 3CO_2 + 4H_2O$
㉯ 최소산소농도 계산 : 프로판 1몰(mol)이 연소할 때 필요로 하는 산소는 5몰이다.
$$\therefore MOC = LFL \times \frac{\text{산소몰수}}{\text{연료몰수}}$$
$$= 2.1 \times \frac{5}{1} = 10.5\%$$

27. 125℃, 10atm에서 압축계수(Z)가 0.98일 때 $NH_3(g)$ 34 kg의 부피는 약 몇 m³인가? (단, N의 원자량은 14, H의 원자량은 1이다.)

① 2.8 　② 4.3 　③ 6.4 　④ 8.5

해설 이상기체 상태방정식 $PV = Z\dfrac{W}{M}RT$

에서 부피 V를 구하며, 암모니아(NH_3)의 분자량은 17이다.
$$\therefore V = \frac{ZWRT}{PM}$$
$$= \frac{0.98 \times (34 \times 1000) \times 0.082 \times (273 + 125)}{10 \times 17 \times 1000}$$
$$= 6.396 \, \text{m}^3$$

28. 2개의 단열과정과 2개의 정압과정으로 이루어진 가스 터빈의 이상 사이클은?

① 에릭슨 사이클
② 브레이턴 사이클
③ 스털링 사이클
④ 아트킨슨 사이클

해설 브레이턴(Brayton) 사이클 : 2개의 단열과정과 2개의 정압(등압)과정으로 이루어진 가스 터빈의 이상 사이클

29. 착화온도에 대한 설명 중 틀린 것은?

① 압력이 높을수록 낮아진다.
② 발열량이 클수록 낮아진다.
③ 산소량이 증가할수록 낮아진다.
④ 반응활성도가 클수록 높아진다.

해설 발화점(착화온도)이 낮아지는 조건
㉮ 압력이 높을 때
㉯ 발열량이 높을 때
㉰ 열전도율이 작을 때
㉱ 산소와 친화력이 클 때
㉲ 산소농도가 높을 때
㉳ 분자구조가 복잡할수록
㉴ 반응활성도가 클수록

30. 고발열량(高發熱量)과 저발열량(低發熱量)의 값이 가장 가까운 연료는?

① LPG　② 가솔린　③ 메탄　④ 목탄

해설 고위발열량과 저위발열량의 차이는 연소 시 생성된 물의 증발잠열에 의한 것이고, 물(H_2O)은 수소(H_2)와 산소(O_2)로 이루어진 것이므로 연료 성분 중 수소 원소가 없는 목탄이 고위발열량과 저위발열량의 값이 가장 가까운 연료에 해당된다.

31. 다음 중 BLEVE와 관련이 없는 것은?

① Bomb　　　② Liquid
③ Expending　④ Vapor

해설 BLEVE(Boiling Liquid Expanding Vapor Explosion) : 비등 액체 팽창 증기 폭발

참고 제시된 보기의 의미
① Bomb : 폭탄, 수류탄
② Liquid : 액체
③ Expending : 소비하다.
④ Vapor : 증기

※ Expanding (팽창)으로 주어져야 옳은 사항임

정답　26. ③　27. ③　28. ②　29. ④　30. ④　31. ①, ③

32. 메탄가스 1 m³를 완전연소시키는 데 필요한 공기량은 약 몇 Sm³인가? (단, 공기 중 산소는 20% 함유되어 있다.)
① 5 ② 10 ③ 15 ④ 20

[해설] ㉮ 메탄(CH_4)의 완전연소 반응식
$CH_4 + 2O_2 \rightarrow CO_2 + 2H_2O$
㉯ 이론공기량 계산
$22.4\,Sm^3 : 2 \times 22.4\,Sm^3 = 1\,Sm^3 : x(O_0)\,Sm^3$
∴ $A_0 = \dfrac{O_0}{0.2} = \dfrac{2 \times 22.4 \times 1}{22.4 \times 0.2} = 10\,Sm^3$

33. 기체상수 R의 단위가 J/mol·K일 때의 값은?
① 8.314 ② 1.987
③ 848 ④ 0.082

[해설] 기체상수 $R = 0.08206$ L·atm/mol·K
= 82.06 cm³·atm/mol·K = 1.987 cal/mol·K
= 8.314×10^7 erg/mol·K = 8.314 J/mol·K
= 8.314 m³·Pa/mol·K = 8314 J/kmol·K

34. 정적비열이 0.682 kcal/kmol·℃인 어떤 가스의 정압비열은 약 몇 kcal/kmol·℃인가?
① 1.3 ② 1.4
③ 2.7 ④ 2.9

[해설] ㉮ 정적비열과 정압비열의 단위 kcal/kmol·℃와 kcal/kmol·K는 비열 숫자와 관계없이 변환이 가능하다. 이유는 온도 1℃ 변화폭은 절대온도로 1 K 변화폭과 같기 때문이다.
㉯ 기체상수 (R)는 0.082 L·atm/mol·K = 1.987 cal/mol·K = 1.987 kcal/kmol·K 이다.
㉰ 정적비열(C_v)과 정압비열(C_p) 및 기체상수(R)의 관계식 $C_p - C_v = R$에서 정압비열(C_p)을 구한다.
∴ $C_p = R + C_v = 1.987 + 0.682$
   = 2.669 kcal/kmol·K
   = 2.669 kcal/kmol·℃

35. 가스가 노즐로부터 일정한 압력으로 분출하는 힘을 이용하여 연소에 필요한 공기를 흡입하고, 혼합관에서 혼합한 후 화염공에서 분출시켜 예혼합연소시키는 버너는?
① 분젠식 ② 전 1차 공기식
③ 블라스트식 ④ 적화식

[해설] 분젠식 버너 : 가스를 노즐로부터 분출시켜 주위의 공기를 1차 공기로 흡인하여 혼합관에서 혼합한 후 연소시키는 예혼합연소 방식으로 연소속도가 빠르고, 선화현상 및 소화음, 연소음이 발생한다. 일반가스기구에 사용된다.

36. 최소 점화에너지(MIE)의 값이 수소와 가장 가까운 가연성 기체는?
① 메탄 ② 부탄
③ 암모니아 ④ 이황화탄소

[해설] ㉮ 최소 점화에너지 (MIE : Minimum Ignition Energy) : 가연성 혼합가스를 전기적 스파크로 점화시킬 때 점화하기 위한 최소한의 전기적 에너지이다.
㉯ 주요 가연성 가스의 최소 점화에너지

가스 명칭	최소 점화에너지 (J)
수소 (H_2)	0.019×10^{-3}
메탄 (CH_4)	0.27×10^{-3}
프로판 (C_3H_8)	0.38×10^{-3}
부탄 (C_4H_{10})	0.38×10^{-3}
암모니아 (NH_3)	0.77×10^{-3}
이황화탄소 (CS_2)	0.015×10^{-3}
아세틸렌 (C_2H_2)	0.02×10^{-3}

37. 이상기체에 대한 설명으로 틀린 것은?
① 기체의 분자력과 크기가 무시된다.
② 저온으로 하면 액화된다.
③ 절대온도 0도에서 기체로서의 부피는 0으로 된다.
④ 보일-샤를의 법칙이나 이상기체 상태방정식을 만족한다.

정답 32. ② 33. ① 34. ③ 35. ① 36. ④ 37. ②

[해설] 이상기체의 성질
㉮ 보일-샤를의 법칙을 만족한다.
㉯ 아보가드로의 법칙에 따른다.
㉰ 내부에너지는 온도만의 함수이다.
㉱ 온도에 관계없이 비열비는 일정하다.
㉲ 기체의 분자력과 크기가 무시되며 분자 간의 충돌은 완전 탄성체이다.
㉳ 분자와 분자 사이의 거리가 매우 멀다.
㉴ 분자 사이의 인력이 없다.
㉵ 압축성인자가 1이다.
㉶ 절대온도 0도에서 기체로서의 부피는 0으로 된다.
[참고] 이상기체(완전기체)는 액화가 불가능하다.

38. 실제기체가 이상기체 상태방정식을 만족할 수 있는 조건이 아닌 것은?
① 압력이 높을수록
② 분자량이 작을수록
③ 온도가 높을수록
④ 비체적이 클수록

[해설] 실제기체가 이상기체(완전기체) 상태방정식을 만족시키는 조건은 압력이 낮고(저압), 온도가 높을 때(고온)이다.

39. 공기 1 kg을 일정한 압력하에서 20℃에서 200℃까지 가열할 때 엔트로피 변화는 약 몇 kJ/K인가? (단, C_p는 1 kJ/kg·K이다.)
① 0.28
② 0.38
③ 0.48
④ 0.62

[해설] 정압과정의 엔트로피 변화량 계산

$$\Delta S = G \times C_p \times \ln\left(\frac{T_2}{T_1}\right)$$
$$= 1 \times 1 \times \ln\left(\frac{273+200}{273+20}\right) = 0.478 \,\text{kJ/K}$$

40. 프로판을 연소할 때 이론단열 불꽃온도가 가장 높을 때는?
① 20 %의 과잉공기로 연소하였을 때
② 100 %의 과잉공기로 연소하였을 때
③ 이론량의 공기로 연소하였을 때
④ 이론량의 순수산소로 연소하였을 때

[해설] 이론단열 불꽃온도가 높아지는 경우는 배기가스량이 적을 경우이고 이론산소량으로 연소할 때 배기가스량이 가장 적게 발생한다.

제 3 과목 가스설비

41. 저온장치에 사용되는 팽창기에 대한 설명으로 틀린 것은?
① 왕복동식은 팽창비가 40 정도로 커서 팽창기의 효율이 우수하다.
② 고압식 액체산소 분리장치, 헬륨 액화기 등에 사용된다.
③ 처리 가스량이 1000 m³/h 이상이 되면 다기통이 된다.
④ 기통 내의 윤활에 오일이 사용되므로 오일 제거에 유의하여야 한다.

[해설] 왕복동식 팽창기의 특징
㉮ 팽창비는 약 40 정도로 크나 효율은 60~65 %로 낮다.
㉯ 처리 가스량이 1000 m³/h 이상이 되면 다기통으로 제작하여야 한다.
㉰ 기통 내의 윤활에 오일이 사용되는 것이 일반적이므로 오일 제거에 주의하여야 한다.
㉱ 고압식 액체산소 분리장치, 수소 액화장치, 헬륨 액화기 등에 사용된다.
㉲ 흡입압력은 저압에서 고압(20 MPa)까지 범위가 넓다.

42. LP가스 설비 중 강제기화기 사용 시의 장점에 대한 설명으로 가장 거리가 먼 것은?
① 설치장소가 적게 소요된다.
② 한랭 시에도 충분히 기화된다.
③ 공급가스 조성이 일정하다.
④ 용기압력을 가감, 조절할 수 있다.

[해설] 강제기화기 사용 시 장점
  ㉮ 한랭 시에도 연속적으로 가스공급이 가능하다.
  ㉯ 공급가스의 조성이 일정하다.
  ㉰ 설치면적이 적어진다.
  ㉱ 기화량을 가감할 수 있다.
  ㉲ 설비비 및 인건비가 절약된다.

43. 수소의 공업적 제법이 아닌 것은?
① 수성가스법
② 석유 분해법
③ 천연가스 분해법
④ 공기액화 분리법

[해설] 수소의 공업적 제조법
  ㉮ 물의 전기분해법
  ㉯ 수성가스법(석탄, 코크스의 가스화)
  ㉰ 천연가스 분해법(열분해)
  ㉱ 석유 분해법(열분해)
  ㉲ 일산화탄소 전화법

44. 액화가스의 기화기 중 액화가스와 해수 및 하천수 등을 열교환시켜 기화하는 형식은?
① air fin식
② 직화가열식
③ open rack식
④ submerged combustion식

[해설] LNG 기화장치의 종류
  ㉮ 오픈 랙(open rack) 기화법 : 베이스로드용으로 바닷물을 열원으로 사용하므로 초기시설비가 많으나 운전비용이 저렴하다.
  ㉯ 중간매체법 : 베이스로드용으로 프로판(C_3H_8), 펜탄(C_5H_{12}) 등을 사용한다.
  ㉰ 서브머지드(submerged)법 : 피크로드용으로 액중 버너를 사용한다. 초기시설비가 적으나 운전비용이 많이 소요된다.

45. 원심압축기의 특징이 아닌 것은?
① 설치면적이 적다.
② 압축이 단속적이다.
③ 용량 조정이 어렵다.
④ 윤활유가 불필요하다.

[해설] 원심식 압축기의 특징
  ㉮ 원심형 무급유식이다.
  ㉯ 연속토출로 맥동현상이 없다.
  ㉰ 형태가 작고 경량이어서 기초, 설치면적이 작다.
  ㉱ 용량 조정범위가 좁고(70~100 %) 어렵다.
  ㉲ 압축비가 적고, 효율이 나쁘다.
  ㉳ 운전 중 서징(surging)현상에 주의하여야 한다.
  ㉴ 다단식은 압축비를 높일 수 있으나 설비비가 많이 소요된다.
  ㉵ 토출압력 변화에 의해 용량 변화가 크다.

[참고] 원심 압축기 자체는 서징(surging : 맥동)현상이 발생하지 않지만, 외부적인 조건이나 설치조건이 맞지 않으면 서징 현상이 발생할 가능성이 있음

46. 가스시설의 전기방식 공사 시 매설배관 주위에 기준전극을 매설하는 경우 기준전극은 배관으로부터 얼마 이내에 설치하여야 하는가?
① 30 cm
② 50 cm
③ 60 cm
④ 100 cm

[해설] 전기방식 기준전극 설치 : 매설배관 주위에 기준전극을 매설하는 경우 기준전극은 배관으로부터 50 cm 이내에 설치한다. 다만, 데이터로거 등을 이용하여 방식전위를 원격으로 측정하는 경우 기준전극은 기존에 설치된 전위측정용 터미널(T/B) 하부에 설치할 수 있다.

47. 다음 〈보기〉에서 설명하는 가스는?

─〈보 기〉─
• 자극성 냄새를 가진 무색의 기체로서 물에 잘 녹는다.
• 가압, 냉각에 의해 액화가 용이하다.
• 공업적 제법으로는 클라우드법, 카자레법이 있다.

① 암모니아
② 염소
③ 일산화탄소
④ 황화수소

정답 43. ④ 44. ③ 45. ② 46. ② 47. ①

[해설] 암모니아(NH₃)의 성질
  ㉮ 가연성가스 (폭발범위 : 15~28 v%)이며, 독성가스 (허용농도 : TLV-TWA 25 ppm)이다.
  ㉯ 물에 잘 녹는다(상온, 상압에서 물 1 cc에 대하여 800 cc가 용해).
  ㉰ 액화가 쉽고(비점 : -33.3℃), 증발잠열(301.8 kcal/kg)이 커서 냉동기 냉매로 사용된다.
  ㉱ 동과 접촉 시 부식의 우려가 있다.
  ㉲ 액체 암모니아는 할로겐, 강산과 접촉하면 심하게 반응하여 폭발, 비산하는 경우가 있다.
  ㉳ 염소(Cl₂), 염화수소(HCl), 황화수소(H₂S)와 반응하면 백색 연기가 발생한다.
  ㉴ 산소 중에서 황색 불꽃을 발생하며 연소하고 질소와 물을 생성한다.
      4NH₃+3O₂ → 2N₂+6H₂O
  ㉵ 금속이온(구리, 아연, 은, 코발트)과 반응하여 착이온을 생성한다.
  ㉶ 염소가 과잉상태로 접촉하면 폭발성의 3염화질소(NCl₃)를 만든다.
      8NH₃+3Cl₂ → N₂+6NH₄Cl
      NH₄Cl+3Cl₂ → NCl₃+4HCl
  ㉷ 상온에서는 안정하나 1000℃ 정도에서 분해하여 질소와 수소로 된다.
  ㉸ 건조제로 염기성인 소다석회를 사용한다.
[참고] 암모니아 합성공정의 종류
  ㉮ 고압합성법 : 클라우드법, 카자레법
  ㉯ 중압합성법 : IG법, 뉴파우더법, 뉴데법, 동공시법, JCI법, 케미크법
  ㉰ 저압합성법 : 구데법, 켈로그법

48. 독성가스 배관용 밸브의 압력구분을 호칭하기 위한 표시가 아닌 것은?
① Class   ② S
③ PN   ④ K
[해설] 호칭압력 : 밸브의 압력을 구분하기 위한 것으로 "Class", "PN", "K"로 표시한다.
  ㉮ Class : ASME B 16.34에 따른다.
  ㉯ PN : EN 1333에 따른다.
  ㉰ K : KS B 2308에 따른다.

[참고] ㉮ ASME(American Society of Mechanical Engineers) : 미국기계학회
  ㉯ EN(European Norm) : 유럽 표준
  ㉰ KS(Korean Industrial Standards) : 한국공업규격

49. 송출 유량(Q)이 0.3 m³/min, 양정(H)이 16 m, 비교회전도(N_s)가 110일 때 펌프의 회전속도(N)는 약 몇 rpm인가?
① 1507   ② 1607
③ 1707   ④ 1807

[해설] 원심펌프의 비교회전도 $N_s = \dfrac{N \times \sqrt{Q}}{\left(\dfrac{H}{Z}\right)^{\frac{3}{4}}}$

에서 단수(Z)는 주어지지 않았으므로 1단을 적용하여 회전속도(N)[임펠러 회전수]를 구한다.

$$\therefore N = \dfrac{N_s \times \left(\dfrac{H}{Z}\right)^{\frac{3}{4}}}{\sqrt{Q}} = \dfrac{110 \times \left(\dfrac{16}{1}\right)^{\frac{3}{4}}}{\sqrt{0.3}}$$
$$= 1606.652 \, \text{rpm}$$

50. 고압가스 저장설비에서 수소와 산소가 동일한 조건에서 대기 중에 누출되었다면 확산속도는 어떻게 되겠는가?
① 수소가 산소보다 2배 빠르다.
② 수소가 산소보다 4배 빠르다.
③ 수소가 산소보다 8배 빠르다.
④ 수소가 산소보다 16배 빠르다.

[해설] $\dfrac{U_{H_2}}{U_{O_2}} = \sqrt{\dfrac{M_{O_2}}{M_{H_2}}}$ 에서 수소의 확산속도(U_{H_2})를 구한다.

$$U_{H_2} = \sqrt{\dfrac{M_{O_2}}{M_{H_2}}} \times U_{O_2}$$
$$= \sqrt{\dfrac{32}{2}} \times U_{O_2} = 4\, U_{O_2}$$

∴ 수소(H₂)가 산소(O₂)보다 4배 빠르다.

51. 압축기에 사용되는 윤활유의 구비조건으로 옳은 것은?
① 인화점과 응고점이 높을 것
② 정제도가 낮아 잔류탄소가 증발해서 줄어드는 양이 많을 것
③ 점도가 적당하고 항유화성이 적을 것
④ 열안정성이 좋아 쉽게 열분해하지 않을 것

해설 윤활유 구비조건
㉠ 화학반응을 일으키지 않을 것
㉡ 인화점이 높고, 응고점은 낮을 것
㉢ 점도가 적당하고 항유화성(抗油化性)이 클 것
㉣ 불순물이 적을 것
㉤ 잔류탄소의 양이 적을 것
㉥ 열에 대한 안정성이 있을 것

52. 액화석유가스용 용기잔류가스 회수장치의 구성이 아닌 것은?
① 열교환기　② 압축기
③ 연소설비　④ 질소퍼지장치

해설 액화석유가스용 용기잔류가스 회수장치의 구성(KGS AA914)
㉠ 압축기(액분리기 포함) 또는 펌프
㉡ 잔류가스 회수탱크 또는 압력용기
㉢ 연소설비
㉣ 질소퍼지장치

53. 어느 용기에 액체를 넣어 밀폐하고 압력을 가해주면 액체의 비등점은 어떻게 되는가?
① 상승한다.
② 저하한다.
③ 변하지 않는다.
④ 이 조건으로는 알 수 없다.

해설 압력과 비등점(비점)의 관계
㉠ 압력 상승 : 비등점이 상승한다.
㉡ 압력 감소 : 비등점이 내려간다(하강한다).

54. 흡입밸브 압력이 0.8 MPa·g인 3단 압축기의 최종단의 토출압력은 약 몇 MPa·g인가? (단, 압축비는 3이며, 1 MPa은 10 kgf/cm²이다.)
① 16.1　② 21.6
③ 24.2　④ 28.7

해설 다단 압축기의 압축비 계산식 $a = \sqrt[n]{\dfrac{P_2}{P_1}}$ 에서 대기압은 0.1 MPa을 적용하여 최종단의 토출압력(P_2)을 구한다.
∴ $P_2 = a^n \times P_1 = 3^3 \times (0.8 + 0.1)$
　$= 24.3 \text{ MPa·a} - 0.1 = 24.2 \text{ MPa·g}$

[별해] 문제에서 주어진 1 MPa은 10 kgf/cm²과 대기압은 1 kgf/cm²을 적용하여 최종단의 토출압력(P_2)을 구한다.
∴ $P_2 = a^n \times P_1 = 3^3 \times \{(0.8 \times 10) + 1\}$
　$= 243 \text{ kgf/cm}^2 \cdot a - 1 = 242 \text{ kgf/cm}^2 \cdot g$
　$= 24.2 \text{ MPa·g}$

참고 압축비 계산에 적용하는 압력은 절대압력이다.

55. 가스홀더의 기능에 대한 설명으로 가장 거리가 먼 것은?
① 가스수요의 시간적 변동에 대하여 제조가스량을 안정되게 공급하고 남는 가스를 저장한다.
② 정전, 배관공사 등의 공사로 가스공급의 일시 중단 시 공급량을 계속 확보한다.
③ 조성이 다른 제조가스를 저장, 혼합하여 성분, 열량 등을 일정하게 한다.
④ 소비지역에서 먼 곳에 설치하여 사용 피크 시 배관의 수송량을 증대한다.

해설 가스홀더의 기능
㉠ 가스수요의 시간적 변동에 대하여 공급가스량을 확보한다.
㉡ 공급설비의 일시적 중단에 대하여 어느 정도 공급량을 확보한다.
㉢ 공급가스의 성분, 열량, 연소성 등의 성질을 균일화한다.
㉣ 소비지역 근처에 설치하여 피크 시의 공급, 수송효과를 얻는다.

정답　51. ④　52. ①　53. ①　54. ③　55. ④

56. LP가스 고압장치가 상용압력이 2.5 MPa 일 경우 안전밸브의 최고작동압력은?
① 2.5 MPa ② 3.0 MPa
③ 3.75 MPa ④ 5.0 MPa

해설 내압시험압력(TP)은 상용압력의 1.5배이다.

∴ 안전밸브 작동압력 $= TP \times \dfrac{8}{10}$

$= (상용압력 \times 1.5) \times \dfrac{8}{10}$

$= (2.5 \times 1.5) \times \dfrac{8}{10} = 3.0 \, \text{MPa}$

57. 지하에 매설하는 배관의 이음방법으로 가장 부적합한 것은?
① 링 조인트 접합
② 용접 접합
③ 전기융착 접합
④ 열융착 접합

해설 지하에 매설하는 배관의 이음방법 : 용접 접합, 전기융착 접합, 열융착 접합

58. 압축기에 사용하는 윤활유와 사용가스의 연결로 부적당한 것은?
① 수소 : 순광물성 기름
② 산소 : 디젤엔진유
③ 아세틸렌 : 양질의 광유
④ LPG : 식물성유

해설 각종 가스 압축기의 윤활유
  ㉮ 산소 압축기 : 물 또는 묽은 글리세린수
  ㉯ 공기 압축기, 수소 압축기, 아세틸렌 압축기 : 양질의 광유
  ㉰ 염소 압축기 : 진한 황산
  ㉱ LP가스 압축기 : 식물성유
  ㉲ 이산화황(아황산가스) 압축기 : 화이트유, 정제된 용제 터빈유
  ㉳ 염화메탄(메틸 클로라이드) 압축기 : 화이트유

59. 배관의 전기방식 중 희생양극법의 장점이 아닌 것은?
① 전류 조절이 쉽다.
② 과방식의 우려가 없다.
③ 단거리의 파이프라인에는 저렴하다.
④ 다른 매설 금속체로의 장애(간섭)가 거의 없다.

해설 희생양극법의 장점
  ㉮ 시공이 간편하다.
  ㉯ 단거리 배관에는 경제적이다.
  ㉰ 다른 매설 금속체로의 장애가 없다.
  ㉱ 과방식의 우려가 없다.

참고 희생양극법의 단점
  ㉮ 효과범위가 비교적 좁다.
  ㉯ 장거리 배관에는 비용이 많이 소요된다.
  ㉰ 방식전류의 조절이 어렵다.
  ㉱ 관리하여야 할 장소가 많게 된다.
  ㉲ 강한 전식에는 효과가 없다.
  ㉳ 양극은 소모되므로 보충하여야 한다.

60. 안전밸브의 선정절차에서 가장 먼저 검토하여야 하는 것은?
① 기타 밸브 구동기 선정
② 해당 메이커의 자료 확인
③ 밸브 용량계수 값 확인
④ 통과 유체 확인

해설 안전밸브 선정 시 가장 먼저 검토하여야 하는 것은 통과유체의 부식성, 연소성, 가스 비중 등 특성을 확인하는 것이다.

제 4 과목 가스안전관리

61. 액화 가연성가스 접합용기를 차량에 적재하여 운반할 때 몇 kg 이상일 때 운반책임자를 동승시켜야 하는가?
① 1000 kg ② 2000 kg
③ 3000 kg ④ 6000 kg

[해설] 운반책임자 동승 기준
㉮ 비독성 고압가스

가스의 종류		기준
압축가스	가연성	300 m³ 이상
	조연성	600 m³ 이상
액화가스	가연성	3000 kg 이상 (납붙임용기 및 접합용기의 경우 : 2000 kg 이상)
	조연성	6000 kg 이상

㉯ 독성 고압가스

가스의 종류	허용농도	기준
압축가스	100만분의 200 이하	10 m³ 이상
	100만분의 200 초과 100만분의 5000 이하	100 m³ 이상
액화가스	100만분의 200 이하	100 kg 이상
	100만분의 200 초과 100만분의 5000 이하	1000 kg 이상

[참고] 납붙임용기 및 접합용기를 '에어졸용기'로 표현한다.

62. 고압가스 특정제조시설의 긴급용 벤트스택 방출구는 작업원이 항시 통행하는 장소로부터 몇 m 이상 떨어진 곳에 설치하는가?
① 5 m   ② 10 m   ③ 15 m   ④ 20 m

[해설] 벤트스택 방출구 위치 : 작업원이 정상작업을 하는 데 필요한 장소 및 작업원이 항시 통행하는 장소로부터
㉮ 긴급용 벤트스택 : 10 m 이상 떨어진 곳
㉯ 그 밖의 벤트스택 : 5 m 이상 떨어진 곳

63. 산화에틸렌에 대한 설명으로 틀린 것은?
① 배관으로 수송할 경우에는 2중관으로 한다.
② 제독제로서 다량의 물을 비치한다.
③ 저장탱크에는 45℃에서 그 내부가스의 압력이 0.4 MPa 이상이 되도록 탄산가스를 충전한다.
④ 용기에 충전하는 때에는 미리 그 내부가스를 아황산 등의 산으로 치환하여 안정화시킨다.

[해설] 산화에틸렌을 저장탱크 또는 용기에 충전하는 때에는 미리 그 내부가스를 질소가스 또는 탄산가스로 바꾼 후에 산 또는 알칼리를 함유하지 아니하는 상태로 충전한다.
[참고] 안정제로 아황산가스를 첨가하는 것은 시안화수소이다.

64. 공기보다 무거워 누출 시 체류하기 쉬운 가스가 아닌 것은?
① 산소   ② 염소
③ 암모니아   ④ 프로판

[해설] ㉮ 기체의 비중 : 표준상태(STP : 0℃, 1기압 상태)의 공기 일정 부피당 질량과 같은 부피의 기체 질량과의 비를 말한다.

$$기체\ 비중 = \frac{기체\ 분자량(질량)}{공기의\ 평균분자량(29)}$$

㉯ 각 가스의 분자량

가스 명칭	분자량
산소 (O_2)	32
염소 (Cl_2)	71
암모니아 (NH_3)	17
프로판 (C_3H_8)	44

[참고] 분자량이 공기의 평균분자량 29보다 작으면 공기보다 가벼운 가스, 29보다 크면 공기보다 무거운 가스이다.

65. 방폭 전기기기 설치에 사용되는 정션 박스(junction box), 풀 박스(pull box)는 어떤 방폭구조로 하여야 하는가?
① 압력방폭구조(p)
② 내압방폭구조(d)
③ 유입방폭구조(o)
④ 특수방폭구조(s)

정답 62. ② 63. ④ 64. ③ 65. ②

[해설] 방폭 전기기기 설치에 사용되는 정션 박스(junction box), 풀 박스(pull box), 접속함 및 설비 부속품은 내압방폭구조 또는 안전증 방폭구조의 것이어야 한다.

66. 불소가스에 대한 설명으로 옳은 것은?
① 무색의 가스이다.
② 냄새가 없다.
③ 강산화제이다.
④ 물과 반응하지 않는다.

[해설] 불소(F_2)가스의 특징
㉮ 조연성, 독성가스 (TLV-TWA 0.1 ppm)이다.
㉯ 연한 황색의 기체이며 심한 자극성이 있다.
㉰ 형석(CaF_2), 빙정석(Na_3AlF_6) 등으로 자연계에 존재한다.
㉱ 화합력이 매우 강하여 모든 원소와 결합한다(가장 강한 산화제이다).
㉲ 물과 반응하여 불화수소(HF)가 생성된다.
$2F_2 + 2H_2O \rightarrow 4HF + O_2$
㉳ 수소와는 차고 어두운 곳에서도 활발하게 발화하고, 폭발적으로 반응한다.
㉴ 황(S)이나 인(P)과는 액체 공기의 저온에서도 심하게 반응한다.
㉵ 고체 불소와 액체 수소와는 -252℃의 저온에서도 반응한다.

67. 냉동기의 제품성능의 기준으로 틀린 것은?
① 주름관을 사용한 방진조치
② 냉매설비 중 돌출부위에 대한 적절한 방호조치
③ 냉매가스가 누출될 우려가 있는 부분에 대한 부식 방지조치
④ 냉매설비 중 냉매가스가 누출될 우려가 있는 곳에 차단밸브 설치

[해설] 냉동기의 제품성능의 기준
㉮ 진동방지성능 : 진동에 의하여 냉매가스가 누출할 우려가 있는 부분에 대하여는 주름관을 사용하는 등 방진조치를 한다.
㉯ 파손방지성능 : 냉매설비의 돌출부 등 충격에 의하여 쉽게 파손되어 냉매가스가 누출될 우려가 있는 부분에 대하여는 적절한 방호조치를 한다.
㉰ 부식방지성능 : 냉매설비의 외면의 부식에 의하여 냉매가스가 누출될 우려가 있는 부분에 대하여는 부식 방지조치를 한다.

68. 액화석유가스자동차에 고정된 탱크 충전시설 중 저장설비는 그 외면으로부터 사업소 경계와의 거리 이상을 유지하여야 한다. 저장능력과 사업소경계와의 거리의 기준이 바르게 연결한 것은?
① 10톤 이하 - 20 m
② 10톤 초과 20톤 이하 - 22 m
③ 20톤 초과 30톤 이하 - 30 m
④ 30톤 초과 40톤 이하 - 32 m

[해설] 저장능력과 사업소경계와의 거리의 기준

저장능력	사업소경계와의 거리
10톤 이하	24 m
10톤 초과 20톤 이하	27 m
20톤 초과 30톤 이하	30 m
30톤 초과 40톤 이하	33 m
40톤 초과 200톤 이하	36 m
200톤 초과	39 m

[비고] 같은 사업소에 두 개 이상의 저장설비가 있는 경우에는 그 설비별로 각각 안전거리를 유지한다.

[참고] 사업소경계와의 거리 기준은 '충전사업소'와 '집단공급사업 및 가스사용시설'과는 각각 다른 규정이 적용됨

69. 고압가스 일반제조시설에서 긴급차단장치를 반드시 설치하지 않아도 되는 설비는?
① 염소가스 정체량이 40톤인 고압가스 설비
② 연소열량이 5×10^7인 고압가스 설비
③ 특수반응설비

④ 산소가스 정체량이 150톤인 고압가스 설비

해설 긴급차단장치 설치
㉮ 특수반응설비 또는 연소열량의 수치가 연소열량이 6×10^7 kcal 이상의 고압가스설비
㉯ 독성가스의 고압가스설비에서는 정체량이 30톤 이상인 것
㉰ 산소의 고압가스설비에서는 정체량이 100톤 이상인 것

70. 탱크주밸브, 긴급차단장치에 속하는 밸브 그 밖의 중요한 부속품이 돌출된 저장탱크는 그 부속품을 차량의 좌측면이 아닌 곳에 설치한 단단한 조작상자 내에 설치한다. 이 경우 조작상자와 차량의 뒷범퍼와의 수평거리는 얼마 이상 이격하여야 하는가?

① 20 cm ② 30 cm
③ 40 cm ④ 50 cm

해설 뒷범퍼와의 수평거리
㉮ 후부취출식 탱크 : 40 cm 이상
㉯ 후부취출식 탱크 외 : 30 cm 이상
㉰ 조작상자 : 20 cm 이상

71. 긴급이송설비에 부속된 처리설비는 이송되는 설비 내의 내용물을 안전하게 처리하여야 한다. 처리방법으로 옳은 것은?

① 플레어스택에서 배출시킨다.
② 안전한 장소에 설치되어 있는 저장탱크에 임시 이송한다.
③ 벤트스택에서 연소시킨다.
④ 독성가스는 제독 후 사용한다.

해설 이송되는 내용물의 처리방법
㉮ 플레어스택에서 안전하게 연소시킨다.
㉯ 안전한 장소에 설치되어 있는 저장탱크 등에 임시 이송한다.
㉰ 벤트스택에서 안전하게 방출한다.
㉱ 독성가스는 제독조치 후 안전하게 폐기한다.

72. 고압가스 냉동기 제조의 시설에서 냉매가스가 통하는 부분의 설계압력 설정에 대한 설명으로 틀린 것은?

① 보통의 운전상태에서 응축온도가 65℃를 초과하는 냉동설비는 그 응축온도에 대한 포화증기 압력을 그 냉동설비의 고압부 설계압력으로 한다.
② 냉매설비의 저압부가 항상 저온으로 유지되고 또한 냉매가스의 압력이 0.4 MPa 이하인 경우에는 그 저압부의 설계압력을 0.8 MPa로 할 수 있다.
③ 보통의 상태에서 내부가 대기압 이하로 되는 부분에는 압력이 0.1 MPa을 외압으로 하여 걸리는 설계압력으로 한다.
④ 냉매설비의 주위온도가 항상 40℃를 초과하는 냉매설비 등의 저압부 설계압력은 그 주위 온도의 최고온도에서의 냉매가스의 평균압력 이상으로 한다.

해설 냉동설비를 사용할 때 냉매설비의 주위온도가 항상 40℃를 초과하는 냉매설비 등의 저압부 설계압력은 그 주위 온도의 최고온도에서의 냉매가스의 포화압력 이상으로 한다.

73. 다음 중 충전용기 적재에 관한 기준으로 옳은 것은?

① 충전용기를 적재한 차량은 제1종 보호시설과 15m 이상 떨어진 곳에 주차하여야 한다.
② 충전량이 15 kg 이하이고 적재수가 2개를 초과하지 아니한 LPG는 이륜차에 적재하여 운반할 수 있다.
③ 용량 15 kg의 LPG 충전용기는 2단으로 적재하여 운반할 수 있다.
④ 운반차량 뒷면에는 두께가 3 mm 이상, 폭 50 mm 이상의 범퍼를 설치한다.

해설 각 항목의 옳은 기준
② 적재하는 충전용기는 충전량이 20 kg 이하이고, 적재수가 2개를 초과하지 아니한

정답 70. ① 71. ② 72. ④ 73. ①

LPG는 이륜차(자전거는 제외)에 적재하여 운반할 수 있다.
③ 용량 10 kg 미만의 LPG 충전용기는 2단으로 적재하여 운반할 수 있다.
④ 운반차량 뒷면에는 두께가 5 mm 이상, 폭 100 mm 이상의 범퍼(SS400 또는 이와 동등 이상의 강도를 갖는 강재를 사용한 것에만 적용) 또는 이와 동등 이상의 효과를 갖는 완충장치를 설치한다.

74. 가스보일러에 의한 가스 사고를 예방하기 위한 방법이 아닌 것은?
① 가스보일러는 전용보일러실에 설치한다.
② 가스보일러의 배기통은 한국가스안전공사의 성능인증을 받은 것을 사용한다.
③ 가스보일러는 가스보일러 시공자가 설치한다.
④ 가스보일러의 배기톱은 풍압대 내에 설치한다.

해설 가스보일러의 배기톱(연돌 터미널)은 풍압대 밖에 있도록 설치한다.

75. 고압가스 용기 및 차량에 고정된 탱크 충전시설에 설치하는 제독설비의 기준으로 틀린 것은?
① 가압식, 동력식 등에 따라 작동하는 수도직결식의 제독제 살포장치 또는 살수장치를 설치한다.
② 물(중화제)인 중화조를 주위 온도가 4℃ 미만인 동결 우려가 있는 장소에 설치 시 동결방지장치를 설치한다.
③ 물(중화제) 중화조에는 자동급수장치를 설치한다.
④ 살수장치는 정전 등에 의해 전자밸브가 작동하지 않을 경우에 대비하여 수동 바이패스 배관을 추가로 설치한다.

해설 제독설비 기준
㉮ 가압식, 동력식 등에 따라 작동하는 제독제 살포장치 또는 살수장치(수도직결식은 설치하지 않는다)를 설치한다.
㉯ 가스를 흡인하여 이를 흡수·중화제와 접속시키는 장치를 설치한다.
㉰ 중화제가 물인 중화조를 주위 온도가 4℃ 미만이 되어 동결의 우려가 있는 장소에 설치하는 경우에는 중화조에 동결방지장치를 설치한다.
㉱ 중화제가 물인 중화조에는 자동급수장치를 설치한다.
㉲ 제독제가 물인 제독설비를 주위 온도가 4℃ 미만이 되어 동결의 우려가 있는 장소에 설치하는 경우에는 제독설비의 동결을 방지할 수 있는 적절한 조치를 한다.
㉳ 살수장치는 정전 등에 의해 전자밸브가 작동하지 않을 경우 수동으로 작동할 수 있는 바이패스 배관을 추가로 설치한다.
㉴ 가스누출 검지경보장치와 연동 작동하도록 한다.

76. 액화가스 충전용기의 내용적을 V[L], 저장능력을 W[kg], 가스의 종류에 따르는 정수를 C로 했을 때 이에 대한 설명으로 틀린 것은?
① 프로판의 C 값은 2.35이다.
② 액화가스와 압축가스가 섞여 있을 경우에는 액화가스 10 kg을 1 m^3로 본다.
③ 용기의 어깨에 C 값이 각인되어 있다.
④ 열대지방과 한대지방의 C 값은 다를 수 있다.

해설 가스 종류에 따른 C 값은 용기에 각인되어 있지 않고, 고법 시행규칙 별표1 저장능력 산정기준에 정해져 있다.

참고 C 값의 의미 : 저온용기 및 차량에 고정된 저온탱크와 초저온용기 및 차량에 고정된 초저온탱크에 충전하는 액화가스의 경우에는 그 용기 및 탱크의 상용온도 중 최고 온도에서의 그 가스의 비중(단위 : kg/L)의 수치에 10분의 9를 곱한 수치의 역수, 그 밖의 액화가스의 충전용기 및 차량에 고정된 탱크의 경우 가스 종류에 따르는 정수

77. 일반도시가스사업 예비정압기에 설치되는 긴급차단장치의 설정압력은?
① 3.2 kPa 이하   ② 3.6 kPa 이하
③ 4.0 kPa 이하   ④ 4.4 kPa 이하

[해설] 상용압력 2.5 kPa인 정압기 안전장치 설정압력

구분		설정압력
이상압력 통보설비	상한값	3.2 kPa 이하
	하한값	1.2 kPa 이상
주정압기에 설치하는 긴급차단장치		3.6 kPa 이하
안전밸브		4.0 kPa 이하
예비정압기에 설치하는 긴급차단장치		4.4 kPa 이하

78. 소형 저장탱크에 의한 액화석유가스 사용시설에서 벌크로리 측의 호스어셈블리에 의한 충전 시 충전작업자는 길이 몇 m 이상의 충전호스를 사용하여 충전하는 경우에 별도의 충전보조원에게 충전작업 중 충전호스를 감시하게 하여야 하는가?
① 5 m   ② 8 m   ③ 10 m   ④ 20 m

[해설] 벌크로리 측의 호스어셈블리에 의한 충전
㉮ 충전작업자는 충전호스를 호스릴 등으로부터 풀어 충전호스의 부풀림, 마모, 균열 등의 손상 유무를 확인한다.
㉯ 충전작업자는 충전호스 끝의 세이프티커플링 및 소형저장탱크의 세이프티커플링으로부터 캡을 열기 전에 블리더 밸브를 열어 압력이 없음을 확인하고 커플링을 접속한 후에는 액화석유가스 검지기 등을 사용하여 접속부의 가스누출이 없음을 확인한다.
㉰ 충전작업자는 10 m 이상 길이의 충전호스를 사용하여 충전하는 경우에는 별도의 충전보조원에게 충전작업 중 충전호스를 감시하게 한다.

79. 가스 제조 시 첨가하는 냄새가 나는 물질(부취제)에 대한 설명으로 옳지 않은 것은?

① 독성이 없을 것
② 극히 낮은 농도에서도 냄새가 확인될 수 있을 것
③ 가스관이나 gas meter에 흡착될 수 있을 것
④ 배관 내의 상용온도에서 응축하지 않고 배관을 부식시키지 않을 것

[해설] 부취제의 구비조건
㉮ 화학적으로 안정하고 독성이 없을 것
㉯ 일상생활의 냄새(생활취)와 명확하게 구별될 것
㉰ 극히 낮은 농도에서도 냄새가 확인될 수 있을 것
㉱ 가스관이나 가스미터 등에 흡착되지 않을 것
㉲ 배관을 부식시키지 않고, 상용온도에서 응축되지 않을 것
㉳ 물에 잘 녹지 않고 토양에 대하여 투과성이 클 것
㉴ 완전연소가 가능하고 연소 후 유해 물질을 남기지 않을 것

80. 다음 〈보기〉에서 가스용 퀵 커플러에 대한 설명으로 옳은 것으로 모두 나열된 것은?

─〈보 기〉─
㉠ 퀵 커플러는 사용형태에 따라 호스 접속형과 호스엔드 접속형으로 구분한다.
㉡ 4.2 kPa 이상의 압력으로 기밀시험을 하였을 때 가스누출이 없어야 한다.
㉢ 탈착조작은 분당 10~20회의 속도로 6000회 실시한 후 작동시험에서 이상이 없어야 한다.

① ㉠   ② ㉠, ㉡
③ ㉡, ㉢   ④ ㉠, ㉡, ㉢

[해설] 퀵 커플러 : 가스압력이 3.3 kPa 이하인 도시가스 또는 액화석유가스용 연소기와 콕을 안지름 9.5 mm인 호스로 실내에서 접속할 때 사용되는 가스용품이다.

정답 77. ④ 78. ③ 79. ③ 80. ④

참고 (1) 퀵 커플러 종류
  ㉮ 호스 접속형 : 퀵 커플러의 한쪽에 호스를 접속할 수 있도록 한 것
  ㉯ 호스엔드 접속형 : 퀵 커플러의 한쪽에 호스엔드를 접속할 수 있도록 한 것
(2) 퀵 커플러 제품 성능
  ㉮ 기밀성능 : 4.2 kPa 이상의 압력으로 기밀시험을 하여 퀵 커플러의 외부누출이 없고 플러그 안전기구는 가스누출량이 0.55 L/h 이하인 것으로 한다.
  ㉯ 내구성능 : 분당 10~20회의 속도로 6000회 탈착조작을 한 후 작동시험 및 기밀시험을 하여 이상이 없는 것으로 한다.
  ㉰ 내열성능 : 플러그와 소켓을 접속한 것과 분리한 것을 각각 120±2℃의 항온조에 넣어 30분간 유지한 후 꺼내어 상온으로 된 상태에서 작동시험 및 기밀시험을 실시하여 이상이 없는 것으로 한다.
  ㉱ 내한성능 : 플러그와 소켓을 접속한 것과 분리한 것을 각각 -10±2℃의 항온조에 넣어 30분간 유지한 후 꺼내어 상온으로 된 상태에서 작동시험 및 기밀시험을 실시하여 이상이 없는 것으로 한다.

제 5 과목　가스계측기기

81. 대기압이 750mmHg일 때 탱크 내의 기체압력이 게이지압력으로 1.98 kgf/cm²이었다. 탱크 내 기체의 절대압력은 약 몇 kgf/cm²인가? (단, 1기압은 1.0336 kgf/cm²이다.)
① 1　　② 2　　③ 3　　④ 4

해설 절대압력 = 대기압 + 게이지압력
$$= \left(\frac{750}{760} \times 1.0336\right) + 1.98$$
$$= 3 \text{ kgf/cm}^2 \cdot a$$

82. 질소용 mass flow controller에 헬륨을 사용하였다. 예측 가능한 결과는?
① 질량유량에는 변화가 있으나 부피유량에는 변화가 없다.
② 지시계는 변화가 없으나 부피유량은 증가한다.
③ 입구압력을 약간 낮춰주면 동일한 유량을 얻을 수 있다.
④ 변화를 예측할 수 없다.

해설 mass flow controller : 유체의 압력 및 온도 변화에 영향이 적고, 소유량이며 정확한 유량제어가 가능하여 혼합가스 제조 등에 유용한 유량계이다.

83. 측정방법에 따른 액면계의 분류 중 간접법이 아닌 것은?
① 음향을 이용하는 방법
② 방사선을 이용하는 방법
③ 압력계, 차압계를 이용하는 방법
④ 플로트에 의한 방법

해설 액면계의 분류
  ㉮ 직접법 : 직관식, 플로트식(부자식), 검척식
  ㉯ 간접법 : 압력식, 초음파식, 저항전극식, 정전용량식, 방사선식, 차압식, 다이어프램식, 편위식, 기포식, 슬립 튜브식 등

84. 가스시료 분석에 널리 사용되는 기체 크로마토그래피(gas chromatography)의 원리는?
① 이온화　　② 흡착 치환
③ 확산 유출　　④ 열전도

해설 기체 크로마토그래피 측정원리 : 운반기체(carrier gas)의 유량을 조절하면서 측정하여야 할 시료기체를 도입부를 통하여 공급하면 운반기체와 시료기체가 분리관을 통과하는 동안 분리되어 시료의 각 성분의 흡수력 차이(시료의 확산속도, 이동속도)에 따라 성분의 분리가 일어나고 시료의 각 성분이 검출기에서 측정된다.

85. 60°F에서 100°F까지 온도를 제어하는 데 비례제어기가 사용된다. 측정온도가 71°F에서 75°F로 변할 때 출력압력이 3 psi에서 5 psi까지 도달하도록 조정된다. 비례대(%)는?
① 5 %   ② 10 %
③ 15 % ④ 20 %

[해설] 비례대 = $\dfrac{측정온도차}{조절온도차} \times 100$
$= \dfrac{75-71}{100-60} \times 100 = 10\%$

86. 계량의 기준이 되는 기본단위가 아닌 것은?
① 길이 ② 온도 ③ 면적 ④ 광도

[해설] 기본단위의 종류

기본량	길이	질량	시간	전류
기본단위	m	kg	s	A
기본량	물질량	온도	광도	
기본단위	mol	K	cd	

87. 기체 크로마토그래피의 구성이 아닌 것은?
① 캐리어 가스   ② 검출기
③ 분광기   ④ 컬럼

[해설] 가스 크로마토그래피의 장치 구성요소 : 캐리어 가스, 압력조정기, 유량조절밸브, 압력계, 분리관(컬럼), 검출기, 기록계 등

88. 적외선 가스분석계로 분석하기가 가장 어려운 가스는?
① H_2O ② N_2 ③ HF   ④ CO

[해설] 적외선 가스분석계는 단원자 분자(He, Ne, Ar 등) 및 대칭 2원자 분자(H_2, O_2, N_2, Cl_2 등)는 적외선을 흡수하지 않으므로 분석할 수 없다.

89. 용적식 유량계에 해당되지 않는 것은?
① 로터미터
② oval식 유량계
③ 루트 유량계
④ 로터리 피스톤식 유량계

[해설] 유량계의 구분
㉮ 용적식 : 오벌기어식, 루트(roots)식, 로터리 피스톤식, 로터리 베인식, 습식가스미터, 막식 가스미터 등
㉯ 간접식 : 차압식, 유속식, 면적식, 전자식, 와류식 등
※ 로터미터는 면적식 유량계에 해당된다.

90. 시정수(time constsnt)가 5초인 1차 지연형 계측기의 스텝 응답(step response)에서 전변화의 95 %까지 변화하는 데 걸리는 시간은?
① 10초   ② 15초   ③ 20초   ④ 30초

[해설] $Y = 1 - e^{-\frac{t}{T}}$ 을 정리하면
$1 - Y = e^{-\frac{t}{T}}$ 가 되며, 양변에 ln을 취하면
$\ln(1-Y) = -\dfrac{t}{T}$ 이다.
∴ $t = -\ln(1-Y) \times T$
$= -\ln(1-0.95) \times 5 = 14.978$ 초

91. 가연성가스 검출기로 주로 사용되지 않는 것은?
① 중화적정형   ② 안전등형
③ 간섭계형   ④ 열선형

[해설] 가연성가스 검출기 종류(형식) : 안전등형, 간섭계형, 열선형(열전도식, 접촉연소식), 반도체식

92. 다음 〈보기〉에서 설명하는 가스미터는?

─〈보 기〉─
• 계량이 정확하고 사용 중 기차(器差)의 변동이 거의 없다.
• 설치공간이 크고 수위 조절 등의 관리가 필요하다.

정답 85. ② 86. ③ 87. ③ 88. ② 89. ① 90. ② 91. ① 92. ②

① 막식 가스미터
② 습식 가스미터
③ 루트(roots) 가스미터
④ 벤투리미터

해설 습식 가스미터의 특징
㉮ 계량이 정확하다.
㉯ 사용 중에 오차의 변동이 적다.
㉰ 사용 중에 수위 조정 등의 관리가 필요하다.
㉱ 설치면적이 크다.
㉲ 기준용, 실험실용에 사용된다.
㉳ 용량범위는 0.2~3000 m^3/h이다.

93. 열전대 온도계 중 측정범위가 가장 넓은 것은?

① 백금 – 백금·로듐
② 구리 – 콘스탄탄
③ 철 – 콘스탄탄
④ 크로멜 – 알루멜

해설 열전대 온도계의 종류 및 측정온도

열전대 종류	측정온도 범위
R형(백금-백금로듐 : PR)	0~1600℃
K형(크로멜-알루멜 : CA)	-20~1200℃
J형(철-콘스탄탄 : IC)	-20~800℃
T형(동-콘스탄탄 : CC)	-200~350℃

94. 연소가스 중 CO와 H_2의 분석에 사용되는 가스분석계는?

① 탄산가스계
② 질소가스계
③ 미연소가스계
④ 수소가스계

해설 연소가스 중에 일산화탄소(CO)와 수소(H_2)가 포함되어 있는 것은 연료가 불완전연소되고 있는 것으로 이때 사용되는 가스분석계는 미연소가스계이다.

95. 최대유량이 10 m^3/h 이하인 가스미터의 검정·재검정 유효기간으로 옳은 것은?

① 3년, 3년
② 3년, 5년
③ 5년, 3년
④ 5년, 5년

해설 검정·재검정 유효기간 : 계량에 관한 법률 시행령 제21조, 별표13

계량기	유효기간	
	검정	재검정
최대유량 10 m^3/h 이하의 가스미터	5년	5년
그 밖의 가스미터	8년	8년
LPG 미터	3년	3년

96. 다음 중 방사선식 액면계에 대한 설명으로 틀린 것은?

① 방사선원은 코발트 60(60Co)이 사용된다.
② 종류로는 조사식, 투과식, 가반식이 있다.
③ 방사선 선원을 탱크 상부에 설치한다.
④ 고온, 고압 또는 내부에 측정자를 넣을 수 없는 경우에 사용된다.

해설 방사선 액면계 특징
㉮ 액면에 띄운 플로트(float)에 방사선원을 붙이고 탱크 천장 외부에 방사선 검출기를 설치하여 방사선의 세기와 변화를 이용한 것으로 조사식, 투과식, 가반식이 있다.
㉯ 방사선원으로 코발트(Co), 세슘(Cs)의 γ선을 이용한다.
㉰ 측정범위는 25 m 정도이고 측정범위를 크게 하기 위하여 2조 이상 사용한다.
㉱ 액체에 접촉하지 않고 측정할 수 있으며, 측정이 곤란한 장소에서도 측정이 가능하다.
㉲ 고온, 고압의 액체나 부식성 액체 탱크에 적합하다.
㉳ 설치비가 고가이고, 방사선으로 인한 인체에 해가 있다.

97. 다음 중 저압용의 부르동관 압력계 재질로 옳은 것은?

① 니켈강
② 특수강
③ 인발강관
④ 황동

[해설] 부르동관의 재질
  ㉮ 저압용 : 황동, 인청동, 청동
  ㉯ 고압용 : 니켈강, 스테인리스강

98. 게겔법에서 C_3H_6를 분석하기 위한 흡수액으로 사용되는 것은?
① 33 % KOH 용액
② 알칼리성 피로갈롤 용액
③ 암모니아성 염화 제1구리 용액
④ 87 % H_2SO_4

[해설] 게겔(Gockel)법의 분석순서 및 흡수제
  ㉮ CO_2 : 33 % KOH 수용액
  ㉯ 아세틸렌 : 요오드수은 칼륨 용액
  ㉰ 프로필렌(C_3H_6), n-C_4H_8 : 87 % H_2SO_4
  ㉱ 에틸렌 : 취화수소 수용액
  ㉲ O_2 : 알칼리성 피로갈롤 용액
  ㉳ CO : 암모니아성 염화 제1구리 용액

99. 제어동작에 대한 설명으로 옳은 것은?
① 비례동작은 제어오차가 변화하는 속도에 비례하는 동작이다.
② 미분동작은 편차에 비례한다.
③ 적분동작은 오프셋을 제거할 수 있다.
④ 미분동작은 오버슈트가 많고 응답이 느리다.

[해설] 비례동작 및 미분동작
  ㉮ 비례동작(P 동작) : 동작신호에 대하여 조작량의 출력변화가 일정한 비례관계에 있는 제어로 잔류편차(off set)가 생긴다.
  ㉯ 미분동작(D 동작) : 조작량이 동작신호의 미분치에 비례하는 동작으로 비례동작과 함께 쓰이며 일반적으로 진동이 제어되어 빨리 안정된다.

100. 루트식 가스미터는 적은 유량 시 작동하지 않을 우려가 있는데 보통 얼마 이하일 때 이러한 현상이 나타나는가?
① 0.5 m^3/h
② 2 m^3/h
③ 5 m^3/h
④ 10 m^3/h

[해설] 루트(roots)식 가스미터에서 0.5 m^3/h 이하의 적은 유량에서는 부동현상이 발생한다.

정답 98. ④ 99. ③ 100. ①

▶ 2022년 4월 24일 시행

자격종목	종목코드	시험시간	형 별	수험번호	성 명
가스 기사	1471	2시간 30분			

제 1 과목   가스유체역학

1. 관로의 유동에서 여러 가지 손실수두를 나타낸 것으로 틀린 것은? (단, f : 마찰계수, d : 관의 지름, $\left(\dfrac{V^2}{2g}\right)$: 속도수두, $\left(\dfrac{V_1^{\,2}}{2g}\right)$: 입구관 속도수두, $\left(\dfrac{V_2^{\,2}}{2g}\right)$: 출구관 속도수두, R_h : 수력반지름, L : 관의 길이, A : 관의 단면적, C_c : 단면적 축소계수이다.)

① 원형관 속의 손실수두

$$h_L = f\frac{L}{D}\frac{V^2}{2g}$$

② 비원형관 속의 손실수두

$$h_L = f\frac{4R_h}{L}\frac{V^2}{2g}$$

③ 돌연 확대관 손실수두

$$h_L = \left(1 - \frac{A_1}{A_2}\right)^2 \frac{V_1^{\,2}}{2g}$$

④ 돌연 축소관 손실수두

$$h_L = \left(\frac{1}{C_c} - 1\right)^2 \frac{V_2^{\,2}}{2g}$$

[해설] 비원형관 속의 손실수두 계산식

$$h_L = f\frac{L}{4R_h}\frac{V^2}{2g}$$

2. 980 cSt의 동점도(kinematic viscosity)는 몇 m^2/s인가?

① 10^{-4} ② 9.8×10^{-4}
③ 1   ④ 9.8

[해설] ㉮ cSt(cent stokes)는 $\dfrac{1}{100}$ St이고 St의 단위는 cm^2/s이다.
㉯ St의 단위 cm^2/s를 m^2/s로 변환할 때에는 1만으로 나눠준다.
∴ $\nu = 980\,cSt = 980 \times 10^{-2}\,St[cm^2/s]$
$= 980 \times 10^{-2} \times 10^{-4}\,[m^2/s]$
$= 9.8 \times 10^{-4}\,[m^2/s]$

3. 다음 중 실제유체와 이상유체에 모두 적용되는 것은?
① 뉴턴의 점성법칙
② 압축성
③ 점착조건(no slip condition)
④ 에너지보존의 법칙

[해설] 에너지보존의 법칙 : 하나의 유선 또는 유관에서 유체의 단위 질량당의 압력에너지, 속도에너지 및 위치에너지의 합은 일정하다는 것으로 베르누이 방정식에 적용한다.

4. 진공압력이 0.10 kgf/cm^2이고, 온도가 20℃인 기체가 계기압력 7 kgf/cm^2로 등온압축되었다. 이때 압축 전 체적(V_1)에 대한 압축 후의 체적(V_2)의 비는 얼마인가? (단, 대기압은 720 mmHg이다.)

① 0.11   ② 0.14   ③ 0.98   ④ 1.41

[해설] ㉮ 대기압 720 mmHg를 kgf/cm^2 단위로 환산

∴ 환산압력 $= \dfrac{\text{주어진 압력}}{\text{표준대기압}} \times$ 구하려는 단위 표준대기압

$= \dfrac{720}{760} \times 1.0332 = 0.97882\,kgf/cm^2$

[해답]   1. ②   2. ②   3. ④   4. ①

㉯ 절대압력 = 대기압 + 게이지압력
    = 대기압 − 진공압력
㉰ 보일-샤를의 법칙을 이용하여 체적비 계산

$$\frac{P_1 V_1}{T_1} = \frac{P_2 V_2}{T_2} \text{에서 } T_1 = T_2 \text{이다.}$$

$$\therefore \frac{V_2}{V_1} = \frac{P_1}{P_2} = \frac{0.9788 - 0.10}{0.9788 + 7} = 0.1101$$

5. 안지름 100 mm인 관속을 압력 5 kgf/cm², 온도 15℃인 공기가 2 kg/s로 흐를 때 평균 유속은? (단, 공기의 기체상수는 29.27 kgf·m/kg·K이다.)

① 4.28 m/s ② 5.81 m/s
③ 42.9 m/s ④ 55.8 m/s

해설 ㉮ 현재 조건의 공기 밀도(kg/m³)를 이상기체 상태방정식 $PV = GRT$를 이용하여 계산한다.

$$\therefore \rho = \frac{G}{V} = \frac{P}{RT}$$

$$= \frac{5 \times 10^4}{29.27 \times (273 + 15)} = 5.931 \text{ kg/m}^3$$

㉯ 평균유속 계산 : 질량유량 $m = \rho A V$에서 유속 V를 계산한다.

$$\therefore V = \frac{m}{\rho A} = \frac{2}{5.931 \times \left(\frac{\pi}{4} \times 0.1^2\right)}$$

$$= 42.935 \text{ m/s}$$

6. 표면장력계수의 차원을 옳게 나타낸 것은? (단, M은 질량, L은 길이, T는 시간의 차원이다.)

① MLT^{-2} ② MT^{-2}
③ LT^{-2} ④ $ML^{-1}T^{-2}$

해설 표면장력계수의 단위 및 차원

구분	단위	차원
절대단위	kg/s²	MT^{-2}
공학단위	kgf/m	FL^{-1}

7. 초음속 흐름이 갑자기 아음속 흐름으로 변할 때 얇은 불연속 면의 충격파가 생긴다. 이 불연속 면에서의 변화로 옳은 것은?

① 압력은 감소하고 밀도는 증가한다.
② 압력은 증가하고 밀도는 감소한다.
③ 온도와 엔트로피가 증가한다.
④ 온도와 엔트로피가 감소한다.

해설 ㉮ 충격파가 발생하면 압력, 온도, 밀도, 엔트로피가 증가하며 속도는 감소한다.
㉯ 속도가 감소하므로 마하수는 감소한다.

8. 비중이 0.887인 원유가 관의 단면적이 0.0022 m²인 관에서 체적 유량이 10.0 m³/h일 때 관의 단위 면적당 질량유량(kg/m²·s)은?

① 1120 ② 1220 ③ 1320 ④ 1420

해설 ㉮ 원유의 비중을 이용하여 공학단위 밀도 계산

$$\therefore \rho = \frac{\gamma}{g} = \frac{0.887 \times 10^3}{9.8} = 90.5102 \text{ kgf}\cdot\text{s}^2/\text{m}^4$$

㉯ 원유의 공학단위 밀도를 절대단위 밀도로 계산

$$\therefore \rho = \text{공학단위밀도} \times g$$
$$= 90.5102 \times 9.8 = 886.99996 \text{ kg/m}^3$$

㉰ 단위 면적당 질량유량 계산 : 질량유량이 관의 단위 면적당 유량(kg/m²·s)이므로 초당 질량유량을 관의 단면적 0.0022로 나눠줘야 한다.

$$\therefore m = \frac{\rho \times Q}{A} = \frac{886.99996 \times 10.0}{0.0022 \times 3600}$$
$$= 1119.949 \text{ kg/m}^2\cdot\text{s}$$

9. 온도 27℃의 이산화탄소 3 kg이 체적 0.30 m³의 용기에 가득 차 있을 때 용기 내의 압력(kgf/cm²)은? (단, 일반기체상수는 848 kgf·m/kmol·K이고, 이산화탄소의 분자량은 44이다.)

① 5.79 ② 24.3
③ 100   ④ 270

해답 5. ③   6. ②   7. ③   8. ①   9. ①

[해설] ㉮ 이상기체 상태방정식 $PV=GRT$에서 압력 P를 구하며, 기체상수 $R=\dfrac{848}{M}$ kgf·m /kg·K이다.

㉯ 용기 내의 압력 계산 : 이상기체 상태방정식에서 압력 P의 단위는 kgf/m²이므로 kgf/cm²으로 변환하기 위하여 1만으로 나눠준다.

$$\therefore P = \dfrac{GRT}{V}$$

$$= \dfrac{3 \times \dfrac{848}{44} \times (273+27)}{0.3} \times 10^{-4}$$

$$= 5.781 \text{ kgf/cm}^2$$

10. 물이나 다른 액체를 넣은 타원형 용기를 회전하고 그 용적변화를 이용하여 기체를 수송하는 장치로 유독성 가스를 수송하는 데 적합한 것은?
① 로베(lobe) 펌프 ② 터보(turbo) 압축기
③ 내시(nash) 펌프 ④ 팬(fan)

[해설] 내시(nash) 펌프 : 액체가 담긴 타원형의 케이싱에서 임펠러를 회전시켜 액면과 회전자 사이에서 압력변화에 의한 체적변화를 갖게 하여 기체를 흡입하여 수송하는 데 사용하며, 독성가스를 수송하는 경우 및 진공펌프로 사용된다.

11. 내경이 0.0526 m인 철관에 비압축성 유체가 9.085 m³/h로 흐를 때의 평균유속은 약 몇 m/s인가? (단, 유체의 밀도는 1200 kg/m³ 이다.)
① 1.16 ② 3.26 ③ 4.68 ④ 11.6

[해설] 체적유량 $Q = AV = \dfrac{\pi}{4}D^2 V$에서 초당 유속으로 계산하기 위하여 시간당 유량(m³/h)을 3600으로 나눠주어야 한다.

$$\therefore V = \dfrac{4Q}{\pi D^2} = \dfrac{4 \times 9.085}{\pi \times 0.0526^2 \times 3600}$$

$$= 1.161 \text{ m/s}$$

12. 어떤 유체의 액면 아래 10 m인 지점의 계기압력이 2.16 kgf/cm²일 때 이 액체의 비중량은 몇 kgf/m³인가?
① 2160 ② 216 ③ 21.6 ④ 0.216

[해설] $P = \gamma \cdot h$에서 액체의 비중량 γ [kgf/m³]를 구한다.

$$\therefore \gamma = \dfrac{P}{h} = \dfrac{2.16 \times 10^4}{10} = 2160 \text{ kgf/m}^3$$

13. 뉴턴유체(Newtonian fluid)가 원관 내를 완전 발달된 층류 흐름으로 흐르고 있다. 관내의 평균속도 $\overline{V}$와 최대속도 $U_{\max}$의 비 $\dfrac{\overline{V}}{U_{\max}}$는?
① 2 ② 1 ③ 0.5 ④ 0.1

[해설] ㉮ 뉴턴유체가 원관 내를 완전 발달된 층류 흐름으로 흐르고 있을 때 평균속도는 최대속도의 $\dfrac{1}{2}$에 해당한다.

$$\therefore \overline{V} = \dfrac{1}{2} U_{\max}$$

㉯ $\dfrac{\overline{V}}{U_{\max}}$의 비 계산

$$\therefore \dfrac{\overline{V}}{U_{\max}} = \dfrac{1}{2} = 0.5$$

14. 수직 충격파(normal shock wave)에 대한 설명 중 옳지 않은 것은?
① 수직 충격파는 아음속 유동에서 초음속 유동으로 바뀌어 갈 때 발생한다.
② 충격파를 가로지르는 유동은 등엔트로피 과정이 아니다.
③ 수직 충격파 발생 직후의 유동조건은 $h-s$선도로 나타낼 수 있다.
④ 1차원 유동에서 일어날 수 있는 충격파는 수직 충격파 뿐이다.

[해설] 수직 충격파는 초음속 흐름이 갑자기 아음속 흐름으로 변하게 되는 경우에 발생한다.

[해답] 10. ③ 11. ① 12. ① 13. ③ 14. ①

15. 지름 4 cm인 매끈한 관에 동점성계수가 1.57×10^{-5} m²/s인 공기가 0.7 m/s의 속도로 흐르고, 관의 길이가 70 m이다. 이에 대한 손실수두는 몇 m인가?
① 1.27 ② 1.37 ③ 1.47 ④ 1.57

[해설] ㉮ 레이놀즈수 계산 : 동점성계수가 MKS 단위로 주어졌으므로 레이놀즈수도 MKS단위를 적용하여 계산한다.

$$\therefore Re = \frac{DV}{\nu} = \frac{0.04 \times 0.7}{1.57 \times 10^{-5}} = 1783.439$$

$\therefore Re$ 수가 2100보다 작으므로 층류 흐름이다.
㉯ 손실수두 계산 : 층류 흐름일 때 관마찰계수 f는 $\dfrac{64}{Re}$ 이다.

$$\therefore h_f = f \times \frac{L}{D} \times \frac{V^2}{2g}$$
$$= \frac{64}{Re} \times \frac{L}{D} \times \frac{V^2}{2g}$$
$$= \frac{64}{1783.439} \times \frac{70}{0.04} \times \frac{0.7^2}{2 \times 9.8}$$
$$= 1.57 \text{ mH}_2\text{O}$$

16. 도플러 효과(doppler effect)를 이용한 유량계는?
① 에뉴바 유량계   ② 초음파 유량계
③ 오벌 유량계   ④ 열선 유량계

[해설] 초음파 유량계 : 초음파의 유속과 유체 유속의 합이 비례한다는 도플러 효과를 이용한 유량계로 측정체가 유체와 접촉하지 않고, 정확도가 아주 높으며 고온, 고압, 부식성 유체에도 사용이 가능하다.

17. 압축성 유체의 유속 계산에 사용되는 Mach 수의 표현으로 옳은 것은?
① $\dfrac{\text{음속}}{\text{유체의 속도}}$ ② $\dfrac{\text{유체의 속도}}{\text{음속}}$
③ (음속)²   ④ 유체의 속도×음속

[해설] 마하수(Mach number) : 물체의 실제 유동속도를 음속으로 나눈 값으로 무차원수이다.

$$\therefore M = \frac{V}{C} = \frac{V}{\sqrt{k \cdot R \cdot T}}$$

여기서, V : 물체의 속도(m/s)
C : 음속
k : 비열비
R : 기체상수 $\left(\dfrac{8314}{M}\,[\text{J/kg} \cdot \text{K}]\right)$
T : 절대온도(K)

18. 지름이 3 m 원형 기름 탱크의 지붕이 평평하고 수평이다. 대기압이 1 atm일 때 대기가 지붕에 미치는 힘은 몇 kgf인가?
① 7.3×10^2 ② 7.3×10^3
③ 7.3×10^4 ④ 7.3×10^5

[해설] 대기압 1 atm는 10332 kgf/m²이다.
$$F = P \times A = 10332 \times \left(\frac{\pi}{4} \times 3^2\right)$$
$$= 73032.604 = 7.3032604 \times 10^4$$
$$\fallingdotseq 7.3 \times 10^4 \text{ kgf}$$

19. 온도 20℃, 압력 5 kgf/cm²인 이상기체 10 cm³를 등온 조건에서 5 cm³까지 압축하면 압력은 약 몇 kgf/cm²인가?
① 2.5   ② 5
③ 10   ④ 20

[해설] $\dfrac{P_1 V_1}{T_1} = \dfrac{P_2 V_2}{T_2}$ 에서 $T_1 = T_2$이다.

$$\therefore P_2 = \frac{P_1 V_1}{V_2} = \frac{5 \times 10}{5} = 10 \text{ kgf/cm}^2$$

20. 기계효율을 η_m, 수력효율을 η_h, 체적효율을 η_v라 할 때 펌프의 총효율은?
① $\dfrac{\eta_m \times \eta_h}{\eta_v}$ ② $\dfrac{\eta_m \times \eta_v}{\eta_h}$
③ $\eta_m \times \eta_h \times \eta_v$ ④ $\dfrac{\eta_v \times \eta_h}{\eta_m}$

[해설] 펌프의 총 효율(η) = 기계효율(η_m)×수력효율(η_h)×체적효율(η_v)

[해답] 15. ④ 16. ② 17. ② 18. ③ 19. ③ 20. ③

제 2 과목 연소공학

21. 카르노 사이클에서 열효율과 열량, 온도와의 관계가 옳은 것은? (단, $Q_1 > Q_2$, $T_1 > T_2$ 이다.)

① $\eta = \dfrac{Q_1 - Q_2}{Q_1} = \dfrac{T_1 - T_2}{T_1}$

② $\eta = \dfrac{Q_1 - Q_2}{Q_2} = \dfrac{T_1 - T_2}{T_2}$

③ $\eta = \dfrac{Q_1}{Q_1 - Q_2} = \dfrac{T_2}{T_1 - T_2}$

④ $\eta = \dfrac{Q_2}{Q_1 - Q_2} = \dfrac{T_1}{T_1 - T_2}$

해설 ㉮ 카르노 사이클(Carnot cycle) : 2개의 단열과정과 2개의 등온과정으로 구성된 열기관의 이론적인 사이클이다.
㉯ 카르노(Carnot) 사이클의 열효율 계산식
$$\eta = \dfrac{W}{Q_1} = \dfrac{Q_1 - Q_2}{Q_1} = 1 - \dfrac{Q_2}{Q_1}$$
$$= \dfrac{T_1 - T_2}{T_1} = 1 - \dfrac{T_2}{T_1}$$

22. 다음 중 기체 연소 시 소염 현상의 원인이 아닌 것은?
① 산소농도가 증가할 경우
② 가연성 기체, 산화제가 화염 반응대에서 공급이 불충분할 경우
③ 가연성가스가 연소범위를 벗어날 경우
④ 가연성가스에 불활성기체가 포함될 경우

해설 (1) 소염(消炎) 현상 : 화염이 전파되지 않고 소멸하는 현상으로 기체상태 중에서 연소가 지속될 수 없는 현상이다.
(2) 원인
㉮ 연소에 필요한 가연성 기체 또는 산화제가 화염 반응대에 공급이 불충분할 경우
㉯ 연소반응에 불가결한 열 및 활성기가 화염으로부터 미연소물질에 피드백이 불충분할 경우
㉰ 가연성가스가 연소범위를 벗어날 경우
㉱ 가연성가스에 불활성기체가 포함될 경우
㉲ 산소농도가 감소할 경우

23. 층류 예혼합화염과 비교한 난류 예혼합화염의 특징에 대한 설명으로 틀린 것은?
① 연소속도가 빨라진다.
② 화염의 두께가 두꺼워진다.
③ 휘도가 높아진다.
④ 화염의 배후에 미연소분이 남지 않는다.

해설 난류 예혼합화염(연소)의 특징
㉮ 화염의 휘도가 높다.
㉯ 화염면의 두께가 두꺼워진다.
㉰ 연소속도가 층류화염의 수십 배이다.
㉱ 연소 시 다량의 미연소분이 존재한다.

24. 과잉공기가 너무 많은 경우의 현상이 아닌 것은?
① 열효율을 감소시킨다.
② 연소온도가 증가한다.
③ 배기가스의 열손실을 증대시킨다.
④ 연소가스량이 증가하여 통풍을 저해한다.

해설 과잉공기가 많은 경우(공기비가 큰 경우) 현상
㉮ 연소실 내의 온도가 낮아진다.
㉯ 배기가스로 인한 손실열이 증가한다.
㉰ 배기가스 중 질소산화물(NO_x)이 많아져 대기오염을 초래한다.
㉱ 열효율이 감소한다.
㉲ 연료소비량이 증가한다.
㉳ 연소가스량(배기가스량)이 증가하여 통풍저하를 초래한다.

25. 수소(H_2, 폭발범위 : 4.0~75 v%)의 위험도는?
① 0.95 ② 17.75 ③ 18.75 ④ 71

해설 $H = \dfrac{U - L}{L} = \dfrac{75 - 4}{4} = 17.75$

26. 확산연소에 대한 설명으로 틀린 것은?

해답 21. ① 22. ① 23. ④ 24. ② 25. ② 26. ④

① 확산연소 과정은 연료와 산화제의 혼합속도에 의존한다.
② 연료와 산화제의 경계면이 생겨 서로 반대측 면에서 경계면으로 연료와 산화제가 확산해 온다.
③ 가스라이터의 연소는 전형적인 기체연료의 확산화염이다.
④ 연료와 산화제가 적당 비율로 혼합되어 가연혼합기를 통과할 때 확산화염이 나타난다.

[해설] 확산연소(擴散燃燒) : 공기와 가스를 따로 버너 슬롯(slot)에서 연소실에 공급하고, 이것들의 경계면에서 난류와 자연확산으로 서로 혼합하여 연소하는 외부 혼합방식이다. 화염이 전파하는 특징을 갖고 반응대는 가연성 기체와 산화제의 경계에 존재하고 반응대를 향해 가연성 기체 및 산화제가 확산해 간다.

27. −5℃ 얼음 10 g을 16℃의 물로 만드는 데 필요한 열량은 약 몇 kJ인가? (단, 얼음의 비열은 2.1 J/g·K, 융해열은 335 J/g, 물의 비열은 4.2 J/g·K이다.)
① 3.4 ② 4.2
③ 5.2 ④ 6.4

[해설] ㉮ −5℃ 얼음을 0℃까지 가열한 열량(현열) 계산
$Q_1 = G \times C \times \Delta T$
$= 10 \times 2.1 \times \{(273+0)-(273-5)\}$
$= 105 \, J$

㉯ 0℃ 얼음을 0℃ 물로 가열한 열량(잠열) 계산
$Q_2 = G \times \gamma = 10 \times 335 = 3350 \, J$

㉰ 0℃ 물을 16℃까지 가열한 열량(현열) 계산
$Q_3 = G \times C \times \Delta T$
$= 10 \times 4.2 \times \{(273+16)-(273+0)\}$
$= 672 \, J$

㉱ 합계 열량 계산
$Q = Q_1 + Q_2 + Q_3$
$= 105 + 3350 + 672 = 4127 \, J = 4.127 \, kJ$

28. 이산화탄소의 기체상수(R) 값과 가장 가까운 기체는?
① 프로판 ② 수소
③ 산소   ④ 질소

[해설] ㉮ 기체상수 $R = \dfrac{8.314}{M} \, kJ/kg \cdot K$이고, 이산화탄소의 분자량($M$) 44이므로 분자량이 이산화탄소와 가까운 기체가 기체상수 값과 가깝다.

㉯ 각 기체의 분자량

구분	분자량
프로판(C_3H_8)	44
수소(H_2)	2
산소(O_2)	32
질소(N_2)	28

29. 증기의 성질에 대한 설명으로 틀린 것은?
① 증기의 압력이 높아지면 엔탈피가 커진다.
② 증기의 압력이 높아지면 현열이 커진다.
③ 증기의 압력이 높아지면 포화온도가 높아진다.
④ 증기의 압력이 높아지면 증발열이 커진다.

[해설] 증기의 압력이 높아지면 증발열(증기의 잠열)이 감소하고, 물의 현열은 증가한다.

30. 산화염과 환원염에 대한 설명으로 가장 옳은 것은?
① 산화염은 이론공기량으로 완전연소시켰을 때의 화염을 말한다.
② 산화염은 공기비를 아주 크게 하여 연소가스 중 산소가 포함된 화염을 말한다.
③ 환원염은 이론공기량으로 완전연소시켰을 때의 화염을 말한다.
④ 환원염은 공기비를 아주 크게 하여 연소가스 중 산소가 포함된 화염을 말한다.

[해답] 27. ② 28. ① 29. ④ 30. ②

[해설] 산화염과 환원염
 ㉮ 산화염 : 산소(O_2), 이산화탄소(CO_2), 수증기를 함유한 것으로 내염의 외측을 둘러싸고 있는 청자색의 화염이다.
 ㉯ 환원염 : 수소(H_2)나 불완전 연소에 의한 일산화탄소(CO)를 함유한 것으로 청록색으로 빛나는 화염이다.

31. 본질안전 방폭구조의 정의로 옳은 것은?
① 가연성가스에 점화를 방지할 수 있다는 것이 시험 그 밖의 방법으로 확인된 구조
② 정상 시 및 사고 시에 발생하는 전기불꽃, 고온부로 인하여 가연성가스가 점화되지 않는 것이 점화시험 그 밖의 방법에 의해 확인된 구조
③ 정상 운전 중에 전기불꽃 및 고온이 생겨서는 안 되는 부분에 점화가 생기는 것을 방지하도록 구조상 및 온도상승에 대비하여 특별히 안전성을 높이는 구조
④ 용기 내부에서 가연성가스의 폭발이 일어났을 때 용기가 압력에 본질적으로 견디고 외부의 폭발성가스에 인화할 우려가 없도록 한 구조

[해설] 각 항목의 방폭구조
 ① 특수 방폭구조
 ② 본질안전 방폭구조
 ③ 안전증 방폭구조
 ④ 내압 방폭구조

32. 천연가스의 비중측정 방법은?
① 분젠실링법   ② soap bubble법
③ 라이트법   ④ 윤켈스법

[해설] 분젠실링법 : 시료가스를 세공에서 유출시키고 같은 조작으로 공기를 유출시켜서 각각의 유출시간의 비로부터 가스의 비중을 산출한다. 비중계, 스톱워치(stop watch), 온도계가 필요하다.

33. 비열에 대한 설명으로 옳지 않은 것은?

① 정압비열은 정적비열보다 항상 크다.
② 물질의 비열은 물질의 종류와 온도에 따라 달라진다.
③ 비열비가 큰 물질일수록 압축 후의 온도가 더 높다.
④ 물은 비열이 작아 공기보다 온도를 증가시키기 어렵고 열용량도 적다.

[해설] 물은 공기보다 비열이 커서 공기보다 온도를 증가시키기 어렵고, 일정온도에서 냉각이 쉽게 되지 않지만 열용량은 크다.

[참고] ㉮ 물의 비열 : $1\,kcal/kg\cdot℃ = 1\,kcal/kg\cdot K = 4.185\,kJ/kg\cdot ℃ = 4.185\,kJ/kg\cdot K$
 ㉯ 0℃에서 공기의 정압비열(C_p) 및 정적비열(C_v)
  $C_p ≒ 0.240\,kcal/kg\cdot ℃$
   $≒ 0.240\,kcal/kg\cdot K ≒ 1.0061\,kJ/kg\cdot ℃$
   $≒ 1.0061\,kJ/kg\cdot K$
  $C_v ≒ 0.171\,kcal/kg\cdot ℃$
   $≒ 0.171\,kcal/kg\cdot K ≒ 0.718\,kJ/kg\cdot ℃$
   $≒ 0.718\,kJ/kg\cdot K$

34. 고발열량과 저발열량의 값이 다르게 되는 것은 다음 중 주로 어떤 성분 때문인가?
① C   ② H   ③ O   ④ S

[해설] 고위발열량과 저위발열량의 차이는 연소 시 생성된 물의 증발잠열에 의한 것이고, 물(H_2O)은 수소와 산소로 이루어진 것이므로 연료 성분 중 수소와 관련이 있는 것이다.

35. 폭굉(detonation)에 대한 설명으로 가장 옳은 것은?
① 가연성 기체와 공기가 혼합하는 경우에 넓은 공간에서 주로 발생한다.
② 화재로의 파급효과가 적다.
③ 에너지 방출속도는 물질전달속도의 영향을 받는다.
④ 연소파를 수반하고 난류확산의 영향을 받는다.

[해답] 31. ② 32. ① 33. ④ 34. ② 35. ②

[해설] 폭굉(detonation) : 가스 중의 음속보다도 화염 전파속도가 큰 경우로서 파면선단에 충격파라고 하는 압력파가 생겨 격렬한 파괴작용을 일으키는 현상으로 폭굉범위(한계)는 폭발범위 내에 존재한다.

36. 불활성화 방법 중 용기의 한 개구부로 불활성가스를 주입하고 다른 개구부로부터 대기 또는 스크러버로 혼합가스를 방출하는 퍼지방법은?
① 진공 퍼지 ② 압력 퍼지
③ 스위프 퍼지 ④ 사이펀 퍼지

[해설] 불활성화(purging) 종류
㉮ 진공 퍼지(vacuum purging) : 용기를 진공시킨 후 불활성가스를 주입시켜 원하는 최소산소농도에 이를 때까지 실시하는 방법
㉯ 압력 퍼지(pressure purging) : 불활성가스로 용기를 가압한 후 대기 중으로 방출하는 작업을 반복하여 원하는 최소산소농도에 이를 때까지 실시하는 방법
㉰ 사이펀 퍼지(siphon purging) : 용기에 물을 충만시킨 후 용기로부터 물을 배출시킴과 동시에 불활성가스를 주입하여 원하는 최소산소농도를 만드는 작업으로 퍼지 경비를 최소화 할 수 있다.
㉱ 스위프 퍼지(sweep-through purging) : 한쪽으로는 불활성가스를 주입하고 반대쪽에서는 가스를 방출하는 작업을 반복하는 것으로 저장탱크 등에 사용한다.

37. 이상기체와 실제기체에 대한 설명으로 틀린 것은?
① 이상기체는 기체 분자간의 인력이나 반발력이 작용하지 않는다고 가정한 이상적인 기체이다.
② 실제기체는 실제로 존재하는 모든 기체로 이상기체 상태방정식이 그대로 적용되지 않는다.
③ 이상기체는 저장용기의 벽에 충돌하여도 탄성을 잃지 않는다.
④ 이상기체 상태방정식은 실제기체에서는 높은 온도, 높은 압력에서 잘 적용된다.

[해설] 실제기체에 이상기체 상태방정식이 적용되는 조건은 높은 온도(고온), 낮은 압력(저압)이다.

38. 고체연료의 고정층을 만들고 공기를 통하여 연소시키는 방법은?
① 화격자 연소 ② 유동층 연소
③ 미분탄 연소 ④ 훈연 연소

[해설] 화격자 연소 : 고체연료 중에서 석탄을 연소하는 방법으로 가장 많이 사용되었던 것으로 연소용 공기가 유통하는 다수의 간극을 갖는 화격자는 연료를 지지하고 화격자 하부에서 1차 공기가 유입되고, 부족분은 연소실 측부에서 2차 공기로 공급된다. 인력으로 석탄을 공급하는 수분(手焚)과 기계를 이용하여 자동 연소시키는 스토커(stoker)로 구분한다.

39. 연소범위는 다음 중 무엇에 의해 주로 결정되는가?
① 온도, 부피 ② 부피, 비중
③ 온도, 압력 ④ 압력, 비중

[해설] 연소범위(폭발범위) : 공기 중에서 점화원에 의해 폭발을 일으킬 수 있는 혼합가스 중의 가연성가스의 부피범위(%)로 온도, 압력에 의해 결정된다.

40. 부탄(C_4H_{10}) 2 Sm^3를 완전연소시키기 위하여 약 몇 Sm^3의 산소가 필요한가?
① 5.8 ② 8.9
③ 10.8 ④ 13.0

[해설] ㉮ 부탄(C_4H_{10})의 완전연소 반응식
$C_4H_{10} + 6.5O_2 \rightarrow 4CO_2 + 5H_2O$
㉯ 이론산소량(Sm^3) 계산
$22.4\ Sm^3 : 6.5 \times 22.4\ Sm^3$
$= 2\ Sm^3 : x(O_o)[Sm^3]$
$O_o = \dfrac{2 \times 6.5 \times 22.4}{22.4} = 13.0\ Sm^3$

해답 36. ③ 37. ④ 38. ① 39. ③ 40. ④

제3과목 가스설비

41. 브롬화메틸 30톤(T= 110℃), 펩탄 50톤(T= 120℃), 시안화수소 20톤(T= 100℃)이 저장되어 있는 고압가스 특정제조시설의 안전구역 내 고압가스 설비의 연소열량은 약 몇 kcal인가? (단, T는 상용온도를 말한다.)

상용온도에 따른 K의 수치

상용 온도(℃)	40 이상 70 미만	70 이상 100 미만	100 이상 130 미만	130 이상 160 미만
브롬화메틸	12000	23000	32000	42000
펩탄	84000	240000	401000	550000
시안화수소	59000	124000	178000	255000

① 6.2×10^7 ② 5.2×10^7
③ 4.9×10^6 ④ 2.5×10^6

[해설] 저장설비 안에 2종류 이상의 가스가 있는 경우에는 각각의 가스량(톤)을 합산한 양의 제곱근 수치에 각각의 가스량에 해당 합계량에 대한 비율을 곱하여 얻은 수치와 각각의 가스에 관계되는 K를 곱해 $K \cdot W$를 구한다.

$$\therefore Q = K \cdot W = \left(\frac{K_A W_A}{Z} \times \sqrt{Z}\right)$$
$$+ \left(\frac{K_B W_B}{Z} \times \sqrt{Z}\right) + \left(\frac{K_C W_C}{Z} \times \sqrt{Z}\right)$$
$$= \left(\frac{32000 \times 30}{100} \times \sqrt{100}\right)$$
$$+ \left(\frac{401000 \times 50}{100} \times \sqrt{100}\right)$$
$$+ \left(\frac{178000 \times 20}{100} \times \sqrt{100}\right)$$
$$= 2457000 \fallingdotseq 2.457 \times 10^6$$
$$\fallingdotseq 2.5 \times 10^6 \text{ kcal}$$

여기서, W_A, W_B, W_C : A가스, B가스, C가스의 저장량(톤)
$Z = W_A + W_B + W_C = 30 + 50 + 20 = 100$톤

42. 왕복식 압축기에서 체적효율에 영향을 주는 요소로서 가장 거리가 먼 것은?

① 클리어런스 ② 냉각
③ 토출밸브 ④ 가스 누설

[해설] 체적효율에 영향을 주는 요소
㉮ 클리어런스에 의한 영향
㉯ 밸브 하중과 가스의 마찰에 의한 영향
㉰ 불완전 냉각에 의한 영향
㉱ 가스 누설에 의한 영향
㉲ 압축비에 의한 영향

43. 온도 T_2 저온체에서 흡수한 열량을 q_2, 온도 T_1인 고온체에서 버린 열량을 q_1이라고 할 때 냉동기의 성능계수는?

① $\dfrac{q_1 - q_2}{q_1}$ ② $\dfrac{q_2}{q_1 - q_2}$
③ $\dfrac{T_1 - T_2}{T_1}$ ④ $\dfrac{T_1}{T_1 - T_2}$

[해설] 냉동기 성능계수(성적계수) : 저온체에서 흡수한 열량[제거한 열량](q_2)과 고온체에서 버린 열량[열량을 제거하는 데 소요되는 일량](q_1)의 비이다.

$$\therefore COP_R = \frac{Q_2}{W} = \frac{q_2}{q_1 - q_2} = \frac{T_2}{T_1 - T_2}$$

44. 액화석유가스 충전사업자는 액화석유가스를 자동차에 고정된 용기에 충전하는 경우에 허용오차를 벗어나 정량을 미달되게 공급해서는 아니 된다. 이때 허용오차의 기준은?

① 0.5 % ② 1 %
③ 1.5 % ④ 2 %

[해설] ㉮ 액화석유가스 충전사업자의 정량 공급 의무(액법 제23조의2) : 액화석유가스 충전사업자는 액화석유가스를 자동차에 고정된 용기에 충전하는 경우 산업통상자원부령으로 정하는 허용오차를 벗어나 정량에 미달되게 공급해서는 아니된다.
㉯ 정량 공급 의무 위반 검사 방법 등(액법 시행규칙 제33조의2) : 법 23조의2 제1항에서 "산업통상자원부령으로 정하는 허용오차"란 100분의 1.5를 말한다.

[해답] 41. ④ 42. ③ 43. ② 44. ③

[참고] 액화석유가스를 용기에 충전하는 경우 허용오차(액법 시행규칙 제33조) : 100분의 1

45. 매몰 용접형 가스용 볼밸브 중 퍼지관을 부착하지 아니한 구조의 볼밸브는?
① 짧은 몸통형
② 일체형 긴 몸통형
③ 용접형 긴 몸통형
④ 소코렛(sokolet)식 긴 몸통형

[해설] 매몰 용접형 가스용 볼밸브의 종류

종류	퍼지관 부착 여부
짧은 몸통형 (short pattern)	볼밸브에 퍼지관을 부착하지 아니한 것
긴 몸통형 (long pattern)	볼밸브에 퍼지관을 부착한 것 (일체형과 용접형으로 구분)

[비고]
1. "일체형"이란 볼밸브의 몸통(덮개)에 퍼지관을 부착한 구조를 말한다.
2. "용접형"이란 볼밸브의 몸통(덮개)에 배관을 용접하여 퍼지관을 부착한 구조를 말한다.

46. 아세틸렌 제조설비에서 제조공정 순서로서 옳은 것은?
① 가스청정기 → 수분제거기 → 유분제거기 → 저장탱크 → 충전장치
② 가스발생로 → 쿨러 → 가스청정기 → 압축기 → 충전장치
③ 가스반응로 → 압축기 → 가스청정기 → 역화방지기 → 충전장치
④ 가스발생로 → 압축기 → 쿨러 → 건조기 → 역화방지기 → 충전장치

[해설] 카바이드를 이용한 아세틸렌 제조공정 순서 : 가스발생로 → 쿨러 → 가스청정기 → 저압건조기 → 압축기 → 유분리기 → 고압건조기 → 충전장치
※ 최종 답안에 해당되는 항목에 일부 장치가 생략되었기 때문에 정답이 없는 문제로 판단하지 않기를 바랍니다.

47. 차량에 고정된 탱크의 저장능력을 구하는 식은? (단, V : 내용적, P : 최고충전압력, C : 가스종류에 따른 정수, d : 상용온도에서의 액비중이다.)
① $10PV$
② $(10P+1)V$
③ $\dfrac{V}{C}$
④ $0.9dV$

[해설] 각 항목의 저장능력 산정식
② 압축가스의 저장탱크 및 용기
③ 액화가스 용기 및 차량에 고정된 탱크
④ 액화가스 저장탱크

48. 수소를 공업적으로 제조하는 방법이 아닌 것은?
① 수전해법
② 수성가스법
③ LPG 분해법
④ 석유 분해법

[해설] 수소의 공업적 제조법
㉮ 물의 전기분해법 : 수전해법
㉯ 수성가스법(석탄, 코크스의 가스화)
㉰ 천연가스 분해법(열분해)
㉱ 석유 분해법(열분해)
㉲ 일산화탄소 전화법

49. 펌프의 특성 곡선상 체절운전(체절양정)이란 무엇인가?
① 유량이 0일 때의 양정
② 유량이 최대일 때의 양정
③ 유량이 이론값일 때의 양정
④ 유량이 평균값일 때의 양정

[해설] 체절운전(체절양정) : 유량이 0일 때 양정이 최대가 되는 운전상태로 토출측 밸브를 폐쇄하고 가동하였을 때 압력계에 지시되는 압력으로 확인할 수 있다.

50. 고압으로 수송하기 위해 압송기가 필요한 프로세스는?
① 사이클링식 접촉분해 프로세스
② 수소화 분해 프로세스
③ 대체천연가스 프로세스

해답 45. ① 46. ② 47. ③ 48. ③ 49. ① 50. ①

④ 저온 수증기 개질 프로세스

[해설] 사이클링식 접촉분해(수증기 개질) 프로세스 : 일반적으로 수소(H_2)가 많고 연소속도가 빠른 3000 kcal/Nm³ 전후의 저발열량의 가스를 제조하는 데 이용된다. 프로세스 구조상 반응압력이 낮아 저압에 국한되어 고압으로 가스를 수송하기 위해서는 압송기가 필요하다.

51. 다음 중 부식방지 방법에 대한 설명으로 틀린 것은?
① 금속을 피복한다.
② 선택 배류기를 접속시킨다.
③ 이종의 금속을 접속시킨다.
④ 금속표면의 불균일을 없앤다.

[해설] 이종 금속의 접촉은 양 금속간에 전지가 형성되어 양극으로 되는 금속이 금속이온이 용출하면서 부식이 진행된다.

52. 가스레인지의 열효율을 측정하기 위하여 주전자에 순수 1000 g을 넣고 10분간 가열하였더니 처음 15℃의 물의 온도가 70℃가 되었다. 이 가스레인지의 열효율은 약 몇 %인가? (단, 물의 비열은 1 kcal/kg·℃, 가스사용량은 0.008 m³, 가스 발열량은 13000 kcal/m³이며, 온도 및 압력에 대한 보정치는 고려하지 않는다.)
① 38 ② 43 ③ 48 ④ 53

[해설] ㉮ 순수(물) 1kg을 10분간 가열하는 데 사용한 가스량은 0.008 m³이다.
㉯ 가스레인지 열효율 계산

$$\eta = \frac{\text{유효하게 사용한 열량}}{\text{공급열량}} \times 100$$

$$= \frac{G \times C \times \Delta t}{G_f \times H_l} \times 100$$

$$= \frac{1 \times 1 \times (70-15)}{0.008 \times 13000} \times 100$$

$$= 52.884 \%$$

53. 도시가스에 냄새가 나는 부취제를 첨가하는데, 공기 중 혼합비율의 용량으로 얼마의 상태에서 감지할 수 있도록 첨가하고 있는가?
① 1/1000 ② 1/2000
③ 1/3000 ④ 1/5000

[해설] 부취제의 감지 농도 : 공기 중 용량으로 1/1000의 농도에서 가스냄새가 감지될 수 있어야 한다.

54. 다음 〈보기〉에서 설명하는 합금원소는?

─── 〈보 기〉 ───
• 담금질 깊이를 깊게 한다.
• 크리프 저항과 내식성을 증가시킨다.
• 뜨임 메짐을 방지한다.

① Cr ② Si ③ Mo ④ Ni

[해설] 특수강에 첨가한 몰리브덴(Mo)의 영향
㉮ 일반적으로 단독으로 첨가하는 경우보다 다른 원소와 함께 소량 첨가된다.
㉯ 담금질 깊이를 깊게 한다.
㉰ 크리프 저항과 내식성을 증가시킨다.
㉱ 기계적 성질이 좋아진다.
㉲ 뜨임 취성(메짐)을 방지한다.

55. 피셔(fisher)식 정압기에 대한 설명으로 틀린 것은?
① 파일럿 로딩형 정압기와 작동원리가 같다.
② 사용량이 증가하면 2차 압력이 상승하고, 구동 압력은 저하한다.
③ 정특성 및 동특성이 양호하고 비교적 간단하다.
④ 닫힘 방향의 응답성을 향상시킨 것이다.

[해설] 피셔(fisher)식 정압기의 특징
㉮ 로딩(loading)형이다.
㉯ 정특성, 동특성이 양호하다.
㉰ 다른 것에 비하여 크기가 콤팩트하다.
㉱ 중압용에 주로 사용된다.
㉲ 닫힘 방향의 응답성이 좋아지도록 개량한 것이다.
㉳ 사용량이 증가하면 2차 압력이 저하하고, 구동압력은 상승한다.

[해답] 51. ③ 52. ④ 53. ① 54. ③ 55. ②

56. 다기능 가스안전계량기(마이콤미터)의 작동 성능이 아닌 것은?
① 유량 차단 성능
② 과열 차단 성능
③ 압력저하 차단 성능
④ 연속사용시간 차단 성능

[해설] 다기능 가스안전계량기의 작동 성능
㉮ 유량 차단 성능 : 합계유량 차단, 증가유량 차단, 연속사용시간 차단
㉯ 미소사용유량 등록 성능
㉰ 미소누출검지 성능
㉱ 압력저하 차단 성능
㉲ 옵션단자 성능
㉳ 옵션 성능 : 통신 성능, 검지 성능

57. 수소 압축가스설비란 압축기로부터 압축된 수소가스를 저장하기 위한 것으로서 설계압력이 얼마를 초과하는 압력용기를 말하는가?
① 9.8 MPa   ② 41 MPa
③ 49 MPa   ④ 98 MPa

[해설] 수소 압축가스설비 : 압축기로부터 압축된 수소가스를 저장하기 위한 것으로서 설계압력이 41 MPa을 초과하는 압력용기를 말한다.〈신설 22. 1. 10〉

58. 다음 중 시동하기 전에 프라이밍이 필요한 펌프는?
① 터빈 펌프   ② 기어 펌프
③ 플런저 펌프   ④ 피스톤 펌프

[해설] 프라이밍 : 펌프를 운전할 때 펌프 내에 액이 없을 경우 임펠러의 공회전으로 펌핑이 이루어지지 않는 것을 방지하기 위하여 가동 전에 펌프 내에 액을 충만시키는 것으로, 원심 펌프에 해당된다.

[참고] 펌프의 분류
(1) 터보식 펌프
 ㉮ 원심 펌프(centrifugal pump) : 벌류트 펌프, 터빈 펌프
 ㉯ 사류 펌프
 ㉰ 축류 펌프

(2) 용적식 펌프
 ㉮ 왕복 펌프 : 피스톤 펌프, 플런저 펌프, 다이어프램 펌프
 ㉯ 회전 펌프 : 기어 펌프, 나사 펌프, 베인 펌프
(3) 특수 펌프 : 재생 펌프, 제트 펌프, 기포 펌프, 수격 펌프

59. 다음 금속재료에 대한 설명으로 틀린 것은 어느 것인가?
① 강에 인(P)의 함유량이 많으면 신율, 충격치는 저하한다.
② 18 % Cr, 8 % Ni을 함유한 강을 18-8 스테인리스강이라 한다.
③ 금속가공 중에 생긴 잔류응력을 제거할 때에는 열처리를 한다.
④ 구리와 주석의 합금은 황동이고, 구리와 아연의 합금은 청동이다.

[해설] 동합금의 종류 및 특징
㉮ 황동(brass) : 동(Cu)과 아연(Zn)의 합금으로 동에 비하여 주조성, 가공성 및 내식성이 우수하며 청동에 비하여 가격이 저렴하다. 아연의 함유량은 30~35 % 정도이다.
㉯ 청동(bronze) : 동(Cu)과 주석(Sn)의 합금으로 황동에 비하여 주조성이 우수하여 주조용 합금으로 많이 쓰이며 내마모성이 우수하고 강도가 크다.

60. 다음 중 염화수소(HCl)에 대한 설명으로 틀린 것은?
① 폐가스는 대량의 물로 처리한다.
② 누출된 가스는 암모니아수로 알 수 있다.
③ 황색의 자극성 냄새를 갖는 가연성 기체이다.
④ 건조 상태에서는 금속을 거의 부식시키지 않는다.

[해설] 염화수소(HCl)의 특징 : ①, ②, ④ 외
㉮ 물에 용해하면 염산이 되고 강산성을 나타낸다.
㉯ 불연성, 독성가스로 액화가스로 취급된다.
㉰ 순수한 염화수소는 무색이며 자극성의 기

해답 56. ② 57. ② 58. ① 59. ④ 60. ③

㉣ 이온화 경향이 큰 금속은 기체의 염화수소와 접촉하면 이것에 침해되어 수소를 발생하고 염화물을 만든다.
㉤ 염화수소 자체는 폭발성이나 인화성이 없으나 염산이 금속을 침해하는 경우에 발생하는 수소가 공기와 혼합하여 폭발을 일으키는 경우가 있다.
㉥ 금속의 과산화물과 반응하여 염화물과 염소를 생성한다.
㉦ 글루타민산나트륨 및 아미노산 간장 등의 조미료 제조, 향료, 염료, 의약, 농약과 이들의 중간물 제조, 각종 무기염화물 및 공업약품의 제조 원료로 사용된다.

제 4 과목 가스안전관리

61. 다음 중 가스의 종류와 도색의 구분이 잘못된 것은?
① 액화암모니아 : 백색
② 액화염소 : 갈색
③ 헬륨(의료용) : 자색
④ 질소(의료용) : 흑색

해설 가스 종류별 용기 도색

가스 종류	용기 도색	
	공업용	의료용
산소 (O_2)	녹색	백색
수소 (H_2)	주황색	–
액화탄산가스 (CO_2)	청색	회색
액화석유가스	밝은 회색	–
아세틸렌 (C_2H_2)	황색	–
암모니아 (NH_3)	백색	–
액화염소 (Cl_2)	갈색	–
질소 (N_2)	회색	흑색
아산화질소 (N_2O)	회색	청색
헬륨 (He)	회색	갈색
에틸렌 (C_2H_4)	회색	자색
사이클로 프로판	회색	주황색
기타의 가스	회색	–

62. 가스시설과 관련하여 사람이 사망한 사고 발생 시 규정상 도시가스사업자는 한국가스안전공사에 사고발생 후 얼마 이내에 서면으로 통보하여야 하는가?
① 즉시
② 7일 이내
③ 10일 이내
④ 20일 이내

해설 사고의 통보 방법 등 : 도법 시행규칙 별표17
㉮ 사고의 종류별 통보 방법과 통보 기한

사고의 종류	통보 기한	
	속보	상보
사람이 사망한 사고	즉시	사고발생 후 20일 이내
사람이 부상당하거나 중독된 사고	즉시	사고발생 후 10일 이내
도시가스 누출로 인한 폭발이나 화재사고	즉시	
가스시설이 손괴되거나 도시가스 누출로 인하여 인명대피나 공급중단이 발생한 사고	즉시	
도시가스제조사업소의 액화천연가스용 저장탱크에서 도시가스 누출의 범위, 도시가스 누출 여부 판단 방법 등에 관하여 산업통상자원부장관이 정하여 고시하는 기준에 해당하는 도시가스 누출이 발생한 사고	즉시	

㉯ 통보 내용에 포함되어야 할 사항 : 속보인 경우에는 ㉢항 및 ㉥항의 내용을 생략할 수 있다.
 ㉠ 통보자의 소속·직위·성명 및 연락처
 ㉡ 사고발생 일시
 ㉢ 사고발생 장소
 ㉣ 사고 내용
 ㉤ 시설 현황
 ㉥ 피해 현황(인명 및 재산)

63. 독성가스 운반차량의 뒷면에 완충장치로 설치하는 범퍼의 설치 기준은?

① 두께 3 mm 이상, 폭 100 mm 이상
② 두께 3 mm 이상, 폭 200 mm 이상
③ 두께 5 mm 이상, 폭 100 mm 이상
④ 두께 5 mm 이상, 폭 200 mm 이상

[해설] 독성가스 운반차량의 뒷면에는 두께가 5 mm 이상, 폭 100 mm 이상의 범퍼(SS400 또는 이와 동등 이상의 강도를 갖는 강재를 사용한 것에만 적용한다) 또는 이와 동등 이상의 효과를 갖는 완충장치를 설치한다.

64. 특수고압가스가 아닌 것은?
① 디실란 ② 삼불화인
③ 포스겐 ④ 액화알진

[해설] ㉮ 특수고압가스(고법 시행규칙 제2조) : 압축모노실란, 압축디보레인, 액화알진, 포스핀, 셀렌화수소, 게르만, 디실란 및 그 밖에 반도체의 세정 등 산업통상자원부장관이 인정하는 특수한 용도에 사용되는 고압가스를 말한다.
㉯ 특수고압가스(KGS FU212 특수고압가스 사용의 시설·기술·검사 기준) : 특정고압가스사용시설 중 압축모노실란, 압축디보레인, 액화알진, 포스핀, 셀렌화수소, 게르만, 디실란, 오불화비소, 오불화인, 삼불화인, 삼불화질소, 삼불화붕소, 사불화유황, 사불화규소를 말한다.

[참고] ㉮ 특정고압가스(고법 제20조) : 수소, 산소, 액화암모니아, 아세틸렌, 액화염소, 천연가스, 압축모노실란, 압축디보레인, 액화알진 그 밖에 대통령령으로 정하는 고압가스
㉯ 대통령령으로 정하는 것(고법 시행령 제16조) : 포스핀, 셀렌화수소, 게르만, 디실란, 오불화비소, 오불화인, 삼불화인, 삼불화질소, 삼불화붕소, 사불화유황, 사불화규소

65. 저장탱크에 의한 LPG 저장소에서 액화석유가스 저장탱크의 저장능력은 몇 ℃에서의 액비중을 기준으로 계산하는가?
① 0℃ ② 4℃ ③ 15℃ ④ 40℃

[해설] 액화석유가스 저장탱크의 저장능력은 40℃에서의 액비중을 기준으로 계산하며 그 값은 표와 같다.

설계압력(MPa)	구성비(몰%)	40℃ 액비중
2.16 (프로필렌급)	프로필렌 75 % 이상	0.477
1.8 (프로판급)	프로판 65 % 이상 부탄 35 % 미만	0.472
1.08 (부탄, 부틸렌, 부타디엔급)	프로판 35 % 미만 부탄 65 % 이상	0.54

66. 안전관리 수준평가의 분야별 평가항목이 아닌 것은?
① 안전사고
② 비상사태 대비
③ 안전교육 훈련 및 홍보
④ 안전관리 리더십 및 조직

[해설] 도시가스 안전관리 수준평가의 분야별 평가항목

평가항목	세부 항목수	점수
안전관리 리더십 및 조직	25	123
안전교육 훈련 및 홍보	29	141
가스사고	13	92
비상사태 대비	14	70
운영관리	157	574
시설관리 - 배관	28	610
시설관리 - 정압기	22	390

67. 산소 제조 및 충전의 기준에 대한 설명으로 틀린 것은?
① 공기액화 분리장치기에 설치된 액화산소통 안의 액화산소 5 L 중 탄화수소의 탄소 질량이 500 mg 이상이면 액화산소를 방출한다.
② 용기와 밸브 사이에는 가연성 패킹을 사용하지 않는다.
③ 피로갈롤 시약을 사용한 오르사트법 시험결과 순도가 99 % 이상이어야 한다.
④ 밀폐형의 수전해조에는 액면계와 자동급

[해답] 64. ③ 65. ④ 66. ① 67. ③

수장치를 설치한다.

해설 산소의 품질검사는 동·암모니아 시약을 사용한 오르사트법 시험결과 순도가 99.5 % 이상이어야 한다.

68. 에틸렌에 대한 설명으로 틀린 것은?
① 3중 결합을 가지므로 첨가반응을 일으킨다.
② 물에는 거의 용해되지 않지만 알코올, 에테르에는 용해된다.
③ 방향을 가지는 무색의 가연성 가스이다.
④ 가장 간단한 올레핀계 탄화수소이다.

해설 에틸렌(C_2H_4)의 특징
㉮ 가장 간단한 올레핀계 탄화수소이다.
㉯ 2중 결합을 가지므로 각종 부가반응을 일으킨다.
㉰ 무색, 독특한 감미로운 냄새를 지닌 기체이다.
㉱ 물에는 거의 용해되지 않으나 알코올, 에테르에는 잘 용해된다.
㉲ 아세트알데히드, 산화에틸렌, 에탄올, 이산화에틸렌 등을 얻는다.

69. 액화석유가스를 용기에 의하여 가스소비자에게 공급할 때의 기준으로 옳지 않은 것은?
① 공급설비를 가스공급자의 부담으로 설치한 경우 최초의 안전공급 계약기간은 주택은 2년 이상으로 한다.
② 다른 가스공급자와 안전공급계약이 체결된 가스소비자에게는 액화석유가스를 공급할 수 없다.
③ 안전공급계약을 체결한 가스공급자는 가스소비자에게 지체없이 소비설비 안전점검표를 발급하여야 한다.
④ 동일 건축물 내 여러 가스소비자에게 하나의 공급설비로 액화석유가스를 공급하는 가스공급자는 그 가스소비자의 대표자와 안전공급계약을 체결할 수 있다.

해설 가스공급자는 용기 가스소비자가 액화석유가스 공급을 요청하면 다른 가스공급자와의 안전공급계약 체결 여부와 그 계약의 해지를 확인한 후 안전공급계약을 체결하여야 한다.

70. 가스안전사고 원인을 정확히 분석하여야 하는 가장 주된 이유는?
① 산재보험금 처리
② 사고의 책임소재 명확화
③ 부당한 보상금의 지급 방지
④ 사고에 대한 정확한 예방대책 수립

해설 가스안전사고 원인을 정확히 분석하여야 하는 가장 주된 이유는 사고에 대한 정확한 예방대책을 수립하기 위함이다.

71. 지상에 설치하는 액화석유가스의 저장탱크 안전밸브에 가스방출관을 설치하고자 한다. 저장탱크의 정상부가 지상에서 8 m일 경우 방출구의 높이는 지면에서 몇 m 이상이어야 하는가?
① 8
② 10
③ 12
④ 14

해설 지상에 설치한 저장탱크의 안전밸브는 지면으로부터 5 m 이상 또는 그 저장탱크의 정상부로부터 2 m 이상의 높이 중 더 높은 위치에 방출구가 있는 가스방출관을 설치한다. 그러므로 방출구 높이는 지상에서 저장탱크 정상부까지 높이 8 m에 정상부로부터 2 m를 더한 높이인 지면에서 10 m가 되어야 한다.

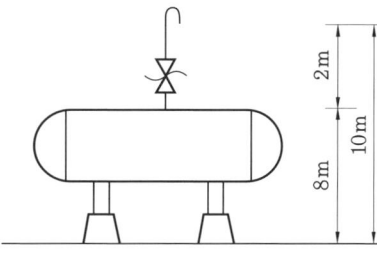

72. 독성가스 충전용기 운반 시 설치하는 경계 표시는 차량구조상 정사각형으로 표시할 경우

해답 68. ① 69. ② 70. ④ 71. ② 72. ④

그 면적을 몇 cm² 이상으로 하여야 하는가?
① 300 ② 400
③ 500 ④ 600

[해설] 경계표지 크기
㉮ 가로 치수 : 차체 폭의 30 % 이상
㉯ 세로 치수 : 가로 치수의 20 % 이상
㉰ 정사각형 또는 이에 가까운 형상 : 600 cm² 이상
㉱ 적색 삼각기 : 400×300 mm (황색글씨로 "위험고압가스")

73. 고압가스 저장시설에서 사업소 밖의 지역에 고압의 독성가스 배관을 노출하여 설치하는 경우 학교와 안전확보를 위하여 필요한 유지거리의 기준은?
① 40 m ② 45 m
③ 72 m ④ 100 m

[해설] 주택 등 시설과 지상배관의 수평거리

시설	가연성 가스	독성 가스
철도, 도로	25 m	40 m
• 학교, 유치원, 새마을유아원, 사설강습소 • 아동복지시설 또는 심신장애자복지시설로서 수요능력이 20인 이상인 건축물 • 병원(의원 포함) • 공공공지 • 극장, 교회, 공회당 그 밖의 유사한 시설로서 수용능력이 300인 이상을 수용할 수 있는 곳 • 백화점, 공중 목욕탕, 호텔, 여관 그 밖에 사람을 수용하는 연면적 1000 m² 이상인 건축물	45 m	72 m
지정문화재로 지정된 건축물	65 m	100 m
수도시설	300 m	300 m
주택 또는 다수인이 출입하거나 근무하고 있는 곳	25 m	40 m

74. 납붙임 용기 또는 접합 용기에 고압가스를 충전하여 차량에 적재할 때에는 용기의 이탈을 막을 수 있도록 어떠한 조치를 취하여야 하는가?
① 용기에 고무링을 씌운다.
② 목재 칸막이를 한다.
③ 보호망을 적재함 위에 씌운다.
④ 용기 사이에 패킹을 한다.

[해설] 납붙임 용기 및 접합 용기에 고압가스를 충전하여 차량에 적재할 때에는 포장상자의 외면에 가스의 종류, 용도 및 취급 시 주의사항을 기재한 것에만 적용하여 적재하고, 그 용기의 이탈을 막을 수 있도록 보호망을 적재함 위에 씌운다.

75. 액화석유가스 용기용 밸브의 기밀시험에 사용되는 기체로서 가장 부적당한 것은?
① 헬륨 ② 암모니아
③ 질소 ④ 공기

[해설] 액화석유가스 용기용 밸브 기밀성능 검사
㉮ 기밀시험에는 공기 또는 질소 등의 불활성가스를 사용한다.
㉯ 기밀시험 압력(1.8 MPa 이상의 압력)에 도달한 후 30초 이상 해당 시험압력 이상의 압력으로 유지한다.
㉰ 누출 등의 점검은 용기밸브에 압력을 가한 상태에서 수조에 담그거나 용기밸브에 발포액 등을 도포(塗布)하여 확인한다.

76. 내용적이 50 L인 아세틸렌 용기의 다공도가 75 % 이상, 80 % 미만일 때 디메틸포름아미드의 최대 충전량은?
① 36.3 % 이하 ② 37.8 % 이하
③ 38.7 % 이하 ④ 40.3 % 이하

[해설] 디메틸포름아미드 충전량 기준

다공도(%)	내용적 10 L 이하	내용적 10 L 초과
90~92 이하	43.5 % 이하	43.7 % 이하
85~90 미만	41.1 % 이하	42.8 % 이하
80~85 미만	38.7 % 이하	40.3 % 이하
75~80 미만	36.3 % 이하	37.8 % 이하

[해답] 73. ③ 74. ③ 75. ② 76. ②

77. 액화석유가스 저장탱크를 지상에 설치하는 경우 저장능력이 몇 톤 이상일 때 방류둑을 설치해야 하는가?

① 1000 ② 2000 ③ 3000 ④ 5000

[해설] 저장능력별 방류둑 설치 대상
㉮ 고압가스 특정제조
　㉠ 가연성 가스 : 500톤 이상
　㉡ 독성가스 : 5톤 이상
　㉢ 액화 산소 : 1000톤 이상
㉯ 고압가스 일반제조
　㉠ 가연성, 액화산소 : 1000톤 이상
　㉡ 독성가스 : 5톤 이상
㉰ 냉동제조 시설(독성가스 냉매 사용) : 수액기 내용적 10000 L 이상
㉱ 액화석유가스 충전사업 : 1000톤 이상
㉲ 도시가스
　㉠ 도시가스 도매사업 : 500톤 이상
　㉡ 일반도시가스 사업 : 1000톤 이상

78. 고압가스 제조시설에서 초고압이란?

① 압력을 받는 금속부의 온도가 −50℃ 이상 350℃ 이하인 고압가스 설비의 상용압력 19.6 MPa를 말한다.
② 압력을 받는 금속부의 온도가 −50℃ 이상 350℃ 이하인 고압가스 설비의 상용압력 98 MPa를 말한다.
③ 압력을 받는 금속부의 온도가 −50℃ 이상 450℃ 이하인 고압가스 설비의 상용압력 19.6 MPa를 말한다.
④ 압력을 받는 금속부의 온도가 −50℃ 이상 450℃ 이하인 고압가스 설비의 상용압력 98 MPa를 말한다.

[해설] 초고압 : 압력을 받는 금속부의 온도가 −50℃ 이상 350℃ 이하인 고압가스 설비의 상용압력이 98 MPa 이상인 것을 말한다.
[참고] 가스설비 성능
㉮ 고압가스설비는 상용압력의 1.5배(공기·질소 등의 기체로 실시하는 경우 1.25배) 이상의 압력으로 내압시험을 실시하여 이상이 없어야 한다.
㉯ 초고압의 고압가스설비와 초고압의 배관에는 상용압력의 1.25배(공기 등의 기체로 실시하는 경우 1.1배) 이상의 압력으로 실시할 수 있다.

79. 고압가스 충전시설에서 2개 이상의 저장탱크에 설치하는 집합 방류둑의 용량이 〈보기〉와 같을 때 칸막이로 분리된 방류둑의 용량(m^3)은?

〈보 기〉
- 집합 방류둑의 총용량 : 1000 m^3
- 각 저장탱크별 저장탱크 상당용적 : 300 m^3
- 집합 방류둑 안에 설치된 저장탱크의 저장능력 상당능력 총합 : 800 m^3

① 300 ② 325 ③ 350 ④ 375

[해설] ㉮ 칸막이로 분리된 방류둑 용량 계산
$$V = A \times \frac{B}{C} = 1000 \times \frac{300}{800} = 375 \text{ m}^3$$
㉯ 계산식 각 기호의 의미
　V : 칸막이로 분리된 방류둑의 용량(m^3)
　A : 집합 방류둑의 총용량(m^3)
　B : 각 저장탱크별 저장탱크 상당용적(m^3)
　C : 집합 방류둑 안에 설치된 저장탱크의 저장능력 상당능력 총합(m^3)
㉰ 칸막이의 높이는 방류둑보다 최소 10 cm 이상 낮게 한다.

80. 액화석유가스 사용시설에 설치되는 조정압력 3.3 kPa 이하인 조정기의 안전장치 작동정지 압력의 기준은?

① 7 kPa
② 5.6 kPa~8 kPa
③ 5.04 kPa~8.4 kPa
④ 9.9 kPa

[해설] 조정압력 3.3 kPa 이하인 조정기의 안전장치 압력
㉮ 작동표준압력 : 7.0 kPa
㉯ 작동개시압력 : 5.60~8.40 kPa
㉰ 작동정지압력 : 5.04~8.40 kPa

제 5 과목   가스계측기기

81. 물이 흐르고 있는 관 속에 피토관(pitot tube)을 수은이 든 U자관에 연결하여 전압과 정압을 측정하였더니 75 mm의 액면차이가 생겼다. 피토관 위치에서의 유속은 약 몇 m/s인가?
① 3.1   ② 3.5   ③ 3.9   ④ 4.3

[해설] ㉮ 피토관 계수(C)는 언급이 없으므로 1, 수은의 비중량(γ_m)은 13600 kgf/m³, 물의 비중량(γ)은 1000 kgf/m³을 적용한다.
㉯ 유속 계산 : 액면 차이(h) 75 mm는 0.075 m에 해당된다.

$$\therefore V = C \times \sqrt{2 \times g \times h \times \frac{\gamma_m - \gamma}{\gamma}}$$
$$= 1 \times \sqrt{2 \times 9.8 \times 0.075 \times \frac{13600 - 1000}{1000}}$$
$$= 4.303 \text{ m/s}$$

82. 오르사트 가스분석장치로 가스를 측정할 때의 순서로 옳은 것은?
① 산소 → 일산화탄소 → 이산화탄소
② 이산화탄소 → 산소 → 일산화탄소
③ 이산화탄소 → 일산화탄소 → 산소
④ 일산화탄소 → 산소 → 이산화탄소

[해설] 오르사트법 가스분석 순서 및 흡수제

순서	분석가스	흡수제
1	CO_2	KOH 30 % 수용액
2	O_2	알칼리성 피로갈롤 용액
3	CO	암모니아성 염화 제1구리 용액

83. 램버트-비어의 법칙을 이용한 것으로 미량 분석에 유용한 화학 분석법은?
① 적정법   ② GC법
③ 분광 광도법   ④ ICP법

[해설] 분광 광도법(흡광 광도법) : 램버트-비어의 법칙을 이용한 것으로 시료가스를 반응시켜 발색을 광전 광도계 또는 광전 분광 광도계를 사용하여 흡광도의 측정으로 분석하는 방법으로 미량분석에 사용된다.

84. 가스계량기의 설치에 대한 설명으로 옳은 것은?
① 가스계량기는 화기와 1 m 이상의 우회거리를 유지한다.
② 설치높이는 바닥으로부터 계량기 지시장치의 중심까지 1.6 m 이상 2.0 m 이내에 수직·수평으로 설치한다.
③ 보호상자 내에 설치할 경우 바닥으로부터 1.6 m 이상 2.0 m 이내에 수직·수평으로 설치한다.
④ 사람이 거처하는 곳에 설치할 경우에는 격납상자에 설치한다.

[해설] 가스계량기 설치 기준
㉮ 가스계량기와 화기 사이에 유지해야 하는 거리는 우회거리 2 m 이상으로 한다.
㉯ 가스계량기(30 m³/h 미만에 한한다)의 설치높이는 바닥으로부터 계량기 지시장치의 중심까지 1.6 m 이상 2.0 m 이내에 수직·수평으로 설치하고 밴드·보호가대 등 고정장치로 고정한다.
㉰ 보호상자 내에 설치, 기계실에 설치, 보일러실(가정에 설치된 보일러 실은 제외)에 설치 또는 문이 달린 파이프 덕트 내에 설치하는 경우 바닥으로부터 2 m 이내에 설치한다.
㉱ 가스계량기와 전기계량기 및 전기개폐기와의 거리는 0.6 m 이상, 단열조치를 하지 않은 굴뚝·전기점멸기 및 전기접속기와의 거리는 0.3 m 이상, 절연조치를 하지 않은 전선과는 0.15 m 이상의 거리를 유지한다.
㉲ 가스계량기는 검침·교체·유지관리 및 계량이 용이하고 환기가 양호하도록 조치를 한 장소에 설치하되, 직사광선 또는 빗물을 받을 우려가 있는 곳에 설치하는 경우에는 보호상자 안에 설치한다.
㉳ 가스계량기는 공동주택의 대피 공간, 방·거실 및 주방 등 사람이 거처하는 장소, 그 밖에 가스계량기에 나쁜 영향을 미칠 우려가 있는 장소에 설치하지 않는다.

[해답] 81. ④ 82. ② 83. ③ 84. ②

85. 연소기에 대한 배기가스 분석의 목적으로 가장 거리가 먼 것은?
① 연소상태를 파악하기 위하여
② 배기가스 조성을 알기 위하여
③ 열정산의 자료를 얻기 위하여
④ 시료가스 채취장치의 작동상태를 파악하기 위해

[해설] 연소 배기가스 분석 목적
㉮ 배기가스 조성을 알기 위하여
㉯ 공기비를 계산하여 연소상태를 파악하기 위하여
㉰ 적정 공기비를 유지시켜 열효율을 증가시키기 위하여
㉱ 열정산 자료를 얻기 위하여

86. 액체의 정압과 공기 압력을 비교하여 액면의 높이를 측정하는 액면계는?
① 기포관식 액면계
② 차동변압식 액면계
③ 정전용량식 액면계
④ 공진식 액면계

[해설] 기포관식 액면계 : 탱크 속에 파이프를 삽입하고 여기에 일정량의 공기를 보내면서 액체의 정압과 공기 압력을 비교하여 액면의 높이를 측정한다.

87. 압력 계측기기 중 직접 압력을 측정하는 1차 압력계에 해당하는 것은?
① 부르동관 압력계 ② 벨로스 압력계
③ 액주식 압력계 ④ 전기저항 압력계

[해설] 압력계의 분류 및 종류
㉮ 1차 압력계 : 액주식(U자관, 단관식, 경사관식, 호루단형, 폐관식), 자유피스톤형
㉯ 2차 압력계 : 탄성식 압력계(부르동관식, 벨로스식 다이어프램식), 전기식 압력계(전기저항 압력계, 피에조 압력계, 스트레인 게이지)

88. 루트(roots) 가스미터의 특징에 해당되지 않는 것은?
① 여과기 설치가 필요하다.
② 설치면적이 크다.
③ 대유량 가스측정에 적합하다.
④ 중압가스의 계량이 가능하다.

[해설] 루트(roots)형 가스미터의 특징
㉮ 대유량 가스측정에 적합하다.
㉯ 중압가스의 계량이 가능하다.
㉰ 설치면적이 적다.
㉱ 여과기의 설치 및 설치 후의 유지관리가 필요하다.
㉲ 0.5 m³/h 이하의 적은 유량에는 부동의 우려가 있다.
㉳ 용량 범위가 100~5000 m³/h로 대량 수용가에 사용된다.

89. 다음 중 가스미터의 구비조건으로 거리가 먼 것은?
① 소형으로 용량이 작을 것
② 기차의 변화가 없을 것
③ 감도가 예민할 것
④ 구조가 간단할 것

[해설] 가스미터의 구비조건
㉮ 구조가 간단하고, 수리가 용이할 것
㉯ 감도가 예민하고 압력손실이 적을 것
㉰ 소형이며 계량용량이 클 것
㉱ 기차의 변동이 작고, 조정이 용이할 것
㉲ 내구성이 클 것

90. 온도가 21℃에서 상대습도 60 %의 공기를 압력은 변화하지 않고 온도를 22.5℃로 할 때 공기의 상대습도는 약 얼마인가?

온도(℃)	물의 포화증기압(mmHg)
20	16.54
21	17.23
22	19.12
23	20.41

[해답] 85. ④ 86. ① 87. ③ 88. ② 89. ① 90. ①

① 52.30 % ② 53.63 %
③ 54.13 % ④ 55.95 %

[해설] ㉮ 상대습도 60 %, 21℃에서의 수증기분압(P_w) 계산

$$P_w = \phi \times P_s = 0.6 \times 17.23 = 10.338 \text{ mmHg}$$

㉯ 보간법에 의한 22.5℃에서의 물의 포화증기압($P_{s_{22.5℃}}$) 계산

$P_{s_{22.5℃}}$ = 22℃ 물의 포화증기압

$$+ \frac{\frac{22.5℃ \text{ 와 } 22℃ \text{ 온도차}}{23℃ \text{ 와 } 22℃ \text{ 온도차}}}{23℃ \text{ 와 } 22℃ \text{ 포화증기압 차}}$$

$$= 19.12 + \frac{\frac{22.5 - 22}{23 - 22}}{20.41 - 19.12}$$

$$= 19.765 \text{ mmHg}$$

㉰ 22.5℃ 공기의 상대습도 계산

$$\phi_{22.5℃} = \frac{P_w}{P_s} \times 100$$

$$= \frac{10.338}{19.765} \times 100 = 52.304 \%$$

91. 잔류편차(off-set)가 없고 응답상태가 빠른 조절동작을 위하여 사용하는 제어방식은?

① 비례(P) 동작
② 비례적분(PI) 동작
③ 비례미분(PD) 동작
④ 비례적분미분(PID) 동작

[해설] 비례적분미분(PID) 동작의 특징
  ㉮ 적분동작(I 동작)으로 잔류편차를 제거한다.
  ㉯ 미분동작(D 동작)으로 응답을 촉진시켜 안정화를 꾀한다.
  ㉰ 조절효과가 좋고 조절속도가 빨라 널리 이용된다.
  ㉱ 반응속도가 느리거나 빠름, 쓸모없는 시간이나 전달느림이 있는 경우에 적용된다.
  ㉲ 제어계의 난이도가 큰 경우에 적합한 제어동작이다.

92. NOx를 분석하기 위한 화학발광 검지기는 carrier 가스가 고온으로 유지된 반응관 내에 시료를 주입시키면, 시료 중의 질소화합물은 열분해된 후 O_2가스에 의해 산화되어 NO상태로 된다. 생성된 NO gas를 무슨 가스와 반응시켜 화학발광을 일으키는가?

① H_2 ② O_2
③ O_3 ④ N_2

[해설] 화학 발광법 : NO와 오존(O_3)과의 반응에 의해 이산화질소(NO_2)가 생성될 때에 생기는 화학 발광의 강도가 NO 농도와 비례관계에 있다는 것을 이용해서 약 590 nm~2500 nm의 파장 영역에서 발광하는 광량을 측정해 시료 가스 속의 NO 농도를 분석한다.

93. 액체산소, 액체질소 등과 같이 초저온 저장탱크에 주로 사용되는 액면계는?

① 마그네틱 액면계
② 햄프슨식 액면계
③ 벨로스식 액면계
④ 슬립튜브식 액면계

[해설] 햄프슨식 액면계 : 액화산소와 같은 극저온의 저장조의 상·하부를 U자관에 연결하여 차압에 의하여 액면을 측정하는 방식으로 차압식 액면계라 한다.

94. 1차 제어장치가 제어량을 측정하고 2차 조절계의 목표값을 설정하는 것으로서 외란의 영향이나 낭비시간 지연이 큰 프로세스에 적용되는 제어방식은?

① 캐스케이드 제어
② 정치 제어
③ 추치 제어
④ 비율 제어

[해설] 캐스케이드 제어 : 두 개의 제어계를 조합하여 제어량의 1차 조절계를 측정하고 그 조작출력으로 2차 조절계의 목표값을 설정하는 방법으로 단일 루프 제어에 비해 외란의 영향을 줄이고 계 전체의 지연을 적게 하는 데 유효하기 때문에 출력 측에 낭비시간이나 지연이 큰 프로세스 제어에 이용되는 제어이다.

[해답] 91. ④ 92. ③ 93. ② 94. ①

95. 광고온계의 특징에 대한 설명으로 틀린 것은?

① 비접촉식으로는 아주 정확하다.
② 약 3000℃까지 측정이 가능하다.
③ 방사온도계에 비해 방사율에 의한 보정량이 적다.
④ 측정 시 사람의 손이 필요 없어 개인오차가 적다.

해설 광고온계의 특징
㉮ 700~3000℃의 고온도 측정에 적합하다 (700℃ 이하는 측정이 곤란하다).
㉯ 구조가 간단하고 휴대가 편리하다.
㉰ 움직이는 물체의 온도 측정이 가능하고, 측온체의 온도를 변화시키지 않는다.
㉱ 비접촉식 온도계에서 가장 정확한 온도 측정을 할 수 있다.
㉲ 빛의 흡수 산란 및 반사에 따라 오차가 발생한다.
㉳ 원거리 측정, 경보, 자동기록, 자동제어가 불가능하다.
㉴ 개인 오차가 발생할 수 있다.

96. 0℃에서 저항이 120 Ω이고 저항온도계수가 0.0025인 저항온도계를 어떤 노(爐) 안에 삽입하였을 때 저항이 216 Ω이 되었다면 노 안의 온도는 약 몇 ℃인가?

① 125
② 200
③ 320
④ 534

해설 $t = \dfrac{R - R_0}{R_0 \times \alpha} = \dfrac{216 - 120}{120 \times 0.0025} = 320\,℃$

97. 기체 크로마토그래피에서 사용되는 캐리어 가스에 대한 설명으로 틀린 것은?

① 헬륨, 질소가 주로 사용된다.
② 시료분자의 확산을 가능한 크게 하여 분리도가 높게 한다.
③ 시료에 대하여 불활성이어야 한다.
④ 사용하는 검출기에 적합하여야 한다.

해설 캐리어가스의 구비조건
㉮ 시료와 반응성이 낮은 불활성 기체여야 한다.
㉯ 기체 확산을 최소로 할 수 있어야 한다.
㉰ 순도가 높고 구입이 용이해야(경제적) 한다.
㉱ 사용하는 검출기에 적합해야 한다.

98. 기체 크로마토그래피에 사용되는 모세관 컬럼 중 모세관 내부를 규조토와 같은 고체 지지체 물질로 얇은 막으로 입히고 그 위에 액체 정지상이 흡착되어 있는 것은?

① FSOT
② 충전 컬럼
③ WCOT
④ SCOT

해설 모세관(capillary) 컬럼의 종류
㉮ WCOT(wall coated open tubular)형 : 모세관 내벽에 액상(고정상)을 막상에 균일하게 도포한 컬럼으로 도포막의 두께가 컬럼 선택의 중요한 조건이 된다.
㉯ PLOT(porous layer open tubular)형 : 모세관 내벽에 다공성 폴리머나 알루미나 등을 담지시킨 컬럼이다.
㉰ SCOT(support coated open tubular)형 : 모세관 내벽에 액상을 함침시킨 규조토 담체 등을 담지시킨 컬럼이다.

99. 벤젠, 톨루엔, 메탄의 혼합물을 기체 크로마토그래피에 주입하였다. 머무름이 없는 메탄은 42초에 뾰족한 피크를 보이고, 벤젠은 251초, 톨루엔은 335초에 용리하였다. 두 용질의 상대 머무름은 약 얼마인가?

① 1.1
② 1.2
③ 1.3
④ 1.4

해설 상대 머무름
$= \dfrac{톨루엔 피크시간 - 메탄 피크시간}{벤젠 피크시간 - 메탄 피크시간}$
$= \dfrac{335 - 42}{251 - 42} = 1.401$

100. 10^{15}를 의미하는 계량단위 접두어는?
① 요타　　　② 제타
③ 엑사　　　④ 페타

해설 국제 단위계의 접두어

인자	접두어	기호	인자	접두어	기호
10^1	데카	da	10^{-1}	데시	d
10^2	헥토	h	10^{-2}	센티	c
10^3	킬로	k	10^{-3}	밀리	m
10^6	메가	M	10^{-6}	마이크로	μ
10^9	기가	G	10^{-9}	나노	n
10^{12}	테라	T	10^{-12}	피코	p
10^{15}	페타	P	10^{-15}	펨토	f
10^{18}	엑사	E	10^{-18}	아토	a
10^{21}	제타	Z	10^{-21}	젭토	z
10^{24}	요타	Y	10^{-24}	욕토	y

※ 2022년 제3회부터 기사 전종목 필기시험이 CBT시험으로 시행되어 문제가 공개되지 않고 있습니다.

해답 100. ④

부록

CBT 모의고사

- CBT 모의고사 1
- CBT 모의고사 2
- CBT 모의고사 3
- CBT 모의고사 4
- CBT 모의고사 5
- CBT 모의고사 6
- CBT 모의고사 7
- CBT 모의고사 정답 및 해설

◎ 일러두기 ◎

- [CBT 모의고사 정답 및 해설]은 저자가 운영하는 카페에서 PDF로 내려받기하여 활용할 수 있습니다.
- 저자 카페 : 가·에·위·공 자격증을 공부하는 모임(cafe.naver.com/gas21)

CBT 모의고사 1

제1과목 가스유체역학
---

1. 비압축성 유체가 원관 속을 층류로 흐를 때 전단응력 분포는?
① 관의 단면 전체에 걸쳐 일정하다.
② 관의 중심에서 0이고, 반지름에 따라 증가한다.
③ 관의 중심에서 0이고, 반지름의 제곱에 비례하여 증가한다.
④ 관의 벽면에서 0이고, 선형적으로 증가하여 중심에서 최대가 된다.

2. 동점도(kinematic viscosity)가 4 stokes인 유체가 안지름 10 cm인 관속을 80 cm/s의 평균속도로 흐를 때 이 유체의 흐름에 해당하는 것은?
① 플러그 흐름
② 층류
③ 천이영역의 흐름
④ 난류

3. 평판에서 발생하는 층류 경계층의 두께 (δ)는 평판 선단으로부터의 거리 x와 어떤 관계가 있는가?
① x에 반비례한다.
② $x^{\frac{1}{2}}$에 반비례한다.
③ $x^{\frac{1}{2}}$에 비례한다.
④ $x^{\frac{1}{3}}$에 비례한다.

4. 액체 속에 잠겨진 곡면에 작용하는 수평분력은?
① 곡면의 수직투영면의 힘
② 곡면의 수직상방의 액체의 무게
③ 곡면에 의해서 지지된 액체의 무게
④ 곡면의 면심에서의 압력과 면적의 곱

5. 비중이 0.9인 액체가 탱크에 있다. 이때 나타난 압력은 절대압으로 2 kgf/cm²이다. 이것을 수두(head)로 환산하면 몇 m인가?
① 22.2   ② 18
③ 15   ④ 12.5

6. 점성계수의 차원을 바르게 나타낸 것은?
① $\dfrac{M}{LT}$ ② $\dfrac{ML}{T}$
③ $\dfrac{M}{L^2 T}$ ④ $\dfrac{ML^2}{T^2}$

7. 다음 중 이상유체를 설명한 것 중 가장 옳은 것은?
① 순수한 유체
② 점성을 무시할 수 있는 유체
③ 밀도가 장소에 따라 변화하는 유체
④ 온도에 따라 체적이 변하지 않는 유체

8. 지름 10 mm, 비중 9.5인 추가 동점성계수(kinematic viscosity) 0.0025 m²/s, 비중 1.25인 액체 속으로 등속 낙하하고 있을 때 낙하속도는 몇 m/s인가?
① 0.704   ② 0.144
③ 1.408   ④ 1.534

9. 용적형 펌프에 속하지 않는 것은?
① 나사펌프   ② 기어펌프
③ 베인펌프   ④ 축류펌프

10. 대기압은 일반적으로 101.325 kN/m²에 해당된다. 다음 중 위의 값과 일치하지 않는 것은?
① 10.33 mH₂O   ② 0.76 mHg
③ 1.013027 Pa   ④ 14.7 PSI

11. 수력반지름(수경반지름)에 대하여 옳게 설명한 것은 어느 것인가?
① 유동 단면적의 제곱근이다.
② 유동 단면적을 접수길이로 나눈 값
③ 접수길이를 유동 단면적으로 나눈 값
④ 유동 단면적을 접수길이의 제곱으로 나눈 값

12. 파이프의 내경 D[mm]를 유량 Q[m³/s]와 평균속도 V[m/s]로 표시한 식으로 옳은 것은?
① $D = 1128\sqrt{\dfrac{Q}{V}}$
② $D = 1128\sqrt{\dfrac{\pi V}{Q}}$
③ $D = 1128\sqrt{\dfrac{Q}{\pi V}}$
④ $D = 1128\sqrt{\dfrac{V}{Q}}$

13. 잠겨 있는 물체에 작용하는 부력은 물체가 밀어낸 액체의 무게와 같다고 하는 원리(법칙)와 관련 있는 것은?
① 뉴턴의 점성법칙
② 아르키메데스 원리
③ 하겐-푸아죄유 원리
④ 맥레오드 원리

14. 유체역학에서 베르누이 정리가 적용되는 조건이 아닌 것은?
① 정상 상태 흐름이다.
② 마찰이 없는 흐름이다.
③ 적용되는 임의의 두 점은 같은 유선상에 있다.
④ 유체흐름 중 내부에너지 손실이 있는 흐름이다.

15. 탱크 내에 압력 2 MPa, 온도 100°C인 공기가 단면적 19.5 cm²의 목을 갖는 축소 확대 노즐을 통해서 분출한다. 목에서 마하수(M)가 1일 때 목에서의 압력은 몇 MPa인가? (단, 공기의 비열비는 1.4이다.)
① 0.972   ② 1.056
③ 1.164   ④ 1.272

16. 밀도 1.2 kg/m³의 기체가 지름 10 cm인 관속을 20 m/s로 흐르고 있다. 관의 마찰계수가 0.02라면 1 m당 압력손실은 몇 Pa인가?
① 24   ② 36
③ 48   ④ 54

17. 원추 확대관의 손실계수를 최대로 하는 각은?
① 손실계수는 확대각 θ에 무관하고, 일정하다.
② $\theta = 20°$ 전후에서 최대이다.
③ $\theta = 60°$ 전후에서 최대이다.
④ $\theta = 90°$에서 최대이다.

18. 어떤 유체의 흐름계를 Buckingham pi 정리에 의하여 차원 해석을 하고자 한다. 계를 구성하는 변수가 7개 이고, 이들 변수에 포함된 기본차원이 3개일 때, 몇 개의 독립적인 무차원수가 얻어지는가?
① 2   ② 4
③ 6   ④ 10

19. 전양정 30 m, 송출량 7.5 m³/min, 펌프의 효율 0.8인 펌프의 수동력은 약 몇 kW 인가? (단, 물의 밀도는 1000 kg/m³이다.)
① 29.4   ② 36.8
③ 42.8   ④ 46.8

20. 온도가 30℃인 공기 중을 나는 물체의 마하각이 25°이면 이 물체의 속도는 얼마인가? (단, 비열비 k는 1.4이다.)
① 637 m/s   ② 746 m/s
③ 825 m/s   ④ 937 m/s

제 2 과목   연소공학

21. 다음 반응 중 폭굉(detonation) 속도가 가장 빠른 것은?
① $2H_2 + O_2$ ② $CH_4 + 2O_2$
③ $C_3H_8 + 3O_2$ ④ $C_3H_8 + 6O_2$

22. 프로판(C_3H_8)과 부탄(C_4H_{10})의 혼합가스가 표준상태에서 밀도가 2.25 kg/m³이다. 프로판의 조성은 약 몇 %인가?
① 35.16   ② 42.72
③ 54.28   ④ 68.53

23. 이상기체에 대한 설명 중 틀린 것은?
① 분자간의 힘은 없으나, 분자의 크기는 있다.
② 저온, 고압으로 하여도 액화와 응고하지 않는다.
③ 절대온도 0도에서 기체로서의 부피는 0으로 된다.
④ 보일-샤를의 법칙이나 이상기체 상태방정식을 만족한다.

24. 완전연소를 이루기 위한 수단으로서 적절하지 않은 것은?
① 연소실 온도의 적절한 유지
② 연료와 공기의 적절한 혼합
③ 연료와 공기의 적절한 예열
④ 탄소와 황의 함유량이 높은 연료의 사용

25. 어느 과열증기의 온도가 450℃일 때 과열도는? (단, 이 증기의 포화온도는 573 K 이다.)
① 50   ② 123
③ 150   ④ 273

26. 공기와 혼합하였을 때 폭발성 혼합가스를 형성할 수 있는 것은?
① NH_3 ② N_2
③ CO_2 ④ SO_2

27. 두 개의 카르노 사이클(Carnot cycle)이 A 100℃와 200℃ 사이에서 작동할 때와 B 300℃와 400℃ 사이에서 작동할 때 이들 두 사이클 각각의 경우 열효율은 다음 중 어떤 관계가 있는가?
① A와 B의 열효율은 같다.
② A는 B보다 열효율이 높다.

③ A는 B보다 열효율이 낮다.
④ 정답이 없다.

28. 부탄(C_4H_{10}) 1 Nm^3를 완전연소시키기 위하여 필요한 산소는 약 몇 Nm^3인가?
① 3.8
② 4.9
③ 5.8
④ 6.5

29. 정상동작 상태에서 주변의 폭발성가스 또는 증기에 점화시키지 않고 점화시킬 수 있는 고장이 유발되지 않도록 한 방폭구조는?
① 특수방폭구조
② 비점화방폭구조
③ 본질안전방폭구조
④ 몰드방폭구조

30. 고위발열량과 저위발열량의 차이는 무엇인가?
① 연료의 증발잠열
② 연료의 비열
③ 수분의 증발잠열
④ 수분의 비열

31. 오토 사이클의 효율 η_1, 디젤 사이클의 효율 η_2, 사바테 사이클의 효율 η_3라 할 때 공급열량과 압축비가 같으면 효율의 크기순으로 올바른 것은?
① $\eta_1 > \eta_2 > \eta_3$
② $\eta_1 > \eta_3 > \eta_2$
③ $\eta_2 > \eta_1 > \eta_3$
④ $\eta_2 > \eta_3 > \eta_1$

32. 엔탈피에 대한 설명 중 옳지 않은 것은?
① 열량을 일정한 온도로 나눈 값이다.
② 경로에 따라 변화하지 않는 상태함수이다.
③ 엔탈피의 측정에는 흐름 열량계를 사용한다.
④ 내부에너지와 유동일(흐름일)의 합으로 나타낸다.

33. 다음 중 확산연소에 해당되는 것은?
① 코크스나 목탄의 연소
② 대부분의 액체 연료의 연소
③ 경계층이 형성된 기체 연료의 연소
④ 고분자 물질인 연료가 가열 분해된 기체의 연소

34. 연소반응 시 불꽃의 상태가 환원염으로 나타났다. 이때 환원염은 어떤 상태인가?
① 공기가 충분하여 완전 연소상태의 화염
② 수소가 파란 불꽃을 내며 연소하는 화염
③ 과잉의 산소를 내포하여 연소가스 중 산소를 포함한 상태의 화염
④ 산소의 부족으로 일산화탄소와 같은 미연분을 포함한 상태의 화염

35. 다음 중 랭킨 사이클의 과정을 옳게 나타낸 것은?
① 단열압축→정적가열→단열팽창→정압냉각
② 단열압축→정압가열→단열팽창→정적냉각
③ 단열압축→정압가열→단열팽창→정압냉각
④ 단열압축→정적가열→단열팽창→정적냉각

36. 가연성가스와 공기혼합물의 점화원이 될 수 없는 것은?
① 정전기
② 단열압축
③ 융해열
④ 마찰

37. 프로판(C_3H_8) 5 m^3가 완전연소 시 생성되는 이산화탄소(CO_2)의 부피는 표준상태에서 몇 m^3인가?
① 5   ② 10
③ 15 ④ 20

38. 비열비는 1.3이고 정압비열이 0.845 kJ/kg·K인 기체의 기체상수(kJ/kg·K)는 얼마인가?
① 0.195   ② 0.5
③ 0.845   ④ 1.345

39. 아래의 반응식은 메탄의 완전연소 반응이다. 이때 CH_4, CO_2, H_2O의 생성열이 각각 75 kJ/kmol, 394 kJ/kmol, 242 kJ/kmol이라면 메탄의 완전연소 시 발열량은 약 몇 kJ인가?

$$CH_4 + 2O_2 \rightarrow CO_2 + 2H_2O$$

① 803   ② 786
③ 711   ④ 636

40. 이상기체 10 kg을 240 K만큼 온도를 상승시키는 데 필요한 열량이 정압인 경우와 정적인 경우에 그 차가 415 kJ이었다. 이 기체의 가스상수는 약 몇 kJ/kg·K인가?
① 0.173   ② 0.287
③ 0.381   ④ 0.423

제 3 과목 가스설비

41. 가스 중에 포화수분이 있거나, 매설된 가스배관의 부식구멍 등에서 지하수가 침입 또는 공사 중에 물이 침입하는 경우를 대비해 관로의 저부에 설치하는 것은?
① 에어밸브   ② 수취기
③ 콕   ④ 체크밸브

42. 고온, 고압하의 수소에서는 수소원자가 발생되어 금속조직으로 침투하여 carbon이 결합, CH_4 등의 gas를 생성하여 용기가 파열하는 원인이 될 수 있는 현상은?
① 금속조직에서 탄소의 추출
② 금속조직에서 아연의 추출
③ 금속조직에서 구리의 추출
④ 금속조직에서 스테인리스강의 추출

43. 특수강에 내식성, 내열성 및 자경성을 부여하기 위하여 주로 첨가하는 원소는?
① 니켈   ② 크롬
③ 몰리브덴   ④ 망간

44. 1000 L의 액산탱크에 액산을 넣어 방출밸브를 개방하여 12시간 방치했더니 탱크 내의 액산이 4.8 kg 방출되었다면 1시간당 탱크에 침입하는 열량은 몇 kcal인가? (단, 액산의 증발잠열은 60 kcal/kg이다.)
① 12   ② 24
③ 70   ④ 150

45. 독성가스 배관용 밸브의 제조기술기준 중에서 성능기준으로 옳지 않은 것은?
① 밸브는 개폐가 확실하게 작동되어야 한다.
② 볼밸브는 분당 10회 이하의 속도로 6천회 개폐조작 후 기밀시험을 하였을 때 누출이 없는 것으로 한다.
③ 밸브 맞대기 용접부의 인장강도는 모재의 최소인장강도 이상이 되도록 한다.

④ 밸브는 호칭압력의 1.1배 이상의 압력으로 내압시험을 실시하여 변형, 이상팽창 및 누출이 없어야 한다.

46. 도시가스 원료로 사용하는 LNG의 특징에 대한 설명으로 가장 거리가 먼 것은?
① 냉열 이용이 가능하다.
② 천연고무에 대한 용해성이 없다.
③ 기화시켜 사용할 경우 정제설비가 필요하다.
④ 메탄가스가 주성분으로 공기보다 가벼워 폭발위험이 적다.

47. 액화석유가스 자동차에 고정된 용기 충전소 내 지상에 태양광발전설비 집광판을 설치하려는 경우에 충전설비, 저장설비, 가스설비, 배관 등과의 이격거리는 몇 m 이상인가?
① 2
② 5
③ 8
④ 10

48. 양정 20 m, 송수량 3 m³/min일 때 축동력 15 PS를 필요로 하는 원심펌프의 효율은?
① 59 %
② 75 %
③ 89 %
④ 92 %

49. 도시가스용 폴리에틸렌관 설치기준에 대한 설명으로 옳지 않은 것은?
① 관은 매몰 시공을 원칙으로 한다.
② 관의 굴곡허용반경은 외경의 30배 이상으로 한다.
③ 관은 온도가 40℃ 이상이 되는 장소에 설치하지 않는다.
④ 관의 매설위치를 지상에서 탐지할 수 있는 탐지형 보호포, 로케팅 와이어를 설치하여야 한다.

50. 암모니아 합성가스 분리장치가 저온에서 디엔류와 반응하여 폭발성의 껌(gum)상의 물질을 만드는 가스는?
① 일산화질소
② 벤젠
③ 탄산가스
④ 일산화탄소

51. 알루미늄(Al)의 방식법이 아닌 것은?
① 수산법
② 황산법
③ 크롬산법
④ 메타인산법

52. 내용적 10 L 용기에 에탄 2000 g을 충전하여 용기의 온도가 127℃일 때 압력은 200 atm을 지시하고 있었다. 이때 에탄의 압축계수는 얼마인가?
① 0.73
② 0.88
③ 0.91
④ 0.99

53. 공기액화 분리장치에서 제거해야 하는 불순물이 아닌 것은?
① 질소
② 탄산가스
③ 아세틸렌
④ 수분

54. 다음 중 염소의 제독제(ⓐ)와 염소기체 건조제(ⓑ)가 바르게 짝지워진 것은?
① ⓐ 탄산소다 수용액, ⓑ 가성소다 수용액
② ⓐ 가성소다 수용액, ⓑ 탄산소다 수용액
③ ⓐ 소석회, ⓑ 진한 황산
④ ⓐ 진한 황산, ⓑ 소석회

55. 팽창기 중 처리가스에 윤활유가 혼입되지 않으며 처리 가스량이 10000 m³/h 정도로 많은 터보 팽창기에 해당하지 않는 것은?
① 왕복동식　　② 충동식
③ 반동식　　　④ 반경류 반동식

56. 나프타 개질가스 2000 Nm³/h와 부탄가스, 공기를 혼합하여 산소가 2 % 함유된 5000 kcal/Nm³의 열량을 가진 가스를 제조하려고 한다. 이때 부탄(100 %)의 발열량은 30000 kcal/Nm³이고 나프타 개질가스의 발열량은 3000 kcal/Nm³일 때 부탄가스의 사용량(Nm³/h)은 약 얼마인가? (단, 공기 중 산소량은 20 %이다.)
① 209.09　　② 20.909
③ 305.02　　④ 30.502

57. 액화석유가스 사용시설에 설치되는 조정압력 3.3 kPa 이하인 조정기의 안전장치 작동 표준압력으로 옳은 것은?
① 3 kPa　　② 5 kPa
③ 7 kPa　　④ 9 kPa

58. 어떤 공장에서 2 kg/h의 LPG를 소비하는 연소기 5대를 동시에 사용하여 1일 8시간씩 가동하고 있다면 용기 교환주기는 약 며칠인가? (단, 용기는 잔액이 20 %일 때 교환하며, 최저 온도 0℃에서 용기 1개의 가스발생능력은 0.85 kg/h으로 하고 용기는 20 kg 용기를 사용한다.)
① 1일　　② 2일
③ 3일　　④ 5일

59. 상용압력 5 MPa로 사용하는 안지름 65 cm의 용접재 원통형 고압가스 설비 동판의 두께는 최소한 얼마가 필요한가? (단, 재료는 인장강도 600 N/mm²의 강을 사용하고, 용접효율은 0.75, 부식여유는 2 mm로 한다.)
① 11 mm　　② 14 mm
③ 17 mm　　⑤ 20 mm

60. 일산화탄소의 용도로 알맞은 것은?
① 메탄올 합성
② 용접 절단용
③ 암모니아 합성
④ 드라이아이스 제조

제 4 과목　가스안전관리

61. 다음 비파괴검사법 중 재료 내부의 결함을 검사할 수 없는 것은?
① 방사선투과시험　② 초음파탐상시험
③ 침투탐상시험　　④ 음향방출시험

62. 시안화수소를 용기에 충전한 후 정치해 두어야 할 기준은?
① 6시간　　② 12시간
③ 20시간　　④ 24시간

63. 고압가스 특정제조시설에서 안전구역의 면적의 기준은?
① 1만 m² 이하　② 2만 m² 이하
③ 3만 m² 이하　④ 5만 m² 이하

64. 고압가스 저장시설에서 가연성가스 용기보관실과 독성가스의 용기보관실은 어떻게 설치하여야 하는가?

① 기준이 없다.
② 각각 구분하여 설치한다.
③ 하나의 저장실에 혼합 저장한다.
④ 저장실은 하나로 하되 용기는 구분 저장한다.

65. 특정설비 중 차량에 고정된 탱크에 대한 설명으로 틀린 것은?

① 스테인리스강의 허용응력의 수치는 인장강도의 $\frac{1}{3.5}$로 한다.
② 탱크의 재료는 압력용기용 강판, 저온 압력용기용 탄소강판 등으로 한다.
③ 탱크에 타원형 맨홀을 1개 이상 설치할 때에는 긴 지름 375 mm 이상, 짧은 지름 275 mm 이상으로 한다.
④ 동체의 안지름은 동체 축에 수직한 동일면에서의 최대 안지름과 최소 안지름의 차는 어떤 단면에 대한 기준 안지름의 2%를 초과하지 아니하도록 한다.

66. 독성가스이면서 조연성가스인 것은?

① 암모니아
② 시안화수소
③ 황화수소
④ 염소

67. 압축가스를 저장하는 접합 또는 납붙임 용기의 내압시험압력은?

① 상용압력 수치의 5분의 3배
② 상용압력 수치의 3분의 5배
③ 최고충전압력 수치의 5분의 3배
④ 최고충전압력 수치의 3분의 5배

68. 다음 그림은 LPG 저장탱크의 최저부이다. 이는 어떤 기능을 하는가?

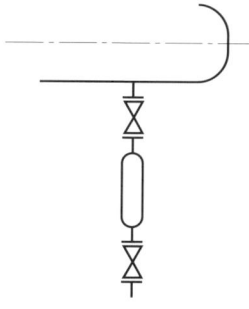

① 대량의 LPG가 유출되는 것을 방지한다.
② 일정 압력 이상 시 압력을 낮춘다.
③ LPG 내의 수분 및 불순물을 제거한다.
④ 화재 등에 의해 온도가 상승 시 긴급 차단한다.

69. 에어졸을 제조하는 용기의 기준에 대한 설명으로 틀린 것은?

① 용기의 내용적은 1 L 이하이어야 한다.
② 금속제 용기의 두께는 0.125 mm 이상이어야 한다.
③ 내용적이 100 cm³를 초과하는 용기의 재료는 강 또는 경금속을 사용한다.
④ 용기는 40℃에서 용기 안의 가스압력의 1.1배 압력을 가할 때 변형되지 아니하는 것으로 한다.

70. 염소의 특징으로 틀린 것은?

① 독성가스이다.
② 가연성가스이다.
③ 상온에서 액화시킬 수 있다.
④ 수분과 반응하고 철을 부식시킨다.

71. 체적이 0.5 m³인 저장탱크에 25℃ 상태에서 분자량이 24인 이상기체 10 kg이 들어 있을 때 이 탱크의 압력은 약 몇 kPa인가? (단, 대기압은 101.3 kPa이다.)

① 1850
② 1963
③ 2138
④ 2751

72. 지상 가스배관의 내진등급의 분류기준으로 틀린 것은?
① 영향도 등급은 A, B, C로 분류한다.
② 중요도 등급은 특등급, 1등급, 2등급으로 분류한다.
③ 관리등급은 핵심시설, 중요시설, 일반시설로 분류한다.
④ 내진등급은 내진 특A등급, 내진 특등급, 내진 Ⅰ등급, 내진 Ⅱ등급으로 분류한다.

73. 액화석유가스 일반 집단공급시설의 입상관에 설치하는 신축흡수조치 방법의 기준으로 틀린 것은?
① 분기관에는 90° 엘보 1개 이상을 포함하는 굴곡부를 설치한다.
② 건축물에 노출하여 설치하는 배관의 분기관 길이는 50 cm 이상으로 한다.
③ 외벽 관통 시 사용하는 보호관의 내경은 분기관 외경의 1.2배 이상으로 한다.
④ 횡지관의 길이가 50 m 이하인 경우에는 신축흡수조치를 하지 아니할 수 있다.

74. 고압가스용 냉동기 제조 시 사용하는 탄소강 강재의 허용전단응력 값은 설계온도에서 허용인장응력값의 몇 %로 하여야 하는가?
① 설계온도에서 허용인장응력 값의 80 %
② 설계온도에서 허용인장응력 값의 85 %
③ 설계온도에서 허용인장응력 값의 90 %
④ 설계온도에서 허용인장응력 값 이하

75. 용기에 압축산소가 35℃에서 15 MPa·g로 충전되어 있다가 용기의 온도가 0℃로 저하하면 압력은 약 몇 MPa·g인가?
① 10.3
② 11.3
③ 12.3
④ 13.3

76. 용기의 도색 및 표시에서 그 밖의 가스용기 외부표면에 도색할 색상은 어느 것인가?
① 회색
② 흑색
③ 백색
④ 청색

77. 고압가스 저장설비의 경계책 설치 높이는 몇 m 이상인가?
① 1
② 1.2
③ 1.5
④ 3

78. 충전용기를 차량에 적재할 때 기준으로 옳은 것은?
① 충전용기를 적재한 차량은 제1종 보호시설과 15 m 이상 떨어진 곳에 주차하여야 한다.
② 고정된 프로텍터가 있는 용기는 보호캡을 부착한다.
③ 용량 15 kg의 액화석유가스 충전용기는 2단으로 적재하여 운반할 수 있다.
④ 운반차량 뒷면에는 두께 2 mm 이상, 폭 50 mm 이상의 범퍼를 설치한다.

79. 아세틸렌가스를 2.5 MPa의 압력으로 압축할 때 첨가하는 희석제가 아닌 것은?
① 질소
② 메탄
③ 일산화탄소
④ 아세톤

80. 고압가스 충전용기는 항상 몇 ℃를 유지하여야 하는가?
① 10℃ 이하
② 20℃ 이하
③ 30℃ 이하
④ 40℃ 이하

제 5 과목 가스계측

81. 2차 지연형 계측기의 제동비가 0.8일 때 대수감쇠율은 얼마인가?
① 8.37 ② 15.28
③ 34.19 ④ 41.38

82. 다음 중 습식 가스미터에 대한 설명으로 틀린 것은?
① 계량이 정확하다.
② 설치공간이 크다.
③ 일반 가정용에 주로 사용한다.
④ 수위조정 등 관리가 필요하다.

83. 안지름이 100 mm인 배관에 지름이 50 mm인 오리피스가 설치되어 있는 관로를 상온의 질소 기체가 일정한 속도로 흐르고 있다. 오리피스 전후의 압력차가 $0.3 kgf/cm^2$이었을 때 유량(m^3/h)은 약 얼마인가? (단, 질소 기체의 단위체적당 중량은 $1.2 kgf/m^3$, 유량계수는 0.62이며 질소는 비압축성 기체로 가정한다.)
① 450 ② 650
③ 850 ④ 970

84. 탄광 내에서 CH_4 가스의 발생을 검출하는 데 가장 적당한 방법은?
① 시험지법 ② 검지관법
③ 질량분석법 ④ 안전등형

85. 0℃에서 저항이 120 Ω이고 저항온도계수가 0.0025인 저항온도계를 어떤 로(爐) 안에 삽입하였을 때 저항이 216 Ω이 되었다면 로 안의 온도는 약 몇 ℃인가?
① 125 ② 200
③ 320 ④ 534

86. 계량기 형식 승인 번호의 표시방법에서 계량기의 종류별 기호 중 가스미터의 표시 기호는?
① G ② N
③ K ④ H

87. 액화산소 등을 저장하는 초저온 저장탱크의 액면 측정용으로 가장 적합한 액면계는?
① 직관식 ② 부자식
③ 차압식 ④ 기포식

88. 가스크로마토그래피에서 운반가스의 구비조건으로 옳지 않은 것은?
① 사용하는 검출기에 적합해야 한다.
② 순도가 높고 구입이 용이해야 한다.
③ 기체 확산이 가능한 큰 것이어야 한다.
④ 시료와 반응성이 낮은 불활성 기체이어야 한다.

89. 가스누출검지기 중 가스와 공기의 열전도도가 다른 것을 측정원리로 하는 검지기는?
① 반도체식 검지기
② 접촉연소식 검지기
③ 서모스탯식 검지기
④ 불꽃이온화식 검지기

90. 피드백 제어에 대한 설명으로 틀린 것은?
① 폐회로로 구성된다.
② 제어량에 대한 수정동작을 한다.
③ 미리 정해진 순서에 따라 순차적으로 제어한다.
④ 반드시 입력과 출력을 비교하는 장치가 필요하다.

91. 도시가스용 가스계량기 설치기준으로 옳지 않은 것은?
① 수시로 환기가 가능한 장소에 설치하여야 한다.
② 직사광선 또는 빗물을 받을 우려가 있는 곳에는 가스계량기를 설치할 수 없다.
③ 화기(자체 화기 제외)와 2 m 이상의 우회거리를 유지하는 곳에 설치하여야 한다.
④ 설치높이는 바닥으로부터 계량기 지시장치의 중심까지 1.6 m 이상 2.0 m 이내에 수직·수평으로 설치한다.

92. 가스미터 설치 시 입상배관을 금지하는 가장 큰 이유는?
① 균열에 따른 누출 방지를 위하여
② 고장 및 오차 발생 방지를 위하여
③ 계량막 밸브와 밸브시트 사이의 누출 방지를 위하여
④ 겨울철 수분 응축에 따른 밸브, 밸브시트 동결 방지를 위하여

93. 압력 계측기기 중 직접 압력을 측정하는 1차 압력계에 해당하는 것은?
① 부르동관 압력계
② 벨로스 압력계
③ 액주식 압력계
④ 전기저항 압력계

94. 내경 70 mm의 배관으로 어떤 양의 물을 보냈더니 배관 내 유속이 3 m/s이었다. 같은 양의 물을 내경 50 mm의 배관으로 보내면 배관 유속은 약 몇 m/s가 되는가?
① 2.56   ② 3.67
③ 4.20   ④ 5.88

95. U자관 마노미터를 사용하여 오리피스에 걸리는 압력차를 측정하였다. 마노미터 속의 유체는 비중 13.6인 수은이며, 오리피스를 통하여 흐르는 유체는 비중이 1인 물이다. 마노미터의 읽음이 40 cm일 때 오리피스에 걸리는 압력차는 약 몇 kPa인가?
① 49.3
② 59.3
③ 70.5
④ 186

96. 기차가 -4%인 루트 가스미터로 측정한 유량이 30.4 m³/h이었다면 기준기로 측정한 유량은 약 몇 m³/h인가?
① 29.8
② 30.6
③ 31.6
④ 32.4

97. 기체 크로마토그래피에서 분리도(resolution)와 컬럼 길이의 상관관계는?
① 분리도는 컬럼 길이의 제곱근에 비례한다.
② 분리도는 컬럼 길이에 비례한다.
③ 분리도는 컬럼 길이의 2승에 비례한다.
④ 분리도는 컬럼 길이의 3승에 비례한다.

98. 침종식 압력계에 대한 설명으로 옳지 않은 것은?
① 진동, 충격의 영향을 적게 받는다.
② 복종식의 측정범위는 5~30 mmH₂O이다.
③ 아르키메데스의 원리를 이용한 계기이다.
④ 압력이 높은 기체의 압력을 측정하는 데 쓰인다.

99. 건습구 습도계에 대한 설명으로 틀린 것은?

① 2개의 수은 유리온도계를 사용한 것이다.
② 자연 통풍에 의한 간이 건습구 습도계도 있다.
③ 정확한 습도를 구하려면 3~5 m/s 정도의 통풍이 필요하다.
④ 통풍형 건습구 습도계는 연료 탱크 속에 부착하여 사용한다.

100. 외란의 영향으로 인하여 제어량이 목표치 50 L/min에서 53 L/min으로 변하였다면 이때 제어편차는 얼마인가?

① +3 L/min
② -3 L/min
③ +6.0%
④ -6.0%

CBT 모의고사 2

제 1 과목   가스유체역학

1. 수차의 효율을 η, 수차의 실제 출력을 L[PS], 수량을 Q[m³/s]라 할 때 유효낙차 H[m]를 구하는 식은?

① $H = \dfrac{L}{13.3\,\eta\,Q}$ [m]

② $H = \dfrac{QL}{13.3\,\eta}$ [m]

③ $H = \dfrac{L\,\eta}{13.3\,Q}$ [m]

④ $H = \dfrac{\eta}{L \times 13.3\,Q}$ [m]

2. 베르누이의 방정식에 쓰이지 않는 head(수두)는?

① 압력수두 ② 밀도수두
③ 위치수두 ④ 속도수두

3. 액체에서 마찰열에 의한 온도상승이 작은 이유를 설명한 것으로 옳은 것은?

① 내부에너지가 일반적으로 크기 때문에
② 단위질량당 마찰일이 일반적으로 크기 때문에
③ 액체의 밀도가 일반적으로 고체의 밀도보다 크기 때문에
④ 액체의 열용량이 일반적으로 고체의 열용량보다 크기 때문에

4. 관내 유체의 급격한 압력 강하에 따라 수중으로부터 기포가 분리되는 현상은?

① 공기바인딩 ② 감압화
② 에어리프트 ④ 캐비테이션

5. 이상기체에서 정압비열을 C_p, 정적비열을 C_v로 표시할 때 엔탈피의 변화 dh는 어떻게 표시되는가?

① $dh = C_p\,dT$
② $dh = C_v\,dT$
③ $dh = \dfrac{C_p}{C_v}\,dT$
④ $dh = (C_p - C_v)\,dT$

6. 초음속 흐름인 확대관에서 감소하지 않는 것은? (단, 등엔트로피 과정이다.)

① 압력 ② 온도
③ 속도 ④ 밀도

7. 질량 보존의 법칙을 유체유동에 적용한 방정식은?

① 오일러 방정식 ② 다르시 방정식
③ 운동량 방정식 ④ 연속 방정식

8. 펌프에 관한 설명으로 옳은 것은?

① 베인 펌프는 왕복 펌프이다.
② 원심 펌프의 비속도는 아주 크다.
③ 벌류트 펌프는 안내판이 있는 펌프이다.
④ 축류 펌프는 주로 대용량 저양정용으로 사용한다.

9. 공기가 79 vol% N₂와 21 vol% O₂로 이루어진 이상기체 혼합물이라 할 때 25℃, 750 mmHg에서 밀도는 약 몇 kg/m³인가?

① 1.16 ② 1.42
③ 1.56 ④ 2.26

10. 수직으로 세워진 노즐에서 물이 10 m/s의 속도로 뿜어 올려진다. 마찰손실을 포함한 모든 손실이 무시된다면 물은 약 몇 m 높이까지 올라갈 수 있는가?
① 5.1 ② 10.4
③ 15.6 ④ 19.2

11. 관로의 유동에서 여러 가지 손실수두를 나타낸 것으로 틀린 것은? (단, f : 마찰계수, d : 관의 지름, $\left(\dfrac{V^2}{2g}\right)$: 속도수두, $\left(\dfrac{V_1^2}{2g}\right)$: 입구관 속도수두, $\left(\dfrac{V_2^2}{2g}\right)$: 출구관 속도수두, R_h : 수력반지름, L : 관의 길이, A : 관의 단면적, C_c : 단면적 축소계수이다.)

① 원형관 속의 손실수두 : $h_L = f\dfrac{L}{D}\dfrac{V^2}{2g}$

② 비원형관 속의 손실수두 :
$h_L = f\dfrac{4R_h}{L}\dfrac{V^2}{2g}$

③ 돌연 확대관 손실수두 :
$h_L = \left(1 - \dfrac{A_1}{A_2}\right)^2 \dfrac{V_1^2}{2g}$

④ 돌연 축소관 손실수두 :
$h_L = \left(\dfrac{1}{C_c} - 1\right)^2 \dfrac{V_2^2}{2g}$

12. 공기 속을 초음속으로 날아가는 물체의 마하각(mach angle)이 35°일 때, 그 물체의 속도는 약 몇 m/s인가? (단, 음속은 340 m/s이다.)
① 581 ② 593 ③ 696 ④ 900

13. 정지 공기 속을 비행기가 360 km/h의 속도로 날아간다. 이 비행기에 있는 직경 2 m인 프로펠러를 통해 공기 400 m³/s가 배출된다고 할 때 Froude 효율은 약 몇 %인가?
① 39 ② 44 ③ 79 ④ 88

14. 수직 충격파(normal shock wave)에 대한 설명 중 옳지 않은 것은?
① 수직 충격파는 아음속 유동에서 초음속 유동으로 바뀌어 갈 때 발생한다.
② 충격파를 가로지르는 유동은 등엔트로피 과정이 아니다.
③ 수직 충격파 발생 직후의 유동조건은 $h-s$선도로 나타낼 수 있다.
④ 1차원 유동에서 일어날 수 있는 충격파는 수직 충격파뿐이다.

15. 안지름 100 mm인 관 속을 압력 5 kgf/cm², 온도 15℃인 공기가 20 kgf/s의 비율로 흐를 때 평균유속은 약 몇 m/s인가? (단, 공기의 기체상수는 29.27 kgf·m/kg·K이다.)
① 42.9 ② 55.8
③ 429 ④ 558

16. 점도 6 cP를 Pa·s로 환산하면 얼마인가?
① 0.0006 ② 0.006
③ 0.06 ④ 0.6

17. 안지름 100 mm인 수평원관으로 1500 m 떨어진 곳에 원유를 0.12 m³/min의 유량으로 수송 시 손실수두(H)는 약 몇 m인가? (단, 원유의 점성계수는 0.02 N·s/m²이고, 비중은 0.86이다.)
① 2.9 ② 3.7 ③ 4.5 ④ 5.3

18. 30℃인 공기 중에서의 음속은 몇 m/s 인가? (단, 비열비는 1.4이고 기체상수는 287 J/kg · K이다.)

① 216 ② 241 ③ 307 ④ 349

19. 관 내부에서 유체가 흐를 때 흐름이 완전 난류라면 수두손실은 어떻게 되겠는가?

① 대략적으로 속도의 제곱에 반비례한다.
② 대략적으로 직경의 제곱에 반비례하고 속도에 정비례한다.
③ 대략적으로 속도의 제곱에 비례한다.
④ 대략적으로 속도에 정비례한다.

20. 지름 50 mm의 배관에 10만 N의 힘이 작용할 때 응력은 약 몇 kgf/cm^2인가?

① 510 ② 520
③ 530 ④ 550

제 2 과목 연소공학

---

21. 화격자 연소의 화염 이동속도에 대한 설명으로 옳은 것은?

① 발열량이 낮을수록 커진다.
② 석탄화도가 낮을수록 커진다.
③ 입자의 지름이 클수록 커진다.
④ 1차 공기의 온도가 낮을수록 커진다.

22. 연소온도를 높이는 방법으로 가장 거리가 먼 것은?

① 연속적인 조업을 피한다.
② 연료 또는 공기를 예열한다.
③ 연소용 공기의 산소 농도를 높인다.
④ 복사 전열을 줄이기 위해 연소속도를 빠르게 한다.

23. 연료가 갖추어야 할 조건으로 가장 거리가 먼 것은?

① 운반 및 저장이 용이해야 한다.
② 공해성분의 함유량이 적어야 한다.
③ 가격이 저렴하며 구입이 용이해야 한다.
④ 연소방법에 무관하게 발열량이 커야 한다.

24. 반데르 발스(Van der Waals) 식 $\left(P+\dfrac{a}{V^2}\right)(V-b)=RT$에서 각 항을 설명한 것 중 틀린 것은 어느 것인가?

① a와 b는 특정기체 특유의 상징이다.
② 상수 a, b는 PV 선도에서 임계점에서의 기울기와 곡률을 이용해서 구한다.
③ b는 분자의 크기가 이상기체의 부피보다 더 큰 부피로 만들려고 보정하는 것이다.
④ $\dfrac{a}{V^2}$ 항은 분자들 사이의 인력의 작용이 이상기체에 의해서 발휘될 압력보다 크게 하려고 더해 준다.

25. 다음은 air-standard Otto cycle의 $P-V$ diagram이다. 이 cycle의 효율(η)을 옳게 나타낸 것은? (단, 정적열용량은 일정하다.)

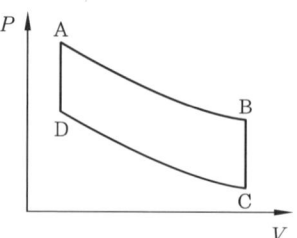

① $\eta = 1 - \left(\dfrac{T_B - T_C}{T_A - T_D}\right)$

② $\eta = 1 - \left(\dfrac{T_D - T_C}{T_A - T_B}\right)$

③ $\eta = 1 - \left(\dfrac{T_A - T_D}{T_B - T_C}\right)$

④ $\eta = 1 - \left(\dfrac{T_A - T_B}{T_D - T_C}\right)$

26. 코크스는 역청탄(점결탄)을 건류하여 제조한다. 코크스를 제조하는 방법에 따라 분류할 때 틀린 것은?

① 제사 코크스 ② 미분 코크스
③ 반성 코크스 ④ 가스 코크스

27. 어떤 경우에는 실험 데이터가 없어 연소한계를 추산해야 할 필요가 있다. 존스(Jones)는 많은 탄화수소 증기의 연소하한계(LFL)와 연소상한계(UFL)는 연료의 양론농도(C_{st})의 함수라는 것을 발견하였다. 다음 중 존스(Jones) 연소하한계(LFL) 관계식을 옳게 나타낸 것은? (단, C_{st}는 연료와 공기로 된 완전연소가 일어날 수 있는 혼합기체에 대한 연료의 부피 %이다.)

① $LFL = 0.55 C_{st}$ ② $LFL = 1.55 C_{st}$
③ $LFL = 2.50 C_{st}$ ④ $LFL = 3.50 C_{st}$

28. LPG와 같이 하얀 무화로 인해 증기운이 형성되어 폭발하는 형태를 무엇이라 하는가?

① flash fire ② jet fire
③ combustion fire ④ pool fire

29. 공기가 산소 20 v%, 질소 80 v%의 혼합기체라고 가정할 때 표준상태(0℃, 101.325 kPa)에서 공기의 기체상수는 약 몇 kJ/kg · K인가?

① 0.269 ② 0.279
③ 0.289 ④ 0.299

30. 가스폭발에 대한 설명으로 틀린 것은?

① 폭발한계는 가스의 종류에 따라 달라진다.
② 가스 폭발은 반드시 산소가 존재해야만 일어난다.
③ 폭발한계는 일반적으로 폭발성 분위기 중 폭발성 가스의 용적비로 표시된다.
④ 폭발성 분위기란 폭발성 가스가 공기와 혼합하여 폭발한계 내에 있는 상태의 분위기를 뜻한다.

31. 교축과정에서 변하지 않은 열역학 특성치는?

① 압력 ② 내부에너지
③ 엔탈피 ④ 엔트로피

32. 두께 4 mm인 강의 평판에서 고온측 면의 온도가 100℃이고, 저온측 면의 온도가 80℃일 때 1 m²에 대해 30000 kJ/min의 전열을 한다고 하면 이 강판의 열전도율은 약 몇 W/m · ℃인가?

① 100 ② 120
③ 130 ④ 140

33. 어떤 용기 속에 1 kg의 기체가 있고, 이 용기의 기체를 압축하는 데 1000 kgf · m의 일을 하였다. 이때 5 kcal의 열량이 용기 밖으로 방출했다면 기체 1 kg당 내부에너지 변화량은 약 몇 kcal인가?

① 1.35 ② 1.65 ③ 2.35 ④ 2.65

34. 어느 카르노 사이클이 103℃와 −23℃에서 작동이 되고 있을 때 열펌프의 성적계수는 약 얼마인가?
① 3.5 ② 3
③ 2   ④ 0.5

35. −190℃, 0.5 MPa의 질소기체를 20 MPa으로 단열압축했을 때의 온도는 약 몇 ℃인가? (단, 비열비(k)는 1.41이고, 이상기체로 간주한다.)
① −15℃   ② −25℃
③ −30℃   ④ −35℃

36. 순수한 물질에서 압력을 일정하게 유지하면서 엔트로피를 증가시킬 때 엔탈피는 어떻게 되는가?
① 증가한다.
② 감소한다.
③ 변함없다.
④ 경우에 따라 다르다

37. 전기기기의 불꽃, 아크가 발생하는 부분을 절연유에 격납하여 폭발가스에 점화되지 않도록 한 방폭구조는?
① 유입 방폭구조
② 내압 방폭구조
③ 안전증 방폭구조
④ 본질안전 방폭구조

38. 에탄올(C_2H_5OH)이 이론산소량의 150 %와 함께 정상적으로 연소된다. 반응물은 298 K로 연소실에 들어가고 생성물은 냉각되어 338 K, 0.1 MPa 상태로 연소실을 나간다. 이때 생성물 중 액체 상태의 물(H_2O)은 몇 kmol이 생성되는가? (단, 338 K, 0.1 MPa일 때 H_2O의 증기압은 25.03 kPa이다.)
① 1.924   ② 1.831
③ 1.169   ④ 1.013

39. 프로판 30 v% 및 부탄 70 v%의 혼합가스 1 L가 완전연소하는 데 필요한 이론 공기량은 약 몇 L인가? (단, 공기 중 산소농도는 20 %로 한다.)
① 26   ② 28
③ 30   ④ 32

40. 다음 중 BLEVE와 관련이 없는 것은?
① Boiling   ② Leak
③ Expanding ④ Vapor

제 3 과목 가스설비

41. 도시가스 설비 중 압송기의 종류가 아닌 것은?
① 터보형   ② 회전형
③ 피스톤형 ④ 막식형

42. 탄소강의 기본 결정조직이 아닌 것은?
① 보크사이트 ② 시멘타이트
③ 펄라이트   ④ 페라이트

43. 정압기의 특성 중 부하변동에 대한 응답의 신속성과 안정성을 나타내는 것은?
① 정특성
② 동특성
③ 사용 최대차압
④ 작동 최소차압

44. 1.5 MPa 압력을 받는 안지름 10 cm의 뚜껑이 6개의 볼트로 체결되어 있다. 이때 볼트 1개가 받는 힘은 약 몇 N인가?
① 1064 ② 1964
③ 2064 ④ 2964

45. 다음 중 부(-) 톰슨 관련 금속으로 거리가 먼 것은?
① Pt ② Ni
③ Cu ④ Fe

46. 공기액화 분리장치에서 내부 세정제로 사용되는 것은?
① CCl_4 ② H_2SO_4
③ NaOH ④ KOH

47. 아세틸렌을 압축하면 분해폭발의 위험이 있기 때문에 이것을 최소화하기 위하여 내부에 질소가 49% 또는 이산화탄소가 42%가 되면 분해폭발이 일어나지 않게 된다는 것을 이용한 반응장치 명칭으로 옳은 것은?
① 겔로그 반응장치
② IG 반응장치
③ 파우서 반응장치
④ 레페 반응장치

48. 수소를 공업적으로 제조하는 방법이 아닌 것은?
① 수전해법
② 수성가스법
③ LPG 분해법
④ 석유 분해법

49. 수소(H_2)의 기본 특성에 대한 설명 중 틀린 것은?
① 고온, 고압에서 강재 등의 금속을 투과한다.
② 산소 또는 공기와 혼합하여 격렬하게 폭발한다.
③ 가벼워서 확산하기 쉬우며 작은 틈새로 잘 발산한다.
④ 생물체의 호흡에 필수적이며 연료의 연소에 필요하다.

50. 다음 중 아세틸렌에 대한 설명으로 옳지 않은 것은?
① 니켈을 촉매로 하여 수소화하면 메탄이 된다.
② 암모니아성 질산은 용액에 반응하여 은-아세틸드를 생성한다.
③ 염화제2수은을 침착시킨 활성탄을 촉매로 하여 염화수소와 반응시키면 염화비닐을 얻는다.
④ 염화철 등의 촉매를 사용하여 액상으로 반응을 억제하면서 염소와 반응시키면 사염화에탄을 얻는다.

51. 다음 중 내식성이 좋은 알루미늄 합금이 아닌 것은?
① 알민
② Y 합금
③ 하이드로날륨
④ 알클레드

52. 터보 압축기에서 발생하는 서징(surging) 현상의 방지책에 해당되지 않는 것은?
① 방출 밸브에 의한 방법
② 회전수 가감에 의한 방법
③ 클리어런스 밸브에 의한 방법
④ 가이드 베인 컨트롤에 의한 방법

53. 산소를 압축하는 왕복동 압축기에 설치되는 안전밸브의 1시간당 분출 가스량이 6000 kg이고, 27℃에서 작동압력이 8 MPa이라면 안전밸브 분출부의 유효면적은 약 몇 cm^2인가?

① 0.09 ② 0.99 ③ 1.09 ④ 1.99

54. 다음 중 비교회전도(비속도, n_s)가 가장 큰 펌프는?

① 사류펌프 ② 축류펌프
③ 벌류트펌프 ④ 터빈펌프

55. 다음 중 배관의 신축량에 대한 설명으로 옳은 것은?

① 길이, 선팽창계수, 온도차에 비례한다.
② 길이에 비례하고 선팽창계수, 온도차에 반비례한다.
③ 길이, 선팽창계수에 비례하고 온도차에 반비례한다.
④ 길이에 반비례하고 선팽창계수, 온도차에 비례한다.

56. 용접이음의 장점이 아닌 것은?

① 검사가 간단하다.
② 이음효율이 좋다.
③ 기밀성이 좋다.
④ 두께에 상관없다.

57. 길이 30 m의 저압 배관에 프로판(C_3H_8) 가스를 5 m^3/h로 공급할 때 압력손실이 15 mmH_2O이다. 이 배관에 부탄(C_4H_{10}) 가스를 4.5 m^3/h로 공급하면 손실수두는 약 몇 mm인가? (단, 프로판 및 부탄의 비중은 각각 1.52, 2.05이다.)

① 6.72 ② 16.5 ③ 23.1 ④ 32.2

58. 흡입밸브 압력이 0.8 MPa·g인 3단 압축기의 최종단 토출압력은 약 몇 MPa·g인가? (단, 압축비는 3이며, 1 MPa은 10 kgf/cm^2이다.)

① 16.1 ② 21.6
③ 24.2 ④ 28.7

59. 고압가스용 스프링식 안전밸브의 구조에 대한 설명으로 틀린 것은?

① 밸브시트는 이탈되지 않도록 밸브몸통에 부착되어야 한다.
② 스프링이 파손되어도 밸브디스크 등이 외부로 빠져나가지 않는 구조인 것으로 한다.
③ 가연성가스 또는 독성가스용의 안전밸브는 개방형으로 한다.
④ 안전밸브는 그 일부가 파손되어도 충분한 분출량을 얻어야 한다.

60. 조정압력이 3.3 kPa 이하이고 노즐 지름이 3.2 mm 이하인 일반용 LP가스 압력조정기의 안전장치 분출용량은 몇 L/h 이상이어야 하는가?

① 100 ② 140
③ 200 ④ 240

제 4 과목   가스안전관리

61. 지하에 설치하는 액화석유가스 저장탱크실 재료의 규격 중 공기량 기준으로 옳은 것은?

① 2 % 이하 ② 4 % 이하
③ 2 % 이상 ④ 4 % 이상

62. 독성가스 충전용기를 운반하는 자가 차량에 항상 휴대하여야 할 것이 아닌 것은?
① 고압가스의 성상
② 고압가스의 명칭
③ 재해 발생 시 조치사항
④ 목적지를 표시한 지도

63. 가스도매사업자의 정압기지 관련 설비로 틀린 것은?
① 방산탑　　　② 가열설비
③ 계량설비　　④ 긴급차단장치

64. 액화석유가스 집단공급시설에 설치하는 가스누출자동차단장치의 검지부에 대한 설명으로 틀린 것은?
① 연소기의 폐가스에 접촉하기 쉬운 장소에 설치한다.
② 출입구 부근 등 외부의 기류가 유동하는 장소에는 설치하지 아니한다.
③ 연소기 버너의 중심부분으로부터 수평거리 4m 이내에 검지부 1개 이상 설치한다.
④ 공기가 들어오는 곳으로부터 1.5m 이내의 장소에는 설치하지 아니한다.

65. 고압가스 특정제조시설에서 저장탱크 외면으로부터 처리능력 25만 m³인 압축기와 몇 m 이상의 거리를 유지하여야 하는가?
① 10　　　② 20
③ 30　　　④ 40

66. 고압가스용 기화장치의 구조에 따른 분류로 틀린 것은?
① 다관식　　② 코일식
③ 캐비닛식　④ 실린더식

67. 자긴처리(auto-frettage)에 대한 설명으로 옳은 것은?
① 금속라이너 압력용기를 제조공정 중에 그 금속라이너의 항복점을 초과하는 압력을 가하여 영구 소성변형을 일으키는 것을 말한다.
② 동일한 설계, 동일한 재료, 동일한 제조공정, 동일한 제조장비, 열처리 시 동일한 분위기와 온도에서 연속적으로 제조된 금속라이너이다.
③ 제조하고자 하는 압력용기와 같은 사양, 같은 지름, 같은 두께를 갖는 것으로서 압력용기의 길이를 축소한 압력용기를 말한다.
④ 오스테나이트계 스테인리스강 초저온 압력용기 등을 제조하기 위한 방법으로 재료의 항복강도를 증가시키기 위하여 상온에서 냉간연신압력으로 가압하는 것을 말한다.

68. 독성가스 충전용기를 운반하는 차량의 구조 기준에 대한 내용 중 틀린 것은?
① 용기 적재함 보강재료는 SS400 또는 동등 이상의 강도를 갖는 재질로 한다.
② 적재함은 적재할 충전용기 최대 높이의 3/5 이상까지 보강하여 용기 고정이 용이하도록 한다.
③ 보강대로 인하여 용기의 상·하차 작업이 곤란한 경우에는 적재함의 가로보강대를 개폐형으로 설치할 수 있다.
④ 내용적이 1000 L 이상인 충전용기에 허용농도가 100만분의 200 이하인 독성가스 충전용기를 운반하는 경우에는 용기 승하차용 리프트와 밀폐된 구조의 적재함이 부착된 전용차량으로 운반한다.

69. 1단 감압식 준저압조정기의 최대폐쇄압력은 얼마인가?
① 3.5 kPa 이하
② 50 kPa 이하
③ 95 kPa 이하
④ 조정압력의 1.25배 이하

70. 최고충전압력의 정의로 틀린 것은?
① 초저온용기의 경우 상용압력 중 최고압력
② 아세틸렌가스 충전용기의 경우 15℃에서 용기에 충전할 수 있는 가스의 압력 중 최고압력
③ 저온용기 외의 용기로서 액화가스를 충전하는 용기의 경우 내압시험압력의 5/3 배의 압력
④ 압축가스 충전용기(아세틸렌가스 제외)의 경우 35℃에서 용기에 충전할 수 있는 가스의 압력 중 최고압력

71. 허용농도가 100만분의 200 이하인 액화독성가스가 충전된 용기를 차량에 적재하여 운반하려 할 때 운반책임자를 동승시켜야 할 기준으로 옳은 것은?
① 100 kg 이상
② 300 kg 이상
③ 1000 kg 이상
④ 3000 kg 이상

72. 공기액화 분리장치의 액화산소통 내의 액화산소 5 L 중에 메탄 300 mg, 에틸렌 230 mg이 혼입되어 있을 때 운전 가능 여부를 판단하면?
① 탄화수소의 탄소질량이 422 mg으로 500 mg을 넘지 않으므로 운전을 계속할 수 있다.
② 탄화수소의 탄소질량이 430 mg으로 500 mg을 넘지 않으므로 운전을 계속할 수 있다.
③ 탄화수소의 탄소질량이 509 mg으로 500 mg을 넘으므로 운전을 중지해야 한다.
④ 탄화수소의 탄소질량이 530 mg으로 500 mg을 넘으므로 운전을 중지해야 한다.

73. 액화석유가스용 강제용기 스커트의 재료를 고압가스용기용 강판 및 강대 SG 295 이상의 재료로 제조하는 경우에는 내용적이 25 L 이상 50 L 미만인 용기는 스커트의 두께를 얼마 이상으로 할 수 있는가?
① 2 mm
② 3 mm
③ 3.6 mm
④ 5 mm

74. 충전용기 보관실의 표면적이 120 m^2일 때 설치하여야 할 소화전은 최소 몇 개인가?
① 1 ② 2 ③ 3 ④ 4

75. 가스사고를 원인별로 분류했을 때 가장 많은 비율을 차지하는 사고 원인은?
① 제품 노후(고장)
② 시설 미비
③ 고의 사고
④ 사용자 취급 부주의

76. 액화석유가스 용기충전사업소 내에 태양광 발전설비를 설치할 때의 기준으로 틀린 것은?
① 태양광 발전설비 관련 전기설비는 방폭성능을 가지는 것으로 설치하거나, 폭발 위험장소가 아닌 곳으로 가스시설 등과 접하지 않는 방향에 설치한다.
② 집광판과 에너지 저장장치, 배터리와의 이격거리는 2 m 이상으로 설치한다.

③ 충전소 내 지상에 집광판을 설치할 때 지면으로부터 1.5 m 이상의 높이에 설치한다.
④ 충전소 내 지상에 집광판을 설치하려는 경우에는 충전설비, 저장설비 외면으로부터 8 m 이상 떨어진 곳에 설치한다.

77. 임계온도가 약 132℃인 가스는?
① 메탄 ② 산소
③ 아르곤 ④ 암모니아

78. 과류차단형 액화석유가스용 용기밸브의 과류차단성능 기준 중 과류차단기구가 작동한 후의 공기 누출량 기준으로 옳은 것은?
① 용기 내 압력이 0.07 MPa 이상 1.5 MPa 이하의 범위에서 5 L/h 이하인 것으로 한다.
② 용기 내 압력이 0.7 MPa 이상 15 MPa 이하의 범위에서 5 L/h 이하인 것으로 한다.
③ 용기 내 압력이 0.7 MPa 이상 15 MPa 이하의 범위에서 15 L/h 이하인 것으로 한다.
④ 용기 내 압력이 0.07 MPa 이상 1.5 MPa 이하의 범위에서 15 L/h 이하인 것으로 한다.

79. 불화수소의 LC50(ppm · 1 h · rat)으로 옳은 것은?
① 144 ② 185
③ 293 ④ 1307

80. 특수고압가스가 아닌 것은?
① 디실란 ② 삼불화인
③ 포스겐 ④ 액화알진

제 5 과목 가스계측

81. 액체의 압력을 이용하여 액위를 측정하는 방식으로 일명 purge식 액면계라고도 하는 것은?
① 차압식 액면계 ② 기포식 액면계
③ 검척식 액면계 ④ 부자식 액면계

82. 가스크로마토그래피의 검출기 중 할로겐 화합물, 니트로 화합물을 정밀하게 검출할 수 있는 것은?
① 불꽃열이온 검출기
② 불꽃이온화 검출기
③ 전자포획 이온화 검출기
④ 열전도도 검출기

83. 경사각이 30°인 경사관식 압력계의 눈금을 읽었더니 50 cm이었다. 이때 양단의 압력 차이는 약 몇 kgf/cm^2인가? (단, 비중이 0.8인 기름을 사용하였다.)
① 0.02 ② 0.2
③ 20 ④ 200

84. 디지털 계측에 대한 특징이 아닌 것은?
① 개인 오차를 줄일 수 있다.
② 전송 지연이나 오차가 없다.
③ 자동계측 및 제어가 용이하다.
④ 계측과 지시가 연속적으로 이루어진다.

85. 적외선 분광분석법에서 사용하는 광원이 아닌 것은?
① 니크롬선 ② 중수소 램프
③ 네른스트 램프 ④ Globar 램프

86. 제어량의 응답에 계단변화가 도입된 후에 얻게 될 궁극적인 값을 얼마나 초과하게 되는가를 나타내는 척도를 무엇이라 하는가?
① 상승시간(rise time)
② 응답시간(response time)
③ 오버슈트(over shoot)
④ 진동주기(period of oscillation)

87. 재현성이 좋기 때문에 상대습도계의 감습소자로 사용되며 실내의 습도조절용으로도 많이 이용되는 습도계는?
① 모발 습도계 ② 냉각식 노점계
③ 저항식 습도계 ④ 건습구 습도계

88. 공기압식 조절계에 대한 설명 중 거리가 먼 것은?
① 관로저항으로 전송 지연이 발생할 수 있다.
② 실용상 200 m 이내에서는 전송 지연이 없다.
③ 공기압 신호는 0.2~1.0 kgf/cm² 의 압력을 사용한다.
④ 신호 공기원은 충분히 제습, 제진한 것이 요구된다.

89. 목표값이 미리 정해진 변화를 하거나 제어순서 등을 지정하는 제어로서 금속이나 유리 등의 열처리에 응용하면 좋은 제어는?
① 프로그램 제어 ② 비율 제어
③ 캐스케이드 제어 ④ 타력 제어

90. 수은 온도계의 측정범위는 얼마인가?
① -200~200℃ ② 0~200℃
③ -60~350℃ ④ -200~540℃

91. 압전효과와 관계가 가장 적은 것은?
① PZT ② 톰슨
③ 로셸염 ④ 수정

92. 정특성과 관련이 적은 것은?
① 감도 ② 선형성
③ 히스테리시스 ④ 응답시간

93. 건조공기 120 kg에 6 kg의 수증기를 포함한 습공기가 있다. 온도가 49℃이고, 전체 압력이 750 mmHg일 때의 비교습도는 약 얼마인가? (단, 49℃에서의 포화수증기압은 89 mmHg이고 공기의 분자량은 29로 한다.)
① 30 % ② 40 %
③ 50 % ④ 60 %

94. 게겔법에 의한 가스 분석에서 가스와 그 흡수제가 바르게 짝지어진 것은?
① O_2 – 취화수소
② CO_2 – 발연황산
③ C_2H_2 – 33 % KOH 용액
④ CO – 암모니아성 염화제1구리 용액

95. 비례 제어기로 60℃~80℃ 사이의 범위로 온도를 제어하고자 한다. 목표값이 일정한 값으로 고정된 상태에서 측정된 온도가 73℃~76℃로 변할 때 비례대역은 약 몇 %인가?
① 10 ② 15
③ 20 ④ 25

96. 연소가스 중 CO와 H_2의 분석에 사용되는 가스분석계는?
① 탄산가스계 ② 질소가스계
③ 미연소가스계 ④ 수소가스계

97. 기체 크로마토그래피에 사용되는 모세관 컬럼 중 모세관 내벽에 고정상을 얇게 코팅한 것으로 일반적으로 가장 많이 사용되는 것은?
① FSOT ② 충전컬럼
③ WCOT ④ SCOT

98. 오르사트(Orsat) 가스분석기에 의한 배기가스 각 성분의 계산식으로 틀린 것은?
① $N_2[\%] = 100 - (CO_2[\%] - O_2[\%] - CO[\%])$
② $CO[\%]$
$= \dfrac{\text{암모니아성 염화제일구리 용액 흡수량}}{\text{시료채취량}} \times 100$
③ $O_2[\%]$
$= \dfrac{\text{알칼리성 피로갈롤 용액 흡수량}}{\text{시료채취량}} \times 100$
④ $CO_2[\%]$
$= \dfrac{30\% \text{ KOH 용액 흡수량}}{\text{시료채취량}} \times 100$

99. 가스미터의 구비조건으로 틀린 것은?
① 내구성이 클 것
② 소형으로 계량용량이 적을 것
③ 감도가 좋고 압력손실이 적을 것
④ 구조가 간단하고 수리가 용이할 것

100. 대기압이 750 mmHg일 때 탱크 내의 기체압력이 게이지압력으로 1.98 kgf/cm²이었다. 탱크 내 기체의 절대압력은 약 몇 kgf/cm²인가? (단, 1기압은 1.0336 kgf/cm² 이다.)
① 1 ② 2
③ 3 ④ 4

CBT 모의고사 3

제1과목 가스유체역학
---

1. 물의 점성계수(μ) 1 kg/m·s를 P(poise)로 표시하면 얼마인가?
① 0.01
② 0.1
③ 1
④ 10

2. 안지름 100 mm인 관속을 압력 5 kgf/cm², 온도 15℃인 공기가 20 kg/s의 비율로 흐를 때 평균 유속은? (단, 공기의 기체상수는 29.27 kgf·m/kg·K이다.)
① 42.8 m/s
② 58.1 m/s
③ 429 m/s
④ 558 m/s

3. 압력이 200 kPa이고 온도가 27℃인 질소의 밀도(kg/m³)는 약 얼마인가? (단, 질소의 분자량은 28이다.)
① 0.245
② 1.245
③ 2.245
④ 3.245

4. 내경 0.0526 m인 철관 내를 점도가 0.01 kg/m·s이고 밀도가 1200 kg/m³인 액체가 1.16 m/s의 평균속도로 흐를 때 Reynolds 수는 약 얼마인가?
① 36.61
② 3661
③ 732.2
④ 7322

5. 유효낙차 H[m], 유량 Q[m³/min]인 수차의 이론출력(kW)을 구하는 식은?

① $\dfrac{1000HQ}{75}$
② $\dfrac{1000HQ}{102}$
③ $\dfrac{1000HQ}{75\times 60}$
④ $\dfrac{1000HQ}{102\times 60}$

6. 비압축성 유체의 유량을 일정하게 하고 관경을 2배로 하면 유속은 어떻게 되는가? (단, 기타 손실은 무시한다.)
① $\dfrac{1}{2}$로 감소한다.
② $\dfrac{1}{4}$로 감소한다.
③ 2배로 증가한다.
④ 4배로 증가한다.

7. 대기압이 750 mmHg일 때 수두는 약 몇 mmH₂O인가?
① 1.033
② 1033
③ 102
④ 10200

8. 축류 펌프의 특성이 아닌 것은?
① 체절상태로 운전하면 양정이 일정해진다.
② 유량이 크고 양정이 낮은 경우에 적합하다.
③ 유체는 임펠러를 지나서 축방향으로 유출된다.
④ 비속도가 크기 때문에 회전속도를 크게 할 수 있다.

9. 펌프에서의 공동현상(cavitation)에 관한 다음 설명 중 옳은 것을 모두 고르면?

ⓐ 액체의 온도가 낮을수록 공동현상이 잘 일어난다.
ⓑ 펌프의 설치 위치를 낮추어 흡입양정을 작게 하는 것은 공동현상 방지에 효과가 있다.
ⓒ 공동현상은 유체 내의 국소압력이 그 온도에 상응하는 유체의 포화증기압 이상일 때 일어난다.

① ⓐ   ② ⓑ
③ ⓐ, ⓒ   ④ ⓐ, ⓑ

10. 어떤 액체에 비중계를 띄운 결과 물에 띄웠을 때보다 60 mm만큼 더 가라앉았다. 이 액체의 비중은 약 얼마인가? (단, 비중계의 무게는 20 g, 비중계 축의 지름은 6 mm이다.)

① 0.822   ② 0.872
③ 0.882   ④ 0.922

11. 펌프에서 발생하는 서징(surging) 현상의 발생 원인으로 가장 거리가 먼 것은?

① 배관 중에 수조나 공기조가 있을 때
② 관속을 흐르는 유체의 유속이 급격히 변화될 때
③ 유량조절밸브가 수조나 공기조의 뒤쪽에 있을 때
④ 펌프의 유량-양정 곡선이 우향 상승 구배 곡선일 때

12. 레이놀즈수를 옳게 나타낸 것은?

① 점성력에 대한 중력의 비
② 탄성력에 대한 압력의 비
③ 점성력에 대한 관성력의 비
④ 표면장력에 대한 관성력의 비

13. 15°C인 공기 속을 비행하는 물체의 마하각이 20°이면 물체의 속도는 약 몇 m/s인가? (단, 공기의 기체상수 R은 287 J/kg·K, 비열비 k는 1.4이다.)

① 340   ② 568   ③ 995   ④ 1267

14. 지름이 25 cm인 원형관 속을 5.7 m/s의 평균속도로 물이 흐르고 있다. 40 m에 걸친 수두손실이 5 m라면 이때의 Darcy 마찰계수는 약 얼마인가?

① 0.0189   ② 0.1547
③ 0.2089   ④ 0.2621

15. 벤투리 유량계에 대한 설명으로 옳지 않은 것은?

① 유량계수는 벤투리관의 치수, 형태 및 관내벽의 표면 상태에 따라 달라진다.
② 실제 유체에서는 점성 등에 의한 손실이 발생하므로 유량계수를 사용하여 보정해 준다.
③ 유체는 벤투리관 입구 부분에서 속도가 증가하며, 압력 에너지의 일부가 속도 에너지로 바뀐다.
④ 벤투리 유량계는 확대부의 각도를 20 ~30°, 수축부의 각도를 6~13°로 하여 압력손실이 적게 발생하게 한다.

16. 그림과 같이 하단의 물과 상단의 기름 경계면까지의 높이가 5 m이고, 이 경계면에서 대기와의 경계면까지의 높이가 5 m일 때 출구에서의 유속 V는 약 몇 m/s인가? (단, 기름의 비중 S는 0.9이다.)

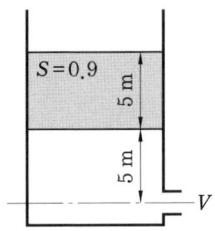

① 13.65　　② 14.65
③ 15.65　　④ 16.65

17. 밀도가 0.85 g/cm³, 점도가 5 cP인 유체가 인입속도 10 cm/s로 평판에 접근할 때 평판의 입구로부터 20 cm인 지점에서 형성된 경계층의 두께는 약 몇 cm인가? (단, 층류흐름으로 가정하고 상수값은 5로 한다.)

① 1.25　　② 1.71
③ 2.24　　④ 2.78

18. 안지름이 D인 실린더 속에 물이 가득 채워져 있고, 바깥지름이 $0.8D$인 피스톤이 0.1 m/s의 속도로 주입되고 있다. 이 때 실린더와 피스톤 사이의 틈으로 역류하는 물의 평균속도는 약 몇 m/s인가?

① 0.178　　② 0.213
③ 0.313　　④ 0.413

19. 등엔트로피 과정 하에서 완전기체 중의 음속을 옳게 나타낸 것은? (단, E는 체적탄성계수, R은 기체상수, T는 절대온도, P는 압력, k는 비열비이다.)

① $\sqrt{PE}$　　② $\sqrt{kRT}$
③ RT　　④ PT

20. 압력의 차원을 절대단위계로 바르게 나타낸 것은?

① MLT^{-2}
② $ML^{-1}T^2$
③ $ML^{-2}T^{-2}$
④ $ML^{-1}T^{-2}$

제 2 과목　연소공학

21. 기체상수 R의 단위가 kgf·m/kmol·K일 때의 값은?

① 0.0821　　② 1.987
③ 8.314　　④ 848

22. 어떤 연도가스의 조성이 아래와 같다면 과잉공기의 백분율은 약 몇 %인가? (단, 공기 중 질소와 산소의 부피비는 79 : 21이다.)

| CO_2 : 11.9 % | CO : 1.6 % |
| O_2 : 4.1 % | N_2 : 82.4 % |

① 17.7　　② 21.9
③ 33.5　　④ 46.0

23. 이상기체 10 kg을 240 K만큼 온도를 상승시키는데 필요한 열량이 정압인 경우와 정적인 경우에 그 차가 415 kJ이었다. 이 기체의 가스상수는 약 몇 kJ/kg·K인가?

① 0.173　　② 0.287
③ 0.381　　④ 0.423

24. 이론 공기량에 대한 실제 공기량의 비를 무엇이라 하는가?

① 공기비　　② 당량비
③ 혼합비　　④ 연료비

25. 열역학 제1법칙을 바르게 설명한 것은?

① 열평형에 관한 법칙이다.
② 제2종 영구기관의 존재 가능성을 부인하는 법칙이다.
③ 에너지보존 법칙 중 열과 일의 관계를 설명한 것이다.

④ 열은 다른 물체에 아무런 변화도 주지 않고, 저온 물체에서 고온 물체로 이동하지 않는다.

26. 정압비열(C_p)이 1.848 kJ/kg·K이고, 정적비열(C_v)이 1.386 kJ/kg·K인 이상기체가 단열된 실린더 내에서 팽창한다. 처음의 압력(P_1)이 0.98 MPa, 처음의 체적(V_1)이 0.111 m³이라면, 이 기체 0.5 kg이 용적 0.3 m³으로 될 때까지 행하여진 일량은 약 몇 kJ인가? (단, 기체상수 R은 460.6 N·m/kg·K이다.)
① 7.31   ② 8.31
③ 71.4   ④ 92.1

27. 사염화탄소를 소화기로 사용하지 못하는 이유로 옳은 것은?
① 방출 시 분해되어 염소가 생성된다.
② 열분해되어 맹독성인 포스겐이 생성된다.
③ 사염화탄소 자체가 독성을 가진다.
④ 공기보다 가벼워 쉽게 확산된다.

28. 온도가 500℃인 과열증기의 과열도는 약 얼마인가? (단, 포화증기 온도는 600 K이다.)
① 123   ② 173
③ 223   ④ 273

29. 이상기체상수 R(kJ/kg·K)이 가장 작은 것은?
① 메탄   ② 공기
③ 산소   ④ 에틸렌

30. 아세틸렌 가스의 위험도(H)는 약 얼마인가?
① 21   ② 23
③ 31   ④ 33

31. 1 atm 25℃ 공기를 0.5 atm까지 단열 팽창시키면 그때 온도는 몇 ℃인가? (단, 공기의 비열비는 1.4이다.)
① -8.6   ② -10.5
③ -13.8   ④ -28.5

32. 최고온도 600℃와 최저온도 50℃ 사이에서 작동되는 카르노 사이클의 이론적 효율은 약 몇 %인가?
① 35.15   ② 46.06
③ 57.27   ④ 63.00

33. 예혼합연소의 특징에 대한 설명으로 옳은 것은?
① 역화의 위험성이 없다.
② 로(爐)의 체적이 커야 한다.
③ 연소실 부하율을 높게 얻을 수 있다.
④ 화염대에 해당하는 두께는 10~100 mm 정도로 두껍다.

34. 다음 중 오토 사이클에 대한 설명이 아닌 것은?
① 열효율은 압축비에 대한 함수이다.
② 열효율은 공기표준 사이클보다 낮다.
③ 비열비가 작을수록 열효율은 증대한다.
④ 이상연소에 의한 열효율은 크게 제한을 받는다.

35. 증발온도가 -15℃이며, 응축온도가 30℃인 그림의 $P-h$ 선도로 가동되는 냉동사이클에 대한 성적계수는 약 얼마인가?

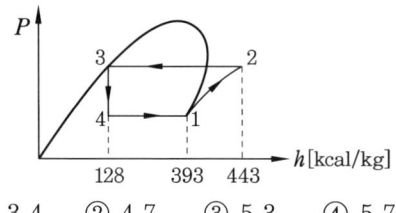

① 3.4 ② 4.7 ③ 5.3 ④ 5.7

36. 전실화재(flashover)와 역화(back draft)에 대한 설명으로 틀린 것은?
① flashover는 급격한 가연성가스의 착화로서 폭풍과 충격파를 동반한다.
② flashover는 화재성장기(제1단계)에서 발생한다.
③ back draft는 최성기(제2단계)에서 발생한다.
④ flashover는 열의 공급이 요인이다.

37. 난류 예혼합화염과 층류 예혼합화염의 특징을 비교한 설명으로 옳지 않은 것은?
① 난류 예혼합화염은 다량의 미연소분이 잔존한다.
② 난류 예혼합화염의 두께가 층류 예혼합화염의 두께보다 크다.
③ 난류 예혼합화염의 휘도(輝度)는 층류 예혼합화염의 휘도보다 낮다.
④ 난류 예혼합화염의 연소속도는 층류 예혼합화염의 연소속도보다 수배 내지 수십배 빠르다.

38. 부탄(C_4H_{10})가스 1 Sm³를 완전 연소시켰을 때의 건조 연소가스량은 약 몇 Sm³인가?
(단, 공기 중 산소의 농도는 21 vol%이다.)

① 21.8 ② 25.8
③ 28.4 ④ 32.4

39. 가연성 가스의 발화도가 150℃일 때 방폭 전기기기의 온도등급은?
① T2 ② T3
③ T4 ④ T5

40. 프로판 1 Sm³를 완전 연소시키는데 필요한 이론공기량은 몇 Sm³인가?
① 5.0   ② 10.5
③ 21.0 ④ 23.5

제 3 과목   가스설비

41. Mn을 1~1.5 %을 포함한 알루미늄 합금으로 가공성, 용접성이 좋아 저장탱크 등에 널리 사용되는 알루미늄 합금은?
① 알민(Al-Mn계) ② 알클래드
③ 두랄루민   ④ Y 합금

42. Freon(CFC) 제조 시 사용되지 않는 것은?
① 암모니아   ② 아세틸렌
③ 불화수소   ④ 염소

43. 피셔(fisher)식 정압기의 2차 압력의 이상 저하 원인으로 가장 거리가 먼 것은?
① 정압기의 능력 부족
② 필터 먼지류의 막힘
③ 가스 중 수분의 동결
④ 파일럿 오리피스의 녹 막힘

44. 레페(Reppe) 반응장치 내에서 아세틸렌을 압축할 때 폭발의 위험을 최소화하기 위해 첨가하는 물질로 옳은 것은?
① N_2 : 49 % 또는 CO_2 : 42 %
② N_2 : 22 % 또는 CO_2 : 29 %
③ O_2 : 49 % 또는 CO_2 : 42 %
④ O_2 : 22 % 또는 CO_2 : 29 %

45. 정(+) 톰슨 관련 금속에 해당되는 것은?
① Pt   ② Ni
③ Cu   ④ Fe

46. 나프타 접촉분해법에서 개질온도 705℃의 조건에서 개질압력을 1기압보다 높은 압력에서의 조업조건이 옳은 것은?
① H_2와 CO가 증가하고, CH_4와 CO_2가 감소한다.
② H_2와 CO가 감소하고, CH_4와 CO_2가 증가한다.
③ CO와 CO_2가 감소하고, CH_4와 H_2가 증가한다.
④ CH_4와 CO가 증가하고, H_2와 CO_2가 감소한다.

47. 펌프의 유효흡입수두(NPSH)를 가장 잘 표현한 것은?
① 펌프의 동력을 나타내는 척도이다.
② 공동현상 발생조건을 나타내는 척도이다.
③ 공동현상을 일으키지 않을 한도의 최대 흡입 양정을 말한다.
④ 펌프가 흡입할 수 있는 전흡입 수두로 펌프의 특성을 나타낸다.

48. 2단 감압식 1차용 조정기의 최대폐쇄압력은 얼마인가?
① 3.5 kPa 이하
② 50 kPa 이하
③ 95 kPa 이하
④ 조정압력의 1.25배 이하

49. 아세틸렌 용기의 부식을 방지하기 위하여 시행하는 1차 도장의 1회당 도포량 기준으로 옳은 것은? (단, 도포량은 용기 외면 1 m^2당 g수이다.)
① 100   ② 130   ③ 150   ④ 150

50. 고압가스 반응기 중 암모니아 합성탑의 구조로서 옳은 것은?
① 암모니아 합성탑은 내압용기와 내부구조물로 되어 있다.
② 암모니아 합성탑은 이음새 없는 둥근 용기로 되어 있다.
③ 암모니아 합성탑은 내부 가열식 용기와 내부 구조물로 되어 있다.
④ 암모니아 합성탑은 오토클레이브(autoclave)내에 회전형 구조이다.

51. 분젠식 버너에 사용되는 노즐 형식이 아닌 것은?
① 다공형 노즐   ② 확산형 노즐
③ 감속형 노즐   ④ 조정형 노즐

52. 직경 100 mm, 길이 20 m인 저압배관에 프로판(C_3H_8) 가스를 공급할 때 압력손실이 14 mmH$_2$O이다. 이 배관에 부탄(C_4H_{10})을 프로판과 동일한 유량으로 공급하면 압력손실은 약 몇 mmH$_2$O인가? (단, 비중은 프로판이 1.5, 부탄이 2이다.)

① 12.67　　② 15.86
③ 18.67　　④ 21.56

53. 그림은 회전수가 일정할 경우의 펌프의 특성곡선이다. 효율곡선에 해당하는 것은?

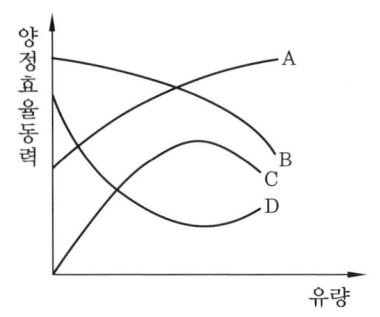

① A　　② B
③ C　　④ D

54. 원심펌프에서 발생하는 서징현상 방지법으로 적합하지 않은 것은?
① 임펠러 회전수를 변경시킨다.
② 배관 중에 있는 불필요한 수조를 제거한다.
③ 임펠러, 가이드 베인의 형상 및 치수를 변경하여 특성을 변화시킨다.
④ 방출밸브를 사용하여 서징현상이 발생할 때 양수량 이상으로 유량을 증가시킨다.

55. 직경이 100 mm인 원형 기둥에 100000 N의 힘이 작용할 때 원형 기둥에 작용하는 응력은 약 몇 MPa인가?
① 1.273　　② 12.732
③ 127.32　　④ 1273.2

56. 납사(Naphtha)에 대한 설명으로 옳지 않은 것은?
① C/H비가 5~6으로 가스화가 용이하다.
② 올레핀계 탄화수소량이 많은 것이 가스화 효율이 높다.
③ 가스화하여 도시가스로 공급하거나 중열용으로 사용한다.
④ 원유의 상압증류에서 비점이 200℃ 이하의 유분을 뜻한다.

57. 염소의 공기 중 폭발범위는 얼마인가?
① 2.5~81.0 %
② 4.0~75.1 %
③ 12.5~74.0 %
④ 없음

58. 다음 중 기화기를 구성하는 주요 설비가 아닌 것은?
① 열교환기
② 열매 이송장치
③ 액유출 방지장치
④ 열매 온도 제어장치

59. 어느 식당에서 가스레인지 1개에서 0.4 kg/h의 LP가스를 소비하는데 5시간 동안 계속 사용하고, 가스레인지가 10개였다면 필요한 최소 용기의 수는? (단, 잔액이 20 %일 때 교환하고 용기 1개의 가스 발생능력은 850 g/h이다.)
① 3개　　② 4개
③ 5개　　④ 6개

60. 비교회전도(비속도)의 범위가 200~700 정도 되는 펌프는?
① 벌류트펌프　　② 터빈펌프
③ 축류펌프　　④ 사류펌프

제 4 과목 가스안전관리

61. 배관의 임의의 지점에서 길이 방향으로 1.6 km, 배관 중심으로부터 좌우로 각각 폭 0.2 km의 범위에 있는 가옥수(아파트 등 복합건축물의 가옥 숫자는 건축물 안의 독립된 가구 수로 한다)를 나타내는 용어로 옳은 것은?
① 가옥지수 ② 밀도지수
③ 배관지수 ④ 인구지수

62. 단일 방호식 LNG 저장탱크에 대한 설명으로 틀린 것은?
① 1차 탱크는 상부가 개방형으로 이루어진 구조이다.
② 액화천연가스를 저장할 수 있는 하나의 탱크로 구성된다.
③ 2차 탱크는 증기를 담을 수 있는 강재 돔 지붕이 있는 것이어야 한다.
④ 1차 탱크는 액화천연가스를 저장할 수 있는 자기 지지형 강재 원통형으로 한다.

63. 과류차단형 액화석유가스용 용기밸브의 과류차단성능 기준 중 과류차단기구가 작동한 후의 공기 누출량 기준으로 옳은 것은?
① 용기 내 압력이 0.7 MPa 이상 15 MPa 이하의 범위에서 5 L/h 이하인 것으로 한다.
② 용기 내 압력이 0.07 MPa 이상 1.5 MPa 이하의 범위에서 5 L/h 이하인 것으로 한다.
③ 용기 내 압력이 0.7 MPa 이상 15 MPa 이하의 범위에서 15 L/h 이하인 것으로 한다.
④ 용기 내 압력이 0.07 MPa 이상 1.5 MPa 이하의 범위에서 15 L/h 이하인 것으로 한다.

64. 전자식 가스누출 확인 퓨즈콕 구성과 관계없는 것은?
① 자동개폐버튼
② 점검버튼
③ 시간조작버튼
④ 전자식 차단밸브

65. 액화석유가스용 용기잔류가스 회수장치의 구성이 아닌 것은?
① 열교환기 ② 압축기
③ 연소설비 ④ 질소퍼지장치

66. 액화프로판 500 kg을 내용적 60 L의 용기에 충전하려면 몇 개의 용기가 필요한가?
① 5개 ② 10개
③ 15개 ④ 20개

67. 고압가스 특정제조시설의 장치 분야 정밀안전 검진항목이 아닌 것은?
① 경도 측정
② 전위 측정
③ 침탄 측정
④ 보온 · 보랭 상태

68. 아세틸렌을 충전하는 용기에 다공질물이 고형일 때 아세톤 또는 디메틸포름아미드를 충전한 다음 용기벽을 따라 생기는 틈이 무방한 것은 용기 직경의 얼마를 초과하지 않는 것인가?
① 1/100 ② 1/200
③ 1/300 ④ 1/500

69. 고압가스 용기의 재검사를 받아야 할 경우가 아닌 것은?
① 손상이 발생한 용기
② 합격표시가 훼손된 용기
③ 충전한 고압가스가 소진된 용기
④ 산업통상자원부령이 정하는 기간이 경과한 용기

70. 가연성가스가 폭발할 위험이 있는 농도에 도달할 우려가 있는 장소로서 "2종 장소"에 해당되지 않는 것은?
① 상용의 상태에서 가연성가스의 농도가 연속해서 폭발 하한계 이상으로 되는 장소
② 1종 장소의 주변에서 위험한 농도의 가연성가스가 종종 침입할 우려가 있는 장소
③ 밀폐된 용기가 그 용기의 사고로 인해 파손될 경우에만 가스가 누출할 위험이 있는 장소
④ 환기장치에 이상이나 사고가 발생한 경우에 가연성가스가 체류하여 위험하게 될 우려가 있는 장소

71. 고압가스 용기를 운반할 때 혼합적재를 금지하는 기준으로 틀린 것은?
① 염소와 수소는 동일차량에 적재하여 운반하지 않는다.
② 염소와 아세틸렌은 동일차량에 적재하여 운반하지 않는다.
③ 충전용기와 석유류는 동일차량에 적재할 때에는 완충판 등으로 조치하여 운반한다.
④ 가연성가스와 산소를 동일차량에 적재하여 운반할 때에는 그 충전용기의 밸브가 서로 마주보지 않도록 적재한다.

72. 제조식 수소자동차 충전시설에서 고압가스설비 외면으로부터 다른 가연성가스 제조시설의 고압가스설비와 몇 m의 안전거리를 유지하여야 하는가?
① 5 m 이상
② 10 m 이상
③ 20 m 이상
④ 30 m 이상

73. 일반도시가스사업자의 정압기에서 시공감리 기준 중 기능검사에 대한 설명으로 틀린 것은?
① 가스차단장치의 개폐상태를 확인한다.
② 2차 압력을 측정하여 작동압력을 확인한다.
③ 주정압기의 압력변화에 따라 예비정압기가 정상작동 되는지 확인하다.
④ 지하에 설치된 정압기실 내부에 100룩스 이상의 조명도가 확보되는지 확인한다.

74. 초저온가스용 용기제조 기술기준에 대한 설명으로 틀린 것은?
① "최고충전압력"은 상용압력 중 최고압력을 말한다.
② 용기 동판의 최대두께와 최소두께와의 차이는 평균두께의 10 % 이하로 한다.
③ 용기의 외조에 외조를 보호할 수 있는 플러그 또는 파열판 등의 압력방출장치를 설치한다.
④ 초저온용기는 오스테나이트계 스테인리스강 또는 티타늄합금으로 제조한다.

75. 일반도시가스사업 공급소에서의 안전거리의 기준으로 옳은 것은?
① 가스발생기는 그 외면으로부터 사업장의 경계까지 3 m 이상이 되도록 한다.
② 배송기, 압송기 등 공급시설의 부대설

비는 그 외면으로부터 사업장의 경계까지 2 m 이상이 되도록 한다.
③ 가스혼합기, 가스정제설비는 그 외면으로부터 사업장의 경계까지 5 m 이상이 되도록 한다.
④ 가스홀더는 그 외면으로부터 사업장의 경계까지 거리가 최고사용압력이 고압인 것은 20 m 이상이 되도록 한다.

76. 고압가스 냉동시설에서 냉동능력의 합산 기준으로 틀린 것은?

① 1원(元) 이상의 냉동방식에 의한 냉동설비
② brine을 공통으로 하고 있는 2 이상의 냉동설비
③ 냉매가스가 배관에 의하여 공통으로 되어 있는 냉동설비
④ 냉매계통을 달리하는 2개 이상의 설비가 1개의 규격품으로 인정되는 설비 내에 조립되어 있는 것

77. 고압가스 제조장치의 내부에 작업원이 들어가 수리를 하고자 한다. 이 때 가스 치환 작업으로 가장 부적합한 경우는?

① 질소 제조장치에서 공기로 치환한 후 즉시 작업을 하였다.
② 아황산가스인 경우 불활성가스로 치환한 후 다시 공기로 치환하여 작업을 하였다.
③ 수소 제조장치에서 불활성가스로 치환한 후 즉시 작업을 하였다.
④ 암모니아인 경우 불활성가스로 치환하고 다시 공기로 치환한 후 작업을 하였다.

78. 고압가스 안전관리법령에 규정된 안전관리규정의 실시기록은 몇 년간 보존하여야 하는가?

① 1년　② 2년
③ 3년　④ 5년

79. 의료용 산소용기의 표시방법으로 옳은 것은?

① 용기의 상단부에 2 cm 크기의 백색 띠를 한 줄로 표시한다.
② 용기의 상단부에 3 cm 크기의 녹색 띠를 두 줄로 표시한다.
③ 용기의 상단부에 3 cm 크기의 백색 띠를 한 줄로 표시한다.
④ 용기의 상단부에 2 cm 크기의 녹색 띠를 두 줄로 표시한다.

80. 차량에 고정된 용기에 의한 운반기준으로 틀린 것은?

① 충전관에는 안전밸브, 압력계 및 긴급탈압밸브를 설치한다.
② 용기의 주 밸브는 1개로 통일하여 긴급차단장치와 연결한다.
③ 용기 상호간 또는 용기와 차량과의 사이를 단단하게 부착하는 조치를 한다.
④ 차량 앞뒤의 보기 쉬운 곳에 각각 붉은 글씨로 "위험고압가스"라는 경계표시를 한다.

제 5 과목　가스계측

81. 25°C는 랭킨(Rankine)온도로 약 몇 °R인가?

① 77°R　② 298°R
③ 537°R　④ 485°R

82. 스트레이너(strainer)의 설치가 필요한 가스미터는?
① 막식　　② 습식
③ 루트식　　④ 오벌 기어식

83. 도체나 반도체 물질에 전류를 흘리고 이것과 수직방향으로 자계를 가하면 전류와 자속이 이루는 면에 직각으로 전압이 발생한다. 이 현상을 무엇이라 하는가?
① 펠티어 효과
② 제베크 효과
③ 홀 효과
④ 톰슨 효과

84. shear stress가 가장 큰 부분은 선도에서 어느 곳에 해당되는가?

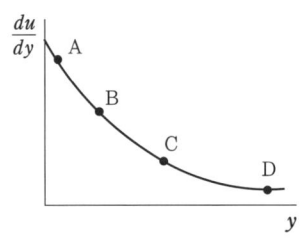

① A　　② B
③ C　　④ D

85. 광고온계의 측정온도 범위로 가장 적합한 것은?
① 100~300℃　　② 100~500℃
③ 700~3000℃　　④ 4000~5000℃

86. 피크노미터는 무엇을 측정하는데 사용되는가?
① 비중　　② 비열
③ 발화점　　④ 열량

87. 헴펠식 가스분석법에서 흡수·분리되지 않은 성분은?
① 이산화탄소　　② 수소
③ 중탄화수소　　④ 산소

88. 아르키메데스의 원리를 이용한 압력계는?
① 플로트식　　② 침종식
③ 단관식　　④ 링밸런스식

89. 스프링식 저울의 경우 측정하고자 하는 물체의 무게가 작용하여 스프링의 변위가 생기고 이에 따라 바늘의 변위가 생겨 지시하는 양으로 물체의 무게를 알 수 있다. 이와 같은 측정방법은?
① 편위법　　② 영위법
③ 치환법　　④ 보상법

90. NH_3 가스 누설이 의심될 때 사용하는 시험지와 반응색이 옳게 연결된 것은?
① 염화파라듐지 – 흑색
② 염화제1구리착염지 – 적색
③ 적색리트머스지 – 청색
④ 초산벤지민지 – 청색

91. 커피포트에서 물이 끓을 때 자동으로 전원을 차단하는 제어는 어떤 제어를 응용한 것인가?
① 시퀀스 제어
② 프로그램 제어
③ 피드백 제어
④ 서보 제어

92. SI기본단위인 켈빈(K)과 관련 있는 것은?
① C　　② C_2H_4
③ H　　④ H_2O

93. 빈병의 질량이 414 g인 비중병이 있다. 물을 채웠을 때 질량이 999 g, 어느 액체를 채웠을 때의 질량이 874 g일 때 이 액체의 밀도는 얼마인가? (단, 물의 밀도 : 0.998 g/cm³, 공기의 밀도 : 0.00120 g/cm³이다.)

① 0.785 g/cm³ ② 0.998 g/cm³
③ 7.85 g/cm³   ④ 9.98 g/cm³

94. 가스미터 선정 시 주의사항으로 가장 거리가 먼 것은?

① 내구성
② 내관검사
③ 오차의 유무
④ 사용 가스의 적정성

95. 가스의 폭발 등 급속한 압력변화를 측정하거나 엔진의 지시계로 사용하는 압력계는?

① 피에조 전기압력계
② 경사관식 압력계
③ 침종식 압력계
④ 벨로스식 압력계

96. 아래 그림과 같은 경사관식 압력계에서 압력 P_1과 P_2의 압력차는 약 몇 kPa인가? (단, $\theta = 30°$, $x = 100$ cm, 액체의 비중량은 8820 N/m³이다.)

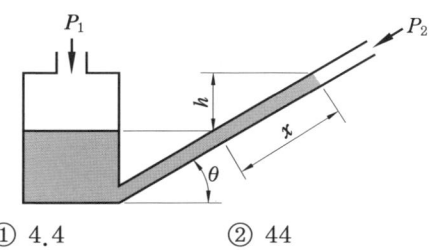

① 4.4   ② 44
③ 8.8   ④ 88

97. 온도계를 발명한 사람과 거리가 먼 인물은?

① 로버트 후크   ② 산토리오
③ 갈릴레오   ④ 가브리엘
⑤ 안데르스

98. 기체 크로마토그래피에서 액체 흡착제를 사용할 때 분리의 바탕이 되는 것은?

① 확산전류의 차
② 흡착계수의 차
③ 가스용적의 차
④ 분배계수의 차

99. 속도분포식 $U = 4y^{\frac{2}{3}}$일 때 경계면에서 0.3 m 지점의 속도구배(s^{-1})는? (단, U와 y의 단위는 각각 m/s, m이다.)

① 2.76   ② 3.38
③ 3.98   ④ 4.56

100. 온도를 측정하려는 물체에 접촉시키지 않고 온도를 측정할 수 있는 온도계로 옳은 것은?

① 전기저항 온도계
② 방사 온도계
③ 열전대 온도계
④ 압력식 온도계

CBT 모의고사 4

제 1 과목 가스유체역학

1. 뉴턴의 점성법칙을 옳게 나타낸 것은? (단, 전단응력은 τ, 유체속도는 U, 점성계수는 μ, 벽면으로부터의 거리는 y로 나타낸다.)

① $\tau = \mu \dfrac{dy}{du}$ ② $\tau = \mu \dfrac{du}{dy}$

③ $\tau = \dfrac{1}{\mu} \dfrac{dy}{du}$ ④ $\tau = \dfrac{1}{\mu} \dfrac{du}{dy}$

2. 동점도의 단위로 옳은 것은?

① m^2/s ② m/s^2

③ m/s ④ $m^2/kg \cdot s^2$

3. 지름이 50 mm, 길이 800 m인 매끈한 수평 파이프를 통하여 매분 135 L의 기름이 흐르고 있을 때, 파이프 양 끝단의 압력 차이는 몇 kgf/cm²인가? (단, 기름의 비중은 0.92이고, 점성계수는 0.56 poise이다.)

① 0.19 ② 0.94
③ 6.7 ④ 58.49

4. 2차원 평면 유동장에서 어떤 이상 유체의 유속이 다음과 같이 주어질 때, 이 유동장의 흐름 함수(stream function : ψ)에 대한 식으로 옳은 것은? (단, u, v는 각각 2차원 직각좌표계[x, y]상에서 x방향과 y방향의 속도를 나타내고, K는 상수이다.)

$$u = \dfrac{-2Ky}{x^2+y^2}, \quad v = \dfrac{2Kx}{x+y^2}$$

① $\psi = -K\sqrt{x^2+y^2}$
② $\psi = -2K\sqrt{x^2+y^2}$
③ $\psi = -K\ln(x^2+y^2)$
④ $\psi = -2K\ln(x^2+y^2)$

5. 표준대기압 25°C인 공기 속에서 어떤 물체가 910 m/s의 속도로 움직인다. 이때 음속과 물체의 마하수는 각각 얼마인가? (단, 공기의 비열비는 1.4, 기체상수는 287 J/kg · K이다.)

① 326 m/s, 2.79
② 346 m/s, 2.63
③ 359 m/s, 2.53
④ 367 m/s, 2.48

6. 그림과 같이 수직벽의 양쪽에 수위가 다른 물이 있다. 벽면에 붙인 오리피스를 통하여 수위가 높은 쪽에서 낮은 쪽으로 물이 유출되고 있다. 이 속도 V_2는? (단, 물의 밀도는 ρ, 중력가속도는 g라 한다.)

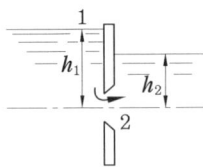

① $\sqrt{\dfrac{2gh_1}{\rho}}$

② $\sqrt{\dfrac{2g}{\rho}(h_1-h_2)}$

③ $\sqrt{\dfrac{g}{\rho}(h_1-h_2)}$

④ $\sqrt{2g(h_1-h_2)}$

7. 반지름이 30 cm인 원통 속에 물을 담아 30 rpm으로 회전시킬 때 수면의 상승 높이는 약 몇 m인가?

① 0.015　　② 0.030
③ 0.045　　④ 0.060

8. 동일한 펌프로 동력을 변화시킬 때 상사 조건이 되려면 동력은 회전수와 어떤 관계가 성립하여야 하는가?

① 회전수의 2승에 비례한다.
② 회전수의 3승에 비례한다.
③ 회전수의 $\frac{1}{2}$ 승에 비례한다.
④ 회전수와 1대 1로 비례한다.

9. 그림과 같이 유체의 흐름 방향을 따라서 단면적이 감소하는 영역 (Ⅰ)과 증가하는 영역 (Ⅱ)이 있다. 단면적의 변화에 따른 유속의 변화에 대한 설명으로 옳은 것을 모두 나타낸 것은? (단, 유동은 마찰이 없는 1차원 유동이라고 가정한다.)

> A : 비압축성 유체인 경우 영역 (Ⅰ)에서는 유속이 증가하고, (Ⅱ)에서는 감소한다.
> B : 압축성 유체의 아음속 유동(subsonic flow)에서는 영역 (Ⅰ)에서 유속이 증가한다.
> C : 압축성 유체의 초음속 유동(supersonic flow)에서는 영역 (Ⅱ)에서 유속이 증가한다.

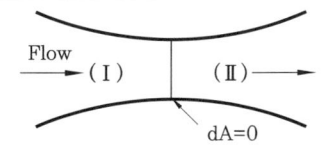

① A, B　　② A, C
③ B, C　　④ A, B, C

10. 평판을 지나는 경계층 유동에 관한 설명으로 옳은 것은? (단, x는 평판 앞쪽 끝으로부터의 거리를 나타낸다.)

① 평판 유동에서 층류 경계층의 두께는 $x^{\frac{1}{2}}$에 비례한다.
② 경계층에서 두께는 물체의 표면부터 측정한 속도가 경계층의 외부 속도의 80%가 되는 점까지의 거리이다.
③ 평판에 형성되는 난류 경계층의 두께는 x에 비례한다.
④ 평판 위의 층류 경계층의 두께는 거리의 제곱에 비례한다.

11. 수축-확대 노즐에서 확대 부분의 유속은?

① 언제나 아음속이다.
② 언제나 초음속이다.
③ 초음속이 가능하다.
④ 음속과 같다.

12. 다음과 같은 일반적인 베르누이 방정식의 적용 조건과 관련이 없는 것은?

$$\frac{u^2}{2} + gz + \frac{P}{\rho} = \text{constant}$$

① 정상 상태 흐름이다.
② 압축성 유체의 흐름이다.
③ 비점성 유체의 흐름이다.
④ 같은 유선 위에 있는 두 점에 적용된다.

13. 어떤 유체의 흐름계를 Buckingham pi 정리에 의하여 차원 해석을 하고자 한다. 계를 구성하는 변수가 7개이고, 이들 변수에 포함된 기본차원이 3개일 때, 몇 개의 독립적인 무차원 수가 얻어지는가?

① 2　　　　　② 4
③ 6　　　　　④ 10

14. 전양정 15 m, 송출량 0.02 m³/s, 효율 85%인 펌프로 물을 수송할 때 축동력은 몇 마력인가?

① 2.8 PS　　　② 3.5 PS
③ 4.7 PS　　　④ 5.4 PS

15. 마하각 α를 옳게 표현한 것은? (단, V는 속도, C는 음속, M은 마하수이다.)

① $\alpha = \sin^{-1}(M \cdot C)$
② $\alpha = \sin^{-1} \dfrac{C}{M}$
③ $\alpha = \sin^{-1} \dfrac{V}{C}$
④ $\alpha = \sin^{-1} \dfrac{C}{V}$

16. 압축성 유체의 에너지 수지에서 고려해 주지 않아도 되는 변수는?

① 위치에너지　　② 내부에너지
③ 엔트로피　　　④ 엔탈피

17. 물리량의 단위를 잘못 표현한 것은?

① 전단응력 : N/m²
② 운동량 : kg · m/s
③ 표면장력 : N/m
④ 일 : N/m³

18. 다음 중 축류펌프의 특징에 대해 잘못 설명한 것은?

① 유량을 크게 하면 전양정을 높일 수 있다.
② 비속도가 높은 영역에서는 원심펌프보다 효율이 높다.
③ 깃의 수를 많이 하면 양정이 증가한다.
④ 체절상태로 운전은 불가능하다.

19. 면적이 줄어드는 통로에서의 등엔트로피 유동에 대한 설명이다. 다음 중 옳은 것은?

> ㉠ 아음속에서 밀도는 증가하고, 초음속에서 밀도는 감소한다.
> ㉡ 아음속에서 속도는 증가하고, 초음속에서 속도는 감소한다.

① 모두 틀리다.　　② ㉠, ㉡ 모두 옳다.
③ ㉠만 옳다.　　　④ ㉡만 옳다.

20. 직경 1 mm, 비중 9.5인 구가 동점성계수(kinematic viscosity) 0.0025 m²/s, 비중 1.25인 액체 속으로 자유 낙하하고 있을 때 낙하 종속도(terminal velocity)는 약 몇 m/s인가?

① 3.52×10^{-3}　　② 5.76×10^{-3}
③ 1.44×10^{-3}　　④ 2.88×10^{-3}

제 2 과목　연소공학

21. 이상기체의 등온과정에 대한 설명으로 옳은 것은?

① 일이 없다.
② 열 이동이 없다.
③ 엔탈피의 변화가 없다.
④ 엔트로피의 변화가 없다.

22. 프로판 가스 2.1 m³를 연소하는 과정에서 건조한 공기 55 m³가 소비되었다면 공기비는 약 얼마인가? (단, 공기의 부피 조성비는 산소 : 질소 = 21 : 79이다.)

① 1.0　　　② 1.1
③ 1.2　　　④ 2.3

23. 프로판과 부탄이 혼합된 경우로서 부탄의 함유량이 많아지면 발열량은?
① 커진다.
② 줄어든다.
③ 일정하다.
④ 커지다가 줄어든다.

24. 비등액체팽창증기폭발(BLEVE : Boiling Liquid Expansion Vapor Explosion)의 발생조건과 무관한 것은?
① 가연성 액체가 개방계 내에 존재하여야 한다.
② 입열에 의해 탱크 내압이 설계압력 이상으로 상승하여야 한다.
③ 주위에 화재 등이 발생하여 내용물이 비점 이상으로 가열되어야 한다.
④ 탱크의 파열이나 균열에 의해 내용물이 대기 중으로 급격히 방출하여야 한다.

25. Van der Waals에 의해 제시된 상태방정식은 $\left(P+\dfrac{a}{V^2}\right)(V-b)=RT$이다. 여기서 분자들 사이의 인력의 작용이 이상기체에 의하여 발휘될 압력보다 적게 발휘하도록 하는 것을 보정하는 항은? (단, a와 b는 특정 기체의 특유한 성질이며 양의 상수이다.)
① $P+\dfrac{a}{V^2}$　　　② $V-b$
③ b　　　④ $\dfrac{a}{V^2}$

26. C 87%, H_2 10%, S 3%의 조성을 갖는 중유가 이론공기로 완전연소할 때 생성되는 CO_2의 양은 약 몇 %인가? (단, 공기 중 산소의 농도는 21 v%이다.)
① 15.3　　　② 16.3
③ 17.3　　　④ 18.3

27. 다양한 종류의 방폭구조 관련 지식, 위험장소 구분 관련 지식 및 방폭전기기기 설치 실무 관련 지식 등을 보유한 자를 무엇이라 하는가?
① 방폭점검사　　　② 방폭관리사
③ 방폭실무자　　　④ 방폭감독자

28. 표준상태에서 C_3H_8 10 kg의 체적은 약 몇 m^3인가? (단, 이상기체로 가정하고 프로판의 분자량은 44이다.)
① 0.01　　　② 0.277
③ 4.4　　　④ 5.1

29. 파라핀계 탄화수소의 탄소수 증가에 따른 일반적인 성질 변화로 옳지 않은 것은?
① 착화점이 높아진다.
② 인화점이 높아진다.
③ 연소범위가 좁아진다.
④ 발열량($kcal/m^3$)이 커진다.

30. 위험장소의 등급분류 중 2종 장소에 해당하지 않는 것은?
① 밀폐된 설비 안에 밀봉된 가연성가스가 그 설비의 사고로 인하여 파손되거나 오조작의 경우에만 누출할 위험이 있는 장소
② 확실한 기계적 환기조치에 따라 가연성가스가 체류하지 아니하도록 되어 있으나 환기장치에 이상이나 사고가 발생한 경우에는 가연성가스가 체류하여 위

험하게 될 우려가 있는 장소
③ 상용상태에서 가연성가스가 체류하여 위험하게 될 우려가 있는 장소, 정비보수 또는 누출 등으로 인하여 종종 가연성가스가 체류하여 위험하게 될 우려가 있는 장소
④ 인접한 실내에서 위험한 농도의 가연성가스가 종종 침입할 우려가 있는 장소

31. 저발열량이 41860 kJ/kg인 연료를 5 kg 연소시켰을 때 연소가스의 열용량이 69.77 kJ/℃이었다면 이때의 이론연소 온도는 약 몇 ℃인가?
① 1000℃   ② 2000℃
③ 3000℃   ④ 4000℃

32. 질소 10 kg이 일정 압력상태에서 체적이 1.5 m³에서 0.5 m³으로 감소될 때까지 냉각되었을 때 질소의 엔트로피 변화량의 크기는 약 몇 kJ/K인가? (단, C_p는 1.04 kJ/kg·K로 한다.)
① 11   ② 22   ③ 44   ④ 88

33. 연소에 관한 설명으로 옳지 않은 것은?
① 고체 및 액체 연료는 고온의 가스 분위기에서 먼저 가스화된다.
② 화염의 종류는 화학적인 성질에 따라 산화염과 환원염으로 나뉜다.
③ 연소는 연료의 산화 발열반응이므로 연소속도란 산화하는 속도라 할 수 있다.
④ 석탄, 장작과 같이 처음에 불꽃을 일으키며 일어나는 연소를 표면연소라 한다.

34. 산소(O_2)의 기본 특성에 대한 설명 중 틀린 것은?

① 자신은 스스로 연소하는 가연성이다.
② 가연성 물질과 반응하여 폭발할 수 있다.
③ 오일과 혼합하면 산화력 증가로 강력히 연소한다.
④ 순산소 중에서는 철, 알루미늄 등도 연소되며 금속산화물을 만든다.

35. 가스 혼합물을 분석한 결과 N_2 70 %, CO_2 15 %, O_2 11 %, CO 4 %의 체적비를 얻었다. 이 혼합물은 10 kPa, 40℃, 0.2 m³인 초기 상태로부터 0.1 m³으로 실린더 내에서 가역단열 압축할 때 최종 상태의 온도는 약 몇 K인가? (단, 이 혼합가스의 정적비열은 0.7157 kJ/kg·K이다.)
① 307   ② 380
③ 407   ④ 540

36. 열확산계수에 대한 운동량 확산계수의 비에 해당하는 무차원수는?
① Lewis number
② Prandtl number
③ Nusselt number
④ Grashof number

37. 기체연료의 연소속도에 대한 설명으로 틀린 것은?
① 혼합기체의 초기온도가 올라갈수록 연소속도가 빨라진다.
② 연소속도는 메탄의 경우 당량비 농도 근처에서 최고가 된다.
③ 연소속도는 가연한계 내에서 혼합기체의 농도에 영향을 크게 받는다.
④ 보통의 탄화수소와 공기의 혼합기체 연소속도는 약 400~500 cm/s 정도로 매우 빠른 편이다.

38. 임계온도가 약 132.5℃인 가스는?
① CH₄ ② NH₃ ③ Ar ④ O₂

39. 정적비열이 0.717 kJ/kg·K인 공기의 정압비열은 약 몇 kJ/kg·K인가?
① 0.283 ② 0.43 ③ 1.004 ④ 1.4

40. 다음 연료 중 공기 중에서 완전연소시킬 때 단위 질량당 발열량이 가장 큰 것은?
① 메탄가스 ② 아세틸렌
③ 프로판가스 ④ 수소

제 3 과목 가스설비

41. 송출 유량(Q)이 0.3 m³/min, 양정(H)이 16 m, 비교회전도(N_s)가 110일 때 펌프의 회전속도(N)는 약 몇 rpm인가?
① 1507 ② 1607
③ 1707 ④ 1807

42. 축류펌프에 대한 설명 중 틀린 것은?
① 비속도(비교회전도)가 크다.
② 저양정에서 회전수를 크게 할 수 있다.
③ 양정의 변화에 대해 유량의 변화가 적다.
④ 허용 흡입압력 이상으로 사용해도 손실이 없다.

43. LP가스의 일반적인 성질에 대한 설명 중 옳은 것은?
① 증발잠열이 적다.
② 액체상태의 LP가스는 물보다 무겁다.
③ 주성분은 저급탄화수소의 화합물이다.
④ 온도상승에 따른 LP가스 액의 체적팽창률이 적다.

44. 어느 용기에 액체를 넣어 밀폐하고 압력을 가해주면 액체의 비등점은 어떻게 되는가?
① 상승한다.
② 저하한다.
③ 변하지 않는다.
④ 이 조건으로는 알 수 없다.

45. 지름이 8.2 m인 구형탱크에 수압시험을 하기 위하여 물을 채우고자 한다. 처리능력이 10 m³/h인 원심펌프를 사용한다면 탱크에 물을 가득 채울 때까지 걸리는 시간은 약 얼마인가?
① 17시간 ② 21시간
③ 25시간 ④ 29시간

46. 완전방호식 LNG 저장탱크에 대한 설명으로 틀린 것은?
① 1차 탱크는 자기자립형 구조의 단일벽 강재이다.
② 1차 탱크와 2차 탱크 사이의 환상공간은 2.0 m 이하로 한다.
③ 2차 탱크는 돔 지붕을 갖추고 정상운전 시 모든 가스를 담을 수 있고 증기는 제어 가능하다.
④ 2차 탱크는 증기를 담지 않는 상부 개방형 구조 또는 증기를 담을 수 있는 돔 지붕을 갖추고 있다.

47. 외부전원법에 의한 전기방식시설의 유지관리 시 3개월에 1회 이상 점검대상이 아닌 것은?
① 정류기 출력 ② 배선의 접촉상태
③ 역전류방지장치 ④ 계기류 확인

48. 급유식 나사압축기의 특징이 아닌 것은?
① 깨끗한 공기를 얻을 수 있다.
② 소음과 진동이 적고, 토출가스에 맥동이 없다.
③ 압축과정이 등온압축에 가까우므로 효율이 좋다.
④ 주입되는 윤활유의 냉각에 의한 내부의 열팽창이 적어 틈새를 적게 할 수 있다.

49. 자긴처리(auto frettage)에 대한 설명으로 틀린 것은?
① 금속라이너 압력용기 제조공정에 적용한다.
② 항복점을 초과하는 압력을 가하여 영구 소성변형을 일으키는 것이다.
③ 자긴처리는 내압시험압력 이상으로 물 등의 유체를 이용하여 실시한다.
④ 자긴처리는 압력을 가한 후 최대 회복점을 일으키지 않는 압력 이상으로 한다.

50. 역카르노 사이클로 작동되는 냉동기가 10마력의 일을 받아서 저온체에서 10 kcal/s의 열을 흡수한다면 고온체로 방출하는 열량은 약 몇 kcal/s인가?
① 9.8   ② 11.8
③ 13.8   ④ 15.8

51. 고압장치 중 코어바 원통과 와인딩 부분의 재질을 변경할 수 있어 재료비를 경감할 수 있는 형식의 고압 원통은?
① 수축 원통
② 강대권 원통
③ 용접형 다층권 원통
④ 스파이럴식 다층권 원통

52. LPG 용기 밸브 충전구의 일반적 나사 형식과 암모니아의 나사 형식이 바르게 연결된 것은?
① 숫나사 – 암나사
② 암나사 – 숫나사
③ 왼나사 – 오른나사
④ 오른나사 – 왼나사

53. 독성가스 배관용 밸브의 압력구분을 호칭하기 위한 표시가 아닌 것은?
① Class   ② S
③ PN   ④ K

54. 가스의 호환성을 판정할 때 사용되는 것은?
① Reynolds수   ② Webbe지수
③ Nusselt수   ④ Mach수

55. 펌프를 운전할 때 펌프 내에 액이 충만하지 않으면 공회전하여 펌핑이 이루어지지 않는다. 이러한 현상을 방지하기 위하여 펌프 내에 액을 충만시키는 것을 무엇이라 하는가?
① 맥동   ② 프라이밍
③ 서징   ④ 캐비테이션

56. 건식 가스홀더에 대한 설명으로 틀린 것은?
① 단층식과 다층식으로 분류된다.
② 작동 중에는 가스압력이 거의 일정하다.
③ 기초가 간단하고 시설비가 적게 소요된다.
④ 탱크 내부에 피스톤이나 다이어프램이 설치되어 있다.

57. 특정설비 중 역화방지장치란 아세틸렌, 수소 그 밖에 가연성 가스의 제조 및 사용설비에 부착하는 건식 또는 수봉식 역화방지장치를 말한다. 수봉식은 무슨 가스에 대하여만 적용하는가?
① 수소   ② 암모니아
③ 염소   ④ 아세틸렌

58. 합성천연가스(SNG) 제조 시 납사를 원료로 하는 메탄합성공정과 관련이 적은 설비는?
① 탈황장치   ② 반응기
③ 수첨 분해탑   ④ CO 변성로

59. 탄소강의 열처리 방법이 아닌 것은?
① 뜨임 ② 불림 ③ 풀림 ④ 굽힘

60. 실린더 중에 피스톤과 보조피스톤이 있고 양 피스톤의 작용으로 상부에 팽창기, 하부에 압축기가 구성되어 있는 공기액화 사이클은?
① 린데 액화 사이클
② 필립스 액화 사이클
③ 클라우드 액화 사이클
④ 캐스케이드 액화 사이클

제 4 과목   가스안전관리

---

61. 고압가스용 용기부속품 재검사기준에서 정한 재검사 항목이 아닌 것은?
① 외관검사   ② 기밀성능검사
③ 누출검사   ④ 작동성능검사

62. 도시가스용 압력조정기에 표시하여야 할 사항이 아닌 것은?
① 품질보증기관
② 입구압력 범위
③ 가스의 공급방향
④ 제조자명 또는 그 약호

63. 용기내장형 액화석유가스 난방기용 용기 밸브에서 내압성능 기준으로 옳은 것은?
① 밸브 몸통에 1.3 MPa 이상의 압력으로 1분간 유지하여 누출 또는 변형이 없는 것
② 밸브 몸통에 2.6 MPa 이상의 압력으로 2분간 유지하여 누출 또는 변형이 없는 것
③ 밸브 몸통에 1.3 MPa 이상의 압력으로 2분간 유지하여 누출 또는 변형이 없는 것
④ 밸브 몸통에 2.6 MPa 이상의 압력으로 1분간 유지하여 누출 또는 변형이 없는 것

64. 불소의 LC50(ppm · 1 h · Rat)으로 옳은 것은?
① 144   ② 185   ③ 293   ④ 1307

65. 가스안전사고를 조사할 때 유의할 사항으로 적합하지 않은 것은?
① 재해 조사에 참가하는 자는 항상 주관적인 입장을 유지하여 조사한다.
② 재해와 관련이 있다고 생각되는 것은 물적, 인적인 것을 모두 수립, 조사한다.
③ 시설의 불안전한 상태나 작업자의 불안전한 행동에 대하여 유의하여 조사한다.

④ 재해 조사는 발생 후 되도록 빨리 현장 상태가 보존되는 가운데 실시하는 것이 좋다.

66. LPG 용기 저장에 대한 설명으로 옳지 않은 것은?
① 충전용기는 항상 40℃ 이하를 유지하여야 한다.
② 용기보관실의 저장설비는 용기집합식으로 한다.
③ 내용적 30 L 미만의 용접용기는 2단으로 쌓을 수 있다.
④ 용기보관실은 사무실과 구분하여 동일한 부지에 설치한다.

67. 고압가스용 재충전금지 용기의 최고 충전압력은 몇 MPa 이하인가? (단, 내용적이 25 L 이하인 용기이다.)
① 9.8
② 20
③ 22.5
④ 35

68. 아세틸렌을 용기에 충전하는 때의 압력은 2.5 MPa 이하로 하고, 충전 후의 압력이 몇 ℃에서 몇 MPa로 될 때까지 정치하여야 하는가?
① 15℃, 1.5 MPa 이하
② 15℃, 2.0 MPa 이하
③ 20℃, 2.0 MPa 이하
④ 20℃, 1.5 MPa 이하

69. 고압가스용 안전밸브 구조의 기준으로 틀린 것은?
① 가연성가스용의 안전밸브는 개방형을 사용한다.
② 그 일부가 파손되었을 때에도 충분한 분출량을 얻어야 한다.
③ 스프링이 파손되어도 밸브디스크 등이 외부로 빠져나가지 않아야 한다.
④ 밸브디스크와 밸브시트와의 접촉면이 밸브축과 이루는 기울기는 90°(평면시트)인 것으로 한다.

70. 고압가스 안전관리법상 특수고압가스가 아닌 것은?
① 셀렌화수소
② 게르만
③ 디실란
④ 포스겐

71. 정전기 대책에 대한 설명으로 틀린 것은?
① 접지에 의한 방법
② 공기를 이온화하는 방법
③ 접촉 전위차가 큰 물질을 사용하는 방법
④ 작업실 내의 습도를 75 % 이상 유지하는 방법

72. 액화석유가스 충전시설 중 10톤 이하인 저장설비는 그 외면으로부터 사업소경계까지 유지해야 할 안전거리는 얼마인가?
① 21 m 이상
② 24 m 이상
③ 27 m 이상
④ 30 m 이상

73. 자동절체식 일체형 준저압조정기의 최대 폐쇄압력은 조정압력의 몇 배 이하인가?
① 1.15배
② 1.25배
③ 1.5배
④ 2배

74. 고압가스 안전관리법에서 정한 특정설비가 아닌 것은?
① 조정기
② 긴급차단장치
③ 안전밸브
④ 저장탱크

75. 액화도시가스를 선박에 충전하는 작업의 기준으로 틀린 것은?
① 선박에 충전하기 위한 차량의 설치 대수는 2대 이하로 한다.
② 충전장소의 중심으로부터 선박의 외면까지의 거리는 3 m 이상의 안전거리를 유지한다.
③ 충전장소 주위에는 황색바탕에 적색문자로 '충전작업 중 엔진정지'라는 표시를 한 게시판을 설치한다.
④ 충전작업을 할 경우에는 액화도시가스 선박충전시설에 선임된 안전관리자가 기준에 따른 조치를 한다.

76. 액화석유가스 저장 시의 안전과 관련한 설명으로 틀린 것은?
① 저장탱크는 항상 40℃ 이하의 온도를 유지한다.
② 저장설비에는 일체의 등화용 도구를 휴대할 수 없다.
③ 저장설비 주위에는 연소되기 쉬운 물질을 두지 않는다.
④ 저장탱크에 가스를 충전할 때 내용적의 90%를 넘지 않도록 충전하여야 한다.

77. 니켈(Ni) 금속을 포함하고 있는 촉매를 사용하는 공정에서 주로 발생할 수 있는 맹독성 가스는?
① $NiSO_4$
② $Ni(CO)_4$
③ $NiCl_2$
④ NiF_2

78. 이동식 부탄연소기(카세트식)의 구조에 대한 설명으로 옳은 것은?
① 연소기는 2가지 용도로 동시에 사용할 수 없는 구조로 한다.
② 조리용 연소기 메인버너의 최상부는 국물받이 바닥면보다 10 mm 이상 높게 한다.
③ 용기 내부의 압력을 콕으로 방출하는 구조의 플레어스택식 과압방지장치는 콕이 닫힌 상태에서 용기가 탈착되는 구조로 한다.
④ 연소기에 용기를 연결할 때 용기 아랫부분을 스프링의 힘으로 직접 밀어서 연결하는 방법 또는 자석에 의하여 연결하는 방법이어야 한다.

79. 정기검사의 대상별 검사주기에 정한 고압가스 특정제조자의 검사주기는?
① 매 1년
② 매 2년
③ 매 3년
④ 매 4년

80. 차량에 고정된 탱크로 가연성가스를 적재하여 운반할 때 휴대하여야 할 소화설비의 기준으로 옳은 것은?
① BC용, B-10 이상 분말소화제를 2개 이상 비치
② BC용, B-8 이상 분말소화제를 2개 이상 비치
③ ABC용, B-10 이상 포말소화제를 1개 이상 비치
④ ABC용, B-8 이상 포말소화제를 1개 이상 비치

제 5 과목 가스계측

81. 부르동관 압력계로 측정한 압력이 10 kgf/cm^2이었다. 부유 피스톤식 압력계의 실린더 지름이 6 cm, 피스톤의 지름이 2 cm일 때

추와 피스톤의 무게는 약 몇 kgf인가?
① 22.6　② 27.1
③ 31.4　④ 35.8

82. 목표치에 따른 자동제어의 분류 중 계 전체의 지연을 적게 하는데 유효하기 때문에 출력 측에 낭비시간이나 시간지연이 큰 프로세스제어에 적합한 제어방법은?
① 장치제어　② 캐스케이드제어
③ 추치제어　④ 시퀀스제어

83. 기술검토 당시 연소기가 미설치되거나 일부만 설치할 계획인 경우 월사용예정량 산정을 할 때 가스계량기가 설치되는 경우에는 어떻게 하는가?
① 가스계량기 최대유량×0.6배
② 가스계량기 최대유량×0.7배
③ 가스계량기 최대유량×0.8배
④ 가스계량기 최대유량×0.9배

84. 제어회로에 사용되는 기본논리가 아닌 것은?
① OR　② NOT
③ AND　④ FOR

85. 온도 25℃, 노점 19℃인 공기의 상대습도는 약 얼마인가? (단, 25℃ 및 19℃에서 포화증기압은 각각 23.76 mmHg 및 16.47 mmHg로 한다.)
① 31%　② 44%　③ 57%　④ 69%

86. 차압식 유량계로 유량을 측정하였더니 오리피스 전·후의 차압이 2000 mmH$_2$O일 때 유량은 20 m^3/h이었다. 차압이 1000 mmH$_2$O이면 유량은 약 몇 m^3/h인가?
① 10　② 14
③ 15　④ 16

87. 일반적으로 부식성이 없고 점도가 낮은 액체의 적은 양을 정밀하게 측정하는데 주로 사용되는 유량계는?
① 오벌형 유량계
② 선회피스톤형 유량계
③ 원판형 유량계
④ 왕복피스톤형 유량계

88. 출력 편차의 시간 변화에 비례하여 제어 편차가 검출될 경우에 편차가 변화하는 속도에 비례하여 조작량이 증가하도록 작용하는 제어동작은?
① P 동작　② I 동작
③ D 동작　④ PI 동작

89. 압력식 온도계의 특징이 아닌 것은?
① 자동조절이 가능하다.
② 고온 측정에 유리하다.
③ 진동 및 충격에 강하다.
④ 연속적으로 원격측정이 가능하다.

90. LPG의 정량분석에서 흡광도의 원리를 이용한 가스 분석법은?
① 저온 분류법
② 질량 분석법
③ 적외선 흡수법
④ 가스크로마토그래피법

91. 정확도와 관련이 없는 것은?
① 치우침
② 계통오차
③ 모평균 - 참값
④ 측정값 불일치 정도

92. 가스미터 출구 측 배관에 입상배관을 피하여 설치하는 가장 주된 이유는?
① 설치 면적을 줄일 수 있기 때문에
② 배관의 길이를 줄일 수 있기 때문에
③ 검침 및 수리 등의 작업이 편리하기 때문에
④ 가스미터 내 밸브 시트 등이 동결될 우려가 있기 때문에

93. 안전등형 가스 검출기에서 청색 불꽃의 길이로 농도를 알아낼 수 있는 가스는?
① 수소   ② 메탄
③ 프로판 ④ 산소

94. 패러데이(Faraday) 법칙의 원리를 이용한 기기분석방법은?
① 전기량법
② 질량분석법
③ 저온정밀 증류법
④ 적외선 분광광도법

95. 안지름이 5 cm인 수평관 속을 비중이 0.9인 액체가 0.2 m³/s의 유량으로 흐를 때 레이놀즈수는 약 얼마인가? (단, 액체의 점성계수 μ는 6×10^{-3} kgf·s/m²이다.)
① 9.4×10^4 ② 7.8×10^4
③ 1.0×10^5 ④ 9.2×10^5

96. 계량에 관한 법률에서 정한 형식승인을 받아야 하는 계량기 중 가스미터는 최대 유량이 얼마 이하인 것에 한정하는가?
① 10 m³/h   ② 100 m³/h
③ 500 m³/h   ④ 1000 m³/h

97. 피토관(Pitot tube)은 어떤 압력 차이를 측정하여 유량을 구하는가?
① 전압과 동압
② 전압과 정압
③ 대기압과 동압
④ 정압과 동압

98. 막식 가스미터에서 크랭축이 녹슬거나 밸브와 밸브시트가 타르나 수분 등에 의해 접착(接着) 또는 고착되어 가스가 미터를 통과하지 않는 고장의 형태는?
① 부동
② 기어불량
③ 떨림
④ 불통

99. 염화팔라듐지를 사용하여 일산화탄소가 검지되었을 때의 시험지 색상은?
① 검은색
② 청색
③ 적색
④ 오렌지색

100. 독성가스나 가연성가스 저장소에서 가스누출로 인한 폭발 및 가스중독을 방지하기 위하여 현장에서 누출여부를 확인하는 방법으로 가장 거리가 먼 것은?
① 검지관법
② 시험지법
③ 가연성가스 검출기법
④ 가스크로마토그래피법

CBT 모의고사 5

제1과목 가스유체역학

1. 비열비가 1.2이고 기체상수가 200 J/kg·K인 기체에서의 음속이 400 m/s이다. 이때 기체의 온도는 약 몇 ℃인가?
① 253   ② 394
③ 520   ④ 667

2. 다음 중 원심펌프에 대한 설명으로 옳지 않은 것은?
① 토출 유동의 맥동이 적다.
② 양정거리가 크고, 수송량이 적을 때 사용한다.
③ 액체를 비교적 균일한 압력으로 수송할 수 있다.
④ 원심펌프 중 볼류트 펌프는 안내깃을 갖지 않는다.

3. 길이가 500 m, 안지름이 40 cm인 관에 평균속도가 1.5 m/s로 물이 흐르고 있다. 이때 Darcy식을 사용하여 마찰손실수두를 구하면 약 몇 m인가? (단, Darcy 마찰계수 f는 0.0422이다.)
① 4.2   ② 6.1
③ 12.3 ④ 24.2

4. 그림과 같은 물 딱총 피스톤을 미는 단위면적당 힘의 세기가 $P[N/m^2]$일 때 물이 분출되는 속도 V는 몇 m/s인가? (단, 물의 밀도는 $\rho[kg/m^3]$이고, 피스톤의 속도와 손실은 무시한다.)

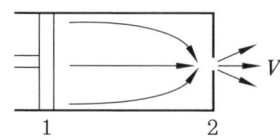

① $\sqrt{2P}$ ② $\sqrt{\dfrac{2g}{\rho}}$
③ $\sqrt{\dfrac{2P}{g\rho}}$ ④ $\sqrt{\dfrac{2P}{\rho}}$

5. 온도가 15℃, 압력이 절대압력으로 4×10^4 kgf/m²인 공기의 밀도는 약 몇 kg/m³인가? (단, 공기의 기체상수는 29.27 kgf·m/kg·K이다.)
① 2.75   ② 3.75
③ 4.75   ④ 5.75

6. 수직충격파가 발생할 때 나타나는 현상은?
① 압력, 마하수, 엔트로피가 증가한다.
② 압력은 증가하고 엔트로피와 마하수는 감소한다.
③ 압력과 엔트로피가 증가하고 마하수는 감소한다.
④ 압력과 마하수는 증가하고 엔트로피는 감소한다.

7. 축류펌프의 날개 수가 증가할 때 펌프성능은?
① 유량과 양정이 모두 증가한다.
② 양정이 일정하고 유량이 증가한다.
③ 양정이 감소하고 유량이 증가한다.
④ 유량이 일정하고 양정이 증가한다.

8. 물속에 피토관(Pitot tube)을 설치하였더니 정체압이 1250 cmAq이고, 이때의 유속이 4.9 m/s이었다면 정압은 몇 cmAq인가?
① 122.5 ② 1005.0
③ 1127.5 ④ 1255.0

9. 양정 25 m, 송출량 0.15 m³/min로 물을 송출하는 펌프가 있다. 효율이 65%일 때 펌프의 축동력은 몇 kW인가?
① 0.68 ② 0.74
③ 0.83 ④ 0.94

10. 그림과 같은 확대 유로를 통하여 a 지점에서 b 지점으로 비압축성 유체가 흐른다. 정상상태에서 일어나는 현상에 대한 설명으로 옳은 것은?

① a지점에서의 밀도가 b지점에서의 밀도보다 크다.
② a지점에서의 질량유량이 b지점에서의 질량유량보다 크다.
③ a지점에서의 평균속도가 b지점에서의 평균속도보다 느리다.
④ a지점에서의 질량플럭스(mass flux)가 b지점에서의 질량플럭스보다 크다.

11. 유체의 점성계수와 동점성계수에 관한 설명 중 옳은 것은? (단, M, L, T는 각각 질량, 길이, 시간을 나타낸다.)
① 동점성계수의 차원은 $L^2 T^{-2}$ 이다.
② 점성계수의 차원은 $ML^{-1}T^{-1}$ 이다.
③ 동점성계수의 단위에는 poise가 있다.
④ 상온에서의 공기의 점성계수는 물의 점성계수보다 크다.

12. 압축성 유체 흐름에 대한 설명으로 가장 거리가 먼 것은?
① Mach 수는 유체의 속도와 음속의 비로 정의된다.
② 단면이 일정한 배관에서 단열 마찰흐름은 가역적이다.
③ 단면이 일정한 배관에서 등온 마찰흐름은 비단열적이다.
④ 초음속 유동일 때 확대배관에서 속도는 점점 증가한다.

13. 그림에서 수은주의 높이 차이 h가 80 cm를 가리킬 때 B지점의 압력이 1.25 kgf/cm²이라면 A지점의 압력은 약 몇 kgf/cm² 인가? (단, 수은의 비중은 13.6이다.)

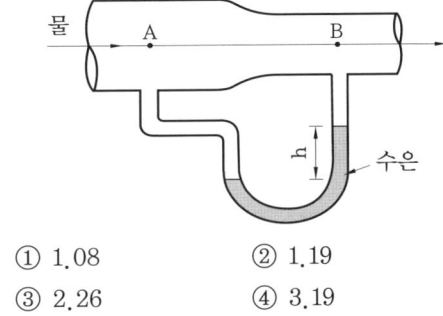

① 1.08 ② 1.19
③ 2.26 ④ 3.19

14. 다음 중 층류와 난류에 대한 설명으로 틀린 것은?
① 층류는 유체입자가 층을 형성하여 질서정연하게 흐른다.
② 난류유동에서의 전단응력은 일반적으로 층류유동보다 작다.

③ 난류운동에서 마찰저항의 특징은 점성계수의 영향을 받는다.
④ 곧은 원관 속의 흐름이 층류일 때 전단응력은 원관의 중심에서 0이 된다.

15. 유체의 흐름에 관한 다음 설명 중 옳은 것을 모두 나타낸 것은?

> ⓐ 유관은 어떤 폐곡선을 통과하는 여러 개의 유선으로 이루어지는 것을 뜻한다.
> ⓑ 유적선은 한 유체입자가 공간을 운동 할 때 그 입자의 운동궤적이다.

① ⓐ
② ⓑ
③ ⓐ, ⓑ
④ 모두 틀림

16. 물의 체적탄성계수가 2×10^9 Pa일 때 물의 체적을 4% 감소시키려면 약 몇 MPa의 압력을 가해야 하는가?

① 40　② 60　③ 80　④ 120

17. 큰 탱크에 정지하고 있던 압축성 유체가 등엔트로피 과정으로 수축-확대 노즐을 지나면서 노즐의 출구에서 초음속으로 흐른다. 다음 중 옳은 것을 모두 고른 것은?

> ⓐ 노즐의 수축 부분에서의 속도는 초음속이다.
> ⓑ 노즐의 목에서의 속도는 초음속이다.
> ⓒ 노즐의 확대 부분에서의 속도는 초음속이다.

① ⓐ
② ⓑ
③ ⓒ
④ ⓑ, ⓒ

18. 배관에 손실계수(K)가 15인 밸브가 설치되어 있다. 이 배관에 물이 3 m/s의 속도로 흐르고 있다면 밸브에 의한 손실수두는 약 몇 m인가?

① 6.89
② 11.26
③ 22.3
④ 67.8

19. 지름 20 cm인 구의 주위에 물이 2 m/s의 속도로 흐르고 있다. 이때 구의 항력계수가 0.2라고 할 때 구에 작용하는 항력은 약 몇 N인가?

① 0.21
② 12.6
③ 25.1
④ 204

20. 밀도가 1000 kg/m³인 액체가 수평으로 놓인 축소관을 마찰 없이 흐르고 있다. 단면 1에서의 면적과 유속은 각각 40 cm², 2 m/s이고, 단면 2의 면적은 10 cm²일 때 두 지점의 압력차이($P_1 - P_2$)는 몇 kPa인가?

① 10
② 20
③ 30
④ 40

제 2 과목　연소공학

21. 석탄, 종이, 목재 등과 같이 연료가 가열로 인하여 열분해하며 산소와 혼합하여 연소하는 형태는 무엇인가?

① 표면연소
② 분해연소
③ 증발연소
④ 자기연소

22. 압력이 287 kPa일 때 체적 1 m³의 기체 질량이 2 kg이었다. 이때 기체의 온도는 약 몇 ℃가 되는가? (단, 기체상수는 287 J/kg·K이다.)

① 127
② 227
③ 447
④ 547

23. 압축가스(실제기체)를 단열을 한 배관에서 단면적의 변화가 큰 곳을 통과시키면 압력이 하강함과 동시에 온도가 변화하는 현상을 무엇이라 하는가?
① 줄-톰슨 효과 ② 펠티어 효과
③ 제베크 효과 ④ 도플러 효과

24. 연소에 대한 설명 중 옳지 않은 것은?
① 연료가 한번 착화하면 고온으로 되어 빠른 속도로 연소한다.
② 연소에 있어서는 산화반응뿐만 아니라 열분해반응도 일어난다.
③ 고체, 액체의 연료는 고온의 가스분위기 중에서 먼저 가스화가 일어난다.
④ 환원반응이란 공기의 과잉상태에서 생기는 것으로 이때의 화염을 환원염이라 한다.

25. 발열량이 21 MJ/kg인 무연탄이 7%의 습분을 포함한다면 무연탄의 발열량은 약 몇 MJ/kg인가?
① 16.43 ② 17.85
③ 19.53 ④ 21.12

26. 1 kg의 공기가 127℃에서 1260 kJ의 열량을 얻어 등온팽창을 할 때 엔트로피 변화량(kJ/kg·K)은 약 얼마인가?
① 2.071 ② 2.444
③ 2.734 ④ 3.150

27. 수소가 완전연소 시 발생되는 발열량은 약 몇 kcal/kg인가? (단, 수증기 생성열은 57.8 kcal/mol이다.)
① 12000 ② 24000
③ 28900 ④ 57800

28. 가스 혼합물을 분석한 결과 N_2 70%, CO_2 15%, O_2 11%, CO 4%의 체적비를 얻었다. 이 혼합물은 10 kPa, 20℃, 0.2 m^3인 초기상태로부터 0.1 m^3으로 실린더 내에서 가역단열 압축할 때 최종 상태의 온도는 약 몇 K인가? (단, 이 혼합가스의 정적비열은 0.7157 kJ/kg·K이다.)
① 300 ② 380
③ 460 ④ 540

29. 임계온도가 132.5℃인 물질은?
① 산소 ② 질소
③ 아세틸렌 ④ 암모니아

30. 다음과 같은 조성을 갖는 혼합가스의 분자량은? (단, 혼합가스의 체적비는 CO_2 13.1%, O_2 7.7%, N_2 79.2%이다.)
① 22.81 ② 24.94
③ 28.67 ④ 30.40

31. 열역학 제2법칙을 가장 잘 설명한 것은?
① 열평형의 법칙이다.
② 일과 열은 상호 변환할 수 있다.
③ 에너지 변환의 방향성을 표시하는 법칙이다.
④ 어떤 계라도 절대온도 0 K에 이르게 할 수 없다.

32. 액체공기 100 kg 중에는 산소가 약 몇 kg 들어 있는가? (단, 공기는 79 mol% N_2와 21 mol% O_2로 되어 있다.)
① 18.3 ② 21.1
③ 23.3 ④ 25.4

33. 다음 중 비등액체팽창증기폭발(BLEVE) 이 발생할 수 있는 내용과 가장 거리가 먼 것은?
① 가연성액체가 저장탱크 주변에 가까이 있어야 한다.
② 화염과 접촉하는 탱크 부위의 금속 온도가 구조적 강도를 잃게 된다.
③ 파열로 인한 액화가스가 유출, 팽창되어 화구를 형성하여 폭발하는 형태이다.
④ 탱크 주위에서 화재가 발생하여 기상부의 탱크가 국부적으로 가열이 시작된다.

34. [보기]와 같은 체적비를 가지는 혼합기체 91.2 g이 27℃, 1 atm에서 차지하는 부피는 약 몇 L인가?

〈보 기〉
$CO_2 : 13.1\%, O_2 : 7.7\%, N_2 : 79.2\%$

① 49.2 ② 54.2
③ 64.8 ④ 73.8

35. 실린더의 압력이 0.5 MPa, 온도 600 K의 공기 1 kg이 이상적인 단열과정으로 팽창하여 0.15 MPa로 되는 동안 공기가 한 일은 약 몇 kJ인가?
① 110 ② 115
③ 120 ④ 125

36. 메탄을 이론공기로 연소시켰을 때 생성물 중 질소의 분압은 약 몇 MPa인가? (단, 메탄과 공기는 0.1 MPa, 25℃에서 공급되고 생성물의 압력은 0.1 MPa이고, H_2O는 기체 상태로 존재한다.)
① 0.0315 ② 0.0493
③ 0.0603 ④ 0.0715

37. 프로판 90 %, 부탄 10 %의 혼합가스 4 L가 완전연소하는데 필요한 산소량은 약 몇 L인가?
① 6.5 ② 20.6
③ 25.8 ④ 28.8

38. 정전기를 제어하는 방법으로서 전하의 생성을 방지하는 방법이 아닌 것은?
① 도전성 재료 사용
② 접속과 접지(bonding and grounding)
③ 침액 파이프(dip pipes) 설치
④ 첨가물에 의한 전도도 억제

39. 다음 가스의 그 폭발한계가 틀린 것은?
① 수소 : 4 %~75 %
② 암모니아 : 15 %~28 %
③ 메탄 : 5 %~15.4 %
④ 프로판 : 2.5 %~40 %

40. 등엔트로피 과정은 다음 중 어느 것인가?
① 가역 단열과정
② 비가역 단열과정
③ Polytropic 과정
④ Joule-Thomson 과정

제 3 과목　가스설비

41. 1호당 1일 평균가스 소비량이 1.44 kg/day이고 소비자 호수가 50호라면 피크 시의 평균가스 소비량은? (단, 피크 시의 평균가스 소비율은 17 %이다.)
① 10.18 kg/h ② 12.24 kg/h
③ 13.42 kg/h ④ 14.36 kg/h

42. 2단 감압방식의 장점에 대한 설명이 아닌 것은?
① 공급압력이 안정적이다.
② 재액화에 대한 문제가 없다.
③ 연소기구에 맞는 압력으로 공급이 가능하다.
④ 배관 입상에 의한 압력손실을 보정할 수 있다.

43. 용기 밸브의 충전구가 왼나사인 것은?
① 브롬화메탄 ② 암모니아
③ 산소 ④ 에틸렌

44. 저온 단열법에 속하지 않는 것은?
① 상압단열법 ② 다층 진공단열법
③ 합성단열법 ④ 분말 진공단열법

45. 가스의 공업적 제조법에 대한 설명으로 옳은 것은?
① 포스겐은 일산화탄소와 염소로부터 제조한다.
② 프레온 가스는 불화수소와 아세톤으로 제조한다.
③ 메탄올은 일산화탄소와 수증기로부터 고압하에서 제조한다.
④ 암모니아는 질소와 수소로부터 전기로에서 구리촉매를 사용하여 저압에서 제조한다.

46. 고압가스 제조장치의 재료에 대한 설명으로 옳지 않은 것은?
① 상온건조 상태의 염소가스에 대하여는 보통강을 사용할 수 있다.
② 암모니아 합성탑 내통의 재료에는 18-8 스테인리스강을 사용한다.
③ 고압의 이산화탄소 세정장치 등에는 내산강을 사용하는 것이 좋다.
④ 암모니아, 아세틸렌의 배관재료에는 구리 및 구리합금을 사용할 수 있다.

47. 고압가스 시설에 설치한 전기방식 시설의 유지관리 방법으로 옳은 것은?
① 관대지전위 등은 2년에 1회 이상 점검한다.
② 절연부속품, 역전류 방지장치, 결선 등은 1년에 1회 이상 점검하였다.
③ 배류법에 의한 전기방식시설은 배류점 관대지전위, 배류기 출력, 전압, 전류, 배선 등은 6개월에 1회 이상 점검하였다.
④ 외부전원법에 의한 전기방식시설은 외부전원점 관대지전위, 정류기의 출력, 전압, 전류, 배선의 접속은 3개월에 1회 이상 점검하였다.

48. 배관의 외경이 60 mm이고, 최소두께가 4 mm일 때 이 배관의 최고사용압력은 얼마인가?
① 0.2 MPa ② 0.25 MPa
③ 0.4 MPa ④ 1.0 MPa

49. 펌프 임펠러의 형상을 나타내는 척도인 비속도(비교회전도)의 단위는?
① rpm · m^3/min · m
② rpm · m^3/min
③ rpm · kgf/min · m
④ rpm · kgf/min

50. 원심펌프의 회전수(rpm)를 2배로 변경하였을 때 소요동력은 어떻게 되는가?
① 회전수 변화의 2승에 비례한다.

② 회전수 변화의 3승에 비례한다.
③ 회전수 변화와 1 : 1로 비례한다.
④ 회전수 변화의 $\frac{1}{2}$승에 비례한다.

51. 다음 중 압력배관용 탄소강관을 나타내는 것은?
① SPHT
② SPPH
③ SPP
④ SPPS

52. 공기액화 분리장치에서 제거해야 하는 불순물이 아닌 것은?
① CO_2
② C_2H_2
③ H_2O
④ N_2

53. 용기에 의한 액화석유가스 사용시설에서 사용하는 가스계량기의 용량은 몇 m³/h 미만으로 설치하여야 하는가?
① 0.5
② 1
③ 5
④ 30

54. 정상 운전 중에 가연성가스의 점화원이 될 전기불꽃, 아크 또는 고온부분 등의 발생을 방지하기 위하여 기계·전기적 구조상 또는 온도상승에 대하여 안전도를 증가한 방폭구조는?
① 내압 방폭구조
② 압력 방폭구조
③ 본질안전 방폭구조
④ 안전증 방폭구조

55. LNG 저장탱크에서 사용되는 잠액식 펌프의 윤활 및 냉각을 위해 주로 사용되는 것은?
① 물
② LNG
③ 그리스
④ 황산

56. 고압가스 기화장치의 형식이 아닌 것은?
① 온수식
② 코일식
③ 단관식
④ 캐비닛형

57. 내용적 120 L의 LP가스 용기에 50 kg의 프로판을 충전하였다. 이 용기 내부가 액으로 충만될 때의 온도를 그림에서 구한 것은?

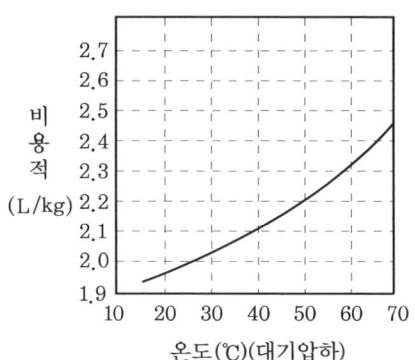

① 37℃
② 47℃
③ 57℃
④ 67℃

58. 다음 각 가스의 폭발에 대한 설명으로 틀린 것은?
① 아세틸렌은 조연성 가스와 공존하지 않아도 폭발할 수 있다.
② 일산화탄소는 가연성이므로 공기와 공존하면 폭발할 수 있다.
③ 이산화황은 산소가 없어도 자기분해 폭발을 일으킬 수 있다.
④ 가연성 고체 가루가 공기 중에서 산소분자와 접촉하면 폭발할 수 있다.

59. 찜질방의 가열로실의 구조에 대한 설명으로 틀린 것은?
① 가열로의 배기통 재료는 스테인리스를 사용한다.
② 가열로의 배기통에는 댐퍼를 설치하지 아니한다.

③ 가열로실과 찜질실 사이의 출입문은 유리재로 설치한다.
④ 가열로의 배기통은 금속 이외의 불연성재료로 단열조치를 한다.

60. 원심펌프를 병렬로 연결시켜 운전하면 어떻게 되는가?
① 양정이 증가한다.
② 양정이 감소한다.
③ 유량이 증가한다.
④ 유량이 감소한다.

제 4 과목 가스안전관리

61. 지름이 각각 5 m와 7 m인 LPG 지상저장탱크 사이에 유지해야 하는 최소 거리는 얼마인가? (단, 탱크 사이에는 물분무 장치를 하지 않고 있다.)
① 1 m   ② 2 m   ③ 3 m   ④ 4 m

62. 고압가스용 냉동기 제조시설에서 냉동기의 설비에 실시하는 기밀시험과 내압시험(시험유체 : 물)의 압력기준은 각각 얼마인가?
① 설계압력 이상, 설계압력의 1.3배 이상
② 설계압력의 1.5배 이상, 설계압력 이상
③ 설계압력의 1.1배 이상, 설계압력의 1.1배 이상
④ 설계압력의 1.5배 이상, 설계압력의 1.3배 이상

63. 액화석유가스 용기의 기밀검사에 대한 설명으로 틀린 것은? (단, 내용적 125 L 미만의 것에 한한다.)

① 공기, 질소 등의 불활성가스를 이용한다.
② 기밀시험 압력 이상으로 압력을 가해 실시한다.
③ 내압검사에 적합한 용기를 샘플링하여 검사한다.
④ 누출 유무의 확인은 용기 1개에 1분(50 L 미만의 용기는 30초)에 걸쳐서 실시한다.

64. 액화석유가스에 부취제를 주입하는 작업에 대한 설명 중 틀린 것은?
① 정전 시에는 주입설비가 정지될 수 있도록 한다.
② 누출된 부취제는 중화 또는 소화작업을 하여 안전하게 폐기한다.
③ 부취제 주입작업을 할 때에는 주위에 화기 사용을 금지하고 인화성 또는 발화성 물질이 없도록 한다.
④ 부취제 주입작업을 할 때에는 안전관리자가 상주하여 이를 확인하여야 하고, 작업 관련자 이외에는 출입을 통제한다.

65. 상용압력이 40.0 MPa인 고압가스 설비에 설치된 안전밸브의 작동압력은 얼마인가?
① 33 MPa   ② 35 MPa
③ 43 MPa   ④ 48 MPa

66. 고압가스 운반기준에 따라 차량으로 용기를 운반할 경우 동일차량 적재금지 기준으로 틀린 것은?
① 염소와 아세틸렌
② 염소와 암모니아
③ 산소와 가연성가스
④ 독성가스 중 가연성가스와 조연성가스

67. 다음 중 냉동기의 제품성능의 기준으로 틀린 것은?
① 주름관을 사용한 방진조치
② 냉매설비 중 돌출부위에 대한 적절한 방호조치
③ 냉매가스가 누출될 우려가 있는 부분에 대한 부식방지조치
④ 냉매설비 중 냉매가스가 누출될 우려가 있는 곳에 차단밸브 설치

68. 도시가스사업법에서 정의하는 것으로 가스를 제조하여 배관을 통하여 공급하는 도시가스가 아닌 것은?
① 천연가스 ② 나프타부생가스
③ 석탄가스 ④ 바이오가스

69. 저장탱크에 액화석유가스를 충전할 때 액체 부피가 내용적의 90 %를 넘지 않도록 규제하는 가장 큰 이유로 옳은 것은?
① 등적팽창으로 인한 온도상승을 방지하기 위하여
② 온도상승으로 인한 탱크의 취약 방지를 위하여
③ 액체팽창으로 인한 탱크의 파열을 방지하기 위하여
④ 탱크 내부의 부압(negative pressure) 발생 방지를 위하여

70. 일반도시가스사업소에 설치된 정압기의 기준으로 틀린 것은?
① 단독사용자용 정압기에는 예비 정압기를 설치하지 않아도 된다.
② 지역정압기는 가스공급개시 후 1년 이내에 필터를 청소하여야 한다.
③ 정압기에 설치하는 수분 및 불순물 제거장치는 정압기의 입구에 설치한다.
④ 단독사용자용 정압기는 다른 정압기의 안전밸브보다 작동압력을 낮게 설정하지 않을 수 있다.

71. 냉동제조시설의 과압안전장치에 대한 설명 중 틀린 것은?
① 독성가스의 안전밸브에는 가스방출관을 설치한다.
② 내압성능을 확보하여야 할 대상은 냉매설비로 한다.
③ 압축기 최종단에 설치된 안전장치는 1년에 1회 이상 작동시험을 한다.
④ 압력이 상용압력을 초과할 때 압축기의 운전을 정지시키는 고압차단장치는 자동복귀방식으로 한다.

72. 과류차단형 용기밸브의 과류차단기구의 작동성능은 압축공기를 사용하여 측정할 때 과류차단기구가 작동한 후의 공기누출량으로 옳은 것은? (단 용기 내 압력이 0.07 MPa 이상 1.5 MPa 이하의 범위이다.)
① 2 L/h 이하 ② 5 L/h 이하
③ 8 L/h 이하 ④ 10 L/h 이하

73. 가스관련 안전사고 원인으로 가장 많이 발생하는 사고 유형은?
① 제품 노후화 ② 시설 미비
③ 취급자 부주의 ④ 기타 공사

74. 불소가스에 대한 설명 중 틀린 것은?
① 강산화제이다.
② 물에 잘 녹는다.
③ 가연성가스이다.
④ 자극적인 냄새가 난다.

75. 고압가스용 압력용기의 가공 기준으로 틀린 것은?
① 관 구멍은 확관으로 넓히지 않는다.
② 경판의 성형 공차는 동판과의 접속부 안지름의 2% 이하로 한다.
③ 가스로 구멍을 뚫은 경우에는 그 가장자리를 3 mm 이상 깎아낸다.
④ 두께 8 mm 이상의 판에 구멍을 뚫을 경우에는 펀칭가공으로 하지 않는다.

76. 내용적 59 L의 LPG 용기에 프로판을 충전할 때 최대 충전량은 약 몇 kg인가? (단, 프로판의 정수는 2.35이다.)
① 20 kg   ② 25 kg
③ 30 kg   ④ 35 kg

77. 도시가스 배관을 지하에 매설하는 경우 배관은 그 외면으로부터 지하의 다른 시설물과 얼마 이상을 유지하여야 하는가?
① 1.0 m   ② 0.7 m
③ 0.5 m   ④ 0.3 m

78. 고압가스 기화장치의 성능에 대한 설명 중 틀린 것은?
① 안전장치의 작동은 최고 허용압력 이상의 압력에서 작동하여야 한다.
② 증기가열방식의 과열방지 성능은 그 증기의 온도가 120℃ 이하로 한다.
③ 기밀시험은 불활성가스로 설계압력 이상의 압력으로 실시하여 각 부분에 가스 누출이 없는 것으로 한다.
④ 내압시험은 물을 사용하여 설계압력의 1.3배 이상으로 실시하여 누수 등 각 부분에 이상이 없는 것으로 한다.

79. 고압가스용 차량에 고정된 탱크의 설계 기준으로 틀린 것은?
① 탱크의 길이이음 및 원주이음은 맞대기 양면 용접으로 한다.
② 용접하는 부분의 탄소강은 탄소함유량이 1.0% 미만으로 한다.
③ 탱크의 내부에는 차량의 진행방향과 직각이 되도록 방파판을 설치한다.
④ 탱크에는 지름 375 mm 이상의 원형 맨홀 또는 긴 지름 375 mm 이상, 짧은 지름 275 mm 이상의 타원형 맨홀을 1개 이상 설치한다.

80. 고압가스용 용접용기의 내압시험방법 중 팽창측정시험의 경우 용기가 팽창한 후 적어도 얼마 이상의 시간을 유지하여야 하는가?
① 30초   ② 45초
③ 1분   ④ 5분

제 5 과목 가스계측

81. SI계의 기본단위에 해당하지 않는 것은?
① 광도(cd)   ② 전류(A)
③ 열량(J)   ④ 물질량(mol)

82. 폐루프를 형성하여 출력측의 신호를 입력측에 되돌리는 것은?
① 조절부   ② 리셋
③ 온·오프동작 ④ 피드백

83. 다이어프램 압력계의 특징에 대한 설명 중 옳은 것은?

① 부식성 유체의 측정이 불가능하다.
② 감도는 높으나 응답성이 좋지 않다.
③ 미소한 압력을 측정하기 위한 압력계이다.
④ 과잉압력으로 파손되면 그 위험성은 커진다.

84. 유수형 열량계로 5 L의 기체 연료를 연소시킬 때 냉각수량이 2500 g이었다. 기체 연료의 온도가 20℃, 전체 압력이 750 mmHg, 발열량이 6550 kcal/Nm³일 때 유수 상승 온도는 약 몇 ℃인가?
① 8 ② 10 ③ 12 ④ 14

85. 오르사트(Orast)법에서 가스 흡수의 순서를 바르게 나타낸 것은?
① $CO_2 \rightarrow O_2 \rightarrow CO$ ② $CO_2 \rightarrow CO \rightarrow O_2$
③ $O_2 \rightarrow CO \rightarrow CO_2$ ④ $O_2 \rightarrow CO_2 \rightarrow CO$

86. 제어량이 목표값을 중심으로 일정한 폭의 상하 진동을 하게 되는 현상을 무엇이라고 하는가?
① 오프셋 ② 오버슈트
③ 오버잇 ④ 뱅뱅

87. 크로마토그래피에서 분리도를 2배로 증가시키기 위한 컬럼의 단수(N)는?
① 단수(N)를 $\sqrt{2}$ 배 증가시킨다.
② 단수(N)를 2배 증가시킨다.
③ 단수(N)를 4배 증가시킨다.
④ 단수(N)를 8배 증가시킨다.

88. 서미스터(thermistor)에 대한 설명으로 옳지 않은 것은?
① 수분을 흡수하면 오차가 발생한다.
② 측정범위는 약 -100~300℃이다.
③ 감도가 낮고 온도변화가 큰 곳의 측정에 주로 이용된다.
④ 반도체를 이용하여 온도변화에 따른 저항변화를 온도측정에 이용한다.

89. 막식 가스미터의 감도유량 (ⓐ)과 일반 가정용 LP 가스미터의 감도유량 (ⓑ)의 값이 바르게 나열된 것은?
① ⓐ 3 L/h 이상, ⓑ 15 L/h 이상
② ⓐ 15 L/h 이상, ⓑ 3 L/h 이상
③ ⓐ 3 L/h 이하, ⓑ 15 L/h 이하
④ ⓐ 15 L/h 이하, ⓑ 3 L/h 이하

90. 초산납 10 g을 물 90 mL로 용해하여 만드는 시험지와 그 검지가스가 바르게 연결된 것은?
① 염화팔라듐지-H_2S
② 염화팔라듐지-CO
③ 연당지-H_2S
④ 연당지-CO

91. 다음 중 직접식 액면 측정기기는?
① 부자식 액면계
② 벨로스식 액면계
③ 정전용량식 액면계
④ 전기저항식 액면계

92. 선팽창계수가 다른 2종의 금속을 결합시켜 온도변화에 따라 굽히는 정도가 다른 점을 이용한 온도계는?
① 유리제 온도계
② 바이메탈 온도계
③ 전기저항식 온도계
④ 압력식 온도계

93. 모발습도계에 대한 설명으로 틀린 것은?
① 재현성이 좋다.
② 히스테리시스가 없다.
③ 구조가 간단하고 취급이 용이하다.
④ 한랭지역에서 사용하기가 편리하다.

94. 검지관에 의한 프로판의 측정농도 범위와 검지한도를 각각 바르게 나타낸 것은?
① 0~0.3 %, 10 ppm
② 0~1.5 %, 250 ppm
③ 0~5 %, 100 ppm
④ 0~30 %, 1000 ppm

95. LPG 저장탱크 내 액화가스의 높이가 2.0 m일 때, 바닥에서 받는 압력은 약 몇 kPa인가? (단, 액화석유가스의 밀도는 0.5 g/cm^{3}이다.)
① 1.96
② 3.92
③ 4.90
④ 9.80

96. 공기의 유속을 피토관으로 측정하였을 때 차압이 60 mmH$_2$O이었다. 이때 유속(m/s)은 약 얼마인가? (단, 피토관 계수 1, 공기의 비중량 1.2 kgf/m^{3}이다.)
① 3.13
② 31.3
③ 5.30
④ 53.0

97. 가스누출검지기 중 가스와 공기의 열전도도가 다른 것을 측정원리로 하는 검지기는?
① 반도체식 검지기
② 접촉연소식 검지기
③ 서모스탯식 검지기
④ 불꽃이온화식 검지기

98. 가스 농도가 경보 설정값에 도달한 후 그 농도 이상으로 계속해서 유지될 경우 일정 시간(20~60초) 경과 후에 경보를 발하는 검지기의 경보방식은?
① 즉시 경보형
② 지연 경보형
③ 반시한 경보형
④ 반사 경보형

99. 물체의 탄성 변위량을 이용한 압력계가 아닌 것은?
① 부르동관 압력계
② 벨로스 압력계
③ 다이어프램 압력계
④ 링밸런스식 압력계

100. 가스미터에 공기가 통과 시 유량이 300 m^3/h라면 프로판 가스를 통과하면 유량은 약 몇 kg/h로 환산되겠는가? (단, 프로판의 비중은 1.52, 밀도는 1.86 kg/m^{3}이다.)
① 235.9
② 373.5
③ 452.6
④ 579.2

CBT 모의고사 6

제1과목 가스유체역학

1. 유체에서 발생하는 층류 경계층의 두께 δ는 평판 선단으로부터의 거리 x와 어떤 관계가 있는가?
① x에 비례한다.
② x에 반비례한다.
③ $x^{\frac{1}{2}}$에 비례한다.
④ $x^{\frac{1}{2}}$에 반비례한다.

2. 100 kPa, 25℃에 있는 이상기체를 등엔트로피 과정으로 135 kPa까지 압축하였다. 압축 후의 온도는 약 몇 ℃인가? (단, 이 기체의 정압비열 C_p는 1.213 kJ/kg·K이고 정적비열 C_v는 0.821 kJ/kg·K이다.)
① 45.5   ② 55.5
③ 65.5   ④ 75.5

3. 지름 200 mm, 길이 1000 m의 주철관을 이용하여 손실수두 10 m로 수송할 때 유속은 약 몇 m/s인가? (단, 마찰계수는 0.025이다.)
① 1.25   ② 2.5
③ 12.5   ④ 25.0

4. 그림과 같이 지름 5 cm의 관을 통해 비중이 0.83인 기름이 20 m/s의 속도로 정지된 평판에 수직으로 충돌할 때 평판을 지지하는데 필요한 힘은 약 몇 N인가?

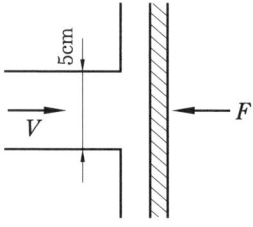

① 260.7   ② 294
③ 651.9   ④ 784

5. 등엔트로피 과정의 흐름이 $M > 1$일 때 축소관에서 증가하지 않는 것은?
① 압력   ② 온도
③ 속도   ④ 밀도

6. 실제유체와 이상유체에 관계없이 모두 적용되는 것은?
① 점착 조건
② 질량 보존의 법칙
③ 압축성 유체 가정
④ 뉴턴의 점성법칙

7. 그림과 같이 물위에 비중이 0.7인 유체 A가 5 m의 두께로 차 있을 때 유출속도 V는 몇 m/s인가?

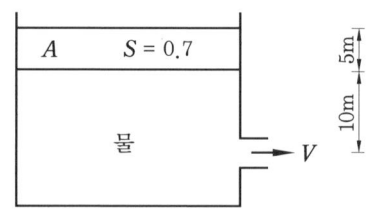

① 5.5   ② 11.2
③ 16.3   ④ 22.4

8. LPG 저장탱크 내 액화가스의 높이가 2.0 m일 때, 바닥에서 받는 압력은 약 몇 kPa인가? (단, 액화석유가스의 밀도는 0.5 g/cm³이다.)
① 1.96　　② 3.92
③ 4.90　　④ 9.80

9. 이상기체 속에서의 음속을 옳게 나타낸 식은? (단, ρ = 밀도, P = 압력, k = 비열비, $\overline{R}$ = 일반기체상수, M = 분자량이다.)
① $\sqrt{\dfrac{k}{\rho}}$　　② $\sqrt{\dfrac{d\rho}{dP}}$
③ $\sqrt{\dfrac{\rho}{kP}}$　　④ $\sqrt{\dfrac{k\overline{R}T}{M}}$

10. 유체를 한 방향으로만 보내기 위하여 사용되는 밸브에 해당되는 것은?
① 니들밸브　　② 체크밸브
③ 글로브밸브　　④ 게이트밸브

11. 안지름이 150 mm인 관 속에 20℃의 물이 4 m/s로 흐른다. 안지름이 75 mm인 관 속에 40℃의 암모니아가 흐르는 경우 역학적 상사를 이루려면 암모니아의 유속은 약 몇 m/s가 되어야 하는가? (단, 물의 동점성계수는 1.006×10^{-6} m²/s이고 암모니아의 동점성계수는 0.34×10^{-6} m²/s이다.)
① 0.27　　② 2.7
③ 3　　④ 5.68

12. 펌프(pump)란 액체에 에너지를 주어 이것을 저압부(또는 낮은 곳)에서 고압부(또는 높은 곳)로 송출하는 기계이다. 다음 중 터보형 펌프의 종류가 아닌 것은?
① 터빈 펌프　　② 사류 펌프
③ 피스톤 펌프　　④ 볼류트 펌프

13. 다음 중 축류펌프에 대한 설명으로 옳지 않은 것은?
① 터보 펌프의 일종이다.
② 일반적으로 고용량, 저양정이다.
③ 원심펌프에 비해 비속도가 낮다.
④ 고정익은 유체속도의 회전성분을 제거하는 역할을 한다.

14. 안지름 20 cm의 관에 평균속도 20 m/s로 물이 흐르고 있을 때 유량은 약 몇 m³/s인가?
① 0.251　　② 0.628
③ 2.512　　④ 6.280

15. 압축성 흐름 중 정체온도가 변할 수 있는 것은?
① 등엔트로피 팽창과정인 경우
② 수직 충격파 전후 유동의 경우
③ 단면이 일정한 도관에서 등온 마찰흐름인 경우
④ 단면이 일정한 도관에서 단열 마찰흐름인 경우

16. 의소성 유체(pseudo plastics)에 속하는 것은?
① 치약　　② 마요네즈
③ 공업용수　　④ 고분자 용액

17. 수직 충격파가 발생하였을 때의 변화는?
① 압력과 마하수가 감소한다.
② 압력과 마하수가 증가한다.
③ 압력은 증가하고 마하수는 감소한다.
④ 압력은 감소하고 마하수는 증가한다.

18. 힘의 차원을 질량 M, 길이 L, 시간 T로 나타낼 때 옳은 것은?

① MLT^{-2} ② $ML^{-3}T^{-2}$
③ $ML^{-2}T^{-3}$ ④ MLT^{-1}

19. 비압축성 유체가 단면적이 점차 축소되는 관속을 흐를 때 일어나는 현상으로 옳지 않은 것은?

① 유속이 증가한다.
② 유량이 감소한다.
③ 압력이 감소한다.
④ 마찰손실이 커진다.

20. 미사일이 해면상을 시속 1260 km로 날고 있을 때의 마하수는 약 얼마인가? (단, 공기의 기체상수 R은 287 J/kg·K, 비열비는 1.4이며, 공기의 온도는 25℃이다.)

① 0.825 ② 0.932
③ 1.012 ④ 1.245

제 2 과목 연소공학

21. −190℃, 0.5 MPa의 질소기체를 20 MPa으로 단열압축했을 때의 온도는 약 몇 ℃인가? (단, 비열비(k)는 1.41이고, 이상기체로 간주한다.)

① −15 ② −25
③ −30 ④ −35

22. 열효율을 높이는 방법이 아닌 것은?

① 열손실을 줄인다.
② 연속적인 조업을 피한다.
③ 연소가스 온도를 높인다.
④ 연소기구에 알맞은 적정연료를 사용한다.

23. 연소기에서 발생할 수 있는 역화를 방지하는 방법에 대한 설명 중 옳지 않은 것은?

① 연료분출구를 적게 한다.
② 버너의 온도를 높게 유지한다.
③ 연료의 분출속도를 크게 한다.
④ 1차 공기를 착화범위보다 적게 한다.

24. 화격자 연소의 화염이동속도에 대한 설명으로 옳은 것은?

① 발열량이 낮을수록 커진다.
② 석탄화도가 낮을수록 커진다.
③ 입자의 지름이 클수록 커진다.
④ 1차 공기온도가 낮을수록 커진다.

25. 100 kPa, 30℃ 상태인 배기가스 0.3 m³을 분석한 결과 N_2 70 %, CO_2 15 %, O_2 11 %, CO 4 %의 체적률을 얻었을 때 이 혼합가스를 180℃인 상태로 정적가열할 때 필요한 열전달량은 약 몇 kJ 인가? (단, N_2, CO_2, O_2, CO의 정적비열[kJ/kg·K]은 각각 0.7448, 0.6529, 0.6618, 0.7445이다.)

① 33 ② 36
③ 39 ④ 42

26. 어느 카르노 사이클이 227℃와 −23℃에서 작동이 되고 있을 때 열펌프의 성적계수는 약 얼마인가?

① 0.5 ② 2
③ 3 ④ 3.5

27. 다음은 Air-standard Otto cycle의 $P-V$ diagram이다. 이 cycle의 효율(η)을 옳게 나타낸 것은? (단, 정적열용량은 일정하다.)

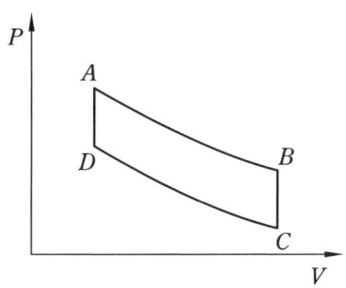

① $\eta = 1 - \left(\dfrac{T_B - T_C}{T_A - T_D}\right)$

② $\eta = 1 - \left(\dfrac{T_D - T_C}{T_A - T_B}\right)$

③ $\eta = 1 - \left(\dfrac{T_A - T_D}{T_B - T_C}\right)$

④ $\eta = 1 - \left(\dfrac{T_A - T_B}{T_D - T_C}\right)$

28. 연료가 갖추어야 할 조건으로 가장 거리가 먼 것은?
① 운반 및 저장이 용이해야 한다.
② 공해성분의 함량이 적어야 한다.
③ 가격이 저렴하며, 구입이 용이해야 한다.
④ 연소방법에 무관하게 발열량이 커야 한다.

29. 팽창밸브를 지나는 냉매의 엔탈피는?
① 증가한다.
② 감소한다.
③ 일정하다.
④ 알 수 없다.

30. 압력 엔탈피 선도에서 등엔트로피 선의 기울기는?
① 부피   ② 온도
③ 밀도   ④ 압력

31. 존스(Jones)는 많은 탄화수소 증기의 연소하한계(LFL)와 연소상한계(UFL)는 연료의 양론농도(C_{st})의 함수라는 것을 발견하였다. 다음 중 존스(Jones) 연소하한계(LFL) 관계식을 옳게 나타낸 것은? (단, C_{st}는 연료와 공기로 된 완전연소가 일어날 수 있는 혼합기체에 대한 연료의 부피[%] 이다.)
① $LFL = 0.55 C_{st}$
② $LFL = 1.55 C_{st}$
③ $LFL = 2.50 C_{st}$
④ $LFL = 3.50 C_{st}$

32. 열역학 및 연소에서 사용되는 상수와 그 값이 틀린 것은?
① 열의 일상당량 : 4186 J/kcal
② 일반 기체상수 : 8314 J/kmol · K
③ 공기의 기체상수 : 287 J/kg · K
④ 0℃에서의 물의 증발잠열 : 539 kJ/kg

33. 운전과 위험분석(HAZOP) 기법에서 변수의 양이나 질을 표현하는 간단한 용어는?
① Parameter
② Cause
③ Consequence
④ Guide Words

34. BLEVE와 관련이 없는 것은?
① Boiling   ② Leak
③ Expanding   ④ Vapor

35. 이론 연소가스량을 올바르게 설명한 것은?
① 단위량의 연료를 포함한 이론 혼합기가 완전 반응을 하였을 때 발생하는 산소량
② 단위량의 연료를 포함한 이론 혼합기가 불완전 반응을 하였을 때 발생하는 산소량
③ 단위량의 연료를 포함한 이론 혼합기가 완전 반응을 하였을 때 발생하는 연소가스량
④ 단위량의 연료를 포함한 이론 혼합기가 불완전 반응을 하였을 때 발생하는 연소가스량

36. 두께 4 mm인 강의 평판에 고온측 면의 온도가 100℃이고, 저온측 면의 온도가 40℃일 때 1 m²에 대해 30000 kJ/min의 전열을 한다고 하면 이 강판의 열전도율은 약 몇 W/m·℃인가?
① 33   ② 66
③ 100 ④ 200

37. 1 kmol의 일산화탄소와 2 kmol의 산소로 충전된 용기가 있다. 연소 전 온도는 298 K, 압력은 0.1 MPa이고 연소 후 생성물은 냉각되어 1300 K로 되었다. 정상상태에서 완전 연소가 일어났다고 가정했을 때 열전달량은 약 몇 kJ인가? (단, 반응물 및 생성물의 총 엔탈피는 각각 −110529 kJ, −293338 kJ이다.)
① −202397
② −230323
③ −340238
④ −403867

38. 용기 내에서 혼합기체의 체적분율이 메탄(CH_4) 35%, 수소(H_2) 40%, 질소(N_2) 25%이다. 이 혼합기체의 기체상수는 약 몇 kJ/kg·K인가?
① 0.50   ② 0.54
③ 0.58   ④ 0.62

39. 점화원이 될 우려가 있는 부분을 용기 안에 넣고 불활성 가스를 용기 안에 채워 넣어 폭발성 가스가 침입하는 것을 방지한 방폭구조는?
① 압력방폭구조
② 안전증방폭구조
③ 유입방폭구조
④ 본질방폭구조

40. 온도가 500℃인 과열증기의 과열도는 약 얼마인가? (단, 포화증기 온도는 600 K이다.)
① 123   ② 173
③ 223   ④ 273

제 3 과목 가스설비

41. 2 RT의 능력을 가진 냉동기로 0℃ 물 10 ton을 0℃ 얼음으로 만드는데 걸리는 시간은 몇 시간인가? (단, 한국 냉동톤[RT]을 기준으로 한다.)
① 50시간
② 80시간
③ 100시간
④ 120시간

42. 펌프 임펠러의 형상을 나타내는 척도인 비속도(비교회전도)의 단위는?

① rpm · m³/min · m
② rpm · m³/min
③ rpm · kgf/min · m
④ rpm · kgf/min

43. 단열을 한 배관 중에 작은 구멍을 내고 이 관에 압력이 있는 유체를 흐르게 하면 유체가 작은 구멍을 통할 때 유체의 압력이 하강함과 동시에 온도가 변화하는 현상을 무엇이라고 하는가?

① 토리첼리 효과 ② 줄-톰슨 효과
③ 베르누이 효과 ④ 도플러 효과

44. 정상운전 중에 가연성가스의 점화원이 될 전기불꽃 아크 등의 발생을 방지하기 위하여 기계적, 전기적 구조상 또는 온도상승에 대해서 안전도를 증가시킨 방폭구조는?

① 내압방폭구조
② 압력방폭구조
③ 본질안전방폭구조
④ 안전증방폭구조

45. 외경이 300 mm이고, 두께가 20 mm인 도시가스용 폴리에틸렌관은 몇 MPa 이하의 압력에서 사용하는가?

① 0.2   ② 0.25
③ 0.3   ④ 0.4

46. 배관의 압력손실에 대한 설명으로 틀린 것은?

① 관의 길이에 비례한다.
② 가스의 비중에 비례한다.
③ 유량의 제곱에 반비례한다.
④ 관 안지름의 5승에 반비례한다.

47. 수소(H_2)의 기본 특성에 대한 설명 중 틀린 것은?

① 고온, 고압에서 강재 등의 금속을 투과한다.
② 산소 또는 공기와 혼합하여 격렬하게 폭발한다.
③ 가벼워서 확산하기 쉬우며 작은 틈새로 잘 발산한다.
④ 생물체의 호흡에 필수적이며 연료의 연소에 필요하다.

48. 수소 또는 수소를 포함하는 가스를 취급하는 반응장치의 재료로 탄소강을 사용할 때 예상될 수 있는 문제점에 대한 해결방안을 제시하였다. 다음 설명 중 가장 거리가 먼 내용은?

① 수소 조장 균열의 방지법은 용접재료를 잘 건조시키고, 용접 후 서냉 및 후열을 통한 용접금속 중의 수소를 제거하는 탈수소처리를 한다.
② 수소 침식방지를 위해 내수소침식용 강인 Cr이나 Mo를 첨가한 강 중 탄소를 안정화시킨 강인 KS D 3543(보일러 및 압력용기용 Cr, Mo 강판)을 사용한다.
③ 수소취성 균열을 방지하기 위해서는 18-8 오스테나이트 스테인리스를 사용하고 탄소강의 경도를 높이기 위해 경도가 높은 용접봉을 선택하고 용접 후 열처리를 한다.
④ 수소 유기 균열을 방지하는 방법은 강 중의 유황분이 적게 되도록 칼슘을 첨가하여 황을 구상화시키며, 근본적으로는 황화물이 많은 환경은 라이닝 등으로 설비를 보호한다.

49. 200 A 강관(외경 D 216.3 mm, 관 두께 t 5.5 mm)이 내압 9 kgf/cm²을 받을 때 관에 생기는 원주방향 응력은 약 몇 kgf/cm²인가?

① 125　　② 138
③ 155　　④ 168

50. 회전차가 회전하는 터보형(turbo type) 펌프가 아닌 것은?

① 축류 펌프　　② 사류 펌프
③ 피스톤 펌프　　④ 벌류트 펌프

51. 액화석유가스 저장시설인 수평원통형 저장탱크에 설치하는 미끄럼판의 표준 두께로 옳은 것은?

① 2 mm　　② 4 mm
③ 8 mm　　④ 12 mm

52. 다음 조건에 따른 피크 시 LP가스의 소비량은 약 몇 kg/h인가?

- 평균가스 소비량 : 1.4 kg/day·세대
- 세대 수 : 80
- 피크 시 평균가스 소비율 : 22 %

① 22.6　　② 24.6
③ 28.6　　④ 30.2

53. 2단 감압방식의 장점에 대한 설명이 아닌 것은?

① 공급압력이 안정적이다.
② 재액화에 대한 문제가 없다.
③ 연소기구에 맞는 압력으로 공급이 가능하다.
④ 배관 입상에 의한 압력손실을 보정할 수 있다.

54. 회전 펌프의 특징에 대한 설명 중 틀린 것은?

① 구조가 간단하다.
② 액의 이송에 적합하다.
③ 청소 및 분해가 용이하다.
④ 토출 압력에 따라 토출량이 크게 변한다.

55. 내용적 120 L의 LP가스 용기에 50 kg의 프로판을 충전하였다. 이 용기 내부가 액으로 충만될 때의 온도를 그림에서 구한 것은?

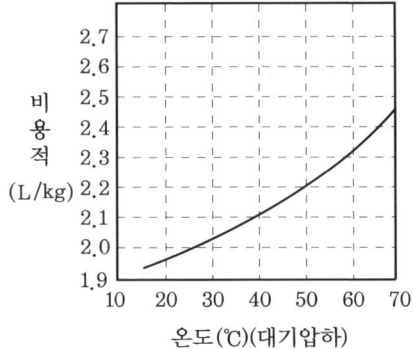

① 37℃　　② 47℃
③ 57℃　　④ 67℃

56. 용기밸브의 충전구가 왼나사 구조인 것은 무엇인가?

① 산소
② 에틸렌
③ 암모니아
④ 브롬화메탄

57. 고압가스 설비의 두께는 상용압력의 몇 배 이상의 압력에서 항복을 일으키지 않아야 하는가?

① 1.5배　　② 2배
③ 2.5배　　④ 3배

58. 압력배관용 탄소강관을 나타내는 것은?
① SPHT ② SPPH
③ SPP   ④ SPPS

59. 고압가스 시설에 설치한 전기방식 시설의 유지관리 방법으로 옳은 것은?
① 관대지전위 등은 2년에 1회 이상 점검한다.
② 절연부속품, 역전류 방지장치, 결선 등은 1년에 1회 이상 점검하였다.
③ 배류법에 의한 전기방식시설은 배류점 관대지전위, 배류기 출력, 전압, 전류, 배선 등은 6개월에 1회 이상 점검하였다.
④ 외부전원법에 의한 전기방식시설은 외부전원점 관대지전위, 정류기의 출력, 전압, 전류, 배선의 접속은 3개월에 1회 이상 점검하였다.

60. 저온장치에 사용되는 진공단열법의 종류가 아닌 것은?
① 저진공 단열법
② 고진공 단열법
③ 분말진공 단열법
④ 다층진공 단열법

제 4 과목   가스안전관리

---

61. 허용농도가 100만분의 200 이하인 독성가스 충전용기를 운반하는 차량의 경우 용기 승하차용 리프트와 밀폐된 구조로 하여야 하는 내용적의 기준은?
① 500 L 미만   ② 500 L 이상
③ 1000 L 미만 ④ 1000 L 이상

62. 가연성가스 설비 수리작업 시 설비 내의 산소농도가 몇 %로 된 것이 확인될 때까지 공기로 반복하여 치환하여야 하는가?
① 15~18 %
② 13~21 %
③ 18~22 %
④ 23 % 이상

63. 고압가스 충전용기의 운반기준 중 용기 운반 시 주의사항으로 옳은 것은?
① 밸브가 돌출한 충전용기는 캡을 부착시킬 필요가 없다.
② 운반 중의 충전용기는 항상 40℃ 이하를 유지하여야 한다.
③ 염소와 아세틸렌은 동일 차량에 적재하여 운반하여도 된다.
④ 가연성가스 또는 산소를 운반하는 차량에는 방독면 및 고무장갑 등의 보호구를 휴대하여야 한다.

64. 외기온도 25℃인 곳에서 내용적 200 L인 초저온용기에 단열성능시험을 실시하기 위하여 용기에 액화질소 100 kg을 충전하고 방출밸브를 개방하여 게이지 압력이 0 MPa일 때 가스무게가 90 kg임을 확인하고, 방출밸브를 개방한 상태로 24시간 방치한 후에 가스무게가 80 kg이었다. 이 용기의 침입열량과 단열성능시험의 결과는? (단, 액화질소의 비점은 −196℃, 기화잠열은 200966 J/kg이다.)
① 1.89 J/h·℃·L, 적합
② 3.79 J/h·℃·L, 적합
③ 1.89 J/h·℃·L, 부적합
④ 3.79 J/h·℃·L, 부적합

65. 용기에 의한 액화석유가스 실외저장소 설치 기준으로 틀린 것은?
① 용기의 단위 집적량은 30톤을 초과하지 않는다.
② 팰릿에 넣어 집적된 용기의 높이는 5 m 이하로 한다.
③ 바닥으로부터 2 m 이내의 도랑이 있을 경우에는 방수재료로 이중으로 덮는다.
④ 충전용기와 잔가스용기의 보관장소는 1.5 m 이상의 간격을 두어 구분하여 보관한다.

66. 고압가스 제조시설에서 배관설비의 두께 산정 시 안전율을 고려하여야 한다. 환경구분이 공로 및 가옥에서 50 m 이상 100 m 미만의 거리를 유지하고 지상에 가설되는 경우와 가옥에서 50 m 미만의 거리를 유지하고 지하에 매설되는 경우의 안전율로 옳은 것은?
① 3.0   ② 3.5
③ 4.0   ④ 5.0

67. 액화석유가스 저장시설을 지하에 설치하는 경우에 대한 설명 중 틀린 것은?
① 저장탱크실 상부 윗면으로부터 저장탱크 상부까지의 깊이는 60 cm 이상으로 한다.
② 저장탱크를 2개 이상 인접하여 설치하는 경우에는 상호간에 0.5 m 이상의 간격을 유지한다.
③ 저장탱크 주위 빈 공간에는 손으로 만졌을 때 물이 손에서 흘러내리지 않는 상태의 모래를 채운다.
④ 저장탱크실은 천장·벽 및 바닥 두께가 각각 30 cm 이상의 방수조치를 한 철근콘크리트 구조로 한다.

68. 충전용기를 운반하는 가스운반 전용차량의 적재함에 리프트를 설치하지 않아도 되는 적재능력의 기준은?
① 적재능력 1톤 이하의 차량
② 적재능력 1.2톤 이하의 차량
③ 적재능력 2톤 이하의 차량
④ 적재능력 2.5톤 이하의 차량

69. 초기사건으로 알려진 특정한 장치의 이상이나 운전자의 실수로부터 발생되는 잠재적인 사고결과를 평가하는 정량적 안전성 평가기법은?
① 사건수 분석(ETA)
② 결함수 분석(FTA)
③ 원인결과 분석(CCA)
④ 위험과 운전 분석(HAZOP)

70. 이동식 부탄연소기와 관련된 사고가 액화석유가스 사고의 약 10 % 수준으로 발생하고 있다. 이를 예방하기 위한 방법으로 가장 부적당한 것은?
① 과대한 조리기구를 사용하지 않는다.
② 잔가스 사용을 위해 용기를 가열하지 않는다.
③ 연소기에 접합용기를 정확히 장착한 후 사용한다.
④ 사용한 접합용기는 파손되지 않도록 조치한 후 버린다.

71. 공기호흡기용 용기 안전충전함의 구조 기준에 대한 내용으로 틀린 것은?
① 안전충전함은 용기를 완전히 감싸는 구조로 한다.

② 안전충전함의 문이 열려 있거나 용기가 설정된 충전 위치에 있지 않은 경우에는 충전이 되지 않는 구조로 한다.
③ 안전충전함 내부에서 용기가 파열되어 발생하는 금속파편이 안전충전함 외부로 방출되지 아니하는 구조로 한다.
④ 안전충전함 내에 압축설비를 설치하는 경우에는 용기와 압축설비 사이에 2 mm 이상의 강판재로 분리하는 구조로 한다.

72. 전기 방식(防蝕)의 방법이 아닌 것은?
① 강제배류법　② 내부전원법
③ 유전양극법　④ 희생양극법

73. 다음 중 시안화수소의 제독제로 가장 적당한 것은?
① 물
② 소석회
③ 탄산소다수용액
④ 가성소다수용액

74. 아세틸렌 용접용기에 채우는 다공질물이 고형일 경우의 기준으로 옳은 것은?
① 용기벽을 따라 용기 직경의 1/100 또는 3 mm를 초과하지 않는 틈이 있는 것은 무방하다.
② 용기벽을 따라 용기 직경의 1/100 또는 5 mm를 초과하지 않는 틈이 있는 것은 무방하다.
③ 용기벽을 따라 용기 직경의 1/200 또는 3 mm를 초과하지 않는 틈이 있는 것은 무방하다.
④ 용기벽을 따라 용기 직경의 1/200 또는 5 mm를 초과하지 않는 틈이 있는 것은 무방하다.

75. 차량에 고정된 탱크에 산소를 적재하여 운반하는 경우 비치하여야 하는 분말소화제의 기준은?
① BC용, B-10 이상
② BC용, B-8 이상
③ ABC용, B-6 이상
④ ABC용, B-12 이상

76. 압축가스 고압가스설비에 설치된 과압안전장치의 도입관 내경 10 cm, 도입관 안의 압축가스 유속 10 m/s, 입구 측에서의 가스 밀도 1.3 kg/m³일 때 필요 분출량은 약 몇 kg/h인가?
① 130　② 364
③ 650　④ 1300

77. 공기 중에서 염소의 폭발범위로 옳은 것은?
① 2.5~15 %　② 3~12.5 %
③ 5~15.4 %　④ 없음

78. 고압가스용 복합재료 용기의 최고충전압력으로 옳은 것은?
① 35 MPa 이하
② 41 MPa 이하
③ 49 MPa 이하
④ 98 MPa 이하

79. 가연성가스란 폭발한계의 하한이 몇 % 이하인 것과, 상한과 하한의 차이가 몇 % 이상인 가스를 말하는가?
① 10, 10　② 10, 20
③ 20, 20　④ 20, 10

80. 고압가스용 기화장치를 구조에 따른 분류로 틀린 것은?
① 다관식
② 코일식
③ 캐비닛식
④ 실린더식

제 5 과목 가스계측

81. 가스분석계 중 오르사트식의 측정방식으로 옳은 것은?
① 체적감소에 의한 방식
② 연소열 측정에 의한 방식
③ 연속적정에 의한 방식
④ 중량증가에 의한 방식

82. 탄성압력계의 오차유발 요인으로 가장 거리가 먼 것은?
① 마찰에 의한 오차
② 히스테리시스 오차
③ 디지털식 탄성압력계의 측정오차
④ 탄성요소와 압력지시기의 비직진성

83. 가스미터의 주요 고장 원인으로 가장 거리가 먼 것은?
① 역방향으로 유체를 통과시킨 경우
② 점도 차이가 있는 기체를 사용했을 경우
③ 지정된 압력 이상의 유체를 통과시킨 경우
④ 유체 종류에 따라 재질 선정이 잘못된 경우

84. 열전도형 검출기(TCD)의 특성에 대한 설명 중 틀린 것은?
① 구조가 단순하다.
② 직선 감응범위가 넓다.
③ 감도가 아주 우수하다.
④ 시료가 파괴되지 않는다.

85. 계측기의 정특성과 관련이 없는 것은?
① 감도
② 선형성
③ 반복성
④ 히스테리시스특성

86. 길이를 측정하는 자(ruler)를 가지고 공작물의 길이를 측정하였다. 시선의 경사각이 15°이고, 자의 두께가 1.5 mm일 때 약 몇 mm의 시차가 발생하는가?
① 0.35
② 0.40
③ 0.45
④ 0.50

87. 차압식 유량계 중 압력손실이 큰 것부터 순서대로 나열한 것은?
① 플로노즐＞오리피스＞벤투리
② 오리피스＞플로노즐＞벤투리
③ 오리피스＞벤투리＞플로노즐
④ 벤투리＞플로노즐＞오리피스

88. 수정 등의 결정체에 압력을 가할 때 표면에 발생하는 전기적 변화의 특성을 이용하는 압력계는?
① 부르동관 압력계
② 피에조 압력계
③ 벨로스 압력계
④ 다이어프램 압력계

89. 습도에 대한 설명으로 틀린 것은?
① 절대습도는 비습도라고도 하며 %로 나타낸다.
② 포화공기는 더 이상 수분을 포함할 수 없는 상태의 공기이다.
③ 이슬점은 상대습도가 100 %일 때의 온도이며 노점온도라고도 한다.
④ 상대습도는 현재의 온도 상태에서 포함할 수 있는 포화수증기량에 대한 현재 공기가 포함하고 있는 수증기의 량을 %로 표시한 것이다.

90. 디지털 계측의 특성으로 틀린 것은?
① 입력이 용이하다.
② 경향파악이 쉽다.
③ 개인오차가 제거된다.
④ 전송지연, 연산오차가 없다.

91. 강(steel)으로 만들어진 자(ruler)로 길이를 측정할 때 자가 온도의 영향을 받아 팽창, 수축함으로써 발생하는 오차는?
① 우연오차
② 계통적 오차
③ 과오에 의한 오차
④ 측정자의 부주의로 생기는 오차

92. 나프탈렌의 분석에 가장 적당한 분석방법은?
① 중화적정법
② 흡수평량법
③ 요오드적정법
④ 가스크로마토그래피법

93. 물속에 피토관을 설치하였더니 전압과 정압의 차이가 수주로 10 m이었을 때 유속은 약 몇 m/s인가?
① 0.23
② 23
③ 1.4
④ 14

94. 막식 가스미터에서 발생할 수 있는 고장의 형태 중 가스미터에 감도 유량을 통과시켰을 때, 미터 지침의 시도(示度)에 변화가 나타나지 않는 고장을 의미하는 것은?
① 불통
② 부동
③ 감도불량
④ 기차불량

95. 15℃, 760 mmHg인 상태에서 공기가 흐르는 관 속에 피토관을 설치하여 유속을 측정하였더니 전압이 대기압보다 52 mmH$_2$O 높았다. 이때 풍속은 약 몇 m/s인가? (단, 0℃에서의 공기 밀도는 1.293 kg/m^{3}이다.)
① 16.5
② 28.8
③ 32.5
④ 36.6

96. 다음 중 연소분석법이 아닌 것은?
① 완만 연소법
② 분별 연소법
③ 혼합 연소법
④ 폭발법

97. 루트미터와 습식가스미터 특징 중 루트미터의 특징에 해당되는 것은?
① 유량이 정확하다.
② 실험실용으로 적합하다.
③ 설치공간이 적게 필요하다.
④ 사용 중 수위조정 등의 관리가 필요하다.

98. 일반적인 액면 측정 방법이 아닌 것은?
① 압력식
② 부자식
③ 박막식
④ 정전용량식

99. 분리관 길이 660 mm에서 벤젠에 대한 기체크로마토그램을 재었더니 기록지에 머무른 시간(T_r)이 43.4 mm, 봉우리 폭(W)이 6.2 mm이었다면 이론단에 해당하는 분리관의 길이(HETP)는 약 몇 mm인가?
① 0.32
② 0.84
③ 1.60
④ 3.14

100. 흡수분석법 중 헴펠(Hempel)법에서 성분 흡수 분리 순서로 옳은 것은?
① $C_mH_n \rightarrow CO_2 \rightarrow O_2 \rightarrow CO$
② $CO \rightarrow C_mH_n \rightarrow O_2 \rightarrow CO_2$
③ $O_2 \rightarrow CO \rightarrow CO_2 \rightarrow C_mH_n$
④ $CO_2 \rightarrow C_mH_n \rightarrow O_2 \rightarrow CO$

CBT 모의고사 7

제1과목 가스유체역학

1. 그림과 같은 U자관 액주계에서 $P_A - P_B$ 의 차가 0.68 kgf/cm²일 때 높이 h는 약 몇 mm인가?

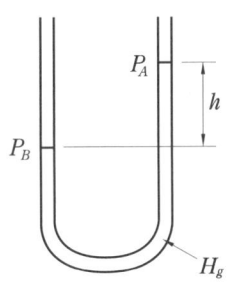

① 50 ② 100
③ 200 ④ 500

2. 30℃인 공기 중에서의 음속은 몇 m/s인가? (단, 비열비는 1.4이고 기체상수는 287 J/kg·K이다.)

① 216 ② 241
③ 307 ④ 349

3. 압력 P, 마하수 M, 엔트로피가 S일 때 수직충격파가 발생한다면 P, M, S는 어떻게 변화하는가?

① P, M, S 모두 증가
② P, M, S 모두 감소
③ M, P는 증가하고 S는 일정
④ M은 감소하고 P, S는 증가

4. 안지름이 10 cm인 원관 속을 비중 0.85인 액체가 10 cm/s의 속도로 흐른다. 액체의 점도가 5 cP라면 이 유동의 레이놀즈수는 약 얼마인가?

① 1400 ② 1700
③ 2100 ④ 2300

5. 그림과 같이 유체가 속도 30 m/s로 지름 0.08 m의 관을 통해 정지된 평판에 분사된다. 이때 평판을 유지하기 위한 힘 F는 몇 N인가? (단, 유체의 비중은 0.85이다.)

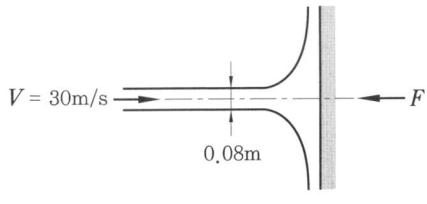

① 2345 ② 2845
③ 3345 ④ 3845

6. 수축 – 확대 노즐에서 확대 부분의 유속은?

① 음속과 같다.
② 언제나 아음속이다.
③ 언제나 초음속이다.
④ 초음속이 가능하다.

7. 지름이 2 m인 관속을 7200 m³/h로 흐르는 유체의 평균유속은 약 몇 m/s인가?

① 0.64 ② 2.47
③ 4.78 ④ 5.36

8. 1 atm과 같지 않은 것은?

① 1.013 bar ② 10.332 mH₂O
③ 1.013 Pa ④ 13.7 psi

9. 표면장력에 대한 관성력의 비를 나타내는 무차원의 수는?
① Reynolds수　② Froude수
③ 모세관수　　④ Weber수

10. 관로의 유동에서 여러 가지 손실수두를 나타낸 것으로 틀린 것은? (단, f : 마찰계수, d : 관의 지름, $\left(\dfrac{V^2}{2g}\right)$: 속도수두, $\left(\dfrac{V_1^{\,2}}{2g}\right)$: 입구관 속도수두, $\left(\dfrac{V_2^{\,2}}{2g}\right)$: 출구관 속도수두, R_h : 수력반지름, L : 관의 길이, A : 관의 단면적, C_c : 단면적 축소계수이다.)

① 원형관 속의 손실수두 :
$$h_L = f\,\frac{L}{D}\,\frac{V^2}{2g}$$
② 비원형관 속의 손실수두 :
$$h_L = f\,\frac{4R_h}{L}\,\frac{V^2}{2g}$$
③ 돌연 확대관 손실수두 :
$$h_L = \left(1 - \frac{A_1}{A_2}\right)^2 \frac{V_1^{\,2}}{2g}$$
④ 돌연 축소관 손실수두 :
$$h_L = \left(\frac{1}{C_c} - 1\right)^2 \frac{V_2^{\,2}}{2g}$$

11. 어떤 유체의 밀도가 138.63 kgf · s²/m⁴일 때 비중량은 약 몇 kgf/m³인가?
① 1.381　　② 13.55
③ 140.8　　④ 1359

12. Mach수를 의미하는 것은?
① $\dfrac{\text{실제유동속도}}{\text{음속}}$　② $\dfrac{\text{초음속}}{\text{아음속}}$
③ $\dfrac{\text{음속}}{\text{실제유동속도}}$　④ $\dfrac{\text{아음속}}{\text{초음속}}$

13. 4℃ 물의 체적 탄성계수는 2.0×10⁴ kgf/cm²이다. 이 물속에서의 음속은 약 몇 m/s인가? (단, 물의 밀도는 102 kgf · s²/m⁴이다.)
① 139　　② 340
③ 840　　④ 1400

14. 유체역학에서 다음과 같은 베르누이 방정식이 적용되는 조건이 아닌 것은?

$$\frac{P}{\gamma} + \frac{V^2}{2g} + Z = \text{일정}$$

① 적용되는 임의의 두 점은 같은 유선상에 있다.
② 정상상태의 흐름이다.
③ 마찰이 없는 흐름이다.
④ 유체흐름 중 내부에너지 손실이 있는 흐름이다.

15. 토출량 5 m³/min, 전양정 30 m, 비교회전수 90 rpm · m³/min · m인 3단 원심펌프의 회전수는 약 몇 rpm인가?
① 226　　② 255
③ 326　　④ 343

16. 어떤 비행체의 마하각을 측정하였더니 45°를 얻었다. 이 비행체가 날고 있는 대기 중에서 음파의 전파속도가 310 m/s일 때 비행체의 속도는 약 몇 m/s인가?
① 338.9　　② 340.2
③ 438.4　　④ 568.4

17. 압력이 0.1 MPa, 온도 20℃에서 공기의 밀도는 몇 kg/m³인가? (단, 공기의 기체상수는 287 J/kg·K이다.)
① 1.189　　② 1.314
③ 0.1228　　④ 0.6756

18. 물을 10 ton/h의 속도로 높이 5 m의 탱크에 같은 굵기의 관을 써서 수송하려고 한다. 유체의 수두손실(head loss)을 무시하고 펌프의 효율을 100 %로 하면 소요동력은 약 몇 PS인가?
① 0.1　　② 0.185
③ 0.317　　④ 0.5

19. 25℃ 대기압에서 공기가 평판상을 25 m/s의 속도로 흐를 때 선단으로부터 2 cm인 곳의 경계층의 두께는 약 몇 mm인가? (단, 공기의 동점성계수 15.68×10^{-6} m²/s이고, 상수값은 4.65로 한다.)
① 0.32　　② 0.52
③ 3.20　　④ 5.20

20. 압력 100 kPa·abs, 온도 20℃의 공기 5 kg이 등엔트로피 변화하여 온도 160℃로 되었다면 최종압력은 약 몇 kPa·abs인가? (단, 공기의 비열비 $k = 1.40$이다.)
① 112　　② 265
③ 392　　④ 462

제 2 과목　연소공학

21. 202.65 kPa, 25℃의 공기를 10.1325 kPa으로 단열팽창시키면 온도는 약 몇 K인가? (단, 공기의 비열비는 1.4로 한다.)
① 126　　② 154
③ 168　　④ 176

22. 프로판가스 1 m³를 완전 연소시키는데 필요한 이론 공기량은 약 몇 m³인가? (단, 산소는 공기 중에 20 % 함유한다.)
① 10　　② 15
③ 20　　④ 25

23. 코크스, 목탄의 연소형태는?
① 표면연소　　② 분해연소
③ 증발연소　　④ 확산연소

24. 가스위험성 평가기법 중 정량적 안전성 평가기법에 해당하는 것은?
① 작업자 실수분석(HEA)기법
② 체크리스트(checklist)기법
③ 위험과 운전분석(HAZOP)기법
④ 사고예상 질문분석(WHAT-IF)기법

25. 역카르노 사이클로 작동되는 냉동기가 20 kW의 일을 받아서 저온체에서 20 kcal/s의 열을 흡수한다면 고온체로 방출하는 열량은 약 몇 kcal/s인가?
① 14.8　　② 24.8
③ 34.8　　④ 44.8

26. 증기 압축식 냉동사이클에서 압축기 입구의 엔탈피는 223 kJ/kg, 응축기 입구의 엔탈피는 268 kJ/kg, 증발기 입구의 엔탈피는 91 kJ/kg인 냉동기의 성적계수는 약 얼마인가?
① 1.8　　② 2.3
③ 2.9　　④ 3.5

27. 화재 시 사염화탄소 소화기를 사용하지 않는 이유로 옳은 것은?
① 가격이 비싸고, 취급하기 어렵기 때문에
② 오존층 파괴물질인 프레온가스가 발생하기 때문에
③ 열분해하여 조연성가스인 염소(Cl_2)를 발생시키기 때문에
④ 열분해하여 독성가스인 포스겐($COCl_2$)을 발생시키기 때문에

28. 열역학 제2법칙에 어긋나는 것은?
① 제2종 영구기관을 만드는 것은 쉽다.
② 열은 항상 고온에서 저온으로 흐른다.
③ 에너지 변환의 방향성을 표시한 법칙이다.
④ 열은 스스로 저온의 물체에서 고온의 물체로 이동할 수 없다.

29. 공기나 산소가 섞이지 않더라도 분해폭발을 일으킬 수 있는 가스는?
① CO   ② CO_2
③ H_2 ④ C_2H_2

30. 프로판 가스의 연소 과정에서 발생한 열량이 13000 kcal/kg, 연소할 때 발생된 수증기의 잠열이 2500 kcal/kg이면 프로판 가스의 연소효율은 약 몇 %인가? (단, 프로판 가스의 진발열량은 11000 kcal/kg이다.)
① 65.4   ② 80.8
③ 92.5   ④ 95.4

31. 600℃의 고열원과 200℃의 저열원 사이에서 작동하는 카르노 사이클의 최대 효율은 약 몇 %인가?
① 31.7 ② 45.8 ③ 57.1 ④ 61.8

32. 공기 2 kg을 일정한 압력 하에서 100℃에서 200℃까지 가열할 때 엔트로피 변화는 약 몇 kJ/kg인가? (단, C_p는 1.01 kJ/kg · K이다.)
① 0.28   ② 0.55
③ 1.11   ④ 1.62

33. 아래의 반응식은 메탄의 완전연소 반응이다. 이때 CH_4, CO_2, H_2O의 생성열이 각각 75 kJ/kmol, 394 kJ/kmol, 242 kJ/kmol이라면 메탄의 완전연소 시 발열량은 약 몇 kJ인가?

$$CH_4 + 2O_2 \rightarrow CO_2 + 2H_2O$$

① 636   ② 711
③ 786   ④ 803

34. 기체연료의 연소형태에 해당하는 것은?
① 확산연소, 증발연소
② 예혼합연소, 증발연소
③ 예혼합연소, 확산연소
④ 예혼합연소, 분해연소

35. "일정한 온도에서 기체의 확산속도는 기체 분자량의 제곱근에 반비례한다."라는 것은 누구의 법칙인가?
① Dalton의 법칙
② Graham의 법칙
③ Avogadro의 법칙
④ Boyle-Charles의 법칙

36. 증기의 성질에 대한 설명으로 틀린 것은?
① 증기의 압력이 높아지면 엔탈피가 커진다.
② 증기의 압력이 높아지면 현열이 커진다.

③ 증기의 압력이 높아지면 포화온도가 높아진다.
④ 증기의 압력이 높아지면 증발열이 커진다.

37. 액체 프로판이 298 K, 0.1 MPa에서 이론공기를 이용하여 연소하고 있을 때 고발열량은 약 몇 MJ/kg인가? (단, 연료의 증발엔탈피는 370 kJ/kg이고, 기체상태 C_3H_8의 생성엔탈피는 −103909 kJ/kmol, CO_2의 생성엔탈피는 −393757 kJ/kmol, 액체 및 기체상태 H_2O의 생성엔탈피는 각각 −286010 kJ/kmol, −24197 kJ/kmol이다.)
① 44
② 46
③ 50
④ 2205

38. C : 86 %, H_2 : 12 %, S : 2 %의 조성을 갖는 중유 100 kg을 표준상태에서 완전 연소시킬 때 동일 압력, 온도 590 K에서 연소가스의 체적은 약 몇 m^3인가?
① 296
② 320
③ 426
④ 640

39. 프로판(C_3H_8) 10 Nm^3를 이론산소량으로 완전연소시켰을 때 건연소가스량은 약 몇 Nm^3인가?
① 10
② 20
③ 30
④ 40

40. 폭굉유도거리에 대한 설명 중 옳은 것은?
① 압력이 높을수록 짧아진다.
② 관속에 방해물이 있으면 길어진다.
③ 층류연소속도가 작을수록 짧아진다.
④ 점화원의 에너지가 강할수록 길어진다.

제 3 과목 가스설비

41. 가연성가스이지만 독성이 없는 가스는?
① NH_3
② HCN
③ C_3H_6
④ CO

42. 파라핀계 탄화수소에서 탄소(C)의 수가 증가할수록 높아지는 것은?
① 증기압
② 발화점
③ 비등점
④ 폭발하한계

43. 수소의 공업적 제조법이 아닌 것은?
① 수성가스법
② 석유 분해법
③ 천연가스 분해법
④ 공기액화 분리법

44. 배관의 전기방식 중 희생양극법의 장점이 아닌 것은?
① 전류조절이 쉽다.
② 과방식의 우려가 없다.
③ 단거리의 파이프라인에는 저렴하다.
④ 다른 매설금속체로의 장애(간섭)가 거의 없다.

45. 불화수소에 대한 설명으로 틀린 것은?
① 강산이다.
② 황색기체이다.
③ 불연성기체이다.
④ 자극적 냄새가 난다.

46. 분젠식 버너의 구성이 아닌 것은?
① 블러스트
② 노즐
③ 댐퍼
④ 혼합관

47. 35℃의 온도에서 압력이 0 Pa을 초과하는 액화가스 중 고압가스 안전관리법 적용을 받는 고압가스 종류에 해당되는 것은?
① 액화 암모니아
② 액화 시안화수소
③ 액화 산소
④ 액화 염소

48. 아세틸렌의 압축 시 분해폭발의 위험을 줄이기 위한 반응장치는?
① 겔로그 반응장치
② IG 반응장치
③ 파우서 반응장치
④ 레페 반응장치

49. 비교회전도(비속도, n_s)가 가장 적은 펌프는?
① 축류펌프
② 터빈펌프
③ 벌류트펌프
④ 사류펌프

50. 충전용기 밸브 나사형식을 가연성가스와 암모니아 구별해서 바르게 연결된 것은?
① 숫나사 – 암나사
② 암나사 – 숫나사
③ 왼나사 – 오른나사
④ 오른나사 – 왼나사

51. 임계온도가 약 −122℃인 가스는?
① 메탄
② 산소
③ 아르곤
④ 암모니아

52. 다음 [보기]의 가스성질에 대한 설명 중 옳은 것을 모두 바르게 나열한 것은?

─〈보 기〉─
ⓐ 수소는 무색의 기체이다.
ⓑ 아세틸렌은 가연성가스이다.
ⓒ 이산화탄소는 불연성이다.
ⓓ 암모니아는 물에 잘 용해된다.

① ⓐ, ⓑ　　② ⓑ, ⓒ
③ ⓐ, ⓓ　　④ ⓐ, ⓑ, ⓒ, ⓓ

53. 역화의 가능성이 가장 큰 연소방식은?
① 전1차식　　② 분젠식
③ 세미분젠식　　④ 적화식

54. 수소의 공업적 제조법 중 일산화탄소 전화법 반응식으로 옳은 것은?
① $C + H_2O \rightarrow CO + H_2 \uparrow$
② $CO + H_2O \rightarrow CO_2 + H_2 \uparrow$
③ $CH_4 + H_2O \rightarrow CO + 3H_2 \uparrow$
④ $2H_2O \rightarrow O_2 + 2H_2 \uparrow$

55. 불소가스에 대한 설명으로 틀린 것은?
① 공기 중에서 연소가 잘 된다.
② 연한 황색의 심한 자극성이 있다.
③ 모든 원소와 결합하는 강산화제이다.
④ 물과 반응하여 불화수소가 발생한다.

56. [보기]에서 임계온도가 0℃에서 40℃ 사이인 것으로만 나열된 것은?

─〈보 기〉─
ⓐ 산소
ⓑ 이산화탄소
ⓒ 프로판
ⓓ 에틸렌

① ⓐ, ⓑ　　② ⓑ, ⓒ
③ ⓑ, ⓓ　　④ ⓒ, ⓓ

57. 탄소강의 기본 결정조직이 아닌 것은?
① 보크사이트 ② 시멘타이트
③ 펄라이트 ④ 페라이트

58. 가스 연소기에서 발생할 수 있는 역화(flash back) 현상의 발생 원인으로 가장 거리가 먼 것은?
① 분출속도가 연소속도보다 빠른 경우
② 연소속도가 일정하고 분출속도가 느린 경우
③ 버너가 오래되어 부식에 의해 염공이 크게 된 경우
④ 노즐, 기구밸브 등이 막혀 가스량이 극히 적게 된 경우

59. 원심펌프에서 발생하는 캐비테이션 현상의 원인이 아닌 것은?
① 흡입양정이 지나치게 클 경우
② 흡입관의 저항이 증대되는 경우
③ 관로 내의 온도가 상승되는 경우
④ 속도가 낮아지면서 유량이 감소되는 경우

60. 공기액화 분리장치의 구성기기 중 터보팽창기에 대한 설명으로 옳은 것은?
① 팽창비는 약 5 정도이다.
② 처리가스량은 1000 m³/h 정도이다.
③ 회전수는 1000~2000 rpm 정도이다.
④ 복동식과 단동식으로 크게 구분된다.

제 4 과목 가스안전관리

61. 자동차에 고정된 탱크 및 벌크로리로 소형저장탱크에 액화석유가스를 이입·충전할 때 길이가 몇 m 이상인 충전호스를 사용하는 경우 별도의 충전 보조원이 충전호스를 감시하게 하여야 하는가?
① 3 ② 5
③ 8 ④ 10

62. 가스 저장탱크 상호 간에 유지하여야 하는 최소한의 거리는 몇 m인가?
① 0.6 ② 1
③ 2 ④ 3

63. 고압가스 일반제조의 시설기준 중 역류방지밸브를 반드시 설치하지 않아도 되는 곳은?
① 가연성가스를 압축하는 압축기와 충전용 주관 사이
② 가연성가스를 압축하는 압축기와 오토클레이브와의 사이 배관
③ 아세틸렌을 압축하는 압축기의 유분리기와 고압건조기와의 사이
④ 암모니아 또는 메탄올의 합성탑 및 정제탑과 압축기와의 사이 배관

64. 액화석유가스의 충전용기는 항상 몇 ℃ 이하로 유지하여야 하는가?
① 15℃ ② 25℃
③ 30℃ ④ 40℃

65. 석유화학 공장 등에 설치되는 플레어스택에서 역화 및 공기 등과의 혼합폭발을 방지하기 위하여 가스 종류 및 시설 구조에 따라 갖추어야 하는 것에 포함되지 않는 것은?
① vacuum breaker
② flame arrestor
③ vapor seal
④ molecular seal

66. 용기의 제조등록을 한 자가 수리할 수 있는 용기의 수리범위에 해당되는 것으로만 모두 짝지어진 것은?

> ⓐ 용기 몸체의 용접
> ⓑ 용기 부속품의 부품 교체
> ⓒ 초저온 용기의 단열재 교체

① ⓐ
② ⓐ, ⓑ
③ ⓑ, ⓒ
④ ⓐ, ⓑ, ⓒ

67. LPG 저장설비를 설치 시 실시하는 지반조사에 대한 설명으로 틀린 것은?
① 표준관입시험은 N값을 구하는 방법이다.
② 평판재하시험은 항복하중 및 극한하중을 구하는 방법이다.
③ 베인(vane)시험은 최대 토크 또는 모멘트를 구하는 방법이다.
④ 1차 지반조사 방법은 이너팅을 실시하는 것을 원칙으로 한다.

68. 액화석유가스 이외의 액화가스를 충전하는 용기의 부속품을 표시하는 기호는?
① AG
② PG
③ LG
④ LPG

69. 독성가스 용기 운반차량의 적재함 재질은?
① SS200
② SPPS200
③ SS400
④ SPPS400

70. 가스도매사업자의 정압기지 관련 설비로 틀린 것은?
① 방산탑
② 가열설비
③ 계량설비
④ 긴급차단장치

71. 전기방식시설 시공 시 도시가스시설의 전위측정용 터미널(T/B) 설치 방법으로 옳은 것은?
① 배류법의 경우에는 배관길이 500 m 이내의 간격으로 설치한다.
② 희생양극법의 경우에는 배관길이 300 m 이내의 간격으로 설치한다.
③ 외부전원법의 경우에는 배관길이 300 m 이내의 간격으로 설치한다.
④ 희생양극법, 배류법, 외부전원법 모두 배관길이 500 m 이내의 간격으로 설치한다.

72. 가스보일러를 전용보일러실에 설치해야 하는 것은?
① 밀폐식 가스보일러
② 강제배기식 가스보일러
③ 옥외에 설치한 가스보일러
④ 전용급기통을 부착하는 구조로 검사에 합격한 강제배기식 가스보일러

73. 고압가스를 차량에 적재하여 운반하는 때에 운반책임자를 동승시키지 않아도 되는 것은?
① 수소 4000 kg
② 산소 4000 kg
③ 액화석유가스 3500 kg
④ 암모니아 3500 kg

74. 차량에 고정된 탱크에는 차량의 진행방향과 직각이 되도록 방파판을 설치하여야 한다. 방파판의 면적은 탱크 횡단면적의 몇 % 이상이 되어야 하는가?
① 30
② 40
③ 50
④ 60

75. 액화석유가스 저장탱크에는 자동차에 고정된 탱크에서 가스를 이입할 수 있도록 로딩암을 건축물 내부에 설치할 경우 환기구를 설치하여야 한다. 환기구 면적의 합계는 바닥면적의 몇 % 이상으로 하여야 하는가?
① 1 ② 3
③ 6 ④ 10

76. 지하에 설치하는 액화석유가스 저장탱크실 재료의 규격 중 공기량 기준으로 옳은 것은?
① 2 % 이하 ② 4 % 이하
③ 2 % 이상 ④ 4 % 이상

77. 아세틸렌을 충전하기 위한 기술기준으로 옳은 것은?
① 아세틸렌 용기에 다공물질을 고루 채워 다공도가 70 % 이상 95 % 미만이 되도록 한다.
② 습식 아세틸렌 발생기의 표면의 부근에 용접작업을 할 때에는 70℃ 이하의 온도로 유지하여야 한다.
③ 아세틸렌을 2.5 MPa의 압력으로 압축할 때에는 질소, 메탄, 일산화탄소 또는 에틸렌 등의 희석제를 첨가한다.
④ 아세틸렌을 용기에 충전할 때 충전 중의 압력은 3.5 MPa 이하로 하고, 충전 후에는 압력이 15℃에서 2.5 MPa 이하로 될 때까지 정치하여 둔다.

78. 특정고압가스이면서 그 성분이 독성가스인 것으로 나열된 것은?
① 산소, 수소
② 액화염소, 액화질소
③ 액화암모니아, 액화염소
④ 액화암모니아, 액화석유가스

79. 고압가스용기의 보관장소에 용기를 보관할 경우의 준수할 사항 중 틀린 것은?
① 가연성가스 용기보관장소에는 비방폭형 손전등을 사용한다.
② 충전용기와 잔가스용기는 각각 구분하여 용기보관장소에 놓는다.
③ 용기보관장소에는 계량기 등 작업에 필요한 물건 외에는 두지 않는다.
④ 용기보관장소의 주위 2 m 이내에는 화기 또는 인화성물질이나 발화성물질을 두지 않는다.

80. 냉동용 특정설비의 제조에서 고장력강을 사용하는 특정설비는 용접부 내면의 보강 덧붙임을 깍아내도록 되어 있다. 이때 고장력강이란 탄소강으로서 규격 최소인장강도 (N/mm^2)의 기준은?
① 412.4 ② 488.4
③ 516.3 ④ 568.4

제 5 과목 가스계측

81. 다음 중 방전을 이용한 진공계는?
① 피라니 ② 가이슬러관
③ 휘스톤 브리지 ④ 서미스터

82. 시간과 관계있는 원소는?
① Cs ② Co
③ Sc ④ Se

83. 용적식 유량계에 해당되지 않는 것은?
① 로터미터
② Oval식 유량계
③ 루트 유량계
④ 로터리 피스톤식 유량계

84. 가스크로마토그래피 검출기 중 공기 중의 SO, HS 등과 같은 황화합물이나 악취분석에 이용되는 것은?
① ECD　　② AED
③ TID　　④ FPD

85. 일산화탄소가스를 검지하기 위한 염화팔라듐지는 PdCl₂ 0.2% 액에 다음 중 어떤 물질을 침투시켜 제조하는가?
① 전분　　② 초산
③ 암모니아　　④ 벤젠

86. 압전효과와 관계가 가장 적은 것은?
① PZT　　② 톰슨
③ 로셀염　　④ 수정

87. 80°F에서 100°F까지 온도를 제어하는 데 비례제어기가 사용된다. 측정온도가 71°F에서 75°F로 변할 때 출력압력이 3 psi에서 5 psi까지 도달하도록 조정될 때 비례대는 몇 %인가?
① 5　　② 10
③ 15　　④ 20

88. 수은 온도계의 측정범위는 얼마인가?
① -200~200℃　　② 0~200℃
③ -60~350℃　　④ -200~540℃

89. 연소가스 중 CO와 H₂의 분석에 사용되는 가스분석계는?
① 탄산가스계
② 질소가스계
③ 미연소가스계
④ 수소가스계

90. 기체 크로마토그래피에 사용되는 모세관 컬럼 중 모세관 내벽에 고정상을 얇게 코딩한 것으로 일반적으로 가장 많이 사용되는 것은?
① FSOT
② 충전컬럼
③ WCOT
④ SCOT

91. 패러데이(Faraday) 법칙의 원리를 이용한 기기분석방법은?
① 전기량법
② 질량분석법
③ 저온정밀 증류법
④ 적외선 분광광도법

92. 압력식 온도계의 특징이 아닌 것은?
① 자동조절이 가능하다.
② 고온 측정에 유리하다.
③ 진동 및 충격에 강하다.
④ 연속적으로 원격측정이 가능하다.

93. 경사각(θ)이 30°인 경사관식 압력계의 눈금(x)을 읽어보니 40 cm가 상승하였다. 이때 양단의 차압($P_1 - P_2$)은 약 몇 cmH₂O 인가? (단, 액체의 비중은 0.75인 기름이다.)
① 10　　② 15
③ 20　　④ 30

94. 빈병의 질량이 414 g인 비중병이 있다. 물을 채웠을 때 질량이 999 g, 어느 액체를 채웠을 때의 질량이 874 g일 때 이 액체의 밀도는 약 몇 g/cm³인가? (단, 물의 밀도 : 0.998 g/cm³, 공기의 밀도 : 0.00120 g/cm³ 이다.)
① 0.785 ② 0.998
③ 7.85   ④ 9.98

95. 적외선 분광분석법에서 사용하는 광원이 아닌 것은?
① 니크롬선
② 중수소 램프
③ 네른스트 백열등
④ Globar 램프

96. 실내공기의 온도는 15℃이고, 이 공기의 노점은 5℃로 측정되었을 때의 이 공기의 상대습도는 약 몇 %인가? (단, 5℃, 10℃ 및 15℃의 포화 수증기압은 각각 6.54 mmHg, 9.21 mmHg 및 12.79 mmHg이다.)
① 46.6 ② 51.1
③ 71.0 ④ 72.0

97. 측정제어라고도 하며, 2개의 제어계를 조합하여 1차 제어장치가 제어량을 측정하여 제어 명령을 내리고, 2차 제어장치가 이 명령을 바탕으로 제어량을 조절하는 제어를 무엇이라 하는가?
① 정치(正値) 제어
② 추종(追從) 제어
③ 비율(比率) 제어
④ 캐스케이드(cascade) 제어

98. 가스미터에 대한 설명으로 틀린 것은?
① 막식은 주로 가정용에 사용된다.
② 루트미터는 중압가스의 계량이 가능하다.
③ 가스미터는 크게 직접식과 실측식으로 구분된다.
④ 습식은 회전 드럼의 내측에 가스입구가 있는 구조이다.

99. 오프셋(잔류편차)이 있는 제어는?
① I 제어
② P 제어
③ D 제어
④ PID 제어

100. 다음의 블록선도에서 피드백 제어의 전달함수를 구하면?

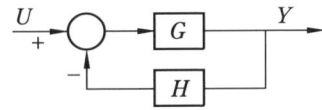

① $F = \dfrac{G}{1-H}$

② $F = \dfrac{G}{1+H}$

③ $F = \dfrac{G}{1-GH}$

④ $F = \dfrac{G}{1+GH}$

CBT 모의고사 정답 및 해설

CBT 모의고사 1

정답

가스유체역학	1	2	3	4	5	6	7	8	9	10
	②	②	③	①	①	①	②	②	④	③
	11	12	13	14	15	16	17	18	19	20
	②	①	②	④	②	③	③	②	②	③
연소공학	21	22	23	24	25	26	27	28	29	30
	①	③	①	④	③	①	②	④	②	③
	31	32	33	34	35	36	37	38	39	40
	②	①	③	④	③	②	③	①	①	①
가스설비	41	42	43	44	45	46	47	48	49	50
	②	①	②	②	④	③	③	②	②	①
	51	52	53	54	55	56	57	58	59	60
	④	③	④	③	①	③	②	③	②	①
가스안전관리	61	62	63	64	65	66	67	68	69	70
	③	④	②	②	④	④	④	③	④	②
	71	72	73	74	75	76	77	78	79	80
	②	①	②	④	②	①	③	②	④	④
가스계측	81	82	83	84	85	86	87	88	89	90
	①	③	④	④	④	③	③	③	③	③
	91	92	93	94	95	96	97	98	99	100
	②	④	③	④	①	③	①	④	④	②

제1과목 가스유체역학

1. 전단응력 분포
 ㉮ 두 개의 평행평판 사이에 유체가 흐를 때 전단응력은 중심에서 0이고, 양쪽벽에서 최대가 된다.
 ㉯ 수평 원관에서 유체가 흐를 때 전단응력은 관 중심에서 0이고, 관벽까지 직선적으로 증가한다.

2. ㉮ 동점도 4 stokes는 $4 \text{ cm}^2/\text{s}$이므로 레이놀즈수(Re)는 CGS 단위로 구한다.
 ㉯ 레이놀즈수 계산
 $$\therefore Re = \frac{\rho DV}{\mu} = \frac{DV}{\nu} = \frac{10 \times 80}{4} = 200$$
 ㉰ 레이놀즈수가 2100보다 작으므로 흐름은 층류이다.

3. 층류 경계층 두께
 ㉮ 경계층 내의 속도가 자유 흐름 속도의 99%가 되는 점까지의 거리
 ㉯ 층류 경계층 두께는 $Re^{\frac{1}{2}}$에 반비례하고, $x^{\frac{1}{2}}$에 비례하여 증가한다.
 ㉰ 난류 경계층 두께는 $Re^{\frac{1}{5}}$에 반비례하고, $x^{\frac{4}{5}}$에 비례하여 증가한다.
 ㉱ 경계층의 두께는 점성에 비례한다.

4. 곡면에 작용하는 힘
 ㉮ 수평분력(F_x) : 곡면의 수직투영면에 작용하는 힘과 같다. (힘(F) = 압력(P) × 면적(A)이 된다.)
 ㉯ 수직분력(F_y) : 곡면의 수직방향에 실려 있는 액체의 무게와 같다.

5. ㉮ $P = \gamma[\text{kgf/m}^3] \times h[\text{m}]$에서 압력의 단위는 kgf/m^2이고(kgf/cm^2에서 kgf/m^2로 변환은 kgf/cm^2단위에 10000을 곱한다), 비중량(γ)은 비중에 1000을 곱한다.
 ㉯ 수두(head) 계산
 $$\therefore h = \frac{P}{\gamma} = \frac{2 \times 10^4}{0.9 \times 1000} = 22.2 \text{ m}$$

6. 점성계수(μ)의 단위 및 차원

㉮ 절대단위 : kg/m·s = $ML^{-1}T^{-1} = \dfrac{M}{LT}$

㉯ 공학단위 : kgf·s/m² = $FL^{-2}T$

7. 유체의 구분
  (1) 압축성 유체와 비압축성 유체
    ㉮ 비압축성 유체 : 유체의 밀도가 압력의 변화와 관계없이 일정한 것으로 액체가 해당된다.
    ㉯ 압축성 유체 : 유체의 밀도가 압력의 변화에 따라 변하는 것으로 기체가 해당된다.
  (2) 이상유체와 실제유체
    ㉮ 이상(완전)유체(ideal fluid) : 점성(粘性)이 없다고 가정한 것으로 유체 유동 시 마찰손실이 생기지 않는 유체
    ㉯ 실제(점성)유체(real fluid) : 실제로 존재하는 점성을 가진 것으로 유체 유동 시 마찰손실이 생기는 유체
  (3) 뉴턴 유체와 비뉴턴 유체
    ㉮ 뉴턴(Newton) 유체 : 뉴턴의 점성법칙을 만족하는 것으로 유체 유동 시 속도구배가 마찰 전단응력에 직접 비례하는 유체이다. 물, 공기, 알코올 등이 해당된다.
    ㉯ 비뉴턴(non-Newton) 유체 : 뉴턴의 점성법칙을 충족시키지 않는 끈기가 있는 것으로 플라스틱, 타르, 페인트, 치약, 진흙 등이 해당된다.

8. ㉮ 절대단위 점성계수(μ) 계산 : 동점성계수 $\nu = \dfrac{\mu}{\rho}$ 에서 점성계수 μ를 구하며, 액체의 밀도(ρ)는 문제에서 주어진 비중에 1000을 곱해서 적용한다.

$\therefore \mu = \nu \times \rho = 0.0025 \times (1.25 \times 10^3)$
$= 3.125 \text{ kg/m·s}$

㉯ 낙하속도(u_t) 계산

$\therefore u_t = \dfrac{gD^2(\rho_p - \rho)}{18\mu}$

$= \dfrac{9.8 \times 0.01^2 \times \{(9.5 \times 10^3) - (1.25 \times 10^3)\}}{18 \times 3.125}$

$= 0.1437 \text{ m/s}$

9. 펌프의 분류
  (1) 터보식 펌프
    ㉮ 원심펌프 : 벌류트펌프, 터빈펌프
    ㉯ 사류펌프
    ㉰ 축류펌프
  (2) 용적식 펌프
    ㉮ 왕복펌프 : 피스톤펌프, 플런저펌프, 다이어프램펌프
    ㉯ 회전펌프 : 기어펌프, 나사펌프, 베인펌프
  (3) 특수펌프 : 재생펌프, 제트펌프, 기포펌프, 수격펌프

10. 표준대기압(1atm) : 760 mmHg = 76 cmHg
  = 29.9 inHg = 760 torr = 10332 kgf/m²
  = 1.0332 kgf/cm² = 10.332 mH₂O(mAq)
  = 10332 mmH₂O(mmAq) = 101325 N/m²
  = 101325 Pa = 101.325 kPa
  = 0.101325 MPa = 1.01325 bar
  = 1013.25 mbar = 14.7 lb/in² = 14.7 psi

11. 수력반지름(수경반지름) : 유동 단면적(A)을 접수길이(S)로 나눈 값이다.

$R_h = \dfrac{A}{S}$

여기서, A : 유동 단면적(m²)
  S : 단면둘레의 길이(접수길이)(m)

12. 체적유량 계산식 $Q = A \times V = \left(\dfrac{\pi}{4} \times D^2\right) \times V$ 에서 파이프 내경(안지름) D를 구하는 식을 유도하고, 문제에서 묻고 있는 내경의 단위가 'mm'이므로 유도하는 식에 '1000'을 곱한다.

$$\therefore D = \sqrt{\frac{4 \times Q}{\pi \times V}} \times 1000$$
$$= \sqrt{\frac{4}{\pi} \times 1000} \times \sqrt{\frac{Q}{V}}$$
$$= 1128.379 \times \sqrt{\frac{Q}{V}} \fallingdotseq 1128 \times \sqrt{\frac{Q}{V}}$$

13. 아르키메데스(Archimedes) 원리 : 유체 속에 전부 또는 일부가 잠겨 있는 물체는 유체에 의하여 밑에서 떠받치는 힘을 받는다는 부력(浮力)의 이론이다.

14. 베르누이 방정식이 적용되는 조건
  ㉮ 적용되는 임의의 두 점은 같은 유선상에 있다.
  ㉯ 정상 상태의 흐름이다.
  ㉰ 마찰이 없는 이상유체의 흐름이다.
  ㉱ 비압축성 유체의 흐름이다.
  ㉲ 외력은 중력만 작용한다.
  ㉳ 유체흐름 중 내부에너지 손실이 없는 흐름이다.

15. ㉮ 임계압력(P_c) : 유체의 속도가 목에서 음속에 도달한 때의 상태를 임계상태라 하며 이때의 압력이 임계압력이다.
  ㉯ 임계압력 계산
$$\therefore P_c = P_0 \times \left(\frac{2}{k+1}\right)^{\frac{k}{k-1}}$$
$$= 2 \times \left(\frac{2}{1.4+1}\right)^{\frac{1.4}{1.4-1}} = 1.056 \text{ MPa}$$

16. 달시-바이스바하(Darcy-Weisbach)식을 이용하여 압력손실을 SI단위로 구할 때에는 중력가속도(9.8m/s^2)를 적용하지 않는다.
$$\therefore h_f = f \times \frac{L}{D} \times \frac{V^2}{2} \times \rho$$
$$= 0.02 \times \frac{1}{0.1} \times \frac{20^2}{2} \times 1.2 = 48 \text{ Pa}$$
[참고] 공학단위 : 중력가속도(g) 9.8 m/s^2을 적용하여 계산

$$\therefore h_f = f \times \frac{L}{D} \times \frac{V^2}{2g} [\text{mH}_2\text{O}]$$
$$= f \times \frac{L}{D} \times \frac{V^2}{2g} \times \rho [\text{mmH}_2\text{O}]$$

17. 원추 확대관에서 손실은 62° 전후에서 최대이고, 6~7° 전후에서 최소이다.

18. 무차원 수 = 물리량 수 - 기본차원 수
$$= 7 - 3 = 4$$

19. ㉮ 수동력은 이론적인 동력을 의미하므로 펌프의 효율은 100 %인 경우이다.
  ㉯ 수동력 계산
$$\therefore \text{수동력(kW)} = \frac{\gamma \cdot Q \cdot H}{102}$$
$$= \frac{1000 \times 7.5 \times 30}{102 \times 60}$$
$$= 36.76 \text{ kW}$$
  ㉰ 축동력 계산식 : 손실을 감안한 실제로 필요한 동력
$$\therefore \text{kW} = \frac{\gamma \cdot Q \cdot H}{102\eta}, \quad \text{PS} = \frac{\gamma \cdot Q \cdot H}{75\eta}$$

20. 공기의 평균분자량은 29이고, 마하각 $\sin\alpha = \frac{C}{V}$에서 물체의 속도 V를 구한다.
$$\therefore V = \frac{C}{\sin\alpha} = \frac{\sqrt{kRT}}{\sin\alpha}$$
$$= \frac{\sqrt{1.4 \times \frac{8314}{29} \times (273+30)}}{\sin 25°}$$
$$= 825.169 \text{ m/s}$$

제 2 과목 연소공학

21. 수소(H_2)의 폭굉이 전하는 속도(폭굉속도)는 1400~3500 m/s로 다른 가연성가스에 비하여 상대적으로 **빠르다**.

22. ㉮ 프로판과 부탄의 밀도 계산

$$\therefore \rho_{프로판} = \frac{분자량}{22.4} = \frac{44}{22.4} = 1.964 \text{ kg/m}^3$$

$$\therefore \rho_{부탄} = \frac{분자량}{22.4} = \frac{58}{22.4} = 2.589 \text{ kg/m}^3$$

㉯ 프로판의 조성비율 계산 : 혼합가스의 체적비에서 프로판의 비를 x라 하면 부탄은 $(1-x)$가 되고 이것을 식으로 쓰면 다음과 같다.

$$\therefore 1.964x + 2.589(1-x) = 2.25$$
$$1.964x + 2.589 - 2.589x = 2.25$$
$$x(1.964 - 2.589) = 2.25 - 2.589$$
$$\therefore x = \frac{2.25 - 2.589}{1.964 - 2.589} \times 100 = 54.24\%$$

23. 이상기체의 성질
㉮ 보일-샤를의 법칙을 만족한다.
㉯ 아보가드로의 법칙에 따른다.
㉰ 내부에너지는 온도만의 함수이다.
㉱ 온도에 관계없이 비열비는 일정하다.
㉲ 기체의 분자력과 크기도 무시되며 분자간의 충돌은 완전 탄성체이다.
㉳ 분자와 분자 사이의 거리가 매우 멀다.
㉴ 분자 사이의 인력이 없다.
㉵ 압축성인자가 1 이다.
㉶ 액화나 응고가 되지 않으며, 절대온도 0도에서 부피는 0이다.

24. 완전연소의 조건(수단)
㉮ 적절한 공기 공급과 혼합을 잘 시킬 것
㉯ 연소실 온도를 착화온도 이상으로 유지할 것
㉰ 연소실을 고온으로 유지할 것
㉱ 연소에 충분한 연소실과 시간을 유지할 것

25. 과열증기 온도는 섭씨온도, 포화증기 온도는 절대온도이므로 온도 단위를 어느 하나로 맞춰 계산하며, 여기서는 섭씨온도로 맞춘다.
∴ 과열도 = 과열증기 온도 − 포화증기 온도
= 450 − (573 − 273) = 150

26. ㉮ 각 가스의 연소성

명칭	연소성
암모니아(NH_3)	가연성
질소(N_2)	불연성
이산화탄소(CO_2)	불연성
아황산가스(SO_2)	불연성

㉯ 조연성인 공기와 혼합하였을 때 폭발성 혼합가스를 형성하는 것은 가연성가스이다.

27. ㉮ 카르노 사이클 열효율

$$\eta = \frac{W}{Q_1} = \frac{Q_1 - Q_2}{Q_1} = \frac{T_1 - T_2}{T_1}$$ 이므로

각각의 조건을 대입하여 비교한다.
㉯ A 조건의 열효율 계산

$$\therefore \eta_A = \frac{(273+200) - (273+100)}{273+200}$$
$$= 0.2114$$

㉰ B 조건의 열효율 계산

$$\therefore \eta_B = \frac{(273+400) - (273+300)}{273+400}$$
$$= 0.1485$$

㉱ 결론 : 작동되는 온도가 낮을수록 효율은 높다. 즉, A는 B보다 열효율이 높다.

28. ㉮ 부탄(C_4H_{10})의 완전연소 반응식
$C_4H_{10} + 6.5O_2 \rightarrow 4CO_2 + 5H_2O$
㉯ 이론 산소량 계산

[C_4H_{10}]   [O_2]
↓   ↓
22.4 Nm³   6.5 × 22.4 Nm³

1 Nm³ $x(O_0)$ Nm³

$$\therefore x(O_0) = \frac{1 \times 6.5 \times 22.4}{22.4} = 6.5 \text{ Nm}^3$$

29. **비점화방폭구조(n)** : 전기기기가 정상작동과 규정된 특정한 비정상 상태에서 주위의 폭발성가스 분위기를 점화시키지 못하도록 만든 방폭구조

30. 고위발열량과 저위발열량의 차이는 연소 시 생성된 물의 증발잠열에 의한 것이고, 물의 증발잠열이 포함된 것이 고위발열량, 포함되지 않은 것이 저위발열량이다.

31. 각 사이클의 효율 비교
㉮ 최저온도 및 압력, 공급열량과 압축비가 같은 경우 : 오토 사이클(η_1) > 사바테 사이클(η_3) > 디젤 사이클(η_2)
㉯ 최저온도 및 압력, 공급열량과 최고압력이 같은 경우 : 디젤 사이클(η_2) > 사바테 사이클(η_3) > 오토 사이클(η_1)

32. 엔탈피 : 어떤 물체가 갖는 단위질량당의 열량으로 내부에너지와 유동일에 해당하는 외부에너지의 합이다.

33. 확산연소 : 가연성 기체를 대기 중에 분출 확산시켜 연소하는 것으로 기체 연료의 연소가 이에 해당된다.

34. 화염 내의 반응에 의한 구분
㉮ 환원염 : 수소(H_2)나 불완전 연소에 의한 일산화탄소(CO)를 함유한 것으로 청록색으로 빛나는 화염이다.
㉯ 산화염 : 산소(O_2), 이산화탄소(CO_2), 수증기를 함유한 것으로 내염의 외측을 둘러싸고 있는 청자색의 화염이다.

35. ㉮ 랭킨 사이클 : 2개의 정압변화와 2개의 단열변화로 구성된 증기원동소의 이상 사이클로 보일러에서 발생된 증기를 증기터빈에서 단열팽창하면서 외부에 일을 한 후 복수기(condenser)에서 냉각되어 포화액이 된다.
㉯ 작동순서 : 단열압축 → 정압가열 → 단열팽창 → 정압냉각

36. **점화원의 종류** : 전기불꽃(아크), 정전기, 단열압축, 마찰 및 충격불꽃 등

37. ㉮ 프로판의 완전연소 반응식
$C_3H_8 + 5O_2 \rightarrow 3CO_2 + 4H_2O$
㉯ 표준상태에서 이산화탄소(CO_2)의 양 계산

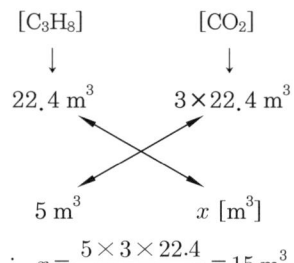

$\therefore x = \dfrac{5 \times 3 \times 22.4}{22.4} = 15 \text{ m}^3$

㉰ 프로판(C_3H_8)이 완전연소할 때 발생하는 이산화탄소(CO_2), 수증기(H_2O)의 양은 이론산소량 및 이론공기량에 관계없이 일정하다.

38. ㉮ 정적비열 계산 : 비열비 $k = \dfrac{C_p}{C_v}$ 에서 정적비열 C_v를 구한다.

$\therefore C_v = \dfrac{C_p}{k} = \dfrac{0.845}{1.3} = 0.65 \text{ kJ/kg} \cdot \text{K}$

㉯ 기체상수 계산
$\therefore R = C_p - C_v = 0.845 - 0.65$
$= 0.195 \text{ kJ/kg} \cdot \text{K}$

39. ㉮ 메탄(CH_4) 1 kmol 연소 시 이산화탄소(CO_2) 1 kmol, 수증기(H_2O) 2 kmol이 발생한다.
㉯ 완전연소 시 발열량 계산 : 연소열(발열량)과 생성열은 절댓값이 같고 부호가 반대이다.

[CH_4]   [CO_2]   [H_2O]
↓   ↓   ↓
$-75 = -394 - 242 \times 2 + Q$
$\therefore Q = 394 + (242 \times 2) - 75 = 803 \text{ kJ/kmol}$

40. 정압비열과 정적비열의 차이로 415 kJ의 열량 차가 발생하였고, 현열량 $Q[\text{kJ}] = m \cdot C \cdot \Delta t$

에서 비열 $C = \dfrac{Q}{m \cdot \Delta t}$ 이고 정압비열과 정적비열의 차이 $C_p - C_v = R$이므로 비열(C)값 대신 기체상수 R을 대입하여 계산한다.

$$\therefore R = \dfrac{Q}{m \cdot \Delta t} = \dfrac{415}{10 \times 240}$$
$$= 0.1729 \text{ kJ/kg} \cdot \text{K}$$

제3과목 가스설비

41. **수취기**(drain separator) : 가스 중의 포화수분이나 이음매가 불량한 곳, 가스배관의 부식구멍 등으로부터 지하수가 침입 또는 공사 중에 물이 침입하는 경우 가스 공급에 장애를 초래하므로 관로의 저부(低部)에 설치하여 수분을 제거하는 기기이다.

42. **수소취성(탈탄작용)**
㉮ 개요 : 수소(H_2)는 고온, 고압하에서 강제 중의 탄소와 반응하여 메탄(CH_4)이 생성되고 이것이 수소취성을 일으킨다.
㉯ 반응식 : $Fe_3C + 2H_2 \rightarrow 3Fe + CH_4$
㉰ 방지 원소 : 텅스텐(W), 바나듐(V), 몰리브덴(Mo), 티타늄(Ti), 크롬(Cr)

43. **크롬(Cr)의 영향** : 내식성, 내열성을 증가시키며 탄화물의 생성을 용이하게 하여 내마모성을 증가시킨다.
[참고] **자경성(自硬性 : self hardening)** : 담금질 온도에서 대기 중에 방랭하는 것만으로도 마르텐사이트 조직이 생성되어 단단해지는 성질로서 니켈(Ni), 크롬(Cr), 망간(Mn) 등이 함유된 특수강에서 나타난다.

44. ㉮ 액산 4.8 kg이 증발하는 데 필요한 열량은 잠열이고 잠열량은 물질량에 증발잠열을 곱한 값이다.
㉯ 시간당 침입열량 계산

$$\therefore \text{침입열량} = \dfrac{\text{증발에 필요한 열량}}{\text{측정시간}}$$
$$= \dfrac{\text{물질량} \times \text{증발잠열}}{\text{측정시간}}$$
$$= \dfrac{4.8 \times 60}{12} = 24 \text{ kcal/h}$$

45. **내압성능** : 밸브를 1/2 정도 연 상태에서 설계압력의 1.5배의 압력 이상으로 수압을 가하여 호칭지름에 따른 규정된 시간 이상 유지하였을 때 누출 등 이상이 없는 것으로 한다.

호칭지름에 따른 유지시간

호칭 지름	내압성능 (분)	고압 및 저압시트 누출성능 (분)	백시트 누출성능 (초)
50 A 이하	1(1)	1(1)	15
65 A~150 A	1(1)	1(1)	60
200 A~300 A	2(1)	2(1)	60
300 A 이상	5(2)	2(2)	60

※ 체크밸브의 경우에는 괄호 안의 시간에 따른다.

46. **도시가스 원료로서 LNG의 특징**
㉮ 불순물이 제거된 청정연료로 환경문제가 없다.
㉯ LNG 수입기지에 저온 저장설비 및 기화장치가 필요하다.
㉰ 불순물을 제거하기 위한 정제설비는 필요하지 않다.
㉱ 가스제조 및 개질설비가 필요하지 않다.
㉲ 초저온 액체로 설비재료의 선택과 취급에 주의를 요한다.
㉳ 냉열 이용이 가능하다.
※ LPG의 경우 천연고무에 대한 용해성이 있지만 LNG는 용해성이 없다.

47. 태양광발전설비 집광판 설치 기준
  ㉮ 태양광발전설비 중 집광판은 캐노피의 상부, 건축물의 옥상 등 충전소 운영에 지장을 주지 않는 장소에 설치한다.
  ㉯ 집광판을 설치할 수 있는 캐노피는 불연성 재료로 하고, 캐노피의 상부 바닥면이 충전기의 상부로부터 3 m 이상 높이에 설치한다.
  ㉰ 충전소 내 지상에 집광판을 설치하려는 경우에는 충전설비, 저장설비, 가스설비, 배관, 자동차에 고정된 탱크 이입·충전장소의 외면으로부터 8 m 이상 떨어진 곳에 설치하고, 집광판은 지면으로부터 1.5 m 이상 높이에 설치한다.

48. 원심펌프의 축동력(PS) 계산식 $PS = \dfrac{\gamma QH}{75\eta}$ 에서 효율 η를 구하며, 물의 비중량(γ)은 1000 kgf/m³을 적용한다.
  $\therefore \eta = \dfrac{\gamma QH}{75\,PS} \times 100 = \dfrac{1000 \times 3 \times 20}{75 \times 15 \times 60} \times 100$
  $= 88.888\,\%$

49. 폴리에틸렌관(PE배관)의 굴곡허용반경은 외경의 20배 이상으로 한다. 다만, 굴곡반경이 외경의 20배 미만일 경우에는 엘보를 사용한다.

50. 암모니아 합성가스 분리장치 : 암모니아 합성에 필요한 조성($3H_2 + N_2$)의 혼합가스를 분리하는 장치로 본 장치에 공급되는 코크스로 가스는 저온에서 탄산가스, 벤젠, 일산화질소 등의 불순물을 함유하고 있으므로 미리 제거할 필요가 있다. 특히 일산화질소는 저온에서 디엔류와 반응하여 폭발성의 껌(gum)상의 물질을 만들므로 완전히 제거한다.

51. 알루미늄(Al)의 방식법 : 알루미늄 표면에 적당한 전해액 중에서 양극 산화처리하여 표면에 방식성이 우수하고 치밀한 산화피막이 만들어지도록 하는 방법이다.
  ㉮ 수산법 : 알루미늄 제품을 2 % 수산 용액에서 직류, 교류 또는 직류에 교류를 동시에 송전하여 표면에 단단하고 치밀한 산화피막을 만드는 방법이다.
  ㉯ 황산법 : 15~20 % 황산액이 사용되며 농도가 낮은 경우에 단단하고 투명한 피막이 형성되고, 일반적으로 많이 이용되는 방법이다.
  ㉰ 크롬산법 : 3 %의 산화크롬(Cr_2O_3) 수용액을 사용하며 전해액의 온도는 40℃ 정도로 유지시킨다. 크롬피막은 내마멸성은 적으나 내식성이 매우 크다.

52. ㉮ 에탄(C_2H_6)의 분자량은 30이다.
  ㉯ 이상기체 상태방정식 $PV = Z\dfrac{W}{M}RT$에서 압축계수 Z를 구하며, 기체상수 R은 0.082 L·atm/mol·K를 적용한다.
  $\therefore Z = \dfrac{PVM}{WRT}$
  $= \dfrac{200 \times 10 \times 30}{2000 \times 0.082 \times (273 + 127)}$
  $= 0.914$

53. 공기액화 분리장치의 불순물
  ㉮ 탄산가스(CO_2), 수분 : 탄산가스(이산화탄소, CO_2)는 드라이아이스(고체탄산)가 되고, 수분은 얼음이 되어 밸브 및 배관을 폐쇄하므로 제거하여야 한다.
  ㉯ 아세틸렌(C_2H_2) : 응고되어 이동하다가 구리 등과 접촉하여 동 아세틸드가 생성되고 액체 산소 중에서 폭발할 가능성이 있어 제거되어야 한다.
  ※ 질소(N_2)는 공기액화 분리장치에서 제조하는 물질이다.

54. 염소(Cl_2)의 제독제 및 건조제
  ㉮ 제독제 : 가성소다 수용액, 탄산소다 수용액, 소석회
  ㉯ 건조제 : 진한 황산
  ※ 진한 황산은 포스겐($COCl_2$)의 건조제로 사용한다.

55. 팽창기 : 압축기체가 피스톤, 터빈의 운동에 대하여 일을 할 때 등엔트로피 팽창을 하여 기체의 온도가 내려간다.
  ㉮ 왕복동식 팽창기 : 팽창비 약 40 정도로 크나 효율은 60~65 % 낮다. 처리 가스량이 1000 m^3/h 이상이 되면 다기통으로 제작하여야 한다.
  ㉯ 터보 팽창기 : 내부 윤활유를 사용하지 않으며 회전수가 10000~20000 rpm 정도이고, 처리 가스량 10000 m^3/h 이상도 가능하며, 팽창비는 약 5 정도이고 충동식, 반동식, 반경류 반동식이 있다.

56. ㉮ 혼합가스에 산소가 2% 함유된 것을 이용하여 혼합가스 중 공기 비율 계산
  ∴ 혼합가스 중 공기비율
  $= \dfrac{\text{혼합가스 중 산소비율}}{\text{공기 중 산소비율}} \times 100$
  $= \dfrac{0.02}{0.2} \times 100 = 10\,\%$

  ㉯ 부탄가스 사용량 계산 : 부탄가스 사용량을 x, 공기 사용량을 y라 놓고 다음과 같은 식을 만들 수 있다.
  $5000\,\text{kcal/Nm}^3$
  $= \dfrac{\text{혼합가스 발열량(kcal/h)}}{\text{혼합가스양(Nm}^3\text{/h)}}$

  여기서, 발열량(kcal/h) = 가스량(Nm^3/h) × (kcal/Nm^3)으로 구할 수 있고, 공기는 조연성이므로 발열량은 0 kcal/Nm^3이다.
  $5000 = \dfrac{(2000 \times 3000) + (x \times 30000) + (y \times 0)}{2000 + x + \{(2000 + x + y) \times 0.1\}}$

  여기서, 공기의 양(y)은 개질가스와 부탄가스에 비해 아주 작으므로 무시하면 다음과 같이 식을 정리할 수 있다.
  $5000 = \dfrac{(2000 \times 3000) + (x \times 30000)}{2000 + 1x + 200 + 0.1x}$
  $5000 = \dfrac{6000000 + 30000x}{2200 + 1.1x}$
  $5000 \times (2200 + 1.1x) = 6000000 + 30000x$
  $11000000 + 5500x = 6000000 + 30000x$
  $5500x - 30000x = 6000000 - 11000000$
  $x(5500 - 30000) = 6000000 - 11000000$
  ∴ $x = \dfrac{6000000 - 11000000}{5500 - 30000}$
  $= 204.081\,Nm^3/h$

  ※ 혼합가스 중 공기의 양을 무시했기 때문에 정답과 오차가 발생하는 것임

57. 조정기 안전장치 작동압력(조정압력 3.3 kPa 이하)
  ㉮ 작동 표준압력 : 7 kPa
  ㉯ 작동 개시압력 : 5.6~8.4 kPa
  ㉰ 작동 정지압력 : 5.04~8.4 kPa

58. ㉮ 필요 용기 수 계산
  ∴ 필요 용기 수 = $\dfrac{\text{최대 소비수량}}{\text{용기 가스발생능력}}$
  $= \dfrac{2 \times 5}{0.85} = 11.764 ≒ 12$개

  ※ 용기 수를 계산하였을 때 발생하는 소수점은 크기에 관계없이 무조건 용기 1개로 적용해야 한다. 이유는 0.764에 해당하는 용기는 20 kg 용기 1개가 필요하기 때문이다.

  ㉯ 용기 교환주기 계산 : 용기 잔액이 20 %일 때 교환하므로 실제로 사용되는 LPG량은 80 %이다.
  ∴ 용기 교환주기 = $\dfrac{\text{총 가스량}}{\text{1일 가스소비량}}$
  $= \dfrac{\text{용기수} \times \text{충전량} \times \text{사용비율}}{\text{시간당 소비량} \times \text{연소기 수} \times \text{1일 가동시간}}$
  $= \dfrac{12 \times 20 \times (1 - 0.2)}{2 \times 5 \times 8} = 2.4 ≒ 2$일

  ※ 용기 교환주기에서 발생하는 소수점은 크기와 관계없이 무조건 버려야 한다. 이유는 0.4일에 해당하는 양을 소비할 수 없기 때문이다.

59. ㉮ 재료의 허용응력(S)은 인장강도를 안전율로 나눈 값을 적용하며, 안전율은 별도의 언급이 없으면 4를 적용한다. 단, 스테인리스제인 경우는 3.5를 적용한다.
㉯ 동판 두께 계산

$$\therefore t = \frac{PD}{2S\eta - 1.2P} + C$$

$$= \frac{5 \times 650}{2 \times \left(600 \times \frac{1}{4}\right) \times 0.75 - 1.2 \times 5} + 2$$

$$= 16.840 \text{ mm}$$

60. 일산화탄소(CO) 용도
㉮ 메탄올(CH_3OH) 합성에 사용
㉯ 포스겐($COCl_2$) 제조의 원료로 사용
㉰ 화학공업용 원료
㉱ 환원제로 사용

제 4 과목 가스안전관리

61. 침투탐상검사(PT : penetrant test) : 침투검사라 하며 표면의 미세한 균열, 작은 구멍, 슬러그 등을 검출하는 방법으로 자기검사를 할 수 없는 비자성 재료에 사용된다. 내부 결함은 검지하지 못하며 검사 결과가 즉시 나오지 않는다.

62. 시안화수소를 충전한 용기는 충전 후 24시간 정치하고, 그 후 1일 1회 이상 질산구리벤젠 등의 시험지로 가스의 누출검사를 하며, 용기에 충전 연월일을 명기한 표지를 붙이고, 충전한 후 60일이 경과되기 전에 다른 용기에 옮겨 충전한다. 다만, 순도가 98 % 이상으로서 착색되지 아니한 것은 다른 용기에 옮겨 충전하지 아니할 수 있다.

63. 고압가스 특정제조시설에서 재해가 발생할 경우 그 재해의 확대를 방지하기 위하여 가연성가스설비 또는 독성가스의 설비는 통로, 공지 등으로 구분된 안전구역 안에 설치하며 안전구역의 면적은 2만 m^2 이하로 한다.

64. 가연성가스·산소 및 독성가스의 용기보관실은 각각 구분하여 설치한다.

65. 동체 및 맨홀 동체의 안지름(KGS AC113) : 동체 및 맨홀 동체의 안지름은 동체의 축에 수직한 동일면에서의 최대 안지름과 최소 안지름과의 차(이하 "진원도"라 한다)는 어떤 단면에 대한 기준 안지름의 1 %를 초과하지 아니하도록 한다. 다만, 단면이 동체에 만들어진 구멍을 통과하는 경우는 그 단면에 대한 기준 안지름의 1 %에 그 구멍지름의 2 %를 더한 값을 초과해서는 아니하도록 한다.

66. 독성가스이면서 조연성가스인 것 : 염소(Cl_2), 불소(F_2), 오존(O_3), 산화질소(NO), 이산화질소(NO_2) 등

참고 **각 가스의 허용농도**

명칭	허용농도(ppm)	
	TLV-TWA	LC50
염소(Cl_2)	1	293
불소(F_2)	1	185
오존(O_3)	0.1	*
산화질소(NO)	25	115
이산화질소(NO_2)	3	*

*정확한 자료가 없음

67. 접합 및 납붙임 용기 시험압력
(1) 최고충전압력
㉮ 압축가스를 충전하는 용기 : 35℃의 온도

에서 그 용기에 충전할 수 있는 가스의 압력 중 최고압력
　㉯ 액화가스를 충전하는 용기 : 규정에 정한 액화가스를 충전하는 용기의 내압시험압력의 5분의 3배의 압력
(2) 기밀시험압력 : 최고충전압력
(3) 내압시험압력
　㉮ 압축가스를 충전하는 용기 : 최고충전압력 수치의 3분의 5배
　㉯ 액화가스를 충전하는 용기 : 액화가스 종류별로 규정에 정한 압력

68. LPG 저장탱크 하부에 고인 수분 및 불순을 제거하기 위한 드레인 밸브(drain valve)이다.
참고 **드레인 밸브 조작 순서**

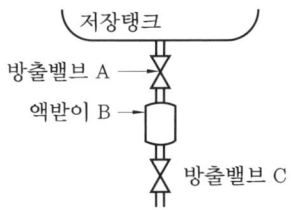

① A를 열고 B로 드레인을 유입한다.
② A를 닫는다.
③ C를 단속적으로 열고 드레인을 배출한다.
④ C를 닫는다.

69. 에어졸 용기 기준
　㉮ 용기의 내용적은 1 L 이하로 하고, 내용적이 100 cm³를 초과하는 용기의 재료는 강 또는 경금속을 사용한다.
　㉯ 금속제의 용기는 그 두께가 0.125 mm 이상이고 내용물로 인한 부식을 방지할 수 있는 조치를 한 것으로 하며, 유리제 용기의 경우에는 합성수지로 그 내면 또는 외면을 피복한다.
　㉰ 용기는 50℃에서 용기 안의 가스압력의 1.5배의 압력을 가할 때 변형되지 아니하고, 50℃에서 용기 안의 가스압력의 1.8배의 압력을 가할 때에 파열되지 아니하는 것으로 한다. 다만, 1.3 MPa 이상의 압력을 가할 때에 변형되지 아니하고, 1.5 MPa의 압력을 가할 때에 파열되지 아니한 것은 그렇지 않다.
　㉱ 내용적이 100 cm³를 초과하는 용기는 그 용기의 제조자의 명칭 또는 기호가 표시되어 있는 것으로 한다.
　㉲ 사용 중 분사제가 분출하지 않는 구조의 용기는 사용 후 그 분사제인 고압가스를 그 용기로부터 용이하게 배출하는 구조의 것으로 한다.
　㉳ 내용적이 30 cm³ 이상인 용기는 에어졸의 제조에 재사용하지 아니한다.

70. 염소(Cl_2)의 특징
　㉮ 비점이 −34.05℃로 높고 6~7기압의 압력을 가하면 쉽게 액화한다.
　㉯ 자극성이 강한 독성가스이고, 조연성(지연성) 가스이다.
　㉰ 상온에서 기체는 황록색, 액체는 갈색이다.
　㉱ 화학적으로 활성이 강하고 희가스, 탄소, 질소, 산소 이외의 원소와 직접 화합하여 염화물을 생성한다(희가스, 탄소, 질소, 산소와는 화합(반응)하지 않는다).
　㉲ 건조한 상태에서는 강재에 대하여 부식성이 없으나, 수분과 반응하여 염산(HCl)을 생성하고, 철을 심하게 부식시킨다.
　㉳ 염소와 수소는 직사광선에 의하여 폭발한다(염소폭명기).
　㉴ 염소와 암모니아가 접촉할 때 염소과잉의 경우는 대단히 강한 폭발성 물질인 삼염화질소(NCl_3)를 생성하여 사고 발생의 원인이 된다.
　㉵ 염소는 120℃ 이상이 되면 철과 직접 반응하여 부식이 진행된다.

71. 이상기체 상태방정식 $PV = GRT$에서 압력 P를 구하며, 이때의 압력은 절대압력이므로

게이지압력으로 변환한다.

$$\therefore P = \frac{GRT}{V} = \frac{10 \times \frac{8.314}{24} \times (273+25)}{0.5}$$

$$= 2064.643 \text{ kPa} \cdot a - 101.3$$

$$= 1963.343 \text{ kPa} \cdot g$$

72. 내진등급 분류 : KGS GC203
㉮ 내진등급은 내진 특 A등급, 내진 특등급, 내진 Ⅰ등급, 내진 Ⅱ등급으로 분류한다.
㉯ 중요도 등급은 특등급, 1등급, 2등급으로 분류한다.
㉰ 영향도 등급은 A등급, B등급으로 구분한다.
㉱ 중요도 등급 및 영향도 등급에 따른 내진등급 분류

중요도 등급	영향도 등급	관리등급	내진등급
특	A	핵심시설	내진 특 A
	B	-	내진 특
1	A	중요시설	
	B	-	내진 Ⅰ
2	A	일반시설	
	B	-	내진 Ⅱ

73. 입상관 및 횡지관 신축흡수 조치방법
㉮ 분기관은 1회 이상의 굴곡(90° 엘보 1개 이상)이 반드시 있어야 하며, 외벽 관통 시 사용하는 보호관의 내경은 분기관 외경의 1.2배 이상으로 한다.
㉯ 노출되는 배관의 연장이 10층 이하로 설치되는 경우 분기관의 길이를 0.5 m 이상으로 할 것
㉰ 노출되는 배관의 연장이 11층 이상 20층 이하로 설치되는 경우 분기관의 길이를 0.5 m 이상으로 하고, 곡관은 1개 이상 설치할 것
㉱ 노출되는 배관의 연장이 21층 이상 30층 이하로 설치되는 경우 분기관의 길이를 0.5 m 이상으로 하고, 곡관의 ㉰에 의한 곡관의 수에 매 10층마다 1개 이상 더한 수를 설치할 것
㉲ 분기관이 2회 이상의 굴곡(90° 엘보 2개 이상)이 있고 건축물 외벽 관통 시 사용하는 보호관의 내경을 분기관 외경의 1.5배 이상으로 할 경우에는 ㉯부터 ㉱까지의 기준에도 불구하고 분기관의 길이를 제한하지 않는다.
㉳ 배관이 외벽을 관통할 때 분기관은 가능한 한 보호관의 중앙에 위치하도록 실리콘 등으로 적절히 시공한다.
㉴ 횡지관의 연장이 30 m 초과 60 m 이하로 설치되는 경우에는 곡관 1개 이상 설치
㉵ 횡지관의 연장이 60 m를 초과하는 경우에는 ㉴에 따른 곡관의 수에 매 30 m 마다 1개 이상 더한 수의 곡관을 설치
㉶ 횡지관의 길이가 30 m 이하인 경우에는 신축흡수조치를 하지 않을 수 있다.

74. 재료의 허용전단응력(KGS AA111) : 재료의 허용전단응력은 설계온도에서 허용인장응력 값의 80 %(탄소강 강재는 85 %)로 한다.

75.
㉮ 용기에 충전된 압력은 게이지압력이고, 대기압은 0.1 MPa을 적용한다.
㉯ 보일-샤를의 법칙 $\frac{P_1 V_1}{T_1} = \frac{P_2 V_2}{T_2}$ 에서 변화 후의 압력 P_2를 구하며, 용기 내용적은 일정하므로 $V_1 = V_2$ 이다.

$$\therefore P_2 = \frac{P_1 T_2}{T_1} = \frac{(15+0.1) \times (273+0)}{273+35}$$

$$= 13.38 \text{ MPa} \cdot a - 0.1$$

$$= 13.28 \text{ MPa} \cdot g$$

※ 보일-샤를의 법칙에 적용하는 압력은 절대압력이므로 계산된 압력도 절대압력이 되기 때문에 대기압을 빼서 게이지압력으로 계산한 것임

76. 가스 종류별 용기 도색

가스 종류	용기 도색 공업용	용기 도색 의료용
산소(O_2)	녹색	백색
수소(H_2)	주황색	–
액화탄산가스(CO_2)	청색	회색
액화석유가스	밝은 회색	–
아세틸렌(C_2H_2)	황색	–
암모니아(NH_3)	백색	–
액화염소(Cl_2)	갈색	–
질소(N_2)	회색	흑색
아산화질소(N_2O)	회색	청색
헬륨(He)	회색	갈색
에틸렌(C_2H_4)	회색	자색
사이클로 프로판	회색	주황색
기타의 가스	회색	–

77. 경계책 설치 기준

㉮ 고압가스시설의 안전을 확보하기 위하여 저장설비, 처리설비 및 감압설비를 설치한 장소 주위에는 외부인의 출입을 통제할 수 있도록 경계책을 설치한다.
㉯ 저장설비, 처리설비 및 감압설비가 건축물 안에 설치된 경우 또는 차량의 통행 등 조업시행이 현저히 곤란하여 위해 요인이 가중될 우려가 있는 경우에는 경계책을 설치하지 아니할 수 있다.
㉰ 경계책 높이는 1.5 m 이상으로 한다.
㉱ 경계책의 재료는 철책, 철망 등으로 한다.
㉲ 경계책 주위에는 외부사람의 무단출입을 금하는 내용의 경계표지를 보기 쉬운 장소에 부착한다.

78. 충전용기 적재 기준

㉮ 충전용기를 차량에 적재하는 때에는 적재함에 세워서 적재한다.
㉯ 충전용기 등을 목재, 플라스틱 또는 강철제로 만든 팔레트 내부에 넣어 안전하게 적재하는 경우와 용량 10 kg 미만의 액화석유가스 충전용기를 적재할 경우를 제외하고 모든 충전용기는 1단으로 쌓는다.
㉰ 운반차량 뒷면에는 두께가 5 mm 이상, 폭 100 mm 이상의 범퍼(SS400 또는 이와 동등 이상의 강도는 갖는 강재를 사용한 것에만 적용) 또는 이와 동등 이상의 효과를 갖는 완충장치를 설치한다.
㉱ 밸브가 돌출한 충전용기는 고정식 프로텍터나 캡을 부착시켜 밸브의 손상을 방지하는 조치를 한 후 차량에 싣고 운반한다.
㉲ 충전용기는 이륜차(자전거를 포함)에 적재하여 운반하지 아니한다.

79.
아세틸렌을 2.5 MPa 압력으로 압축하는 때에는 질소, 메탄, 일산화탄소 또는 에틸렌 등의 희석제를 첨가한다.

80.
충전용기를 보관, 운반, 사용할 때 온도는 40℃ 이하로 유지한다.

제 5 과목 가스계측

81. $\delta = \dfrac{2\pi\xi}{\sqrt{1-\xi^2}} = \dfrac{2\times\pi\times 0.8}{\sqrt{1-0.8^2}} = 8.377$

참고 **대수감쇠율** : 감쇠를 하는 1자유도스프링 질량계의 자유진동의 파형에 있어서 제 n번째의 진폭과 1주기 후 진폭의 비의 자연대수를 말한다. 대수감쇠율은 감쇠비(제동비) ξ만의 함수이다.

$$\therefore \delta = \dfrac{2\pi\xi}{\sqrt{1-\xi^2}}$$

82. 습식 가스미터의 특징
  ㉮ 계량이 정확하다.
  ㉯ 사용 중에 오차의 변동이 적다.
  ㉰ 사용 중에 수위조정 등의 관리가 필요하다.
  ㉱ 설치면적이 크다.
  ㉲ 기준용, 실험실용에 사용된다.
  ㉳ 용량범위는 0.2~3000 m³/h이다.

83. ㉮ 교축비(m) 계산

$$\therefore m = \left(\frac{D_2}{D_1}\right)^2 = \left(\frac{0.05}{0.1}\right)^2 = 0.25$$

※ 교축비는 문제에서 주어진 'mm'단위를 적용해도 동일하다.

  ㉯ 유량 계산 : 오리피스 전후의 압력차 단위는 'kgf/m²'이므로 'kgf/cm²'에 1만을 곱해서 단위 변환을 해 주고, 시간당 유량(m³/h)이므로 계산과정 마지막에 '3600'을 곱해준다.

$$\therefore Q = CA\sqrt{\frac{2g}{1-m^4} \times \frac{P_1-P_2}{\gamma}}$$

$$= 0.62 \times \left(\frac{\pi}{4} \times 0.05^2\right)$$

$$\times \sqrt{\frac{2 \times 9.8}{1-0.25^4} \times \frac{0.3 \times 10^4}{1.2}} \times 3600$$

$$= 972.012 \text{ m}^3/\text{h}$$

[별해]

$$Q = C \times A \times \frac{1}{\sqrt{1-m^2}} \times \sqrt{2g \times \frac{P_1-P_2}{\gamma}}$$

$$= 0.62 \times \left(\frac{\pi}{4} \times 0.05^2\right) \times \frac{1}{\sqrt{1-0.25^2}}$$

$$\times \sqrt{2 \times 9.8 \times \frac{0.3 \times 10^4}{1.2}} \times 3600$$

$$= 1001.927 \text{ m}^3/\text{h}$$

84. 안전등형 : 탄광 내에서 메탄(CH_4) 가스를 검출하는 데 사용되는 석유램프의 일종으로 메탄이 존재하면 불꽃의 모양이 커지며, 푸른 불꽃(청염) 길이로 메탄의 농도를 대략적으로 알 수 있다.

85. $t = \dfrac{R-R_0}{R_0 \times \alpha} = \dfrac{216-120}{120 \times 0.0025} = 320\,\text{℃}$

86. 계량기 종류별 표시기호 : 계량법 시행규칙 별표4

기호	계량기 종류	기호	계량기 종류
A	판수동저울	K	주유기
B	접시지시 및 판지시저울	L	LPG 미터
C	전기식 지시저울	M	오일미터
D	분동	N	눈새김탱크
E	이동식 축중기	O	눈새김 탱크로리
F	체온계	P	혈압계
G	전력량계	Q	적산열량계
H	가스미터	R	곡물수분 측정기
I	수도미터	S	속도측정기
J	온수미터		

87. 차압식 액면계 : 액화산소와 같은 극저온의 저장조의 상·하부를 U자관에 연결하여 차압에 의하여 액면을 측정하는 방식으로 햄프슨식 액면계라 한다.

88. 운반가스(carrier gas)의 구비조건
  ㉮ 시료와 반응성이 낮은 불활성 기체여야 한다.
  ㉯ 기체 확산을 최소로 할 수 있어야 한다.
  ㉰ 순도가 높고 구입이 용이해야(경제적) 한다.
  ㉱ 사용하는 검출기에 적합해야 한다.

89. 서모스탯(thermostat)식 : 가스와 공기의 열전도도가 다른 특성을 이용한 가스검지기로 서미스터(thermistor) 가스검지기라 한다.

90. 피드백 제어(feed back control) 특징
㉮ 되돌림 신호(피드백 신호)를 보내 수정동작을 하는 폐회로 방식이다.
㉯ 입력과 출력을 비교하는 장치가 반드시 필요하다.
㉰ 다른 제어계보다 정확도 및 제어폭이 증가된다.
㉱ 제어대상 특성이 다소 변하더라도 이것에 의한 영향을 제어할 수 있다.
㉲ 설비비가 고가이고, 고장 시 수리가 어렵다.
㉳ 운영하는 데 비교적 고도의 기술이 요구된다.
㉴ 다른 제어계보다 판단, 기억의 논리기능이 떨어진다.
㉵ 제어계에 일부 고장이 발생하면 전체 생산에 미치는 영향이 크다.
※ 미리 정해진 순서에 따라 순차적으로 제어하는 것은 시퀀스 제어이다.

91. 가스계량기 설치기준
㉮ 가스계량기와 화기 사이에 유지해야 하는 거리는 우회거리 2 m 이상으로 한다.
㉯ 가스계량기(30 m³/h 미만에 한한다)의 설치 높이는 바닥으로부터 계량기 지시장치의 중심까지 1.6 m 이상 2.0 m 이내에 수직·수평으로 설치하고 밴드·보호가대 등 고정장치로 고정한다.
㉰ 보호상자 내에 설치, 기계실에 설치, 보일러실(가정에 설치된 보일러실은 제외)에 설치 또는 문이 달린 파이프 덕트 내에 설치하는 경우 바닥으로부터 2 m 이내에 설치한다.
㉱ 가스계량기와 전기계량기 및 전기개폐기와의 거리는 0.6 m 이상, 단열조치를 하지 않은 굴뚝·전기점멸기 및 전기접속기와의 거리는 0.3 m 이상, 절연조치를 하지 않은 전선과는 0.15 m 이상의 거리를 유지한다.
㉲ 가스계량기는 검침·교체·유지관리 및 계량이 용이하고 환기가 양호하도록 조치를 한 장소에 설치하되, 직사광선 또는 빗물을 받을 우려가 있는 곳에 설치하는 경우에는 보호상자 안에 설치한다.

92.
입상배관으로 시공하였을 때 겨울철에 배관 내부의 수분이 응축되어 가스미터로 유입될 수 있고, 응결수가 동결되어 가스미터가 고장을 일으킬 수 있어 입상배관을 금지한다.

93. 압력계의 분류 및 종류
㉮ 1차 압력계 : 액주식(U자관, 단관식, 경사관식, 호루단형, 폐관식), 자유피스톤형
㉯ 2차 압력계 : 탄성식 압력계(부르동관식, 벨로스식, 다이어프램식), 전기식 압력계(전기저항 압력계, 피에조 압력계, 스트레인 게이지)

94.
$Q_1 = Q_2$ 이므로 $A_1 V_1 = A_2 V_2$ 이다.

$$\therefore V_2 = \frac{A_1}{A_2} V_1 = \frac{\frac{\pi}{4} \times 0.07^2}{\frac{\pi}{4} \times 0.05^2} \times 3 = 5.88 \text{ m/s}$$

95.
㉮ 비중량(kgf/m³) × 액주계 높이차(m) = 압력(kgf/m² 또는 mmH₂O)이므로 여기에 중력가속도 9.8 m/s²을 곱하면 파스칼(Pa) 단위로 변환된다.
㉯ 비중에 1000을 곱하면 비중량(kgf/m³)으로 변환된다.
㉰ 압력차 계산
$$\therefore \Delta P = (\gamma_m - \gamma) \times h \times g$$
$$= \{(13.6 \times 10^3) - (1 \times 10^3)\} \times 0.4 \times 9.8$$
$$= 49392 \text{ Pa} = 49.392 \text{ kPa}$$

96.
기차를 구하는 식 $E = \frac{I-Q}{I} \times 100$ 에서 $I - Q = E \times I$ 이다.
$$\therefore Q = I - (E \times I)$$
$$= 30.4 - \{(-0.04) \times 30.4\}$$
$$= 31.616 \text{ m}^3/\text{h}$$

※ 기차를 구하는 공식은 백분율(%)로 구하는 것이므로 공식을 유도할 때 '100'을 삭제하고 기차 −4 %는 −0.04를 적용하여 계산한 것임

97. $R = \dfrac{2(t_2 - t_1)}{W_1 + W_2}$

$= \dfrac{\sqrt{N}}{4} \times \dfrac{k}{k+1} \times \dfrac{\alpha - 1}{\alpha}$

$= \dfrac{1}{4} \times \sqrt{\dfrac{L}{H}} \times \dfrac{k}{k+1} \times \dfrac{\alpha - 1}{\alpha}$

∴ 분리도(R)는 컬럼 길이(L)의 제곱근에 비례하고, 이론단 높이(H)의 제곱근에 반비례한다.

여기서, N : 이론단수
  L : 컬럼 길이
  H : 이론단 높이
  t_1, t_2 : 1번, 2번 성분의 보유시간(s)
  W_1, W_2 : 1번, 2번 성분의 피크 폭(s)
  α : 분리계수
  k : 피크 2의 보관유지계수

98. 침종식 압력계의 특징
㉮ 액체 중의 침종의 상하 이동으로 압력을 측정하는 것으로 아르키메데스의 원리를 이용한 것이다.
㉯ 진동이나 충격의 영향이 비교적 적다.
㉰ 미소 차압의 측정이 가능하다.
㉱ 압력이 낮은 기체 압력을 측정하는 데 사용된다.
㉲ 측정범위는 단종식이 100 mmH$_2$O, 복종식이 5~30 mmH$_2$O이다.

99. 건습구 습도계 특징
㉮ 2개의 수은 온도계를 사용하여 습도, 온도를 측정한다.
㉯ 휴대용으로 사용되는 통풍형 건습구 습도계와 자연 통풍에 의한 간이 건습구 습도계가 있다.
㉰ 구조가 간단하고 취급이 쉽다.
㉱ 가격이 저렴하고, 휴대하기 편리하다.
㉲ 헝겊이 감긴 방향, 바람에 따라 오차가 발생한다.
㉳ 물이 항상 있어야 하며, 상대습도를 바로 나타내지 않는다.
㉴ 정확한 습도를 측정하기 위하여 3~5 m/s 정도의 통풍(바람)이 필요하다.

100. ㉮ 제어편차 : 제어계에서 목표값의 변화나 외란의 영향으로 목표값과 제어량의 차이에서 생긴 편차이다.
㉯ 제어편차 계산
∴ 제어편차 = 목표치 − 제어량
   $= 50 - 53 = -3$ L/min

CBT 모의고사 2

정답

가스유체역학	1	2	3	4	5	6	7	8	9	10
	①	②	④	④	①	③	④	④	①	①
	11	12	13	14	15	16	17	18	19	20
	②	②	④	①	③	②	①	④	③	②
연소공학	21	22	23	24	25	26	27	28	29	30
	②	①	④	④	①	②	①	③	③	②
	31	32	33	34	35	36	37	38	39	40
	③	①	④	②	③	①	①	②	③	②
가스설비	41	42	43	44	45	46	47	48	49	50
	④	①	②	③	①	④	③	④	④	①
	51	52	53	54	55	56	57	58	59	60
	②	②	②	②	①	②	④	②	③	②
가스안전관리	61	62	63	64	65	66	67	68	69	70
	②	④	④	③	④	③	①	④	④	③
	71	72	73	74	75	76	77	78	79	80
	①	①	②	③	④	②	③	①	④	③
가스계측	81	82	83	84	85	86	87	88	89	90
	②	②	①	②	②	③	③	②	①	③
	91	92	93	94	95	96	97	98	99	100
	②	④	④	②	④	③	①	②	②	③

제1과목 가스유체역학

1. ㉮ 수차의 효율 계산식 $\eta = \dfrac{\text{실제출력}(L)}{\text{이론출력}(L_a)}$

이고, 이론출력 $L_a[\text{PS}] = \dfrac{\gamma \times H \times Q}{75}$ 이며

물의 비중량(γ)은 1000 kgf/m³이다.

$\therefore L = L_a \times \eta = \left(\dfrac{1000 \times H \times Q}{75} \right) \times \eta$

$= \left(\dfrac{1000}{75} \times H \times Q \right) \times \eta$

$= 13.33 \times H \times Q \times \eta$

㉯ 유효낙차 계산식

$\therefore H = \dfrac{L}{13.33 \eta Q} [\text{m}]$

2. 베르누이 방정식 $H = \dfrac{P}{\gamma} + \dfrac{V^2}{2g} + Z$ 에서

㉮ H : 전수두

㉯ $\dfrac{P}{\gamma}$: 압력수두

㉰ $\dfrac{V^2}{2g}$: 속도수두

㉱ Z : 위치수두

3. 액체에서 마찰열에 의한 온도상승이 작은 이유는 액체의 비열이 고체의 비열보다 커서 열용량이 고체의 열용량보다 일반적으로 크기 때문이다. (일반적으로 비열이 큰 것은 온도상승이 어렵고, 반대로 상승된 온도는 잘 식지 않는다.)

4. 캐비테이션(cavitation) 현상 : 유수 중에 그 수온의 증기압력보다 낮은 부분이 생기면 물이 증발을 일으키고 기포를 다수 발생하는 현상이다.

5. 이상기체에서 엔탈피 변화
   ㉮ 등적(정적)변화, 등압(정압)변화 : 정압비열과 절대온도변화와의 곱($dh = C_p dT$)과 같다.
   ㉯ 등온(정온)변화 : 엔탈피 변화는 없다.
   ㉰ 단열변화 : 공업일(W_t)과 절댓값은 같지만 부호가 반대이다.

6. 초음속 흐름($M>1$)의 확대관

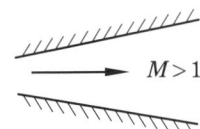

㉮ 증가 : 단면적, 속도
㉯ 감소 : 압력, 밀도, 온도

7. 질량 보존의 법칙 : 어느 위치에서나 유입 질량과 유출 질량이 같으므로 일정한 관내에 축적된 질량은 유속에 관계없이 일정하다는 것으로 실제유체나 이상유체에 관계없이 모두 적용되며 연속 방정식에 적용된다.

8. 각 항목의 옳은 설명
① 베인 펌프는 용적형 펌프 중 회전 펌프에 해당된다.
② 원심 펌프의 비속도는 작은 편이다.
③ 벌류트 펌프는 안내판(guide vane)이 없고, 터빈 펌프는 안내판(guide vane)이 있는 펌프이다.

9. ㉮ 질소(N_2)의 분자량은 28, 산소(O_2)의 분자량은 32이다.
㉯ 공기의 평균 분자량 계산 : 공기의 조성에 해당하는 성분의 고유 분자량에 체적비를 곱한 값을 합산한 것이 평균 분자량이다.
∴ $M = (28 \times 0.79) + (32 \times 0.21) = 28.84$
㉰ 밀도(ρ) 계산 : $\rho = \dfrac{G[\text{kg}]}{V[\text{m}^3]}$ 이므로 SI단위 이상기체 상태방정식 $PV = GRT$를 이용하여 계산한다.
∴ $\rho = \dfrac{G}{V} = \dfrac{P}{RT}$
$= \dfrac{\dfrac{750}{760} \times 101.325}{\dfrac{8.314}{28.84} \times (273 + 25)} = 1.163 \text{ kg/m}^3$

10. 베르누이 방정식에서 속도수두 계산
∴ $h = \dfrac{V^2}{2g} = \dfrac{10^2}{2 \times 9.8} = 5.102 \text{ m}$

11. 비원형관 속의 손실수두 계산식
$h_L = f \dfrac{L}{4R_h} \dfrac{V^2}{2g}$

12. $\sin\alpha = \dfrac{C}{V}$ 에서 물체의 속도 V를 구한다.
∴ $V = \dfrac{C}{\sin\alpha} = \dfrac{340}{\sin 35°} = 592.771 \text{ m/s}$

13. ㉮ 공기의 배출속도(V_4) 계산 : 체적유량 $Q = A \times V = \left(\dfrac{\pi}{4} \times D^2\right) \times V$에서 공기의 속도 V를 구하며, V_4로 구분한다.
∴ $V_4 = \dfrac{4 \times Q}{\pi \times D^2} = \dfrac{4 \times 400}{\pi \times 2^2}$
$= 127.324 \text{ m/s}$
㉯ 비행기의 속도(V_1)를 'm/s'로 변환
∴ $V_1 = \dfrac{360 \times 1000}{3600} = 100 \text{ m/s}$
㉰ Froude 효율 계산
∴ $\eta_{Fr} = \dfrac{2V_1}{V_4 + V_1} \times 100$
$= \dfrac{2 \times 100}{127.32 + 100} \times 100 = 87.981 \%$
[참고] 이론 효율 계산
∴ $\eta = \dfrac{L_o}{L_i} \times 100 = \dfrac{V_1}{V_4} \times 100$
$= \dfrac{100}{127.324} \times 100 = 78.539 \%$

14. 수직 충격파는 초음속 흐름이 갑자기 아음속 흐름으로 변하게 되는 경우에 발생한다.

15. ㉮ 공학단위 이상기체 상태방정식 $PV = GRT$를 이용하여 현재 조건의 공기 비중량(kgf/m^3) 계산
∴ $\gamma = \dfrac{G}{V} = \dfrac{P}{RT} = \dfrac{5 \times 10^4}{29.27 \times (273 + 15)}$
$= 5.931 \text{ kgf/m}^3$
㉯ 중량 유량 계산식 $G = \gamma AV$를 이용하여 평균 유속 V를 계산

$$\therefore V = \frac{G}{\gamma \times A} = \frac{20}{5.931 \times \left(\frac{\pi}{4} \times 0.1^2\right)}$$
$$= 429.350 \text{ m/s}$$

16. ㉮ $N = kg \cdot m/s^2$이고, $Pa = N/m^2$이다.
$$\therefore Pa \cdot s = (N/m^2) \cdot s = [(kg \cdot m/s^2)/m^2] \cdot s$$
$$= kg \cdot m \cdot s/s^2 \cdot m^2 = kg/m \cdot s$$

㉯ $cP(\text{centi poise}) = \frac{1}{100}P = 0.01 P$

㉰ $P(\text{poise}) = g/cm \cdot s = 0.1 \text{ kg/m} \cdot s$
$$= 0.1 \text{ Pa} \cdot s$$

$\therefore 6 \text{ cP 환산} \rightarrow 6 \text{ cP} \times \frac{1}{100} \text{ P/cP} \times \frac{1}{10} \text{ Pa} \cdot \text{s/P}$
$$= \frac{6}{1000} \text{ Pa} \cdot s = 0.006 \text{ Pa} \cdot s$$

17. ㉮ 속도 계산 : 체적유량 $Q = A \times V$
$= \left(\frac{\pi}{4} \times D^2\right) \times V$에서 속도 V를 구하며, 유량의 단위가 분당 유량(m^3/min)이므로 초당 유량(m^3/s)으로 변환하여 초당 속도(m/s)로 구한다.

$$\therefore V = \frac{4 \times Q}{\pi \times D^2} = \frac{4 \times 0.12}{\pi \times 0.1^2 \times 60}$$
$$= 0.254 \text{ m/s}$$

㉯ SI단위로 레이놀즈수 계산 : 점성계수(μ) $0.02 \text{ N} \cdot s/m^2 = 0.02 \text{ kg/m} \cdot s$이고, 밀도($\rho$)는 0.86×10^3을 적용한다.

$$\therefore Re = \frac{\rho \cdot D \cdot V}{\mu}$$
$$= \frac{(0.86 \times 10^3) \times 0.1 \times 0.254}{0.02}$$
$$= 1092.2$$

$\therefore 1092.2 < 2100$이므로 층류흐름이다.

㉰ 손실수두 계산 : 점성이 있는 유체이고 층류흐름이므로 하겐-푸와죄유 방정식을 적용하며, 유량은 초당(m^3/s)으로 계산한다.

$$\therefore h_L = \frac{128 \mu L Q}{\pi D^4 \gamma} = \frac{128 \mu L Q}{\pi D^4 (\rho g)}$$

$$= \frac{128 \times 0.02 \times 1500 \times \frac{0.12}{60}}{\pi \times 0.1^4 \times (0.86 \times 10^3 \times 9.8)}$$
$$= 2.9005 \text{ mH}_2\text{O}$$

[참고] ㉮ 비중 0.86을 이용하여 비중량으로 변환하면 $0.86 \times 10^3 \text{ kgf/m}^3$이고, 공학단위이다.

㉯ 비중량을 이용하여 밀도의 공학단위 계산 : 비중량(γ), 밀도(ρ), 중력가속도(g)의 관계식 $\gamma = \rho \times g$이다.

$$\therefore \rho = \frac{\gamma}{g} = \frac{0.86 \times 10^3 \text{ kgf/m}^3}{9.8 \text{ m/s}^2}$$
$$= \frac{0.86 \times 10^3}{9.8} \text{ kgf} \cdot s^2/m^4$$

㉰ 밀도의 공학단위를 절대단위로 변환 : 중력가속도 9.8 m/s^2을 곱하며, 이때 'f'는 삭제된다.

$$\therefore \frac{860}{9.8} \text{ kg} \cdot s^2/m^4 \times 9.8 \text{ m/s}^2$$
$$= 0.86 \times 10^3 \text{ kg} \cdot m \cdot s^2/m^4 \cdot s^2$$
$$= 0.86 \times 10^3 \text{ kg/m}^3$$

18. $C = \sqrt{kRT} = \sqrt{1.4 \times 287 \times (273 + 30)}$
$= 348.92 \text{ m/s}$

19. 난류유동에서 손실수두는 속도의 제곱에 비례한다.

20. ㉮ 배관에 작용하는 응력(σ)은 단위면적(A)에 대하여 작용하는 힘(F)이다.

㉯ 응력 계산 : 힘의 SI단위 'N'을 공학단위 'kgf'로 변환할 때에는 중력가속도(g)로 나눠주며, 지름 50 mm는 5 cm이다.

$$\therefore \sigma = \frac{F}{A} = \frac{F[\text{kgf}]}{\frac{\pi}{4} \times D^2 [\text{cm}^2]} = \frac{\frac{100000}{9.8}}{\frac{\pi}{4} \times 5^2}$$
$$= 519.689 \text{ kgf/cm}^2$$

제 2 과목 연소공학

21. 화격자 연소의 화염 이동속도
- ㉮ 발열량이 높을수록 커진다.
- ㉯ 석탄 입자의 지름이 작을수록 커진다.
- ㉰ 1차 공기의 온도가 높을수록 커진다.
- ㉱ 석탄화도가 낮을수록 커진다.
- ※ 석탄화도(석탄의 탄화도)가 커지면 휘발분이 감소하여 연소속도가 늦어진다.(석탄화도가 낮으면 휘발분이 많아 연소속도가 커진다.)

22. 연소온도를 높이는 방법
- ㉮ 발열량이 높은 연료를 사용한다.
- ㉯ 연료를 완전 연소시킨다.
- ㉰ 가능한 한 적은 과잉공기를 사용한다.
- ㉱ 연소용 공기 중 산소 농도를 높인다.
- ㉲ 연료, 공기를 예열하여 사용한다.
- ㉳ 복사 전열을 감소시키기 위해 연소속도를 빨리할 것
- ※ 단속적인 조업보다 연속적인 조업이 연소온도를 높이는 데는 더 효과적이다.

23. 연료(fuel)의 구비조건
- ㉮ 공기 중에서 연소하기 쉬울 것
- ㉯ 저장 및 운반, 취급이 용이할 것
- ㉰ 발열량이 클 것
- ㉱ 구입하기 쉽고 경제적일 것
- ㉲ 인체에 유해성이 없을 것
- ㉳ 휘발성이 좋고 내한성이 우수할 것
- ㉴ 연소 시 회분 등 배출물이 적을 것
- ※ 연료 종류(고체연료, 액체연료, 기체연료)에 따른 적합한 연소방법을 선택하여야 완전연소가 가능하고, 최고의 발열량을 발생할 수 있다.

24. $\dfrac{a}{V^2}$ 항은 분자들 사이의 인력의 작용으로 실제기체의 압력이 이상기체보다 낮으므로 이상기체에 의해서 발휘될 압력과 같아지도록 더해 주는 것이다.

25. 오토 사이클(Otto cycle)의 이론 열효율
$$\eta = \frac{W}{q_1} = \frac{q_1 - q_2}{q_1} = 1 - \frac{q_2}{q_1} = 1 - \left(\frac{T_B - T_C}{T_A - T_D}\right)$$
$$= 1 - \left(\frac{T_B}{T_A}\right) = 1 - \left(\frac{1}{\gamma}\right)^{k-1} = 1 - \gamma\left(\frac{1}{\gamma}\right)^k$$

26. 코크스(cokes) : 역청탄(점결탄)을 1000℃ 내외에서 건류하여 만들어지는 2차 연료로 제조방법에 따라 다음과 같이 분류된다.
- ㉮ 제사 코크스 : 코크스 제조가 목적으로 고온 건류로 만들어지며, 제철공업용 및 주물용으로 사용한다.
- ㉯ 반성 코크스 : 타르 제조 목적으로 저온 건류로 만들어지며, 휘발분을 10 % 정도 함유하고 있다.
- ㉰ 가스 코크스 : 연료용으로 사용할 수 있는 가스를 제조하는 것을 목적으로 하는 것이다.

27. 존스(Jones) 연소범위 관계식
- ㉮ 연소(폭발)하한계(LFL)
  ∴ $x_1 = 0.55 C_{st}$
- ㉯ 연소(폭발)상한계(UFL)
  ∴ $x_2 = 4.8\sqrt{C_{st}}$
- 참고 ㉮ 하한계와 상한계를 구하는 공식 중의 숫자는 오차를 보정하기 위하여 적용하는 것으로 상수 개념으로 이해하길 바랍니다. 이 숫자가 어떻게 나왔는지 꼭 확인이 필요한 분들은 존스(Jones) 학자분께 확인하든지 발표한 논문 등을 찾아 확인하길 바랍니다.
- ㉯ 존스(Jones) 식에 의하여 계산된 폭발범위는 일반적으로 각 가스의 폭발범위로 사용하고 있는 것과는 오차가 발생하며, 이것은 지극히 정상적인 사항입니다.

28. 플래시 화재(flash fire) : 누설된 LPG가 기화되어 증기운이 형성되어 있을 때 점화원에 의해 화재가 발생된 경우이다. 점화 시 폭발음이 있으나 강도가 약하다.

29. ㉮ 질소(N_2)의 분자량은 28, 산소(O_2)의 분자량은 32이다.
㉯ 공기의 평균 분자량 계산 : 공기의 조성에 해당하는 성분의 고유 분자량에 체적비를 곱한 값을 합산한 것이 평균 분자량이다.
∴ $M = (32 \times 0.2) + (28 \times 0.8) = 28.8$
㉰ 기체상수 계산
∴ $R = \dfrac{8.314}{M} = \dfrac{8.314}{28.8} = 0.2886 \text{ kJ/kg} \cdot \text{K}$

30. 아세틸렌(C_2H_2), 산화에틸렌(C_2H_4O), 히드라진(N_2H_4), 오존(O_3) 등은 산소가 없어도 자기분해 폭발을 일으킬 수 있다.

31. 교축과정(throttling process)에서 온도와 압력은 감소(강하)하고, 엔트로피는 증가하며, 엔탈피는 일정(불변)하다.

32. ㉮ 전열량 30000 kJ/min을 열전도율 단위 중의 W(와트) 단위로 환산 : 1 W(와트)는 1 J/s이다.
∴ $Q = \dfrac{30000 \times 1000}{60} = 500000 \text{ W}$
㉯ 단위 면적 1 m^2당 전열량 $Q = \dfrac{1}{\dfrac{b}{\lambda}} \times \Delta t$에서 $\dfrac{b}{\lambda} = \dfrac{\Delta t}{Q}$ 이므로 열전도율 λ를 구하며, 두께(b) 4 mm는 0.004 m에 해당된다.
∴ $\lambda = \dfrac{Q \times b}{\Delta t} = \dfrac{500000 \times 0.004}{100 - 80}$
$= 100 \text{ W/m} \cdot \text{℃}$

33. ㉮ 용기 밖으로 방출되는 열량 5 kcal가 엔탈피변화량(dh)이고, 압축시키는 데 한 일량(kgf·m)은 일의 열당량($A : \dfrac{1}{427} \text{kcal/kgf} \cdot \text{m}$)을 적용해 열량으로 환산한다.
㉯ 내부에너지 변화량(dU) 계산 : 엔탈피 변화량 계산식 $dh = dU + dW$에서 dU를 구한다.
∴ $dU = dh - dW$
$= 5 - \left(1000 \times \dfrac{1}{427}\right) = 2.658 \text{ kcal/kg}$

34. $COP_H = \dfrac{Q_1}{W} = \dfrac{Q_1}{Q_1 - Q_2} = \dfrac{T_1}{T_1 - T_2}$
$= \dfrac{273 + 103}{(273 + 103) - (273 - 23)} = 2.984$

35. $\dfrac{T_2}{T_1} = \left(\dfrac{P_2}{P_1}\right)^{\frac{k-1}{k}}$에서 압축 후의 온도 T_2를 구한다.
∴ $T_2 = T_1 \times \left(\dfrac{P_2}{P_1}\right)^{\frac{k-1}{k}}$
$= (273 - 190) \times \left(\dfrac{20}{0.5}\right)^{\frac{1.41 - 1}{1.41}}$
$= 242.619 \text{ K} - 273 = -30.807 \text{℃}$

36. ㉮ 등압변화($P = C$)에서 엔트로피 변화량
∴ $\Delta s = s_2 - s_1$
$= \int_1^2 ds = \int_1^2 \dfrac{dq}{T} = \int_1^2 \dfrac{C_p dT}{T}$
㉯ 등압변화에서 엔탈피 변화량 $dh = C_p dT$이므로 엔트로피를 증가시키는 것은 엔탈피를 증가시키는 것과 같다.

37. 유입(油入) 방폭구조(o) : 용기 내부에 절연유를 주입하여 불꽃, 아크 또는 고온 발생부분이 기름 속에 잠기게 함으로써 기름면 위에 존재하는 가연성 가스에 인화되지 아니하도록 한 구조이다.

38. ㉮ 에탄올(C_2H_5OH)이 이론산소량의 150 % 와 함께 완전연소 반응식

$C_2H_5OH + 3O_2 + $ 과잉산소 → $2CO_2 + 3H_2O$ + 과잉산소

㉯ 액체 상태 물(H_2O)의 kmol수 계산 : 이 상기체 상태방정식 $PV=nRT$에서 kmol 수 n을 구하며, 에탄올 1 kmol이 연소하면 배기가스 중 물(H_2O)은 3 kmol이 발생하고, 냉각된 액체 상태 물의 몰수를 구하는 것이므로 수증기의 증기압은 제외한다. 0.1 MPa은 100 kPa에 해당된다.

$$\therefore n = \frac{PV}{RT} = \frac{\left(\frac{100-25.03}{101.325}\right) \times (3 \times 22.4)}{0.082 \times 338}$$
$$= 1.794 \text{ kmol}$$

※ n은 체적(V)의 단위로 'L'를 적용하면 'mol'로, 'm^3'를 적용하면 'kmol'로 계산된다.

39. ㉮ 프로판(C_3H_8)과 부탄(C_4H_{10})의 완전연소 반응식

$C_3H_8 + 5O_2 → 3CO_2 + 4H_2O : 30$ v%
$C_4H_{10} + 6.5O_2 → 4CO_2 + 5H_2O : 70$ v%

㉯ 이론공기량 계산 : 기체 연료 1 L당 필요한 산소량(L)은 연소반응식에서 산소의 몰수에 해당하는 양이고, 각 가스의 체적비에 해당하는 양만큼 필요한 것이다.

$$\therefore A_0 = \frac{O_0}{0.2} = \frac{(5 \times 0.3) + (6.5 \times 0.7)}{0.2}$$
$$= 30.25 \text{ L}$$

40. BLEVE(Boiling Liquid Expanding Vapor Explosion) : 비등 액체 팽창 증기 폭발

참고 제시된 보기의 각 단어 의미
① Boiling : 비등, 끓어오르는
② Leak : 유출, 누출, 누설되다.
③ Expanding : 확장하다, 팽창하다.
④ Vapor : 증기

제 3 과목   가스설비

41. ㉮ 압송기(壓送器) : 도시가스 공급지역이 넓어 수요가 많은 경우에 공급압력이 부족해질 수 있으며 이때 압력을 올려서 가스를 공급하는 설비이다.

㉯ 압송기의 종류 : 터보형, 회전형, 피스톤형(왕복형) 등

42. 강(탄소강)의 기본 조직
㉮ 페라이트(ferrite) : α철에 탄소가 최대 0.02 % 고용된 α고용체로 흰색의 입상으로 나타나는 주철에 가까운 조직으로 전연성이 크며, A_2점 이하에서는 강자성체이다.

㉯ 오스테나이트(austenite) : γ철에 탄소가 최대 2.11 % 고용된 γ고용체로 A_1점 이상에서는 안정적으로 존재하나 실온에서는 존재하기 어려운 조직으로 인성이 크며 상자성체이다.

㉰ 델타 페라이트(delta ferrite) : δ철에 탄소가 최대 0.09 % 고용된 δ고용체로 A_4점 이상에서만 존재하는 조직으로 인성이 크며 상자성체이다.

㉱ 시멘타이트(cementite) : 철에 탄소가 6.68 % 화합된 철의 금속간 화합물(Fe_3C)로 흰색의 침상으로 나타나는 조직으로 대단히 단단하며 부스러지기 쉽다.

㉲ 펄라이트(pearlite) : 0.77 % C의 오스테나이트가 727℃ 이하로 냉각될 때 0.02 % C의 페라이트와 6.68 % C 시멘타이트로 석출되어 생긴 공석강으로 페라이트와 시멘타이트가 층상으로 나타나는 조직이다.

㉳ 레데부라이트(ledeburite) : 4.3 % C의 용융철이 1148℃ 이하로 냉각될 때 2.11 % C의 오스테나이트와 6.68 % C의 시멘타이트로 정출되어 생긴 공정주철로 A_1점 이상에서는 안정적으로 존재하는 조직이다.

※ 보크사이트(bauxite : $Al_2O_3 \cdot 2H_2O$) : 알루미늄의 원재료인 광석에 해당되는 물질이다.

43. 정압기의 특성
㉮ 정특성(靜特性) : 유량과 2차 압력의 관계
 ㉠ 로크업(lock up) : 유량이 0으로 되었을 때 2차 압력과 기준압력(P_s)과의 차이
 ㉡ 오프셋(off set) : 유량이 변화했을 때 2차 압력과 기준압력(P_s)과의 차이
 ㉢ 시프트(shift) : 1차 압력의 변화에 의하여 정압곡선이 전체적으로 어긋나는 것
㉯ 동특성(動特性) : 부하변동에 대한 응답의 신속성과 안정성이 요구된다.
㉰ 유량특성(流量特性) : 메인 밸브의 열림과 유량의 관계
 ㉠ 직선형 : 메인 밸브의 개구부 모양이 장방향의 슬릿(slit)으로 되어 있으며 열림으로부터 유량을 파악하는 데 편리하다.
 ㉡ 2차형 : 개구부의 모양이 삼각형(V자형)의 메인 밸브로 되어 있으며 천천히 유량을 증가하는 형식으로 안정적이다.
 ㉢ 평방근형 : 접시형의 메인 밸브로 신속하게 열(開) 필요가 있을 경우에 사용하며 다른 것에 비하여 안정성이 좋지 않다.
㉱ 사용 최대차압 : 메인 밸브에 1차와 2차 압력이 작용하여 최대로 되었을 때의 차압
㉲ 작동 최소차압 : 정압기가 작동할 수 있는 최소차압

44. $1.5\,MPa = 1.5 \times 10^6\,Pa = 1.5 \times 10^6\,N/m^2$이고, 안지름 $10\,cm = 0.1\,m$이다.

∴ 볼트 1개가 받는 힘 = $\dfrac{\text{전체에 걸리는 힘}}{\text{볼트수}}$

$= \dfrac{\text{압력}(P) \times \text{단면적}(A)}{N}$

$= \dfrac{(1.5 \times 10^6) \times \left(\dfrac{\pi}{4} \times 0.1^2\right)}{6}$

$= 1963.495\,N$

45. 톰슨 효과 : 도체인 양끝을 다른 온도로 유지하고 전류를 흘릴 때 발열 또는 흡열이 일어나는 현상
㉮ 정(+) 톰슨 효과 : 고온에서 저온 쪽으로 전류를 흘리면 발열이 일어나는 것으로 Cu(구리), Zn(아연) 등이 해당된다.
㉯ 부(-) 톰슨 효과 : 저온에서 고온 쪽으로 전류를 흘리면 흡열이 일어나는 것으로 Pt(백금), Ni(니켈), Fe(철) 등이 해당된다.

46. 사염화탄소(CCl_4)를 이용하여 1년에 1회 이상 장치 내부를 세척한다.

47. 레페(Reppe) 반응장치 : 아세틸렌을 압축하면 분해폭발의 위험이 있기 때문에 이것을 최소화하기 위하여 반응장치 내부에 질소(N_2)가 49% 또는 이산화탄소(CO_2)가 42%가 되면 분해폭발이 일어나지 않는다는 것을 이용하여 고안된 반응장치로 종래에 합성되지 않았던 화합물을 제조할 수 있게 되었다.

48. 수소의 공업적 제조법
㉮ 물의 전기분해법 : 수전해법
㉯ 수성가스법(석탄, 코크스의 가스화)
㉰ 천연가스 분해법(열분해)
㉱ 석유 분해법(열분해)
㉲ 일산화탄소 전화법

49. 수소의 성질
㉮ 지구상에 존재하는 원소 중 가장 가볍다.
㉯ 무색, 무취, 무미의 가연성이다.
㉰ 열전도율이 대단히 크고, 열에 대해 안정하다.
㉱ 확산속도가 대단히 크다.
㉲ 고온에서 강제, 금속재료를 쉽게 투과한다.
㉳ 폭굉속도가 1400~3500 m/s에 달한다.
㉴ 폭발범위가 넓다.(공기 중 : 4~75%, 산소 중 : 4~94%)

㉮ 산소와 수소폭명기, 염소와 염소폭명기의 폭발반응이 발생한다.
※ ④번 항목은 산소에 대한 설명이다.
참고 ㉮ 강제(鋼製) : 강철로 만든 제품
   ㉯ 강재(鋼材) : 공업, 건설 등의 재료로 쓰기 위하여 압연 따위의 방법으로 만든 강철
   ※ 수소의 성질 설명 내용 중에 '강제'는 '강재'와 혼용하여 사용된다.

50. 아세틸렌을 접촉적으로 수소화하면 에틸렌, 에탄이 된다.

51. 내식성 알루미늄 합금
㉮ 알민 : Al-Mn계로 내식성과 용접성이 우수해 저장탱크, 기름탱크 제작에 사용한다.
㉯ 하이드로날륨(hydronalium) : Al-Mg계로 내식성이 매우 우수해 바닷물에 취약한 선박용품 및 건축용 재료로 사용한다.
㉰ 알클래드 : 두랄루민에 Al 피복을 한 합금으로 알루미늄의 장점인 내식성을 갖는다.
㉱ 알드레이(aldrey) : Al-Mg-Si계로 내식성과 강인성이 있고 가공변형에도 잘 견딘다.
※ Y 합금 : Al-Cu-Ni-Mg계 합금으로 내열성 및 기계적 성질이 우수하여 자동차 등의 내연기관 실린더 헤드, 피스톤 등의 재료로 사용되며 시효 경화성이 있어서 모래형 및 금형 주물로 사용한다.

52. 터보 압축기 서징 현상 방지법
㉮ 우상(右上)이 없는 특성으로 하는 방법
㉯ 방출 밸브에 의한 방법
㉰ 베인 컨트롤에 의한 방법
㉱ 회전수를 변화시키는 방법
㉲ 교축 밸브를 기계에 가까이 설치하는 방법

53. ㉮ 분출부 유효면적을 계산할 때 적용하는 안전밸브 분출압력(P)은 절대압력이므로 대기압은 0.1 MPa을 적용하며, 1 MPa = 약 10 kgf/cm^{2}에 해당된다. 산소의 분자량(M)은 32이다.
㉯ 분출부 유효면적 계산 : 단위정리가 되지 않는 공식에 해당됨

$$\therefore a = \frac{W}{230P\sqrt{\dfrac{M}{T}}}$$

$$= \frac{6000}{230 \times \{(8+0.1) \times 10\} \times \sqrt{\dfrac{32}{273+27}}}$$

$$= 0.986 \text{ cm}^2$$

㉰ 계산식의 각 기호의 의미와 단위
a : 분출부 유효면적(cm^2)
W : 시간당 분출가스량(kg/h)
P : 분출압력(kgf/cm^2·a)
M : 가스 분자량
T : 분출 직전 가스의 절대온도(K)

54. 비교회전도(비속도 : rpm·m^3/min·m) 범위
㉮ 터빈펌프 : 100~300
㉯ 벌류트펌프 : 300~600
㉰ 사류펌프 : 500~1300
㉱ 축류펌프 : 1200~2000
※ 비교회전도(비속도)는 고양정 펌프일수록 작고, 저양정 펌프일수록 크다.

55. ㉮ 관의 신축량 계산식
$$\therefore \Delta L = L \times \alpha \times \Delta t$$
여기서, ΔL : 관의 신축길이(mm)
L : 관의 길이(mm)
α : 선팽창계수
Δt : 온도차(℃)
㉯ 배관의 신축량(ΔL)은 배관길이(L), 선팽창계수(α), 온도차(Δt)에 비례한다.

56. 용접이음의 특징
(1) 장점
㉮ 이음부 강도가 크고, 하자 발생이 적다.

    ㉯ 이음부 관 두께가 일정하므로 마찰저항
      이 적다.
    ㉰ 배관의 보온, 피복시공이 쉽다.
    ㉱ 시공시간이 단축되고 유지비, 보수비가
      절약된다.
  (2) 단점
    ㉮ 재질의 변형이 일어나기 쉽다.
    ㉯ 용접부의 변형과 수축이 발생한다.
    ㉰ 용접부의 잔류응력이 현저하다.
    ㉱ 품질검사(결함검사)가 어렵다

57. ㉮ 부탄을 공급할 때 안지름이 제시되지 않아 저압 배관 유량식으로 구할 수 없으므로 프로판을 '1', 부탄을 '2'로 구분하여 비례식을 쓰면 다음과 같다.

$$\frac{H_2}{H_1} = \frac{\dfrac{Q_2^2 \cdot S_2 \cdot L_2}{K_2^2 \cdot D_2^5}}{\dfrac{Q_1^2 \cdot S_1 \cdot L_1}{K_1^2 \cdot D_1^5}}$$ 에서 동일한 시설(배관)이므로 유량계수(K), 관길이(L), 배관 안지름(D)은 변화가 없어 생략하고 다시 쓰면 $\dfrac{H_2}{H_1} = \dfrac{Q_2^2 \cdot S_2}{Q_1^2 \cdot S_1}$ 된다.

㉯ 부탄을 공급할 때 압력손실(H_2) 계산

$$\therefore H_2 = \frac{H_1 \times Q_2^2 \times S_2}{Q_1^2 \times S_1} = \frac{15 \times 4.5^2 \times 2.05}{5^2 \times 1.52}$$
$$= 16.386 \text{ mmH}_2\text{O}$$

[별해] 프로판이 공급될 때의 조건을 갖고 배관 안지름을 구하여 부탄을 공급할 때 압력손실을 구한다.

㉮ 배관 안지름 계산

$$\therefore D_1 = \sqrt[5]{\frac{Q_1^2 \cdot S_1 \cdot L_1}{K_1^2 \cdot H_1}}$$
$$= \sqrt[5]{\frac{5^2 \times 1.52 \times 30}{0.707^2 \times 15}} = 2.731 \text{ cm}$$

㉯ 부탄을 공급할 때 압력손실 계산 : $D_1 = D_2$ 이다.

$$\therefore H_2 = \frac{Q_2^2 \times S_2 \times L_2}{K_2^2 \times D_2^5} = \frac{4.5^2 \times 2.05 \times 30}{0.707^2 \times 2.731^5}$$
$$= 16.4003 \text{ mmH}_2\text{O}$$

58. ㉮ 다단 압축기의 압축비 계산식 $a = \sqrt[n]{\dfrac{P_2}{P_1}}$ 에서 압력은 절대압력이므로 대기압은 0.1 MPa을 적용한다.

㉯ 최종단의 토출압력(P_2) 계산

$$\therefore P_2 = a^n \times P_1 = 3^3 \times (0.8 + 0.1)$$
$$= 24.3 \text{ MPa} \cdot \text{a} - 0.1 = 24.2 \text{ MPa} \cdot \text{g}$$

[별해] 문제에서 주어진 1 MPa은 10 kgf/cm²과 대기압은 1 kgf/cm²을 적용하여 최종단의 토출압력(P_2)을 구한다.

$$\therefore P_2 = a^n \times P_1 = 3^3 \times \{(0.8 \times 10) + 1\}$$
$$= 243 \text{ kgf/cm}^2 \cdot \text{a} - 1$$
$$= 242 \text{ kgf/cm}^2 \cdot \text{g} = 24.2 \text{ MPa} \cdot \text{g}$$

59. 고압가스용 스프링식 안전밸브의 구조
  ㉮ 안전밸브는 그 일부가 파손되어도 충분한 분출량을 얻어야 하며, 밸브시트는 이탈되지 않도록 밸브몸통에 부착된 것으로 한다.
  ㉯ 스프링의 조정나사는 자유로이 헐거워지지 않는 구조이고 스프링이 파손되어도 밸브디스크 등이 외부로 빠져나가지 않는 구조인 것으로 한다.
  ㉰ 안전밸브는 압력을 마음대로 조정할 수 없도록 봉인할 수 있는 구조인 것으로 한다.
  ㉱ 가연성 또는 독성가스용의 안전밸브는 개방형을 사용하지 않는다.
  ㉲ 밸브디스크와 밸브시트와의 접촉면이 밸브축과 이루는 기울기는 45°(원추시트) 또는 90°(평면시트)인 것으로 한다.
  ㉳ 밸브몸체를 밸브시트에서 들어 올리는 장치를 부착하는 경우에는 안전밸브 설정압력의 75 % 이상의 압력일 때 수동으로 조작되고 압력해제 시 자동으로 폐지되는 구조이어야 한다.

㈔ 안전밸브에 사용하는 스프링은 유해한 흠 등의 결함이 없는 것으로 한다.

60. 조정압력 3.3 kPa 이하인 압력조정기의 안전장치 분출용량
㉮ 노즐 지름이 3.2 mm 이하일 때 : 140 L/h 이상
㉯ 노즐 지름이 3.2 mm 초과일 때 : 다음 계산식에 의한 값 이상
$Q = 44D$
여기서, Q : 안전장치 분출량(L/h)
D : 조정기의 노즐 지름(mm)

제 4 과목 가스안전관리

61. 저장탱크실 재료의 규격

항목	규격
굵은 골재의 최대치수	25 mm
설계강도	21 MPa 이상
슬럼프(slump)	120~150 mm
공기량	4 % 이하
물-결합재비	50 % 이하
그 밖의 사항	KS F 4009(레디믹스트 콘크리트)에 따른 규정

[비고] 수밀콘크리트의 시공 기준은 국토교통부가 제정한 "콘크리트 표준 시방서"를 준용한다.

62. 재해 발생 또는 재해 확대 방지 조치(KGS GC206) : 고압가스 운전자는 운반 중 재해 방지를 위하여 운행 개시 전에 다음의 필요한 조치 및 주의사항을 차량에 비치한다.
㉮ 가스의 명칭 및 물성
㉯ 운반 중의 주의사항
㉰ 충전용기 등을 적재한 경우 내릴 때의 주의사항
㉱ 사고 발생 시 응급조치

63. 가스도매사업 정압기지 시설기준(KGS FS452) : 정압기지란 도시가스 압력을 조정하여 도시가스를 안전하게 공급하기 위한 정압설비, 계량설비, 가열설비, 불순물 제거장치, 방산탑, 배관 또는 그 부대설비가 설치되어 있는 근거지를 말한다.

64. 검지부 설치 제외 장소
㉮ 출입구의 부근 등으로서 외부의 기류가 통하는 곳
㉯ 환기구 등 공기가 들어오는 곳으로부터 1.5 m 이내의 곳
㉰ 연소기의 폐가스에 접촉하기 쉬운 곳

65. 다른 설비와의 거리 : KGS FP111
㉮ 안전구역 안의 고압가스설비의 외면으로부터 다른 안전구역 안에 있는 고압가스설비의 외면까지 유지하여야 할 거리는 30 m 이상으로 한다.
㉯ 가연성가스 저장탱크의 외면으로부터 처리능력이 20만 m³ 이상인 압축기까지 유지하여야 하는 거리는 30 m 이상으로 한다.
㉰ 가연성가스 제조시설의 고압가스설비는 그 외면으로부터 다른 가연성가스 제조시설의 고압가스설비와 5 m 이상, 산소제조시설의 고압가스설비와 10 m 이상의 거리를 유지한다.

66. 기화장치의 형식
㉮ 구조에 따른 분류 : 다관식, 코일식, 캐비닛식
㉯ 가열방식에 따른 분류 : 전열식 온수형, 전열식 고체전열형, 온수식, 스팀식 직접형, 스팀식 간접형

67. 자긴처리(auto-frettage : KGS AC118) : 금속라이너 압력용기를 제조공정 중에 그 금속라이너의 항복점을 초과하는 압력을 가하여

영구 소성변형을 일으키는 것을 말한다.
※ 보기 각 항목에 해당되는 사항
②번 항목은 AC118의 '배치'라는 용어 중 금속 라이너의 경우 설명임
③번 항목은 AC118의 '축소형 압력용기(sub-scale pressure vessel)'에 대한 설명임
④번 항목은 고압가스 저장탱크 및 압력용기 제조 기준(KGS AC111)에 규정된 '냉간연신(cold-stretching)'이라는 용어의 정의에 해당된다.
※ '라이너'란 금속 또는 플라스틱을 이용하여 압력용기의 가장 안쪽 층을 구성하는 용기를 말한다.

68. 허용농도가 100만분의 200 이하인 독성가스 충전용기를 운반하는 경우에는 용기 승하차용 리프트와 밀폐된 구조의 적재함이 부착된 전용차량으로 운반한다. 다만, 내용적이 1000 L 이상인 충전용기를 운반하는 경우에는 그렇지 않다.

69. 조정기의 최대폐쇄압력 기준
㉮ 1단 감압식 저압조정기, 2단 감압식 2차용 저압조정기 및 자동절체식 일체형 저압조정기 : 3.50 kPa 이하
㉯ 2단 감압식 1차용 조정기 : 95.0 kPa 이하
㉰ 1단 감압식 준저압조정기, 자동절체식 일체형 준저압조정기 및 그 밖의 압력조정기 : 조정압력의 1.25배 이하

70. 최고충전압력 기준
㉮ 압축가스를 충전하는 용기 : 35℃의 온도에서 그 용기에 충전할 수 있는 가스의 압력 중 최고압력
㉯ 초저온용기, 저온용기 : 상용압력 중 최고압력
㉰ 초저온용기, 저온용기 외의 용기로서 액화가스를 충전하는 것 : 내압시험압력의 3/5배의 압력
㉱ 아세틸렌용 용접용기 : 15℃에서 용기에 충전할 수 있는 가스의 압력 중 최고압력

71. 독성 고압가스 운반책임자 동승 기준

가스의 종류	허용농도	기준
압축 가스	100만분의 200 이하	10 m³ 이상
	100만분의 200 초과 100만분의 5000 이하	100 m³ 이상
액화 가스	100만분의 200 이하	100 kg 이상
	100만분의 200 초과 100만분의 5000 이하	1000 kg 이상

72. ㉮ 공기액화 분리장치의 불순물 유입금지 기준 : 공기액화 분리기에 설치된 액화산소통 내의 액화산소 5 L 중 아세틸렌 질량이 5 mg 또는 탄화수소의 탄소질량이 500 mg을 넘을 때에는 그 공기액화 분리기의 운전을 중지하고 액화산소를 방출할 것
㉯ 탄소질량 계산 : 메탄(CH_4)의 분자량은 16, 에틸렌(C_2H_4)의 분자량은 28이다.

$$\therefore 탄소질량 = \frac{탄화수소\ 중\ 탄소질량}{탄화수소의\ 분자량} \times 탄화수소량$$

$$= \left(\frac{12}{16} \times 300\right) + \left(\frac{24}{28} \times 230\right)$$

$$= 422.14\ mg$$

㉰ 판단 : 탄소질량이 500 mg을 넘지 않으므로 운전을 계속할 수 있다.

73. 액화석유가스용 강제용기 스커트 두께 기준
㉮ 용기 종류(내용적)에 따른 스커트 두께

용기의 내용적	두께
20 L 이상 25 L 미만인 용기	3 mm 이상
25 L 이상 50 L 미만인 용기	3.6 mm 이상
50 L 이상 125 L 미만인 용기	5 mm 이상

㉯ 스커트를 KS D 3533(고압가스용기용 강판 및 강대) SG 295 이상의 강도 및 성질을 갖는 재료로 제조하는 경우에는 내용적이 25 L 이상 50 L 미만인 용기는 두께 3.0 mm 이상으로, 내용적이 50 L 이상 125 L 미만인 용기는 두께 4.0 mm 이상으로 할 수 있다.
※ 탄소강과 같은 일반적인 재료는 ㉮항을 적용하지만 이 문제는 ㉮항과 같은 재료가 아니므로 ㉯항을 적용받는 것이다.

74. 살수장치 설치 : KGS FU332
㉮ 살수장치는 용기보관실의 바닥면적 1 m²당 5 L/min 이상의 비율로 계산된 수량을 용기보관실 전 바닥에 분무할 수 있는 고정된 장치로 한다.
㉯ 소화전(호스 끝 수압 0.25 MPa 이상으로 방수능력 350 L/min 이상인 것을 말한다)의 설치위치는 해당 용기보관실의 외면으로부터 40 m 이내이고, 소화전의 방수방향은 용기보관실을 향하여 어느 방향에서도 방수할 수 있는 것이며, 소화전의 설치개수는 해당 용기보관실 표면적 40 m²당 1개의 비율로 계산한 수 이상으로 한다.
∴ 소화전 최소 설치수
$= \dfrac{\text{해당 용기보관실 표면적}}{40} = \dfrac{120}{40} = 3$

75. 2022년 가스관련 사고 원인별 구분 : 한국가스안전공사 자료

구분	발생건수	구성비
사용자 취급 부주의	24	32.9 %
공급자 취급 부주의	8	11.0 %
타 공사	8	11.0 %
시설 미비	14	19.2 %
제품 노후, 고장	10	13.7 %
교통사고	2	2.7 %
기타	7	9.6 %
계	73	100 %

76. 태양광 발전설비 설치 기준(KGS FP331) 〈신설 16. 3. 9〉
㉮ 태양광 발전설비를 사업소 건축물 상부에 설치하는 경우에는 건축물 관련법규 및 하위규정에 따른 구조 및 설비기준을 준수하고, 건축구조기술사 또는 건축시공기술사의 구조안전확인을 받은 것으로 한다.
㉯ 태양광 발전설비는 전기사업법에 따른 사용 전 검사나 사용 전 점검에 합격한 것으로 한다.
㉰ 태양광 발전설비 중 집광판은 건축물의 옥상 등 충전소 운영에 지장을 주지 않는 장소에 설치한다. 다만, 충전소 내 지상에 집광판을 설치하려는 경우에는 충전설비, 저장설비, 가스설비, 배관, 자동차에 고정된 탱크 이입·충전장소의 외면으로부터 8 m 이상 떨어진 곳에 설치하고, 집광판은 지면으로부터 1.5 m 이상 높이에 설치한다.
㉱ 태양광 발전설비 관련 전기설비는 방폭성능을 가진 것으로 설치하거나, 폭발 위험장소(0종 장소, 1종 장소 및 2종 장소를 말한다)가 아닌 곳으로, 가스시설 등과 접하지 않는 방향에 설치한다.
㉲ 에너지 저장장치(ESS : energy storage system)는 설치하지 않는다. 〈신설 19. 9. 28〉

77. 각 가스의 성질

구분	비점	임계온도	임계압력
메탄	-161.5℃	-82.1℃	45.8 atm
산소	-183℃	-118.4℃	50.1 atm
아르곤	-186℃	-122℃	40 atm
암모니아	-33.3℃	132.3℃	111.3 atm

78. 과류차단성능(KGS AA313) : 과류차단기구의 작동성능은 압축공기를 사용하여 다음 기준에 적합한 것으로 한다.

(1) 과류차단기구가 작동하는 공기 유량(20 ℃, 1기압에서의 수치)의 범위는 다음과 같다.
  ㉮ 용기 내의 압력이 0.1 MPa일 때 2 m³/h 이상 2.7 m³/h 이하
  ㉯ 용기 내의 압력이 1 MPa일 때 4.3 m³/h 이상 6.3 m³/h 이하
(2) 용기 전도 시 과류차단기구가 작동하는 공기 유량
  ㉮ 용기 내의 압력이 0.1 MPa일 때 2.7 m³/h 이하
  ㉯ 용기 내의 압력이 1 MPa일 때 6.3 m³/h 이하
(3) 과류차단기구가 작동한 후의 공기 누출량은 용기 내 압력이 0.07 MPa 이상 1.5 MPa 이하의 범위 내에서 5 L/h 이하인 것으로 한다.

79. 불화수소(HF)의 특징
  ㉮ 자극적인 냄새가 있는 무색의 불연성이다.
  ㉯ TLV-TWA 0.5 ppm, LC50 1307 ppm·1 h·rat이다.
  ㉰ 열에 의해 분해되는 경우 및 물과 반응하여 부식성 및 독성가스를 생성한다.
  ㉱ 금속과 접촉 시 인화성 수소가스를 생성한다.
  ㉲ 강산으로 염기류와 격렬히 반응한다.
  ㉳ 흡입 시 기침, 현기증, 두통, 메스꺼움, 호흡곤란을 일으킬 수 있다.
  ㉴ 피부에 접촉 시 화학적 화상, 액체 접촉 시 동상을 일으킬 수 있다.

80. ㉮ 특수고압가스(고법 시행규칙 제2조) : 압축모노실란, 압축디보레인, 액화알진, 포스핀, 셀렌화수소, 게르만, 디실란 및 그 밖에 반도체의 세정 등 산업통상자원부장관이 인정하는 특수한 용도에 사용되는 고압가스를 말한다.
  ㉯ 특수고압가스(KGS FU212 특수고압가스 사용의 시설·기술·검사 기준) : 특정고압가스사용시설 중 압축모노실란, 압축디보레인, 액화알진, 포스핀, 셀렌화수소, 게르만, 디실란, 오불화비소, 오불화인, 삼불화인, 삼불화질소, 삼불화붕소, 사불화유황, 사불화규소를 말한다.
  [참고] ㉮ 특정고압가스(고법 제20조) : 수소, 산소, 액화암모니아, 아세틸렌, 액화염소, 천연가스, 압축모노실란, 압축디보레인, 액화알진 그 밖에 대통령령으로 정하는 고압가스
    ㉯ 대통령령으로 정하는 것(고법 시행령 제16조) : 포스핀, 셀렌화수소, 게르만, 디실란, 오불화비소, 오불화인, 삼불화인, 삼불화질소, 삼불화붕소, 사불화유황, 사불화규소

제 5 과목 가스계측

81. 기포식 액면계 : 탱크 속에 파이프를 삽입하고 여기에 일정량의 공기를 보내면서 액체의 정압과 공기 압력을 비교하여 액면의 높이를 측정(계산)하는 것으로 purge식 액면계라 한다.

82. 전자포획 이온화 검출기(ECD : Electron Capture Detector) : 방사선으로 캐리어가스가 이온화되어 생긴 자유전자를 시료 성분이 포획하면 이온전류가 감소하는 것을 이용한 것으로 유기 할로겐 화합물, 니트로 화합물 및 유기금속 화합물을 선택적으로 검출할 수 있다.

83. ㉮ 경사관의 길이 50 cm는 0.5 m이고, 비중을 비중량(γ : kgf/m³)으로 변환하기 위해서는 1000을 곱한다.
  ㉯ 압력 차이 계산 : 비중량(kgf/m³)에 액주

높이차(m)를 곱하면 압력 단위가 'kgf/m^2'이 되며 'kgf/cm^2'으로 변환하기 위해서는 1만으로 나눠준다.

$$\therefore P_1 - P_2 = \gamma x \sin\theta$$
$$= (0.8 \times 1000) \times 0.5 \times \sin 30° \times 10^{-4}$$
$$= 0.02 \text{ kgf/cm}^2$$

84. 디지털 계측의 특징
㉮ 계측값의 판독이 쉽다.
㉯ 극히 짧은 시간 동안 계측이 이루어진다.
㉰ 계측값을 저장할 수 있다.
㉱ 개인 오차를 줄일 수 있다.
㉲ 자동계측 및 제어가 용이하다.
㉳ 계측과 지시가 연속적으로 이루어진다.
※ 센서(sensor) 등에 의하여 오차가 발생할 가능성이 있어 측정할 때 허용오차를 고려해야 한다.

85. 적외선 분광분석법의 광원
㉮ 네른스트 램프(Nernst lamp) : 지르코니아(ZrO_2), 산화세륨(CeO_2), 이산화토륨(ThO_2)으로 만든 직경이 1~2 mm 정도의 막대이며, 1200~2000 K 범위의 온도에서 전기적으로 가열하여 적외선을 얻는다.
㉯ 글로바 램프(Globar lamp) : 탄화규소(SiC)를 소결하여 만든 막대이며, 1300~1500 K 범위의 온도에서 전기적으로 가열되어 적외선을 얻는다.
㉰ 기타 : 나선형의 니크롬선이나 사기실린더에 감은 로듐선을 전기적으로 가열하여 사용하기도 한다. 네른스트 램프나 글로바 램프보다 세기가 낮지만 수명이 길다.

86. 오버슈트(over shoot) : 동작간격으로부터 벗어나 초과되는 오차를 말하며, 반대로 나타나는 오차를 언더슈트(under shoot)라 한다.

87. 모발 습도계의 특징
㉮ 구조가 간단하고 취급이 쉽다.
㉯ 추운 지역에서 사용하기 편리하다.
㉰ 재현성이 좋다.
㉱ 상대습도가 바로 나타난다.
㉲ 히스테리시스 오차가 있다.
㉳ 시도가 틀리기 쉽다.
㉴ 정도가 좋지 않다.
㉵ 모발의 유효 작용기간이 2년 정도이다.
※ 재현성 : 동일한 방법으로 동일한 측정 대상을 측정자, 측정 장소, 측정 시간 등 다른 조건으로 측정할 경우 각각의 측정값이 일치하는 정도를 말한다.

88. 공기압식 조절계의 전송 거리는 100~150 m 정도이다.

89. 추치 제어 : 목표값이 변화되는 제어로서 목표값을 측정하면서 제어량을 목표값에 일치하도록 맞추는 방식이다.
㉮ 추종 제어 : 목표치가 시간적(임의적)으로 변화하는 제어로서 자기 조정 제어라 한다.
㉯ 비율 제어 : 목표값이 다른 양과 일정한 비율 관계에서 변화되는 제어로 유량 비율 제어, 공기비 제어가 해당된다.
㉰ 프로그램 제어 : 목표값이 미리 정해진 계획에 따라서 시간적으로 변화하는 제어로 가스 크로마토그래피의 오븐 온도 제어 및 금속이나 유리 등의 열처리에 응용할 수 있다.

90. 수은 온도계 특징
㉮ 비열은 작고, 열전도율은 크기 때문에 응답속도가 비교적 빠르다.
㉯ 경년변화(經年變化)에 의한 오차가 발생한다.
㉰ 팽창계수는 작은 편이다.
㉱ 측정범위는 −35~350℃이다.
㉲ 내부에 질소를 충전한 것은 650℃까지 측정이 가능하다.

※ 수은(Hg)의 응고점 −38.9℃, 비등점 357℃로 측정범위는 −35~350℃ 정도로 설명하고 있지만, 특수한 경우 −50℃까지 측정이 가능한 것도 있어 보기 중에서 가장 근접한 것을 선택하여야 한다.

91. 압전(壓電 : piezo electric)효과 : 압력이 가해지면 전기가 발생하는 현상으로 압전효과를 나타내는 대표적인 물질로는 수정, 로셀염, 티탄산바륨, PZT세라믹계가 있다.
※ PZT세라믹 : 티탄산납($PbTiO_3$)과 지르코산납($PbZrO_3$)을 일정한 비율로 섞은 것으로 사용 용도에 따라 불순물을 첨가하여 여러 가지 재료 물성을 갖는 압전 세라믹으로 사용할 수 있다.

92. 정특성 : 측정기기의 입력신호가 시간적으로 변동하지 않거나 변동이 느려서 그 영향을 무시할 수 있는 경우 입력신호와 출력신호의 관계를 의미하는 것으로 감도, 직선성(선형성), 히스테리시스오차 등이 해당된다.
※ 응답시간은 동특성에 해당되는 사항이다.

93. ㉮ 절대습도 계산

$$\therefore X = \frac{G_w}{G_a} = \frac{6}{120} = 0.05 \text{ kg/kg} \cdot \text{DA}$$

㉯ 수증기 분압(P_w) 계산

$X = 0.622 \times \dfrac{P_w}{760 - P_w}$ 에서 대기압 760 mmHg에 전체 압력 750 mmHg를 대입하여 P_w를 계산한다.

$$\therefore X(750 - P_w) = 0.622 P_w$$
$$750X - P_w X = 0.622 P_w$$
$$750X = 0.622 P_w + P_w X$$
$$750X = P_w(0.622 + X)$$
$$\therefore P_w = \frac{750X}{0.622 + X} = \frac{750 \times 0.05}{0.622 + 0.05}$$
$$= 55.803 ≒ 55.80 \text{ mmHg}$$

㉰ 상대습도(ϕ) 계산

$$\therefore \phi = \frac{P_w}{P_s} = \frac{55.8}{89} = 0.6269 ≒ 0.627$$

㉱ 비교습도 계산

$$\therefore \psi = \frac{\phi(P - P_s)}{P - \phi P_s} \times 100$$
$$= \frac{0.627 \times (750 - 89)}{750 - (0.627 \times 89)} \times 100$$
$$= 59.701 \%$$

※ 비교습도 : 습공기의 절대습도와 그 온도에 의한 포화공기의 절대습도와의 비를 퍼센트로 표시한 것이다.

94. 게겔(Gockel)법의 분석순서 및 흡수제
㉮ CO_2 : 33 % KOH 수용액
㉯ 아세틸렌 : 요오드수은 칼륨 용액
㉰ 프로필렌, n−C_4H_8 : 87 % H_2SO_4
㉱ 에틸렌 : 취화수소 수용액
㉲ O_2 : 알칼리성 피로갈롤 용액
㉳ CO : 암모니아성 염화제1구리 용액

95. 비례대 $= \dfrac{측정\ 온도차}{조절\ 온도차} \times 100$

$$= \frac{76 - 73}{80 - 60} \times 100 = 15 \%$$

96. 연소가스 중에 일산화탄소(CO)와 수소(H_2)가 포함되어 있는 것은 연료가 불완전연소가 되고 있는 것으로 이때 사용되는 가스분석계는 미연소가스계이다.

97. 모세관(capillary) 컬럼의 종류
㉮ WCOT(wall coated open tubular)형 : 모세관 내벽에 액상(고정상)을 막상에 균일하게 도포한 컬럼으로 도포막의 두께가 컬럼 선택의 중요한 조건이 된다.
㉯ PLOT(porous layer open tubular)형 : 모세관 내벽에 다공성 폴리머나 알루미나 등을 담지시킨 컬럼이다.

㉰ SCOT(support coated open tubular)
형 : 모세관 내벽에 액상을 함침시킨 규조토 담체 등을 담지시킨 컬럼이다.
※ 함침(含浸)[머그물 함, 담금 침] : 가스 상태나 액체로 된 물질을 물체 안에 침투하게 하여 그 물체의 특성을 사용 목적에 따라 개선함

98. N_2(질소)는 전체 시료량(100 %)에서 각 성분(CO_2, O_2, CO) 양을 제외하는 방법으로 계산한다.
∴ $N_2[\%] = 100 - (CO_2[\%] + O_2[\%] + CO[\%])$
    $= 100 - CO_2[\%] - O_2[\%] - CO[\%]$

99. 가스미터의 구비조건
 ㉮ 구조가 간단하고, 수리가 용이할 것
 ㉯ 감도가 예민하고 압력손실이 적을 것
 ㉰ 소형이며 계량용량이 클 것
 ㉱ 기차의 변동이 작고, 조정이 용이할 것
 ㉲ 내구성이 클 것

100. ㉮ 대기압 750 mmHg를 'kgf/cm²'으로 단위 변환하여야 하며, 1 atm = 760 mmHg = 1.0332 kgf/cm²이지만, 문제에서 제시된 1.0336 kgf/cm²을 적용한다.
∴ 환산압력
$= \dfrac{\text{주어진 압력}}{\text{주어진 압력의 표준대기압}}$
$\times$ 구하려는 단위의 표준대기압
㉯ 절대압력 계산
∴ 절대압력 = 대기압 + 게이지압력
$= \left(\dfrac{750}{760} \times 1.0336\right) + 1.98$
$= 3 \text{ kgf/cm}^2 \cdot a$

CBT 모의고사 3

정답

과목	1	2	3	4	5	6	7	8	9	10
가스유체역학	④	③	③	④	④	②	④	①	②	④
	11	12	13	14	15	16	17	18	19	20
	②	③	③	①	④	①	③	①	②	④
연소공학	21	22	23	24	25	26	27	28	29	30
	④	①	①	①	③	④	②	②	③	③
	31	32	33	34	35	36	37	38	39	40
	④	④	③	③	③	①	③	③	③	④
가스설비	41	42	43	44	45	46	47	48	49	50
	①	①	③	①	③	①	③	③	②	①
	51	52	53	54	55	56	57	58	59	60
	②	②	②	②	④	②	②	③	③	①
가스안전관리	61	62	63	64	65	66	67	68	69	70
	④	②	②	①	①	③	②	③	②	①
	71	72	73	74	75	76	77	78	79	80
	③	①	②	④	③	④	②	③	④	③
가스계측	81	82	83	84	85	86	87	88	89	90
	③	③	③	①	③	②	②	②	①	③
	91	92	93	94	95	96	97	98	99	100
	①	④	①	②	①	⑤	④	③	①	②

제1과목 가스유체역학

1. ㉮ P(poise)는 'g/cm·s'이다.
 ㉯ 1 kg/m·s는 1000 g/100 cm·s이고 정리하면 10 g/cm·s이고 10 P[g/cm·s]이다.

2. ㉮ 현재 조건의 공기 비중량(kgf/m³) 계산 : 공학단위 이상기체 상태방정식 $PV = GRT$ 에서 비중량(γ)은 $\dfrac{G}{V}$로 구할 수 있다.

$$\therefore \gamma = \frac{G}{V} = \frac{P}{RT}$$
$$= \frac{5 \times 10^4}{29.27 \times (273+15)} = 5.931 \text{ kgf/m}^3$$

㉯ 평균유속 계산 : 중량 유량식 $G = \gamma A V$에서 평균 유속 $\overline{V}$를 구한다.

$$\therefore \overline{V} = \frac{G}{\gamma \times A} = \frac{G}{\gamma \times \left(\frac{\pi}{4} \times D^2\right)}$$
$$= \frac{20}{5.931 \times \left(\frac{\pi}{4} \times 0.1^2\right)} = 429.35 \text{ m/s}$$

※ 중력가속도 9.8 m/s^2이 작용하고 있는 지구상에서 질량 1 kg이 중량 1 kgf가 되므로 문제에서 주어진 질량 유량 20 kg/s를 중량 유량 20 kgf/s로 적용하여 풀이하였음

3. 밀도(kg/m³)는 단위체적당 질량이므로 SI단위 이상기체 상태방정식 $PV = GRT$를 이용하여 구한다.

$$\therefore \rho = \frac{G}{V} = \frac{P}{RT}$$
$$= \frac{200}{\frac{8.314}{28} \times (273+27)} = 2.245 \text{ kg/m}^3$$

4. $Re = \frac{\rho \cdot D \cdot V}{\mu}$
$$= \frac{1200 \times 0.0526 \times 1.16}{0.01} = 7321.92$$

5. ㉮ 수차는 물을 이송하는 유체기계 중 하나이므로 물의 비중량(γ) 1000 kgf/m³을 이론 출력(수동력) 계산식에 적용한다.

㉯ $\text{kW} = \frac{\gamma \times Q \times H}{102 \times 60} = \frac{1000 \times Q \times H}{102 \times 60}$

㉰ $\text{PS} = \frac{\gamma \times Q \times H}{75 \times 60} = \frac{1000 \times Q \times H}{75 \times 60}$

6. 연속의 방정식 $A_1 V_1 = A_2 V_2$에서 단면적 $A = \frac{\pi}{4} D^2$이고, 변경된 관경 $D_2 = 2D_1$이다.

$\frac{\pi}{4} \times D_1^2 \times V_1 = \frac{\pi}{4} \times (2D_1)^2 \times V_2$에서 V_2를 구한다.

$$\therefore V_2 = \frac{\frac{\pi}{4} \times D_1^2 \times V_1}{\frac{\pi}{4} \times (2D_1)^2} = \frac{\frac{\pi}{4} \times D_1^2 \times V_1}{\frac{\pi}{4} \times 4 \times D_1^2}$$
$$= \frac{1}{4} V_1$$

∴ 관경이 2배 증가하면 유속은 $\frac{1}{4}$로 감소한다.

7. ㉮ 1 atm은 760 mmHg, 10332 mmH₂O이다.

㉯ 환산압력 계산

∴ 환산압력
$$= \frac{\text{주어진 압력}}{\text{주어진 압력의 표준대기압}} \times \text{구하는 압력 표준대기압}$$
$$= \frac{750}{760} \times 10332 = 10196.05 \text{ mmH}_2\text{O}$$

8. 축류펌프의 특징

㉮ 비속도(비교회전도)가 1200~2000 정도로 커서 저양정에서도 회전수를 크게 할 수 있어 원동기와 직결할 수 있다.

㉯ 회전차 깃의 양력에 의해 속도에너지와 압력에너지를 공급받으며, 축방향으로 유입하여 축방향을 유출하는 형식이다.

㉰ 양정의 변화에 대한 유량 변화가 적고, 효율 저하도 적다.

㉱ 유량이 크고 양정이 10 m 이하의 저양정에 적합하다.

㉲ 구조가 간단하고 펌프 내의 유로에 단면변화가 적으므로 수력손실이 적다.

㉳ 가동익의 경우 넓은 범위의 양정에서 높은 효율이 가능하다.

㉴ 양정을 증가시키려면 깃의 수를 증가시키고, 유량을 증가시키려면 가동익의 설치각도를 크게 하면 된다.

㉯ 농업용 용수펌프, 배수펌프, 상·하수도용 펌프, 증기터빈의 복수기의 순환펌프 등에 사용된다.

9. ㉮ 공동현상(cavitation) : 유수 중에 그 수온의 증기압력보다 낮은 부분이 생기면 물이 증발을 일으키고 기포를 다수 발생하는 현상으로 발생조건은 다음과 같다.
  ㉠ 흡입양정이 지나치게 클 경우
  ㉡ 흡입관의 저항이 증대될 경우
  ㉢ 과속으로 유량이 증대될 경우
  ㉣ 관로 내의 온도가 상승될 경우
㉯ 문제의 조건에서 잘못된 부분
  ㉠ 액체의 온도가 높을수록 공동현상이 잘 일어난다.
  ㉡ 공동현상은 유체 내의 국소압력이 그 온도에 상응하는 유체의 포화증기압 이하일 때 일어난다.

10. ㉮ 비중계가 물 속으로 들어간 체적(V) 계산 : 물의 비중은 1이므로 비중계의 질량 20 g을 이용하여 계산한다.
20 g = V[cm³]×1 g/cm³ → ∴ V = 20 cm³
이다.
㉯ 물보다 더 가라앉은 체적(V') 계산
∴ $V' = A \times h = \left(\dfrac{\pi}{4} \times 0.6^2\right) \times 6 = 1.696$ cm³
㉰ 액체의 비중(S) 계산 : 비중계의 무게 20 g을 체적으로 환산한 것은 비중계가 물속에 들어간 체적(V)과 액체에 가라앉은 체적(V')을 합산한 값에 액체의 비중과 물의 비중을 곱한값과 같고 이것을 식으로 정리하면 다음과 같다.
$20 = (V + V') \times S \times 1$
∴ $S = \dfrac{20}{(V+V') \times 1} = \dfrac{20}{(20+1.696) \times 1}$
  $= 0.9218$

11. ㉮ 서징(surging) 현상 : 펌프 운전 중에 주기적으로 운동, 양정, 토출량이 규칙적으로 변동하는 현상으로 압력계의 지침이 일정범위 내에서 움직이며 맥동 현상이라 한다.
㉯ 서징 현상 발생 원인
  ㉠ 양정 곡선이 산형 곡선(우향 상승구배 곡선)이고 곡선의 최상부에서 운전했을 때
  ㉡ 유량조절밸브가 탱크 뒤쪽에 있을 때
  ㉢ 배관 중에 물탱크(수조 : 水槽)나 공기탱크(공기조 : 空氣槽)가 있을 때

12. 레이놀즈수는 층류와 난류를 구분하는 척도로 점성력에 대한 관성력의 비이다.
∴ $Re = \dfrac{\rho D V}{\mu} = \dfrac{\text{관성력}}{\text{점성력}}$

13. 마하각 $\sin \alpha = \dfrac{C}{V}$ 에서 비행하는 물체 속도 V를 구한다.
∴ $V = \dfrac{C}{\sin \alpha} = \dfrac{\sqrt{k \cdot R \cdot T}}{\sin \alpha}$
$= \dfrac{\sqrt{1.4 \times 287 \times (273+15)}}{\sin 20}$
$= 994.602$ m/s

14. 달시-바이스바하 방정식 $h_f = f \times \dfrac{L}{D} \times \dfrac{V^2}{2g}$ 에서 마찰계수 f를 구한다.
∴ $f = \dfrac{h_f \times D \times 2g}{L \times V^2}$
$= \dfrac{5 \times 0.25 \times 2 \times 9.8}{40 \times 5.7^2} = 0.01885$

15. 벤투리 유량계의 각도
㉮ 축소부(수축부) : 20°
㉯ 확대부 : 5~7°
※ 벤투리 유량계는 축소부(수축부)가 확대부보다 각도가 크다.

참고 벤투리 유량계 단면도

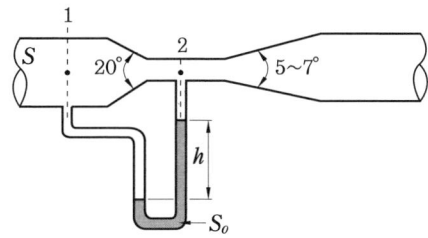

16. ㉮ 기름의 상당높이 계산 : 비중이 0.9인 기름의 높이 5 m를 비중 1인 물일 때의 높이를 계산하며, 물의 비중량은 1000 kgf/m³을 적용한다.

$$\therefore h_e = \frac{\gamma_1 \times h_1}{\gamma} = \frac{(0.9 \times 1000) \times 5}{1000}$$
$$= 4.5 \text{ m}$$

㉯ 전체 높이 계산
$$\therefore h = h_1 + h_e = 5 + 4.5 = 9.5 \text{ m}$$

㉰ 유속 계산
$$\therefore V = \sqrt{2 \times g \times h} = \sqrt{2 \times 9.8 \times 9.5}$$
$$= 13.645 \text{ m/s}$$

17. ㉮ 동점성계수 계산 : 절대단위 CGS단위로 계산하며, 5 cP는 5×10^{-2} g/cm·s이다.

$$\therefore \nu = \frac{\mu}{\rho} = \frac{5 \times 10^{-2}}{0.85} = 0.0588 \text{ cm}^2/\text{s}$$

㉯ 20 cm 지점에서의 레이놀즈수 계산 : CGS단위로 계산

$$\therefore Re_{x=20\text{cm}} = \frac{u \times x}{\nu} = \frac{10 \times 20}{0.0588}$$
$$= 3401.360$$

㉰ 경계층 두께 계산 : 두께 계산식 $\delta = \frac{4.65 x}{Re^{\frac{1}{2}}}$

에서 분자의 상수값 '4.65' 대신 단서 조항에서 제시해 준 '5'를 적용한다.

$$\therefore \delta = \frac{5x}{Re^{\frac{1}{2}}} = \frac{5 \times 20}{3401.360^{\frac{1}{2}}} = 1.7146 \text{ cm}$$

18. 연속의 방정식 $A_1 V_1 = A_2 V_2$에서 피스톤을 '1'로, 역류하는 물을 '2'로 구분하여 속도 V_2를 구하며, 실린더와 피스톤 사이의 틈 단면적(A_2)은 실린더 단면적에서 피스톤 단면적을 뺀 값이다.

$$\therefore V_2 = \frac{A_1}{A_2} \times V_1$$

$$= \frac{\frac{\pi}{4} \times (0.8D)^2}{\frac{\pi}{4} \times \{(1D)^2 - (0.8D)^2\}} \times 0.1$$

$$= 0.1777 \text{ m/s}$$

19. 음속의 계산식
$$\therefore C = \sqrt{k \cdot R \cdot T}$$
여기서, C : 음속(m/s)
k : 비열비
R : 기체상수 $\left(\frac{8314}{M} \text{ J/kg·K}\right)$
T : 절대온도(K)

20. 압력의 단위 및 차원

구분	단위	차원
절대단위	N/m² = kg/m·s²	$ML^{-1}T^{-2}$
공학단위	kgf/m²	FL^{-2}

제 2 과목 연소공학

21. 기체상수 R의 단위에 따른 값
㉮ kgf·m/kmol·K일 때 : 848
㉯ kgf·m/kg·K일 때 : $\frac{848}{M}$
㉰ J/mol·K 또는 kJ/kmol·K : 8.314
㉱ J/g·K 또는 kJ/kg·K : $\frac{8.314}{M}$

※ 문제에서 단위가 잘못 제시된 오류 문제임

참고 **기체상수**

$R = 0.08206 \text{ L} \cdot \text{atm/mol} \cdot \text{K}$
$= 82.06 \text{ cm}^3 \cdot \text{atm/mol} \cdot \text{K}$
$= 1.987 \text{ cal/mol} \cdot \text{K}$
$= 8.314 \times 10^7 \text{ erg/mol} \cdot \text{K} = 8.314 \text{ J/mol} \cdot \text{K}$
$= 8.314 \text{ m}^3 \cdot \text{Pa/mol} \cdot \text{K} = 8314 \text{ J/kmol} \cdot \text{K}$

22. ㉮ 공기비 계산 : 연도가스 중 일산화탄소(CO)가 포함되어 있으므로 불완전연소가 된 경우이다.

$$\therefore m = \frac{N_2}{N_2 - 3.76(O_2 - 0.5\,CO)}$$
$$= \frac{82.4}{82.4 - 3.76 \times (4.1 - 0.5 \times 1.6)}$$
$$= 1.1772$$

㉯ 과잉공기 백분율(%) 계산

$$\therefore \text{과잉공기 백분율} = (m-1) \times 100$$
$$= (1.1772 - 1) \times 100$$
$$= 17.72\,\%$$

23. 정압비열과 정적비열의 차이로 415 kJ의 열량 차가 발생하였고, 현열량 $Q(\text{kJ}) = m \cdot C \cdot \Delta t$ 에서 비열 $C = \frac{Q}{m \cdot \Delta t}$ 이고 정압비열과 정적비열의 차이 $C_p - C_v = R$이므로 비열(C)값 대신 기체상수 R을 대입하여 계산한다.

$$\therefore R = \frac{Q}{m \cdot \Delta t} = \frac{415}{10 \times 240}$$
$$= 0.1729 \text{ kJ/kg} \cdot \text{K}$$

24. 공기비 : 과잉공기계수라 하며 완전연소에 필요한 공기량(이론공기량[A_0])에 대한 실제로 사용된 공기량(실제공기량[A])의 비를 말한다.

$$\therefore m = \frac{A}{A_0} = \frac{A_0 + B}{A_0} = 1 + \frac{B}{A_0}$$

25. 열역학 법칙

㉮ 열역학 제0법칙 : 열평형의 법칙

㉯ 열역학 제1법칙 : 에너지보존의 법칙

㉰ 열역학 제2법칙 : 방향성의 법칙

㉱ 열역학 제3법칙 : 어떤 계 내에서 물체의 상태변화 없이 절대온도 0도에 이르게 할 수 없다.

※ 각 항목의 설명

①번 항목 : 열역학 제0법칙 설명
②번 항목 : 열역학 제2법칙 설명
④번 항목 : 열역학 제2법칙 설명

참고 **영구기관**

㉮ 제1종 영구기관 : 입력보다 출력이 더 큰 기관으로 효율이 100 % 이상인 것으로 열역학 제1법칙에 위배된다.

㉯ 제2종 영구기관 : 입력과 출력이 같은 기관으로 효율이 100 %인 것으로 열역학 제2법칙에 위배된다.

26. ㉮ 비열비 계산

$$\therefore k = \frac{C_p}{C_v} = \frac{1.848}{1.386} = 1.333 \fallingdotseq 1.33$$

㉯ 일량 계산 : '단열된 실린더'이므로 단열과정의 절대일로 계산하며, $P_1 V_1 = GRT_1$ 이다.

$$\therefore W_a = \frac{GRT_1}{k-1}\left\{1 - \left(\frac{T_2}{T_1}\right)\right\}$$
$$= \frac{1}{k-1} P_1 V_1 \left\{1 - \left(\frac{V_1}{V_2}\right)^{k-1}\right\}$$
$$= \frac{1}{1.33 - 1} \times (0.98 \times 10^3) \times 0.111$$
$$\times \left\{1 - \left(\frac{0.111}{0.3}\right)^{1.33-1}\right\} = 92.203 \text{ kJ}$$

※ $W_a = \frac{GRT_1}{k-1}\left\{1 - \left(\frac{T_2}{T_1}\right)\right\}$ 이 식으로는 온도가 제시되지 않아 풀이할 수가 없음

27. 사염화탄소(CCl_4) 소화기

㉮ CTC 소화기, Halon104 소화기로 불려진다.

㉯ 공기보다 무겁고, 독성이 강하므로 유독가스에 의한 피해의 우려가 있다.

㉰ 건조한 공기 중에서 열분해되어 맹독성인 포스겐($COCl_2$) 가스가 생성되어 사용이 금지되어 있다.
$2CCl_4 + O_2 \rightarrow 2COCl_2 + 2Cl_2$

㉱ 습한 공기 중에서는 염산이 생성된다.
$CCl_4 + H_2O \rightarrow COCl_2 + 2HCl$

28. ㉮ 과열증기 온도는 섭씨온도, 포화증기 온도는 절대온도이므로 온도 단위를 어느 하나로 맞춰 계산한다.

㉯ 과열도 계산
∴ 과열도 = 과열증기 온도 − 포화증기 온도
= (500+273) − 600 = 173

29. ㉮ 기체상수 $R = \dfrac{8.314}{M}$ kJ/kg·K이므로 분자량(M)이 큰 가스가 R값이 작다.

㉯ 각 가스의 분자량

구분	분자량
메탄(CH_4)	16
공기	29
산소(O_2)	32
에틸렌(C_2H_4)	28

30. ㉮ 공기 중에서 아세틸렌의 폭발범위 : 2.5~81%

㉯ 위험도 계산
∴ $H = \dfrac{U-L}{L} = \dfrac{81-2.5}{2.5} = 31.4$

31. $\dfrac{T_2}{T_1} = \left(\dfrac{P_2}{P_1}\right)^{\frac{k-1}{k}}$ 에서 단열팽창 후의 온도 T_2를 구한다.

∴ $T_2 = T_1 \times \left(\dfrac{P_2}{P_1}\right)^{\frac{k-1}{k}}$
$= (273+25) \times \left(\dfrac{0.5}{1}\right)^{\frac{1.4-1}{1.4}}$
$= 244.459\,K - 273 = -28.54\,℃$

32. $\eta = \dfrac{W}{Q_1} \times 100 = \dfrac{T_1 - T_2}{T_1} \times 100$
$= \dfrac{(273+600) - (273+50)}{273+600} \times 100$
$= 63.001\%$

33. 예혼합연소의 특징
㉮ 가스와 공기의 사전혼합형이다.
㉯ 화염이 짧으며 고온의 화염을 얻을 수 있다.
㉰ 연소부하가 크고, 역화의 위험성이 크다.
㉱ 조작범위가 좁다.
㉲ 탄화수소가 큰 가스에 적합하다.

34. ㉮ 오토 사이클의 열효율 계산식
∴ $\eta = \left\{1 - \left(\dfrac{1}{\gamma}\right)^{k-1}\right\} \times 100$

㉯ 오토 사이클의 열효율은 압축비(γ)와 비열비(k)의 함수이므로 압축비와 비열비가 클수록 효율은 증대한다.

35. $COP_R = \dfrac{Q_2}{W} = \dfrac{h_1 - h_4}{h_2 - h_1}$
$= \dfrac{393 - 128}{443 - 393} = 5.3$

참고 $P-h$ 선도의 순환과정
㉮ 1−2 : 압축과정
㉯ 2−3 : 응축과정
㉰ 3−4 : 팽창과정
㉱ 4−1 : 증발과정
※ 선도의 각 지점의 번호는 변경될 수 있으므로 번호로 암기하지 말고, 과정을 이해하길 바랍니다.

36. 전실화재(flash over) : 화재로 발생한 열이 주변의 모든 물체가 연소되기 쉬운 상태에 도달하였을 때 순간적으로 강한 화염을 분출하면서 내부 전체를 급격히 태워버리는 현상

37. 층류 예혼합화염과 난류 예혼합화염 비교

구분	층류 예혼합화염	난류 예혼합화염
연소속도	느리다.	수십배 빠르다.
화염의 두께	얇다.	두껍다.
휘도	낮다.	높다.
연소특징	화염이 청색이다.	미연소분이 존재한다.

38.
㉮ 이론공기량에 의한 부탄의 완전연소 반응식

$C_4H_{10} + 6.5O_2 + (N_2) \rightarrow 4CO_2 + 5H_2O + (N_2)$

㉯ 건조 연소가스량 계산 : 연소가스 중 수분(H_2O)을 포함하지 않은 가스량이고, 기체 연료 $1\,Sm^3$가 완전 연소하면 발생되는 CO_2량(Sm^3)은 연소반응식에서 몰수에 해당되며, 질소는 산소량의 3.76배이다. (3.76배는 공기 중 체적비 질소 79 %, 산소 21 %의 비이다. 즉 $\frac{79}{21} = 3.76$이다.)

∴ G_{0d} = CO_2(이산화탄소량) + N_2(질소량)
   = $4 + (6.5 \times 3.76) = 28.44\,Sm^3$

39. 발화도 범위에 따른 방폭 전기기기의 온도 등급

가연성 가스의 발화도(℃) 범위	방폭 전기기기의 온도등급
450 초과	T1
300 초과 450 이하	T2
200 초과 300 이하	T3
135 초과 200 이하	T4
100 초과 135 이하	T5
85 초과 100 이하	T6

40.
㉮ 프로판(C_3H_8)의 완전연소 반응식

$C_3H_8 + 5O_2 \rightarrow 3CO_2 + 4H_2O$

㉯ 이론공기량 계산

$22.4\,Sm^3 : 5 \times 22.4\,Sm^3 = 1\,Sm^3 : x(O_0)\,Sm^3$

∴ $A_0 = \dfrac{O_0}{0.21} = \dfrac{1 \times 5 \times 22.4}{22.4 \times 0.21} = 23.809\,Sm^3$

제 3 과목 가스설비

41. 알루미늄 합금

㉮ 알민 : Al-Mn계로 망간(Mn)을 1~1.5 % 함유하며, 내식성과 용접성이 우수해 저장탱크, 기름탱크 제작에 사용한다.

㉯ Y 합금 : Al-Cu-Ni-Mg계 합금으로 내열성 및 기계적 성질이 우수하여 자동차 등의 내연기관 실린더 재료로 사용한다.

㉰ 하이드로날륨(hydronalium) : Al-Mg계로 내식성이 매우 우수해 바닷물에 취약한 선박용품 및 건축용 재료로 사용한다.

㉱ 알클래드 : 두랄루민에 Al 피복을 한 합금으로 알루미늄의 장점인 내식성을 갖는다.

㉲ 두랄루민(duralumin) : Al-Cu-Mg-Mn계 합금으로 가볍고 고강도로 비행기의 구조용 재료로 사용한다. 규소(Si)는 불순물로 함유하며, 고온에서 물에 급랭하여 시효경화시켜 강인성과 기계적 성질을 증가시키지만 내식성이 좋지 않은 단점이 있다.

42. 프레온(Freon) 제조법 : 아세틸렌과 불화수소(HF)에서 디플로에탄을 합성하여 염소 처리하여 얻는다.

$C_2H_2 + 2HF \rightarrow CH_3CHF_2$
$CH_3CHF_2 + Cl_2 \rightarrow CH_3CClF_2 + HCl$

43. 2차 압력 이상 저하 원인

㉮ 정압기의 능력 부족
㉯ 필터의 먼지류의 막힘
㉰ 파일럿 오리피스의 녹 막힘

㉣ 센터 스템(center stem)의 작동 불량
㉤ 스트로크(stroke) 조정 불량
㉥ 주다이어프램의 파손

44. 레페(Reppe) 반응장치 : 아세틸렌을 압축하면 분해폭발의 위험이 있기 때문에 이것을 최소화하기 위하여 반응장치 내부에 질소(N_2)가 49 % 또는 이산화탄소(CO_2)가 42 %가 되면 분해폭발이 일어나지 않는다는 것을 이용하여 고안된 반응장치로 종래에 합성되지 않았던 화합물을 제조할 수 있게 되었다.

45. 톰슨 효과 : 도체인 양끝을 다른 온도로 유지하고 전류를 흘릴 때 발열 또는 흡열이 일어나는 현상이다.
㉮ 정(+) 톰슨 효과 : 고온에서 저온쪽으로 전류를 흘리면 발열이 일어나는 것으로 Cu(구리), Zn(아연) 등이 해당된다.
㉯ 부(-) 톰슨 효과 : 저온에서 고온쪽으로 전류를 흘리면 흡열이 일어나는 것으로 Pt(백금), Ni(니켈), Fe(철) 등이 해당된다.

46. 나프타의 접촉분해법에서 압력과 온도의 영향

구분		CH_4, CO_2	H_2, CO
압력	상승	증가	감소
	하강	감소	증가
온도	상승	감소	증가
	하강	증가	감소

47. 유효흡입수두(NPSH) : 펌프 흡입에서의 전체수두(전압력)가 그 수온에 상당하는 증기압력(포화증기압 수두)보다 얼마나 높은가를 표시하는 것으로 펌프 운전 중에 발생하는 캐비테이션 현상으로부터 얼마나 안정된 상태로 운전될 수 있는가를 나타내는 척도이다.

48. 조정기의 최대폐쇄압력 기준
㉮ 1단 감압식 저압조정기, 2단 감압식 2차용 저압조정기 및 자동절체식 일체형 저압조정기 : 3.50 kPa 이하
㉯ 2단 감압식 1차용 조정기 : 95.0 kPa 이하
㉰ 1단 감압식 준저압조정기, 자동절체식 일체형 준저압조정기 및 그 밖의 압력조정기 : 조정압력의 1.25배 이하

49. 아세틸렌 용기 도장 방법 기준 : KGS AC214
㉮ 자연건조 시의 도장 방법

공정	1회당 표준 도포량 (용기외면 1 m²당 g수)	1회당 두께 (μm)
부식방지 도장(1차 도장)	130 이상	20 이상
외면 도장 (2차 도장)	130 이상	15 이상

㉯ 가열건조 시의 도장 방법

공정	1회당 표준 도포량 (용기외면 1 m²당 g수)	1회당 두께 (μm)
부식방지 도장(1차 도장)	130 이상	25 이상
외면 도장 (2차 도장)	120 이상	20 이상

50. 암모니아 합성탑
㉮ 암모니아 합성탑은 내압용기와 내부구조물로 되어 있다.
㉯ 내부 구조물은 촉매를 유지하고 반응과 열교환을 행한다.
㉰ 촉매는 산화철에 Al_2O_3 및 K_2O를 첨가한 것이나 CaO 또는 MgO 등을 첨가한 것을 사용한다.

51. 분젠식 버너의 노즐(nozzle)
㉮ 역할 : 연소할 가스의 정확한 양을 버너에 공급하고, 1차 공기를 흡입할 수 있도록 필요한 가스의 분류(噴流)를 만든다.
㉯ 형식(종류) : 고정형과 조절형으로 분류하

며, 고정형에는 단일공 노즐, 다공형 노즐, 감속형 노즐이 있다.

52. ㉮ 프로판과 부탄을 공급할 때 유량이 제시되지 않아 저압배관 유량식으로 구할 수 없으므로 프로판 '1', 부탄을 '2'로 구분하여 비례식을 쓰면 다음과 같다.

$$\frac{H_2}{H_1} = \frac{\dfrac{Q_2^2 \cdot S_2 \cdot L_2}{K_2^2 \cdot D_2^5}}{\dfrac{Q_1^2 \cdot S_1 \cdot L_1}{K_1^2 \cdot D_1^5}}$$ 에서 동일한 시설(배관)이므로 유량계수(K), 유량(Q), 관길이(L), 배관 안지름(D)은 변화가 없어 생략하고 다시 쓰면 $\dfrac{H_2}{H_1} = \dfrac{S_2}{S_1}$ 가 된다.

㉯ 부탄을 공급할 때 압력손실(H_2) 계산

$$\therefore H_2 = H_1 \times \frac{S_2}{S_1} = 14 \times \frac{2}{1.5}$$
$$= 18.666 \text{ mmH}_2\text{O}$$

[별해] ㉮ 프로판을 공급할 때 조건으로 유량 계산

$$\therefore Q = K\sqrt{\frac{D^5 \cdot H}{S \cdot L}}$$
$$= 0.707 \times \sqrt{\frac{10^5 \times 14}{1.5 \times 20}} = 152.729 \text{ m}^3/\text{h}$$

㉯ 부탄을 공급할 때 압력손실(H_2) 계산 : 유량계수(K), 관길이(L), 배관 안지름(D), 유량(Q)은 동일한 조건이다. 유량은 ㉮에서 구한 값을 적용한다.

$$\therefore H_2 = \frac{Q_2^2 \cdot S_2 \cdot L_2}{K_2^2 \cdot D_2^5}$$
$$= \frac{152.729^2 \times 2 \times 20}{0.707^2 \times 10^5}$$
$$= 18.666 \text{ mmH}_2\text{O}$$

53. 펌프의 특성곡선 명칭

㉮ A곡선 : 축동력곡선
㉯ B곡선 : 양정곡선
㉰ C곡선 : 효율곡선

54. 서징(surging)현상 : 맥동현상이라 하며 펌프 운전 중에 주기적으로 운동, 양정, 토출량이 규칙적으로 변동하는 현상으로 압력계의 지침이 일정범위 내에서 움직이는 것이 나타나며, 배관 중에 있는 불필요한 공기탱크를 제거하여야 한다.

55. 원형 기둥에 작용하는 응력은 단위면적에 작용하는 힘이다.

$$\therefore \sigma = \frac{F}{A} = \frac{F}{\dfrac{\pi}{4} \times D^2} = \frac{100000}{\dfrac{\pi}{4} \times 100^2}$$
$$= 12.732 \text{ N/mm}^2 = 12.732 \text{ MPa}$$

[참고] 단위 정리하기

㉮ 1 Pa = 1 N/m²이므로
1 MPa = 100만 N/m² = 10^6 N/m²이다.

㉯ 1 m = 1000 mm 이므로 'N/m²'을 'N/mm²'으로 변환

$$\therefore \text{N/m}^2 \times \frac{(1\text{ m})^2}{(1000\text{ mm})^2}$$
$$= \text{N/m}^2 \times \frac{1\text{ m}^2}{1000^2\text{ mm}^2}$$
$$= \text{N/m}^2 \times \frac{1\text{ m}^2}{1000000\text{ mm}^2}$$
$$= \frac{1}{10^6} \text{ N/mm}^2$$

$$\therefore 1\text{ MPa} = 10^6 \text{ N/m}^2$$
$$= 10^6 \times \frac{1}{10^6} \text{ N/mm}^2$$
$$= 1 \text{ N/mm}^2$$

56. 파라핀계(C_nH_{2n+2}) 탄화수소량이 많은 것이 가스화 효율이 높다.

57. 염소(Cl_2)는 조연성가스에 해당되므로 폭발범위는 존재하지 않는다.

58. 기화기 구성 설비 종류

㉮ 열교환기
㉯ 액유출 방지장치

㉰ 열매 온도 제어장치
㉱ 열매 과열 방지장치
㉲ 압력조정기
㉳ 안전밸브

59. 용기의 가스 발생능력 850 g/h는 0.85 kg/h 이다.

$$\therefore \text{최소 용기수} = \frac{\text{최대소비수량}}{\text{가스 발생능력}}$$

$$= \frac{0.4 \times 10}{0.85} = 4.705 = 5 \text{개}$$

※ 용기수 계산에서 발생하는 소수점 이하의 숫자는 크기에 관계없이 무조건 1개로 계산하여야 하며, 문제에서 주어진 20 %는 용기 교환주기를 계산할 때 필요한 조건이다.

60. 비교회전도(비속도 : rpm · m³/min · m) 범위

㉮ 터빈펌프 : 100~300
㉯ 벌류트펌프 : 300~600
㉰ 사류펌프 : 500~1300
㉱ 축류펌프 : 1200~2000

※ 비교회전도(비속도)는 고양정 펌프일수록 작고, 저양정 펌프일수록 크다.

제 4 과목   가스안전관리

61. 밀도지수 : KGS FS451

㉮ 가스도매사업자의 제조소 및 공급소 밖의 배관에 긴급차단장치를 설치하는 규정에서 지역구분별 차단밸브 설치 거리를 규정한 것이다.
㉯ "밀도지수"란 배관의 임의의 지점에서 길이 방향으로 1.6 km, 배관 중심으로부터 좌우로 각각 폭 0.2 km의 범위에 있는 가옥수(아파트 등 복합건축물의 가옥 숫자는 건축물 안의 독립된 가구 수로 한다)를 말한다.

62. 단일 방호식 저장탱크(KGS AC115) : 액화천연가스를 저장할 수 있는 하나의 탱크로 구성된 것으로서 다음의 ㉮ 및 ㉯를 만족하는 저장탱크를 말한다.

㉮ 1차 탱크는 액화천연가스를 저장할 수 있는 자기 지지형 강재 원통형으로 한다.
㉯ 2차 탱크는 증기를 담을 수 있는 강재 돔(dome) 지붕이 있거나 상부 개방형인 경우에는 증기를 담을 수 있도록 설계되고 단열을 유지할 수 있는 기밀한 구조의 바깥 강재 탱크가 있는 것으로 한다.

63. 과류차단성능(KGS AA313) : 과류차단기구의 작동성능은 압축공기를 사용하여 다음 기준에 적합한 것으로 한다.

㉮ 과류차단기구가 작동하는 공기 유량(20 ℃, 1기압에서의 수치)의 범위는 다음과 같다.
  ㉠ 용기 내의 압력이 0.1 MPa일 때 2 m³/h 이상 2.7 m³/h 이하
  ㉡ 용기 내의 압력이 1 MPa일 때 4.3 m³/h 이상 6.3 m³/h 이하
㉯ 용기 전도 시 과류차단기구가 작동하는 공기 유량
  ㉠ 용기 내의 압력이 0.1 MPa일 때 2.7 m³/h 이하
  ㉡ 용기 내의 압력이 1 MPa일 때 6.3 m³/h 이하
㉰ 과류차단기구가 작동한 후의 공기 누출량은 용기 내 압력이 0.07 MPa 이상 1.5 MPa 이하의 범위 내에서 5 L/h 이하인 것으로 한다.

64. 전자식 가스누출 확인 퓨즈콕(KGS AA339) : 퓨즈콕 몸통에 가스 누출 점검을 하는 센서부와 전자식 차단밸브를 장착하여 사용자가 가스 누출 여부를 점검 버튼 조작에 의해 확인하거나 센서부에 의해 자동적으로 가스 누출 여부를 확인하고 누출 시 가스 유로를 차단할 수 있도록 3.3 kPa 이하로 제조된 것으로 몸통과 덮개, 외부 케이스, 센서부, 전자식 차단

밸브, 점검 버튼과 시간조작버튼, 표시부, 핸들, 긴급개폐버튼으로 이루어진 것을 말한다.

65. 액화석유가스용 용기잔류가스 회수장치의 구성(KGS AA914)
- ㉮ 압축기(액분리기 포함) 또는 펌프
- ㉯ 잔류가스 회수탱크 또는 압력용기
- ㉰ 연소설비
- ㉱ 질소퍼지장치

66. ㉮ 용기 1개당 충전량 계산

$$\therefore W = \frac{V}{C} = \frac{60}{2.35} = 25.53 \text{ kg}$$

㉯ 용기수 계산

$$\therefore 용기수 = \frac{전체\ 가스량(\text{kg})}{용기\ 1개당\ 충전량(\text{kg})}$$

$$= \frac{500}{25.53} = 19.58 = 20 \text{ 개}$$

※ 용기수를 계산한 값에서 나오는 소수점은 크기에 관계없이 무조건 1개로 계산한다.

67. 정밀안전 검진분야별로 필요한 검진항목 : 고법 시행규칙 별표 4

검진분야	검진항목
일반분야	안전장치 관리 실태, 공장안전관리 실태, 계측 및 방폭설비 유지·관리 실태
장치분야	두께 측정, 경도 측정, 침탄 측정, 내·외면 부식상태, 보온·보냉 상태
특수·선택분야	음향방출시험, 열교환기의 튜브건전성 검사, 노후설비의 성분 분석, 전기패널의 열화상 측정, 고온설비의 건전성, 자동화 초음파탐상시험, 진동측정, 위상배열 초음파탐상시험, 계장화 연속 압입시험, 교류장탐상시험, 마이크로웨이브시험, 유도초음파시험

[비고] 위 검진분야 중 특수·선택분야는 수요자와 협의하여 검진항목 중 1가지 이상을 선택하여 실시한다.

68. 아세틸렌을 충전하는 용기는 밸브 바로 밑의 취입·취출 부분을 제외하고 다공질물을 빈틈없이 채운다. 다만, 다공질물이 고형일 경우에는 아세톤 또는 디메틸포름아미드를 충전한 다음 용기벽을 따라 용기 직경의 1/200 또는 3 mm를 초과하지 않는 틈이 있는 것은 무방하다. : KGS AC214
※ '다공질물'과 '다공물질'은 같은 의미로 혼용하여 사용되는 용어이다.

69. 재검사를 받아야 할 용기 : 고법 제17조
- ㉮ 산업통상자원부령으로 정하는 기간의 경과
- ㉯ 손상의 발생
- ㉰ 합격표시의 훼손
- ㉱ 충전할 고압가스 종류의 변경
- ㉲ 열영향을 받은 용기

70. 2종 위험장소
- ㉮ 밀폐된 용기 또는 설비 내에 밀봉된 가연성가스가 그 용기 또는 설비의 사고로 인해 파손되거나 오조작의 경우에만 누출할 위험이 있는 장소
- ㉯ 확실한 기계적 환기조치에 의하여 가연성가스가 체류하지 않도록 되어 있으나 환기장치에 이상이나 사고가 발생한 경우에는 가연성가스가 체류하여 위험하게 될 우려가 있는 장소
- ㉰ 1종 장소의 주변 또는 인접한 실내에서 위험한 농도의 가연성가스가 종종 침입할 우려가 있는 장소

※ ①번 항목은 0종 위험장소에 해당된다.

71. 혼합적재 금지 기준 : KGS GC206
- ㉮ 염소와 아세틸렌, 암모니아, 수소는 동일차량에 적재하여 운반하지 않는다.
- ㉯ 가연성가스와 산소를 동일차량에 적재하여 운반하는 때에는 그 충전용기의 밸브가 서로 마주보지 아니하도록 적재한다.

㉰ 충전용기와 위험물 안전관리법에 따른 위험물과는 동일차량에 적재하여 운반하지 않는다.
㉱ 독성가스 중 가연성가스와 조연성가스는 동일차량 적재함에 운반하지 않는다.

72. 다른 설비와의 거리 기준 : KGS FP216
㉮ 충전시설의 고압가스설비와 다른 가연성가스 제조시설의 고압가스설비까지의 거리 : 5 m 이상
㉯ 충전시설의 고압가스설비와 다른 산소 제조시설의 고압가스설비까지의 거리 : 10 m 이상

73. 정압기에서 시공감리 기준 중 기능검사 항목
㉮ 2차 압력을 측정하여 작동압력을 확인한다.
㉯ 주정압기의 압력변화에 따라 예비정압기가 정상가동 되는지를 확인한다.
㉰ 가스차단장치의 개폐 작동성능을 확인한다.
㉱ 가스누출검지통보설비, 이상압력통보설비, 정압기실 출입문개폐 여부, 긴급차단밸브 개폐 여부 등이 연결된 원격감시장치의 기능을 작동시험에 따라 확인한다.
㉲ 압력계와 압력기록장치의 기록압력 오차 여부를 확인한다.
㉳ 강제통풍시설이 있을 경우 작동시험에 따라 확인한다.
㉴ 이상압력통보설비, 긴급차단장치 및 안전밸브의 설정압력 적정 여부와 정압기 입구측 압력 및 설계유량에 따른 안전밸브 규격의 크기 및 방출구의 높이를 확인한다.
㉵ 정압기로 공급되는 전원을 차단 후 비상전력의 작동여부를 확인한다.
㉶ 지하에 설치된 정압기실 내부에 150룩스 이상의 조명도가 확보되는지 확인한다.

74. 초저온가스용 용기제조 기준 : KGS AC213
㉮ 용기의 재료는 그 용기의 안전성을 확보하기 위하여 오스테나이트계 스테인리스강 또는 알루미늄 합금으로 한다.
㉯ 용기 동판의 최대 두께와 최소 두께와의 차이는 평균 두께의 10 % 이하로 한다.
㉰ 용기 용접부의 표면이 모재의 표면보다 낮지 않도록 하고, 제조공정 중 용접으로 보수한 용기는 응력이 집중되지 않도록 그라인딩 등으로 보수한 표면을 가공하고, 불량이 의심될 경우 방사선 투과시험을 실시하여 확인한다.
㉱ 용기의 외조에 외조를 보호할 수 있는 플러그 또는 파열판 등의 압력방출장치를 설치한다.
㉲ 용기에는 그 용기의 부속품을 보호하기 위하여 프로텍터 또는 캡을 고정식이나 체인식으로 부착한다.
㉳ 용기 제조자 또는 수입자는 용기 외면에 도색을 하고, 가스의 명칭, 용도, 특성 등을 표시한다. 다만, 수출용 용기의 경우에는 도색을 하지 않을 수 있고, 스테인리스강 등 내식성 재료를 사용한 용기의 경우에는 용기 동체의 외면 상단에 10 cm 이상의 폭으로 충전가스에 해당하는 색으로 도색할 수 있다.
㉴ 용기는 가스의 특성 및 용도에 맞게 표시하고, 충전가스명 표시 부분 아래에 충전기한을 표시한다.
㉵ 용기의 어깨 부분 또는 프로텍터 부분 등 보기 쉬운 곳에 제품 표시사항을 각인한다. 다만, 각인하기가 곤란한 경우에는 다른 금속 박판에 각인한 것을 그 용기에 부착함으로써 각인을 갈음할 수 있다.

75. 안전거리 기준 : KGS FP551
㉮ 가스혼합기·가스정제설비·배송기·압송기 그 밖에 가스공급시설의 부대설비는 그 외면으로부터 사업장의 경계까지의 거리를 3 m 이상 유지한다. 다만, 최고사용압력이 고압인 것은 그 외면으로부터 사업장의 경계까지의 거리를 20 m 이상, 제1종 보호시설(사업소 안에 있는 시설은 제외한다)까지

의 거리를 30 m 이상 유지할 수 있다.
④ 가스발생기와 가스홀더는 그 외면으로부터 사업장의 경계(사업장의 경계가 바다·하천·호수 및 연못 등으로 인접되어 있는 경우에는 이들의 반대편 끝을 경계로 본다)까지는 최고사용압력이 고압인 것은 20 m 이상, 중압인 것은 10 m 이상, 저압인 것은 5 m 이상의 거리를 각각 유지한다.

76. 냉동능력 합산기준
㉮ 냉매가스가 배관에 의하여 공통으로 되어 있는 냉동설비
㉯ 냉매계통을 달리하는 2개 이상의 설비가 1개의 규격품으로 인정되는 설비 내에 조립되어 있는 것(Unit형의 것)
㉰ 2원(元) 이상의 냉동방식에 의한 냉동설비
㉱ 모터 등 압축기의 동력설비를 공통으로 하고 있는 냉동설비
㉲ 브라인(brain)을 공통으로 하고 있는 2 이상의 냉동설비(브라인 가운데 물과 공기는 포함하지 않는다.)

77. 가스설비 치환농도
㉮ 가연성가스 : 폭발하한계의 1/4 이하
㉯ 독성가스 : TLV-TWA 기준농도 이하
㉰ 산소 : 22 % 이하
※ 시설 내부에 작업원이 들어가는 경우 산소농도는 18~22 %를 유지하여야 한다. ①, ②, ④번 항목은 공기로 치환작업을 하였지만 ③번 항목은 불활성가스로만 치환작업을 하여 산소가 없는 상태이므로 작업원이 내부에 들어가 작업하는데 가장 부적합한 경우에 해당된다.

78. 안전관리규정의 실시기록(고법 시행규칙 제19조) : 안전관리규정의 실시기록(전산보조기억장치에 입력된 경우에는 그 입력된 자료를 말한다)은 5년간 보존하여야 한다.

[참고] 액법 규정(액법 시행규칙 제45조) : 3년간 보존

79. 의료용 가스용기 표시방법
㉮ 용기의 상단부에 2 cm 크기의 백색(산소는 녹색) 띠를 두 줄로 표시한다.
㉯ 백색 띠의 하단과 가스 명칭 사이에 "의료용"이라고 표시한다.

80. 차량에 고정된 용기에 의한 운반기준 : KGS GC206
㉮ 검지봉 설치 : 용기(그 용기의 정상부에 설치한 부속품을 포함한다)의 정상부의 높이가 차량 정상부의 높이보다 높을 경우에는 높이를 측정하는 기구를 설치한다.
㉯ 중요한 부속품이 돌출된 저장용기는 그 부속품을 차량의 좌측면이 아닌 곳에 설치된 단단한 조작상자 내에 설치한다.
㉰ 용기에 설치한 밸브나 콕에는 개폐 방향과 개폐 상태를 외부에서 쉽게 식별할 수 있도록 표시 등을 한다.
㉱ 용기마다 주 밸브를 설치한다.
㉲ 용기 상호간 또는 용기와 차량과의 사이를 단단하게 부착하는 조치를 한다.
㉳ 충전관에는 안전밸브·압력계 및 긴급탈압밸브를 설치한다.
㉴ 차량 앞뒤의 보기 쉬운 곳에 각각 붉은 글씨로 "위험고압가스"라는 경계표시를 한다.

제 5 과목 가스계측

81. ㉮ 섭씨온도를 화씨온도로 계산
$$\therefore °F = \frac{9}{5}°C + 32$$
$$= \frac{9}{5} \times 25 + 32 = 77°F$$

㉯ 화씨온도를 랭킨온도로 계산

∴ $°R = t°F + 460 = 77 + 460 = 537°R$

[별해] 랭킨온도는 켈빈온도(K)의 1.8배이다.

∴ $°R = 1.8 × (t℃ + 273)$
$= 1.8 × (25 + 273) = 536.4°R$

82. 루트식(roots type) 가스미터 : 2개의 회전자(roots)와 케이싱으로 구성되어 고속으로 회전하는 회전자(roots)에 의하여 체적단위로 환산하여 적산하는 것으로 여과기(strainer)의 설치 및 설치 후의 관리가 필요하다.

83. 홀 효과 : 도체가 자기장 속에 놓여 있을 때 그 자기장에 직각방향으로 전류를 흘려주면 자기장과 전류 모두에 수직인 방향으로 전위차가 발생하는 현상으로 미국 물리학자 홀(E.H. Hall 1855~1938)이 1879년 발견하였다.

84. 뉴턴의 점성법칙에서 전단응력(shear stress) $τ = μ\dfrac{du}{dy}$ 이므로 전단응력은 속도구배 $\left(\dfrac{du}{dy}\right)$가 클수록 전단응력이 크게 되므로 속도구배 값이 가장 큰 'A'지점이다.

85. 광고온계의 특징

㉮ 고온에서 방사되는 에너지 중 가시광선을 이용하여 사람이 직접 조작한다.

㉯ 700~3000℃의 고온도 측정에 적합하다. (700℃ 이하는 측정이 곤란하다.)

㉰ 광전관 온도계에 비하여 구조가 간단하고 휴대가 편리하다.

㉱ 움직이는 물체의 온도 측정이 가능하고, 측온체의 온도를 변화시키지 않는다.

㉲ 비접촉식 온도계에서 가장 정확한 온도 측정을 할 수 있다.

㉳ 빛의 흡수 산란 및 반사에 따라 오차가 발생한다.

㉴ 방사온도계에 비하여 방사율에 대한 보정량이 작다.

㉵ 원거리 측정, 경보, 자동기록, 자동제어가 불가능하다.

㉶ 측정에 수동으로 조작함으로써 개인 오차가 발생할 수 있다.

86. 피크노미터(pycnometer) : 액체의 비중을 측정하는 유리용기로 비중병이라 한다.

87. 헴펠(Hempel)법 분석순서 및 흡수제

순서	분석가스	흡수제
1	CO_2	KOH 30 % 수용액
2	C_mH_n	발연황산
3	O_2	피로갈롤 용액
4	CO	암모니아성 염화 제1구리 용액

88. 침종식 압력계의 특징

㉮ 액체 중의 침종의 상하 이동으로 압력을 측정하는 것으로 아르키메데스의 원리를 이용한 것이다.

㉯ 진동이나 충격의 영향이 비교적 적다.

㉰ 미소 차압의 측정이 가능하다.

㉱ 압력이 낮은 기체 압력을 측정하는데 사용된다.

㉲ 측정범위는 단종식이 100 mmH₂O, 복종식이 5~30 mmH₂O이다.

89. 측정방법

㉮ 편위법 : 측정량과 관계있는 다른 양으로 변환시켜 측정하는 방법으로 정도는 낮지만 측정이 간단하다. 부르동관 압력계, 스프링식 저울, 전류계 등이 해당된다.

㉯ 영위법 : 기준량과 측정하고자 하는 상태량을 비교 평형시켜 측정하는 것으로 천칭을 이용하여 질량을 측정하는 것이 해당된다.

㉰ 치환법 : 지시량과 미리 알고 있는 다른 양으로부터 측정량을 나타내는 방법으로 다이얼게이지를 이용하여 두께를 측정하는 것이 해당된다.

㉣ 보상법 : 측정량과 거의 같은 미리 알고 있는 양을 준비하여 측정량과 그 미리 알고 있는 양의 차이로써 측정량을 알아내는 방법이다.

90. 가스검지 시험지법

검지가스	시험지	반응
암모니아(NH_3)	적색리트머스지	청색
염소(Cl_2)	KI-전분지	청갈색
포스겐($COCl_2$)	해리슨시험지	유자색
시안화수소(HCN)	초산벤지민지	청색
일산화탄소(CO)	염화팔라듐지	흑색
황화수소(H_2S)	연당지	회흑색
아세틸렌(C_2H_2)	염화제1구리착염지	적갈색

91. 시퀀스 제어(sequence control) : 미리 순서에 입각해서 다음 동작이 연속 이루어지는 제어로 자동판매기, 보일러의 점화 등이 있다.

92. 기본단위의 정의 : 국가표준기본법 시행령 별표 1

㉮ 켈빈(K)은 물의 삼중점(三重點)에 해당하는 열역학적 온도의 1/273.16이다.
㉯ 미터(m)는 빛이 진공에서 1/299792458초 동안 진행한 경로의 길이이다.
㉰ 킬로그램(kg)은 질량의 단위로서 국제킬로그램 원의 질량과 같다.
㉱ 초(s)는 세슘 133 원자의 바닥 상태에 있는 두 초미세 준위(準位) 사이의 전이에 대응하는 복사선의 9192631770 주기의 지속시간이다.
㉲ 암페어(A)는 무한히 길고 무시할 수 있을 만큼 작은 원형 단면적을 가진 두 개의 평행한 직선 도체가 진공 중에서 1미터의 간격으로 유지될 때, 두 도체 사이에 미터당 2×10^{-7} 뉴턴의 힘을 생기게 하는 일정한 전류이다.
㉳ 몰(mol)은 탄소 12의 0.012킬로그램에 있는 원자의 개수와 같은 수의 구성요소를 포함한 어떤 계(系)의 물질량이다.
㉴ 칸델라(cd)는 진동수 540×10^{12} 헤르츠인 단색광을 방출하는 광원의 복사도가 어떤 주어진 방향으로 스테라디안당 1/683 와트일 때 이 방향에 대한 광도이다.

93. ㉮ 물의 밀도를 이용한 빈병의 체적계산

$$\frac{(999-414)\,g}{x\,[cm^3]} = 0.998\,g/cm^3$$

$$\therefore x = \frac{(999-414)}{0.998} = 586.17\,cm^3$$

㉯ 어느 액체의 밀도 계산

$$\therefore \rho = \frac{874-414}{586.17} = 0.785\,g/cm^3$$

94. 가스미터 선정 시 고려사항

㉮ 사용하고자 하는 가스전용일 것
㉯ 사용 최대유량에 적합할 것
㉰ 사용 중 오차(또는 기차) 변화가 없고, 정확하게 계측할 수 있을 것
㉱ 내압, 내열성이 있으며 기밀성, 내구성이 좋을 것
㉲ 부착이 쉽고 유지관리가 용이할 것

95. 피에조 전기 압력계(압전기식) : 수정이나 전기석 또는 로셸염 등의 결정체의 특정 방향에 압력을 가하면 기전력이 발생하고 발생한 전기량은 압력에 비례하는 것을 이용한 것이다. 가스 폭발이나 급격한 압력 변화 측정에 사용된다.

96. 액체의 비중량(γ) 단위는 $[kN/m^3]$을 적용해야 압력차 단위 [kPa]로 계산되며, 경사관의 액주길이(x) 100 cm는 1 m이다.

$$\therefore P_1 - P_2 = \gamma \times x \times \sin\theta$$
$$= (8820 \times 10^{-3}) \times 1 \times \sin 30$$
$$= 4.41\,kPa$$

97. 온도계와 관련 있는 인물

㉮ 로버트 후크(Robert Hooke) : 1644년 눈금 기준을 0으로 표시한 온도계를 고안함
㉯ 갈릴레오 갈릴레이(Galileo Galilei) : 1592년 온도에 따라 부피가 변하는 물을 이용하여 온도 측정기를 발명함
㉰ 다니엘 가브리엘 파렌하이트(Daniel Fahrenheit) : 1714년 수은 온도계를 발명하고 화씨온도의 체계를 고안했음
㉱ 토스카니 대공 : 1641년에 눈금을 표시한 유리관에 알코올을 봉인한 온도계를 만듦
㉲ 산트리오(Santorio) : 1612년경에 수치형 체온계를 발명한 이탈리아 물리학자이다.

[참고] 안데르스 셀시우스(Anders Celsius) : 스웨덴의 물리학자, 천문학자로 1742년 섭씨온도 체계를 고안했음(물이 끓는점을 0, 어느점을 100으로 정함)

※ 지금까지 출제되었던 것과 다르게 예제 항목이 5개가 제시되었음

98. 컬럼(column)에 액체 흡착제를 사용할 때 분리의 바탕이 되는 것은 분리되는 성분의 분배계수의 차에 의한다.

$$\therefore K = \frac{C_S}{C_G}$$

여기서, K : 분배계수
C_S : 분리되는 성분의 고정상 중의 농도
C_G : 분리되는 성분의 이동상 중의 농도

99. 속도분포식 $U = 4y^{\frac{2}{3}}$ 미분하여 속도구배를 구한다.

$$\therefore \frac{du}{dy} = 4 \times \frac{2}{3} \times \left(y^{\frac{2}{3}-1}\right)$$
$$= 4 \times \frac{2}{3} \times \left(0.3^{\frac{2}{3}-1}\right) = 3.98$$

100. 온도계의 분류 및 종류

㉮ 접촉식 온도계 : 유리제 봉입식 온도계, 바이메탈 온도계, 압력식 온도계, 열전대 온도계, 저항 온도계, 서미스터, 제겔콘, 서머컬러
㉯ 비접촉식 온도계 : 광고온도계, 광전관 온도계, 색온도계, 방사온도계

CBT 모의고사 4

정답

과목	1	2	3	4	5	6	7	8	9	10
가스유체역학	②	①	③	③	②	④	③	②	④	①
	11	12	13	14	15	16	17	18	19	20
	③	②	③	②	③	④	①	④	②	③
연소공학	21	22	23	24	25	26	27	28	29	30
	③	②	①	④	②	②	②	②	①	③
	31	32	33	34	35	36	37	38	39	40
	③	①	③	①	③	②	④	②	②	④
가스설비	41	42	43	44	45	46	47	48	49	50
	②	④	③	①	④	③	①	③	①	②
	51	52	53	54	55	56	57	58	59	60
	③	③	②	②	②	①	④	④	④	②
가스안전관리	61	62	63	64	65	66	67	68	69	70
	③	①	②	②	②	③	③	①	①	④
	71	72	73	74	75	76	77	78	79	80
	③	②	②	①	②	④	②	②	④	①
가스계측	81	82	83	84	85	86	87	88	89	90
	③	②	④	④	②	④	④	②	④	③
	91	92	93	94	95	96	97	98	99	100
	④	④	②	①	②	④	②	②	①	④

제1과목 가스유체역학

1. 뉴턴의 점성법칙 : 유체에 의한 전단응력(τ)은 속도기울기$\left(\frac{du}{dy}\right)$에 비례한다.

$$\therefore \tau = \mu \frac{du}{dy}$$

여기서, τ : 전단응력(kgf/m^2)
　　　　μ : 점성계수($kgf \cdot s/m^2$)
　　　　$\frac{du}{dy}$: 속도구배

2. ㉮ 동점성계수(ν) : 점성계수(μ)를 밀도(ρ)로 나눈 값으로 동점도라 한다.

$$\therefore \nu = \frac{\mu}{\rho}$$

㉯ 단위 : cm^2/s, m^2/s
㉰ 차원 : $L^2 T^{-1}$
㉱ 1 St(stokes) : $1\,cm^2/s = 10^{-4}\,m^2/s$
※ 동점성계수는 SI단위, 공학단위 단위가 같기 때문에 차원도 같다.

3. ㉮ 레이놀즈수를 계산하여 층류, 난류 판단 : 푸아즈(poise)의 단위가 'g/cm · s'이므로 절대단위 CGS단위로 구하며, 기름의 비중 0.92는 밀도 $0.92\,g/cm^3$로, 1 L은 1000 cm^3이고, 기름의 양은 초(s)당 유량으로 적용한다.

$$\therefore Re = \frac{4\rho Q}{\pi D \mu} = \frac{4 \times 0.92 \times \left(\frac{135 \times 10^3}{60}\right)}{\pi \times 5 \times 0.56}$$
$$= 941.287$$

∴ 레이놀즈수가 2100보다 작으므로 층류 흐름이다.

㉯ 압력 차이를 공학단위 계산하는데 적용하기 위하여 점성계수(μ) 0.56 poise를 공학단위 MKS단위로 변환 : CGS단위에서 MKS단위로 변환 시 10으로 나눠주며, 절대단위를 공학단위로 변환 시 중력가속도로 나눠준다.

$$\therefore \mu = \frac{0.56 \times 10^{-1}}{9.8}$$
$$= 5.71 \times 10^{-3}\,kgf \cdot s/m^2$$

㉰ 압력 차이 계산 : 점성이 있는 유체의 층류 흐름이므로 하겐-푸아죄유 방정식 $Q = \frac{\pi D^4 \Delta P}{128 \mu L}$에서 압력차이 ΔP를 구하며, 'kgf/m^2'에서 'kgf/cm^2'으로 변환할 때에는 1만으로 나눈다.

$$\therefore \Delta P = \frac{128 \mu L Q}{\pi D^4}$$
$$= \frac{128 \times (5.71 \times 10^{-3}) \times 800 \times 0.135}{\pi \times 0.05^4 \times 60} \times 10^{-4}$$
$$= 6.7\,kgf/cm^2$$

5. ㉮ 음속 계산

$$\therefore C = \sqrt{kRT} = \sqrt{1.4 \times 287 \times (273 + 25)}$$
$$= 346.029\,m/s$$

㉯ 마하수 계산

$$\therefore M = \frac{V}{C} = \frac{910}{346.029} = 2.629$$

※ 마하수는 단위가 없는 무차원수이다.

6. 1과 2에 대하여 베르누이 방정식을 적용하면
$h_1 + \frac{P_1}{\gamma} + \frac{V_1^2}{2g} = h_2 + \frac{P_2}{\gamma} + \frac{V_2^2}{2g}$ 이다.

여기서, $V_1 = 0$, $P_1 = 0$, $h_2 = 0$이고, 2지점의 압력수두 $\frac{P_2}{\gamma} = h_2$와 같다.

$$\therefore h_1 + 0 + 0 = 0 + h_2 + \frac{V_2^2}{2g}$$
$$\therefore V_2^2 = 2g(h_1 - h_2)$$
$$\therefore V_2 = \sqrt{2g(h_1 - h_2)}$$

7. $h = \frac{r^2 \times w^2}{2g} = \frac{r^2 \times \left(\frac{2 \times \pi \times N}{60}\right)^2}{2g}$

$$= \frac{0.3^2 \times \left(\frac{2 \times \pi \times 30}{60}\right)^2}{2 \times 9.8} = 0.045\,m$$

8. 원심펌프의 상사법칙

㉮ 유량 $Q_2 = Q_1 \times \left(\dfrac{N_2}{N_1}\right)$

∴ 유량은 회전수 변화에 비례한다.

㉯ 양정 $H_2 = H_1 \times \left(\dfrac{N_2}{N_1}\right)^2$

∴ 양정은 회전수 변화의 2승에 비례한다.

㉰ 동력 $L_2 = L_1 \times \left(\dfrac{N_2}{N_1}\right)^3$

∴ 동력은 회전수 변화의 3승에 비례한다.

9. 단면적이 감소, 증가하는 영역의 유속 변화

(1) 비압축성 유체 : 영역 (Ⅰ)에서는 단면적 감소로 유속이 증가하고, (Ⅱ)에서는 단면적 증가로 유속이 감소한다.

(2) 압축성 유체

㉮ 아음속 유동 : 영역 (Ⅰ)에서는 유속이 증가하고, 영역 (Ⅱ)에서는 유속이 감소한다.

㉯ 초음속 유동 : 영역 (Ⅰ)에서는 유속이 감소하고, 영역 (Ⅱ)에서는 유속이 증가한다.

10. 층류 경계층 두께

㉮ 경계층 내의 속도가 자유 흐름 속도의 99 % 가 되는 점까지의 거리

㉯ 층류 경계층 두께는 $Re^{\frac{1}{2}}$ 에 반비례하고, $x^{\frac{1}{2}}$ 에 비례하여 증가한다.

㉰ 난류 경계층 두께는 $Re^{\frac{1}{5}}$ 에 반비례하고, $x^{\frac{4}{5}}$ 에 비례하여 증가한다.

㉱ 경계층의 두께는 점성에 비례한다.

11. 확대 부분에서 $\dfrac{dA}{A} > 0$, $M > 1$ 이므로 초음속이 가능하다.

12. 베르누이 방정식이 적용되는 조건

㉮ 적용되는 임의 두 점은 같은 유선상에 있다.

㉯ 정상 상태의 흐름이다.

㉰ 마찰이 없는 이상유체의 흐름이다.

㉱ 비압축성 유체의 흐름이다.

㉲ 외력은 중력만 작용한다.

㉳ 유체흐름 중 내부에너지 손실이 없는 흐름이다.

㉴ 압력수두, 속도수두, 위치수두의 합은 일정하다.

13. 무차원 수= 물리량 수−기본차원 수
$= 7-3 = 4$

14. ㉮ 물의 비중량(γ)은 1000 kgf/m³이다.

㉯ 축동력 계산

∴ $PS = \dfrac{\gamma \cdot Q \cdot H}{75\eta} = \dfrac{1000 \times 0.02 \times 15}{75 \times 0.85}$
$= 4.705\,PS$

※ 송출량(Q)의 단위가 초당 유량이므로 분모에 '60'을 적용하지 않은 것임

15. 마하수 $M = \dfrac{V}{C}$ 이므로 $\sin\alpha = \dfrac{C}{V} = \dfrac{1}{M}$ 이다.

∴ $\alpha = \sin^{-1}\dfrac{C}{V}$

16. 압축성 유체의 유동에 대한 에너지 방정식에 관계되는 변수는 내부에너지(u_1, u_2), 운동에너지($P_1 v_1$, $P_2 v_2$), 엔탈피($u_1 + P_1 v_1$, $u_2 + P_2 v_2$), 속도에너지$\left(\dfrac{V_1^2}{2g},\ \dfrac{V_2^2}{2g}\right)$, 위치에너지($z_1$, z_2) 이다.

$Q + W = (u_2 - u_1) + (P_1 v_1 - P_2 v_2)$
$\qquad\qquad + \dfrac{(V_2^2 - V_1^2)}{2g} + (z_2 - z_1)$

17. 주요 물리량의 단위

물리량	SI 단위	공학단위
힘	$N(kg \cdot m/s^2)$	kgf
압력	$Pa(N/m^2)$	kgf/m^2
열량	$J(N \cdot m)$	$kcal$
일	$J(N \cdot m)$	$kgf \cdot m$
에너지	$J(N \cdot m)$	$kgf \cdot m$
동력	$W(J/s)$	$kgf \cdot m/s$
전단응력	N/m^2	kgf/m^2
운동량	$kg \cdot m/s$	$kgf \cdot s$
표면장력	N/m	kgf/m

18. 축류 펌프의 특징

㉮ 가동익(가동날개)의 설치각도를 크게 하면 유량이 증가한다.
㉯ 비속도가 높은 영역에서는 원심펌프보다 효율이 높다.
㉰ 비속도가 크기 때문에 회전속도를 크게 할 수 있다.
㉱ 유량이 크고 양정이 낮은 경우에 적합하다.
㉲ 깃의 수를 많이 하면 양정이 증가한다.
㉳ 유체는 임펠러를 지나서 축방향으로 유출된다.
㉴ 체절상태로 운전은 불가능하다.

19. (1) 아음속 흐름($M < 1$)일 때 변화
  ㉮ 축소부 : 속도는 증가하고, 단면적, 압력, 밀도, 온도는 감소한다.
  ㉯ 확대부 : 단면적, 압력, 밀도, 온도는 증가하고 속도는 감소한다.
(2) 초음속 흐름($M > 1$)일 때 변화
  ㉮ 축소부 : 압력, 밀도, 온도는 증가하고 속도, 단면적은 감소한다.
  ㉯ 확대부 : 속도, 단면적은 증가하고 압력, 밀도, 온도는 감소한다.

20. ㉮ 절대단위 점성계수(μ) 계산 : 동점성계수 $\nu = \dfrac{\mu}{\rho}$에서 점성계수 μ를 구하며, 액체의 밀도(ρ)는 문제에서 주어진 비중에 1000을 곱해서 적용한다.

$$\therefore \mu = \nu \times \rho = 0.0025 \times (1.25 \times 10^3)$$
$$= 3.125 \text{ kg/m} \cdot \text{s}$$

㉯ 낙하 종속도(u_t) 계산 : 구의 직경 1 mm는 0.001 m이다.

$$\therefore u_t = \frac{gD^2(\rho_p - \rho)}{18\mu}$$
$$= \frac{9.8 \times 0.001^2 \times \{(9.5 \times 10^3) - (1.25 \times 10^3)\}}{18 \times 3.125}$$
$$= 0.001437 \text{ m/s} = 1.437 \times 10^{-3} \text{ m/s}$$

제 2 과목 연소공학

21. 등온과정의 상태량

㉮ 절대일과 공업일이 같다.
㉯ 온도 변화가 없으므로 내부에너지 변화량이 없다.
㉰ 온도 변화가 없으므로 엔탈피 변화량이 없다.
㉱ 가한 열량이 모두 일로 변환이 가능하다.
㉲ 엔트로피 변화량은 0보다 크다.($\Delta S > 0$)

22. ㉮ 공기 중 프로판(C_3H_8)의 완전연소 반응식
$C_3H_8 + 5O_2 + (N_2) \rightarrow 3CO_2 + 4H_2O + (N_2)$

㉯ 프로판 2.1 m^3가 연소할 때 이론공기량(A_0) 계산

$22.4 \text{ m}^3 : 5 \times 22.4 \text{ m}^3 = 2.1 \text{ m}^3 : x(O_0) \text{ m}^3$

$$\therefore A_0 = \frac{O_0}{0.21} = \frac{5 \times 22.4 \times 2.1}{22.4 \times 0.21} = 50 \text{ m}^3$$

㉰ 공기비 계산 : 소비된 건조한 공기 55 m^3가 실제공기량(A)이다.

$$\therefore m = \frac{A}{A_0} = \frac{55}{50} = 1.1$$

23. 프로판의 발열량 약 24000 kcal/m³, 부탄의 발열량 약 32000 kcal/m³이므로 발열량이 높은 부탄의 함유량이 많아지면 혼합가스의 발열량은 커진다.

24. 비등액체팽창증기폭발(BLEVE) : 가연성 액체 저장탱크 주변에서 화재가 발생하여 기상부의 탱크가 국부적으로 가열되면 그 부분이 강도가 약해져 탱크가 파열된다. 이 때 내부의 액화가스가 급격히 유출 팽창되어 화구(fire ball)를 형성하여 폭발하는 형태를 말한다.

25. 반데르 바알스 실제기체 상태방정식
  ㉮ a : 기체 분자간의 인력($atm \cdot L^2/mol^2$)으로 용기 벽면의 압력과 내부의 압력이 다른 것을 보정하는 것이다.
  ㉯ b : 기체 분자 자신이 차지하는 부피(L/mol)로 이상기체보다 더 큰 부피로 만들려고 보정하는 것이다.
  ㉰ $V-b$: 기체 분자가 운동할 수 있는 자유 이동 부피는 이상기체에 비해 b만큼 줄어드는 것을 보정하는 것이다.
  ㉱ $\dfrac{a}{V^2}$: 실제기체는 분자 사이의 인력에 의한 상호작용으로 분자들이 서로 끌어당기므로 이상기체보다 압력이 낮아지며, 실제기체는 이상기체에 비해 $\dfrac{a}{V^2}$만큼 압력이 줄어드는 것을 보정하는 것이다.

26. ㉮ CO_2의 양 계산 : 연소 후 CO_2가 발생하는 것은 탄소(C) 성분이다.
  $C + O_2 \rightarrow CO_2$
  $12\,kg : 22.4\,m^3 = 0.87\,kg : x(CO_2)\,m^3$
  $\therefore x(CO_2) = \dfrac{0.87 \times 22.4}{12} = 1.624\,m^3$
  ㉯ 이론 건연소가스량(G_{0d}) 계산

  $\therefore G_{0d} = 8.89C + 21.1\left(H - \dfrac{O}{8}\right)$
  $\qquad + 3.33S + 0.8N$
  $= 8.89 \times 0.87 + 21.1 \times 0.1 + 3.33 \times 0.03$
  $= 9.944\,m^3$
  ㉰ 연소가스 중 CO_2의 비율 계산
  $\therefore CO_2$ 비율 $= \dfrac{CO_2 \text{가스량}}{G_{0d}} \times 100$
  $= \dfrac{1.624}{9.944} \times 100 = 16.331\,\%$

  [참고] 이론 습연소가스량(G_{0w})을 기준으로 계산
  ㉮ $G_{0w} = 8.89C + 32.3H - 2.63O + 3.33S$
  $\qquad + 0.8N + 1.244W$
  $= 8.89 \times 0.87 + 32.3 \times 0.1 + 3.33 \times 0.03$
  $= 11.0642\,Nm^3$
  ㉯ CO_2 비율 $= \dfrac{CO_2 \text{가스량}}{G_{0w}} \times 100$
  $= \dfrac{1.624}{11.064} \times 100 = 14.678\,\%$

27. 방폭관리사와 방폭관리 감독자 : KGS GC103
  ㉮ "방폭관리사(skilled personnel)" 다양한 종류의 방폭구조 관련 지식, 위험장소 구분 관련 지식, KGS code 기준 및 국가 법령의 요구 조건 관련 지식과 방폭 전기기기 설치 실무 관련 지식을 보유한 자를 말한다.
  ㉯ "방폭관리 감독자(technical person with executive function)"란 방폭 분야에 관한 충분한 지식, 현장 조건에 관한 정통한 지식 및 전기기기 설치에 관한 정통한 지식을 보유하고 폭발 위험장소 내 전기기기 점검 관리에 관한 총괄적 책임자 지위에서 방폭관리사를 관리하는 사람을 말한다.

28. 표준상태(0℃, 1기압)에서 프로판(C_3H_8) 44 kg의 체적은 22.4 m³이다.
  $44\,kg : 22.4\,m^3 = 10\,kg : x\,[m^3]$
  $\therefore x = \dfrac{10 \times 22.4}{44} = 5.0909\,m^3$

[별해] SI단위 이상기체 상태방정식 $PV=GRT$
을 이용하여 계산 : 1기압은 101.325 kPa
이다.

$$\therefore V = \frac{GRT}{P} = \frac{10 \times \frac{8.314}{44} \times (273+0)}{101.325}$$

$$= 5.091 \text{ m}^3$$

※ 이상기체 상태방정식을 적용하여 풀이 하는 방법은 온도와 압력이 표준상태가 아닌 경우에도 적용할 수 있다.

29. 탄화수소의 탄소(C)수가 증가할 때

㉮ 증가하는 것 : 비등점, 융점, 비중, 발열량, 연소열, 화염온도
㉯ 감소하는 것 : 증기압, 발화점(착화점), 폭발하한값, 폭발범위값, 증발잠열, 연소속도

30. 2종 위험장소

㉮ 밀폐된 용기 또는 설비 내에 밀봉된 가연성 가스가 그 용기 또는 설비의 사고로 인해 파손되거나 오조작의 경우에만 누출할 위험이 있는 장소
㉯ 확실한 기계적 환기조치에 의하여 가연성 가스가 체류하지 않도록 되어 있으나 환기장치에 이상이나 사고가 발생한 경우에는 가연성 가스가 체류하여 위험하게 될 우려가 있는 장소
㉰ 1종 장소의 주변 또는 인접한 실내에서 위험한 농도의 가연성 가스가 종종 침입할 우려가 있는 장소
※ ㉰항은 1종 위험장소에 해당됨

31. 이론 연소온도

$$= \frac{\text{연료 소비량} \times \text{저위발열량}}{\text{열용량}}$$

$$= \frac{5 \times 41860}{69.77} = 2999.856 \text{℃}$$

32.

$$\Delta S = m \times C_p \times \ln\left(\frac{V_2}{V_1}\right)$$

$$= 10 \times 1.04 \times \ln\left(\frac{0.5}{1.5}\right) = -11.425 \text{ kJ/K}$$

※ 냉각되는 과정이므로 부호가 "−"로 계산된 것임

33. 석탄, 장작과 같은 일반적인 고체연료는 분해연소를 하며, 표면연소를 하는 것은 숯, 코크스 등이 해당된다.

34. 산소의 특징

㉮ 상온, 상압에서 무색, 무취이며 물에는 약간 녹는다.
㉯ 공기 중에 약 21 vol% 함유하고 있다.
㉰ 강력한 조연성 가스이나 그 자신은 연소하지 않는다.
㉱ 액화산소(액 비중 1.14)는 담청색을 나타낸다.
㉲ 화학적으로 활발한 원소로 모든 원소와 직접 화합하여(할로겐 원소, 백금, 금 등 제외) 산화물을 만든다.
㉳ 산소(O_2)는 기체, 액체, 고체의 경우 자장의 방향으로 자화하는 상자성을 가지고 있다.
㉴ 산소 또는 공기 중에서 무성방전을 행하면 오존(O_3)이 된다.
㉵ 염소산칼륨($KClO_3$)에 이산화망간(MnO_2)을 촉매로 하여 가열, 분리시킨다.
㉶ 과산화수소(H_2O_2)에 이산화망간(MnO_2)을 가하여 제조한다.

35. ㉮ 혼합가스의 평균분자량 계산

$$\therefore M = (28 \times 0.7) + (44 \times 0.15) + (32 \times 0.11) + (28 \times 0.04)$$

$$= 30.84$$

㉯ 정압비열 계산 : $C_p - C_v = R$에서 정압비열 C_p를 구한다.

∴ $C_p = C_v + R = 0.7157 + \dfrac{8.314}{30.84}$

　　　$= 0.9852 \text{ kJ/kg} \cdot \text{K}$

㉰ 비열비(k) 계산

∴ $k = \dfrac{C_p}{C_v} = \dfrac{0.9852}{0.7157} = 1.376 ≒ 1.38$

㉱ 최종 온도계산 : $\dfrac{T_2}{T_1} = \left(\dfrac{V_1}{V_2}\right)^{k-1}$ 에서 T_2를 구한다.

∴ $T_2 = T_1 \times \left(\dfrac{V_1}{V_2}\right)^{k-1}$

　　$= (273 + 40) \times \left(\dfrac{0.2}{0.1}\right)^{1.38-1}$

　　$= 407.320 \text{ K}$

36. 프란틀 수(Prandtl number) : 열확산계수(a)에 대한 유체의 운동량에 의한 열전달(ν : 유체의 동점성계수)의 비로서 무차원수이다.

$P_r(\text{Prandtl수}) = \dfrac{\text{유체의 동점성계수}(\nu)}{\text{열확산계수}(a)}$

37. 일반적으로 탄화수소의 연소속도는 200 cm/s 전후로 느린 편이다.

38. 각 가스의 임계온도 및 임계압력

구분	임계온도	임계압력
메탄(CH_4)	−82.1℃	45.8 atm
암모니아(NH_3)	132.3℃	111.3 atm
아르곤(Ar)	−122℃	40 atm
산소(O_2)	−118.4℃	50.1 atm

39. ㉮ 기체상수 $R = \dfrac{8.314}{M}$ kJ/kg·K에 공기의 분자량(M) 29를 적용한다.

㉯ 정압비열(C_p)과 정적비열(C_v) 및 기체상수(R)의 관계식 $C_p - C_v = R$에서 정압비열(C_p)을 구한다.

∴ $C_p = R + C_v = \dfrac{8.314}{29} + 0.717$

　　$= 1.0036 \text{ kJ/kg} \cdot \text{K}$

40. 각 연료의 단위 질량당 발열량

구분	저위 발열량(kcal/kg)
메탄(CH_4)	11950
아세틸렌(C_2H_2)	11590
프로판(C_3H_8)	11080
수소(H_2)	34150

제 3 과목　가스설비

41. 원심펌프의 비교회전도 $N_s = \dfrac{N \times \sqrt{Q}}{\left(\dfrac{H}{Z}\right)^{\frac{3}{4}}}$에서

단수(Z)는 주어지지 않았으므로 1단을 적용하여 회전속도(N)[임펠러 회전수]를 구한다.

∴ $N = \dfrac{N_s \times \left(\dfrac{H}{Z}\right)^{\frac{3}{4}}}{\sqrt{Q}} = \dfrac{110 \times \left(\dfrac{16}{1}\right)^{\frac{3}{4}}}{\sqrt{0.3}}$

　　$= 1606.652 \text{ rpm}$

42. 축류펌프의 특징

㉮ 비속도(비교회전도)가 1200~2000 정도로 커서 저양정에서도 회전수를 크게 할 수 있어 원동기와 직결할 수 있다.

㉯ 회전차 깃의 양력에 의해 속도에너지와 압력에너지를 공급받으며, 축방향으로 유입하여 축방향을 유출하는 형식이다.

㉰ 양정의 변화에 대한 유량 변화가 적고, 효율 저하도 적다.

㉱ 유량이 크고 양정이 10 m 이하의 저양정에 적합하다.

ⓓ 구조가 간단하고 펌프 내의 유로에 단면변화가 적으므로 수력손실이 적다.
ⓔ 가동익의 경우 넓은 범위의 양정에서 높은 효율이 가능하다.
ⓕ 양정을 증가시키려면 깃의 수를 증가시키고, 유량을 증가시키려면 가동익의 설치각도를 크게 하면 된다.
ⓖ 농업용 용수펌프, 배수펌프, 상·하수도용 펌프, 증기터빈의 복수기의 순환펌프 등에 사용된다.

43. 액화석유가스(LP가스)의 특징
㉮ LP가스는 공기보다 무겁다.
㉯ 액상의 LP가스는 물보다 가볍다.
㉰ 액화, 기화가 쉽고, 기화하면 체적이 커진다.
㉱ LNG보다 발열량이 크고, 연소 시 다량의 공기가 필요하다.
㉲ 기화열(증발잠열)이 크다.
㉳ 무색, 무취, 무미하다.
㉴ 용해성이 있다.
㉵ 온도 상승에 의한 액체의 부피변화가 크다.
※ LPG는 석유계 저급탄화수소의 혼합물로 탄소 수가 3개에서 5개 이하의 것으로 프로판(C_3H_8), 부탄(C_4H_{10}), 프로필렌(C_3H_6), 부틸렌(C_4H_8), 부타디엔(C_4H_6) 등이 포함되어 있다.

44. 압력과 비등점(비점) 및 증발잠열의 관계
㉮ 압력 상승 : 비등점이 상승하고, 증발잠열은 감소한다.
㉯ 압력 감소 : 비등점이 내려가고(하강하고), 증발잠열은 증가한다.

45. ㉮ 구형탱크의 내용적 계산
$$\therefore V = \frac{\pi}{6} \times D^3 = \frac{\pi}{6} \times 8.2^3$$
$$= 288.695 \, m^3$$

㉯ 걸리는 시간 계산
$$\therefore 시간 = \frac{탱크\ 내용적(m^3)}{펌프\ 능력(m^3/h)}$$
$$= \frac{288.695}{10} = 28.8695 \, h$$

46. 완전 방호식 저장탱크 : KGS AC115
㉮ 1차 탱크는 액화천연가스를 저장할 수 있는 것으로 자기자립형(self-standing) 구조의 단일벽 강재인 것으로 한다.
㉯ 1차 탱크는 증기를 담지 않는 상부 개방형 구조 또는 증기를 담을 수 있는 돔 지붕을 갖춘 것으로 한다.
㉰ 2차 탱크는 돔 지붕을 갖춘 콘크리트 구조의 탱크로 하며, 다음의 성능을 갖도록 설계한다.
   ㉠ 정상운전 시 : 1차 탱크가 상부 개방형인 경우 증기를 담을 수 있어야 하고, 1차 탱크의 단열을 유지할 수 있는 것으로 한다.
   ㉡ 1차 탱크 누출 시 : 모든 액화천연가스를 담을 수 있어야 하고, 기밀을 유지할 수 있는 구조인 것으로 한다. 또한 증기는 압력 방출시스템을 통해 제어될 수 있는 것으로 한다.
㉱ 1차 탱크와 2차 탱크 사이의 환상공간은 2.0 m 이하인 것으로 한다.

47. 전기방식시설 점검 주기 : KGS GC202
㉮ 외부전원법에 따른 전기방식시설은 외부 전원점 관대지전위, 정류기의 출력, 전압, 전류, 배선의 접속상태 및 계기류 확인 등을 3개월에 1회 이상 점검한다.
㉯ 절연부속품, 역전류 방지장치, 결선(bond), 보호절연체의 효과는 6개월에 1회 이상 점검한다. → 전기방식법에 따른 구분없이 점검하는 주기임

48. 급유식 나사압축기 특징

㉮ 케이싱 내에 다량의 윤활유를 주입한다.
㉯ 유막에 의한 틈의 액봉(液封)으로 회전자 사이의 충분한 윤활 및 냉각이 이루어진다.
㉰ 무급유식에 비해서 소음과 진동이 적다.
㉱ 압축과정이 등온압축에 가까워 효율이 좋다.
㉲ 1단의 압축비를 4~7, 압력 상승을 0.3~0.6 MPa로 할 수 있다.
㉳ 압축공기에 윤활유가 혼입될 우려가 있어 유회수기(油回收機)를 설치해야 한다.

49. 자긴처리(auto frettage) : KGS AC118 압축수소가스용 복합재료 압력용기 제조 기준

(1) "자긴처리"란 금속라이너 압력용기를 제조공정 중에 그 금속라이너의 항복점을 초과하는 압력을 가하여 영구 소성변형을 일으키는 것을 말한다.

(2) 자긴처리 기준
  ㉮ 자긴처리는 내압시험압력 이상의 압력으로 물 등의 유체를 이용하여 실시한다.
  ㉯ 자긴처리는 압력을 제거 후 금속라이너에 재항복(再降伏)을 일으키지 않는 압력으로 한다.
  ㉰ 자긴처리는 금속라이너의 두께 등의 치수형상에 따라 압력용기 제조자가 규정한 자긴처리압력, 유지시간 등의 조건에 따라 실시한다.
  ㉱ 자긴처리 조건은 설계서 또는 구조도에 명시한다.

50. ㉮ 냉동기 성적계수

에서 $\dfrac{Q_2}{W} = \dfrac{Q_2}{Q_1 - Q_2}$ 로 쓸 수 있고 여기서 고온체로 방출하는 열량 Q_1을 구하는 식을 유도한다.

㉯ 1마력(PS)은 632.2 kcal/h이고 이것을 초당 열량(kcal/s)로 변환하여 적용한다.

㉰ 방출열량(Q_1) 계산

$$Q_2 \times (Q_1 - Q_2) = W \times Q_2$$

$$Q_1 - Q_2 = \dfrac{W \times Q_2}{Q_2}$$

$$\therefore \ Q_1 = \dfrac{W \times Q_2}{Q_2} + Q_2$$

$$= \dfrac{\left(10 \times \dfrac{632.2}{3600}\right) \times 10}{10} + 10$$

$$= 11.756 \text{ kcal/s}$$

51. 고압관 및 고압원통

㉮ 수축 원통 : 내·외 2층으로 된 수축 원통으로 단축 원통에 비해 응력분포가 균등화하여 오래전부터 사용해 오던 원통이다.
㉯ 강대권 원통 : 코어바 원통의 외주에 강대를 스파이럴상으로 수십층 와인딩하여 외압효과를 낸 것이다.
㉰ 용접형 다층권 원통 : 코어바가 되는 단층 원통의 외조에 미리 반원통형으로 굽힌 얇은 강판을 감고 길이 이음 용접을 하면 이 용접부분이 냉각에 의해 코어바 원통과 결합되며, 이것을 반복하여 수십층에 걸쳐 강판을 감은 것이다. 코어바 원통과 와인딩 부분의 재료를 변경할 수 있다.
㉱ 스파이럴식 다층권 원통 : 길이 이음을 생략할 수 있지만 대강(帶鋼)의 폭에 의해 길이가 결정되므로 조인트 수가 많아지는 단점이 있다.
※ 대강(帶[띠 대]鋼[강철 강]) : 띠 모양으로 만든 강판으로 보통 두께는 0.9~4.5 mm, 너비는 19~500 mm이다.
㉲ 자긴 원통 : 내압을 가한 경우 응력은 균등화되어 고응력의 발생을 방지하므로 고압에 잘 견딘다.

52. 충전구의 나사형식
⑦ 가연성가스 : 왼나사(단, 암모니아, 브롬화메탄은 오른나사)
④ 가연성 이외의 가스 : 오른나사
∴ LPG는 왼나사, 암모니아는 오른나사이다.

53. 호칭압력 : 밸브의 압력을 구분하기 위한 것으로 "Class", "PN", "K"로 표시한다.
⑦ Class : ASME B 16.34에 따른다.
④ PN : EN 1333에 따른다.
㉰ K : KS B 2308에 따른다.
[참고] ㉮ ASME(American Society of Mechanical Engineers) : 미국기계학회
 ㉯ EN(European Norm) : 유럽 표준
 ㉰ KS(Korean Industrial Standards) : 한국공업규격

54. 웨버(Webbe)지수 : 가스의 발열량을 가스비중의 제곱근으로 나눈 값으로 가스의 연소성을 판단하는 수치이다.
$$\therefore WI = \frac{H_g}{\sqrt{d}}$$
여기서, H_g : 도시가스의 발열량(kcal/m³)
　　　　d : 도시가스의 비중

55. 프라이밍(priming) : 펌프를 운전할 때 펌프 내에 액이 없을 경우 임펠러의 공회전으로 펌핑이 이루어지지 않는 것을 방지하기 위하여 가동 전에 펌프 내에 액을 충만시키는 것으로, 원심펌프에 해당된다.

56. 무수식(건식) 가스홀더 특징
⑦ 유수식에 비교하여 기초가 간단하고 시설비가 적게 소요된다.
④ 고정된 원통형 탱크의 내부를 상하 이동하는 피스톤이나 다이어프램이 설치되어 있다.
㉰ 가스의 증감에 따라 피스톤이나 다이어프램이 상하 이동하므로 가스압력이 거의 일정하게 유지된다.
㉣ 가스를 건조한 상태로 보관할 수 있다.
※ 단층식과 다층식으로 분류되는 것은 유수식 가스홀더이다.

57. 역화방지장치 : 아세틸렌, 수소 그 밖에 가연성가스의 제조 및 사용설비에 부착하는 건식 또는 수봉식(아세틸렌에만 적용한다)의 역화방지장치로서 상용압력이 0.1 MPa 이하인 것을 말한다.

58. ⑦ 합성천연가스 공정(substitute natural process) : 수분, 산소, 수소를 원료 탄화수소와 반응시켜, 수증기 개질, 부분연소, 수첨 분해 등에 의해 가스화하고 메탄합성, 탈탄산 등의 공정과 병용해서 천연가스의 성상과 거의 일치하게끔 가스를 제조하는 공정으로 제조된 가스를 합성천연가스 또는 대체천연가스(SNG)라 한다.
④ 메탄합성공정 설비 종류 : 가열기, 탈황장치, 나프타 과열장치, 반응기, 수첨 분해탑, 메탄 합성탑, 탈탄산탑 등

59. 탄소강의 열처리의 종류 및 목적
⑦ 담금질(quenching : 소입) : 재료를 적당한 온도로 가열하여 이 온도에서 물, 기름 등에 급속 냉각시키는 것으로 강도, 경도가 증가한다.
④ 불림(normalizing : 소준) : 결정조직을 미세화하고 균일하게 하여 조직의 변형을 제거하기 위하여 균일하게 가열한 후 공기 중에서 냉각하는 것이다.
㉰ 풀림(annealing : 소둔) : 가공 중에 생긴 내부응력을 제거하거나 가공 경화된 재료를

연화시켜 상온가공을 용이하게 할 목적으로 로 중에서 가열하여 서서히 냉각시킨다.
④ 뜨임(tempering : 소려) : 담금질 또는 냉간가공된 재료의 내부응력을 제거하며 재료에 연성이나 인장강도를 부여하기 위하여 담금질 온도보다 낮은 온도에서 재가열한 후 공기 중에서 서랭시킨다.

60. 필립스식 액화 사이클의 특징

㉮ 실린더 중에 피스톤과 보조피스톤이 있다.
㉯ 상부에 팽창기, 하부에 압축기가 구성된다.
㉰ 냉매로 수소, 헬륨을 사용한다.

제 4 과목　가스안전관리

61. 용기부속품 재검사 항목 : KGS AA316
㉮ 외관검사
㉯ 기밀성능검사
㉰ 작동성능검사

62. 도시가스용 압력조정기에 표시할 사항 : AA431
㉮ 형식 또는 모델명
㉯ 사용가스
㉰ 제조자명, 수입자명 또는 그 약호
㉱ 제조 연월 및 제조(로트)번호
㉲ 입구압력 범위(단위 : MPa)
㉳ 출구압력 범위 및 설정압력(단위 : kPa 또는 MPa)
㉴ 최대표시 유량(단위 : Nm^3/h)
㉵ 오리피스 구경(단위 : mm)
㉶ 안전장치 작동압력(단위 : MPa 또는 kPa)
㉷ 관연결부 호칭지름
㉸ 품질보증기간
㉹ 눈에 띄기 쉬운 곳에 가스의 공급방향을 표시

※ '품질보증기관'이 아니라 '품질보증기간'을 표시한다.

63. 제품 성능 기준
㉮ 내압성능 : 내압시험은 밸브 몸통에 2.6 MPa 이상의 압력으로 2분간 유지하여 누출 또는 변형이 없는 것으로 한다.
㉯ 기밀성능 : 밸브시트의 기밀시험은 0.7 MPa 의 압력으로 1분간 유지하여 누출이 없는 것으로 한다.
㉰ 내구성능 : 밸브시트와 연결구 실은 밸브를 5만회 반복하여 개폐 조작한 후 누출이 발생하거나 기계적인 결함이 없는 것으로 한다.
㉱ 내충격성능 : 밸브를 용기 네크링이나 유사한 고정장치에 정확히 연결하고 경화된 강철 추를 3 m/s 이상의 속도로 몸통의 윗부분(네크링으로부터 약 2/3 위쪽의 몸통)에 밸브의 축직각 방향에서 100 J 충격치를 가하였을 때 용기 부착부 나사에서 분당 4기포(기포지름 3.5 mm) 이상의 누출이 없는 것으로 한다.

64. 불소(F_2)의 특징
㉮ 조연성, 독성가스(TLV-TWA 0.1 ppm, LC50 185 ppm·1 h·Rat)이다.
㉯ 연한 황색의 기체이며 심한 자극성이 있다.
㉰ 형석(CaF_2), 빙정석(Na_3AlF_6) 등으로 자연계에 존재한다.
㉱ 화합력이 매우 강하여 모든 원소와 결합한다.(가장 강한 산화제이다.)
㉲ 물과 반응하여 불화수소(HF)가 생성된다.
$2F_2 + 2H_2O \rightarrow 4HF + O_2$
㉳ 수소와는 차고 어두운 곳에서도 활발하게 발화하고, 폭발적으로 반응한다.
㉴ 황(S)이나 인(P)과는 액체 공기의 저온에서도 심하게 반응한다.
㉵ 고체 불소와 액체 수소와는 −252℃의 저온에서도 반응한다.

65. 재해 조사에 참가하는 자는 항상 주관적인 입장이 아닌 객관적인 입장을 유지하여 조사한다.

66. 용기에 의한 LPG 저장소 기준 : FU332, FS231
  ㉮ 용기보관실은 사무실과 구분하여 동일한 부지에 설치하되, 용기보관실에서 누출되는 가스가 사무실로 유입되지 아니하는 구조로 한다.
  ㉯ 저장설비는 용기집합식으로 하지 아니한다.
  ㉰ 용기보관실은 불연재료를 사용하고 용기보관실 창의 유리는 망입유리 또는 안전유리로 한다.
  ㉱ 충전용기는 항상 40℃ 이하를 유지해야 하고, 수용자의 주문에 따라 운반 중인 경우 외에는 충전용기와 잔가스용기를 구분하여 용기보관실에 저장한다.
  ㉲ 용기를 차에 싣거나 내리는 등 이동할 때에는 난폭하게 취급하지 않아야 하고, 필요한 경우 손수레를 이용한다.
  ㉳ 용기보관실에서 사용하는 휴대용 손전등은 방폭형으로 한다.
  ㉴ 용기보관실에는 계량기 등 작업에 필요한 물건 외에는 두지 않는다.
  ㉵ 용기는 2단 이상으로 쌓지 않는다. 다만, 내용적 30 L 미만의 용접용기는 2단으로 쌓을 수 있다.

67. 재충전금지 용기의 치수 기준 : KGS AC216
  ㉮ 최고충전압력(MPa)의 수치와 내용적(L)의 수치와의 곱이 100 이하로 한다.
  ㉯ 최고충전압력이 22.5 MPa 이하이고 내용적이 25 L 이하로 한다.
  ㉰ 최고충전압력이 3.5 MPa 이상인 경우에는 내용적이 5 L 이하로 한다.
  ㉱ 납붙임 부분은 용기 몸체 두께의 4배 이상의 길이로 한다.
  ※ 재충전금지용기 : 최초 충전 후 1회 사용으로 내용 연한이 끝나 파기해야 하는 용기 (부속품과 일체로 제조된 것을 말한다)

68. 아세틸렌 충전작업 기준
  ㉮ 아세틸렌을 2.5 MPa 압력으로 압축하는 때에는 질소, 메탄, 일산화탄소 또는 에틸렌 등의 희석제를 첨가한다.
  ㉯ 습식 아세틸렌발생기의 표면은 70℃ 이하의 온도로 유지하고, 그 부근에서는 불꽃이 튀는 작업을 하지 아니한다.
  ㉰ 아세틸렌을 용기에 충전하는 때에는 미리 용기에 다공물질을 고루 채워 다공도가 75 % 이상 92 % 미만이 되도록 한 후 아세톤 또는 디메틸포름아미드를 고루 침윤시키고 충전한다.
  ㉱ 아세틸렌을 용기에 충전하는 때의 충전 중의 압력은 2.5 MPa 이하로 하고, 충전 후에는 압력이 15℃에서 1.5 MPa 이하로 될 때까지 정치하여 둔다.
  ㉲ 상하의 통으로 구성된 아세틸렌 발생장치로 아세틸렌을 제조하는 때에는 사용 후 그 통을 분리하거나 잔류가스가 없도록 조치한다.

69. 고압가스용 안전밸브 구조 기준
  ㉮ 안전밸브는 그 일부가 파손되어도 충분한 분출량을 얻어야 하며, 밸브시트는 이탈되지 않도록 밸브몸통에 부착된 것으로 한다.
  ㉯ 스프링의 조정나사는 자유로이 헐거워지지 않는 구조이고 스프링이 파손되어도 밸브디스크 등이 외부로 빠져 나가지 않는 구조인 것으로 한다.
  ㉰ 안전밸브는 압력을 마음대로 조정할 수 없도록 봉인할 수 있는 구조인 것으로 한다.
  ㉱ 가연성 또는 독성가스용의 안전밸브는 개방형을 사용하지 않는다.
  ㉲ 밸브디스크와 밸브시트와의 접촉면이 밸브축과 이루는 기울기는 45°(원추시트) 또는 90°(평면시트)인 것으로 한다.

70. ㉮ 특수고압가스(고법 시행규칙 제2조) : 압축모노실란, 압축디보레인, 액화알진, 포스핀, 셀렌화수소, 게르만, 디실란 및 그 밖에 반도체의 세정 등 산업통상자원부장관이 인정하는 특수한 용도에 사용되는 고압가스를 말한다.
㉯ 특수고압가스(KGS FU212 특수고압가스 사용의 시설·기술·검사 기준) : 특정고압가스사용시설 중 압축모노실란, 압축디보레인, 액화알진, 포스핀, 셀렌화수소, 게르만, 디실란, 오불화비소, 오불화인, 삼불화인, 삼불화질소, 삼불화붕소, 사불화유황, 사불화규소를 말한다.

71. 정전기 제거 및 발생 억제 방법
㉮ 대상물을 접지한다.
㉯ 공기 중 상대습도를 높인다.(70 % 이상)
㉰ 공기를 이온화한다.
㉱ 도전성 재료를 사용한다.
㉲ 접촉 전위차가 작은 재료를 선택한다.

72. 사업소경계와의 거리(FP331) : 저장능력에 따라 정한 거리 이상을 유지한다.

저장능력	사업소경계와의 거리
10톤 이하	24 m
10톤 초과 20톤 이하	27 m
20톤 초과 30톤 이하	30 m
30톤 초과 40톤 이하	33 m
40톤 초과 200톤 이하	36 m
200톤 초과	39 m

[비고] 같은 사업소에 두 개 이상의 저장설비가 있는 경우에는 그 설비별로 각각 안전거리를 유지한다.

※ 사업소경계와의 거리 기준은 '충전사업소'와 '집단공급사업 및 가스사용시설'과는 각각 다른 규정이 적용됨

73. 일반용 LPG 압력조정기 최대 폐쇄압력
㉮ 1단 감압식 저압조정기, 2단 감압식 2차용 저압조정기, 자동절체식 일체형 저압조정기 : 3.5 kPa 이하
㉯ 2단 감압식 1차용 조정기 : 95.0 kPa 이하
㉰ 1단 감압식 준저압조정기, 자동절체식 일체형 준저압조정기, 그 밖의 압력조정기 : 조정압력의 1.25배 이하

74. 고압가스 관련설비(특정설비) 종류 : 안전밸브, 긴급차단장치, 기화장치, 독성가스 배관용 밸브, 자동차용 가스 자동주입기, 역화방지기, 압력용기, 특정고압가스용 실린더 캐비닛, 자동차용 압축천연가스 완속 충전설비, 액화석유가스용 용기 잔류가스 회수장치, 냉동용 특정설비, 차량에 고정된 탱크

75. 액화도시가스 선박 충전작업 기준 : GC206 P22
㉮ 액화도시가스를 연료로 사용하는 선박에 충전작업을 할 경우에는 안전관리자(액화도시가스 선박 충전시설에 선임된 안전관리자를 말한다)가 기준에 따른 조치를 한다.
㉯ 충전작업은 풍랑 등이 심하지 않은 온화한 날씨에 실시하며, 반드시 지정된 충전장소에서 실시하여야 한다.
㉰ 액화도시가스를 선박에 충전하기 위한 차량의 설치대수는 2대 이하로 하고, 2대의 차량이 진입, 진출 및 동시에 주정차할 수 있는 충분한 공지를 확보한다.
㉱ 충전장소 지면에는 차량의 주정차위치와 진입 및 진출 방향을 표시하고 눈에 잘 띄는 곳에 "액화도시가스 선박 충전장소"라는 표시를 한다.
㉲ 충전장소 주위에는 황색바탕에 흑색문자로 "충전작업 중 엔진정지"라는 표시를 한 게시판을 설치한다.
㉳ 충전장소의 중심(지면에 표시한 정차위치의 중심)으로부터 선박의 외면까지의 거리는 3 m 이상의 안전거리를 유지한다.

㉰ 충전장소와 화기 사이에 유지하여야 하는 거리는 8 m 이상으로 하고, 충전장소에는 인화성물질이나 발화성물질이 없을 것
㉯ 선박에 액화도시가스를 충전하는 때에는 가스의 용량이 상용의 온도에서 선박 내 저장탱크 내용적의 90 %(용기의 경우에는 85 %)를 넘지 않도록 한다.
㉱ 일몰 후 충전작업을 하는 경우 밸브 주위에는 밸브를 확실히 조작할 수 있도록 조명도 150 Lux 이상을 확보한다.

76. 저장설비에 등화를 휴대하고 출입할 때는 방폭형 등화를 휴대할 것

77. ㉮ 니켈(Ni)이 고온, 고압의 상태에서 일산화탄소(CO)와 반응하여 니켈카르보닐을 생성한다.
Ni+4CO → Ni(CO)$_4$[니켈-카르보닐]
㉯ 니켈카르보닐[Ni(CO)$_4$] : 휘발성의 무색의 액체로 맹독성을 나타낸다. 비점 43℃, 비중 1.32이다. 반자성을 나타내며 200℃에서 금속니켈과 일산화탄소로 분해한다. 증기는 강한 빛을 내면서 불타 그을음 모양의 니켈가루를 만든다. 벤젠, 에테르, 클로로포름에 녹고, 묽은 산, 알칼리 수용액 등에는 녹지 않으며 진한 황산과 접촉하면 폭발한다.

78. 각 항목의 옳은 내용
② 조리용 연소기 메인버너의 최상부는 국물받이 바닥면보다 20 mm 이상 높게 한다. 다만, 그릴은 그렇지 아니하다.
③ 2차 과압방지장치 중 플레어스택식은 콕이 닫힌 상태에서 용기가 탈착되는 구조로 한다. 다만, 용기 내부의 압력을 콕을 통해 버너로 보내 방출하는 구조는 제외한다.
④ 연소기에 용기를 연결할 때 용기 아랫부분을 스프링의 힘으로 직접 밀어서 연결하는 방법이 아닌 구조로 한다. 다만, 자석으로 연결하는 연소기는 비자성 용기를 사용할 수 없음을 표시해야 한다.

79. 정기검사의 대상별 검사주기 : 고법 시행규칙 별표 19

검사대상	검사주기
고압가스 특정제조자	매 4년
고압가스 특정제조자 외의 가연성·독성가스 및 산소의 제조자·저장자 또는 판매자(수입업자 포함)	매 1년
고압가스 특정제조자 외의 불연성가스(독성가스 제외)의 제조자·저장자 또는 판매자	매 2년
그 밖에 공공의 안전을 위하여 특히 필요하다고 산업통상자원부장관이 인정하여 지정하는 시설의 제조자 또는 저장자	산업통상자원부장관이 지정하는 시기

80. 차량에 고정된 탱크 소화설비 기준

구분	소화기의 종류		비치개수
	소화약제	능력단위	
가연성 가스	분말 소화제	BC용, B-10 이상 또는 ABC용, B-12 이상	차량 좌우에 각각 1개 이상
산소	분말 소화제	BC용, B-8 이상 또는 ABC용, B-10 이상	차량 좌우에 각각 1개 이상

제 5 과목 가스계측

81. $P = \dfrac{W + W'}{A}$ 에서 추(W)와 피스톤 무게(W')를 구한다.

$$\therefore W+W' = A \times P = \left(\frac{\pi}{4} \times D^2\right) \times P$$
$$= \left(\frac{\pi}{4} \times 2^2\right) \times 10 = 31.415 \text{ kgf}$$

※ '파이(π)' 대신에 '3.14'를 대입하면 '31.4'로 계산되는 것과 같이 풀이와 오차가 발생합니다.

82. 캐스케이드제어 : 두 개의 제어계를 조합하여 제어량의 1차 조절계를 측정하고 그 조작출력으로 2차 조절계의 목표값을 설정하는 방법으로 단일 루프제어에 비해 외란의 영향을 줄이고 계 전체의 지연을 적게 하는데 유효하기 때문에 출력 측에 낭비시간이나 지연이 큰 프로세스제어에 이용되는 제어이다.

[참고] **목표치에 따른 자동제어의 분류**
㉮ 정치제어
㉯ 추치제어 : 추종제어, 비율제어, 프로그램제어
㉰ 캐스케이드제어

83. 기술검토 당시 연소기가 설치되지 않았거나 일부만 설치할 계획인 경우에 월사용예정량 산정 기준 : KGS FU551
㉮ 가스계량기가 설치되는 경우에는 '가스계량기 최대유량×0.8배'로 산정한다.
㉯ 가스계량기가 설치되지 않는 경우에는 추후 설치 예정인 연소기의 가스소비량으로 산정한다.

84. 회로명칭과 논리식
㉮ 논리적(AND)회로 : 입력되는 복수의 조건이 모두 충족될 경우 출력이 나오는 회로로 논리식은 A·B = R이다.
㉯ 논리합(OR)회로 : 입력되는 복수의 조건 중 어느 한 개라도 입력 조건이 충족되면 출력이 나오는 회로로 논리식은 A+B = R이다.
㉰ 논리부정(NOT)회로 : 신호 입력이 1이면 출력은 0이 되고, 신호 입력이 0이면 출력은 1이 되는 부정의 논리를 갖는 회로로 논리식은 $\overline{A} = R$이다.
㉱ 기억(NOR)회로 : 논리합(OR)회로 출력의 반대로서 모든 입력 포트에 신호가 없을 때만 출력이 나오는 회로로 논리식은 $\overline{A+B} = R$이다.

85. $\phi = \dfrac{P_w}{P_s} \times 100 = \dfrac{16.47}{23.76} \times 100 = 69\%$

86. 차압식 유량계에서 유량은 차압의 평방근에 비례한다.
$$\therefore Q_2 = \sqrt{\dfrac{\Delta P_2}{\Delta P_1}} \times Q_1 = \sqrt{\dfrac{1000}{2000}} \times 20$$
$$= 14.142 \text{ m}^3/\text{h}$$

87. 왕복피스톤형 유량계
㉮ 계량실이 4행정 기관과 같은 피스톤과 실린더로 구성되고, 피스톤 수는 1~4개까지 다양하게 사용된다.
㉯ 일반 부식의 위험이 적고, 점도가 비교적 낮은 액체의 소유량, 정밀한 계량에 사용된다.
㉰ 운동자와 케이스간의 누설을 최소로 하는 형식이다.
㉱ 가솔린 판매 급유기, 석유제품 공급라인 등에 적용한다.

88. 미분(D) 동작 : 출력 편차의 시간 변화에 비례하여 제어편차가 검출될 경우에 편차가 변화하는 속도에 비례하여 조작량이 증가하도록 작용하는 제어동작으로 단독으로 쓰이지 않고 언제나 비례(P) 동작과 함께 쓰이며, 일반적으로 진동이 제어되어 빨리 안정된다.

89. 압력식 온도계의 특징
㉮ 진동 및 충격에 비교적 강하다.
㉯ 저온 측정에 유리하다.
㉰ 원격 측정이 가능하고 연속사용이 가능하다.
㉱ 미소한 온도 변화나 600℃ 이상의 고온 측

정은 불가능하다.
㉒ 경년 변화가 있어 정기적인 검사가 필요하다.
㉓ 모세관이 도중에 파손될 우려가 있다.
㉔ 외기 온도나 유도관 온도에 의한 영향으로 온도 지시가 느리다.

[참고] 압력식 온도계의 종류 및 사용물질
㉮ 액체 압력(팽창)식 온도계 : 수은, 알코올, 아닐린
㉯ 기체 압력식 온도계 : 질소, 헬륨
㉰ 증기 압력식 온도계 : 프레온, 에틸에테르, 염화메틸, 염화에틸, 톨루엔, 아닐린

90. **적외선 흡수법** : 분자의 진동 중 쌍극자 힘의 변화를 일으킬 진동에 의해 적외선의 흡수가 일어나는 것을 이용한 방법으로 He, Ne, Ar 등 단원자 분자 및 H_2, O_2, N_2, Cl_2 등 대칭 2원자 분자는 적외선을 흡수하지 않으므로 분석할 수 없다.

91. **정확도(accuracy)** : 같은 조건 하에서 무한히 많은 회수의 측정을 하여 그 측정값을 평균값으로 계산하여도 참값에는 일치하지 않으며 이 평균값과 참값의 차를 쏠림(bias)이라 하고 쏠림의 작은 정도를 정확도라 한다.

92. 입상배관으로 시공하였을 때 배관 내부의 응결수가 가스미터로 유입되어 겨울철에 응결수 동결로 가스미터가 고장이 발생될 수 있어 입상배관을 금지한다.

93. **안전등형 가스 검출기** : 탄광 내에서 메탄(CH_4) 가스를 검출하는데 사용되는 석유램프의 일종으로 메탄이 존재하면 불꽃의 모양이 커지며, 푸른 불꽃(청염) 길이로 메탄의 농도를 대략적으로 알 수 있다.

94. **전기량법** : 분석 대상물을 다른 산화 상태로 바꿀 때 전극에서 발생하는 전하량을 측정하여 정량을 하는 방법으로 패러데이(Faraday) 법칙의 원리를 이용한 기기분석방법이다.

95. ㉮ 공학단위 밀도(ρ) 계산 : 비중에 1000을 곱하면 비중량(γ : kgf/m^3)으로 변환된다.

$$\therefore \rho = \frac{\gamma}{g} = \frac{0.9 \times 1000}{9.8}$$
$$= 91.836 \text{ kgf} \cdot \text{s}^2/\text{m}^4$$

㉯ 레이놀즈수 계산

$$\therefore Re = \frac{\rho D V}{\mu} = \frac{4\rho Q}{\pi D \mu}$$
$$= \frac{4 \times 91.836 \times 0.2}{\pi \times 0.05 \times 6 \times 10^{-3}}$$
$$= 77952.817 = 7.7952817 \times 10^4$$
$$\fallingdotseq 7.8 \times 10^4$$

96. **형식승인을 받아야 하는 계량기** : 계량에 관한 법률 시행령 별표 7
㉮ 가스미터 : 최대유량이 1000 m^3/h 이하인 것에 한정한다.
㉯ LPG미터 : 자동차 충전용으로서 호칭구경이 40 mm 이하인 것에 한정한다.

97. 피토관(Pitot tube)은 전압과 정압의 차이를 측정하여 동압을 계산하고, 이를 이용하여 유속과 유량을 계산하는 유속식 유량계이다.

98. **막식 가스미터 불통 및 원인**
㉮ 불통(不通) : 가스가 계량기를 통과하지 못하는 고장
㉯ 원인
 ㉠ 크랭크축이 녹슬었을 때
 ㉡ 밸브와 밸브시트가 타르 수분 등에 의해 붙거나 동결된 경우
 ㉢ 날개 조절기 등 회전장치 부분에 이상이 있을 때

[참고] 점착과 접착
㉮ 점착(粘着) : 끈기 있게 착 달라붙음
㉯ 접착(接着) : 끈기 있게 붙어 두 물체의 표면이 접촉하여 떨어지지 아니하게 됨

99. 가스검지 시험지법
※ 일산화탄소(CO) 누설검지 시험지는 염화팔라듐지를 사용하고 반응은 검은색(흑색)으로 변한다.

100. 현장에서 누출여부를 확인하는 방법 : 검지관법, 시험지법, 가연성가스 검출기법(간섭계형, 열선형, 반도체식)

CBT 모의고사 5
정답

	1	2	3	4	5	6	7	8	9	10
가스유체역학	②	②	②	④	③	③	④	③	④	④
	11	12	13	14	15	16	17	18	19	20
	②	②	③	②	③	③	③	①	②	③
연소공학	21	22	23	24	25	26	27	28	29	30
	②	②	①	④	②	④	③	②	④	④
	31	32	33	34	35	36	37	38	39	40
	③	③	①	④	④	④	②	④	④	①
가스설비	41	42	43	44	45	46	47	48	49	50
	②	②	④	③	③	①	④	④	①	②
	51	52	53	54	55	56	57	58	59	60
	④	④	③	③	③	④	③	③	③	③
가스안전관리	61	62	63	64	65	66	67	68	69	70
	③	①	③	④	③	④	③	④	③	②
	71	72	73	74	75	76	77	78	79	80
	④	④	②	④	②	②	②	②	③	①
가스계측	81	82	83	84	85	86	87	88	89	90
	③	④	③	④	③	④	③	③	③	③
	91	92	93	94	95	96	97	98	99	100
	①	②	③	④	④	②	④	②	④	③

제1과목 가스유체역학

1. 음속의 계산식 $C=\sqrt{k \cdot R \cdot T}$ 에서 온도 T (K)를 구한 후 섭씨온도로 변환한다.

$\therefore T = \dfrac{C^2}{k \times R} = \dfrac{400^2}{1.2 \times 200}$
$= 666.666K - 273 = 393.666℃$

2. 원심펌프의 특징
㉮ 원심력에 의하여 유체를 압송한다.
㉯ 용량에 비하여 소형이고 설치면적이 작다.
㉰ 흡입, 토출밸브가 없고 액의 맥동이 없다.
㉱ 기동 시 펌프내부에 유체를 충분히 채워야 한다.
㉲ 고양정에 적합하다.
㉳ 서징현상, 캐비테이션 현상이 발생하기 쉽다.
㉴ 볼류트 펌프는 안내깃(guide vane)이 없고, 터빈 펌프는 안내깃(guide vane)이 있는 펌프이다.
※ 왕복펌프에 비하여 대용량이다.(수송량이 크다)

3. $h_f = f \times \dfrac{L}{D} \times \dfrac{V^2}{2g}$

$= 0.0422 \times \dfrac{500}{0.4} \times \dfrac{1.5^2}{2 \times 9.8} = 6.055 \text{ mH}_2\text{O}$

4. 1과 2에 베르누이 방정식 적용하면
$\dfrac{P_1}{\gamma} + \dfrac{V_1^2}{2g} + Z_1 = \dfrac{P_2}{\gamma} + \dfrac{V_2^2}{2g} + Z_2$ 이다.
여기서, P_2 = 대기압 상태이므로 0이 되며
$Z_1 = Z_2$, $V_1 = 0$ 이므로 $\dfrac{P_1}{\gamma} = \dfrac{V_2^2}{2g}$ 이 된다.
$\gamma = \rho g$ 이므로 $\rho = \dfrac{\gamma}{g}$ 가 되며, 이것은 $\dfrac{1}{\rho} = \dfrac{g}{\gamma}$ 로 표시할 수 있다.

$\therefore V_2 = \sqrt{\dfrac{2gP}{\gamma}} = \sqrt{\dfrac{2P}{\rho}}$

5. 밀도(ρ)는 단위체적당 질량이고, 표준상태가 아닌 조건은 이상기체 상태방정식(공학단위) $PV = GRT$를 이용하여 구한다.

$$\therefore \rho = \frac{G}{V} = \frac{P}{RT}$$

$$= \frac{4 \times 10^4}{29.27 \times (273+15)} = 4.745 \text{ kg/m}^3$$

6. 수직충격파가 발생하면 압력, 온도, 밀도, 엔트로피가 증가하며 속도는 감소한다.(속도가 감소하므로 마하수는 감소한다)

7. 축류펌프에서 날개(깃) 수가 증가하면 유량이 일정하고 양정이 증가한다.

8. "전압(정체압) = 정압+동압"이고, 정체압 1250 cmAq = 12500 mmAq = 12500 kgf/m²이다.

$P_2 = P_1 + \dfrac{\gamma V^2}{2g}$에서 정압 P_1을 구하며, 물의 비중량(γ)은 1000 kgf/m³을 적용한다.

$$\therefore P_1 = P_2 - \frac{\gamma V^2}{2g}$$

$$= 12500 - \frac{1000 \times 4.9^2}{2 \times 9.8}$$

$$= 11275 \text{ mmAq} = 1127.5 \text{ cmAq}$$

9. ㉮ 물의 비중량(γ)은 1000 kgf/m³을 적용한다.
㉯ 축동력 계산 : 유량의 단위는 'm³/s'를 적용한다.

$$\therefore \text{kW} = \frac{\gamma QH}{102\eta} = \frac{1000 \times 0.15 \times 25}{102 \times 0.65 \times 60}$$

$$= 0.942 \text{ kW}$$

10. 비압축성 유체의 흐름 상태
㉮ 비압축성 유체이므로 a지점에서의 밀도와 b지점에서의 밀도는 같다.
㉯ 연속의 방정식에 의해 a지점에서의 질량유량과 b지점에서의 질량유량은 같다.
㉰ a지점에서의 평균속도가 b지점에서의 평균속도보다 빠르다.
㉱ a지점에서의 속도가 b지점보다 크므로 a지점에서의 질량플럭스(mass flux : 질량유동)가 b지점에서의 질량플럭스보다 크다.

11. 각 항목의 옳은 설명
① 동점성계수(ν)의 단위 및 차원 : m²/s = $L^2 T^{-1}$
③ 동점성계수의 단위에는 stokes가 있다.
 ※ 1 St(stokes) = 1 cm²/s = 10^{-4} m²/s
④ 상온에서의 공기의 점성계수는 물의 점성계수보다 작다.

참고 점성계수(μ)의 단위 및 차원
㉮ 공학단위 : kgf·s/m² = $FL^{-2}T$
㉯ 절대단위 : kg/m·s = $\dfrac{M}{LT}$
$= ML^{-1}T^{-1}$
㉰ 점성계수 단위 : poise = g/cm·s

12. 단면이 일정한 배관에서 단열 마찰흐름은 비가역적이다.

13. ㉮ 액주계의 수은(Hg) 비중량(γ_2)은 13600 kgf/m³이고, 물의 비중량(γ_1)은 1000 kgf/m³을 적용한다.
㉯ A지점의 압력 계산 : $P_A - P_B$
= $(\gamma_2 - \gamma_1) \times h$에서 A지점의 압력 P_A를 구한다. 수은과 물의 비중량 차이에 액주 높이(h)의 곱은 'kgf/m²'이므로 'kgf/cm²'으로 변환해 주어야 하며, 변환할 때에는 1만으로 나눠준다.

$$\therefore P_A = \{(\gamma_2 - \gamma_1) \times h\} + P_B$$

$$= [\{(13600 - 1000) \times 0.8\} \times 10^{-4}]$$
$$+ 1.25$$

$$= 2.258 \text{ kgf/cm}^2$$

14. 난류유동에서의 전단응력은 일반적으로 층류유동보다 크다.

15. 유체의 흐름 용어

　㉮ 유선 : 유체의 한 입자가 지나간 궤적을 표시하는 선으로 임의 순간에 모든 점의 속도와 방향이 일치하는 유동선이다.

　㉯ 유관 : 여러 개의 유선으로 둘러싸인 한 개의 관이다.

　㉰ 유적선 : 유체입자가 일정한 기간 동안 움직인 경로이다.

　㉱ 유맥선 : 모든 유체입자가 공간 내의 한 점을 지나는 순간 궤적이다.

16. 체적탄성계수 $E = -\dfrac{dP}{-\dfrac{dV}{V_1}}$ 에서 dP를 구하며, 1 MPa은 10^6 Pa이다.

$$\therefore dP = E \times \dfrac{dV}{V_1}$$
$$= (2 \times 10^9 \times 0.04) \times 10^{-6} = 80 \text{ MPa}$$

17. 정지하고 있던 압축성 유체가 등엔트로피 과정(단열과정)으로 수축-확대 노즐을 지나는 경우이므로 노즐의 수축 부분에서는 아음속만 가능하고, 노즐의 목에서의 속도는 음속 이하가 된다. 노즐의 출구에서는 초음속으로 흐르므로 노즐의 확대 부분에서의 속도는 초음속 상태이다.

18. $h_L = K\dfrac{V^2}{2g} = 15 \times \dfrac{3^2}{2 \times 9.8}$
$= 6.887 \text{ mH}_2\text{O}$

19. ㉮ 물의 밀도(ρ)는 1000 kg/m³을 적용한다.

　㉯ 항력 계산 : 유체의 유동방향에 수직인 평면에 투영한 면적(A)은 원의 단면적으로 적용하고, 뉴턴(N)은 kg·m/s²이다.

$$\therefore D = C_D A \dfrac{\rho V^2}{2}$$
$$= 0.2 \times \left(\dfrac{\pi}{4} \times 0.2^2\right) \times \dfrac{1000 \times 2^2}{2}$$
$$= 12.566 \text{ kg·m/s}^2 = 12.566 \text{ N}$$

20. ㉮ 연속의 방정식 $A_1V_1 = A_2V_2$에서 2지점의 속도(V_2) 계산

$$\therefore V_2 = \dfrac{A_1V_1}{A_2} = \dfrac{40 \times 2}{10} = 8 \text{ m/s}$$

　㉯ 압력차이 계산 : SI단위 베르누이 방정식

$$Z_1 + \dfrac{P_1}{\rho} + \dfrac{V_1^2}{2} = Z_2 + \dfrac{P_2}{\rho} + \dfrac{V_2^2}{2}$$ 에서
$Z_1 = Z_2$이다.

$$\therefore \dfrac{P_1}{\rho} - \dfrac{P_2}{\rho} = \dfrac{V_2^2}{2} - \dfrac{V_1^2}{2}$$

$$\therefore \dfrac{P_1 - P_2}{\rho} = \dfrac{V_2^2 - V_1^2}{2}$$

$$\therefore P_1 - P_2 = \rho \times \dfrac{V_2^2 - V_1^2}{2}$$

$$= 1000 \times \dfrac{8^2 - 2^2}{2} = 30000 \text{ Pa}$$

$$= 30 \text{ kPa}$$

제 2 과목　연소공학

---

21. 분해연소 : 충분한 착화에너지를 주어 가열 분해에 의해 연소하며, 휘발분이 있는 고체연료(종이, 석탄, 목재 등) 또는 증발이 일어나기 어려운 액체연료(중유 등)가 이에 해당된다.

22. ㉮ SI단위 이상기체 상태방정식 $PV = GRT$에서 온도 T를 구하여 섭씨온도로 변환한다.

$$\therefore T = \dfrac{PV}{GR} = \dfrac{287 \times 1}{2 \times 0.287}$$
$$= 500 \text{K} - 273 = 227\text{℃}$$

　㉯ 기체상수 R의 단위는 'kJ/kg·K'로 변환하여 적용한다.

23. 줄-톰슨(Joule-Thomson) 효과 : 압축가스(실제기체)를 단열을 한 배관에서 단면적의 변화가 큰 곳을 통과시키면(단열교축팽창) 압력이 하강함과 동시에 온도가 하강하는 현상이다.

24. ㉮ 연소란 가연성 물질이 공기 중의 산소와 반응하여 빛과 열을 발생하는 화학반응을 말한다.
㉯ 환원염 : 수소(H_2)나 불완전 연소에 의한 일산화탄소(CO)를 함유한 것으로 화염이 청록색으로 빛난다.

25. 무연탄이 함유하고 있는 습분 7 %를 제외하면 무연탄은 93 %가 된다.
∴ H' = 발열량 × 성분비
  = 21 × 0.93 = 19.53 MJ/kg

26. $\Delta s = \dfrac{dQ}{T} = \dfrac{1260}{273+127} = 3.15$ kJ/kg·K

27. ㉮ 수소(H_2)의 완전연소 반응식
$H_2 + \dfrac{1}{2}O_2 \rightarrow H_2O + Q$ [kcal/kmol]
※ 수증기 생성열(Q) 57.8 kcal/mol가 수소가 완전연소하였을 때 발생되는 열량이다.
㉯ 수소 1 kg당 발생열량 계산 : 수증기 생성열 57.8 kcal/mol은 57.8×10³ kcal/kmol이고 수소 1 kmol은 2 kg이다.
∴ $H = \dfrac{57.8 \times 10^3 \text{kcal/kmol}}{2 \text{kg/kmol}}$
  = 28900 kcal/kg

28. ㉮ 혼합가스의 평균분자량 계산
∴ M = (28×0.7) + (44×0.15) + (32×0.11) + (28×0.04)
  = 30.84
㉯ 정압비열 계산 : $C_p - C_v = R$에서 정압비열 C_p를 구한다.

∴ $C_p = C_v + R = 0.7157 + \dfrac{8.314}{30.84}$
  = 0.9853 kJ/kg·K
㉰ 비열비(k) 계산
∴ $k = \dfrac{C_p}{C_v} = \dfrac{0.9853}{0.7157} = 1.376 ≒ 1.38$
㉱ 최종 온도계산 : $\dfrac{T_2}{T_1} = \left(\dfrac{V_1}{V_2}\right)^{k-1}$에서 T_2를 구한다.
∴ $T_2 = T_1 \times \left(\dfrac{V_1}{V_2}\right)^{k-1}$
  = $(273+20) \times \left(\dfrac{0.2}{0.1}\right)^{1.38-1}$
  = 381.293 K

29. 각 물질의 성질

명칭	비점	임계온도	임계압력
산소	-183℃	-118.4℃	50.1 atm
질소	-196℃	-147℃	33.5 atm
아세틸렌	-84℃	36℃	61.6 atm
암모니아	-33.3℃	132.4℃	111.3 atm

30. ㉮ 혼합가스의 분자량은 각 성분 분자량에 체적비를 곱한 값을 합산한 것이고, 각 성분의 분자량은 CO_2 44, O_2 32, N_2 28이다.
㉯ 혼합가스 분자량(M) 계산
∴ M = (44×0.131) + (32×0.077) + (28×0.792)
  = 30.404

31. 열역학 제2법칙 : 열은 고온도의 물질로부터 저온도의 물질로 옮겨질 수 있지만, 그 자체는 저온도의 물질로부터 고온도의 물질로 옮겨갈 수 없다. 또 일이 열로 바뀌는 것은 쉽지만 반대로 열이 일로 바뀌는 것은 힘을 빌리지 않는 한 불가능한 일이다. 이와 같이 열역학 제2법칙은 에너지 변환의 방향성을 명시한 것으로 방향성의 법칙이라 한다.

※ 각 항목의 설명
① 열역학 제0법칙
② 열역학 제1법칙
④ 열역학 제3법칙

[참고] **열역학 법칙**
㉮ 열역학 제0법칙 : 열평형의 법칙
㉯ 열역학 제1법칙 : 에너지보존의 법칙
㉰ 열역학 제2법칙 : 방향성의 법칙
㉱ 열역학 제3법칙 : 어떤 계 내에서 물체의 상태변화 없이 절대온도 0도에 이르게 할 수 없다.

32. ㉮ 공기 중 산소의 질량 비율 계산 : 공기 성분의 분자량은 질소가 28, 산소가 32이다.
∴ 산소의 질량 비율
$= \dfrac{\text{공기 중 산소의 질량}}{\text{공기의 질량}} \times 100$
$= \dfrac{32 \times 0.21}{(28 \times 0.79)+(32 \times 0.21)} \times 100$
$= 23.3 \%$

㉯ 액체 공기 100 kg 중 산소의 질량 계산
∴ 산소질량 = 공기량 × 산소의 질량비
$= 100 \times 0.233 = 23.3$ kg

[별해] 공기 중 산소의 질량비는 23.2 %이다.
∴ 산소질량 = 공기량 × 산소의 질량비
$= 100 \times 0.232 = 23.2$ kg

33. **비등액체팽창증기폭발(BLEVE)** : 가연성 액체 저장탱크 주변에서 화재가 발생하여 기상부의 탱크가 국부적으로 가열되면 그 부분이 강도가 약해져 탱크가 파열된다. 이때 내부의 액화가스가 급격히 유출 팽창되어 화구(fire ball)를 형성하여 폭발하는 형태를 말한다.

34. ㉮ 혼합기체의 평균분자량 계산 : 성분가스의 고유 분자량에 체적비를 곱한 값을 합산하며, 각 성분의 고유 분자량은 이산화탄소(CO_2) 44, 산소(O_2) 32, 질소(N_2) 28이다.

∴ $M = (44 \times 0.131) + (32 \times 0.077) + (28 \times 0.792)$
$= 30.404$

㉯ 부피 계산 : 이상기체 상태방정식
$PV = \dfrac{W}{M}RT$에서 부피 V를 구한다.
∴ $V = \dfrac{WRT}{PM}$
$= \dfrac{91.2 \times 0.082 \times (273+27)}{1 \times 30.4}$
$= 73.8$ L

35. ㉮ 공기의 평균분자량은 29, 기체상수 $R = \dfrac{8.314}{29}$ kJ/kg·K를, 비열비(k)는 1.4를 적용한다.

㉯ 공기가 한 일 계산 : 밀폐계인 실린더 내에서 팽창하므로 절대일량으로 계산한다.
∴ $W_a = \dfrac{RT_1}{k-1}\left\{1-\left(\dfrac{P_2}{P_1}\right)^{\frac{k-1}{k}}\right\}$
$= \dfrac{\dfrac{8.314}{29} \times 600}{1.4-1} \times \left\{1-\left(\dfrac{0.15}{0.5}\right)^{\frac{1.4-1}{1.4}}\right\}$
$= 125.168$ kJ

[별해] ㉮ SI단위 이상기체 상태방정식 $PV = GRT$에서 현재 조건의 공기 체적 V_1을 구한다.
∴ $V_1 = \dfrac{GRT}{P} = \dfrac{1 \times \dfrac{8.314}{29} \times 600}{0.5 \times 10^3}$
$= 0.344$ m^3

㉯ 일량 계산
∴ $W_a = \dfrac{P_1 V_1}{k-1}\left\{1-\left(\dfrac{P_2}{P_1}\right)^{\frac{k-1}{k}}\right\}$
$= \dfrac{(0.5 \times 10^3) \times 0.344}{1.4-1}$
$\times \left\{1-\left(\dfrac{0.15}{0.5}\right)^{\frac{1.4-1}{1.4}}\right\}$
$= 125.158$ kJ

36. ㉮ 이론공기량에 의한 메탄의 완전 연소반응식

$CH_4 + 2O_2 + (N_2) \rightarrow CO_2 + 2H_2O + (N_2)$

㉯ 질소의 분압 계산 : 배기가스 중 질소의 몰(mol)수는 산소 몰(mol)수의 3.76배이다.

$$\therefore P_{N_2} = 전압 \times \frac{성분몰수}{전몰수}$$

$$= 0.1 \times \frac{2 \times 3.76}{1 + 2 + (2 \times 3.76)}$$

$$= 0.07148 \text{ MPa}$$

37. ㉮ 프로판(C_3H_8)과 부탄(C_4H_{10})의 완전연소 반응식

$C_3H_8 + 5O_2 \rightarrow 3CO_2 + 4H_2O : 90\%$

$C_4H_{10} + 6.5O_2 \rightarrow 4CO_2 + 5H_2O : 10\%$

㉯ 이론산소량 계산 : 기체 연료 1 L당 필요한 산소량(L)은 연소반응식에서 산소의 몰수에 해당하는 양이고, 각 가스의 체적비에 해당하는 양만큼 필요하며, 혼합가스 전체량 4 L을 적용한다.

$$\therefore O_0 = \{(5 \times 0.9) + (6.5 \times 0.1)\} \times 4$$

$$= 20.6 \text{ L}$$

※ 문제에서 제시된 프로판과 부탄의 비율은 체적비로 적용한 것이다.

38. 전하의 생성을 방지하는 방법

㉮ 도전성 재료를 사용한다.

㉯ 접속과 접지(bonding and grounding)를 한다.

㉰ 침액 파이프(dip pipe)를 설치한다.

㉱ 정전기 전하를 제거하거나 전하의 생성을 방지하는 정전기 방지제를 사용한다.

39. 공기 중에서 프로판(C_3H_8)의 폭발범위는 2.2~9.5%(또는 2.1~9.4%, 2.1~9.5%)이다.

40. 가역 단열과정에서는 엔트로피 변화는 없는 등엔트로피 과정이고, 비가역 단열과정에서는 엔트로피가 증가한다.

제 3 과목 가스설비

41. 피크 시 평균가스 소비량(kg/h)

= 1일 1호당 평균가스 소비량×호수×피크 시 평균가스 소비율

$= 1.44 \times 50 \times 0.17 = 12.24 \text{ kg/h}$

※ 평균가스 소비율(%) 때문에 1일 소비량(kg/day) 단위에서 피크 시 소비량(kg/h)의 단위가 시간당으로 변경되는 것입니다. 즉, 1일 24시간 중 소비율에 해당하는 시간만큼 가스를 사용하는 것입니다.

42. 2단 감압식 조정기의 특징

(1) 장점

㉮ 입상배관에 의한 압력손실을 보정할 수 있다.

㉯ 가스 배관이 길어도 공급압력이 안정된다.

㉰ 각 연소기구에 알맞은 압력으로 공급이 가능하다.

㉱ 중간 배관의 지름이 작아도 된다.

(2) 단점

㉮ 설비가 복잡하고, 검사방법이 복잡하다.

㉯ 조정기 수가 많아서 점검 부분이 많다.

㉰ 부탄의 경우 재액화의 우려가 있다.

㉱ 시설의 압력이 높아서 이음방식에 주의하여야 한다.

43. 충전구의 나사형식

㉮ 가연성가스 : 왼나사(단, 암모니아, 브롬화메탄은 오른나사)

㉯ 가연성 이외의 가스 : 오른나사

※ 에틸렌은 가연성가스이기 때문에 왼나사이다.

44. 저온 단열법의 종류

㉮ 상압 단열법 : 일반적으로 사용되는 단열법

으로 단열공간에 분말, 섬유 등의 단열재를 충전하는 방법
㉯ 진공 단열법 : 고진공 단열법, 분말진공 단열법, 다층 진공 단열법

45. 각 가스의 제조방법
㉮ 프레온 : 염소화탄화수소(CCl_4)를 할로겐화 안티몬($SbCl_5$)을 촉매로 무수불화수소(HF)와 반응시켜 제조하는 방법 및 아세틸렌과 불화수소(HF)에서 디플로에탄을 합성하여 염소 처리하여 얻는다.
㉯ 메탄올(CH_3OH) : 일산화탄소(CO)와 수소(H_2)를 반응시켜 제조한다.
㉰ 암모니아(NH_3) : 고온, 고압하에서 수소(H_2)와 질소(N_2)를 반응시켜 제조한다.

46. 배관재료에 구리 및 구리합금을 사용할 때 암모니아는 부식의 우려가 있기 때문에, 아세틸렌은 화합폭발의 우려가 있어 사용을 제한하고 있다.

47. 전기방식 시설의 유지관리 점검주기 : KGS GC202
㉮ 관대지전위(管對地電位) : 1년에 1회 이상
㉯ 외부 전원법 전기방식시설 : 3개월에 1회 이상
㉰ 배류법 전기방식시설 : 3개월에 1회 이상
㉱ 절연부속품, 역전류 방지장치, 결선(bond), 보호절연체의 효과 : 6개월에 1회 이상

48. ㉮ 가스용 폴리에틸렌관(PE배관)의 SDR값 계산
$$\therefore SDR = \frac{외경}{최소두께} = \frac{60}{4} = 15$$
㉯ SDR값에 따른 압력 범위

SDR	압력 범위
11 이하	0.4 MPa 이하
17 이하	0.25 MPa 이하
21 이하	0.2 MPa 이하

$\therefore$ 이 배관은 0.25 MPa 이하에 사용할 수 있다.

49. ㉮ 비교회전도(비속도) : 원심펌프에서 토출량이 1 m^3/min, 양정이 1 m가 발생하도록 설계한 경우의 판상 임펠러의 매분 회전수이다.
㉯ 비교회전도 계산식
$$N_s = \frac{N \times \sqrt{Q}}{\left(\frac{H}{Z}\right)^{\frac{3}{4}}} = N \times Q^{\frac{1}{2}} \times \left(\frac{H}{Z}\right)^{-\frac{3}{4}}$$

여기서, N_s : 비교회전수(rpm · m^3/min · m)
N : 임펠러 회전수(rpm)
Q : 유량(m^3/min)
H : 전양정(m)
Z : 단수

50. 원심펌프의 상사법칙
㉮ 유량 $Q_2 = Q_1 \times \left(\frac{N_2}{N_1}\right)$
$\therefore$ 유량은 회전수 변화에 비례한다.
㉯ 양정 $H_2 = H_1 \times \left(\frac{N_2}{N_1}\right)^2$
$\therefore$ 양정은 회전수 변화의 2승에 비례한다.
㉰ 동력 $L_2 = L_1 \times \left(\frac{N_2}{N_1}\right)^3$
$\therefore$ 동력은 회전수 변화의 3승에 비례한다.

51. 배관용 강관의 기호 및 명칭

KS 기호	배관 명칭
SPP	배관용 탄소강관
SPPS	압력배관용 탄소강관
SPPH	고압배관용 탄소강관
SPHT	고온배관용 탄소강관
SPLT	저온배관용 탄소강관
SPW	배관용 아크용접 탄소강관
SPA	배관용 합금강관
STS×T	배관용 스테인리스강관
SPPG	연료가스 배관용 탄소강관

52. 공기액화 분리장치의 불순물
- ㉮ 탄산가스(CO_2), 수분 : 탄산가스(이산화탄소, CO_2)는 드라이아이스(고체탄산)가 되고, 수분은 얼음이 되어 밸브 및 배관을 폐쇄하므로 제거하여야 한다.
- ㉯ 아세틸렌(C_2H_2) : 응고되어 이동하다가 구리 등과 접촉하여 동 아세틸드가 생성되고 액체 산소 중에서 폭발할 가능성이 있어 제거되어야 한다.
- ※ 질소(N_2)는 공기액화 분리장치에서 제조하는 물질이다.

53. 용기에 의한 액화석유가스 사용시설 기준(KGS FU431)의 계량기 설치 기준을 적용받는 가스계량기 용량은 $30\ m^3/h$ 미만이다.

54. 안전증 방폭구조(e) : 정상운전 중에 가연성 가스의 점화원이 될 전기불꽃, 아크 또는 고온부분 등의 발생을 방지하기 위하여 기계적, 전기적 구조상 또는 온도상승에 대하여 특히 안전도를 증가시킨 구조이다.

55. LNG 저장탱크에서 사용되는 잠액식 펌프의 윤활 및 냉각은 LNG 자체를 이용한다.

56. 기화장치의 형식
- ㉮ 구조에 따른 분류 : 다관식, 코일식, 캐비닛식
- ㉯ 가열방식에 따른 분류 : 전열식 온수형, 전열식 고체전열형, 온수식, 스팀식 직접형, 스팀식 간접형

57. ㉮ 충전된 조건에서의 프로판의 비용적(비체적) 계산 : 비용적은 단위 질량(m)에 대한 체적(V)이다.
$$\therefore v = \frac{V}{m} = \frac{120}{50} = 2.4\ L/kg$$
- ㉯ 주어진 선도의 종축(세로축)에서 프로판의 비용적 '2.4'를 선택한 후 수평으로 이동하여 그래프와 교차되는 점에서 온도를 찾으면 약 67℃ 정도가 된다.

58. 이산화황(SO_2)은 불연성가스이므로 폭발을 일으키지 않는다.

59. 찜질방 가열로실의 구조
- ㉮ 가열로실은 불연재료를 사용하여 설치하며 가열로실과 찜질실은 불연재료의 벽 등으로 구분하여 설치하고, 가열로실과 찜질실 사이의 출입문은 금속재로 설치한다.
- ㉯ 가열로의 배기통 재료는 스테인리스강 또는 배기가스 및 응축수에 내열·내식성이 있는 것으로 한다.
- ㉰ 가열로의 배기통은 금속 이외의 불연성재료로 단열조치를 한다.
- ㉱ 가열로의 배기통 끝에는 배기통톱을 설치하되, 배기통에는 댐퍼를 설치하지 아니한다.
- ㉲ 가열로의 배기구와 배기통의 접속부는 스테인리스밴드 등으로 견고하게 설치하고, 각 접속부 등에는 내열실리콘 등(석고붕대 제외)으로 마감조치를 하여 기밀이 유지되게 한다.
- ㉳ 가열로실에는 급·환기시설을 갖춘다.
  - ㉠ 가열로의 연소에 필요한 공기를 공급할 수 있는 급기구(또는 급기시설) 및 환기구(또는 환기시설)를 설치한다.
  - ㉡ 급기구의 유효단면적은 배기통의 단면적 이상으로 한다.
  - ㉢ 환기구는 상시개방구조로서 급기구와 별도로 설치하고 환기구의 전체 유효단면적은 가스소비량 $0.085\ kg/h$ 당 $10\ cm^2$(지하실 또는 반지하실의 경우에는 가스소비량 $0.085\ kg/h$ 당 $3\ m^3/h$ 이상의 통풍능력를 갖는 강제통풍설비) 이상으로 하고, 2방향(강제통풍설비의 경우 제외) 이상으로 분산하여 설치한다.

60. 원심펌프의 운전 특성
㉮ 직렬 운전 : 양정 증가, 유량 일정
㉯ 병렬 운전 : 유량 증가, 양정 일정

제 4 과목 가스안전관리

61. ㉮ LPG 저장탱크 간의 유지거리 : 두 저장탱크의 최대지름을 합산한 길이의 $\frac{1}{4}$ 이상에 해당하는 거리를 유지하고, 두 저장탱크의 최대지름을 합산한 길이의 $\frac{1}{4}$ 의 길이가 1 m 미만인 경우에는 1 m 이상의 거리를 유지한다. 다만, LPG 저장탱크에 물분무 장치가 설치되었을 경우에는 저장탱크간의 이격거리를 유지하지 않아도 된다.
㉯ 유지거리 계산
$$\therefore L = \frac{D_1 + D_2}{4} = \frac{5+7}{4} = 3 \text{ m}$$

62. 냉동기 설비의 시험압력 : KGS AA111
㉮ 기밀시험압력 : 설계압력 이상의 압력으로 공기 또는 불연성가스(산소 및 독성가스를 제외)로 한다.
㉯ 내압시험압력 : 설계압력의 1.3배(공기, 질소 등의 기체를 사용하는 경우에는 1.1배) 이상의 압력

63. 기밀검사 기준 : KGS AC211
㉮ 용기의 기밀검사는 내압시험에 적합한 용기의 전수에 대해 기밀시험 압력 이상으로 압력을 가해 실시한다.
㉯ 내용적 125 L 미만 액화석유가스용기 : 공기·질소 등의 불활성가스를 사용하여 기밀시험압력 이상의 압력을 가하고 가스 누출 여부를 확인한다. 이 경우 누출 유무의 확인은 용기 1개에 1분(내용적 50 L 미만의 용기는 30초) 이상 실시한다.
㉰ 그 밖의 용기 : 공기·질소 등의 불활성가스를 사용하여 기밀시험압력 이상의 압력을 1분 이상 가하고 발포액 등을 도포하거나 또는 용기를 수조에 담가 누출이 없는가를 확인한다. 또한 저온용기에는 외통(外筒)과 그 밖에 부속품을 부착하기 전에 실시한다.
㉱ 판정 기준 : 기밀시험을 실시한 결과 누출이 없는 것을 적합으로 한다.

64. 부취제 주입작업 기준(KGS FP331) : ②, ③, ④ 외
㉮ 정전 시에도 주입설비가 정상작동될 수 있도록 조치한다.
㉯ 부취제가 누출될 수 있는 주변에 중화제 및 소화기 등을 구비하여 부취제 누출 시 곧바로 중화 및 소화작업을 한다.

65. 고압가스 설비에 설치된 안전밸브 작동압력은 내압시험압력(TP)의 10분의 8 이하에서 작동하여야 하며, 내압시험압력은 상용압력의 1.5배이다.
∴ 안전밸브 작동압력
$$= TP \times \frac{8}{10}$$
$$= (상용압력 \times 1.5) \times \frac{8}{10}$$
$$= (40.0 \times 1.5) \times \frac{8}{10} = 48 \text{ MPa}$$

66. 혼합적재 금지 기준 : KGS GC206
㉮ 염소와 아세틸렌, 암모니아, 수소는 동일차량에 적재하여 운반하지 않는다.
㉯ 가연성가스와 산소를 동일차량에 적재하여 운반하는 때에는 그 충전용기의 밸브가 서로 마주보지 아니하도록 적재한다.
㉰ 충전용기와 위험물 안전관리법에 따른 위험물과는 동일차량에 적재하여 운반하지 않는다.

㉣ 독성가스 중 가연성가스와 조연성가스는 동일차량 적재함에 운반하지 않는다.

67. 냉동기의 제품성능의 기준 : KGS AA111
㉮ 진동방지성능 : 진동에 의하여 냉매가스가 누출할 우려가 있는 부분에 대하여는 주름관을 사용하는 등 방진조치를 한다.
㉯ 파손방지성능 : 냉매설비의 돌출부 등 충격에 의하여 쉽게 파손되어 냉매가스가 누출될 우려가 있는 부분에 대하여는 적절한 방호조치를 한다.
㉰ 부식방지성능 : 냉매설비의 외면의 부식에 의하여 냉매가스가 누출될 우려가 있는 부분에 대하여는 부식방지조치를 한다.

68. 도시가스의 정의(도법 제2조) : 천연가스(액화한 것을 포함), 배관을 통하여 공급되는 석유가스, 나프타부생가스, 바이오가스 또는 합성천연가스로서 대통령령으로 정하는 것을 말한다.

69. 저장탱크에 안전공간을 확보하여 온도상승으로 인한 액체팽창을 흡수하고, 기체가 체류할 수 있는 공간을 확보하여 탱크의 파열을 방지한다.

70. 정압기 기준 : KGS FP552
㉮ 정압기의 분해점검 및 고장에 대비하여 예비 정압기를 설치하고, 이상압력 발생 시에는 자동으로 기능이 전환되는 구조로 한다. 다만, 단독사용자에게 가스를 공급하는 경우에는 예비 정압기를 설치하지 않을 수 있다.
㉯ 정압기 분해점검 : 정압기는 2년에 1회 이상 분해점검을 실시하고, 필터는 가스공급 개시 후 1월 이내 및 가스공급개시 후 매년 1회 이상 분해점검을 실시하고 1주일에 1회 이상 작동상황을 점검한다.

㉰ 수분 및 불순물 제거장치 설치 : 정압기에 설치하는 수분 및 불순물 제거장치는 정압기의 입구에 설치한다. 다만, 단독사용자에게 가스를 공급하는 정압기의 경우 다른 정압기에 의하여 수분 및 불순물이 충분히 제거되는 경우에는 이를 생략할 수 있다.
㉱ 과압안전장치 설치 : 정압기 출구 배관의 이상압력상승을 방지하기 위하여 적합한 안전장치의 작동순서·작동압력 및 안전밸브 분출면적 등은 기준에 따른다. 다만, 단독사용자에게 가스를 공급하는 정압기의 경우에는 이 기준을 따르지 않을 수 있다.

71. 고압차단장치 구조 기준 : KGS FP113
㉮ 설정압력이 눈으로 판별할 수 있는 것으로 한다.
㉯ 설정압력 정밀도

설정압력의 범위	설정압력의 정밀도
2.0 MPa 이상	-10 % 이내
1.0 MPa 이상 2.0 MPa 미만	-12 % 이내
1.0 MPa 미만	-15 % 이내

[비고] 위의 수치는 압력 설정치가 고정된 고압차단장치일 때 그 설정압력을 기준으로 하고, 가변형의 것은 해당 고압차단장치의 압력눈금판에 설정용 지침을 합치시켰을 때 표시된 압력을 설정압력으로 한다.
㉰ 고압차단장치는 원칙적으로 수동복귀방식으로 한다. 다만, 가연성가스와 독성가스 이외의 가스를 냉매로 하는 유닛식의 냉매설비로서 운전 및 정지가 자동적으로 되어도 위험이 생길 우려가 없는 구조의 것은 그러하지 아니하다.
㉱ 고압차단장치는 냉매설비 고압부의 압력을 바르게 검지할 수 있고 압력계를 부착하는 경우에는 양자가 검지하는 압력과의 차압을 최소한 적게 되도록 부착한다.

[참고] **고압차단장치의 역할** : 압력이 상용압력을 초과할 때 압축기의 운전을 정지시키는 역할을 한다.

72. 과류차단성능 : KGS AA313

㉮ 과류차단기구의 작동성능은 압축공기를 사용하여 기준에 적합한 것으로 한다.
㉯ 과류차단기구가 작동하는 공기 유량(온도 20℃, 1기압에서의 수치. 이하 같다)의 범위는 다음과 같다.
  ㉠ 용기 내의 압력이 0.1 MPa일 때 : 2 m³/h 이상 2.7 m³/h 이하
  ㉡ 용기 내의 압력이 1 MPa일 때 : 4.3 m³/h 이상 6.3 m³/h 이하
㉰ 용기 전도 시 과류차단기구가 작동하는 공기유량
  ㉠ 용기 내의 압력이 0.1 MPa일 때 : 2.7 m³/h 이하
  ㉡ 용기 내의 압력이 1 MPa일 때 : 6.3 m³/h 이하
㉱ 과류차단기구가 작동한 후의 공기 누출량은 용기 내 압력이 0.07 MPa 이상 1.5 MPa 이하의 범위 내에서 5 L/h 이하인 것으로 한다.

[참고] **과류차단형 및 차단기능형 용기밸브**
㉮ 과류차단형 액화석유가스용 용기밸브 : 내용적 30 L 이상 50 L 이하의 액화석유가스용기에 부착되는 것으로서, 규정량 이상의 가스가 흐르는 경우 가스공급을 자동적으로 차단하는 과류차단기구를 내장한 용기밸브이다.
㉯ 차단기능형 액화석유가스용 용기밸브 : 내용적 30 L 이상 50 L 이하의 액화석유가스용기에 부착되는 것으로서, 가스충전구에서 압력조정기의 체결을 해제할 경우 가스공급을 자동적으로 차단하는 차단기구가 충전구에 내장된 용기밸브이다.

73. 2023년 가스사고 원인별 구성비 : 한국가스안전공사 자료

구분	발생건수	구성비(%)
사용자 취급 부주의	25	27.2
공급자 취급 부주의	14	15.2
타 공사	6	6.5
시설미비	18	19.6
제품노후(고장)	16	17.4
교통사고	2	2.2
기타	11	12.0
계	92	100

74. 불소(F_2)의 특징

㉮ 조연성, 독성가스(TLV-TWA 0.1 ppm, LC50 185 ppm·1 h·Rat)이다.
㉯ 연한 황색의 기체이며 심한 자극성이 있다.
㉰ 형석(CaF_2), 빙정석(Na_3AlF_6) 등으로 자연계에 존재한다.
㉱ 화합력이 매우 강하여 모든 원소와 결합한다.(가장 강한 산화제이다)
㉲ 물과 반응하여 불화수소(HF)가 생성된다.
$2F_2 + 2H_2O \rightarrow 4HF + O_2$
㉳ 수소와는 차고 어두운 곳에서도 활발하게 발화하고, 폭발적으로 반응한다.
㉴ 황(S)이나 인(P)과는 액체 공기의 저온에서도 심하게 반응한다.
㉵ 고체 불소와 액체 수소와는 -252℃의 저온에서도 반응한다.

75. 재료의 절단·성형 및 다듬질 가공 기준 : KGS AC111

㉮ 재료의 절단·성형 그 밖의 가공(용접을 제외한다)은 가공 후 재료의 표면에 사용상 지장이 있는 상처·타격 흠·부식 등의 결함이 없는 것으로 한다.
㉯ 동판 또는 경판에 사용하는 판은 재료의 기계적 성질을 손상되지 않도록 성형하고,

각부의 두께가 설계두께 이하가 되지 않도록 성형한다.
㉰ 경판의 성형 공차는 동판과의 접속부 안지름의 1.25 % 이하로 한다.
㉱ 두께 8 mm 이상의 판에 구멍을 뚫은 경우에는 펀칭가공으로 하지 않는다.
㉲ 두께 8 mm 미만의 판에 펀칭가공으로 구멍을 뚫은 경우에는 그 가장자리를 1.5 mm 이상 깎아낸다.
㉳ 가스로 구멍을 뚫은 경우에는 그 가장자리를 3 mm 이상 깎아낸다. 다만, 뚫은 자리를 용접하는 경우에는 그러하지 않는다.
㉴ 관 구멍은 관의 양면에 날카로운 테두리가 없도록 양면을 모따기 한다.
㉵ 관 구멍은 확관으로 넓히지 않는다. 다만, 관판의 두께가 확관하기에 충분할 경우에는 그러하지 않다.
㉶ 합금강 및 경화성이 있는 재료를 가스열·아크열 등으로 용단한 경우에는 필요에 따라 변질부 및 경화된 부분을 제거한다.
㉷ 가스로 절단한 판의 단면은 필요에 따라 그라인더로 다듬질한다.
㉮ 노즐, 맨홀 등의 설치부 중 현저히 큰 응력이 생긴 부분에는 그 설치부 판 두께의 4분의 1 또는 3 mm 중에서 작은 값 이상의 반경으로 둥글게 하거나 45도의 각도로 2 mm 이상의 모따기를 한다.

76. $W = \dfrac{V}{C} = \dfrac{59}{2.35} = 25.106 \, \text{kg}$

77. 도시가스 배관을 지하에 매설하는 경우 배관은 그 외면으로부터 지하의 다른 시설물과 0.3 m 이상의 거리를 유지한다.

78. **고압가스 기화장치의 성능** : KGS AA911
㉮ 과열방지 성능 : 온수가열방식은 그 온수의 온도가 80℃ 이하이고, 증기가열방식은 그 증기의 온도가 120℃ 이하로 한다.
㉯ 안전장치 작동 성능 : 안전장치는 최고 허용압력 이하의 압력에서 작동하는 것으로 한다.
㉰ 내압 성능 : 내압시험은 물을 사용하는 것을 원칙으로 하고, 설계압력의 1.3배 이상의 압력으로 내압시험을 실시하였을 때 각 부분에 누수, 변형, 이상 팽창이 없는 것으로 한다. 다만, 질소 또는 공기 등의 불활성 기체를 사용하여 설계압력의 1.1배의 압력으로 실시할 수 있다.
㉱ 기밀 성능 : 기밀시험은 공기 또는 불활성 가스를 사용하여 설계압력 이상의 압력으로 실시하여 각 부분에 가스의 누출이 없는 것으로 한다.

79. **재료 기준(KGS AC113)** : 탱크의 재료에는 KS D 3521(압력용기용 강판), KS D 3541(저온 압력용기용 탄소 강판), 스테인리스강 또는 이와 동등 이상의 화학적 성분, 기계적 성질 및 가공성 등을 갖는 재료를 사용한다. 다만, 용접을 하는 부분의 탄소강은 탄소함유량이 0.35 % 미만인 것으로 한다.

80. **내압시험방법 중 팽창측정시험** : 내압시험압력을 가하여 용기가 완전히 팽창한 후 30초 이상 그 압력을 유지하여 누출 및 이상 팽창이 없는가를 확인한다.

제 5 과목 가스계측

81. 기본단위의 종류

기본량	길이	질량	시간	전류	물질량	온도	광도
기본단위	m	kg	s	A	mol	K	cd

82. 피드백(feed back) : 폐[閉]회로(loop)를 형성하여 제어량의 크기와 목표값을 비교하여 그 값이 일치하도록 출력측의 신호를 입력측으로 되돌림 신호(피드백 신호)를 보내어 수정동작을 하는 방법으로 이것을 이용한 자동제어 방식이 피드백 제어이다.

83. 다이어프램식 압력계 특징
㉮ 응답속도가 빠르나 온도의 영향을 받는다.
㉯ 극히 미세한 압력 측정에 적당하다.
㉰ 부식성 유체의 측정이 가능하다.
㉱ 압력계가 파손되어도 위험이 적다.
㉲ 연소로의 통풍계(draft gauge)로 사용한다.
㉳ 측정범위는 20~5000 mmH$_2$O이다.

84. ㉮ 보일-샤를의 법칙 $\dfrac{P_0 V_0}{T_0} = \dfrac{P_1 V_1}{T_1}$을 이용하여 20℃, 750 mmHg 상태의 기체 연료 5 L를 표준상태(0℃, 1기압)의 체적(V_0)으로 보정한다.

$$\therefore V_0 = \dfrac{P_1 V_1 T_0}{P_0 T_1}$$
$$= \dfrac{750 \times 5 \times (273+0)}{760 \times (273+20)}$$
$$= 4.597 ≒ 4.6 \text{ L}$$
$$= 0.0046 \text{ Nm}^3$$

㉯ 상승온도(Δt) 계산 : 유수형 열량계의 발열량을 구하는 식
$H_h = \dfrac{냉각수량 \times 냉각수\ 비열 \times \Delta t}{시료량}$에서 상승온도 Δt를 구한다. 냉각수량 2500 g은 2.5 kg이고, 냉각수 비열은 언급이 없으므로 1 kcal/kg·℃을 적용한다.

$$\therefore \Delta t = \dfrac{H_h \times 시료량}{냉각수량 \times 냉각수\ 비열}$$
$$= \dfrac{6550 \times 0.0046}{2.5 \times 1}$$
$$= 12.052℃$$

85. 오르사트법 가스분석 순서 및 흡수제

순서	분석가스	흡수제
1	CO$_2$	KOH 30% 수용액
2	O$_2$	알칼리성 피로갈롤용액
3	CO	암모니아성 염화 제1구리 용액

86. 뱅뱅 : 제어량이 목표값을 중심으로 일정한 폭의 상하 진동을 하게 되는 현상으로 온-오프 동작(2위치 동작)에서 발생한다.

87. $R = \dfrac{\sqrt{N}}{4} \times \dfrac{k}{k+1} \times \dfrac{\alpha-1}{\alpha}$이다.

$\dfrac{R_2}{R_1} = \dfrac{\dfrac{\sqrt{N_2}}{4} \times \dfrac{k_2}{k_2+1} \times \dfrac{\alpha_2-1}{\alpha_2}}{\dfrac{\sqrt{N_1}}{4} \times \dfrac{k_1}{k_1+1} \times \dfrac{\alpha_1-1}{\alpha_1}}$에서

$k_1 = k_2$, $\alpha_1 = \alpha_2$이므로

$\dfrac{R_2}{R_1} = \dfrac{\sqrt{N_2}}{\sqrt{N_1}}$이다.

$\therefore N_2 = \dfrac{R_2^2 \times N_1}{R_1^2} = \dfrac{2^2 \times 1}{1^2} = 4$

∴ 분리도(R)를 2배로 증가시키기 위해서는 컬럼의 단수(N)를 4배 증가시킨다.

88. 서미스터 온도계 특징
㉮ 감도가 크고 응답성이 빨라 온도변화가 작은 부분 측정에 적합하다.
㉯ 온도 상승에 따라 저항치가 감소한다.(저항온도계수가 부특성(負特性)이다)
㉰ 소형으로 협소한 장소의 측정에 유리하다.
㉱ 소자의 균일성 및 재현성이 없다.
㉲ 흡습에 의한 열화가 발생할 수 있다.
㉳ 측정범위는 -100~300℃ 정도이다.

89. 감도유량 : 가스미터가 작동하는 최소유량
  ㉮ 가정용 막식 가스미터 : 3 L/h 이하
  ㉯ LPG용 가스미터 : 15 L/h 이하

90. 연당지 제조법 및 검지가스
  ㉮ 제조법 : 초산납(초산연[鉛]) 10 g을 물 90 mL로 용해하여 만든다.
  ㉯ 검지가스 : 황화수소(H_2S)가 검지되면 회흑색으로 변색된다.

91. 액면계의 구분
  ㉮ 직접식 : 직관식, 플로트식(부자식), 검척식
  ㉯ 간접식 : 압력식, 초음파식, 저항전극식, 정전용량식, 방사선식, 차압식, 다이어프램식, 편위식, 기포식, 슬립 튜브식 등

92. 바이메탈 온도계의 특징
  ㉮ 유리온도계보다 견고하다.
  ㉯ 구조가 간단하고, 보수가 용이하다.
  ㉰ 온도 변화에 대한 응답이 늦다.
  ㉱ 히스테리시스(hysteresis) 오차가 발생되기 쉽다.
  ㉲ 온도조절 스위치나 자동기록 장치에 사용된다.
  ㉳ 작용하는 힘이 크다.
  ㉴ 측정범위는 -50~500℃이다.

93. 모발습도계의 특징
  ㉮ 구조가 간단하고 취급이 쉽다.
  ㉯ 추운 지역에서 사용하기 편리하다.
  ㉰ 재현성이 좋다.
  ㉱ 상대습도가 바로 나타난다.
  ㉲ 히스테리시스 오차가 있다.
  ㉳ 시도가 틀리기 쉽다.
  ㉴ 정도가 좋지 않다.
  ㉵ 모발의 유효 작용기간이 2년 정도이다.

94. 검지관의 검지한도 및 측정농도범위

측정가스	측정농도(vol%)	검지한도(ppm)
아세틸렌	0~0.3	10
수소	0~1.5	250
프로판	0~5.0	100
산소	0~30	1000

95. ㉮ 액화석유가스의 밀도 0.5 g/cm³은 0.5×10^3 kg/m³이다.
  ㉯ 바닥에서 받는 압력 계산 : 파스칼(Pa)은 N/m²이고 뉴턴(N)은 kg·m/s²이며, 1 kPa은 1000 Pa이다.
  $\therefore P = \gamma \times h = (\rho \times g) \times h$
  $= (0.5 \times 10^3 \times 9.8) \times 2.0$
  $= 9800$ N/m² $= 9800$ Pa $= 9.80$ kPa

96. 차압 60 mmH₂O는 60 kgf/m²과 같다.
  $\therefore V = C\sqrt{2g\dfrac{\Delta P}{\gamma}} = 1 \times \sqrt{2 \times 9.8 \times \dfrac{60}{1.2}}$
  $= 31.304$ m/s

97. 서모스탯(thermostat) 검지기 : 가스와 공기의 열전도가 다른 것을 측정원리로 한 것으로 전기적으로 자기가열한 서모스탯에 측정하고자 하는 가스를 접촉시키면 기체의 열전도에 의해서 서모스탯으로부터 단위시간에 잃게 되는 열량은 가스의 종류 및 농도에 따라서 변화한다. 따라서 가열전류를 일정하게 유지하면 가스 중에 방열에 의한 서모스탯의 온도변화는 전기저항의 변화로서 측정할 수 있고 이것을 브릿지회로에 조립하면 전위차가 생기면서 전류가 흘러 가스의 농도를 측정할 수 있다.

98. 가스검지기의 경보방식
  ㉮ 즉시 경보형 : 가스농도가 설정치에 도달하면 즉시 경보를 울리는 형식

㉯ 지연 경보형 : 가스농도가 설정치에 도달한 후 그 농도 이상으로 계속해서 20~60초 정도 지속되는 경우에 경보를 울리는 형식
㉰ 반시한 경보형 : 가스농도가 설정치에 도달한 후 그 농도 이상으로 계속해서 지속되는 경우에 가스농도가 높을수록 경보지연시간을 짧게 한 형식

99. **탄성식 압력계의 종류** : 부르동관식, 다이어프램식, 벨로스식, 캡슐식

100. ㉮ 저압배관의 유량식 $Q = K\sqrt{\dfrac{D^5 \cdot H}{S \cdot L}}$ 에서 공기를 1, 프로판을 2로 구분하여 비례식을 쓰면 다음과 같다.

$$\therefore \frac{Q_2}{Q_1} = \frac{\left(K_2\sqrt{\dfrac{D_2^5 \cdot H_2}{S_2 \cdot L_2}}\right)}{\left(K_1\sqrt{\dfrac{D_1^5 \cdot H_1}{S_1 \cdot L_1}}\right)}$$ 에서 동일한 시설이기 때문에 유량계수(K), 안지름(D), 압력손실(H), 배관길이(L)은 변함이 없으므로 삭제한 후 다시 정리하면

$$\frac{Q_2}{Q_1} = \frac{\dfrac{1}{\sqrt{S_2}}}{\dfrac{1}{\sqrt{S_1}}}$$ 이고, 여기서 프로판이 통과할 때 유량 Q_2를 구한다.

㉯ 질량 유량 계산 : 체적유량(m³/h)에 밀도(kg/m³)를 곱하면 질량유량(kg/h)으로 변환된다.

$$\therefore Q_2 = \left(\frac{\dfrac{1}{\sqrt{S_2}}}{\dfrac{1}{\sqrt{S_1}}} \times Q_1\right) [\text{m}^3/\text{h}] \times \rho [\text{kg/m}^3]$$

$$= \left(\frac{\dfrac{1}{\sqrt{1.52}}}{\dfrac{1}{\sqrt{1}}} \times 300\right) \times 1.86$$

$$= 452.597\,\text{kg/h}$$

CBT 모의고사 6

정답

과목	1	2	3	4	5	6	7	8	9	10
가스유체역학	③	②	①	③	③	②	③	④	④	②
	11	12	13	14	15	16	17	18	19	20
	②	③	②	②	③	④	③	①	②	③
연소공학	21	22	23	24	25	26	27	28	29	30
	③	②	②	③	②	①	②	④	③	①
	31	32	33	34	35	36	37	38	39	40
	①	④	②	②	④	①	①	④	①	②
가스설비	41	42	43	44	45	46	47	48	49	50
	④	①	②	④	②	③	④	④	②	③
	51	52	53	54	55	56	57	58	59	60
	④	②	④	②	④	②	②	③	④	①
가스안전관리	61	62	63	64	65	66	67	68	69	70
	③	③	③	①	③	②	②	②	①	④
	71	72	73	74	75	76	77	78	79	80
	④	②	②	②	③	②	④	①	②	④
가스계측	81	82	83	84	85	86	87	88	89	90
	①	③	②	③	②	②	③	①	②	④
	91	92	93	94	95	96	97	98	99	100
	②	④	②	③	②	③	③	②	①	④

제1과목 가스유체역학

1. 층류 경계층 두께

㉮ 경계층 내의 속도가 자유 흐름 속도의 99 %가 되는 점까지의 거리이다.

㉯ 층류 경계층 두께는 $Re^{\frac{1}{2}}$에 반비례하고, $x^{\frac{1}{2}}$에 비례하여 증가한다.

㉰ 난류 경계층 두께는 $Re^{\frac{1}{5}}$에 반비례하고, $x^{\frac{4}{5}}$에 비례하여 증가한다.

㉱ 경계층의 두께는 점성에 비례한다.

2. ㉮ 비열비(k) 계산

$$\therefore k = \frac{C_p}{C_v} = \frac{1.213}{0.821} = 1.477$$

㉯ 압축 후의 온도(T_2) 계산 : $\frac{T_2}{T_1} = \left(\frac{P_2}{P_1}\right)^{\frac{k-1}{k}}$

에서 T_2를 계산한다.

$$\therefore T_2 = T_1 \times \left(\frac{P_2}{P_1}\right)^{\frac{k-1}{k}}$$
$$= (273 + 25) \times \left(\frac{135}{100}\right)^{\frac{1.477-1}{1.477}}$$
$$= 328.327 \text{ K} - 273 = 55.327 \text{°C}$$

3. 달시-바이스바하식 $h_f = f \times \frac{L}{d} \times \frac{V^2}{2g}$ 에서 속도 V를 구한다.

$$\therefore V = \sqrt{\frac{h_f \cdot d \cdot 2g}{f \cdot L}}$$
$$= \sqrt{\frac{10 \times 0.2 \times 2 \times 9.8}{0.025 \times 1000}} = 1.252 \text{ m/s}$$

4. 기름의 비중을 밀도(ρ)로 변환하여 평판에 작용하는 힘(F)을 계산한다.

$$\therefore F = \rho \times Q \times V = \rho \times \left(\frac{\pi}{4} \times D^2 \times V\right) \times V$$
$$= (0.83 \times 10^3) \times \left(\frac{\pi}{4} \times 0.05^2 \times 20\right) \times 20$$
$$= 651.8804 \text{ kg} \cdot \text{m/s}^2 = 651.8804 \text{ N}$$

5. 초음속 흐름($M > 1$)일 때 변화

㉮ 축소부 : 압력, 밀도, 온도는 증가하고 속도, 단면적은 감소한다.

㉯ 확대부 : 속도, 단면적은 증가하고 압력, 밀도, 온도는 감소한다.

6. 질량 보존의 법칙 : 어느 위치에서나 유입 질량과 유출 질량이 같으므로 일정한 관내에 축적된 질량은 유속에 관계없이 일정하다는 것으로 실제유체나 이상유체에 관계없이 모두 적용되는 것으로 연속의 방정식에 적용된다.

7. ㉮ A 유체의 상당 높이 계산

$$\therefore h_e = \frac{\gamma_A \times h_A}{\gamma} = \frac{0.7 \times 10^3 \times 5}{1000} = 3.5 \text{ mm}$$

㉯ 전체 높이 계산

$$\therefore h = h_e + h' = 3.5 + 10 = 13.5 \text{ m}$$

㉰ 유속 계산 : 베르누이 방정식 속도수두

$h = \frac{V^2}{2g}$ 에서 속도 V를 구한다.

$$\therefore V = \sqrt{2gh} = \sqrt{2 \times 9.8 \times 13.5}$$
$$= 16.266 \text{ m/s}$$

8. ㉮ 액화석유가스의 밀도 0.5 g/cm³은 0.5×10^3 kg/m³이다.

㉯ 바닥에서 받는 압력 계산 : 파스칼(Pa)은 'N/m²'이고 뉴턴(N)은 'kg · m/s²'이다.

$$\therefore P = \gamma \times h = (\rho \times g) \times h$$
$$= (0.5 \times 10^3 \times 9.8) \times 2.0$$
$$= 9800 \text{ N/m}^2 = 9800 \text{ Pa} = 9.80 \text{ kPa}$$

9. 일반 기체상수 $\overline{R} = 8314$ J/kmol · K이므로 $\overline{R} = \frac{R}{M} = \frac{8314}{M}$ J/kg · K가 되므로 이것을 음속 계산식 $C = \sqrt{\frac{dP}{d\rho}} = \sqrt{\frac{kP}{\rho}} = \sqrt{kRT}$ 의 R 값에 대입한다.

$$\therefore C = \sqrt{kRT} = \sqrt{\frac{k\overline{R}\,T}{M}}$$

10. 체크밸브(check valve) : 역류방지밸브라 하며 유체를 한 방향으로만 흐르게 하고 역류를 방지하는 목적에 사용하는 밸브이다. 스윙형은 수직, 수평 배관에 모두 사용할 수 있고, 리프트형은 수평 배관에만 사용할 수 있다.

11. 역학적 상사를 이루므로 암모니아의 레이놀즈수(Re_p)와 물의 레이놀즈수(Re_m)은 같다.

$$\therefore \frac{D_p V_p}{\nu_p} = \frac{D_m V_m}{\nu_m}$$ 에서 암모니아의 속도 V_p를 구한다.

$$\therefore V_p = \frac{\nu_p D_m}{\nu_m D_p} \times V_m$$
$$= \frac{0.34 \times 10^{-6} \times 150}{1.006 \times 10^{-6} \times 75} \times 4 = 2.703 \text{ m/s}$$

12. ㉮ 터보형 펌프의 종류 : 원심 펌프(볼류트 펌프, 터빈 펌프), 사류 펌프, 축류 펌프
㉯ 피스톤 펌프는 용적형 펌프 중에서 왕복 펌프에 해당되는 펌프이다.

13. 축류펌프의 특징
㉮ 비속도(비교회전도)가 1200~2000 정도로 커서 저양정에서도 회전수를 크게 할 수 있어 원동기와 직결할 수 있다.
㉯ 회전차 깃의 양력에 의해 속도에너지와 압력에너지를 공급받으며, 축방향으로 유입하여 축방향을 유출하는 형식이다.
㉰ 양정의 변화에 대한 유량 변화가 적고, 효율 저하도 적다.
㉱ 유량이 크고 양정이 10 m 이하의 저양정에 적합하다.
㉲ 구조가 간단하고 펌프 내의 유로에 단면변화가 적으므로 수력손실이 적다.
㉳ 가동익의 경우 넓은 범위의 양정에서 높은 효율이 가능하다.
㉴ 양정을 증가시키려면 깃의 수를 증가시키고, 유량을 증가시키려면 가동익의 설치각도를 크게 하면 된다.
㉵ 고정익은 유체속도의 회전성분을 제거하는 역할을 한다.
㉶ 농업용 용수펌프, 배수펌프, 상·하수도용 펌프, 증기터빈의 복수기의 순환펌프 등에 사용된다.

14. $Q = A \times V = \left(\frac{\pi}{4} \times D^2\right) \times V$
$= \left(\frac{\pi}{4} \times 0.2^2\right) \times 20 = 0.6283 \text{ m}^3/\text{s}$

15. 정체온도 : 외부와의 열출입이 없는 단열용기에 들어 있는 기체가 단면적이 변화하는 관을 통하여 흐를 때 용기 안의 단면적이 매우 큰 경우 유속이 0이 되는 지점의 온도이다.
$$\therefore T_0 = T + \frac{k-1}{kR} \times \frac{V^2}{2g}$$
여기서, T_0 : 정체온도
(stagnation temperature)
T : 정온(static temperature)
$\frac{k-1}{kR} \times \frac{V^2}{2g}$: 동온(dynamic temperature)
∴ 압축성 흐름 중 정체온도가 변할 수 있는 것은 단면이 일정한 도관에서 등온(정온) 마찰흐름인 경우이다.

16. 의소성 유체(pseudo plastics fluid) : 의가소성 유체라 하며, 전단응력과 속도구배 선도에서 원점을 지나지만 전단응력이 작으면 위로 볼록해졌다가 전단응력이 커지면 직선으로 되는 유체로 고분자 용액(고무 라텍스 등)이 해당된다.

17. 수직 충격파가 발생하면 압력, 온도, 밀도, 엔트로피가 증가하며 속도는 감소한다.(속도가 감소하므로 마하수는 감소한다.)

18. ㉮ M, L, T로 나타내는 것은 절대단위(SI 단위) 차원이다.
㉯ 힘의 단위 및 차원

구분	단위	차원
SI단위	N	MLT^{-2}
공학단위	kgf	F

19. 연속의 방정식 : 질량보존의 법칙을 유체 유동에 적용시킨 것으로 어느 지점에서나 유량(체적유량, 질량유량)은 같으며, 단면적이 축소되면 유속과 마찰손실은 증가하며, 압력은 감소한다.

20. 미사일의 속도를 'm/s' 단위로 변환하여 적용하기 위하여 3600으로 나눠준다.

$$\therefore M = \frac{V}{C} = \frac{V}{\sqrt{kRT}}$$

$$= \frac{\frac{1260 \times 10^3}{3600}}{\sqrt{1.4 \times 287 \times (273+25)}} = 1.011$$

제 2 과목 연소공학

---

21. 단열과정의 온도와 압력의 관계식

$\frac{T_2}{T_1} = \left(\frac{P_2}{P_1}\right)^{\frac{k-1}{k}}$ 에서 압축 후의 온도 T_2를 구하여, 섭씨온도로 변환한다.

$$\therefore T_2 = T_1 \times \left(\frac{P_2}{P_1}\right)^{\frac{k-1}{k}}$$

$$= (273-190) \times \left(\frac{20}{0.5}\right)^{\frac{1.41-1}{1.41}}$$

$$= 242.619 \text{ K} - 273 = -30.807 \text{℃}$$

22. 열효율 향상 대책
  ㉮ 열손실을 줄인다.
  ㉯ 연소가스 온도를 높인다.
  ㉰ 연소기구에 알맞은 적정연료를 사용한다.
  ㉱ 장치를 연속적으로 가동한다.
  ㉲ 전열량을 증가시킨다.
  ㉳ 장치의 설계조건과 운전조건을 일치시킨다.

23. 역화 방지 방법
  ㉮ 연료 분출구(염공, 노즐)를 작게 한다.(또는 적정 크기로 유지한다.)
  ㉯ 콕을 완전히 개방한다.
  ㉰ 적정 공급압력을 유지한다.
  ㉱ 버너가 과열되지 않도록 한다.
  ㉲ 연료의 분출속도를 크게 한다.
  ㉳ 1차 공기량을 착화 범위보다 적게 공급한다.

24. 화격자 연소의 화염이동 속도
  ㉮ 발열량이 높을수록 커진다.
  ㉯ 석탄 입자의 지름이 작을수록 커진다.
  ㉰ 1차 공기의 온도가 높을수록 커진다.
  ㉱ 석탄화도가 낮을수록 커진다.
  ※ 석탄의 탄화도(석탄화도)가 낮을수록 휘발분이 많아서 화염이동속도는 커진다.

25. ㉮ 배기가스의 평균분자량 계산 : 배기가스 성분의 고유분자량에 체적비를 곱하여 합산한다. 각 성분의 분자량은 N_2 28, CO_2 44, O_2 32, CO 28이다.

$$\therefore M = (28 \times 0.7) + (44 \times 0.15) + (32 \times 0.11) + (28 \times 0.04) = 30.84$$

㉯ 배기가스 0.3 m³을 100 kPa, 30℃ 상태에서 질량 계산 : SI단위 이상기체 상태 방정식 $PV = GRT$에서 질량 G를 구한다.

$$\therefore G = \frac{PV}{RT} = \frac{100 \times 0.3}{\frac{8.314}{30.84} \times (273+30)}$$

$$= 0.3672 \text{ kg}$$

㉰ 배기가스의 평균 정적비열 계산 : 배기가스 성분의 고유 정적비열에 체적비를 곱하여 합산한다.

$$\therefore C_{v_m} = (0.7448 \times 0.7) + (0.6529 \times 0.15) + (0.6618 \times 0.11) + (0.7445 \times 0.04)$$

$$= 0.7218 \text{ kJ/kg} \cdot \text{K}$$

㉱ 열전달량 계산

$$\therefore Q = GC_{v_m}(T_2 - T_1)$$

$$= 0.3672 \times 0.7218 \times \{(273+180) - (273+30)\}$$

$$= 39.756 \text{ kJ}$$

26. $COP_H = \frac{Q_1}{W} = \frac{Q_1}{Q_1 - Q_2} = \frac{T_1}{T_1 - T_2}$

$$= \frac{273 + 227}{(273+227) - (273-23)}$$

$$= 2$$

27. 오토 사이클(Otto cycle)의 이론 열효율

$$\therefore \eta = \frac{W}{Q_1} = \frac{Q_1 - Q_2}{Q_1} = 1 - \frac{Q_2}{Q_1}$$
$$= 1 - \left(\frac{T_B - T_C}{T_A - T_D}\right) = 1 - \left(\frac{1}{\gamma}\right)^{k-1}$$
$$= 1 - \gamma\left(\frac{1}{\gamma}\right)^k$$

28. 연료(fuel)의 구비조건
- ㉮ 공기 중에서 연소하기 쉬울 것
- ㉯ 저장 및 운반, 취급이 용이할 것
- ㉰ 발열량이 클 것
- ㉱ 구입하기 쉽고 경제적일 것
- ㉲ 인체에 유해성이 없을 것
- ㉳ 휘발성이 좋고 내한성이 우수할 것
- ㉴ 연소 시 회분 등 배출물이 적을 것
- ※ 발열량이 큰 연료는 옳은 내용이지만 연소방법에 무관하다는 내용이 틀린 것으로 연료 종류(고체연료, 액체연료, 기체연료)에 따른 적합한 연소방법을 선택하여야 완전연소가 가능하고, 최고의 발열량을 발생할 수 있다.

29. 냉동장치에서 팽창밸브(expansion valve)는 교축과정(throttling process)을 행하는 곳으로 교축과정에서는 온도와 압력은 감소(강하)하고, 엔트로피는 증가하며, 엔탈피는 일정(불변)하다.

30. ㉮ 압력(P) 엔탈피(h) 선도 : 압력(P)을 세로축에, 엔탈피(h)를 가로축에 표시하는 것으로 일반적으로 증기압축 냉동사이클에 사용한다. 등엔트로피 선의 기울기는 압축기에서 압축된 냉매 기체의 등비체적선과 같은 기울기를 갖는다.
㉯ 비체적은 단위 질량당 체적(부피)로 단위는 'm³/kg'이므로 부피와 관계된다.

31. 존스(Jones) 연소범위 관계식
- ㉮ 연소(폭발)하한계(LFL)
    $\therefore x_1 = 0.55 C_{st}$
- ㉯ 연소(폭발)상한계(UFL)
    $\therefore x_2 = 4.8\sqrt{C_{st}}$

참고 ㉮ 하한계와 상한계를 구하는 공식 중의 숫자는 오차를 보정하기 위하여 적용하는 것으로 상수 개념으로 이해하길 바랍니다. 이 숫자가 어떻게 나왔는지 꼭 확인이 필요한 분들은 존스(Jones) 학자분께 확인하던지 발표한 논문 등을 찾아 확인하길 바랍니다.
㉯ 존스(Jones) 식에 의하여 계산된 폭발범위는 일반적으로 각 가스의 폭발범위로 사용하고 있는 것과는 오차가 발생하며, 이것은 지극히 정상적인 사항입니다.

32. 열역학 및 연소에서 사용되는 상수
- ㉮ 중력 가속도 : 9.80665 m/s²
- ㉯ 열의 일상당량 : 4186.05 J/kcal
- ㉰ 표준 대기압(1atm) : 101.325 kPa
- ㉱ 0℃의 절대온도 : 273.15 K
- ㉲ 1atm, 0℃의 기체 1kmol의 체적 : 22.414 m³/kmol
- ㉳ 일반 기체상수 : 8314.3 J/kmol·K
- ㉴ 공기의 기체상수 : 287.0 J/kg·K
- ㉵ 1atm, 25℃에서의 공기의 정압비열 : 1.0061 kJ/kg·K
- ㉶ 0℃에서의 물의 증발잠열 : 2501.6 kJ/kg

33. 운전과 위험분석(HAZOP) 기법의 주요 내용
- ㉮ node 구분 : 공정의 운전조건이 같은 지점을 하나의 node로 구분한다.
- ㉯ key words : 압력, 온도, 유량, 농도 등
- ㉰ parameter : 하이(high), 로우(low), 논(none), as well as, in stead of 등

㉣ safety guard : 안전밸브, 압력계, 온도계, 자동차단장치 등 공정의 업셋(upset)이 있을 때 방지해 줄 수 있는 장치를 기록한다.
㉤ guide words : 변수의 양이나 질을 표현한다.
㉥ 사고 내용 : key words와 parameter를 조합하여 일어날 사고를 기록한다.

34. BLEVE(Boiling Liquid Expanding Vapor Explosion) : 비등 액체 팽창 증기 폭발
[참고] 제시된 예제의 각 단어 의미
① Boiling : 비등, 끓어오르는
② Leak : 유출, 누출, 누설되다.
③ Expanding : 확장하다, 팽창하다.
④ Vapor : 증기

35. 이론 연소가스량 : 단위량(kg 또는 Nm^3)의 연료와 이론공기량이 혼합된 혼합기가 완전 연소반응을 하였을 때 발생하는 연소가스량으로 수증기가 포함된 이론 습연소가스량과 수증기가 포함되지 않은 이론 건연소가스량으로 구분한다.

36. ㉮ 전열량의 단위 kJ을 열전도율 단위와 같은 W(왓트)로 환산 : W(왓트)는 J/s이므로 kJ을 J로, 시간 단위를 초(s)로 변환한다.
∴ $Q = \dfrac{30000 \times 1000}{60} = 500000$ W
㉯ 열전도율 계산 : 단위면적당 전열량
$Q = \dfrac{1}{\dfrac{b}{\lambda}} \times F \times \Delta t$ 에서 $\dfrac{b}{\lambda} = \dfrac{F \times \Delta t}{Q}$ 이므로 여기서 $1 m^2$에 대한 열전도율 λ를 구한다.
∴ $\lambda = \dfrac{Q \times b}{F \times \Delta t} = \dfrac{500000 \times 0.004}{1 \times (100-40)}$
  $= 33.333$ W/m·℃

37. ㉮ 몰(mol)수 변화 계산 : 반응 전에 일산화탄소 1 kmol과 산소 2 kmol이 반응하므로 반응몰수는 3 kmol이고, 일산화탄소와 산소가 반응하면 이산화탄소 1 kmol이 생성된다.
∴ 반응식 : $CO + \dfrac{1}{2} O_2 \rightarrow CO_2$
∴ Δn = 반응몰 − 생성몰
   $= (1+2) - 1 = 2$ kmol
㉯ 열전달량 계산
∴ Q = 생성물 엔탈피 − (반응물 엔탈피 + $\Delta n RT$)
 $= -293338 - (-110529 + 2 \times 8.314 \times 1300)$
 $= -204425.4$ kJ

38. ㉮ 각 성분의 분자량은 메탄(CH_4) 16, 수소(H_2) 2, 질소(N_2) 28이다.
㉯ 혼합기체의 평균분자량 계산 : 각 성분의 고유 분자량에 체적비를 곱한 값을 합산한 것이 평균 분자량이다.
∴ $M = (16 \times 0.35) + (2 \times 0.4) + (28 \times 0.25)$
 $= 13.4$
㉰ 기체상수 계산
∴ $R = \dfrac{8.314}{M} = \dfrac{8.314}{13.4} = 0.6204$ kJ/kg·K

39. 압력(壓力) 방폭구조(p) : 용기 내부에 보호가스(신선한 공기 또는 불활성가스)를 압입하여 내부압력을 유지함으로써 가연성 가스가 용기 내부로 유입되지 아니하도록 한 구조이다.

40. ㉮ 과열증기 온도는 섭씨온도, 포화증기 온도는 절대온도이므로 온도 단위를 어느 하나로 맞춰 계산한다.
㉯ 과열도 계산 : 온도는 절대온도로 맞춰 구한다.
∴ 과열도 = 과열증기 온도 − 포화증기 온도
   $= (500+273) - 600 = 173$

제3과목 가스설비

41. ㉮ 냉동기에서 제거할 열량 계산 : 0℃ 물을 0℃ 얼음으로 만들었으므로 잠열에 해당되며, 물의 응고잠열은 79.68 kcal/kg 이다.
∴ $Q = G \times \gamma = (10 \times 10^3) \times 79.68$
　　= 796800 kcal
㉯ 걸리는 시간 계산 : 1 한국 냉동톤(1 RT) 은 시간당 3320 kcal의 열량을 제거하는 능력이다.
∴ 걸리는 시간 = $\dfrac{제거할\ 열량}{냉동기\ 능력} = \dfrac{796800}{2 \times 3320}$
　　　　　　= 120시간

42. ㉮ 비교회전도(비속도) : 원심펌프에서 토출량이 1 m³/min, 양정이 1 m가 발생하도록 설계한 경우의 판상 임펠러의 매분 회전수이다.
㉯ 비교회전도 계산식
$$N_s = \dfrac{N \times \sqrt{Q}}{\left(\dfrac{H}{Z}\right)^{\frac{3}{4}}} = N \times Q^{\frac{1}{2}} \times \left(\dfrac{H}{Z}\right)^{-\frac{3}{4}}$$
여기서, N_s : 비교회전수(rpm·m³/min·m)
　　　　N : 임펠러 회전수(rpm)
　　　　Q : 유량(m³/min)
　　　　H : 전양정(m)
　　　　Z : 단수

43. 줄-톰슨(Joule-Thomson) 효과 : 압축가스(실제기체)를 단열을 한 배관에서 단면적이 변화가 큰 곳을 통과시키면(단열교축팽창) 압력이 하강함과 동시에 온도가 하강하는 현상이다.

44. 안전증방폭구조(e) : 정상운전 중에 가연성 가스의 점화원이 될 전기불꽃, 아크 또는 고온부분 등의 발생을 방지하기 위하여 기계적, 전기적 구조상 또는 온도 상승에 대하여 특히 안전도를 증가시킨 구조이다.

45. ㉮ 가스용 폴리에틸렌관(PE배관)의 SDR값 계산
∴ $SDR = \dfrac{외경}{최소두께} = \dfrac{300}{20} = 15$
㉯ SDR값에 따른 압력 범위

SDR	압력 범위
11 이하	0.4 MPa 이하
17 이하	0.25 MPa 이하
21 이하	0.2 MPa 이하

∴ 이 배관은 SDR값이 17 이하에 해당되므로 0.25 MPa 이하에 사용할 수 있다.

46. 배관 내의 압력손실 : 폴(Pole식)의 유량식에서 압력손실을 구하는 식 $H = \dfrac{Q^2 S L}{K^2 D^5}$ 이다. 그러므로 분자에 있는 항목은 비례, 분모에 있는 항목은 반비례한다.
㉮ 유량(Q)의 제곱에 비례한다. (또는 $Q = AV$ 이므로 유속(V)의 제곱에 비례한다.)
㉯ 가스 비중(S)에 비례한다.
㉰ 배관 길이(L)에 비례한다.
㉱ 관 안지름(D)의 5승에 반비례한다.
㉲ 관 내면의 상태에 관련 있다. (관 내면이 거칠면 압력손실이 증가하고, 동관과 같이 매끈하면 압력손실이 감소한다.)
㉳ 유체의 점도에 관련 있다.
㉴ 압력과는 관계없다.

47. 수소(H_2)의 성질
㉮ 지구상에 존재하는 원소 중 가장 가볍다.
㉯ 무색, 무취, 무미의 가연성이다.
㉰ 열전도율이 대단히 크고, 열에 대해 안정하다.
㉱ 확산속도가 대단히 크다.
㉲ 고온에서 강제, 금속재료를 쉽게 투과한다.
㉳ 폭굉속도가 1400~3500 m/s에 달한다.

㈔ 폭발범위가 넓다. (공기 중 : 4~75 %, 산소 중 : 4~94 %)
㉰ 산소와 수소폭명기, 염소와 염소폭명기의 폭발반응이 발생한다.

48. 수소취성을 방지하기 위하여 텅스텐(W), 바나듐(V), 몰리브덴(Mo), 티타늄(Ti), 크롬(Cr)을 첨가하거나 또는 Cr강을 사용한다.

49. ㉮ 응력의 계산식에서 지름(D)은 안지름이므로 바깥지름에서 좌우의 양쪽 두께를 빼주면 안지름이 된다. 안지름(D)과 두께(t)는 동일한 단위를 적용하면 약분된다.
㉯ 원주방향(원둘레방향) 응력 계산
$$\therefore \sigma_A = \frac{PD}{2t} = \frac{9 \times (216.3 - 2 \times 5.5)}{2 \times 5.5}$$
$$= 167.972 \text{ kgf/cm}^2$$

50. 펌프의 분류
㉮ 터보식 펌프
 ㉠ 원심 펌프(centrifugal pump) : 벌류트 펌프, 터빈 펌프
 ㉡ 사류 펌프
 ㉢ 축류 펌프
㉯ 용적식 펌프
 ㉠ 왕복 펌프 : 피스톤 펌프, 플런저 펌프, 다이어프램 펌프
 ㉡ 회전 펌프 : 기어 펌프, 나사 펌프, 베인 펌프
㉰ 특수 펌프 : 재생 펌프, 제트 펌프, 기포 펌프, 수격 펌프

51. 미끄럼판 설치 기준 : KGS FP331
㉮ 저장탱크 유동측 가대의 기초 설치면과 가대 바닥면과의 사이에 미끄럼판을 설치한다.
㉯ 미끄럼판은 기초에 튼튼하게 고정하고 가대가 저장탱크의 전후 방향으로 용이하게 미끄러질 수 있는 구조로 한다. 이 경우 미끄럼판은 가대의 바닥면보다 작아서는 안 된다.
㉰ 미끄럼판(저온저장탱크의 것은 제외한다)의 재료는 KS D 3503(일반구조용 압연 강재)로 하고, 두께 12 mm 또는 16 mm를 표준으로 한다.
㉱ 미끄럼판의 미끄럼 면은 휨 또는 끝 굽힘이 없도록 한다.

52. 피크 시 LP가스 소비량(kg/h)
= 1일 1호당 평균가스 소비량×세대 수×피크 시 평균가스 소비율
= 1.4×80×0.22 = 24.64 kg/h
※ 평균가스 소비율(%) 때문에 1일 소비량(kg/day) 단위에서 피크 시 소비량(kg/h)의 단위가 시간당으로 변경되는 것입니다. 즉, 1일 24시간 중 소비율에 해당하는 시간만큼 가스를 사용하는 것입니다.

53. 2단 감압식 조정기의 특징
㉮ 장점
 ㉠ 입상배관에 의한 압력손실을 보정할 수 있다.
 ㉡ 가스 배관이 길어도 공급압력이 안정된다.
 ㉢ 각 연소기구에 알맞은 압력으로 공급이 가능하다.
 ㉣ 중간 배관의 지름이 작아도 된다.
㉯ 단점
 ㉠ 설비가 복잡하고, 검사방법이 복잡하다.
 ㉡ 조정기 수가 많아서 점검 부분이 많다.
 ㉢ 부탄의 경우 재액화의 우려가 있다.
 ㉣ 시설의 압력이 높아서 이음방식에 주의하여야 한다.

54. 회전 펌프의 특징
㉮ 용적형 펌프이다.
㉯ 왕복 펌프와 같은 흡입, 토출밸브가 없다.
㉰ 연속으로 송출하므로 맥동이 적다.
㉱ 점성이 있는 유체의 이송에 적합하다.
㉲ 고압 유압펌프로 사용된다.

㉥ 종류에는 기어 펌프, 나사 펌프, 베인 펌프가 있다.
※ 회전 펌프는 토출압력과 토출량과는 직접 관련이 없고, 토출량은 회전수에 따라 변한다.

55. ㉮ 충전된 조건에서의 프로판의 비용적(비체적) 계산 : 비용적은 단위 질량(m)에 대한 체적(V)이다.
∴ $v = \dfrac{V}{m} = \dfrac{120}{50} = 2.4 \text{ L/kg}$
㉯ 주어진 선도의 종축(세로축)에서 프로판의 비용적 '2.4'를 선택한 후 수평으로 이동하여 그래프와 교차되는 점에서 온도를 찾으면 약 67℃ 정도가 된다.

56. 충전구의 나사형식
㉮ 가연성가스 : 왼나사(단, 암모니아, 브롬화메탄은 오른나사)
㉯ 가연성 이외의 가스 : 오른나사

57. 가스설비의 두께 및 강도 : 고압가스설비는 상용압력의 2배 이상의 압력에서 항복을 일으키지 아니하는 두께를 가지고, 상용의 압력에 견디는 충분한 강도를 가지는 것으로 한다.

58. 배관용 강관의 기호 및 명칭

KS 기호	배관 명칭
SPP	배관용 탄소강관
SPPS	압력배관용 탄소강관
SPPH	고압배관용 탄소강관
SPHT	고온배관용 탄소강관
SPLT	저온배관용 탄소강관
SPW	배관용 아크용접 탄소강관
SPA	배관용 합금강관
STS×T	배관용 스테인리스강관
SPPG	연료가스 배관용 탄소강관

59. 전기방식 시설의 유지관리 점검주기 : KGS GC202
㉮ 관대지전위(管對地電位) : 1년에 1회 이상
㉯ 외부 전원법 전기방식시설 : 3개월에 1회 이상
㉰ 배류법 전기방식시설 : 3개월에 1회 이상
㉱ 절연부속품, 역전류 방지장치, 결선(bond), 보호절연체의 효과 : 6개월에 1회 이상

60. 단열법의 종류
㉮ 상압 단열법 : 일반적으로 사용되는 단열법으로 단열공간에 분말, 섬유 등의 단열재를 충전하는 방법
㉯ 진공 단열법 : 고진공 단열법, 분말진공 단열법, 다층 진공 단열법

제 4 과목　가스안전관리

61. 운반차량 구조 : KGS GC206
㉮ 독성가스 충전용기를 운반하는 차량은 용기를 안전하게 취급하기 위하여 용기 승하차용 리프트와 적재함이 부착된 전용차량으로 한다.
㉯ 허용농도가 100만분의 200 이하인 독성가스 충전용기를 운반하는 경우에는 용기 승하차용 리프트와 밀폐된 구조의 적재함이 부착된 전용차량(독성가스 전용차량이라 한다)으로 운반한다. 다만, 내용적이 1000 L 이상인 충전용기를 운반하는 경우에는 그렇지 않다.

62. 가연성가스 가스설비 수리·청소 및 철거작업 시 가스 재치환 : KGS FP112
㉮ 가연성가스 설비의 재치환 작업은 가스설비 내부에 남아있는 가스 또는 액체가 공기와 충분히 혼합되어 혼합된 가스가 방출관

·맨홀 등으로부터 대기 중에 방출되어도 유해한 영향을 끼칠 염려가 없는 것을 확인한 후 치환방법에 따라 실시한다.
㉯ 공기로 재치환한 결과를 산소측정기 등으로 측정하여 산소의 농도가 18 %에서 22 %로 된 것이 확인될 때까지 공기로 반복하여 치환한다.

63. 각 항목의 옳은 설명
① 밸브가 돌출한 충전용기는 고정식 프로텍터 또는 캡을 부착시켜 밸브의 손상을 방지하는 조치를 하고 운반할 것
③ 염소와 아세틸렌, 암모니아, 수소는 동일 차량에 적재하여 운반하지 아니할 것
④ 독성가스의 종류에 따른 방독면, 고무장갑, 고무장화 그 밖의 보호구와 재해 발생 방지를 위한 응급조치에 필요한 제독제, 자재 및 공구 등을 비치한다. (가연성가스 또는 산소를 운반하는 차량에는 소화설비 및 재해 발생 방지를 위한 응급조치에 필요한 자재 및 공구 등을 휴대한다.)

64. ㉮ 침입열량 계산 : 기화된 액화질소량은 압력이 0 MPa일 때 90 kg과 24시간 후의 무게 80 kg의 차이에 해당된다.

$$\therefore Q = \frac{Wq}{H\Delta t V}$$
$$= \frac{(90-80) \times 200966}{24 \times \{25-(-196)\} \times 200}$$
$$= 1.894 \text{ J/h} \cdot \text{℃} \cdot \text{L}$$

㉯ 단열성능시험 결과 : 침입열량 합격 기준인 2.09 J/h · ℃ · L 이하이므로 적합하다.

[참고] 초저온용기 단열성능시험 합격기준 : KGS AC213

내용적	침입열량	
	J/h · ℃ · L	kcal/h · ℃ · L
1000 L 미만	2.09 이하	0.0005 이하
1000 L 이상	8.37 이하	0.002 이하

65. 실외 저장소 설치 기준 : KGS FU332
㉮ 충전용기와 잔가스용기의 보관장소는 1.5 m 이상의 간격을 두어 구분하여 보관한다.
㉯ 바닥으로부터 3 m 이내의 도랑이나 배수시설이 있을 경우에는 방수재료로 이중으로 덮는다.
㉰ 음푹 파인 곳은 적절한 재료로 포장하거나 메워 평평하게 한다.
㉱ 실외 저장소 안의 용기군(容器群) 사이의 통로는 다음 기준에 맞게 한다.
㉠ 용기의 단위 집적량은 30톤을 초과하지 않을 것
㉡ 팰릿(pallet)에 넣어 집적된 용기군 사이의 통로는 그 너비가 2.5 m 이상일 것
㉢ 팰릿에 넣지 않은 용기군 사이의 통로는 그 너비가 1.5 m 이상일 것
㉲ 실외 저장소 안의 집적된 용기의 높이는 다음 기준에 맞게 한다.
㉠ 팰릿에 넣어 집적된 용기의 높이는 5 m 이하일 것
㉡ 팰릿에 넣지 않은 용기는 2단 이하로 쌓을 것

66. 환경구분에 따른 안전율(s)

구분	환경	안전율
A	공로 및 가옥에서 100 m 이상의 거리를 유지하고 지상에 가설되는 경우와 공로 및 가옥에서 50 m 이상의 거리를 유지하고 지하에 매설되는 경우	3.0
B	공로 및 가옥에서 50 m 이상 100 m 미만의 거리를 유지하고 지상에 가설되는 경우와 공로 및 가옥에서 50 m 미만의 거리를 유지하고 지하에 매설되는 경우	3.5
C	공로 및 가옥에서 50 m 미만의 거리를 유지하고 지상에 가설되는 경우와 지하에 매설되는 경우	4.0

[참고] **배관 두께 계산식**

㉮ 바깥지름과 안지름의 비가 1.2 미만인 경우

$$t = \frac{PD}{2\frac{f}{s} - P} + C$$

㉯ 바깥지름과 안지름의 비가 1.2 이상인 경우

$$t = \frac{D}{2}\left(\sqrt{\frac{\frac{f}{s} + P}{\frac{f}{s} - P}} - 1\right) + C$$

67. LPG 저장탱크 지하 설치 기준 : KGS FP331

㉮ 저장탱크는 지하 저장탱크실에 설치하고 방수조치를 한다.
㉯ 저장탱크실은 천장·벽 및 바닥 두께가 각각 30 cm 이상의 방수조치를 한 철근콘크리트구조로 한다.
㉰ 저장탱크실의 재료는 레디믹스트 콘크리트(ready-mixed concrete)로 하고, 저장탱크실의 시공은 수밀(水密) 콘크리트로 한다.
㉱ 저장탱크를 2개 이상 인접하여 설치하는 경우에는 상호간에 1 m 이상의 거리를 유지한다.
㉲ 저장탱크 동체 아랫면과 바닥면과는 60 cm 이상, 측벽과는 45 cm 이상을 유지한다.
㉳ 저장탱크 정상부와 저장탱크실 천장면과는 30 cm 이상을 유지한다.
㉴ 저장탱크실의 상부 윗면은 주위 지면보다 최소 5 cm, 최대 30 cm까지 높게 설치하고, 저장탱크실 상부 윗면으로부터 저장탱크 상부까지의 깊이는 60 cm 이상으로 한다.
㉵ 저장탱크 빈 공간에는 세립분을 함유하지 않은 것으로서 손으로 만졌을 때 물이 손에서 흘러내리지 않는 상태의 모래를 채운다.

68. 운반차량 구조(KGS GC206) : 충전용기를 운반하는 가스운반 전용차량의 적재함에는 리프트를 설치한다. 다만 다음에 해당하는 차량의 경우에는 적재함에 리프트를 설치하지 아니할 수 있다.

㉮ 가스를 공급받는 업소의 용기보관실 바닥이 운반차량 적재함 최저 높이로 설치되어 있거나, 컨베이어 벨트 등 상·하차 설비가 설치된 업소에 가스를 공급하는 차량
㉯ 적재 능력 1.2톤 이하의 차량

69. 사건수 분석(ETA : event tree analysis) 기법 : 초기사건으로 알려진 특정한 장치의 이상이나 운전자의 실수로부터 발생되는 잠재적인 사고결과를 평가하는 정량적 안전성 평가 기법이다.

70. 접합용기(부탄캔) 내 가스를 다 사용한 후에는 용기에 구멍을 내어 내부의 가스를 완전히 제거한 후에 재활용 쓰레기통에 분리수거한다.

71. 공기호흡기용 용기 안전충전함 성능확인 기준 〈신설 17. 8. 7〉 : KGS FP211

㉮ "용기 유형"이란 안전충전함에 수납되는 용기의 유형으로서 이음매 없는 용기와 복합재료 용기를 말한다.
㉯ 안전충전함은 용기를 완전히 감싸는 구조로 한다.
㉰ 안전충전함 내부에서 용기가 파열되어 발생하는 금속파편이 안전충전함 외부로 방출되지 아니하고, 압축공기가 안전충전함 전면(前面)부의 충전 작업자를 향해 직접적으로 배출되지 아니하는 구조로 한다.
㉱ 안전충전함의 문이 열려 있거나 용기가 설정된 충전 위치에 위치하지 않은 경우에는 충전이 되지 아니하는 구조로 한다.
㉲ 안전충전함 내에 압축설비를 설치하는 경우에는 용기와 압축설비 사이에 3.2 mm 이상의 강판재로 분리하는 구조로 한다.

㉻ 안전충전함은 최고허용충전압력의 1.2배 이상의 압력을 견딜 수 있는 내파열성능을 가지는 것으로 한다.
㉼ 안전충전함에 사용하는 재료는 KS D 3503 (일반구조용 압연강재) 또는 이와 동등 이상의 기계적 성질을 가지는 것을 사용하며, 외면에는 부식을 방지하는 도장을 실시한다.

72. 전기 방식(防蝕)의 종류 : 희생양극법(또는 유전양극법), 외부전원법, 배류법, 강제배류법

73. 독성가스 제독제

가스 종류	제독제 종류
염소	가성소다 수용액, 탄산소다 수용액, 소석회
포스겐	가성소다 수용액, 소석회
황화수소	가성소다 수용액, 탄산소다 수용액
시안화수소	가성소다 수용액
아황산가스	가성소다 수용액, 탄산소다 수용액, 물
암모니아, 산화에틸렌, 염화메탄	물

74. 아세틸렌을 충전하는 용기는 밸브 바로 밑의 취입·취출 부분을 제외하고 다공질물을 빈틈없이 채운다. 다만, 다공질물이 고형일 경우에는 아세톤 또는 디메틸포름아미드를 충전한 다음 용기벽을 따라 용기 직경의 1/200 또는 3 mm를 초과하지 않는 틈이 있는 것은 무방하다. : KGS AC214
※ '다공질물'과 '다공물질'은 같은 의미로 혼용하여 사용되는 용어이다.

75. 차량에 고정된 탱크 소화설비 기준

구분	소화기의 종류		비치개수
	소화약제	능력단위	
가연성 가스	분말 소화제	BC용, B-10 이상 또는 ABC용, B-12 이상	차량 좌우에 각각 1개 이상
산소	분말 소화제	BC용, B-8 이상 또는 ABC용, B-10 이상	차량 좌우에 각각 1개 이상

76. 과압안전장치 분출량 : KGS FP112
$$\therefore W = 0.28 V \gamma d^2 = 0.28 \times 10 \times 1.3 \times 10^2$$
$$= 364 \text{ kg/h}$$

참고 계산식의 각 기호의 의미 및 단위

W : 시간당 소요 분출량(kg/h)
V : 도입관 안의 압축가스 유속(m/s)
γ : 안전장치의 입구측에서의 가스밀도 (kg/m³)
d : 도입관의 내경(cm)

별해 시간당 질량 유량으로 계산 : 유속의 시간 단위가 초(sec)이므로 시간(hour)으로 변환하기 위하여 3600을 곱한다.
$$\therefore m = \rho \times A \times V = \rho \times \left(\frac{\pi}{4} \times D^2\right) \times V$$
$$= 1.3 \times \left(\frac{\pi}{4} \times 0.1^2\right) \times 10 \times 3600$$
$$= 367.566 \text{ kg/h}$$

77. 염소(Cl_2)는 조연성 가스이므로 폭발범위가 없다.

78. 충전 제한 : KGS AC411
㉮ 가연성인 액화가스를 충전하지 아니한다.
㉯ 최고충전압력은 35(산소용은 20) MPa 이하로 한다.

79. 가연성가스의 정의(고법 시행규칙 제2조) : 공기 중에서 연소하는 가스로서 폭발한계(공기

와 혼합된 경우 연소를 일으킬 수 있는 공기 중의 가스 농도의 한계를 말한다)의 하한이 10 % 이하인 것과 폭발한계의 상한과 하한의 차가 20 % 이상인 것을 말한다.

80. 기화장치의 분류
  ㉮ 구조에 따른 분류 : 다관식, 코일식, 캐비닛식
  ㉯ 가열방식에 따른 분류 : 전열식 온수형, 전열식 고체전열형, 온수식, 스팀식 직접형, 스팀식 간접형

제 5 과목 가스계측

81. 흡수분석법 : 채취된 가스를 분석기 내부의 성분 흡수제에 흡수시켜 체적변화를 측정하는 방식으로 오르사트(Orsat)법, 헴펠(Hempel)법, 게겔(Gockel)법 등이 있다.

82. 탄성압력계의 오차유발 요인
  ㉮ 부르동관식, 다이어프램식에서는 내부 기어의 마찰에 의하여 오차가 발생한다.
  ㉯ 벨로스식에서는 히스테리시스(hysteresis) 오차가 발생한다.
  ㉰ 부르동관, 벨로스, 다이어프램 등과 같은 탄성체와 압력을 지시하는 기어 등의 비직진성에 따른 오차가 발생한다.
  ※ 직진성 : 곧게 나아가려는 성질

83. 기체의 경우 압력 변화에 의해 점성계수가 거의 변화하지 않으므로 가스미터의 고장 원인과는 직접적인 관련이 적다.

84. 열전도형 검출기(TCD : Thermal Conductivity Detector)의 특징

  ㉮ 캐리어가스(H_2, He)와 시료성분 가스의 열전도도차를 금속 필라멘트 또는 서미스터의 저항변화로 검출한다.
  ㉯ 분석가스와 캐리어가스의 열전도도차가 클수록 감도가 좋다.
  ㉰ 구조가 간단하고 취급이 용이하여 가장 널리 사용된다.
  ㉱ 캐리어 가스 이외의 모든 성분의 검출이 가능하다.
  ㉲ 농도 검출기이므로 캐리어가스의 유량이 변동하면 감도가 변한다.
  ㉳ 유기화합물에 대해서는 감도가 FID에 비해 떨어진다.
  ㉴ 유기 및 무기화학종에 대하여 모두 감응한다.

85. 정특성, 동특성
  ㉮ 정특성 : 측정기기의 입력신호가 시간적으로 변동하지 않거나 변동이 느려서 그 영향을 무시할 수 있는 경우 입력신호와 출력신호의 관계를 의미하는 것으로 감도, 직선성(선형성), 히스테리시스오차 등이 해당된다.
  ㉯ 동특성 : 계측기기에서 입력신호인 측정량이 시간적으로 변동할 때 출력신호인 계측기기의 지시 특성을 의미하는 것으로 시간지연과 동오차, 과도특성 등이 해당된다.

86. 시선의 경사각이 15°이므로 75°에 해당하는 오차가 발생한다.
  $\therefore$ 시차에 의한 오차 $= \dfrac{1.5}{\tan 75°}$
  $= 0.4019 \, mm$

87. 차압식 유량계(오리피스, 플로노즐, 벤투리)에서 압력손실이 가장 큰 것이 오리피스이고, 가장 작은 것이 벤투리이다.

88. 피에조 전기 압력계(압전기식) : 수정이나 전기석 또는 로셀염 등의 결정체의 특정 방향에 압력을 가하면 기전력이 발생하고 발생한 전기량은 압력에 비례하는 것을 이용한 것이다. 가스 폭발이나 급격한 압력 변화 측정에 사용된다.

89. 습도의 구분
㉮ 절대습도 : 습공기 중에서 건조공기 1 kg에 대한 수증기의 양과의 비율로서 절대습도는 온도에 관계없이 일정하게 나타난다. 단위는 'kg/kg·DA'로 나타낸다.
㉯ 상대습도 : 현재의 온도상태에서 현재 포함하고 있는 수증기의 양과의 비를 백분율(%)로 표시한 것으로 온도에 따라 변한다.
㉰ 비교습도 : 습공기의 절대습도와 그 온도와 동일한 포화공기의 절대습도와의 비이다.

90. 디지털 계측의 특징
㉮ 계측값의 판독이 쉽다.
㉯ 극히 짧은 시간 동안 계측이 이루어진다.
㉰ 계측값을 저장할 수 있다.
㉱ 개인 오차를 줄일 수 있다.
㉲ 자동계측 및 제어가 용이하다.
㉳ 계측과 지시가 연속적으로 이루어진다.

91. 계통적 오차(systematic error) : 평균값과 진실값과의 차가 편위로서 원인을 알 수 있고 제거할 수 있으며, 종류는 다음과 같다.
㉮ 계기오차 : 계량기 자체 및 외부 요인에 의한 오차
㉯ 환경오차 : 온도, 압력, 습도 등에 의한 오차
㉰ 개인오차 : 개인의 버릇에 의한 오차
㉱ 이론오차 : 공식, 계산 등으로 생기는 오차

92. 나프탈렌($C_{10}H_8$) : 방향족 탄화수소로 상온에서 승화하며 특유의 냄새가 있다. 염료 중간체, 살충제, 살균제, 산화 방지제, 표면 활성제 등의 원료와 방충제로 사용하며 가스크로마토그래피법으로 분석한다.

93. 전압(P_t)과 정압(P_s)의 차이 10 mH₂O는 10000 mmH₂O이고, mmH₂O단위와 kgf/m² 단위는 환산 없이 변환이 가능하며, 물의 비중량(γ)은 1000 kgf/m³이다.

$$\therefore V = \sqrt{2g\frac{P_t - P_s}{\gamma}}$$
$$= \sqrt{2 \times 9.8 \times \frac{10000}{1000}} = 14 \text{ m/s}$$

[별해] 전압(P_t)과 정압(P_s)의 차이 수주 10 m를 액주계 높이차(h)로 적용하여 계산
$$\therefore V = \sqrt{2gh} = \sqrt{2 \times 9.8 \times 10} = 14 \text{ m/s}$$

94. 막식 가스미터의 고장 종류
㉮ 부동(不動) : 가스는 계량기를 통과하나 지침이 작동하지 않는 고장
㉯ 불통(不通) : 가스가 계량기를 통과하지 못하는 고장
㉰ 기차(오차) 불량 : 사용공차를 초과하는 고장
㉱ 감도 불량 : 감도 유량을 통과시켰을 때 지침의 시도(示度) 변화가 나타나지 않는 고장

95. ㉮ 15℃, 760 mmHg 상태의 공기 비중량 계산 : 공학단위 이상기체 상태방정식 $PV = GRT$를 이용하여 구하며, 760 mmHg 상태는 10332 kgf/m²이다.

$$\therefore \gamma = \frac{G}{V} = \frac{P}{RT} = \frac{10332}{\frac{848}{29} \times (273+15)}$$
$$= 1.226 \text{ kgf/m}^3$$

㉯ 풍속 계산 : 전압 52 mmH₂O는 52 kgf/m²이고, 피토관의 속도계수(C)는 언급이 없으므로 1을 적용한다.

$$\therefore V = C\sqrt{2g\frac{\Delta P}{\gamma}}$$
$$= 1 \times \sqrt{2 \times 9.8 \times \frac{52}{1.226}} = 28.832 \text{ m/s}$$

[별해] ㉮ 전압이 대기압보다 52 mmH₂O 높았다는 것은 U자관 마노미터에 봉액된 것이 물이고, 물의 비중량은 1000×9.8 N/m³을 적용한다.

㉯ 15℃ 상태의 공기 밀도 계산 : SI단위 이상기체 상태방정식 $PV=GRT$를 이용하여 구하며, 760 mmHg 상태는 101.325 kPa 이다.

$$\therefore \rho = \frac{G}{V} = \frac{P}{RT} = \frac{101.325}{\frac{8.314}{29} \times (273+15)}$$
$$= 1.227 \text{ kg/m}^3$$

㉰ 풍속 계산 : 수주 52 mm는 0.052 m이고, 공기의 SI단위 비중량 $\gamma(\text{N/m}^3) = \rho \times g$을 적용한다.

$$\therefore V = \sqrt{2gh \frac{\gamma_m - \gamma}{\gamma}}$$
$$= \sqrt{2 \times 9.8 \times 0.052 \times \frac{(1000 \times 9.8) - (1.293 \times 9.8)}{1.293 \times 9.8}}$$
$$= 28.803 \text{ m/s}$$

96. 연소분석법 : 시료가스를 공기, 산소 또는 산화제에 의해 연소하고 생성된 체적의 감소, CO_2의 생성량, O_2의 소비량 등을 측정하여 성분을 산출하는 방법이다. 폭발법, 완만 연소법, 분별 연소법으로 분류한다.

97. 루트(roots)식 가스미터의 특징
㉮ 대유량 가스측정에 적합하다.
㉯ 중압가스의 계량이 가능하다.
㉰ 설치면적이 적다.
㉱ 여과기의 설치 및 설치 후의 유지관리가 필요하다.
㉲ 0.5 m³/h 이하의 적은 유량에는 부동의 우려가 있다.
㉳ 용량 범위가 100~5000 m³/h로 대량 수용가에 사용된다.

98. 액면계의 구분
㉮ 직접식 : 직관식, 플로트식(부자식), 검척식
㉯ 간접식 : 압력식, 초음파식, 저항전극식, 정전용량식, 방사선식, 차압식, 다이어프램식, 편위식, 기포식, 슬립 튜브식 등

99. ㉮ 이론단수(N) 계산
$$\therefore N = 16 \times \left(\frac{T_r}{W}\right)^2 = 16 \times \left(\frac{43.4}{6.2}\right)^2$$
$$= 784$$

㉯ 이론 단높이(HETP) 계산
$$\text{HETP} = \frac{L}{N} = \frac{660}{784} = 0.841 \text{ mm}$$

100. 헴펠(Hempel)법 분석순서 및 흡수제

순서	분석가스	흡수제
1	CO_2	KOH 30 % 수용액
2	C_mH_n	발연황산
3	O_2	피로갈롤 용액
4	CO	암모니아성 염화 제1구리 용액

CBT 모의고사 7

정답

가스유체역학	1	2	3	4	5	6	7	8	9	10
	④	④	④	②	④	④	①	④	④	②
	11	12	13	14	15	16	17	18	19	20
	④	①	④	④	①	③	①	②	②	③
연소공학	21	22	23	24	25	26	27	28	29	30
	①	④	①	②	②	③	④	①	④	④
	31	32	33	34	35	36	37	38	39	40
	②	③	④	③	②	④	③	④	③	①
가스설비	41	42	43	44	45	46	47	48	49	50
	③	③	④	①	②	①	②	④	②	③
	51	52	53	54	55	56	57	58	59	60
	③	④	②	①	③	①	③	②	④	①
가스안전관리	61	62	63	64	65	66	67	68	69	70
	①	④	③	①	③	④	④	①	③	④
	71	72	73	74	75	76	77	78	79	80
	②	②	②	②	③	③	③	②	①	④
가스계측	81	82	83	84	85	86	87	88	89	90
	③	②	①	④	③	②	④	③	③	③
	91	92	93	94	95	96	97	98	99	100
	①	②	③	③	②	④	③	②	②	④

제1과목 가스유체역학

1. ㉮ 수은(Hg)의 비중량은 13600 kgf/m³을 적용하며, 압력 $P[\text{kgf/m}^2] = \gamma[\text{kgf/m}^3] \times h[\text{m}]$에서 액주계 높이차 h를 구한다.

㉯ 높이 계산

$$\therefore h = \frac{P}{\gamma} = \frac{0.68 \times 10^4}{13600} = 0.5\,\text{m} \times 1000 = 500\,\text{mm}$$

2. $C = \sqrt{kRT} = \sqrt{1.4 \times 287 \times (273+30)}$
$= 348.92\,\text{m/s}$

3. 충격파의 영향

㉮ 비가역과정이다.
㉯ 압력, 온도, 밀도, 비중량이 증가한다.
㉰ 엔트로피는 급격히 증가한다.
㉱ 속도가 감소하므로 마하수가 감소한다.

4. ㉮ 공학단위 밀도 계산 : 액체 비중의 단위는 'kgf/L'이므로 'gf/cm³'로 변환할 수 있고, 중력가속도는 980 cm/s²이다.

$$\therefore \rho = \frac{\gamma}{g} = \frac{0.85}{980} = 8.673 \times 10^{-4}\,\text{gf}\cdot\text{s}^2/\text{cm}^4$$

㉯ 절대단위 밀도(g/cm³)로 계산

$$\therefore \rho = (8.763 \times 10^{-4}) \times 980 = 0.85\,\text{g/cm}^3$$

㉰ 레이놀즈수 계산 : CGS단위로 계산

$$\therefore Re = \frac{\rho DV}{\mu} = \frac{0.85 \times 10 \times 10}{5 \times 10^{-2}} = 1700$$

5. 유체의 비중을 밀도(ρ)로 변환하여 평판에 작용하는 힘(F)을 계산한다.

$$\therefore F = \rho \times Q \times V = \rho \times \left(\frac{\pi}{4} \times D^2 \times V\right) \times V$$
$$= (0.85 \times 10^3) \times \left(\frac{\pi}{4} \times 0.08^2 \times 30\right) \times 30$$
$$= 3845.309\,\text{kg}\cdot\text{m/s}^2 = 3845.309\,\text{N}$$

6. 확대 부분에서 $\frac{dA}{A} > 0$, $M > 1$이므로 초음속이 가능하다.

7. 체적유량 $Q = A \times V = \frac{\pi}{4} \times D^2 \times V$에서 유속 V를 구하며, 유량의 단위 시간을 초(s)로 변환하여 적용한다.

$$\therefore V = \frac{4Q}{\pi D^2} = \frac{4 \times 7200}{\pi \times 2^2 \times 3600} = 0.636\,\text{m/s}$$

8. 1 atm = 760 mmHg = 76 cmHg = 0.76 mHg
= 29.9 inHg = 760 torr = 10332 kgf/m²
= 1.0332 kgf/cm² = 10.332 mH₂O
= 10332 mmH₂O = 101325 N/m²
= 101325 Pa = 101.325 kPa

= 0.101325 MPa = 1013250 dyne/cm²
= 1.01325 bar = 1013.25 mbar
= 14.7 lb/in² = 14.7 psi

9. 무차원 수

명칭	정의	의미	비고
레이놀즈수 (Re)	$Re = \dfrac{\rho VL}{\mu}$	$\dfrac{관성력}{점성력}$	모든 유체의 유동
마하수 (Ma)	$Ma = \dfrac{V}{\alpha}$	$\dfrac{관성력}{탄성력}$	압축성 유동
웨버수 (We)	$We = \dfrac{\rho V^2 L}{\sigma}$	$\dfrac{관성력}{표면장력}$	자유표면 유동
프르두수 (Fr)	$Fr = \dfrac{V}{\sqrt{Lg}}$	$\dfrac{관성력}{중력}$	자유표면 유동
오일러수 (Eu)	$Eu = \dfrac{P}{\dfrac{\rho V^2}{2}}$	$\dfrac{압축력}{관성력}$	압력차에 의한 유동

10. 비원형관 속의 손실수두 계산식

$$h_L = f \frac{L}{4R_h} \frac{V^2}{2g}$$

11. $\gamma = \rho \times g = 138.63 \times 9.8 = 1358.574 \text{ kgf/m}^3$

12. 마하수(mach number) : 물체의 실제 유동 속도를 음속으로 나눈 값으로 무차원수이다.

$$\therefore M = \frac{V}{C} = \frac{V}{\sqrt{k \cdot R \cdot T}}$$

여기서, V : 물체의 속도(m/s)
C : 음속
k : 비열비
R : 기체상수(J/kg·K)
T : 절대온도(K)

13. ㉮ 물의 체적탄성계수는 MKS단위인 'kgf/m²'을 적용하며, 'kgf/cm²'에서 'kgf/m²'으로 변환할 때에는 1만을 곱한다.

㉯ 음속 계산

$$\therefore C = \sqrt{\frac{E}{\rho}} = \sqrt{\frac{(2.0 \times 10^4) \times 10^4}{102}}$$
$$= 1400.28 \text{ m/s}$$

14. 베르누이 방정식이 적용되는 조건
㉮ 적용되는 임의 두 점은 같은 유선상에 있다.
㉯ 정상 상태의 흐름이다.
㉰ 마찰이 없는 이상유체의 흐름이다.
㉱ 비압축성 유체의 흐름이다.
㉲ 외력은 중력만 작용한다.
㉳ 유체흐름 중 내부에너지 손실이 없는 흐름이다.
㉴ 압력수두, 속도수두, 위치수두의 합은 일정하다.

15. 원심펌프의 비교회전수 $N_s = \dfrac{N \times \sqrt{Q}}{\left(\dfrac{H}{Z}\right)^{\frac{3}{4}}}$에서 회전수 N을 구한다.

$$\therefore N = \frac{N_s \times \left(\dfrac{H}{Z}\right)^{\frac{3}{4}}}{\sqrt{Q}} = \frac{90 \times \left(\dfrac{30}{3}\right)^{\frac{3}{4}}}{\sqrt{5}}$$
$$= 226.338 \text{ rpm}$$

16. 마하각 $\sin\alpha = \dfrac{C}{V}$에서 비행체 속도 V를 구한다.

$$\therefore V = \frac{C}{\sin\alpha} = \frac{310}{\sin 45} = 438.406 \text{ m/s}$$

17. 밀도(kg/m³)는 단위체적당 질량이므로 SI 단위 이상기체 상태방정식 $PV = GRT$를 이용하여 계산하며, 기체상수는 'kJ/kg·K' 단위를 적용한다.

$$\therefore \rho = \frac{G}{V} = \frac{P}{RT}$$
$$= \frac{0.1 \times 10^3}{(287 \times 10^{-3}) \times (273 + 20)}$$
$$= 1.1891 \text{ kg/m}^3$$

18. ㉮ 질량유량을 체적유량으로 환산 : 물의 비중량은 1000 kgf/m³이고, 1톤은 1000 kg이다.

$$\therefore Q = \frac{m}{\gamma} = \frac{10 \times 10^3}{1000} = 10 \text{ m}^3/\text{h}$$

㉯ 소요동력 계산 : 유량의 단위시간은 초(s)를 적용한다.

$$\therefore \text{PS} = \frac{\gamma \cdot Q \cdot H}{75\eta} = \frac{1000 \times 10 \times 5}{75 \times 1 \times 3600}$$
$$= 0.1851 \text{ PS}$$

19. ㉮ 2 cm(0.02 m) 지점에서의 레이놀즈수 계산 : MKS단위로 계산

$$\therefore Re_{x=2\text{cm}} = \frac{u \times x}{\nu} = \frac{25 \times 0.02}{15.68 \times 10^{-6}}$$
$$= 31887.755$$

㉯ 경계층 두께 계산

$$\therefore \delta = \frac{4.65x}{Re^{\frac{1}{2}}} = \frac{4.65 \times 0.02}{31887.755^{\frac{1}{2}}}$$
$$= 5.208 \times 10^{-4} \text{m} = 0.5208 \text{ mm}$$

20. ㉮ 가역단열과정(등엔트로피과정)의 P, V, T 관계식 $\frac{T_2}{T_1} = \left(\frac{V_1}{V_2}\right)^{k-1} = \left(\frac{P_2}{P_1}\right)^{\frac{k-1}{k}}$에서 온도비와 압력비를 구한다.

$$\therefore \frac{T_2}{T_1} = \frac{273+160}{273+20} = 1.4778$$

$$\therefore \left(\frac{P_2}{P_1}\right)^{\frac{k-1}{k}} = \left(\frac{P_2}{P_1}\right)^{\frac{1.4-1}{1.4}} = \left(\frac{P_2}{P_1}\right)^{0.2857}$$

㉯ 최종압력 계산 : $\frac{T_2}{T_1} = \left(\frac{P_2}{P_1}\right)^{\frac{k-1}{k}}$에서 ㉮에서 구한 값을 대입하면 $1.4778 = \left(\frac{P_2}{P_1}\right)^{0.2857}$ 이다.

$$\therefore \frac{P_2}{P_1} = {}^{0.2857}\!\!\sqrt{1.4778}$$

$$\therefore P_2 = P_1 \times {}^{0.2857}\!\!\sqrt{1.4778}$$
$$= 100 \times {}^{0.2857}\!\!\sqrt{1.4778}$$
$$= 392.359 \text{ kPa} \cdot \text{abs}$$

제 2 과목 연소공학

21. 단열과정의 온도와 압력의 관계식 $\frac{T_2}{T_1} = \left(\frac{P_2}{P_1}\right)^{\frac{k-1}{k}}$에서 팽창 후의 온도 T_2를 구한다.

$$\therefore T_2 = T_1 \times \left(\frac{P_2}{P_1}\right)^{\frac{k-1}{k}}$$
$$= (273+25) \times \left(\frac{10.1325}{202.65}\right)^{\frac{1.4-1}{1.4}}$$
$$= 126.617 \text{ K}$$

22. ㉮ 프로판(C_3H_8)의 완전연소 반응식
$C_3H_8 + 5O_2 \rightarrow 3CO_2 + 4H_2O$

㉯ 이론공기량 계산
$22.4 \text{ m}^3 : 5 \times 22.4 \text{ m}^3 = 1 \text{ m}^3 : x(O_0) \text{ m}^3$

$$\therefore A_0 = \frac{O_0}{0.2} = \frac{1 \times 5 \times 22.4}{22.4 \times 0.2} = 25 \text{ m}^3$$

23. 표면연소 : 고체 가연물이 열분해나 증발을 하지 않고 표면에서 산소와 반응하여 연소하는 것으로 목탄(숯), 코크스 등의 연소가 이에 해당된다.

24. 안전성 평가기법

㉮ 정성적 평가기법 : 체크리스트(checklist) 기법, 사고예상 질문 분석(WHAT-IF) 기법, 위험과 운전 분석(HAZOP) 기법

㉯ 정량적 평가 기법 : 작업자 실수 분석(HEA) 기법, 결함수 분석(FTA) 기법, 사건수 분석(ETA) 기법, 원인 결과 분석(CCA) 기법

㉰ 기타 : 상대 위험순위 결정(dow and mond indices) 기법, 이상 위험도 분석(FMECA) 기법

25. ㉮ 냉동기 성적계수 $COP_R = \dfrac{Q_2}{W} = \dfrac{Q_2}{Q_1 - Q_2}$
에서 $\dfrac{Q_2}{W} = \dfrac{Q_2}{Q_1 - Q_2}$ 로 쓸 수 있고 여기서 고온체로 방출하는 열량 Q_1을 구한다.

㉯ 1 kW는 860 kcal/h이고, 이것을 초당 열량(kcal/s)으로 변환하여 적용한다.

㉰ 방출열량(Q_1) 계산
$Q_2 \times (Q_1 - Q_2) = W \times Q_2$
$Q_1 - Q_2 = \dfrac{W \times Q_2}{Q_2}$
$\therefore Q_1 = \dfrac{W \times Q_2}{Q_2} + Q_2$
$= \dfrac{\left(20 \times \dfrac{860}{3600}\right) \times 20}{20} + 20$
$= 24.777 \text{ kcal/s}$

26. $COP_R = \dfrac{Q_2}{W} = \dfrac{h_2 - h_1}{h_3 - h_2}$
$= \dfrac{223 - 91}{268 - 223} = 2.933$

[참고] 냉동사이클의 $P - h$ (압력-엔탈피)선도

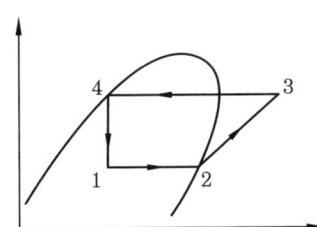

㉮ 1 → 2 : 증발과정
㉯ 2 → 3 : 단열압축과정
㉰ 3 → 4 : 응축과정
㉱ 4 → 1 : 팽창과정
※ 선도의 각 지점 번호는 다르게 표시될 수도 있음

27. ㉮ 사염화탄소(CCl_4) 소화약제를 사용할 때 유독성 가스인 포스겐($COCl_2$)이 생성될 위험성이 있다.

㉯ 반응식 : $2CCl_4 + O_2 \rightarrow 2COCl_2 + 2Cl_2$

28. 제2종 영구기관 : 입력과 출력이 같은 효율이 100%인 것으로 열역학 제2법칙에 위배된다.

29. 분해폭발을 일으키는 물질 : 아세틸렌(C_2H_2), 산화에틸렌(C_2H_4O), 히드라진(N_2H_4), 오존(O_3)

30. 연소효율 $= \dfrac{\text{실제발생열량}}{\text{진발열량}} \times 100$
$= \dfrac{13000 - 2500}{11000} \times 100$
$= 95.454 \%$

31. $\eta = \dfrac{W}{Q_1} \times 100 = \dfrac{T_1 - T_2}{T_1} \times 100$
$= \dfrac{(273 + 600) - (273 + 200)}{(273 + 600)} \times 100$
$= 45.819 \%$

32. 정압과정의 엔트로피 변화량 계산
$\therefore \Delta S = m \times C_p \times \ln\left(\dfrac{T_2}{T_1}\right)$
$= 2 \times 1.01 \times \ln\left(\dfrac{273 + 200}{273 + 100}\right)$
$= 1.1102 \text{ kJ/K}$

33. ㉮ 메탄(CH_4) 1 kmol 연소 시 이산화탄소(CO_2) 1 kmol, 수증기(H_2O) 2 kmol이 발생한다.

㉯ 완전연소 시 발열량 계산 : 연소열(발열량)과 생성열은 절댓값이 같고 부호가 반대이다.

$[CH_4] \quad [CO_2] \quad [H_2O]$
$\downarrow \qquad \downarrow \qquad \downarrow$
$-75 = -394 - 242 \times 2 + Q$
$\therefore Q = 394 + (242 \times 2) - 75$
$= 803 \text{ kJ/kmol}$

34. 기체연료의 연소형태
- ㉮ 예혼합연소 : 가스와 공기(산소)를 버너에서 혼합시킨 후 연소실에 분사하는 방식으로 화염이 자력으로 전파해 나가는 내부 혼합방식으로 화염이 짧고 높은 화염온도를 얻을 수 있다.
- ㉯ 확산연소 : 공기와 가스를 따로 버너 슬롯(slot)에서 연소실에 공급하고, 이것들의 경계면에서 난류와 자연확산으로 서로 혼합하여 연소하는 외부 혼합방식이다.

35. 그레이엄(Graham)의 확산속도 법칙 : 일정한 온도에서 기체의 확산속도(U)는 기체의 분자량(M)[또는 밀도]의 평방근(제곱근)에 반비례한다.

$$\therefore \frac{U_2}{U_1} = \sqrt{\frac{M_1}{M_2}} = \frac{t_1}{t_2}$$

36. 증기의 압력이 높아지면 증발열(증기의 잠열)이 감소하고, 물의 현열은 증가한다.

37. ㉮ 프로판(C_3H_8)의 완전연소 반응식
$C_3H_8 + 5O_2 \rightarrow 3CO_2 + 4H_2O + Q$
㉯ 프로판(C_3H_8) 1 kg당 발열량(MJ) 계산 : 프로판 1 kmol은 44 kg이며, 1 MJ은 1000 kJ에 해당된다.

$$[C_3H_8] \quad [CO_2] \quad [H_2O]$$
$$\downarrow \quad \downarrow \quad \downarrow$$
$\therefore -103909 = (-393757 \times 3) + (-286010 \times 4) + Q$
$\therefore Q = \dfrac{(393757 \times 3) + (286010 \times 4) - 103909}{44 \times 1000}$
$= 50.486 \text{ MJ/kg}$

38. ㉮ 표준상태에서 이론산소량에 의한 습연소 가스량 계산
$\therefore G_{0w} = 1.867\,C + 11.2\,H + 0.7\,S + 0.8\,N + 1.24\,W$
$= \{1.867 \times 0.86 + 11.2 \times 0.12 + 0.7 \times 0.02\} \times 100 = 296.362 \text{ Nm}^3$

㉯ 590K에서 체적 계산 : 보일-샤를의 법칙
$\dfrac{P_1 V_1}{T_1} = \dfrac{P_2 V_2}{T_2}$ 에서 V_2를 구하며, $P_1 = P_2$ 이다.
$\therefore V_2 = \dfrac{V_1 T_2}{T_1} = \dfrac{296.362 \times 590}{273}$
$= 640.489 \text{ m}^3$

39. ㉮ 프로판의 완전연소 반응식
$C_3H_8 + 5O_2 \rightarrow 3CO_2 + 4H_2O$
㉯ 건연소가스량 계산 : 수증기(H_2O)를 제외한 것이므로 이산화탄소(CO_2)만 해당되므로 비례식으로 구한다.
$22.4 \text{ Nm}^3 : 3 \times 22.4 \text{ Nm}^3$
$= 10 \text{ Nm}^3 : x\,[\text{Nm}^3]$
$\therefore x = \dfrac{3 \times 22.4 \times 10}{22.4} = 30 \text{ Nm}^3$

40. 폭굉 유도거리가 짧아지는 조건
- ㉮ 정상 연소속도가 큰 혼합가스일수록
- ㉯ 관속에 방해물이 있거나 관지름이 가늘수록
- ㉰ 압력이 높을수록
- ㉱ 점화원의 에너지가 클수록

제 3 과목 가스설비

41. ㉮ 가연성가스이면서 독성가스에 해당되는 것 : 아크릴로 니트릴, 일산화탄소, 벤젠, 산화에틸렌, 모노메틸아민, 염화메탄, 브롬화메탄, 이황화탄소, 황화수소, 암모니아, 석탄가스, 시안화수소, 트리메틸아민
㉯ 프로필렌(C_3H_6) : 올레핀계 탄화수소로 가연성가스(폭발범위 : 2.4~11 %)이면서 비독성 가스이다.

42. 탄소(C)수가 증가할 때 나타나는 현상
- ㉮ 높아지는 성질 : 비등점, 융점, 비중, 발열량
- ㉯ 감소하는 성질 : 증기압, 발화점, 폭발하한값, 폭발범위값, 증발잠열

43. 수소의 공업적 제조법
① 물의 전기분해법
② 수성가스법(석탄, 코크스의 가스화)
③ 천연가스 분해법(열분해)
④ 석유 분해법(열분해)
⑤ 일산화탄소 전화법

44. 유전양극법의 특징
- ㉮ 시공이 간편하다.
- ㉯ 단거리 배관에는 경제적이다.
- ㉰ 다른 매설 금속체로의 장해가 없다.
- ㉱ 과방식의 우려가 없다.
- ㉲ 효과범위가 비교적 좁다.
- ㉳ 장거리 배관에는 비용이 많이 소요된다.
- ㉴ 방식전류의 조절이 어렵다.
- ㉵ 관리하여야 할 장소가 많게 된다.
- ㉶ 강한 전식에는 효과가 없다.
- ㉷ 양극은 소모되므로 보충하여야 한다.

45. 불화수소(HF)의 특징
- ㉮ 플루오린(F_2)과 수소(H_2)의 화합물로 분자량 20.01이다.
- ㉯ 무색의 자극적인 냄새가 난다.
- ㉰ 불연성 물질로 연소되지 않지만 열에 의해 분해되어 부식성 및 독성 증기(TLV-TWA 0.5 ppm)를 생성할 수 있다.
- ㉱ 강산으로 염기류와 격렬히 반응한다.
- ㉲ 무수물이 수용액보다 더 강산의 성질을 갖는다.
- ㉳ 금속과 접촉 시 인화성 수소가 생성될 수 있다.
- ㉴ 흡입 시 기침, 현기증, 두통, 메스꺼움, 호흡곤란을 일으킬 수 있다.
- ㉵ 피부에 접촉 시 화학적 화상, 액체 접촉 시 동상을 일으킬 수 있다.
- ㉶ 유리와 반응하기 때문에 유리병에 보관해서는 안 된다.

46. 분젠식 버너
- ㉮ 개요 : 가스를 노즐로부터 분출시켜 주위의 공기를 1차 공기로 취한 후 나머지는 2차 공기를 취하는 방식이다.
- ㉯ 구성 : 노즐, 혼합관, 공기댐퍼, 스로트(throat), 염공

47. 섭씨 35도의 온도에서 압력이 0 Pa을 초과하는 액화가스 중 액화시안화수소, 액화브롬화메탄 및 액화산화에틸렌가스는 고압가스안전관리법의 적용을 받는다.

48. 레페(Reppe) 반응장치 : 아세틸렌을 압축하면 분해폭발의 위험이 있기 때문에 이것을 최소화하기 위하여 반응장치 내부에 질소(N_2)가 49 % 또는 이산화탄소(CO_2)가 42 %가 되면 분해폭발이 일어나지 않는다는 것을 이용하여 고안된 반응장치로 종래에 합성되지 않았던 화합물을 제조할 수 있게 되었다.

49. 비교회전도(비속도 : rpm · m^3/min · m) 범위
- ㉮ 터빈펌프 : 100~300
- ㉯ 벌류트펌프 : 300~600
- ㉰ 사류펌프 : 500~1300
- ㉱ 축류펌프 : 1200~2000
- ※ 비교회전도(비속도)는 고양정 펌프일수록 적고, 저양정 펌프일수록 크다.

50. 용기 충전구의 나사형식
- ㉮ 가연성가스 : 왼나사(단, 암모니아, 브롬화메탄은 오른나사)
- ㉯ 가연성 이외의 가스 : 오른나사
  ∴ 가연성가스는 왼나사, 암모니아는 오른나사이다.

51. 각 가스의 성질

구분	비점	임계온도	임계압력
메탄	-161.5℃	-82.1℃	45.8 atm
산소	-183℃	-118.4℃	50.1 atm
아르곤	-186℃	-122℃	40 atm
암모니아	-33.3℃	132.3℃	111.3 atm

52. 각 가스의 성질

㉮ 수소(H_2) : 무색, 무취, 무미의 가연성가스이다.
㉯ 아세틸렌(C_2H_2) : 폭발범위가 2.5~81%로 가연성가스이다.
㉰ 이산화탄소(CO_2) : 무색, 무취의 불연성가스이다.
㉱ 암모니아(NH_3) : 상온, 상압에서 물 1 cc에 대하여 800 cc가 용해된다.

53. 전1차식
연소에 필요한 공기를 모두 1차 공기로 하여 연소용 공기를 송풍기로 압입하여 가스와 강제 혼합하여 연소하는 방식으로 역화의 위험성이 가장 큰 연소방식이다.

54.
㉮ 일산화탄소 전화법 : 일산화탄소(CO)와 수증기(H_2O)를 반응시켜 수소를 제조하는 방법으로 발열반응이다.
㉯ 반응식 : $CO + H_2O \rightarrow CO_2 + H_2 \uparrow + 9.8$ kcal

55. 불소(F_2 : 플루오린)가스의 특징

㉮ 조연성, 독성가스(TLV-TWA 0.1 ppm, LC50 185 ppm 1h Rat)이다.
㉯ 연한 황색의 기체이며 심한 자극성이 있다.
㉰ 형석(CaF_2), 빙정석(Na_3AlF_6) 등으로 자연계에 존재한다.
㉱ 화합력이 매우 강하여 모든 원소와 결합한다.(가장 강한 산화제이다.)
㉲ 물과 반응하여 불화수소(HF)가 생성된다.
$2F_2 + 2H_2O \rightarrow 4HF + O_2$
㉳ 수소와는 차고 어두운 곳에서도 활발하게 발화하고, 폭발적으로 반응한다.
㉴ 황(S)이나 인(P)과는 액체 공기의 저온에서도 심하게 반응한다.
㉵ 고체 불소와 액체 수소와는 -252℃의 저온에서도 반응한다.

56. 각 가스의 임계온도 및 임계압력

명칭	임계온도	임계압력
산소(O_2)	-118.4℃	50.1 atm
이산화탄소(CO_2)	31.0℃	72.9 atm
프로판(C_3H_8)	96.7℃	41.9 atm
에틸렌(C_2H_4)	9.9℃	50.5 atm

57. 강(탄소강)의 기본 조직

㉮ 페라이트(ferrite) : α철에 탄소가 최대 0.02% 고용된 α고용체로 흰색의 입상으로 나타나는 주철에 가까운 조직으로 전연성이 크며, A_2점 이하에서는 강자성체이다.
㉯ 오스테나이트(austenite) : γ철에 탄소가 최대 2.11% 고용된 γ고용체로 A_1점 이상에서는 안정적으로 존재하나 실온에서는 존재하기 어려운 조직으로 인성이 크며 상자성체이다.
㉰ 델타 페라이트(delta ferrite) : δ철에 탄소가 최대 0.09% 고용된 δ고용체로 A_4점 이상에서만 존재하는 조직으로 인성이 크며 상자성체이다.
㉱ 시멘타이트(cementite) : 철에 탄소가 6.68% 화합된 철의 금속간 화합물(Fe_3C)로 흰색의 침상으로 나타나는 조직으로 대단히 단단하며 부수러지기 쉽다.
㉲ 펄라이트(perarlite) : 0.77% C의 오스테나이트가 727℃ 이하로 냉각될 때 0.02% C의 페라이트와 6.68% C 시멘타이트로 석출되어 생긴 공석강으로 페라이트와 시멘타이트가 층상으로 나타나는 조직이다.

㉳ 레데부라이트(ledeburite) : 4.3 % C의 용융 철이 1148℃ 이하로 냉각될 때 2.11 % C의 오스테나이트와 6.68 % C의 시멘타이트로 정출되어 생긴 공정주철로 A_1점 이상에서는 안정적으로 존재하는 조직이다.
※ 보크사이트(bauxite : $Al_2O_3 \cdot 2H_2O$) : 알루미늄의 원재료인 광석에 해당되는 물질이다.

58. 역화의 원인
㉮ 염공이 크게 되었을 때
㉯ 노즐의 구멍이 너무 크게 된 경우
㉰ 콕이 충분히 개방되지 않은 경우
㉱ 가스의 공급압력이 저하되었을 때
㉲ 버너가 과열된 경우
㉳ 연소속도가 분출속도보다 빠른 경우

59. 캐비테이션현상 발생 조건
㉮ 흡입양정이 지나치게 클 경우
㉯ 흡입관의 저항이 증대되는 경우
㉰ 관로 내의 온도가 상승되는 경우
㉱ 과속으로 유량이 증대되는 경우

60. 터보식 팽창기 특징
㉮ 내부 윤활유를 사용하지 않는다.
㉯ 회전수가 10000~20000 rpm 정도이다.
㉰ 처리 가스량은 10000 m^3/h 이상도 가능하다.
㉱ 팽창비는 약 5 정도이고 충동식, 반동식, 반경류 반동식이 있다.

제 4 과목 가스안전관리

---

61. 길이 10 m 이상의 충전호스를 사용하여 충전하는 경우에는 별도의 충전 보조원에게 충전작업 중 충전호스를 감시하게 한다. : KGS FP331

62. 저장탱크간 거리 : 저장탱크와 다른 저장탱크와 사이에는 두 저장탱크의 최대지름을 합산한 길이의 4분의 1 이상에 해당하는 거리(두 저장탱크의 최대지름을 합산한 길이의 4분의 1이 1 m 미만인 경우에는 1 m 이상의 거리)를 유지한다.

63. 역류방지밸브 설치 장소
㉮ 가연성가스를 압축하는 압축기와 충전용 주관과의 사이
㉯ 아세틸렌을 압축하는 압축기의 유분리기와 고압건조기와의 사이
㉰ 암모니아 또는 메탄올의 합성탑 및 정제탑과 압축기와의 사이 배관
※ ②번 항목은 역화방지장치 설치장소이다.

64. 충전 용기는 항상 40℃ 이하를 유지하고, 직사광선을 받지 아니하도록 조치한다.

65. 역화 및 공기와 혼합폭발을 방지하기 위한 시설
㉮ liquid seal 설치
㉯ flame arrestor 설치
㉰ vapor seal 설치
㉱ purge gas(N_2, off gas 등)의 지속적인 주입
㉲ molecular seal의 설치

66. 용기 제조자의 수리범위
㉮ 용기 몸체의 용접
㉯ 아세틸렌용기 내의 다공물질 교체
㉰ 용기의 스커트, 프로텍터 및 네크링의 교체 및 가공
㉱ 용기 부속품의 부품 교체
㉲ 저온 또는 초저온 용기의 단열재 교체

67. 저장설비와 가스설비의 기초 지반조사 : ①, ②, ③ 외

㉮ 제1차 지반조사 방법은 보링을 실시하는 것을 원칙으로 한다.
㉯ 지반조사 위치는 저장설비와 가스설비 외면으로부터 10 m 내에서 2곳 이상 실시한다.
㉰ 제1차 지반조사 결과 그 장소가 습윤한 토지, 매립지로서 지반이 연약한 토지, 급경사지로서 붕괴의 우려가 있는 토지, 그 밖에 사태(沙汰), 부등침하 등이 일어나기 쉬운 토지의 경우에는 그 정도에 따라 성토, 지반개량, 옹벽설치 등의 조치를 강구한다.
㉱ 파일재하시험은 수직으로 박은 파일에 수직정하중을 걸어 그때의 하중과 침하량을 측정하는 방법으로 시험하여 항복하중 및 극한하중을 구한다.

68. 용기 부속품 기호
㉮ AG : 아세틸렌가스 용기 부속품
㉯ PG : 압축가스 충전용기 부속품
㉰ LG : 액화석유가스 외의 액화가스 용기 부속품
㉱ LPG : 액화석유가스 용기 부속품
㉲ LT : 초저온, 저온 용기 부속품

69.
독성가스 충전용기를 운반하는 차량 적재함은 적재할 충전용기 최대높이의 3/5 이상까지 SS400 또는 이와 동등 이상의 강도를 갖는 재질(가로·세로·두께가 75×40×5 mm 이상인 ㄷ 형강 또는 호칭지름·두께가 50×3.2 mm 이상의 강관)로 보강하여 용기고정이 용이하도록 한다.
[참고] SS400 : 일반구조용 압연강재로 '400'은 최저 인장강도를 나타낸다. KS 강종기호가 2017년 1월 1일부로 개정되어 'SS400'을 'SS275'로 표시하고 '275'는 최소 항복강도를 나타낸다.

70. 정압기지 정의
㉮ 도법 시행규칙 제2조 : 도시가스 압력을 조정하기 위한 시설로서 정압설비, 계량설비, 가열설비, 불순물 제거장치, 방산탑(放散塔), 배관 또는 그 부대설비가 설치되어 있는 기지를 말한다.
㉯ KGS FS452 : 도시가스 압력을 조정하여 도시가스를 안전하게 공급하기 위한 정압설비, 계량설비, 가열설비, 불순물 제거장치, 방산탑, 배관 또는 그 부대설비가 설치되어 있는 근거지를 말한다.

71. 전위 측정용 터미널 설치간격
㉮ 희생양극법, 배류법 : 300 m 이내
㉯ 외부전원법 : 500 m 이내

72. 전용보일러실에 설치하지 않을 수 있는 가스보일러
㉮ 밀폐식 가스보일러
㉯ 옥외에 설치한 가스보일러
㉰ 전용급기통을 부착하는 구조로 검사에 합격한 강제배기식 가스보일러

73. 운반책임자 동승 기준 : 비독성 고압가스

가스의 종류		기준
압축가스	가연성	300 m³ 이상
	조연성	600 m³ 이상
액화가스	가연성	3000 kg 이상 (납붙임용기 및 접합용기의 경우 : 2000 kg 이상)
	조연성	6000 kg 이상

74. 방파판 설치기준
㉮ 면적 : 탱크 횡단면적의 40 % 이상
㉯ 위치 : 상부 원호부면적이 탱크 횡단면의 20 % 이하가 되는 위치
㉰ 두께 : 3.2 mm 이상
㉱ 설치 수 : 탱크 내용적 5 m³ 이하마다 1개씩

75. 로딩암을 건축물 내부에 설치하는 경우에는 건축물의 바닥면에 접하여 환기구를 2방향 이상 설치하고, 환기구 면적의 합계는 바닥면적의 6% 이상으로 한다.

76. 저장탱크실 재료의 규격

항목	규격
굵은 골재의 최대치수	25 mm
설계강도	21 MPa 이상
슬럼프(slump)	120~150 mm
공기량	4% 이하
물 - 결합재비	50% 이하
그 밖의 사항	KS F 4009(레디믹스트 콘크리트)에 따른 규정
[비고] 수밀콘크리트의 시공 기준은 국토교통부가 제정한 "콘크리트 표준 시방서"를 준용한다.	

77. 각 항목의 옳은 내용
① 아세틸렌을 용기에 충전하는 때에는 미리 용기에 다공물질을 고루 채워 다공도가 75% 이상 92% 미만이 되도록 한 후 아세톤 또는 디메틸포름아미드를 고루 침윤시키고 충전한다.
② 습식 아세틸렌발생기의 표면은 70℃ 이하의 온도로 유지하고, 그 부근에서는 불꽃이 튀는 작업을 하지 아니한다.
④ 아세틸렌을 용기에 충전하는 때의 충전 중의 압력은 2.5 MPa 이하로 하고, 충전 후에는 압력이 15℃에서 1.5 MPa 이하로 될 때까지 정치하여 둔다.

78. 특정고압가스 중 독성가스인 것 : 액화암모니아, 액화염소, 압축모노실란, 압축디보란, 액화알진

79. 가연성가스 용기보관실에는 방폭형 휴대용 손전등 외의 등화를 휴대하고 들어가지 않는다.

80. 용접부 다듬질(KGS AC112) : 고장력강(탄소강은 규격 최소인장강도가 568.4 N/mm² 이상인 것을 말한다.)을 사용하는 압력용기 등은 용접 보강 덧붙임을 깎아낸다. 다만, 응력제거를 위하여 열처리를 하는 압력용기 등은 그러하지 아니하다.

제 5 과목   가스계측

81. 가이슬러(Geissler)관 진공계 : 2개의 전극 사이에 수천~수만 볼트(V)의 전압을 걸면 관속의 기체의 압력에 의해 방전의 형과 색의 변화가 생기며 이것을 이용하여 진공압력을 측정하는 계기이다.

82. 세슘(Cs) : 알칼리 금속 중 끝에서 두 번째 원소로 시간을 정의하는 기준을 세슘으로 하며, 세슘 시계는 각종 표준시스템과 GPS위성에서 사용되고 있다.

83. 유량계의 구분
㉮ 용적식 : 오벌기어식, 루트(roots)식, 로터리 피스톤식, 로터리 베인식, 습식가스미터, 막식 가스미터 등
㉯ 간접식 : 차압식(오리피스식, 플로노즐, 벤투리식), 유속식(피토관), 면적식(로터미터), 전자식, 와류식 등
※ 로터미터는 면적식 유량계에 해당된다.

84. 염광광도형 검출기(FPD) : 수소염에 의하여 시료성분을 연소시키고 이때 발생하는 불꽃의 광도를 측정하여 황화합물과 인화합물을 선택적으로 검출한다.
[참고] **전자포획 이온화 검출기(ECD)** : 유기할로겐 화합물, 니트로 화합물 및 유기금속 화합물을 선택적으로 검출할 수 있다.

85. 염화팔라듐지 제조법 : $PdCl_2$ 0.2 % 액에 침수, 건조 후 5 % 초산을 침투시켜 제조한다.

86. 압전(壓電 : piezo electric)효과 : 압력이 가해지면 전기가 발생하는 현상으로 압전효과를 나타내는 대표적인 물질로는 수정, 로셀염, 티탄산바륨, PZT세라믹계가 있다.
 ※ PZT세라믹 : 티탄산납($PbTiO_3$)과 지르코산납($PbZrO_3$)을 일정한 비율로 섞은 것으로 사용 용도에 따라 불순물을 첨가하여 여러 가지 재료 물성을 갖는 압전 세라믹으로 사용할 수 있다.

87. 비례대 $= \dfrac{측정\ 온도차}{조절\ 온도차} \times 100$
$= \dfrac{75-71}{100-80} \times 100 = 20\%$

88. 수은 온도계 특징
 ㉮ 비열은 적고, 열전도율은 크기 때문에 응답속도가 비교적 빠르다.
 ㉯ 경년변화(經年變化)에 의한 오차가 발생한다.
 ㉰ 팽창계수는 적은 편이다.
 ㉱ 측정범위는 $-35 \sim 350℃$이다.
 ㉲ 내부에 질소를 충전한 것은 $650℃$까지 측정이 가능하다.
 ※ 수은(Hg)의 응고점 $-38.9℃$, 비등점 $357℃$로 측정범위는 $-35 \sim 350℃$ 정도로 설명하고 있지만, 특수한 경우 $-50℃$까지 측정이 가능한 것도 있어 예제 중에서 가장 근접한 것을 선택하여야 한다.

89. 연소가스 중에 일산화탄소(CO)와 수소(H_2)가 포함되어 있는 것은 연료가 불완전연소가 되고 있는 것으로 이 때 사용되는 가스분석계가 미연소가스계이다.

90. 모세관(capillary) 컬럼의 종류
 ㉮ WCOT(wall coated open tubular)형 : 모세관 내벽에 액상(고정상)을 막상에 균일하게 도포한 컬럼으로 도포막의 두께가 컬럼 선택의 중요한 조건이 된다.
 ㉯ PLOT(porous layer open tubular)형 : 모세관 내벽에 다공성 폴리머나 알루미나 등을 담지시킨 컬럼이다.
 ㉰ SCOT(support coated open tubular)형 : 모세관 내벽에 액상을 함침시킨 규조토 담체 등을 담지시킨 컬럼이다.

91. 전기량법 : 분석 대상물을 다른 산화 상태로 바꿀 때 전극에서 발생하는 전하량을 측정하여 정량을 하는 방법으로 패러데이(Faraday) 법칙의 원리를 이용한 기기분석방법이다.

92. 압력식 온도계의 특징
 ㉮ 진동 및 충격에 비교적 강하다.
 ㉯ 저온 측정에 유리하다.
 ㉰ 원격 측정이 가능하고 연속사용이 가능하다.
 ㉱ 미소한 온도 변화나 $600℃$ 이상의 고온 측정은 불가능하다.
 ㉲ 경년 변화가 있어 정기적인 검사가 필요하다.
 ㉳ 모세관이 도중에 파손될 우려가 있다.
 ㉴ 외기 온도나 유도관 온도에 의한 영향으로 온도 지시가 느리다.

93. ㉮ 액체의 비중량은 $0.75 \times 1000\ kgf/m^3$이고, 비중량에 액주 높이를 곱한 값의 단위는 kgf/m^2이고, mmH_2O와 같다.
 ㉯ 차압($P_1 - P_2$) 계산
 $\therefore P_1 - P_2 = \gamma x \sin\theta$
 $= (0.75 \times 10^3) \times 0.4 \times \sin 30°$
 $= 150\ kgf/m^2 = 150\ mmH_2O$
 $= 15\ cmH_2O$

94. ㉮ 밀도는 단위 체적당 질량이므로 빈병에 물을 채운 질량은 물을 채웠을 때와 빈병의 질량 차이이다. 그러므로 물의 밀도 $0.998\,g/cm^3 = \dfrac{(999-414)\,g}{x\,[cm^3]}$ 에서 빈병의 체적 x를 구한다.

$$\therefore x = \dfrac{(999-414)}{0.998} = 586.17\,cm^3$$

㉯ 어느 액체의 밀도 계산 : 어느 액체의 질량은 빈병에 채운 액체와 빈병의 질량 차이이다.

$$\therefore \rho\,[g/cm^3] = \dfrac{874-414}{586.17} = 0.785\,g/cm^3$$

95. 적외선 분광분석법의 광원

㉮ 네른스트 램프(Nernst lamp) : 지르코니아(ZrO_2), 산화세륨(CeO_2), 이산화토륨(ThO_2)로 만든 직경이 1~2 mm 정도의 막대이며, 1200~2000 K 범위의 온도에서 전기적으로 가열하여 적외선을 얻는다.

㉯ 글로바 램프(Globar lamp) : 탄화규소(SiC)를 소결하여 만든 막대이며, 1300~1500 K 범위의 온도에서 전기적으로 가열되어 적외선을 얻는다.

㉰ 기타 : 나선형의 니크롬선이나 사기실린더에 감은 로듐선을 전기적으로 가열하여 사용하기도 한다. 네른스트 램프나 글로바 램프보다 세기가 낮지만 수명이 길다.

96. $\phi = \dfrac{P_w}{P_s} \times 100 = \dfrac{6.54}{12.79} \times 100 = 51.133\,\%$

97. **캐스케이드 제어** : 두 개의 제어계를 조합하여 제어량의 1차 조절계를 측정하고 그 조작 출력으로 2차 조절계의 목표값을 설정하는 방법으로 단일 루프제어에 비해 외란의 영향을 줄이고 계 전체의 지연을 적게 하는 데 유효하기 때문에 출력 측에 낭비시간이나 지연이 큰 프로세스제어에 이용되는 제어이다.

98. 가스미터는 실측식과 추량식으로 구분된다.

[참고] **가스미터의 분류**

㉮ 실측식
  ㉠ 건식 : 막식형(독립내기식, 클로버식)
  ㉡ 회전식 : 루츠형, 오벌식, 로터리피스톤식
  ㉢ 습식

㉯ 추량식 : 델타식, 터빈식, 오리피스식, 벤투리식

99. **비례동작(P 동작)** : 동작신호에 대하여 조작량의 출력변화가 일정한 비례관계에 있는 제어로 잔류편차(off set)가 생긴다.

100. ㉮ 전달함수 : 제어계의 입력에 대한 출력의 비이다.

㉯ 피드백제어의 전달함수

$$F = \dfrac{G}{1+GH}$$

◆ 모의고사에 수록된 문제 중 CBT 필기시험을 치른 수험자의 기억에 의존하여 복원한 문제 일부가 포함되어 있습니다.
◆ [CBT 모의고사 정답 및 해설]은 저자가 운영하는 카페에서 PDF로 다운로드하여 활용할 수 있습니다.
※ 저자 카페 : 가·에·위·공 자격증을 공부하는 모임(cafe.naver.com/gas21)

2026 가스기사 필기
과년도 출제문제 해설

2012년 4월 15일 1판 1쇄
2026년 1월 15일 5판 1쇄

저자 : 서상희
펴낸이 : 이정일

펴낸곳 : 도서출판 **일진사**
www.iljinsa.com

04317 서울시 용산구 효창원로 64길 6
대표전화 : 704-1616, 팩스 : 715-3536
이메일 : webmaster@iljinsa.com
등록번호 : 제1979-000009호(1979.4.2)

값 **36,000원**

ISBN : 978-89-429-2043-3

* 불법복사는 지적재산을 훔치는 범죄행위입니다.
저작권법 제 97 조의 5 (권리의 침해죄)에 따라 위반자는 5년 이하의 징역 또는 5천만 원 이하의 벌금에 처하거나 이를 병과할 수 있습니다.